Technische Mechanik 4 - Hydromechanik

Andreas Huber

Technische Mechanik 4 - Hydromechanik

Andreas Huber
Pichelsdorf, Österreich

ISBN 978-3-662-69230-1 ISBN 978-3-662-69231-8 (eBook)
https://doi.org/10.1007/978-3-662-69231-8

Die Deutsche Nationalbibliothek verzeichnet diese Publikation in der Deutschen Nationalbibliografie; detaillierte bibliografische Daten sind im Internet über http://dnb.d-nb.de abrufbar.

Springer Vieweg ist ein Imprint der eingetragenen Gesellschaft Springer-Verlag GmbH, DE und ist ein Teil von Springer Nature.
Die Anschrift der Gesellschaft ist: Heidelberger Platz 3, 14197 Berlin, Germany

Für meine Familie, von denen niemand das Buch jemals lesen wird, mich aber trotzdem immer unterstützt hat und im Speziellen sei mein Vater genannt, der es nie mehr lesen können wird, allerdings trotzdem stolz auf mich wäre, so wie er es immer war.

Vorwort

Die Grundlagen fester Körper wurden bereits in den ersten drei Bänden dieser Buchreihe untersucht. Dabei wurde in den ersten beiden Bänden die Strukturmechanik (Stereostatik und Elastostatik) genauer unter die Lupe genommen und im dritten Band dann die Bewegung dieser Körper untersucht. Für alle drei Bände war eine wesentliche Eigenschaft notwendig: Es waren feste Körper zu untersuchen. In diesem Buch geht man auf die Grundlagen der Strömungsmechanik ein. Diese unterteilt sich in die Lehre der Flüssigkeiten (Hydromechanik) und die Lehre der Gase (Aeromechanik/Thermodynamik). In diesem Band beschäftigt man sich vorwiegend mit der Hydrodynamik, begonnen wird mit den absoluten Grundlagen zu Strömungen und Drücken (Hydrostatik), bis man schließlich bei der Hydrodynamik, der Dynamik von Flüssigkeiten (Hydrodynamik) angelangt. Dort werden die Grundgleichungen (Kontinuitätsgleichung, Bernoulli-Gleichung, kinematische Gleichungen…) hergeleitet und bei einfachen strömungsmechanischen Beispielen angewendet. Wie misst man die Geschwindigkeit eines Fliegers? Was ist ein Prandtl-Staurohr? Wie verhalten sich Strömungen in Rohren und wie werden Strömungsverluste bezeichnet? Hat man erst einmal die Grundlagen der Strömungen verstanden, wendet man die Höhere Mathematik auf die Hydrodynamik an, wo man dann auf partielle Differentialgleichungen, Vektoranalysis und Vektoralgebra zur Lösungsfindung für verschiedene Strömungsphänomene verwendet.

Nach umfangreichen Berechnungen der Hydrodynamik ist man dann auch in der Lage, mittels der Euler-Gleichungen die Impulsgleichungen, die sogenannten Navier-Stokes-Gleichungen, die zu den noch immer ungelösten Problemen der Mathematik zählen, herzuleiten. Die Navier-Stokes-Gleichungen zählen zu den Millennium-Problemen, die Großteiles bis heute ungelöst sind. Sie wurden in einer Liste vom Clay Mathematics Institute (CMI) zur Jahrtausendwende (2000) veröffentlicht. Auf der Liste befinden sich neben den Navier-Stokes-Gleichungen (im Speziellen: Analyse von Existenz und Regularität von Lösungen des Anfangswertproblems der dreidimensionalen inkompressiblen Navier-Stokes-Gleichungen) auch noch folgende Probleme: der Beweis der Vermutung von Hodge aus der algebraischen Geometrie, der Beweis der Poincaré-Vermutung in der Topologie (2002 gelöst von Grigori Jakowlewitsch Perelman, die Vermutung trifft zu), der Beweis der Riemannschen Vermutung der Zahlentheorie. Die Lösung eines Problems ist mit einem Preisgeld in Höhe von 1 Million Dollar dotiert. Hier der Ansporn an die Leser des Buches: Untersuchen Sie die Navier-Stokes-Gleichungen ausführlich und beweisen Sie diese so weit wie möglich, vielleicht gelingt einem die Lösung! Mittels der Navier-Stokes-Gleichungen kann man dann auch noch die Schubspannungen und Spannungstensoren in Bezug auf die Kontinuumsmechanik in die Strömungsmechanik einführen. Zuletzt wird dann noch eine Einführung in die turbulente Strömungslehre gegeben. Dort werden Turbulenzmodelle, RANS-Gleichungen und turbulente Phänomene vorgestellt. Um die Schwierigkeit der Turbulenz offenzulegen, ein kurzes Zitat von Horace Lamb: „Wenn ich in den Himmel kommen sollte, erhoffe ich Aufklärung über zwei Dinge: Quantenelektrodynamik und Turbulenz. Was den ersten

Wunsch betrifft, bin ich ziemlich zuversichtlich.“ Es ist auch hier schnell zu erkennen, dass die Turbulenz hochkomplex ist und vertiefende Kenntnisse der Mathematik und Höheren Mathematik sowie Mechanik benötigt.

Besonders großer Wert wird auf die numerische Lösung und computergestützte Lösung mittels SolidWorks CFD gelegt. Es werden zahlreiche Beispiele durch eine CFD-Analyse untermauert und mittels einer Strömungssimulation untersucht. Die CFD (Computer Fluid Dynamics) ist mit der bereits kennengelernten FEM (aus Band 1, 2 und 3) zu vergleichen. Im Zuge dieser Untersuchungen geht man auch auf die verwendeten Gleichungen der CFD, wie sie SolidWorks FlowSimulation zur Lösung verwendet werden ein und legt offen, warum man die Kontinuumsmechanik auch in der Strömungsmechanik benötigt wird.

Es handelt sich hierbei um die erste Auflage des zweiten Bandes, einer mehrbändigen Buchreihe zur Technischen Mechanik, die folgende Kapitel behandelt: Stereostatik, Elastostatik, Dynamik, Hydromechanik, Thermodynamik, Aeromechanik. Da dies die erste Veröffentlichung zu dieser Reihe in erster Auflage ist, sind Fehler nicht ausgeschlossen. Fehler, Ergänzungen, Kritik sind stets unter meiner, zuvor angeführten E-Mail-Adresse, willkommen.

Verbesserungen werden ständig vorgenommen, damit das Ziel, möglichst viele Studierende von der Schönheit des Faches Technische Mechanik zu überzeugen und eines Tages möglichst vielen Studierenden das Leben vor der Prüfung zur Technischen Mechanik zu vereinfachen.

Das Zielpublikum sind Studienanfänger, HTLer (Schüler der Höheren Technischen Lehranstalt), der Studienrichtungen: Maschinenbau, Mechatronik, Wirtschaftsingenieurwesen. Zusätzlich sollte es mit einigen Kapiteln (vorrangig mit dem Abschließenden) Anregungen zur Anwendung in der Industrie schaffen, sowie interessierten Personen einen neuen, interessanten Zugang, zur Technischen Mechanik darlegen.

Bei Fragen richten Sie sich an mich unter folgender eMail-Adresse:
andreas.huber.ahm@gmail.com

Eine Übersicht über alle Bücher erhalten Sie unter meiner Website:
► https://andreas-huber-buecher.jimdofree.com/

Ing. EUR ING Dipl.-Ing. (FH) Andreas Huber, CSWE
Mai 2024

Verwendete Programme

Das gesamte Buch wurde in LaTeX verfasst. Das Literaturverzeichnis in BibTeX. Diagramme, Abbildungen, einige Tabellen wurden in TikZ, Matlab, GeoGebra, Adobe Illustrator, IPE, PSTricks und dem CAD-Programm SolidWorks erstellt. Diese wurden dann durch .pdf Dateien in das Dokument eingebunden.

Danksagung und Autor

Ich möchte mich besonders bei allen Unterstützern und Helfern bedanken. Zum einen jene, welche mir bei Problemen mit LaTeX geholfen haben, ich habe mich nicht vom ersten Moment an in dieses Programm verlieben können, allerdings bin ich mit Word bei solch großen Dokumenten an meine Grenzen gestoßen, aufgrund ich mich mehr oder minder auf LaTeX einlassen musste. Heute kann ich allen Kritikern (so auch ich, damals) sagen: „Es ist das beste Textverarbeitungsprogramm auf dem Markt, für große Dokumente, auch wenn der Anfang nicht einfach fällt. Hier wurden, um das Layout des Buches zu erhalten, ca. 1000 Programmzeilen in die Präambel eingebettet, bevor mit dem Schreiben begonnen wurde“. Zum Anderen möchte ich mich für die Hilfe bei fachlichen Problemen bedanken und auch bei der rechtlichen Beratung. (Die angesprochenen Personen werden wissen, wem ich meine). Um eine Strukturierung in das Buch zu bekommen, möchte ich mich bei allen Professoren, die durch ihre Skripten, eine grobe Strukturierung vorgaben, bedanken.

Des Weiteren möchte ich mich bei meinen Professoren aus der HTL-Zeit bedanken, die mir auch immer wieder geholfen haben, Lösungen für Designwünsche in LaTeX umzusetzen, oder mir halfen, die optimalen Zeichenprogramme für die Erstellung der Vektorgrafiken zu finden. Auch diese werden wissen, wem ich meine, wenn sie das lesen.

Ganz besonders möchte ich mich bei einem Professor aus meinem Studium bedanken, der mich immer wieder beraten hat beim Vorgang an den Verlag heranzutreten und mich immer durch Zoom-Meetings unterstützt hat, da ihm dieser, doch teilweise langwierige Vorgang, aufgrund eigener Erfahrung bekannt war. Zweitens möchte ich mich noch bedanken, bei der Unterstützung für bei der grundlegenden Herangehensweise zum Veröffentlichen für das Buch, bei der Unterstützung einen Verlag zu finden, danke dafür an den Hochschulverlag der Hochschule Mittweida.

Zu guter Letzt bedanke ich mich besonders beim gesamten Springer Team, ohne die dieses Buch so nicht existieren würde. Ich bin sehr dankbar für die tolle Zusammenarbeit mit meinem Verlags-Team und die Erfahrung, die mir dadurch mitgegeben wurde. Danke schön für die Projektleitung dieses Buches seitens des Verlages, Michael Kottusch. Ebenso möchte ich mich herzlich für die Planung und Realisierung des Designs und der gesamten Kapitel bei Noemie Reuland bedanken, die mich dazu immer wieder beraten hatte.

Der Autor

Andreas Huber
beschäftigt sich mit den Themen: Angewandte Mathematik, Maschinenbau, Maschinenelemente, Kolbenmaschinen, Strömungsmaschinen, Getriebetechnik, Thermodynamik, Technische Mechanik, Informatik, Computerunterstützte Programmberechnungen in der Technik, CAD-Programmoptimierungen und Anwendungen, Konstruktionsmethoden und Technische Konstruktionen sowie der Mechatronik, darunter Mikrocontroller und Robotik.

Er hat die Höhere-Technische-Bundes-Lehr und Versuchsanstalt in Salzburg (Abteilung: Maschinenbau, Vertiefung: Anlagentechnik) besucht und anschließend an der University of Applied Science in Mittweida, Maschinenbau, mit Vertiefung Mechatronik studiert. Zudem besuchte er immer wieder Fortbildungen im Bereich der CAM- und CAD Technik und ließ sich anschließend in diesen Bereichen zertifizieren. So sammelte er Zertifizierungen als Expert für Mechanical Design und Simulation, als auch Zertifizierungen für PDM-Systeme, FlowSimulation und API bzw. Makroprogrammierung. Am Ende sammelte er dadurch ca. 50 Zertifizierungen, von denen manche nur die wenigsten schaffen. Zudem wurde er als SolidWorks Champion ausgezeichnet. Zusätzlich absolvierte er ein Wirtschaftsingenieurstudium, um bestens auf wirtschaftliche und rechtliche Probleme und Herausforderungen reagieren zu können. Neben seiner Haupttätigkeit und Nebentätigkeit als Autor ist er in der Lehre und als Prüfer tätig.

Berufserfahrung hat er schon in jungen Jahren durch diverse Neuentwicklungen sammeln können und später durch Neuerfindungen und Entwicklungen in der Industrie, vorwiegend in den beiden Sparten: Automatisierung und für Maschinen der Automobilindustrie. In der Industrie arbeitet er als Projekt- und Neuentwicklungsleiter für Werkzeugbaumaschinen Spannmittel. Er selbst ist neben der Projektleitung primär mit der FEM-Berechnung diverser Bauteile und Baugruppen beschäftigt sowie der API-Programmierung und der Ideenentwicklung sowie der IT und Datenbankeinstellungen im Unternehmen.

Um viele Beispiele anschaulicher zu gestalten, wurde eine Website zu dieser Buchreihe erstellt, die unter dem unten angeführten Link zu erreichen ist. Dort können diverse Animationen, FEM-Berechnungen, CAD-Dateien eingesehen werden; zudem kann man sich unter dem ersten Link noch ein besseres Bild des Autors machen. Bei Fragen, Anregungen, Wünschen oder Beschwerden ist ebenfalls noch eine E-Mail-Adresse angefügt.

▶ https://www.linkedin.com/in/andreas-h-5783b912b/
buecher@ahmechanik.com

Inhaltsverzeichnis

I Teil I. Einführung in die Fluidmechanik

II Teil II. Hydrostatik

Abbildungsverzeichnis

Teil I. Einführung in die Fluidmechanik

Inhaltsverzeichnis

Einführung in die Fluidmechanik

Inhaltsverzeichnis

A. Huber, *Technische Mechanik 4 - Hydromechanik*,
https://doi.org/10.1007/978-3-662-69231-8_1

1

Sie lernen hier…
- Grundlegende Definitionen zur Fluidmechanik kennen.
- Bedeutung der Fluidmechanik kennen.
- Die Definition eines Fluids kennen.
- Eigenschaften von Flüssigkeiten kennen.

Zitat

Nichts auf der Welt ist so weich und nachgiebig wie das Wasser. Und doch bezwingt es das Harte und Starke.

Laotse

In den ersten drei Bänden dieser Buchreihe hat man sich mit der Lehre von festen Körpern beschäftigt. In den ersten beiden (Technische Mechanik 1 und 2 mit der Stereostatik, im Buch Technische Mechanik 3 mit der Dynamik). Im nächsten Teil dieser Buchreihe geht es jetzt um die Lehre von flüssigen Körpern, nicht mehr von festen, wie es bis jetzt der Fall war. Dies bringt allerdings auch einige Probleme mit sich, die im Folgenden behandelt werden. Die Hydromechanik wird rasant komplex, vor allem wenn man sich die Hydrodynamik ansieht und darin bei Systemen wenige Vereinfachungen treffen kann und keine Idealbedingungen voraussetzt, also Flüssigkeitsreibung, Zeitabhängigkeit etc. untersucht. Oftmals kommen einem die Begriffe: Strömungsmechanik, Strömungslehre, Strömungsmaschinen, Fluidmechanik, Hydromechanik, Aeromechanik etc. ident vor. Viele bedeuten dasselbe, viele beschreiben jedoch ein komplett anderes Gebiet. Um Klarheit in diesem Wirrwarr zu schaffen, kommen im Folgenden einige Definitionen. Zunächst sollen aber folgende Begriffe geklärt werden:

- Strömungslehre, Fluidmechanik, Strömungstechnik beschreiben im Allgemeinen dasselbe. Es handelt sich um die Lehre der Strömungen. Fluid ist ein Überbegriff für Flüssigkeiten und Gase. Es handelt sich also um die Summe aller strömenden Medien. Darin enthalten sind folgende Kapitel:
  - Hydromechanik=Lehre aller Flüssigkeiten (inkompressible Fluide)
    - Hydrostatik
    - Hydrodynamik
  - Aeromechanik=Lehre aller Gase (kompressible Fluide), vorwiegend aber Luft
    - Aerostatik
    - Aerodynamik
- Während sich die Strömungsmechanik vorwiegend mit den technischen Grundlagen und Gleichungen sowie Gesetze beschäftigt, beschäftigt man sich in
- Strömungsmaschinen vor allem um die Maschinen, die Strömungen zur Energieerzeugung etc. nutzen. Strömungsmaschinen sind als Beispiel Verdichter, Turbinen, Triebwerke. Dabei gilt es wieder zu unterscheiden in
  - thermische Strömungsmaschinen sind Strömungsmaschinen, die heiße strömende Medien nutzen. Um diese zu beschreiben, muss man vorwiegend Kenntnis der Thematik aus Band 5 (Thermodynamik und Wärmelehre) haben. Thermische Strömungsmaschinen sind vorwiegend Dampfturbinen.
  - hydromechanische Strömungsmaschinen sind Strömungsmaschinen, die mittels Flüssigkeiten arbeiten, meistens Wasser. Hydromechanische Strömungsmaschinen sind als Beispiel Wasserturbinen wie man sie Kraftwerke einsetzt (Kaplan-, Pelton-, Francis-Turbine).
  - aeromechanische Strömungsmaschinen sind Strömungsmaschinen, die mittels Gasen arbeiten. Als Beispiel Gasturbinen.

1.1 Grundlagen

Definition 1.1 (Hydromechanik)
Die Hydromechanik beschäftigt sich mit der Lehre der Flüssigkeiten. Das sind „tropfbare Körper".

Man unterteilt das Themengebiet der Hydromechanik in folgende Kapitel
- Hydrostatik
- Hydrodynamik (Strömungslehre, Erhaltungssätze, Impuls …)

1.1.1 Eigenschaften von Flüssigkeiten

Im Gegensatz zu festen Körpern sind die Moleküle in Flüssigkeiten leicht gegeneinander verschiebbar. Es bedarf nur geringer Kräfte, um ihre Form zu ändern. Zwischen den Molekülen treten sogenannte **Zusammenhangskräfte**, auch bekannt als **Kohäsion**, auf.

Diese Kräfte sind relativ schwach, reichen jedoch aus, um die Moleküle zusammenzuhalten. Zwischen den Teilen eines festen und eines flüssigen Körpers wirken hingegen **Adhäsionskräfte**.

1.1.1.1 Bindungskräfte

Definition 1.2 (Kohäsion)
Die Kohäsion ist die Kraft, die zwischen den Molekülen in einem Fluid wirkt.

Definition 1.3 (Adhäsion)
Die Adhäsion ist die Kraft, die zwischen den Molekülen eines festen und eines flüssigen Körpers wirkt.

Beobachtung 1.1
Wenn die Adhäsionskräfte größer als die Kohäsionskräfte sind, benetzt die Flüssigkeit den festen Körper (z. B. Wasser auf Glas). Liegt der umgekehrte Fall vor, benetzt die Flüssigkeit den festen Körper nicht (z. B. Quecksilber auf Glas). (vgl. Abb. 1.1)

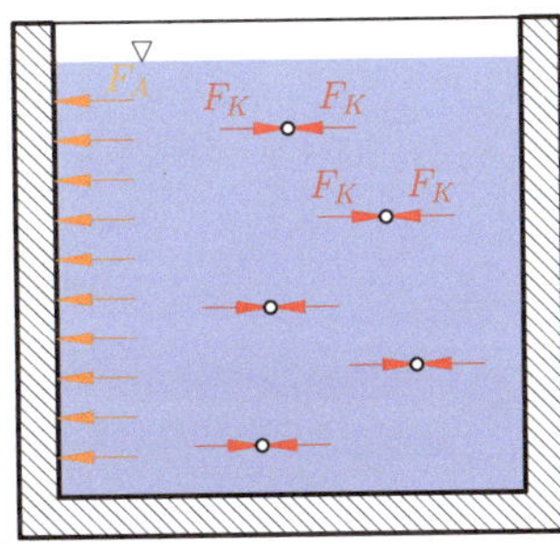

Abb. 1.1 Kohäsion und Adhäsion bei einem zylindrischen Wassertank

1.1.1.2 Volumenverhalten bei Flüssigkeiten

Flüssigkeiten zeigen eine sogenannte **Raumbeständigkeit**. Das bedeutet, dass sie unter Einwirkung von Kräften ihr Volumen beibehalten.

Bemerkung 1.1
Nur unter sehr hohem Druck zeigen sie eine geringfügige Volumenänderung. Wasser ändert unter anderem bei einem Druck von 220 bar sein Volumen um nur etwa 1 %. Im Allgemeinen können Flüssigkeiten als **inkompressibel** betrachtet werden.

1.1.1.3 Reibung bei Flüssigkeiten

Wenn Flüssigkeiten gegeneinander verschoben werden, tritt Reibung auf. Diese Reibung kann oft vernachlässigt werden, ist jedoch auch in vielen praktischen Anwendungen der Hydraulik von entscheidender Bedeutung und kann bei nicht Beachtung zu erheblichen Schwierigkeiten führen, wie man später sieht.

1.1.1.4 Hydrostatik und Hydrodynamik

Definition 1.4 (Lehre der Hydrostatik)
In der Hydrostatik ändert die Flüssigkeit ihre Position nicht relativ zum Behälter, in dem sie sich befindet.

Definition 1.5 (Lehre der Hydrodynamik)
Bei der Hydrodynamik verändert die Flüssigkeit die Lage gegenüber dem Gefäß, indem sie sich befindet.

1.1.1.5 Arten der Strömungen

Strömungen können auf verschiedene Arten unterschieden werden. Eine Unterscheidung erfolgt zwischen der Durchströmung und der Umströmung eines Bauteils.

Definition 1.6 (Durchströmen)
Man spricht von einer Durchströmung, wenn die Flüssigkeit durch einen Körper strömt.

Beispiel 1.1

Beispiel: Rohr. Siehe Abb. 1.2

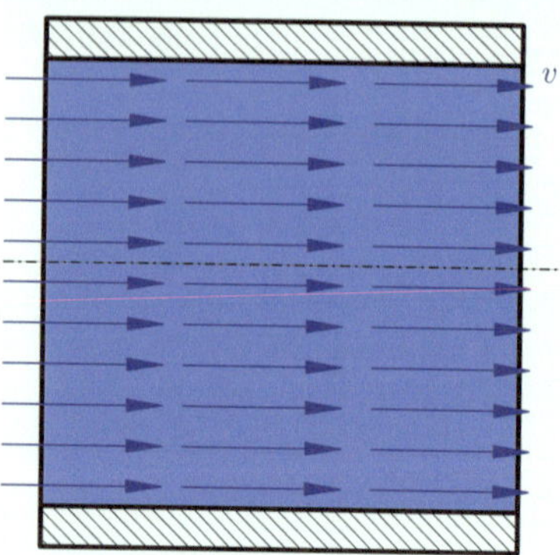

Abb. 1.2 Durchströmen

Beispiel 1.2

Beispiel: Tragfläche, Auto, Boot im Wasser (Rumpf), Turbinenschaufel. Siehe Abb. 1.3

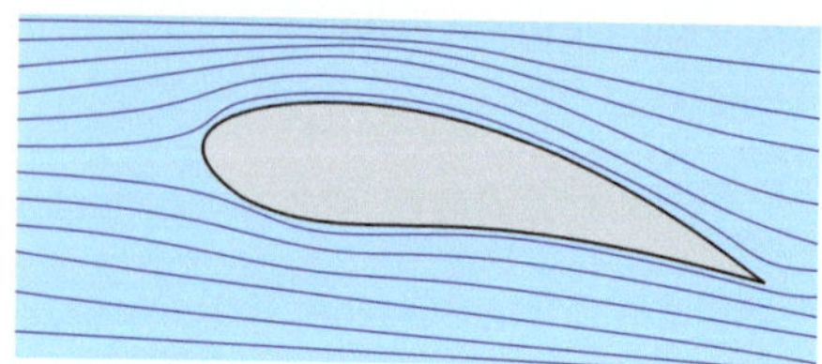

Abb. 1.3 Umströmen

Definition 1.7 (Umströmen)

Man spricht von einer Umströmung, wenn die Flüssigkeit um einen Körper strömt.

Definition 1.8 (Fluid)

Fluid beschreibt den Übergriff zwischen einer Flüssigkeit und einem Gas. Spricht man von einem Fluid, so kann entweder ein Gas (wie Luft) oder eine Flüssigkeit (wie Wasser) gemeint sein.

1.2 Bedeutung der Fluidmechanik in der Technik

Strömungsmaschinen sind Maschinen zur Energieumwandlung, sie gehören zu den Fluidenergiemaschinen. Sie formen entweder kinetische Energie in potentielle (Pumpen) oder wandeln potentielle bzw. thermische in kinetische (Turbinen) Energie. (vgl. Abb. 1.4)

In der Hydrostatik geht es vor allem um die Kraftwirkung ruhender Flüssigkeiten auf feste Wände. In der Hydrodynamik Hingegen geht es vorwiegend um die Erhaltungssätze und Bewegungsgleichungen. Die Ähnlichkeitsgesetze lassen die Übertragung der Phänomene bei völlig anderen Abmessungen zu, was z. B.: in der Rohrhydraulik die Berechnung vereinfacht.

In vielen Bereichen der Technik und des Maschinenbaus werden Kraftwirkungen von Strömungen als wichtige Randbedingung für die Berechnung der mechanischen Festigkeit von Bauteilen benötigt.

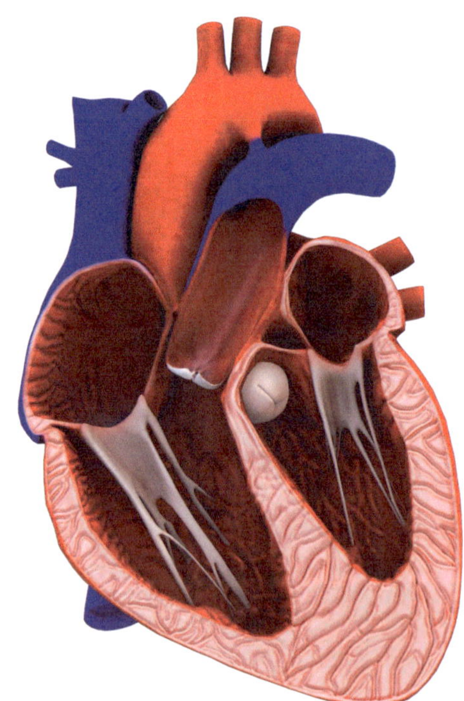

Abb. 1.4 Herz in einem Körper ist eine Art „Strömungsmaschine“

In der Kraftwerkstechnik, der Energie- und Antriebstechnik (Motoren, Flugturbinen, Gas- und Dampfturbinen) und in der Verfahrenstechnik (Wärmeübertrager, Boiler) ist das strömungsmechanische Verhalten sogar entscheidend für das Gesamtverhalten des technischen Systems.

1.2.1 Wasser in Flüssen, Bächen Ozeanen

In der Natur werden die meisten, bei Strömungen, sofort an Flüsse denken. Dabei bewegt sich das Wasser hauptsächlich wegen der Schwerkraft. Dies ist nicht nur alleinig bei Flüssen der Fall, besonders deutlich wird das auch bei Wasserfällen.

Ein weiteres Beispiel sind die Weltmeere und Ozeane. Wer hat sich selbst denn noch nie die Frage gestellt, wie Wellen entstehen, oder hat diese von einem Kind gestellt bekommen?

Darauf wird in diesem Buch nicht besonders genau eingegangen, sodass auf ein anderes Buch verwiesen wird: Gezeiten und Wellen von Andreas Malcherek [12]

1.2.2 Technik und Energieerzeugung

Vielen werden auch sofort einige Strömungsmaschinen einfallen, wie Verdichter, Ventilatoren, Turbinen oder Triebwerke von Flugzeugen.

1.2.3 Blutkreislauf im menschlichen Körper

Der Blutkreislauf im menschlichen Körper ist ein Beispiel für Strömungen auf mikroskopischer Ebene. Das Blut strömt durch Arterien, Venen und Kapillaren und versorgt den Körper mit Sauerstoff und Nährstoffen. (vgl. Abb. 1.5)

Die wohl wichtigste „natürliche Strömungsmaschine“ zum Überleben ist mit Sicherheit das Herz, das das Blut im menschlichen Körper wie eine Pumpe verteilt bzw. pumpt.

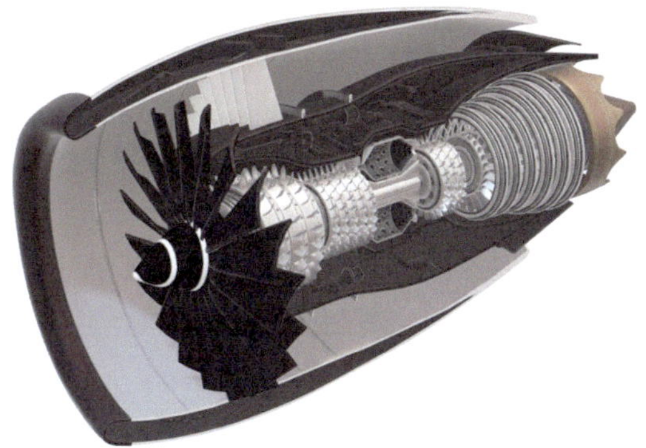

Abb. 1.5 Triebwerk eines Flugzeuges

1.2.4 Temperaturänderung, Wassertransport, Abwasser

Bei der Temperaturänderung kommen Strömungsmaschinen zum Einsatz. Entweder zum Heizen oder Kühlen. Damit ein funktionierender Kühlschrank, eine Klimaanlage gebaut werden kann, muss man Kenntnisse der Strömungsmechanik haben. Ebenso sind Strömungen bei Wasserkreisläufen in einem Haus vorhanden, sodass fließend Wasser aus dem Wasserhahn fließt, wenn man diesen aufdreht oder damit man sich duschen kann. Aber auch bei der Abwasserwirtschaft spielt die Strömungsmechanik eine wesentliche Rolle, damit weder Verstopfungen noch unangenehme Gerüche entstehen.

1.2.5 Freizeitaktivitäten

Im Winter sind die Thermenbesucher oder Besucher von Erlebnisparks den gesamten Tag mit der Strömungsmechanik umgeben. Dies beginnt mit dem Transportieren Wassers in eine Rutsche bis hin zur optimalen Verteilung des Wassers, sodass man beim Rutschen die optimale Reibung erlebt. Zum Schluss begegnet man der Strömungsmechanik auch noch bei der Filteranlage des Wasserrücklaufes und beim optimalen Dosieren des Chlors für das Wasser. Ebenso beim Skifahren begegnet man der Strömungsmechanik. Die Erzeugung von Kunstschnee aus Wasser basiert auf ihr.

1.2.6 Tanken

Beim Tanken an der Zapfsäule begegnet man der Strömungsmechanik, da ohne ihr kein Benzin oder Diesel in das Auto gelangen würde.

1.2.7 Naturereignisse

Regnet es, so handelt es sich um Themen aus der Strömungsmechanik. Ebenso bei Naturkatastrophen wie Stürme, Überschwemmungen, Tsunami.

1.2.8 Flugzeug

Die Aeromechanik spielt bei Flugzeugen eine wesentliche Rolle. Zum einen bei der Strömung um das Flugzeug, sodass dieses fliegt, aber auch beim bereits erwähnten Flugzeugtriebwerk.

1.2.9 Strömungen in Pflanzen

Pflanzen transportieren Wasser und Nährstoffe durch ihre Leitgewebe, wie den Xylem und Phloem. Diese Transportprozesse werden durch Strömungen angetrieben.

Teil II. Hydrostatik

Inhaltsverzeichnis

Hydrostatik

Inhaltsverzeichnis

A. Huber, *Technische Mechanik 4 - Hydromechanik*,
https://doi.org/10.1007/978-3-662-69231-8_2

Sie lernen hier…

- Arten von Drücken kennen.
- den Auftrieb berechnen.
- Berechnen von Schwimmlagen.
- Berechnungen zu Flüssigkeitsgefäßen unter Bewegung kennen.
- Druckkräfte berechnen.

Zitat

Nichts auf der Welt ist so weich und nachgiebig wie das Wasser. Und doch bezwingt es das Harte und Starke.

Laotse

2.1 Ausbildung der Freien Oberfläche

Flüssigkeiten weisen Grenzflächen zu festen Körpern (wie den Wänden eines Gefäßes) sowie zu anderen, nicht mischbaren, Flüssigkeiten und Gasen auf.

Die Grenzfläche zwischen einer Flüssigkeit und einem gasförmigen Medium wird als **Freie Oberfläche** bezeichnet.

Diese Oberfläche verläuft senkrecht zu jeder resultierenden Kraft aller Einzelkräfte, in einem bestimmten Punkt.

Bei ruhenden Flüssigkeitsteilchen von geringer Ausdehnung ist die einzige wirkende Kraft die Schwerkraft. An jedem Flüssigkeitsteilchen kann eine eigene, radiale Kraft, in Richtung des Erdmittelpunktes gerichtet, festgestellt werden. Diese einzelnen Kräfte, die in der Realität, durch die Erdkrümmung, nicht parallel sind, können aber als parallel angenommen werden.

In Flüssigkeitsbehältern mit erheblicher Ausdehnung können die Kräfte nicht mehr als parallel angesehen werden, wodurch die Freie Oberfläche zu einem Teil einer Kugelfläche wird, wie im Fall eines Ozeans.

2.1.1 Gleichmäßig beschleunigtes Gefäß

Beschleunigt man ein Gefäß, in welchen sich eine Flüssigkeit befindet, bewegt sich das Wasser wie in Skizze 2.1 dargestellt, aufgrund der Trägheit.

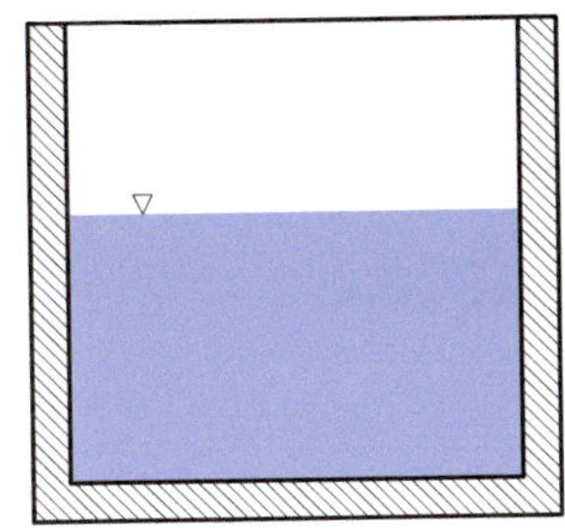
Ruhelage

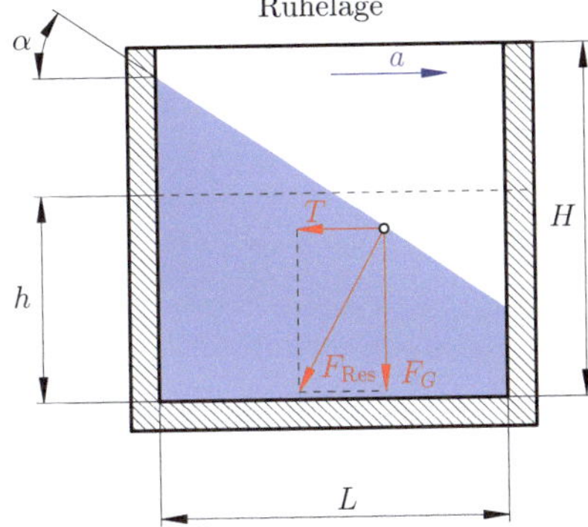

bei Beschleunigung

Abb. 2.1 Gleichmäßig beschleunigtes Gefäß

In Richtung jener Seite, in die man das Gefäß beschleunigt, durch zum Beispiel aufbringen einer Zugkraft, bewegt sich die Flüssigkeit stark nach unten, auf der gegenüberliegenden Seite stark nach oben.

g … Erdbeschleunigung,
a … Beschleunigung,
T … Trägheitskraft

Es ergibt sich in Verbindung mit Abb. 2.1: $\tan(\alpha) = \frac{T}{F_G} = \frac{m \cdot a}{m \cdot g}$ bzw.

$$\tan(\alpha) = \frac{a}{g}. \tag{2.1}$$

2.1.2 Rotierende Gefäße

Dreht man ein, mit Flüssigkeit gefülltes Glas (vgl. mit Abb. 2.2), mit einer Drehzahl n, so stellt sich eine Parabelform bei einer Schnittansicht durch die Mittelachse, ein, wie es in Abb. 2.2 dargestellt ist.

2

Abb. 2.2 Rotierendes Gefäß in Bewegung, Wasserglas

Man kann folgende Überlegung schlussfolgern

$$\tan(\alpha) = \frac{T}{F_G} = \frac{m \cdot r \cdot \omega^2}{m \cdot g} = \frac{r \cdot \omega^2}{g}. \quad (2.2)$$

Ebenso folgt mittels des Differentialquotienten

$$\tan(\alpha) = \frac{h}{r} = \frac{dh}{dr}. \quad (2.3)$$

Diese beiden Gleichungen gleichgesetzt zu

$$\frac{r \cdot \omega^2}{g} = \frac{h}{r} = \frac{dh}{dr} \quad (2.4)$$

ergibt durch Umformen

$$dh = \frac{r \cdot \omega^2}{g} \cdot dr$$
$$\int_0^h dh = \frac{\omega^2}{g} \int_0^r dr; \quad (2.5)$$

$$h = \frac{\omega^2}{g} \cdot \frac{r^2}{2}. \quad (2.6)$$

Die Gleichung der Funktion zeigt eine Parabel 2. Ordnung.

Diese Gleichung kann auch anders zustande kommen, indem man die Vektorrechnung und die partiellen Differentiationsregeln zur Anwendung bringt. Diese Herleitung wird anschließend im Kapitel „Vertiefungen in die Hydrostatik" vorgeführt.

Um die Höhe h_1 zu ermitteln, welche jene Höhe ist, die die Flüssigkeit vor der Bewegung im Glas besitzt, sowie die Höhe h_2, welche wiederum die maximale Höhe der Flüssigkeit bei Rotation ist, bedient man sich der beiden folgenden Volumina.

- **Flüssigkeitsvolumen V_1 (vgl. Abb. 2.3 und 2.4) des Zylinders mit der Höhe h_1:**

$$V_1 = \frac{d^2 \cdot \pi}{4} \cdot h_1 \quad (2.7)$$

- **Flüssigkeitsvolumen des rotierenden Körpers V_2:**

V_2 = Zylindervolumen des Zylinders mit der Höhe $h_1 + h_2$ minus dem Volumen des Paraboloids. Dieses Volumen ist das halbe Volumen des umschriebenen Zylinders. Dies resultiert aus der allgemeinen Volumenformel für den Paraboloiden, Herleitung siehe Mathematik.

$$\begin{aligned} V_2 &= \frac{D^2 \cdot \pi}{4} \cdot (h_1 + h_2) \\ &\quad - \frac{1}{2} \cdot \frac{D^2 \cdot \pi}{4} \cdot (h_1 + h_2) \\ &= \frac{1}{2} \cdot \frac{D^2 \cdot \pi}{4} \cdot (h_1 + h_2) \end{aligned} \quad (2.8)$$

Es muss also gelten:

$$\begin{aligned} V_1 &= V_2 \\ \frac{d^2 \cdot \pi}{4} \cdot h_1 &= \frac{1}{2} \cdot \frac{D^2 \cdot \pi}{4} \cdot (h_1 + h_2) \\ h_1 &= \frac{h_1 + h_2}{2} \\ h_1 &= h_2 \end{aligned} \quad (2.9)$$

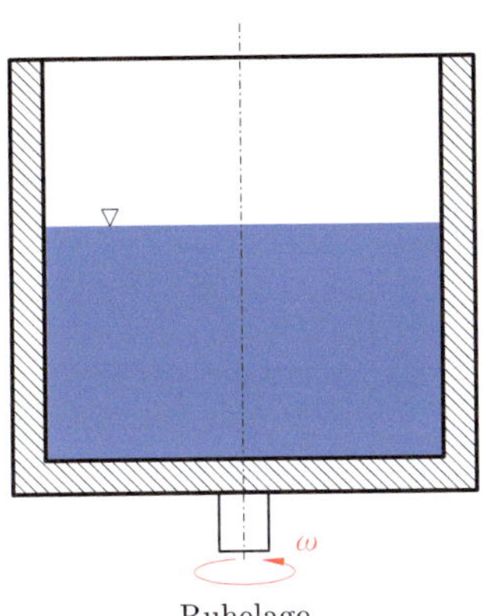

Abb. 2.3 Rotierendes Gefäß in Ruhelage

Ebenso gilt: $h = h_1 + h_2$ woraus durch einsetzen von $h_1 = h_2$ die Gleichung $h = 2 \cdot h_1$ folgt. Eingesetzt in die Formel $h = \frac{\omega^2}{g} \cdot \frac{r^2}{2}$ ergibt sich

$$h = \frac{\omega^2}{g} \cdot \frac{r^2}{2} = 2 \cdot h_1, \tag{2.10}$$

wobei $r = \frac{D}{2}$ ist

$$\frac{\omega^2}{g} \cdot \frac{D^2}{8} = 2 \cdot h_1, \tag{2.11}$$

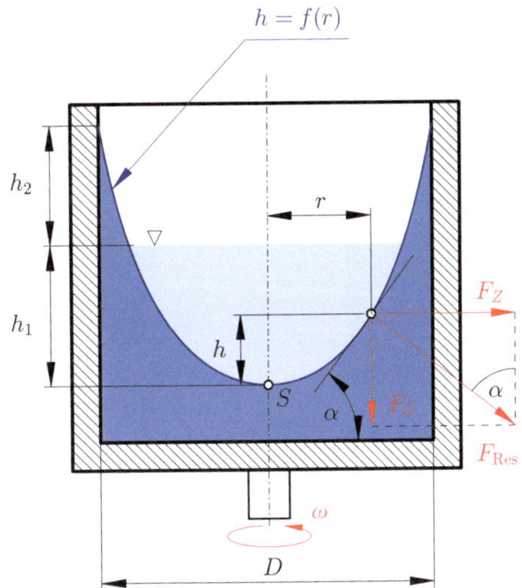

Abb. 2.4 Rotierendes Gefäß in Bewegung

und schließlich

$$h_1 = h_2 = \frac{\omega^2}{g} \cdot \frac{D^2}{16}. \tag{2.12}$$

Vgl. mit ▶ CFD 2.1.

Methode: Lösung durch SolidWorks – CFD 2.1

Zu untersuchen ist, ob die zuvor behaupteten Aussagen, dass bei einer translatorischen Bewegung der Wasserspiegel in einem Glas sich um den Winkel α neigt und bei einem rotierenden Glas eine parabolische Spiegelfläche entsteht. Verwenden Sie dazu das Strömungssimulationsprogramm FlowSimulation (SolidWorks). Dieses ist vergleichbar mit einem FEM-Programm für die Strukturmechanik. In der Strömungslehre spricht man von einem CFD (Computational Fluid Dynamics) Programm.

Pos.	Bild	Erklärung
1		Bauteil modellieren. Zumeinen das Glas zeichnen und zum anderen das Wasser, also einen extra Volumenkörper. Man erhält damit zwei Volumenkörper: Volumenkörper Rotation1 Rotation2

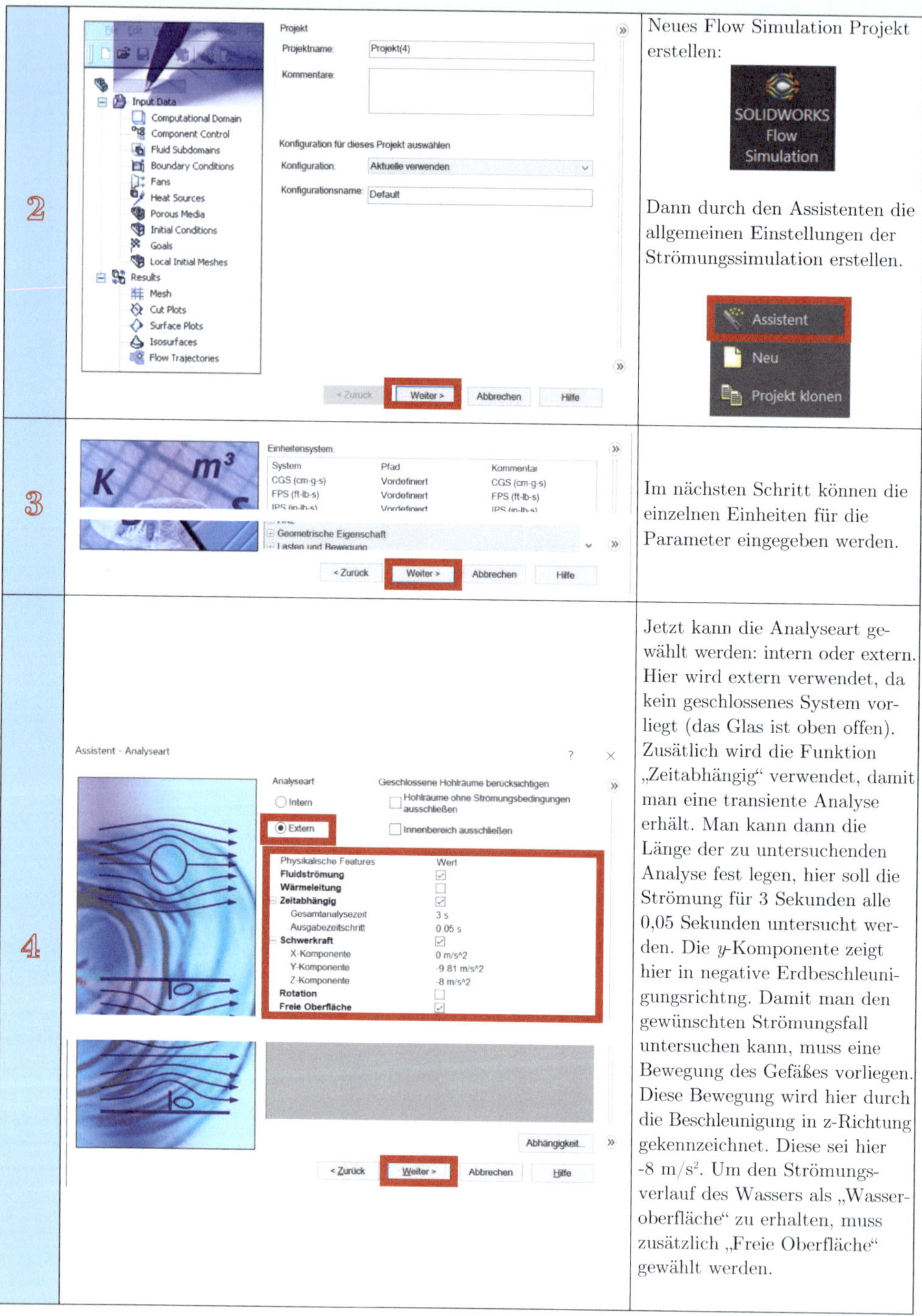

2	Neues Flow Simulation Projekt erstellen: Dann durch den Assistenten die allgemeinen Einstellungen der Strömungssimulation erstellen.
3	Im nächsten Schritt können die einzelnen Einheiten für die Parameter eingegeben werden.
4	Jetzt kann die Analyseart gewählt werden: intern oder extern. Hier wird extern verwendet, da kein geschlossenes System vorliegt (das Glas ist oben offen). Zusätlich wird die Funktion „Zeitabhängig" verwendet, damit man eine transiente Analyse erhält. Man kann dann die Länge der zu untersuchenden Analyse fest legen, hier soll die Strömung für 3 Sekunden alle 0,05 Sekunden untersucht werden. Die y-Komponente zeigt hier in negative Erdbeschleunigungsrichtng. Damit man den gewünschten Strömungsfall untersuchen kann, muss eine Bewegung des Gefäßes vorliegen. Diese Bewegung wird hier durch die Beschleunigung in z-Richtung gekennzeichnet. Diese sei hier -8 m/s^2. Um den Strömungsverlauf des Wassers als „Wasseroberfläche" zu erhalten, muss zusätzlich „Freie Oberfläche" gewählt werden.

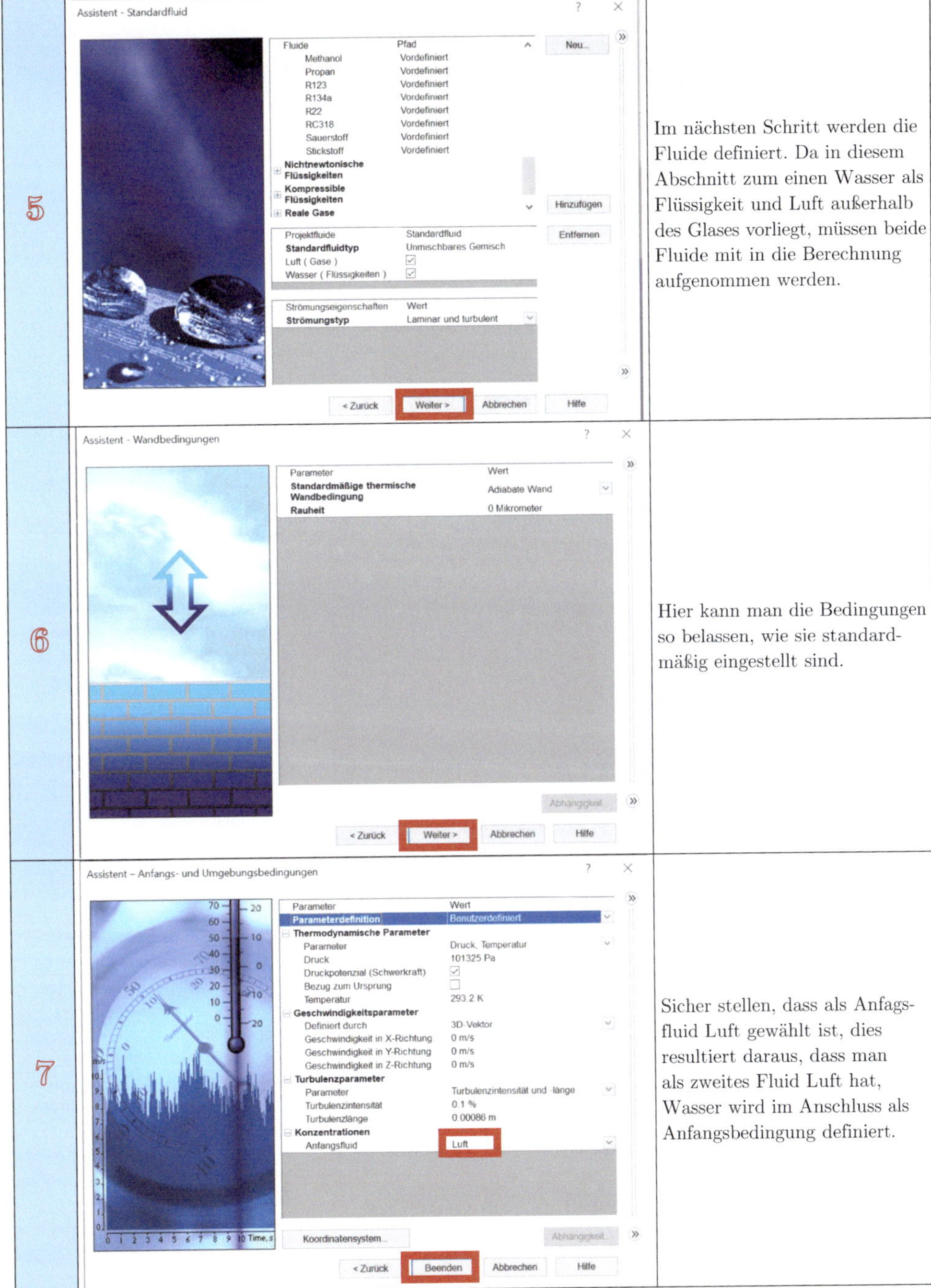

5	Im nächsten Schritt werden die Fluide definiert. Da in diesem Abschnitt zum einen Wasser als Flüssigkeit und Luft außerhalb des Glases vorliegt, müssen beide Fluide mit in die Berechnung aufgenommen werden.
6	Hier kann man die Bedingungen so belassen, wie sie standardmäßig eingestellt sind.
7	Sicher stellen, dass als Anfagsfluid Luft gewählt ist, dies resultiert daraus, dass man als zweites Fluid Luft hat, Wasser wird im Anschluss als Anfangsbedingung definiert.

2

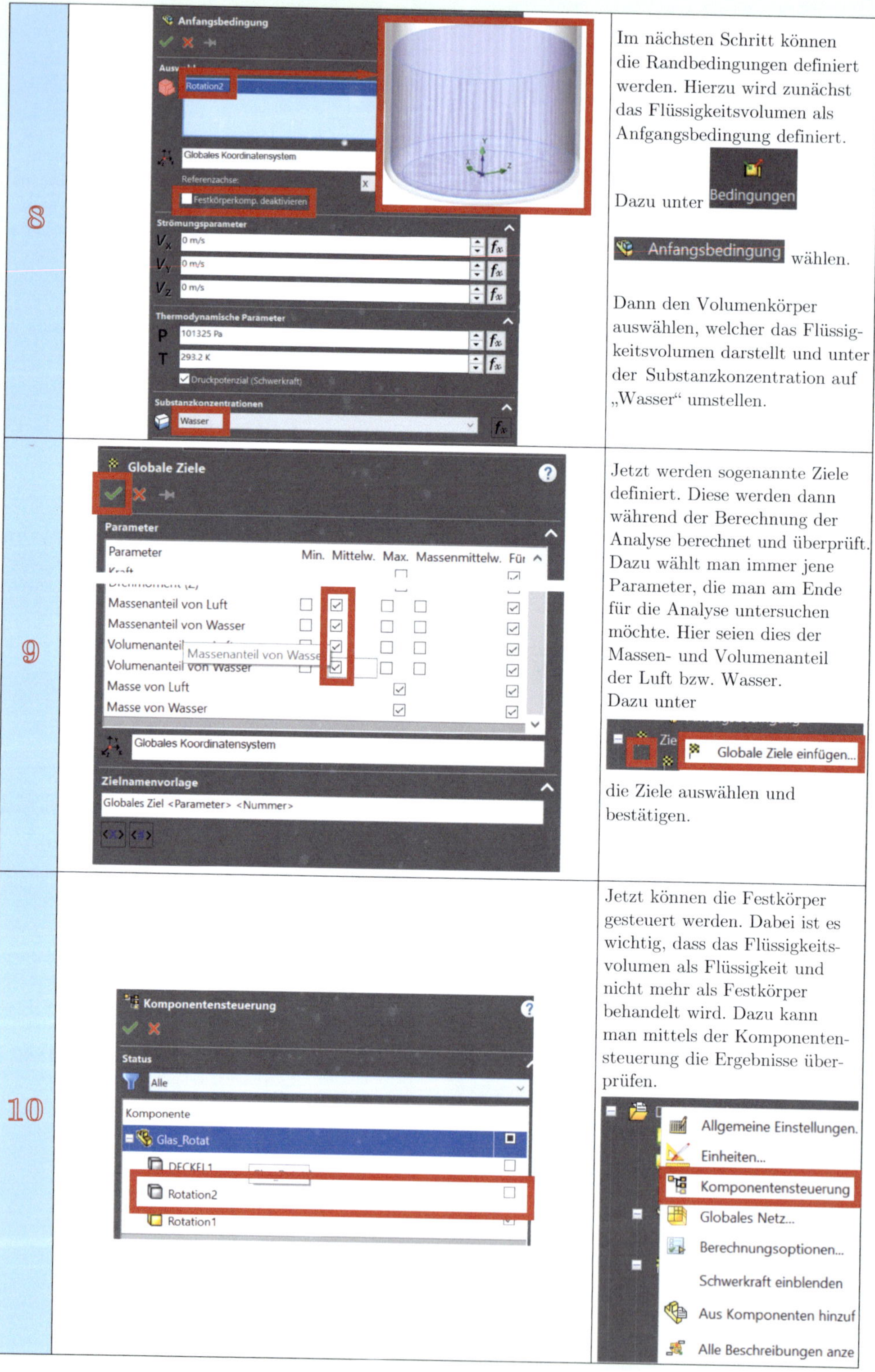

8	Im nächsten Schritt können die Randbedingungen definiert werden. Hierzu wird zunächst das Flüssigkeitsvolumen als Anfangsbedingung definiert. Dazu unter Bedingungen Anfangsbedingung wählen. Dann den Volumenkörper auswählen, welcher das Flüssigkeitsvolumen darstellt und unter der Substanzkonzentration auf „Wasser" umstellen.
9	Jetzt werden sogenannte Ziele definiert. Diese werden dann während der Berechnung der Analyse berechnet und überprüft. Dazu wählt man immer jene Parameter, die man am Ende für die Analyse untersuchen möchte. Hier seien dies der Massen- und Volumenanteil der Luft bzw. Wasser. Dazu unter Globale Ziele einfügen... die Ziele auswählen und bestätigen.
10	Jetzt können die Festkörper gesteuert werden. Dabei ist es wichtig, dass das Flüssigkeitsvolumen als Flüssigkeit und nicht mehr als Festkörper behandelt wird. Dazu kann man mittels der Komponentensteuerung die Ergebnisse überprüfen.

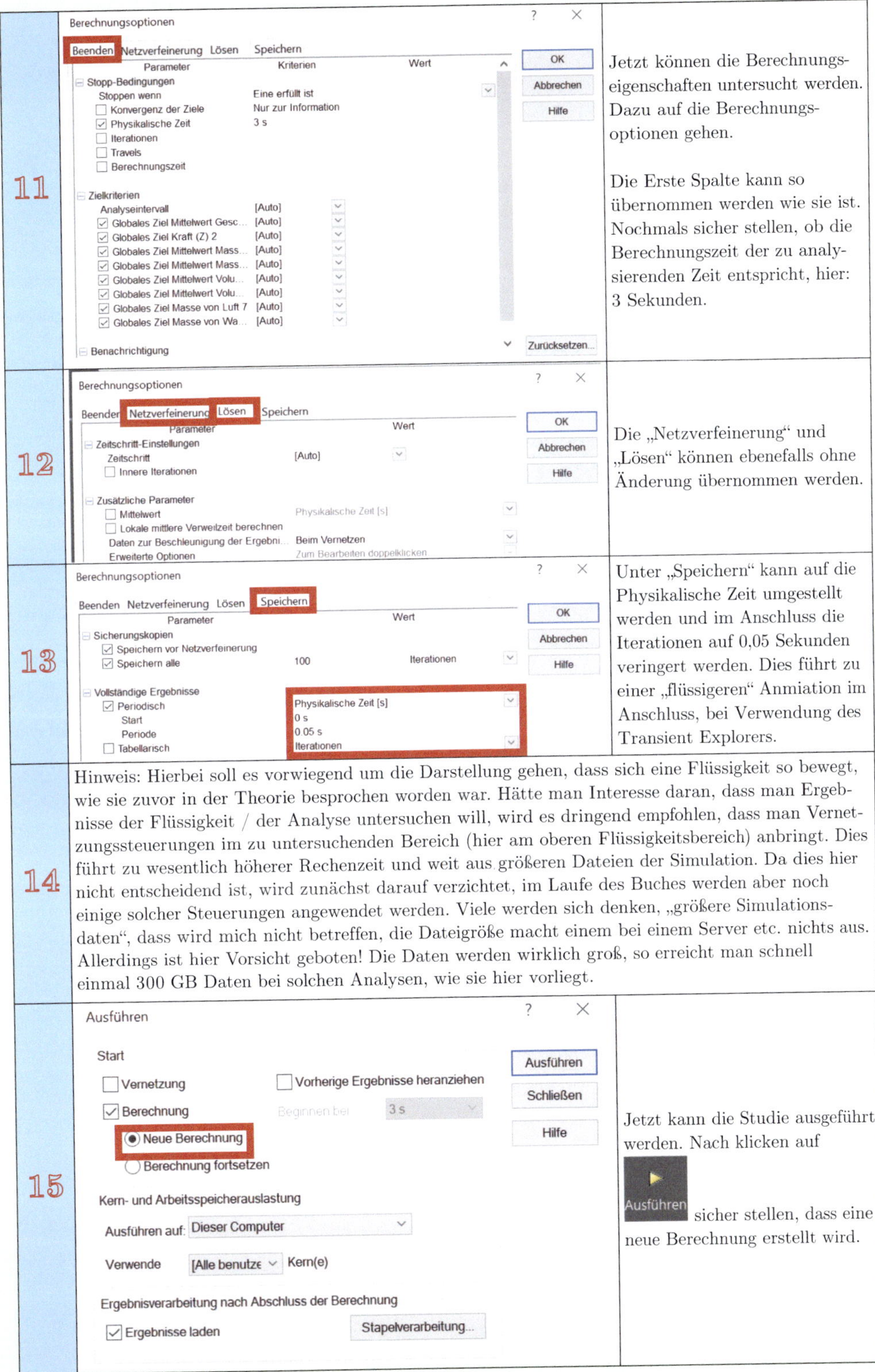

11	Jetzt können die Berechnungseigenschaften untersucht werden. Dazu auf die Berechnungsoptionen gehen. Die Erste Spalte kann so übernommen werden wie sie ist. Nochmals sicher stellen, ob die Berechnungszeit der zu analysierenden Zeit entspricht, hier: 3 Sekunden.
12	Die „Netzverfeinerung“ und „Lösen“ können ebenfalls ohne Änderung übernommen werden.
13	Unter „Speichern“ kann auf die Physikalische Zeit umgestellt werden und im Anschluss die Iterationen auf 0,05 Sekunden veringert werden. Dies führt zu einer „flüssigeren“ Anmiation im Anschluss, bei Verwendung des Transient Explorers.
14	Hinweis: Hierbei soll es vorwiegend um die Darstellung gehen, dass sich eine Flüssigkeit so bewegt, wie sie zuvor in der Theorie besprochen worden war. Hätte man Interesse daran, dass man Ergebnisse der Flüssigkeit / der Analyse untersuchen will, wird es dringend empfohlen, dass man Vernetzungssteuerungen im zu untersuchenden Bereich (hier am oberen Flüssigkeitsbereich) anbringt. Dies führt zu wesentlich höherer Rechenzeit und weit aus größeren Dateien der Simulation. Da dies hier nicht entscheidend ist, wird zunächst darauf verzichtet, im Laufe des Buches werden aber noch einige solcher Steuerungen angewendet werden. Viele werden sich denken, „größere Simulationsdaten“, dass wird mich nicht betreffen, die Dateigröße macht einem bei einem Server etc. nichts aus. Allerdings ist hier Vorsicht geboten! Die Daten werden wirklich groß, so erreicht man schnell einmal 300 GB Daten bei solchen Analysen, wie sie hier vorliegt.
15	Jetzt kann die Studie ausgeführt werden. Nach klicken auf [Ausführen] sicher stellen, dass eine neue Berechnung erstellt wird.

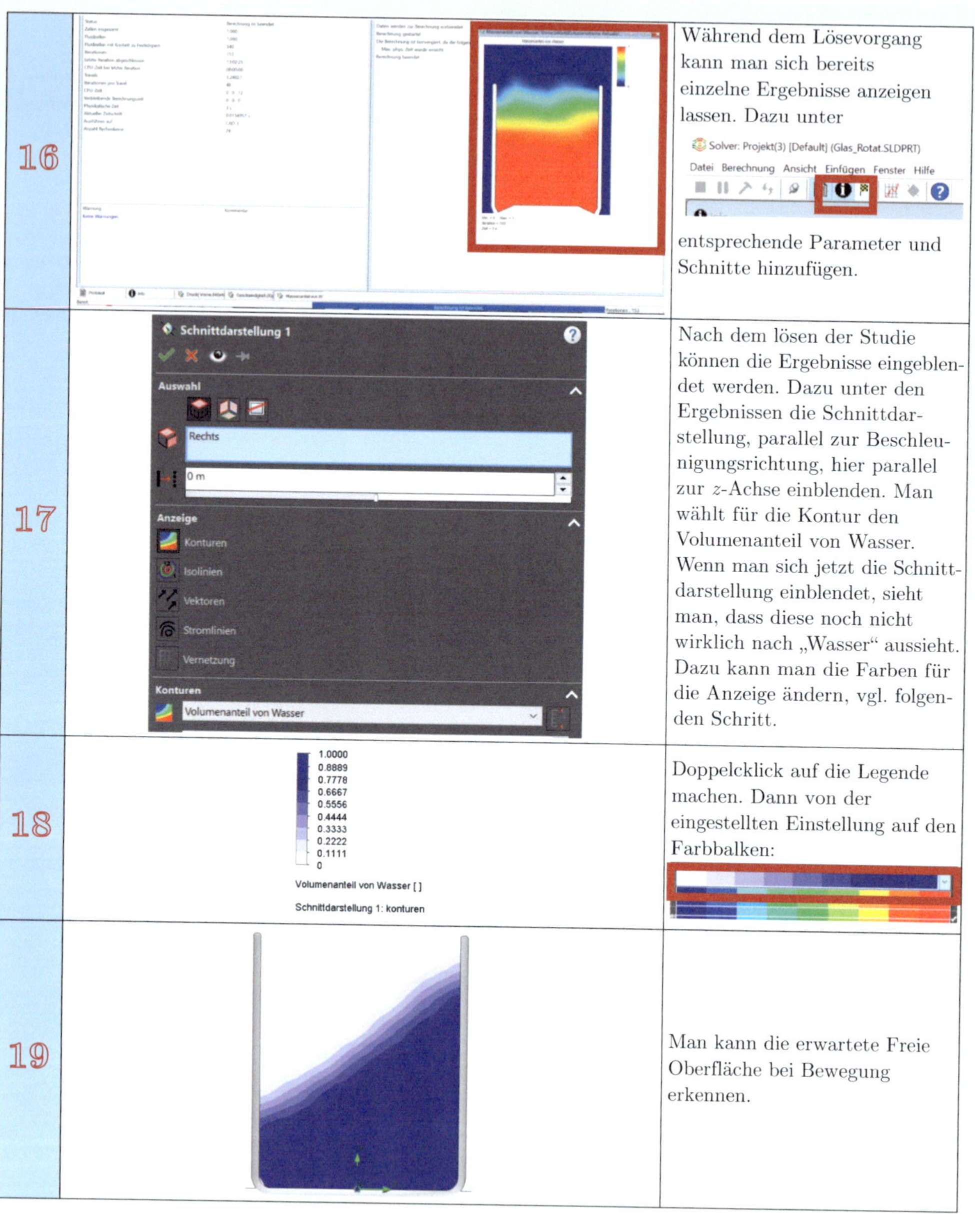

Schritt	Abbildung	Beschreibung
16		Während dem Lösevorgang kann man sich bereits einzelne Ergebnisse anzeigen lassen. Dazu unter Solver: Projekt(3) [Default] (Glas_Rotat.SLDPRT) Datei Berechnung Ansicht Einfügen Fenster Hilfe entsprechende Parameter und Schnitte hinzufügen.
17	Schnittdarstellung 1 Auswahl Rechts 0 m Anzeige Konturen Isolinien Vektoren Stromlinien Vernetzung Konturen Volumenanteil von Wasser	Nach dem lösen der Studie können die Ergebnisse eingeblendet werden. Dazu unter den Ergebnissen die Schnittdarstellung, parallel zur Beschleunigungsrichtung, hier parallel zur z-Achse einblenden. Man wählt für die Kontur den Volumenanteil von Wasser. Wenn man sich jetzt die Schnittdarstellung einblendet, sieht man, dass diese noch nicht wirklich nach „Wasser“ aussieht. Dazu kann man die Farben für die Anzeige ändern, vgl. folgenden Schritt.
18	1.0000 0.8889 0.7778 0.6667 0.5556 0.4444 0.3333 0.2222 0.1111 0 Volumenanteil von Wasser [ ] Schnittdarstellung 1: konturen	Doppelclick auf die Legende machen. Dann von der eingestellten Einstellung auf den Farbbalken:
19		Man kann die erwartete Freie Oberfläche bei Bewegung erkennen.

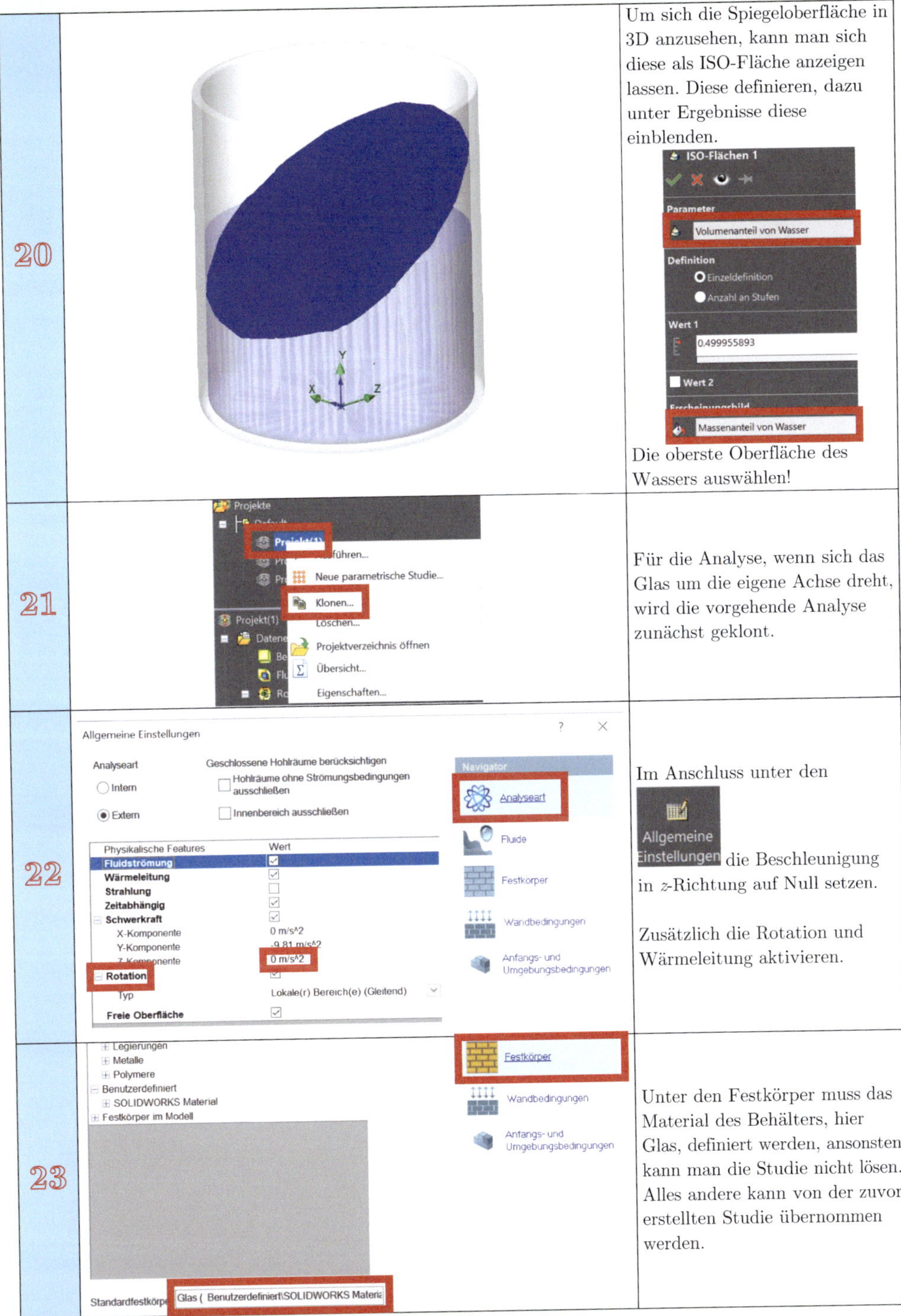

20		Um sich die Spiegeloberfläche in 3D anzusehen, kann man sich diese als ISO-Fläche anzeigen lassen. Diese definieren, dazu unter Ergebnisse diese einblenden. Die oberste Oberfläche des Wassers auswählen!
21		Für die Analyse, wenn sich das Glas um die eigene Achse dreht, wird die vorgehende Analyse zunächst geklont.
22		Im Anschluss unter den Allgemeine Einstellungen die Beschleunigung in z-Richtung auf Null setzen. Zusätzlich die Rotation und Wärmeleitung aktivieren.
23		Unter den Festkörper muss das Material des Behälters, hier Glas, definiert werden, ansonsten kann man die Studie nicht lösen. Alles andere kann von der zuvor erstellten Studie übernommen werden.

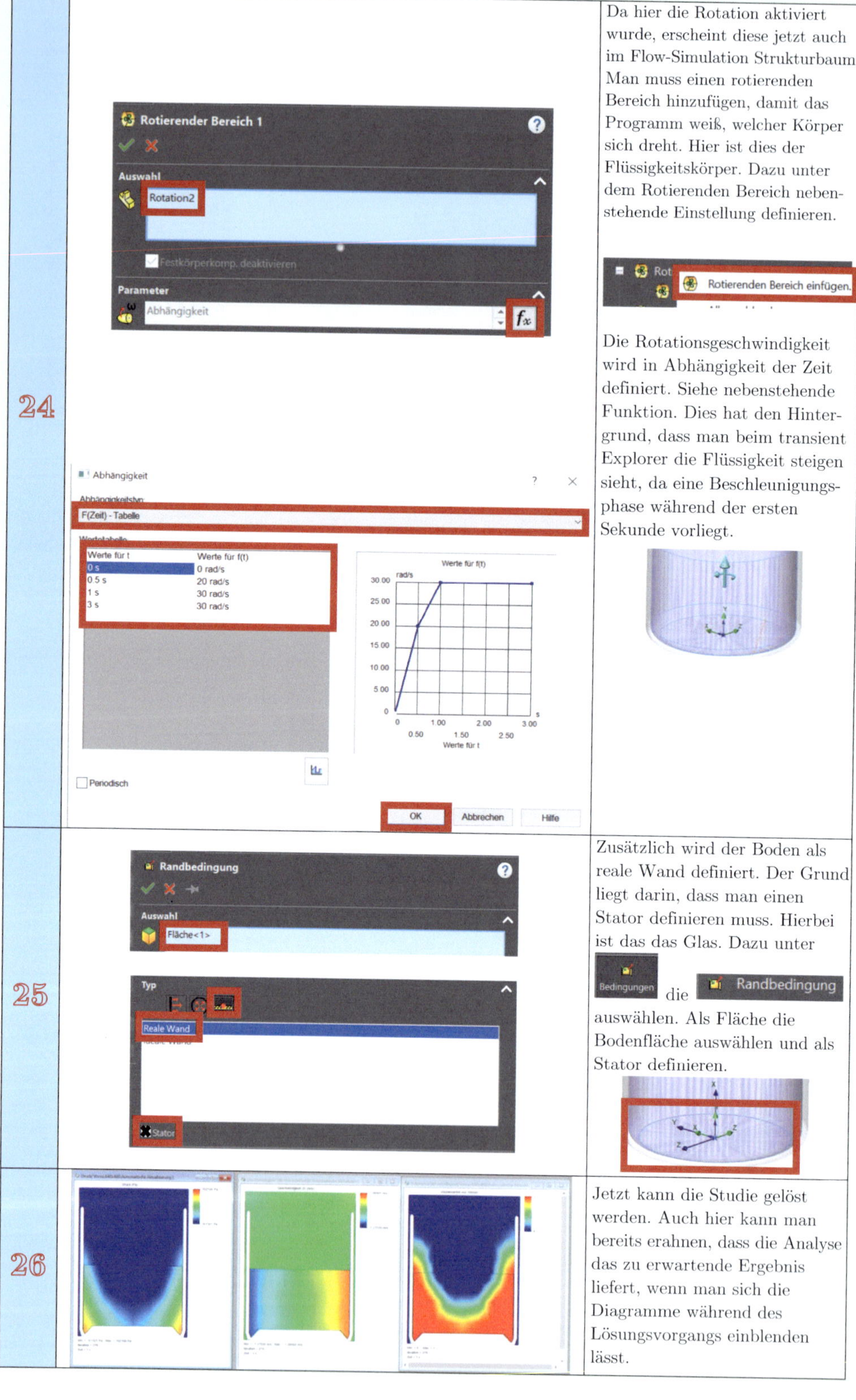

24		Da hier die Rotation aktiviert wurde, erscheint diese jetzt auch im Flow-Simulation Strukturbaum. Man muss einen rotierenden Bereich hinzufügen, damit das Programm weiß, welcher Körper sich dreht. Hier ist dies der Flüssigkeitskörper. Dazu unter dem Rotierenden Bereich nebenstehende Einstellung definieren. Die Rotationsgeschwindigkeit wird in Abhängigkeit der Zeit definiert. Siehe nebenstehende Funktion. Dies hat den Hintergrund, dass man beim transient Explorer die Flüssigkeit steigen sieht, da eine Beschleunigungsphase während der ersten Sekunde vorliegt.
25		Zusätzlich wird der Boden als reale Wand definiert. Der Grund liegt darin, dass man einen Stator definieren muss. Hierbei ist das das Glas. Dazu unter Bedingungen die Randbedingung auswählen. Als Fläche die Bodenfläche auswählen und als Stator definieren.
26		Jetzt kann die Studie gelöst werden. Auch hier kann man bereits erahnen, dass die Analyse das zu erwartende Ergebnis liefert, wenn man sich die Diagramme während des Lösungsvorgangs einblenden lässt.

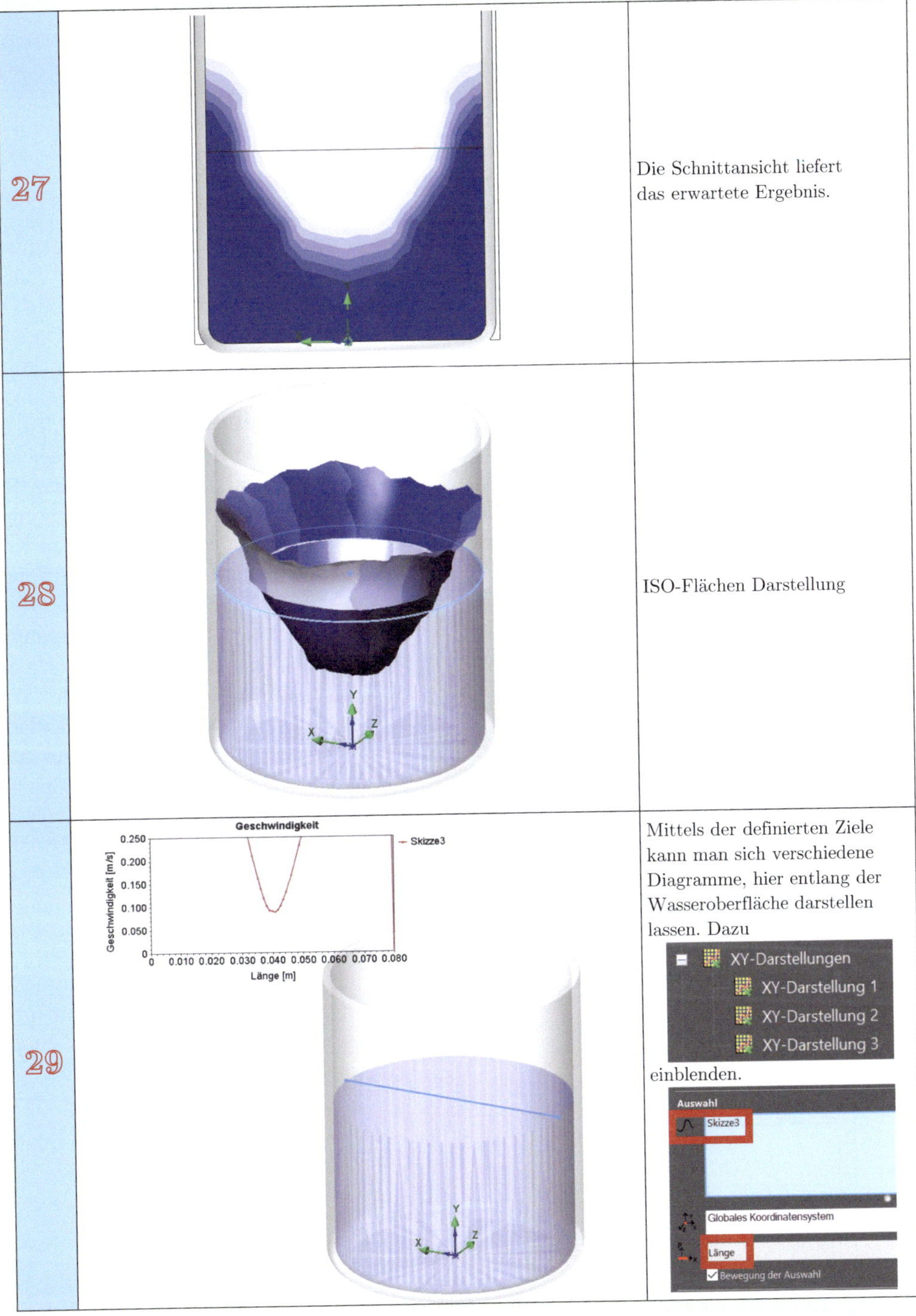

27	Die Schnittansicht liefert das erwartete Ergebnis.
28	ISO-Flächen Darstellung
29	Mittels der definierten Ziele kann man sich verschiedene Diagramme, hier entlang der Wasseroberfläche darstellen lassen. Dazu einblenden.

2.2 Hydrodstatischer Druck

Hydrostatischer Druck kann aufgrund zwei Tatsachen entstehen. Diese werden im kommenden genauer untersucht.

1. **Pressungsdruck oder Pressdruck:** Diese Art von Druck entsteht, wenn man mittels Kraft Druck auf ein hydrostatisches Volumen ausübt. Beispielsweise durch drücken, mittels eines Kolbens auf eine Wasseroberfläche. Diesen nutzt man oftmals in der Mechanik und Technik, beispielsweise bei hydraulischen Zylindern oder bei hydraulischen Pressen.
2. **Schweredruck:** Bei diesem entsteht der Druck durch eine Gewichtskraft, die an einem gewissen Punkt wirkt. Es handelt sich hierbei also um den Druck, der durch das Gewicht der Flüssigkeit an sich entsteht. Beispielsweise ein Behälter gefüllt mit 1000 Liter Wasser, wirkt auf den Boden eine Bodenkraft, durch das Gewicht des Wassers, in Höhe von 9810 N aus. Je nach Größe der Bodenfläche entsteht ein unterschiedlicher Schweredruck.
3. In der Realität überlagern sich die beiden Drücke aber meistens. Dazu wird folgendes Beispiel betrachtet:
   Versuchsanordnung: In einem geschlossenen Rohr (vgl. mit Abb. 2.5) befindet sich ein Kolben, welcher reibungsfrei verschiebbar ist. Das Gefäß ist damit dicht abgeschlossen, und unter dem Kolben bis zum Boden mit Flüssigkeit gefüllt. Befindet sich die Flüssigkeit in Ruhe, so befinden sich alle von außen wirkenden Kräfte im statischen Gleichgewicht. Diese Kräfte sind:
   a) Gewichtskraft der Flüssigkeit ($F_{G,Fl}$)
   b) Gewichtskraft des Kolbens (F_B)
   c) Kräfte durch die Gefäßwände auf den Flüssigkeitskörper wie:
      - Seitenkraft F_S
      - Bodenkraft F_B

Die Kräfte (F), die auf die Flüssigkeitsteilchen innerhalb des angenommenen Schnitts wirken, treten stets paarweise auf (nach dem Schnittverfahren und aufgrund des Gleichgewichts der inneren Kräfte). Zudem können diese Kräfte nur senkrecht zur Schnittfläche agieren. Es ist wichtig zu beachten, dass die Flüssigkeitsteilchen untereinander leicht verschiebbar sind. Ein Zustand der Ruhe innerhalb der Flüssigkeitsteilchen wird nur erreicht, wenn die auf sie wirkenden Kräfte keine Komponenten in Richtung des Schnitts aufweisen.

Wenn man aus der Flüssigkeit, an einer beliebigen Stelle, ein Prisma herausschneidet (vgl. mit Abb. 2.6), ergibt sich die Erkenntnis, dass die auf die Dreiecksflächen wirkenden seitlichen Kräfte einander aufheben und daher vernachlässigt werden können.

Aus der Ähnlichkeit (vgl. Abb. 2.6) ergibt sich: $F_1 \cdot F_2 \cdot F_3 \sim a \cdot b \cdot c$, also $F_1 : F_2 : F_3 = a : b : c$ bzw. mit der allgemeinen Gleichung zur Berechnung des Druckes: $p = \frac{F}{A} \Longrightarrow F = A \cdot p$. Einsetzen ergibt

$$F_1 = A_1 \cdot p_1 = a \cdot L \cdot p_1 \tag{2.13}$$

$$F_2 = A_2 \cdot p_2 = a \cdot L \cdot p_2 \tag{2.14}$$

$$F_3 = A_3 \cdot p_3 = a \cdot L \cdot p_3; \tag{2.15}$$

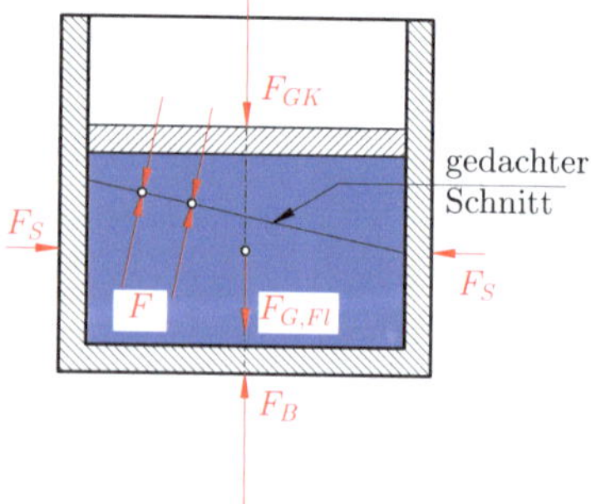

Abb. 2.5 Druckentstehung

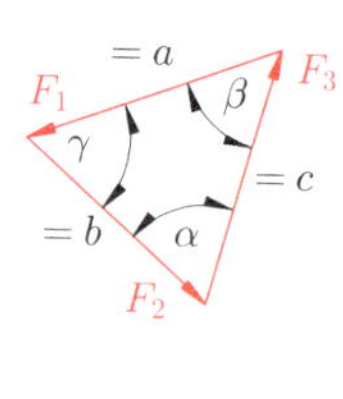

Abb. 2.6 Druckausbreitung

Bzw. durch einsetzen in $F_1 : F_2 : F_3 \sim a : b : c$ folgt

$$a \cdot L \cdot p_1 : b \cdot L \cdot p_2 : c \cdot L \cdot p_3 \sim a : b : c$$
$$p_1 : p_2 : p_3 \sim 1 : 1 : 1, \tag{2.16}$$

woraus

$$p_1 = p_2 = p_3 = \text{const.} \tag{2.17}$$

folgt.

Corollary 2.1 (Hydrostatische Druck)
Betrachtet man den hydrostatischen Druck an einer Stelle, so stellt man fest, dass dieser in jeder Richtung gleich groß ist.

Definition 2.1 (Hydrostatische Druck)
Der hydrostatische Druck ist ein Maß für die Flüssigkeitspressung:

$$p = \frac{F}{A} \quad [\text{Pa}] \tag{2.18}$$

p … Druck
F … Kraft
A … Querschnittfläche

Bemerkung 2.1
In vielen technischen Anwendungen spricht man von der Einheit Pascal, wenn man einen Druck berechnet. Da es sich dabei um eine winzige Einheit handelt, verwendet man oft die Einheit MPa oder bar, zu besseren Vorstelltung.

$$1\,\text{bar} = 1 \cdot 10^5\,\text{bar} = 1 \cdot 10^5 \cdot \frac{\text{N}}{\text{m}^2}$$
$$= 1 \cdot 10 \cdot \frac{\text{N}}{\text{cm}^2}$$
$$= 1 \cdot 10^{-1} \cdot \frac{\text{N}}{\text{mm}^2} \tag{2.19}$$

Vgl. mit ▶ CFD 2.2.

Methode: Lösung durch SolidWorks – CFD 2.2

Mittels SolidWorks ist anhand eines Kolbens der Presse-Schweredruck und der reale Druck zu untersuchen. Dazu verwendet man einen Pressedruck in Höhe von 4 bar.

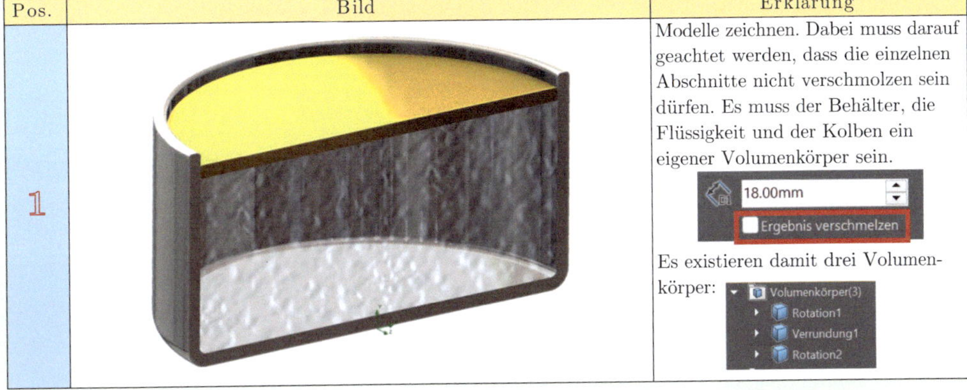

Pos.	Bild	Erklärung
1		Modelle zeichnen. Dabei muss darauf geachtet werden, dass die einzelnen Abschnitte nicht verschmolzen sein dürfen. Es muss der Behälter, die Flüssigkeit und der Kolben ein eigener Volumenkörper sein. 18.00mm Ergebnis verschmelzen Es existieren damit drei Volumenkörper: Volumenkörper(3) Rotation1 Verrundung1 Rotation2

2

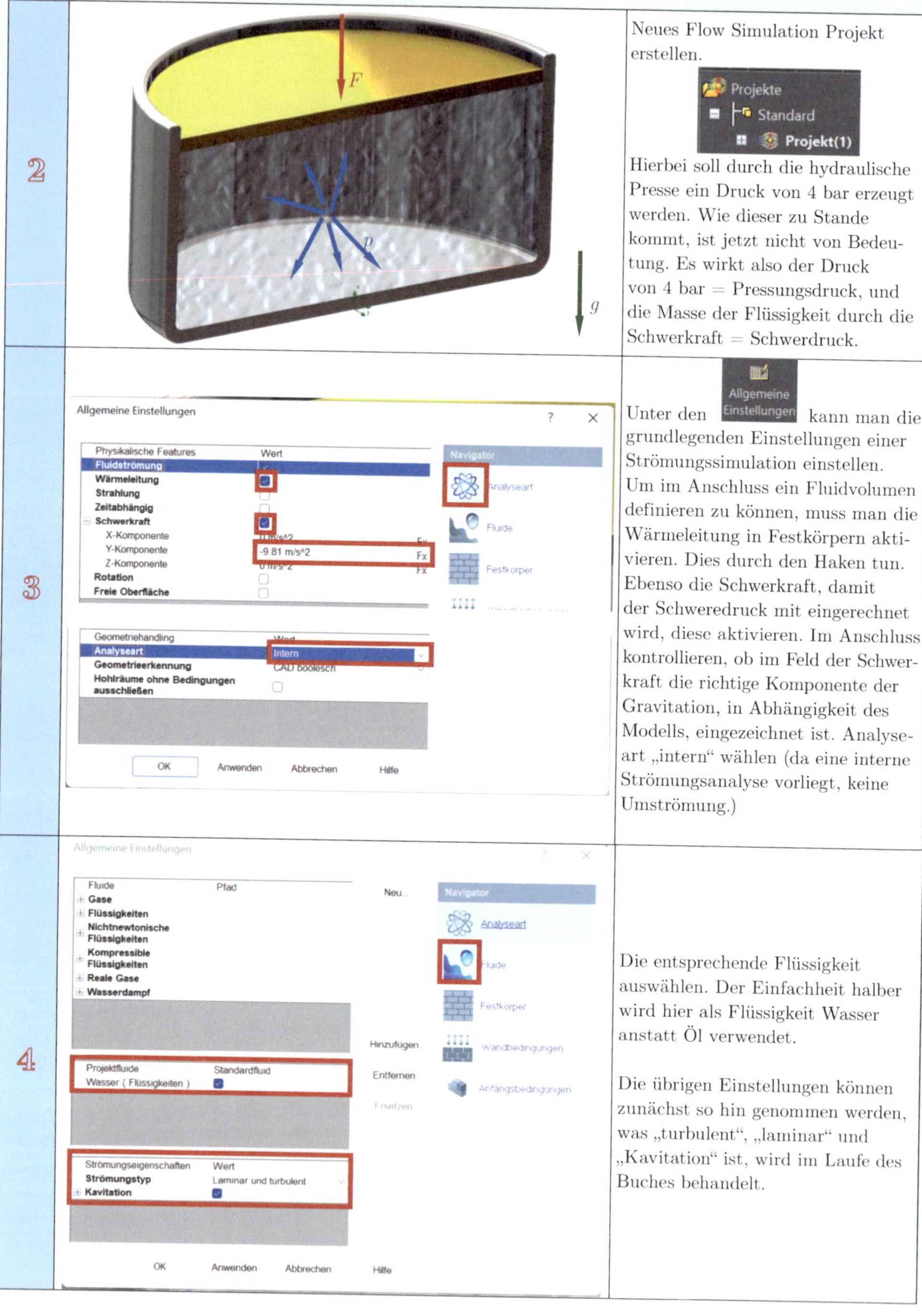

2	Neues Flow Simulation Projekt erstellen. Projekte Standard Projekt(1) Hierbei soll durch die hydraulische Presse ein Druck von 4 bar erzeugt werden. Wie dieser zu Stande kommt, ist jetzt nicht von Bedeutung. Es wirkt also der Druck von 4 bar = Pressungsdruck, und die Masse der Flüssigkeit durch die Schwerkraft = Schwerdruck.
3	Unter den Allgemeine Einstellungen kann man die grundlegenden Einstellungen einer Strömungssimulation einstellen. Um im Anschluss ein Fluidvolumen definieren zu können, muss man die Wärmeleitung in Festkörpern aktivieren. Dies durch den Haken tun. Ebenso die Schwerkraft, damit der Schweredruck mit eingerechnet wird, diese aktivieren. Im Anschluss kontrollieren, ob im Feld der Schwerkraft die richtige Komponente der Gravitation, in Abhängigkeit des Modells, eingezeichnet ist. Analyseart „intern“ wählen (da eine interne Strömungsanalyse vorliegt, keine Umströmung.)
4	Die entsprechende Flüssigkeit auswählen. Der Einfachheit halber wird hier als Flüssigkeit Wasser anstatt Öl verwendet. Die übrigen Einstellungen können zunächst so hin genommen werden, was „turbulent“, „laminar“ und „Kavitation“ ist, wird im Laufe des Buches behandelt.

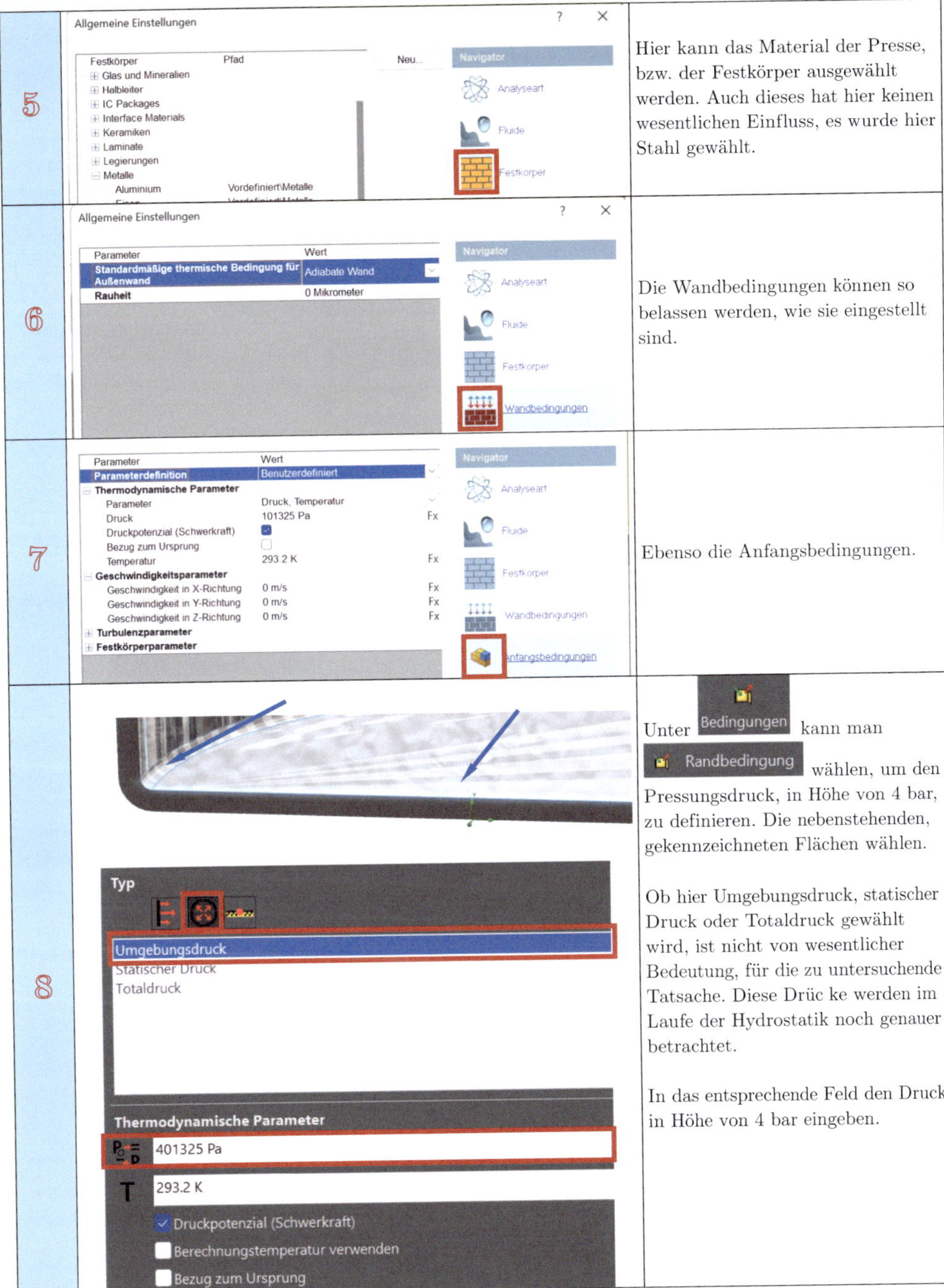

5		Hier kann das Material der Presse, bzw. der Festkörper ausgewählt werden. Auch dieses hat hier keinen wesentlichen Einfluss, es wurde hier Stahl gewählt.
6		Die Wandbedingungen können so belassen werden, wie sie eingestellt sind.
7		Ebenso die Anfangsbedingungen.
8		Unter Bedingungen kann man Randbedingung wählen, um den Pressungsdruck, in Höhe von 4 bar, zu definieren. Die nebenstehenden, gekennzeichneten Flächen wählen. Ob hier Umgebungsdruck, statischer Druck oder Totaldruck gewählt wird, ist nicht von wesentlicher Bedeutung, für die zu untersuchende Tatsache. Diese Drüc ke werden im Laufe der Hydrostatik noch genauer betrachtet. In das entsprechende Feld den Druck in Höhe von 4 bar eingeben.

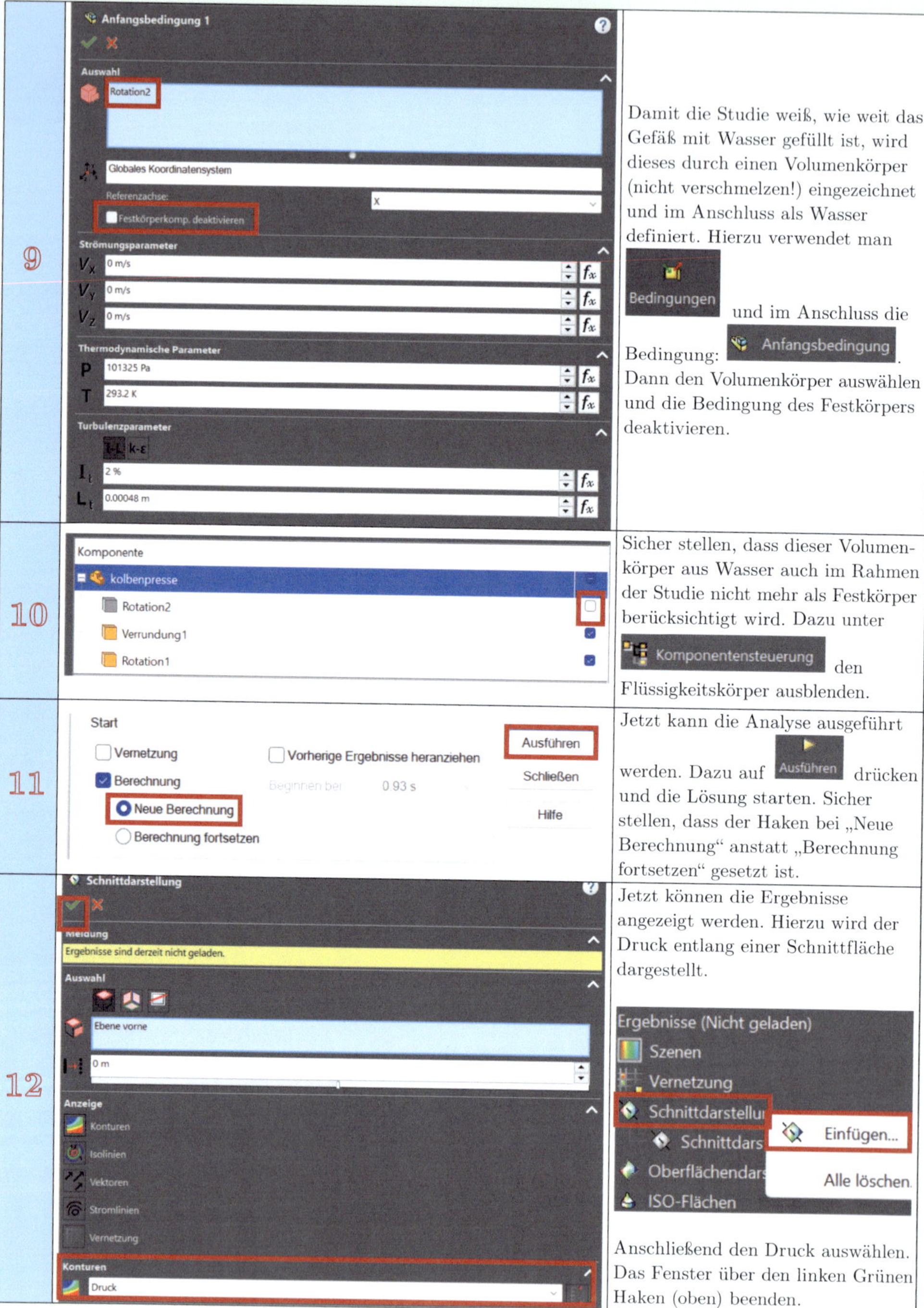

9	Damit die Studie weiß, wie weit das Gefäß mit Wasser gefüllt ist, wird dieses durch einen Volumenkörper (nicht verschmelzen!) eingezeichnet und im Anschluss als Wasser definiert. Hierzu verwendet man Bedingungen und im Anschluss die Bedingung: Anfangsbedingung. Dann den Volumenkörper auswählen und die Bedingung des Festkörpers deaktivieren.
10	Sicher stellen, dass dieser Volumenkörper aus Wasser auch im Rahmen der Studie nicht mehr als Festkörper berücksichtigt wird. Dazu unter Komponentensteuerung den Flüssigkeitskörper ausblenden.
11	Jetzt kann die Analyse ausgeführt werden. Dazu auf Ausführen drücken und die Lösung starten. Sicher stellen, dass der Haken bei „Neue Berechnung“ anstatt „Berechnung fortsetzen“ gesetzt ist.
12	Jetzt können die Ergebnisse angezeigt werden. Hierzu wird der Druck entlang einer Schnittfläche dargestellt. Anschließend den Druck auswählen. Das Fenster über den linken Grünen Haken (oben) beenden.

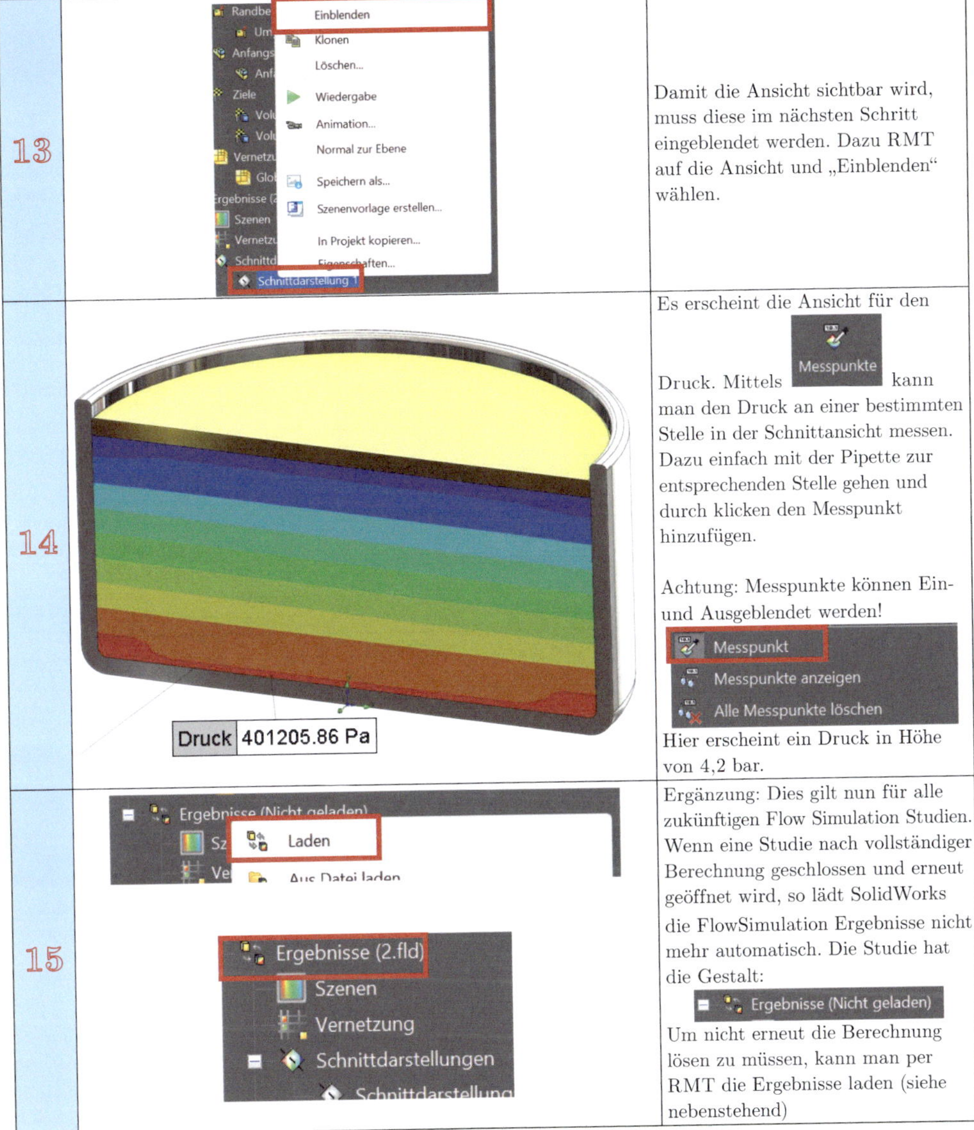

13	Damit die Ansicht sichtbar wird, muss diese im nächsten Schritt eingeblendet werden. Dazu RMT auf die Ansicht und „Einblenden" wählen.
14	Es erscheint die Ansicht für den Druck. Mittels „Messpunkte" kann man den Druck an einer bestimmten Stelle in der Schnittansicht messen. Dazu einfach mit der Pipette zur entsprechenden Stelle gehen und durch klicken den Messpunkt hinzufügen. Achtung: Messpunkte können Ein- und Ausgeblendet werden! (Messpunkt / Messpunkte anzeigen / Alle Messpunkte löschen) Hier erscheint ein Druck in Höhe von 4,2 bar.
15	Ergänzung: Dies gilt nun für alle zukünftigen Flow Simulation Studien. Wenn eine Studie nach vollständiger Berechnung geschlossen und erneut geöffnet wird, so lädt SolidWorks die FlowSimulation Ergebnisse nicht mehr automatisch. Die Studie hat die Gestalt: „Ergebnisse (Nicht geladen)" Um nicht erneut die Berechnung lösen zu müssen, kann man per RMT die Ergebnisse laden (siehe nebenstehend)

2

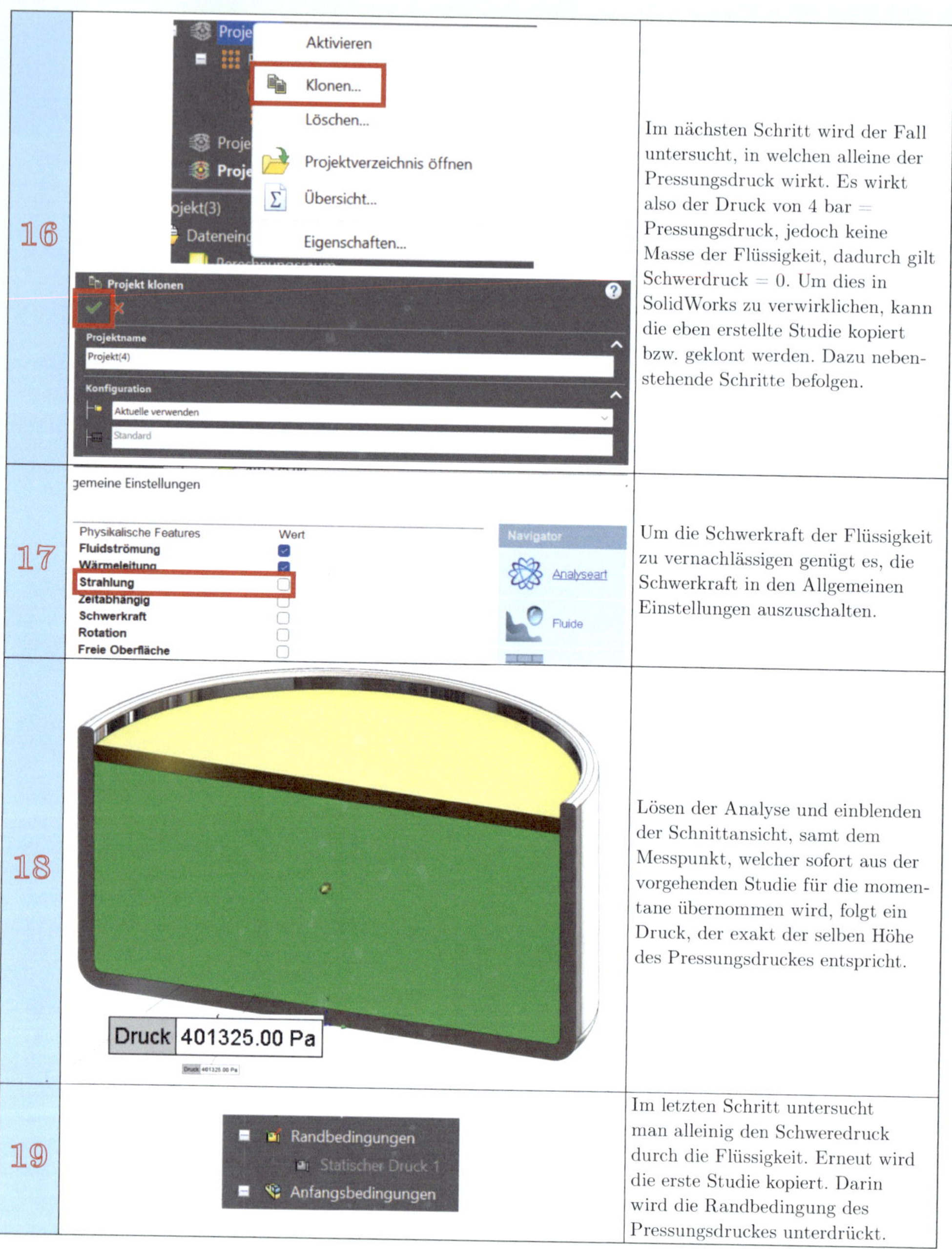

16	Im nächsten Schritt wird der Fall untersucht, in welchen alleine der Pressungsdruck wirkt. Es wirkt also der Druck von 4 bar = Pressungsdruck, jedoch keine Masse der Flüssigkeit, dadurch gilt Schwerdruck = 0. Um dies in SolidWorks zu verwirklichen, kann die eben erstellte Studie kopiert bzw. geklont werden. Dazu nebenstehende Schritte befolgen.
17	Um die Schwerkraft der Flüssigkeit zu vernachlässigen genügt es, die Schwerkraft in den Allgemeinen Einstellungen auszuschalten.
18	Lösen der Analyse und einblenden der Schnittansicht, samt dem Messpunkt, welcher sofort aus der vorgehenden Studie für die momentane übernommen wird, folgt ein Druck, der exakt der selben Höhe des Pressungsdruckes entspricht.
19	Im letzten Schritt untersucht man alleinig den Schweredruck durch die Flüssigkeit. Erneut wird die erste Studie kopiert. Darin wird die Randbedingung des Pressungsdruckes unterdrückt.

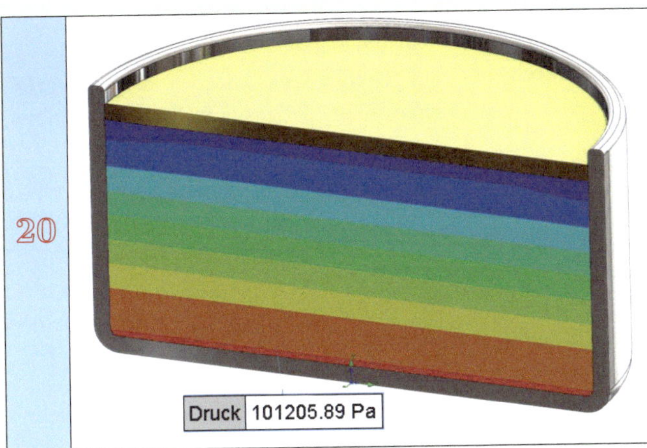

Studie ausführen und Schnittdarstellung einblenden. Man sieht, der Druck ist sehr gering, dieser entsteht durch die Schwerkraft.

2.2.1 Beziehungen zwischen Drücke

Siehe Abb. 2.7.

p... **Druck** an einer Stelle bei einer Flüssigkeit

p_a... **Atmosphärischer Druck (Luftdruck)** abhängig von Wetter und Ortshöhe, **Normaldruck:** $p_a = 1{,}0132515\,\text{bar}$, als Jahresmittel in Meeresspiegelhöhe festgelegt.

p_{abs}... **Absolutdruck** (bezogen auf den luftleeren Raum)

$p_{Ü}$... **Überdruck** (bezogen auf den Luftdruck)

p_U... **Unterdruck** (bezogen auf den Luftdruck)

Oftmals wird vermutet, dass es auch einen negativen Druck gäbe, da vielen das Vakuum ein Begriff sein wird. Oftmals wird davon ausgegangen, dass im Vakuum ein negativer Druck vorläge, dem ist allerdings nicht so. Vakuum wird definiert als „luftleerer Raum", was sofort darauf schließen lässt, dass kein negativer Druck vorliegt, sondern nur ein Druck gleich null. Unterdruck ist kein „negativer Überdruck" und kann im Höchstfall gleich der Atmosphärendruck sein.

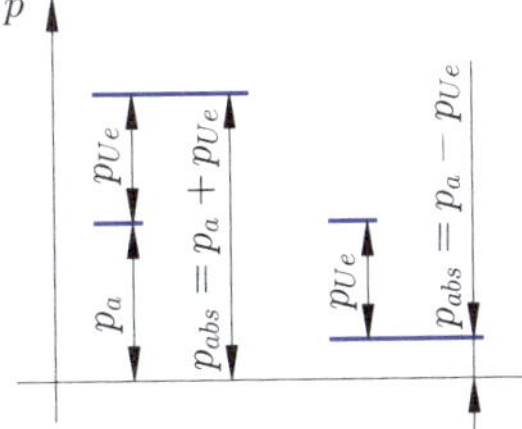

Abb. 2.7 Druckbeziehungen

2.2.2 Druckausbreitungsgesetz ohne Schweredruck

Theorem 2.1 (Nach Pascal gilt:)

Jener Druck, welcher auf ein geschlossenes System mit eingeschlossener Flüssigkeit ausgeübt wird, breitet sich in alle Richtungen gleichmäßig aus.

2

2.2.2.1 Hydraulischer Hebebock, Kolbenreibung vernachlässigt

Gemäß Abb. 2.8 gilt $p = \frac{F_1}{A_1} = \frac{F_2}{A_2}$, wodurch die Gleichung

$$\frac{F_1}{A_1} = \frac{F_2}{A_2} \tag{2.20}$$

folgt. Die **Kolbenflächen** sind den **Kolbenkräften direkt proportional**. Die Kolbenwege lassen sich durch das verdrängte Volumen ermitteln, zu

$$V_1 = A_1 \cdot s_1 \tag{2.21}$$

$$V_2 = A_2 \cdot s_2. \tag{2.22}$$

Dieses Volumen muss gleich sein, aufgrund

$$V_1 = V_2$$

$$A_1 \cdot s_1 = A_2 \cdot s_2. \tag{2.23}$$

gilt. Umformen ergibt

$$\frac{s_1}{s_2} = \frac{A_2}{A_1} = \frac{\frac{d_2^2 \cdot \pi}{4}}{\frac{d_1^2 \cdot \pi}{4}}; \tag{2.24}$$

$$\frac{s_1}{s_2} = \frac{A_2}{A_1} = \frac{d_2^2}{d_1^2}. \tag{2.25}$$

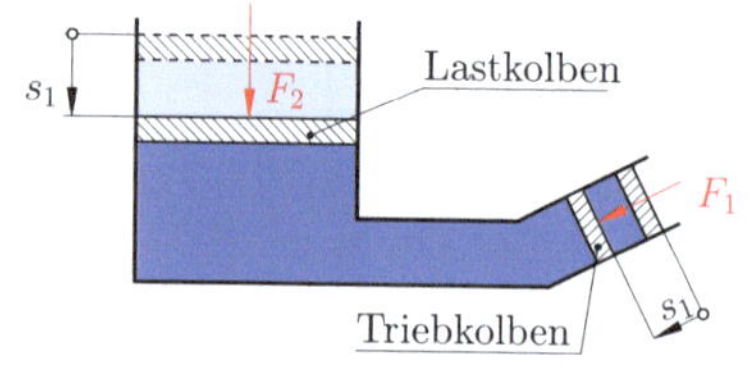

Abb. 2.8 Druckausbreitung ohne Schweredruck

Corollary 2.2

Die **Kolbenwege** sind den **Kolbenoberflächen** bzw. den **Quadraten der Kolbendurchmesser indirekt proportional**.

Corollary 2.3

Damit folgt die maximale Hubkraft mit $p = \frac{F_1}{A_1} = \frac{F_2}{A_2}$, zu

$$F_2 = \frac{F_1 \cdot A_2}{A_1} = \frac{F_1 \cdot d_2^2}{d_1^2}. \tag{2.26}$$

2.2.2.2 Hydraulischer Hebebock, Kolbenreibung berücksichtigt

Wirkt Druck auf die Dichtung aus Abb. 2.9, so hat diese das Verlangen, dem Druck aus dem Weg zu gehen und presst sich gegen den Kolben und die Zylinderrohrwand. Dadurch erreicht man eine höhere Dichtigkeit, jedoch verbunden durch eine höhere Reibung. Dieses Verhalten wird bei einer Vielzahl an Dichtungen, die in der Technik verwendet werden, benutzt. Beispielsweise bei hydraulischen Dichtungen, aber auch bei Abstreifern, Wellendichtringe, um nur einige Anwendungsfälle zu nennen.

Daraus entstehen folgende Reibungskräfte (vgl. Abb. 2.10)

$$F_{R1} = F_{N1} \cdot \mu \tag{2.27}$$

$$F_{R2} = F_{N2} \cdot \mu; \tag{2.28}$$

wobei erneut $F = A \cdot p$ gilt und daraus

$$F_{N1} = A_1 \cdot p \tag{2.29}$$

$$F_{N2} = A_2 \cdot p \tag{2.30}$$

Abb. 2.9 Lippendichtung im Detail

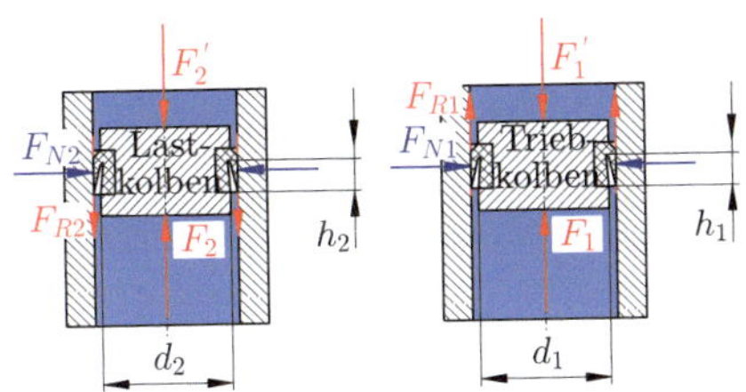

Abb. 2.10 Kolben mit Lippendichtung

folgt. Die Fläche muss hier jener Ring sein, der die Höhe der anliegenden Dichtfläche entspricht.

$$A_1 = d_1 \cdot \pi \cdot h_1 \tag{2.31}$$

$$A_2 = d_2 \cdot \pi \cdot h_2. \tag{2.32}$$

Dies eingesetzt ergibt

$$F_{N1} = d_1 \cdot \pi \cdot h_1 \cdot p \tag{2.33}$$

$$F_{N2} = d_2 \cdot \pi \cdot h_2 \cdot p. \tag{2.34}$$

Gemäß den Gleichgewichtsbedingungen aus Abb. 2.10 kann man die Gleichungen für F_1' und F_2' finden, zu

$$F_1' = F_1 + F_{R1} \quad \text{für den Triebkolben und} \tag{2.35}$$

$$F_2' = F_2 - F_{R2} \quad \text{für den Lastkolben.} \tag{2.36}$$

Mit den Kräften für die Kolben $F_1 = p \cdot (d_1^2 \cdot \pi)/4$ und $F_2 = p \cdot (d_2^2 \cdot \pi)/4$ folgt durch einsetzen dieser Bedingungen

$$F_1' = F_1 + F_{R1} = p\frac{d_1^2 \cdot \pi}{4} + \mu \cdot d_1 \cdot \pi \cdot h_1 \cdot p = p \cdot \pi \cdot \frac{d_1^2}{4}\left(1 + 4\,\mu \cdot \frac{h_1}{d_1}\right) \tag{2.37}$$

$$F_2' = F_2 + F_{R2} = p\frac{d_2^2 \cdot \pi}{4} + \mu \cdot d_2 \cdot \pi \cdot h_2 \cdot p = p \cdot \pi \cdot \frac{d_2^2}{4}\left(1 + 4\,\mu \cdot \frac{h_2}{d_2}\right). \tag{2.38}$$

$$F_1' = p \cdot \pi \cdot \frac{d_1^2}{4} \cdot \left(1 + 4 \cdot \mu \cdot \frac{h_1}{d_1}\right) \tag{2.39}$$

$$F_2' = p \cdot \pi \cdot \frac{d_2^2}{4} \cdot \left(1 + 4 \cdot \mu \cdot \frac{h_2}{d_2}\right). \tag{2.40}$$

Durch Aufstellen eines Verhältnisses lässt sich der Wirkungsgrad berechnen, zu

$$\frac{F_2'}{F_1'} = \frac{p\,\pi\,\frac{d_2^2}{4}\left(1 - 4\,\mu\,\frac{h_2}{d_2}\right)}{p\,\pi\,\frac{d_1^2}{4}\left(1 + 4\,\mu\,\frac{h_1}{d_1}\right)} = \frac{d_2^2\left(1 - 4\,\mu\,\frac{h_2}{d_2}\right)}{d_1^2\left(1 + 4\,\mu\,\frac{h_1}{d_1}\right)}. \tag{2.41}$$

$$\eta = \frac{1 - 4 \cdot \mu \cdot \frac{h_2}{d_2}}{1 + 4 \cdot \mu \cdot \frac{h_1}{d_1}}. \tag{2.42}$$

Durch einsetzen folgt

$$\frac{F_2'}{F_1'} = \frac{d_2^2}{d_1^2}\,\eta \tag{2.43}$$

bzw. durch umformen

$$F_2' = \frac{d_2^2}{d_1^2}\,\eta \quad F_1' = \frac{A_2}{A_1}\,\eta\,F_1'. \tag{2.44}$$

2.2.3 Druckkraft infolge von Pressungsdruck *p* gegen gekrümmte Flächen

Herrscht in einem Behälter ein Pressungsdruck p (vgl. mit Abb. 2.11) und ist dieser mit Wasser gefüllt, so errechnet sich die Druckkraft F in vorgegebener Richtung durch die folgenden Gleichungen.

2

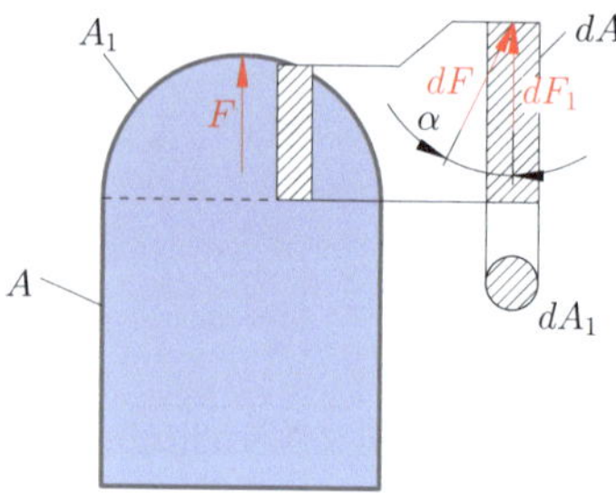

Abb. 2.11 Druckkraft an gekrümmten Flächen

A … gekrümmte, gedrückte Fläche

A_1 … gerade, gedrückte Fläche

Mit $F = \int dF_1$, $dF_1 = dF \cdot \cos(\alpha)$ und $dA = dA_1 \cdot \cos(\alpha)$ folgt

$$p = \frac{F}{A} = \frac{\int dF}{\int dA} = \frac{\int dF_1 \cdot \cos(\alpha)}{\int dA_1 \cdot \cos(\alpha)} = \frac{\overbrace{\int dF_1}^{}\underbrace{}_{=F}}{\int dA_1} = \frac{F}{A_1}. \tag{2.45}$$

Es gilt damit

$$F = p \cdot A. \tag{2.46}$$

Corollary 2.4 (Druckkraft infolge des Pressungsdrucks p gegen gekrümmte Flächen)

Die gesamte Druckkraft F in einer bestimmten Richtung auf eine gekrümmte Fläche A ist gleich dem Produkt aus dem Flüssigkeitsdruck p und der in einer bestimmten Richtung projizierenden Fläche A_1.

2.2.4 Druckausbreitungsgesetz mit Schweredruck

2.2.4.1 Schweredruck in der Tiefe

Stellt man für das Flüssigkeitsprisma aus Abb. 2.12 die Gleichgewichtsbedingungen auf, folgt

$$\sum_{i=1}^{n} F_{iY} = 0:$$
$$F_2 - F_G - F_1 = 0;$$
$$F_2 = F_1 + F_G. \tag{2.47}$$

wobei $F_1 = p_1 \cdot A$; $F_2 = p_2 \cdot A$; $F_G = m \cdot g = \varrho \cdot V \cdot g = \varrho \cdot A \cdot h \cdot g$ gilt, bzw. durch einsetzen

$$p_2 \cdot A = p_1 \cdot A + \varrho \cdot A \cdot h \cdot g; \tag{2.48}$$

und daraus folgt

$$p_2 = p_1 + \varrho \cdot h \cdot g. \tag{2.49}$$

Da Flüssigkeiten als inkompressibel zu betrachten sind, ist die Dichte der Flüssigkeit konstant, ebenso besitzt g einen konstanten Wert. Damit folgt das Korollar:

Corollary 2.5

Der hydrostatische Druck nimmt linear mit der Tiefe h zu.

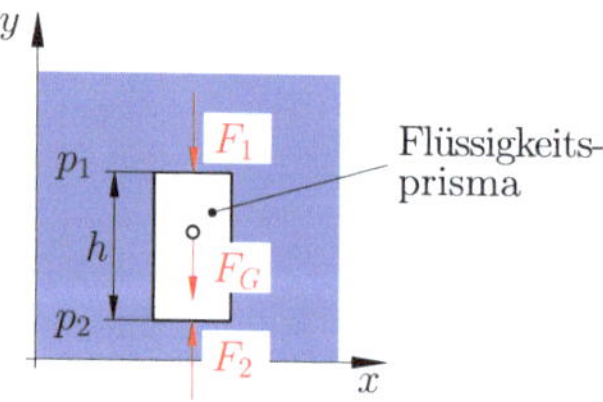

Abb. 2.12 Schweredruck

Vgl. mit ► CFD 2.3.

Methode: Lösung durch SolidWorks – CFD 2.3

Dies kann man auch anhand der Strömungssimulation aus 2.2, Schritt 14 erkennen. Stellt man dort eine Messung auf, sodass man den Druck in Abhängigkeit der Höhe erhält, folgt das eben beschriebene Korollar.

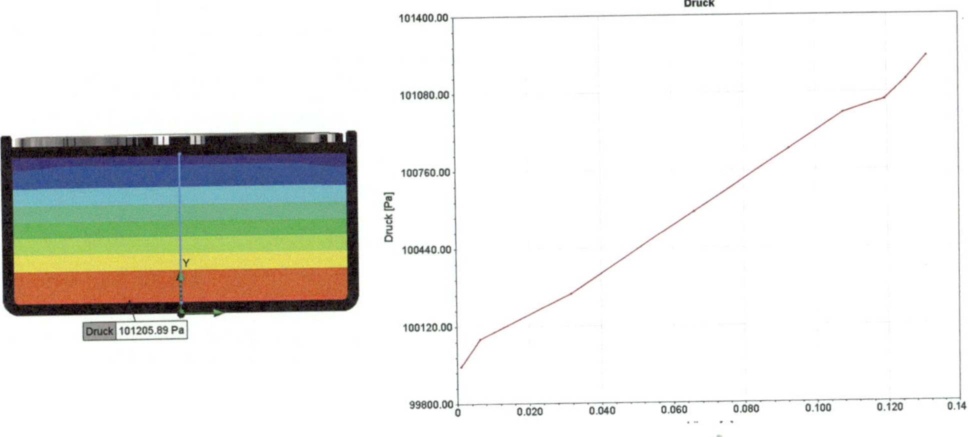

Abb. 2.13 Druckzunahme in Abhängigkeit der Tiefe

Liegt zusätzlich zum Schweredruck noch der Pressungsdruck vor, so erhält man den Druck in der Tiefe h durch Überlagerung der einzelnen Pressedrücke, wie es in Abb. 2.14 gezeigt wird. Stellt man dort die Gleichgewichtsbedingungen auf, folgt

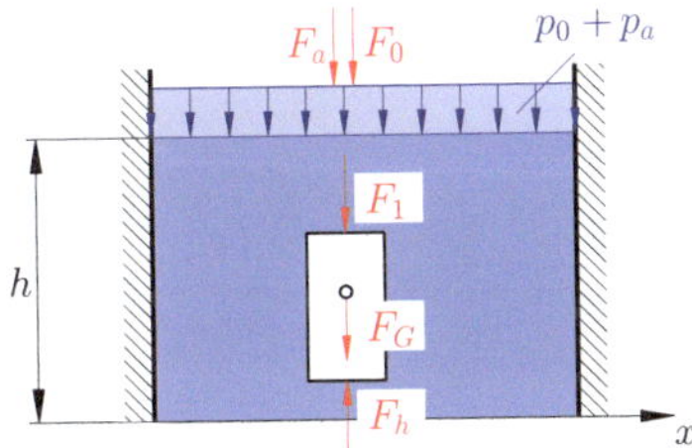

Abb. 2.14 Schweredruck und außen liegender Druck

$$\sum_{i=1}^{n} F_{iy} = 0:$$

$$-F_a - F_G + F_h - F_0 = 0$$

$$F_h = F_a + F_G + F_0; \tag{2.50}$$

wobei $F_h = p_h \cdot A$; $F_1 = p_1 \cdot A$; $F_2 = p_2 \cdot A$; $F_G = m \cdot g = \varrho \cdot V \cdot g = \varrho \cdot A \cdot h \cdot g$; $F_0 = p_0 \cdot A$; $F_a = p_a \cdot A$ gilt. Es folgt

$$p_h = p_a + p_0 + \varrho \cdot h \cdot g. \tag{2.51}$$

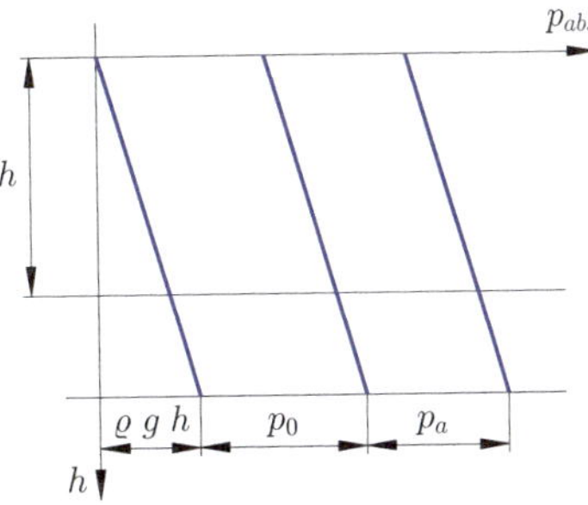

Abb. 2.15 Druckzunahme bei steigender Tiefe

Zuvor wurde bereits festgestellt, dass der Druck mit steigender Höhe, bzw. Tiefe linear konstant zu- bzw. abnimmt, wodurch Abb. 2.15 leicht einsichtig wird. Hierin ist zum einen der

Schwerdruck durch $\varrho \cdot g \cdot h$ dargestellt, als auch der Druck durch die Kraft F_0: p_0 (Umgebungsdruck der Atmosphäre = 1,013 bar) und F_a: p_a (Druck durch die absolute Pressung, Pressungsdruck).

> **Beobachtung 2.1**
> In jeder waagrechten Ebene (in der Tiefe h) ist der Schwerdruck konstant und vollkommen unabhängig von der Form und Größe des Gefäßes.

Vgl. mit ▶ CFD 2.4.

2.2.4.2 Druckhöhe h

Verwendet man die bereits kennengelernte Gleichung $p = \varrho \cdot g \cdot h$ und formt diese auf die Höhe h um, so erhält man die Gleichung für die Druckhöhe.

Die Druckhöhe bezieht sich auf die Höhe einer Flüssigkeitssäule, die einen Druck p an ihrer Basis erzeugt.

$$h = \frac{o}{\varrho \cdot g}. \qquad (2.52)$$

Methode: Lösung durch SolidWorks – CFD 2.4

Man verwendet dazu das Modell aus der Analyse 2.2 und zeichnet dieses so um, dass eine unsymmetrische Form des Gefäßes erhält. Im Anschluss bringt man für die Analyse einen Pressungsdruck von 4 bar auf, einen Atmosphärendruck von 1,013 bar und den Schweredruck des Wassers.

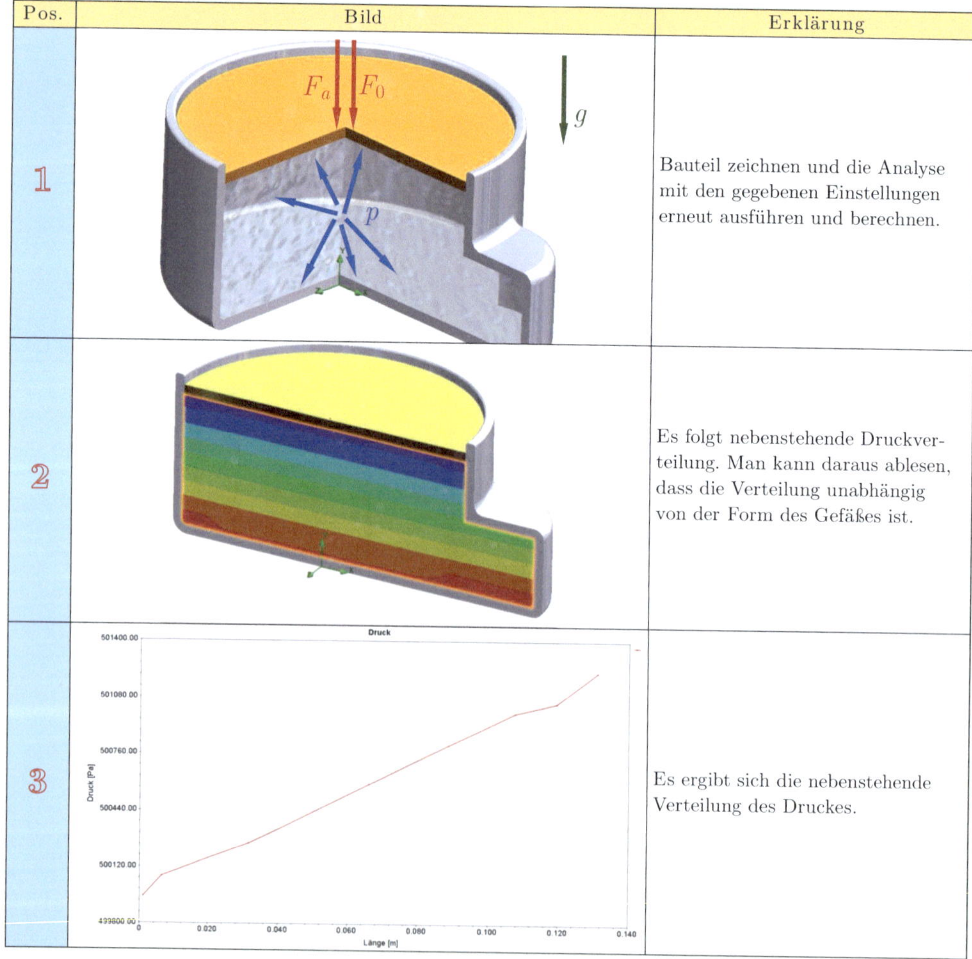

Pos.	Bild	Erklärung
1		Bauteil zeichnen und die Analyse mit den gegebenen Einstellungen erneut ausführen und berechnen.
2		Es folgt nebenstehende Druckverteilung. Man kann daraus ablesen, dass die Verteilung unabhängig von der Form des Gefäßes ist.
3		Es ergibt sich die nebenstehende Verteilung des Druckes.

Druckhöhen bezeichnet man wie Drücke gemäß den Indizes durch: h_{abs}, h_{Ue}, h_U, h_a.

2.2.5 Geodätische Saughöhe h_0 und Saugwirkung

Vgl. mit Abb. 2.16. In einem Wasserbehälter, gefüllt mit Wasser, befindet sich ein Rohr, welches unten offen und oben mittels eines Saugstutzen versehen ist. Das Rohr besitzt den Querschnitt A. Aus dem Rohr wird ein Teil der Luft abgesaugt, somit wird der absolute Druck p_{abs0} im Rohr kleiner als der Luftdruck p_a. Am Vakuummeter wird der Unterdruck p_{U0} angezeigt. Es können damit die Gleichgewichtsbedingungen zu

$$\sum_{i=1}^{n} F_{iy} = 0:$$

$$F_2 - F_1 + F_G = 0.$$

$$0 = F_2 - F_G - F_1 \tag{2.53}$$

aufgestellt werden, mit

$$F_1 = p_{abs} \cdot A; \quad F_2 = p_a \cdot A;$$
$$F_G = \varrho \cdot g \cdot h_0 \cdot A. \tag{2.54}$$

Es folgt

$$0 = p_a \cdot A - \varrho \cdot g \cdot h_0 \cdot A - p_{abs} \cdot A; \tag{2.55}$$

und schließlich

$$h_0 = \frac{p_a - p_{abs0}}{\varrho \cdot g} = \frac{p_{u0}}{\varrho \cdot g}. \tag{2.56}$$

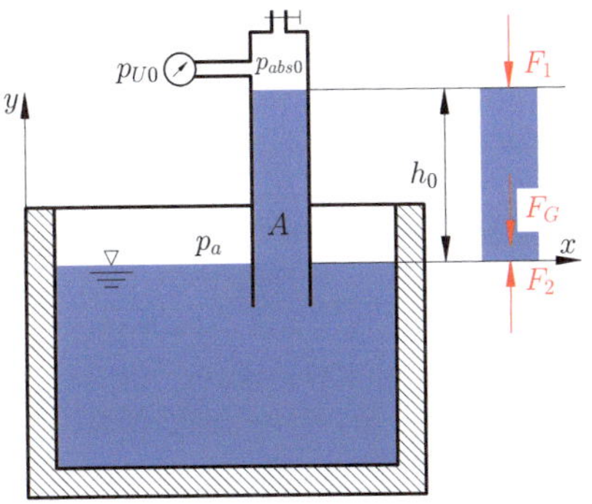

Abb. 2.16 Saughöhe

2.2.6 Dampfdruckhöhe h_t

Corollary 2.6
Aus der vorgehenden Formel: $h_0 = \frac{p_a - p_{abs0}}{\varrho \cdot g}$ wird ersichtlich, dass die maximale Ansaughöhe erreicht wird, wenn der absolute Druck gleich null wird und vollständiges Vakuum vorliegt.

Für Wasser ergibt sich somit

$$\begin{aligned} h_{0,\max,\text{Wasser}} &= \frac{p_a - p_{abs0}}{\varrho_{\text{Wasser}}\, g} \\ &= \frac{1{,}013\,\text{bar} - 0\,\text{bar}}{1\,\frac{\text{kg}}{\text{dm}^3}\, 9{,}81\,\frac{\text{m}}{\text{s}^2}} \\ &= \frac{1{,}013 \cdot 10^5\,\frac{\text{N}}{\text{m}^2} - 0\,\frac{\text{N}}{\text{m}^2}}{1000\,\frac{\text{kg}}{\text{m}^3}\, 9{,}81\,\frac{\text{m}}{\text{s}^2}} \\ &= \frac{1{,}013 \cdot 10^5\,\frac{\text{N}}{\text{m}^2}}{98.100\,\frac{\text{kg}}{\text{m}^3}} \end{aligned} \tag{2.57}$$

$$h_{0,\max,\text{Wasser}} = 10{,}33\,\text{m}. \tag{2.58}$$

Beobachtung 2.2
Da Flüssigkeiten jedoch kontinuierlich Dämpfe abgeben, die einen Druck erzeugen, der von der Temperatur der Flüssigkeit abhängt, nämlich den sogenannten Dampfdruck p_t, ist die tatsächliche maximale Saughöhe $h'_{0,\max}$ aufgrund des Dampfdrucks geringer als die theoretische Saughöhe $h_{0,\max,\text{Wasser}}$. Dies führt auf (vgl. mit Abb. 2.17):

$$h'_{0,\max,\text{Wasser}} = h_{\max} - h_t. \tag{2.59}$$

2

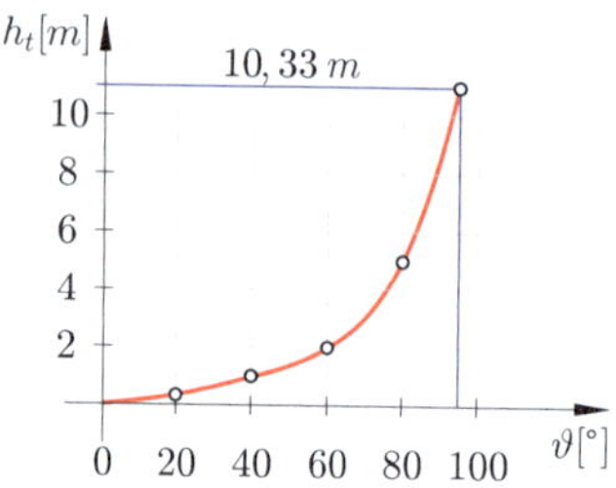

Abb. 2.17 Dampfdruckkurve

Corollary 2.7
Es ist demnach unmöglich Wasser mit 100 °C anzusaugen.

2.2.7 Verbundene Gefäße

Auch für zwei, durch eine Rohrleitung, miteinander verbundene Gefäße gilt das Gesetz der Druckgleichheit in waagrechten Ebenen. Daraus ergibt sich, dass der Flüssigkeitsspiegel in beiden Gefäßen auf derselben waagrechten Ebene liegen muss. Nur bei Gefäßen mit geringen Querschnitten, wie es beim Kapillarrohr der Fall ist (siehe Abb. 2.18), stellt sich aufgrund der Adhäsion nicht dieselbe Höhe ein. Bei benetzten Flüssigkeiten wie Wasser liegt der Flüssigkeitsspiegel im engen Gefäß höher, bei nicht benetzten Flüssigkeiten wie Quecksilber liegt der Spiegel niedriger als im weiten Gefäß.

Es gibt zwei zu unterscheidende Fälle:

1. Bei benetzten Flüssigkeiten ist die Adhäsion deutlich größer als die benachbarten Flüssigkeitsteilchen. Es kommt zu einer Benetzung an der Wand. (Wasser)
2. Bei nicht benetzten Flüssigkeiten ist die Anziehung der Flüssigkeitsteilchen deutlich größer als die Adhäsion. (Quecksilber)

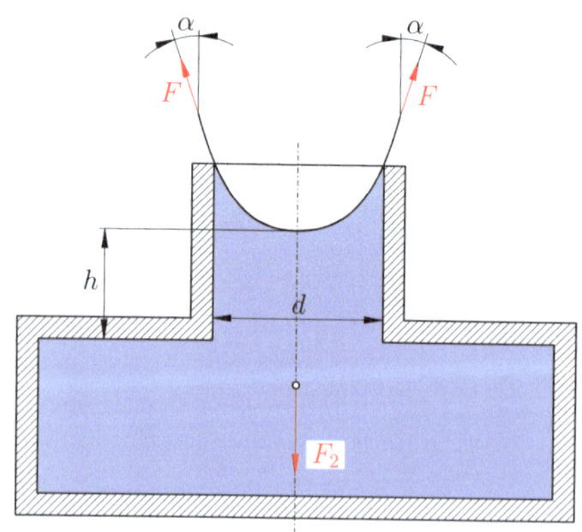

Abb. 2.18 Kapillarität

Die Young-Laplace-Gleichung ist nach Thomas Young und Pierre-Simon Laplace benannt. Die Gleichung beschreibt dabei den Zusammenhang zwischen der Oberflächenspannungen, dem Druck und der Oberflächenkrümmung bei einer Flüssigkeit.

Wird ▶ Bsp. 2.1 auch für Quecksilber untersucht und vergleicht man dies durch einen Versuch (die beiden Medien werden in Gefäße gefüllt) so folgen die beiden, nachstehenden, Ergebnisse (beide Ergebnisse sind gerundet)

$$h_{\text{Wasser}} = \frac{28{,}8}{d} \quad \text{und} \quad h_{\text{Quecksilber}} = \frac{14}{d} \tag{2.60}$$

Anwendung der Kapillarwirkung: Um Anwendungsbeispiele besser deuten zu können, ist es wichtig zu verstehen, wie die Kapillarwirkung exakt funktioniert. Dies wurde bereits anhand der Strömungsmechanik mathematisch hergeleitet. Zusammenfassend kann aber festgehalten werden, dass die Kapillarwirkung jenes Phänomen darstellt, dass eine Flüssigkeit entlang einer Oberfläche (dünne Röhre) durch die Oberflächenspannung und Adhäsion auf- oder absteigt. Dies nutzt man für folgenden Anwendungen:

- **Pflanzenbewässerung:** Wie kommt ein Baum oder eine Pflanze an das Wasser, ohne dabei eine „Pumpe" eingebaut zu haben? Das Wasser steigt scheinbar von selbst in jeden Ast der Pflanze. Die Antwort darauf liefert die Kapillarwirkung, da sie es den Pflanzenwurzeln ermöglicht, Wasser aus tieferen Bodenschichten aufzunehmen.
- **Tinten- und Filzstifte:** Die Kapillarwirkung wird genutzt, damit die Tinte oder Farbe

Herleitung 2.1 (Young-Laplace-Gleichung)

Für die Oberfläche einer Kugel gilt die Gleichung (vgl. mit Abb. 2.18)

$$A = 4 \cdot \pi \cdot r^2 \tag{2.61}$$

bzw. für das Volumen

$$V = \frac{4}{3} \cdot \pi \cdot r^3. \tag{2.62}$$

Ableiten der Gleichung für A lässt dA folgen, zu

$$dA = 8 \cdot \pi \cdot r dr \tag{2.63}$$

und beim Volumen

$$dV = 4 \cdot \pi \cdot r^2 dr. \tag{2.64}$$

Zieht man hier den Arbeitsbegriff hinzu, folgt durch die Arbeit für die Veränderung der Oberfläche

$$dW = \sigma \cdot dA = \sigma \cdot 8 \cdot \pi \cdot r dr \tag{2.65}$$

und für die Arbeit der Veränderung des Volumens

$$dW = p \cdot dV = p \cdot 4 \cdot \pi \cdot r^2 dr. \tag{2.66}$$

Gleichsetzen der beiden Arbeitsgleichungen ergibt

$$\begin{aligned} \sigma \cdot 8 \cdot \pi \cdot r dr &= p \cdot 4 \cdot \pi \cdot r^2 dr \\ \sigma \cdot 2 &= p \cdot r \\ p &= \frac{\sigma \cdot 2}{r} = \frac{4 \cdot \sigma}{d} \end{aligned} \tag{2.67}$$

Ersetzt man hierin noch den Druck folgt

$$\begin{aligned} \varrho_{\text{Wasser}} \cdot g \cdot h_{\text{Wasser}} &= \frac{4 \cdot \sigma}{d} \\ h_{\text{Wasser}} &= \frac{4 \cdot \sigma}{d \cdot \varrho_{\text{Wasser}} \cdot g} \end{aligned} \tag{2.68}$$

$$h = \frac{4 \cdot \sigma}{d \cdot \varrho \cdot g}. \tag{2.69}$$

Beispiel 2.1 (Wasser)

Für Wasser gilt (vgl. mit Abb. 2.19): $\varrho_{\text{Wasser}} = 1\,\frac{\text{kg}}{\text{m}^3}$; $\sigma = 7{,}1 \cdot 10^{-2}\,\frac{\text{N}}{\text{m}^2}$; $g = 9{,}81\,\frac{\text{m}}{\text{s}^2}$

$$\begin{aligned} h_{\text{Wasser}} &= \frac{4\sigma}{d\,\varrho_{\text{Wasser}}\,g} \\ &= \frac{4 \cdot 7{,}1 \cdot 10^{-2}\,\frac{\text{N}}{\text{m}^2}}{d \cdot 1000\,\frac{\text{kg}}{\text{m}^3} \cdot 9{,}81\,\frac{\text{m}}{\text{s}^2}} = \frac{4 \cdot 7{,}1}{d} \end{aligned} \tag{2.70}$$

$$h_{\text{Wasser}} = \frac{28{,}8}{d}. \tag{2.71}$$

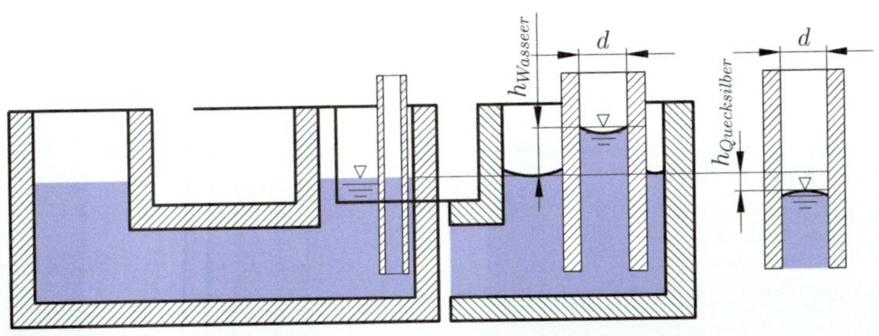

Abb. 2.19 Verbundene Gefäße, Versuch

gleichmäßig durch den Filzfluss auf das Papier gelangt.

- **Blutgefäße im menschlichen Körper:** Kapillaren in unserem Körper ermöglichen den Transport von Nährstoffen und Sauerstoff zu den Zellen durch die Kapillarwirkung.
- **Schwammeffekt:** Schwämme oder saugfähige Materialien nutzen die Kapillarwirkung, um Flüssigkeit aufzusaugen und zu speichern.
- **Bodenfeuchtigkeitsmessung:** Geräte zur Messung der Bodenfeuchtigkeit nutzen die Kapillarwirkung, um festzustellen, wie viel Wasser im Boden vorhanden ist.
- **Kerzen:** Bei Kerzen saugt der Docht das flüssige Wachs durch Kapillarwirkung nach oben, damit es verbrennen und als Flamme dienen kann

- **Dichtmessung:**

In einem verbundenen Gefäß (vgl. Abb. 2.20) befinden sich zwei Flüssigkeiten, beispielsweise Wasser und Öl. Da das Öl eine geringere Dichte besitzt, schwimmt dieses oben. Misst man dann die beiden Flüssigkeitsstände, ist es möglich, die Dichte des Öls auszurechnen. Man kann folgende Gleichung aufstellen: $p = \varrho_1\, g\, h_1 = \varrho_2\, g\, h_2$, als auch

$$\begin{aligned} \varrho_1\, g\, h_1 &= \varrho_2\, g\, h_2 \\ \frac{\varrho_1}{\varrho_2}\frac{g}{g} &= \frac{h_2}{h_1} \\ \varrho_2 &= \frac{\rho_1}{\frac{h_2}{h_1}} = \frac{\varrho_1\, h_1}{h_2}; \end{aligned} \tag{2.72}$$

$$\varrho_2 = \frac{\varrho_1 \cdot h_1}{h_2}; \tag{2.73}$$

wobei $\varrho_2 > \varrho_1 \Longrightarrow h_2 < h_1$ gilt.

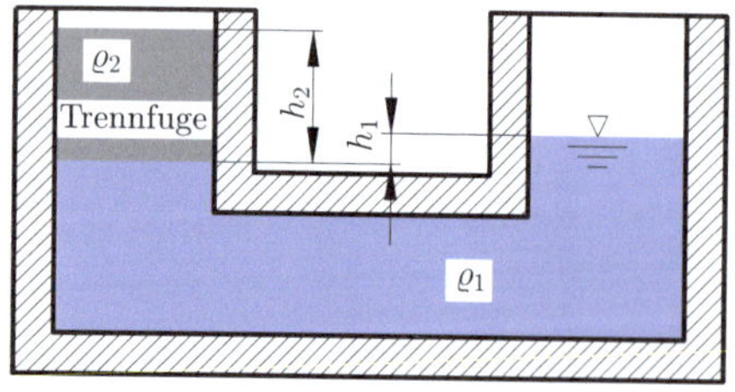

Abb. 2.20 Dichtmessung bei verbundenen Gefäßen

Beispiel 2.2

Von einem verbundenen Gefäß, gemäß Abb. 2.20 misst man die beiden Höhen

- $h_1 = 4$ mm und
- $h_2 = 4{,}4$ mm.

Das Gefäß ist mit Wasser und einer anderen Flüssigkeit ($\varrho_1 > \varrho_2$) gefüllt. Welche Flüssigkeit könnte sich im Behälter befinden?

Lösung

Mit Gl. (2.73) findet man

$$\begin{aligned} \underline{\underline{\varrho_2}} &= \frac{\varrho_1 \cdot h_1}{h_2} = \frac{1000\,\frac{\text{kg}}{\text{m}^3} \cdot 0{,}004\,\text{m}}{0{,}0044} \\ &= \underline{\underline{910\,\frac{\text{kg}}{\text{m}^3}}}. \end{aligned} \tag{2.74}$$

Diese Dichte besitzt als Beispiel Olivenöl. Damit ist das verbundene Gefäß mit Wasser und Olivenöl gefüllt.

2.3 Druckkräfte bei Begrenzungswänden

2.3.1 Ebene Begrenzungswände

2.3.1.1 Bodendruckkraft bei ebenen Wänden

In Abb. 2.21 sind verschiedene Gefäße abgebildet. Diese haben alle dieselbe Größe der Bodenfläche (A), allerdings eine unterschiedliche Form und daher ein unterschiedliches Volumen. Die Füllhöhe h ist bei allen Dreien ident.

Würde man sich jetzt die Frage stellen, ob der Bodendruck bei allen drei Gefäßen ident ist, wenn $V_1 \neq V_2 \neq V_3$ gilt, würde man vielleicht meinen: „nein“. Doch ist dem wirklich so?

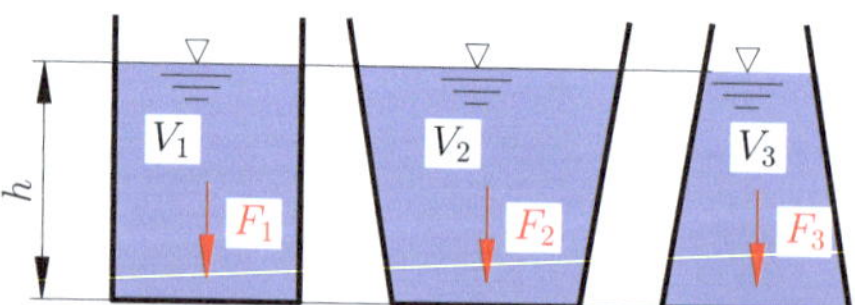

Abb. 2.21 Bodenkräfte

Der Druck an der Tiefe h lässt sich gemäß

$$p = \varrho \cdot g \cdot h \tag{2.75}$$

bestimmen. Hier ist sofort ersichtlich, dass der Bodendruck bei allen drei Gefäßen gleich groß sein muss, da keine Abhängigkeit von V_n mit $n \in \mathbb{N}$ besteht. Allgemein gilt damit:

Theorem 2.2 (Hydrostatisches Paradoxon)

$$F = p \cdot A = \varrho \cdot g \cdot h \cdot A. \tag{2.76}$$

Hydrostatisches Paradoxon: $V_1 \neq V_2 \neq V_3$, jedoch $F_1 = F_2 = F_3$.

Beweis Dieser kann durch Gl. (2.76) als gegeben angesehen werden. □

2.3.1.2 Aufdruckkraft bei ebenen Begrenzungswänden

Es gilt $F = p \cdot A = \varrho \cdot g \cdot h \cdot A$. Mit der Beziehung $h \cdot A$ kann das Volumen berechnet werden, wodurch man

$$F = \varrho \cdot g \cdot V \tag{2.77}$$

erhält. Die Auflagerkraft F ist gleich der Gewichtskraft des gedachten Flüssigkeitsvolumens mit der Grundfläche A und der Höhe h welches über der gedrückten Fläche liegt, vgl. mit Abb. 2.22.

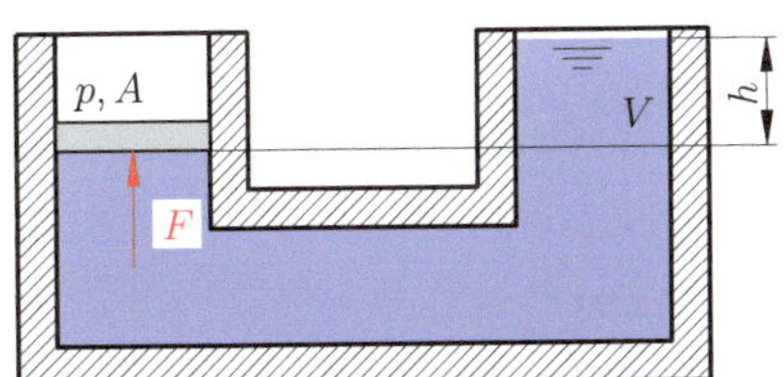

Abb. 2.22 Bodenkraft bei einem verbundenen Gefäß

2.3.1.3 Seitendruckkraft bei ebenen Begrenzungswänden

Zuerst betrachtet man die gesamte Kraft F, welche auf die Gefäßwand wirkt. Anschließend bildet man von dieser den Grenzwert zu dA wodurch nur mehr dF wirkt. Aus Abb. 2.23 kann man folgende mathematischen Beziehungen bezüglich der Geometrie aufstellen

$$h = y \cdot \sin(\alpha). \tag{2.78}$$

Aus der allgemeinen Druckgleichung: $p = \varrho \cdot g \cdot h$ und der allgemeinen Kraftgleichung ($F = p \cdot dA$) erhält man für eine unendlich kleine Kraft: $dF = p \cdot dA$. Setzt man die letzten beiden Beziehungen ineinander ein, folgt: $dF = \varrho \cdot g \cdot h \cdot h \cdot dA$. Hier die Beziehung (2.78) eingesetzt ergibt

$$dF = \varrho \cdot g \cdot y \cdot \sin(\alpha) \cdot dA. \tag{2.79}$$

Lösen der DGL durch beidseitiges Integrieren und hinzuziehen des statischen Moments, welches aus Band 2 dieser Buchreihe, durch $\int y \cdot dA$ definiert wurde, ergibt

$$\int dF = \varrho \cdot g \cdot \sin(\alpha) \cdot \underbrace{\int y \cdot dA}_{M_{\text{Stat}} = \int_{y_1}^{y_2} y \cdot dA}$$

$$\begin{aligned} F &= \varrho \cdot g \cdot \sin(\alpha) \cdot \int_{y_1}^{y_2} y \cdot dA \\ &= \varrho \cdot g \cdot \sin(\alpha) \cdot y_S \cdot A. \end{aligned} \tag{2.80}$$

Mit $h = y \cdot \sin(\alpha)$ folgt für h_S

$$h_S = y_S \cdot \sin(\alpha); \tag{2.81}$$

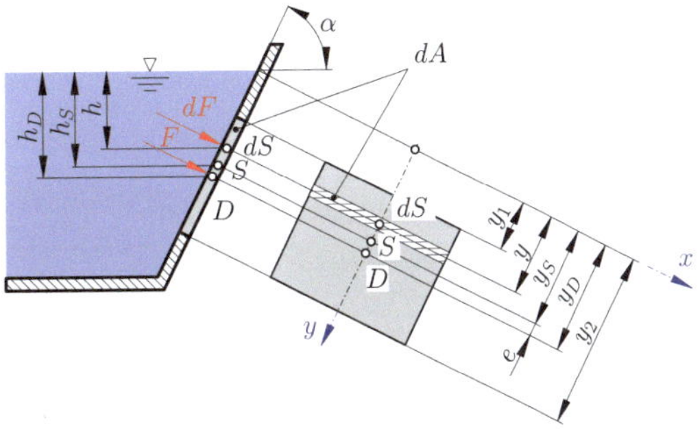

Abb. 2.23 Seitendruckkräfte bei Ebenen Gefäßen

2

und daraus ergibt sich

$$F = \varrho \cdot g \cdot h_S \cdot A; \tag{2.82}$$

bzw.

$$F = p_S \cdot A. \tag{2.83}$$

Corollary 2.8 (Seitendruckkraft bei ebenen Wänden)
Die Seitendruckkraft ist gleich dem Produkt aus dem Druck in der Tiefe des Schwerpunktes mal der gedrückten Fläche.

Beobachtung 2.3
Aufgrund des steigenden Flüssigkeitsdrucks mit zunehmender Tiefe verlagert sich der Angriffspunkt der seitlichen Druckkraft vom Schwerpunkt S zum Punkt D, der auch als Druckmittelpunkt bezeichnet wird.

Um die Lage dieses Punktes ermitteln zu können, verwendet man das statische Moment. Mit $dM = dF_y \cdot y$ folgt durch einsetzen für dF die zuvor gefundene Formel $dF = \varrho \cdot g \cdot \sin(\alpha) \cdot y \cdot dA$

$$dM = dF \cdot y = \varrho g \cdot y^2 \cdot \sin(\alpha) \cdot dA. \tag{2.84}$$

Es ist erkennbar, dass es sich hierbei um das Flächenträgheitsmoment 2. Ordnung handelt (siehe dazu Festigkeitslehre): $I_x = \int y^2 \cdot dA = \int_{y_1}^{y_2} y^2 \cdot dA$. Dies eingesetzt ergibt

$$M = \varrho \cdot g \cdot \varrho \cdot \sin(\alpha) \cdot \underbrace{\int_{y_1}^{y_2} y^2 \cdot dA}_{=I_x}; \tag{2.85}$$

$$M = \varrho \cdot g \cdot \sin(\alpha) \cdot I_x. \tag{2.86}$$

Durch die Momentenbedingung, die lautet

$$dM = F \cdot y_D, \tag{2.87}$$

bzw. durch Umformen

$$y_D = \frac{M}{F} \tag{2.88}$$

und einsetzen der beiden gefundenen Gleichungen ineinander folgt mit Gl. (2.80)

$$\begin{aligned} y_D &= \frac{M}{F} = \frac{\varrho \cdot g \cdot \varrho \cdot \sin(\alpha) I_x}{\varrho \cdot g \cdot \sin(\alpha) \cdot y_S \cdot A} \\ &= \frac{I_x}{y_S \cdot A}. \end{aligned} \tag{2.89}$$

Betrachtet man Abb. 2.23, so kann man erkennen, dass sich das Flächenträgheitsmoment des kleinen Rechtecks mit der Querschnittfläche dA in Verbindung des Satzes von Steiner berechnen lässt, zu

$$I_x = I_S + y_S^2 \cdot A. \tag{2.90}$$

Setzt man die Gl. (2.90) in Gl. (2.89) ein, ergibt sich

$$\begin{aligned} y_D &= \frac{I_x}{y_S \cdot A} = \frac{I_S + y_S^2 \cdot A}{y_S \cdot A} \\ &= \frac{I_S}{y_S \cdot A} + \frac{y_S^2 \cdot A}{y_S \cdot A} \\ &= \frac{I_S}{y_S \cdot A} + y_S; \end{aligned} \tag{2.91}$$

und daraus

$$y_D = \frac{I_S}{y_S \cdot A} + y_S. \tag{2.92}$$

Aus ◘ Abb. 2.23 kann man erkennen, dass $e = y_D - y_S$ gilt. Hierin einsetzen ergibt

$$e = \frac{I_S}{y_S\,A} + y_S - y_S = \frac{I_S}{y_S\,A}; \tag{2.93}$$

und erneut folgt aus ◘ Abb. 2.23: $h_S = y_S \cdot \sin(\alpha)$

$$y_S = \frac{h_S}{\sin(\alpha)} \tag{2.94}$$

bzw.

$$e = \frac{I_S}{y_S \cdot A} = \frac{I_S \cdot \sin(\alpha)}{h_S \cdot A}. \tag{2.95}$$

Da e immer positiv sein muss, liegt D immer unter S.

2.3.1.4 Anwendungsbeispiel

Siehe ► Bsp. 2.3 und ► CFD 2.5.

Beispiel 2.3 (Anwendungsbeispiel zur Seitendruckkraft bei ebenen Begrenzungswänden)

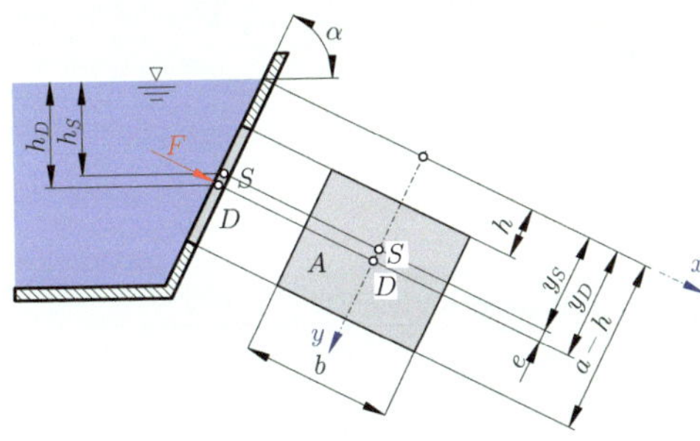

◘ **Abb. 2.24** Anwendungsbeispiel zur Seitendruckkraft bei ebenen Begrenzungswänden

Gegeben sei eine Seitenwand gemäß ◘ Abb. 2.24. Ebenso seien die Längen: $a = 2\,\text{m}$, $b = 2\,\text{m}$, $h = 1\,\text{m}$ und $\alpha = 30°$ bekannt.

Zu ermitteln ist:

1. Druckkraft bzw.
2. Angriffspunkt der Druckkraft.
3. Stellen Sie im Anschluss die Funktion der Kraft und des Druckes in Abhängigkeit des Winkels dar, wenn dieser in einem Intervall von 30 bis 80 Grad untersucht wird.

Lösung

1.
$$\underline{\underline{h_S}} = \left(h + \frac{a}{2}\right)\sin(\alpha) = \left(1\,\text{m} + \frac{2\,\text{m}}{2}\right)\sin(30°) = 2\,\text{m} \cdot 0{,}5 = \underline{\underline{1\,\text{m}}} \tag{2.96}$$

$$\underline{\underline{A}} = a\,b = 2\,\text{m} \cdot 2\,\text{m} = \underline{\underline{4\,\text{m}^2}} \tag{2.97}$$

$$\underline{\underline{p_S}} = \varrho\,g\,h_S = 1 \cdot 10^3\,\frac{\text{kg}}{\text{m}^3} \cdot 9{,}81\frac{\text{m}}{\text{s}^2} \cdot 1\,\text{m} = \underline{\underline{9810\,\frac{\text{N}}{\text{m}^2}}} \tag{2.98}$$

$$\underline{\underline{F}} = p_S\,A = 9810\frac{\text{N}}{\text{m}^2}\,4\,\text{m}^2 = 39.240\,\text{N} = \underline{\underline{39{,}24\,\text{kN}}}. \tag{2.99}$$

2.
$$y_D = \frac{I_S}{y_S\,A} + y_S \tag{2.100}$$

$$\underline{\underline{I_S}} = \frac{b\,a^3}{12} = \frac{2\,\text{m}\,(2\,\text{m})^3}{12} = \frac{16}{12}\,\text{m}^3 = \frac{4}{3}\,\text{m}^3 = \underline{\underline{1{,}33\,\text{m}^3}} \tag{2.101}$$

$$\underline{\underline{y_S}} = \frac{a}{2} = \frac{2\,\text{m}}{2} = \underline{\underline{1\,\text{m}}} \tag{2.102}$$

Einsetzen:

$$\underline{\underline{y_D}} = \frac{I_S}{y_S\,A} + y_S = \frac{1{,}33\,\text{m}^3}{1\,\text{m} * 4\,\text{m}^2} + 1\,\text{m} = \frac{\frac{4}{3}\,\text{m}^3}{4\,\text{m}^3} + 1\,\text{m} = \frac{4}{12} + 1\,\text{m} = \frac{1}{3} + 1\,\text{m} = \underline{\underline{1{,}33\,\text{m}}} \tag{2.103}$$

Für Aufgabenpunkt 3 siehe ◘ Abb. 2.25.

2

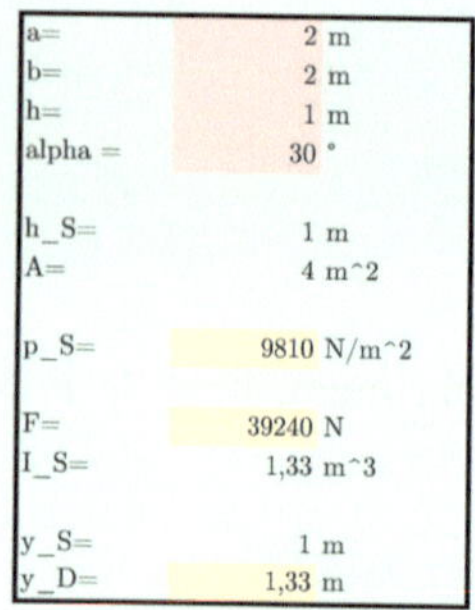

a=	2	m
b=	2	m
h=	1	m
alpha =	30	°
h_S=	1	m
A=	4	m^2
p_S=	9810	N/m^2
F=	39240	N
I_S=	1,33	m^3
y_S=	1	m
y_D=	1,33	m

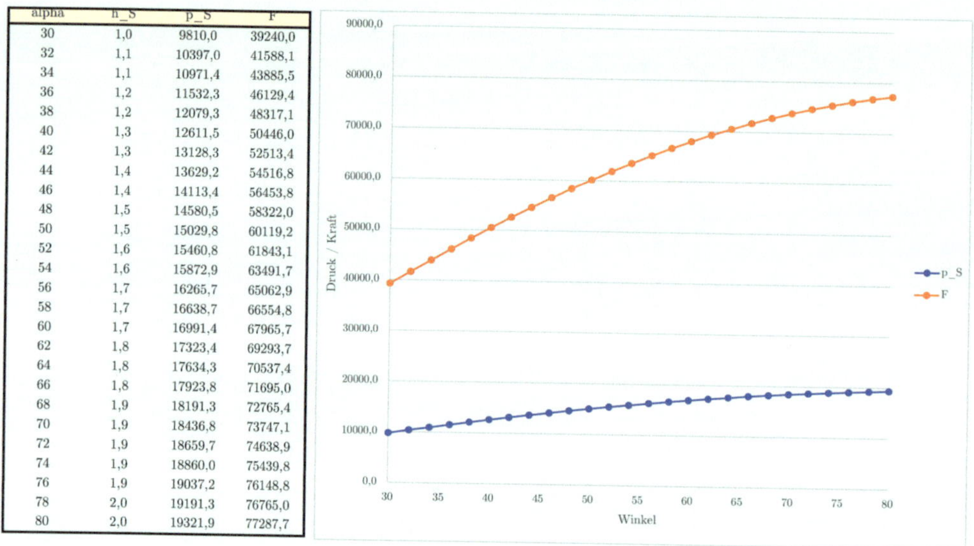

alpha	h_S	p_S	F
30	1,0	9810,0	39240,0
32	1,1	10397,0	41588,1
34	1,1	10971,4	43885,5
36	1,2	11532,3	46129,4
38	1,2	12079,3	48317,1
40	1,3	12611,5	50446,0
42	1,3	13128,3	52513,4
44	1,4	13629,2	54516,8
46	1,4	14113,4	56453,8
48	1,5	14580,5	58322,0
50	1,5	15029,8	60119,2
52	1,6	15460,8	61843,1
54	1,6	15872,9	63491,7
56	1,7	16265,7	65062,9
58	1,7	16638,7	66554,8
60	1,7	16991,4	67965,7
62	1,8	17323,4	69293,7
64	1,8	17634,3	70537,4
66	1,8	17923,8	71695,0
68	1,9	18191,3	72765,4
70	1,9	18436,8	73747,1
72	1,9	18659,7	74638,9
74	1,9	18860,0	75439,8
76	1,9	19037,2	76148,8
78	2,0	19191,3	76765,0
80	2,0	19321,9	77287,7

Abb. 2.25 Verlaufsdiagramme in Abhängigkeit des Winkels

Methode: Lösung durch SolidWorks – CFD 2.5

Zu untersuchen ist das analytische ▶ Bsp. 2.3 mittels SolidWorks.

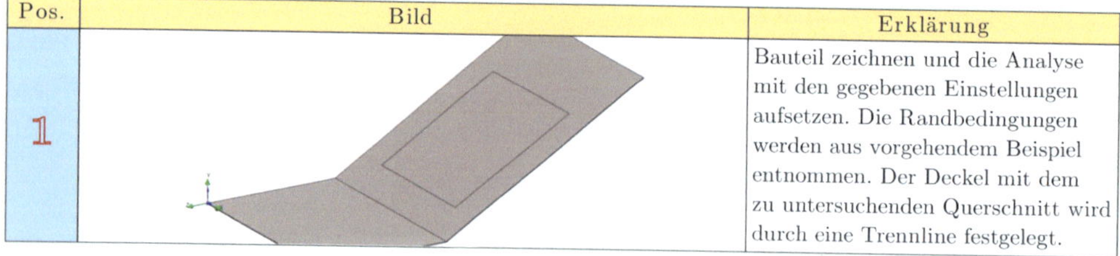

Pos.	Bild	Erklärung
1		Bauteil zeichnen und die Analyse mit den gegebenen Einstellungen aufsetzen. Die Randbedingungen werden aus vorgehendem Beispiel entnommen. Der Deckel mit dem zu untersuchenden Querschnitt wird durch eine Trennline festgelegt.

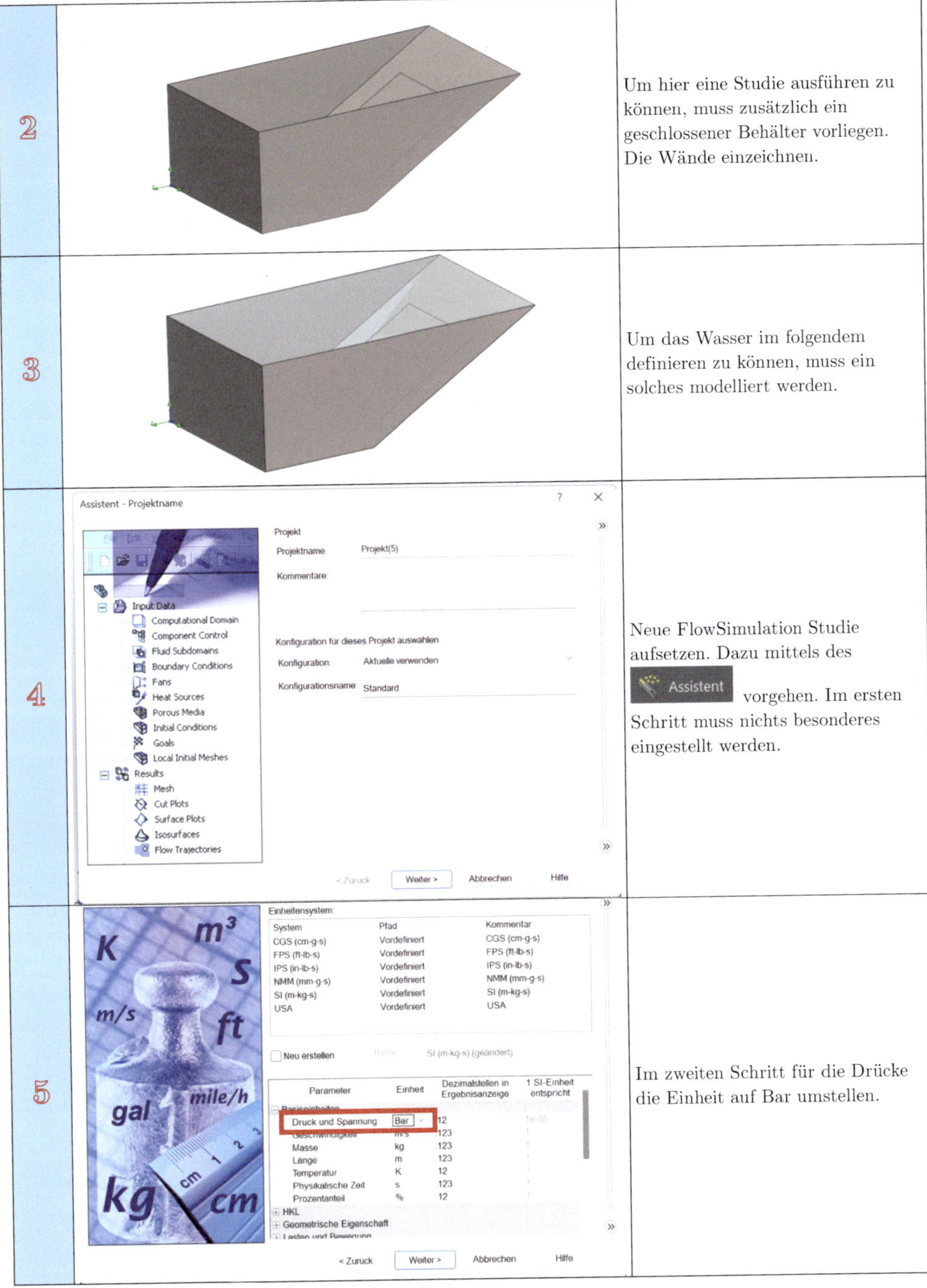

2		Um hier eine Studie ausführen zu können, muss zusätzlich ein geschlossener Behälter vorliegen. Die Wände einzeichnen.
3		Um das Wasser im folgendem definieren zu können, muss ein solches modelliert werden.
4		Neue FlowSimulation Studie aufsetzen. Dazu mittels des Assistent vorgehen. Im ersten Schritt muss nichts besonderes eingestellt werden.
5		Im zweiten Schritt für die Drücke die Einheit auf Bar umstellen.

2

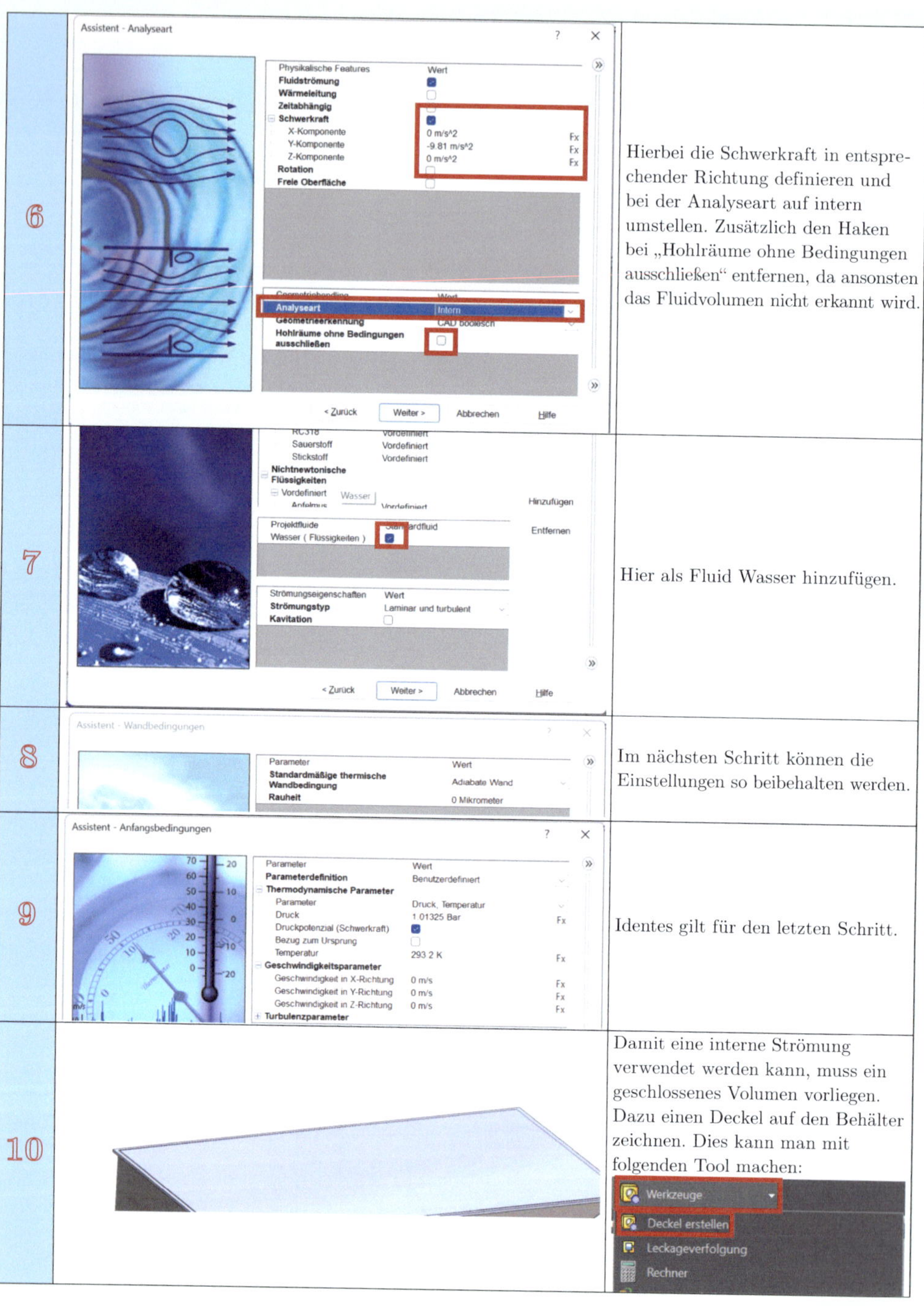

6		Hierbei die Schwerkraft in entsprechender Richtung definieren und bei der Analyseart auf intern umstellen. Zusätzlich den Haken bei „Hohlräume ohne Bedingungen ausschließen“ entfernen, da ansonsten das Fluidvolumen nicht erkannt wird.
7		Hier als Fluid Wasser hinzufügen.
8		Im nächsten Schritt können die Einstellungen so beibehalten werden.
9		Identes gilt für den letzten Schritt.
10		Damit eine interne Strömung verwendet werden kann, muss ein geschlossenes Volumen vorliegen. Dazu einen Deckel auf den Behälter zeichnen. Dies kann man mit folgenden Tool machen:

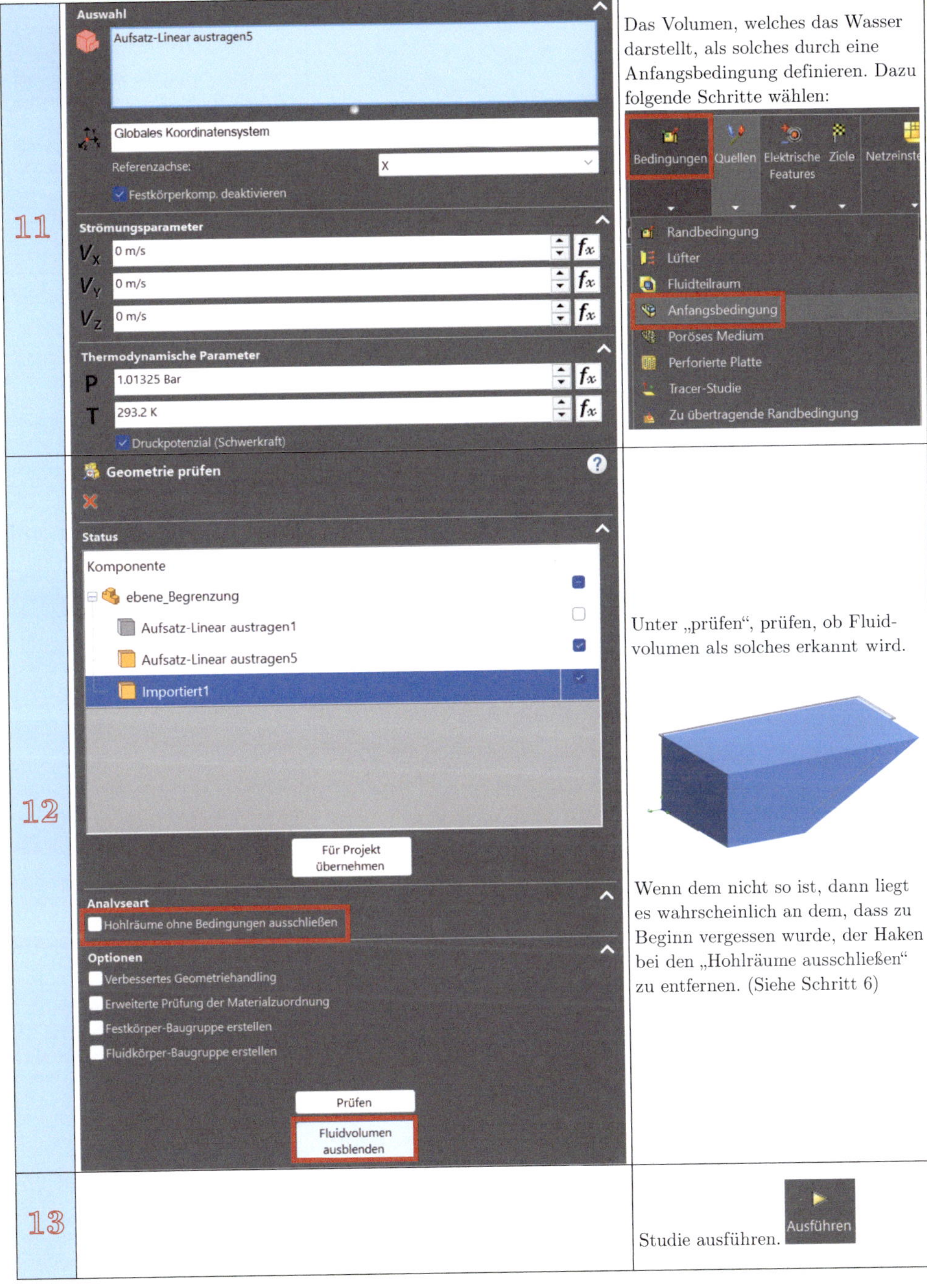

11		Das Volumen, welches das Wasser darstellt, als solches durch eine Anfangsbedingung definieren. Dazu folgende Schritte wählen:
12		Unter „prüfen", prüfen, ob Fluidvolumen als solches erkannt wird. Wenn dem nicht so ist, dann liegt es wahrscheinlich an dem, dass zu Beginn vergessen wurde, der Haken bei den „Hohlräume ausschließen" zu entfernen. (Siehe Schritt 6)
13		Studie ausführen.

2

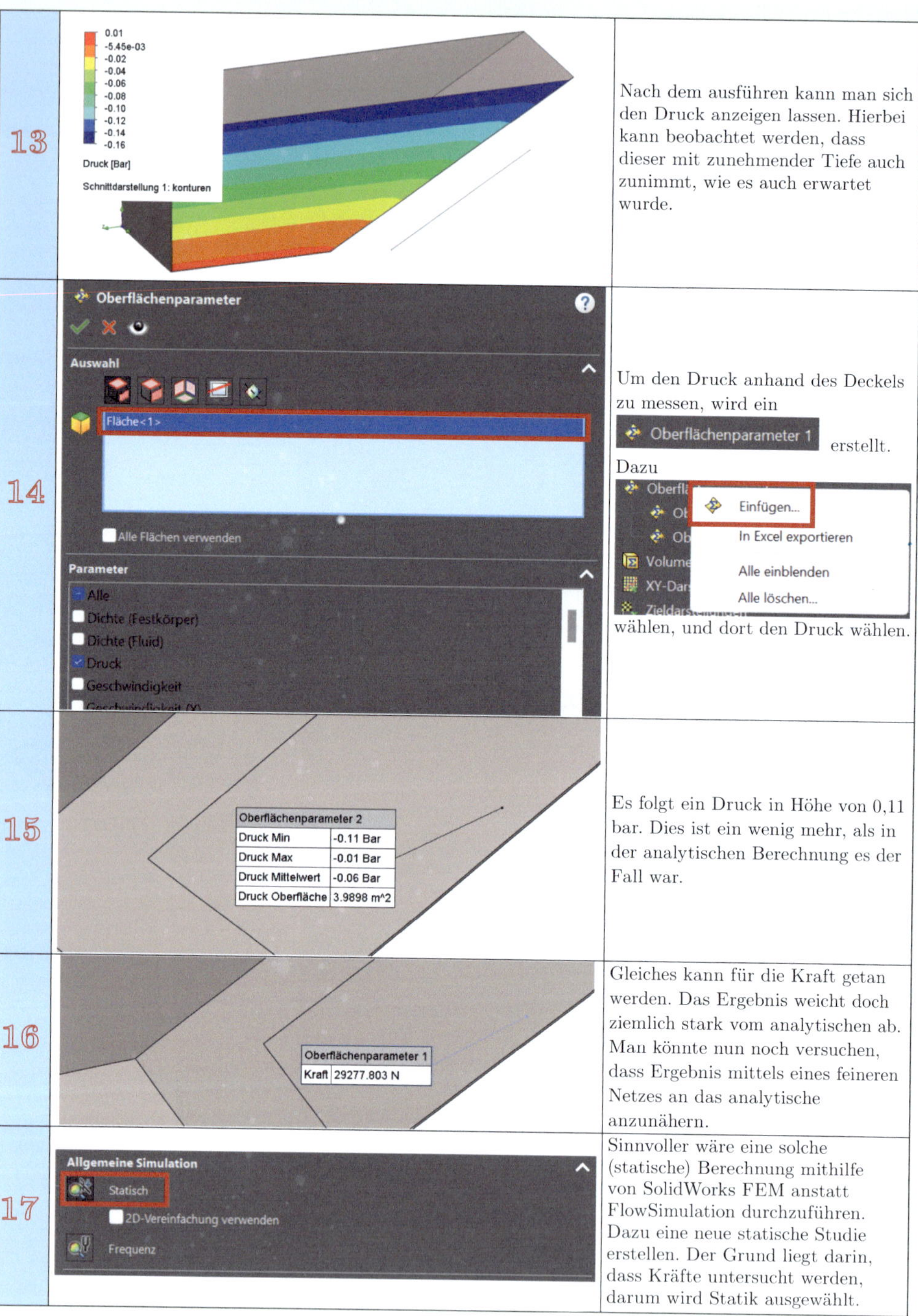

13		Nach dem ausführen kann man sich den Druck anzeigen lassen. Hierbei kann beobachtet werden, dass dieser mit zunehmender Tiefe auch zunimmt, wie es auch erwartet wurde.
14		Um den Druck anhand des Deckels zu messen, wird ein Oberflächenparameter 1 erstellt. Dazu Einfügen... wählen, und dort den Druck wählen.
15		Es folgt ein Druck in Höhe von 0,11 bar. Dies ist ein wenig mehr, als in der analytischen Berechnung es der Fall war.
16		Gleiches kann für die Kraft getan werden. Das Ergebnis weicht doch ziemlich stark vom analytischen ab. Man könnte nun noch versuchen, dass Ergebnis mittels eines feineren Netzes an das analytische anzunähern.
17		Sinnvoller wäre eine solche (statische) Berechnung mithilfe von SolidWorks FEM anstatt FlowSimulation durchzuführen. Dazu eine neue statische Studie erstellen. Der Grund liegt darin, dass Kräfte untersucht werden, darum wird Statik ausgewählt.

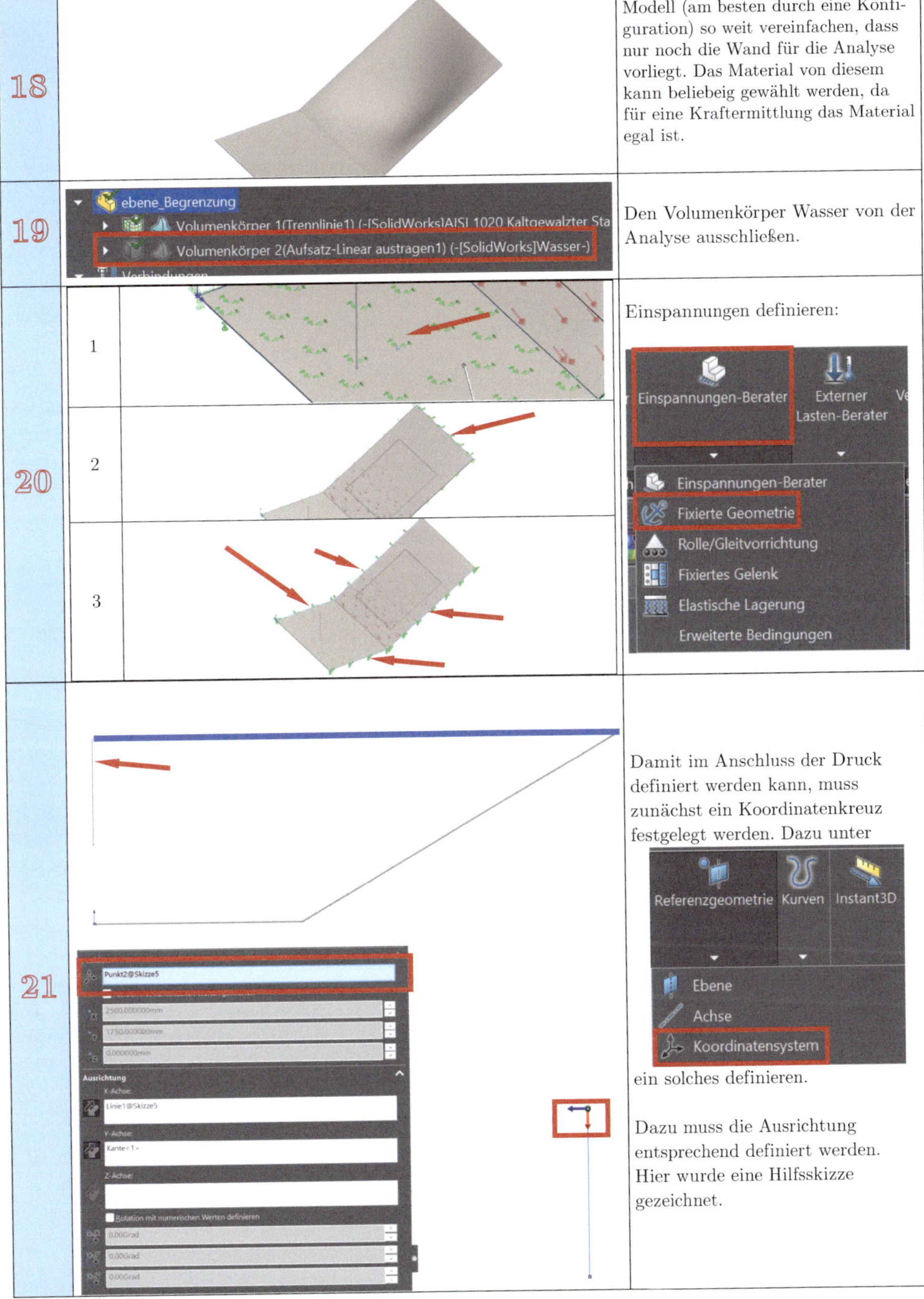

18	Modell (am besten durch eine Konfiguration) so weit vereinfachen, dass nur noch die Wand für die Analyse vorliegt. Das Material von diesem kann beliebeig gewählt werden, da für eine Kraftermittlung das Material egal ist.
19	Den Volumenkörper Wasser von der Analyse ausschließen.
20	Einspannungen definieren:
21	Damit im Anschluss der Druck definiert werden kann, muss zunächst ein Koordinatenkreuz festgelegt werden. Dazu unter ein solches definieren. Dazu muss die Ausrichtung entsprechend definiert werden. Hier wurde eine Hilfsskizze gezeichnet.

2

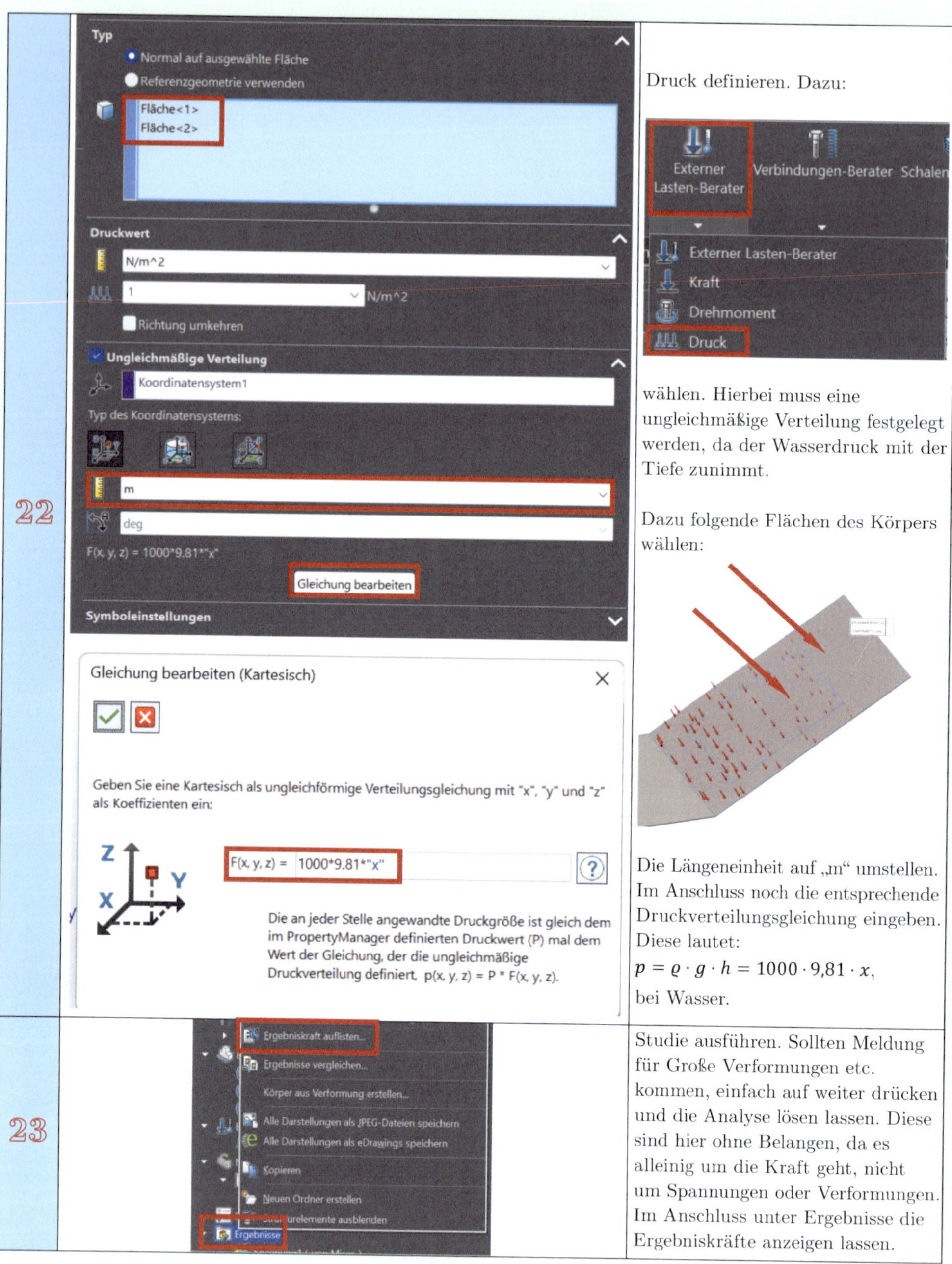

22		Druck definieren. Dazu: wählen. Hierbei muss eine ungleichmäßige Verteilung festgelegt werden, da der Wasserdruck mit der Tiefe zunimmt. Dazu folgende Flächen des Körpers wählen: Die Längeneinheit auf „m" umstellen. Im Anschluss noch die entsprechende Druckverteilungsgleichung eingeben. Diese lautet: $p = \varrho \cdot g \cdot h = 1000 \cdot 9{,}81 \cdot x$, bei Wasser.
23		Studie ausführen. Sollten Meldung für Große Verformungen etc. kommen, einfach auf weiter drücken und die Analyse lösen lassen. Diese sind hier ohne Belangen, da es alleinig um die Kraft geht, nicht um Spannungen oder Verformungen. Im Anschluss unter Ergebnisse die Ergebniskräfte anzeigen lassen.

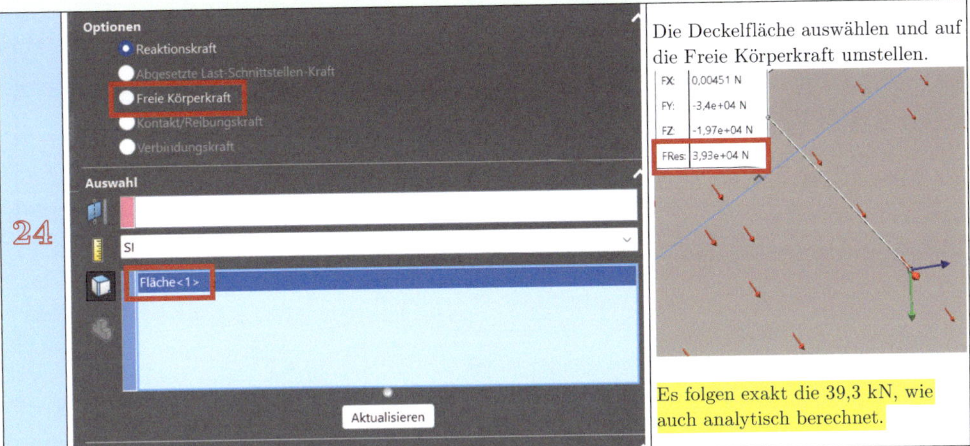

2.3.2 Gekrümmte Begrenzungswände

2.3.2.1 Bodendruckkraft bei gekrümmten Wänden

Bemerkung 2.2
Die Seitendruckkraft lässt sich aufgrund des hydrostatischen Paradoxons auch hier ident zu jener bei ebenen Begrenzungsflächen ermitteln.

2.3.2.2 Seitenkraft bei gekrümmten Wänden

- **Berechnung der Horizontalkraft:**

Siehe ◘ Abb. 2.26. Aus dem Kapitel „Seitenkraft bei ebenen Flächen" wurde folgende Formel hergeleitet: $dF = \varrho \cdot g \cdot h \cdot dA$, bei gekrümmten Flächen gilt diese auch, mit dem kleinen Unterschied, dass anstatt dA der Ausdruck dA' verwendet werden muss (projizierte Fläche) und ebenso stellt die Kraft dF, bei ebenen Begrenzungswänden, bei gekrümmten nur die Horizontale Kraft-Komponente dF_H dar. Es folgt die Gleichung $dF_h = \varrho \cdot g \cdot h \cdot dA'$. Lösen der DGL liefert

$$\int dF_h = \varrho \cdot g \cdot \int h \cdot dA'$$

$$F_h = \varrho \cdot g \cdot \int_0^H h \cdot dA'. \tag{2.104}$$

Es ist zu erkennen, dass in dieser Gleichung das statische Moment substituiert werden kann.

$$M_{\text{Stat}} = h'_S = \int_0^H h \cdot dA'. \tag{2.105}$$

Einsetzen liefert

$$F_h = \varrho \cdot g \cdot h'_S \cdot A' = p_S \cdot A'. \tag{2.106}$$

Die horizontale Druckkraft gegen die gekrümmte Fläche ist gleich der Druckkraft gegen die in horizontaler Richtung projizierende Fläche. Ihre Wirklinie muss sich also auch durch den Punkt D' (vgl. ◘ Abb. 2.26) gehen.[1]

- **Berechnung der Vertikalkraft:**

Erneut gilt: $dF = \varrho \cdot g \cdot h \cdot dA$; oder angepasst an die zu bestimmende Vertikalkomponente

$$dF_V = \varrho \cdot g \cdot h \cdot dA''. \tag{2.107}$$

1 Vergleiche hierzu auch ebene Wand.

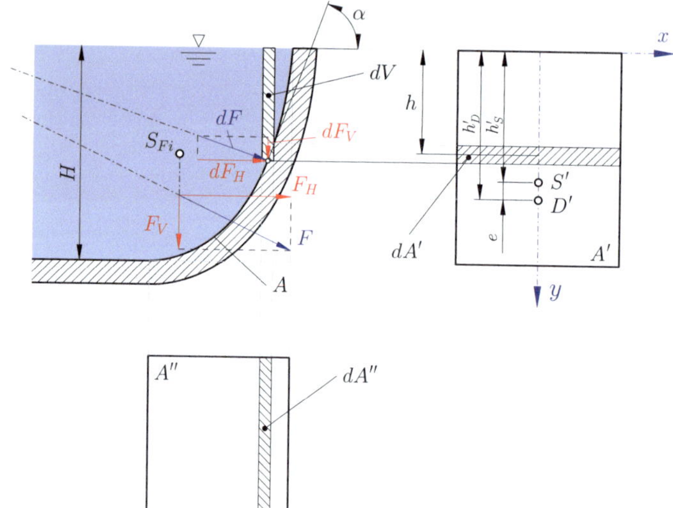

Abb. 2.26 Seitendruckkräfte bei gekrümmten Gefäßen

Lösen der Differentialgleichung, durch beidseitiges Integrieren, liefert

$$\int_F dF_V = \varrho \cdot g \cdot \int_0^H h \cdot dA''$$

$$\Longrightarrow \quad F_V = \varrho \cdot g \int_0^H h \cdot dA''. \qquad (2.108)$$

Hierbei kann man das Volumen $dV = h \cdot dA''$ erkennen. Dieses eingesetzt ergibt

$$F_V = \varrho \cdot g \cdot \int_0^H dV; \qquad (2.109)$$

$$F_V = \varrho \cdot g \cdot V. \qquad (2.110)$$

Corollary 2.9
Die vertikale Kraft gegen die gekrümmte Fläche ist gleich der Gewichtskraft des Flüssigkeitskörpers, der vertikal über der gekrümmten Fläche steht. Ihre Wirklinie muss daher durch den Schwerpunkt des Flüssigkeitskörpers gehen.

$$F = \sqrt{F_h^2 + F_v^2}. \qquad (2.111)$$

Die Wirklinie von F muss durch die Zylinderachse gehen. Wenn die gekrümmte Oberfläche von unten von der Flüssigkeit benetzt wird, wird die vertikale Druckkraft zur Aufdruckkraft. Dadurch entsteht die Gewichtskraft für einen hypothetischen Flüssigkeitskörper mit dem Volumen V.

2.3.2.3 Anwendungsbeispiel

Siehe ► Bsp. 2.4 und ► CFD 2.6.

Beispiel 2.4

Zu berechnen sind die Seitendruckkräfte und dessen Wirkabstände an dem nachstehenden Bauteil aus Abb. 2.27. Es sind die Wirkabstände und die Beträge der Seitendruckkräfte gesucht. Gegeben sei: $b = 1$ m und $R = 3$ m.

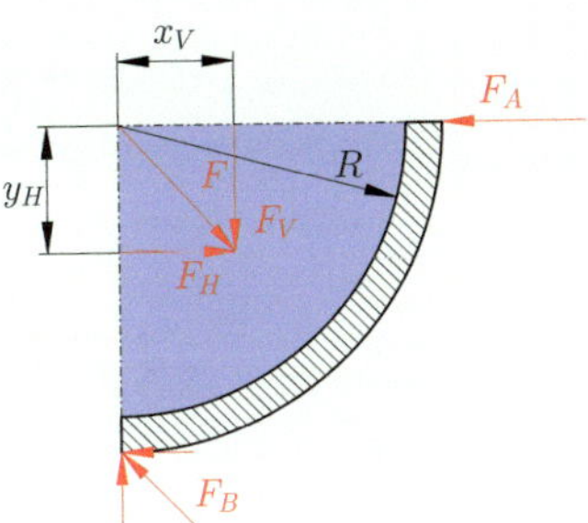

Abb. 2.27 Beispiel gekrümmte Seitenwände

Lösung

1. Ermittlung der Horizontalkomponente
   Dazu muss zunächst der Schwerpunkt des Rechtecks, mit den Abmessungen $b \times R$, ermittelt werden. Dieser lautet

$$\underline{\underline{h_S}} = \frac{R}{2} = \underline{\underline{1{,}5\,\mathrm{m}}} \tag{2.112}$$

Jetzt kann der Druck berechnet werden. Dieser berechnet sich zu

$$\underline{\underline{p_S}} = \varrho \cdot g \cdot h_S = 1000\,\frac{\mathrm{kg}}{\mathrm{m}^3} \cdot 9{,}81\,\frac{\mathrm{m}}{\mathrm{s}^2} \cdot 1{,}5\,\mathrm{m}$$
$$= \underline{\underline{14.715\,\frac{\mathrm{N}}{\mathrm{m}^2}}}. \tag{2.113}$$

Zusätzlich wird die projizierende Fläche A' benötigt. Diese errechnet sich gemäß

$$\underline{\underline{A'}} = R \cdot b = 3\,\mathrm{m} \cdot 1\,\mathrm{m} = \underline{\underline{3\,\mathrm{m}^2}}. \tag{2.114}$$

Unter Kenntnis all dieser Informationen kann die Horizontalkomponente berechnet werden, zu

$$\underline{\underline{F_H}} = p_S\,A'$$
$$= \varrho \cdot g \cdot \cdot R \cdot R \cdot b = 14.715\,\frac{\mathrm{N}}{\mathrm{m}^2} \cdot 3\,\mathrm{m}^2$$
$$= \underline{\underline{44{,}15\,\mathrm{kN}}}. \tag{2.115}$$

Um die Wirklinie zu ermitteln, betrachtet man die Druckzunahme in Abhängigkeit der Tiefe; es entsteht ein Kräfte-Dreieck, wobei die resultierende Kraft im Schwerpunkt angreift aufgrund $\underline{\underline{y_H}} = \frac{2}{3} \cdot R = \frac{2}{3} \cdot 3\,\mathrm{m} = \underline{\underline{2\,\mathrm{m}}}$ gilt.

$$\underline{\underline{F_V}} = \varrho\,g\,V = \varrho\,g\,r^2 \frac{\pi}{4}\,b$$
$$= 1000\,\frac{\mathrm{kg}}{\mathrm{m}^3} \cdot 9{,}81\,\frac{\mathrm{m}}{\mathrm{s}^2}\,(3\,\mathrm{m})^2\,\frac{\pi}{4} \cdot 1\,\mathrm{m}$$
$$= \underline{\underline{69{,}34\,\mathrm{kN}}} \tag{2.116}$$

2. Um den Wirkabstand zu ermitteln, kann man vorerst den Winkel zwischen der resultierenden Kraft und der Vertikalkomponente ermitteln. Dieser muss dann derselbe sein, wie jener des x-Abstandes und des y-Abstandes der Wirklinie: $\tan(\varphi) = \frac{F_H}{F_V}$.

$$\underline{\underline{\varphi}} = \arctan\left(\frac{F_H}{F_V}\right) = \arctan\left(\frac{44{,}15\,\mathrm{kN}}{69{,}34\,\mathrm{kN}}\right)$$
$$= \underline{\underline{32{,}5^\circ}} \tag{2.117}$$

$$\tan(\varphi) = \frac{x_V}{y_H} \implies \underline{\underline{x_V = 1{,}273\,\mathrm{m}}} \tag{2.118}$$

Methode: Lösung durch SolidWorks – CFD 2.6

Zu untersuchen ist das analytische ▶ Bsp. 2.4 mittels SolidWorks.

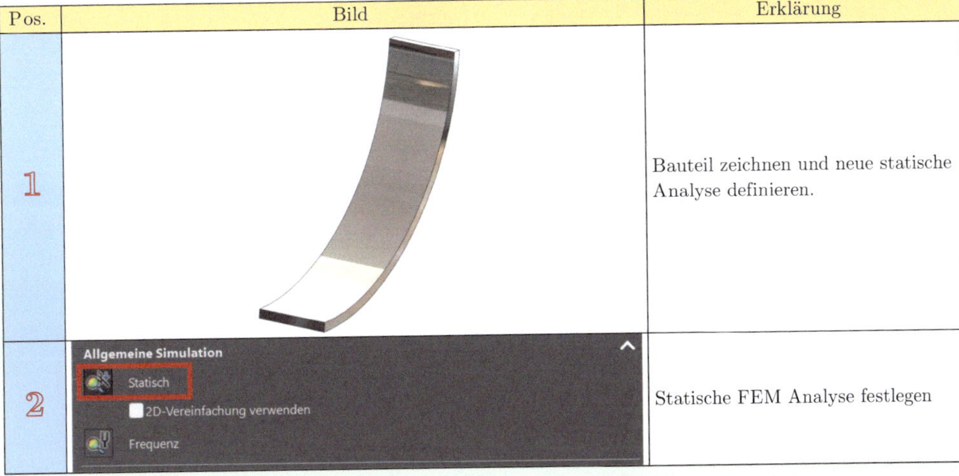

Pos.	Bild	Erklärung
1		Bauteil zeichnen und neue statische Analyse definieren.
2	Allgemeine Simulation Statisch 2D-Vereinfachung verwenden Frequenz	Statische FEM Analyse festlegen

2

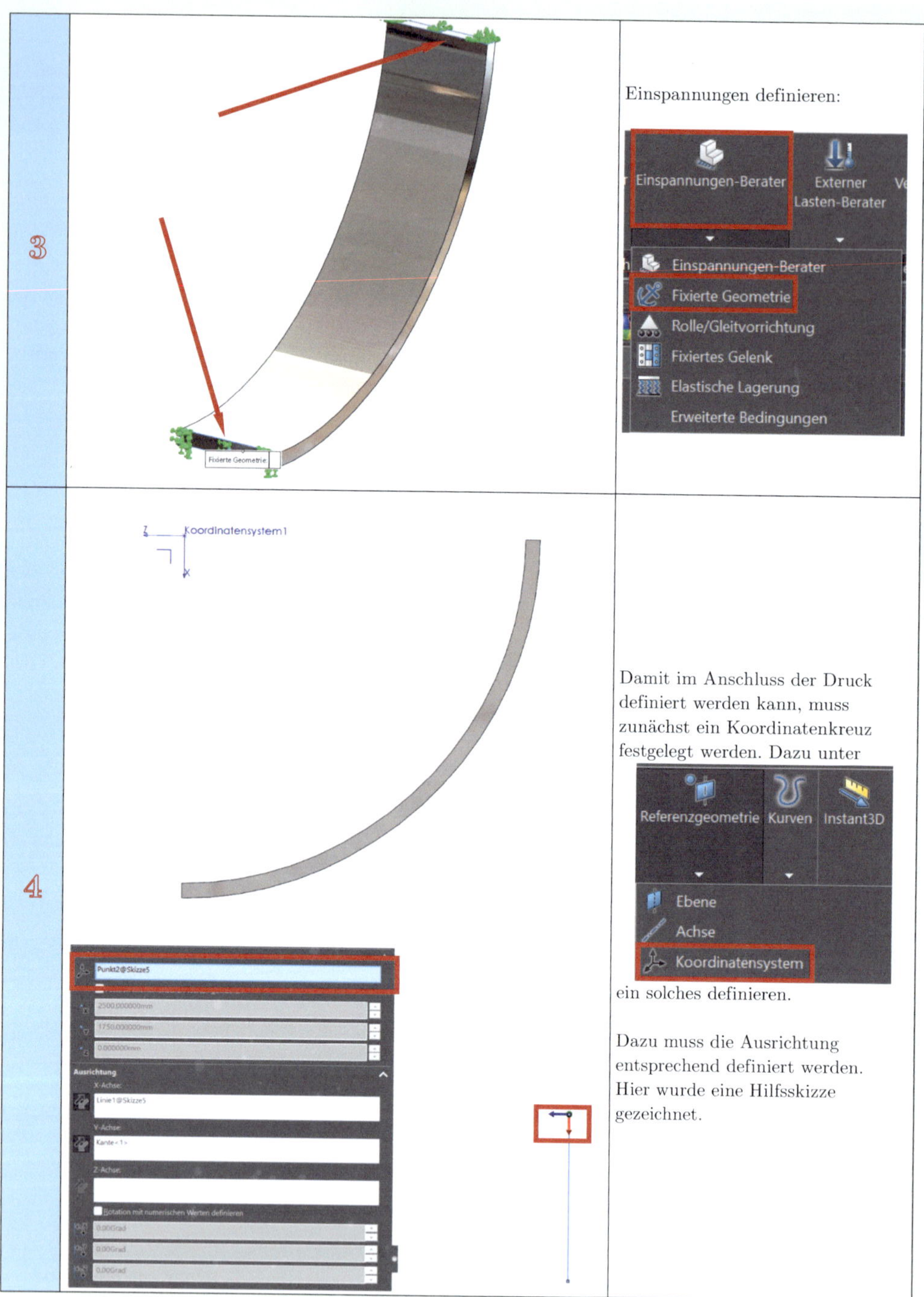

3	Einspannungen definieren:
4	Damit im Anschluss der Druck definiert werden kann, muss zunächst ein Koordinatenkreuz festgelegt werden. Dazu unter [Referenzgeometrie → Koordinatensystem] ein solches definieren. Dazu muss die Ausrichtung entsprechend definiert werden. Hier wurde eine Hilfsskizze gezeichnet.

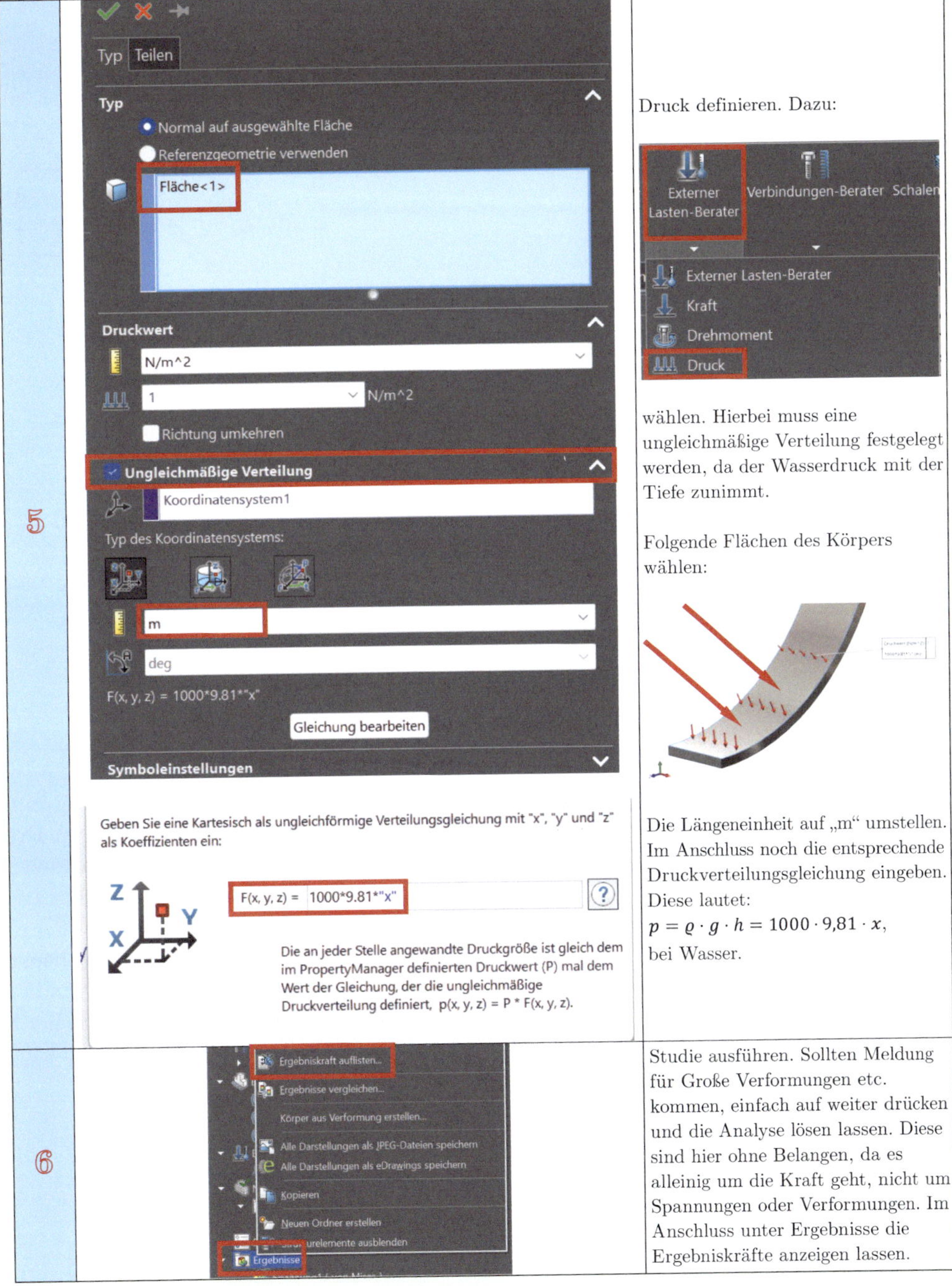

5		Druck definieren. Dazu: „Druck“ wählen. Hierbei muss eine ungleichmäßige Verteilung festgelegt werden, da der Wasserdruck mit der Tiefe zunimmt. Folgende Flächen des Körpers wählen: Die Längeneinheit auf „m“ umstellen. Im Anschluss noch die entsprechende Druckverteilungsgleichung eingeben. Diese lautet: $p = \varrho \cdot g \cdot h = 1000 \cdot 9{,}81 \cdot x$, bei Wasser.
6		Studie ausführen. Sollten Meldung für Große Verformungen etc. kommen, einfach auf weiter drücken und die Analyse lösen lassen. Diese sind hier ohne Belangen, da es alleinig um die Kraft geht, nicht um Spannungen oder Verformungen. Im Anschluss unter Ergebnisse die Ergebniskräfte anzeigen lassen.

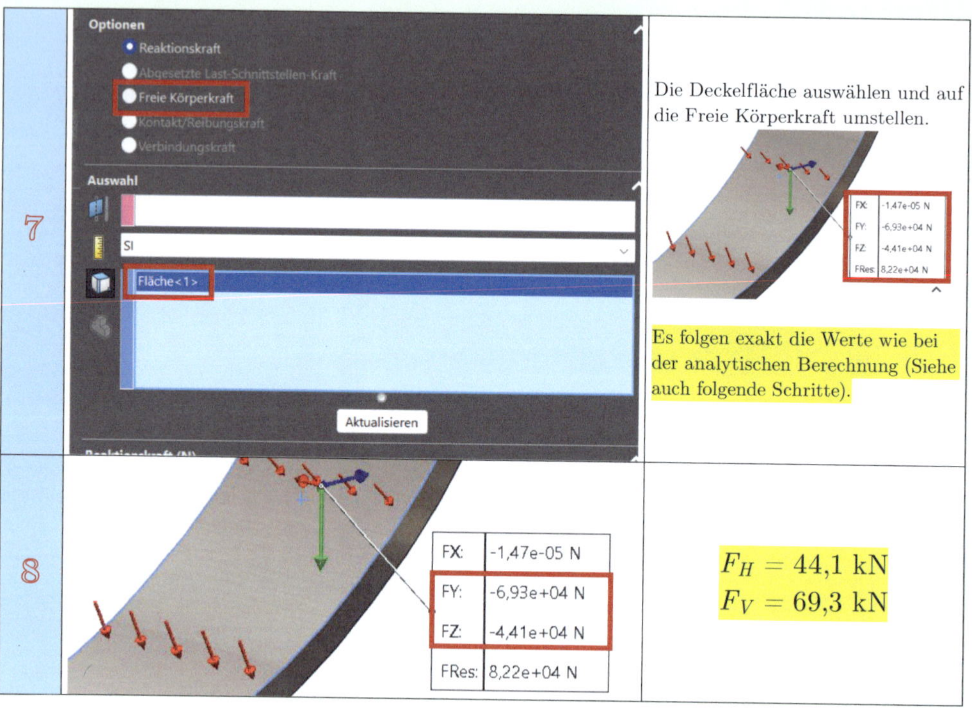

2.4 Auftrieb, Schwimmen, Schwimmlagen und Stabilität

Schwimmen bezeichnet das Schweben eines Körpers in einer Flüssigkeit und die Fortbewegung von Lebewesen im Wasser (vgl. ◘ Abb. 2.28) [88].

◘ **Abb. 2.28** Schwimmen – Warum schwimmen Schiffe im Wasser und der viel leichtere Mensch nicht, ohne Bewegung?

Taucht man einen Körper mit dem Volumen V in eine Flüssigkeit vollständig ein, so wirken auf dessen Begrenzungsflächen Druckkräfte, welche aufgrund des hydrostatischen Drucks verursacht werden.

Die seitlichen Kräfte, F_{h1} und F_{h2} (vgl. ◘ Abb. 2.29), heben einander auf. Dies geschieht, da die horizontale Projektion auf beiden Seiten die gleiche Fläche einnimmt und der Körper horizontal nicht verschoben werden kann.

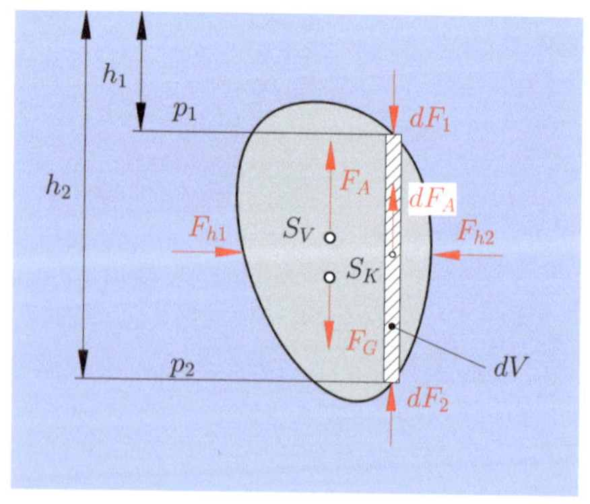

◘ **Abb. 2.29** Auftrieb

S_K … Schwerpunkt des Eingetauchten Körpers

S_V … Schwerpunkt des verdrängten Flüssigkeitsvolumens

Liegt ein homogener Körper vor, so fallen die beiden Punkte S_K und S_V zusammen. Auf den Teilkörper dV wirken die vertikalen Teilkräfte dF_{V1} und dF_{V2}. Diese beiden Kräfte berechnen sich gemäß den Nachstehenden beiden Gleichungen. Gegeben sei die Gewichtskraft des Flüssigkeitskörpers mit der Grundfläche dA und der Höhe h_1.

$$dF_{V1} = p_1 \cdot dA = \varrho \cdot g \cdot h_1 \cdot dA. \quad (2.119)$$

$$dF_{V2} = p_2 \cdot dA = \varrho \cdot g \cdot h_2 \cdot dA. \quad (2.120)$$

Gegeben sei ein Körper mit einer Gewichtskraft des Flüssigkeitskörpers mit der Grundfläche dA und der Höhe h_2. Die resultierende Kraft aus den beiden vertikalen Teilkräften ist die Teilauftriebskraft, die sich gemäß

$$dF_A = dF_{V2} - dF_{V1} \quad (2.121)$$

berechnet bzw. durch einsetzen der obigen Bedingung folgt

$$\begin{aligned} dF_A &= \varrho \cdot g \cdot h_2 \cdot dA - \varrho \cdot g \cdot h_1 \cdot dA \\ &= \varrho \cdot g \cdot dA \cdot (h_2 - h_1). \end{aligned} \quad (2.122)$$

Die Höhendifferenz $h_2 - h_1$ ist ident zu der Höhe des Teilvolumens dV mit der Grundfläche dA. Man substituiert diese Differenz durch h, zu

$$dF_A = \varrho \cdot g \cdot dA \cdot h. \quad (2.123)$$

Es ist erkennbar, dass es sich bei $dA \cdot h$ um das Volumen dV handelt

$$dF_A = \varrho \cdot g \cdot dV. \quad (2.124)$$

Durch Lösen dieser Differentialgleichung, durch beidseitiges Integrieren, folgt der Ausdruck

$$\int dF_A = \varrho \cdot g \cdot \int dV; \quad (2.125)$$

wodurch sich die **allgemeine Formel für den Auftrieb** zu

$$F_A = \varrho \cdot g \cdot V \quad (2.126)$$

ergibt.

Bemerkung 2.3
Diese Gleichung beschreibt mathematisch das Archimedische Prinzip.

2.4.1 Archimedisches Prinzip

Archimedes (Abb. 2.30) war von König Hieron II. von Syrakus beauftragt worden, herauszufinden, ob dessen Krone wie bestellt aus reinem Gold wäre oder ob das Material durch billigeres Metall gestreckt worden sei. Diese Aufgabe stellte Archimedes zunächst vor Probleme, da die Krone natürlich nicht zerstört werden durfte.

Abb. 2.30 Archimedis – Mittelalterliches Phantasieporträt von Archimedes [21, 68]

Der Überlieferung nach hatte Archimedes schließlich den rettenden Einfall, als er zum Baden in eine bis zum Rand gefüllte Wanne stieg und dabei das Wasser überlief. Er erkannte, dass die Menge Wasser, die übergelaufen war, genau seinem Körpervolumen entsprach. Angeblich lief er dann, nackt wie er war, durch die Straßen und rief „Eureka!" („Ich habe es gefunden").

Um die gestellte Aufgabe zu lösen, tauchte er einmal die Krone und dann einen Goldbarren, der genauso viel wog wie die Krone, in einen bis zum Rand gefüllten Wasserbehälter und maß die Menge des überlaufenden Wassers. Da die Krone mehr Wasser verdrängte als der Goldbarren und somit bei gleichem Gewicht voluminöser war, musste sie aus einem Material geringerer Dichte, also nicht aus reinem Gold, gefertigt worden sein. Diese Geschichte wurde vom römischen Architekten Vitruv überliefert. Obwohl der Legende nach auf dieser Geschichte die Entdeckung des archimedischen Prinzips beruht, würde der Versuch von Archimedes auch mit jeder anderen Flüssigkeit funktionieren.

Das Interessanteste am archimedischen Prinzip, nämlich die Entstehung des Auftriebs und damit die Berechnung der Dichte des Fluids, spielt in dieser Entdeckungsgeschichte gar keine Rolle [21].

Die Aussage nach Archimedis ist also:

Corollary 2.10

Die Masse des verdrängten Volumens der Flüssigkeit entspricht jener Masse, welche auf der Flüssigkeit getragen werden kann, ohne unterzugehen.

Der Auftrieb wird nicht durch das Gewicht des eingetauchten Körpers beeinflusst, sondern durch sein Volumen und damit durch die Menge der verdrängten Flüssigkeit. Der Auftrieb wirkt am Schwerpunkt S_V der verdrängten Flüssigkeit und ist unabhängig von der Tiefe, in der sich der Körper befindet. Aufgrund des Auftriebs erscheint der eingetauchte Körper leichter als seine Gewichtskraft unter Wasser F'_G. Dies lässt sich folgendermaßen ausdrücken:

$$F'_G = F_G - F_A. \tag{2.127}$$

Es gibt drei verschiedene Szenarien, die je nach dem Eigengewicht des Körpers eintreten können:

Axiom 2.1

$F_G > F_A \ldots$ Der Körper sinkt

$F_G = F_A \ldots$ Der Körper schwebt in jeder beliebigen Lage

$F_G < F_A \ldots$ Der Körper steigt nach oben, tritt durch die Wasseroberfläche hindurch, der Auftrieb nimmt dann ständig ab, bis $F_G = F_A$ womit der Körper wieder schwimmt.

2.4.2 Schwimmen

Die Linie, die die beiden Schwerpunkte verbindet, wird als **Schwimmachse** (vgl. Abb. 2.31) bezeichnet. Die Ebene, in der der Körper den Flüssigkeitsspiegel schneidet, ist die **Schwimmebene**, und ihre gemeinsame Schnittfläche wird als die **Schwimmfläche** bezeichnet. Der Abstand vom tiefsten Punkt des Körpers, bis zur Flüssigkeitsoberfläche, wird als **Eintauchtiefe** bezeichnet.

Es ist wichtig, dass S_y und S_K in derselben vertikalen Ebene liegen. Andernfalls würden die Kräfte F_G und F_A ein Kräftepaar bilden, was zu einer Drehbewegung des Körpers führen würde.

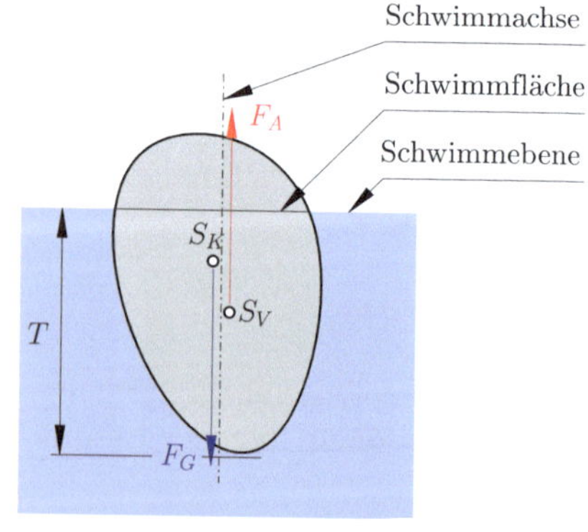

Abb. 2.31 Schwimmen

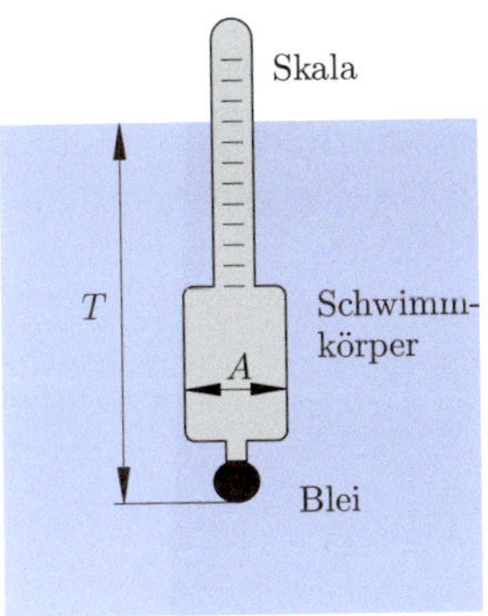

Abb. 2.32 Senkwaage (Aräometer)

Abb. 2.33 Senkwaage [22]

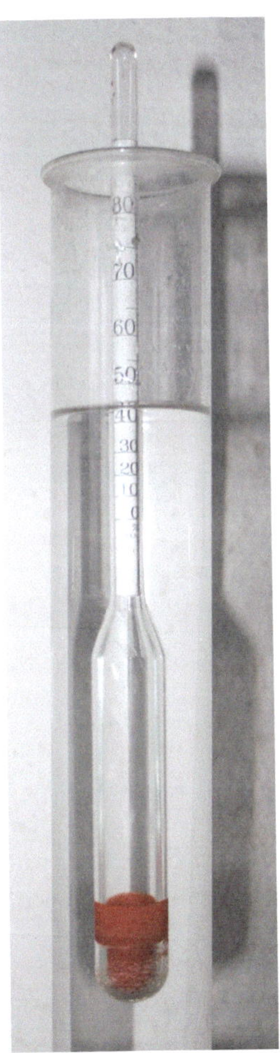

Beispiel 2.5 (Senkwaage)

Mit einer Senkwaage (vgl. mit Abb. 2.32) wurde die Eintauchtiefe in Wasser $T_1 = 9{,}3\,\text{cm}$ gemessen. Weiteres wurde die von Petroleum mit $T_2 = 11{,}4\,\text{cm}$ gemessen. Man sollte die Dichte von Petroleum bestimmen, wenn jene des Wassers $\varrho_1 = 1000\,\frac{\text{kg}}{\text{m}^3}$ beträgt. *Hinweis: Es handelt sich hier um ein indirektes Verhältnis!*

Lösung

$$\frac{\varrho_2}{\varrho_1} = \frac{T_1}{T_2} \implies \frac{\varrho_2}{1000\,\frac{\text{kg}}{\text{m}^3}} = \frac{9{,}3\,\text{cm}}{11{,}4\,\text{cm}}$$

$$\varrho_2 = \frac{9{,}3\,\text{cm}\,1000\frac{\text{kg}}{\text{m}^3}}{11{,}4\,\text{cm}} \implies \underline{\underline{\varrho_2 = 816\,\frac{\text{kg}}{\text{m}^3}}}. \tag{2.128}$$

- **Verfahren zur Bestimmung der Flüssigkeitsdichten, Senkwaage (vgl. Abb. 2.32 und 2.33):**

Die Messung erfolgt durch die Bestimmung der Eintauchtiefe T_1 in einer Flüssigkeit mit bekannter Dichte ϱ_1 und der Eintauchtiefe T_2 in einer Flüssigkeit mit einer unbekannten Dichte ϱ_2 (vgl. ▶ Bsp. 2.5).

- **Beispiel schwimmdende Holzkugel**

Vgl. ▶ Bsp. 2.6.

2.4.3 Schwimmlagen und Stabilität

Bei schwimmenden Körpern werden drei verschiedene Schwimmlagen unterschieden, ähnlich den bereits behandelten Gleichgewichtslagen:

- **Stabile Schwimmlage:** Diese Lage beschreibt den Zustand eines Körpers, der in einer Flüssigkeit schwimmt und bei Einwirkung einer Kraft aus dieser Position gebracht wird. Nach dem Loslassen der Kraft kehrt der Körper jedoch in seine ursprüngliche Lage zurück.

2

Beispiel 2.6 (Schwimmende Holzkugel)

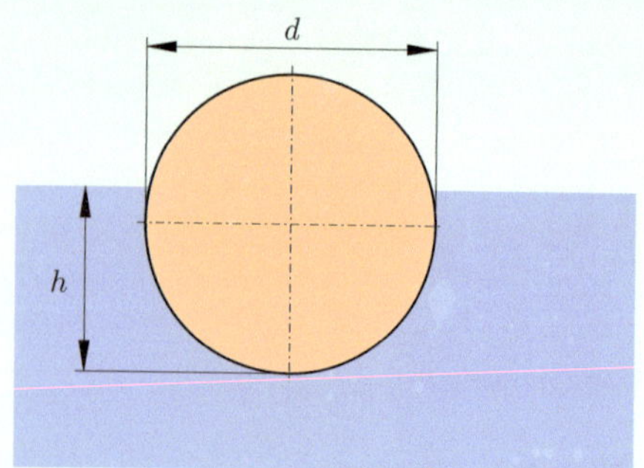

Abb. 2.34 Kugel in Wasser aus Holz

Eine Holzkugel, von welcher der Radius sowie deren Dichte bekannt sind, schwimmt im Wasser, gem. Abb. 2.34. Wie tief dringt die Kugel in die Wasseroberfläche durch deren Eigengewicht ein? (*Lösungshinweis: Es treten hier Gleichungen 3. Grades auf, welche mittels des Iterationsverfahrens zu lösen sind*). $r = 1\,\text{dm}$; $\varrho_K = 0{,}75\,\frac{\text{kg}}{\text{dm}^3}$.

Aus dem Auftriebsgesetz geht hervor, dass die Masse des verdrängten Wassers, der Masse des Körpers, welcher auf der Oberfläche gehalten werden kann, entspricht. Somit kann man folgende $m_W = m_K$ finden. Ebenfalls ist bekannt, wie das Volumen in Abhängigkeit der Dichte und dessen Masse berechnet wird:

$$m_K = V_K \cdot \varrho_K; \quad m_W = V_W \cdot \varrho_W; \tag{2.129}$$

einsetzen ergibt

$$V_W \cdot \varrho_W = V_K \cdot \varrho_K. \tag{2.130}$$

Zu beachten ist, dass die schwimmende Masse nicht der des Wassers, sondern nur des verdrängten Wassers entspricht. Aus Abb. 2.34 kann man erkennen, dass dies dem Volumen $V_W = \frac{\pi h^2}{3}(3r - h)$ entspricht. Die Formel für das Kugelvolumen kann man sich durch Integration der Kugelkoordinaten herleiten zu $V_K = \frac{4\pi r^3}{3}$. Durch einsetzen folgt

$$\frac{\pi h^2}{3}(3r - h) \cdot \varrho_W = \frac{4\pi r^3}{3} \cdot \varrho_K$$
$$\pi h^2 (3r - h) \cdot \varrho_W = 4\pi r^3 \cdot \varrho_K; \tag{2.131}$$

bzw. durch einsetzen oben genannten Werte

$$\pi h^2 (3 \cdot 1 - h) \cdot 1 = 4\pi\, 1^3 \cdot 0{,}75$$
$$\pi h^2 (3 - h) = 4\pi \cdot 0{,}75$$
$$3h^2 - h^3 - 3 = 0$$
$$h^3 - 3h^2 + 3 = 0$$
$$h = \sqrt{\frac{3h^2 - 3}{3}}. \tag{2.132}$$

Setzt man einen Startwert von (1,4 m) ein (beliebig gewählter Wert, angenommen) folgt: $h_1 = 1{,}4\,\text{m}$; $h_2 = 1{,}38\,\text{m}$ usw. Dieser Wert muss so lange in die Formel eingesetzt werden, bis sich dieser an der gewünschten Dezimalstelle (je nach Anforderungsprofil der Genauigkeit) nicht mehr verändert

$$h_3 = 1{,}37\,\text{m}; \quad h_4 = 1{,}3627\,\text{m}; \tag{2.133}$$
$$h_5 = 1{,}357\,\text{m}; \quad h_6 = 1{,}3544\,\text{m}; \tag{2.134}$$
$$h_7 = 1{,}352\,\text{m}; \quad h_8 = 1{,}3505\,\text{m}; \tag{2.135}$$
$$h_9 = 1{,}349\,\text{m}. \tag{2.136}$$
$$\Longrightarrow \quad \underline{\underline{h_9 = h_{10} = h = 1{,}349\,\text{m}.}} \tag{2.137}$$

- **Labile Schwimmlage:** Hierbei handelt es sich um die Lage, in der sich ein Körper befindet, wenn er in einer Flüssigkeit schwimmt und sich nach Einwirkung einer Kraft von dieser Position löst. Im Gegensatz zur stabilen Lage kehrt der Körper nach dem Weglassen der Kraft nicht mehr in die Ursprungslage zurück, sondern entfernt sich kontinuierlich von ihr, bis er eine neue, stabile Gleichgewichtslage einnimmt.
- **Indifferente Schwimmlage:** Diese Lage tritt auf, wenn keine der zuvor genannten Gleichgewichtslagen vorhanden sind.

2.4.3.1 Stabile Schwimmlage

Das verdrängte Volumen bleibt gleich groß, weil die Schwimmbedingung $F_G = F_A$–Gültigkeit behalten muss. Der Schwerpunkt S_y verändert seine Lage, da sich seine Form des verdrängten Volumens auch ändert. Aus dem Kräftepaar

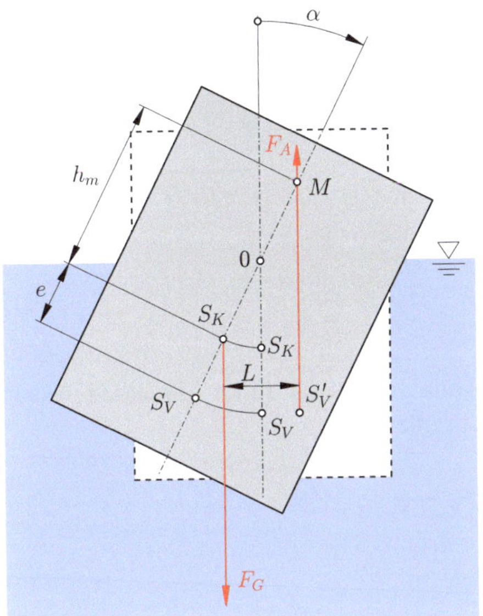

0…	Drehachse
L…	Hebelarm des Momentes
M…	Metazentrum
h_m…	Metazentrische Höhe, von S_K positiv nach oben
S'_V…	Schwerpunkt des ver- verdrängten Volumens in ausgelenkter Lage
S_K…	Körperschwerpunkt

Abb. 2.35 Stabile Schwimmlage

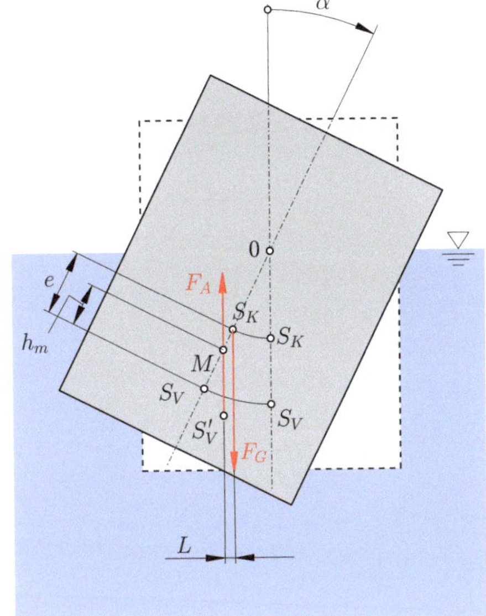

0…	Drehachse
L…	Hebelarm des Momentes
M…	Metazentrum
h_m…	Metazentrische Höhe, von S_K positiv nach oben
S'_V…	Schwerpunkt des ver- verdrängten Volumens in ausgelenkter Lage
S_K…	Körperschwerpunkt

Abb. 2.36 Labile Schwimmlage

$F_G - F_A$ entsteht um 0 ein rückdrehendes Moment (vgl. mit Abb. 2.35):

$$M_r = F_G \cdot L. \tag{2.138}$$

Corollary 2.11
Man kann daraus folgern, wenn S_K unter M liegt, ist die Schwimmlage stabil.

2.4.3.2 Labile Schwimmlage

Aus dem Kräftepaar $F_A - F_G$ entsteht um 0 ein weiterdrehendes Moment (vgl. Abb. 2.36)

$$M_w = F_G \cdot L. \tag{2.139}$$

Corollary 2.12
Man kann daraus folgern, wenn S_K über M liegt, ist die Schwimmlage labil.

Allgemein gilt: Man kann die Schwimmlage auch aus der metazentrischen Höhe erkennen (Abb. 2.37.) Dreht sich der Körper, so wird auf der rechten Seite aus vom Drehpunkt 0 gesehen, mehr Volumen (V_V) verdrängt. In Abb. 2.37 kann man dies anhand des Dreiecks

2

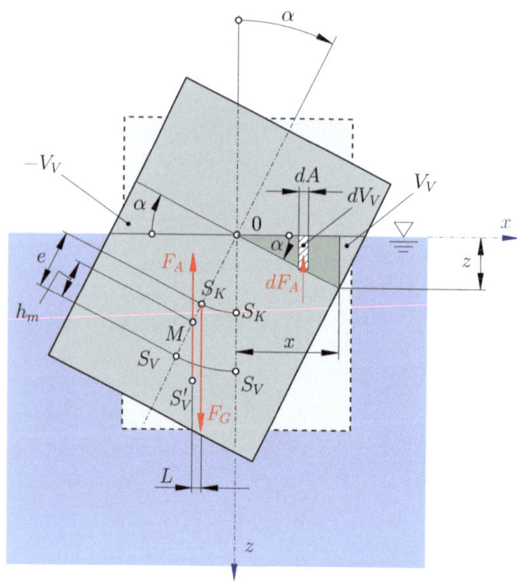

Abb. 2.37 Labile Schwimmlage, allgemein

erkennen. Auf der linken Seite wird genau ein gleich großes Volumenstück weniger verdrängt ($-V_V$).

Schneidet man nun aus dem Dreieck ein unendlich kleines Stück heraus, so erhält man das eingeschriebene Dreieck mit den Seitenlängen x und z.

Das infinitesimale Volumen kann man mit $dV_V = z \cdot dA$ berechnen, sowie einer Druckkraft gemäß der Formel für Druckkräfte: $dF = p \cdot dA$. Einsetzen der Bedingung $p = \varrho \cdot g \cdot h$ ergibt, wenn $z = h$

$$dF = \varrho \cdot g \cdot z \cdot dA. \tag{2.140}$$

z kann man sich mittels der Winkelfunktion Tangens berechnen: $\tan(\alpha) = \frac{z}{x}$. Bei sehr kleinen Winkeln gilt für diese Bedingung: $z = \alpha \cdot x$. Einsetzen in (2.140) ergibt

$$dF = \varrho \cdot g \cdot \alpha \cdot x \cdot dA; \tag{2.141}$$

was die Auftriebskraft F_A sein muss. Das infinitesimale Drehmoment lässt sich dann durch

$$dM = dF_A \cdot x = \varrho \cdot g \cdot \alpha \cdot x^2 \cdot dA \tag{2.142}$$

berechnen. Lösen der DGL liefert

$$M = \varrho \cdot g \cdot \alpha \cdot \underbrace{\int_A x^2 \cdot dA}_{=I_y = I_0} = \varrho \cdot g \cdot \alpha \cdot I_0$$

$$F_A \cdot a = \varrho \cdot g \cdot \alpha \cdot I_0$$

$$a = \frac{\varrho \cdot g \cdot \alpha \cdot I_0}{F_A}. \tag{2.143}$$

F_A kann man auch durch folgenden Ausdruck beschreiben

$$F_A = \varrho \cdot g \cdot V_V; \tag{2.144}$$

einsetzen:

$$a = \frac{\varrho \cdot g \cdot \alpha \cdot I_0}{F_A} = \frac{\varrho \cdot g \cdot \alpha \cdot I_0}{\varrho \cdot g \cdot V_V} = \frac{\alpha \cdot I_0}{V_V}. \tag{2.145}$$

Da $\alpha \ll$ (sehr kleine Winkel) gilt, kann gem. der Taylorreihenentwicklung $\sin(\alpha) \approx \alpha$ angenommen werden (Kippfall, labile Schwimmlage), es kann der Hebelarm a durch die Parameter h_m, h_K und α beschrieben werden, zu

$$a = (h_m + h_K) \cdot \underbrace{\sin(\alpha)}_{\alpha \ll \Longrightarrow \sin(\alpha) \approx \alpha}$$
$$= (h_m + h_K) \cdot \alpha. \tag{2.146}$$

Gl. (2.146) in (2.143) ein, erhält man durch Umformen die Gleichung

$$h_m = \frac{I_0}{V_V} - h_K. \tag{2.147}$$

Bemerkung 2.4

I_0 ist dabei auf die Schwimmfläche bezogen zu ermitteln.

Beobachtung 2.4
Da h_m von S_K nach oben positiv gemessen wird, gilt:

$h_m > 0 \ldots$ stabile Schwimmlage
$h_m < 0 \ldots$ labile Schwimmlage
$h_m = 0 \ldots$ indifferente Schwimmlage

Im Stabilitätsfall muss h_m immer **positiv** sein. Je größer h_m ist, desto sicherer ist das Schwimmverhalten.

Da das Flächenmoment 2. Ordnung in der Schwimmfläche je nach Lage der Drehachse unterschiedliche Werte annimmt, existieren mehrere Metazentren für die Schwimmlage. Zur Beurteilung der Stabilität ist jedoch stets nur der kleinste Wert von h_m relevant.

Die Stabilitätsbedingung lautet daher:

$$\frac{I_{\min}}{V} > e. \tag{2.148}$$

Corollary 2.13
Ein daraus abgeleitetes Korollar besagt, dass die metazentrische Höhe h_m umso größer wird, je kleiner das verdrängte Volumen V_V wird, bzw. je breiter die Schwimmfläche ist (somit ein größeres I), und je kleiner e ist, was darauf hinweist, dass der Körperschwerpunkt S_K tiefer liegt.

Wenn S_K unter S_V liegt, ist die Schwimmlage in jedem Fall stabil. Dies kann bei Schiffen durch das Verstauen schwerer Lasten weiter unten oder durch einen Bleikiel bei Yachten erreicht werden.

Für einen vollständig eingetauchten Körper, der in einer Flüssigkeit schwebt (z. B. U-Boot), gilt $I = 0$ und somit $h_m = -e$. Das bedeutet, dass das Metazentrum mit dem Verdrängungsschwerpunkt S_V zusammenfällt. Stabiles Schweben ist nur dann gegeben, wenn S_K unter S_V liegt. Wenn S_K und S_V zusammenfallen, ist das Schweben indifferent

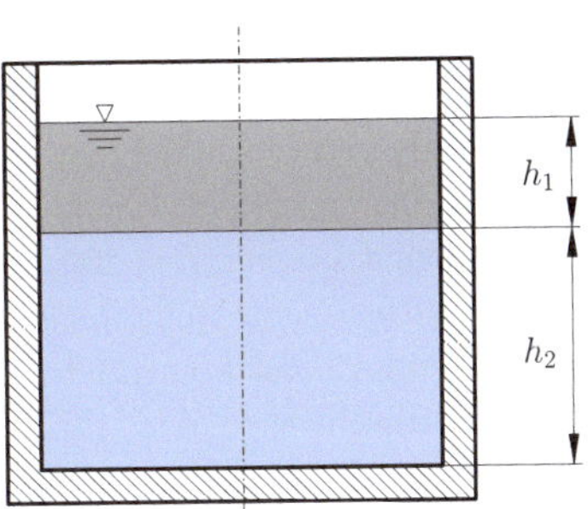

Abb. 2.38 Öl und Wasser in einem Glas

2.4.4 Geschichtete Fluide

Dieses Thema wird nur kurz besprochen. Der Begriff geschichtete Fluide bezieht sich auf die Anwesenheit von zwei verschiedenen Fluiden in einem Gefäß. Dies kann beispielsweise durch auslaufendes Öl im Meer von Schiffen oder andere Ursachen entstehen. Für die Berechnung wird jedes Fluid zunächst separat betrachtet und anschließend überlagert. **Ein Beispiel hierfür wäre das Vorhandensein von Öl und Wasser in einem Glas (Abb. 2.38).**

Der Druck auf den Boden lässt sich gemäß

$$p_{\text{Boden}} = p_0 + \varrho_1\, g\, h_1 + \varrho_2\, g\, h_2 \tag{2.149}$$

berechnen, oder allgemein

$$p = p_S + \sum_{i=1}^{n} \varrho_i\, g\, h_i\,. \tag{2.150}$$

2.5 Übungen

Die kommenden Übungen stammen zum Großteil aus dem Unterrichtsskriptum von Prof. Schöner der HTL Salzburg [16].

2

Übungsbeispiel 2.1

In einem Auto befindet sich ein Eimer, gefüllt mit Öl. Der Eimer hat eine Höhe von $H = 300\,\text{mm}$ und einen Durchmesser von $L = 200\,\text{mm}$. Das Öl im Ruhezustand weist eine Höhe von $h = 280\,\text{mm}$ auf (Abb. 2.1). Zu bestimmen ist $a_{\max}$, damit das Öl nicht überschwappt. Wie schnell wird dabei ein Auto, das 5 Sekunden lang mit dieser maximalen Beschleunigung beschleunigt?

Lösung

$$\tan\alpha = \frac{a}{g} = \frac{2(H-h)}{L}$$

$$\underline{\underline{a_{\max}}} = \frac{2(H-h)\cdot g}{L} = \frac{2(300-280)\cdot 9{,}81}{200} = \underline{\underline{1{,}962\,\text{m/s}^2}} \tag{2.151}$$

$$v = a\cdot t = 1{,}962\cdot 5 = 35{,}3\,\text{km/h}. \tag{2.152}$$

Übungsbeispiel 2.2

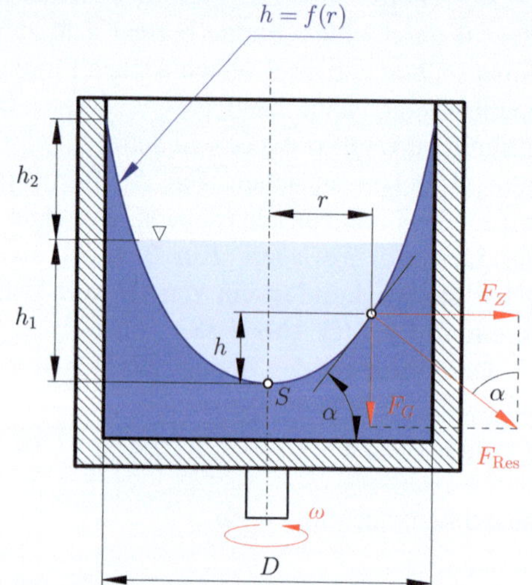

Abb. 2.39 Rotierendes Gefäß in Bewegung

Ein zylindrisches Gefäß (vgl. Abb. 2.39) ($D = 400\,\text{mm}$, $H = 164\,\text{mm}$) ist 94 mm hoch, mit Wasser gefüllt.

Bestimmen Sie

1. die Drehzahl n_1, bei der das Wasser den oberen Gefäßrand erreicht,
2. die Drehzahl n_2, bei der die Bodenmitte frei von Wasser wird und
3. das Volumen in Liter, das im Fall n_2 über den Gefäßrand ausgeflossen ist.

Lösung

1. Berechnung für ω_1 und n_1:

$$h_2 = \frac{\omega_1^2}{16\cdot g}\cdot D^2 \tag{2.153}$$

$$\underline{\underline{\omega_1}} = \frac{4}{D}\sqrt{h_2\cdot g} = \frac{4}{0{,}4}\sqrt{0{,}04\cdot 9{,}81} \approx \underline{\underline{7{,}85\,1/\text{s}}} \tag{2.154}$$

$$\underline{\underline{n_1}} = \frac{30\cdot\omega_1}{\pi} = \frac{30\cdot 7{,}85}{\pi} \approx \underline{\underline{75{,}18\,1/\text{min}}} \tag{2.155}$$

2. Berechnung für ω_2:

$$H = \frac{\omega_2^2}{2\cdot g}\cdot\left(\frac{D}{2}\right)^2$$

$$\underline{\underline{\omega_2}} = \frac{2}{D}\sqrt{2\cdot g\cdot H} = \frac{2}{0{,}4}\sqrt{2\cdot 9{,}81\cdot 0{,}164} \approx \underline{\underline{9{,}23\,1/\text{s}}}$$

3. Berechnung für $V_{ü}$:

$$\underline{\underline{V_{ü}}} = \frac{D^2\pi}{4}\left(h - \frac{H}{2}\right) = \frac{0{,}4^2\pi}{4}\left(0{,}094 - \frac{0{,}164}{2}\right) \approx \underline{\underline{2{,}098\,\text{dm}^3 \text{ bzw. } 2{,}098\ \text{Liter}}} \tag{2.156}$$

Übungsbeispiel 2.3

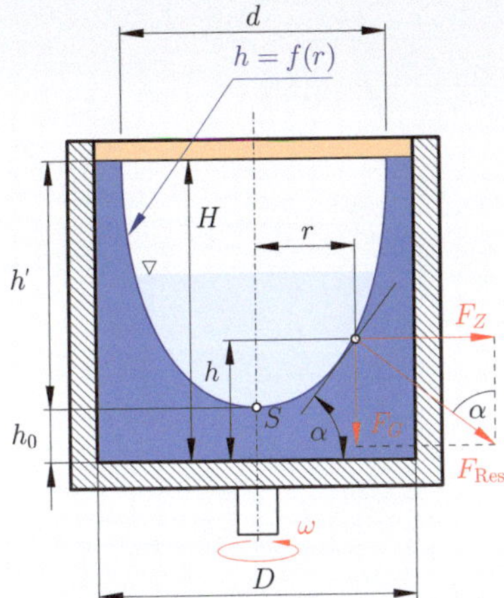

Abb. 2.40 Rotierendes Gefäß in Bewegung (Zentrifuge)

Eine Zentrifuge (vgl. Abb. 2.40) ($D = 223$ mm, $H = 154$ mm) ist bis $h = 134$ mm mit Wasser gefüllt. Sie ist mit einem kreisringförmigen Deckel ($d = 113$ mm) abgeschlossen.

Bestimme den Abstand der tiefsten Stelle der freien Oberfläche vom Zentrifugenboden und die dazugehörige Drehzahl n, für den Fall, dass gerade noch kein Wasser überfließt.

Lösung

1. Berechnung von h':

$$V_1 = \frac{D^2\pi}{4}h$$

$$V_2 = \frac{D^2\pi}{4}H - \frac{1}{2}\cdot\frac{d^2\pi}{4}h$$

$$V_1 = V_2 \tag{2.157}$$

$$\frac{D^2\pi}{4}h = \frac{D^2\pi}{4}H - \frac{1}{2}\cdot\frac{d^2\pi}{4}h$$

$$\Longrightarrow \quad D^2(H-h) = \frac{1}{2}\cdot d^2\cdot h \tag{2.158}$$

$$\underline{\underline{h'}} = \frac{2\cdot D^2(H-h)}{d^2} = \frac{2\cdot 0{,}223^2(0{,}154-0{,}134)}{0{,}113^2} \approx 0{,}1111\,\text{m} \quad \text{bzw.} \quad \underline{\underline{111{,}11\,\text{mm}}} \tag{2.159}$$

2. Berechnung von h_0:

$$\underline{\underline{h_0}} = H - h' = 0{,}154 - 0{,}1111 \approx 0{,}0429\,\text{m} \quad \text{bzw.} \quad \underline{\underline{42{,}9\,\text{mm}}} \tag{2.160}$$

3. Berechnung von ω und n:

$$\underline{\underline{\omega}} = \frac{1}{r}\sqrt{2\cdot g\cdot h'} = \frac{1}{0{,}06}\sqrt{2\cdot 9{,}81\cdot 0{,}1111} \approx \underline{\underline{24{,}61\ 1/\text{s}}} \tag{2.161}$$

$$\underline{\underline{n}} = \frac{30\cdot\omega}{\pi} = \frac{30\cdot 24{,}61}{\pi} \approx \underline{\underline{235\ 1/\text{min}}} \tag{2.162}$$

Übungsbeispiel 2.4

Bestimme die Druckhöhe einer Wassersäule und einer Quecksilbersäule für den Atmosphärendruck $p = 1{,}013$ bar. $\varrho_{H2O} = 1000\,\text{kg/m}^3$ bzw. $\varrho_{Hg} = 13.594\,\text{kg/m}^3$.

Lösung

$$\underline{\underline{h_{H20}}} = \frac{1{,}013\cdot 10^5}{1000\cdot 9{,}81} = \underline{\underline{10{,}33\,\text{m}}} \tag{2.163}$$

$$\underline{\underline{h_{Hg}}} = \frac{1{,}013\cdot 10^5}{13.594\cdot 9{,}81} = \underline{\underline{0{,}76\,\text{m}}} \tag{2.164}$$

2

Übungsbeispiel 2.5

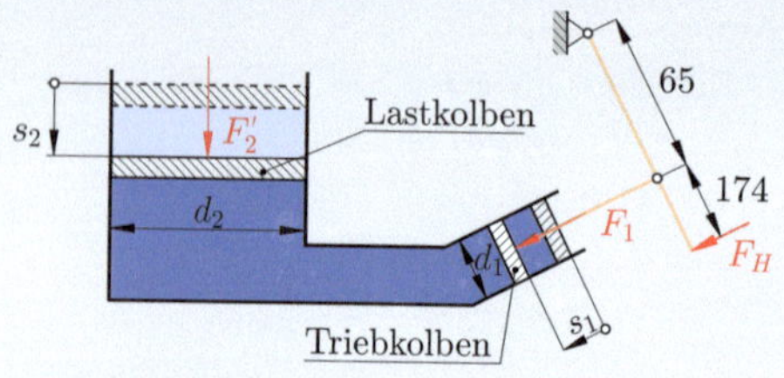

Abb. 2.41 Hydraulischer Wagenheber – Beispiel

Hydraulischer Wagenheber (vgl. Abb. 2.41): Mit der Handkraft $F_H = 189\,\text{N}$ soll eine Last $F_2' = 74\,\text{kN}$ um $s_2 = 406\,\text{mm}$ gehoben werden können. Der Kolbendurchmesser des Triebkolbens beträgt $d_1 = 26\,\text{mm}$, die Dichtlippenhöhen betragen $h_1 = 8\,\text{mm}$ und $h_2 = 14\,\text{mm}$, die Reibzahl ist mit $\mu = 0{,}15$ vorgegeben. Welcher Druck p herrscht im Hydrauliköl, welchen Durchmesser d_2 benötigt der Lastkolben und wie weit (s_1) muss der Triebkolben eingeschoben werden?

Lösung

$$F_1' \cdot 65 = F_H \cdot 239$$

$$\Longrightarrow \quad \underline{\underline{F_1'}} = F_H \frac{239}{65} = 189 \frac{239}{65} = \underline{\underline{903{,}42\,\text{N}}} \tag{2.165}$$

$$F_1' = F_1 + F_{R1} = p \frac{d_1^2 \cdot \pi}{4} + \mu \cdot p \cdot d_1 \cdot \pi \cdot h_1$$

$$F_2 = p \frac{d_2^2 \cdot \pi}{4} - \mu \cdot p \cdot d_2 \cdot \pi \cdot h_2 \tag{2.166}$$

$$\underline{\underline{p}} = \frac{F_1'}{\frac{d_1^2 \cdot \pi}{4} + \mu \cdot d_1 \cdot \pi \cdot h_1} = \frac{903{,}42}{\frac{26^2 \cdot \pi}{4} + 0{,}15 \cdot 26 \cdot \pi \cdot 8} = \underline{\underline{1{,}419\,\text{N/mm}^2}} \tag{2.167}$$

$$d_2^2 \cdot \frac{p \cdot \pi}{4} - d_2 \cdot \mu \cdot p \cdot \pi \cdot h_2 - F_2' = 0$$

$$\underline{\underline{d_2}} = \frac{\mu \cdot p \cdot \pi \cdot h_2}{\frac{p \cdot \pi}{2}} \pm \frac{\sqrt{(\mu \cdot p \cdot \pi \cdot h_2)^2 + p \cdot \pi \cdot F_2}}{\frac{p \cdot \pi}{2}}$$
$$= \frac{0{,}15 \cdot 1{,}419 \cdot \pi \cdot 14}{\frac{1{,}419 \cdot \pi}{2}} \pm \frac{\sqrt{(0{,}15 \cdot 1{,}419 \cdot \pi \cdot 14)^2 + 1{,}419 \cdot \pi \cdot 74.000}}{\frac{1{,}419 \cdot \pi}{2}}$$
$$= \underline{\underline{595\,\text{mm}}} \tag{2.168}$$

Es folgt also: $d_2 = 595\,\text{mm}$ und damit ergibt $\eta = 0{,}8$ bzw.:

$$\underline{\underline{s_1}} = s_2 \frac{d_2^2}{d_1^2} = 406 \frac{595^2}{26^2} = \underline{\underline{212{,}62\,\text{m}}} \tag{2.169}$$

Demnach ist es unmöglich eine Konstruktion mit einen solch großen Hub zu erschaffen. Man kann sich abhelfen, indem man durch mehrere Hübe, durch einen Druckspeicher, einen Hebemechanismus konstruiert. Nimmt man als Hub 50 mm an, so würde man dann 4253 Hübe benötigen.

Übungsbeispiel 2.6

Welche Masse m müsste ein Deckel mit $D = 422\,\text{mm}$ Durchmesser für ein Gefäß entsprechend Abb. 2.22 besitzen, wenn das Gefäß mit Wasser bis $h = 3{,}5\,\text{m}$ gefüllt ist?

Lösung

$$\underline{\underline{m}} = \varrho \cdot h \cdot \frac{D^2 \cdot \pi}{4} = 1000 \cdot 3{,}5 \cdot \frac{0{,}422^2 \cdot \pi}{4} = \underline{\underline{489\,\text{kg}}} \tag{2.170}$$

Übungsbeispiel 2.7

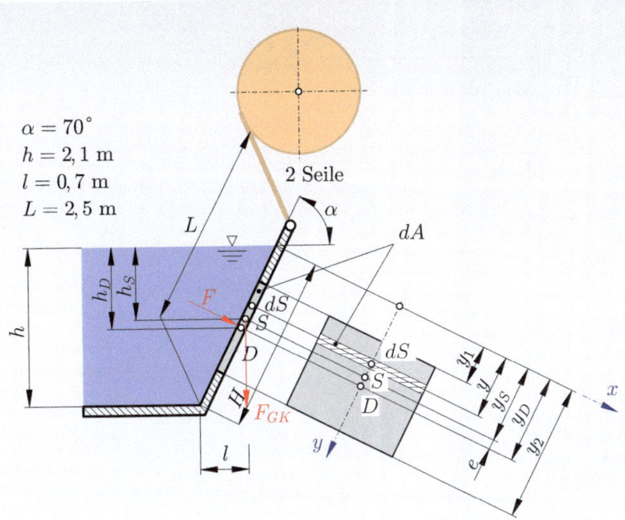

■ **Abb. 2.42** Seitendruckkräfte bei Ebenen Wänden – Beispiel

Ein mit Wasser gefülltes Staubecken (vgl. ■ Abb. 2.42) ist mit einer Rechteckklappe (Breite $b = 8{,}1$ m, Masse $m = 2230$ kg) abgeschlossen. Ermitteln Sie die Druckkraft F gegen die Klappe, ihren Angriffspunkt (y_D) und die Seilkraft F_S.

Lösung

$$\underline{\underline{F}} = \varrho \cdot g \cdot h_S \cdot A = \varrho \cdot g \cdot \frac{h}{2} \cdot \frac{h}{\sin\alpha} \cdot b$$
$$= 1000 \cdot 9{,}81 \cdot \frac{2{,}1}{2} \cdot \frac{2{,}1}{\sin 70} \cdot 8{,}1 = \underline{\underline{186.456\,\text{N}}}$$
$$\approx \underline{\underline{186{,}5\,\text{kN}}} \tag{2.171}$$

$$y_D = \frac{I_S}{y_S \cdot A} + y_S$$
$$= \frac{b \cdot \left(\frac{h}{\sin 70}\right)^3}{\frac{12}{2 \cdot \sin 70} \cdot \frac{h}{\sin 70} \cdot b} + \frac{h}{2 \cdot \sin 70}$$
$$= \frac{1}{8{,}1} \cdot \frac{h}{\sin 70} + \frac{h}{2 \cdot \sin 70} = 0{,}623 \cdot \frac{h}{\sin 70}$$
$$\underline{\underline{y_D}} = 0{,}623 \cdot \frac{2{,}1}{\sin 70} = \underline{\underline{1{,}51\,\text{m}}} \tag{2.172}$$

$\sum_{i=1}^{n} M_{i(A)}$ um Klappendrehpunkt = 0 liefert $0 = 2 \cdot F_S \cdot L - F \cdot (H - y_D) - F_{GK} \cdot l \Longrightarrow 2 \cdot F_S \cdot L = F(H - y_D) + F_{GK} \cdot l$

$$\underline{\underline{F_S}} = \frac{F\left(\frac{h}{\sin 70} - 0{,}623 \cdot \frac{h}{\sin 70}\right) + m \cdot g \cdot l}{2 \cdot L}$$
$$= \frac{F\left(0{,}378 \cdot \frac{h}{\sin 70}\right) + m \cdot g \cdot l}{2 \cdot L}$$
$$= \frac{186.456\left(0{,}623 \cdot \frac{2{,}1}{\sin 70}\right) + 2230 \cdot 9{,}81 \cdot 0{,}7}{2 \cdot 2{,}5}$$
$$= \underline{\underline{54.981{,}9\,\text{N}}} \approx \underline{\underline{55\,\text{kN}}} \tag{2.173}$$

Übungsbeispiel 2.8

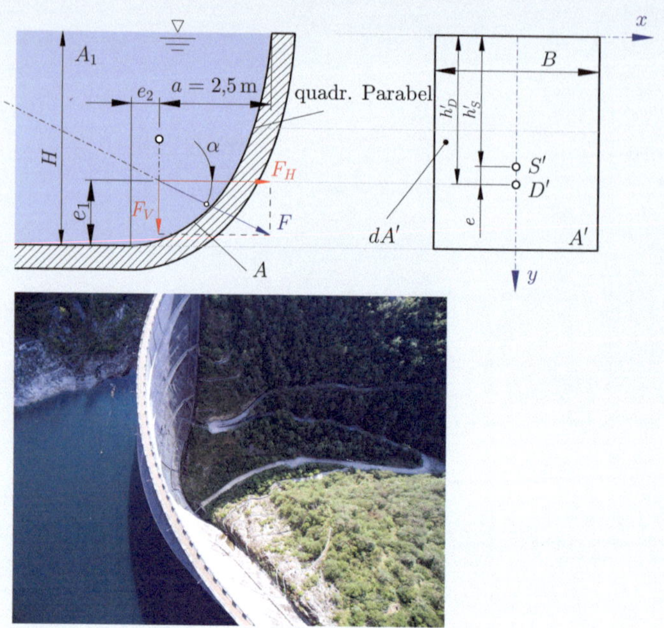

Abb. 2.43 Seitendruckkräfte bei gekrümmten Gefäßen (Staumauer)

Gegeben sei eine Staumauer eines Wasserbeckens entsprechend Abb. 2.43. Füllhöhe $H = 8\,\text{m}$, Beckenbreite $B = 12\,\text{m}$. Bestimmen Sie die Seitendruckkraft F und die Lage (α, e_1) der Seitendruckkraft.

Lösung

Für die quadratische Parabel gilt für die Fläche

$$A_P = \int_0^a f(x) \cdot dx = \int_0^a x^2 \cdot dx = \frac{a^3}{3}. \qquad (2.174)$$

Mit der Parabelgleichung und der Skizze kann die Funktion der Parabel bestimmt werden: $f(x) = a'x^2 + bx + c \Longrightarrow H = a' \cdot a^2 \Longrightarrow \frac{H}{a^2} = a' \Longrightarrow H = \frac{H}{a^2} \cdot a^2$; und damit die Fläche durch Integrieren

$$A' = \int_0^a dA = \int_0^a f(x)dx = \frac{H}{a^2} \cdot \int_0^a a^2 da$$
$$= \frac{H}{a^2} \cdot \frac{a^3}{3} = \frac{H \cdot a}{3}. \qquad (2.175)$$

Vorsicht: Hierbei handelt es sich um die Fläche zwischen der x- Achse und der Kurve, dies entspricht nicht der Fläche des Wassers! Darum muss noch die Differenz gebildet werden, zu

$$\underline{\underline{A_P}} = A_1 = A_R - A' = a \cdot H - \frac{H \cdot a}{3}$$
$$= \underline{\underline{\frac{2 \cdot H \cdot a}{3}}}. \qquad (2.176)$$

Zusätzlich muss noch der Schwerpunktabstand e_1 berechnet werden. Dies kann ebenfalls mit der Infinitesimalrechnung getan werden, indem das statische Moment hinzugezogen wird.

$$\underline{\underline{M_x}} = \int_0^a x \cdot dA = \int_0^a x \cdot f(x) \cdot dx$$
$$= \int_0^a x \cdot \frac{H}{a^2} \cdot x^2 \cdot dx = \int_0^a \frac{H}{a^2} \cdot x^3 \cdot dx$$
$$= \frac{H}{a^2} \cdot \frac{a^4}{4} = \underline{\underline{\frac{H \cdot a^2}{4}}} \qquad (2.177)$$

Jetzt kann der Schwerpunktabstand berechnet werden, indem das statische Moment durch die Fläche dividiert wird. Es folgt

$$\underline{\underline{x_S}} = \underline{\underline{e_2}} = \frac{M_x}{A} = \frac{\frac{H \cdot a^2}{4}}{\frac{2 \cdot H \cdot a}{3}} = \frac{H \cdot a^2 \cdot 3}{H \cdot a \cdot 8}$$
$$= \underline{\underline{\frac{3}{8} \cdot H}}. \qquad (2.178)$$

Mittels dieser beiden Voraussetzungen bzw. Berechnungen kann nun die eigentliche Berechnung gestartet werden.

$$\underline{\underline{F_h}} = \varrho \cdot g \cdot h'_S \cdot A' = \varrho \cdot g \cdot \frac{H}{2} \cdot H \cdot B$$
$$= 1000 \cdot 9{,}81 \cdot \frac{8}{2} \cdot 8 \cdot 12 = \underline{\underline{3767{,}04\,\mathrm{kN}}} \qquad (2.179)$$

$$\underline{\underline{F_v}} = \varrho \cdot g \cdot V = \rho \cdot g \cdot A_1 \cdot B$$
$$= \varrho \cdot g \cdot \frac{2}{3} \cdot a \cdot H \cdot B$$
$$= 1000 \cdot 9{,}81 \cdot \frac{2}{3} \cdot 2{,}5 \cdot 8 \cdot 12 = \underline{\underline{1569{,}6\,\mathrm{kN}}} \qquad (2.180)$$

$$\underline{\underline{F}} = \sqrt{F_h^2 + F_v^2} = \sqrt{3767{,}04^2 + 1569{,}6^2}$$
$$= \underline{\underline{4080{,}96\,\mathrm{kN}}} \qquad (2.181)$$

$$\underline{\underline{e}} = \frac{I's}{A' \cdot h's} = \frac{B \cdot \frac{H^3}{12}}{B \cdot H \cdot \frac{H}{2}} = \frac{H}{6}$$
$$e_1 = \frac{H}{2} - e = \frac{H}{2} - \frac{H}{6} = \frac{H}{3} = \frac{8}{3} = \underline{\underline{2{,}67\,\mathrm{m}}} \qquad (2.182)$$

$$\underline{\underline{\alpha}} = \arctan \frac{F_v}{F_h} = \arctan \frac{1569{,}6}{3767{,}04} = \underline{\underline{22{,}62^\circ}} \qquad (2.183)$$

Übungsbeispiel 2.9

Gegeben seien zwei Quader, mit den Abmessungen: $a \times b \times c = 1 \times 0{,}5 \times 0{,}3\,\mathrm{m}$. Der eine Quader ist aus Stahl, der andere aus Holz. Gegeben seien: $\varrho_H = 750\,\mathrm{kg/m^3}$; $\varrho_S = 7850\,\mathrm{kg/m^3}$. Bei welchem Quader ist der Wasserstand (das Wasserbecken besitzt die Abmessungen: $x \times y \times z = 3 \times 4{,}5 \times 2{,}3\,\mathrm{m}$) am höchsten und wie groß ist die Differenz dieser beiden?

Lösung

Um dieses Beispiel zu lösen, wird Matlab verwendet. Zuerst wird aber eine grundlegende Gleichung zur Eintauchtiefe eines Quaders, der im Wasser schwimmt, hergeleitet.

$$F_G = F_A \implies \varrho_Q \cdot g \cdot V_Q = \varrho_W \cdot g \cdot V_W$$
$$\implies \varrho_Q \cdot a \cdot b \cdot c = \varrho_W \cdot a \cdot b \cdot T$$
$$\implies \underline{T} = \underline{\underline{\frac{\varrho_Q}{\varrho_W} \cdot c}}. \qquad (2.184)$$

Die Lösung dieses Beispiels erfolgt mittels Matlab (vgl. Abb. 2.45 und 2.44). Hinweis: ein Quader aus Holz schwimmt, hingegen ein Quader aus Stahl untergeht!

Workspace

Name ▲	Value
a	1
A_B	13.5000
A_G	0.5000
b	0.5000
c	0.3000
dHh	-0.0083
dHs	-0.0111
h_H	2.3083
h_S	2.3111
rho_H	750
rho_S	7850
rho_W	1000
T_H	0.2250
V_gesH	31.1625
V_gesS	31.2000
V_Q	0.1500
V_VH	0.1125
V_VS	0.1500
V_W	31.0500
x	3
y	4.5000
z	2.3000

Abb. 2.44 Schwimmen Metall- bzw. Holzquader – Lösung

```
%%%%%%%%%%%%%%%%%%%%%%%%%%%%%%%%%%%%%%%%%%%%%%%%%%%%%%%%%%%%%%%%%%%%%%%
%%%%%%%%%%%%%%%%%%%%%%%%%%%%%%%%%%%%%%%%%%%%%%%%%%%%%%%%%%%%%%%%%%%%%%%
%%%%%%%%%%%%%%%%%%%%%%%%%Randbedingungen%%%%%%%%%%%%%%%%%%%%%%%%%%%%%%%
%%%%%%%%%%%%%%%%%%%%%%%%%%%%%%%%%%%%%%%%%%%%%%%%%%%%%%%%%%%%%%%%%%%%%%%
%%%%%%%%%%%%%%%%%%%%%%%%%%%%%%%%%%%%%%%%%%%%%%%%%%%%%%%%%%%%%%%%%%%%%%%
a = 1;                  %Laenge des Quaders                    [m]
b = 0.5;                %Breite des Quaders                    [m]
c = 0.3;                %Hoehe des Quaders                     [m]

x = 3;                  %Laenge des Wasserbeckens              [m]
y = 4.5;                %Breite des Wasserbeckens              [m]
z = 2.3;                %Hoehe des Wasserbeckens               [m]

rho_W = 1000;           %Dichte Wassser                        [kg/m^3]
rho_H = 750;            %Dichte Holz                           [kg/m^3]
rho_S = 7850;           %Dichte Stahl                          [kg/m^3]

A_G = a*b;              %Grundflaeche Quader                   [m^2]
A_B = x*y;              %Grundflaeche Wasserbecken             [m^2]

V_Q = a * b * c;        %Volumen Quader .                      [m^3]
V_W = x * y * z;        %Volumen Wasser .                      [m^3]

%%%%%%%%%%%%%%%%%%%%%%%%%%%%%%%%%%%%%%%%%%%%%%%%%%%%%%%%%%%%%%%%%%%%%%%
%%%%%%%%%%%%%%%%%%%%%%%%%%%%%%%%%%%%%%%%%%%%%%%%%%%%%%%%%%%%%%%%%%%%%%%
%%%%%%%%%%%%%%%%%%%%%%%%%%%%%%Holzquader%%%%%%%%%%%%%%%%%%%%%%%%%%%%%%%
%%%%%%%%%%%%%%%%%%%%%%%%%%%%%%%%%%%%%%%%%%%%%%%%%%%%%%%%%%%%%%%%%%%%%%%
%%%%%%%%%%%%%%%%%%%%%%%%%%%%%%%%%%%%%%%%%%%%%%%%%%%%%%%%%%%%%%%%%%%%%%%

%==============!!!!!HOLZQUADER schiwmmt!!!!!==========================

T_H = c*rho_H/rho_W;    %Eintauchtiefe Holz                    [m]

V_VH = A_G*T_H;         %Verdraengtes Volumen Holzquader       [m^3]
V_gesH = V_W+V_VH;      %gesamtes Wasservolumen Holzquader     [m^3]

h_H = V_gesH/A_B;       %Hoehe Wasserbecken mit Holzquader     [m]
dHh = z - h_H;          %Wasspiegelzuwachs                     [m]

%%%%%%%%%%%%%%%%%%%%%%%%%%%%%%%%%%%%%%%%%%%%%%%%%%%%%%%%%%%%%%%%%%%%%%%
%%%%%%%%%%%%%%%%%%%%%%%%%%%%%%%%%%%%%%%%%%%%%%%%%%%%%%%%%%%%%%%%%%%%%%%
%%%%%%%%%%%%%%%%%%%%%%%%%%%%%%Stahlquader%%%%%%%%%%%%%%%%%%%%%%%%%%%%%%
%%%%%%%%%%%%%%%%%%%%%%%%%%%%%%%%%%%%%%%%%%%%%%%%%%%%%%%%%%%%%%%%%%%%%%%
%%%%%%%%%%%%%%%%%%%%%%%%%%%%%%%%%%%%%%%%%%%%%%%%%%%%%%%%%%%%%%%%%%%%%%%

%==============!!!!!STAHLQUADER geht unter!!!!!=======================

V_VS = V_Q;             %Verdraengtes Volumen Staglquader      [m^3]
V_gesS = V_W+V_VS;      %gesamtes Wasservolumen Stahlquader    [m^3]

h_S = V_gesS/A_B;       %Hoehe Wasserbecken mit Stahlquader    [m]
dHs = z - h_S;          %Wasspiegelzuwachs                     [m]
```

Abb. 2.45 Schwimmen Metall- bzw. Holzquader – Code

Übungsbeispiel 2.10

Abb. 2.46 Ist das Eis nach dem Schmelzen der Eiswürfel voller?

In einem Glas befindet sich Wasser und drei Eiswürfel. Wie hoch ist der Wasserstand vor dem Hineingeben der Eiswürfel, wie hoch nach Hineingeben der und nach dem Schmelzen der Eiswürfel (vgl. Abb. 2.46)?

Gegeben sei: Dichte des Wassers und der Eiswürfel: $\varrho_W = 1000\,\text{kg/m}^3$; $\varrho_E = 918\,\text{kg/m}^3$; Durchmesser des Glases: $d = 120\,\text{mm}$; Höhe des Glases: $h = 700\,\text{mm}$; Füllmenge des Glases mit Wasser: $p = 0{,}75$; Anzahl der Eiswürfel: $n = 3$; Würfelseitenlänge des Eiswürfels: $a = 10\,\text{mm}$.

Lösung

Die Grundfläche des Eiswürfels (A_E) und die Grundfläche des Glases (A_G) berechnen sich zu

$$A_E = a^2 \qquad \text{bzw.} \qquad A_G = \frac{d^2 \cdot \pi}{4}. \tag{2.185}$$

Die Volumina berechnen sich durch

$$V_E = a^3 \qquad \text{bzw.} \qquad V_G = A_G \cdot h. \tag{2.186}$$

bzw. bei einer Füllmenge des Glases mit Wasser von 75 % folgt das Wasservolumen mit $V_W = 0{,}75 \cdot V_G$. Es ergibt sich damit die Füllhöhe des Glases mit Wasser, ohne Eiswürfel

$$\underline{\underline{h_{\text{WoE}} = \frac{V_W}{A_G}}}. \tag{2.187}$$

Die Eintauchtiefe der Eiswürfel errechnet sich gemäß dem Beispiel zuvor mit

$$\underline{\underline{T = a \cdot \frac{\varrho_E}{\varrho_W}}}; \tag{2.188}$$

Damit ergibt sich das verdrängte Volumen mit

$$\underline{\underline{V_V = n \cdot A_E \cdot T}}. \tag{2.189}$$

Das Volumen ohne Eiswürfel des Wassers ist damit $\underline{\underline{V_{\text{gesoEW}} = V_W}}$; und jenes des Wassers inkl. Eiswürfel

$$\underline{\underline{V_{\text{gesmEW}} = V_W + n \cdot V_V}}. \tag{2.190}$$

Es handelt sich also um das Wasservolumen addiert mit dem verdrängten Wasservolumen der Eiswürfel, um welches der Wasserstand steigt. Die Masse aller Eiswürfel kann mittels $\underline{\underline{m = V_E \cdot \varrho_E \cdot n}}$ berechnet werden. Diese Masse durch die Dichte für Wasser dividiert, ergibt das Volumen der Eiswürfel im flüssigen Zustand zu

$$\underline{\underline{V_{EW} = \frac{m}{\varrho_W} \cdot n}}. \tag{2.191}$$

Das Volumen mit den geschmolzenen Eiswürfeln ergibt sich demnach zu

$$\underline{\underline{V_{\text{gesgEW}} = V_W + V_{EW}}}. \tag{2.192}$$

Die beiden Wasserspiegelhöhen berechnen sich mit

$$\underline{\underline{h_{\text{gEW}} = \frac{V_{\text{gesgEW}}}{A_G}}} \qquad \text{bzw.} \qquad \underline{\underline{h_{\text{mEW}} = \frac{V_{\text{gesmEW}}}{A_G}}}. \tag{2.193}$$

Mittels Matlab werden diese Berechnungen durch Werte berechnet (vgl. Abb. 2.47 und 2.48). Es folgt dann, dass der Wasserstand mit Eiswürfel und jener mit geschmolzenem Wasser gleich ist.

```
%%%%%%%%%%%%%%%%%%%%%%%%%%%%%%%%%%%%%%%%%%%%%%%%%%%%%%%%%%%%%%%%%%%%%%%%%%
%%%%%%%%%%%%%%%%%%%%%%%%%%%%%%%%%%%%%%%%%%%%%%%%%%%%%%%%%%%%%%%%%%%%%%%%%%
%%%%%%%%%%%%%%%%%%%%%%%%%%%%Gegebene Daten%%%%%%%%%%%%%%%%%%%%%%%%%%%%%%%%
%%%%%%%%%%%%%%%%%%%%%%%%%%%%%%%%%%%%%%%%%%%%%%%%%%%%%%%%%%%%%%%%%%%%%%%%%%
%%%%%%%%%%%%%%%%%%%%%%%%%%%%%%%%%%%%%%%%%%%%%%%%%%%%%%%%%%%%%%%%%%%%%%%%%%

rho_E = 918;              %[kg/m^3]     Dichte von Eis
rho_W = 1000;             %[kg/m^3]     Dichte von Wasser

d = 0.12;                 %[m]          Durchmesser Glas
h = 0.7;                  %[m]          Hoehe Glas
p = 0.75;                 %[ ]          Prozentuale Fuellmenge mit Wasser
n = 3;                    %[ ]          Anzahl der Eiswuerfel
a = 0.01;                 %[m]          Laenge der Seitenkante des Eisw.

%%%%%%%%%%%%%%%%%%%%%%%%%%%%%%%%%%%%%%%%%%%%%%%%%%%%%%%%%%%%%%%%%%%%%%%%%%
%%%%%%%%%%%%%%%%%%%%%%%%%%%%%%%%%%%%%%%%%%%%%%%%%%%%%%%%%%%%%%%%%%%%%%%%%%
%%%%%%%%%%%%%%%%%%%%%%%%%%%%%Flaeche%%%%%%%%%%%%%%%%%%%%%%%%%%%%%%%%%%%%%%
%%%%%%%%%%%%%%%%%%%%%%%%%%%%%%%%%%%%%%%%%%%%%%%%%%%%%%%%%%%%%%%%%%%%%%%%%%
%%%%%%%%%%%%%%%%%%%%%%%%%%%%%%%%%%%%%%%%%%%%%%%%%%%%%%%%%%%%%%%%%%%%%%%%%%

A_G = d^2*pi/4*h;        %[m^2]        Grundflaeche Glas
A_E = a^2;               %[m^2]        Grundflaeche Eiswuerfel

%%%%%%%%%%%%%%%%%%%%%%%%%%%%%%%%%%%%%%%%%%%%%%%%%%%%%%%%%%%%%%%%%%%%%%%%%%
%%%%%%%%%%%%%%%%%%%%%%%%%%%%%%%%%%%%%%%%%%%%%%%%%%%%%%%%%%%%%%%%%%%%%%%%%%
%%%%%%%%%%%%%%%%%%%%%%%%%%%%Volumen%%%%%%%%%%%%%%%%%%%%%%%%%%%%%%%%%%%%%%%
%%%%%%%%%%%%%%%%%%%%%%%%%%%%%%%%%%%%%%%%%%%%%%%%%%%%%%%%%%%%%%%%%%%%%%%%%%
%%%%%%%%%%%%%%%%%%%%%%%%%%%%%%%%%%%%%%%%%%%%%%%%%%%%%%%%%%%%%%%%%%%%%%%%%%

V_G = A_G*h;          %[m^3]        Volumen Glas
V_E = a^3;            %[m^3]        Volumen eines Eiswuerfels
V_W = p*V_G;          %[m^3]        Volumen Wasser, ohne Eisw.

%%%%%%%%%%%%%%%%%%%%%%%%%%%%%%%%%%%%%%%%%%%%%%%%%%%%%%%%%%%%%%%%%%%%%%%%%%
%%%%%%%%%%%%%%%%%%%%%%%%%%%%%%%%%%%%%%%%%%%%%%%%%%%%%%%%%%%%%%%%%%%%%%%%%%
%%%%%%%%%%%%%%%%%%%%%%%%%%Wasserstand%%%%%%%%%%%%%%%%%%%%%%%%%%%%%%%%%%%%%
%%%%%%%%%%%%%%%%%%%%%%%%%%%%%%%%%%%%%%%%%%%%%%%%%%%%%%%%%%%%%%%%%%%%%%%%%%
%%%%%%%%%%%%%%%%%%%%%%%%%%%%%%%%%%%%%%%%%%%%%%%%%%%%%%%%%%%%%%%%%%%%%%%%%%

h_WoE = V_W / A_G;  %[m]          Fuellhoehe Wasser, ohne Eisw.
T = a * rho_E/rho_W;%[m]          Eintauchtiefe des Eisw. ins Wasser

V_V=n*A_E*T;          %[m^3]        verdr%ngtest Volumen durch Eiswuerfel
V_gesoEW=V_W;         %[m^3]        Volumen, ohne Eiswuerfel
V_gesmEW=V_W+n*V_V;   %[m^3]        Volumen, mit Eiswuerfel

m = V_E*rho_E*n;      %[kg]         Masse, aller Eiswuerfel

V_EW = m/rho_W*n;     %[m^3]        Vol. eines Eisw. im fluessigen Zust.
V_gesgEW=V_W+V_EW;    %[m^3]        Vol. eines Eisw. im fluessigen Zust.

h_gEW = V_gesgEW/A_G; %[m]          Wasserspiegelhoehe mit geschm. Eiswuerfel
h_mEW = V_gesmEW/A_G; %[m]          Wasserspiegelhoehe mit gefror. Eiswuerfel
```

Abb. 2.47 Matlab – Code

Workspace

Name ▲	Value
a	0.0100
A_E	1.0000e-04
A_G	0.0079
d	0.1200
h	0.7000
h_gEW	0.5260
h_mEW	0.5260
h_WoE	0.5250
m	0.0028
n	3
p	0.7500
rho_E	918
rho_W	1000
T	0.0092
V_E	1.0000e-06
V_EW	8.2620e-06
V_G	0.0055
V_gesgEW	0.0042
V_gesmEW	0.0042
V_gesoEW	0.0042
V_V	2.7540e-06
V_W	0.0042

Abb. 2.48 Matlab – Lösung

Vertiefungen in die Hydrostatik

Inhaltsverzeichnis

A. Huber, *Technische Mechanik 4 - Hydromechanik*,
https://doi.org/10.1007/978-3-662-69231-8_3

Sie lernen hier…
- Die hydrostatischen Gesetzte mit Vektorrechnung lösen.
- Die hydrostatischen Gesetzte und Beispiele mit partiellen Differentialgleichungen lösen.
- Anwendung höherer mathematischer Methoden zur Lösung der hydrostatischen Probleme.
- Anwendung mehrdimensionaler Integrale in der Hydrostatik.
- Gradient, Rotation und Divergenz in der Hydrostatik kennen.
- Potential- und Niveauflächen kennen.

Zitat

Intelligenz lässt sich nicht am Weg, sondern nur am Ergebnis feststellen.
Garri Kasparov

Die in diesem Kapitel enthaltenen Elemente können auch in ähnlicher Form im Buch: Maschinenbau: Ein Lehrbuch für das ganze Bachelor-Studium von Werner Skolaut, Springer Vieweg Verlag [17], enthalten werden.

3.1 Unterscheidungen von Flüssigkeiten

3.1.1 Echte Flüssigkeit

Damit es sich bei einem beliebigen Stoff um eine echte Flüssigkeit handelt, muss die Verformungsgeschwindigkeit genau dann gegen null gehen, wenn die Schubspannung gegen null geht. Die zeitliche Veränderung des Scherungswinkels lässt sich auch durch den Geschwindigkeitsgradienten in der Strömung quer zur Strömungsrichtung (y) ausdrücken (vgl. ► Bsp. 3.1).

3.1.2 Newton'sche Flüssigkeiten

Siehe auch ► Bsp. 3.1. Es gilt (Herleitung siehe Hydrodynamik) (vgl. Abb. 3.2):

$$\tau = \eta \cdot \frac{du}{dy}. \tag{3.1}$$

Beispiel 3.1 (Echte Flüssigkeiten)

Zu den nicht Newton'sche Flüssigkeiten (Echte Flüssigkeiten) zählen z.Bsp. Suspensionen, Zahnpasta, Blut, Fette, Lacke… (vgl. Abb. 3.1)

Abb. 3.1 Nicht-Newton'sche Flüssigkeiten (= echte Flüssigkeiten) (hier: Zahnpasta)

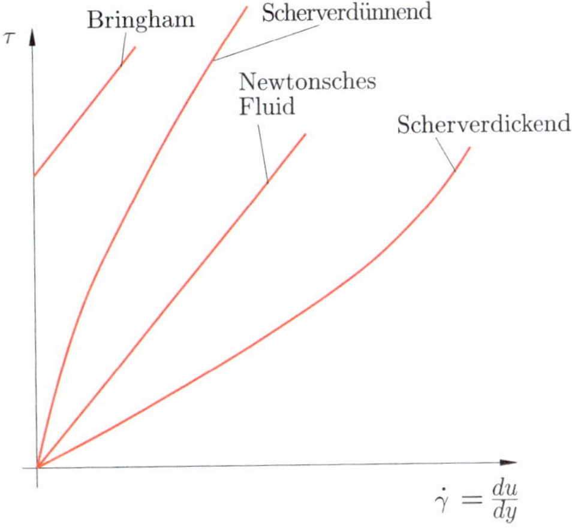

Abb. 3.2 Newton'sche- und nicht-Newton'sche Flüssigkeiten

3.2 Einige Definitionen

Definition 3.1 (Scherverhalten Fluide)
Flüssigkeiten bzw. Fluide sind Stoffe, bei denen die zu einer bestimmten Verformung notwendigen Scherkräfte genau dann gegen null gehen, wenn die Verformungsgeschwindigkeit gegen null geht.

Definition 3.2 (Fließen)
Unter Fließen wird die unbegrenzte Verformung eines Körpers unter dem Einfluss von Scherkräften verstanden.

3

Beispiel 3.2

Als Newton'sches Fluid werden beispielsweise Gase und Flüssigkeiten bezeichnet (vgl. Abb. 3.3 und 3.4).

Abb. 3.3 Newton'sches Fluid (hier: Gas)

Abb. 3.4 Newton'sche Flüssigkeiten (hier: Wasser)

Beispiel 3.3 (Kiste auf Ölunterlage)

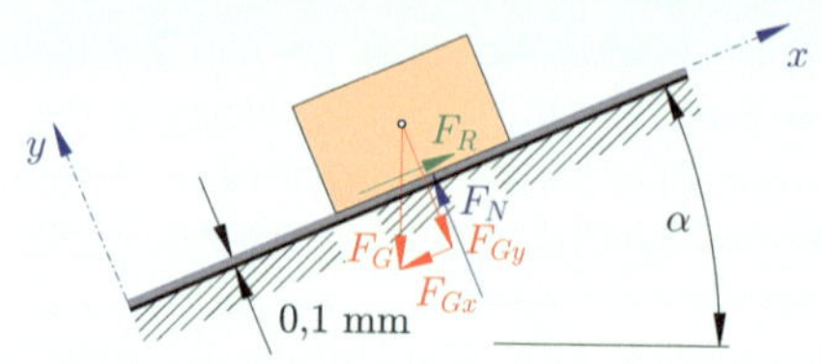

Abb. 3.5 Kiste auf Schiefen Ebene auf Ölunterlage

Geg: Öl (SAE 30) mit $\eta = 10^{-1}\,\text{Pa s}$, $m = 10\,\text{kg}$, $A = 0{,}2\,\text{m}^2$, $\alpha = 20°$, $d = 0{,}1\,\text{mm}$ Gleitfilmdicke, vgl. mit Abb. 3.5.

Gesucht: Endgeschwindigkeit der Kiste

Lösung

Mit $F_R = \tau\, A$ und

$$d\tau = \eta\,\dot{\gamma} = \eta\,\frac{du}{dy} \quad\Longrightarrow\quad \tau = \eta\frac{u}{y}$$

$$F_R = \tau\, A = \eta\frac{u}{y}\, A = \eta\frac{u}{d} \tag{3.2}$$

folgt

$$\underline{\underline{u}} = F_R\frac{d}{\eta} = F_G\sin(\alpha)\frac{d}{\eta} = m\,g\,\sin(\alpha)\frac{d}{\eta}$$
$$= 10\,\text{kg}\cdot 9{,}81\,\frac{\text{m}}{\text{s}^2}\,\sin(20°)\cdot\frac{0{,}00001\,\text{m}}{10^{-1}\,\text{Pa s}}$$
$$= \underline{\underline{0{,}17\,\frac{\text{m}}{\text{s}}}} \tag{3.3}$$

Sobald eine Flüssigkeit Scherkräften ausgesetzt ist, unterliegt sie einer Verformung. Alle Materialien, bei denen die Verformungsgeschwindigkeit null wird, obwohl noch Scherspannungen vorhanden sind, erfüllen definitionsgemäß nicht die Eigenschaften von Fluiden (vgl. mit Abb. 3.3).

Definition 3.3 (Mittlere Dichte)

Die mittlere Dichte in einem Volumen ist definiert als die Masse Δm, die in diesem Volumen eingegrenzt ist, dividiert durch das Volumen ΔV:

$$\varrho_{\text{mittel}} = \frac{\Delta m}{\Delta V}. \tag{3.4}$$

Definition 3.4 (Lokale Dichte)
Die lokale Dichte erhält man, wenn man bei gleicher Definition im Grenzübergang das Volumen gegen null laufen lässt:

$$\varrho_{\text{lokal}} = \lim_{\Delta V \to 0} \left(\frac{\Delta m}{\Delta V} \right). \qquad (3.5)$$

Definition 3.5 (Flüssigkeitsteilchen)
Ein Flüssigkeitsteilchen bezeichnet ein begrenztes, kleines Volumen einer Flüssigkeit, das stets dieselbe Materie enthält. Auf seinem Weg darf dieses Volumen seine Form, also seine Oberfläche, verändern, wobei jedoch kein Austausch zwischen Materie über die Oberfläche mit der Umgebung stattfindet.

Bemerkung 3.1 (Kontrollvolumen)
Das Kontrollvolumen bezieht sich auf das analysierte Bilanzgebiet in einer strömungsmechanischen Berechnung, wenn die Erhaltungssätze angewendet werden (siehe dazu insbesondere die Anwendung in der Hydrodynamik oder in der computergestützten Strömungssimulation, CFD).

In der Hydromechanik treten folgende Kräftearten auf:

1. **Linienkräfte**, wirken in einer Fläche, beispielsweise auf der Oberfläche eines Teilchens, entlang einer Linie.
2. **Oberflächenkräfte**, wirken auf die beliebig geformte Oberfläche des Flüssigkeitsteilchens.
3. **Volumenkräfte**, wirken im gesamten abgegrenzten Bereich, also im Inneren des Flüssigkeitsteilchens.

Beispiele für Oberflächenkräfte sind Scher- und Normalkräfte, die von benachbarten Flüssigkeitsteilchen ausgeübt werden, während Volumenkräfte Schwer- und Scheinkräfte beinhalten.

3.3 Spannungszustand in einer ruhenden Flüssigkeit

Definition 3.6 (Spannungsvektor)
Der Spannungsvektor σ wird definiert als das Verhältnis der auf eine Oberfläche wirkenden Kraft ΔF zur Größe der Fläche ΔA, auf die sie einwirkt. Er kann in einen Schubspannungsvektor τ und einen Normalspannungsvektor $\sigma_n = \sigma \cdot n$ zerlegt werden. (vgl. ◘ Abb. 3.6)

Flüssigkeiten sind nicht in der Lage, Zugkräfte zu übertragen. Die Stärke der Normalspannungen in einer Flüssigkeit wird als Druck bezeichnet. Der Druckwert oder die Druckspannung werden in der Regel positiv ausgedrückt, wobei das negative Vorzeichen dem Orientierungsvektor n zugeordnet wird.

$$\sigma = \tau + \sigma_n \cdot n = \tau - p \cdot n. \qquad (3.6)$$

Ruhende Flüssigkeit: alle Scherkräfte müssen Null sein $\Longrightarrow \tau = 0$.

$$\sigma = -p \cdot n. \qquad (3.7)$$

Die Hydrostatik ist frei von Zug- und Schubspannungen.

In einer ruhenden Flüssigkeit steht der Spannungsvektor immer senkrecht zur Fläche, auf die er wirkt, und ist dem Einheitsnormalenvektor n entgegengesetzt gerichtet. Der Betrag des

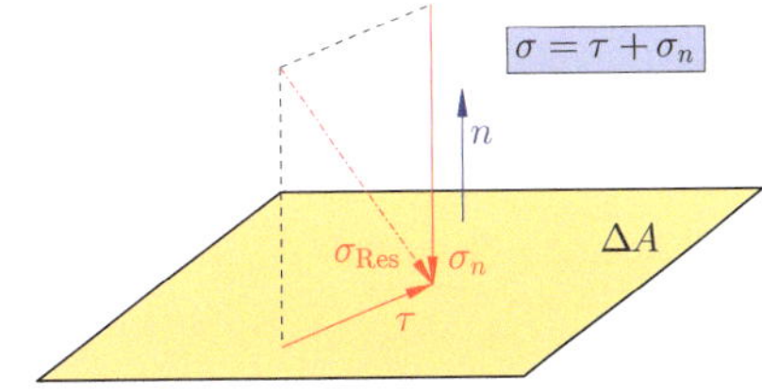

◘ **Abb. 3.6** Spannungszustand

Spannungsvektors in einer ruhenden Flüssigkeit entspricht dem Druck. Des Weiteren ist der Druck an einem bestimmten Punkt in allen Richtungen gleich, unabhängig von der Orientierung und der Fläche. Es handelt sich um ein isotropes Verhalten.

Gleichgewicht an einem Flüssigkeitsteilchen: Wenn man an einer beliebigen Stelle ein infintesimal kleines Prisma aus der Flüssigkeit herausschneidet, heben sich die auf die Dreiecksflächen wirkenden Seitenkräfte gegenseitig auf und können daher vernachlässigt werden.

Methode: Lösung durch SolidWorks – CFD 3.1

Im Folgenden ist zu untersuchen, inwiefern Spannungen in Flüssigkeitsteilchen auftreten. Es ist die Scherspannung mithilfe einer xy-Darstellung zu ermitteln. Dabei geht es nicht um konkrete Werte, vielmehr geht es um eine mögliche Ermittlung bei Bedarf.

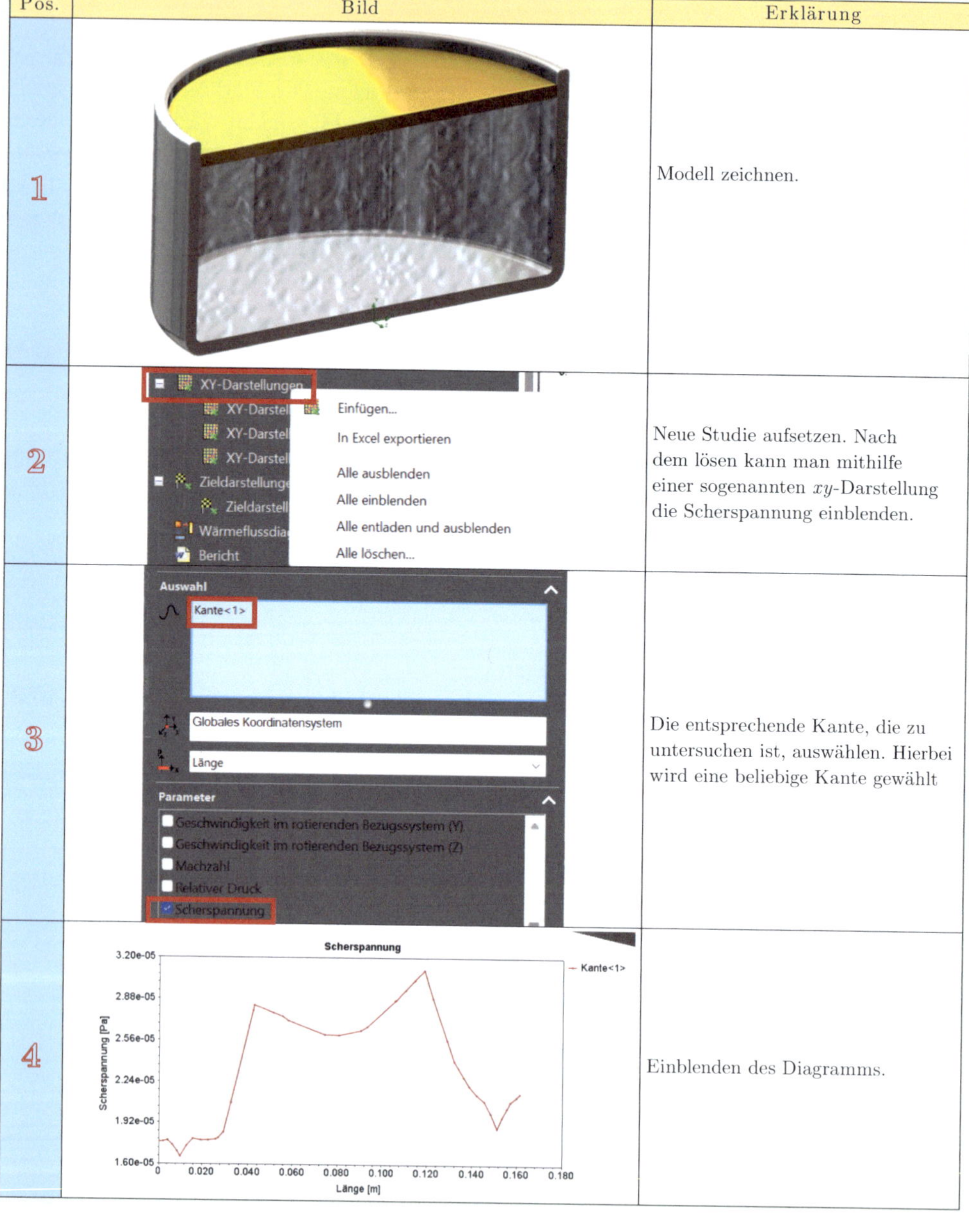

Pos.	Bild	Erklärung
1		Modell zeichnen.
2		Neue Studie aufsetzen. Nach dem lösen kann man mithilfe einer sogenannten xy-Darstellung die Scherspannung einblenden.
3		Die entsprechende Kante, die zu untersuchen ist, auswählen. Hierbei wird eine beliebige Kante gewählt
4		Einblenden des Diagramms.

3.4 Druck bei Flüssigkeiten mit Vektorrechnung

3.4.1 Gleichgewicht am tetraederförmigen Flüssigkeitsteilchen

$$
\begin{aligned}
F &= -(F_X + F_Y + F_Z) \\
p \cdot n \cdot A &= -\big(p_X \cdot n \cdot A_X + p_y \cdot n \cdot A_y \\
&\quad + p_z \cdot n \cdot A_z\big) \\
&= -\big(p_X \cdot i \cdot A_X + p_y \cdot j \cdot A_y \\
&\quad + p_z \cdot k \cdot A_z\big) \\
&= p_X \cdot i \cdot \frac{1}{2} \cdot \Delta x \cdot \Delta z \\
&\quad + p_y \cdot j \cdot \frac{1}{2} \cdot \Delta x \cdot \Delta z \\
&\quad + p_z \cdot k \cdot \frac{1}{2} \cdot \Delta x \cdot \Delta y \\
&= -p_X \cdot i \cdot \frac{1}{2} \cdot \Delta x \cdot \Delta z \\
&\quad - p_y \cdot j \cdot \frac{1}{2} \cdot \Delta x \cdot \Delta z \\
&\quad - p_z \cdot k \cdot \frac{1}{2} \cdot \Delta x \cdot \Delta y
\end{aligned}
\tag{3.8}
$$

Diese Gleichung mit i (Einheitsvektor) multipliziert ergibt 1, da man dann einen Vektor normal zu einem Vektor multipliziert, was gemäß des Skalarprodukts 1 ergeben muss (vgl. Abb. 3.7).

$$
\begin{aligned}
p \cdot n \cdot A &= -p_X \cdot i \cdot \frac{1}{2} \cdot \Delta x \cdot \Delta z \\
&\quad - p_y \cdot j \cdot \frac{1}{2} \cdot \Delta x \cdot \Delta z \\
&\quad - p_z \cdot k \cdot \frac{1}{2} \cdot \Delta x \cdot \Delta y = 0 \\
p &= -p_X - p_y - p_z = 0
\end{aligned}
\tag{3.9}
$$

Mit Proportionalität ergibt sich

$$p = p_X = p_Y = p_Z. \tag{3.10}$$

$$p_n = p_x, \tag{3.11}$$

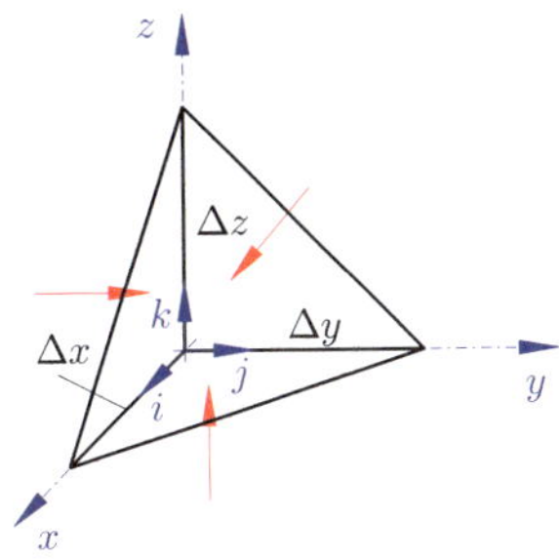

Abb. 3.7 Konstanter Druck Tetraeder

Das Gleiche ergibt sich auch aus den anderen Raumrichtungen

$$p_n = p_x = p_y = p_z = p. \tag{3.12}$$

3.4.2 Satz von Pascal

Theorem 3.1

Der Druck in einer ruhenden Flüssigkeit ist bei Vernachlässigung der Volumenkräfte an allen Stellen und in allen Richtungen gleich groß. Er ist eine reine Ortsfunktion, unabhängig von der Orientierung des betrachteten Flächenelementes.

$$p = \frac{|dF_n|}{A}. \tag{3.13}$$

Beweis Siehe Kapitel „Hydrostatik (Grundlagen)". □

Bemerkung 3.2 (Einheiten)

- **Technische Atmosphäre**:

$$1\,\text{at} = 1\frac{\text{kp}}{\text{cm}^2} = 10\,\text{mWS} = \ldots\,\text{bar} \tag{3.14}$$

mWS steht für: Meter Wassersäule

3

- **Physikalische Atmosphäre**:

$$1\,\text{atm} = 760\,\text{Torr} = 76\,\text{cmHg} = 1{,}033\,\text{Hg} = 1{,}013\,\text{bar} \qquad (3.15)$$

Zusammenhang zwischen Druck und Temperatur: Flüssigkeit: Dichte nahezu unabhängig von p.

$$\textbf{Wasser}\ \ \mathbf{100\,bar}\frac{\Delta V}{V} = \mathbf{0{,}005}$$

$\Longrightarrow$ **inkompressibel;** $\varrho = \text{const.}$.

3.4.3 Dampfdruck

Dampfdruck $p_a(T)$ 1 bar ... 100 °C; 0,0233 ... 20 °C. Anomalie des Wassers max. Dichte bei 4 °C.

3.4.4 Dichteanomalie des Wassers

Bei den meisten Stoffen nimmt die Dichte mit abnehmender Temperatur zu, auch über eine Aggregatzustandsänderung hinweg (vgl. Abb. 3.8). Ein chemischer Stoff zeigt eine Dichteanomalie, wenn sich seine Dichte unterhalb einer bestimmten Temperatur bei Temperaturabnahme verringert, der Stoff sich also bei Abkühlung ausdehnt (negative thermische Ausdehnung).

Abb. 3.8 Eisberge schwimmen im Wasser aufgrund der Dichteanomalie...

Dichteanomalien treten bei den chemischen Elementen Antimon, Bismut, Gallium uvm... auf. Wasser ist der wichtigste Stoff, bei dem eine solche Anomalie auftritt: Hier wird zum einen die maximale Dichte des flüssigen Wassers oberhalb von 0 °C erreicht, zum anderen besitzt Eis eine geringere Dichte als flüssiges Wasser [30].

Dieses ist auch der Grund, warum Eis im Wasser oben schwimmt.[1]

3.5 Volumenkräfte

Wenn Volumenkräfte wirken, führt dies zu einer Veränderung des Drucks. Eine Volumenkraft ist definiert als eine Kraft, die im Inneren eines abgegrenzten Volumens angreift und nicht an dessen Oberfläche wirkt (die Größe der Kraft ist abhängig von der Größe des Volumens). Durch den Grenzwertübergang des Volumens gegen null erhält man die lokale (spezifische) Volumenkraft f. Eine häufige Quelle von Volumenkräften sind Massenkräfte, wobei Schwerkräfte und Scheinkräfte (Trägheitskräfte) in der Strömungsmechanik die gängigsten Beispiele darstellen.

Eine Volumenkraft ist eine Kraft, die im gesamten inneren Bereich eines abgegrenzten Volumens eines Körpers wirkt. Dies unterscheidet sie von Oberflächenkräften, die auf (Teil-) Oberflächen des Körpers einwirken. Die Ursache für Volumenkräfte liegt in Feldern (wie z. B. Erdbeschleunigung, Magnetismus), weshalb sie auch als Feldkräfte bezeichnet werden [95].

Die Einheit einer solchen Kraft kann leicht definiert werden, da es sich um eine spezifische Größe in der Physik handelt. Es folgt damit die Einheit

$$f = \left[\frac{\text{N}}{\text{m}^3}\right]. \qquad (3.16)$$

Es handelt sich um eine Volumenkraftdichte was auch als „Wichte“ bezeichnet wird.

1 Vergleich Beispiel: Eiswürfel, Kapitel zuvor....

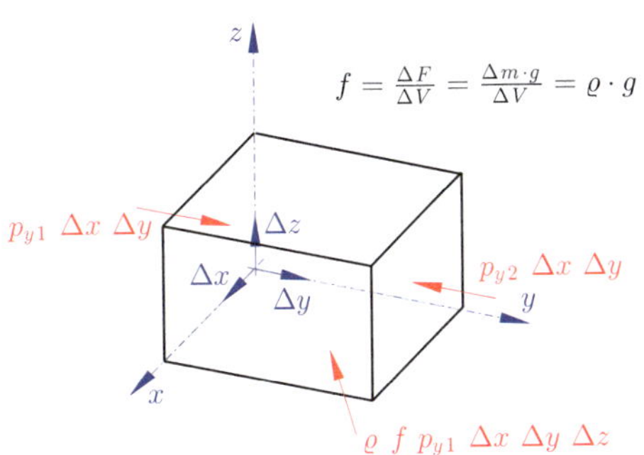

Abb. 3.9 Volumenkraft der Schwere

Mit der spezifischen Massenkraft (vgl. Abb. 3.9)

$$f_m = \frac{F}{m} = \frac{dF}{dm}; \tag{3.17}$$

und der spezifischen Volumenkraft folgt

$$f_m = \frac{dF}{\varrho \cdot dV} \implies \frac{\Delta F}{\varrho \cdot \Delta x \cdot \Delta y \cdot \Delta y} \implies \Delta F = f_m \cdot \varrho \cdot \Delta x \cdot \Delta y \cdot \Delta y. \tag{3.18}$$

Daraus ergeben sich folgende Gleichungen, wenn ein Kräftegleichgewicht gebildet wird

$$p_{x1} \cdot \Delta y \cdot \Delta z - p_{x2} \cdot \Delta y \cdot \Delta z + \varrho \cdot f_x \cdot \Delta x \cdot \Delta y \cdot \Delta z = 0; \tag{3.19}$$

$$p_{y1} \cdot \Delta x \cdot \Delta z - p_{y2} \cdot \Delta x \cdot \Delta z + \varrho \cdot f_y \cdot \Delta x \cdot \Delta y \cdot \Delta z = 0; \tag{3.20}$$

$$p_{z1} \cdot \Delta y \cdot \Delta y - p_{z2} \cdot \Delta x \cdot \Delta y + \varrho \cdot f_z \cdot \Delta x \cdot \Delta y \cdot \Delta z = 0. \tag{3.21}$$

Mit $\Delta x \cdot \Delta y \cdot \Delta z = \Delta V$. Nimmt man hier (als Beispiel) Gl. (3.20) heraus: $0 = p_{y1} \cdot \Delta x \cdot \Delta z - p_{y2} \cdot \Delta x \cdot \Delta z + \varrho \cdot f_y \cdot \Delta x \cdot \Delta y \cdot \Delta z = (p_{y1} - p_{y2})\Delta x \cdot \Delta z + \varrho \cdot f_y \cdot \Delta x \cdot \Delta y \cdot \Delta z \implies p_{y2} - p_{y1} = \varrho \cdot f_y \cdot \Delta y$ und formt diese um, folgt

$$f_y \cdot \varrho = \frac{p_{y2} - p_{y1}}{\Delta y}. \tag{3.22}$$

Lässt man im Grenzübergang alle Längen gegen null laufen (Abb. 3.9), sind die Brüche der drei Gleichungen als partielle Ableitungen der stetigen Druckfunktion $p(x, y, z)$ zu interpretieren:

$$\lim_{p,y \to 0} \left(\frac{p_{y2} - p_{y1}}{\Delta y} \right) \frac{\partial p}{\partial y} = \varrho \cdot f_y. \tag{3.23}$$

Jetzt können auch die restlichen Raumrichtungen hinzugezogen werden, womit sich

$$\varrho \cdot f_x \cdot f_y \cdot f_z = \frac{\partial p}{\partial x} \cdot \frac{\partial p}{\partial y} \cdot \frac{\partial p}{\partial z} \tag{3.24}$$

ergibt. Mittels des Nabla-Operators kann man kürzer schreiben und zusammenfassen von $f_x \cdot f_y \cdot f_z = f$ zu

$$\varrho \cdot f = \nabla p. \tag{3.25}$$

3.5.1 Druckdifferenz

Die Druckdifferenz ergibt sich aus den partiellen Ableitungen in jeder Richtung. Mit Gleichung $\varrho \cdot f_x \cdot f_y \cdot f_z = \frac{\partial p}{\partial x} \cdot \frac{\partial p}{\partial y} \cdot \frac{\partial p}{\partial z}$ folgt durch einsetzen $f\varrho = \frac{\partial p}{\partial y}$:

$$\frac{\partial p}{\partial y} \cdot d(x, y, z) = \frac{\partial p}{\partial x} \cdot dx \cdot \frac{\partial p}{\partial y} \cdot dy \cdot \frac{\partial p}{\partial z} \cdot dz. \tag{3.26}$$

3.5.2 Niveauflächen (Potentialflächen)

Definition 3.7 (Potentialflächen)

Potentialflächen sind Flächen konstanten Druckes.

$$dp = 0 \quad \text{und} \quad \nabla p = \text{const.} \tag{3.27}$$

3

3.5.3 Schwerefeld

Ein Gravitationsfeld ist ein Kraftfeld, das durch Gravitation und gegebenenfalls bestimmte Trägheitskräfte verursacht wird. Die Feldstärke des Gravitationsfeldes wird als Schwere bezeichnet, mit dem Formelzeichen $\vec{g}$. Als auf die Masse bezogene Gewichtskraft eines Probekörpers hat die Schwere die SI-Einheit $\mathrm{N/kg} = \mathrm{m/s^2}$ und wird auch als Schwerebeschleunigung oder Fallbeschleunigung bezeichnet. Ein Körper, der frei fällt, erfährt eine Beschleunigung durch diese Gravitationskraft [87].

Aufgrund der Konservativität der Gewichtskraft wird die Fallbeschleunigung als der negative Gradient eines Potentials U dargestellt, also $\vec{g}(\vec{r}) = -\vec{\nabla}U(\vec{r})$. In der physikalischen Geodäsie wird jedoch nicht U selbst, sondern $W = -U$ verwendet, wobei W trotz des entgegengesetzten Vorzeichens als Schwerepotential (oder bei der Erde als Geopotential) bezeichnet wird. Mit dieser Konvention ergibt sich

$$\vec{g}(\vec{r}) = +\vec{\nabla}W(\vec{r}). \tag{3.28}$$

Das Schwerepotential besteht, ähnlich wie die Fallbeschleunigung selbst, aus einem Gravitations- und einem Zentrifugalanteil.

$$W(\vec{r}) = G \iiint \frac{\varrho(\vec{r}\,')}{|\vec{r} - \vec{r}\,'|}\, d^3r' + \frac{1}{2}(\vec{\omega} \times \vec{r})^2 \tag{3.29}$$

Der erste Term in dieser Darstellung repräsentiert das Gravitationspotential in der allgemeinen Form für einen ausgedehnten Körper mit der Dichteverteilung $\varrho(\vec{r}\,')$. Für einen radialsymmetrischen Körper mit der Masse M vereinfacht es sich im Außenraum zu $G\frac{M}{r}$, wobei dieser Beitrag im Unendlichen verschwindet. Der zweite Term, der die Annahme macht, dass der Ursprung des Koordinatensystems auf der Rotationsachse liegt, stellt das Potential der Zentrifugalbeschleunigung dar. Es kann auch als $\frac{1}{2}\omega^2 r_\perp^2$ in Abhängigkeit vom Abstand $r_\perp$ von der Rotationsachse geschrieben werden. Dieser Betrag verschwindet im Ursprung. Da beide Terme niemals negativ sind, nimmt das Schwerepotential W ausschließlich positive Werte an [87].

3.6 Grundlagen der höheren Mathematik für die Strömungslehre

Bevor genauer auf die nachfolgenden Gleichungen und Herleitungen, vor allem auch später in der Hydrodynamik, eingegangen werden kann, ist es unumgänglich, Grundlagen der höheren Mechanik und damit Mathematik zu klären.

3.6.1 Divergenz

Die Divergenz eines Vektorfeldes ist ein Skalarfeld, das an jedem Punkt angibt, in welchem Maße die Vektoren in einer kleinen Umgebung an diesem Punkt auseinanderstreben. Wenn man das Vektorfeld als das Strömungsfeld einer Größe interpretiert, für die die Kontinuitätsgleichung gilt, repräsentiert die Divergenz die Quelldichte.

Bemerkung 3.3
Senken haben eine negative Divergenz. Ist die Divergenz überall gleich null, so bezeichnet man das Feld als quellenfrei.

Die Divergenz ergibt sich aus dem Vektorfeld durch Anwendung eines Differentialoperators. Verwandte Differentialoperatoren liefern die Rotation eines Vektorfeldes und den Gradienten eines Skalarfeldes. In der Mathematik behandelt man diese Themen vor allem in der Vektoranalysis.

3.6.1.1 Divergenz als Quelldichte

Wenn man ein Vektorfeld $\vec{F}\colon \mathbb{R}^n \to \mathbb{R}^n$ als Strömungsfeld interpretiert, repräsentiert das totale Differenzial $DF\colon \mathbb{R}^n \to \mathbb{R}^{n\times n}$ ein Beschleunigungsfeld. Insbesondere, wenn die Beschleunigungsmatrix $DF(x_0)$ an einem Punkt $x_0 \in \mathbb{R}^n$ diagonalisierbar ist, gibt jeder Eigenwert $\lambda_i(x_0)$ die Beschleunigung in Richtung des entsprechenden Eigenvektors $u_i(x_0)$ an. Ein positiver Eigenwert kennzeichnet die Intensität einer gerichteten Quelle, während ein negativer Eigenwert die gerichtete Intensität einer Senke beschreibt.

Die Summe dieser Eigenwerte ergibt die Gesamtintensität einer Quelle oder Senke. Da die Summe der Eigenwerte $\lambda_i(x_0)$ genau der Spur der Beschleunigungsmatrix $DF(x_0)$ entspricht, lässt sich die Quellenintensität durch

$$\mathrm{Spur}(DF) = \sum_{i=1}^{n} \frac{\partial}{\partial x_i} F^i = \operatorname{div} \vec{F} \qquad (3.30)$$

messen. Die Divergenz kann in diesem Sinne als „Quellendichte" interpretiert werden [32].

3.6.1.2 Koordinatenfreie Darstellung

Ist die Quellendichte als koordinatenfreie Definition in Form einer Volumenableitung gesucht, so gilt für den Fall $n = 3$

$$\operatorname{div} \vec{F} = \lim_{|\Delta V| \to 0} \left(\frac{1}{|\Delta V|} \oint_{\partial(\Delta V)} \vec{F} \cdot \vec{n}\, dS \right). \qquad (3.31)$$

Hierbei repräsentiert ΔV ein willkürliches Volumen, beispielsweise eine Kugel oder ein Parallelepiped. $|\Delta V|$ steht für das Volumen dieses Elements. Die Integration erfolgt über die Grenze $\partial(\Delta V)$ dieses Volumenelements, wobei $\vec{n}$ die nach außen gerichtete Normale und dS das zugehörige Flächenelement ist. Diese Notation wird auch oft in der Form $d\vec{S} := \vec{n} \cdot dS$ verwendet [32].

3.6.1.3 Anwendung in der Strömungsmechanik

In der Strömungsmechanik bezeichnet man die Divergenz einer Stromfunktion $\vec{F}$ gemäß deren Ergebnis als

$$\operatorname{div} \vec{F}(\vec{r}) = q(\vec{r}) \begin{cases} > 0, & \text{Quelle} \\ = 0, & \text{quellenfrei} \\ < 0, & \text{Senke.} \end{cases} \qquad (3.32)$$

Die Divergenz einer vorgegebenen Stromfunktion entsteht durch die Umwandlung des Vektorfeldes in ein Skalarfeld. Dieser Prozess wird durchgeführt unter Verwendung von

$$\operatorname{div}(\vec{v}) = \nabla \cdot \vec{v} = \begin{pmatrix} \frac{\partial}{\partial x} \\ \frac{\partial}{\partial y} \\ \frac{\partial}{\partial z} \end{pmatrix} \cdot \begin{pmatrix} v_x \\ v_y \\ v_Z \end{pmatrix}. \qquad (3.33)$$

3.6.2 Mehrdimensionale Integrale

3.6.2.1 Volumenintegral

Ein Volumenintegral oder Dreifachintegral ist ein spezieller Fall der mehrdimensionalen Integralrechnung, der insbesondere in der Strömungsmechanik Anwendung findet. Es erweitert das Oberflächenintegral auf die Integration über ein beliebiges dreidimensionales Integrationsgebiet, indem eine Funktion $f(\vec{r})$ dreimal hintereinander über die Koordinaten eines dreidimensionalen Raumes integriert wird. Dabei ist zu beachten, dass es sich nicht zwangsläufig um das Volumen eines geometrischen Körpers handeln muss. Zur vereinfachten Darstellung wird oft nur ein einziges Integralzeichen verwendet, und die Volumenintegration wird lediglich durch das Volumenelement $d^3r = dVd^3r = dV$ angedeutet:

$$\iiint_V f(\vec{r}) d^3r = \int_V f(\vec{r}) dV \qquad (3.34)$$

Die zu integrierende Funktion hängt mindestens von drei Variablen $\vec{r} = (x, y, z)$ ab, was einer (kartesischen) Beschreibung im dreidimensionalen Raum $\mathbb{R}^3$ entspricht. Es sind jedoch auch in höherdimensionalen Räume möglich. Beachte, dass hier V in zwei Kontexten verwendet wird: einmal im Volumenelement $dVdV$ und einmal als Bezeichnung für das Volumen, über das integriert wird, also das Integrationsgebiet [94].

3.6.2.2 Oberflächenintegral [74]

Das Oberflächenintegral oder Flächenintegral generalisiert den eindimensionalen Integralbegriff zur Anwendung auf ebene oder gekrümmte Flächen. Das Integrationsgebiet $\mathcal{F}$ ist daher kein eindimensionales Intervall mehr, sondern eine

3

zweidimensionale Menge im dreidimensionalen Raum $\mathbb{R}^3$. Für eine allgemeinere Darstellung im $\mathbb{R}^n$ mit $n \geq 2$ siehe: Integration auf Mannigfaltigkeiten. Es wird grundsätzlich zwischen einem skalaren und einem vektoriellen Oberflächenintegral unterschieden, abhängig von der Form des Integranden und des sogenannten Oberflächenelements. Diese lauten

$$\iint_{\mathcal{F}} f \, d\sigma \tag{3.35}$$

... mit skalarer Funktion f und skalarem Oberflächenelement $d\sigma$

$$\iint_{\mathcal{F}} \vec{v} \cdot d\vec{\sigma} \tag{3.36}$$

... mit vektorwertiger Funktion $\vec{v}$ und vektoriellem Oberflächenelement $d\vec{\sigma}$

$$\iint_{\mathcal{F}} \vec{f} \, d\sigma \tag{3.37}$$

... mit vektorwertiger Funktion $\vec{f}$ und skalarem Oberflächenelement $d\sigma$

$$\iint_{\mathcal{F}} p \, d\vec{\sigma} \tag{3.38}$$

mit skalarer Funktion p und vektoriellem Oberflächenelement $d\vec{\sigma}$

3.6.2.3 Gauß'scher Integralsatz

Ein fundamental bedeutender Satz in der Strömungsmechanik ist der Gauß'sche Integralsatz. Dieser stellt eine Verbindung zwischen dem Volumen und der (geschlossenen) Oberfläche eines Körpers her. Der Satz etabliert eine Beziehung zwischen der Divergenz eines Vektorfeldes und dem durch das Feld bedingten Fluss durch eine geschlossene Oberfläche [38].

Formulierung

Theorem 3.2

Es sei $V \subset \mathbb{R}^n$ eine kompakte Menge mit abschnittsweise glattem Rand $S = \partial V$, der Rand sei orientiert durch ein äußeres Normaleneinheitsvektorfeld $\vec{n}$. Ferner sei das Vektorfeld $\vec{F}$ stetig differenzierbar auf einer offenen Menge U mit $V \subseteq U$. Dann gilt

$$\int_V \operatorname{div} \vec{F} \, d^{(n)}V = \oint_S \vec{F} \cdot \vec{n} \, d^{(n-1)}S; \tag{3.39}$$

wobei $\vec{F} \cdot \vec{n}$ das Standardskalarprodukt der beiden Vektoren bezeichnet [38].

Beweis Wird hier nicht geführt, Verweis auf „Höhere Mathematik". □

Hierbei handelt es sich um die mathematische Formulierung.[2]

Anwendung

In Anwendung muss zumal die Formel (leicht anders angeschrieben als in Gl. (3.39))

$$\oint\!\!\oint_{\partial V} \vec{v} \cdot \frac{\vec{n}}{|\vec{n}|} d\Theta = \iiint_V \operatorname{div}(\vec{v}) dV. \tag{3.40}$$

verwendet werden. Hierin beschreibt die Grenze bzw. der Bereich der Integration ∂V **keine** partielle Integration, sondern stellt hier ein Symbol für die Grenze dar. Sei anstatt $\frac{\vec{n}}{|\vec{n}|} d\Theta$ in der Formel $\vec{v} \cdot \vec{\Theta}$ gegeben, so gilt

$$\frac{\vec{n}}{|\vec{n}|} d\Theta = \vec{v} \cdot \vec{\Theta}, \tag{3.41}$$

was sich aus der Vektoranalysis ergibt. Zusätzlich ist hier die Divergenz gesucht; diese kann gemäß der Ableitung nach jener Raumrichtung, in welcher man sich in der Matrix des zu untersuchenden Körpers befindet, berechnet werden. V muss durch Vektoren in allen Richtungen, der Gestalt

$$V = [x_{\min}, x_{\max}] \times [y_{\min}, y_{\max}] \times [z_{\min}, z_{\max}] \tag{3.42}$$

2 Es sei angemerkt, dass dieser Satz hier darum sehr kompliziert aussieht, weil er auch mathematisch korrekt aufgeschrieben wurde. In der Anwendung ist das Ganze später viel einfacher, wie noch zu sehen sein wird.

mit $\mathbb{R}^3$ (für einen Körper), damit die Grenzen bekannt sind, gegeben sein. Um die Divergenz bilden zu können, muss v in Form von

$$\vec{v} = \begin{pmatrix} x \\ y \\ z \end{pmatrix} \tag{3.43}$$

gegeben sein.

3.6.3 Gradient

Eine weitere Möglichkeit als Lösung einer partiellen Differentialgleichung ist neben der Divergenz der Gradient. Der Gradient beschreibt den höchsten Anstieg einer Kurve. „nicht mathematisch"[3] beschreibt der Gradient einer 2 dimensionalen Figur die erste Ableitung der Funktion (also die Steigung) und die Hesse-Matrix die dritte Ableitung, welche später noch behandelt wird.

Als Differentialoperator kann er beispielsweise auf ein Skalarfeld angewandt werden und wird in diesem Fall ein Vektorfeld liefern, das Gradientenfeld genannt wird [43].

3.6.3.1 Definition [43]

Auf $\mathbb{R}^n$ sei das Skalarprodukt $\langle \cdot, \cdot \rangle$ gegeben. Der Gradient grad der total differenzierbaren Funktion $f : \mathbb{R}^n \to \mathbb{R}$ im Punkt $\vec{a} \in \mathbb{R}^n$ ist der durch die Forderung

$$df(\vec{a})\vec{h} = \langle \operatorname{grad} f(\vec{a}), \vec{h} \rangle \quad \left(\vec{h} \in \mathbb{R}^n\right) \tag{3.44}$$

eindeutig bestimmte Vektor $\operatorname{grad} f(\vec{a})$. Der Operator d ist das totale Differential bzw. die Cartan-Ableitung. Der Gradient hat für differenzierbare Funktionen f die definierende Eigenschaft

$$\begin{aligned} f(\vec{y}) - f(\vec{a}) &= \operatorname{grad} f(\vec{a})[\vec{y} - \vec{a}] \\ &+ \mathcal{O}(|\vec{y} - \vec{a}|) \quad \text{für} \quad \vec{y} \to \vec{a}. \end{aligned} \tag{3.45}$$

Das Landau-Symbol $\mathcal{O}(x)$ steht für Terme, die langsamer als x wachsen, und $\ldots[\vec{h}]$ stellt eine lineare Funktion von $\vec{h}$ dar. Wenn der Gradient existiert, ist er eindeutig und kann aus

$$\begin{aligned} \operatorname{grad} f(\vec{a})[\vec{h}] &= \frac{d}{ds} f(\vec{a} + s\vec{h})\bigg|_{s=0} \\ &= \lim_{s \to 0} \frac{f(\vec{a} + s\vec{h}) - f(\vec{a})}{s} \\ &= (\vec{h} \cdot \nabla) f \end{aligned} \tag{3.46}$$

berechnet werden, worin ∇ der Nabla-Operator ist. So werden auch Gradienten für Skalar-, Vektor- und Tensorfelder zweiter Stufe oder allgemein Tensorfelder n-ter Stufe definiert. Für ein Skalarfeld folgt hieraus $\operatorname{grad} f = \nabla f$; oft schreibt man daher ∇f (gesprochen: Nabla f'') statt grad f.

3.6.3.2 Anwendung

Der Gradient einer Funktion berechnet sich, gemäß Definition durch die Ableitung dieser Funktion. Da es nur zielführend mit einer Funktion mehrerer Abhängiger einen Gradienten gibt, handelt es sich bei den Ableitungen immer um partielle Ableitungen, da nur diese von mehreren Abhängigen eine differenzierte Funktion liefern können.

Gegeben sei die Funktion

$$F(x, y, z) = \ldots \tag{3.47}$$

so berechnet sich die Ableitung dieser durch die partiellen Ableitungen der einzelnen Terme

$$\begin{pmatrix} \frac{\partial}{\partial x} \\ \frac{\partial}{\partial y} \\ \frac{\partial}{\partial z} \end{pmatrix} = \nabla. \tag{3.48}$$

Um die Steigung bestimmen zu können, muss der Punkt, an dem die Steigung der Tangente bestimmt werden sollte, $P(x, y, z) = (P_x \; P_y \; P_z)^\top$ in die abgeleitete Funktion, also in ∇ eingesetzt werden. Es folgt damit die Gleichung für den

3 Mathematiker möchten mir diese Bemerkung verzeihen, obwohl diese das Buch nur in den seltensten Fällen lesen werden.

Gradienten

$$\operatorname{grad}(F(x,y,z)) = \nabla(F(x,y,z)) = \begin{pmatrix} \frac{\partial}{\partial x} \\ \frac{\partial}{\partial y} \\ \frac{\partial}{\partial z} \end{pmatrix} = \begin{pmatrix} F'_x \\ F'_y \\ F'_z \end{pmatrix}. \quad (3.49)$$

3.6.4 Rotation

Neben der Divergenz und dem Gradienten kann auch noch die Rotation als Differentialoperator folgen. Die Rotation eines Strömungsfeldes gibt für jeden Ort das Doppelte der Winkelgeschwindigkeit an, mit der sich ein mitschwimmender Körper dreht („rotiert"). Dieser Zusammenhang ist namensgebend. Das Geschwindigkeitsfeld einer rotierenden Scheibe besitzt eine konstante Rotation parallel zur Drehachse ($\omega < 0$). Es muss sich aber nicht immer um ein Geschwindigkeitsfeld und eine Drehbewegung handeln; beispielsweise betrifft das Induktionsgesetz die Rotation des elektrischen Feldes.

Ein Vektorfeld, dessen Rotation in einem Gebiet überall gleich null ist, nennt man wirbelfrei oder, insbesondere bei Kraftfeldern, konservativ. Ist das Gebiet einfach zusammenhängend, so ist das Vektorfeld genau dann der Gradient einer Funktion, wenn die Rotation des Vektorfeldes im betrachteten Gebiet gleich null ist.

Die Divergenz der Rotation eines Vektorfeldes ist gleich null. Umgekehrt ist in einfach zusammenhängenden Gebieten ein Feld, dessen Divergenz gleich null ist, die Rotation eines anderen Vektorfeldes [85].

3.6.4.1 Definition Rotation [85]

Seien (x, y, z) die kartesischen Koordinaten des dreidimensionalen euklidischen Raumes und $\hat{e}_x, \hat{e}_y$ und $\hat{e}_z$ die auf Einheitslänge normierten, zueinander senkrechten Basisvektoren, die an jedem Punkt in Richtung der zunehmenden Koordinaten zeigen. Die Rotation eines dreidimensionalen, differenzierbaren Vektorfeldes

$$\vec{F}(x,y,z) = F_x(x,y,z)\hat{e}_x + F_y(x,y,z)\hat{e}_y + F_z(x,y,z)\hat{e}_z \quad (3.50)$$

ist das dreidimensionale Vektorfeld

$$\operatorname{rot}\vec{F}(x,y,z) = \left(\frac{\partial F_z}{\partial y} - \frac{\partial F_y}{\partial z}\right)\hat{e}_x + \left(\frac{\partial F_x}{\partial z} - \frac{\partial F_z}{\partial x}\right)\hat{e}_y + \left(\frac{\partial F_y}{\partial x} - \frac{\partial F_x}{\partial y}\right)\hat{e}_z \quad (3.51)$$

Man kann rot $\vec{F}$ wie das Kreuzprodukt als formale Determinante einer Matrix auffassen, deren erste Spalte die kartesischen Basisvektoren enthält, die zweite die partiellen Ableitungen nach den kartesischen Koordinaten und die dritte die zu differenzierenden Komponentenfunktionen

$$\operatorname{rot}\vec{F} = \det\begin{pmatrix} \hat{e}_x & \frac{\partial}{\partial x} & F_x \\ \hat{e}_y & \frac{\partial}{\partial y} & F_y \\ \hat{e}_z & \frac{\partial}{\partial z} & F_z \end{pmatrix} = \det\begin{pmatrix} \hat{e}_x & \hat{e}_y & \hat{e}_z \\ \frac{\partial}{\partial x} & \frac{\partial}{\partial y} & \frac{\partial}{\partial z} \\ F_x & F_y & F_z \end{pmatrix}. \quad (3.52)$$

Allerdings sind hier die verschiedenen Spalten nicht Vektoren desselben Vektorraumes. Gibt man die Vektoren als Spaltenvektoren ihrer kartesischen Komponenten an, dann ist rot $\vec{F}$ das formale Kreuzprodukt des Spaltenvektors der partiellen Ableitungen nach den kartesischen Koordinaten, des Nabla-Operators ∇, mit dem Spaltenvektor der kartesischen Komponentenfunktionen

$$\operatorname{rot}\vec{F}(x,y,z) = \nabla \times \vec{F} = \sum_{i=1}^{3} \hat{e}_i \times \frac{\partial \vec{F}}{\partial x_i} = \begin{pmatrix} \frac{\partial}{\partial x} \\ \frac{\partial}{\partial y} \\ \frac{\partial}{\partial z} \end{pmatrix} \times \begin{pmatrix} F_x \\ F_y \\ F_z \end{pmatrix} = \begin{pmatrix} \frac{\partial F_z}{\partial y} - \frac{\partial F_y}{\partial z} \\ \frac{\partial F_x}{\partial z} - \frac{\partial F_z}{\partial x} \\ \frac{\partial F_y}{\partial x} - \frac{\partial F_x}{\partial y} \end{pmatrix}; \quad (3.53)$$

wo die Koordinaten nach dem üblichen Schema $x \rightarrow 1$, $y \rightarrow 2$ und $z \rightarrow 3$ durchnummeriert wurden.

3.6.4.2 Koordinaten- unabhängige Definition

Der Nabla-Operator ist auch in anderen Koordinatensystemen definiert und so kann mit ihm die Rotation koordinatenunabhängig durch

$$\mathrm{rot}(\vec{F}) := \nabla \times \vec{F} \tag{3.54}$$

definiert werden [85].

3.6.4.3 Zerlegung in quellen- und wirbelfreien Teil

Bemerkung 3.4

Liegen keine Wirbel in einem Vektorfeld vor, so ist dies der Fall, wenn die Rotation des Vektorfeldes gleich null ist. Sind keine Quellen vorhanden, so handelt es sich um ein quellfreies Vektorfeld, welches gemäß dem Abschnitt zuvor vorhanden ist, wenn die Divergenz gleich null ist.

Zweifach stetig differenzierbare Vektorfelder $\vec{v}(\vec{r})$, die mit ihren Ableitungen für große Abstände hinreichend rasch gegen null gehen, kann man eindeutig in einen wirbelfreien Teil $\vec{E}$ mit $\mathrm{rot}\vec{E} = \vec{0}$ und einen quellenfreien Teil $\vec{B}$ mit $\mathrm{div}\vec{B} = 0$ zerlegen, $\vec{v} = \vec{E} + \vec{B}$. Des Weiteren kann eingesetzt werden, zu

$$\vec{E} = -\,\mathrm{grad} \tag{3.55}$$

$$\phi\vec{B} = \mathrm{rot}\,\vec{A}. \tag{3.56}$$

Mit

$$\phi(\vec{x}) = \frac{1}{4\pi}\int d^3y \frac{\mathrm{div}\,\vec{v}(\vec{y})}{|\vec{x} - \vec{y}|}, \tag{3.57}$$

$$\vec{A}(\vec{x}) = \frac{1}{4\pi}\int d^3y \frac{\mathrm{rot}\,\vec{v}(\vec{y})}{|\vec{x} - \vec{y}|}. \tag{3.58}$$

Dabei bezeichnen div und grad den Divergenz- bzw. Gradient-Operator, wobei die Definition $E = -\,\mathrm{grad}\,\phi$ die in der Physik übliche Konvention ist. Mathematisch ist: $E = \mathrm{grad}\,\phi$. Diese Zerlegung ist Bestandteil des Helmholtz-Theorems [85].

3.6.4.4 Integralsatz von Stokes [85]

Das Integral über eine Fläche $\mathcal{F}\mathcal{F}$, über die Rotation eines Vektorfeldes $\vec{A}\vec{A}$, ist nach dem klassischen Integralsatz von Stokes gleich dem Kurvenintegral über die Randkurve $\partial\mathcal{F}$ über $\vec{A}$

$$\iint_{\mathcal{F}} \mathrm{rot}\,\vec{A}\cdot d\vec{f} = \oint_{\partial\mathcal{F}} \vec{A}\cdot d\vec{x}. \tag{3.59}$$

3.7 Anwendungen der hydrostatischen Grundgleichungen

3.7.1 Druckverteilung in einer inkompressiblen schweren Flüssigkeit

Mit der Grundgleichung (Gl. (3.25)): $\varrho\cdot f = \nabla p$ sowie mit der Definition für die spezifische Gewichtskraft $f = -g$ folgt, vgl. mit ◘ Abb. 3.10

$$-\varrho\cdot g = \nabla p. \tag{3.60}$$

Dies für ∇p einsetzen

$$\begin{aligned}\frac{\partial p}{\partial y}\cdot d(x,y,z) &= \frac{\partial p}{\partial x}\cdot dx\cdot\frac{\partial p}{\partial y}\cdot dy \\ &\quad\cdot\frac{\partial p}{\partial z}\cdot dz \\ &= -\varrho g;\end{aligned} \tag{3.61}$$

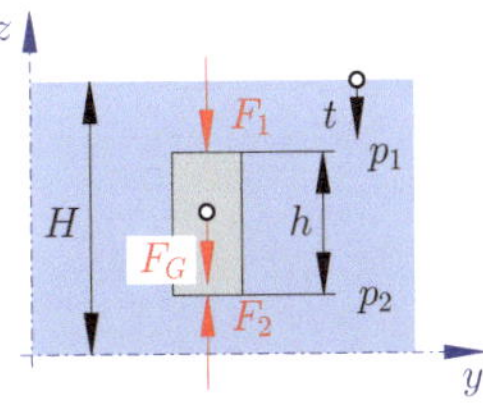

◘ **Abb. 3.10** Flüssigkeitsteilchen

3

mit: $\frac{\partial p}{\partial x} \cdot dx \cdot \frac{\partial p}{\partial y} \cdot dy = 0$

$$\partial \cdot dz = -\varrho \cdot g. \tag{3.62}$$

Umformen

$$\partial p \cdot dz = -\varrho \cdot g \cdot \partial z. \tag{3.63}$$

Integrieren:

$$\int \partial p \cdot dz = -\varrho \cdot g \cdot \int \partial z. \tag{3.64}$$

$$p = -\varrho \cdot g \cdot z + C. \tag{3.65}$$

Bestimmen der Randbedingung

$$C = p_0 + \varrho \cdot g \cdot z = p_0 + \varrho \cdot g \cdot h; \tag{3.66}$$

rückeinsetzen

$$p = -\varrho \cdot g \cdot z + p_0 + \varrho \cdot g \cdot h; \tag{3.67}$$

umformen

$$\begin{aligned} p &= p_0 + \varrho g h - \varrho g z \\ &= p_0 + \varrho g (h - z) = p_0 + \varrho g t. \end{aligned} \tag{3.68}$$

Nun kann man den Überdruck bestimmen zu

$$p_{Ue} = p - p_0 = \varrho \cdot g \cdot t. \tag{3.69}$$

Manchmal auch als

$$p_{Ue} = \gamma \cdot t. \tag{3.70}$$

geschrieben, wobei $\gamma = \varrho \cdot g$ die Wichte darstellt.

3.7.2 Gleichmäßig beschleunigtes Gefäß (Spiegelgleichung oder Potentialflächengleichung)

Beschleunigt man ein Gefäß, in welchen sich eine Flüssigkeit befindet, bewegt sich das Wasser wie in der Abb. 3.11 gezeigt, aufgrund der Trägheit.

Auf der Seite, auf der man das Gefäß beschleunigt, durch zum Beispiel aufbringen einer Zugkraft, bewegt sich die Flüssigkeit nach unten, auf der gegenüberliegenden Seite nach oben.

$$\nabla p_x = \varrho \cdot f_x = \frac{\partial p}{\partial x} = -\varrho b \tag{3.71}$$

$$\nabla p_z = \varrho \cdot f_z = \frac{\partial p}{\partial z} = -\varrho g \tag{3.72}$$

Für die Ebene gilt durch Addieren der beiden obigen Gleichungen

$$\begin{aligned} &\underbrace{\frac{\partial p}{\partial x} \cdot dx + \frac{\partial p}{\partial z} \cdot dz}_{dp_{xz}} \\ &= -\varrho \cdot b \cdot dx - \varrho \cdot g \cdot dz \\ &\underbrace{dp_{xz}}_{dp=0(\text{ (Hydrostatik))}} \quad = -\varrho \cdot b \cdot dx \cdot -\varrho \cdot g \cdot dz \\ &0 = -\varrho \cdot b \cdot dx - \varrho \cdot g \cdot dz \\ &0 = -\varrho \cdot b \cdot \int dx - \varrho \cdot g \cdot \int dz \\ &0 = -\varrho \cdot b \cdot x - \varrho \cdot g \cdot z + C. \end{aligned} \tag{3.73}$$

Mit

$$\begin{aligned} &C = b \cdot x + g \cdot z \quad \text{mit} \quad x = \frac{L}{2} \\ &\quad \text{und} \quad z = H \end{aligned} \tag{3.74}$$

folgt

$$C = b \cdot \frac{L}{2r} + g \cdot H. \tag{3.75}$$

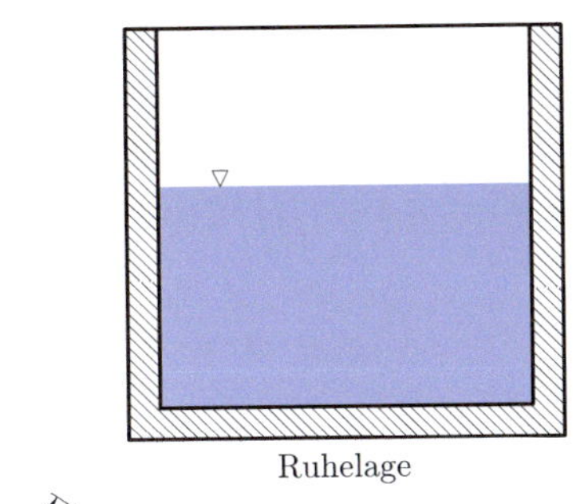

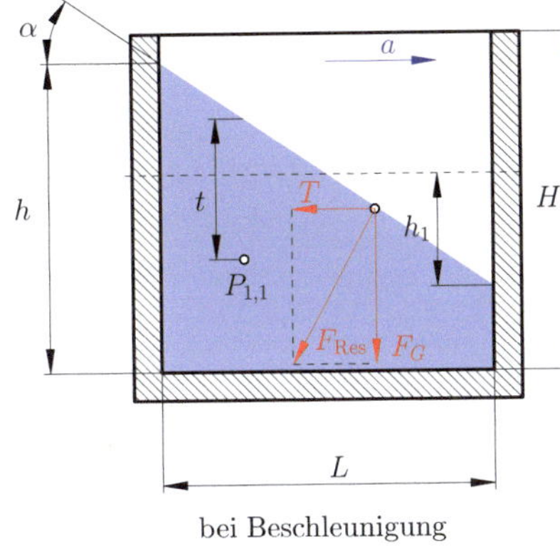

Abb. 3.11 Gleichmäßig beschleunigtes Gefäß in Bewegung

Einsetzen in (3.73) ergibt

$$b \cdot x + g \cdot z = b \cdot \frac{L}{2} + g \cdot H. \tag{3.76}$$

Umformen auf z

$$\begin{aligned} z &= b\frac{L}{2\,g} + g\frac{H}{g} - b\frac{x}{g} \\ &= \frac{b\,L}{2\,g} + H - \frac{b\,x}{g}. \end{aligned} \tag{3.77}$$

ergibt

$$z = \frac{b}{g}\left(\frac{L}{2} - x\right) + H. \tag{3.78}$$

Beispiel 3.4

Gegeben: $h_1 = 1{,}4\,\text{m}$, $L = 4\,\text{m}$, $H = 2\,\text{m}$, gesucht: Grenzbeschleunigung b_{grenz} für $P_{1,1}$, Gem. Abb. 3.11.

Lösung

$$\tan(\varphi) = \frac{h_1}{\frac{L}{2}} = \frac{2\,h_1}{L} \tag{3.79}$$

Mit $\tan(\varphi) = \frac{T}{F_G} = \frac{m\,a}{m\,g} = \frac{a}{g} = \frac{b_{\text{grenz}}}{g}$; gleichsetzen

$$\frac{2\,h_1}{L} = \frac{b_{\text{grenz}}}{g}$$

$$\underline{\underline{b_{\text{grenz}}}} = \frac{2\,h_1\,g}{L} = \frac{2 \cdot 1{,}4\,\text{m} \cdot 9{,}81\,\frac{\text{m}}{\text{s}^2}}{4\,\text{m}} = \underline{\underline{6{,}867\,\frac{\text{m}}{\text{s}}}}. \tag{3.80}$$

Druck an der Stelle $P_{1,1}$, mit der Höhe t

$$\begin{aligned} \tan(\varphi) &= \frac{t}{\frac{L}{2} - 1\,\text{m}} \\ t &= \tan(\varphi)\left(\frac{L}{2} - 1\,\text{m}\right). \end{aligned} \tag{3.81}$$

Einsetzen: $P_{1,1} = \varrho\,g\,t = \tan(\varphi)(\frac{L}{2} - 1\,\text{m})$. Mit: $\tan(\varphi) = \frac{b_{\text{grenz}}}{g} \Longrightarrow \varphi = \arctan(\frac{b_{\text{grenz}}}{g})$ folgt

$$\begin{aligned} \underline{\underline{P_{1,1}}} &= \varrho\,g\,\underline{t} \\ &= \tan\left(\arctan\left(\frac{b_{\text{grenz}}}{g}\right)\right)\left(\frac{L}{2} - 1\,\text{m}\right) \\ &= \underline{\underline{0{,}17\,\text{bar}}}. \end{aligned} \tag{3.82}$$

3

3.7.3 Seitendruckkraft gegen Wände [17]

Im Kapitel zuvor wurde bereits behandelt, wie sich die Kraft bei Druck gegen Wände in der Hydrostatik verhält. Im Folgenden wird dies noch etwas genauer untersucht. Die Kraft wirkt in beliebiger Richtung, in welcher auch der Richtungsvektor n wirkt. Da die Kraft „Druck je Fläche" ist, betrachtet man ein infinitesimal kleines Flächenstück dA. Damit muss auch die Kraft dF infinitesimal klein angegeben werden. Es folgt die Gleichung

$$dF = -\Delta p \cdot n \cdot dA = -(p - p_0) \cdot n \cdot dA. \tag{3.83}$$

Die gesamte Kraft ergibt sich dann durch Lösen der DGL (integrieren) zu

$$F_D = \int dF = -\iint_A (p - p_0) \cdot n \cdot dA. \tag{3.84}$$

Da es sich hierbei um eine stetig differenzierbare Funktion handelt, kann der Gauß'sche Integralsatz angewendet werden. Es folgt

$$\begin{aligned} &\oint\!\!\oint_{\partial V} \vec{v} \cdot \frac{\vec{n}}{|\vec{n}|} d\Theta = \iiint_V \operatorname{div}(\vec{v}) dV \\ &\oint\!\!\oint_{\partial V = A} (-(p - p_0) \cdot n \cdot dA) = \\ &\iiint_V \operatorname{div}(-(p - p_0)) dV \\ &\iint_A -(p - p_0) \cdot n \cdot dA \\ &= \iiint_V -\nabla(p - p_0) dV, \end{aligned} \tag{3.85}$$

bzw. mit der bereits hergeleiteten Gleichung: $-\Delta p = -(p - p_0) = \varrho \cdot g \cdot a$, wenn a die herausragende Höhe des schwimmenden Körpers darstellt

$$\begin{aligned} \iint_A \varrho \cdot g \cdot a \cdot dA &= \iiint_V \nabla(\varrho \cdot g \cdot a) dV \\ &= \varrho \cdot g \cdot a \cdot V \end{aligned} \tag{3.86}$$

Es folgt damit die Gleichung für den hydrostatischen Auftrieb für vollständig eingetauchte Körper zu

$$F_D = \varrho \cdot g \cdot V \cdot a. \tag{3.87}$$

3.8 Übungen

Übungsbeispiel 3.1

Was ist eine Senke und was eine Quelle in der Strömungsmechanik?

Lösung

Wenn in einem System mehr hinein als herausfließt, handelt es sich um eine Senke, wenn mehr heraus als hineinfließt, um eine Quelle.

Übungsbeispiel 3.2

Wie kann in der Strömungsmechanik bzw. in der Potentialtheorie eine Quelle bzw. Senke einer Stromfunktion berechnet werden?

Lösung

Mithilfe der Divergenz. Ist die Divergenz der Stromfunktion positiv, so handelt es sich um eine Quelle, ist diese negativ um eine Senke und ist diese gleich 0 um eine quellfreie Strömung.

Übungsbeispiel 3.3

Zu bestimmen sei die Divergenz von

$$\vec{v} = \begin{pmatrix} 2xz^2 - e^{-3y} \\ 3xe^{-3y} + 4x \\ 2x^2z \end{pmatrix} \tag{3.88}$$

Lösung
Mit der Gleichung

$$\operatorname{div}(\vec{v}) = \nabla \cdot \vec{v} = \begin{pmatrix} \frac{\partial}{\partial x} \\ \frac{\partial}{\partial y} \\ \frac{\partial}{\partial z} \end{pmatrix} \cdot \begin{pmatrix} v_x \\ v_y \\ v_z \end{pmatrix}. \tag{3.89}$$

folgt durch einsetzen

$$\operatorname{div}(\vec{v}) = \nabla \cdot \vec{v} = \begin{pmatrix} \frac{\partial}{\partial x} \\ \frac{\partial}{\partial y} \\ \frac{\partial}{\partial z} \end{pmatrix} \cdot \begin{pmatrix} 2xz^2 - e^{-3y} \\ 3xe^{-3y} + 4x \\ 2x^2z \end{pmatrix}$$

$$= \begin{pmatrix} 2 \cdot z^2 \\ -9 \cdot x \cdot e^{-3y} \\ 2 \cdot x^2 \end{pmatrix} \tag{3.90}$$

Der Wert der Divergenz kann durch Addition aller drei Ableitungsrichtungen zu

$$\underline{\underline{2 \cdot z^2 - 9 \cdot x \cdot e^{-3y} + 2 \cdot x^2}}. \tag{3.91}$$

ermittelt werden.

Übungsbeispiel 3.4

Zu bestimmen sei die Divergenz von

$$\vec{v} = \begin{pmatrix} 2x^2 - x \cdot e^{-3y} \\ 3xe^{-3y} + 4x \end{pmatrix} \tag{3.92}$$

und anschließend sind die Stromfunktion und die Divergenzfunktion in einem Diagramm darzustellen.

Lösung
Mit der Gleichung

$$\operatorname{div}(\vec{v}) = \nabla \cdot \vec{v} = \begin{pmatrix} \frac{\partial}{\partial x} \\ \frac{\partial}{\partial y} \end{pmatrix} \cdot \begin{pmatrix} v_x \\ v_y \end{pmatrix}. \tag{3.93}$$

folgt durch einsetzen

$$\operatorname{div}(\vec{v}) = \nabla \cdot \vec{v} = \begin{pmatrix} \frac{\partial}{\partial x} \\ \frac{\partial}{\partial y} \end{pmatrix} \cdot \begin{pmatrix} 2x^2 - x \cdot e^{-3y} \\ 3xe^{-3y} + 4x \end{pmatrix}$$

$$= \begin{pmatrix} 4 \cdot x - e^{-3y} \\ -9 \cdot x \cdot e^{-3y} \end{pmatrix} \tag{3.94}$$

Der Wert der Divergenz kann durch Addition aller drei Ableitungsrichtungen zu

$$\underline{\underline{4 \cdot x - e^{-3y} - 9 \cdot x \cdot e^{-3y}}}. \tag{3.95}$$

ermittelt werden (vgl. ▫ Abb. 3.12 und 3.13).

3

```
x= -1:0.1:1 ;                              %Einschraenken der Achse 'x'
y = x;                                     %Einschraenken der Achse 'y'
[x,y]=meshgrid(x,y);                       %Gitterlinien, Diagramm

%%%%%%%%%%%%%%%%%%%%%%%%%%%%%%%%%%%%%%%%%%%%%%%%%%%%%%%%%%%%%%%%%%%%
%%%%%%%%%%%%%%%%%%%%%%%%%%%%%Divergenz%%%%%%%%%%%%%%%%%%%%%%%%%%%%%%%
%%%%%%%%%%%%%%%%%%%%%%%%%%%%%%%%%%%%%%%%%%%%%%%%%%%%%%%%%%%%%%%%%%%%

div1=divergence(x,y,(4*x-exp(-3*y)),(-9*x*exp(-3*y)));
figure;                                   %Funktion
subplot(1,2,1);                           %Diagramm in Form eines Subplots

%%%%%%%%%%%%%%%%%%%%%%%%%%%%%%%%%%%%%%%%%%%%%%%%%%%%%%%%%%%%%%%%%%%%
%%%%%%%%%%%%%%%%%%%%%%%%%%%%%Vektorfeld%%%%%%%%%%%%%%%%%%%%%%%%%%%%%%
%%%%%%%%%%%%%%%%%%%%%%%%%%%%%%%%%%%%%%%%%%%%%%%%%%%%%%%%%%%%%%%%%%%%

quiver(x,y,(4*x - exp(-3*y)),(-9*x*exp(-3*y)));

%%%%%%%%%%%%%%%%%%%%%%%%%%%%%%%%%%%%%%%%%%%%%%%%%%%%%%%%%%%%%%%%%%%%
%%%%%%%%%%%%%%%%%%%%%%%%%%%%%Plot%%%%%%%%%%%%%%%%%%%%%%%%%%%%%%%%%%%%
%%%%%%%%%%%%%%%%%%%%%%%%%%%%%%%%%%%%%%%%%%%%%%%%%%%%%%%%%%%%%%%%%%%%

title('funktion');
subplot(1,2,2);
plot(div1);
title('divergenz');
```

Abb. 3.12 Plot der Divergenz (1) [13]

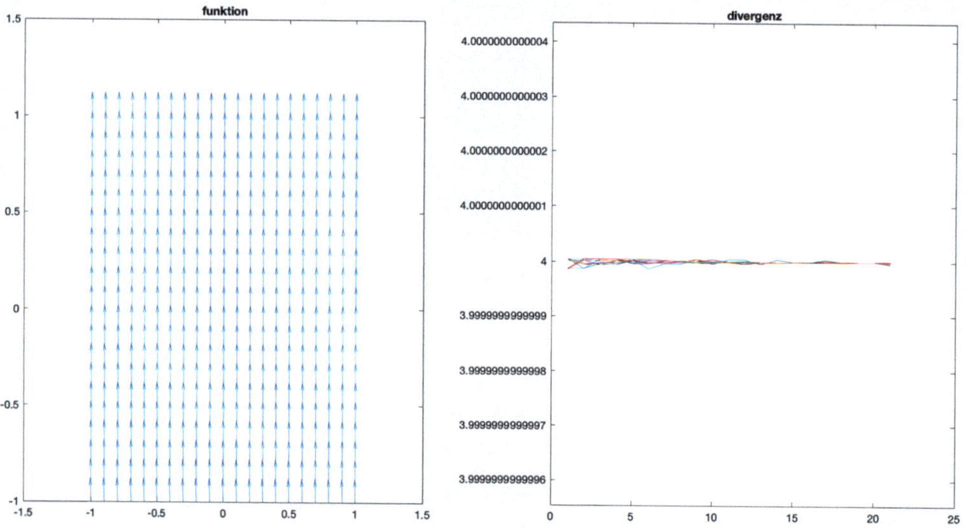

Abb. 3.13 Plot der Divergenz (2) [13]

Übungsbeispiel 3.5

Gesucht sei die Divergenz der Stromfunktion $\begin{pmatrix} x \\ 2 \cdot y^2 \\ 3 \cdot z^3. \end{pmatrix}$

Lösung

```
%%%%%%%%%%%%%%%%%%%%%%%%%%%%%%%%%%%%%%%%%%%%%%%%%%%%%%%
%%%%%%%%%%%%%%%%Divergenzberechnung%%%%%%%%%%%%%%%%%
%%%%%%%%%%%%%%%%%%%%%%%%%%%%%%%%%%%%%%%%%%%%%%%%%%%%%%%

syms x y z
field = [x 2*y^2 3*z^3];
vars = [x y z];
divergence(field,vars)

%%%%%%%%%%%%%%%%%%%%%%%%%%%%%%%%%%%%%%%%%%%%%%%%%%%%%%%
%%%%%%%%Loesung erscheint im Command - Window%%%%%%%%%%
%%%%%%%%%%%%%%%%%%%%%%%%%%%%%%%%%%%%%%%%%%%%%%%%%%%%%%%
```

```
>> Divergenz_2

ans =

9*z^2 + 4*y + 1

fx >>
```

Übungsbeispiel 3.6

Gesucht sei die Divergenz der Stromfunktion $\begin{pmatrix} x^3 \cdot y \\ 2 \cdot y \cdot x^2 \\ 3 \cdot x \cdot y \cdot z^3. \end{pmatrix}$

Lösung

Vektorfeld: `field = [x^3*y 2*y*x^2 3*x*y*z^3];`
ist die Lösung: `3*x^2*y + 2*x^2 + 9*x*y*z^2`

Übungsbeispiel 3.7

Gesucht sei die Divergenz der Stromfunktion $\begin{pmatrix} \cos^3(x)^3 \cdot y \\ 2 \cdot \sin(y) \cdot x^2 \\ 3 \cdot x \cdot y \cdot z^3 \end{pmatrix}$

Lösung

Vektorfeld: `field = [cos(x)^3*y 2*sin(y)*x^2 3*x*y*z^3];`
ist die Lösung: `2*x^2*cos(y) + 9*x*y*z^2-3*y*cos(x)^2*sin(x)`

Übungsbeispiel 3.8

Gesucht sei der Plot der Divergenz der Funktion $\vec{v} = x \cdot e^{-x^2-y^2-z^2}$.

Lösung

```
%%%%%%%%%%%%%%%%%%%%%%%%%%%%%%%%%%%%%%%%%%%%%%%%%%%%%%%%%%%%%%%%%
%%%%%%%%%%%%%%%%%%%%%%%%%%%3D Divergenz%%%%%%%%%%%%%%%%%%%%%%%%%%
%%%%%%%%%%%%%%%%%%%%%%%%%%%%%%%%%%%%%%%%%%%%%%%%%%%%%%%%%%%%%%%%%

x = -2:.2:2;                %Begrenzung x
y = -2:.25:2;               %Begrenzung y
z = -2:.16:2;               %Begrenzung z

%%%%%%%%%%%%%%%%%%%%%%%%%%%%%%%%%%%%%%%%%%%%%%%%%%%%%%%%%%%%%%%%%
%%%%%%%%%%%%%%%%%%%%%%%%%%%%%%Plot%%%%%%%%%%%%%%%%%%%%%%%%%%%%%%%
%%%%%%%%%%%%%%%%%%%%%%%%%%%%%%%%%%%%%%%%%%%%%%%%%%%%%%%%%%%%%%%%%

[x,y,z] = meshgrid(x,y,z);
v = x.*exp(-x.^2-y.^2-z.^2);

%%%%%%%%%%%%%%%%%%%%%%%%%%%%%%%%%%%%%%%%%%%%%%%%%%%%%%%%%%%%%%%%%
%%%%%%%%%%%%%%%%%%%%%%%Ebenenpositionen%%%%%%%%%%%%%%%%%%%%%%%%%%
%%%%%%%%%%%%%%%%%%%%%%%%%%%%%%%%%%%%%%%%%%%%%%%%%%%%%%%%%%%%%%%%%

xslice = [-1.2,.8,2];     % Ebenenposition von y-z Ebene
yslice = 2;               % Ebenenposition von x-z Ebene
zslice = [-2,0];          % Ebenenposition von x-y Ebene

slice(x,y,z,v,xslice,yslice,zslice)
xlabel('x')
ylabel('y')
zlabel('z')
```

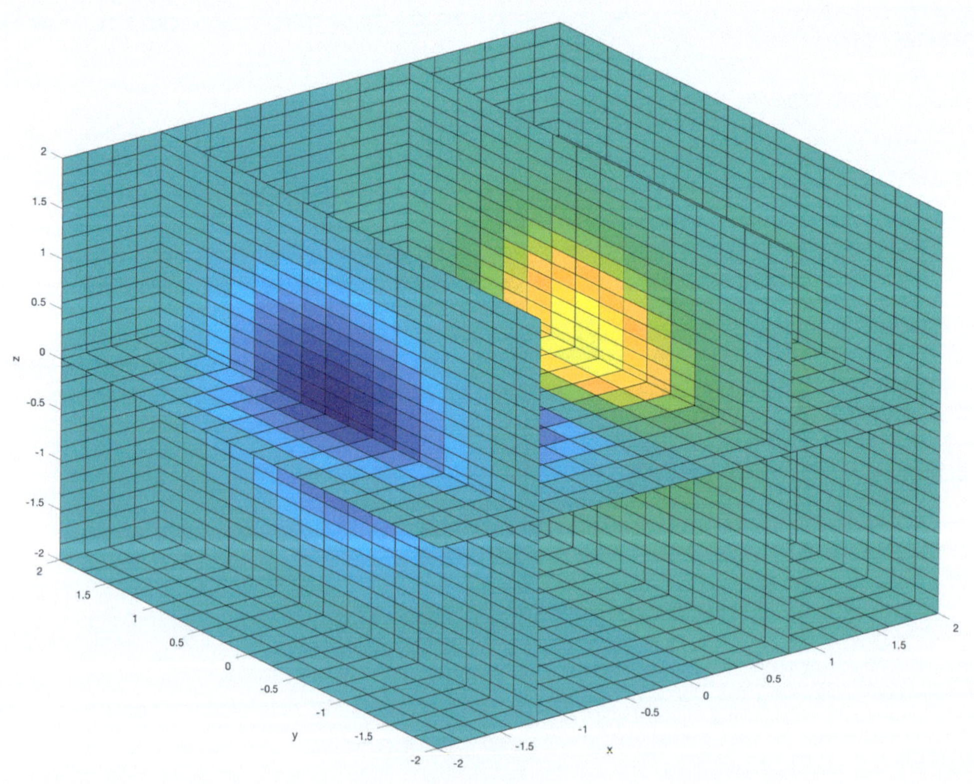

Übungsbeispiel 3.9

Gegeben sei

$$\vec{v} = \begin{pmatrix} x^2z^2 - x \cdot e^{-3y} \\ 3xe^{-3y} + 4x \\ 2x^2z \end{pmatrix} \tag{3.96}$$

und zu bestimmen ist die Oberfläche des Einheitswürfels in den Grenzen

$$V = [0,1] \times [0,1] \times [0,1]. \tag{3.97}$$

Lösung

Mit dem Gauß'schen Integralsatz

$$\oint\limits_{\partial V}\oint \vec{v} \cdot \frac{\vec{n}}{|\vec{n}|} d\Theta = \iiint\limits_V \operatorname{div}(\vec{v}) dV \tag{3.98}$$

folgt die Oberfläche. Dazu muss die Divergenz gemäß

$$\operatorname{div}(\vec{v}) = \nabla \cdot \vec{v} = \begin{pmatrix} \frac{\partial}{\partial x} \\ \frac{\partial}{\partial y} \\ \frac{\partial}{\partial z} \end{pmatrix} \cdot \begin{pmatrix} x^2z^2 - e^{-3y} \\ 3xe^{-3y} + 4x \\ 2x^2z \end{pmatrix}$$
$$= \begin{pmatrix} 2 \cdot x \cdot z^2 - x \cdot e^{-3y} \\ -9 \cdot x \cdot e^{-3y} \\ 2 \cdot x^2 \end{pmatrix} \tag{3.99}$$

gebildet werden. Der Wert der Divergenz kann durch Addition aller drei Ableitungsrichtungen zu

$$2 \cdot x \cdot z^2 - e^{-3y} - 9 \cdot x \cdot e^{-3y} + 2 \cdot x^2. \tag{3.100}$$

Dies eingesetzt in den Gauß'schen Integralsatz

$$\oint\limits_{\partial V}\oint \vec{v} \cdot \frac{\vec{n}}{|\vec{n}|} d\Theta = \iiint\limits_V \operatorname{div}(\vec{v}) dV$$
$$= \iiint\limits_V (2 \cdot x \cdot z^2 - e^{-3y} - 9 \cdot x \cdot e^{-3y} + 2 \cdot x^2) dV$$
$$= \int\limits_{x=0}^{1}\int\limits_{y=0}^{1}\int\limits_{z=0}^{1} (2 \cdot x \cdot z^2 - e^{-3y} - 9 \cdot x \cdot e^{-3y} + 2 \cdot x^2) dx \cdot dy \cdot dz \tag{3.101}$$

Dieses Integral muss gelöst werden, zu

$$\oint\limits_{\partial V}\oint \vec{v} \cdot \frac{\vec{n}}{|\vec{n}|} d\Theta =$$
$$\int\limits_{x=0}^{1}\int\limits_{y=0}^{1}\int\limits_{z=0}^{1} (2 \cdot x \cdot z^2) dx \cdot dy \cdot dz$$
$$- \int\limits_{x=0}^{1}\int\limits_{y=0}^{1}\int\limits_{z=0}^{1} (e^{-3y}) dx \cdot dy \cdot dz$$
$$- \int\limits_{x=0}^{1}\int\limits_{y=0}^{1}\int\limits_{z=0}^{1} (9 \cdot x \cdot e^{-3y}) dx \cdot dy \cdot dz$$
$$- \int\limits_{x=0}^{1}\int\limits_{y=0}^{1}\int\limits_{z=0}^{1} (2 \cdot x^2) dx \cdot dy \cdot dz$$
$$= \left[2 \cdot \frac{x^2}{2} \cdot \frac{z^3}{3} \cdot y\right]_0^1 + \left[\frac{1}{3} \cdot e^{-3y} \cdot y \cdot z\right]_0^1$$
$$- \left[\frac{9}{-3} \cdot \frac{x^2}{2} \cdot e^{-6y} \cdot z\right]_0^1 + \left[\frac{2}{3} \cdot x^3 \cdot y \cdot z\right]_0^1$$
$$= \left[\frac{x^2 \cdot y \cdot z^3}{3}\right]_0^1 + \left[\frac{e^{-3y} \cdot y \cdot z}{3}\right]_0^1$$
$$+ \left[\frac{3 \cdot x^2 \cdot e^{-6y} \cdot z}{2}\right]_0^1 - \left[\frac{2 \cdot x^3 \cdot y \cdot z}{3}\right]_0^1$$
$$= -\frac{1}{3} + \frac{e^{-3}}{3} + \frac{e^{-6}}{2} = \underline{\underline{-0{,}31}}. \tag{3.102}$$

Übungsbeispiel 3.10

Gesucht sei der Gradient der Funktion

$$f(x, y) = x^2 \cdot y. \qquad (3.103)$$

in $P(1/2)$.

Lösung
Mit der allgemeinen Gleichung für den Gradienten

$$\mathrm{grad}(F(x, y, z)) = \nabla(F(x, y, z)) = \begin{pmatrix} \frac{\partial}{\partial x} \\ \frac{\partial}{\partial y} \\ \frac{\partial}{\partial z} \end{pmatrix} = \begin{pmatrix} F'_x \\ F'_y \\ F'_z \end{pmatrix}. \qquad (3.104)$$

folgt durch Bilden der Ableitungen

$$\mathrm{grad}(f(x, y)) = \nabla(f(x, y)) = \begin{pmatrix} \frac{\partial}{\partial x} \\ \frac{\partial}{\partial y} \end{pmatrix} = \begin{pmatrix} F'_x \\ F'_y \end{pmatrix} = \begin{pmatrix} 2 \cdot x \cdot y \\ x^2 \end{pmatrix} \qquad (3.105)$$

im Punkt P ergibt sich demnach die Steigung zu

$$\underline{\underline{\mathrm{grad}(f(1, 2)) = \begin{pmatrix} 2 \cdot x \cdot y \\ x^2 \end{pmatrix} = \begin{pmatrix} 4 \\ 1 \end{pmatrix}}} \qquad (3.106)$$

Anhand dieses einfachen Beispiels ist bereits zu erkennen, dass sich bei der Berechnung des Gradienten keine großen Probleme ergeben sollten, sofern die Ableitungsregeln beherrscht werden.

Übungsbeispiel 3.11

Gesucht ist der Plot für den Gradienten der dreidimensionalen Funktion $z + 1 = -\sqrt{1 - x^2 - y^2}$.

Lösung
Lösung siehe Abb. 3.14 und 3.15.

```
%%%%%%%%%%%%%%%%%%%%%%%%%%%%%%%%%%%%%%%%%%%%%%%%%%%%%%%%%%%%%%%%%%%%%%%%%%%%
%%%%%%%%%%%%%%%%%%%%%%%%%%%%%%%%%GRADIENT%%%%%%%%%%%%%%%%%%%%%%%%%%%%%%%%%%%
%%%%%%%%%%%%%%%%%%%%%%%%%%%%%%%%%%%%%%%%%%%%%%%%%%%%%%%%%%%%%%%%%%%%%%%%%%%%

[X,Y] = meshgrid(-1:.01:1);

%%%%%%%%%%%%%%%%%%%%%%%%%%%%%%%%%%%%%%%%%%%%%%%%%%%%%%%%%%%%%%%%%%%%%%%%%%%%
%%%%%%%%%%%%%%%%%%%%%%%%%%%%%%%%%Funktion%%%%%%%%%%%%%%%%%%%%%%%%%%%%%%%%%%%
%%%%%%%%%%%%%%%%%%%%%%%%%%%%%%%%%%%%%%%%%%%%%%%%%%%%%%%%%%%%%%%%%%%%%%%%%%%%

Z1 = -abs(X) - abs(Y);
Z2 = -1 - sqrt(1 - X.^2 - Y.^2);
Z2 = real(Z2);

%%%%%%%%%%%%%%%%%%%%%%%%%%%%%%%%%%%%%%%%%%%%%%%%%%%%%%%%%%%%%%%%%%%%%%%%%%%%
%%%%%%%%%%%%%%%%%%%%%%%%%%%%%%%%%Grenzen%%%%%%%%%%%%%%%%%%%%%%%%%%%%%%%%%%%%
%%%%%%%%%%%%%%%%%%%%%%%%%%%%%%%%%%%%%%%%%%%%%%%%%%%%%%%%%%%%%%%%%%%%%%%%%%%%

W1 = Z1; W2 = Z2;
W1(Z1 < Z2) = nan; % Nur Punkte ploten, an denen gilt Z1 > Z2
W2(Z1 < Z2) = nan; % Nur Punkte ploten, an denen gilt Z1 > Z2

%%%%%%%%%%%%%%%%%%%%%%%%%%%%%%%%%%%%%%%%%%%%%%%%%%%%%%%%%%%%%%%%%%%%%%%%%%%%
%%%%%%%%%%%%%%%%%%%%%%%%%%%%%%%%%Plot%%%%%%%%%%%%%%%%%%%%%%%%%%%%%%%%%%%%%%%
%%%%%%%%%%%%%%%%%%%%%%%%%%%%%%%%%%%%%%%%%%%%%%%%%%%%%%%%%%%%%%%%%%%%%%%%%%%%

hand = figure;
set(gcf,'Color','w') % White background
surf(X,Y,W1,'LineStyle','none');
hold on
surf(X,Y,W2,'LineStyle','none');
view(-44,18)
```

Abb. 3.14 3D Plot Gradient – Code [14]

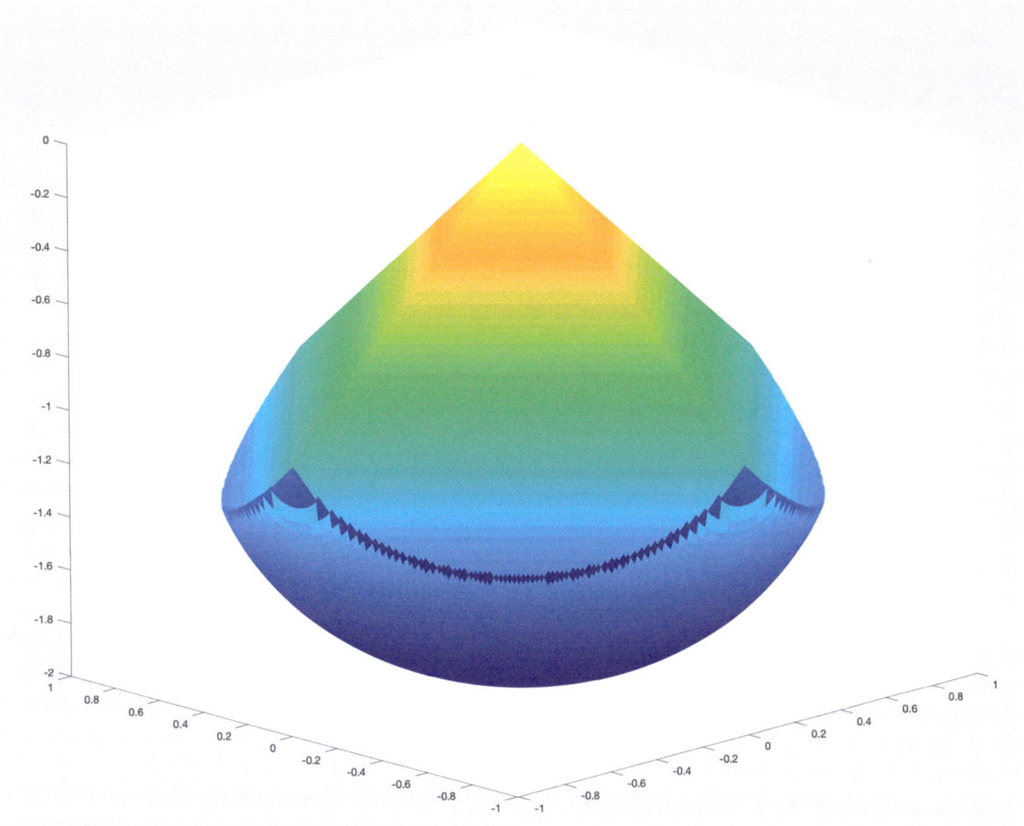

Abb. 3.15 3D Plot Gradient – Plot [14]

Teil III. Hydrodynamik

Inhaltsverzeichnis

Hydrodynamik

Inhaltsverzeichnis

A. Huber, *Technische Mechanik 4 - Hydromechanik*,
https://doi.org/10.1007/978-3-662-69231-8_4

Sie lernen hier...

- Grundlagen der bewegten Flüssigkeiten kennen.
- Bewegungsgleichungen der Hydromechanik kennen.
- Stationäre- und instationäre Strömungen kennen.
- Rohrströmungen kennen.
- Reibungsbehaftete Strömungen kennen.
- Turbulente und laminare Strömungen kennen.
- Ähnlichkeitsbedingungen kennen.
- Einfache Impulsberechnungen.
- Turbinenformen und einfache Berechnungen kennen.
- Drallsatz und einfache Anwendungsbeispiele kennen.

Zitat

Besessenheit ist der Motor – Verbissenheit ist die Bremse.
Rudolf Gametowitsch Nurejew

Wie auch bei der Starrkörpermechanik (Band 1 bis 3 dieser Buchreihe) unterscheidet man auch bei Flüssigkeiten zwischen einem statischen (stationären Zustand) und einem dynamischen Zustand (instationären Zustand). In den vorgehenden Kapiteln wurde bereits der statische Zustand von Flüssigkeiten untersucht; im Folgenden untersucht man die Bewegung von Flüssigkeitsteilchen. Man bezeichnet diesen Teil der Fluidmechanik als Hydrodynamik.

4.1 Stationäre, reibungsfreie Rohrströmung

Folgende Gesetze und Definitionen werden auf Basis einer Strömungsröhre vorgenommen. Eine solche ist in Abb. 4.1 gezeigt.

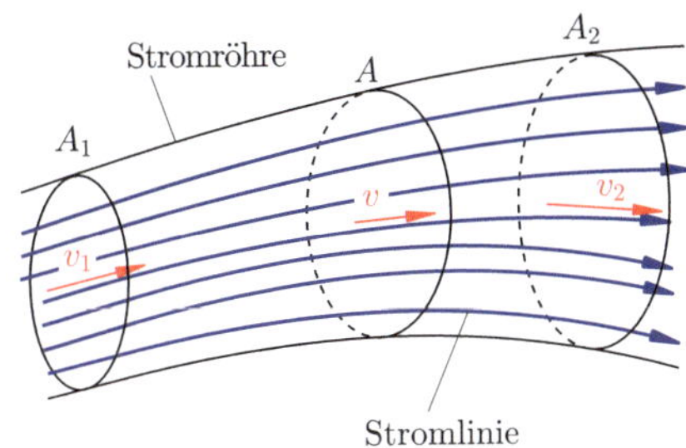

Abb. 4.1 Stromlinie – Stromröhre – Unterschied

4.1.1 Grundbegriffe

Definition 4.1 (Stationäre Strömung)
Man verwendet den Begriff stationäre Strömung, um eine Flüssigkeitsbewegung zu beschreiben, die sich im Laufe der Zeit nicht verändert. Das bedeutet, dass die Geschwindigkeit der Strömung an jeder Position im Flüssigkeitsraum konstant in Bezug auf Größe und Richtung bleibt. Es ist zwar möglich, dass an n Stellen des Raums unterschiedliche Geschwindigkeiten auftreten, jedoch bleibt der Zustand der Strömung an einer bestimmten Stelle konstant, ohne zeitliche Veränderungen.

Definition 4.2 (Instationäre Strömung)
Man bezeichnet eine Strömung als instationär, wenn diese ihren Strömungszustand an den verschiedenen Stellen im Laufe der Zeit ändert.

Definition 4.3 (Stromlinien)
Sie dienen der Veranschaulichung von Flüssigkeitsströmungen und sind Linien, entlang derer die Richtung an jedem Punkt mit der vorherrschenden Geschwindigkeitsrichtung übereinstimmt.

Definition 4.4 (Stromröhre)
Eine Stromröhre ist definiert als die Gesamtheit aller Stromlinien, die durch eine geschlossene Kurve verlaufen. Der Flüssigkeitsinhalt innerhalb dieser Röhre wird als **Stromfaden** bezeichnet.

4.1.2 Gesetze

Bei Rohrströmungen gelten zwei grundlegende Gesetze:

- Kontinuitätsgleichung
- Bernoulli-Gleichung

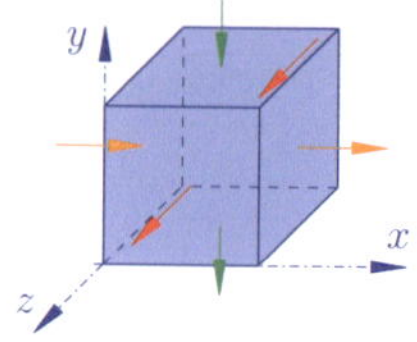

Abb. 4.2 Volumenstück einer Stromlinie

4.1.2.1 Kontinuitätsgleichung

Aussage:

Die Kontinuitätsgleichung, oder auch Durchflussgleichung genannt, trifft Aussage über den Durchfluss. Diese sagt aus, dass der Durchfluss an jeder Stelle konstant ist.

Herleitung:

Es wird für die Herleitung die Massenerhaltung verwendet. Der Begriff Massenerhaltung und die dazugehörige Formel sollte bereits bekannt sein. Diese sagt aus, dass alles was ein geschlossenes System hineinströmt, auch wieder herausströmen muss. Mathematisch formuliert sieht dies wie folgt aus: $\dot{m}_{\text{ein}} = \dot{m}_{\text{aus}}$[1]

Umformen ergibt: $0 = \dot{m}_{\text{ein}} - \dot{m}_{\text{aus}}$. Dies gilt natürlich nur in einem perfekten System. Da es in der Realität aber unumgänglich ist, ein perfektes System zu erhalten, müssen Verluste noch in Form eines Verlustterms beachtet werden, es wird deshalb ein sogenannter **Quell- und Senkenterm** hinzugefügt. Dieser lautet wie folgt: $\frac{\partial m_{Kr}}{\partial t}$. Der Term beschreibt nur das Verhalten bei instationären Strömungen, hingegen er bei stationären weggelassen werden kann. Doch wie kommt man nun auf diesen Ausdruck? Man will mittels der Kontinuitätsgleichung bei Strömungen die Dichte an einem gewissen Punkt zu einem gewissen Zeitpunkt ermitteln. Man kann somit die Dichte in Abhängigkeit von Ort und Zeit der Strömung schreiben: $\varrho(\vec{s}, t)$. Nun kann man die Zeit aber nur untersuchen, wenn auch eine Abhängigkeit der Zeit enthalten ist, man dividiert deshalb durch die Zeit, zu $\frac{\varrho(\vec{s},t)}{t}$. Da man höhere Genauigkeit erzielen möchte, wendet man die Regeln der Infinitesimalrechnung an und erhält somit einen Ableitungsterm, welcher zunächst aber unter Anführungszeichen geschrieben wird, den Grund hierfür wird im Folgenden noch geklärt „$\frac{d\varrho(\vec{s},t)}{dt}$“. Mathematisch ist dieser Ausdruck falsch! Da man nach Ort und Zeit ableitet, befinden sich mehrere Veränderliche im Term. Deshalb benötigt man partielle Ableitungsregeln. Es resultiert $\frac{\partial\varrho(\vec{s},t)}{\partial t}$. Herausschneiden eines unendlich kleinem Volumenstücks aus einer Stromlinie gem. Abb. 4.2 ermöglicht weitere Untersuchungen.

Aufspalten in Koordinaten-Komponenten und Negieren des entstehenden Ausdruckes

$$\frac{\partial\varrho(\vec{s},t)}{\partial t} = -\left[\frac{\partial\varrho(\vec{x},t)}{\partial t} + \frac{\partial\varrho(\vec{y},t)}{\partial t} + \frac{\partial\varrho(\vec{z},t)}{\partial t}\right]. \tag{4.1}$$

Mit $t = \frac{ds}{dv}$ folgt gemäß der Gesetze von partiellen Ableitungsregeln: $\partial t = \frac{\partial s}{\partial v}$

$$\frac{\partial\varrho(\vec{s},t)}{\partial t} = -\left[\frac{\partial\varrho(\vec{x},t)}{\frac{\partial x}{\partial v_x}} + \frac{\partial\varrho(\vec{y},t)}{\frac{\partial y}{\partial v_y}} + \frac{\partial\varrho(\vec{z},t)}{\frac{\partial z}{\partial v_z}}\right]$$

$$\frac{\partial\varrho(\vec{s},t)}{\partial t} = -\underbrace{\left[\frac{\partial\varrho(\vec{x},t)\cdot\partial v_x}{\partial x} + \frac{\partial\varrho(\vec{y},t\cdot\partial v_y)}{\partial y} + \frac{\partial\varrho(\vec{z},t)\cdot\partial v_z}{\partial z}\right]}_{=\mathrm{div}(\varrho(\overrightarrow{[x,y,z]},t)\cdot v}. \tag{4.2}$$

div stellt hier die Divergenz eines Vektorfeldes dar. Dies wurde bereits im vorgehenden Kapitel genauer untersucht, „Vertiefungen in der Hydrostatik“.[2] In manchen Büchern findet man auch

1 Der Punkt über dem m sagt aus, dass es sich hierbei um einen Massenstrom handelt.

2 Man unterscheidet Vektorfeld und Skalarfeld. Beim Skalarfeld wird jedem Punkt ein Skalar bzw. ein Funktionswert wie beispielsweise bei der Temperatur zugeordnet, beim Vektorfeld jedem Punkt ein Vektor wie bei Stromlinien.

noch die Schreibweise mittels des Nabla-Operators, was gleich der Divergenz gestellt ist

$$\frac{\partial \varrho(\vec{s},t)}{\partial t} = -\operatorname{div}(\varrho(\overrightarrow{[x,y,z]},t)\cdot v) = -\vec{\nabla}. \tag{4.3}$$

Wenn man mittels der Dichte das Verhalten von Ort und Zeit einer Stromlinie anhand eines Vektorfeldes beschreiben kann, muss dies auch mittels der Masse funktionieren. Man kann also auch schreiben

$$\begin{aligned}\frac{\partial m(\vec{s},t)}{\partial t} &= -\operatorname{div}(m(\overrightarrow{[x,y,z]},t)\cdot v)\\ &= -\vec{\nabla}.\end{aligned} \tag{4.4}$$

Man kann hier den Senkenterm erkennen, zu

$$\frac{\partial m(\vec{s},t)}{\partial t} = \frac{\partial m_{Kr}}{\partial t}. \tag{4.5}$$

Durch Einsetzen des Senkenterms in die Anfangsgleichungen folgt

$$\dot{m}_{\text{ein}} - \dot{m}_{\text{aus}} = \frac{\partial m_{Kr}}{\partial t}. \tag{4.6}$$

Da hier zunächst nur stationäre Strömungen betrachtet werden, kann man $\frac{\partial m_{Kr}}{\partial t} = 0$ setzen, es folgt

$$\begin{aligned}\dot{m}_{\text{ein}} - \dot{m}_{\text{aus}} &= 0\\ \dot{m}_{\text{ein}} &= \dot{m}_{\text{aus}}.\end{aligned} \tag{4.7}$$

Die Masse berechnet sich zu

$$\dot{m}_{\text{ein}} = \varrho\cdot\dot{V}_{\text{ein}} = \varrho\cdot Q_{\text{ein}} \tag{4.8}$$

$$\dot{m}_{\text{aus}} = \varrho\cdot\dot{V}_{\text{aus}} = \varrho\cdot Q_{\text{aus}}. \tag{4.9}$$

$$\begin{aligned}\underbrace{\varrho}_{=\text{const. bei HS}}\cdot\dot{V}_{\text{aus}} &= \underbrace{\varrho}_{=\text{const. bei HS}}\cdot\dot{V}_{\text{aus}}\\ \dot{V}_{\text{aus}} &= \dot{V}_{\text{aus}}.\end{aligned} \tag{4.10}$$

Hierin bedeutet „HS"... Hydroströmungen.

$$\dot{V}_{\text{aus}} = v\cdot A. \tag{4.11}$$

Kontinuitätsgleichung bei stationären Strömungen

$$Q_{\text{ein}} = Q_{\text{aus}} = \text{const.} \tag{4.12}$$

$$v_{\text{ein}}\cdot A_{\text{ein}} = v_{\text{aus}}\cdot A_{\text{aus}} = \text{const.} \tag{4.13}$$

$$Q = A\cdot v \tag{4.14}$$

$$\dot{m}_{\text{ein}} = \dot{m}_{\text{aus}}. \tag{4.15}$$

$Q, \dot{V}$ ... Volumenstrom $[\frac{\text{m}^3}{\text{s}}]$
v ... Strömungsgeschwindigkeit $[\frac{\text{m}}{\text{s}}]$
A ... Querschnittfläche $[\text{m}^2]$

$$V = V_1 = V_2 = \frac{m}{\varrho}. \tag{4.16}$$

Vgl. mit Abb. 4.3.

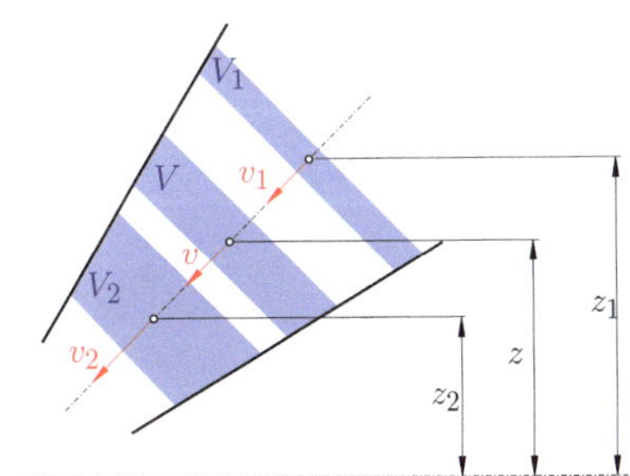

Abb. 4.3 Kontinuitätsgleichung bei unterschiedlichen Durchmessern

4

Methode: Lösung durch SolidWorks – CFD 4.1

Zeigen Sie die Gültigkeit der Kontinuitätsgleichung durch Aufstellen von dieser an zwei verschiedenen Punkten gem. folgender Abbildungen.

Pos.	Bild	Erklärung
1	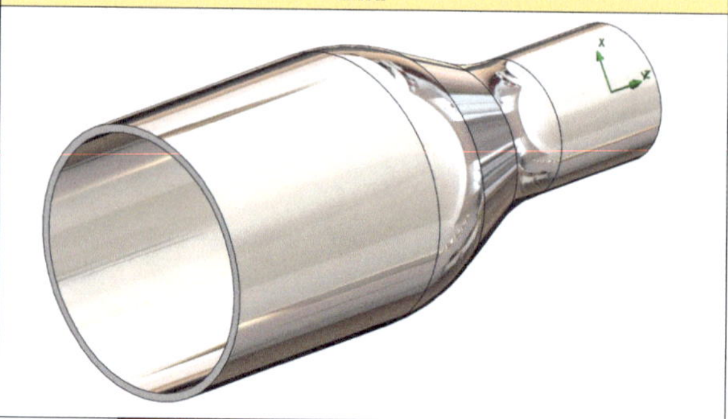	Bauteil zeichnen und die Analyse mit den gegebenen Einstellungen aufsetzen.
2	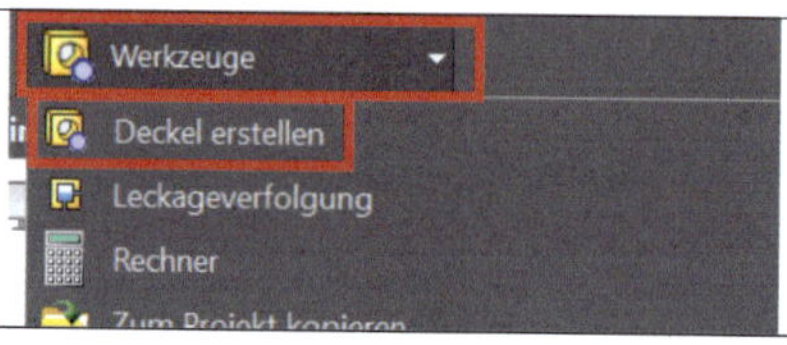	Mittels des Assistenten eine neue Strömungsstude (intern) erstellen. Deckel für ein geschlossenes Volumen festlegen.
3	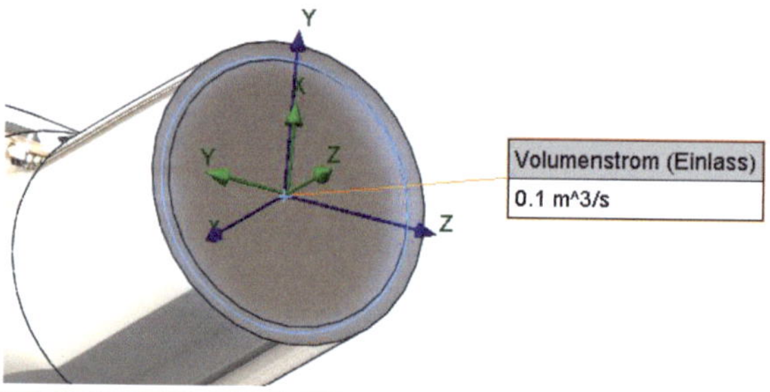	Einlassvolumenstrom definieren.
4		Druck auf der Auslasseite festlegen.
5	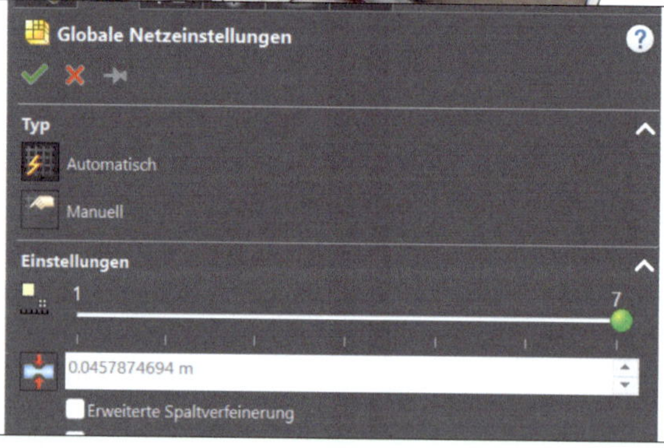	Netz verfeinern.

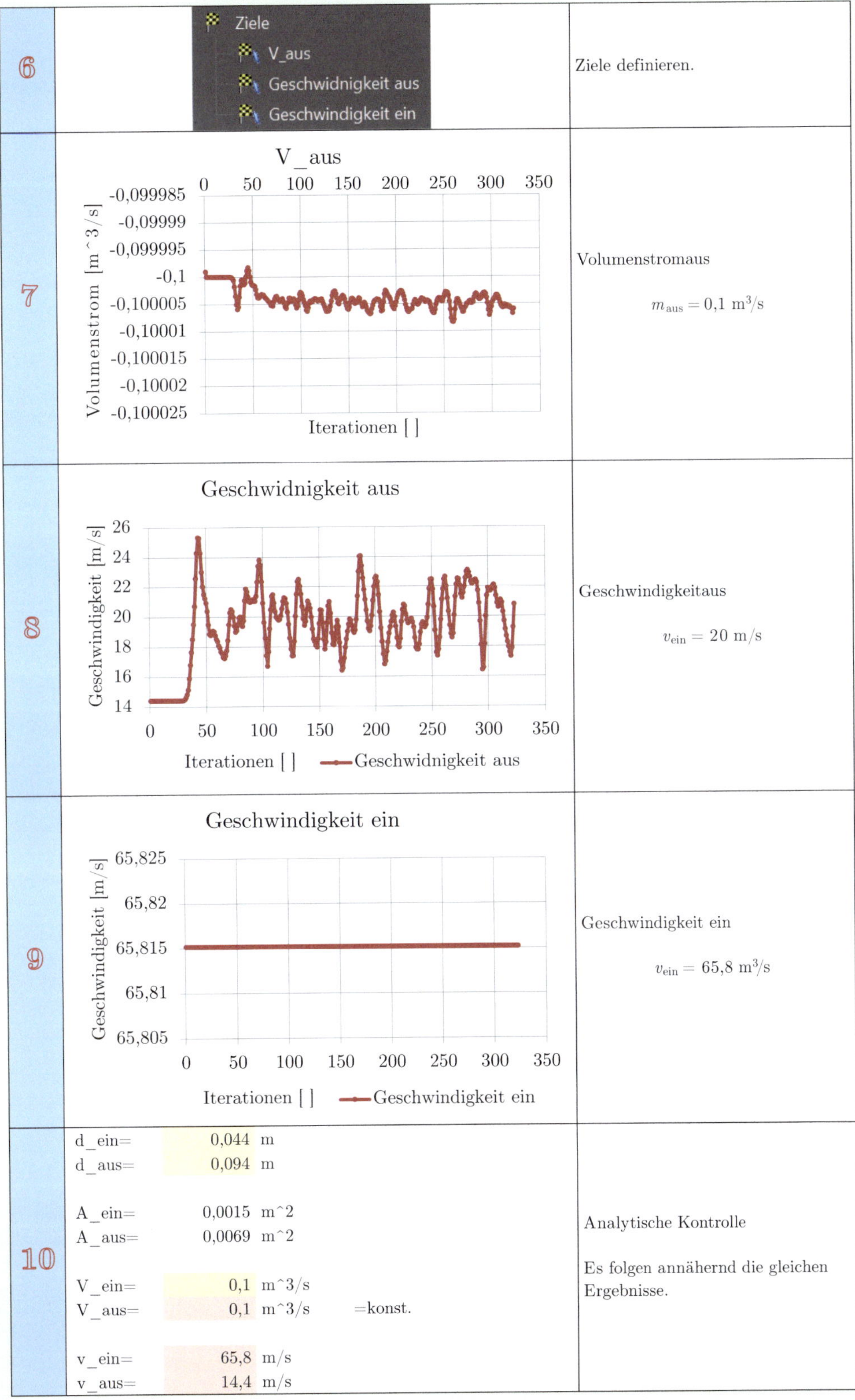

6	Ziele: V_aus, Geschwidnigkeit aus, Geschwindigkeit ein	Ziele definieren.
7	Diagramm V_aus	Volumenstromaus $m_{aus} = 0{,}1\ m^3/s$
8	Diagramm Geschwidnigkeit aus	Geschwindigkeitaus $v_{ein} = 20\ m/s$
9	Diagramm Geschwindigkeit ein	Geschwindigkeit ein $v_{ein} = 65{,}8\ m^3/s$
10	d_ein= 0,044 m d_aus= 0,094 m A_ein= 0,0015 m^2 A_aus= 0,0069 m^2 V_ein= 0,1 m^3/s V_aus= 0,1 m^3/s =konst. v_ein= 65,8 m/s v_aus= 14,4 m/s	Analytische Kontrolle Es folgen annähernd die gleichen Ergebnisse.

Beispiel 4.1 (Wassertank)

Ein Wasserzwischenspeicher wird mit einem Zuflussrohr gefüllt, das die Randbedingungen: $A_1 = 0{,}008\,\text{m}^2$ besitzt. Gleichzeitig fließt das Wasser am Boden, durch zwei Abflussrohre wieder aus. Am Einflussrohr ist ein Einflussgeschwindigkeitsmesser angebracht, welcher $v_1 = 0{,}2\,\text{m/s}$ misst. An einem der beiden Ausflussrohre misst man mit einem Durchflussmesser einen Durchsatz von $1\,\text{kg/s}$. Bestimmen Sie die Ausflussgeschwindigkeiten (v_2, v_3) und den Einflussmassenstrom $\dot{m}_1$

Lösung

- Mit der Kontinuitätsgleichung folgt

$$\dot{m}_{\text{ein}} = \dot{m}_{\text{Aus}}$$

$$(\dot{m}_1 + \dot{m}_2) - \dot{m}_3 = 0 \tag{4.17}$$

- Für die Massenströme ergibt sich mittels des Durchflussgesetzes

$$\dot{V}_1 = \frac{\dot{m}_1}{\varrho} = A_1\, v_1$$

$$\dot{m}_1 = \varrho\, A_1\, v_1 \tag{4.18}$$

$$\dot{V}_3 = \frac{\dot{m}_3}{\varrho} = A_3\, v_3$$

$$\dot{m}_3 = \varrho\, A_3\, v_3 \tag{4.19}$$

- $(\dot{m}_1 + \dot{m}_2) - \dot{m}_3 = 0$

$$(\varrho\, A_1\, v_1 + \dot{m}_2) - \varrho\, A_3\, v_3 = 0$$

$$(\varrho\, A_1\, v_1 + \dot{m}_2) = \varrho\, A_3\, v_3$$

$$\underline{\underline{v_3}} = \frac{\varrho\, A_1\, v_1 + \dot{m}_2}{\varrho\, A_3}$$

$$= \frac{1000\,\frac{\text{kg}}{\text{m}^3} \cdot 0{,}008\,\text{m}^2 \cdot 0{,}2\,\frac{\text{m}}{\text{s}} + 1\,\frac{\text{kg}}{\text{s}}}{1000\,\frac{\text{kg}}{\text{m}^3} \cdot 0{,}003\,\text{m}^2}$$

$$= \underline{\underline{0{,}87\,\frac{\text{m}}{\text{s}}}} \tag{4.20}$$

$$\underline{\underline{\dot{m}_1}} = \varrho\, A_1\, v_1 = 1000\,\frac{\text{kg}}{\text{m}^3} \cdot 0{,}008\,\text{m}^2 \cdot 0{,}2\,\frac{\text{m}}{\text{s}}$$

$$= \underline{\underline{1{,}6\,\frac{\text{kg}}{\text{s}}}} \tag{4.21}$$

Methode: Lösung durch SolidWorks – CFD 4.2

Überprüfen Sie die Ergebnisse aus ► Bsp. 4.1 auf deren Richtigkeit mittels SolidWorks FlowSimulation. Hierbei müssen unbedingt Ziele, die im Nachgang überprüft werden, gesetzt werden.

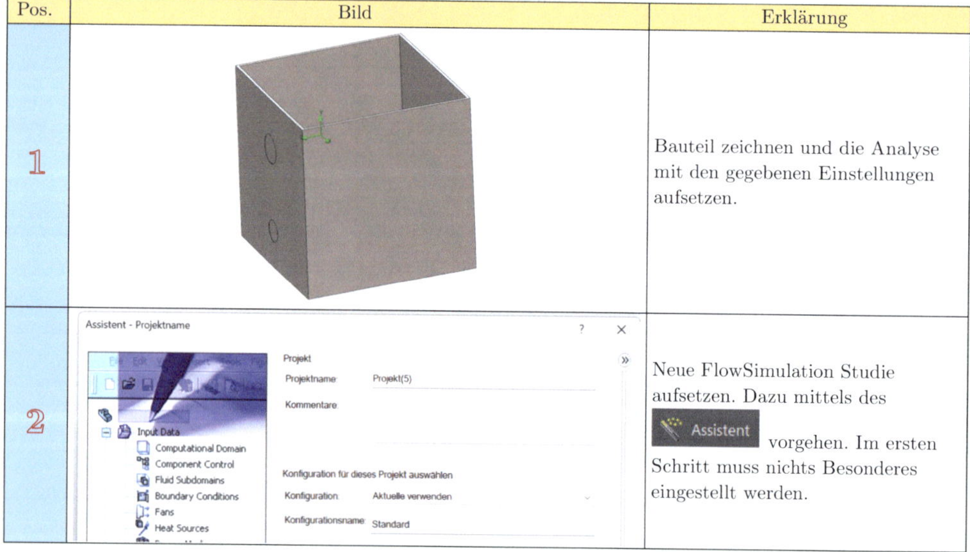

Pos.	Bild	Erklärung
1		Bauteil zeichnen und die Analyse mit den gegebenen Einstellungen aufsetzen.
2		Neue FlowSimulation Studie aufsetzen. Dazu mittels des [Assistent] vorgehen. Im ersten Schritt muss nichts Besonderes eingestellt werden.

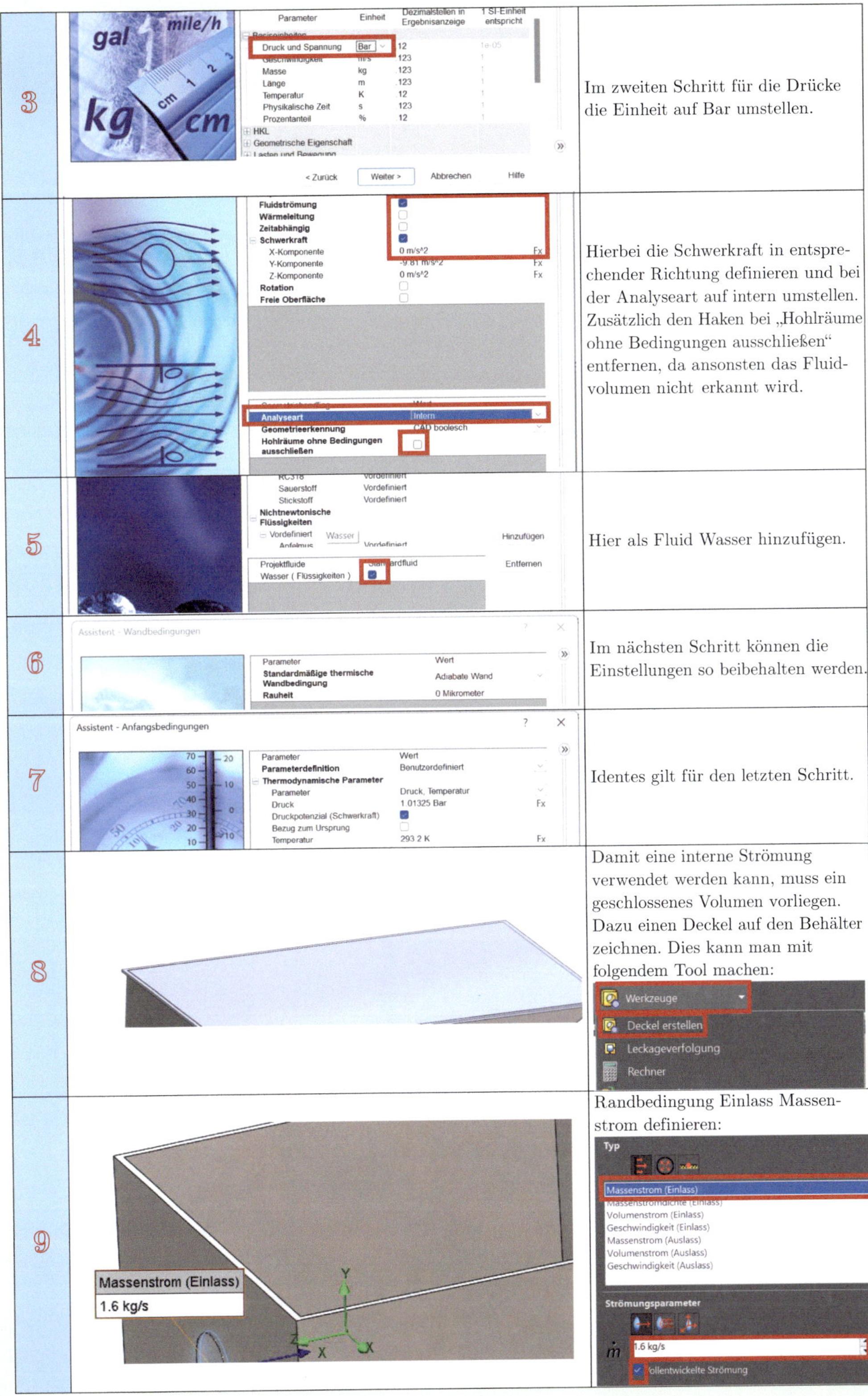

3	Im zweiten Schritt für die Drücke die Einheit auf Bar umstellen.
4	Hierbei die Schwerkraft in entsprechender Richtung definieren und bei der Analyseart auf intern umstellen. Zusätzlich den Haken bei „Hohlräume ohne Bedingungen ausschließen“ entfernen, da ansonsten das Fluidvolumen nicht erkannt wird.
5	Hier als Fluid Wasser hinzufügen.
6	Im nächsten Schritt können die Einstellungen so beibehalten werden.
7	Identes gilt für den letzten Schritt.
8	Damit eine interne Strömung verwendet werden kann, muss ein geschlossenes Volumen vorliegen. Dazu einen Deckel auf den Behälter zeichnen. Dies kann man mit folgendem Tool machen:
9	Randbedingung Einlass Massenstrom definieren:

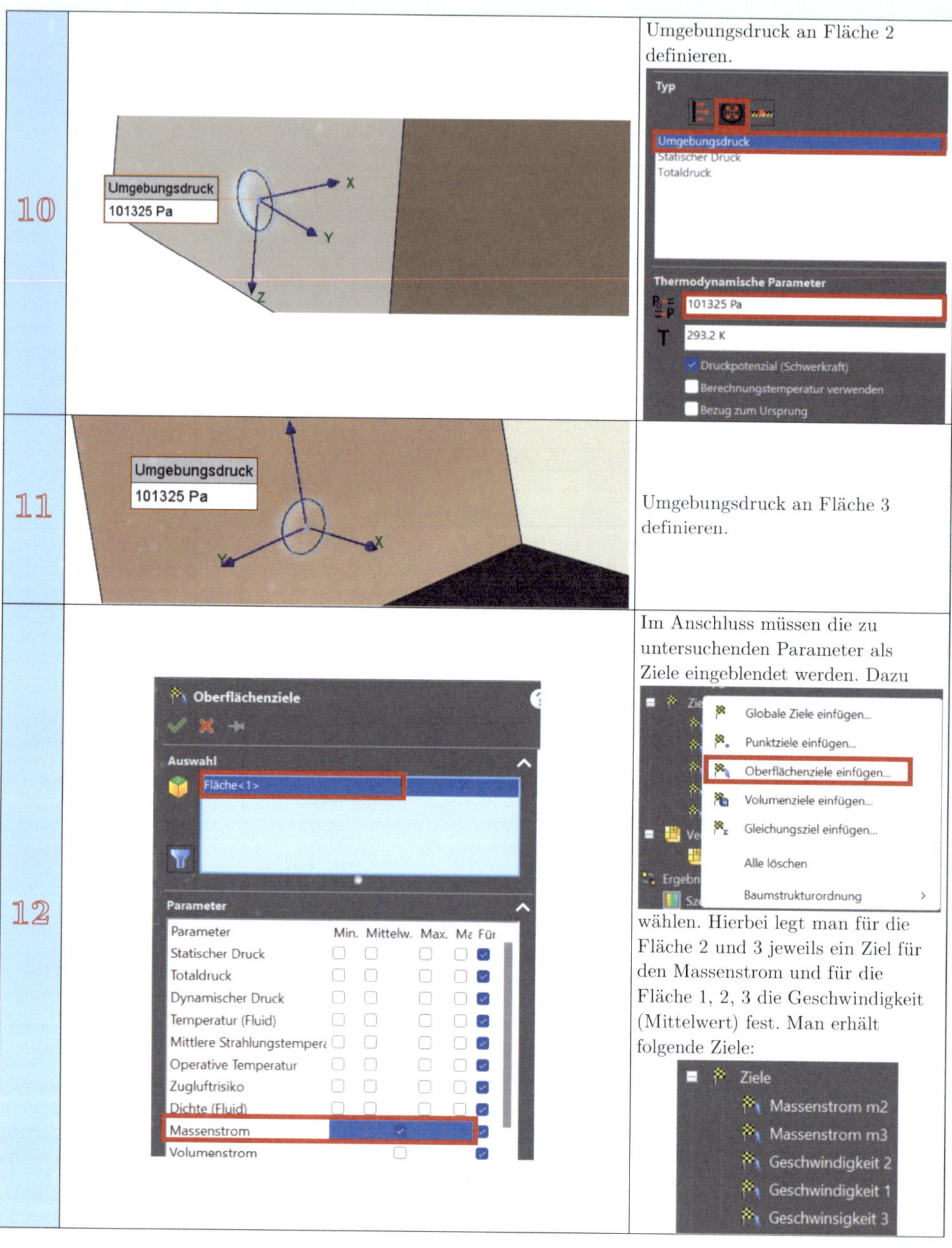

Schritt	Abbildung	Beschreibung
10		Umgebungsdruck an Fläche 2 definieren.
11		Umgebungsdruck an Fläche 3 definieren.
12		Im Anschluss müssen die zu untersuchenden Parameter als Ziele eingeblendet werden. Dazu wählen. Hierbei legt man für die Fläche 2 und 3 jeweils ein Ziel für den Massenstrom und für die Fläche 1, 2, 3 die Geschwindigkeit (Mittelwert) fest. Man erhält folgende Ziele:

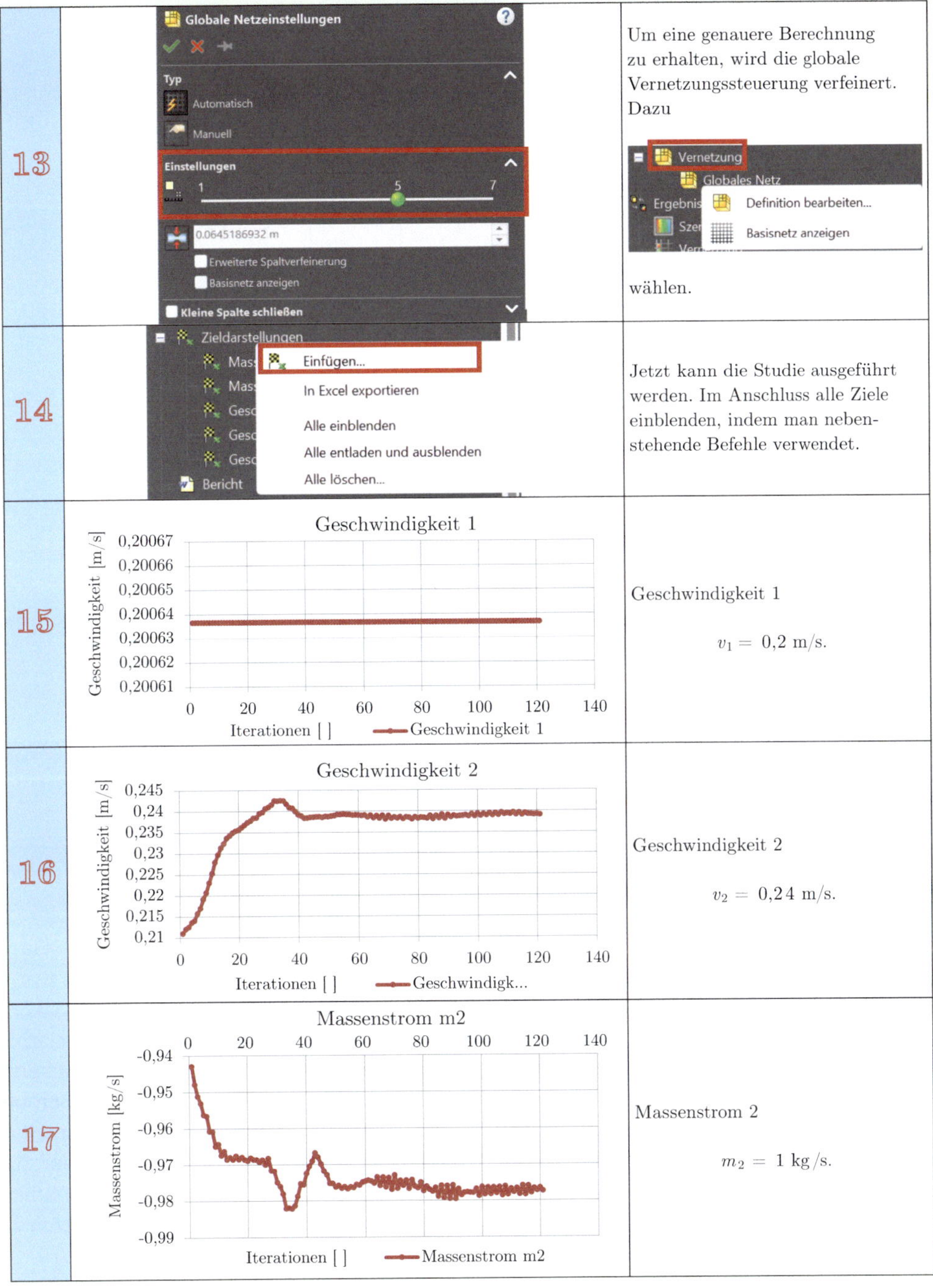

13	Um eine genauere Berechnung zu erhalten, wird die globale Vernetzungssteuerung verfeinert. Dazu … wählen.
14	Jetzt kann die Studie ausgeführt werden. Im Anschluss alle Ziele einblenden, indem man nebenstehende Befehle verwendet.
15	Geschwindigkeit 1 $v_1 = 0{,}2$ m/s.
16	Geschwindigkeit 2 $v_2 = 0{,}24$ m/s.
17	Massenstrom 2 $m_2 = 1$ kg/s.

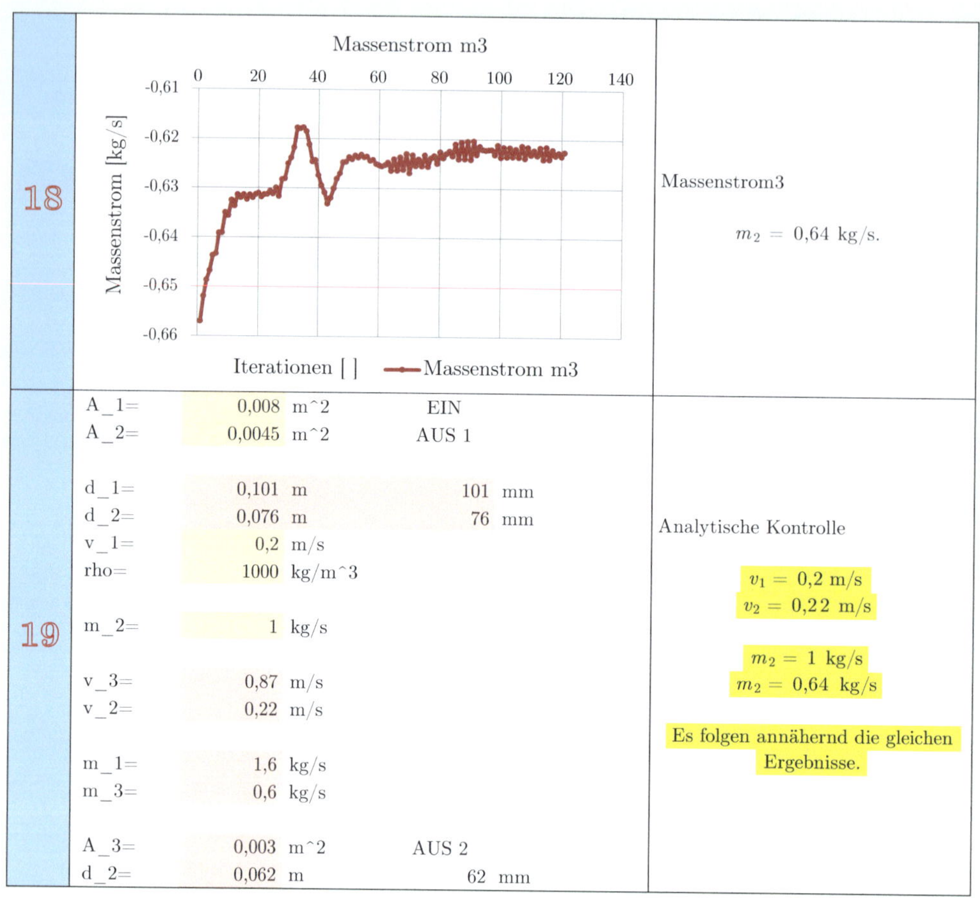

19					
A_1=	0,008	m^2	EIN		
A_2=	0,0045	m^2	AUS 1		
d_1=	0,101	m	101	mm	
d_2=	0,076	m	76	mm	Analytische Kontrolle
v_1=	0,2	m/s			$v_1 = 0{,}2$ m/s $v_2 = 0{,}22$ m/s
rho=	1000	kg/m^3			
m_2=	1	kg/s			$m_2 = 1$ kg/s $m_2 = 0{,}64$ kg/s
v_3=	0,87	m/s			
v_2=	0,22	m/s			Es folgen annähernd die gleichen Ergebnisse.
m_1=	1,6	kg/s			
m_3=	0,6	kg/s			
A_3=	0,003	m^2	AUS 2		
d_2=	0,062	m	62	mm	

4.1.2.2 Bernoulli-Gleichung

Die Bernoulli-Gleichung ist ein weiterer fundamentaler Bestandteil der Strömungsmechanik. Ähnlich wie die Kontinuitätsgleichung kann auch die Bernoulli-Gleichung äußerst komplex sein. Zu Beginn wird sie in einer vereinfachten Form betrachtet. Diese Beziehung wurde vom Schweizer Physiker, Mathematiker und Mediziner Daniel Bernoulli (vgl. Abb. 4.4) entdeckt.

Die Theorie von strömenden Medien entlang von eindimensionalen Strömungen eines Stromfadens wurde im 18. Jahrhundert von Daniel Bernoulli und Giovanni Battista Venturi entwickelt. Mittels dieser Theorie können eine Vielzahl an strömungsmechanischen Problemen gelöst werden, ebenso dient diese Theorie oftmals als Grundlage zu weiteren, komplexen Themen der Fluidmechanik [24].

Daniel Bernoulli, geboren 1700 in Groningen und gestorben 1782 in Basel, war ein schweizerischer Mathematiker und Physiker aus der angesehenen Bernoulli-Familie. Er arbeitete eng mit Leonhard Euler an den Gleichungen, die heute ihre Namen tragen. Die Bernoulli-Gleichung, die nach ihm benannt ist, spielt eine herausragende Rolle in der Hydraulik und Aerodynamik und als Grundlage für die Formulierten Euler-Gleichungen, die zu einem späteren Zeitpunkt im Buch behandelt werden [29].

Giovanni Battista Venturi (vgl. Abb. 4.5), geboren 1746 in Bibbiano und gestorben 1822 in Reggio nell'Emilia, war ein italienischer Physiker und Ingenieur. Er entdeckte den im Laufe des Buches behandelten Venturi-Effekt, der nach ihm benannt ist, und entwickelte die Venturi-Pumpe sowie die Venturi-Düse. Das Venturi-

Abb. 4.4 Daniel Bernoulli [29]

Abb. 4.5 Giovanni Battista Venturi [41]

Verfahren wurde zu Ehren seiner Entdeckungen benannt [41].

Herleitung

Da die Bernoulli-Gleichung auf der Erhaltung der Energie beruht, wird zunächst der Energieerhaltungssatz aufgeschrieben (Es wird dabei die Abb. 4.6 hinzugezogen).

$$
\begin{aligned}
E_{\text{ges}} &= E_{\text{Kin}} + E_{\text{Pot}} \\
\Delta E_{\text{ges}} &= \Delta E_{\text{Kin}} + \Delta E_{\text{Pot}}
\end{aligned}
\tag{4.22}
$$

Hierbei gilt es nun die einzelnen Energien aufzustellen. Die kinematische Energie ist jene Energieform, die durch die Bewegung der Flüssigkeitsteilchen von v_1 nach v_2 entsteht. An Stelle 1 fehlt das Volumen zum Zeitpunkt $t + \Delta t$ gegenüber dem Zeitpunkt t. Es handelt sich im Punkt 1 also um einen negativen Energieanteil, der durch $E_{\text{Kin},1} = (\Delta m_1 \cdot v_1^2)/2$ berechnet werden kann. Zum Zeitpunkt 2 kann man Identes aufstellen, dieses Mal allerdings in positiver Form, da der fehlende Teil aus 1 bei 2 positiv sein muss. Man schreibt für die kinetische Energie:

$$
\begin{aligned}
E_{\text{Kin}} &= E_{\text{Kin},1} + E_{\text{Kin},2} \\
&= -\frac{\Delta m_1 \cdot v_1^2}{2} + \frac{\Delta m_2 \cdot v_2^2}{2}.
\end{aligned}
\tag{4.23}
$$

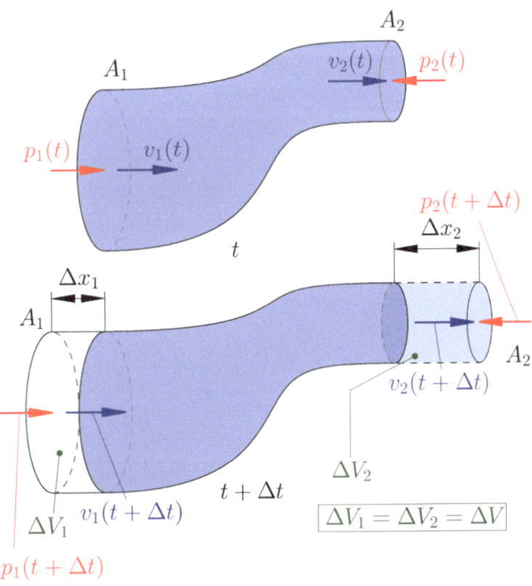

Abb. 4.6 Herleitung der Bernoulli-Gleichung, Bewegung eines Fluidteilchens

Die sich im Kontrollvolumen befindende Energie, die eine gespeicherte Arbeit darstellt, muss gleich der von außen aufgewendeten Arbeit W sein, aufgrund des Energieerhaltungssatzes.

Für die potentielle Energie gilt dieselbe Vorgehensweise. Man betrachtet zum einen die Druckenergie von beiden Seiten, und die potentielle Energie, die durch den Höhentransport der einzelnen Teilchen entsteht. Eine Druckkraft berechnet sich zu $F = p \cdot A$, und die dazugehörige Arbeit gemäß $F = p \cdot A \cdot \Delta x$. Man kann dann die beiden Energieformen an Stelle 1 zu $W_{\text{Pot},1} = W_{p,1} = p_1 \cdot A_1 \cdot \Delta x_1$ bzw. an 2 gemäß $W_{\text{Pot},2} = W_{p,2} = -p_2 \cdot A_2 \cdot \Delta x_2$ finden. Die Energie, die für den Höhenunterschied vorliegt, berechnet sich zu: $E_{\text{Pot},3} = -\Delta m \cdot g \cdot \Delta h = -\Delta m \cdot g \cdot (h_2 - h_1)$. Die potentielle Energie berechnet sich also zu

$$\begin{aligned} -E_{\text{Pot}} &= W_{\text{Pot},1} + W_{\text{Pot},2} + W_{\text{Pot},3} \\ &= p_1 \cdot A_1 \cdot \Delta x_1 - p_2 \cdot A_2 \cdot \Delta x_2 \\ &\quad - \varrho \cdot \Delta V \cdot g \cdot (h_2 - h_1). \end{aligned} \tag{4.24}$$

Stellt man hier die Energiebilanzgleichung auf, folgt

$$E_{\text{Kin}} = -E_{\text{Pot}}$$

$$\begin{aligned} -\frac{\Delta m \cdot v_1^2}{2} + \frac{\Delta m \cdot v_2^2}{2} &= p_1 \cdot A_1 \cdot \Delta x_1 \\ &\quad - p_2 \cdot A_2 \cdot \Delta x_2 \\ &\quad - \varrho \cdot \Delta V \cdot g \cdot (h_2 - h_1) \end{aligned} \tag{4.25}$$

Da man die Masse ΔV zu $\Delta m \cdot \varrho$ berechnen kann, mit $\varrho = \text{const.}$, bei inkompressiblen Flüssigkeiten, folgt

$$\begin{aligned} &-\frac{\Delta V_1 \cdot \varrho \cdot v_1^2}{2} + \frac{\Delta V_2 \cdot \varrho \cdot v_2^2}{2} \\ &= p_1 \cdot \underbrace{A_1 \cdot \Delta x_1}_{=\Delta V_1} - p_2 \cdot \underbrace{A_2 \cdot \Delta x_2}_{=\Delta V_1} \\ &\quad - \varrho \cdot \Delta V \cdot g \cdot h_2 + \varrho \cdot \Delta V \cdot g \cdot h_1. \end{aligned} \tag{4.26}$$

Da das transportierte Volumen an Punkt 1 gleich dem an Punkt 2 sein muss (Inkompressibilität) gilt $\Delta V_1 = \Delta V_2 = \Delta V$, also

$$\begin{aligned} &-\frac{\Delta V \cdot \varrho \cdot v_1^2}{2} + \frac{\Delta V \cdot \varrho \cdot v_2^2}{2} \\ &= p_1 \cdot \Delta V - p_2 \cdot \Delta V - \varrho \cdot \Delta V \cdot g \cdot h_2 \\ &\quad + \varrho \cdot \Delta V \cdot g \cdot h_1 \end{aligned} \tag{4.27}$$

Dividieren mit ΔV ergibt

$$\begin{aligned} -\frac{\varrho \cdot v_1^2}{2} + \frac{\varrho \cdot v_2^2}{2} &= p_1 - p_2 - \varrho \cdot g \cdot h_2 \\ &\quad + \varrho \cdot g \cdot h_1; \end{aligned} \tag{4.28}$$

bzw. durch Umformen

$$\begin{aligned} &-\frac{\varrho \cdot v_1^2}{2} - p_1 - \varrho \cdot g \cdot h_1 \\ &= -\frac{\varrho \cdot v_2^2}{2} - p_2 - \varrho \cdot g \cdot h_2 \\ &\frac{\varrho \cdot v_1^2}{2} + p_1 + \varrho \cdot g \cdot h_1 \\ &= \frac{\varrho \cdot v_2^2}{2} + p_2 + \varrho \cdot g \cdot h_2 \end{aligned} \tag{4.29}$$

oder

$$p_1 + \varrho \cdot g \cdot h_1 + \frac{\varrho^2 \cdot v_1^2}{2} = \text{const.} \tag{4.30}$$

Es kann eine weitere Form der Gleichung hergeleitet werden, dafür begibt man sich an einen früheren Rechenschritt

$$W_{\text{ges}} = \underbrace{W_{\text{Kin}}}_{=\frac{m \cdot v^2}{2}} + \underbrace{W_{\text{Pot}}}_{=m \cdot g \cdot z} + \underbrace{W_D}_{F \cdot s = p \cdot A \cdot s = p \cdot V} \quad ; \tag{4.31}$$

durch einsetzen ergibt sich

$$W_{\text{ges}} = \frac{m \cdot v^2}{2} + m \cdot g \cdot z + p \cdot V, \tag{4.32}$$

wobei

m ...	Masse [kg]
V ...	Volumen [m^3]
p ...	Hydrostatischer Druck [$\frac{\text{N}}{\text{m}^2}$]
ϱ ...	Dichte [$\frac{\text{kg}}{\text{m}^3}$]
z ...	Ortshöhe [$\frac{\text{N}}{\text{m}}$]
W_{ges} ...	Energiesumme
$p \cdot V = \frac{m}{\varrho}$ ...	Druckenergie
$m \cdot g \cdot z$ ...	Lageenergie
$\frac{m \cdot v^2}{2}$ ...	Geschwindigkeitsenergie

Bernoulli-Konstante W

Bezieht man die gesamte Energie auf ein kg Masse der Flüssigkeit, so erhält man die Bernoulli-Konstante W. Diese stellt den Energieinhalt je kg dar. Die Einheit ist daher $[\frac{\mathrm{J}}{\mathrm{kg}}]$.

$$W = \frac{W_{ges}}{m} = \frac{\frac{m \cdot v^2}{2} + m \cdot g \cdot z + p \cdot V}{m} = \frac{v^2}{2} + g \cdot z + p \cdot \underbrace{\frac{V}{m}}_{=\frac{1}{\varrho}}. \tag{4.33}$$

Bernoullis Höhengleichung

Bemerkung 4.1
Dividiert man die Bernoulli-Konstantengleichung durch die Erdbeschleunigung, oder die Bernoulli Energiegleichung durch g und m, so erhält man die sogenannte Höhengleichung.

$$H = \frac{W_{ges}}{m \cdot g} = \frac{W}{g} = \frac{\frac{v^2}{2} + g \cdot z + p \cdot \frac{1}{\varrho}}{g} = \frac{\frac{\varrho \cdot v^2 + 2 \cdot \varrho \cdot g \cdot z + 2 \cdot p}{2 \cdot \varrho}}{g} = \frac{\varrho \cdot v^2 + 2 \cdot \varrho \cdot g \cdot z + 2 \cdot p}{2 \cdot \varrho \cdot g} \tag{4.34}$$

$$H = \frac{v^2}{2 \cdot g} + z + \frac{p}{\varrho \cdot g}. \tag{4.35}$$

H … Gesamthöhe
$\frac{p}{\varrho \cdot g}$ … Druckhöhe
z … Ortshöhe
$\frac{v^2}{2 \cdot g}$ … Geschwindigkeitshöhe

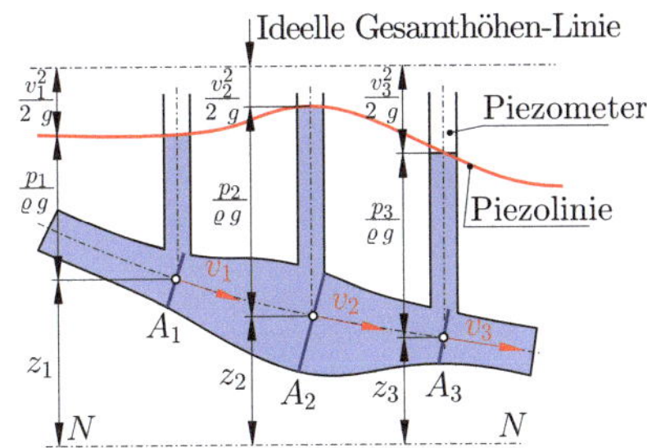

Abb. 4.7 Reibungsfreie Rohrströmung

4.1.2.3 Reibungsfreie Rohrströmung

In Abb. 4.7 ist ein Ausschnitt eines Rohres gezeigt, welches übe die Länge unterschiedliche Querschnittflächen aufweist.

4.1.2.4 Anwendungsbeispiele der Bernoulli-Gleichung

Staudruck und Strömungsgeschwindigkeit

Allgemeines: Um die Strömungsgeschwindigkeit und den Staudruck bestimmen zu können, wendet man die Bernoulli-Gleichung an. Dies kann man sich einfach anhand eines Tragflügels vorstellen. Es scheint einleuchtend, dass an vorderster Kante der Druck steigt, da es dort zu einer Druckstauchung kommt, was zu einer sogenannten Staudruckzone führt (vgl. Abb. 4.8). Bevor man auf den Versuchsaufbau und die Bernoulli-Gleichung genauer eingeht, wird eine CFD Simulation von einem Tragflügel erstellt, wodurch die Staudruckzone gezeigt wird.

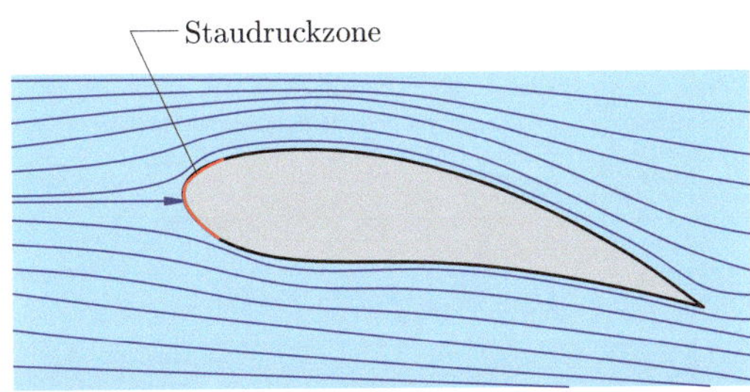

Abb. 4.8 Staudruckzone

Methode: Lösung durch SolidWorks – CFD 4.3

Zu untersuchen ist der Staudruck eines Tragflügels, wenn dieser mit einer Geschwindigkeit in Höhe von 110 m/s angeströmt wird.

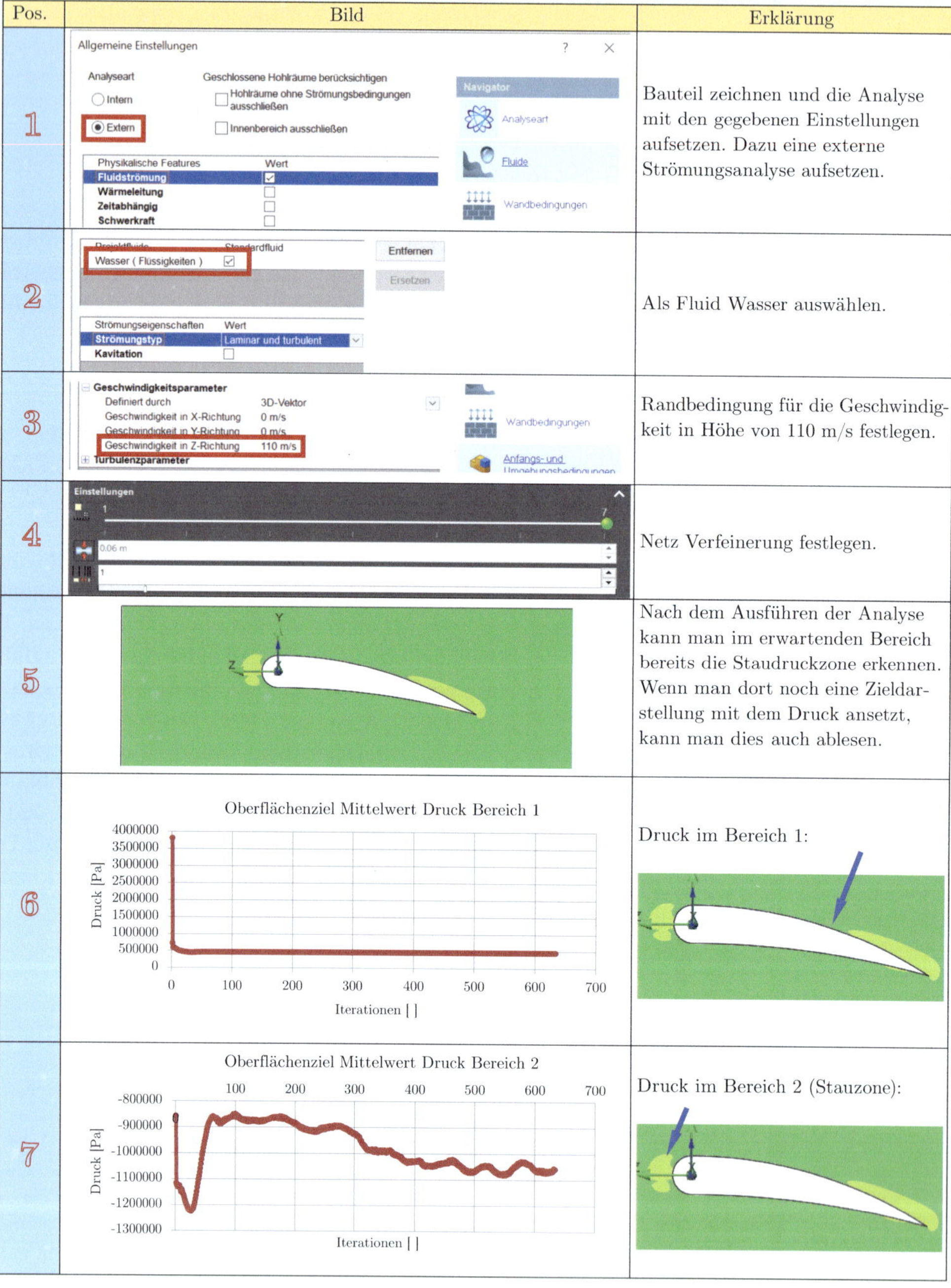

Pos.	Bild	Erklärung
1	Allgemeine Einstellungen: Analyseart Extern; Physikalische Features: Fluidströmung	Bauteil zeichnen und die Analyse mit den gegebenen Einstellungen aufsetzen. Dazu eine externe Strömungsanalyse aufsetzen.
2	Projektfluide: Wasser (Flüssigkeiten); Strömungstyp: Laminar und turbulent	Als Fluid Wasser auswählen.
3	Geschwindigkeitsparameter: Geschwindigkeit in Z-Richtung 110 m/s	Randbedingung für die Geschwindigkeit in Höhe von 110 m/s festlegen.
4	Einstellungen	Netz Verfeinerung festlegen.
5		Nach dem Ausführen der Analyse kann man im erwartenden Bereich bereits die Staudruckzone erkennen. Wenn man dort noch eine Zieldarstellung mit dem Druck ansetzt, kann man dies auch ablesen.
6	Oberflächenziel Mittelwert Druck Bereich 1 (Druck [Pa] über Iterationen [ ])	Druck im Bereich 1:
7	Oberflächenziel Mittelwert Druck Bereich 2 (Druck [Pa] über Iterationen [ ])	Druck im Bereich 2 (Stauzone):

In einem waagrecht liegendem Rohr, mit konstantem Querschnitt, befindet sich ein Hindernis. An vorderster Stelle (Staupunkt) ist der Druck mittels der Bernoulli-Gleichung zu untersuchen, wenn das Rohr mit einer Flüssigkeit durch eine Geschwindigkeit v und Dichte ϱ durchströmt wird.

Wo tritt Staudruck auf? Der Staudruck tritt immer an Stellen auf, an welchen die umströmenden Stromlinien nicht abgelenkt werden.

- **Versuchsaufbau zur Herleitung des Staudrucks:**

Vgl. mit Abb. 4.9. Mit der Bernoulli-Gleichung in Höhenform: $H = v^2/(2\,g) + z + p/(\varrho\,g)$ folgt durch Ansetzen dieser Gleichung an zwei Strömungspunkten (da $H = H_1 = H_2$ gilt) $H_1 = v_1^2/(2\,g) + z_1 + p_1/(\varrho\,g)$ bzw. $H_2 = v_2^2/(2\,g) + z_2 + p_2/(\varrho\,g)$. Gleichsetzen

$$\frac{v_1^2}{2\,g} + z_1 + \frac{p_1}{\varrho\,g} = \frac{v_2^2}{2\,g} + z_2 + \frac{p_2}{\varrho\,g}; \quad (4.36)$$

mit $z_1 = z_2$ und $v_2 = 0$ wird

$$\frac{v_1^2}{2\,g} + \frac{p_1}{\varrho\,g} = \frac{p_2}{\varrho\,g} \quad (4.37)$$

gefunden. Auf p_2 umgeformt ergibt sich

$$p_2 = \frac{v_1^2\,\varrho\,g}{2\,g} + \frac{p_1\,\varrho\,g}{\varrho\,g} = p_1 + \frac{v_1^2\,\varrho}{2}. \quad (4.38)$$

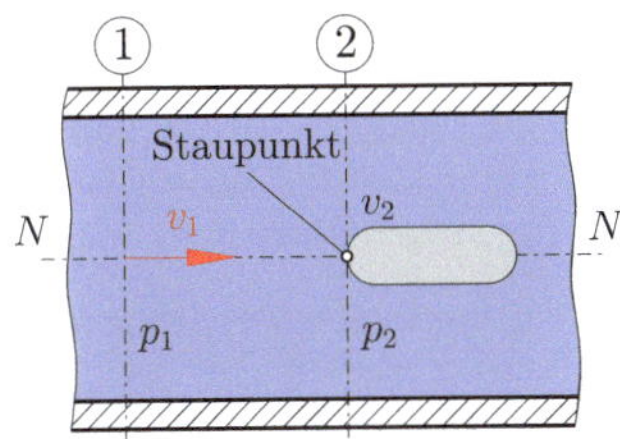

Abb. 4.9 Versuchsaufbau: Staudruckzone

Jetzt kann $v_1 = v$ gesetzt werden, zu

$$p_2 = p_1 + \frac{v^2\,\varrho}{2}. \quad (4.39)$$

p_2 ... Gesamtdruck
p_1 ... hydrostatischer Druck
$\frac{v^2\,\varrho}{2}$ ... dynamischer- oder Staudruck

Oftmals sieht man auch folgende Bezeichnungen

$$p_{\text{ges}} = p_{\text{hyd}} + \frac{v^2\,\varrho}{2} = p_{\text{hyd}} + p_{\text{stau}}. \quad (4.40)$$

Mit der Arbeitsgleichung von Bernoulli: $W_{\text{ges}} = \frac{m\,v^2}{2} + m\,g\,z + p\frac{m}{\varrho}$ folgt bei einer waagrechten Bewegung, dass die Energiedifferenz – und daraus folgend die Arbeitsdifferenz – auf die Höhe bezogen, Null ist. Somit ist die potentielle Energie $(m\,g\,z)$ gleich 0: $W_{\text{ges}} = \frac{m\,v^2}{2} + p\frac{m}{\varrho}$, wodurch der Arbeitsterm umschrieben werden kann zu

$$W_{\text{ges}} = F_2\,s = p_2\,A\,s = p_2\,V. \quad (4.41)$$

Einsetzen ergibt

$$p_2\,V = \frac{m\,v^2}{2} + p_1\frac{m}{\varrho}, \quad (4.42)$$

mit $V\,\varrho = m$ folgt $p_2\,V = \frac{V\,\varrho\,v^2}{2} + p_1\frac{V\,\varrho}{\varrho}$; bzw. durch vereinfachen folgt dasselbe Ergebnis als vorhin.

Methode: Lösung durch SolidWorks – CFD 4.4

Ein Rohr wird von einer Wasserströmung mit der Geschwindigkeit in Höhe von 40 m/s durchflossen. In diesem Rohr befindet sich ein Hindernis. Zu untersuchen ist im Staupunkt der Druckanstieg mittels SolidWorks CFD. Zusätzlich ist eine Kontrolle, mittels Excel (analytisch), zu erbringen, mit den eben kennengelernten Gleichungen.

Pos.	Bild	Erklärung
1		Bauteil zeichnen und die Analyse mit den gegebenen Einstellungen aufsetzen.
2		Um später die Druckverläufe besser darstellen zu können, wird zusätzlich ein Punkt und eine Skizze, mittels einer Linie, in das Bauteil eingezeichnet.
3		Mit dem [Assistent] eine neue Strömungssimulationsstudie aufsetzen. Alle anderen Einstellungen können direkt übernommen werden.
4		Bei einer internen Analyse muss ein geschlossenes Fluidvolumen vorliegen. Dazu [Werkzeuge → Deckel erstellen] wählen.

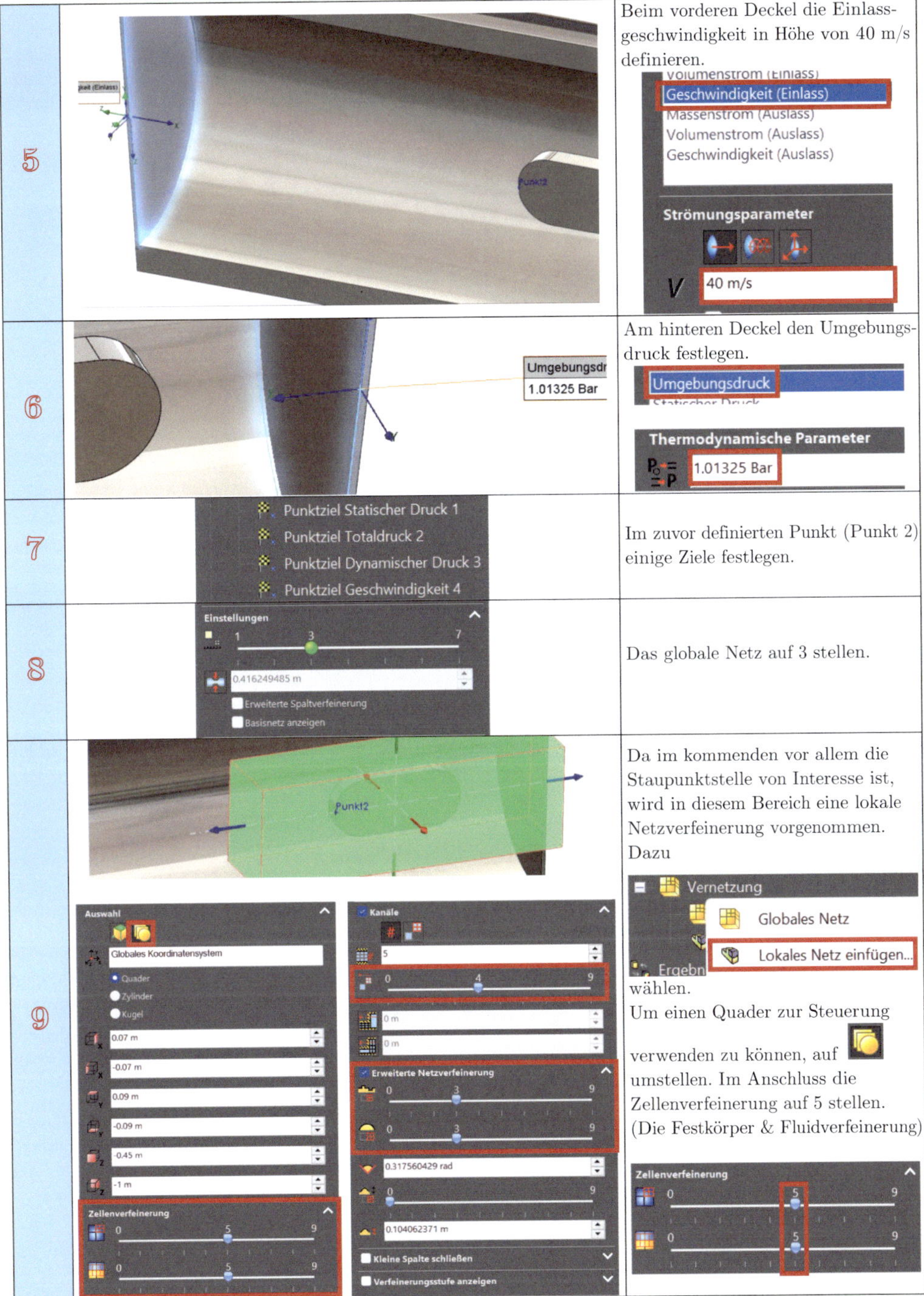

5	Beim vorderen Deckel die Einlassgeschwindigkeit in Höhe von 40 m/s definieren.
6	Am hinteren Deckel den Umgebungsdruck festlegen.
7	Im zuvor definierten Punkt (Punkt 2) einige Ziele festlegen.
8	Das globale Netz auf 3 stellen.
9	Da im kommenden vor allem die Staupunktstelle von Interesse ist, wird in diesem Bereich eine lokale Netzverfeinerung vorgenommen. Dazu „Lokales Netz einfügen…" wählen. Um einen Quader zur Steuerung verwenden zu können, auf [Symbol] umstellen. Im Anschluss die Zellenverfeinerung auf 5 stellen. (Die Festkörper & Fluidverfeinerung)

4

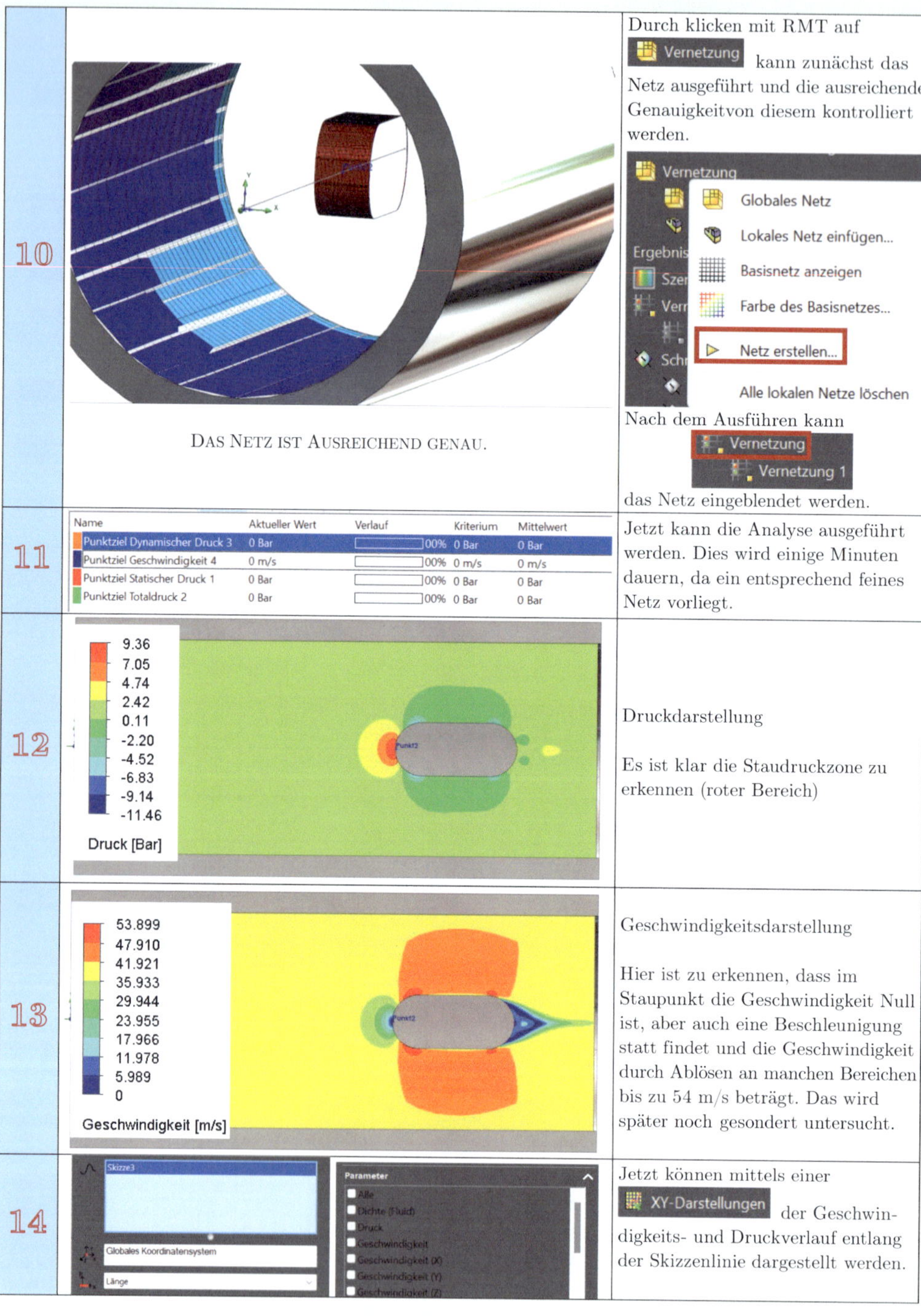

Schritt	Abbildung	Beschreibung
10	Das Netz ist ausreichend genau.	Durch klicken mit RMT auf Vernetzung kann zunächst das Netz ausgeführt und die ausreichende Genauigkeitvon diesem kontrolliert werden. Nach dem Ausführen kann Vernetzung / Vernetzung 1 das Netz eingeblendet werden.
11		Jetzt kann die Analyse ausgeführt werden. Dies wird einige Minuten dauern, da ein entsprechend feines Netz vorliegt.
12		Druckdarstellung Es ist klar die Staudruckzone zu erkennen (roter Bereich)
13		Geschwindigkeitsdarstellung Hier ist zu erkennen, dass im Staupunkt die Geschwindigkeit Null ist, aber auch eine Beschleunigung statt findet und die Geschwindigkeit durch Ablösen an manchen Bereichen bis zu 54 m/s beträgt. Das wird später noch gesondert untersucht.
14		Jetzt können mittels einer XY-Darstellungen der Geschwindigkeits- und Druckverlauf entlang der Skizzenlinie dargestellt werden.

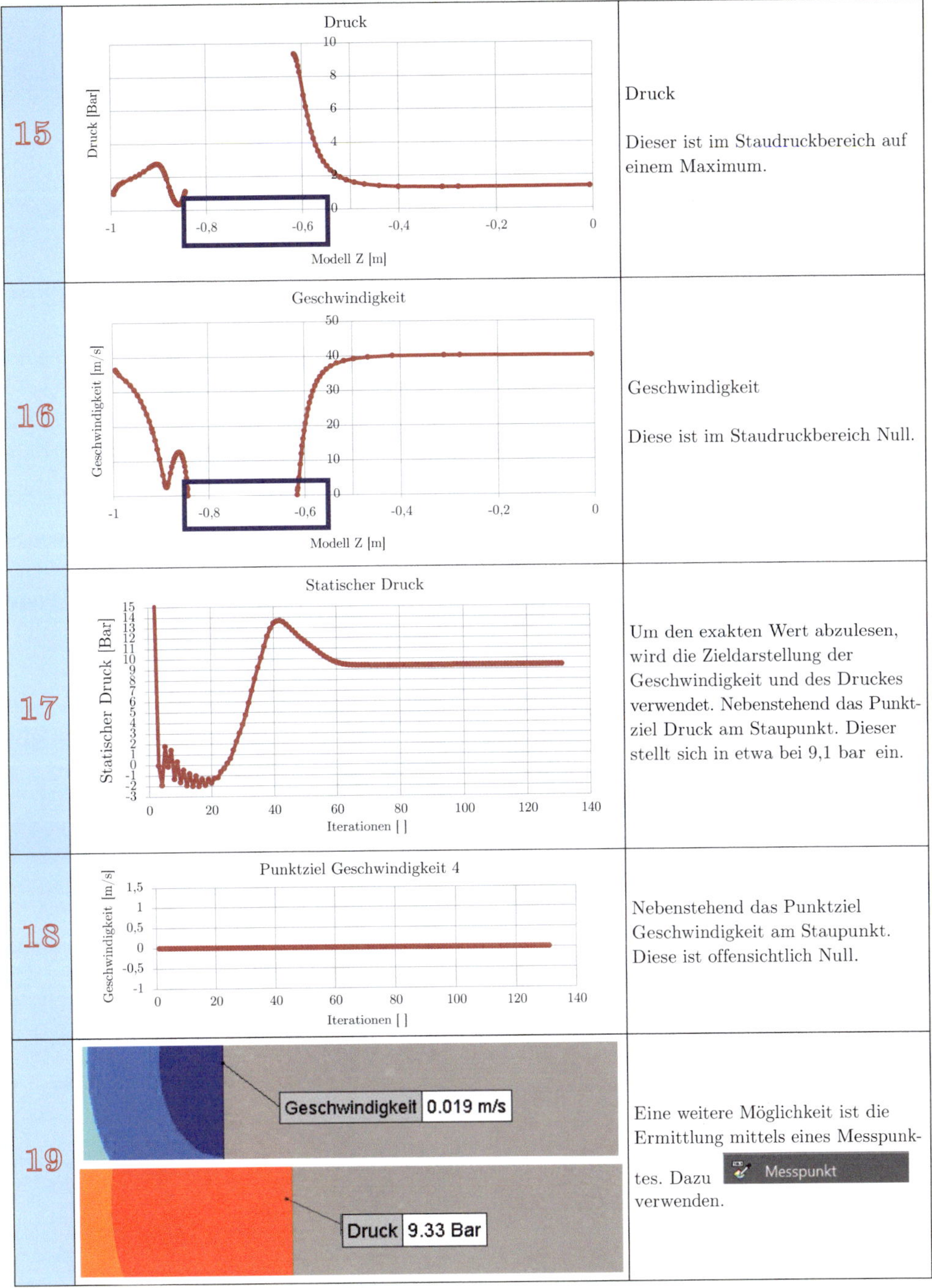

15		Druck Dieser ist im Staudruckbereich auf einem Maximum.
16		Geschwindigkeit Diese ist im Staudruckbereich Null.
17		Um den exakten Wert abzulesen, wird die Zieldarstellung der Geschwindigkeit und des Druckes verwendet. Nebenstehend das Punktziel Druck am Staupunkt. Dieser stellt sich in etwa bei 9,1 bar ein.
18		Nebenstehend das Punktziel Geschwindigkeit am Staupunkt. Diese ist offensichtlich Null.
19		Eine weitere Möglichkeit ist die Ermittlung mittels eines Messpunktes. Dazu [Messpunkt] verwenden.

20	v=	40	m/s	Geschwindigkeit	Analytische Kontrolle mittels Excel.
	rho=	1000	kg/m^3	Dichte des Wassers	Es folgen idente Ergebnisse.
	p_1=	101300	N/m	Normdruck	
	p_2=	901300	N/m^2	Staudruck	
		9,013	bar		

Pitot-Rohr und Piezometer

Zur Messung der Geschwindigkeit in Flugzeugen wird eine Kombination des Pitot-Rohrs mit einer statischen Drucksonde verwendet. Deshalb ist das Pitot-Rohr unumgänglich in der Strömungsmechanik. Im Piezometer wird die hydrostatische Druckhöhe h_1 gemessen, während im Pitotrohr die Gesamtdruckhöhe h_2 erfasst wird.

Ein Pitot-Rohr (vgl. Abb. 4.10), benannt nach Henri de Pitot (vgl. Abb. 4.11), ist ein gerades oder L-förmiges Rohr, mit einer offenen Seite, das dazu dient, den Gesamtdruck von Flüssigkeiten oder Gasen zu messen [79].

Aufgrund des Venturi Prinzips ergeben sich verschiedene Höhen der Flüssigkeitssäulen. Das Venturi Prinzip wird später genauer erörtert. Die Differenz der beiden Höhen kann man in Drücke umwandeln und mithilfe dieser die Geschwindigkeit berechnen.

Aus der allgemeinen Formel für den Druck erhält man $p = \varrho g h \Longrightarrow h = \frac{p}{\varrho g}$. Mit $h_1 = \frac{p_1}{\varrho g}$ und $h_2 = \frac{p_2}{\varrho g}$ folgt

$$\Delta h = h_2 - h_1 = \frac{p_2}{\rho g} - \frac{p_2}{\rho g}; \qquad (4.43)$$

$$\Delta h = \frac{p_2 - p_2}{\varrho g}. \qquad (4.44)$$

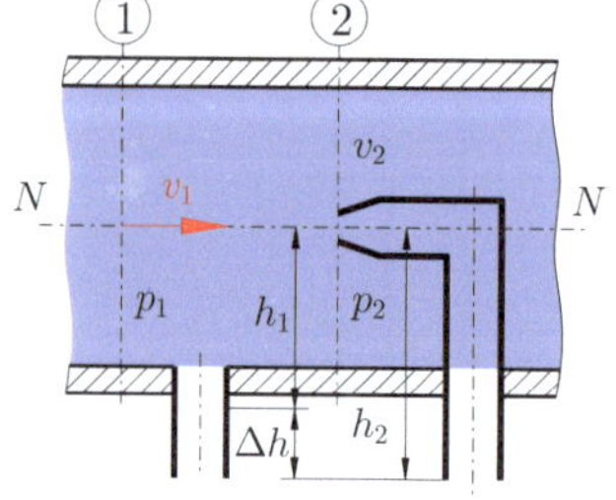

Abb. 4.10 Pitot-Rohr

Man kann die **Strömungsgeschwindigkeit** mit der Bernoulli-Gleichung berechnen.

Mit der Bernoulli-Gleichung $H = \frac{v^2}{2g} + z + \frac{p}{\rho g}$ folgt durch Ansetzen an 2 Punkten

$$\frac{v_1^2}{2g} + z_1 + \frac{p_1}{\varrho g} = \frac{v_2^2}{2g} + z_2 + \frac{p_2}{\varrho g}. \qquad (4.45)$$

mit $v_2 = 0$, dem muss so sein, da man einen Staupunkt untersucht und ein solcher gekennzeichnet ist, dass die Geschwindigkeit in diesem Punkt zu null wird; und $z_1 = z_2$ folgt

$$\frac{v_1^2}{2g} = \frac{p_2 - p_1}{\varrho g}. \qquad (4.46)$$

Abb. 4.11 Porträt Henri de Pitot [45]

Verglichen mit der zuvor hergeleiteten Gl. (4.44) liefert: $h = v_1^2/(2\,g)$; oder durch Umformen

$$v = \sqrt{2\,g\,\Delta h}. \tag{4.47}$$

Prandtl-Sonde

Die Prandtl-Sonde, benannt nach Ludwig Prandtl (vgl. Abb. 4.12) und auch als Prandtl'sches Staurohr bekannt, ist ein Instrument in der Strömungstechnik zur Ermittlung des Staudrucks. Sie kombiniert die Funktionen eines Pitot-Rohrs und einer statischen Drucksonde. Das Prandtl-Rohr verfügt über eine Öffnung, die entgegen der Strömungsrichtung positioniert ist und den Gesamtdruck misst. Zudem besitzt es ringförmige seitliche Bohrungen, in einem genau berechneten Abstand zur Spitze und zum Schaft für die Messung des statischen Drucks. Die Differenz zwischen diesen beiden Drücken entspricht gemäß dem Gesetz von Bernoulli dem dynamischen Druck (Staudruck). Der Staudruck kann direkt durch ein Manometer gemessen werden, oder alternativ kann über den Staudruck auch die Geschwindigkeit der Luft, die die Sonde umströmt, berechnet werden. Dies ist von besonderer Bedeutung in der Luftfahrt zur Bestimmung der Luftgeschwindigkeit (Indicated Airspeed). Die Prandtl-Sonde ist dabei oft Teil eines Pitot-Statik-Systems [80].

Ludwig Prandtl (geboren 1875 in Freising; gestorben 1953 in Göttingen) war ein deutscher Ingenieur. Er lieferte bedeutende Beiträge zum grundlegenden Verständnis der Strömungsmechanik und entwickelte die Grenzschichttheorie [65].

Abb. 4.13 dient als Veranschaulichung zur Herleitung der Gleichungen. Eine reale Prandtl Sonde, wie sie in Flugzeugen zum Einsatz kommt vgl. mit Abb. 4.14 sieht aus wie in Abb. 4.15 gezeigt.

Abb. 4.12 Ludwig Prandtl (1937) [65]

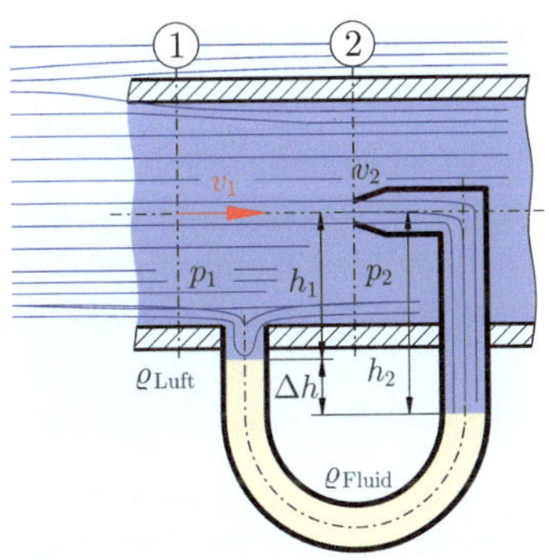

Abb. 4.13 Prandtl Sonde

Abb. 4.14 Prandtl-Sonde eines Flugzeuges (Bombardier Global 6000), Spezialform des Pitot-Rohr [79, 80]

Abb. 4.15 Reale Prandtl Sonde

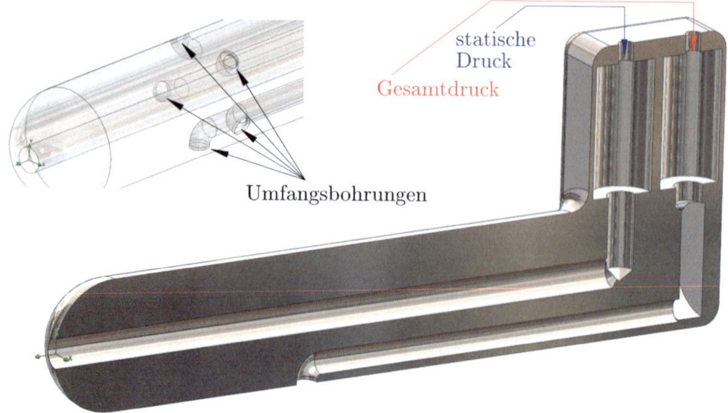

Um hier die Strömungsgeschwindigkeit messen zu können, werden die zuvor hergeleiteten Gleichungen verwendet und ineinander eingesetzt. In $v = \sqrt{2\,g\,\Delta h}$ wird $\Delta h = \frac{p_2 - p_1}{\varrho\, g} = \frac{\Delta p}{\varrho\, g}$ eingesetzt zu

$$v = \sqrt{2\,g\,\frac{\Delta h \cdot \varrho}{\varrho}}. \tag{4.48}$$

Hier wurde bewusst die Dichte nicht gekürzt. Für Flüssigkeiten ist vollkommen klar, dass diese herausfällt, da $\varrho = \text{const.}$ ist. Bei einem Flugzeug handelt es sich allerdings nicht um die Dichte einer Flüssigkeit, sondern um die Dichte eines Gases, nämlich Luft und um die Dichte des Fluids, welches beim Prandtl-Rohr in den Bogen zur Messung eingebracht wird. Dieses ist in Abb. 4.13 gelb dargestellt. Es folgt damit, für die Geschwindigkeitsmessung am Flugzeug

$$v = \sqrt{2\,g\,\frac{\Delta h \cdot \varrho_{\text{Fluid}}}{\varrho_{\text{Luft}}}}. \tag{4.49}$$

Bei der Geschwindigkeitsmessung bei Flugzeugen ist es nur vonnöten, an zwei Punkten die Drücke zu messen, wodurch auf die Strömungsgeschwindigkeit rückgeschlossen werden kann (vgl. CFD-Analyse).

Methode: Lösung durch SolidWorks – CFD 4.5

Zunächst wird die Geschwindigkeitsmessung anhand einer Prandtl Sonde gemacht, wie sie in Abb. 4.13 gezeigt ist. Dabei ist die Fluidsäulenhöhe zu untersuchen. Um hier den Faden zur Hydromechanik nicht zu verlieren, wird für diese Strömungsanalyse angenommen, die Sonde befindet sich an einem Schiff, zu messen ist also die Geschwindigkeit von Wasser. Das Schiff fährt mit einer Geschwindigkeit in Höhe von 3 m/s. Das Ergebnis ist mittels Excel, analytisch, zu überprüfen.

Pos.	Bild	Erklärung
1		Bauteil zeichnen und die Analyse mit den gegebenen Einstellungen aufsetzen.

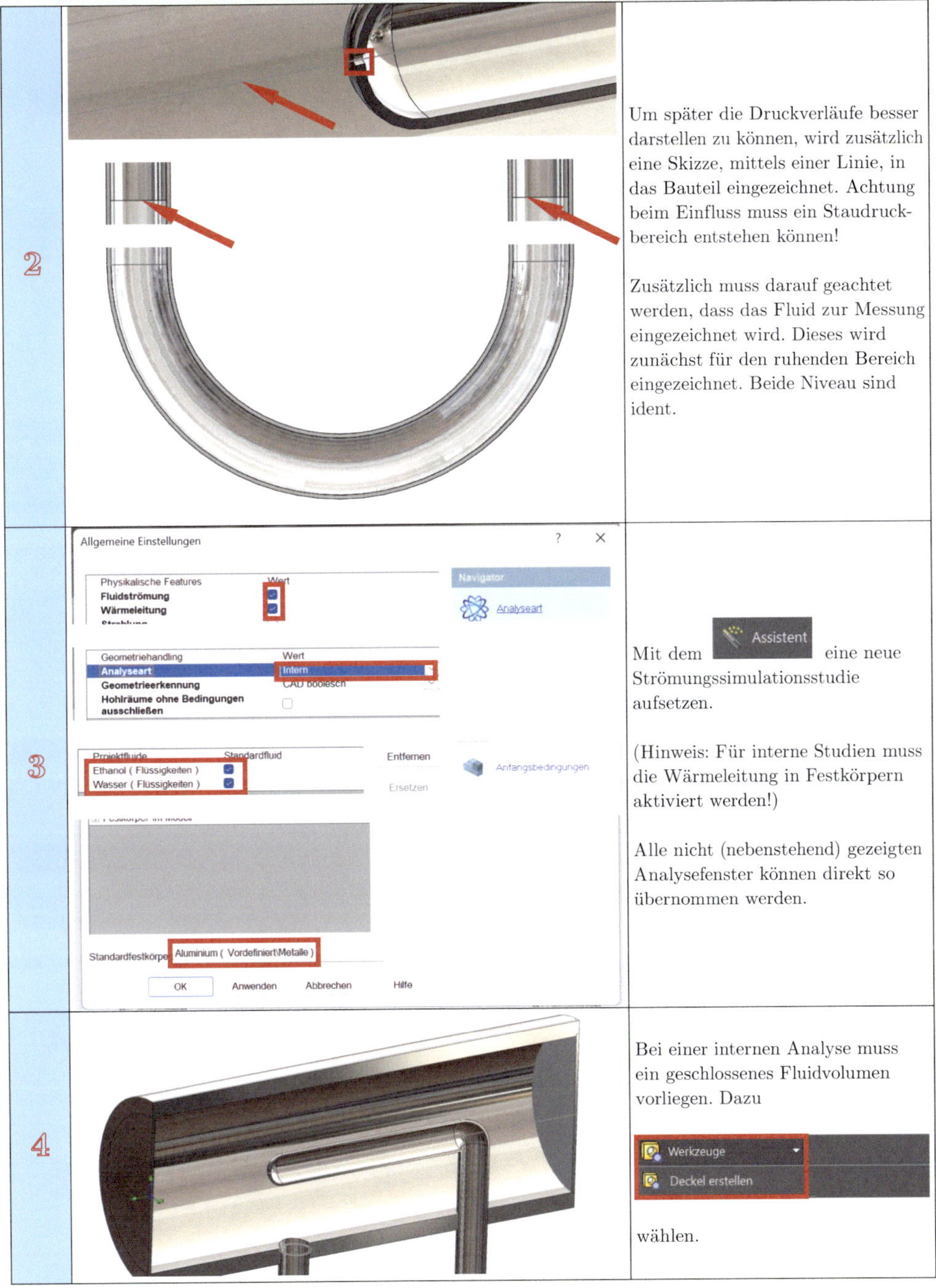

2	Um später die Druckverläufe besser darstellen zu können, wird zusätzlich eine Skizze, mittels einer Linie, in das Bauteil eingezeichnet. Achtung beim Einfluss muss ein Staudruckbereich entstehen können! Zusätzlich muss darauf geachtet werden, dass das Fluid zur Messung eingezeichnet wird. Dieses wird zunächst für den ruhenden Bereich eingezeichnet. Beide Niveau sind ident.
3	Mit dem [Assistent] eine neue Strömungssimulationsstudie aufsetzen. (Hinweis: Für interne Studien muss die Wärmeleitung in Festkörpern aktiviert werden!) Alle nicht (nebenstehend) gezeigten Analysefenster können direkt so übernommen werden.
4	Bei einer internen Analyse muss ein geschlossenes Fluidvolumen vorliegen. Dazu [Werkzeuge / Deckel erstellen] wählen.

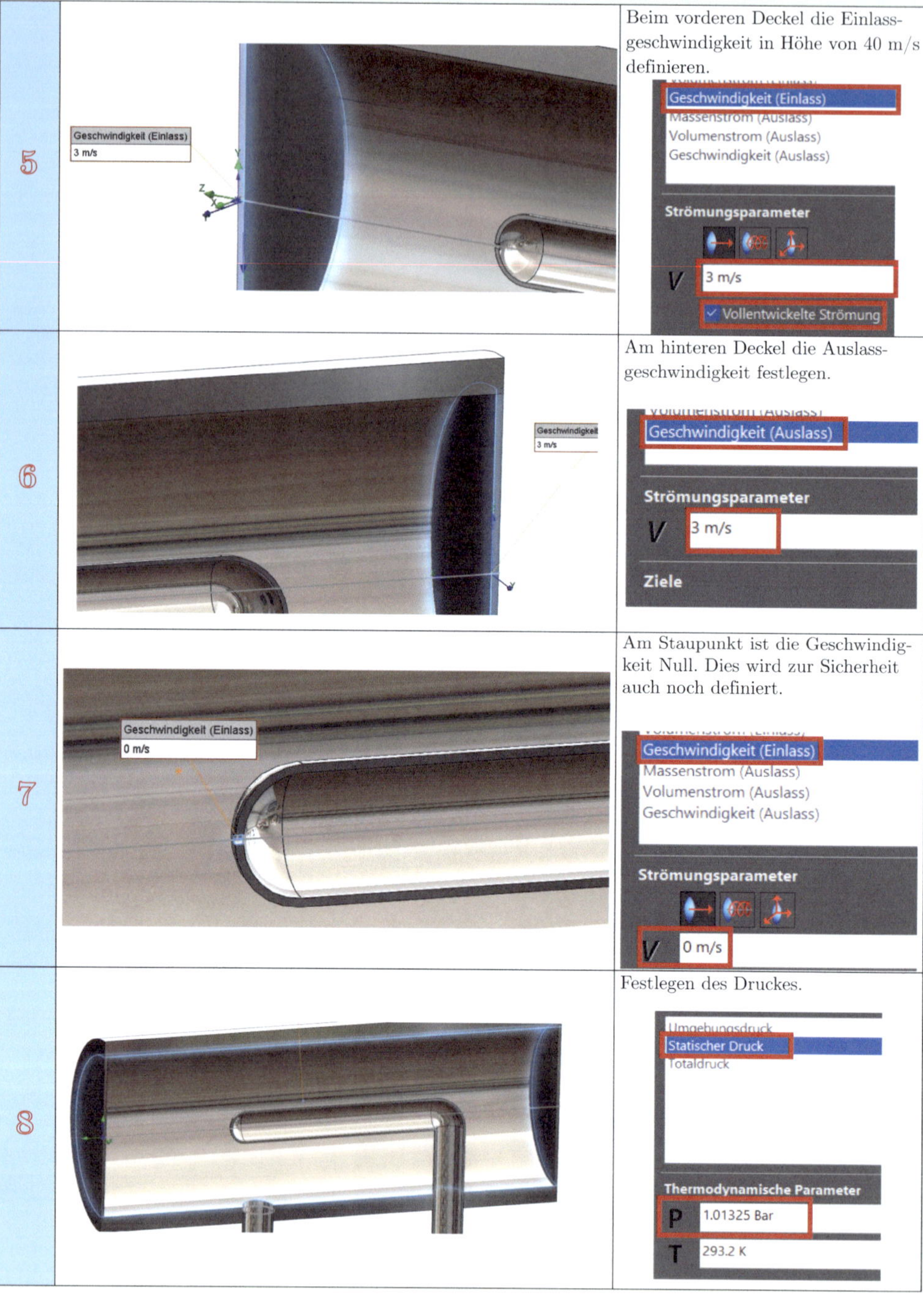

5	Beim vorderen Deckel die Einlassgeschwindigkeit in Höhe von 40 m/s definieren.
6	Am hinteren Deckel die Auslassgeschwindigkeit festlegen.
7	Am Staupunkt ist die Geschwindigkeit Null. Dies wird zur Sicherheit auch noch definiert.
8	Festlegen des Druckes.

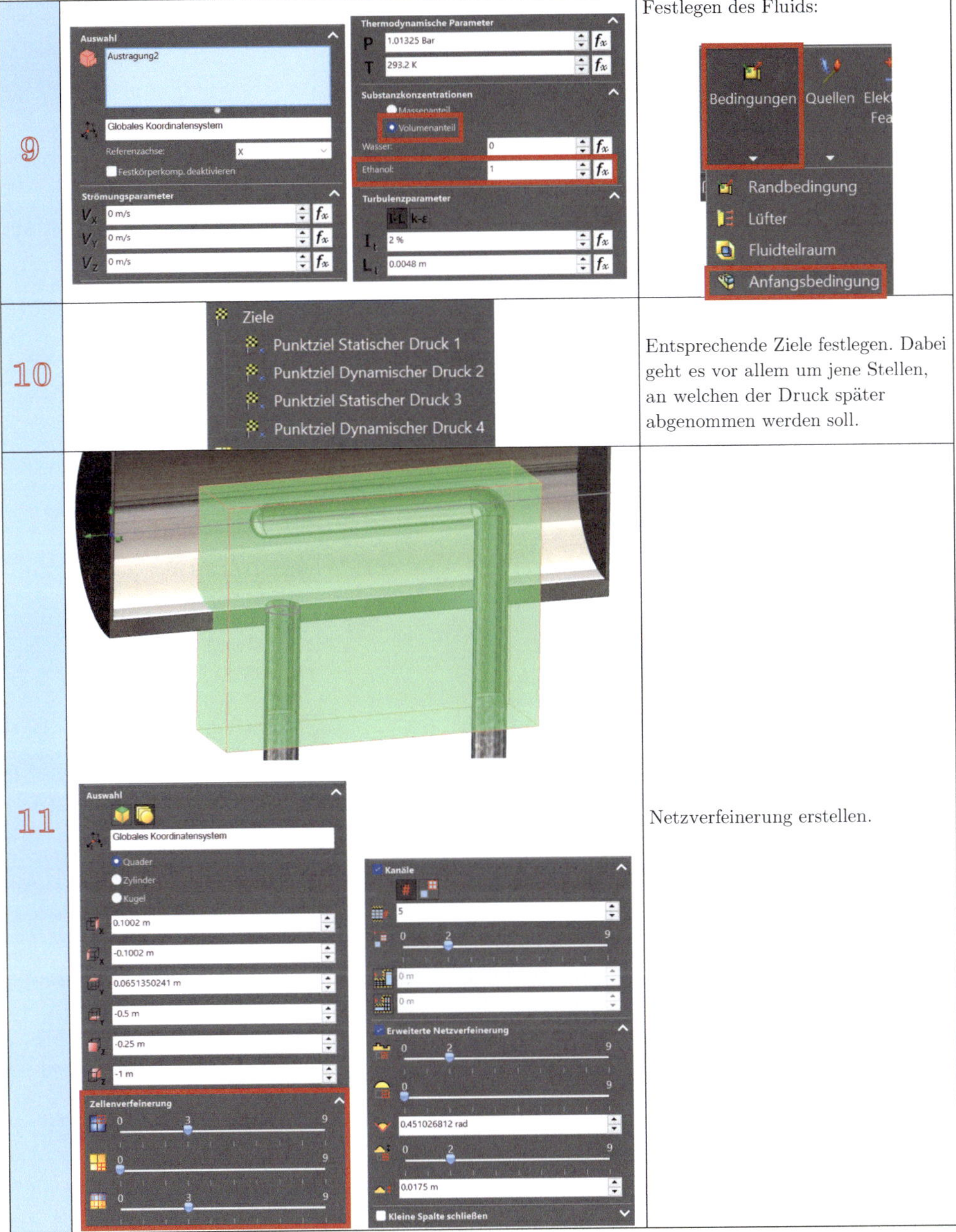

9	Festlegen des Fluids:
10	Entsprechende Ziele festlegen. Dabei geht es vor allem um jene Stellen, an welchen der Druck später abgenommen werden soll.
11	Netzverfeinerung erstellen.

4

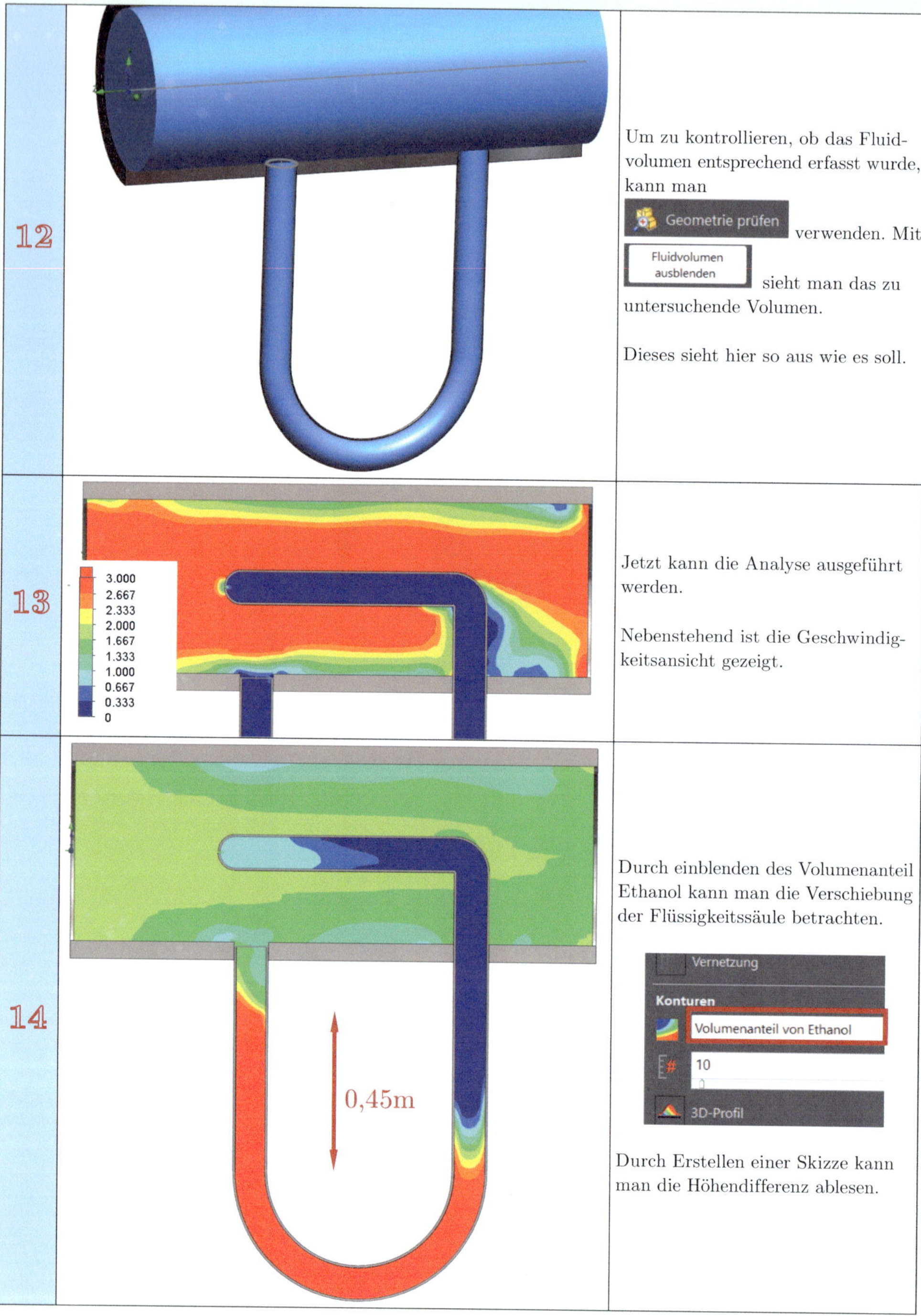

12	Um zu kontrollieren, ob das Fluidvolumen entsprechend erfasst wurde, kann man „Geometrie prüfen“ verwenden. Mit „Fluidvolumen ausblenden“ sieht man das zu untersuchende Volumen. Dieses sieht hier so aus wie es soll.
13	Jetzt kann die Analyse ausgeführt werden. Nebenstehend ist die Geschwindigkeitsansicht gezeigt.
14	Durch einblenden des Volumenanteil Ethanol kann man die Verschiebung der Flüssigkeitssäule betrachten. Durch Erstellen einer Skizze kann man die Höhendifferenz ablesen.

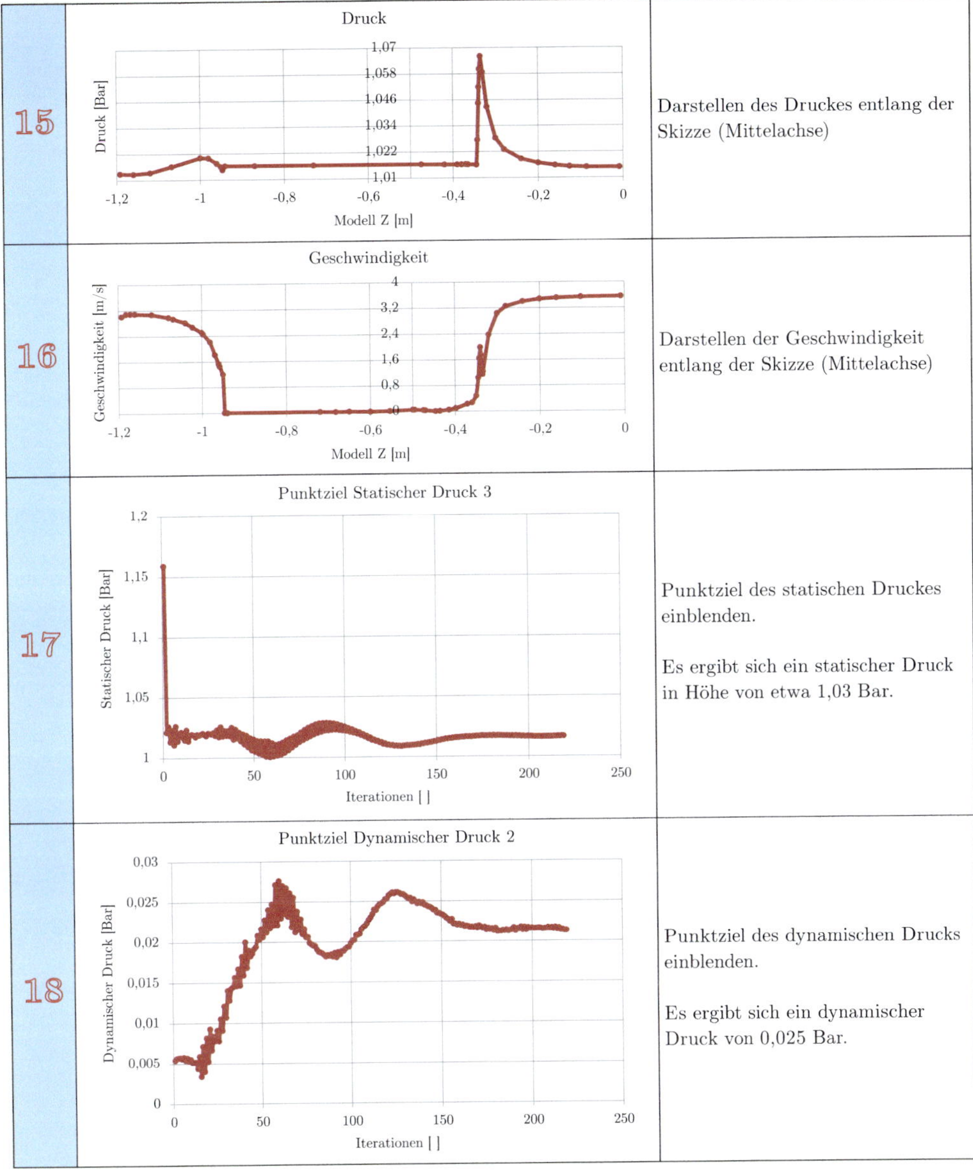

15	Druck	Darstellen des Druckes entlang der Skizze (Mittelachse)
16	Geschwindigkeit	Darstellen der Geschwindigkeit entlang der Skizze (Mittelachse)
17	Punktziel Statischer Druck 3	Punktziel des statischen Druckes einblenden. Es ergibt sich ein statischer Druck in Höhe von etwa 1,03 Bar.
18	Punktziel Dynamischer Druck 2	Punktziel des dynamischen Drucks einblenden. Es ergibt sich ein dynamischer Druck von 0,025 Bar.

19	Delta h= 0,43 m rho_Fl= 789 kg/m^3 rho_L= 1000 kg/m^3 v= 2,580 m/s Delta p= 0,033 bar p_1= 1,02 bar p_2= 1,053 bar	Analytische Kontrolle mittels Excel Dazu sind folgende Daten bekannt: Die Höhe der Flüssigkeitssäule, aus Schritt 14, die Dichte des Wassers durch 1000 kg/m³ sowie die Dichte des Ethanols durch 789 kg/m³. Damit kann man die Geschwindigkeit durch $v = \sqrt{2 \cdot g \cdot \Delta h \cdot \frac{\varrho_{Fl}}{\varrho_W}}$ berechnen. Im Anschluss kann man die Druckdifferenz berechnen, durch $\Delta p = \varrho_{Fl} \cdot g \cdot \Delta h$ und dann den Druck $p_2 = p_1 + \Delta p$, da der Anfangsdruck der Atmosphärendruck sein muss. Es folgen nahezu idente Ergebnisse.

Methode: Lösung durch SolidWorks – CFD 4.6

Von einem Flugzeug wird die Fluggeschwindigkeit mittels einer Prandtl-Sonde gemessen, wie sie in Abb. 4.15 gezeigt ist, gemessen. Zu untersuchen ist mittels SolidWorks CFD die Druckänderung in der Sonde. Im Anschluss ist das Ergebnis analytisch, mittels Excel, zu überprüfen.

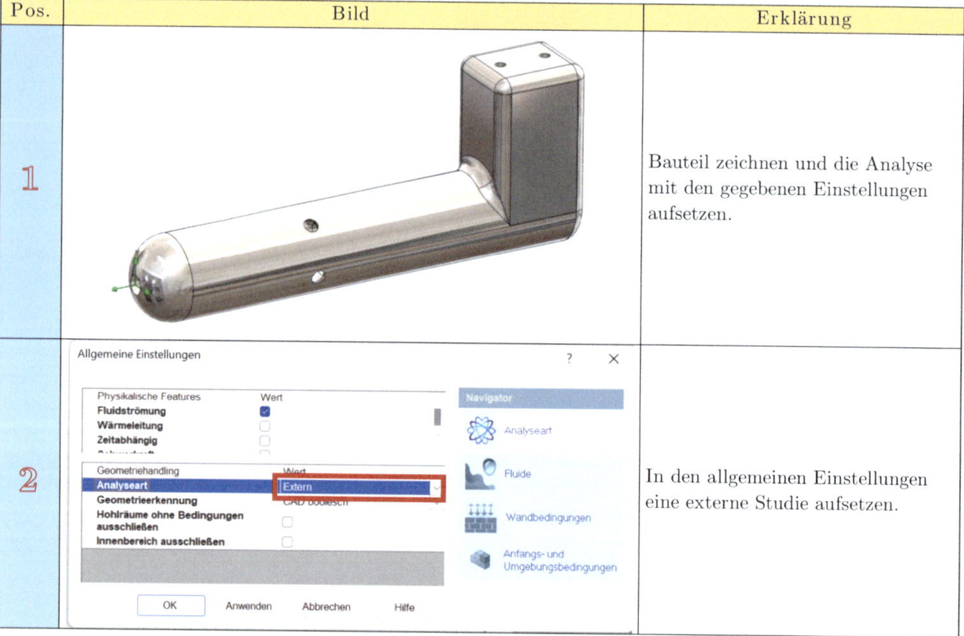

Pos.	Bild	Erklärung
1		Bauteil zeichnen und die Analyse mit den gegebenen Einstellungen aufsetzen.
2		In den allgemeinen Einstellungen eine externe Studie aufsetzen.

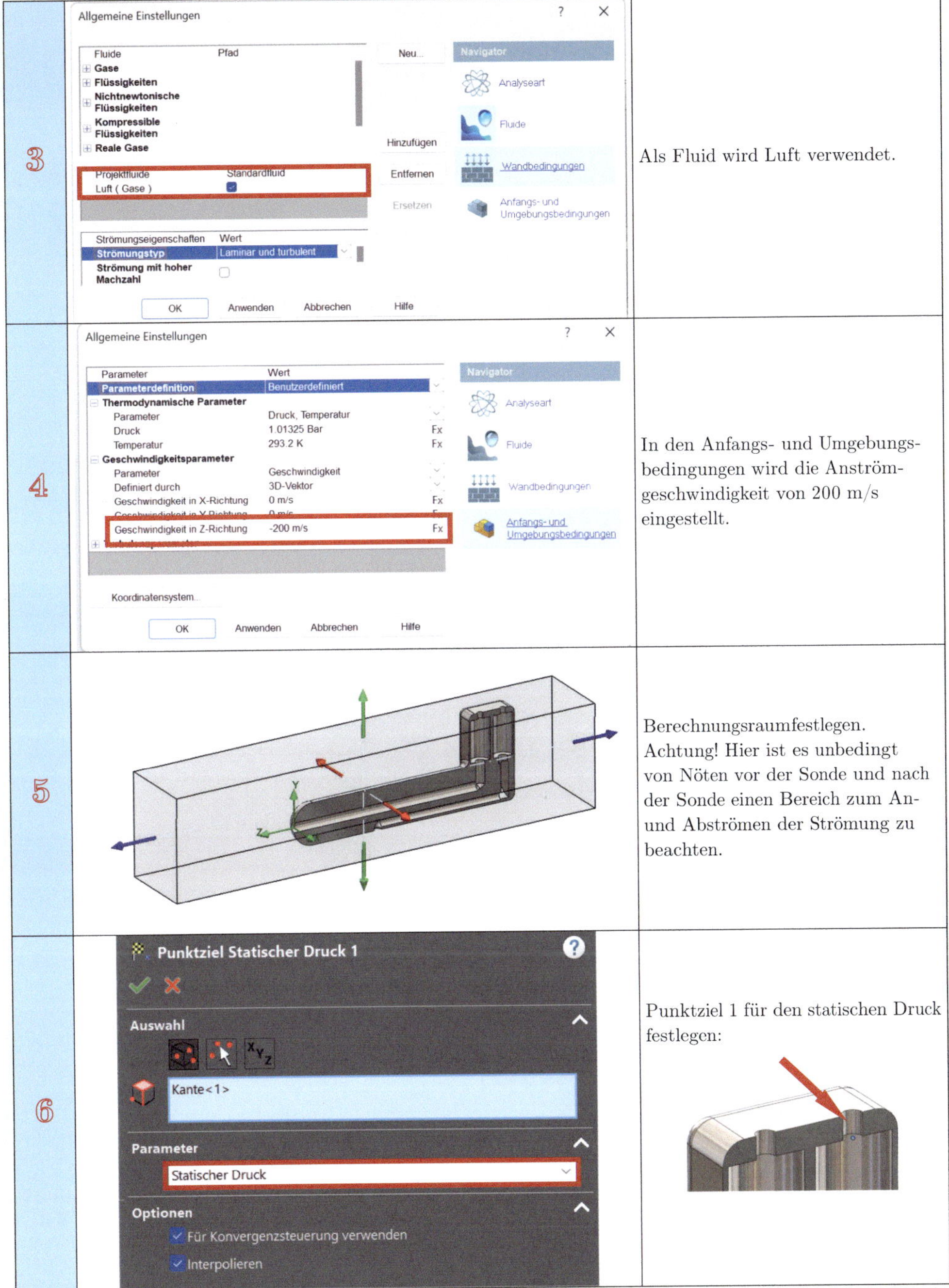

3		Als Fluid wird Luft verwendet.
4		In den Anfangs- und Umgebungsbedingungen wird die Anströmgeschwindigkeit von 200 m/s eingestellt.
5		Berechnungsraumfestlegen. Achtung! Hier ist es unbedingt von Nöten vor der Sonde und nach der Sonde einen Bereich zum An- und Abströmen der Strömung zu beachten.
6		Punktziel 1 für den statischen Druck festlegen:

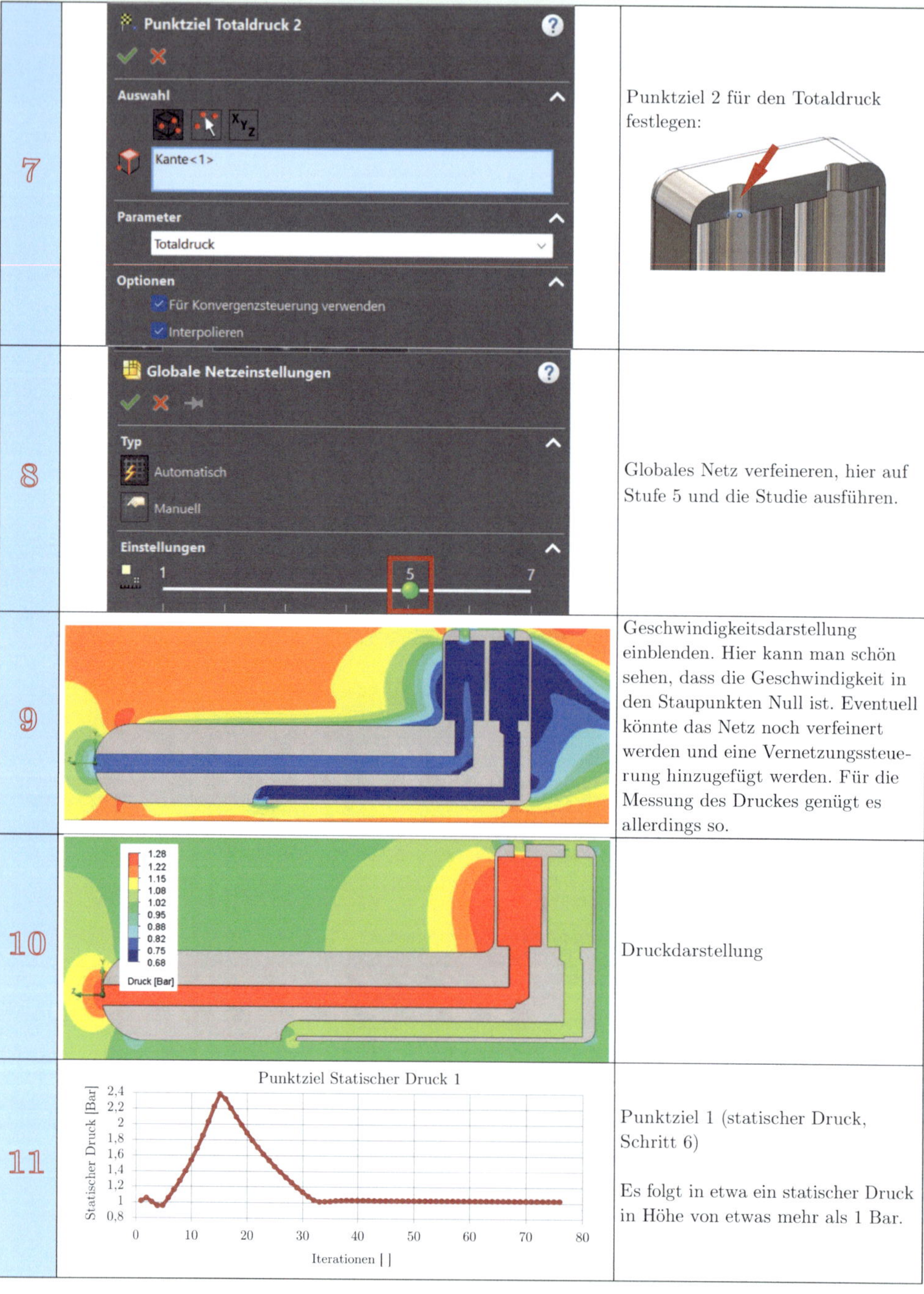

7	Punktziel 2 für den Totaldruck festlegen:
8	Globales Netz verfeinern, hier auf Stufe 5 und die Studie ausführen.
9	Geschwindigkeitsdarstellung einblenden. Hier kann man schön sehen, dass die Geschwindigkeit in den Staupunkten Null ist. Eventuell könnte das Netz noch verfeinert werden und eine Vernetzungssteuerung hinzugefügt werden. Für die Messung des Druckes genügt es allerdings so.
10	Druckdarstellung
11	Punktziel 1 (statischer Druck, Schritt 6) Es folgt in etwa ein statischer Druck in Höhe von etwas mehr als 1 Bar.

12	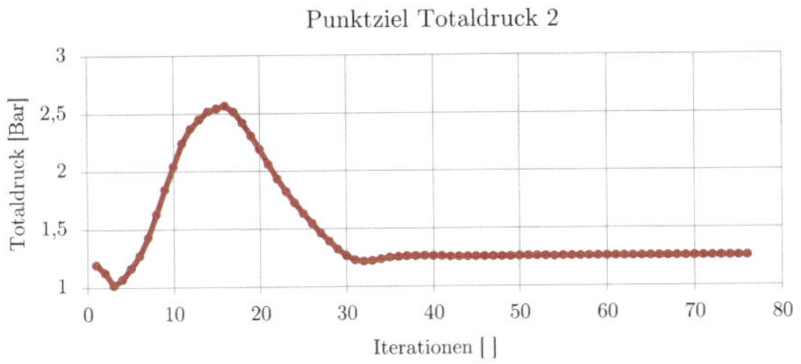 Punktziel Totaldruck 2 Totaldruck [Bar] Iterationen [ ]	Punktziel 2 (Totaldruck, Schritt 7) Es folgt in etwa ein Totaldruck in Höhe von etwas mehr als 1,25 Bar.
13	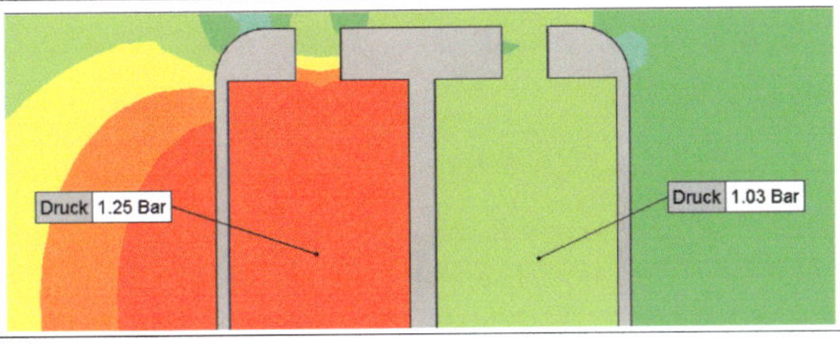 Druck 1.25 Bar Druck 1.03 Bar	Zur genaueren Ermittlung wird nochmals die Druckdarstellung aus Schritt 10 betrachtet und an den entsprechenden Stellen Messpunkte definiert. Es folgen also Drücke: • Statischer Druck: 1,03 Bar • Totaldruck: 1.25 Bar
14	rho= 1,2 kg/m^3 p_2= 1,25 bar 125000 N/m^2 p_1= 1,02 bar 102000 N/m^2 Delta h= 1953,79 m v= 195,789002 m/s	Analytische Kontrolle mittels Excel. (Hinweis: Für die Dichte der Luft wird hier 1,2 kg/m³ verwendet, wohlwissend, dass dies nur bei Normbedingungen gilt, da Luft kompressibel ist, anders als bei Flüssigkeiten. Dies wird aber erst im kommenden Band behandelt, hier reicht der Normwert!) Hier werden die gemessen Drücke aus der Simulation eingegeben und die dazugehörige Geschwindigkeit errechnet. Man sieht, es resultieren in etwa die 200 m/s. Abweichungen können aufgrund Verwirbelungen (Turbulenzen, die in der Simulation beachtet werden und erst in einem anderen Abschnitt genauer untersucht werden) vorherrschen.

Ausströmung einer Düse

Nach Bernoulli gilt (vgl. mit Abb. 4.16): $H_1 = v_1^2/(2\,g) + z_1 + p_1/(\varrho\,g)$ und $H_2 = v_2^2/(2\,g) + z_2 + p_2/(\varrho\,g)$. Die beiden Höhen H_1 und H_2 sind gleich: $v_1^2/(2\,g) + z_1 + p_1/(\varrho\,g) = v_2^2/(2\,g) + z_2 + p_2/(\varrho\,g)$.

Im Punkt 2 kann man feststellen, dass nach Austritt der Flüssigkeit an der Mündung der hydrostatische Druck p_2 gleich dem Umgebungsdruck p_a sein muss, aufgrund $p_2 = p_a$ gilt bzw. durch einsetzen $v_1^2/(2\,g) + z_1 + p_1/(\varrho\,g) = v_2^2/(2\,g) + z_2 + p_a/(\varrho\,g)$ mit $z_1 = z_2$ wird

$$\frac{v_1^2}{2} + \frac{p_1 - p_a}{\varrho} = \frac{v_2^2}{2}. \tag{4.50}$$

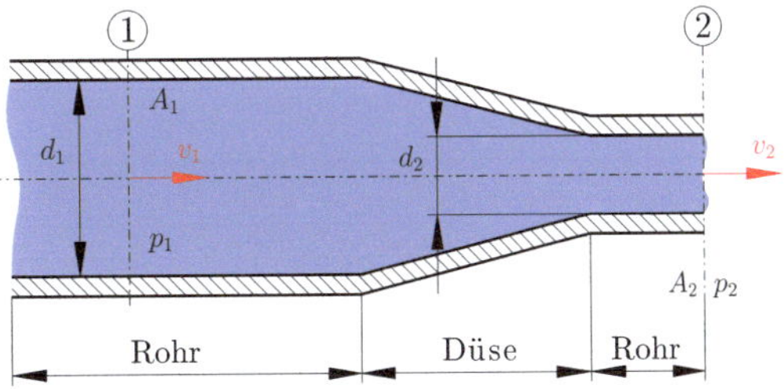

Abb. 4.16 Bernoulli bei Düse

Es wird $p_1 - p_a$ als Δp definiert: $v_1^2/2 + \Delta p/\varrho = v_2^2/2$. Mit dem Kontinuitätsgesetz $(A_1\,v_1 = A_2\,v_2)$ erhält man durch Umformen

4

$v_1 = (A_2 v_2)/A_1 = (d_2^2 \pi v_2)/(d_1^2 \pi) = v_2 \cdot (d_2/d_1)^2$, dies eingesetzt in (4.50) lässt

$$\frac{\left[\left(\frac{d_2}{d_1}\right)^2 v_2\right]^2}{2} + \frac{\Delta p}{\varrho} = \frac{v_2^2}{2}$$

$$\Longrightarrow v_2^2\left[1 - \left(\frac{d_2}{d_1}\right)^4\right] = \frac{2\,\Delta p}{\varrho} \tag{4.51}$$

$$v_2 = \sqrt{\frac{2\,\Delta p}{\varrho\left[1 - \left(\frac{d_2}{d_1}\right)^4\right]}} = \sqrt{\frac{2\,\Delta p}{\varrho\left[1 - \left(\frac{A_2}{A_1}\right)^2\right]}}$$
$$\text{mit} \quad \Delta p = p_1 - p_a \tag{4.52}$$

folgen. Man kann diese Gleichung noch vereinfachen, dazu betrachtet man zunächst ▶ Bsp. 4.2.

Jetzt kann noch der Massenstrom durch $\dot{m} = \varrho\,\dot{V} = \varrho\,Q = A\,v\,\varrho$ oder am Punkt 2 mittels $\dot{m}_2 = A_2\,v_2\,\varrho$ berechnet werden.

$$\dot{m}_2 = A_2\,\varrho\sqrt{\frac{2\,p_1}{\varrho\left[1 - \left(\frac{d_2}{d_1}\right)^4\right]}} = A_2\,\varrho\sqrt{\frac{2\,p_1}{\varrho\left[1 - \left(\frac{A_2}{A_1}\right)^2\right]}}. \tag{4.55}$$

Corollary 4.1

Vernachlässigt man den atmosphärischen Druck, kommt man meist auf ein ausreichend genaues Ergebnis, wenn der Eingangsdruck hoch ist. Der Fehler zwischen der exakten Formel und der Näherung wird umso kleiner, je größer die Druckdifferenz zwischen $p_1 - p_a$ wird. Da p_a als konstant angenommen werden kann, hängt die Genauigkeit von der Größe des Druckes p_1 ab, je größer dieser wird, desto genauer wird das Ergebnis der Näherungsformel. Es folgt somit als Vereinfachung

$$v_2 = \sqrt{\frac{2\,p_1}{\varrho\left[1 - \left(\frac{d_2}{d_1}\right)^4\right]}} = \sqrt{\frac{2\,p_1}{\varrho\left[1 - \left(\frac{A_2}{A_1}\right)^2\right]}}. \tag{4.56}$$

Beispiel 4.2

Eine Düse wird mit einem Eingangsdruck von $p_1 = 5 \cdot 10^5\,\frac{\text{N}}{\text{m}^2}$ durchströmt, bei den folgenden Abmessungen: $d_2 = 20\,\text{mm}$ und $d_1 = 10\,\text{mm}$. Wie groß ist die Austrittsgeschwindigkeit?

$$\underline{\underline{v_2}} = \sqrt{\frac{2\,(p_1 - p_a)}{\varrho\left[1 - \left(\frac{d_2}{d_1}\right)^4\right]}} = \sqrt{\frac{2\left(5 \cdot 10^5\,\frac{\text{N}}{\text{m}^2} - 1{,}013 \cdot 10^5\,\frac{\text{N}}{\text{m}^2}\right)}{1000\,\frac{\text{kg}}{\text{m}^3}\left[1 - \left(\frac{0{,}2\,\text{m}}{0{,}1\,\text{m}}\right)^4\right]}} = \underline{\underline{28{,}24\,\frac{\text{m}}{\text{s}}}} \tag{4.53}$$

Wird der Atmosphärendruck vernachlässigt, also $p_a = 0$ gesetzt, so folgt

$$\underline{\underline{v_2}} = \sqrt{\frac{2\,p_1}{\varrho\left[1 - \left(\frac{d_2}{d_1}\right)^4\right]}} = \sqrt{\frac{2\left(5 \cdot 10^5\,\frac{\text{N}}{\text{m}^2}\right)}{1000\,\frac{\text{kg}}{\text{m}^3}\left[1 - \left(\frac{0{,}2\,\text{m}}{0{,}1\,\text{m}}\right)^4\right]}} = \underline{\underline{31{,}62\,\frac{\text{m}}{\text{s}}}}. \tag{4.54}$$

Es folgt eine annähernd gleiche Geschwindigkeit, allerdings unterscheidet sich diese doch nicht unerheblich von der exakten Lösung. Nimmt man einen Druck in Höhe von $p_1 = 10 \cdot 10^5\,\frac{\text{N}}{\text{m}^2}$ an, folgt für die Geschwindigkeit mit atmosphärischem Druck: $v_2 = 42{,}40\,\frac{\text{m}}{\text{s}}$ und ohne atmosphärischen Druck: $v_2 = 44{,}72\,\frac{\text{m}}{\text{s}}$. Es ist ersichtlich, je größer der Druck wird, umso kleiner wird die Abweichung. Vgl. mit ◘ Abb. 4.17.

d_1= 10 mm
d_2= 20 mm

p_1 [bar]	v_2ex [m/s]	v_2ver [m/s]	abs. Fehler [m/s]	rel. Fehler [%]
1,014	0,39	14,24	13,85	3581%
1,2	6,11	15,49	9,38	153%
1,4	8,79	16,73	7,94	90%
1,6	10,83	17,89	7,06	65%
1,8	12,54	18,97	6,43	51%
2	14,05	20,00	5,95	42%
2,2	15,41	20,98	5,57	36%
2,4	16,65	21,91	5,26	32%
2,6	17,81	22,80	4,99	28%
2,8	18,90	23,66	4,76	25%
3	19,93	24,49	4,56	23%
3,2	20,91	25,30	4,39	21%
3,4	21,85	26,08	4,23	19%
3,6	22,75	26,83	4,09	18%
3,8	23,61	27,57	3,96	17%
4	24,44	28,28	3,84	16%
4,2	25,25	28,98	3,74	15%
4,4	26,03	29,66	3,64	14%
4,6	26,78	30,33	3,55	13%
4,8	27,52	30,98	3,46	13%
5	28,24	31,62	3,39	12%
5,2	28,94	32,25	3,31	11%
5,4	29,62	32,86	3,24	11%
5,6	30,29	33,47	3,18	10%
5,8	30,94	34,06	3,12	10%
6	31,58	34,64	3,06	10%

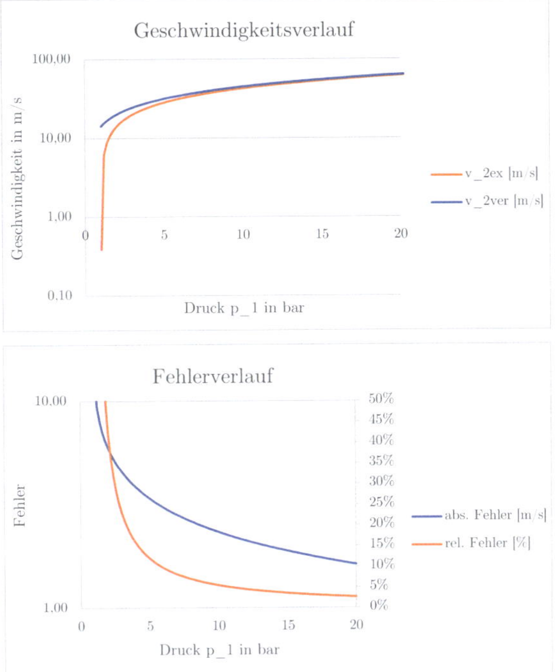

Abb. 4.17 Fehlerverlauf und Geschwindigkeitsverlauf in Abhängigkeit von p_1

Methode: Lösung durch SolidWorks – CFD 4.7

Zu untersuchen ist die Ausströmgeschwinidgkeit einer Düse, wenn der Eingangsdruck $p_1 = 5\,\text{bar}$ beträgt. Das Wasser strömt in die Öffnung mit einem Durchmesser von $d_1 = 20\,\text{mm}$ hinein und bei der Düsenöffnung, mit $d_2 = 10\,\text{mm}$, bei einem Druck in Höhe von $p_2 = 1{,}013\,\text{bar}$ aus.

Pos.	Bild	Erklärung
1	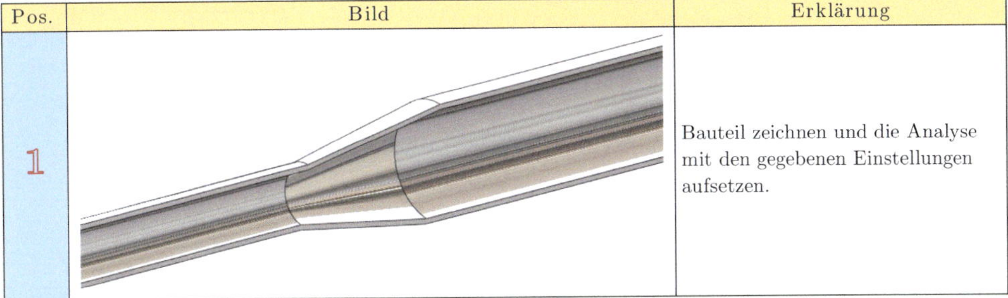	Bauteil zeichnen und die Analyse mit den gegebenen Einstellungen aufsetzen.

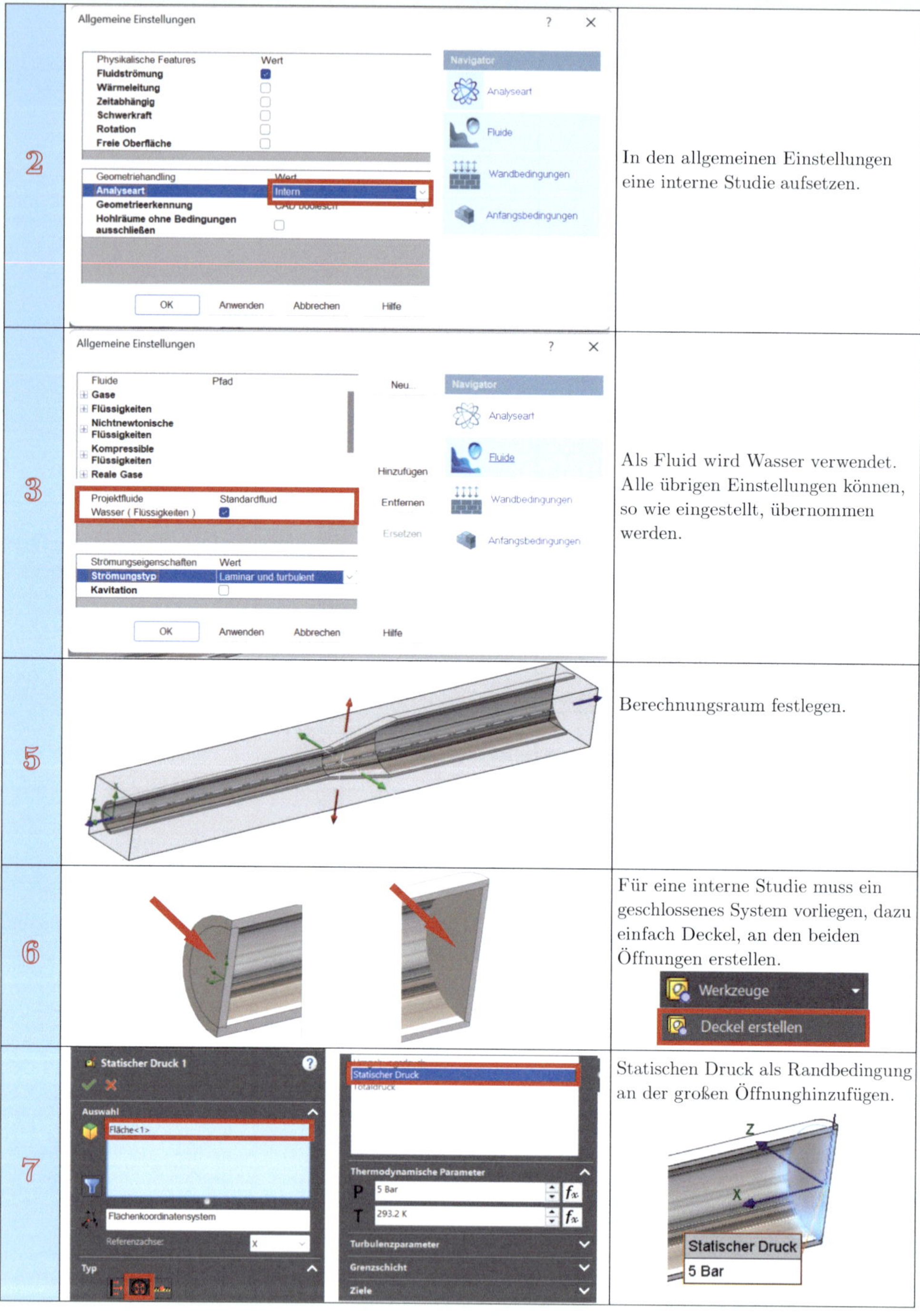

2	In den allgemeinen Einstellungen eine interne Studie aufsetzen.
3	Als Fluid wird Wasser verwendet. Alle übrigen Einstellungen können, so wie eingestellt, übernommen werden.
5	Berechnungsraum festlegen.
6	Für eine interne Studie muss ein geschlossenes System vorliegen, dazu einfach Deckel, an den beiden Öffnungen erstellen.
7	Statischen Druck als Randbedingung an der großen Öffnunghinzufügen.

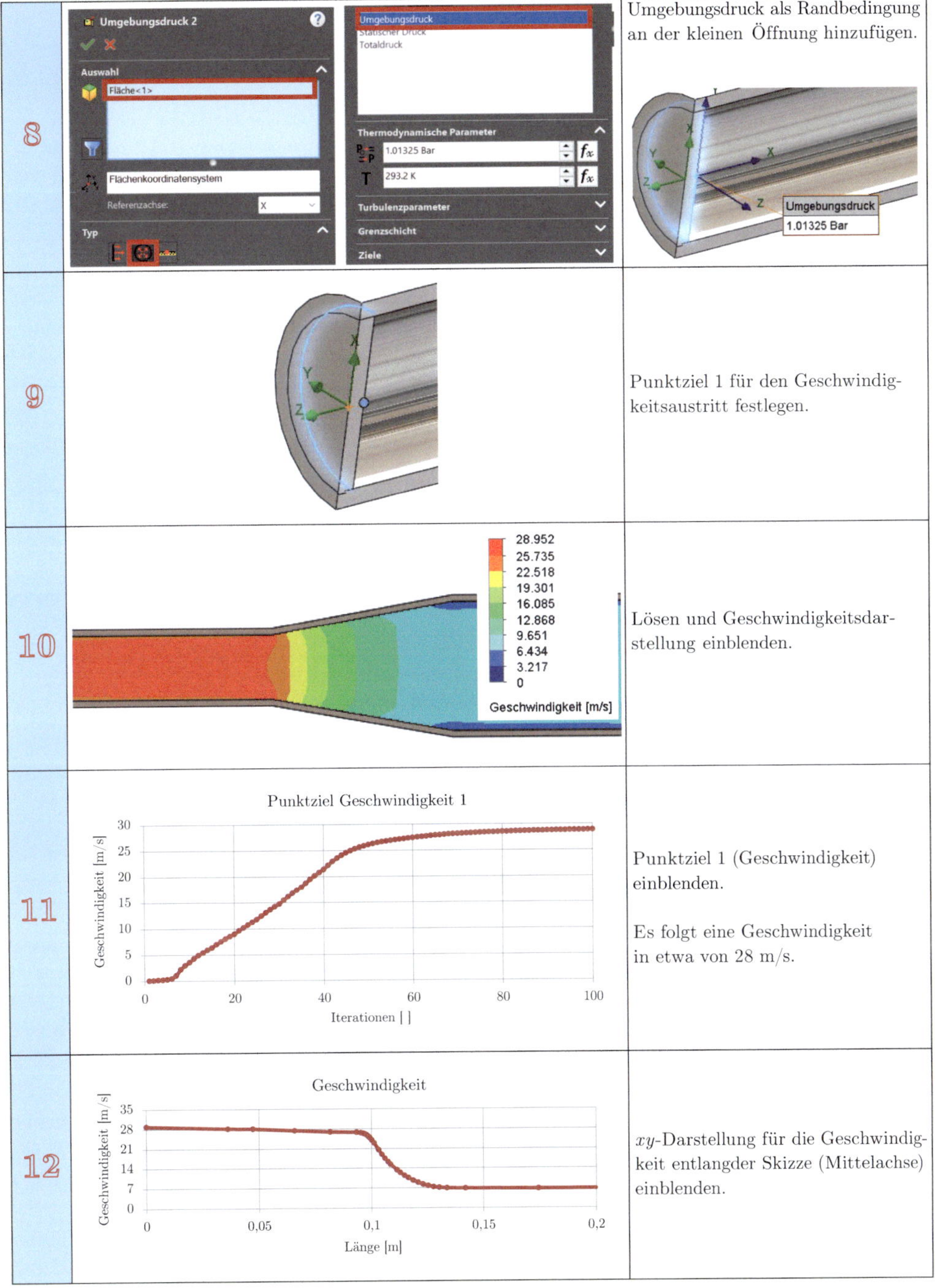

8	Umgebungsdruck als Randbedingung an der kleinen Öffnung hinzufügen.
9	Punktziel 1 für den Geschwindigkeitsaustritt festlegen.
10	Lösen und Geschwindigkeitsdarstellung einblenden.
11	Punktziel 1 (Geschwindigkeit) einblenden. Es folgt eine Geschwindigkeit in etwa von 28 m/s.
12	xy-Darstellung für die Geschwindigkeit entlangder Skizze (Mittelachse) einblenden.

<table>
<tr>
<td>13</td>
<td colspan="2"> 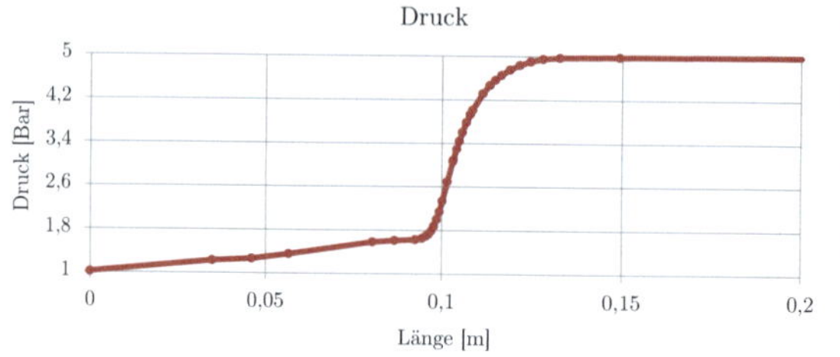Druck
Druck [Bar]: 1; 1,8; 2,6; 3,4; 4,2; 5
Länge [m]: 0; 0,05; 0,1; 0,15; 0,2</td>
<td>xy-Darstellung für den Druck entlang der Skizze (Mittelachse) einblenden.</td>
</tr>
<tr>
<td>14</td>
<td>
<table>
<tr><td>d_1=</td><td>20</td><td>mm</td></tr>
<tr><td>d_2=</td><td>10</td><td>mm</td></tr>
<tr><td>p_2=</td><td>5</td><td>bar</td></tr>
<tr><td>v_2=</td><td>28,24</td><td>m/s</td></tr>
<tr><td>A_2=</td><td>7,85E-05</td><td>m^2</td></tr>
<tr><td>A_1=</td><td>0,000314</td><td>m^2</td></tr>
<tr><td>v_1=</td><td>7,059</td><td>m/s</td></tr>
</table>
<table>
<tr><th>d</th><th>A(d)</th><th>v(d)</th></tr>
<tr><td>10</td><td>0,00008</td><td>28,24</td></tr>
<tr><td>10</td><td>0,00008</td><td>28,24</td></tr>
<tr><td>10</td><td>0,00008</td><td>28,24</td></tr>
<tr><td>10</td><td>0,00008</td><td>28,24</td></tr>
<tr><td>10</td><td>0,00008</td><td>28,24</td></tr>
<tr><td>10</td><td>0,00008</td><td>28,24</td></tr>
<tr><td>10</td><td>0,00008</td><td>28,24</td></tr>
<tr><td>11</td><td>0,00010</td><td>23,34</td></tr>
<tr><td>12</td><td>0,00011</td><td>19,61</td></tr>
<tr><td>13</td><td>0,00013</td><td>16,71</td></tr>
<tr><td>14</td><td>0,00015</td><td>14,41</td></tr>
<tr><td>15</td><td>0,00018</td><td>12,55</td></tr>
<tr><td>16</td><td>0,00020</td><td>11,03</td></tr>
<tr><td>17</td><td>0,00023</td><td>9,77</td></tr>
<tr><td>18</td><td>0,00025</td><td>8,72</td></tr>
</table>
</td>
<td>Geschwindigkeitsverlauf
Geschwindigkeit in m/s
7,00
10 15 20
Druck p_1 in bar
v(d)</td>
<td>Analytische Kontrolle mittels Excel. (Hinweis: Hierbei wird zusätzlich die Kontrolle des Diagramms aus Schritt 12 erbracht.)</td>
</tr>
</table>

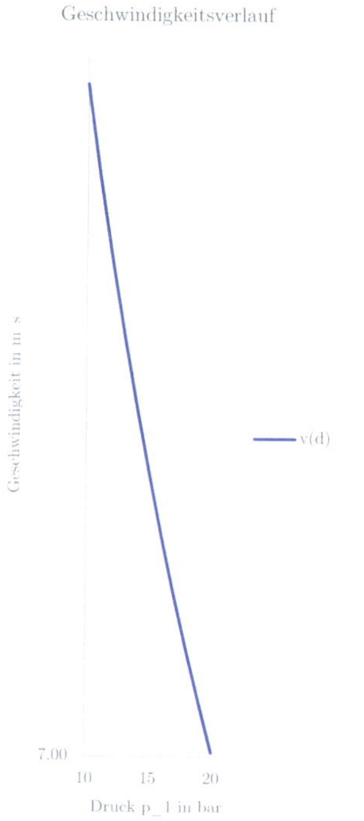

Ausfluss von Behälter

a) Spiegelhöhe ist konstant Gesucht ist eine Gleichung, für die Ausflussgeschwindigkeit v_2 bei gegebener Füllhöhe h. Nach Bernoulli gilt in den Punkten 1–2 unter Annahme, dass die Fläche A_1 ihre Lage beibehält, also nicht absinkt, weil zum Beispiel ständig neues Wasser in derselben Menge einfließt als abfließt, so kann $v_1 = 0$ angenommen werden, wenn $H = \text{const.}$ ist. Es herrschen an den Spiegelflächen und an der Mündung der Atmosphärendruck, aufgrund $p_a = p_1 = p_2$ gilt. Mit $H_1 = H_2$ folgt mit Bernoulli (vgl. Abb. 4.18)

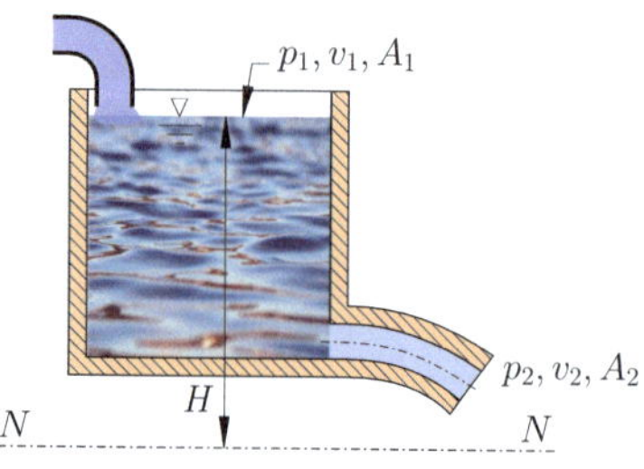

Abb. 4.18 Ausfluss von Behälter

$$\frac{v_1^2}{2\,g} + z_1 + \frac{p_a}{\varrho\,g} = \frac{v_2^2}{2\,g} + z_2 + \frac{p_a}{\rho\,g}$$

$$\frac{0^2}{2\,g} + z_1 = \frac{v_2^2}{2\,g} + z_2$$

$$\frac{v_2^2}{2\,g} = z_1 - z_2 = H \tag{4.57}$$

bzw. durch Umformen, ergibt sich das **Ausflussgesetz von Torricelli:**

$$v_2 = \sqrt{2\,H\,g} \tag{4.58}$$

$v_2 \ldots$ theoretische Ausflussgeschwindigkeit;
$H \ldots$ Gefälle; mit dem dazugehörigen Ausflussstrom

$$Q = A_2\,v_2 = A_2\,\sqrt{2\,H\,g} \tag{4.59}$$

Die **Strömungsgeschwindigkeit** v_i an einer beliebigen Rohrstelle i wird durch die Kontinuitätsgleichung zu

$$v_i = v_2 \cdot \frac{A_2}{A_i} \tag{4.60}$$

berechnet. A_2 ist bei diesen Berechnungen immer die Querschnittfläche an der zu ermittelnden Stelle. Beim Ausfluss eines Behälters also die Querschnittfläche der Öffnung bzw. des Loches am Ausfluss (gem. ◘ Abb. 4.18: Stelle 2).

Methode: Lösung durch SolidWorks – CFD 4.8

Zu untersuchen ist die Ausströmgeschwindigkeit eines Wasserbehälters, wenn dieser bis zu einer Höhe von 830 mm mit Wasser gefüllt ist. Die Füllhöhe ist konstant, da ein Wasserzufluss von oben die gleiche Menge in den Pufferbehälter transportiert, als abfließt. Das Ergebnis ist analytisch zu kontrollieren, als auch der Geschwindigkeitsverlauf in Abhängigkeit der Füllhöhe darzustellen. Zusätzlich wird im Folgenden der Einfluss von Wirbeln, in einer CFD-Analyse untersucht, dieser Thematik wird allerdings noch ein gesondertes Kapitel gewidmet. Hier soll es mehr darum gehen, einen ersten Eindruck zu schaffen.

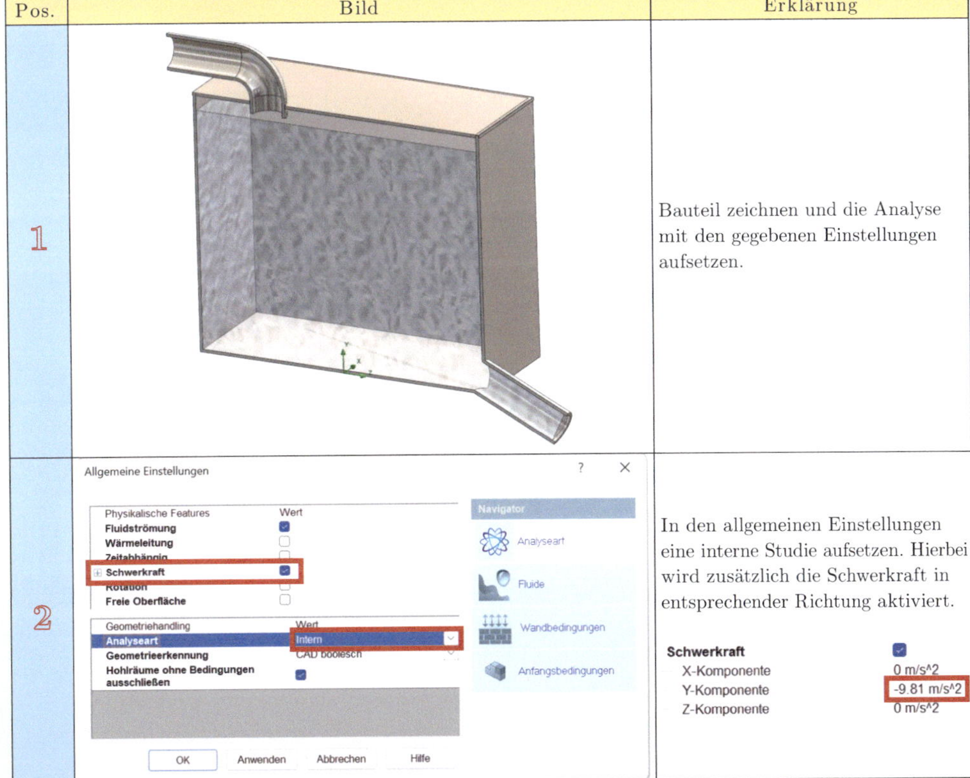

Pos.	Bild	Erklärung
1		Bauteil zeichnen und die Analyse mit den gegebenen Einstellungen aufsetzen.
2		In den allgemeinen Einstellungen eine interne Studie aufsetzen. Hierbei wird zusätzlich die Schwerkraft in entsprechender Richtung aktiviert.

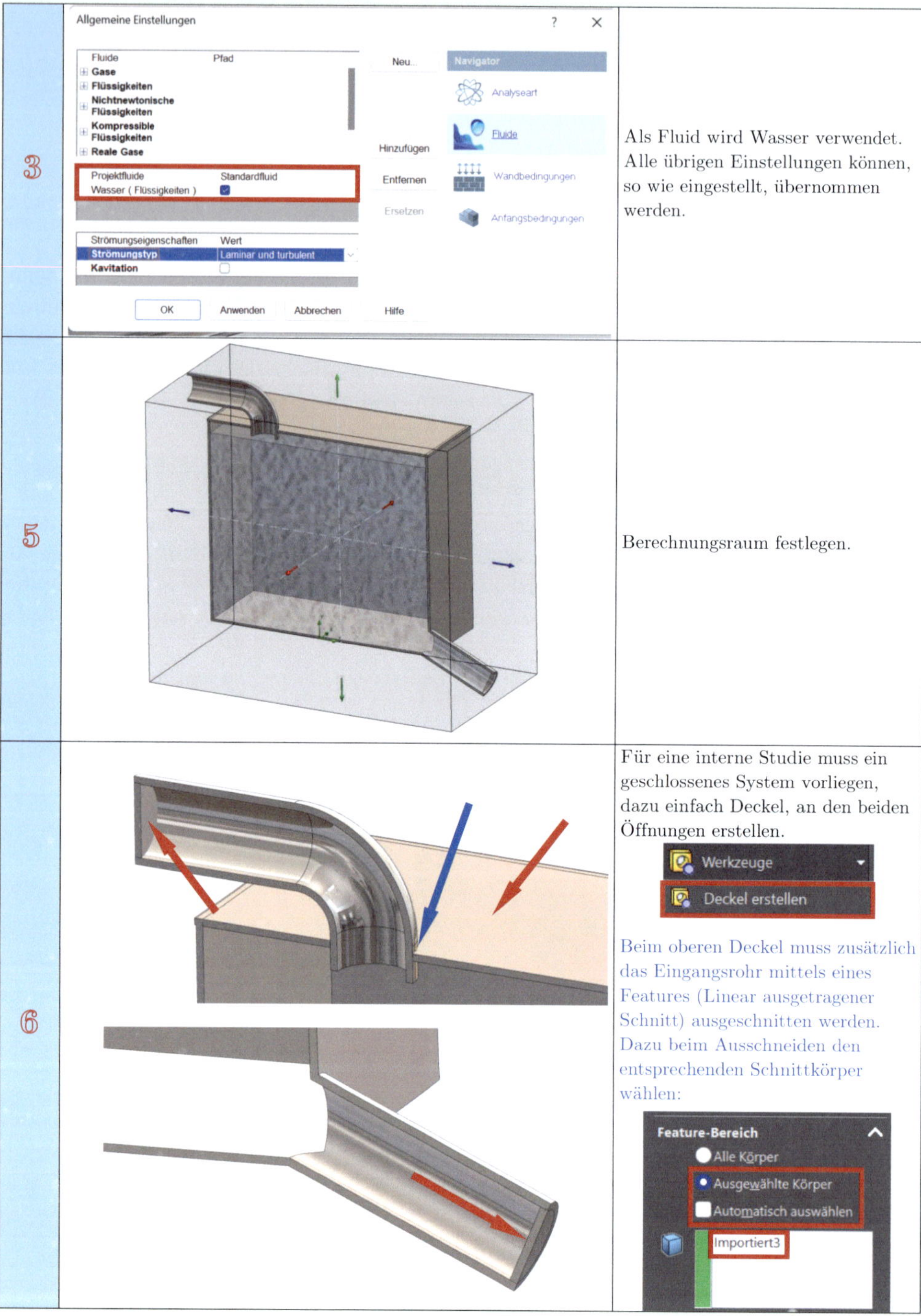
3
Allgemeine Einstellungen
Fluide
Pfad
Gase
Flüssigkeiten
Nichtnewtonische Flüssigkeiten
Kompressible Flüssigkeiten
Reale Gase
Projektfluide
Standardfluid
Wasser (Flüssigkeiten)
Strömungseigenschaften
Wert
Strömungstyp
Laminar und turbulent
Kavitation
Neu...
Hinzufügen
Entfernen
Ersetzen
Navigator
Analyseart
Fluide
Wandbedingungen
Anfangsbedingungen
OK
Anwenden
Abbrechen
Hilfe
Als Fluid wird Wasser verwendet. Alle übrigen Einstellungen können, so wie eingestellt, übernommen werden.
5
Berechnungsraum festlegen.
6
Für eine interne Studie muss ein geschlossenes System vorliegen, dazu einfach Deckel, an den beiden Öffnungen erstellen.
Werkzeuge
Deckel erstellen
Beim oberen Deckel muss zusätzlich das Eingangsrohr mittels eines Features (Linear ausgetragener Schnitt) ausgeschnitten werden. Dazu beim Ausschneiden den entsprechenden Schnittkörper wählen:
Feature-Bereich
Alle Körper
Ausgewählte Körper
Automatisch auswählen
Importiert3

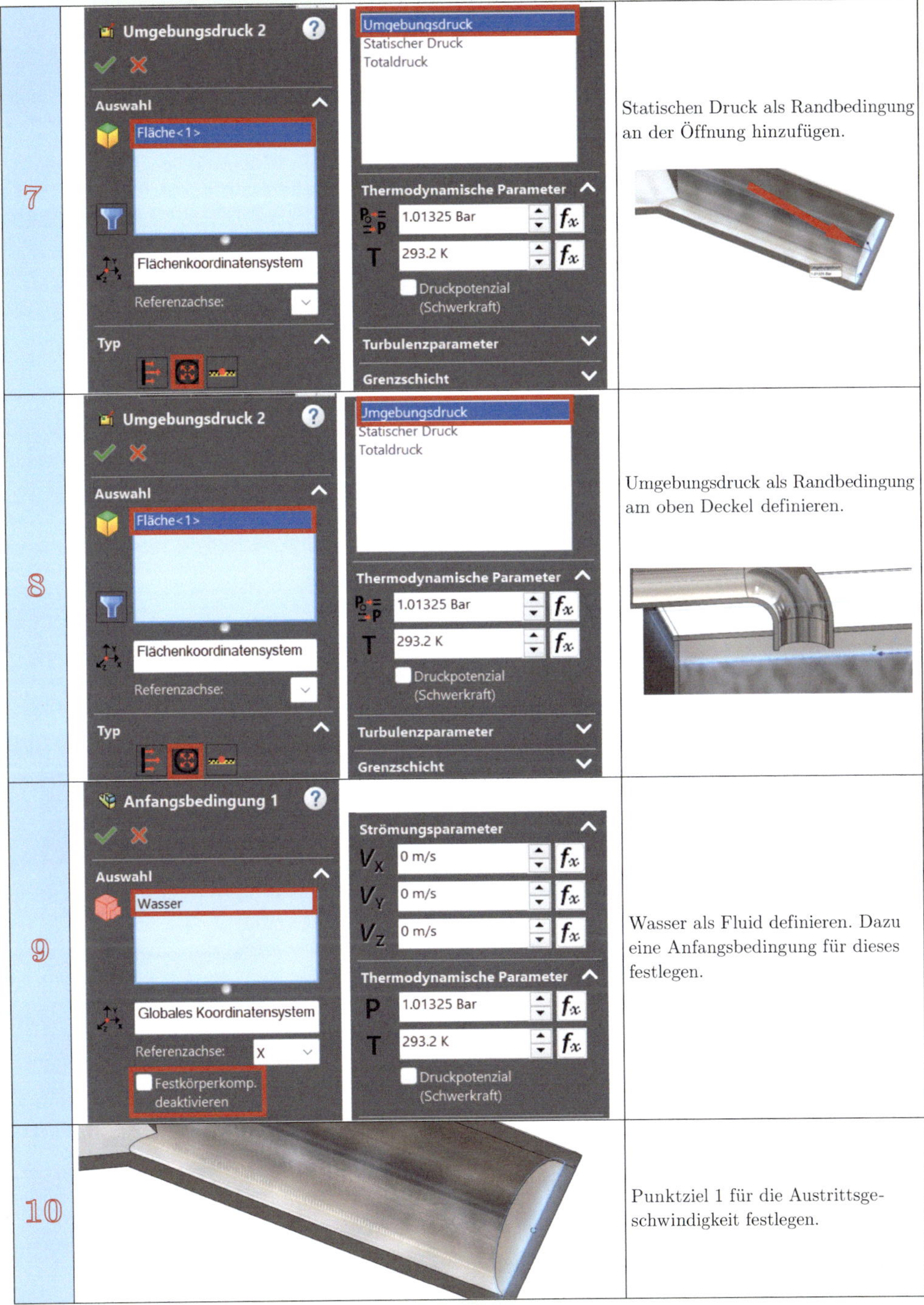
7
Umgebungsdruck 2
Auswahl
Fläche<1>
Flächenkoordinatensystem
Referenzachse:
Typ
Umgebungsdruck
Statischer Druck
Totaldruck
Thermodynamische Parameter
1.01325 Bar
T
293.2 K
Druckpotenzial (Schwerkraft)
Turbulenzparameter
Grenzschicht
Statischen Druck als Randbedingung an der Öffnung hinzufügen.
8
Umgebungsdruck 2
Auswahl
Fläche<1>
Flächenkoordinatensystem
Referenzachse:
Typ
Umgebungsdruck
Statischer Druck
Totaldruck
Thermodynamische Parameter
1.01325 Bar
T
293.2 K
Druckpotenzial (Schwerkraft)
Turbulenzparameter
Grenzschicht
Umgebungsdruck als Randbedingung am oben Deckel definieren.
9
Anfangsbedingung 1
Auswahl
Wasser
Globales Koordinatensystem
Referenzachse:
X
Festkörperkomp. deaktivieren
Strömungsparameter
Vx 0 m/s
Vy 0 m/s
Vz 0 m/s
Thermodynamische Parameter
P 1.01325 Bar
T 293.2 K
Druckpotenzial (Schwerkraft)
Wasser als Fluid definieren. Dazu eine Anfangsbedingung für dieses festlegen.
10
Punktziel 1 für die Austrittsgeschwindigkeit festlegen.

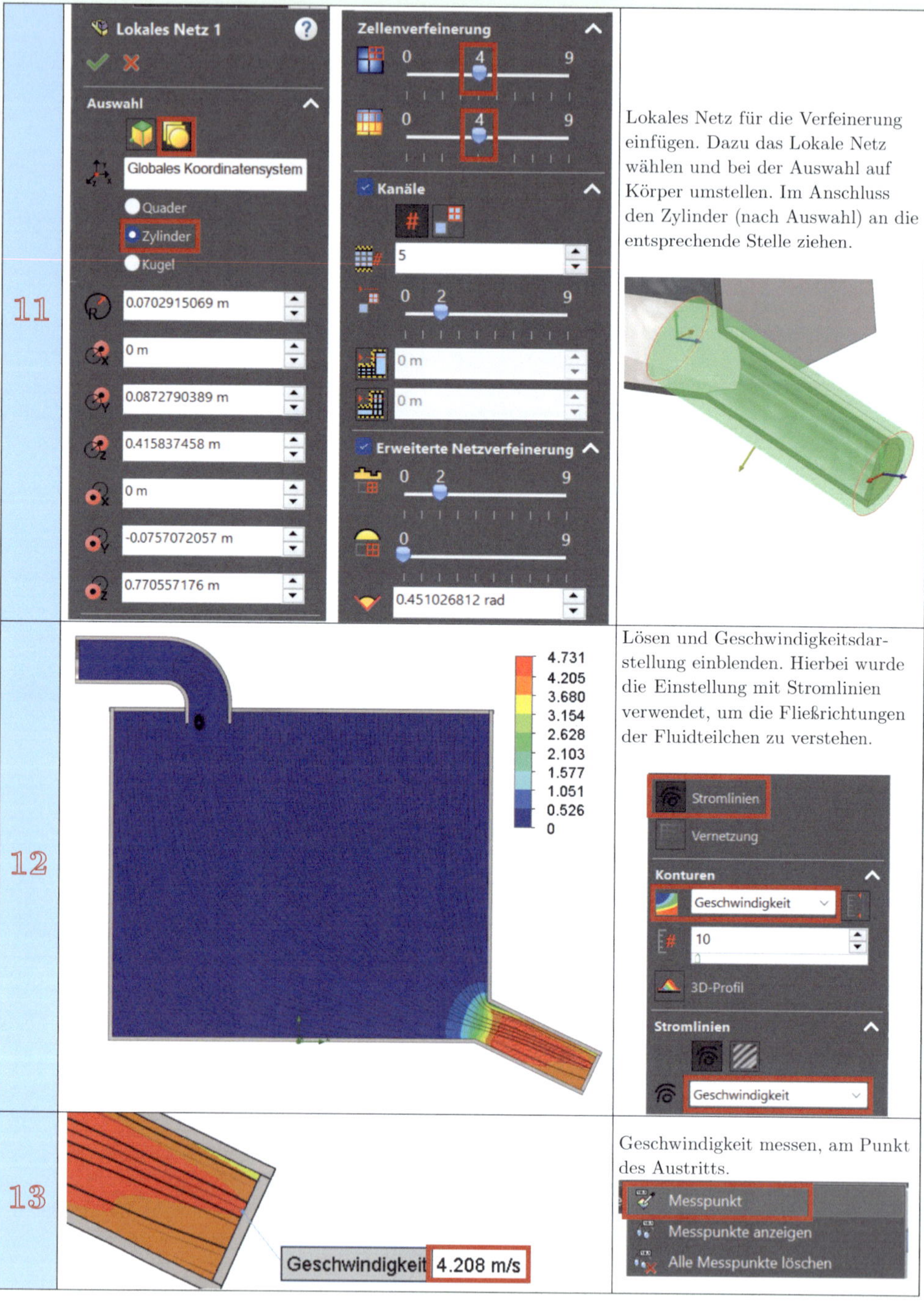
11
Lokales Netz 1
Auswahl
Globales Koordinatensystem
Quader
Zylinder
Kugel
0.0702915069 m
0 m
0.0872790389 m
0.415837458 m
0 m
-0.0757072057 m
0.770557176 m
Zellenverfeinerung
Kanäle
5
Erweiterte Netzverfeinerung
0.451026812 rad
Lokales Netz für die Verfeinerung einfügen. Dazu das Lokale Netz wählen und bei der Auswahl auf Körper umstellen. Im Anschluss den Zylinder (nach Auswahl) an die entsprechende Stelle ziehen.
12
4.731
4.205
3.680
3.154
2.628
2.103
1.577
1.051
0.526
0
Lösen und Geschwindigkeitsdarstellung einblenden. Hierbei wurde die Einstellung mit Stromlinien verwendet, um die Fließrichtungen der Fluidteilchen zu verstehen.
Stromlinien
Vernetzung
Konturen
Geschwindigkeit
10
3D-Profil
Stromlinien
Geschwindigkeit
13
Geschwindigkeit 4.208 m/s
Geschwindigkeit messen, am Punkt des Austritts.
Messpunkt
Messpunkte anzeigen
Alle Messpunkte löschen

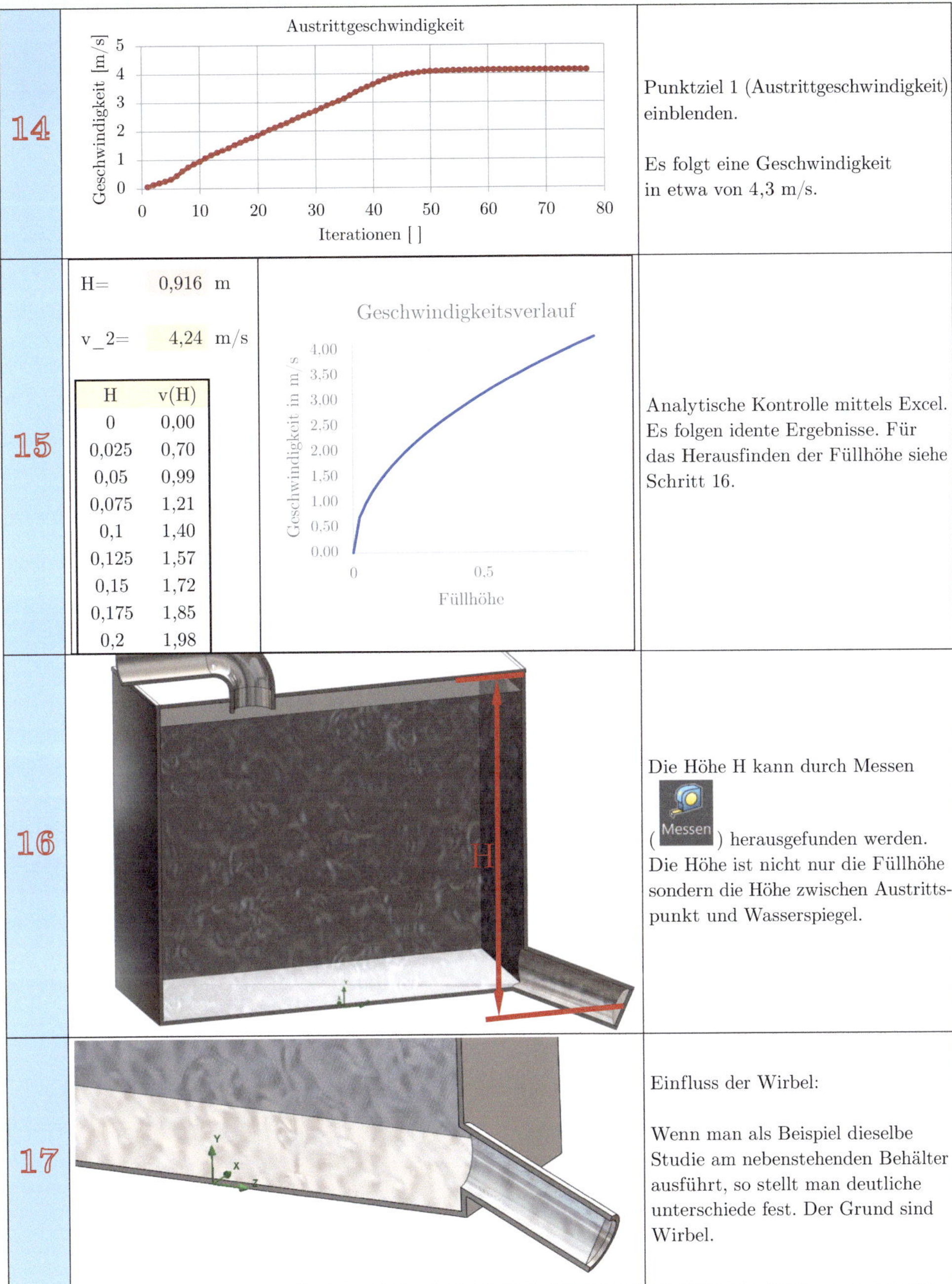

Schritt	Abbildung	Beschreibung
14	Diagramm „Austrittgeschwindigkeit“	Punktziel 1 (Austrittgeschwindigkeit) einblenden. Es folgt eine Geschwindigkeit in etwa von 4,3 m/s.
15	H= 0,916 m v_2= 4,24 m/s Diagramm „Geschwindigkeitsverlauf“	Analytische Kontrolle mittels Excel. Es folgen idente Ergebnisse. Für das Herausfinden der Füllhöhe siehe Schritt 16.
16	Behälter mit Höhe H	Die Höhe H kann durch Messen (Messen) herausgefunden werden. Die Höhe ist nicht nur die Füllhöhe sondern die Höhe zwischen Austrittspunkt und Wasserspiegel.
17	Behälterausschnitt	Einfluss der Wirbel: Wenn man als Beispiel dieselbe Studie am nebenstehenden Behälter ausführt, so stellt man deutliche unterschiede fest. Der Grund sind Wirbel.

H	v(H)
0	0,00
0,025	0,70
0,05	0,99
0,075	1,21
0,1	1,40
0,125	1,57
0,15	1,72
0,175	1,85
0,2	1,98

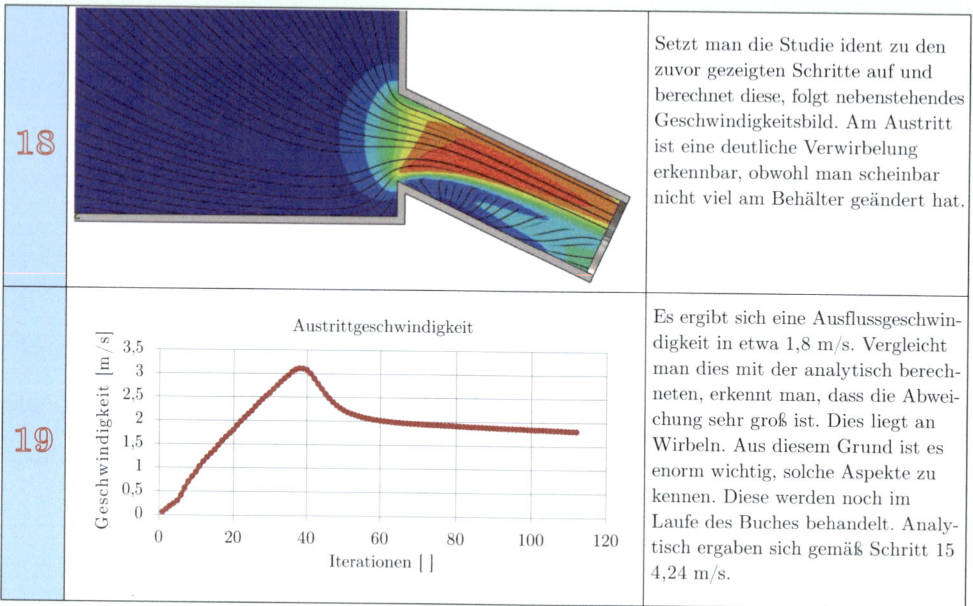

18		Setzt man die Studie ident zu den zuvor gezeigten Schritte auf und berechnet diese, folgt nebenstehendes Geschwindigkeitsbild. Am Austritt ist eine deutliche Verwirbelung erkennbar, obwohl man scheinbar nicht viel am Behälter geändert hat.
19		Es ergibt sich eine Ausflussgeschwindigkeit in etwa 1,8 m/s. Vergleicht man dies mit der analytisch berechneten, erkennt man, dass die Abweichung sehr groß ist. Dies liegt an Wirbeln. Aus diesem Grund ist es enorm wichtig, solche Aspekte zu kennen. Diese werden noch im Laufe des Buches behandelt. Analytisch ergaben sich gemäß Schritt 15 4,24 m/s.

b) Spiegelhöhe nicht konstant Es wird ein Zusammenhang gesucht, wenn die Füllhöhe nicht konstant ist, sondern ständig absinkt. Gegeben sei: h_1; h_2; d_1; d_2. Mit Bernoulli, gem. Abb. 4.19, folgt

$$\frac{v_1^2}{2\,g} + z_1 + \frac{p_1}{\rho\,g} = \frac{v_2^2}{2\,g} + z_2 + \frac{p_2}{\rho\,g} \tag{4.61}$$

und $p_a = p_1 = p_2$ folgt $\frac{v_2^2}{2\,g} - \frac{v_1^2}{2\,g} = h_1 - h_2$; aus der Kontinuitätsgleichung geht $v_1 = \frac{A_2}{A_1}\,v_2$ hervor, wodurch durch einsetzen

$$v_2 = \sqrt{\frac{2\,g\,h}{\left[1 - \left(\frac{A_2}{A_1}\right)^2\right]}} \tag{4.62}$$

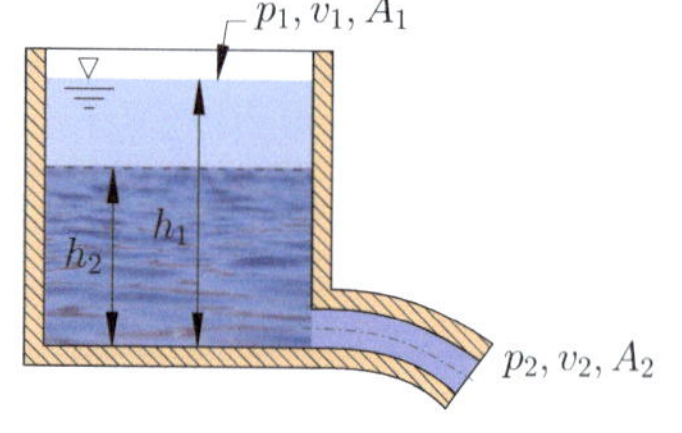

Abb. 4.19 Ausfluss von Behälter wenn Spiegelhöhe nicht konstant

folgt. Ist die Dauer des Ausflusses zu ermitteln, kann dies mithilfe der Infinitesimalrechnung durchgeführt werden. Das ausgeflossene Volumen während dt lässt sich durch $V_1 = v_2\,dt\,A_2$ berechnen und damit die Spiegelabsenkung: $V_1 = -h_2 = -dz\,A$. Gleichsetzen ergibt $-dz\,A = v_2\,dt\,A_2$ und umformen

$$-\frac{dz}{v_2}\frac{A}{A_2} = dt \tag{4.63}$$

Lösen der Gleichung:

$$\int -\frac{dz}{v_2}\frac{A}{A_2} = \int dt \tag{4.64}$$

$$\begin{aligned} t &= \int -\frac{1}{v_2}\frac{A}{A_2}\,dz = -\frac{z}{\sqrt{2\,g\,z}}\frac{A}{A_2} \\ &= -\frac{\sqrt{h}}{\sqrt{2\,g}}\frac{2}{A_2} = \sqrt{\frac{2\,h}{g\,A_2^2}} \end{aligned} \tag{4.65}$$

Beispiel 4.3

Bestimmen Sie die Ausflussgeschwindigkeit und Ausflussdauer von einem Behälter, mit nicht konstanter Spiegelfläche, wenn folgende Daten von diesem Wasserbehälter bekannt sind: $d_2 = 100\,\text{mm}$, $A_1 = 357.700\,\text{mm}^2$, $H = 916\,\text{mm}$. Stellen Sie zusätzlich die Ausflusszeit bei variabler Füllhöhe, die Ausflusszeit bei variablem Durchmesser d_2 und H in einem Diagramm dar.

Lösung

Vgl. Abb. 4.20

H=	0,916	m
d_2=	0,1	m
A_2=	0,00785398	m^2
A_1=	0,3577	m^2
v_2=	4,24	m/s
t=	55,02	s

H [m]	d_2 [mm]	A_2 [mm^2]	t (d_2) [s]	t (H) [s]	t (d_2, H) [min]	d_2 [cm]
0	5	19,6	0,022009	0,000000	0,000000	0,05
0,05	10	78,5	0,005502	12,855105	0,077131	0,1
0,1	15	176,7	0,002445	18,179863	0,048480	0,15
0,15	20	314,2	0,001376	22,265694	0,033399	0,2
0,2	25	490,9	0,000880	25,710209	0,024682	0,25
0,25	30	706,9	0,000611	28,744888	0,019163	0,3
0,3	35	962,1	0,000449	31,488447	0,015423	0,35
0,35	40	1256,6	0,000344	34,011410	0,012754	0,4
0,4	45	1590,4	0,000272	36,359727	0,010773	0,45

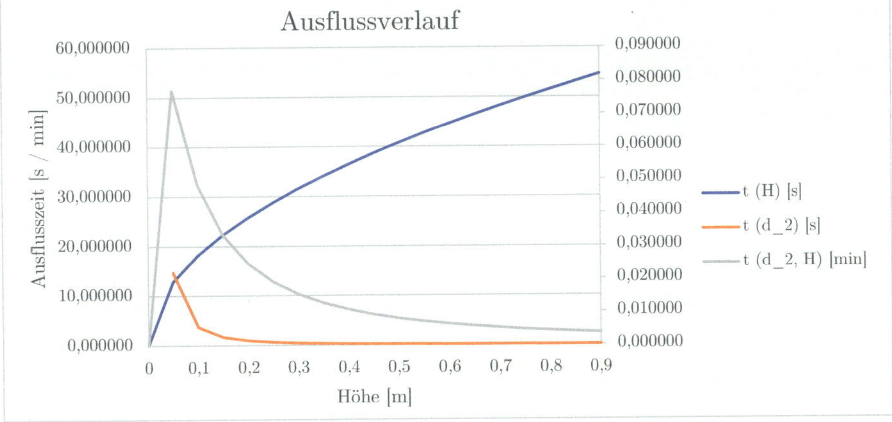

Abb. 4.20 Ausflusszeiten

Rohrleitung zwischen zwei Behältern

Gesucht ist die Gleichung für die Geschwindigkeit an der Stelle 3 in Abb. 4.21. Es gilt: $p_1 = p_4 = 0$; $p_3 = \varrho\, g\, H_4$. Bernoulli an der Stelle 1–3: ($H\ldots$ das zur Verfügung stehende Gefälle)

Mit Bernoulli und $H_3 = 0$, $H_4 = \frac{p_3}{\varrho\, g}$ folgt:

$$H_1 - H_4 = \frac{v_3^2}{2\,g} = H, \tag{4.66}$$

4

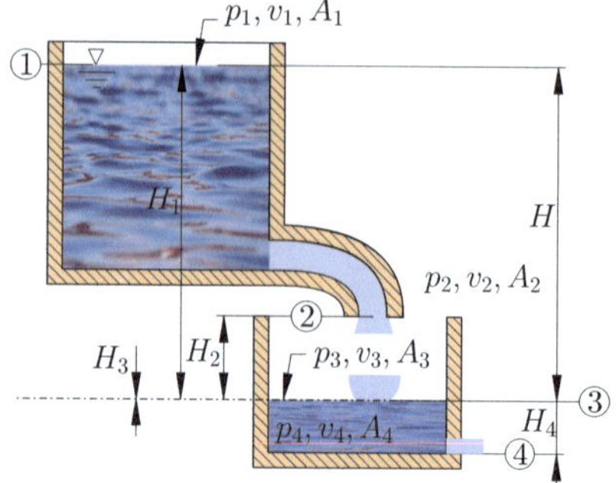

Abb. 4.21 Rohrleitung zwischen zwei Behältern

und daraus

$$v_3 = \sqrt{2\,g\,H}. \tag{4.67}$$

4.1.2.5 Bernoulli-Gleichung in ihren Formen

Arbeitsgleichung:

$$W_{\text{ges}} = \frac{m \cdot v^2}{2} + m \cdot g \cdot h + p \cdot V = \text{const.} \tag{4.68}$$

Druckgleichung:

$$p_{\text{ges}} = \varrho \cdot \frac{v^2}{2} + \varrho \cdot g \cdot h + p = \text{const.} \tag{4.69}$$

Höhengleichung:

$$H = \frac{v^2}{2 \cdot g} + z + \frac{p}{\varrho \cdot g} = \text{const.} \tag{4.70}$$

4.2 Flüssigkeitsreibung

In wirklichen Flüssigkeiten entsteht bei gegenseitiger Verschiebung von Flüssigkeitsteilchen **innere Reibung** als Folge einer Flüssigkeitseigenschaft, die man **Zähigkeit** (Viskosität) nennt.

4.2.1 Grundbegriffe

4.2.1.1 Viskosität

Bemerkung 4.2
Der Zusammenhang zwischen kinematischer und dynamischer Viskosität hängt von der Dichte ab.

Definition 4.5 (Viskosität)
Die Viskosität ist ein Maß für die Zähigkeit eines Fluides. Das Gegenteil der Viskosität ist die Fluidität, welche wiederum der Kehrwert der dynamischen Viskosität ist. Die Fluidität ist ein Maß für die Fließfähigkeit eines Fluides. Einheit der Viskosität ist Pascal mal Sekunde: Pa · s.

- dynamische Viskosität
- kinematische Viskosität

Zusammenhang bei steigender Temperatur: Steigt die Temperatur von Fluiden, so nimmt die Viskosität bei Flüssigkeiten ab, bei Gasen zu. Dies lässt sich mit der **Andrade-Gleichung** berechnen[3] [20]

$$\eta = e^{a+\frac{b}{T}}. \tag{4.71}$$

Werte für die entsprechenden Koeffizienten der Andrade-Gleichung kann man Abb. 4.22 entnehmen.

3 Benannt nach Edward Andrade.

Flüssigkeit	a	b	T_{min}	T_{max}
Wasser	$-6,944$	$2036,8$	$274\ K$	$373\ K$
Aceton	$-4,003$	$842,5$	$183\ K$	$329\ K$

Abb. 4.22 Werte für Koeffizienten

$e \ldots$ Euler'sche Zahl

$\eta \ldots$ Viskosität

$T \ldots$ Absolute Temperatur

$a, b \ldots$ Empirische Werte, (Tabelle Internet)

4.2.1.2 Versuch

In einem Behälter (vgl. mit Abb. 4.23) mit einer Höhe von y befindet sich eine Flüssigkeit. Eine Platte mit der Fläche A soll mit einer konstanten Geschwindigkeit v über die Flüssigkeit gezogen werden.

An den Grenzflächen (Unterseite der Platte und Boden des Gefäßes) haftet jeweils eine schmale Flüssigkeitsschicht. Es entsteht daher eine Geschwindigkeitsdifferenz zwischen der untersten und der obersten Schicht. Dies lässt sich dadurch erklären, dass die Bodenseite des Gefäßes in Ruhe verbleibt und somit auch die Flüssigkeit an dieser Stelle sowie die Unterseite der Platte mit der konstanten Geschwindigkeit v gleichmäßig nach vorn bewegt wird. Die Zwischenschichten werden durch Schubkräfte dazu veranlasst, sich zu bewegen.

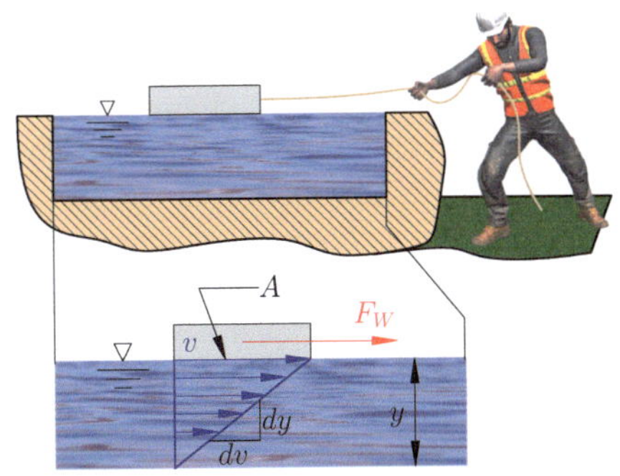

Abb. 4.23 Flüssigkeitsreibung

4.2.1.3 Newton'sches Reibungsgesetz

> **Bemerkung 4.3**
> Dieses Gesetz gilt nur, wenn sich die Flüssigkeitsschichten nicht vermischen, also wenn eine laminare Strömung vorliegt.

Aus Experimenten lässt sich zeigen, dass folgende Aussage gilt: Die für die Aufrechterhaltung der Bewegung erforderliche Kraft F_W entspricht dem Betrag der Summe aller Reibungskräfte, die zwischen der Flüssigkeit und der Platte wirken. Diese Kraft ist unabhängig vom Druck, direkt proportional zur Plattengröße und Geschwindigkeit sowie indirekt proportional zum Abstand.

$$F_W \sim A \Longrightarrow F_W \sim \Delta v \sim dv$$
$$F_W \sim \frac{1}{dy} \tag{4.72}$$

Verpackt man diese Aussagen in eine Gleichung ergibt sich

$$F_W = A \cdot \frac{dv}{dy}. \tag{4.73}$$

Diese Gleichung gilt nur, wenn das Steigungsdreieck aus Abb. 4.23 unendlich klein ist. Um einen Zusammenhang zwischen den unterschiedlichen Fluiden herzustellen, muss diese Gleichung mit einer Konstante multipliziert werden. Diese wird als Proportionalitätskonstante η bezeichnet.

$$F_W = \eta \cdot A \frac{dv}{dy}, \tag{4.74}$$

wobei sich die Geschwindigkeitsänderung senkrecht zur Bewegungsrichtung mittels des Geschwindigkeitsgradienten berechnen lässt. Dieser hat die Steigung

$$\dot{\gamma} = \frac{dv}{dy}. \tag{4.75}$$

Jetzt ergibt sich die Reibungsgleichung nach Newton zu

$$F_W = \eta \cdot A \cdot \frac{v}{y}. \tag{4.76}$$

4

v … Plattengeschwindigkeit $[\frac{m}{s}]$
y … Schichtdicke [m]
A … Plattenfläche [m]
$\frac{v}{y}$ … Schergeschwindigkeit, Geschwindigkeitsgefälle $[\frac{1}{s}]$
η … Dynamische Viskosität [Pa · s]

4.2.1.4 Dynamische Viskosität η

Definition 4.6
Die dynamische Viskosität η ist die je Flächeninhalt aufzuwendende Kraft, um zwei Flüssigkeitsschichten mit dem Abstand einer Längeneinheit mit der Geschwindigkeitseinheit gegeneinander zu verschieben.

Durch Umformen von Gl. (4.76) folgt

$$\eta = \frac{F_W \cdot y}{A \cdot v}. \tag{4.77}$$

4.2.1.5 Schubspannung τ

Die zwischen den Flüssigkeitsschichten herrschende Schubspannung als Folge der Schubkräfte ist mit

$$\tau = \frac{F}{A} = \frac{F_W}{A} = \frac{\eta \cdot A \cdot v}{A \cdot y} = \frac{\eta \cdot v}{y}. \tag{4.78}$$

bzw. durch Umformen mit

$$\frac{\eta \cdot v}{y} \quad \left[\frac{N}{m^2}\right]. \tag{4.79}$$

bestimmbar.

Corollary 4.2
Die Proportionalität zwischen der Schubspannung und der Schergeschwindigkeit gilt nur bei den sogenannten Newton'schen Flüssigkeiten.

Als Newton'sche Fluide bezeichnet man Flüssigkeiten wie: Wasser, Öle, Luft wie bereits zu Beginn der Hydrostatik behandelt wurde. Nicht Newton'sche Fluide haben ein anderes Fließverhalten als Newton'sche. Dies sind folgende:

1. Schmierfette
2. Kunststoffschmelzen

Diese werden in ihrer eigenen Strömungslehre der „Rheologie" behandelt.

4.2.1.6 Kinematische Viskosität ν

$$\nu = \frac{\eta}{\varrho}. \tag{4.80}$$

4.2.2 Modellverfahren und Ähnlichkeitsgesetze von Reynolds

Die Reynolds Zahl ist nach dem Physiker Osborne Reynolds (siehe Abb. 4.24) benannt.[4]

Oftmals ist es aus Kosten- oder Platzgründen notwendig, ein Modell zur realen Simulation einer Strömungsmaschine anzufertigen, da die CFD (computergestützte Simulation von Strömungen, dazu später mehr) oftmals nicht die Realität exakt abbilden kann, oder aufgrund fehlender Rechenkapazitäten, die schnell einmal wochenlang dauern und dabei Dateien und Ordner in Höhe von 500 GB oder mehr hervorrufen können, an ihre Grenzen kommt. Für hydraulische Studien wird ein verkleinertes Modell der zu analysierenden Anlage erstellt. An diesem Modell werden der Strömungsverlauf und die

4 Osborne Reynolds (geboren 1842 in Belfast, Nordirland; gestorben 1912 in Watchet in Somerset, England) [75].

Abb. 4.24 Osborne Reynolds [75]

Kräfte untersucht, um anschließend Rückschlüsse auf das Verhalten der realen Anlage ziehen zu können.

4.2.2.1 Ähnlichkeitsbedingungen für das Modell

- Modell und wirkliche Ausführung müssen mit sämtlichen **äußeren Außenabmessungen** proportional sein, also **geometrisch ähnlich**.
- Die Rauigkeiten der Begrenzungswände müssen zwischen Modell und Wirklichkeit **geometrisch ähnlich** sein.
- Strömungen müssen **mechanisch ähnlich** sein, das heißt an sich entsprechenden Stellen muss Proportionalität zwischen den mechanisch gleichartigen Größen, wie Kräften, Geschwindigkeiten, Beschleunigungen usw. bestehen.

Die Beschaffenheit der Oberfläche wird durch die **absolute Rauigkeit** k repräsentiert, welche die mittlere Erhebung der Oberfläche darstellt. Für den Vergleich geometrisch ähnlicher Strukturen wird die **relative Rauigkeit** k/L herangezogen, wobei L die charakteristische Länge des Strömungsbereichs ist.

4.2.2.2 Herleitung der Gleichung für die Reynolds-Zahl

Alle der folgenden Formelzeichen mit den Indizes 1 sind auf das wirkliche Modell bezogen, alle Indizes 2 sind auf das verkleinerte Modell bezogen. $L_1, L_2 \ldots$

Aus dem Strahlensatz erhält man:

- Längen:

$$\frac{L_1}{L_2} \tag{4.81}$$

- Rauigkeiten:

$$\frac{k_1}{k_2} = \frac{L_1}{L_2} \tag{4.82}$$

- Volumina:

$$\frac{V_1}{V_2} = \frac{L_1^3}{L_2^3} \tag{4.83}$$

- Massen:

$$\frac{m_1}{m_2} = \frac{V_1 \cdot \varrho_1}{V_2 \cdot \varrho_2} = \frac{L_1^3 \cdot \varrho_1}{L_2^3 \cdot \varrho_2} \tag{4.84}$$

- Beschleunigungen:

$$\frac{a_1}{a_2} = \frac{\frac{v_1}{t_1}}{\frac{v_2}{t_2}} = \frac{v_1 \cdot t_2}{v_2 \cdot t_1} = \frac{v_1 \cdot \frac{L_2}{v_2}}{v_2 \cdot \frac{L_1}{v_1}} = \frac{v_1^2 \cdot L_2}{v_2^2 \cdot L_1}. \tag{4.85}$$

An jedem Flüssigkeitsteilchen m wirken eine resultierende Reibungskraft F_W, eine Trägheitskraft T und eine Druckkraft F.

$$\frac{F_{W1}}{F_{W2}} = \frac{T_1}{T_2} = \frac{F_1}{F_2}. \tag{4.86}$$

Für F_W wird die vorher gefundenen Formel eingesetzt

$$F_W = \eta \cdot A \cdot \frac{v}{y}. \tag{4.87}$$

4

einsetzen:

$$\frac{F_{W1}}{F_{W2}} = \frac{\eta_1\, L_1^2 \frac{v_1}{y_1}}{\eta_2\, L_2^2 \frac{v_2}{y_2}} = \frac{\eta_1\, L_1^2 \frac{v_1}{L_1}}{\eta_2\, L_2^2 \frac{v_2}{L_2}} = \frac{\eta_1\, L_1\, v_1}{\eta_2\, L_2\, v_2} \tag{4.88}$$

einsetzen für A_1, A_2:

$$\frac{F_{W1}}{F_{W2}} = \frac{\eta_1\, L_1^2 \frac{v_1}{y_1}}{\eta_2\, L_2^2 \frac{v_2}{y_2}} = \frac{\eta_1\, L_1^2 \frac{v_1}{L_1}}{\eta_2\, L_2^2 \frac{v_2}{L_2}} = \frac{\eta_1\, L_1\, v_1}{\eta_2\, L_2\, v_2} \tag{4.89}$$

Für die Trägheitskraft:

$$\frac{T_1}{T_2} = \frac{m_1\, a_1}{m_2\, a_2} \tag{4.90}$$

einsetzen für die Massen:

$$\begin{aligned} \frac{T_1}{T_2} &= \frac{L_1^3\, \varrho_1\, a_1}{L_2^3\, \varrho_2\, a_2} = \frac{L_1^3\, \varrho_1}{L_2^3\, \varrho_2}\, \frac{v_1^2\, L_2}{v_2^2\, L_1} \\ &= \frac{L_1^2\, \varrho_1}{L_2^2\, \varrho_2}\, \frac{v_1^2}{v_2^2} \end{aligned} \tag{4.91}$$

Es wird $\frac{T_1}{T_2} = \frac{F_{W1}}{F_{W2}}$ gesetzt, zu

$$\frac{L_1^2\, \varrho_1}{L_2^2\, \varrho_2}\, \frac{v_1^2}{v_2^2} = \frac{\eta_1\, L_1\, v_1}{\eta_2\, L_2\, v_2} \tag{4.92}$$

Jetzt wird noch die kinetische Viskosität eingesetzt, wodurch mit $\nu = \frac{\eta}{\varrho}$

$$\begin{aligned} \frac{L_1^2\, \nu_2\, v_1^2}{L_2^2\, v_2^2} &= \frac{\nu_1\, L_1\, v_1}{L_2\, v_2} \\ \frac{L_1^2\, \nu_2\, v_1^2}{L_2^2\, v_2^2} &= \frac{\nu_1\, L_1\, v_1}{L_2\, v_2} \\ \frac{L_1^2\, \nu_2\, v_1^2}{L_1\, v_2^2} &= \frac{L_2^2\, \nu_1\, v_1}{L_2\, v_2} \\ \frac{L_1\, v_2\, \nu_2}{v_2^2} &= \frac{L_2\, \nu_1\, v_1}{v_1^2} \\ \frac{L_1\, \nu_2}{v_2} &= \frac{L_2\, \nu_1}{v_1} \\ \frac{L_1\, v_1}{\nu_1} &= \frac{L_2\, v_2}{\nu_2} \end{aligned} \tag{4.93}$$

folgt. Dieses Verhältnis wurde als Reynolds-Zahl definiert, zu

$$Re_1 = \frac{L_1\, v_1}{\nu_1} \tag{4.94}$$

$$Re_2 = \frac{L_2\, v_2}{\nu_2} \tag{4.95}$$

oder allgemein:

$$Re = \frac{L \cdot v}{\nu}. \tag{4.96}$$

Bemerkung 4.4
Zwei Strömungen weisen eine mechanische Ähnlichkeit auf, wenn die Begrenzungswände und ihre Oberflächen geometrisch ähnlich sind und die gebildeten Reynolds-Zahlen mit den entsprechenden Werten übereinstimmen.

•

4.2.3 Strömungsformen

Bei Flüssigkeiten gibt es verschieden Strömungszustände, die sich sowohl in ihrem Erscheinungsbild, als auch in ihren mechanischen Gesetzmäßigkeiten grundsätzlich unterscheiden. Man unterscheidet zwischen laminaren und turbulenten Strömungsformen.

4.2.3.1 Laminare Strömung[5]

Definition 4.7 (Laminare Strömung)
Die Flüssigkeitsteilchen bewegen sich in geordneten nebeneinander vorbeigleitenden Schichten, ohne sich zu mischen. (vgl. mit Abb. 4.25) [61]

5 (lat. Lamina=Schicht, daher auch „Schichtströmung").

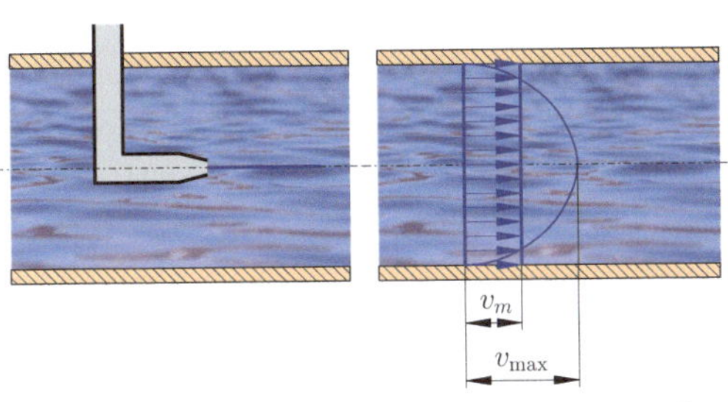

Abb. 4.25 Strömungsform: laminar

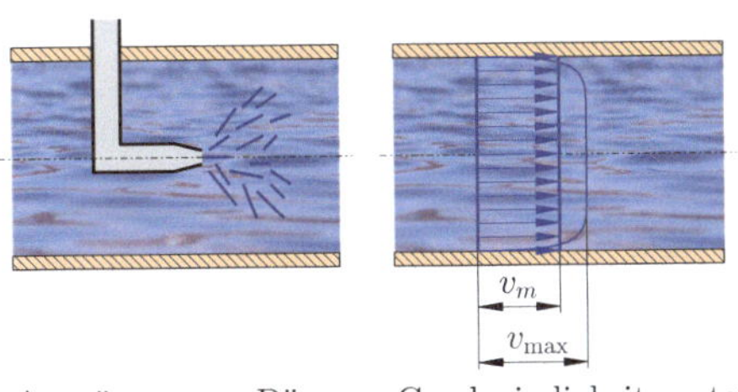

Abb. 4.26 Strömungsform: turbulent

4.2.3.2 Turbulente Strömung[6]

Turbulente Strömungen sind schnell sehr komplex zu rechnen. Es ist praktisch unmöglich, diese ohne partielle Ableitungen bzw. ohne höhere Mathematik zu untersuchen. Deswegen wird auf diese Strömungen erst in späteren Kapiteln eingegangen. In den meisten Fällen muss man sich für Lösungen der dort auftretenden Gleichungen auch der Numerik und der numerischen Strömungsmechanik, meist auch durch computergestützte Anwendung wie CFD Genüge tun.

Definition 4.8 (Turbulente Strömung)
Die Flüssigkeitsteilchen bewegen sich nicht in geordneten nebeneinander vorbeigleitenden Schichten, sondern mischen sich und weisen ein verwirbeltes Verhalten auf. (vgl. mit Abb. 4.26) [92]

4.2.3.3 Auftreten der Strömungsformen

Für das Eintreten der einen oder anderen Strömungsform sind die Abmessungen der Anlage, die Strömungsgeschwindigkeiten und die Viskosität der Flüssigkeit maßgebend. Der Übergang zwischen laminarer und turbulenter Strömung kann durch die Reynolds-Zahl ausgelesen werden, die sogenannte kritische Reynolds-Zahl, dazu später mehr. In der Realität gibt es in erster Linie turbulente Strömungen (vorwiegend in Anwendungsgebiete des Maschinenbaus), in seltensten Fällen, Versuchen etc. können laminare Strömungen auftreten.

Laminare Strömungen sind in der Natur beispielsweise im Grundwasser und im Blutkreislauf anzutreffen. In technischen Anwendungen sind sie jedoch eher ungewöhnlich, mit Ausnahmen wie in der Mikroverfahrenstechnik und Mikrofluidik, wo dieses Phänomen gezielt genutzt wird. Feuerwehren verwenden teilweise Strömungsglätter für lange Schlauchstrecken, um erheblich größere Schlauchlängen zu ermöglichen, was besonders bei Hochhausbränden wichtig ist [61].

4.2.3.4 Darstellung

$$v_{m\,(\text{laminar})} = \frac{1}{2} \cdot v_{\max} \tag{4.97}$$

$$v_{m\,(\text{turbulent})} = 0{,}85 \cdot v_{\max} \tag{4.98}$$

Der Volumenstrom errechnet sich zu

$$Q = v_m \cdot A. \tag{4.99}$$

6 (lat. turbare=drehen, beunruhigen, verwirren).

Methode: Lösung durch SolidWorks – CFD 4.9

Zu untersuchen sind die Geschwindigkeitsverläufe, entlang des Querschnitts, wenn man Modell aus Abb. 4.25 und 4.26, zum einen laminar als auch turbulent, mittels einer CFD Analyse strömungsmechanisch untersucht. Stellen Sie dabei die Verläufe mittels Diagrammen dar. Was ist bei diesem Aufbau nicht optimal? Wie könnte man dieses Modell weit möglichst verändern, sodass sich das Geschwindigkeitsprofil aus Abb. 4.25 bzw. 4.26 ergibt?

4

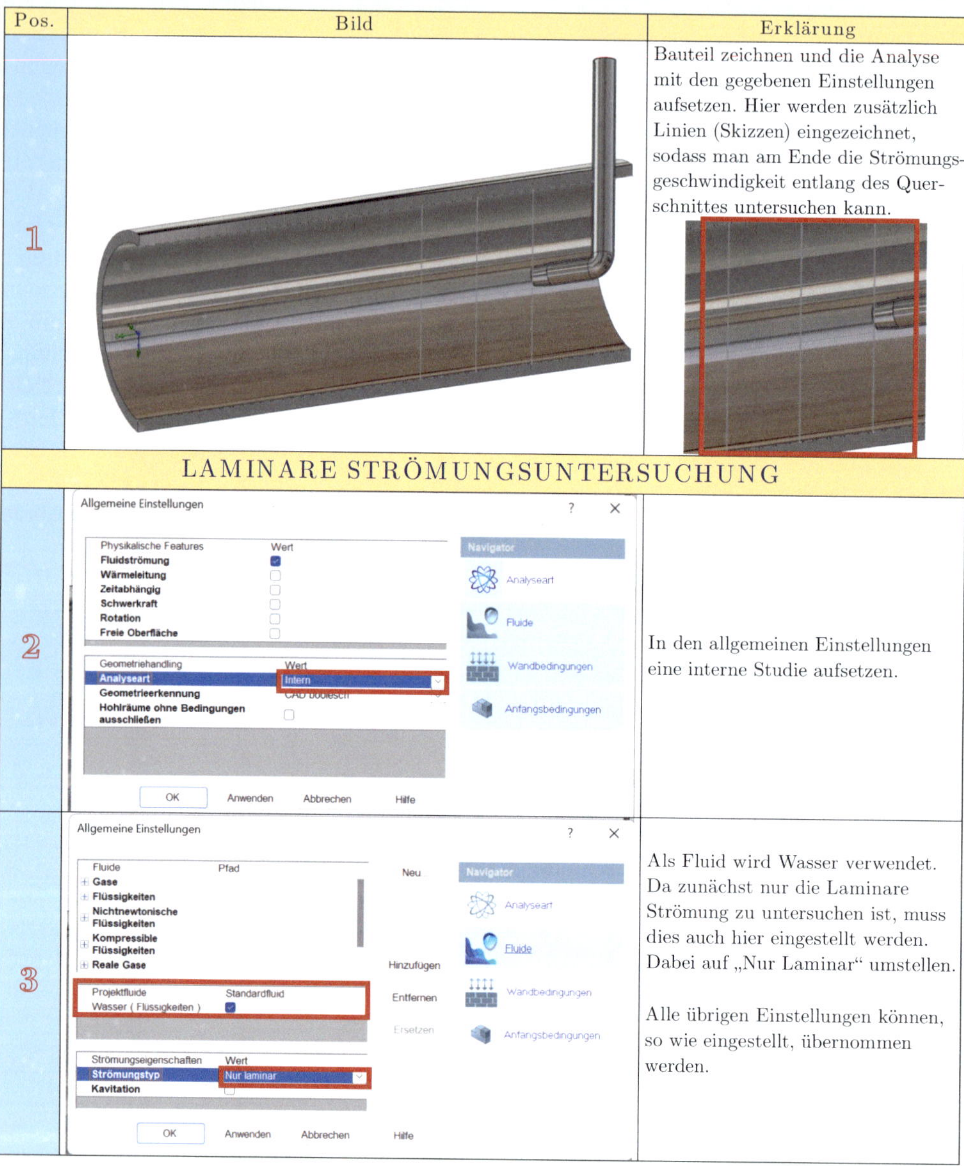

Pos.	Bild	Erklärung
1		Bauteil zeichnen und die Analyse mit den gegebenen Einstellungen aufsetzen. Hier werden zusätzlich Linien (Skizzen) eingezeichnet, sodass man am Ende die Strömungsgeschwindigkeit entlang des Querschnittes untersuchen kann.
LAMINARE STRÖMUNGSUNTERSUCHUNG		
2	Allgemeine Einstellungen: Physikalische Features / Wert: Fluidströmung, Wärmeleitung, Zeitabhängig, Schwerkraft, Rotation, Freie Oberfläche; Geometriehandling / Wert: Analyseart – Intern, Geometrieerkennung – CAD boolesch, Hohlräume ohne Bedingungen ausschließen; Navigator: Analyseart, Fluide, Wandbedingungen, Anfangsbedingungen; OK, Anwenden, Abbrechen, Hilfe	In den allgemeinen Einstellungen eine interne Studie aufsetzen.
3	Allgemeine Einstellungen: Fluide / Pfad: Gase, Flüssigkeiten, Nichtnewtonische Flüssigkeiten, Kompressible Flüssigkeiten, Reale Gase; Neu, Hinzufügen, Entfernen, Ersetzen; Projektfluide / Standardfluid: Wasser (Flüssigkeiten); Strömungseigenschaften / Wert: Strömungstyp – Nur laminar, Kavitation; Navigator: Analyseart, Fluide, Wandbedingungen, Anfangsbedingungen; OK, Anwenden, Abbrechen, Hilfe	Als Fluid wird Wasser verwendet. Da zunächst nur die Laminare Strömung zu untersuchen ist, muss dies auch hier eingestellt werden. Dabei auf „Nur Laminar“ umstellen. Alle übrigen Einstellungen können, so wie eingestellt, übernommen werden.

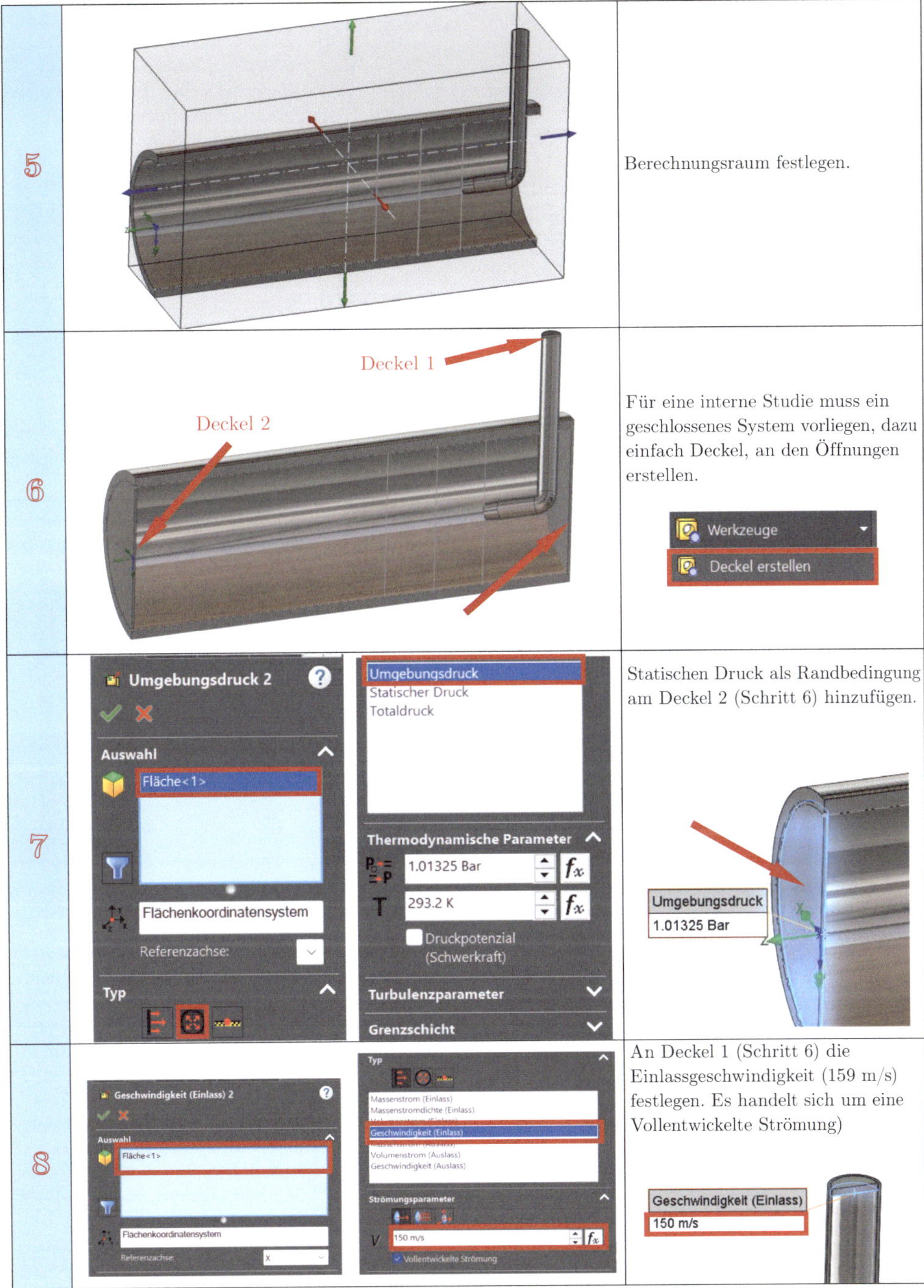
5
Berechnungsraum festlegen.
6
Deckel 1
Deckel 2
Für eine interne Studie muss ein geschlossenes System vorliegen, dazu einfach Deckel, an den Öffnungen erstellen.
Werkzeuge
Deckel erstellen
7
Umgebungsdruck 2
Auswahl
Fläche<1>
Flächenkoordinatensystem
Referenzachse:
Typ
Umgebungsdruck
Statischer Druck
Totaldruck
Thermodynamische Parameter
1.01325 Bar
293.2 K
Druckpotenzial (Schwerkraft)
Turbulenzparameter
Grenzschicht
Statischen Druck als Randbedingung am Deckel 2 (Schritt 6) hinzufügen.
Umgebungsdruck
1.01325 Bar
8
Geschwindigkeit (Einlass) 2
Auswahl
Fläche<1>
Flächenkoordinatensystem
Referenzachse
Typ
Massenstrom (Einlass)
Massenstromdichte (Einlass)
Geschwindigkeit (Einlass)
Volumenstrom (Auslass)
Geschwindigkeit (Auslass)
Strömungsparameter
150 m/s
Vollentwickelte Strömung
An Deckel 1 (Schritt 6) die Einlassgeschwindigkeit (159 m/s) festlegen. Es handelt sich um eine Vollentwickelte Strömung)
Geschwindigkeit (Einlass)
150 m/s

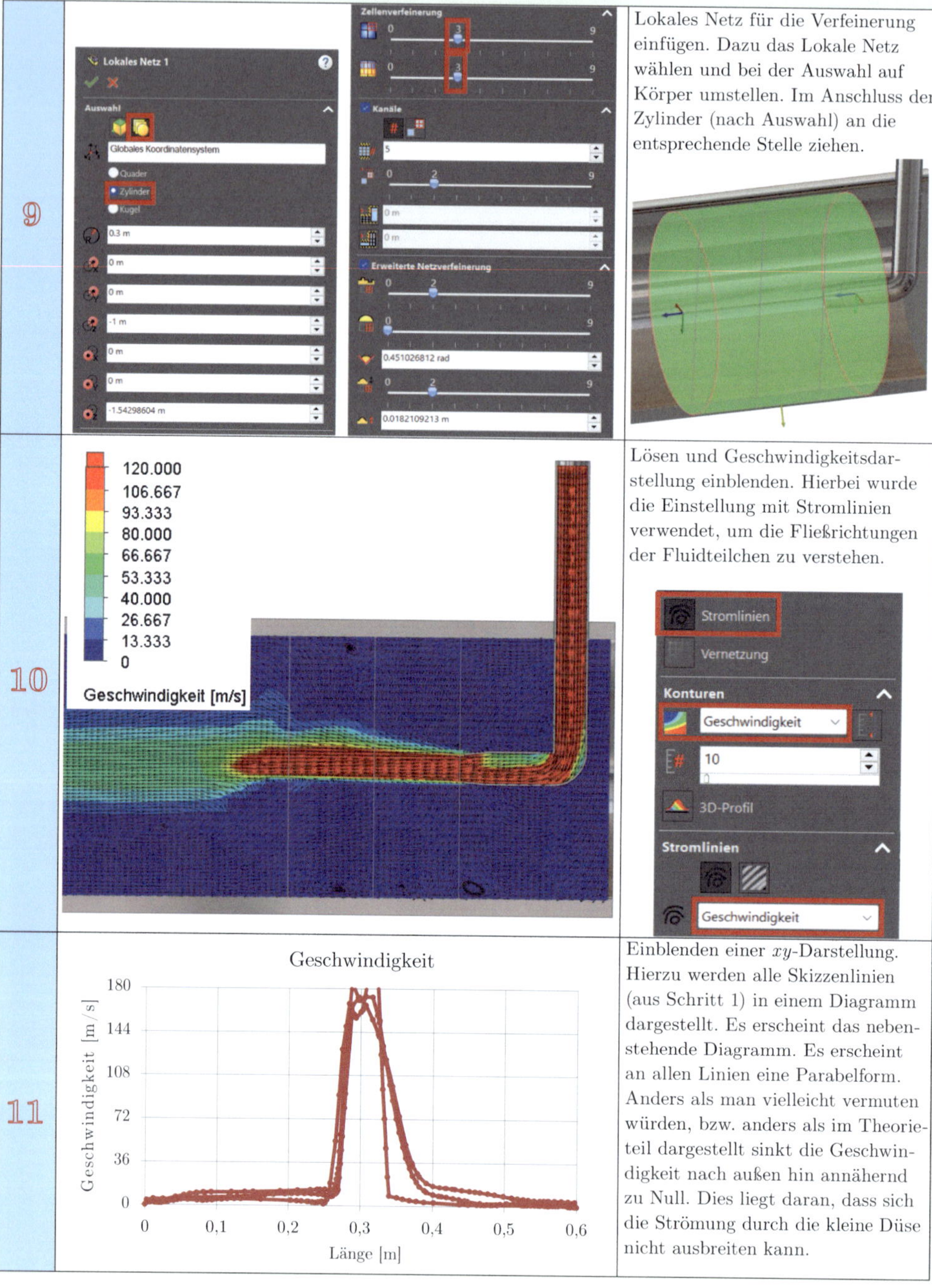

9 Lokales Netz für die Verfeinerung einfügen. Dazu das Lokale Netz wählen und bei der Auswahl auf Körper umstellen. Im Anschluss den Zylinder (nach Auswahl) an die entsprechende Stelle ziehen.

10 Lösen und Geschwindigkeitsdarstellung einblenden. Hierbei wurde die Einstellung mit Stromlinien verwendet, um die Fließrichtungen der Fluidteilchen zu verstehen.

11 Einblenden einer xy-Darstellung. Hierzu werden alle Skizzenlinien (aus Schritt 1) in einem Diagramm dargestellt. Es erscheint das nebenstehende Diagramm. Es erscheint an allen Linien eine Parabelform. Anders als man vielleicht vermuten würden, bzw. anders als im Theorieteil dargestellt sinkt die Geschwindigkeit nach außen hin annähernd zu Null. Dies liegt daran, dass sich die Strömung durch die kleine Düse nicht ausbreiten kann.

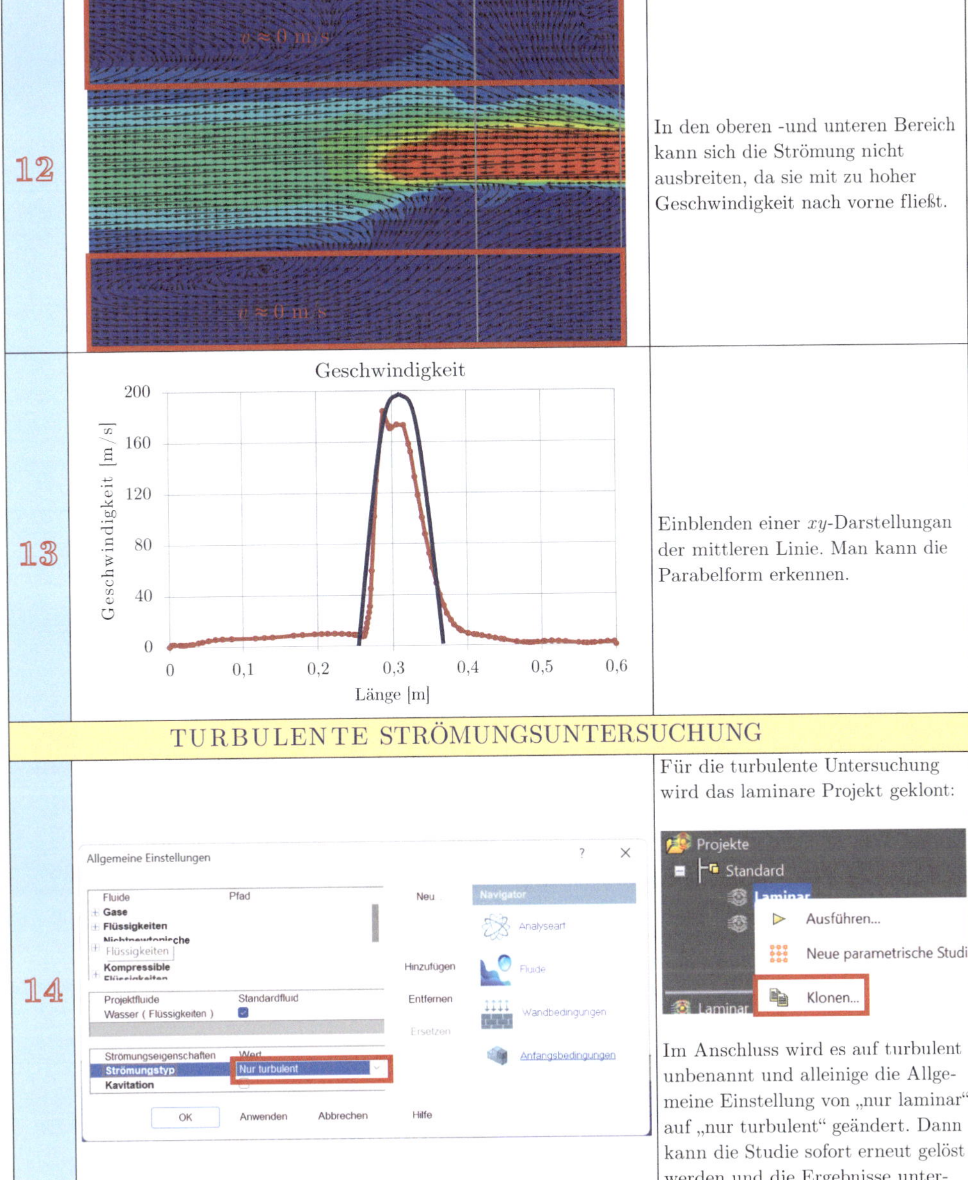

Nr.	Darstellung	Beschreibung
12	$v \approx 0$ m/s $v \approx 0$ m/s	In den oberen -und unteren Bereich kann sich die Strömung nicht ausbreiten, da sie mit zu hoher Geschwindigkeit nach vorne fließt.
13	Geschwindigkeit Geschwindigkeit [m/s]: 0, 40, 80, 120, 160, 200 Länge [m]: 0, 0,1, 0,2, 0,3, 0,4, 0,5, 0,6	Einblenden einer xy-Darstellungan der mittleren Linie. Man kann die Parabelform erkennen.
	TURBULENTE STRÖMUNGSUNTERSUCHUNG	
14	Allgemeine Einstellungen Fluide, Pfad, Gase, Flüssigkeiten, Flüssigkeiten, Kompressible Neu, Hinzufügen, Entfernen, Ersetzen Navigator: Analyseart, Fluide, Wandbedingungen, Anfangsbedingungen Projektfluide, Standardfluid, Wasser (Flüssigkeiten) Strömungseigenschaften, Wert, Strömungstyp, Nur turbulent, Kavitation OK, Anwenden, Abbrechen, Hilfe	Für die turbulente Untersuchung wird das laminare Projekt geklont: Projekte, Standard, Laminar, Ausführen..., Neue parametrische Studi, Klonen... Im Anschluss wird es auf turbulent unbenannt und alleinige die Allgemeine Einstellung von „nur laminar" auf „nur turbulent" geändert. Dann kann die Studie sofort erneut gelöst werden und die Ergebnisse untersucht werden.

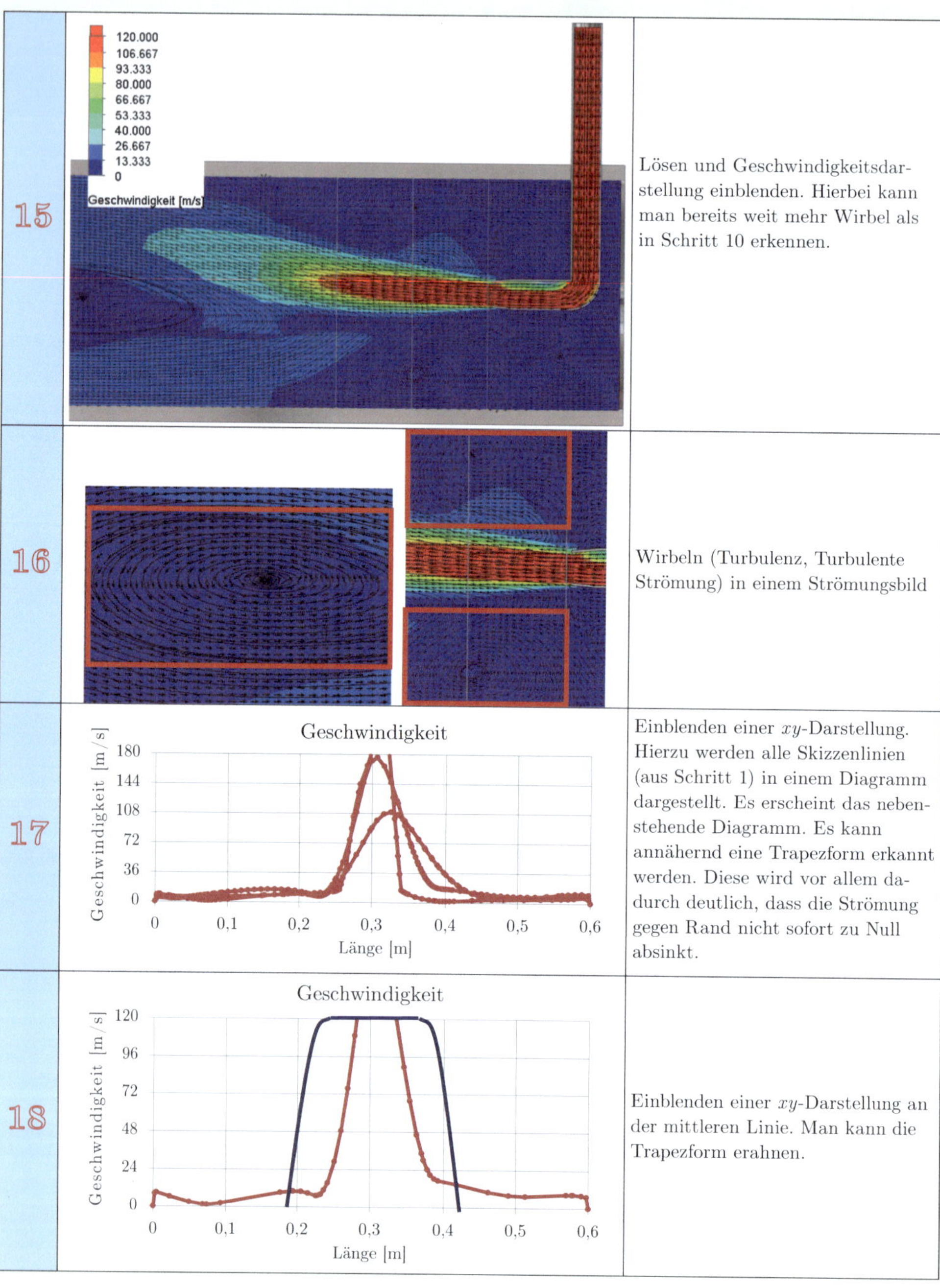

15		Lösen und Geschwindigkeitsdarstellung einblenden. Hierbei kann man bereits weit mehr Wirbel als in Schritt 10 erkennen.
16		Wirbeln (Turbulenz, Turbulente Strömung) in einem Strömungsbild
17		Einblenden einer xy-Darstellung. Hierzu werden alle Skizzenlinien (aus Schritt 1) in einem Diagramm dargestellt. Es erscheint das nebenstehende Diagramm. Es kann annähernd eine Trapezform erkannt werden. Diese wird vor allem dadurch deutlich, dass die Strömung gegen Rand nicht sofort zu Null absinkt.
18		Einblenden einer xy-Darstellung an der mittleren Linie. Man kann die Trapezform erahnen.

19

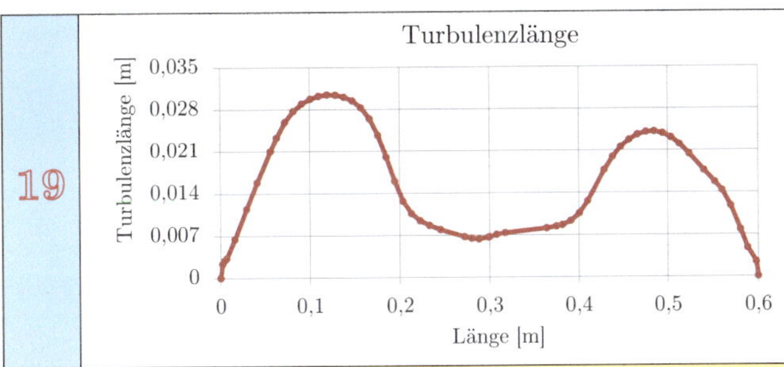

Bei einer turbulenten Strömungsuntersuchung kann man auch noch ein Maß für die Turbulenz einblenden lassen. Hier wird an der mittleren Skizzenlinie die Turbulenzlänge dargestellt. Die Turbulenzlänge ist jene Länge, die ein Fluidteilchen zurücklegen muss bis es die Turbulenten Eigenschaften abgegeben hat.

VERGLEICH LAMINARES / TURBULENTES MODELL

20

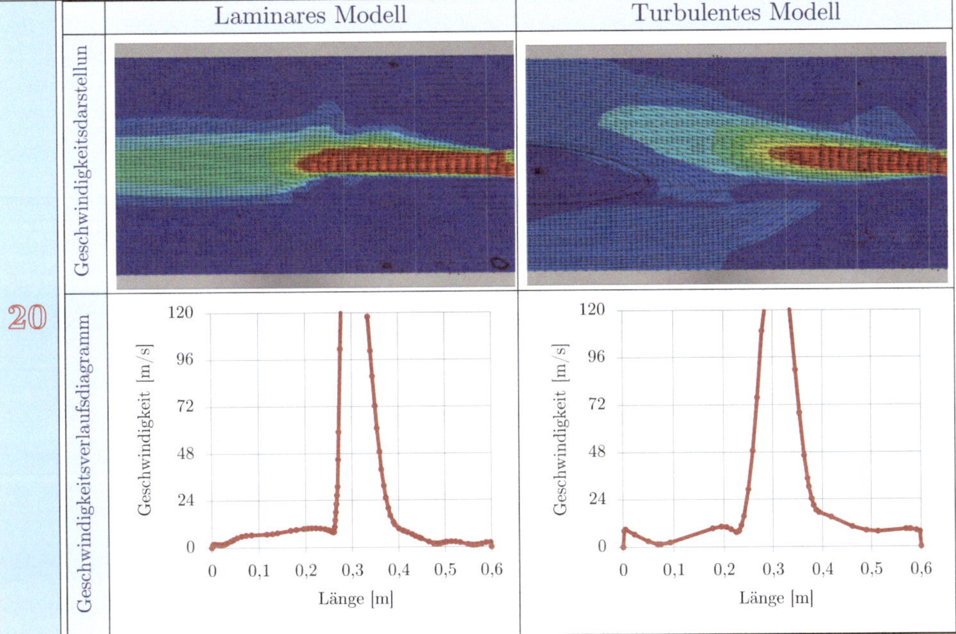

KORRIGIERTES MODELL

21

Wie in Schritt 21 erkennbar ist, sind die Theoretischen Formen nur erahnbar. Dies ändert sich aber, wenn man nebenstehendes Modell untersucht. Das zuvor untersuchte Modell dient mehr dem Verständnis. Alle gegebenen Schritte werden erneut mit nebenstehenden Modell durchgeführt und die Geschwindigkeitsprofile werden erneut untersucht.

22

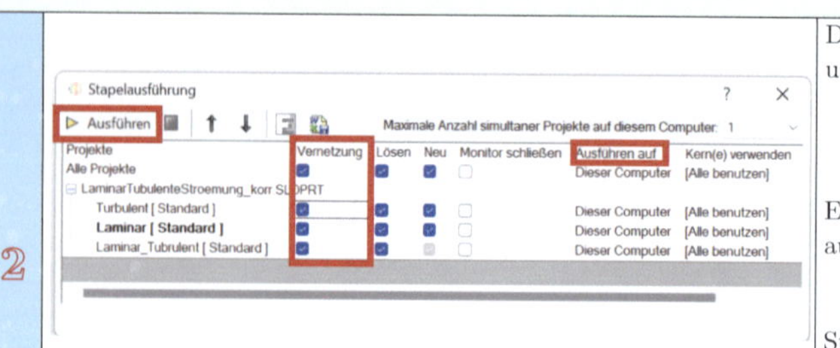

Besitzt man einen leistungsstäkeren PC, so kann man die Analyse auch auslagern, indem man einen anderen Computer für die Ausführung wählt.

Da hier folgende Strömungsformen untersucht werden:

- Nur Laminar
- Nur Turbulent
- Laminar und Turbulent

Empfiehlt es sich, alle Studien aufzusetzen und im Anschluss als Stapelausführung 

berechnen zu lassen. Hinweis: Die Studien unterscheiden sich alleinig durch die Allgemeine Einstellung aus Schritt 3 und 14. Hinzu kommt die Studie mit Turbulent und Laminar.

KORRIGIERTES MODELL: LAMINARE STRÖMUNG

23

Geschwindigkeitsdarstellung

24

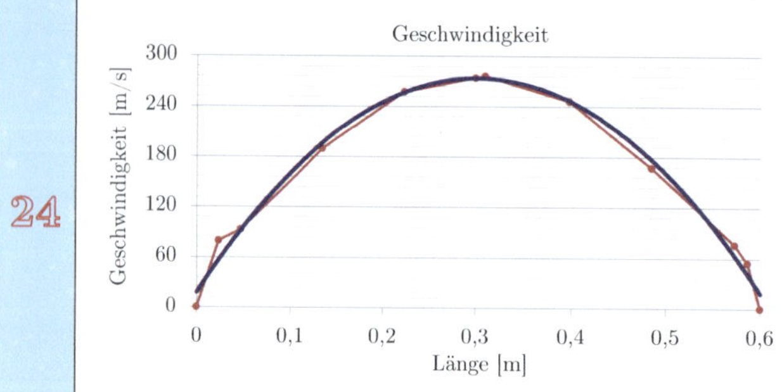

Geschwindigkeitsverteilungs-diagramm

Hierbei wurde eine Quadratische Regressionsgerade eingetragen. Diese besitzt die Gleichung:

$$y = -2839{,}3x^2 + 1704{,}3x + 18{,}021$$
$$R^2 = 0{,}9862$$

Es ist sehr schön zu erkennen, dass sich hier eindeutig die besagte Parabelform ergibt.

KORRIGIERTES MODELL: TURBULENTE STRÖMUNG

25

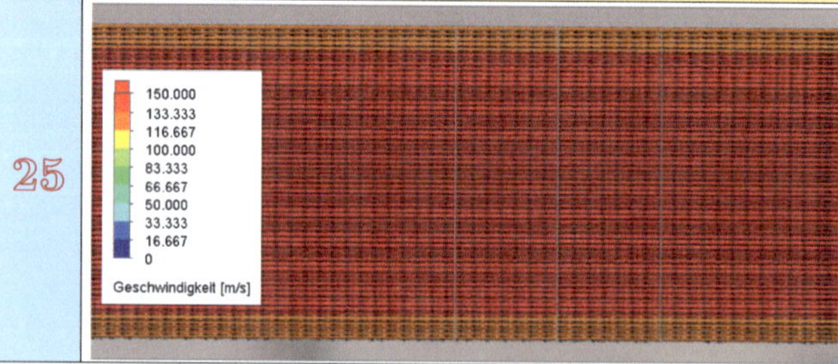

Geschwindigkeitsdarstellung

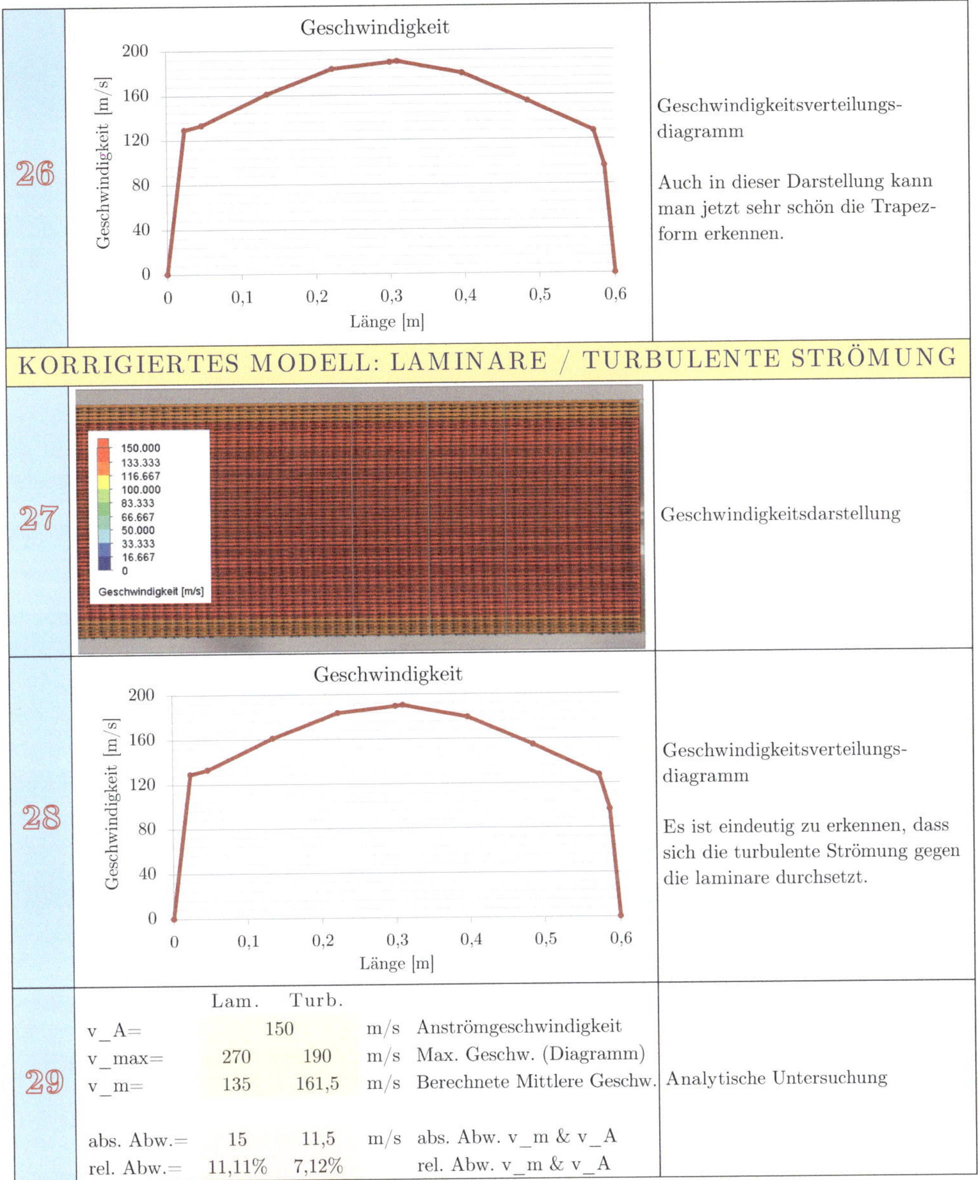

	Lam.	Turb.		
v_A=	150		m/s	Anströmgeschwindigkeit
v_max=	270	190	m/s	Max. Geschw. (Diagramm)
v_m=	135	161,5	m/s	Berechnete Mittlere Geschw.
abs. Abw.=	15	11,5	m/s	abs. Abw. v_m & v_A
rel. Abw.=	11,11%	7,12%		rel. Abw. v_m & v_A

4.2.4 Kritische Reynolds-Zahl

Generell gilt: $Re = \frac{L\,v}{\nu}$ und für die Kritische Reynolds-Zahl, dies ist jener Bereich, wenn die laminare Strömung in die turbulente übergeht. Man findet damit für den kritischen Bereich

$$Re_{\text{krit}} = \frac{L\,v_{\text{krit}}}{\nu}. \tag{4.100}$$

Der Wert von 2320 wurde in einem Versuch von Julius Rotta 1956 gemessen. Da sich die Länge L, je nach Form, unterscheidet, muss man auch hier einige Unterscheidungen treffen. Diese werden der Reihe nach im Folgenden abgehandelt.

4

4.2.4.1 Gerade, kreiszylindrische Rohre

Für **gerade, kreiszylindrische Rohre** gilt:

$$Re_{\text{krit}} = \frac{d \cdot v_{\text{krit}}}{\nu} = 2320. \qquad (4.101)$$

Re_{krit} ... Kritische Reynolds-Zahl [ ]
d ... Rohrdurchmesser [m]
v ... Strömungsgeschwindigkeit [$\frac{\text{m}}{\text{s}}$]
ν ... Kinematische Viskosität [$\frac{\text{m}^2}{\text{s}}$]

4.2.4.2 Nicht kreiszylindrische Rohre

Bei nicht kreisförmigen Rohren zieht man den hydraulischen Durchmesser hinzu. Für diesen muss man zunächst eine Gleichung herleiten.

Grundgedanke: Bei einer ausgebildeten Rohrströmung stehen die Scherkräfte an der Rohrwand eines bestimmten Rohrabschnittes im Gleichgewicht mit den Druckkräften, die auf die Querschnittflächen der Zu- und Abströmung dieses Rohrabschnittes auftreten. Die Definition des hydraulischen Durchmessers geht von der Vorstellung aus, dass vergleichbare Verhältnisse vorliegen, wenn die Querschnittfläche A und der benetzte Umfang U im gleichen Verhältnis zueinanderstehen.

Für die Schubkräfte gilt: $\tau = \frac{F}{A_{\text{proj}}}$ und daraus: $F = \tau \cdot A_{\text{Proj}}$. Für F gilt aber auch $F = dp_V \cdot A$. Es folgt

$$\tau \cdot d_h \cdot \pi \cdot l = dp_V \cdot \frac{d_h^2 \cdot \pi}{4}; \qquad (4.102)$$

bzw. umformen auf dp_V liefert

$$dp_V = l \cdot \frac{d_h \cdot 4 \cdot \tau}{d_h^2} = l \cdot \frac{4 \cdot \tau}{d_h}. \qquad (4.103)$$

Durch einsetzen von F/A_{Proj} für τ folgt

$$\begin{aligned} dp_V &= l \cdot \frac{4 \cdot \frac{F}{A_{\text{proj}}}}{d_h} = \frac{4 \cdot F \cdot l}{A_{\text{Proj}} \cdot d_h} \\ &= \frac{4 \cdot dp_V \cdot A \cdot l}{A_{\text{Proj}} \cdot d_h} \\ d_h \cdot dp_V &= \frac{4 \cdot dp_V \cdot A \cdot l}{A_{\text{Proj}}} \qquad (4.104) \end{aligned}$$

wodurch für den hydraulischen Durchmesser

$$d_{\text{hydr}} = d_h = \frac{4 \cdot A}{U} \qquad (4.105)$$

folgt, oder der hydraulische Radius zu

$$r_{\text{hydr}} = \frac{A}{U}. \qquad (4.106)$$

U ... Benetzter Umfang [m]
A ... Durchströmter Querschnitt [m^2]

Methode: Lösung durch SolidWorks – CFD 4.10

Die zuvor durchgeführte CFD-Analyse (aus 4.9) ist in Bezug auf die Reynolds-Zahl und Strömungsform zu untersuchen. Es wird das Rohr mit einer Geschwindigkeit in Höhe von $v_A = 150\,\text{m/s}$ durchflossen. Wie groß ist die dabei entstehende Reynolds-Zahl? Um welche Strömungsform handelt es sich? Inwieweit müsste sich die Geschwindigkeit ändern, damit die gegensätzliche Strömungsform im vorliegenden Modell entsteht? Überprüfen Sie zusätzlich bei einer Geschwindigkeit $v_A = 1\,\text{m/s}$ die Strömungsform und Re-Zahl.

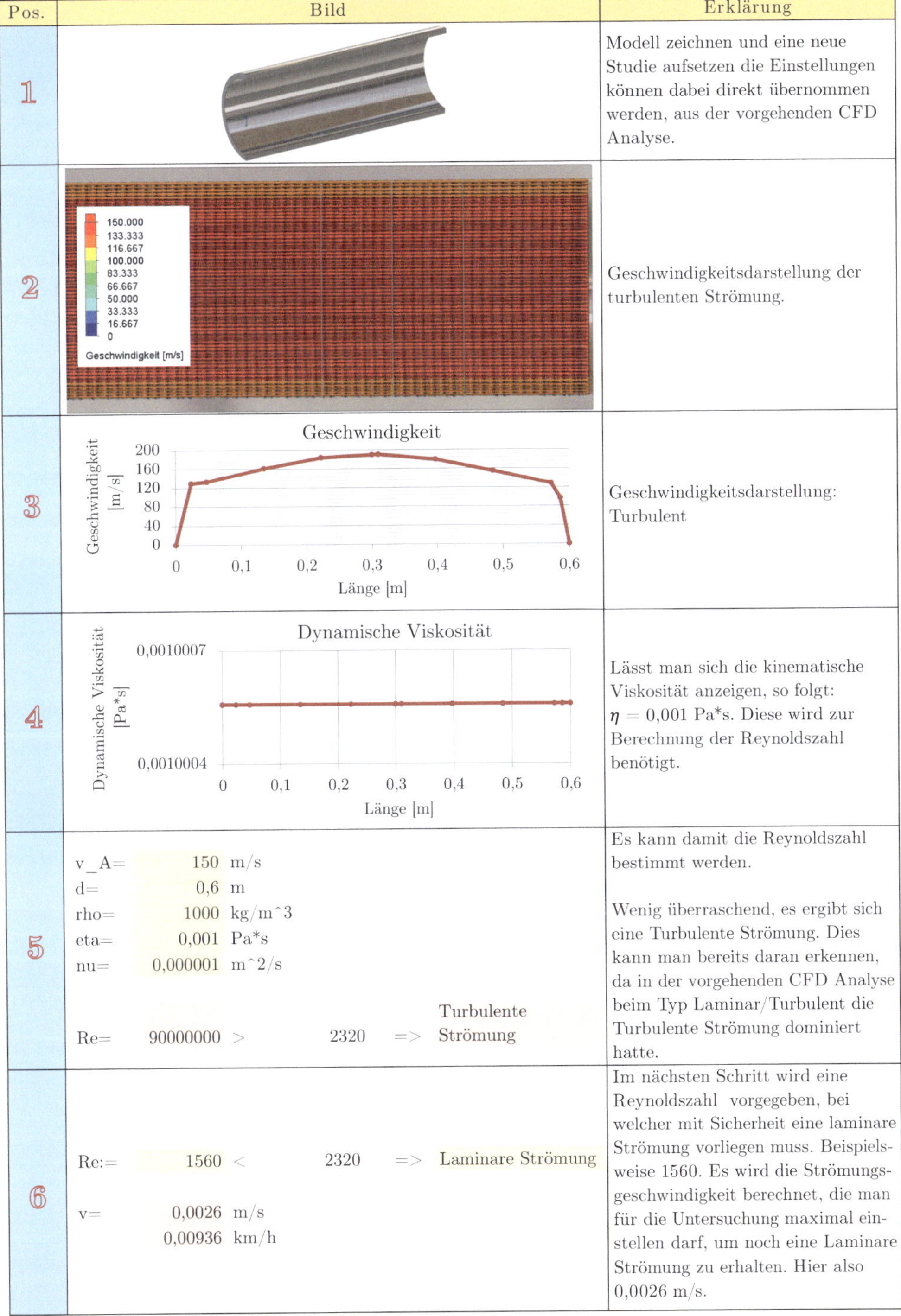

Pos.	Bild	Erklärung
1		Modell zeichnen und eine neue Studie aufsetzen die Einstellungen können dabei direkt übernommen werden, aus der vorgehenden CFD Analyse.
2	150.000 133.333 116.667 100.000 83.333 66.667 50.000 33.333 16.667 0 Geschwindigkeit [m/s]	Geschwindigkeitsdarstellung der turbulenten Strömung.
3	Geschwindigkeit; Geschwindigkeit [m/s]: 200 160 120 80 40 0; Länge [m]: 0 0,1 0,2 0,3 0,4 0,5 0,6	Geschwindigkeitsdarstellung: Turbulent
4	Dynamische Viskosität; Dynamische Viskosität [Pa*s]: 0,0010007 0,0010004; Länge [m]: 0 0,1 0,2 0,3 0,4 0,5 0,6	Lässt man sich die kinematische Viskosität anzeigen, so folgt: $\eta = 0{,}001$ Pa*s. Diese wird zur Berechnung der Reynoldszahl benötigt.
5	v_A= 150 m/s d= 0,6 m rho= 1000 kg/m^3 eta= 0,001 Pa*s nu= 0,000001 m^2/s Re= 90000000 > 2320 => Turbulente Strömung	Es kann damit die Reynoldszahl bestimmt werden. Wenig überraschend, es ergibt sich eine Turbulente Strömung. Dies kann man bereits daran erkennen, da in der vorgehenden CFD Analyse beim Typ Laminar/Turbulent die Turbulente Strömung dominiert hatte.
6	Re:= 1560 < 2320 => Laminare Strömung v= 0,0026 m/s 0,00936 km/h	Im nächsten Schritt wird eine Reynoldszahl vorgegeben, bei welcher mit Sicherheit eine laminare Strömung vorliegen muss. Beispielsweise 1560. Es wird die Strömungsgeschwindigkeit berechnet, die man für die Untersuchung maximal einstellen darf, um noch eine Laminare Strömung zu erhalten. Hier also 0,0026 m/s.

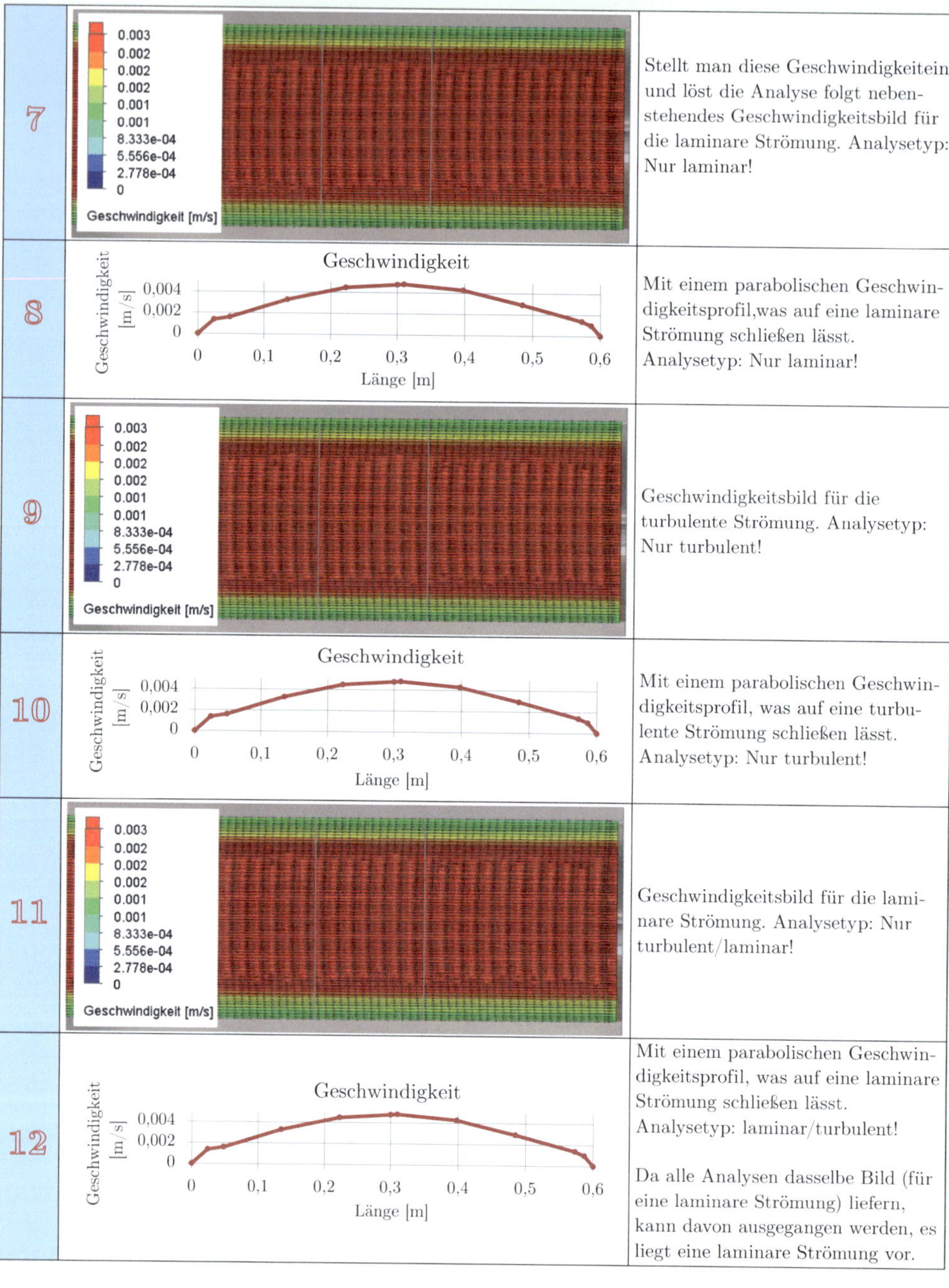

Nr.	Bild	Beschreibung
7	Geschwindigkeit [m/s]: 0.003, 0.002, 0.002, 0.002, 0.001, 0.001, 8.333e-04, 5.556e-04, 2.778e-04, 0	Stellt man diese Geschwindigkeitein und löst die Analyse folgt nebenstehendes Geschwindigkeitsbild für die laminare Strömung. Analysetyp: Nur laminar!
8	Geschwindigkeit; Geschwindigkeit [m/s]: 0,004, 0,002, 0; Länge [m]: 0, 0,1, 0,2, 0,3, 0,4, 0,5, 0,6	Mit einem parabolischen Geschwindigkeitsprofil,was auf eine laminare Strömung schließen lässt. Analysetyp: Nur laminar!
9	Geschwindigkeit [m/s]: 0.003, 0.002, 0.002, 0.002, 0.001, 0.001, 8.333e-04, 5.556e-04, 2.778e-04, 0	Geschwindigkeitsbild für die turbulente Strömung. Analysetyp: Nur turbulent!
10	Geschwindigkeit; Geschwindigkeit [m/s]: 0,004, 0,002, 0; Länge [m]: 0, 0,1, 0,2, 0,3, 0,4, 0,5, 0,6	Mit einem parabolischen Geschwindigkeitsprofil, was auf eine turbulente Strömung schließen lässt. Analysetyp: Nur turbulent!
11	Geschwindigkeit [m/s]: 0.003, 0.002, 0.002, 0.002, 0.001, 0.001, 8.333e-04, 5.556e-04, 2.778e-04, 0	Geschwindigkeitsbild für die laminare Strömung. Analysetyp: Nur turbulent/laminar!
12	Geschwindigkeit; Geschwindigkeit [m/s]: 0,004, 0,002, 0; Länge [m]: 0, 0,1, 0,2, 0,3, 0,4, 0,5, 0,6	Mit einem parabolischen Geschwindigkeitsprofil, was auf eine laminare Strömung schließen lässt. Analysetyp: laminar/turbulent! Da alle Analysen dasselbe Bild (für eine laminare Strömung) liefern, kann davon ausgegangen werden, es liegt eine laminare Strömung vor.

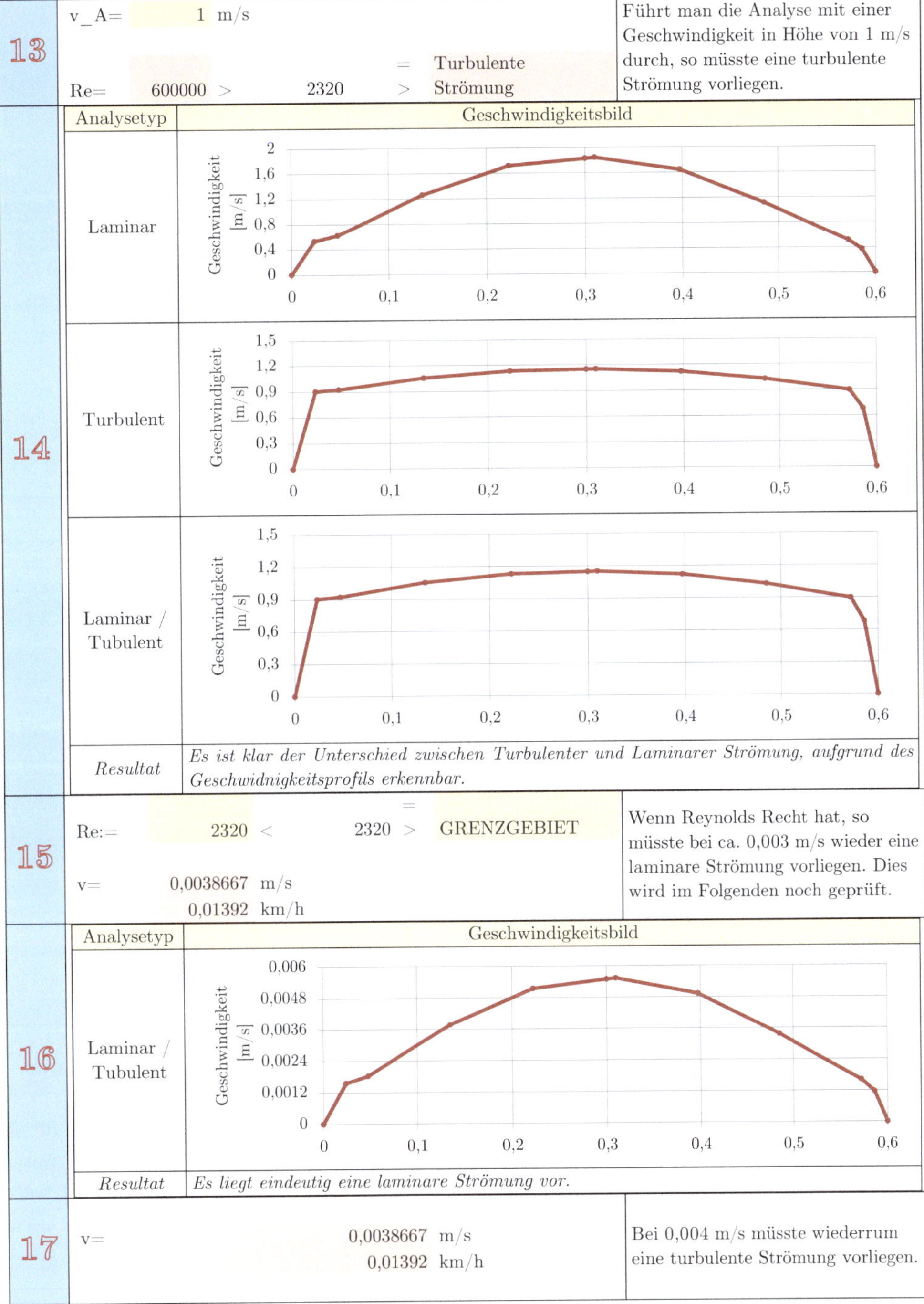

13

v_A= 1 m/s

Re= 600000 > 2320 > = Turbulente Strömung

Führt man die Analyse mit einer Geschwindigkeit in Höhe von 1 m/s durch, so müsste eine turbulente Strömung vorliegen.

14

Analysetyp	Geschwindigkeitsbild
Laminar	(Diagramm)
Turbulent	(Diagramm)
Laminar / Tubulent	(Diagramm)
Resultat	*Es ist klar der Unterschied zwischen Turbulenter und Laminarer Strömung, aufgrund des Geschwidnigkeitsprofils erkennbar.*

15

Re:= 2320 < 2320 > = GRENZGEBIET

v= 0,0038667 m/s
0,01392 km/h

Wenn Reynolds Recht hat, so müsste bei ca. 0,003 m/s wieder eine laminare Strömung vorliegen. Dies wird im Folgenden noch geprüft.

16

Analysetyp	Geschwindigkeitsbild
Laminar / Tubulent	(Diagramm)
Resultat	*Es liegt eindeutig eine laminare Strömung vor.*

17

v= 0,0038667 m/s
0,01392 km/h

Bei 0,004 m/s müsste wiederrum eine turbulente Strömung vorliegen.

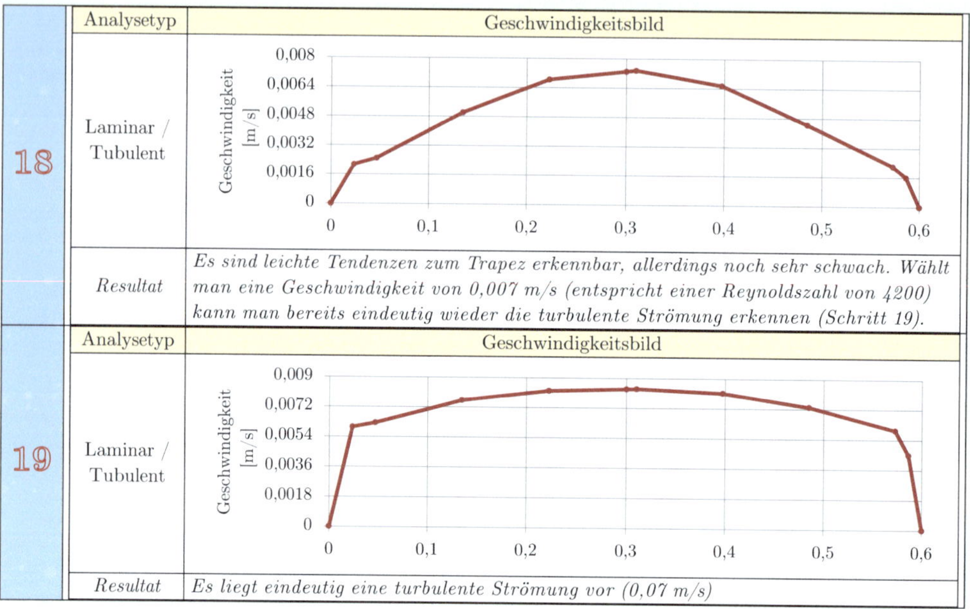

	Analysetyp	Geschwindigkeitsbild
18	Laminar / Tubulent	*(Diagramm)*
	Resultat	*Es sind leichte Tendenzen zum Trapez erkennbar, allerdings noch sehr schwach. Wählt man eine Geschwindigkeit von 0,007 m/s (entspricht einer Reynoldszahl von 4200) kann man bereits eindeutig wieder die turbulente Strömung erkennen (Schritt 19).*
19	Laminar / Tubulent	*(Diagramm)*
	Resultat	*Es liegt eindeutig eine turbulente Strömung vor (0,07 m/s)*

4.2.5 Reibungsparameter

4.2.5.1 Rohrbeschaffenheit

Man kann sich leicht vorstellen, dass auch die Oberfläche eine wichtige Rolle spielt. Man hat hunderte Strömungsversuche durchgeführt, um Werte zur Beschreibung des Oberflächeneinflusses zu erhalten. Man hat erkannt, dass man die besten für die Berechnung notwendigen Werte erhält, wenn man diese in Abhängigkeit des nachstehenden Verhältnisses beschreibt. Es ist dann möglich, die **Sandrauheit** k aus Formelsammlungen ablesen.

$$\frac{k}{d_{\text{hydr}}} \tag{4.107}$$

4.2.5.2 Reibungsbeiwert λ

Mit den beiden Konstanten Re und k/d_{hydr} kann man aus dem **Moody-Diagrammen** den **Reibwert** ablesen.[7]

7 Lewis Ferry Moody (geboren 1880; gestorben 1953) war ein US-amerikanischer Maschinenbauingenieur und Professor für Hydraulik an der Princeton University [63].

Beispiel 4.4

Für $Re = 3{,}0 \cdot 10^4$ und $\frac{k}{d_{\text{hydr}}} = 3{,}0 \cdot 10^{-3}$ beträgt $\lambda = 0{,}030$

Für $Re = 8{,}0 \cdot 10^5$ und $\frac{k}{d_{\text{hydr}}} = 2{,}0 \cdot 10^{-4}$ beträgt $\lambda = 0{,}015$

4.2.5.3 Moody-Diagramm

Siehe ▫ Abb. 4.27.

4.2.6 Darcy-Weisbach Gleichung

Um alle bereits behandelten Beiwerte mittels einer Gleichung verbinden zu können, muss die Darcy-Weisbach-Gleichung hergeleitet werden. Benannt ist diese nach Henry Philibert Gaspard Darcy (vgl. ▫ Abb. 4.28) und Julius Ludwig Weisbach (vgl. ▫ Abb. 4.29).

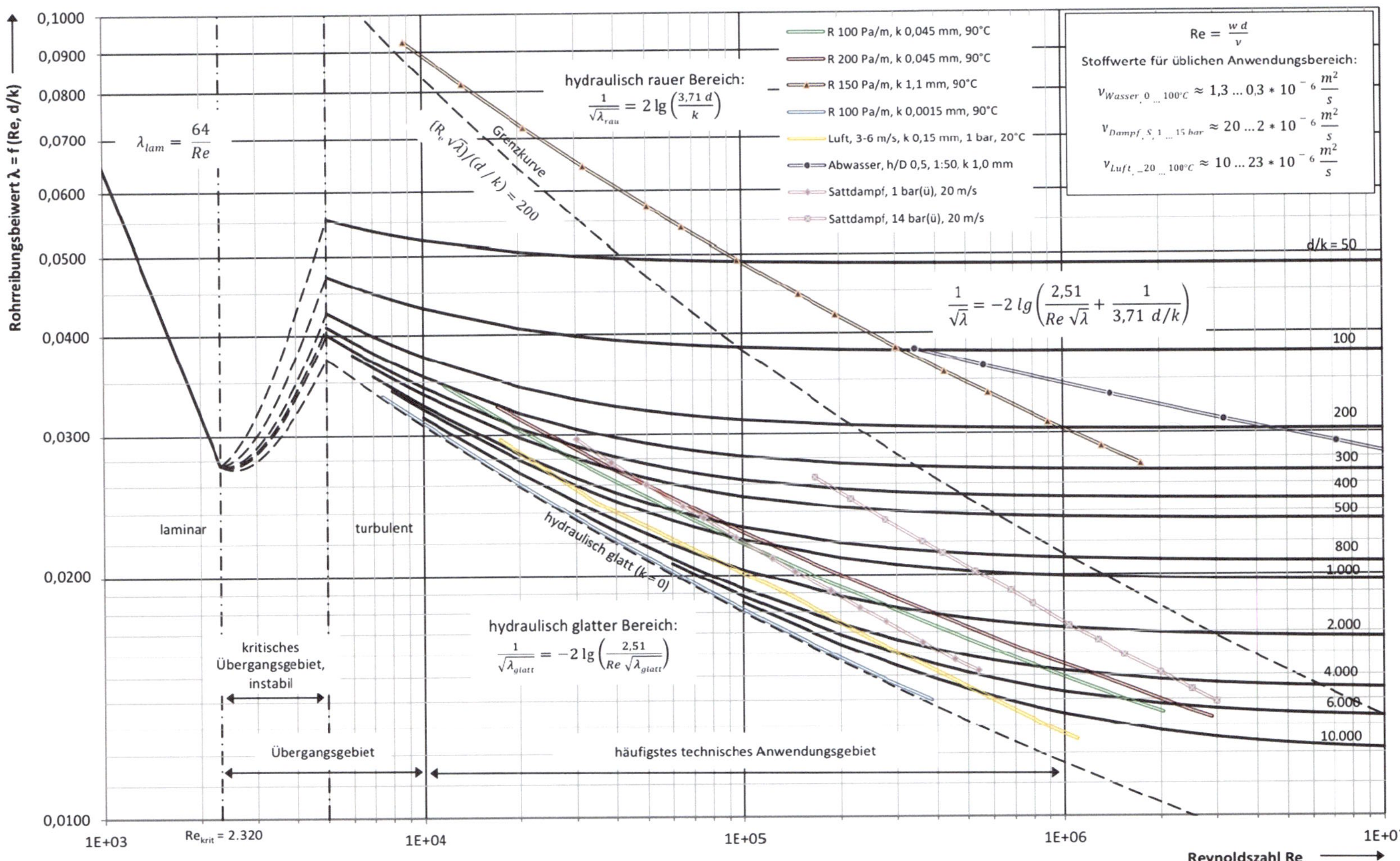

Abb. 4.27 Moody-Diagramm [63]

4

Abb. 4.28 Darcy [46]

Abb. 4.29 Weisbach [54]

4.2.6.1 Herleitung der Darcy-Weisbach-Gleichung

Da ein Zusammenhang mit der Geschwindigkeit herzustellen ist, liegt es nahe, eine Energiebilanz-Betrachtung anzusetzen. Dies wird erreicht, indem die kinetische- und die potentielle Energie ($E_{\text{kin}} = m \cdot \frac{v^2}{2}$ bzw. $E_{\text{Pot}} = m \cdot g \cdot h$) gleichgesetzt wird, zu $E_{\text{kin}} = m \cdot \frac{v^2}{2}$ (Vergleich auch Bernoulli-Gleichung)

$$m \cdot \frac{v^2}{2} = m \cdot g \cdot h \tag{4.108}$$

Um die Abhängigkeit mittels der Reibung herzustellen, wird mit λ multipliziert, wodurch

$$\lambda \cdot m \cdot \frac{v^2}{2} = m \cdot g \cdot h_f \tag{4.109}$$

folgt, bzw. durch Umformen

$$h_f = \lambda \cdot \frac{m \cdot v^2}{2 \cdot g \cdot m} = \lambda \cdot \frac{v^2}{2 \cdot g}. \tag{4.110}$$

Da Strömungen auch von der Länge der Rohrleitung abhängen, wird ein weiteres Verhältnis, damit die durchgeführten Versuche (Realität) mit der analytischen Lösung für h_f genauer werden, durch Multiplikation hinzugefügt, wodurch sich die **Darcy-Weisbach-Gleichung** durch

$$h_f = \lambda \cdot \frac{l}{d_{\text{hydr}}} \cdot \frac{v^2}{2 \cdot g}. \tag{4.111}$$

ergibt.

4.2.6.2 Anwendungsbeispiel der Darcy-Weisbach Gleichung

Siehe ► Bsp. 4.5.

Beispiel 4.5

In einem voll durchflossenen Gusseisenrohr (k=0,8 mm) mit dem Durchmesser $d = 80\,\text{cm}$ fließen je Sekunde $0{,}25\,\text{m}^3$ Öl ($\nu = 0{,}00001\,\frac{\text{m}^2}{\text{s}}$). Wie groß ist die Verlusthöhe, bei einer Rohrlänge von 1000 m?

Lösung

- Darcy-Weisbach Gleichung:

$$h_f = \lambda \frac{l}{d_{\text{hydr}}} \frac{v^2}{2\,g} \tag{4.112}$$

- Hydraulischer Durchmesser:

$$\underline{\underline{d_{\text{hydr}}}} = \frac{4\,A}{U} = \frac{4\,r^2\,\pi}{2\,r\,\pi} = 2\,r = \underline{\underline{d}} \tag{4.113}$$

- Geschwindigkeit:

$$\underline{\underline{v}} = \frac{Q}{A} = \frac{Q}{\frac{d^2\,\pi}{4}} = \frac{4\,Q}{d^2\,\pi} = \underline{\underline{0{,}497\,\frac{\text{m}}{\text{s}}}} \tag{4.114}$$

- Reynolds-Zahl:

$$\underline{\underline{Re}} = \frac{d_{\text{hydr}}\,v}{\nu} = \frac{0{,}497 \cdot 0{,}8}{10 \cdot 10^{-6}} = \underline{\underline{3{,}98 \cdot 10^4}} \tag{4.115}$$

- Relative Sandrauheit:

$$\underline{\underline{\frac{k}{d_{\text{hydr}}}}} = \frac{8 \cdot 10^{-4}}{0{,}8} = \underline{\underline{1 \cdot 10^{-3}}} \tag{4.116}$$

- Einsetzen:

$$\begin{aligned} \underline{\underline{h_f}} &= \lambda \frac{l}{d_{\text{hydr}}} \frac{v^2}{2\,g} = \lambda \frac{1000}{0{,}8} \frac{0{,}497^2}{2 \cdot 9{,}81} \\ &= \underline{\underline{15{,}238\,\lambda}} \end{aligned} \tag{4.117}$$

- λ aus dem Moody-Diagramm:

$$\underline{\underline{\lambda = 0{,}025}} \tag{4.118}$$

- Verlusthöhe:

$$\begin{aligned} \underline{\underline{h_f}} &= 15{,}238\,\lambda = 15{,}238 \cdot 0{,}025 \\ &= \underline{\underline{0{,}386\,\text{mm}}} \end{aligned} \tag{4.119}$$

4.3 Stationäre, Reibungsbehaftete Rohrströmung

Um die Widerstände in einer Strömung zu überwinden, ist mechanische Arbeit erforderlich. Diese Arbeitsleistung wird in Wärmeenergie umgewandelt, die anschließend nicht mehr in mechanische Arbeit zurückverwandelt wird. Dies stellt einen tatsächlichen Verlust an hydraulischer Energie dar.

Corollary 4.3
Die Bernoulli-Gleichung muss daher in Strömungsrichtung abnehmen.

Diese Abnahme bezeichnet man als Widerstandshöhe oder **Verlusthöhe** $\boldsymbol{h_v}$.

4.3.1 Bernoulli-Gleichung ohne Verlusthöhe

- **Bernoulli-Gleichung ohne Verlustglieder:**
  - Höhengleichung:

$$H = \frac{v^2}{2 \cdot g} + z + \frac{p}{\varrho \cdot g} = \text{const.} \tag{4.120}$$

  - Höhengleichung für zwei Höhen, gleichgesetzt;

$$\frac{v_1^2}{2 \cdot g} + z_1 + \frac{p_1}{\varrho \cdot g} = \frac{v_2^2}{2 \cdot g} + z_2 + \frac{p_2}{\varrho \cdot g} \tag{4.121}$$

- **Bernoulli-Gleichung mit Verlustgliedern:**
  - Höhengleichung:

$$H = \frac{v^2}{2 \cdot g} + z + \frac{p}{\varrho \cdot g} + h_V = \text{const.} \tag{4.122}$$

  - Höhengleichung für zwei Höhen, gleichgesetzt:

$$\frac{v_1^2}{2 \cdot g} + z_1 + \frac{p_1}{\varrho \cdot g} = \frac{v_2^2}{2 \cdot g} + z_2 + \frac{p_2}{\varrho \cdot g} + h_{V1,2} \tag{4.123}$$

Rohrleitungsanlagen können Energiezuführende oder Energieabführende Anlagenteile (Pumpen, Turbinen, Ventilatoren) enthalten. Weiteres ist die Strömung eines realen Fluids mit Verlusten verbunden. Berücksichtigung in Gleichungen:

- durch ein Arbeitsglied (Zu- oder Abfuhr von Arbeit $\pm \Delta E_a$, + … Arbeitszufuhr, – … Arbeitsabfuhr)
- durch ein Verlustglied (ΔE_V, nur positive Werte!)

Bemerkung 4.5

Bei der Indexierung in Stromrichtung (1–2), wird das Arbeitsglied ΔE_a zu den Gliedern mit Index 1 hinzugefügt und das Verlustglied ΔE_V zu den Gliedern mit Index 2.

Erweiterte Bernoulli'sche Gleichung:

$$\frac{v_1^2}{2} + h_1 \cdot g + \frac{p_1}{\varrho} \pm \Delta e_a = \frac{v_2^2}{2} + h_2 \cdot g + \frac{p_2}{\varrho} \pm \Delta e_V \tag{4.124}$$

wobei hier Δe_n als spezifische Energie dargestellt ist (dividiert durch die Masse von einem kg des strömenden Mediums).

Insbesondere bei Rohrströmungen findet diese Gleichung Anwendung. Bei Annahme eines konstanten Durchsatzes sind die Geschwindigkeiten in den Rohrquerschnitten festgelegt. Die Lageenergie der Rohrabschnitte ist durch die geodätische Höhe festgelegt. Die Änderung der Arbeitsfähigkeit kann sich somit nur auf die Druckenergie, bzw. auf den statischen Druck auswirken. In der Druckgleichung heißt der Anteil des Reibungsverlustes dann Druckverlust Δp_V.

Die Verluste in Rohrleitungsanlagen werden üblicherweise in Vielfachen des dynamischen Anteils der Bernoulli'schen Gleichung ausgedrückt, wobei der Multiplikationsfaktor mit ζ (zeta) (Verlustbeiwert) bezeichnet wird:

$$\Delta e_V = \frac{\Delta E_V}{m} = \xi \cdot \frac{v^2}{2}; \Delta h_V = \xi \cdot \frac{v^2}{2\,g}; \quad \Delta p_V = \xi \cdot \varrho \cdot \xi \cdot \frac{v^2}{2\,g}. \tag{4.125}$$

Die Leistungsberechnung ergibt sich mit der Multiplikation des Massenstromes mit der spezifischen Energie zu- bzw. Energieabfuhr (Pumpe, Turbine). In späterer Folge werden die spezifischen Energien als spezifische Stutzenarbeiten y bezeichnet.

$$P = \dot{m} \cdot \Delta e_a \text{ bzw. } P = \dot{m} \cdot y. \tag{4.126}$$

Für die Kupplungs- bzw. Antriebsleistung ist noch der Wirkungsgrad η zu berücksichtigen, doch dazu später mehr.

4.3.2 Verlusthöhe und Überdrücke

Für die Ausflussöffnung gilt dann unter der Annahme, dass nur mit den Überdrücken gerechnet wird, die Darstellung aus Abb. 4.30. Betrachtet man nur Überdrücke, so muss $p = 0$, $z = 0$, $v = v_a$, $h_V = h_{V,\text{ges}}$ gelten. Diese Bedingungen in die Bernoulli-Gleichung mit Verlusthöhe eingesetzt, liefert

$$H = \frac{v_a^2}{2 \cdot g} + 0 + \frac{0}{\varrho \cdot g} + h_{V,\text{ges}}. \tag{4.127}$$

$$H = \frac{v_a^2}{2 \cdot g} + h_{V,\text{ges}} \tag{4.128}$$

Das heißt, dass zur Verfügung stehende Gefälle wird einerseits zur Erzeugung der Ausflussgeschwindigkeit v_a und andererseits zur Überwindung der gesamten Verluste benötigt. Nachfolgend wird die gesamte Verlusthöhe einer technischen Rohrleitung getrennt nach Rohrreibungsverlusten in geraden, kreiszylindrischen Rohren und nach besonderen Verlusten durch Einbauten (Ventile…) betrachtet. Die Summe aller einzelnen Verlusthöhen ergibt wieder die Gesamtverlusthöhe.

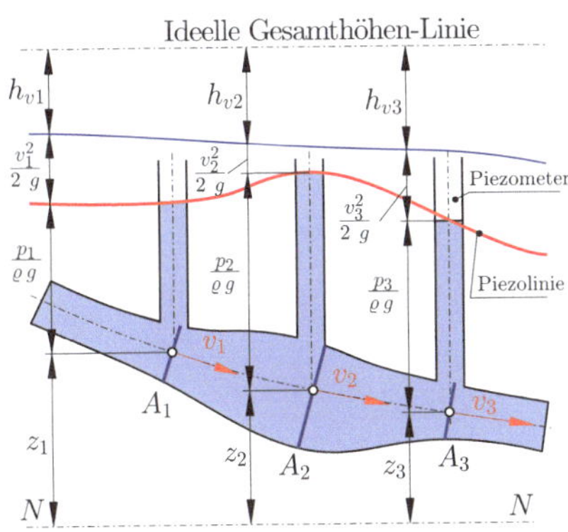

Abb. 4.30 Reibungsbehaftete Rohrströmung, Energiehöhen

4.3.3 Rohrreibungsverlust h_r

(vgl. Abb. 4.31). Bei geraden, kreiszylindrischen Rohren mit konstantem Querschnitt verlaufen Energie- und Drucklinie parallel. Bei konstanter Rauigkeit ist die Drucklinie eine Gerade. Nach Bernoulli gilt: $H_1 = \frac{v^2}{2 \cdot g} + z_1 + \frac{p_1}{\varrho \cdot g}$ bzw. $H_2 = \frac{v^2}{2 \cdot g} + z_2 + \frac{p_2}{\varrho \cdot g} + h_r$. Mit $H_1 = H_2$ folgt

$$\begin{aligned} &\frac{v^2}{2 \cdot g} + z_1 + \frac{p_1}{\varrho \cdot g} - \frac{v^2}{2 \cdot g} \\ &+ z_2 + \frac{p_2}{\varrho \cdot g} + h_r = 0 \\ &h_r = z_1 + \frac{p_1}{\varrho \cdot g} = z_2 + \frac{p_2}{\varrho \cdot g} \end{aligned} \tag{4.129}$$

$$h_r = z_1 - z_2 + \frac{p_1 - p_2}{\varrho \cdot g} \tag{4.130}$$

Bezieht man die Verlusthöhe h_r auf die Rohrlänge L so erhält man das **Drucklininengefälle**.

4.3.3.1 Druck- und Energielinien

Siehe ▶ Bsp. 4.6

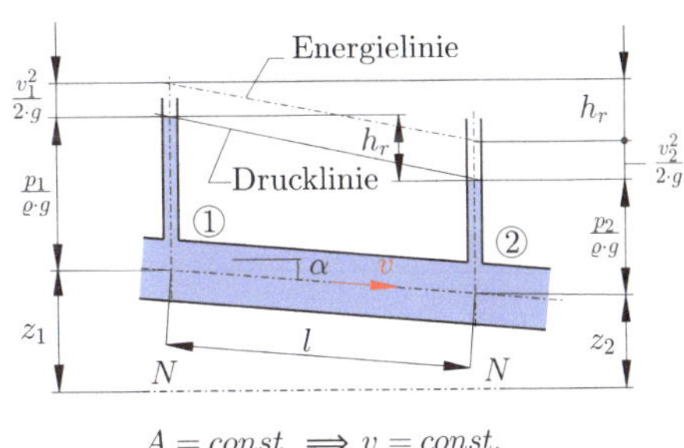

Abb. 4.31 Rohrreibungsverluste

Beispiel 4.6

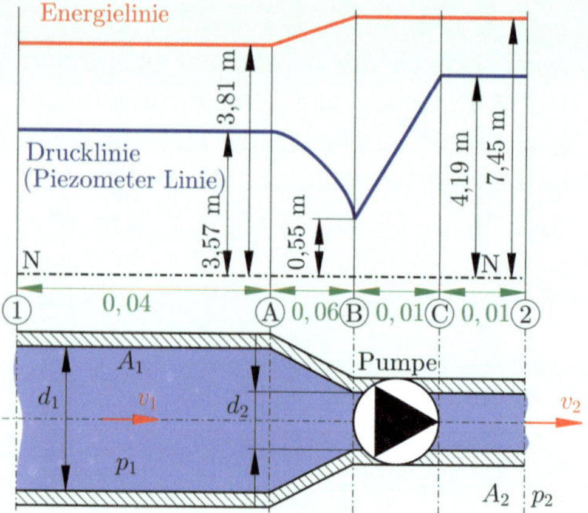

Abb. 4.32 Düsenströmung – Veranschaulichung der Energielinie und Drucklinie (nicht maßstäblich!)

Durch die in Abb. 4.32 dargestellte Düse wird mit einer Pumpe, betrieben durch einen Elektromotor, und dessen elektrischer Leistung P_P, Wasser gefördert. Als Wirkungsgrad ist für den Elektromotor 90 % und für die Pumpe 82 % anzunehmen. Stellen Sie die Druck- und Energielinie dar, wenn man die Verluste im Rohr vernachlässigen kann. Gegeben sei die Pumpenleistung durch $P_P = 850\,\text{W}$, der Querschnitt $A_1 = 0{,}008\,\text{m}^2$ mit dem Druck $p_1 = 0{,}35\,\frac{\text{N}}{\text{mm}^2}$ und $A_2 = 0{,}0022\,\text{m}^2$ mit $v_2 = 8\,\frac{\text{m}}{\text{s}}$. Die Düse ist bei Durchströmung von Wasser und Petroleum ($\varrho = 800\,\frac{\text{kg}}{\text{m}^3}$) zu untersuchen, wobei die Ergebnisse am Ende per Excel zu überprüfen sind. (In ähnlicher Form in [18] zu finden.)

Lösung

Um die Druck- und Energielinie zeichnen zu können, muss man die unterschiedlichen Höhen berechnen. Um dies machen zu können, muss man allerdings zunächst einige Randbedingungen bestimmen, wie Geschwindigkeiten, geminderte Leistungen (Wirkungsgrad) oder Drücke. Dies wird im kommenden, vor Bestimmung der eigentlichen Höhen, getan. Da sich zwischen Petroleum und Wasser nur die Dichte ändert, wird zunächst immer mittels Wasser gerechnet.

- **Geschwindigkeit am Eintritt der Düse (Stelle 1):** Da bereits eine Geschwindigkeit und die beiden Düsenquerschnitte bekannt sind, ist es einfach mittels der Kontinuitätsgleichung die Geschwindigkeit an der Stelle 1 zu bestimmen.

$$A_1 \cdot v_1 = A_2 \cdot v_2$$
$$\Longrightarrow \underline{\underline{v_1}} = \frac{A_2 \cdot v_2}{A_1} = \frac{0{,}0022 \cdot 8}{0{,}008} = \underline{\underline{2{,}2\,\frac{\text{m}}{\text{s}}}}. \tag{4.131}$$

- **Berechnung der Pumpleistung:** Durch die Wirkungsgrade mindert sich die zur Verfügung stehende Leistung.

$$\underline{\underline{P_P}} = P_{\text{Ptheor}} \cdot \eta_{EL} \cdot \eta_P = 850 \cdot 0{,}9 \cdot 0{,}82 = \underline{\underline{627{,}3\,\text{W}}}. \tag{4.132}$$

- **Berechnung der Pumphöhe:** Dazu wird die bereits kennengelernte Gleichung $P_P = \dot{m} \cdot a$ verwendet.

$$\underline{\underline{h_P}} = \frac{P_P}{g\,\dot{m}} = \frac{P_P}{g\,\varrho\,A_2\,v_2} = \frac{627{,}3\,\text{W}}{9{,}81\,\frac{\text{m}}{\text{s}^2} \cdot 1000\,\frac{\text{kg}}{\text{m}^3} \cdot 0{,}0022\,\text{m}^2 \cdot 8\,\frac{\text{m}}{\text{s}}} = \underline{\underline{3{,}57\,\text{m}}} \tag{4.133}$$

Jetzt kann man beginnen, die Höhen für die Energielinie zu bestimmen.

- **Energielinienhöhe an Stelle 1:**

$$\underline{\underline{h_{E1}}} = \frac{v_1^2}{2\,g} = \frac{2{,}2^2\,\frac{\text{m}^2}{\text{s}^2}}{2 \cdot 9{,}91} = \underline{\underline{0{,}25\,\text{m}}}. \tag{4.134}$$

- **Energielinienhöhe mit v_2:**

$$\underline{\underline{h_{Ev2}}} = \frac{v_2^2}{2\,g} = \frac{8^2\,\frac{\text{m}^2}{\text{s}^2}}{2 \cdot 9{,}91} = \underline{\underline{3{,}26\,\text{m}}}. \tag{4.135}$$

Für die Druckhöhen ergibt sich:

- **Druckhöhe an Stelle 1:**

$$\underline{\underline{h_{P1}}} = \frac{p_1}{\varrho\, g} = \frac{0{,}35 \cdot 10^5\, \frac{\mathrm{N}}{\mathrm{m}^2}}{1000\, \frac{\mathrm{kg}}{\mathrm{m}^3} \cdot 9{,}81\, \frac{\mathrm{m}}{\mathrm{s}^2}} = \underline{\underline{3{,}57\,\mathrm{m}}}. \tag{4.136}$$

Für alle weiteren muss man sich das System grafisch aufzeichnen, Verweis dabei auf Abb. 4.32. Es ergibt sich demnach:

- **Energiehöhe an Stelle B:**

$$\underline{\underline{h_{EB}}} = h_{P1} + h_{E1} = 3{,}57\,\mathrm{m} + 0{,}25\,\mathrm{m} = \underline{\underline{3{,}81\,\mathrm{m}}}. \tag{4.137}$$

- **Energiehöhe an Stelle 2:**

$$\underline{\underline{h_{E2}}} = h_{EB} + h_P = 3{,}81\,\mathrm{m} + 3{,}63\,\mathrm{m} = \underline{\underline{7{,}75\,\mathrm{m}}}. \tag{4.138}$$

- **Druckhöhe an Stelle B:**

$$\underline{\underline{h_{E2}}} = h_{EB} - h_{Ev2} = 3{,}81\,\mathrm{m} - 3{,}26\,\mathrm{m} = \underline{\underline{0{,}55\,\mathrm{m}}}. \tag{4.139}$$

Jetzt ist man auch in der Lage die Diagramme zu zeichnen, und den Druck p_2 zu berechnen, durch

$$\underline{\underline{p_2}} = \varrho \cdot h_{PB} \cdot g = 1000\, \frac{\mathrm{kg}}{\mathrm{m}^3} \cdot 9{,}81\, \frac{\mathrm{m}}{\mathrm{s}^2} \cdot 0{,}55\,\mathrm{m} = \underline{\underline{5420\,\mathrm{N/m}^2}}. \tag{4.140}$$

Zeichnet man die Energielinien aus Abb. 4.32 so fällt schnell auf, dass der Bogen in der Drucklinie nur erahnt werden kann, was auch meistens genügt, wenn man den weiß, dass es sich in diesem Bereich so verhält. Im nächsten Schritt, der Kontrolle mittels Excel, wird man aber dann ein Problem bekommen, denn für diese Diagramme muss man eben diese Punkte berechnen. Um dem im Anschluss gewachsen zu sein, leitet man die Gleichungen für die Punkte, zu Berechnung her.

Mit Abb. 4.33 folgt für die Funktionsgleichung, mit der der Durchmesser an jeder beliebigen Stelle berechnet werden kann, für die Steigung k, wenn zunächst der Durchmesser aus der Querschnittfläche durch

$$d_i = \sqrt{\frac{4 \cdot A_i}{\pi}} \tag{4.141}$$

bestimmbar wird,

$$\underline{\underline{k}} = \frac{\Delta y}{\Delta x} = -\frac{0{,}024}{0{,}06} = \underline{\underline{-0{,}4}}. \tag{4.142}$$

Für d folgt sofort $\underline{\underline{d = 0{,}0504\,\mathrm{m}}}$. Damit findet man für die Funktion des Durchmessers, mit $d(l) = 2 \cdot k \cdot l + d$

$$\underline{\underline{d_i(l) = -0{,}8 \cdot l + 0{,}0504}}. \tag{4.143}$$

Damit wird auch die Geschwindigkeit v_i, an jeder beliebigen Stelle, bestimmbar, durch die Kontinuitätsgleichung, zu

$$v_i = \frac{A_2 \cdot v_2}{A_i}. \tag{4.144}$$

Somit ist es mit

$$\underline{\underline{h_{Ei} = \frac{v_i^2}{2g}}} \quad \text{bzw.} \quad \underline{\underline{h_{Pi} = h_{EB} - h_{Ei}}}. \tag{4.145}$$

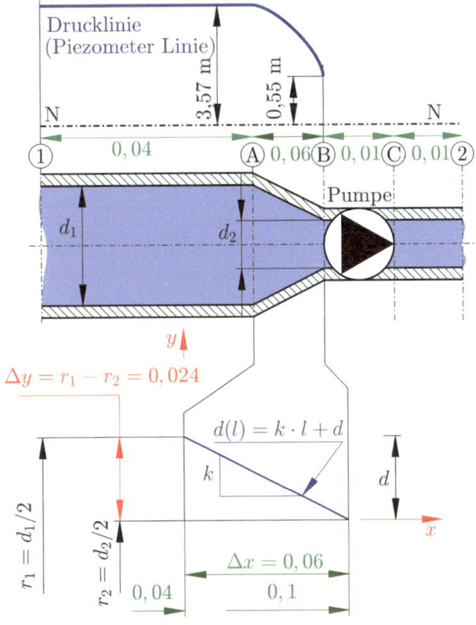

Abb. 4.33 Funktionsgleichung für den Durchmesser

4

Folgend ist die Kontrolle mittels Excel gezeigt.

eta_EL	90%		Wirkungsgrad Elektromotor
eta_P	82%		Wirkungsgrad Pumpe
A_1=	0,008	m^2	Querschnitt Düseneintritt
A_2=	0,0022	m^2	Querschnitt Düsenaustritt
v_2=	8	m/s	Düsengeschwindigkeitsaustritt
rho_W=	1000	kg/m^3	Dichte Wasser
rho_Petr=	800	kg/m^3	Dichte Petroleum
p_1=	35000	N/mm^2	Druck Düseneintritt
P_Ptheor=	850	W	Leistung Pumpe
g=	9,81	m/s^2	Gravitationskonstante
l_D=	0,04	m	Länge des Düsenabschnittes
l_P=	0,01	m	Länge der Pumpe im Rohr
Ab_P=	0,1-0,01	m	Position der Pumpe (von l)

	Wasser	Petroleum		
Kontinitätsgleichung für v_1:				
v_1=	2,20		m/s	Geschwindigkeit an Stelle von 1
Pumpenrandebdingungen:				
P_P=	627,30		W	Berechnung der Pumpenleistung
h_P=	3,63	4,54	m	Berechnung der Pumphöhe
p_2=	5420,00	11336,00	N/m^2	Druck an Stelle von 2
Drucklinie:				
h_P1=	3,57	4,46	m	
h_P2=	0,55	1,44	m	
Energielinie				
h_E1=	0,25	0,25	m	
h_Ev2=	3,26	3,26	m	
h_EB=	3,81	4,71	m	
h_E2=	7,45	9,25	m	

Diagramm	Wasser		Petroleum		Abschnitt
l	Drucklinie	Energielinie	Drucklinie	Energielinie	
0	3,57	3,81	4,46	4,71	Querschnitt A_1
0,04	3,57	3,81	4,46	4,71	
0,045	3,52	3,81	4,42	4,71	
0,05	3,47	3,81	4,36	4,71	
0,055	3,41	3,81	4,30	4,71	
0,06	3,32	3,81	4,21	4,71	
0,065	3,22	3,81	4,11	4,71	
0,07	3,08	3,81	3,98	4,71	
0,075	2,91	3,81	3,80	4,71	
0,08	2,68	3,81	3,57	4,71	
0,085	2,37	3,81	3,27	4,71	
0,09	1,96	3,81	2,85	4,71	
0,095	1,38	3,81	2,27	4,71	
0,1	0,55	3,81	1,44	4,71	
0,11	4,19	7,45	5,99	9,25	Pumpe
0,115	4,19	7,45	5,99	9,25	Querschnitt A_2
0,12	4,19	7,45	5,99	9,25	

Delta x=	0,06	m	Länge Düse (Stelle 1)	
Delta y=	0,0240	m	Radiuszuwachs	Funktions-gleichung
k=	-0,399997	m	Steigung	
d=	0,0504627	m	Abszissenabstand	

Pumpe	d_i	A_i	v_i	h_E_W&Petr	h_P_Wasser	h_P_Petr
0	0,101	0,008	2,200	0,247	3,568	4,460
0,005	0,097	0,007	2,385	0,290	3,524	4,416
0,01	0,093	0,007	2,595	0,343	3,471	4,363
0,015	0,089	0,006	2,834	0,409	3,405	4,297
0,02	0,085	0,006	3,107	0,492	3,322	4,214
0,025	0,081	0,005	3,422	0,597	3,218	4,110
0,03	0,077	0,005	3,787	0,731	3,084	3,976
0,035	0,073	0,004	4,214	0,905	2,910	3,801
0,04	0,069	0,004	4,717	1,134	2,680	3,572
0,045	0,065	0,003	5,316	1,440	2,374	3,266
0,05	0,061	0,003	6,037	1,858	1,957	2,849
0,055	0,057	0,003	6,915	2,437	1,377	2,269
0,06	0,053	0,002	8,000	3,262	0,552	1,444

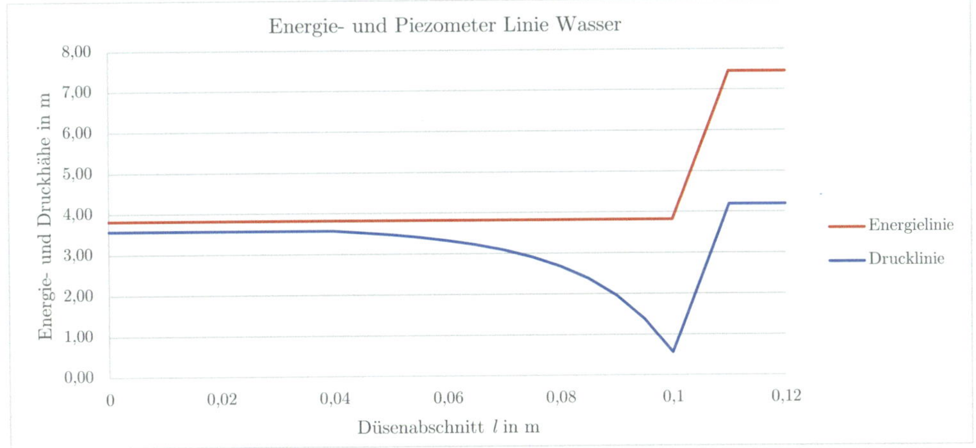

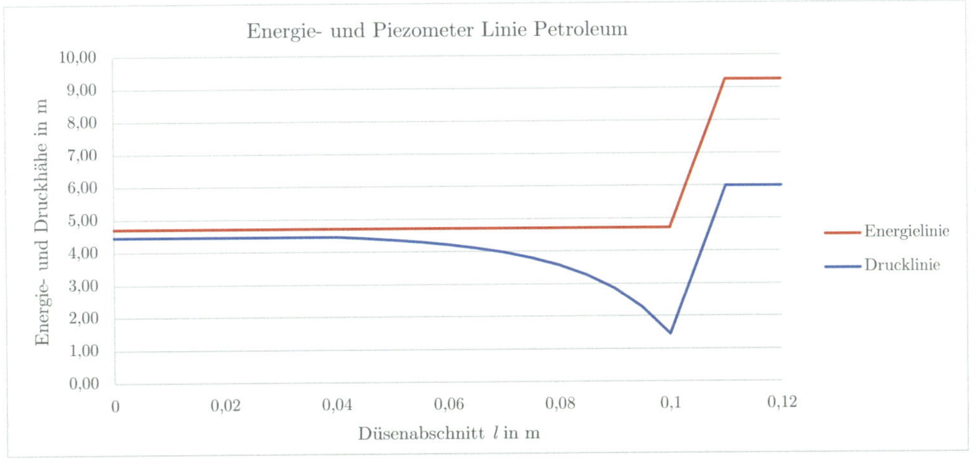

4

4.3.3.2 Drucklinienfälle J

Bekannt ist bereits die Gleichung

$$h_r = z_1 - z_2 + \frac{p_1 - p_2}{\varrho \cdot g}. \tag{4.146}$$

Bezieht man die Verlusthöhe h_r auf die Rohrlänge L so erhält man das **Drucklinienfälle**.

$$J = \frac{h_r}{L} = \frac{z_1 - z_2}{L} + \frac{p_1 - p_2}{\varrho \cdot g \cdot L}. \tag{4.147}$$

$\frac{z_1-z_2}{L}$ ... Natürliches Gefälle
$\frac{p_1-p_2}{\varrho \cdot g \cdot L}$ ... Druckgefälle

Aus Abb. 4.31 kann der geometrische Zusammenhang

$$\sin(\alpha) = \frac{z_1 - z_2}{L} \tag{4.148}$$

erkannt werden. Einsetzen liefert die allgemeine Formel

$$J = \frac{p_1 - p_2}{\varrho \cdot g \cdot L} + \sin(\alpha). \tag{4.149}$$

Definition 4.9 (Drucklinienfälle)
Das Drucklinienfälle ist das erforderliche natürliche Gefälle, um gerade die Reibungswiderstände zu überwinden.

Bemerkung 4.6
Soll am Anfang und am Ende des Rohres der gleiche Druck herrschen, also $p_1 = p_2$ folgt für das Drucklinienfälle $J = \sin(\alpha)$ und damit für die Verlusthöhe $h_r = z_1 - z_2$. Für die horizontale Richtung gilt: $\sin(\alpha) = 0$.

Einsetzen liefert

$$J = \frac{p_1 - p_2}{\varrho \cdot g \cdot L}. \tag{4.150}$$

Dividieren durch die Länge ergibt die Verlusthöhe

$$h_r = \frac{p_1 - p_2}{\varrho \cdot g}. \tag{4.151}$$

Der Druck fällt längs der Leitung ab.

Wenn $z_1 - z_2 > h_r$ steigt der Druck längs der Leitung.

Drucklinienfälle bei laminarer Strömung

Zu berechnen ist die mittlere Strömungsgeschwindigkeit.

Diese Formel wird mittels der Hagen-Poiseuille-Gleichung hergeleitet. Die Herleitung der Hagen-Poiseuille Gleichung wird im nächsten Abschnitt getätigt.

Die Hagen Poiseuille-Gleichung lautet

$$v = \frac{p_1 - p_2}{8 \cdot \eta \cdot l} \cdot r^2, \tag{4.152}$$

v ... Strömungsgeschwindigkeit
$p_1 - p_2$ ... Druckdifferenz
r ... Radius des durchströmenden Rohrs
l ... Länge des Rohrs
η ... Dynamische Viskosität

bzw. umgeformt

$$p_1 - p_2 = \frac{8\,\eta\,l\,v}{r^2} = \frac{8\,\eta\,l\,v}{\frac{d^2}{4}} = \frac{32\,\eta\,l\,v}{d^2}. \tag{4.153}$$

Es folgt die allgemeine Formel für den Druckwiderstand

$$\Delta p = \frac{32 \cdot \eta \cdot l \cdot v}{d^2}. \tag{4.154}$$

Jetzt kann für die Gleichung $p_1 - p_2 = \frac{32\,\eta\,l\,v}{d^2}$ noch jene für die Drucklinie ($J = \frac{p_1-p_2}{\varrho\,g\,L}$) eingesetzt werden

$$J = \frac{p_1 - p_2}{\varrho\,g\,l}, \tag{4.155}$$

umformen

$$p_1 - p_2 = J \varrho g l \tag{4.156}$$

gleichsetzen

$$\begin{aligned} J \varrho g l &= \frac{32 \eta l v}{d^2} \\ \frac{1}{v} &= \frac{32 \eta l}{J d^2 \varrho g l} \end{aligned} \tag{4.157}$$

wobei die kinematische Viskosität beachtet werden kann durch $\nu = \frac{\eta}{\varrho}$; bzw. durch einsetzen

$$\frac{1}{v} = \frac{32 l}{J d^2 g l} = \frac{32}{J d^2 g}; \tag{4.158}$$

bilden des Kehrwertes:

$$v = \frac{g}{32 \cdot \nu} \cdot J \cdot d^2. \tag{4.159}$$

Bemerkung 4.7
Diese Formel gilt nur für waagrecht liegende Rohre!

Durch Umformen folgt für $\frac{v}{J}$

$$\frac{v}{J} = \frac{g}{32 \cdot \nu} \cdot d^2; \tag{4.160}$$

bzw. durch Bilden des Kehrwertes für das Drucklinienngefälle

$$\frac{J}{v} = \frac{32 \cdot \nu \cdot v}{g \cdot d^2}. \tag{4.161}$$

Für die Verlusthöhe $h_r = J \cdot L$, gilt durch einsetzen

$$h_r = \frac{32 \cdot \nu \cdot v}{g \cdot d^2} \cdot L. \tag{4.162}$$

Erweitert man diese Gleichung um den Term $2 \cdot v$ erhält man eine Gleichung der Gestalt, die ähnlich jener für die Verlusthöhe bei turbulenter Strömung ist:

$$\begin{aligned} h_r &= \frac{32 \nu v}{g d^2} L = \frac{32 \nu v L 2 v}{g d^2 2 v} \\ &= \frac{64 \nu v^2 L}{2 g d^2 v}, \end{aligned} \tag{4.163}$$

wobei die Reynolds-Zahl durch $Re = \frac{v d}{\nu}$ definiert ist. Bildung des Kehrwertes liefert $\frac{1}{Re} = \frac{\nu}{v d}$ bzw.

$$h_r = \frac{64 \cdot v^2 \cdot L}{2 \cdot g \cdot d \cdot Re}. \tag{4.164}$$

- **Für nicht waagrecht liegende Rohrleitungen:**

Die Gleichung $p_1 - p_2 = \frac{32 \eta l v}{d^2}$ kann in $J = \frac{p_1 - p_2}{\varrho g L} + \sin(\alpha)$ eingesetzt werden, zu

$$J = \frac{p_1 - p_2 + \varrho g l \cdot \sin(\alpha)}{\varrho g l}. \tag{4.165}$$

Umformen dieser Gleichung ergibt $p_1 - p_2 = \varrho g l [J - \sin(\alpha)]$ bzw.

$$\begin{aligned} \varrho g l [J - \sin(\alpha)] &= \frac{32 \eta l v}{d^2} \\ \frac{1}{v} &= \frac{32 \eta l}{d^2 \varrho g l [J - \sin(\alpha)]} \end{aligned} \tag{4.166}$$

wobei die kinematische Viskosität mit $\nu = \frac{\eta}{\varrho}$ eingesetzt werden kann

$$\begin{aligned} \frac{1}{v} &= \frac{32 \eta}{d^2 \varrho g [J - \sin(\alpha)]} \\ &= \frac{32 \nu}{d^2 g [J - \sin(\alpha)]}. \end{aligned} \tag{4.167}$$

Bilden des Kehrwertes lässt eine Gleichung für die Geschwindigkeit folgen,

$$v = \frac{g}{32 \cdot \nu} \cdot d^2 [J - \sin(\alpha)]. \tag{4.168}$$

Diese Formel gilt für nicht waagrecht liegende Rohre! Durch Umformen folgt für das Druckliniengefälle

$$\begin{aligned} v &= \frac{g\,d^2}{32\,\nu}\,[J - \sin(\alpha)] \\ &= \frac{g\,d^2\,J}{32\,\nu} - \frac{g\,d^2}{32\,\nu}\sin(\alpha) \end{aligned} \qquad (4.169)$$

$$J = \frac{32 \cdot v \cdot \nu + g \cdot d^2 \cdot \sin(\alpha)}{g \cdot d^2}. \qquad (4.170)$$

bzw. für die Verlusthöhe mit $h_T = J \cdot L$

$$h_r = \frac{32 \cdot v \cdot \nu + g \cdot d^2 \cdot \sin(\alpha)}{g \cdot d^2} \cdot L. \qquad (4.171)$$

Abb. 4.34 Gotthilf Heinrich Ludwig Hagen [42]

Herleitung der Hagen-Poisseuille-Gleichung

Für die Herleitung der Hagen[8] – Poisseuille[9] Gleichungen ist ein herausgeschnittenes Zylinderstückchen aus einer Stromlinie zu betrachten. An diesen wirken Schubkräfte und Druckkräfte. Der Druck nimmt offensichtlich linear in Strömungsrichtung ab. Bei einer stationären Strömung muss dieser im Gleichgewicht sein. Es gilt: Die Schubkraft an der Mantelfläche ist gleich der Druckkraft an der Stirnfläche. k ist bis jetzt noch eine unbekannte Konstante.

Vgl. mit Abb. 4.36. Es können die Druckkräfte gleich den Schubkräften gesetzt werden: $F_t = F_D$. Für die Kräfte gilt

$$\begin{aligned} F_D &= \Delta p\,A = \Delta p\,r^2\,\pi, \\ F_t &= \tau\,A_{\text{proj}} = \tau\,2\,r\,\pi\,\Delta l, \end{aligned} \qquad (4.172)$$

Abb. 4.35 Poiseuille, Jean Léonard Marie [51]

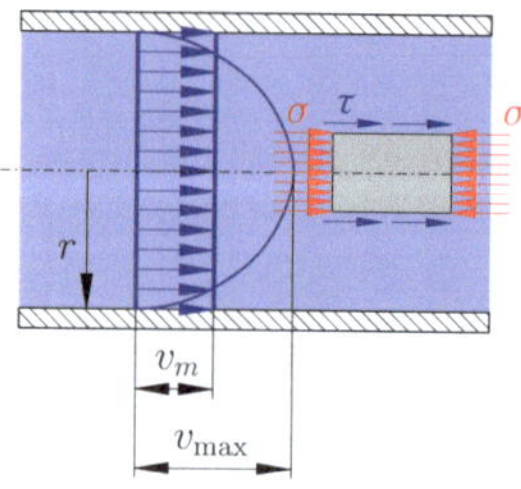

Abb. 4.36 Herausgeschnittener Zylinder aus der Stromlinie

8 Nach: Gotthilf Heinrich Ludwig Hagen (vgl. Abb. 4.34) (geboren 3. März 1797 in Königsberg (Preußen); gestorben 3. Februar 1884 in Berlin) war ein deutscher Ingenieur der Fachrichtung Wasserbau [42].

9 Nach: Jean Léonard Marie Poiseuille (vgl. Abb. 4.35) (geboren 23. April 1797 in Paris; gestorben 26. Dezember 1869 in Paris) war ein französischer Physiologe und Physiker [51].

bzw. durch Gleichsetzen

$$2\,\tau\, r\, \pi\, \Delta l = \Delta\, p\, r^2\, \pi$$
$$\tau = \frac{\Delta p\, r^2\, \pi}{2 \cdot r \cdot \pi \cdot \Delta l} = \frac{\Delta p \cdot r}{2 \cdot \Delta l}. \tag{4.173}$$

Es ist ersichtlich, dass die Spannung vom Radius abhängt

$$\tau(r) = \frac{r\, \Delta p}{2 \cdot l}. \tag{4.174}$$

$\Delta p / \Delta l$ durch k ersetzt:

$$\tau(r) = \frac{r}{2} k. \tag{4.175}$$

Andererseits gilt mittels dem Newton'schen Ansatz: $F_t = \eta\, A \frac{dv}{dy}$. Dies eingesetzt lässt

$$\tau\, A = \eta\, A \frac{dv}{dy}$$
$$\tau = \eta \frac{dv}{dy} = \eta \frac{dv}{dr} \tag{4.176}$$

folgen, oder durch einsetzen der obigen Bedingung folgt $\tau = \eta \frac{dv}{dr} = \frac{r}{2} k$. Lösen der Differentialgleichung ergibt

$$\eta\, dv = \frac{r\, k}{2} dr$$
$$\int_0^v dv = \int_r^R \frac{r\, k}{2\eta} dr$$
$$v = \left.\frac{r^2 k}{2 \cdot 2\eta}\right|_r^R = \frac{R^2 k}{4\eta} - \frac{r^2 k}{4\eta}$$
$$= \frac{k}{4\eta}\left(R^2 - r^2\right) = \frac{\frac{\Delta p}{\Delta l}}{4 \cdot \eta}\left(R^2 - r^2\right)$$
$$= \frac{\Delta p}{4 \cdot \eta \cdot \Delta l}\left(R^2 - r^2\right). \tag{4.177}$$

Es ergibt sich die **Hagen Poisseuille Gleichung** zu

$$v_{\max} = \frac{\Delta p}{4 \cdot \eta \cdot \Delta l}\left(R^2 - r^2\right). \tag{4.178}$$

Jetzt wurde die Formel für die Maximalgeschwindigkeit hergeleitet. Die mittlere Geschwindigkeit lässt sich gemäß den folgenden Gleichungen berechnen (vgl. mit Gl. (4.97)). Es gilt

$$v_{\max} = 2 \cdot v_m; \tag{4.179}$$

eingesetzt ergibt sich für die mittlere Geschwindigkeit gemäß

$$v_m = \frac{\Delta p}{8 \cdot \eta \cdot \Delta l}\left(R^2 - r^2\right). \tag{4.180}$$

Druckliniengefälle bei turbulenter Strömung

Turbulente Strömung lässt sich von laminarer Strömung durch die Reynolds-Zahl unterscheiden. Es muss jene Reynolds-Zahl gefunden werden, bei welcher sich die beiden Fälle überlagern. Es wird die bereits verwendete Gleichung

$$\Delta p = \frac{32 \cdot \eta \cdot l \cdot v}{d^2} \tag{4.181}$$

untersucht. Die Reynolds-Zahl ($Re = \frac{v \cdot d}{\nu}$) in diese Formel eingesetzt lässt

$$\Delta p = \frac{32 \cdot \eta \cdot v \cdot l}{d^2} = \frac{32 \cdot \eta \cdot l \cdot v \cdot \varrho}{d^2 \cdot \varrho}$$
$$= \frac{32 \cdot \overbrace{\nu}^{=\frac{\eta}{\varrho}} \cdot l \cdot v \cdot \varrho}{d^2}$$
$$= \frac{32 \cdot \nu \cdot l \cdot v \cdot \varrho \cdot v}{d^2 \cdot v} = \frac{32 \cdot l \cdot v^2 \cdot \varrho}{d \cdot Re} \tag{4.182}$$

folgen. Aus der Darcy-Weisbach Gleichung $h_f = \lambda \frac{l}{d} \frac{v^2}{2g}$, folgt durch Umformen mit $p = \varrho \cdot g \cdot h_f$

$$\varrho\, g\, h_f = \lambda \frac{\varrho\, g\, l}{d} \frac{v^2}{2g} = \lambda \frac{\varrho\, l}{d} \frac{v^2}{2}$$
$$\Delta p = \lambda \cdot \frac{\varrho \cdot l}{d} \cdot \frac{v^2}{2}. \tag{4.183}$$

4

Die beiden Gleichungen (4.182) und (4.183) gleichsetzen, zu

$$\frac{32 \cdot l \cdot v^2 \cdot \varrho}{d \cdot Re} = \lambda \cdot \frac{\varrho \cdot l}{d} \cdot \frac{v^2}{2}$$
$$\frac{32}{Re} = \frac{\lambda}{2}. \tag{4.184}$$

$$\lambda = \frac{64}{Re}. \tag{4.185}$$

... Grenzbereich für den Übergang laminar – turbulent. Mittels dieser Bedingung folgt für die Verlusthöhe

$$h_r = \frac{64 \cdot v^2 \cdot L}{2 \cdot g \cdot d \cdot Re} = \frac{\lambda \cdot v^2 \cdot L}{2 \cdot g \cdot d}. \tag{4.186}$$

4.3.4 Rohrreibungsverluste Berechnung

Die Rohrreibungszahl wurde bereits in Verbindung mit dem Moody-Diagramm besprochen. Die Verwendung dieser Diagramme ist natürlich erlaubt, allerdings wird jetzt gezeigt, wie man auf die Linien im Moody-Diagramm, rechnerisch, gelangt. Hierzu wird die zuvor gefundene Gleichung: $h_r = \lambda \frac{v^2 L}{2 g d}$. verwendet. Umformen auf die Rohrreibungszahl ergibt

$$\frac{1}{\lambda} = \frac{v^2 L}{2 h_r g d} \Longrightarrow \lambda = \frac{2 h_r g d}{v^2 L}; \tag{4.187}$$

in Verbindung mit dem Druck $p = \varrho g h_r \Longrightarrow \frac{p}{\varrho g} = h_r$ folgt

$$\lambda = \frac{2 h_r g d}{v^2 L} = \frac{2 p g d}{\varrho g v^2 L} = \frac{2 p d}{\varrho v^2 L}$$
$$= \frac{2 p}{L} \frac{d}{\varrho v^2}. \tag{4.188}$$

Bezeichnet man die Länge mit x, und lässt den Druck sowie x gegen null laufen, ergibt sich die allgemeine Gleichung zu

$$\lambda = \frac{2 \cdot dp}{dx} \cdot \frac{d}{\varrho \cdot v^2} = \frac{2 \cdot d}{\varrho \cdot v^2} \cdot \frac{dp}{dx}, \tag{4.189}$$

wobei $\frac{dp}{dx}$ den Druckgradienten im Rohr darstellt.

- **Laminare Strömung**

Bei laminarer, voll ausgebildeter Strömung, gilt nach dem Gesetz von Hagen-Poiseuille

$$\lambda = \frac{64}{Re}. \tag{4.190}$$

- **Turbulente Strömung:**

Bei dieser Art der Strömung wird eine Näherung angewendet, welche durch Windkanal- und sonstige Strömungsversuche gefunden wurde. Hier errechnet sich die Rohrreibungszahl iterativ. Als Startwert darf $\lambda = 0{,}02$ angenommen werden. Man unterscheidet folgende Fälle:

- **hydraulisch glattes Rohr:** Bei dieser Art von Rohren errechnet sich der Reibwert nach dem Gesetz von Prandtl: Die Formel von Prandtl ist jene Formel, welche die Prandtl-Zahl definiert. Anwendung findet diese in der Aeromechanik und bei tropfbaren Flüssigkeiten. Im Wesentlichen sind dies aber empirisch gewonnene Formeln:

$$\frac{1}{\sqrt{\lambda}} = 2{,}0 \log_{10}\left(Re\sqrt{\lambda}\right) - 0{,}8 \tag{4.191}$$

Mittels der Schreibweise der Lambert'schen W-Funktion, welche eine explizite Formulierung liefert, folgt

$$\lambda = \frac{1{,}32547}{W\left(\frac{0{,}458338}{\sqrt{\frac{1}{Re^2}}}\right)}. \tag{4.192}$$

Nun ist dies nicht gerade eine einfache Form. Daher hat man für einen gewissen Gültigkeitsbereich eine Formel angenähert. Nach **Blasius** gilt in einem Bereich $Re < 10^5$:

$$\lambda = \frac{0{,}3164}{\sqrt[4]{Re}} = \frac{0{,}3164}{Re^{0{,}25}}. \qquad (4.193)$$

- **hydraulisch raues Rohr:** Bei dieser Art von Rohren errechnet sich der Reibwert nach den **Gleichungen von Nikuradse**[10], im Wesentlichen sind dies ebenfalls empirisch gewonnene Formeln:

$$\frac{1}{\sqrt{\lambda}} = -2{,}0 \log_{10}\left(\frac{k}{3{,}71\, d}\right) \qquad (4.194)$$

$k \ldots$ äquivalente Sandrauheit (siehe Kapitel Rohrreibungszahl)
$d \ldots$ Rohrdurchmesser

- **Übergangsbereich:** Im Übergangsbereich gilt die **Gleichung nach Colebrook**[11], und mittels Interpolationen zwischen den Übergang von den zuvor gefundenen zwei Gleichungen

$$\frac{1}{\sqrt{\lambda}} = -2{,}0 \log_{10}\left(\frac{2{,}51}{Re\,\sqrt{\lambda}} + \frac{k}{3{,}71\, d}\right). \qquad (4.195)$$

Werte für die Sandrauheit findet man in der nachstehenden Tabelle, oder im Moody Diagramm.

10 Nach Johann Nikuradse (geboren 20. November 1894 in Samtredia; gestorben 18. Juli 1979) war ein in Georgien geborener, deutscher Ingenieur und Physiker [52].

11 Cyril Frank Colebrook (geboren 26. Juli 1910 in Swansea, Wales; gestorben 12. Januar 1997 in Worthing, England [28]).

4.3.4.1 Unterscheidungen, ob ein glattes oder raues Rohr vorliegt

- **Bei glatten Rohren gilt**

$$Re \cdot \frac{k}{d} < 65; \qquad (4.196)$$

$\frac{k}{d} \ldots$ relative Rauigkeit
$k \ldots$ absolute Rauigkeit [mm]
Diese Formel gilt im Detail für blankgezogene Messing-, Kupfer- und Bleirohre, Glasrohre, asphaltierte Blechrohre

- **Bei rauen Rohren:**

$$Re \cdot \frac{k}{d} > 1300 \qquad (4.197)$$

Diese Formel gilt im Detail bei Gussrohre, Zementrohre, genietete Blechrohre und alle durch Verkrustungen, Ablagerungen, Anfressungen belegte oder angerostete glatte Rohre.

- **Zusammengefasst kann man Rohrreibungsverluste in 3 Abschnitte unterteilen:**
  - Glatte Rohre:
    Das Rohr ist praktisch glatt, es gelten je nach Größe der Reynolds-Zahlen die Gesetze von Blasius, Nikuradse, Prandtl und Karman:

$$Re\frac{k}{d} < 65 \qquad (4.198)$$

Formel von Blasius für den Bereich: $2320 < Re < 10^5$

$$\lambda = \frac{0{,}3164}{\sqrt[4]{Re}} \qquad (4.199)$$

Formel von Nikuradse für den Bereich: $2320 < Re < 5 \cdot 10^6$

$$\lambda = 0{,}0032 + \frac{0{,}221}{Re^{0{,}237}} \qquad (4.200)$$

4

Formel von Prandtl und Karman[12] für den Bereich: $Re > 10^6$

$$\frac{1}{\sqrt{\lambda}} = 2{,}0 \log_{10}\left(Re\sqrt{\lambda}\right) - 0{,}8 \quad (4.201)$$

- **Raue Rohre:**

Das Rohr ist praktisch rau, es gelten die Gesetze von Nikuradse und Prandtl:

$$Re\frac{k}{d} > 1300 \quad (4.202)$$

Formel von Nikuradse und Prandtl:

$$\lambda = \frac{1}{\left[2\log\left(3{,}71\,\frac{d}{k}\right)\right]^2} \quad (4.203)$$

oder die Formel nach Moody:

$$\lambda = 0{,}0055 + 0{,}15\sqrt[3]{\frac{k}{d}} \quad (4.204)$$

- **Übergangsgebiet:**

Ist zu bestimmen, ob ein Übergangsgebiet zwischen rau oder glattes Rohr vorhanden ist, sind die folgenden Gleichungen zu verwenden.

$$65 < Re\frac{k}{d} > 1300. \quad (4.205)$$

Hier gilt die Formel von Prandtl und Colebrook

$$\frac{1}{\sqrt{\lambda}} = -2{,}0 \log_{10}\left(\frac{2{,}51}{Re\sqrt{\lambda}} + \frac{k}{3{,}71\,d}\right). \quad (4.206)$$

In der Praxis ist es oft ausreichend, die Reibwerte aus Tabellen oder Diagrammen abzulesen. Im Folgenden sind einige Ausschnitte des Moody-Diagramms gezeigt.

4.3.4.2 Rohrreibungszahl nach Diagrammen

Vgl. mit Abb. 4.37, 4.38 und 4.39.

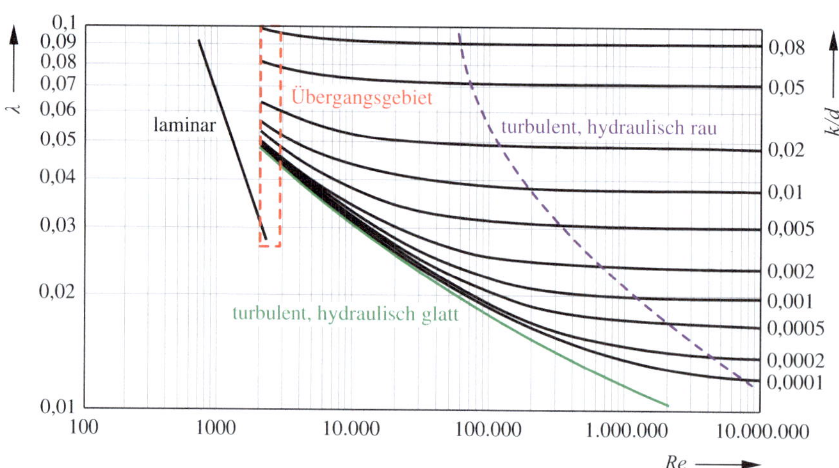

Abb. 4.37 Moody-Diagramm (aus [17] S. 718)

12 Theodore von Kármán (geboren 11. Mai 1881 in Budapest, Österreich-Ungarn; gestorben 7. Mai 1963 in Aachen) [90].

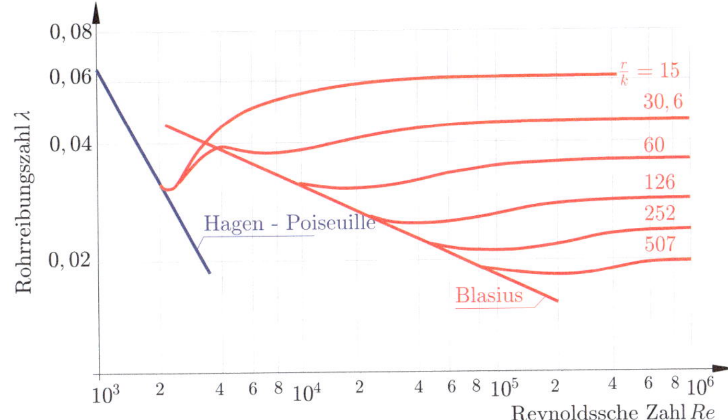

Abb. 4.38 Für raue, kreiszylindrische Rohre λ nach Nikuradse

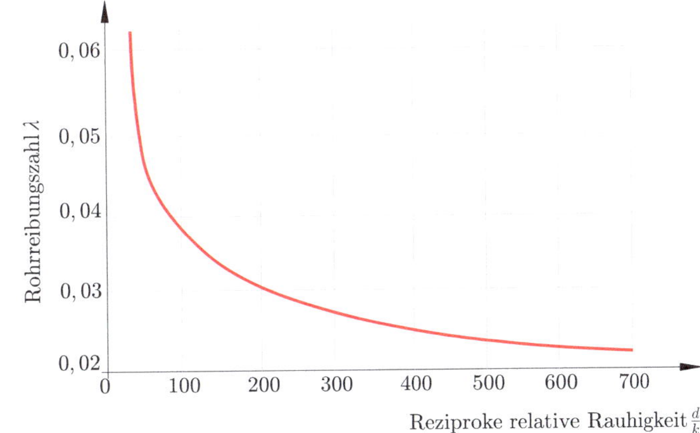

Abb. 4.39 Für vollkommen raue, kreiszylindrische Rohre λ nach Prandtl-Nikuradse

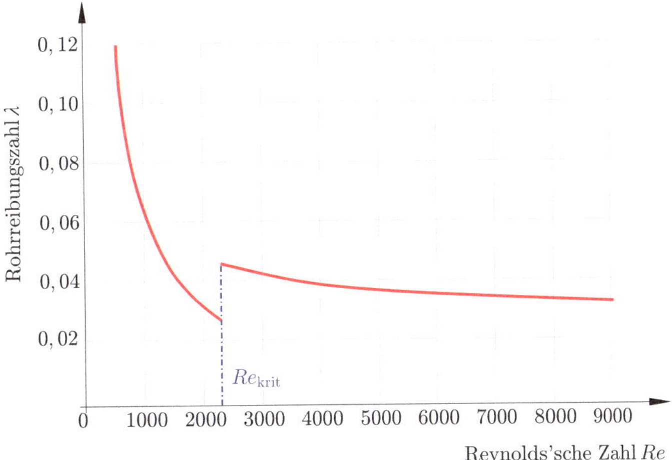

Abb. 4.40 Für glatte, kreiszylindrische Rohre λ nach Blasius

In Diagramm 4.40 fällt eine Unstetigkeitsstelle zwischen 2000–3000 auf. Diese kennzeichnet die kritische Reynolds-Zahl bei 2320. Man kann somit mit der allgemeinen Definition für den Rohrreibwert berechnen:

$$\lambda = \frac{64}{Re} = \frac{64}{Re_{\text{krit}}}. \tag{4.207}$$

Es folgt

laminare Strömung:

$$\lambda = \frac{64}{Re_{\text{krit}}} = \frac{64}{2320} = 0{,}0276$$

turbulente Strömung (nach Blasius):

$$\lambda = \frac{0{,}316}{\sqrt[4]{Re_{\text{krit}}}} = \frac{64}{\sqrt[4]{2320}} = 0{,}046$$

Diese Unstetigkeitsstelle für λ_{krit} deutet auf den labilen Strömungszustand bei Re_{krit} hin.

Eine Tabelle zur Ermittlung der Reibungszahl für einige häufig verwendete Werkstoffe ist in ◘ Abb. 4.41 zu finden.

Werkstoff	Zustand	Rohrreibwert
Guss	Neu	0,5–1,0 mm
	Angerostet	1,0–1,5 mm
	Verkrustet	1,0–3,0 mm
Stahl	Neu	0,05–0,1 mm
	Angerostet	0,4–0,6 mm
Zement	Unbearbeitet	1,0–2,0 mm
	Geglättet	0,3–0,8 mm

◘ **Abb. 4.41** Tabelle für Reibzahlen

Methode: Lösung durch SolidWorks – CFD 4.11

Wie kann man die Rauheit in Rohren, bei einer Flow Simulation bedenken? Dies macht sich die folgende Strömungssimulation zur Aufgabe, wenn die folgenden Randbedingungen bekannt sind: $L = 1000\,\text{mm}$, $v_A = 3\,\text{m/s}$, Ausströmung bei Atmosphärendruck. Untersuchen Sie für folgende Rauheiten $k = 500, 1000, 1500, 2000, 2500, 4000, 5000, 6000\,\mu\text{m}$. Berechnen Sie den Druckverlust aufgrund der Rauheit, bei einem Rohrdurchmesser von $d = 100\,\text{mm}$ und die Druckverlusthöhe in Meter. Stellen Sie die Ergebnisse in einem Diagramm dar.

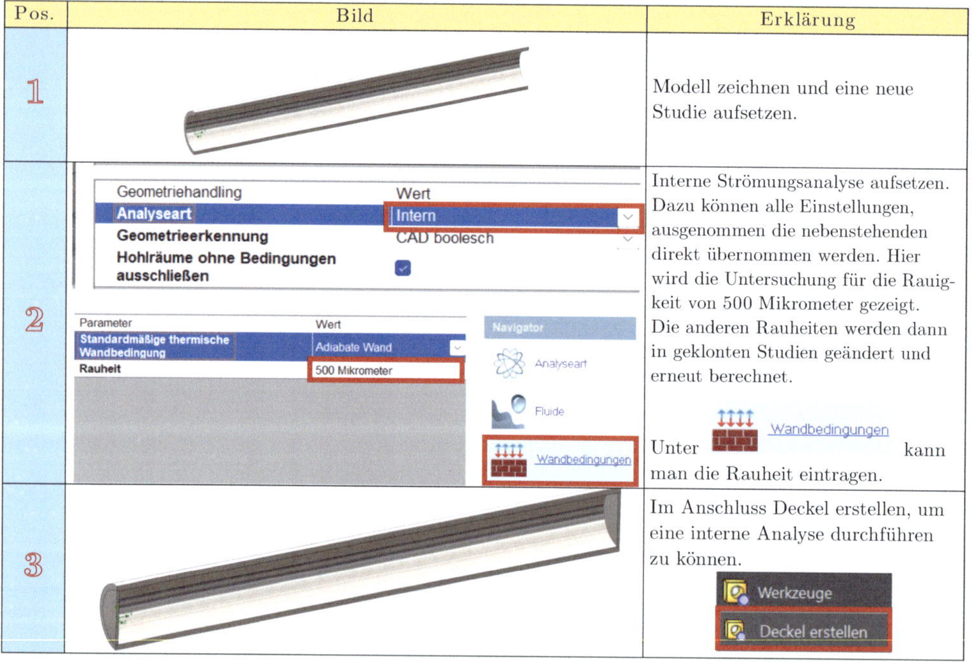

Pos.	Bild	Erklärung
1		Modell zeichnen und eine neue Studie aufsetzen.
2	Geometriehandling / Wert; Analyseart: Intern; Geometrieerkennung: CAD boolesch; Hohlräume ohne Bedingungen ausschließen; Parameter / Wert; Standardmäßige thermische Wandbedingung: Adiabate Wand; Rauheit: 500 Mikrometer; Navigator: Analyseart, Fluide, Wandbedingungen	Interne Strömungsanalyse aufsetzen. Dazu können alle Einstellungen, ausgenommen die nebenstehenden direkt übernommen werden. Hier wird die Untersuchung für die Rauigkeit von 500 Mikrometer gezeigt. Die anderen Rauheiten werden dann in geklonten Studien geändert und erneut berechnet. Unter Wandbedingungen kann man die Rauheit eintragen.
3		Im Anschluss Deckel erstellen, um eine interne Analyse durchführen zu können. Werkzeuge → Deckel erstellen

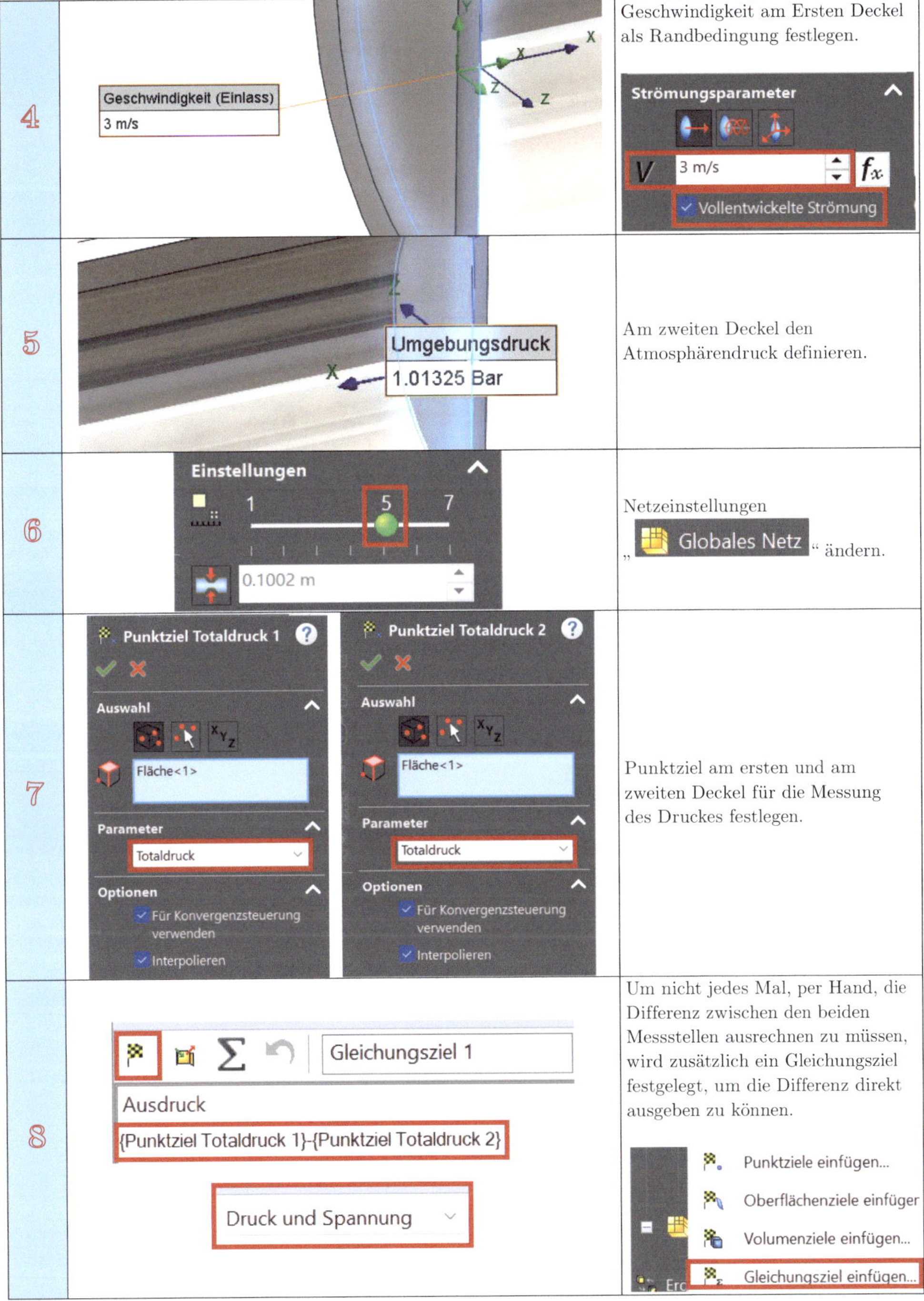

4	Geschwindigkeit am Ersten Deckel als Randbedingung festlegen.
5	Am zweiten Deckel den Atmosphärendruck definieren.
6	Netzeinstellungen „Globales Netz" ändern.
7	Punktziel am ersten und am zweiten Deckel für die Messung des Druckes festlegen.
8	Um nicht jedes Mal, per Hand, die Differenz zwischen den beiden Messstellen ausrechnen zu müssen, wird zusätzlich ein Gleichungsziel festgelegt, um die Differenz direkt ausgeben zu können.

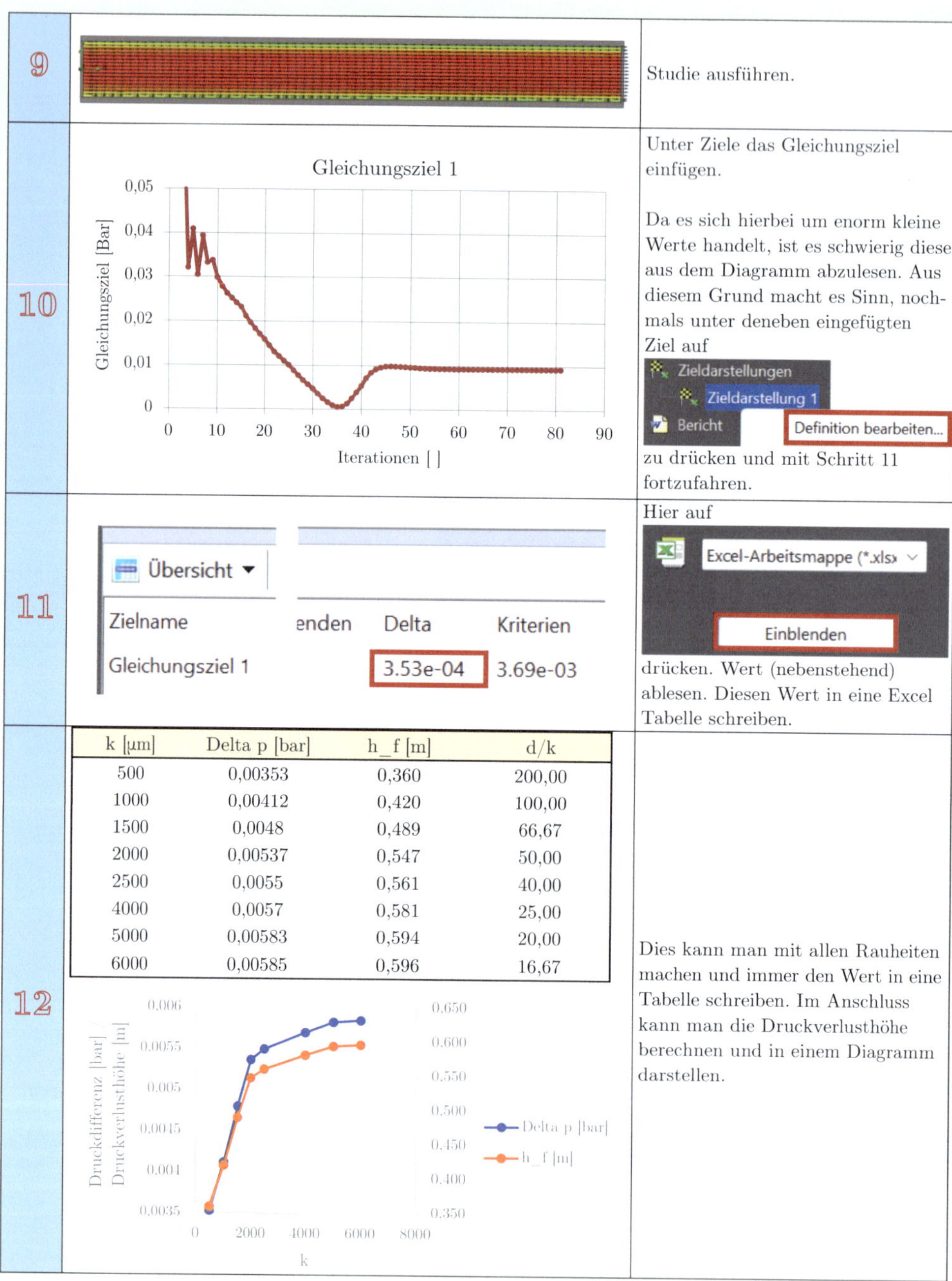

9		Studie ausführen.
10	Gleichungsziel 1	Unter Ziele das Gleichungsziel einfügen. Da es sich hierbei um enorm kleine Werte handelt, ist es schwierig diese aus dem Diagramm abzulesen. Aus diesem Grund macht es Sinn, nochmals unter deneben eingefügten Ziel auf Zieldarstellungen / Zieldarstellung 1 / Bericht – Definition bearbeiten... zu drücken und mit Schritt 11 fortzufahren.
11	Übersicht; Zielname: Gleichungsziel 1; Delta: 3.53e-04; Kriterien: 3.69e-03	Hier auf Excel-Arbeitsmappe (*.xls) – Einblenden drücken. Wert (nebenstehend) ablesen. Diesen Wert in eine Excel Tabelle schreiben.
12		Dies kann man mit allen Rauheiten machen und immer den Wert in eine Tabelle schreiben. Im Anschluss kann man die Druckverlusthöhe berechnen und in einem Diagramm darstellen.

k [µm]	Delta p [bar]	h_f [m]	d/k
500	0,00353	0,360	200,00
1000	0,00412	0,420	100,00
1500	0,0048	0,489	66,67
2000	0,00537	0,547	50,00
2500	0,0055	0,561	40,00
4000	0,0057	0,581	25,00
5000	0,00583	0,594	20,00
6000	0,00585	0,596	16,67

4.3.5 Besondere Verluste

In technischen Rohrleitungen befinden sich neben geraden Rohrstücken mit verschiedenen Querschnitten auch Formstücke wie Krümmer, Kniestücke, Übergangsstücke und Reguliervorrichtungen (Ventile, Hähne, Schieber, Klappen) die ebenfalls Widerstände verursachen, zu deren Überwindung auch ein Teil des zur Verfügung stehenden Gefälles verbraucht wird.

Um vorteilhaft rechnen zu können, setzt man diese Verlusthöhe h_t den Geschwindigkeitshöhen proportional. Aus der Darcy-Weisbach Gleichung: $h_f = \lambda \cdot \frac{l}{h_{\text{hydr}}} \cdot \frac{v^2}{2 \cdot g}$ folgt per Definition

Definition 4.10

$$\zeta := \lambda \cdot \frac{l}{h_{\text{hydr}}} \tag{4.208}$$

Es folgt

$$h_i = \zeta_i \cdot \frac{v^2}{2 \cdot g}. \tag{4.209}$$

v ... Strömungsgeschwindigkeit hinter dem Betreffenden Einbau in $[\frac{\text{m}}{\text{s}}]$

ζ_i ... Verlustzahl des entsprechenden Einbaus [ ]

Die gesamte Verlusthöhe einer Rohrleitung errechnet sich dann durch:

$$h_{v,\text{ges}} = \sum h_r + \sum h_i. \tag{4.210}$$

Bei sehr langen Rohrleitungen gilt $\sum h_r \ll \sum h_i$, dann kann man die besonderen Verlusthöhen vernachlässigen, es folgt $\sum h_i = 0$.

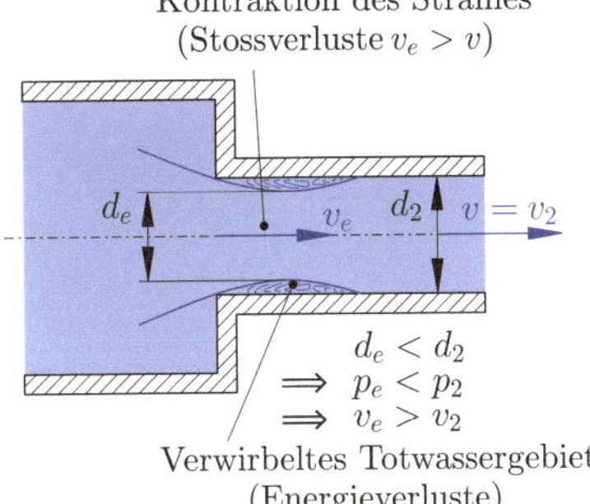

Abb. 4.42 Eintrittsverluste

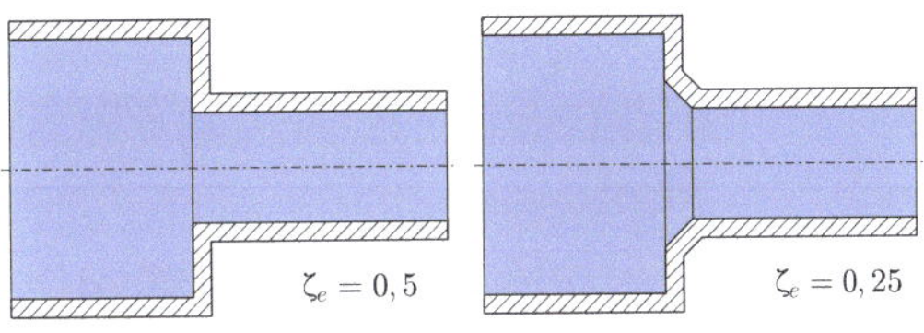

Eintrittsverluste bei scharfkantiger Kante

Eintrittsverluste bei Kanten mit Fase

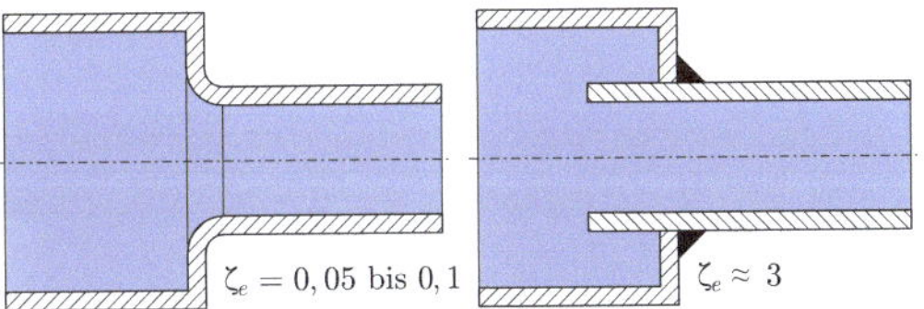

Eintrittsverluste bei Kanten mit Rundung

Eintrittsverluste bei Kanten mit Überstand

Abb. 4.43 Eintrittsverluste bei Querschnittänderungen

4.3.5.1 Eintrittsverluste

Energieverluste können durch ein Totwassergebiet (Totwassergebiet siehe nächsten Abschnitt), Stoßverluste oder durch Kontraktion entstehen. Vgl. mit Abb. 4.42 und 4.43.

Methode: Lösung durch SolidWorks – CFD 4.12

Zu überprüfen sind die Eintrittsverluste aus Abb. 4.43. Wie könnte man diese Werte mittels eines CFD-Programms ermitteln? Es sind folgende Randbedingungen bekannt: $d_1 = 300$ mm, $d_2 = 100$ mm; $v_1 = 3$ m/s. Am Ende sind die Druckhöhenverluste der FlowSimulation Studie mit jenen der analytischen Berechnung (Excel) zu vergleichen.

Pos.	Bild		Erklärung
1	Fase [Stroemungsverlust3] Rundung [Stroemungsverlust3] Ueberstand [Stroemungsverlust3] optimal [Stroemungsverlust3] scharfe Kante [Stroemungsverlust3]	Konfigurationen der unterschiedlichen Modelle	Modelle mittels Konfigurationen zeichnen. Für den Optimalfall, wird eine langsame Verengung gezeichnet, deren $\zeta \approx 1$ ist.

Scharfe Kante
Fase
Überstand
Rundung
Optimaler Fall
OPTIMALER FALL
2
Neue Strömungssimulation aufsetzen. Begonnen wird mit dem optimalen Fall, da diese Ergebnisse für die übrigen Studien benötigt werden.
Allgemeine Einstellungen
Bei den muss nichts geändert werden. Im Anschluss
Deckel erstellen
erstellen.
3
Geschwindigkeit (Einlass)
3 m/s
Z
X
Randbedingung für die Geschwindigkeit, auf Deckel 1, definieren.
Strömungsparameter
V
3 m/s
Vollentwickelte Strömung

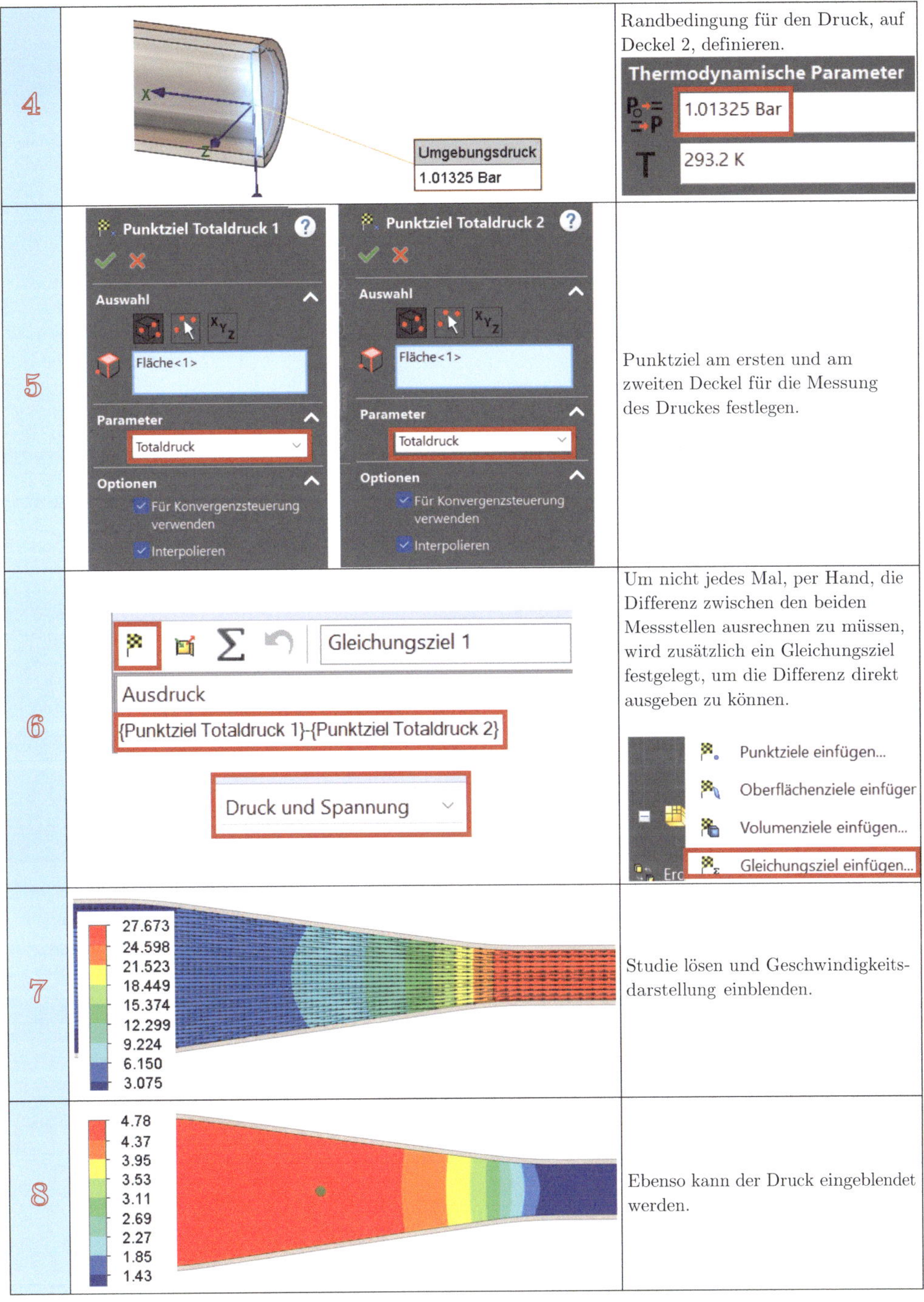

4	Randbedingung für den Druck, auf Deckel 2, definieren.
5	Punktziel am ersten und am zweiten Deckel für die Messung des Druckes festlegen.
6	Um nicht jedes Mal, per Hand, die Differenz zwischen den beiden Messstellen ausrechnen zu müssen, wird zusätzlich ein Gleichungsziel festgelegt, um die Differenz direkt ausgeben zu können.
7	Studie lösen und Geschwindigkeitsdarstellung einblenden.
8	Ebenso kann der Druck eingeblendet werden.

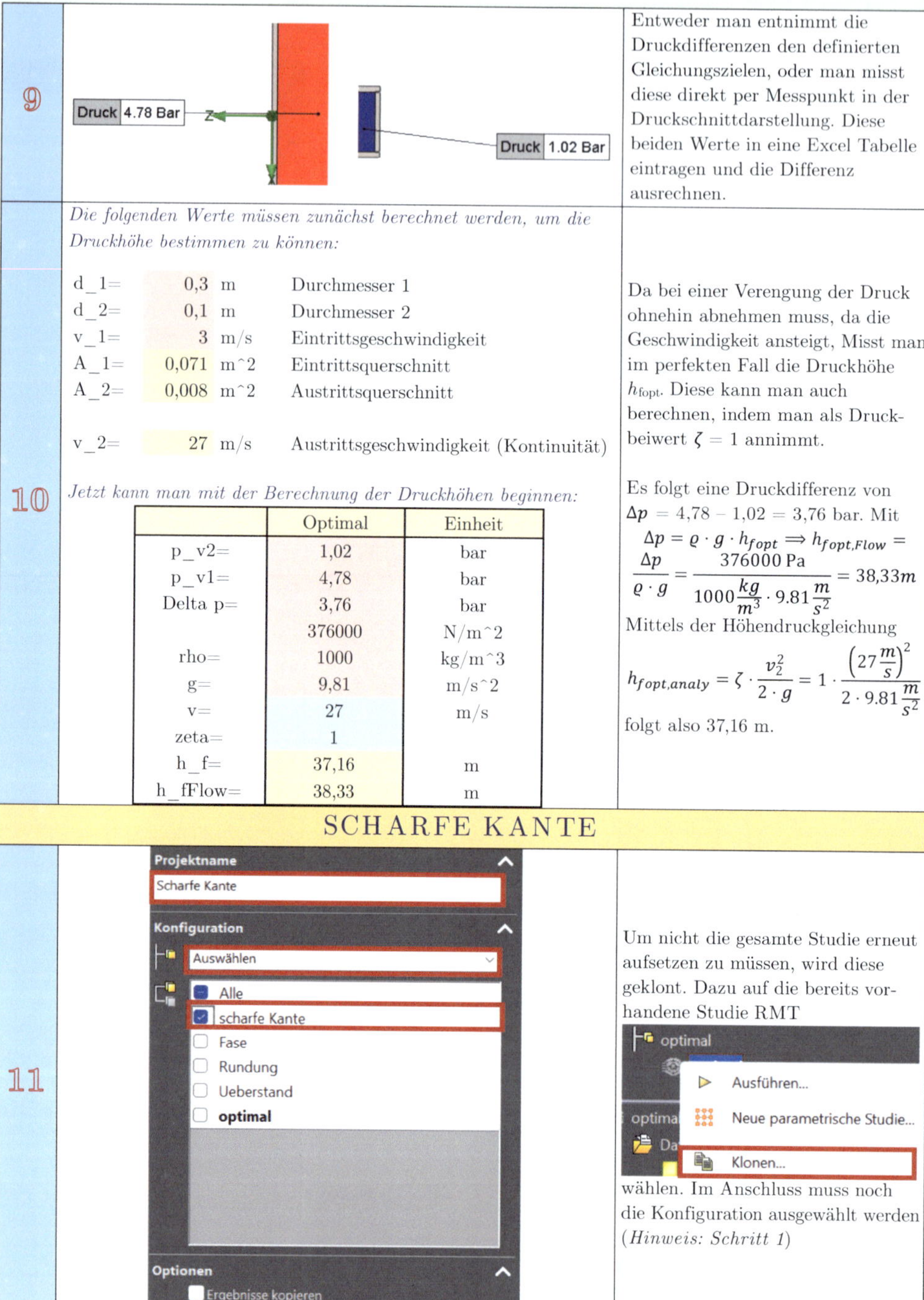

9

Entweder man entnimmt die Druckdifferenzen den definierten Gleichungszielen, oder man misst diese direkt per Messpunkt in der Druckschnittdarstellung. Diese beiden Werte in eine Excel Tabelle eintragen und die Differenz ausrechnen.

10

Die folgenden Werte müssen zunächst berechnet werden, um die Druckhöhe bestimmen zu können:

d_1=	0,3	m	Durchmesser 1
d_2=	0,1	m	Durchmesser 2
v_1=	3	m/s	Eintrittsgeschwindigkeit
A_1=	0,071	m^2	Eintrittsquerschnitt
A_2=	0,008	m^2	Austrittsquerschnitt
v_2=	27	m/s	Austrittsgeschwindigkeit (Kontinuität)

Jetzt kann man mit der Berechnung der Druckhöhen beginnen:

	Optimal	Einheit
p_v2=	1,02	bar
p_v1=	4,78	bar
Delta p=	3,76	bar
	376000	N/m^2
rho=	1000	kg/m^3
g=	9,81	m/s^2
v=	27	m/s
zeta=	1	
h_f=	37,16	m
h_fFlow=	38,33	m

Da bei einer Verengung der Druck ohnehin abnehmen muss, da die Geschwindigkeit ansteigt, Misst man im perfekten Fall die Druckhöhe h_{fopt}. Diese kann man auch berechnen, indem man als Druckbeiwert $\zeta = 1$ annimmt.

Es folgt eine Druckdifferenz von $\Delta p = 4{,}78 - 1{,}02 = 3{,}76$ bar. Mit

$$\Delta p = \varrho \cdot g \cdot h_{fopt} \Rightarrow h_{fopt,Flow} = \frac{\Delta p}{\varrho \cdot g} = \frac{376000\ \mathrm{Pa}}{1000\frac{kg}{m^3} \cdot 9.81\frac{m}{s^2}} = 38{,}33m$$

Mittels der Höhendruckgleichung

$$h_{fopt,analy} = \zeta \cdot \frac{v_2^2}{2 \cdot g} = 1 \cdot \frac{\left(27\frac{m}{s}\right)^2}{2 \cdot 9.81\frac{m}{s^2}}$$

folgt also 37,16 m.

SCHARFE KANTE

11

Um nicht die gesamte Studie erneut aufsetzen zu müssen, wird diese geklont. Dazu auf die bereits vorhandene Studie RMT

wählen. Im Anschluss muss noch die Konfiguration ausgewählt werden (*Hinweis: Schritt 1*)

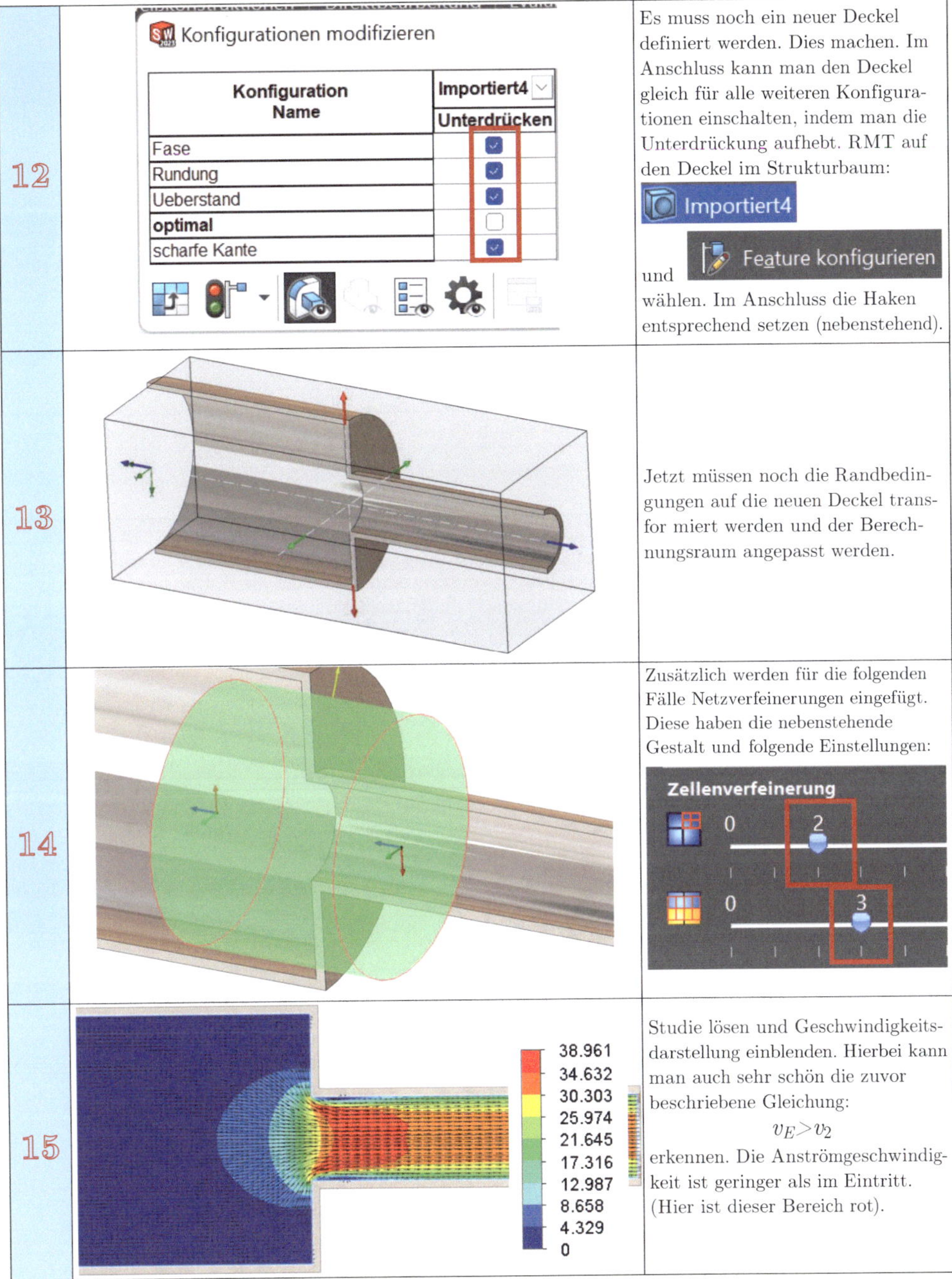

12	Konfigurationen modifizieren: Konfiguration Name / Importiert4 / Unterdrücken; Fase ☑, Rundung ☑, Ueberstand ☑, optimal ☐, scharfe Kante ☑	Es muss noch ein neuer Deckel definiert werden. Dies machen. Im Anschluss kann man den Deckel gleich für alle weiteren Konfigurationen einschalten, indem man die Unterdrückung aufhebt. RMT auf den Deckel im Strukturbaum: Importiert4 und Feature konfigurieren wählen. Im Anschluss die Haken entsprechend setzen (nebenstehend).
13		Jetzt müssen noch die Randbedingungen auf die neuen Deckel transfor miert werden und der Berechnungsraum angepasst werden.
14		Zusätzlich werden für die folgenden Fälle Netzverfeinerungen eingefügt. Diese haben die nebenstehende Gestalt und folgende Einstellungen: Zellenverfeinerung 0 … 2; 0 … 3
15	38.961, 34.632, 30.303, 25.974, 21.645, 17.316, 12.987, 8.658, 4.329, 0	Studie lösen und Geschwindigkeitsdarstellung einblenden. Hierbei kann man auch sehr schön die zuvor beschriebene Gleichung: $v_E > v_2$ erkennen. Die Anströmgeschwindigkeit ist geringer als im Eintritt. (Hier ist dieser Bereich rot).

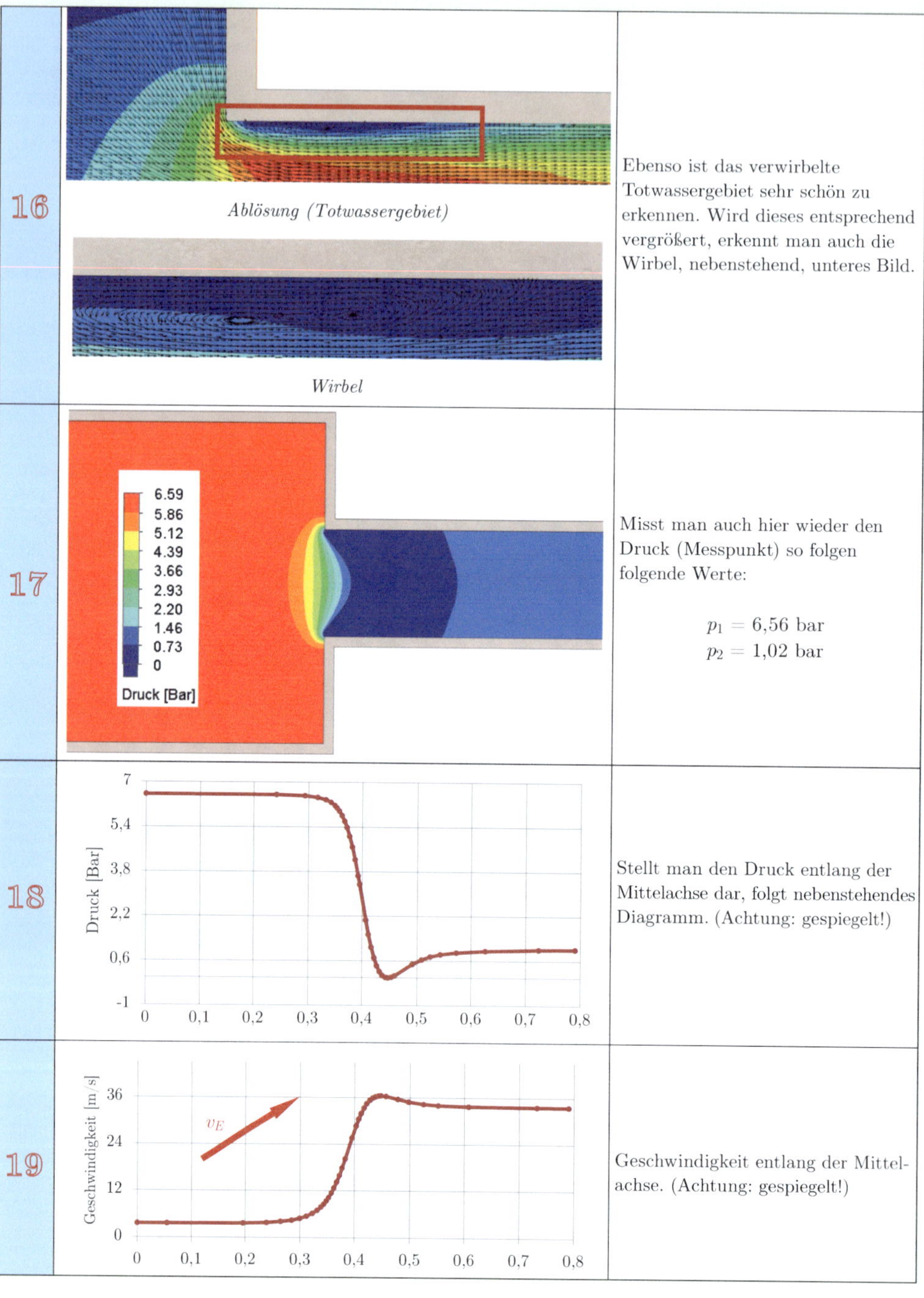

16	*Ablösung (Totwassergebiet)* *Wirbel*	Ebenso ist das verwirbelte Totwassergebiet sehr schön zu erkennen. Wird dieses entsprechend vergrößert, erkennt man auch die Wirbel, nebenstehend, unteres Bild.
17		Misst man auch hier wieder den Druck (Messpunkt) so folgen folgende Werte: $p_1 = 6{,}56$ bar $p_2 = 1{,}02$ bar
18		Stellt man den Druck entlang der Mittelachse dar, folgt nebenstehendes Diagramm. (Achtung: gespiegelt!)
19		Geschwindigkeit entlang der Mittelachse. (Achtung: gespiegelt!)

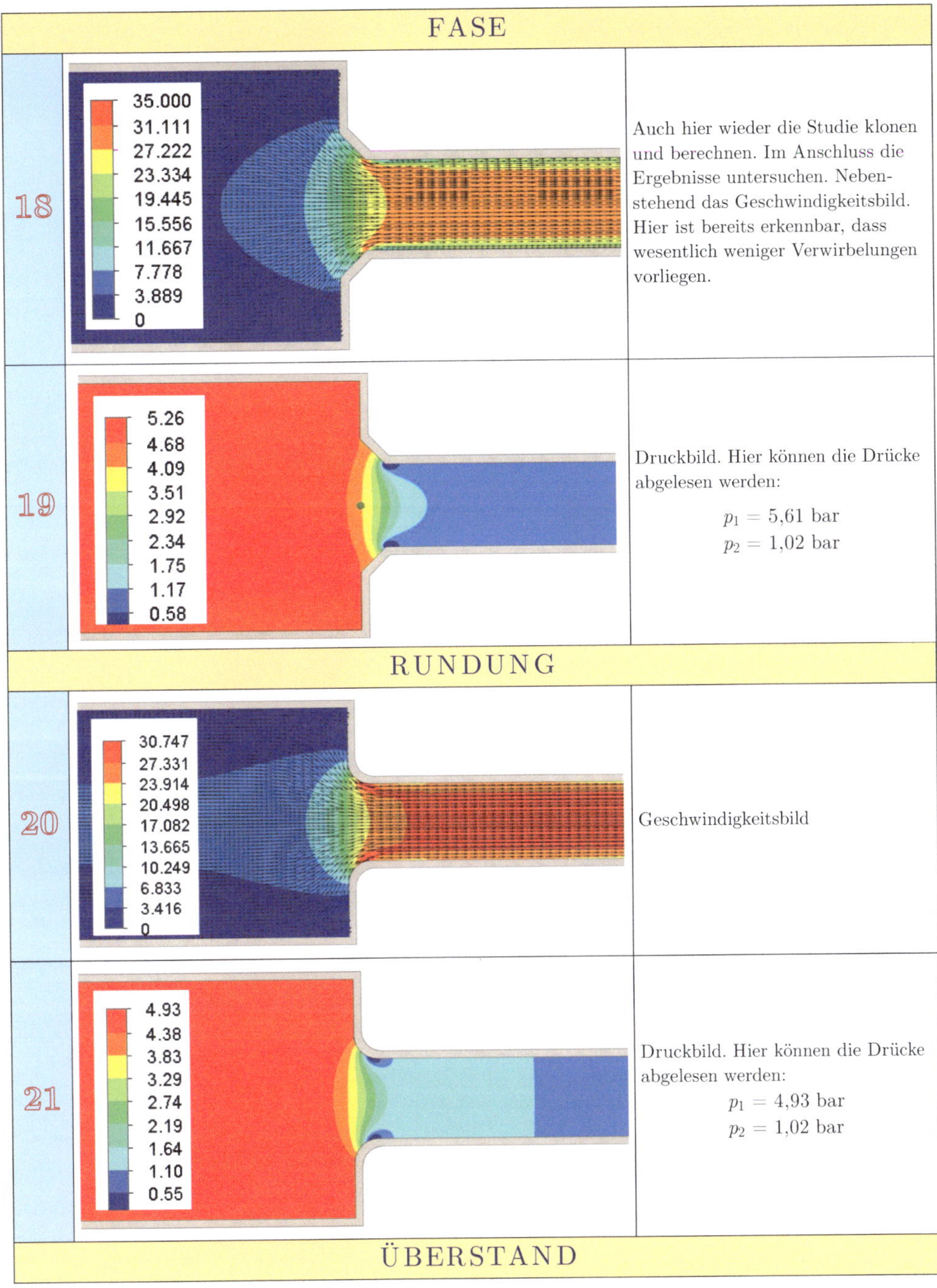

	FASE	
18		Auch hier wieder die Studie klonen und berechnen. Im Anschluss die Ergebnisse untersuchen. Nebenstehend das Geschwindigkeitsbild. Hier ist bereits erkennbar, dass wesentlich weniger Verwirbelungen vorliegen.
19		Druckbild. Hier können die Drücke abgelesen werden: $p_1 = 5{,}61$ bar $p_2 = 1{,}02$ bar
	RUNDUNG	
20		Geschwindigkeitsbild
21		Druckbild. Hier können die Drücke abgelesen werden: $p_1 = 4{,}93$ bar $p_2 = 1{,}02$ bar
	ÜBERSTAND	

4

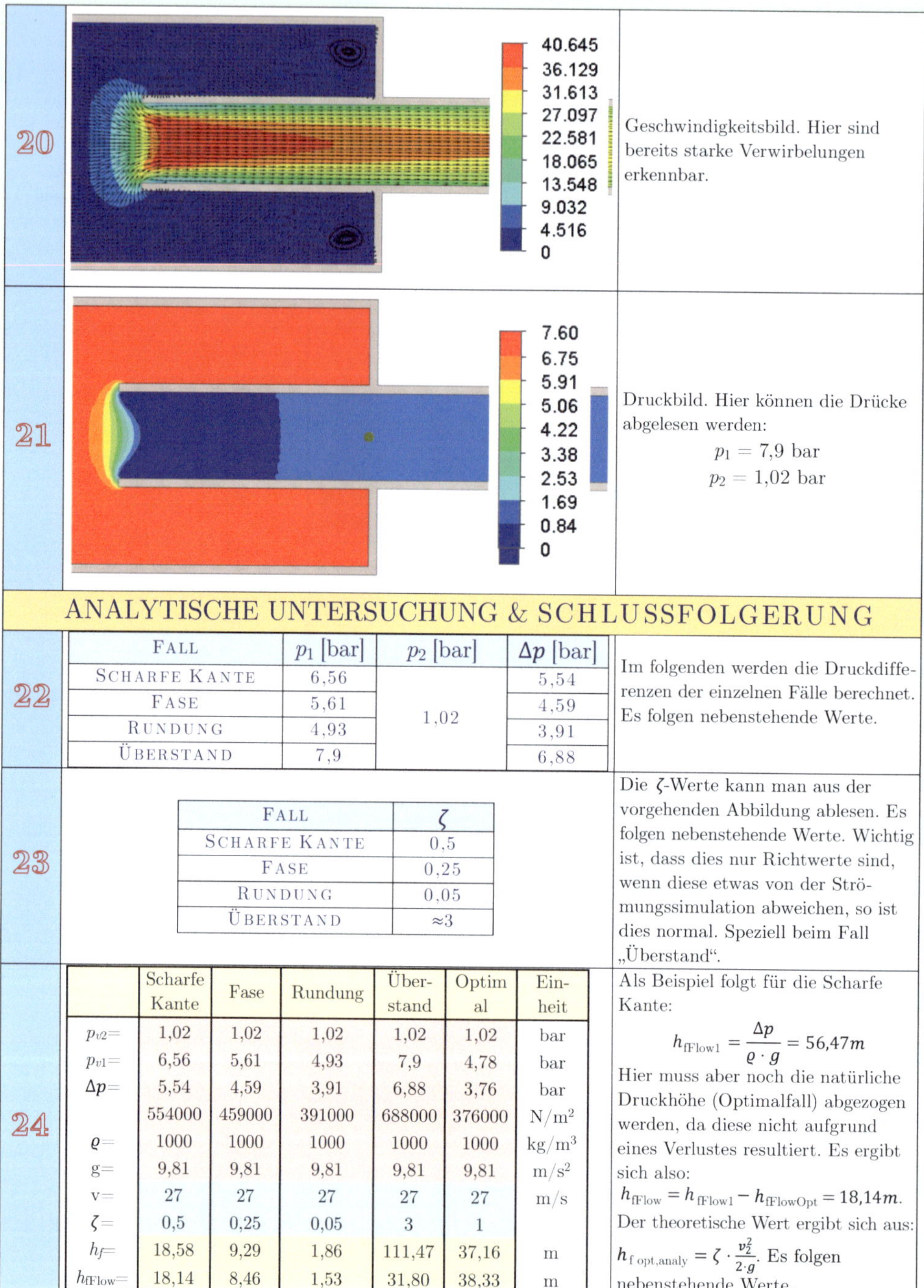

20

Geschwindigkeitsbild. Hier sind bereits starke Verwirbelungen erkennbar.

21

Druckbild. Hier können die Drücke abgelesen werden:

$$p_1 = 7{,}9 \text{ bar}$$
$$p_2 = 1{,}02 \text{ bar}$$

ANALYTISCHE UNTERSUCHUNG & SCHLUSSFOLGERUNG

22

Fall	p_1 [bar]	p_2 [bar]	Δp [bar]
Scharfe Kante	6,56	1,02	5,54
Fase	5,61		4,59
Rundung	4,93		3,91
Überstand	7,9		6,88

Im folgenden werden die Druckdifferenzen der einzelnen Fälle berechnet. Es folgen nebenstehende Werte.

23

Fall	ζ
Scharfe Kante	0,5
Fase	0,25
Rundung	0,05
Überstand	≈3

Die ζ-Werte kann man aus der vorgehenden Abbildung ablesen. Es folgen nebenstehende Werte. Wichtig ist, dass dies nur Richtwerte sind, wenn diese etwas von der Strömungssimulation abweichen, so ist dies normal. Speziell beim Fall „Überstand".

24

	Scharfe Kante	Fase	Rundung	Überstand	Optimal	Einheit
$p_{i2}=$	1,02	1,02	1,02	1,02	1,02	bar
$p_{v1}=$	6,56	5,61	4,93	7,9	4,78	bar
$\Delta p=$	5,54	4,59	3,91	6,88	3,76	bar
	554000	459000	391000	688000	376000	N/m²
$\varrho=$	1000	1000	1000	1000	1000	kg/m³
g=	9,81	9,81	9,81	9,81	9,81	m/s²
v=	27	27	27	27	27	m/s
$\zeta=$	0,5	0,25	0,05	3	1	
$h_f=$	18,58	9,29	1,86	111,47	37,16	m
$h_{fFlow}=$	18,14	8,46	1,53	31,80	38,33	m

Als Beispiel folgt für die Scharfe Kante:

$$h_{\text{fFlow1}} = \frac{\Delta p}{\varrho \cdot g} = 56{,}47m$$

Hier muss aber noch die natürliche Druckhöhe (Optimalfall) abgezogen werden, da diese nicht aufgrund eines Verlustes resultiert. Es ergibt sich also:

$h_{\text{fFlow}} = h_{\text{fFlow1}} - h_{\text{fFlowOpt}} = 18{,}14m.$

Der theoretische Wert ergibt sich aus: $h_{\text{f opt,analy}} = \zeta \cdot \frac{v_2^2}{2 \cdot g}$. Es folgen nebenstehende Werte.

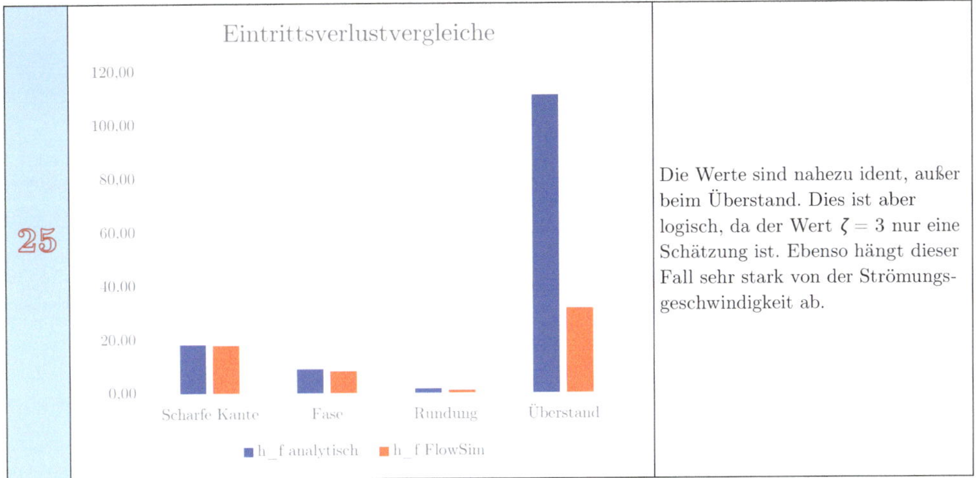

4.3.5.2 Krümmungsverluste

Im Krümmer (vgl. Abb. 4.44) unterliegen die Flüssigkeitsteilchen einer Fliehkraftwirkung, wodurch der Druck von innen nach außen zunimmt. Somit ändert sich auch die Geschwindigkeitsverteilung. Innen herrscht die größte, außen die kleinste Geschwindigkeit. (Umgekehrt wie bei einem rotierenden Festkörper)

Es ergibt sich eine Ausbildung des Totwassergebietes. Dadurch entsteht ein Doppelwirbel, der sogenannten Sekundärströmung. Die Flüssigkeit durchströmt den Krümmer in einer doppelten Spirale. (vgl. Abb. 4.45.)

Die Störung des Strömungsverlaufes ist bis in eine Länge von ca. 50-mal dem Rohrdurchmesser nach dem Krümmer bemerkbar.

Im Diagramm für ζ erkennt man, dass bei einem Verhältnis von $\frac{R}{d} \approx 7$ die Verluste am geringsten sind. (Tiefpunkt für $\zeta = f(\frac{R}{d})$).

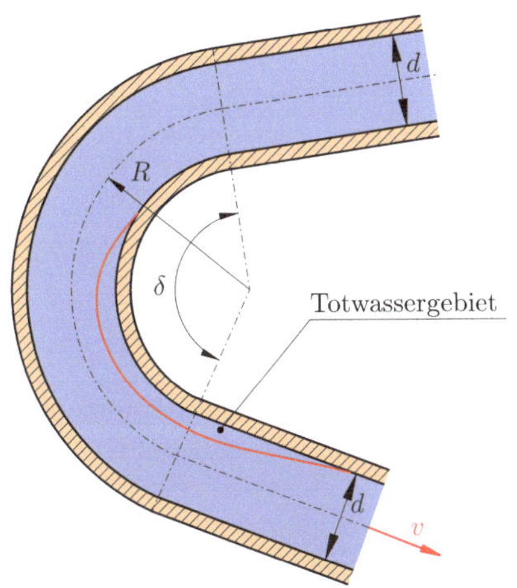

Abb. 4.44 Krümmungsverluste

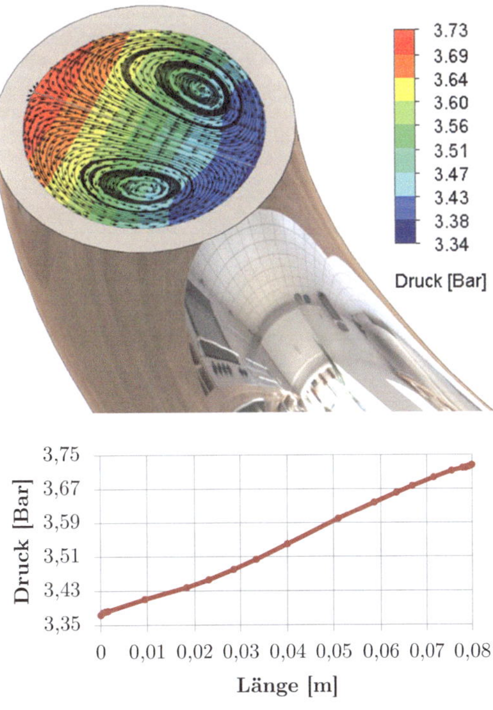

Abb. 4.45 Doppelwirbel der Sekundärströmung

Zum gesamten Krümmungsverlust kommt noch der Rohrreibungsverlust hinzu.

$$h_{Kr} = \left(\zeta_{Kr} + \lambda \cdot \frac{L}{d}\right) \cdot \frac{v^2}{2 \cdot g}. \qquad (4.211)$$

Siehe Abb. 4.46.

- Kurve a für glatte Rohre
- Kurve b für raue Rohre

Beliebiger Zentrierwinkel $\delta°$:

$$\zeta_{Kr\delta°} = \zeta_{Kr90°} \cdot \frac{\delta°}{90°}. \qquad (4.212)$$

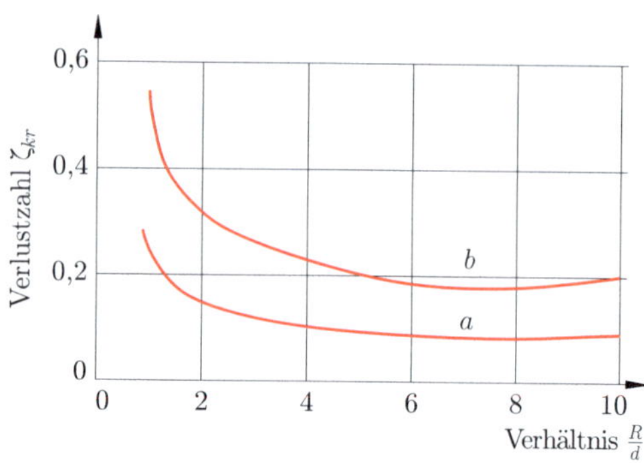

Abb. 4.46 90° Krümmer

Methode: Lösung durch SolidWorks – CFD 4.13

Zu untersuchen ist das Strömungsverhalten eines Krümmers, der folgende Randbedingungen besitzt: $\delta = 130°$, $R = 225\,\text{mm}$, $d = 50\,\text{mm}$. Die Länge vor dem Bogenstück beträgt $L_V = 150\,\text{mm}$ und die Länge danach: $L_N = 225\,\text{mm}$. Stellen Sie die Doppelwirbel der Sekundarströmung dar.

Untersuchen Sie den ζ-Wert analytisch als auch mittels der Strömungssimulation. Der Krümmer wird mit einer Geschwindigkeit von $v = 10\,\text{m/s}$ (Eingang) durchflossen. Am Ausgang herrscht ein Druck von 4 bar.

Pos.	Bild	Erklärung
1		Modellzeichnen und neue Strömungssimulationsstudie aufsetzen.
2		Neue interne Studie aufsetzen. Es handelt sich um eine interne Studie, aufgrund 2 Deckel zu definieren sind.
3	Geschwindigkeit (Einlass) Massenstrom (Auslass) Volumenstrom (Auslass) Geschwindigkeit (Auslass) Strömungsparameter V 10 m/s Vollentwickelte Strömung Umgebungsdruck Statischer Druck Totaldruck Thermodynamische Paramete P₀ 4 Bar T 293.2 K	Randbedingungen für die Geschwindigkeit und Druck einfügen.

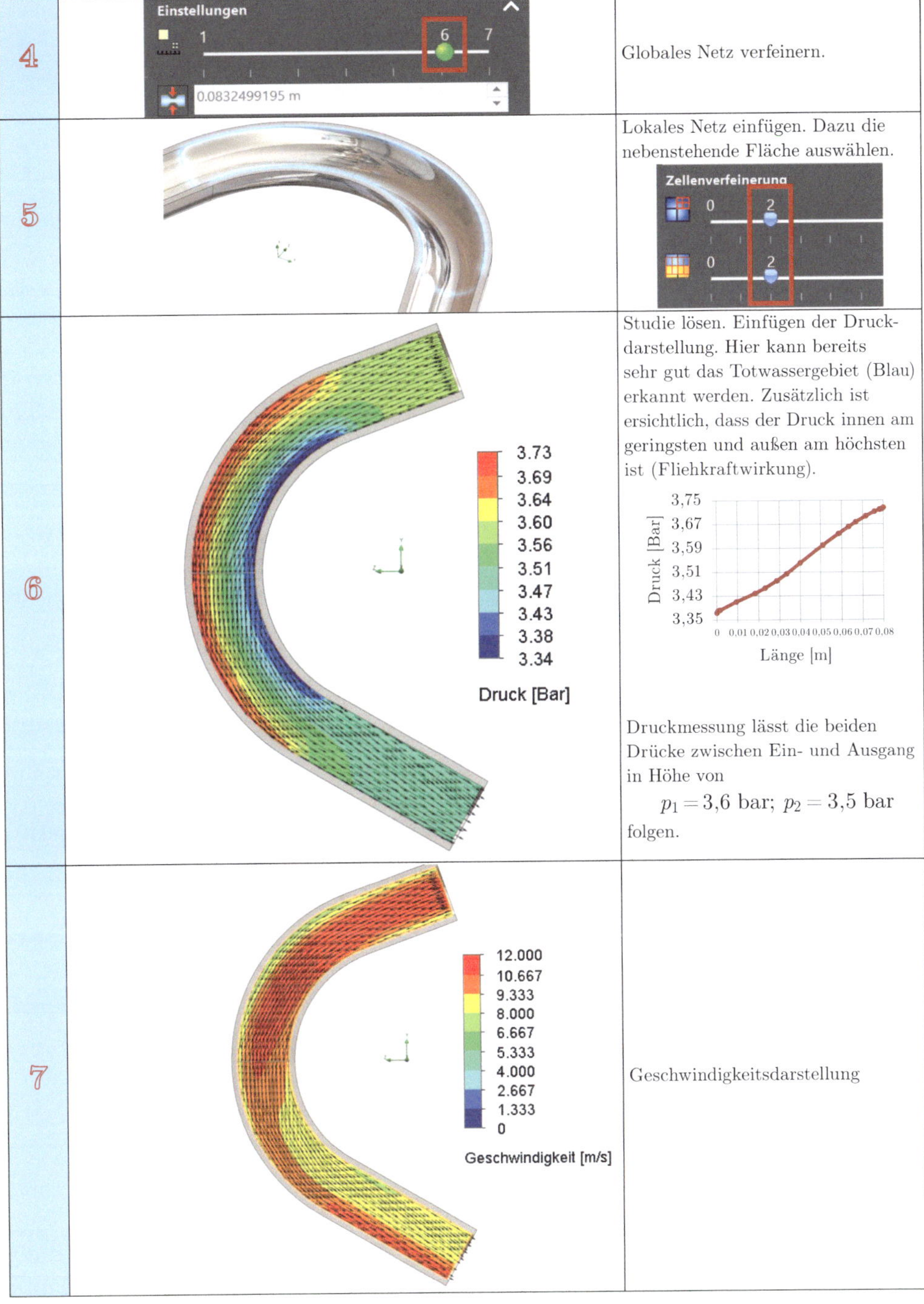

4	Globales Netz verfeinern.
5	Lokales Netz einfügen. Dazu die nebenstehende Fläche auswählen.
6	Studie lösen. Einfügen der Druckdarstellung. Hier kann bereits sehr gut das Totwassergebiet (Blau) erkannt werden. Zusätzlich ist ersichtlich, dass der Druck innen am geringsten und außen am höchsten ist (Fliehkraftwirkung). Druckmessung lässt die beiden Drücke zwischen Ein- und Ausgang in Höhe von $p_1 = 3{,}6$ bar; $p_2 = 3{,}5$ bar folgen.
7	Geschwindigkeitsdarstellung

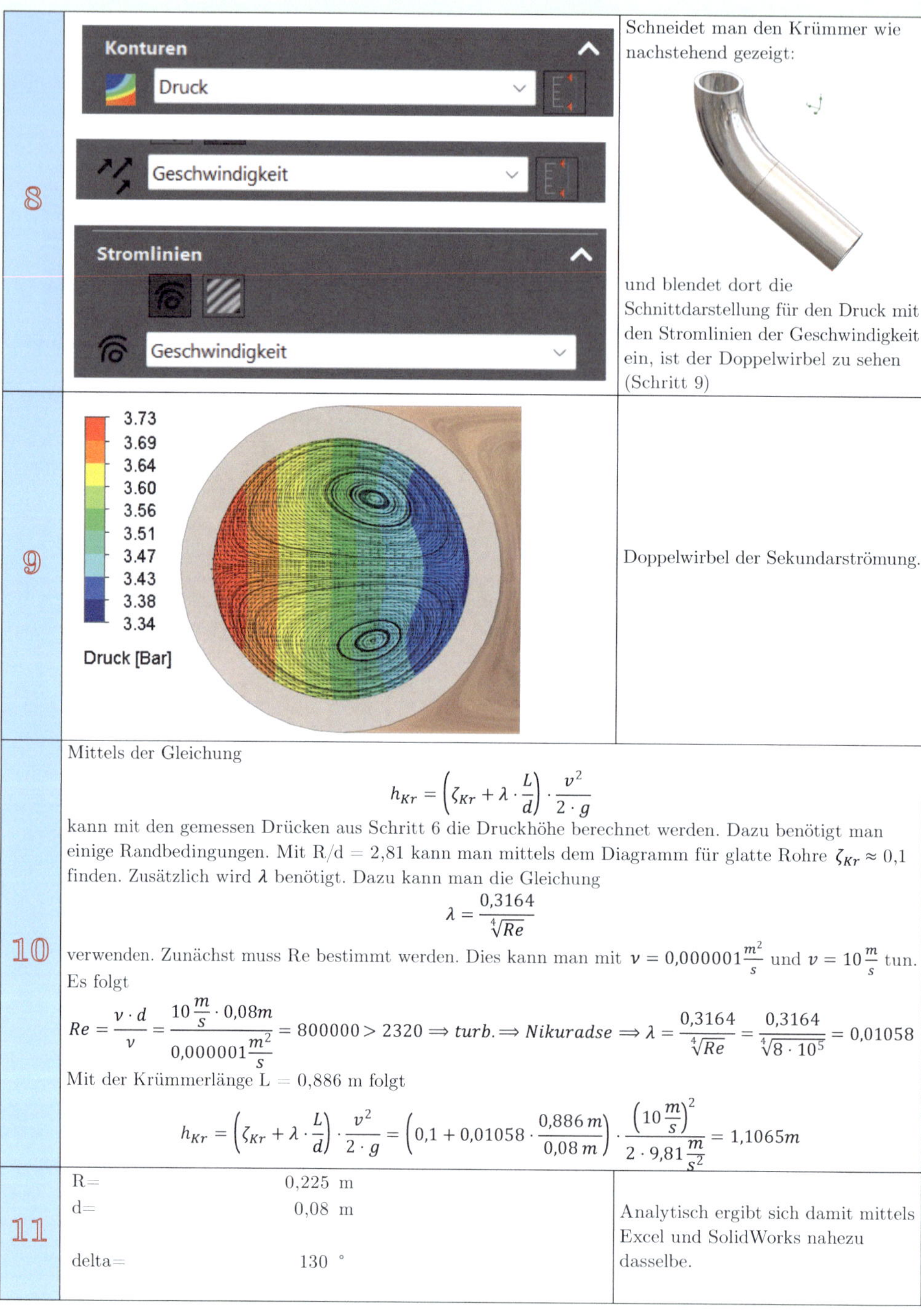

8		Schneidet man den Krümmer wie nachstehend gezeigt: und blendet dort die Schnittdarstellung für den Druck mit den Stromlinien der Geschwindigkeit ein, ist der Doppelwirbel zu sehen (Schritt 9)
9		Doppelwirbel der Sekundarströmung.
10	Mittels der Gleichung $$h_{Kr} = \left(\zeta_{Kr} + \lambda \cdot \frac{L}{d}\right) \cdot \frac{v^2}{2 \cdot g}$$ kann mit den gemessen Drücken aus Schritt 6 die Druckhöhe berechnet werden. Dazu benötigt man einige Randbedingungen. Mit R/d = 2,81 kann man mittels dem Diagramm für glatte Rohre $\zeta_{Kr} \approx 0{,}1$ finden. Zusätzlich wird λ benötigt. Dazu kann man die Gleichung $$\lambda = \frac{0{,}3164}{\sqrt[4]{Re}}$$ verwenden. Zunächst muss Re bestimmt werden. Dies kann man mit $\nu = 0{,}000001 \frac{m^2}{s}$ und $v = 10 \frac{m}{s}$ tun. Es folgt $$Re = \frac{v \cdot d}{\nu} = \frac{10 \frac{m}{s} \cdot 0{,}08m}{0{,}000001 \frac{m^2}{s}} = 800000 > 2320 \Longrightarrow turb. \Longrightarrow Nikuradse \Longrightarrow \lambda = \frac{0{,}3164}{\sqrt[4]{Re}} = \frac{0{,}3164}{\sqrt[4]{8 \cdot 10^5}} = 0{,}01058$$ Mit der Krümmerlänge L = 0,886 m folgt $$h_{Kr} = \left(\zeta_{Kr} + \lambda \cdot \frac{L}{d}\right) \cdot \frac{v^2}{2 \cdot g} = \left(0{,}1 + 0{,}01058 \cdot \frac{0{,}886\,m}{0{,}08\,m}\right) \cdot \frac{\left(10 \frac{m}{s}\right)^2}{2 \cdot 9{,}81 \frac{m}{s^2}} = 1{,}1065m$$	
11	R= 0,225 m d= 0,08 m delta= 130 °	Analytisch ergibt sich damit mittels Excel und SolidWorks nahezu dasselbe.

L_V=	0,15	m	
L_B=	0,511	m	
L_N=	0,225	m	
L=	0,886	m	
R/d=	2,8125		
zeta_Kr=	0,1		
v=	10	m/s	
rho=	1000	kg/m^3	
eta=	0,001	Pa*s	
nu=	0,000001	m^2/s	
		>2320 => Turbulent =>	
Re=	800000	Nikuradse	
Lambda=	0,01058		
h_Kr=	1,106538	m	
p_1Flow=	3,6	bar	
p_2Flow=	3,5	bar	
Delta_pFlow =	0,1	bar	
	10000	Pa	
h_KrFlow=	1,019	m	

4.3.5.3 Verlustzahlen bei Erweiterung und Verengung

Vgl. mit Abb. 4.47 und 4.48.

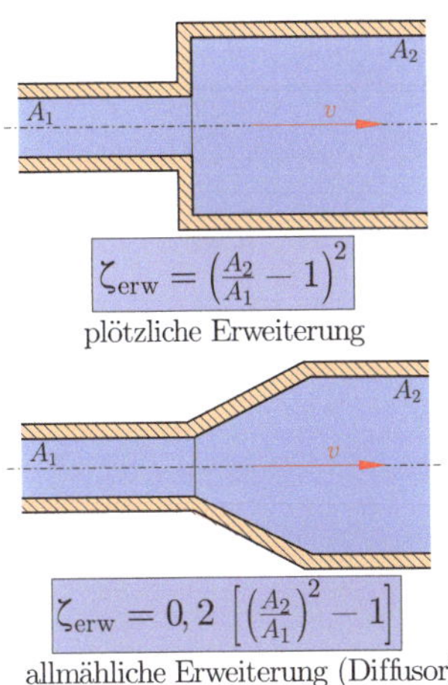

Abb. 4.47 Erweiterungen

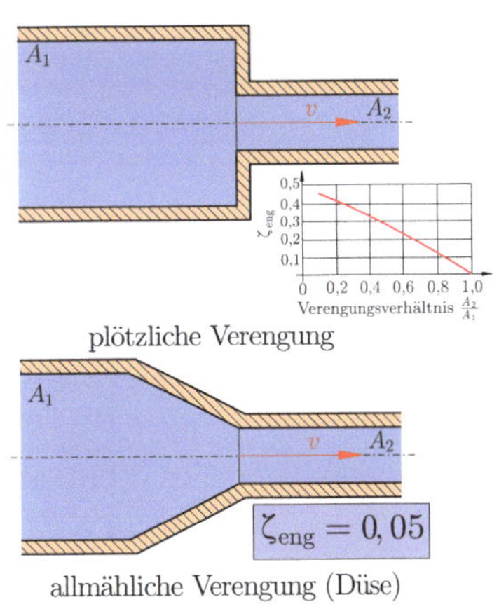

Abb. 4.48 Verengungen

4

4.3.5.4 Verlustzahlen bei Rohrverzweigungen

Vgl. Abb. 4.49, 4.50 und 4.51.

4.3.5.5 Absperrmittel

Vgl. Abb. 4.52.[13]

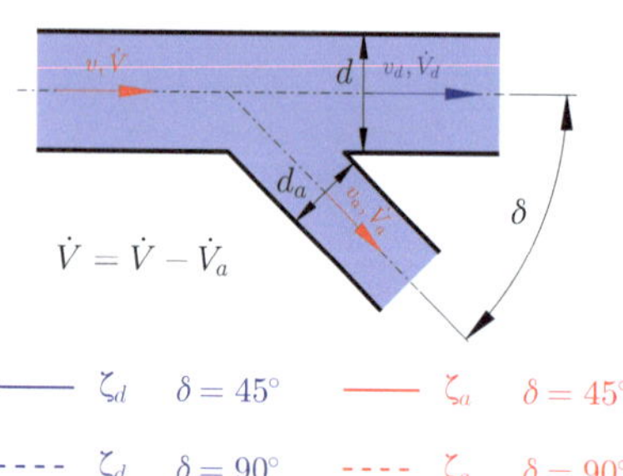

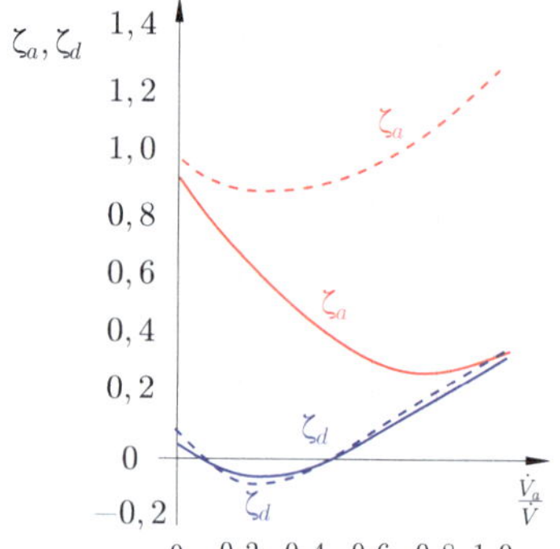

Abb. 4.49 Trennung

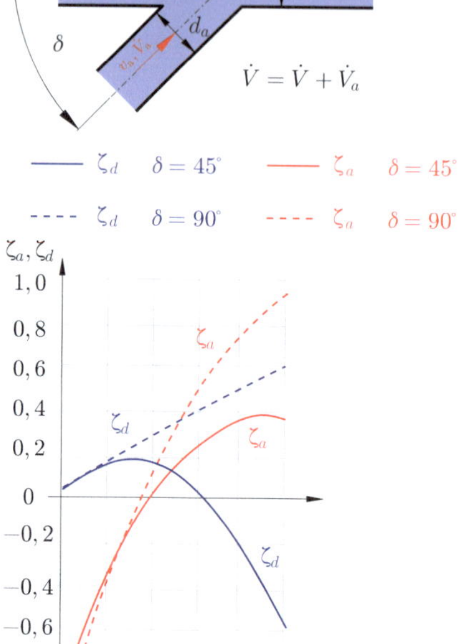

Abb. 4.51 Vereinigung

Abb. 4.50 Verlustzahlen bei Durchmesser

	$\frac{\dot{V}_a}{\dot{V}}$	0	0, 2	0, 4	0, 6	0, 8	1, 0	δ
Trennung	δ_a	0, 90	0, 66	0, 47	0, 33	0, 29	0, 35	45°
	δ_d	0, 04	−0, 06	−0, 04	0, 07	0, 20	0, 33	
Vereinigung	δ_a	−0, 90	−0, 37	0	0, 22	0, 37	0, 38	
	δ_d	0, 05	0, 17	0, 18	0, 05	−0, 20	−0, 57	
Trennung	δ_a	0, 96	0, 88	0, 89	0, 96	1, 10	1, 29	90°
	δ_d	0, 05	−0, 08	−0, 04	0, 07	0, 21	0, 35	
Vereinigung	δ_a	−1, 04	−0, 40	0, 1	0, 47	0, 73	0, 92	
	δ_d	0, 06	0, 18	0; 40	0, 50	0, 50	0, 60	

13 Die angegebenen Werte in Abb. 4.52 gelten nur für Nennwerte von 100 mm.

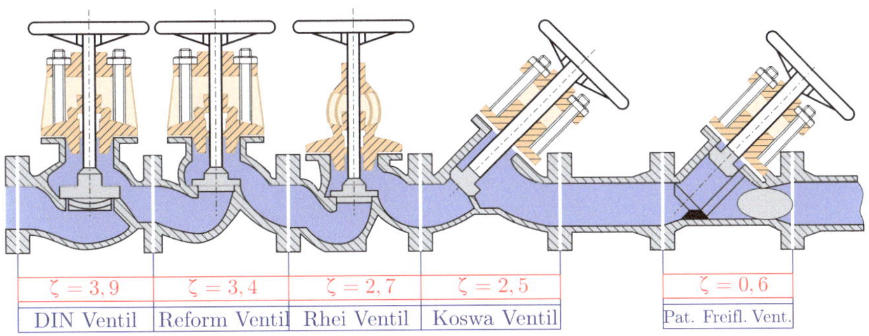

Abb. 4.52 Verlustzahlen bei Hähnen (Ventile)

ζ_{Kn}	$\delta°$	10°	15°	30°	45°	60°	90°
glatt		0,03	0,04	0,13	0,24	0,47	1,13
rauh		0,04	0,06	0,15	0,32	0,68	1,27

Abb. 4.53 Kniestück

4.3.5.6 Kniestück

Vgl. Abb. 4.53 und 4.54.

d … Rohrdurchmesser
e … Schieberweg
δ … Verdrehwinkel

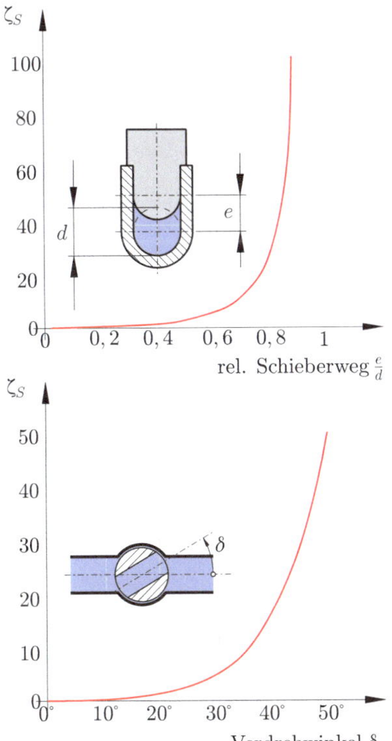

Abb. 4.54 Absperrmittel Schieber und Hahn im Kreisrohr

Vgl. Abb. 4.55.

δ … Verdrehwinkel
$\delta = 70°$ … ist $\zeta = 751$.

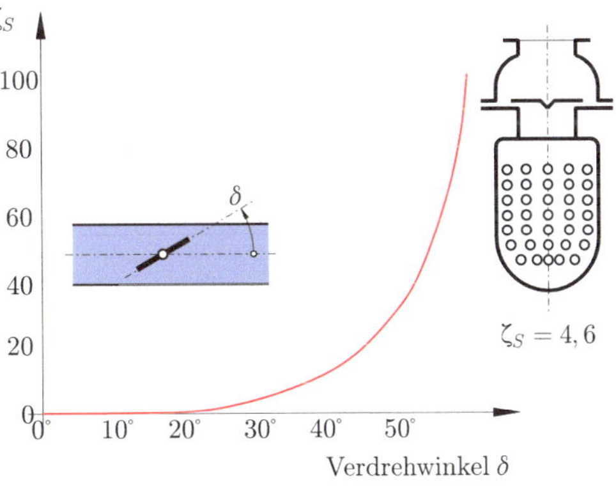

Abb. 4.55 Absperrmittel Drosselklappe und Saugkorb mit Flussventil

4

4.3.6 Totwassergebiet

Es wurde der Begriff „Totwassergebiet" bereits erwähnt, nun soll dieser noch ein wenig vertieft werden. Zuvor müssen noch einige Grundlagen geklärt werden.

4.3.6.1 Luv und Lee

Man unterscheidet in der Luftfahrttechnik zwischen der angeströmten Seite (Luv) und der verwirbelten Seite (Lee) der Luft (vgl. Abb. 4.56).

4.3.6.2 Entstehung

Wie entsteht ein Totwassergebiet: Ein Totwassergebiet entsteht in der Praxis bei den meisten Umströmungen. Man denke an einen Lkw, dort entsteht durch die nicht strömungsoptimale Fahrzeugform ein Totwassergebiet an der Hinterseite des Anhängers. Als Totwassergebiet werden jene Gebiete bezeichnet, wo Verwirblungen auftreten, die sich negativ auf diverse Parameter, wie beim Lkw: steigender Spritverbrauch, höher zu dimensionierende Motorleistung... auswirken. (vgl. Abb. 4.57).

Abb. 4.56 Luv- und Lee-Seite

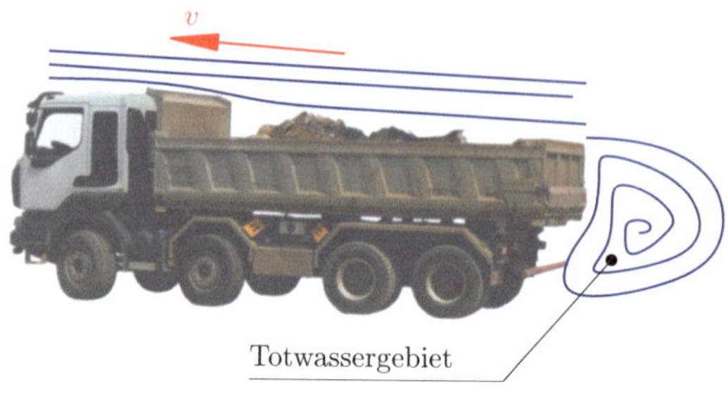

Abb. 4.57 Totwassergebiet, schematisch anhand eines Lkws dargestellt

4.4 Turbulente Strömungen

In der Fachsprache bezeichnet man verwirbelte Strömungen als turbulente Strömungen (vgl. Abb. 4.58). Um turbulente Strömungen zu beschreiben, zerlegt man die Feldgrößen Geschwindigkeit und Druck additiv in einen gemittelten Term, welcher von einer statischen Fluktuation überlagert wird. Dies nennt man die Reynold'sche Zerlegung:

$$v(x,t) = \overline{v(x)} \cdot v'(x,t); \tag{4.213}$$

wobei $\overline{v(x)}$ die gemittelte Größe darstellt, also einen Mittelwert. Setzt man diese Zerlegung in

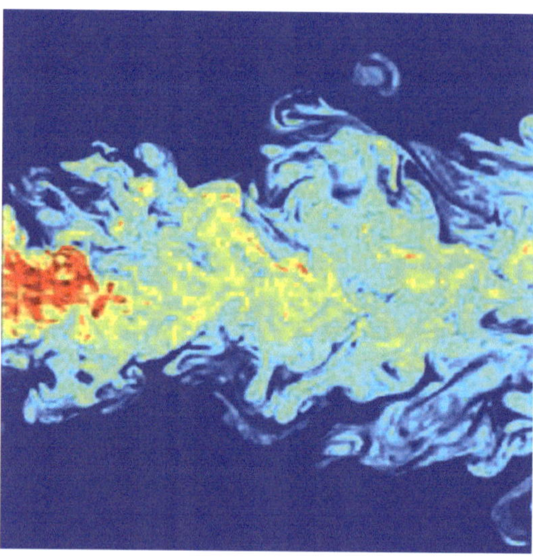

Abb. 4.58 Turbulente Strömung

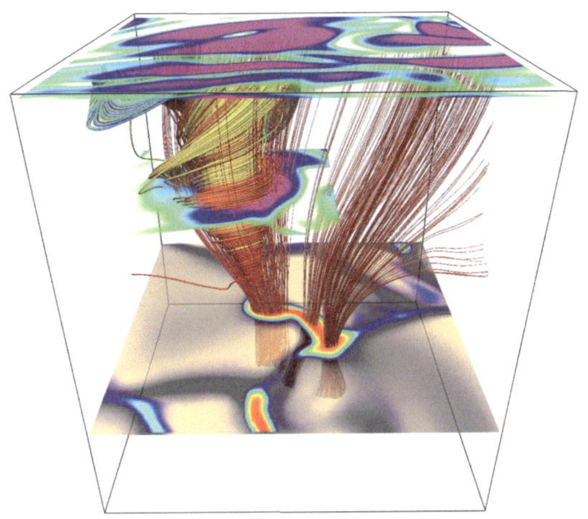

Abb. 4.59 Geschwindigkeitsfeld Stromlinien

Abb. 4.60 Wirbelschleppe [98, 99]

die Navier-Stokes Gleichungen ein, erhält man die Reynolds-Gleichungen. Um die Schwierigkeit dieses Themas zu verdeutlichen, wird in den nächsten Kapiteln die Berechnung mittels der Euler- und Navier-Stokes-Gleichungen vorgeführt. (vgl. Abb. 4.59)

4.4.1 Arten von Verwirbelungen [98]

Als Verwirblungen in der Strömungsmechanik bezeichnet man eine „Drehung" einer Stromlinie bzw. eine Drehung von Fluidelementen. Wirbeln können sehr schnell zu komplexen mathematischen Gleichungen führen, worin Kenntnisse der höheren Mathematik unumgänglich sind. Genaueres wird im Anschluss behandelt.

1. **Wirbelschleppe:** Da sich die Luftwirbel (vgl. Abb. 4.60) an den Rändern (Randwirbel oder Wirbelschleppen) bewegen und gegenläufige Drehbewegungen aufweisen, können diese Phänomene bei Flugzeugen beobachtet werden. Der Begriff Wirbelschleppe oder Randwirbel bezieht sich auf die Entstehung von Luftwirbeln durch gegenläufige Drehbewegungen. Ein Beispiel hierfür sind die Randwirbel, die durch den Kondensstreifen von Flugzeugen sichtbar werden. Die Entstehung einer Wirbelschleppe ist eine Konsequenz des dynamischen Auftriebs. Aufgrund des Auftriebsprinzips wird ein Flugzeug nach oben gezogen (auf der Oberseite des Flügels herrscht Unterdruck). Dies führt dazu, dass die Luft oben eine höhere Geschwindigkeit als unten hat, was zu einer Beschleunigung der Luft nach unten führt und somit Wirbel erzeugt. Da diese Beschleunigung außerhalb des Flügelbereichs nicht stattfindet, entsteht ein Drehimpuls, der zwei gegenläufige Wirbel hinter dem Flugzeug erzeugt. Je schwerer ein Flugzeug ist, desto mehr Luft muss es nach unten beschleunigen, was zu einer ausgeprägteren Wirbelschleppe führt.
Die Form der Wirbelschleppe wird durch die Geometrie der Tragflächen beeinflusst. Zum Beispiel können Winglets die Luftströmung über die Außenkante der Tragfläche von der Unterseite zur Oberseite verringern, was dazu führt, dass der Kern der Wirbelschleppe langsamer rotiert. Hingegen verstärken ausgefahrene Auftriebshilfen während des Starts und der Landung die Intensität der Wirbelschleppe. Bei Kampfflugzeugen akzeptiert man aufgrund der Notwendigkeit von höherer Manövrierfähigkeit kürzere Flügel und damit stärkere Wirbelschleppen. (vgl. Abb. 4.61)
Zusätzlich zur Wirbelschleppe versetzen die Turbinen von Strahltriebwerken und die Propeller von Propellertriebwerken die Luft in Rotation [99].
Die Randwirbel können benachbarte Flugzeuge zum Absturz bringen. Es muss, auf einer Landebang, unbedingt gewartet wer-

Abb. 4.61 Wirbelschleppen infolge des dynamischen Auftriebes [98, 99]

Abb. 4.62 Kondensstreifen eines Flugzeuges [59, 98]

den, bis der nächste Flieger startet, bis sich die Randwirbel des ersten startenden Fliegers gelegt haben. Diese Wartezeit ist ein wesentlicher Faktor für die maximale Kapazität eines Flugplatzes.

Auf Reiseflughöhe können Randwirbel bis zu einer Entfernung von 300 Meter auf andere Flugzeuge einen Einfluss nehmen [99]. Wer sich schon einmal über die weißen Streifen am Himmel, hinter einem Flieger gewundert hat, dabei handelt es sich um Kondensstreifen (vgl. Abb. 4.62). Diese entstehen durch Wirbelschleppen. Die Sichtbarkeit hängt allerdings von der Luftfeuchtigkeit ab. Es muss dabei zur Kondensation der Luft kommen. Man kann diese in etwa 8 Kilometern, wenn der ausgestoßene Wasserdampf auf kalte Luft trifft, sehen.

2. **Strudel:** Als Strudel bezeichnet man eine Verwirbelung, wenn die Stromlinien bzw. die Fluidteilchen spiralförmig verlaufen. (vgl. Abb. 4.63 und 4.64) [89].

Abb. 4.63 Strudel im Wasserglas [89, 98]

Abb. 4.64 Naruto-Strudel, von einem Touristenboot aus fotografiert (Naruto-Strudel) [69, 89]

3. **Wirbelstraße:** Von einer Kármán'schen Wirbelstraße spricht man, wenn sich hinter einem umströmten Körper gegenläufige Wirbel ausbilden. Die Wirbelstraßen wurden von Theodore von Kármán erstmals 1911 nachgewiesen und berechnet [57]. Eine Animation der Kármán'schen Wirbelstraße ist im kommenden Abschnitt gegeben.

4. **Festkörperwirbel:** Siehe ◘ Abb. 4.65.

$$|\operatorname{rot}(\vec{v})| = 2 \cdot \omega \neq 0. \tag{4.214}$$

5. **Potentialwirbel:**

$$|\operatorname{rot}(\vec{v})| = 0. \tag{4.215}$$

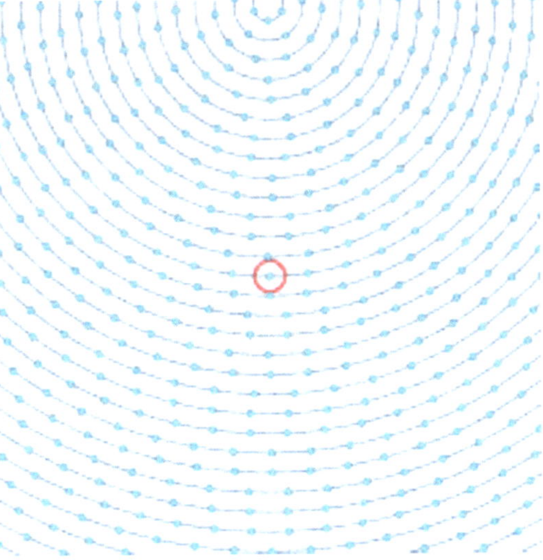

◘ **Abb. 4.65** Festkörperwirbel [98]

4.4.1.1 Wirbelschleppe

Siehe ▶ Methode: Lösung durch SolidWorks – CFD 4.14.

Methode: Lösung durch SolidWorks – CFD 4.14

Von einem Kampfjet ist eine Strömungssimulation einer Wirbelschleppe, mittels SolidWorks, zu erstellen. Es wurde bewusst ein Militärflugzeug ausgewählt, da man durch die dort vorhandenen Delta Flügeln dieses Phänomen weit besser, als bei einem Verkehrsflugzeug, beobachten kann. Das Flugzeug wurde dabei beliebig konstruiert und entspricht keiner exakten Nachbildung eines echten Flugzeuges. Vom Flugzeug sind folgende Daten bekannt: Es ist die Wirbelschleppe bei einer Fluggeschwindigkeit von $v = 445\,\mathrm{m/s} \approx 1600\,\mathrm{km/h}$ zu simulieren.

Pos.	Bild	Erklärung
1		Modell zeichnen und neue Strömungssimulationsstudie aufsetzen.
2	Physikalische Features / Wert Fluidströmung Wärmeleitung Zeitabhängig Geometriehandling / Wert Analyseart: Extern Geometrieerkennung: CAD boolesch Hohlräume ohne Bedingungen ausschließen Innenbereich ausschließen Navigator: Analyseart, Fluide, Wandbedingungen, Anfangs- und Umgebungsbedingungen	Neue externe Studie aufsetzen.

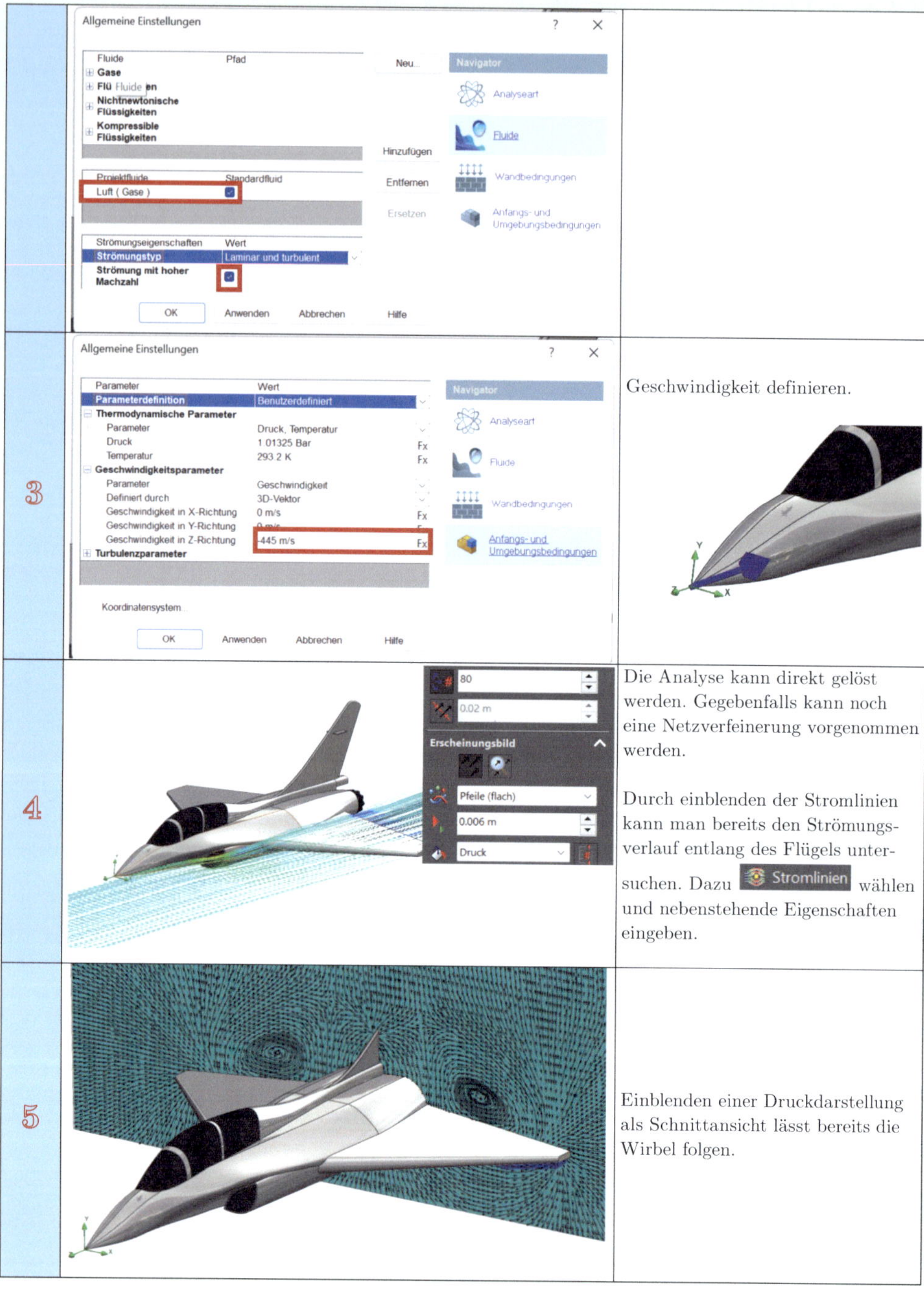

3		Geschwindigkeit definieren.
4		Die Analyse kann direkt gelöst werden. Gegebenfalls kann noch eine Netzverfeinerung vorgenommen werden. Durch einblenden der Stromlinien kann man bereits den Strömungsverlauf entlang des Flügels untersuchen. Dazu Stromlinien wählen und nebenstehende Eigenschaften eingeben.
5		Einblenden einer Druckdarstellung als Schnittansicht lässt bereits die Wirbel folgen.

4.4.1.2 Strudel

Siehe ▶ Methode: Lösung durch SolidWorks – CFD 4.15.

Methode: Lösung durch SolidWorks – CFD 4.15

Ein Wasserbehälter dient als Mischvorrichtung. Dazu wird in den Behälter ein Mischer (Zapfen) gelegt, welcher durch eine unter dem Glas sich befindliche magnetische Vorrichtung angetrieben wird. Es kommt zu einer Rotation des Mischers, wodurch sich ein Strudel im Glas ergibt. Der Strudel ist mittels einer transienten Strömungsanalyse (mit freien Oberflächen, welche bereits aus Kapitel Hydrostatik dieses Buches bekannt sind) zu simulieren. [14]

Pos.	Bild	Erklärung
1	1 Glasbehälter – Material: Glas; 2 Füllvolumen Wasser – Material: Wasser; 3 Netzdummy – Material: beliebig; 4 Mischer – Material: Nichtrostender Stahl	Modelle zeichnen und in einer Braugruppe zusammenbauen. Dazu werden zunächst nebenstehende Bauteile gezeichnet.
2	1, 2, 3, 4	Die aus Schritt 1 gezeichneten Komponenten in einer Baugruppe zusammenbauen.

14 Eine ähnliche Simulation kann ▶ https://de.visiativ-solutions.ch/solidworks-flow-simulation-rotierendes-netz-freie-flache/ entnommen werden, Stand: 03.01.2024.

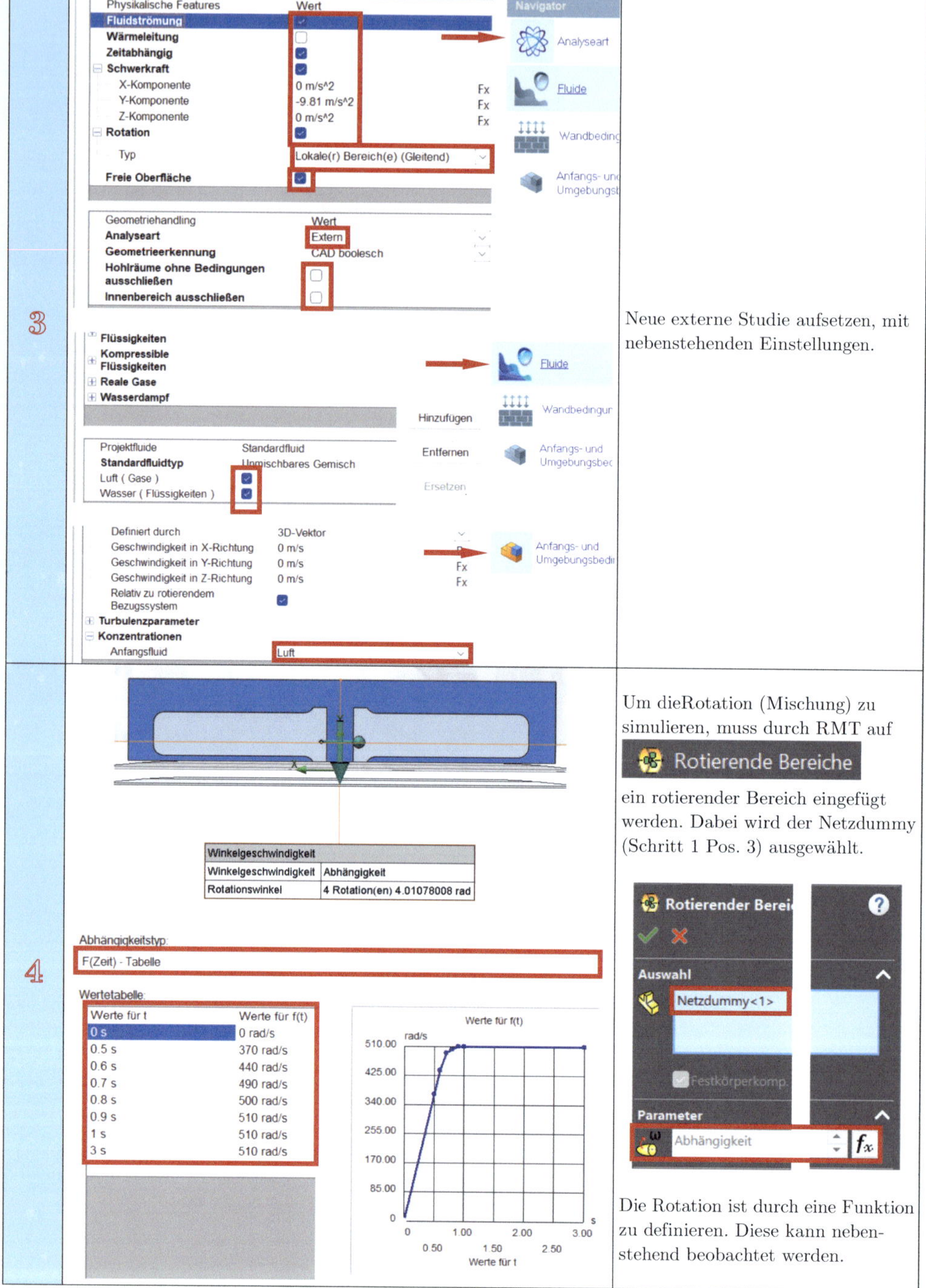

3 Neue externe Studie aufsetzen, mit nebenstehenden Einstellungen.

4 Um dieRotation (Mischung) zu simulieren, muss durch RMT auf **Rotierende Bereiche** ein rotierender Bereich eingefügt werden. Dabei wird der Netzdummy (Schritt 1 Pos. 3) ausgewählt.

Die Rotation ist durch eine Funktion zu definieren. Diese kann nebenstehend beobachtet werden.

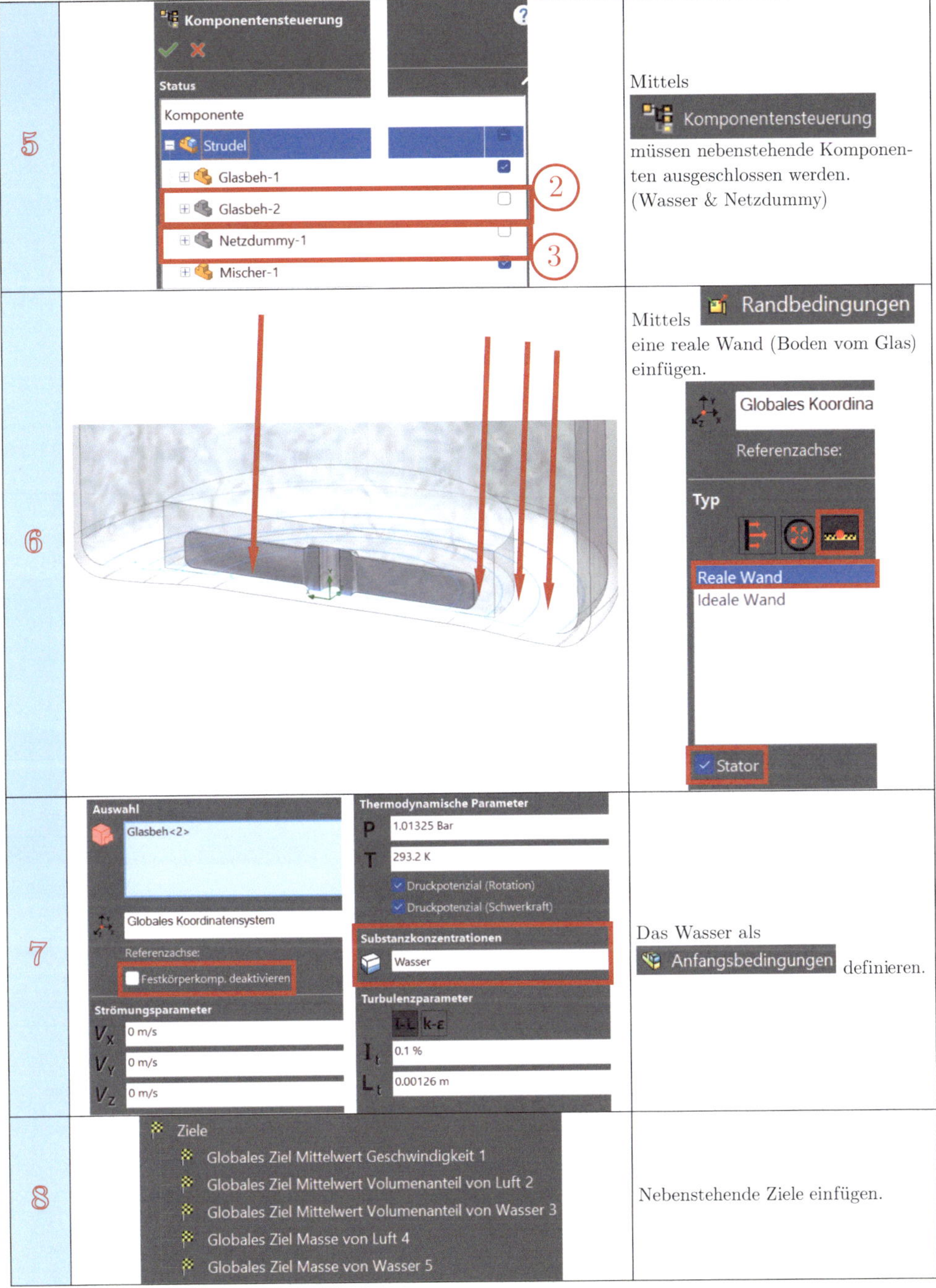
5
Komponentensteuerung
Status
Komponente
Strudel
Glasbeh-1
Glasbeh-2
Netzdummy-1
Mischer-1
2
3
Mittels Komponentensteuerung müssen nebenstehende Komponenten ausgeschlossen werden. (Wasser & Netzdummy)
6
Mittels Randbedingungen eine reale Wand (Boden vom Glas) einfügen.
Globales Koordina
Referenzachse:
Typ
Reale Wand
Ideale Wand
Stator
7
Auswahl
Glasbeh<2>
Globales Koordinatensystem
Referenzachse:
Festkörperkomp. deaktivieren
Strömungsparameter
0 m/s
0 m/s
0 m/s
Thermodynamische Parameter
1.01325 Bar
293.2 K
Druckpotenzial (Rotation)
Druckpotenzial (Schwerkraft)
Substanzkonzentrationen
Wasser
Turbulenzparameter
k-ε
0.1 %
0.00126 m
Das Wasser als Anfangsbedingungen definieren.
8
Ziele
Globales Ziel Mittelwert Geschwindigkeit 1
Globales Ziel Mittelwert Volumenanteil von Luft 2
Globales Ziel Mittelwert Volumenanteil von Wasser 3
Globales Ziel Masse von Luft 4
Globales Ziel Masse von Wasser 5
Nebenstehende Ziele einfügen.

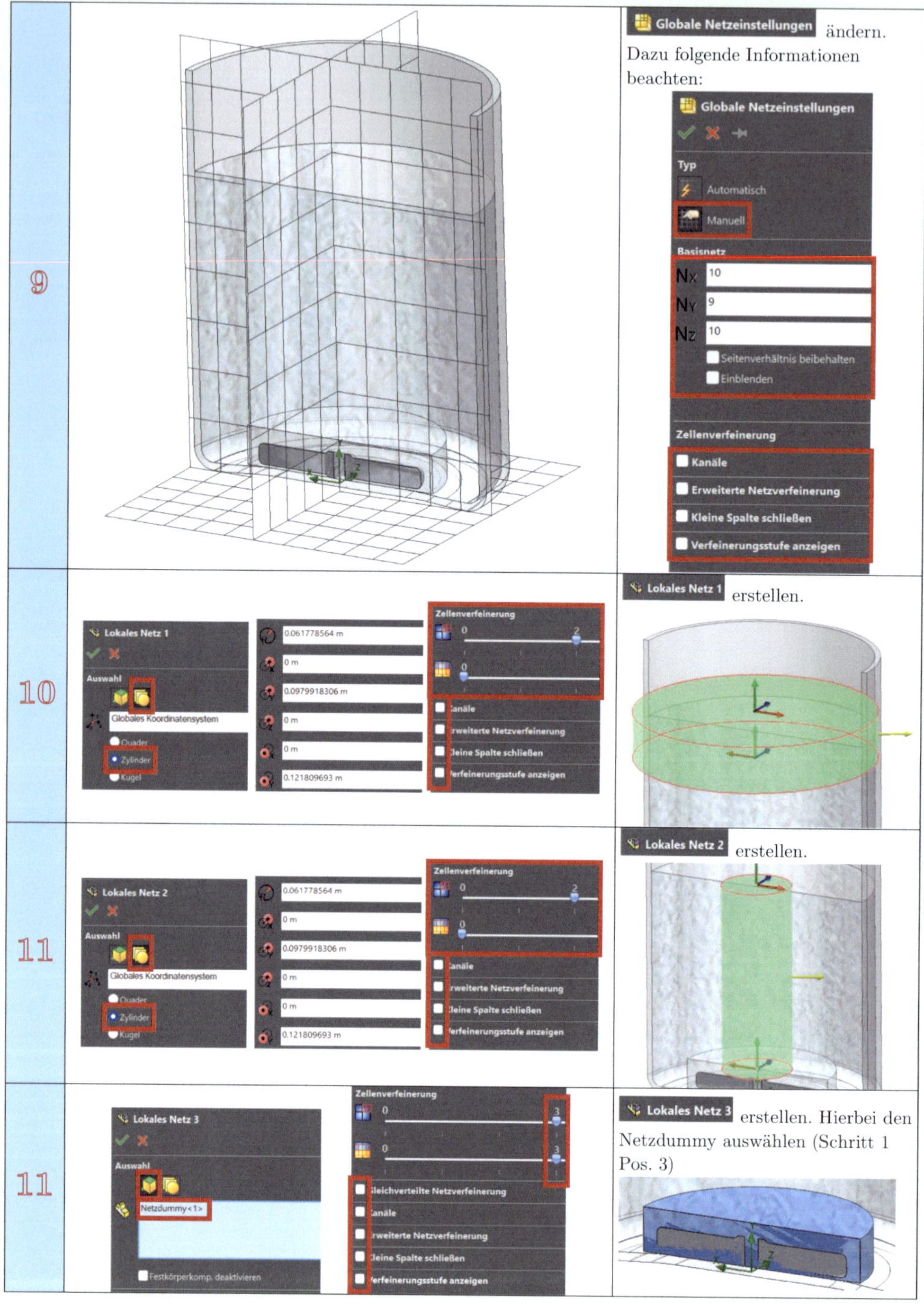

9	Globale Netzeinstellungen ändern. Dazu folgende Informationen beachten:
10	Lokales Netz 1 erstellen.
11	Lokales Netz 2 erstellen.
11	Lokales Netz 3 erstellen. Hierbei den Netzdummy auswählen (Schritt 1 Pos. 3)

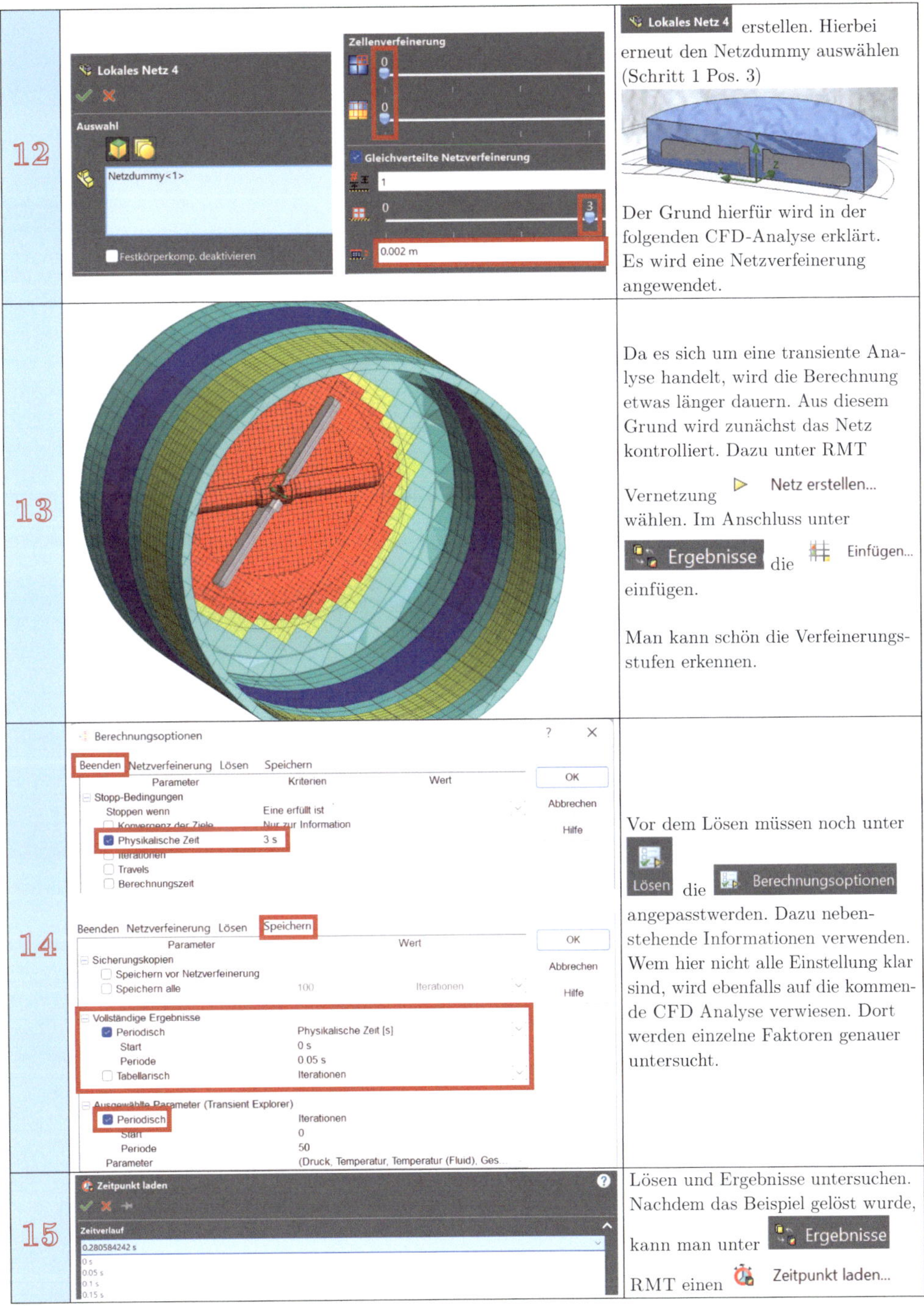

12	Lokales Netz 4 erstellen. Hierbei erneut den Netzdummy auswählen (Schritt 1 Pos. 3) Der Grund hierfür wird in der folgenden CFD-Analyse erklärt. Es wird eine Netzverfeinerung angewendet.
13	Da es sich um eine transiente Analyse handelt, wird die Berechnung etwas länger dauern. Aus diesem Grund wird zunächst das Netz kontrolliert. Dazu unter RMT Vernetzung ▷ Netz erstellen... wählen. Im Anschluss unter Ergebnisse die Einfügen... einfügen. Man kann schön die Verfeinerungsstufen erkennen.
14	Vor dem Lösen müssen noch unter Lösen die Berechnungsoptionen angepasstwerden. Dazu nebenstehende Informationen verwenden. Wem hier nicht alle Einstellung klar sind, wird ebenfalls auf die kommende CFD Analyse verwiesen. Dort werden einzelne Faktoren genauer untersucht.
15	Lösen und Ergebnisse untersuchen. Nachdem das Beispiel gelöst wurde, kann man unter Ergebnisse RMT einen Zeitpunkt laden...

4

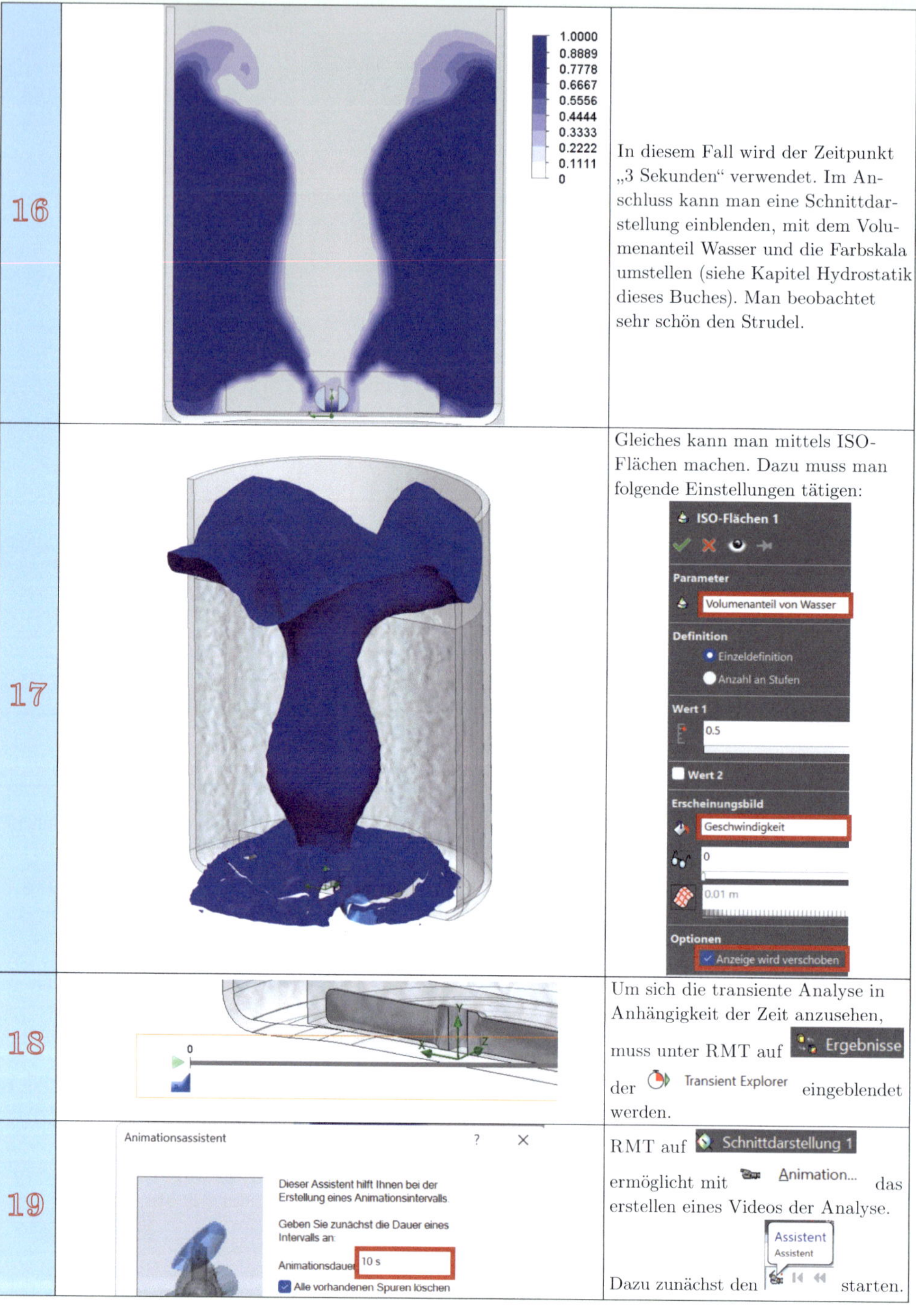

16	In diesem Fall wird der Zeitpunkt „3 Sekunden" verwendet. Im Anschluss kann man eine Schnittdarstellung einblenden, mit dem Volumenanteil Wasser und die Farbskala umstellen (siehe Kapitel Hydrostatik dieses Buches). Man beobachtet sehr schön den Strudel.
17	Gleiches kann man mittels ISO-Flächen machen. Dazu muss man folgende Einstellungen tätigen:
18	Um sich die transiente Analyse in Anhängigkeit der Zeit anzusehen, muss unter RMT auf Ergebnisse der Transient Explorer eingeblendet werden.
19	RMT auf Schnittdarstellung 1 ermöglicht mit Animation... das erstellen eines Videos der Analyse. Dazu zunächst den Assistent starten.

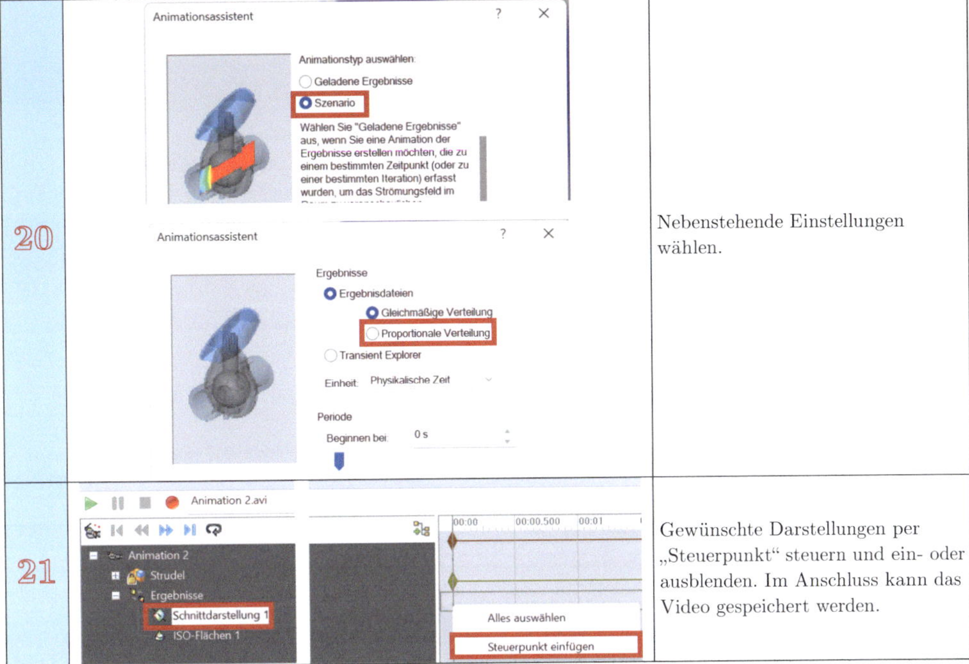

Pos.	Bild	Erklärung
20		Nebenstehende Einstellungen wählen.
21		Gewünschte Darstellungen per „Steuerpunkt“ steuern und ein- oder ausblenden. Im Anschluss kann das Video gespeichert werden.

4.4.1.3 Kármán'sche Wirbelstraße

Siehe ▶ Methode: Lösung durch SolidWorks – CFD 4.16.

Methode: Lösung durch SolidWorks – CFD 4.16

Die Kármán'sche Wirbelstraße ist das Resultat einer Schwingung in einem flüssigen Medium. Wer noch an Band 1 dieser Buchreihe denkt (Kapitel Seilstatik), erinnert sich mitunter an die Tacoma-Brücke, die einstürzte, in Folge von Windlasten. Es kam zum Aufschwingen der Brückenkonstruktion, wodurch es schließlich zum Einsturz von dieser Brücke kam (vgl. mit [15], Kapitel 1.1) Der Grund für das Aufschwingen stellte die Kármán'sche Wirbelstraße dar. Diese ist aber auch bei einfachen Geometrien zu beobachten, wenn es zum Ablösen der Strömung bei hohen Reynolds-Zahlen kommt. Es wird dabei die Umströmung eines Zylinders als 2D-transiente Strömungsanalyse untersucht. Zunächst ist auf die Abhängigkeit der Reynolds-Zahl einzugehen, bevor man die Kármán'sche Wirbelstraße untersucht.

Pos.	Bild	Erklärung
NICHT TRANSIENTE ANALYSE		
1		Modell zeichnen und eine neue Strömungssimulationsstudie aufsetzen, diese ist zunächst nicht transient. Im ersten Schritt geht es um den Einfluss der Reynoldszahl bei der Umströmung. Der vorliegende Zylinder besitzt einen Durchmesser von 10 mm.

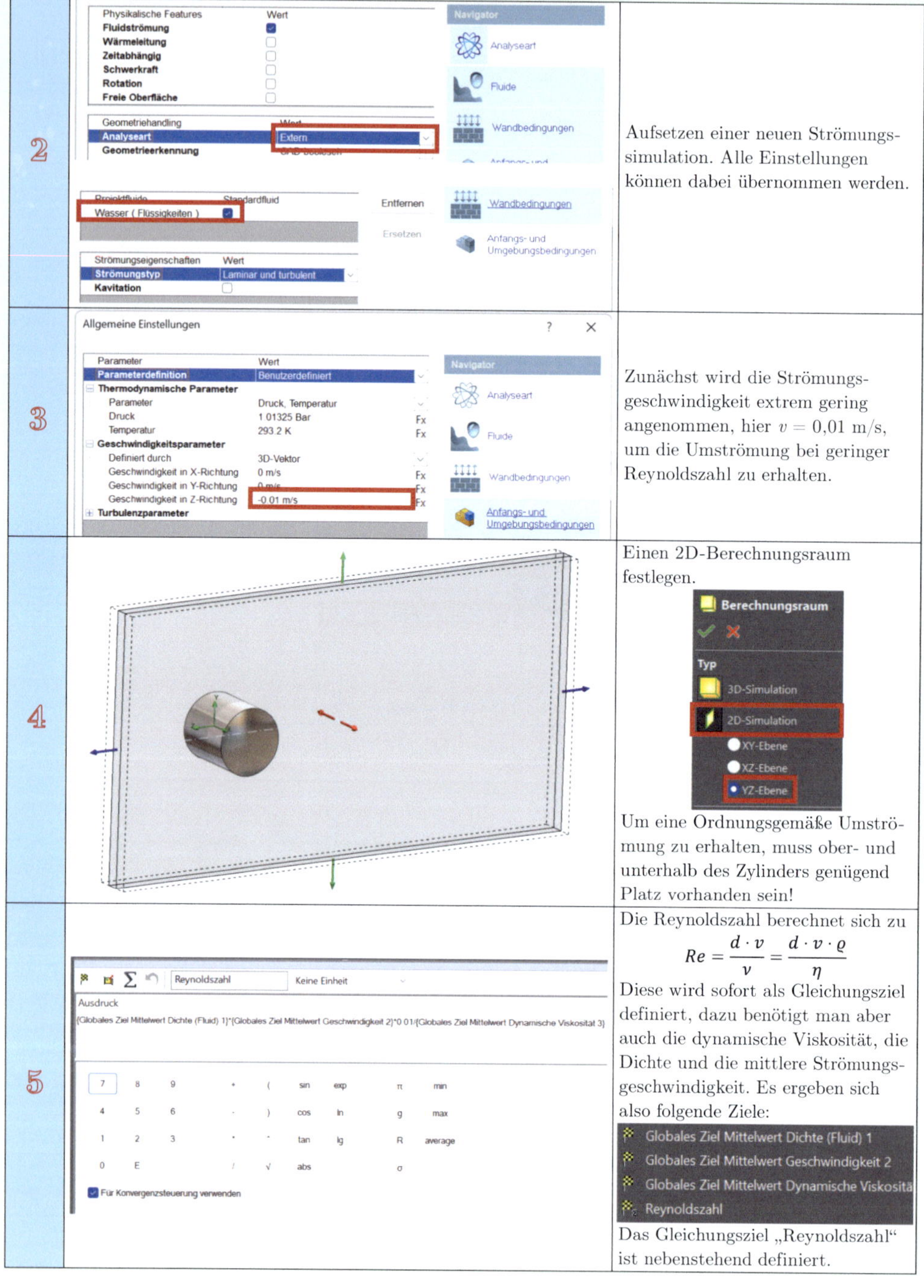

Schritt	Abbildung	Beschreibung
2		Aufsetzen einer neuen Strömungssimulation. Alle Einstellungen können dabei übernommen werden.
3		Zunächst wird die Strömungsgeschwindigkeit extrem gering angenommen, hier $v = 0{,}01$ m/s, um die Umströmung bei geringer Reynoldszahl zu erhalten.
4		Einen 2D-Berechnungsraum festlegen. Um eine Ordnungsgemäße Umströmung zu erhalten, muss ober- und unterhalb des Zylinders genügend Platz vorhanden sein!
5		Die Reynoldszahl berechnet sich zu $Re = \frac{d \cdot v}{\nu} = \frac{d \cdot v \cdot \varrho}{\eta}$ Diese wird sofort als Gleichungsziel definiert, dazu benötigt man aber auch die dynamische Viskosität, die Dichte und die mittlere Strömungsgeschwindigkeit. Es ergeben sich also folgende Ziele: Globales Ziel Mittelwert Dichte (Fluid) 1; Globales Ziel Mittelwert Geschwindigkeit 2; Globales Ziel Mittelwert Dynamische Viskosität; Reynoldszahl. Das Gleichungsziel „Reynoldszahl“ ist nebenstehend definiert.

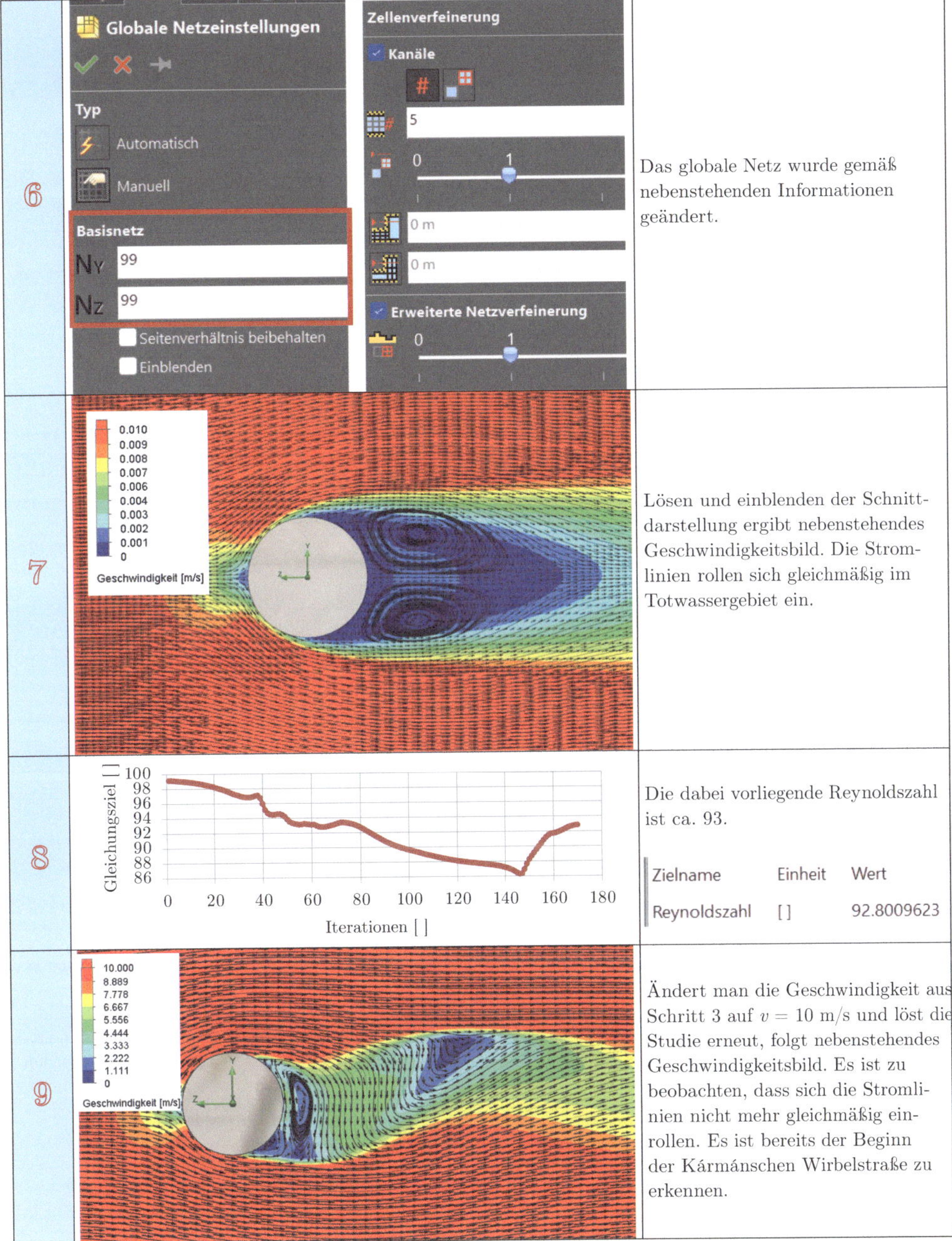

6	Das globale Netz wurde gemäß nebenstehenden Informationen geändert.
7	Lösen und einblenden der Schnittdarstellung ergibt nebenstehendes Geschwindigkeitsbild. Die Stromlinien rollen sich gleichmäßig im Totwassergebiet ein.
8	Die dabei vorliegende Reynoldszahl ist ca. 93. Zielname – Einheit – Wert Reynoldszahl – [ ] – 92.8009623
9	Ändert man die Geschwindigkeit aus Schritt 3 auf $v = 10$ m/s und löst die Studie erneut, folgt nebenstehendes Geschwindigkeitsbild. Es ist zu beobachten, dass sich die Stromlinien nicht mehr gleichmäßig einrollen. Es ist bereits der Beginn der Kármánschen Wirbelstraße zu erkennen.

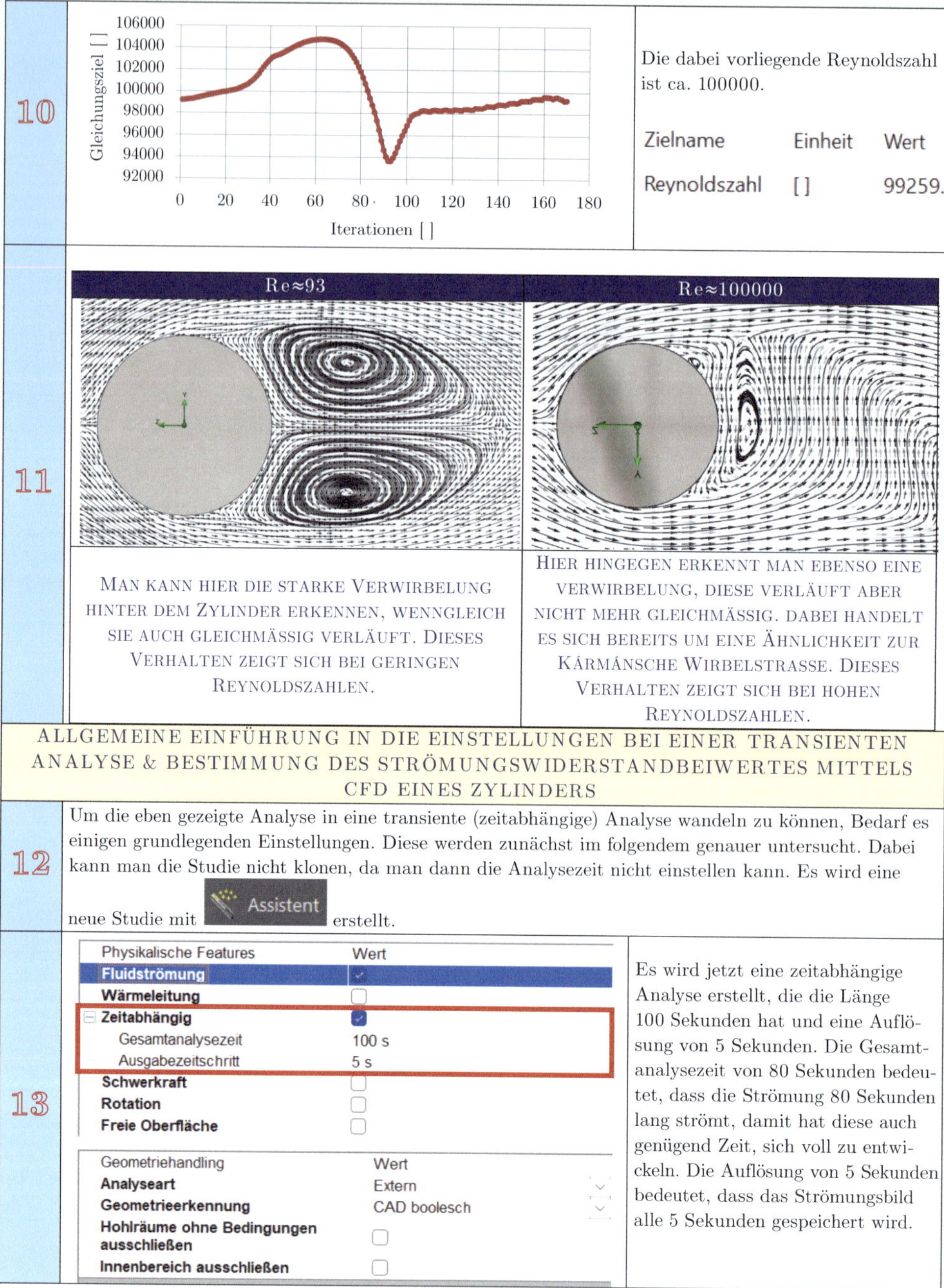

10

Die dabei vorliegende Reynoldszahl ist ca. 100000.

Zielname	Einheit	Wert
Reynoldszahl	[ ]	99259.

11

Man kann hier die starke Verwirbelung hinter dem Zylinder erkennen, wenngleich sie auch gleichmässig verläuft. Dieses Verhalten zeigt sich bei geringen Reynoldszahlen.

Hier hingegen erkennt man ebenso eine Verwirbelung, diese verläuft aber nicht mehr gleichmässig. Dabei handelt es sich bereits um eine Ähnlichkeit zur Kármánsche Wirbelstrasse. Dieses Verhalten zeigt sich bei hohen Reynoldszahlen.

ALLGEMEINE EINFÜHRUNG IN DIE EINSTELLUNGEN BEI EINER TRANSIENTEN ANALYSE & BESTIMMUNG DES STRÖMUNGSWIDERSTANDBEIWERTES MITTELS CFD EINES ZYLINDERS

12

Um die eben gezeigte Analyse in eine transiente (zeitabhängige) Analyse wandeln zu können, Bedarf es einigen grundlegenden Einstellungen. Diese werden zunächst im folgendem genauer untersucht. Dabei kann man die Studie nicht klonen, da man dann die Analysezeit nicht einstellen kann. Es wird eine neue Studie mit Assistent erstellt.

13

Physikalische Features	Wert
Fluidströmung	☑
Wärmeleitung	☐
Zeitabhängig	☑
Gesamtanalysezeit	100 s
Ausgabezeitschritt	5 s
Schwerkraft	☐
Rotation	☐
Freie Oberfläche	☐

Geometriehandling	Wert
Analyseart	Extern
Geometrieerkennung	CAD boolesch
Hohlräume ohne Bedingungen ausschließen	☐
Innenbereich ausschließen	☐

Es wird jetzt eine zeitabhängige Analyse erstellt, die die Länge 100 Sekunden hat und eine Auflösung von 5 Sekunden. Die Gesamtanalysezeit von 80 Sekunden bedeutet, dass die Strömung 80 Sekunden lang strömt, damit hat diese auch genügend Zeit, sich voll zu entwickeln. Die Auflösung von 5 Sekunden bedeutet, dass das Strömungsbild alle 5 Sekunden gespeichert wird.

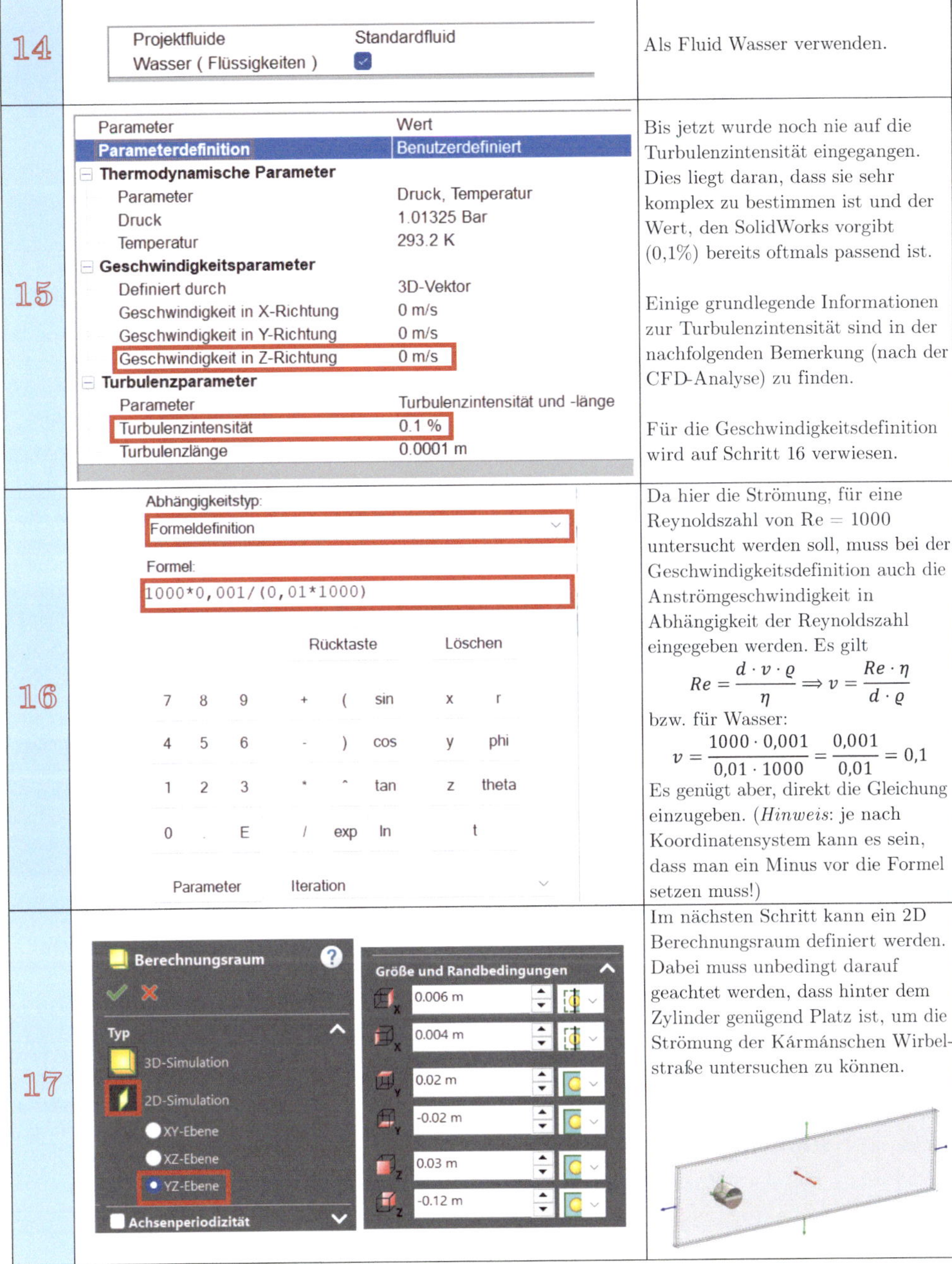

14	Als Fluid Wasser verwenden.
15	Bis jetzt wurde noch nie auf die Turbulenzintensität eingegangen. Dies liegt daran, dass sie sehr komplex zu bestimmen ist und der Wert, den SolidWorks vorgibt (0,1%) bereits oftmals passend ist. Einige grundlegende Informationen zur Turbulenzintensität sind in der nachfolgenden Bemerkung (nach der CFD-Analyse) zu finden. Für die Geschwindigkeitsdefinition wird auf Schritt 16 verwiesen.
16	Da hier die Strömung, für eine Reynoldszahl von Re = 1000 untersucht werden soll, muss bei der Geschwindigkeitsdefinition auch die Anströmgeschwindigkeit in Abhängigkeit der Reynoldszahl eingegeben werden. Es gilt $Re = \frac{d \cdot v \cdot \varrho}{\eta} \Rightarrow v = \frac{Re \cdot \eta}{d \cdot \varrho}$ bzw. für Wasser: $v = \frac{1000 \cdot 0{,}001}{0{,}01 \cdot 1000} = \frac{0{,}001}{0{,}01} = 0{,}1$ Es genügt aber, direkt die Gleichung einzugeben. (*Hinweis*: je nach Koordinatensystem kann es sein, dass man ein Minus vor die Formel setzen muss!)
17	Im nächsten Schritt kann ein 2D Berechnungsraum definiert werden. Dabei muss unbedingt darauf geachtet werden, dass hinter dem Zylinder genügend Platz ist, um die Strömung der Kármánschen Wirbelstraße untersuchen zu können.

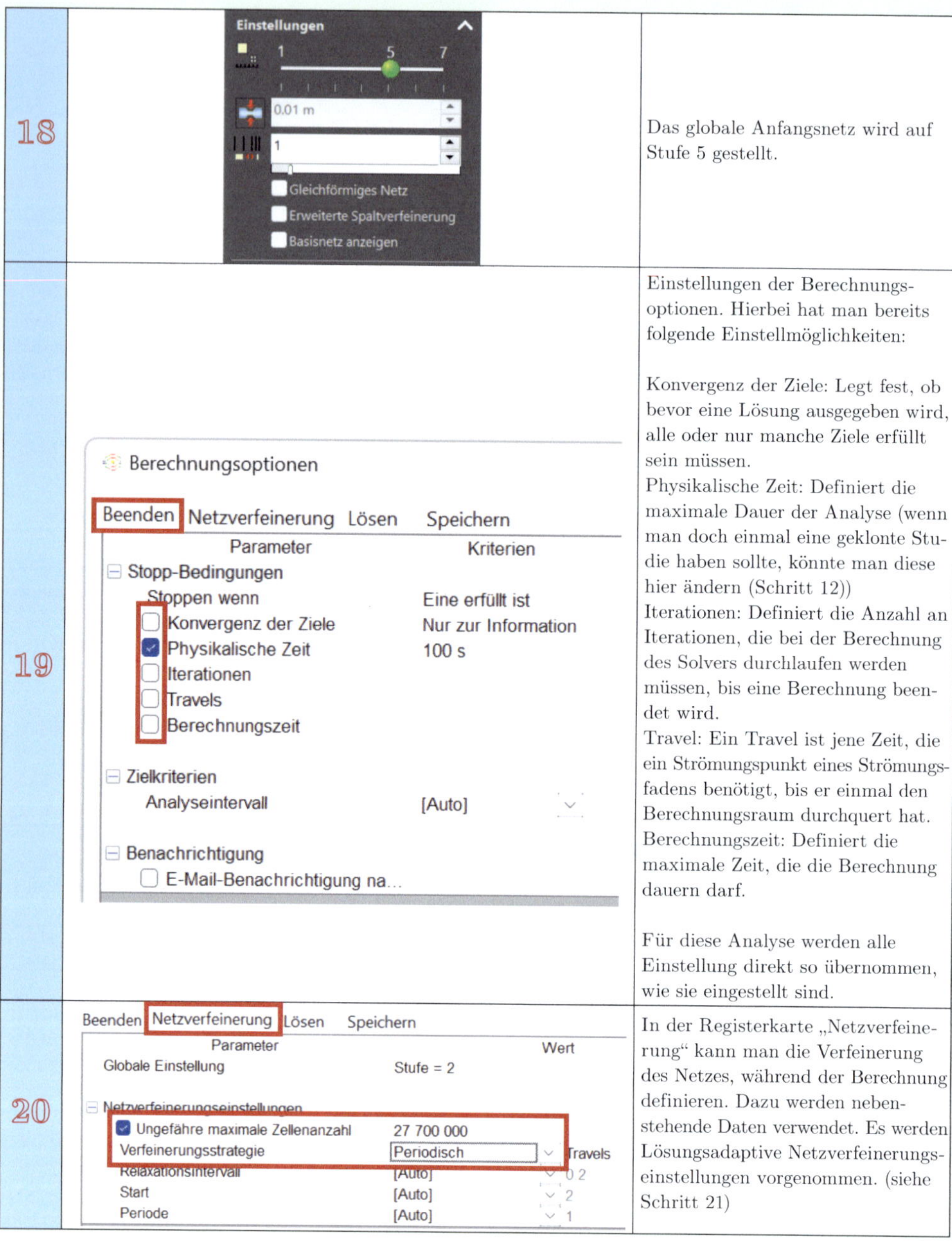

Schritt	Abbildung	Beschreibung
18	Einstellungen 1 5 7 0.01 m 1 Gleichförmiges Netz Erweiterte Spaltverfeinerung Basisnetz anzeigen	Das globale Anfangsnetz wird auf Stufe 5 gestellt.
19	Berechnungsoptionen Beenden Netzverfeinerung Lösen Speichern Parameter / Kriterien Stopp-Bedingungen Stoppen wenn: Eine erfüllt ist Konvergenz der Ziele: Nur zur Information Physikalische Zeit: 100 s Iterationen Travels Berechnungszeit Zielkriterien Analyseintervall: [Auto] Benachrichtigung E-Mail-Benachrichtigung na…	Einstellungen der Berechnungsoptionen. Hierbei hat man bereits folgende Einstellmöglichkeiten: Konvergenz der Ziele: Legt fest, ob bevor eine Lösung ausgegeben wird, alle oder nur manche Ziele erfüllt sein müssen. Physikalische Zeit: Definiert die maximale Dauer der Analyse (wenn man doch einmal eine geklonte Studie haben sollte, könnte man diese hier ändern (Schritt 12)) Iterationen: Definiert die Anzahl an Iterationen, die bei der Berechnung des Solvers durchlaufen werden müssen, bis eine Berechnung beendet wird. Travel: Ein Travel ist jene Zeit, die ein Strömungspunkt eines Strömungsfadens benötigt, bis er einmal den Berechnungsraum durchquert hat. Berechnungszeit: Definiert die maximale Zeit, die die Berechnung dauern darf. Für diese Analyse werden alle Einstellung direkt so übernommen, wie sie eingestellt sind.
20	Beenden Netzverfeinerung Lösen Speichern Parameter / Wert Globale Einstellung: Stufe = 2 Netzverfeinerungseinstellungen Ungefähre maximale Zellenanzahl: 27 700 000 Verfeinerungsstrategie: Periodisch / Travels Relaxationsintervall: [Auto] 2 Start: [Auto] 2 Periode: [Auto] 1	In der Registerkarte „Netzverfeinerung“ kann man die Verfeinerung des Netzes, während der Berechnung definieren. Dazu werden nebenstehende Daten verwendet. Es werden Lösungsadaptive Netzverfeinerungseinstellungen vorgenommen. (siehe Schritt 21)

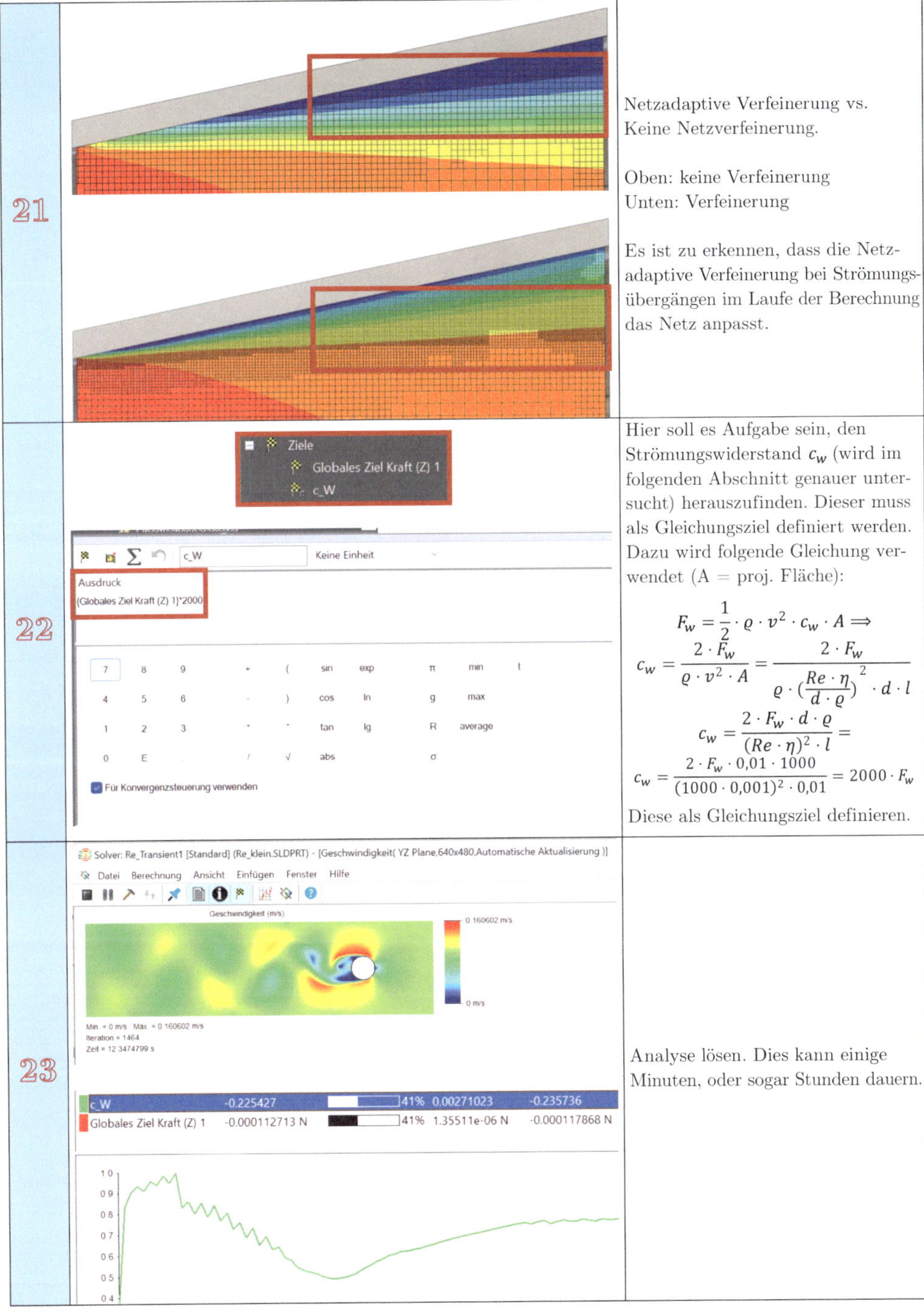

21		Netzadaptive Verfeinerung vs. Keine Netzverfeinerung. Oben: keine Verfeinerung Unten: Verfeinerung Es ist zu erkennen, dass die Netzadaptive Verfeinerung bei Strömungsübergängen im Laufe der Berechnung das Netz anpasst.
22		Hier soll es Aufgabe sein, den Strömungswiderstand c_W (wird im folgenden Abschnitt genauer untersucht) herauszufinden. Dieser muss als Gleichungsziel definiert werden. Dazu wird folgende Gleichung verwendet (A = proj. Fläche): $F_W = \frac{1}{2}\cdot\varrho\cdot v^2\cdot c_W\cdot A \Longrightarrow$ $c_W = \frac{2\cdot F_W}{\varrho\cdot v^2\cdot A} = \frac{2\cdot F_W}{\varrho\cdot\left(\frac{Re\cdot\eta}{d\cdot\varrho}\right)^2\cdot d\cdot l}$ $c_W = \frac{2\cdot F_W\cdot d\cdot\varrho}{(Re\cdot\eta)^2\cdot l} =$ $c_W = \frac{2\cdot F_W\cdot 0{,}01\cdot 1000}{(1000\cdot 0{,}001)^2\cdot 0{,}01} = 2000\cdot F_W$ Diese als Gleichungsziel definieren.
23		Analyse lösen. Dies kann einige Minuten, oder sogar Stunden dauern.

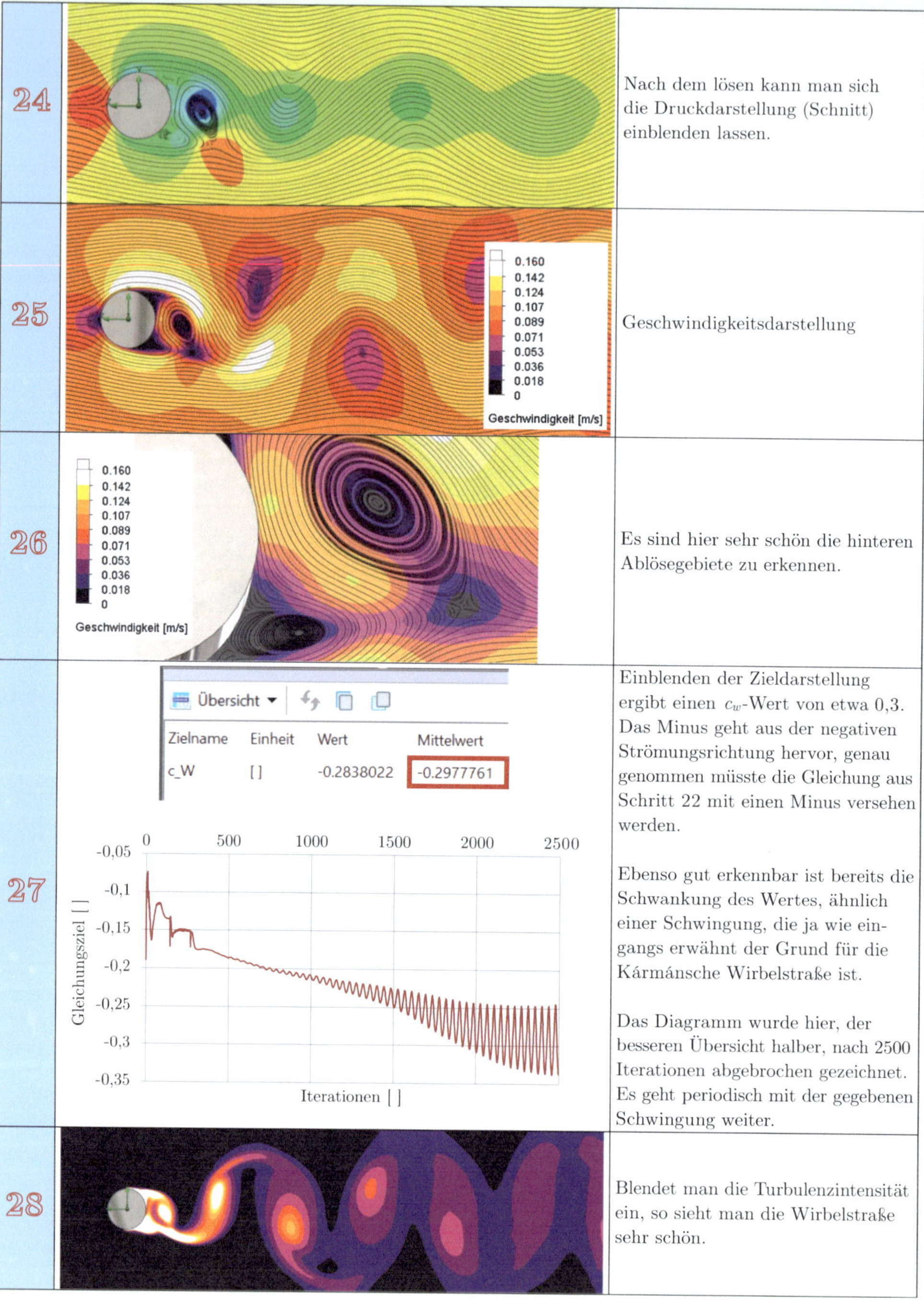

24	Nach dem lösen kann man sich die Druckdarstellung (Schnitt) einblenden lassen.
25	Geschwindigkeitsdarstellung
26	Es sind hier sehr schön die hinteren Ablösegebiete zu erkennen.
27	Einblenden der Zieldarstellung ergibt einen c_w-Wert von etwa 0,3. Das Minus geht aus der negativen Strömungsrichtung hervor, genau genommen müsste die Gleichung aus Schritt 22 mit einen Minus versehen werden. Ebenso gut erkennbar ist bereits die Schwankung des Wertes, ähnlich einer Schwingung, die ja wie eingangs erwähnt der Grund für die Kármánsche Wirbelstraße ist. Das Diagramm wurde hier, der besseren Übersicht halber, nach 2500 Iterationen abgebrochen gezeichnet. Es geht periodisch mit der gegebenen Schwingung weiter.
28	Blendet man die Turbulenzintensität ein, so sieht man die Wirbelstraße sehr schön.

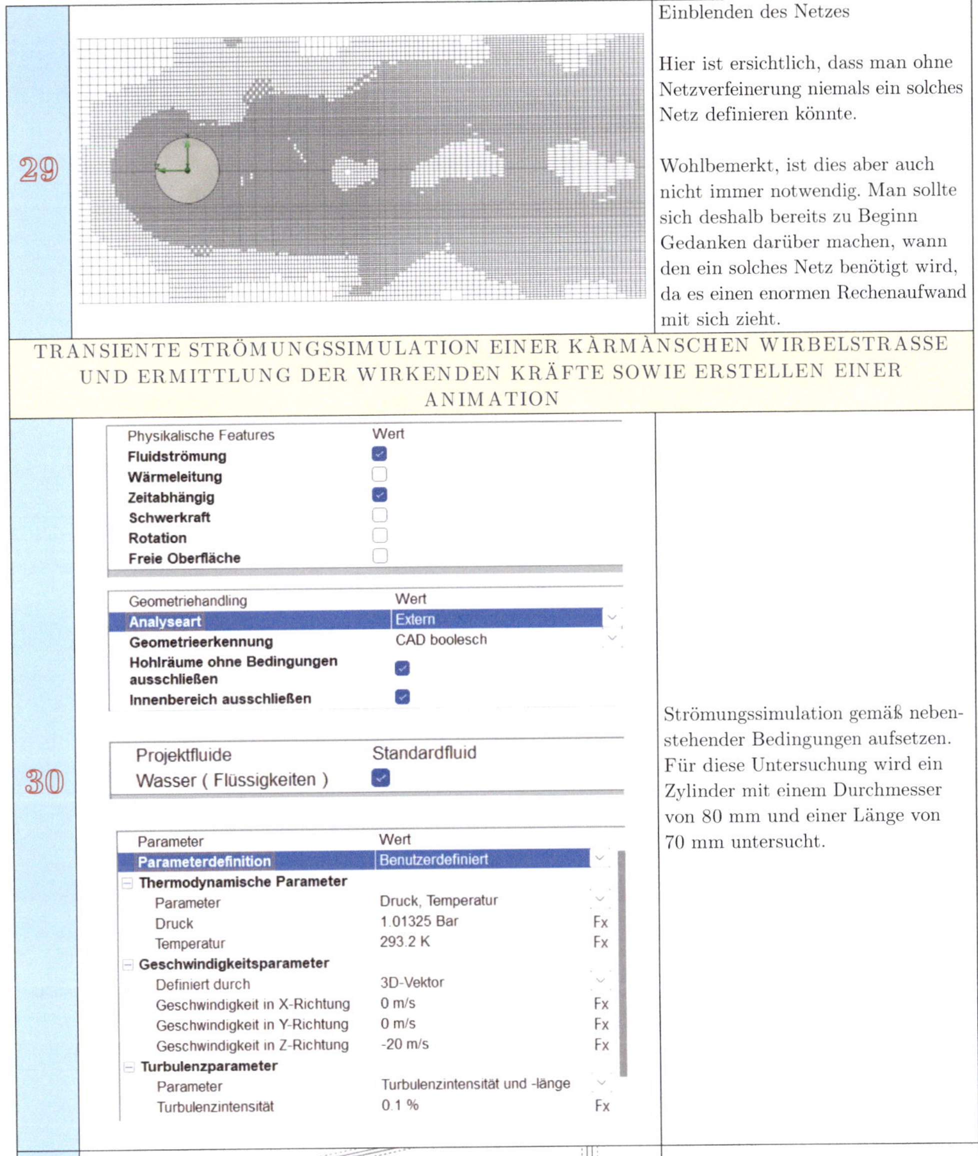

29		Einblenden des Netzes Hier ist ersichtlich, dass man ohne Netzverfeinerung niemals ein solches Netz definieren könnte. Wohlbemerkt, ist dies aber auch nicht immer notwendig. Man sollte sich deshalb bereits zu Beginn Gedanken darüber machen, wann den ein solches Netz benötigt wird, da es einen enormen Rechenaufwand mit sich zieht.
TRANSIENTE STRÖMUNGSSIMULATION EINER KÀRMÀNSCHEN WIRBELSTRASSE UND ERMITTLUNG DER WIRKENDEN KRÄFTE SOWIE ERSTELLEN EINER ANIMATION		
30		Strömungssimulation gemäß nebenstehender Bedingungen aufsetzen. Für diese Untersuchung wird ein Zylinder mit einem Durchmesser von 80 mm und einer Länge von 70 mm untersucht.
31		Berechnungsraum einfügen (2D)

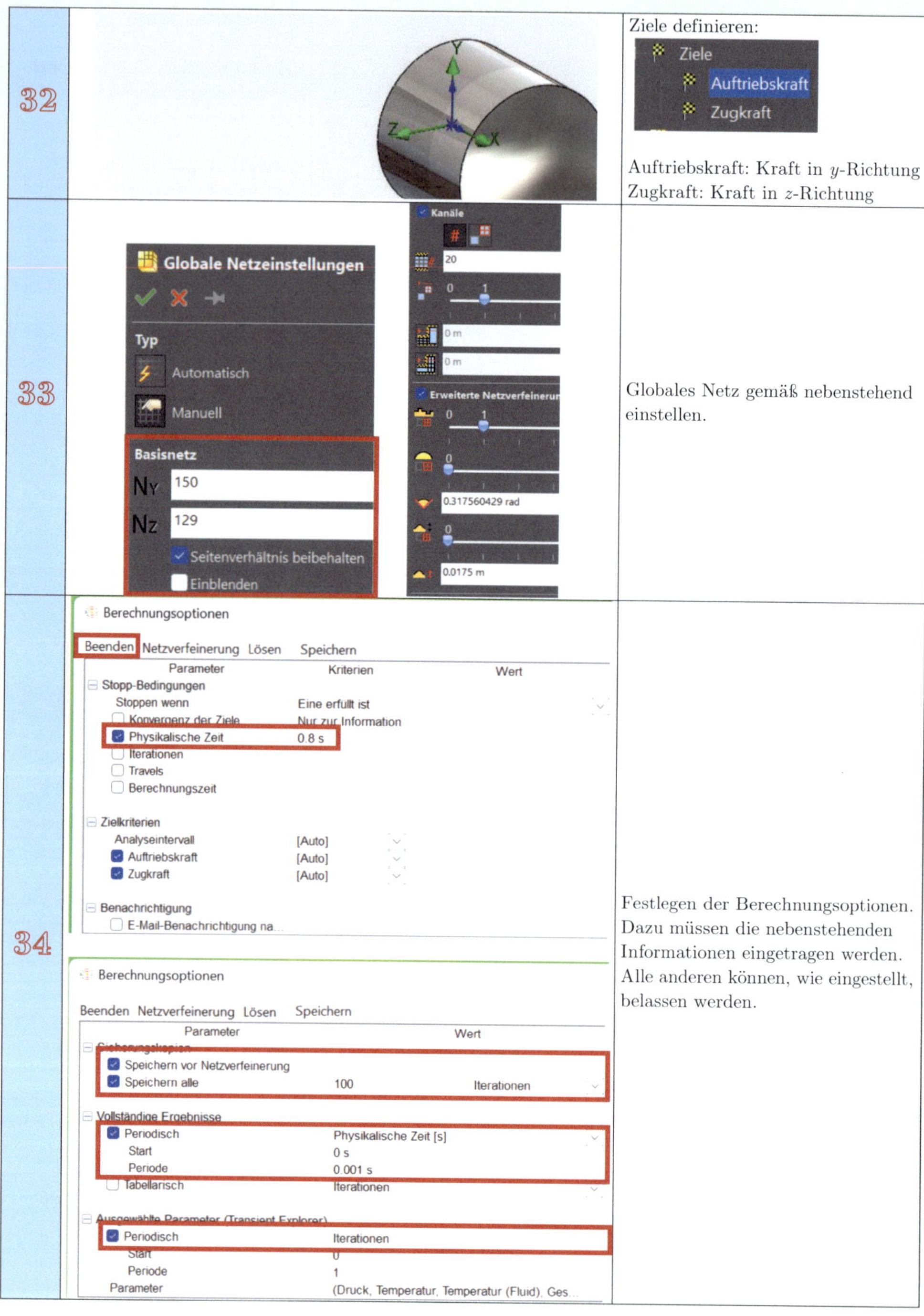

Schritt	Abbildung	Beschreibung
32		Ziele definieren: Auftriebskraft: Kraft in y-Richtung Zugkraft: Kraft in z-Richtung
33		Globales Netz gemäß nebenstehend einstellen.
34		Festlegen der Berechnungsoptionen. Dazu müssen die nebenstehenden Informationen eingetragen werden. Alle anderen können, wie eingestellt, belassen werden.

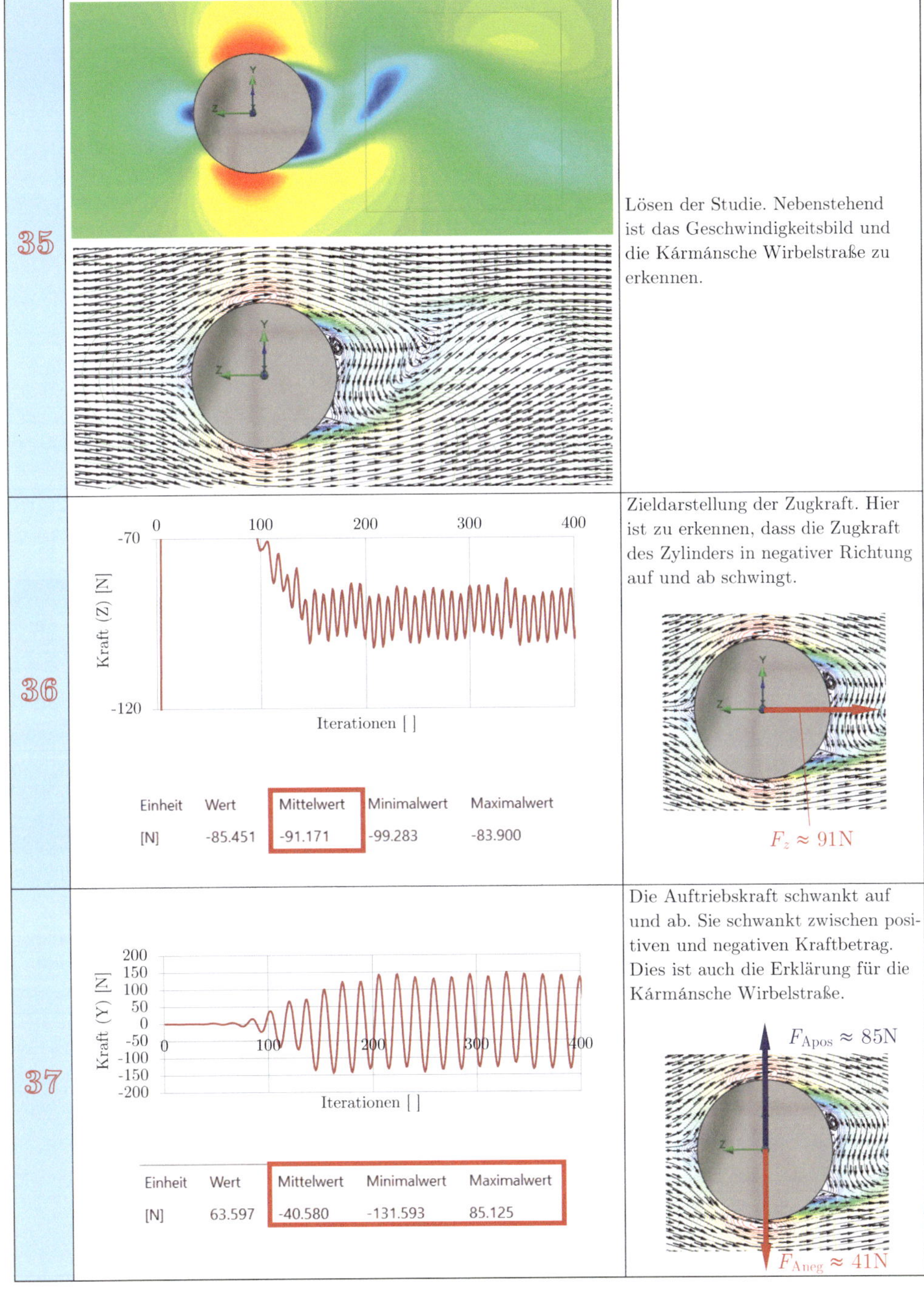

35 Lösen der Studie. Nebenstehend ist das Geschwindigkeitsbild und die Kármánsche Wirbelstraße zu erkennen.

36 Zieldarstellung der Zugkraft. Hier ist zu erkennen, dass die Zugkraft des Zylinders in negativer Richtung auf und ab schwingt.

Einheit	Wert	Mittelwert	Minimalwert	Maximalwert
[N]	-85.451	-91.171	-99.283	-83.900

37 Die Auftriebskraft schwankt auf und ab. Sie schwankt zwischen positiven und negativen Kraftbetrag. Dies ist auch die Erklärung für die Kármánsche Wirbelstraße.

Einheit	Wert	Mittelwert	Minimalwert	Maximalwert
[N]	63.597	-40.580	-131.593	85.125

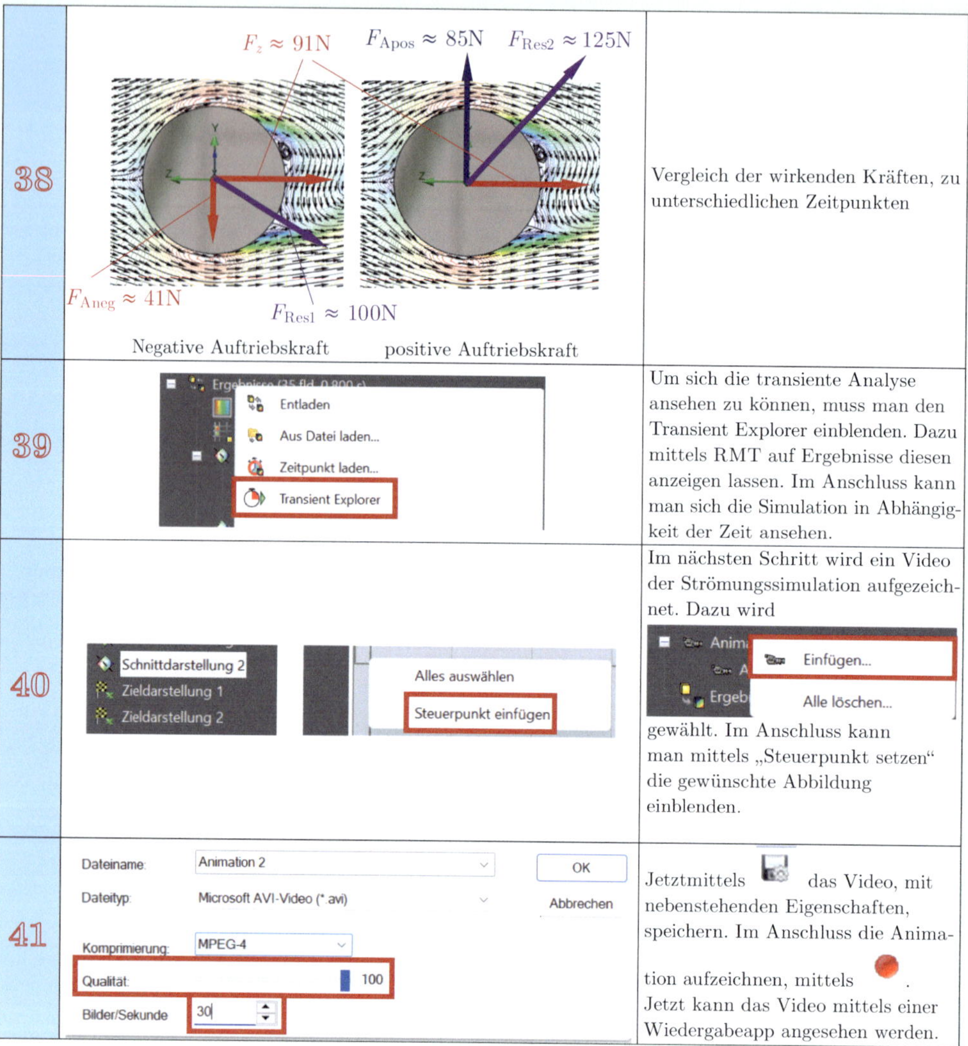

38	$F_z \approx 91\text{N}$ $F_{\text{Apos}} \approx 85\text{N}$ $F_{\text{Res2}} \approx 125\text{N}$ $F_{\text{Aneg}} \approx 41\text{N}$ $F_{\text{Res1}} \approx 100\text{N}$ Negative Auftriebskraft positive Auftriebskraft	Vergleich der wirkenden Kräften, zu unterschiedlichen Zeitpunkten
39	Entladen Aus Datei laden... Zeitpunkt laden... Transient Explorer	Um sich die transiente Analyse ansehen zu können, muss man den Transient Explorer einblenden. Dazu mittels RMT auf Ergebnisse diesen anzeigen lassen. Im Anschluss kann man sich die Simulation in Abhängigkeit der Zeit ansehen.
40	Schnittdarstellung 2 Zieldarstellung 1 Zieldarstellung 2 Alles auswählen Steuerpunkt einfügen	Im nächsten Schritt wird ein Video der Strömungssimulation aufgezeichnet. Dazu wird Einfügen... gewählt. Im Anschluss kann man mittels „Steuerpunkt setzen" die gewünschte Abbildung einblenden.
41	Dateiname: Animation 2 Dateityp: Microsoft AVI-Video (*.avi) Komprimierung: MPEG-4 Qualität: 100 Bilder/Sekunde 30 OK Abbrechen	Jetzt mittels das Video, mit nebenstehenden Eigenschaften, speichern. Im Anschluss die Animation aufzeichnen, mittels . Jetzt kann das Video mittels einer Wiedergabeapp angesehen werden.

Bemerkung 4.8 (Turbulenzintensität)

Wie in den folgenden Kapiteln dieses Buches noch deutlich werden wird, ist die Turbulenz ein sehr komplexes Thema. Dies hängt auch mit den hohen mathematischen Anforderungen zusammen. Oftmals ist es überhaupt nicht möglich, mathematische Turbulenzmodelle analytisch bzw. allgemein zu lösen. Im Folgenden ist eine grundlegende Einführung in die Turbulenzintensität gegeben.

Als Turbulenzgeschwindigkeit I bezeichnet man das Verhältnis zwischen Schwankungsgeschwinidgkeit v_σ und mittlerer Strömungsgeschwindigkeit $\overline{v}$. Es ergibt sich eine Gleichung zu

$$I = \frac{v_\sigma}{\overline{v}}. \tag{4.216}$$

In CFD-Programmen muss diese angegeben werden, um den Grad der Turbulenz beschreiben zu können. Die Werte hierzu sind allerdings nur schwierig zu ermitteln oder herauszufinden. SolidWorks gibt dabei folgende Richtwerte vor:

- **interne Strömungen:** $I \approx 0{,}2\,\%$;
- **externe Strömungen:** $I \approx 0{,}1\,\%$.

Diese Werte wurden analytisch als auch experimentell bestimmt und überprüft. Als Modell hierfür wurde ein Zylinder verwendet. Diese Werte sind nur dann zu ändern, wenn I entweder bekannt ist, oder die Analyse grundlegend und absolut ins Detail untersucht wird. Diese Analysen für ein Lehrbuch gehören hier nicht dazu.

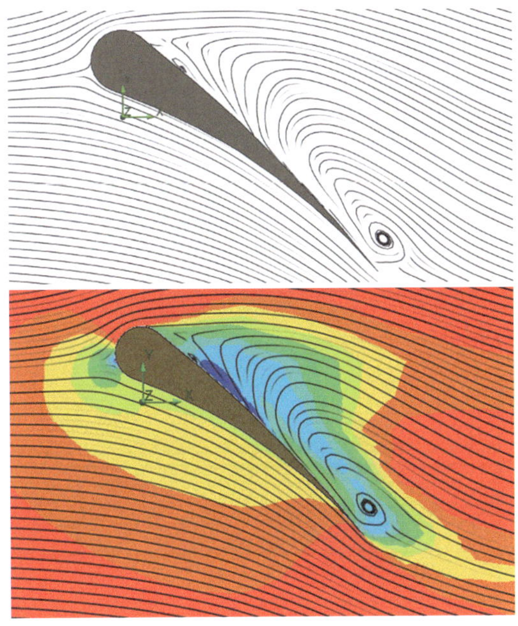

Abb. 4.66 Grenzschichtablösung bei einem Tragflügel

4.4.2 Fluiddynamische Grenzschicht

Die Fluiddynamische Grenzschicht wurde bereits grob im Laufe dieses Kapitels behandelt, als die Reynolds-Zahlen und dessen Übergangsbereiche untersucht wurden. Als Grenzschicht bezeichnet man jene Schicht, bei welcher eine Strömung von einer Laminaren- in eine Turbulente Strömung übergeht. Daraus lässt sich also schließen, dass zeitgleich beide Strömungsarten (laminar und turbulent) auftreten können, allerdings nicht am selben Ort. Die weitere Berechnung erfolgt mittels „Vereinfachungen" der Navier-Stokes-Gleichungen, welche allerdings trotzdem noch sehr komplex sind. Jener Bereich, in welchen sich die Grenzschicht von laminar zu turbulent ablöst, nennt man Grenzschichtablösung. Rechnerisch wird dies in den folgenden Kapiteln und Abschnitten untersucht.

- **Grenzschichtablösung:**

Vgl. mit Abb. 4.66

4.4.3 Überblick der wichtigsten Rohrreibungsformeln

Abb. 4.67 zeigt die unterschiedlichen Gleichungen, in Abhängigkeit der Reynolds-Zahlen und damit dem Strömungsbereich laminar oder turbulent, die anzuwenden sind, wenn Strömungsanalysen in dem jeweiligen Bereich untersucht werden. Speziell hier: Rohrströmungen.

4.4.4 Umströmungen

Umströmungen liegen in vielen Bereichen der Technik vor. Als Beispiel bei Tragflügeln, Windrädern, Schiffsschrauben, U-Booten, um nur einige Beispiele zu nennen. Im Folgenden wird dieser Abschnitt nur der Vollständigkeit erwähnt; genauere Untersuchungen werden ebenfalls in den folgenden Kapiteln vorgenommen. Der Vergleich mit Abb. 4.68 lässt auf eine Ablösung in Abhängigkeit der Anströmgeschwindigkeit schließen.

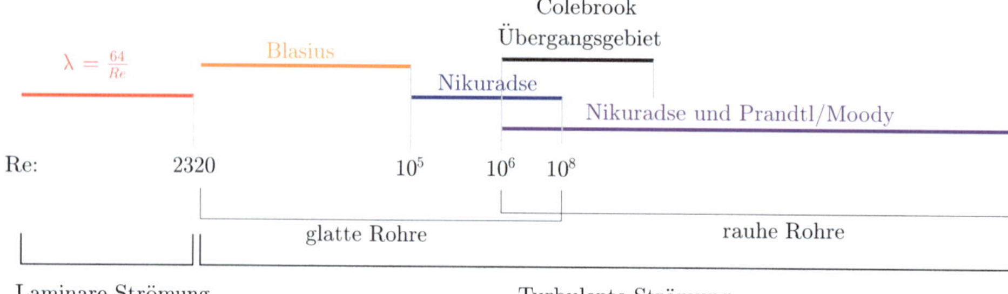

Laminare Strömung
$\lambda = \frac{64}{Re}$

Turbulente Strömung	
Glatte Rohre $Re \cdot \frac{k}{d} < 65$:	Blasius: $2320 < Re < 10^5$ $\lambda = \frac{0{,}3164}{\sqrt[4]{Re}}$
	Nikuradse: $10^5 < Re < 10^8$ $\lambda = 0,0032 + \frac{0.221}{Re^{0.237}}$
Übergangsgebiet $65 < Re \cdot \frac{k}{d} > 1300$	Formel von Colebrook und Prandtl: $\frac{1}{\sqrt{\lambda}} = -2 \cdot \log\left(\frac{2{,}51}{Re \cdot \sqrt{\lambda}} + \frac{k}{3{,}71 \cdot d}\right)$
Rauhe Rohre $Re \cdot \frac{k}{d} > 1300$:	Nikuradse und Prandtl: $Re > 10^6$ $\frac{1}{\sqrt{\lambda}} = 2 \cdot \log(Re \cdot \sqrt{\lambda}) - 0,8$
	oder Formel von Moody: $\lambda = 0,0055 + 0,15 \sqrt[3]{\frac{k}{d}}$

Abb. 4.67 Überblick der wichtigsten Rohrreibungsgleichungen

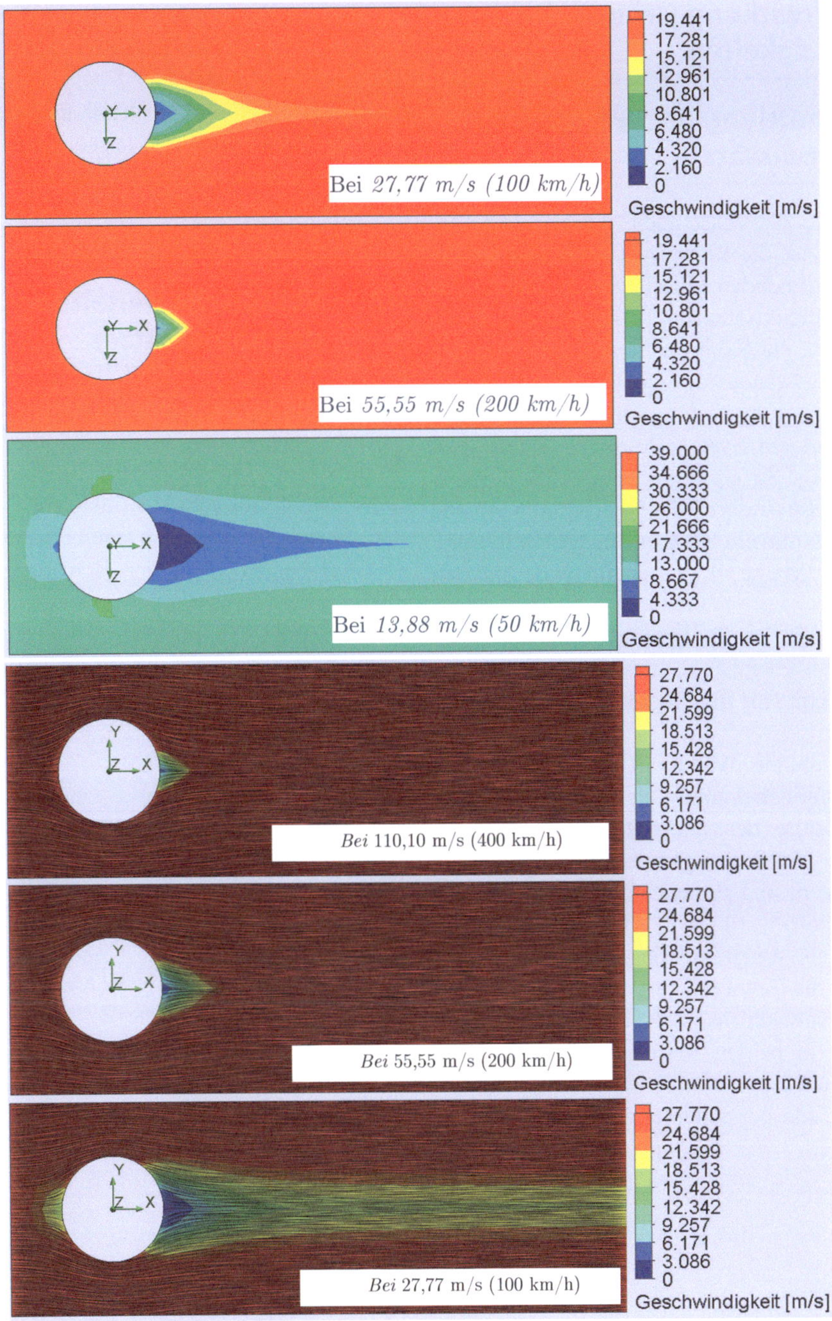

Abb. 4.68 Umströmungen, ermittelt mittels SolidWorks FlowSimulation

4.5 Kraftwirkung strömender Flüssigkeiten

4.5.1 Ermittlung der Kräfte, Impulssatz

Um Anlagen und Maschinen zu dimensionieren, beispielsweise die Rohrwandstärke, und um die von der strömenden Flüssigkeit verrichtete Arbeit (Energieumsetzung) zu bestimmen, ist es erforderlich, die Kräfte zu kennen, die von den Begrenzungswänden ausgeübt werden.

Um dies zu erreichen, wird der Strömungsvorgang auf ein System begrenzt, indem man eine beliebige Stromröhre annimmt, die die strömende Masse m durch die Querschnitte A_1 und A_2 begrenzt und ein Koordinatensystem festlegt.

An der Masse m greifen folgende äußeren Kräfte an:

- Druckkraft für die Querschnittfläche 1: $p_1 \cdot A_1$
- Druckkraft für die Querschnittfläche 2: $p_2 \cdot A_2$
- Resultierende Wandkraft, F_W (Größe und Richtung unbekannt)
- Die Kräfte des atmosphärischen Druckes dürfen vernachlässigt werden, wenn man die Drücke p_1 und p_2 als Überdrücke ansetzt.
- Außerdem wurde in Abb. 4.69 das Rohrstück als waagrecht liegend angenommen, womit die Gewichtskraft der Flüssigkeitsmaße m vernachlässigt werden kann, und die Kräfte in beiden Koordinatenrichtungen x und y anzusetzen sind.
- Kräfte aus der Änderung des Impulses F_1 und F_2.

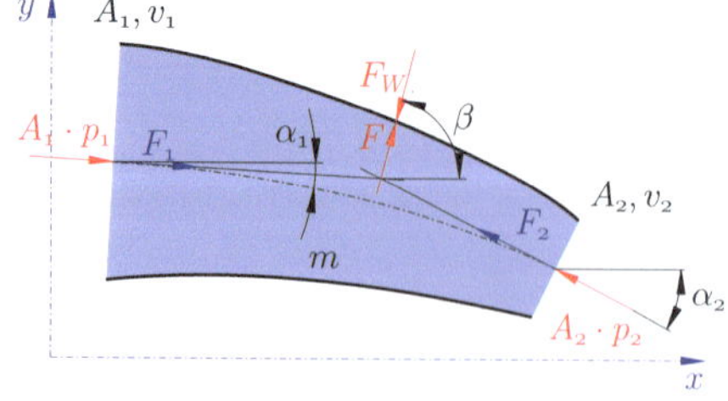

Abb. 4.69 Kraftwirkung strömender Flüssigkeiten

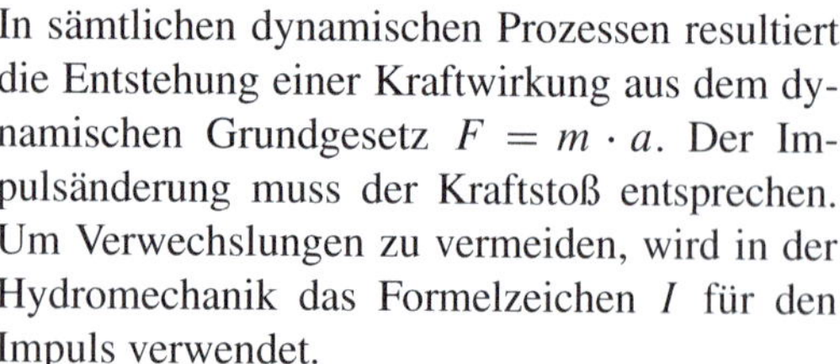

In sämtlichen dynamischen Prozessen resultiert die Entstehung einer Kraftwirkung aus dem dynamischen Grundgesetz $F = m \cdot a$. Der Impulsänderung muss der Kraftstoß entsprechen. Um Verwechslungen zu vermeiden, wird in der Hydromechanik das Formelzeichen I für den Impuls verwendet.

4.5.2 Vektorielle Herleitung des Impulssatzes

Zur Ermittlung der zeitlichen Änderung des Impulses einer Masse m braucht man nur den Impuls $I_1 = dm \cdot v_1$, die Eintrittsfläche A_1 und $I_2 = dm \cdot v_2$ mit der Austrittsfläche A_2 betrachten, da sich der Impuls in jeden Strömungspunkt des dazwischen liegenden Bereiches nicht ändert.

Aus dem dynamischen Grundgesetz erhält man: $F_{\text{Res}} = m \cdot a$ und aus der Definition $a = \frac{dv}{dt}$ folgt

$$F_{\text{Res}} = m \cdot \frac{dv}{dt}. \tag{4.217}$$

Umformen: $F_{\text{Res}} \cdot dt = m \cdot dv$. Dies ist die Änderung des Impulses

$$F_{\text{Res}}\, dt = m\, dv = dI, \tag{4.218}$$

bzw. durch Umformen folgt $F_{\text{Res}} = \frac{dI}{dt}$. Es resultiert somit für den Impulssatz

$$F_{\text{Res}} = \frac{dI}{dt} = 0. \tag{4.219}$$

4.5.3 Stoßkraft

Mittels den Kräften F_1 und F_2 erhält man die Änderung des Impulses zu

$$\begin{aligned} dI &= dm\, v_2 - dm\, v_1 \\ &= dm\,(v_2 - v_1). \end{aligned} \tag{4.220}$$

Für die Masse gilt: $dm = dV\,\varrho$. Einsetzen ergibt

$$\begin{aligned} dI &= dm\,(v_2 - v_1) \\ &= dV\,\varrho\,(v_2 - v_1). \end{aligned} \tag{4.221}$$

Für die Kraft gilt gemäß eingehender Überlegung $F_{\text{Res}} = \frac{dI}{dt}$. Dividieren der Gl. (4.221) mit dt ergibt $\frac{dI}{dt} = \frac{dV}{dt}\,\varrho\,(v_2 - v_1)$, wobei $\frac{dV}{dt}$ den $\dot{V}$ darstellt, es folgt also

$$\frac{dI}{dt} = \dot{V}\varrho\,(v_2 - v_1). \qquad (4.222)$$

ausmultiplizieren: $\frac{dI}{dt} = \dot{V}\varrho\,v_2 - \dot{V}\varrho\,v_1$; mit $F_{\text{Res}} = \frac{dI}{dt}$ erhält man

$$F_2 - F_1 = \dot{V}\varrho\,v_2 - \dot{V}\varrho\,v_1 \qquad (4.223)$$
$$\Longrightarrow F_1 = \dot{V}\,\varrho\,v_1 \qquad (4.224)$$
$$\Longrightarrow F_2 = \dot{V}\,\varrho\,v_2. \qquad (4.225)$$

Zusätzlich kann man folgern: $F_{\text{Res}} = \frac{dI}{dt} \Longrightarrow F_{\text{Res}} - \frac{dI}{dt} = 0$. Schreibt man den Impuls aufgeschlüsselt in die einzelnen Vektoren resultiert, mit Abb. 4.69

$$\begin{aligned}&\vec{F}_{p1} + \vec{F}_{p2} + \vec{F}_W + \vec{F}_2 + \vec{F}_1 = 0\\ &A_1\,\vec{p}_1 + A_2\,\vec{p}_2 + \vec{F}_W + \dot{V}\varrho\,\vec{v}_2\\ &+ \dot{V}\varrho\,\vec{v}_1 = 0\end{aligned} \qquad (4.226)$$

Gesucht ist die Kraft F, welche auf die von der Flüssigkeit ausgeübte Begrenzungswand wirkt. Sie ist die Reaktionskraft von F_W, also die Resultierende Kraft der vier anderen Kräfte. Für F_W folgt

$$\begin{aligned}\vec{F}_W &= -A_1\,\vec{p}_1 - A_2\,\vec{p}_2 - \dot{V}\varrho\,\vec{v}_2\\ &-\dot{V}\varrho\,\vec{v}_1 = -F.\end{aligned} \qquad (4.227)$$

Zerlegt man all diese Kräfte in ihre x- und y-Komponenten und löst auf, folgt, wenn gilt (Vorzeichen beachten, und p_1, p_2 sind Überdrücke)

$$F_{1x} = F_1 \cdot \cos(\alpha_1) \quad F_{1y} = -F_1 \cdot \sin(\alpha_1) \qquad (4.228)$$

$$F_{2x} = -F_2 \cdot \cos(\alpha_2) \quad F_{2y} = F_2 \cdot \cos(\alpha_2) \qquad (4.229)$$

$$\begin{aligned}F_{p1x} &= A_1 \cdot p_1 \cdot \cos(\alpha_1)\\ F_{p1y} &= -A_1 \cdot p_1 \cdot \sin(\alpha_1)\end{aligned} \qquad (4.230)$$

$$\begin{aligned}F_{p2x} &= -A_2 \cdot p_2 \cdot \cos(\alpha_2)\\ F_{p2y} &= A_2 \cdot p_2 \cdot \cos(\alpha_2)\end{aligned} \qquad (4.231)$$

$$\vec{F} = A_1\,\vec{p}_1 + A_2\,\vec{p}_2 + \dot{V}\varrho\,\vec{v}_2 + \dot{V}\varrho\,\vec{v}_1 \qquad (4.232)$$

$$\begin{aligned}F_x &= A_1 \cdot p_1 \cdot \cos(\alpha_1) - A_2 \cdot p_2 \cdot \cos(\alpha_2)\\ &\quad + F_1 \cdot \cos(\alpha_1) - F_2 \cdot \cos(\alpha_2)\\ &= A_1 \cdot p_1 \cdot \cos(\alpha_1) - A_2 \cdot p_2 \cdot \cos(\alpha_2)\\ &\quad + \dot{V} \cdot \varrho \cdot v_1 \cdot \cos(\alpha_1)\\ &\quad - \dot{V} \cdot \varrho \cdot v_2 \cdot \cos(\alpha_2)\end{aligned} \qquad (4.233)$$

$$\begin{aligned}F_y &= -A_1 \cdot p_1 \cdot \sin(\alpha_1) + A_2 \cdot p_2 \cdot \cos(\alpha_2)\\ &\quad - F_1 \cdot \sin(\alpha_1) + F_2 \cdot \cos(\alpha_2)\\ &= -A_1 \cdot p_1 \cdot \sin(\alpha_1) + A_2 \cdot p_2 \cdot \cos(\alpha_2)\\ &\quad - \dot{V} \cdot \varrho \cdot v_1 \cdot \sin(\alpha_1)\\ &\quad + \dot{V} \cdot \varrho \cdot v_2 \cdot \cos(\alpha_2)\end{aligned} \qquad (4.234)$$

$$\begin{aligned}F_x &= A_1 \cdot p_1 \cdot \cos(\alpha_1) - A_2 \cdot p_2 \cdot \cos(\alpha_2)\\ &\quad + \dot{V} \cdot \varrho \cdot (v_1 \cdot \cos(\alpha_1) - v_2 \cdot \cos(\alpha_2))\end{aligned} \qquad (4.235)$$

$$\begin{aligned}F_y &= A_2 \cdot p_2 \cdot \cos(\alpha_2) - A_1 \cdot p_1 \cdot \sin(\alpha_1)\\ &\quad - \dot{V} \cdot \varrho \cdot (v_1 \cdot \sin(\alpha_1) - v_2 \cdot \cos(\alpha_2))\end{aligned} \qquad (4.236)$$

mit:

$$F = \sqrt{F_x^2 + F_y^2} \qquad (4.237)$$

und

$$\tan(\beta) = \frac{F_y}{F_x}. \qquad (4.238)$$

4.5.4 Strafstoßkräfte gegen Wände

Trifft ein Flüssigkeitsstrahl gegen eine ebene, feststehende Wand, so wird dieser umgeleitet. Die dabei entstehende Stoßkraft kann mit der vorher hergeleiteten Gleichung berechnet werden.

Da aber im Flüssigkeitsstrahl überall derselbe Druck herrscht, der Atmosphärendruck, kann das Druckglied (Überdrücke) weggelassen werden.

4

4.5.4.1 Strahlstoßkraft gegen ebene, feste, senkrechte Wände

Trifft eine Flüssigkeit im rechten Winkel auf eine Wand, mit der Geschwindigkeit v, so wird der Flüssigkeitsstrahl um 90° umgelenkt.

Die Strahlstoßkraft F ist gleich der Kraftkomponente in x Richtung mit $\alpha_1 = 0°$ und $\alpha_2 = 90°$ und $v_1 = v_2 = v$.

Vgl. mit Abb. 4.70. Bewegt sich die Wand mit der Geschwindigkeit u in positiver x-Richtung, so ergibt sich

$$F = \dot{V} \cdot \varrho \cdot (v - u). \tag{4.239}$$

Dieser Fall liegt vor, wenn ein Strahl auf eine ebene Schaufel eines Rades trifft (Wasserrad ähnlich einer Freistrahlturbine). Es ergibt sich die Kraft zu

$$F = \dot{V} \cdot \varrho \cdot v. \tag{4.240}$$

Mittels $P = F \cdot u$ errechnet sich die Leistung des Wasserrades. Diese Leistung wird ihren Höchstwert annehmen, wenn ihre 1. Ableitung, nach u zu null wird. Es folgt

$$\begin{aligned} P &= \dot{V} \cdot \varrho \cdot (v - u) \cdot u \\ \frac{dP}{du} &= 0 = \dot{V} \cdot \varrho \cdot (v - 2 \cdot u) \\ 0 &= v - 2 \cdot u \Longrightarrow v = 2 \cdot u \Longrightarrow u = \frac{v}{2}. \end{aligned} \tag{4.241}$$

Setzt man in Gleichung $P = \dot{V} \varrho \, (v - u) \, u$: $u = \frac{v}{2}$ ein, folgt die maximale Leistung zu

$$\begin{aligned} P_{\max} &= \dot{V} \varrho \left(v - \frac{v}{2}\right) \frac{v}{2} = \dot{V} \varrho \left(\frac{2v - v}{2}\right) \frac{v}{2} \\ &= \dot{V} \varrho \left(\frac{v}{2}\right) \frac{v}{2}; \end{aligned} \tag{4.242}$$

$$P_{\max} = \dot{V} \varrho \, \frac{v^2}{4}. \tag{4.243}$$

4.5.4.2 Strahlstoßkraft gegen ebene, feste, schiefe Wände

Vgl. mit Abb. 4.71. Stoßt ein Flüssigkeitsstrahl gegen eine, mit dem Winkel δ schief stehende Wand, so wirkt bei angenommener Reibungsfreiheit nur die senkrecht zur Wand stehende Kraftkomponente eine Kraft auf die Wand aus.

Es reicht somit aus, wenn man die Geschwindigkeit v in ihre Normalkomponente v_n unterteilt. Es ergibt sich

$$v_n = v \sin(\delta); \tag{4.244}$$

und für die Tangentialkomponente

$$v_t = v \cos(\delta). \tag{4.245}$$

Somit errechnet sich die Stoßkraft durch $F = \dot{V} \varrho \, v_n$ bzw. durch einsetzen ergibt sich

$$F = \dot{V} \varrho \, v \sin(\delta). \tag{4.246}$$

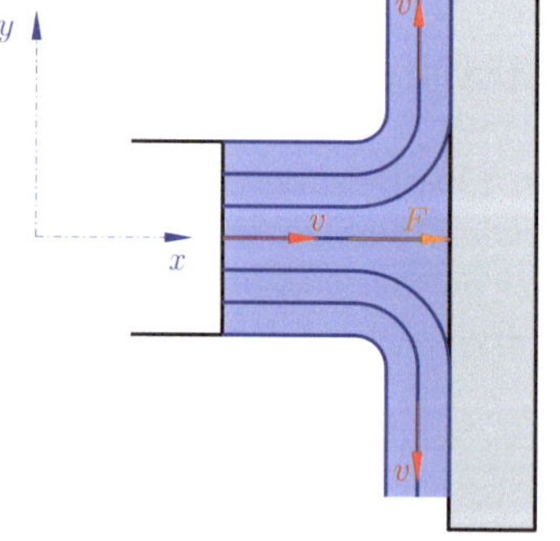

Abb. 4.70 Strahlstoßkraft gegen feste ebene Wände

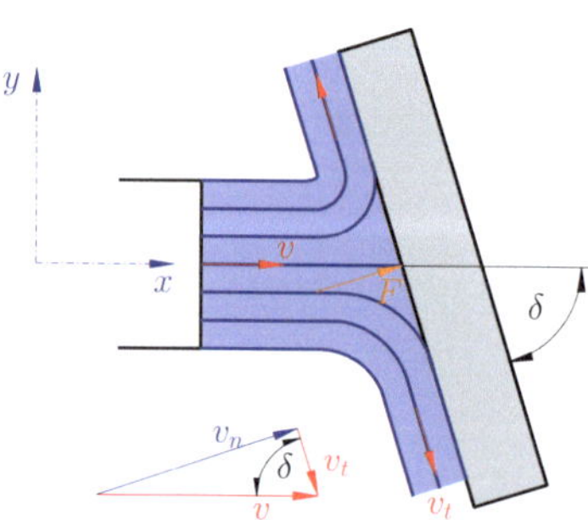

Abb. 4.71 Strahlstoßkraft gegen feste ebene schiefe Wände

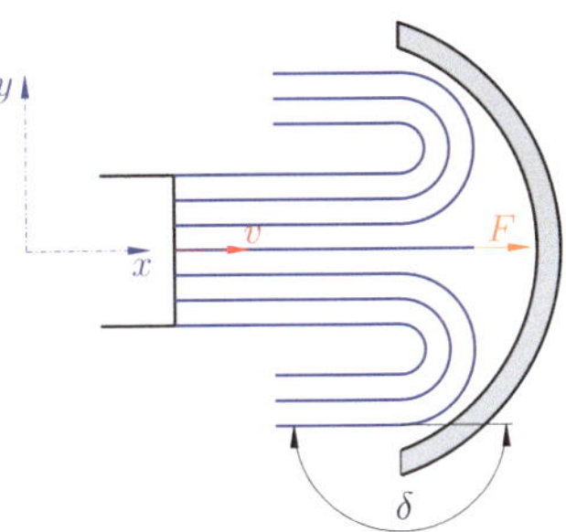

Abb. 4.72 Stoßkräfte gegen feste, gewölbte Wände

4.5.4.3 Strahlstoßkraft gegen eine feste, gewölbte Wand

Unter den gleichen Voraussetzungen wie bei der eben behandelten Strahlstoßkraft gegen eine ebene Wand, senkrecht zur Strahlrichtung gilt für $\alpha_1 = 0°$ und $\alpha_2 = \delta$ (vgl. mit Abb. 4.72)

$$F = F_x = \dot{V}\varrho\,(v\cos(0) - v\cos(\delta)); \tag{4.247}$$

$$F = F_x = \dot{V}\varrho\,v\,(1 - \cos(\delta)). \tag{4.248}$$

Die Stoßkraft nimmt ihren größten Wert dann an, wenn der Winkel δ zu 180° wird. Technisch findet dies bei der Peltonturbine Anwendung. Für genauere Untersuchungen wird auf das Fach Strömungsmaschinen verwiesen.

4.5.5 Turbinenformen

4.5.5.1 Freistrahlturbine/Peltonturbine

Die Pelton-Turbine ist eine Freistrahlturbine (= teilbeaufschlagte Gleichdruckturbine) für Wasserkraftwerke. Sie wurde im Jahr 1879 von Lester Pelton konstruiert und im Jahr 1880 patentrechtlich geschützt. [76]

Vgl. mit Abb. 4.74, 1.

Anwendung

Diese Art der Turbine findet bei sehr geringen Fallhöhen Anwendung.

Berechnung

Nun ist aber die Umlenkung nicht 180°, wie in Abb. 4.72 gezeigt, sondern geht mit dem Winkel β ein. Dies ist damit zu erklären, dass man sonst bei 180° den umgelenkten Strahl in die Becherrücken drücken würde. Ebenfalls bewegen sich die Becherrücken in x-Richtung mit der Geschwindigkeit u. Man ermittelt also die tatsächliche Stoßkraft mit der Formel

$$F = \dot{V}\cdot\varrho\cdot(v - u)\cdot(1 + \cos(\beta)). \tag{4.249}$$

Die Geschwindigkeit lässt sich mit der bereits bekannten Gleichung

$$v = \sqrt{2\cdot g\cdot h} \tag{4.250}$$

bestimmen. Hierin stellt h die Fallhöhe dar.

Beispiel 4.7

Eine Peltonturbine mit einem Laufraddurchmesser von $D = 1000$ mm, einem Strahldurchmesser von $d = 75$ mm, einem Schaufelaustrittswinkel $\beta = 5°$ und einer Drehzahl von $n = 800$ U/min arbeitet bei einer Nutzfallhöhe von $H = 280$ m. Zu berechnen ist die Strahlstoßkraft und die Leistung der Turbine, unter Vernachlässigung der Verluste. Bei welcher Umfangsgeschwindigkeit hat die Turbine die maximale Leistung? Anhand eines Diagramms ist die Abhängigkeit der Drehzahl von der Leistung zu visualisieren.

4

Lösung

- **Geschwindigkeit:**

$$\underline{\underline{v}} = \sqrt{2 \cdot g \cdot h} = \underline{\underline{74{,}12\,\mathrm{m/s}}}. \tag{4.251}$$

- **Volumenstrom:**

$$\underline{\underline{\dot{V}}} = v \cdot \frac{d^2 \cdot \pi}{4} = \underline{\underline{0{,}33\,\mathrm{m^2/s}}}. \tag{4.252}$$

- **Umfangsgeschwindigkeit:**

$$\underline{\underline{u}} = 2 \cdot \pi \cdot n = \underline{\underline{41{,}88\,\mathrm{m/s}}}. \tag{4.253}$$

- **Kraft:**

$$\underline{\underline{F}} = \dot{V} \cdot \varrho \cdot (v - u) \cdot (1 + \cos(\beta)) = \underline{\underline{21.067{,}67\,\mathrm{N}}}. \tag{4.254}$$

- **Leistung:**

$$\underline{\underline{P}} = F\dot{u} = \underline{\underline{882{,}48\,\mathrm{kWN}}}. \tag{4.255}$$

- **optimale Umlaufsgeschwindigkeit:**

$$\underline{\underline{u_{\mathrm{opt}}}} = \frac{v}{2} = \underline{\underline{37{,}06\,\mathrm{m/s}}}. \tag{4.256}$$

- **optimale Kraft:**

$$\underline{\underline{F_{\mathrm{opt}}}} = \dot{V} \cdot \varrho \cdot (v - u_{\mathrm{opt}}) \cdot (1 + \cos(\beta)) = \underline{\underline{24.223{,}8\,\mathrm{N}}}. \tag{4.257}$$

- **maximale Leistung:**

$$\underline{\underline{P_{\max}}} = F_{\mathrm{opt}} \cdot u_{\mathrm{opt}} = \underline{\underline{897{,}72\,\mathrm{kW}}}. \tag{4.258}$$

- **optimale Drehzahl:**

$$\underline{\underline{n_{\mathrm{opt}}}} = \frac{d}{2 \cdot \pi} = \underline{\underline{707{,}78\,\frac{1}{\mathrm{min}}}}. \tag{4.259}$$

- **Zusammenhang zwischen der Leistung und der Drehzahl**: Siehe Abb. 4.73

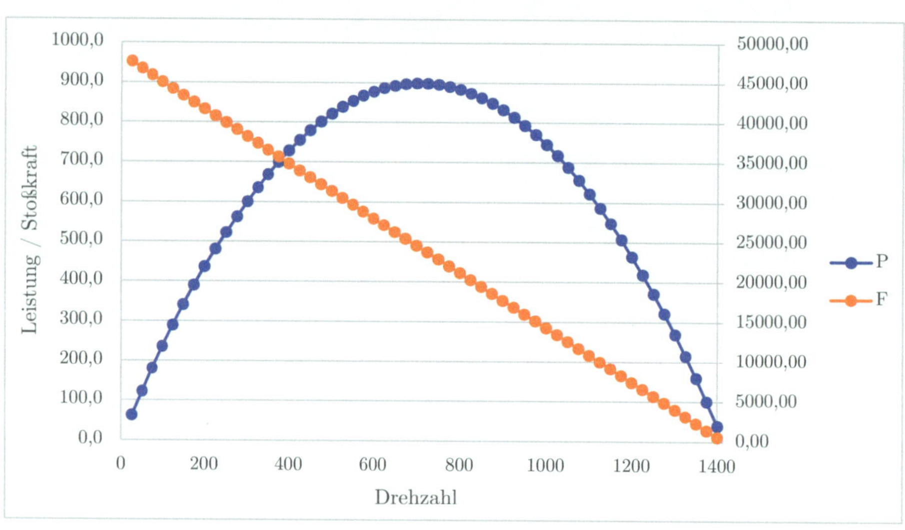

Abb. 4.73 Zusammenhang zwischen der Leistung und Drehzahl

4.5.5.2 Francis-Turbine

Die Francis-Turbine [36] ist eine nach dem Ingenieur James B. Francis aus den USA benannte sehr universell einsetzbare Wasserturbine, bei welcher das Laufrad radial von außen angeströmt wird.

Vgl. mit Abb. 4.74, 2.

Anwendung

Die Francis-Turbine wird bei mittleren Fallhöhen verwendet.

4.5.5.3 Kaplan-Turbine

Die Kaplan-Turbine [55] ist eine Wasserturbine mit axialer Strömung und verstellbarem Laufrad, die in Wasserkraftwerken eingesetzt wird. Entwickelt und patentiert wurde sie im Jahr 1913 vom österreichischen Ingenieur Viktor Kaplan, basierend auf der Francis-Turbine. Während der Entwicklungsphase traten aufgrund der speziellen Bauweise dieser Turbine häufig Kavitationsprobleme auf, was zu wiederholten Rückschlägen führte. Die ersten funktionsfähigen Kaplan-Turbinen konnten erst im Dauerbetrieb erfolgreich arbeiten, als es gelang, das Kavitationsphänomen durch konstruktive Maßnahmen an der Turbine erfolgreich zu kontrollieren.

Anwendung

Die Kaplan-Turbine wird bei großen Fallhöhen verwendet.

Vgl. mit Abb. 4.76, 3. Ebenfalls sind in Abb. 4.76 einige spezielle Einbauformen einer Kaplan-Turbine gezeigt.

4.5.5.4 Übersicht der Turbinenformen

Vgl. mit Abb. 4.74, 4.75 und 4.76.

Pos.	Turbine	Anwendung	Gestalt
1	Pelton Turbine	Niedrige Fallhöhe	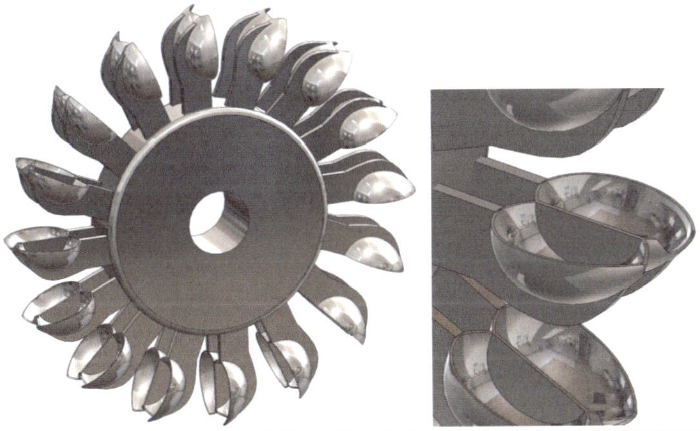
2	Francis Turbine	Mittlere Fallhöhe	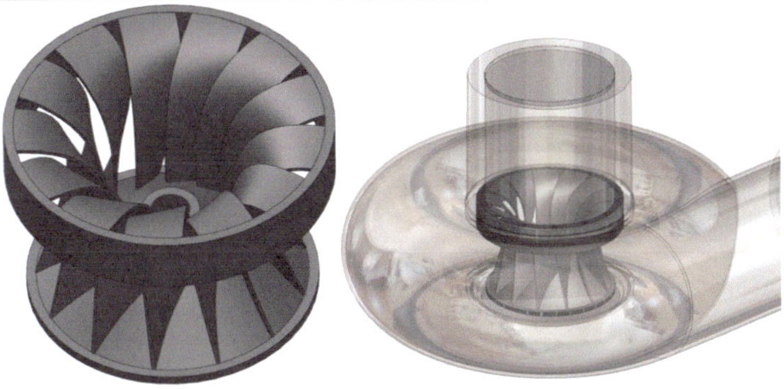

Abb. 4.74 Übersicht der Turbinenformen (1)

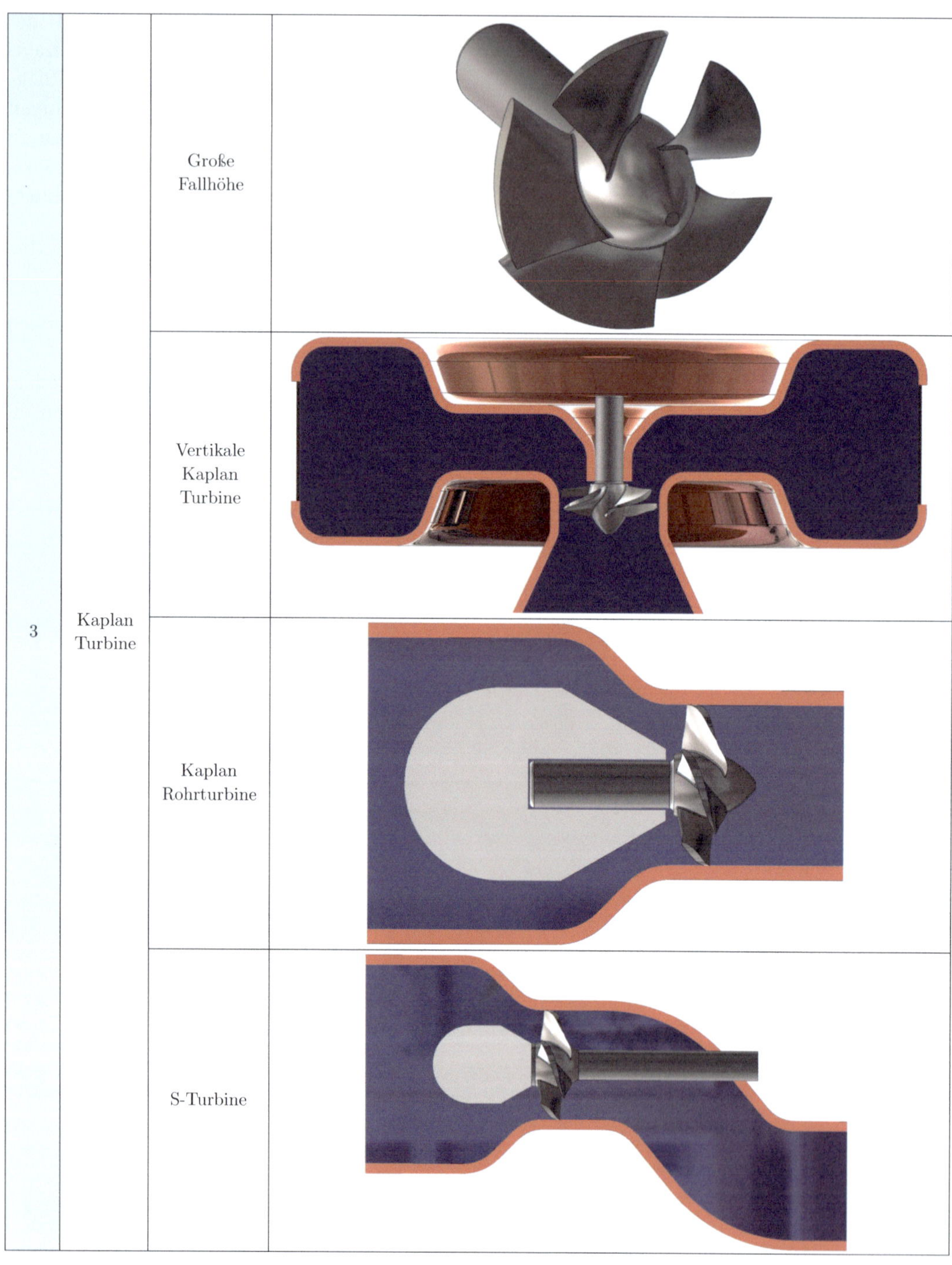

Abb. 4.75 Übersicht der Turbinenformen (2)

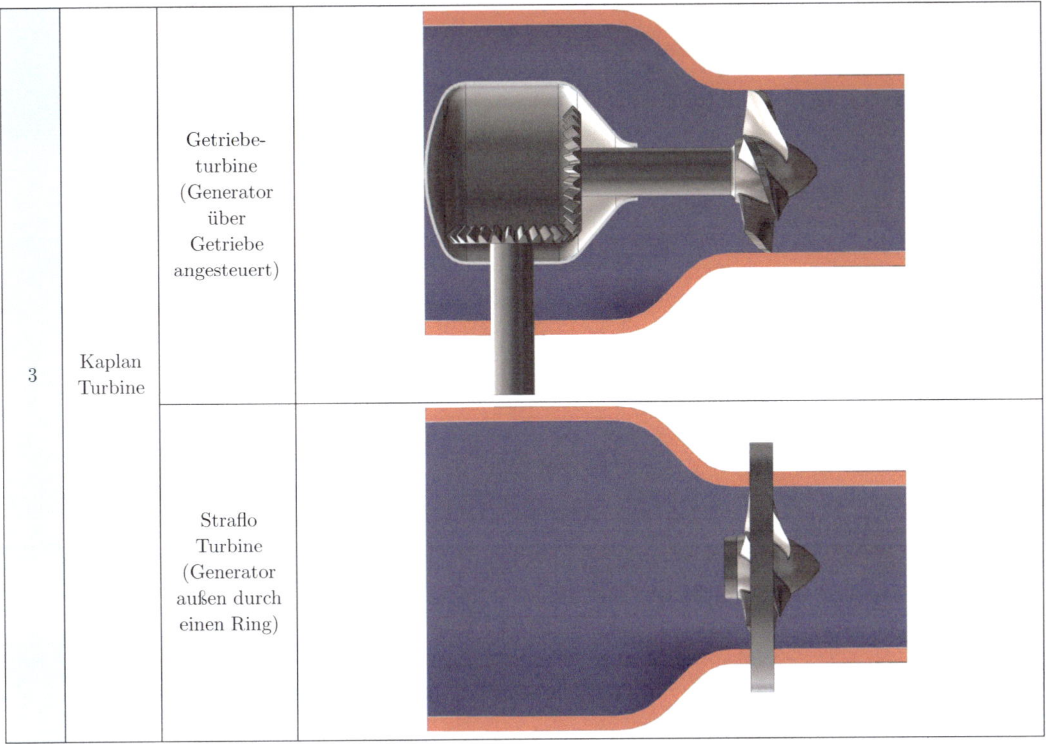

3	Kaplan Turbine	Getriebe-turbine (Generator über Getriebe angesteuert)	
		Straflo Turbine (Generator außen durch einen Ring)	

Abb. 4.76 Übersicht der Turbinenformen (3)

4.5.5.5 Strömungssimulation einer Francis-Turbine

Siehe ▶ Methode: Lösung durch SolidWorks – CFD 4.17.

Methode: Lösung durch SolidWorks – CFD 4.17

Von einer Francisturbine ist eine Strömungssimulation zu erstellen. Dazu wird am Eingang der Turbine ein Volumenstrom in Höhe von 1 m^3/s angenommen, und am Ende ein Druck von 13,013 bar. Die Turbine dreht sich mit 500 1/s. Zu erstellen ist eine transiente Analyse mit einer auf Stufe 2-basierten Netzverfeinerung bei der Lösung.

Pos.	Bild	Erklärung
1		Turbine zeichnen. Dabei das Gehäuse, die Turbine und die Deckel als eigene Bauteile zeichnen und in einer Baugruppe zusammenbauen. Im Anschluss ein weiteres Teil einfügen, welches den Rotationsbereich (Turbinenrad) definiert.:

2	Im Anschluss eine neue Strömungssimulation aufsetzen. Dazu nebenstehende Eigenschaften verwenden.
3	Randbedingungen für eine reale Wand festlegen und als Stator definieren.
4	Randbedingung für den Volumenstrom Einlass definieren.

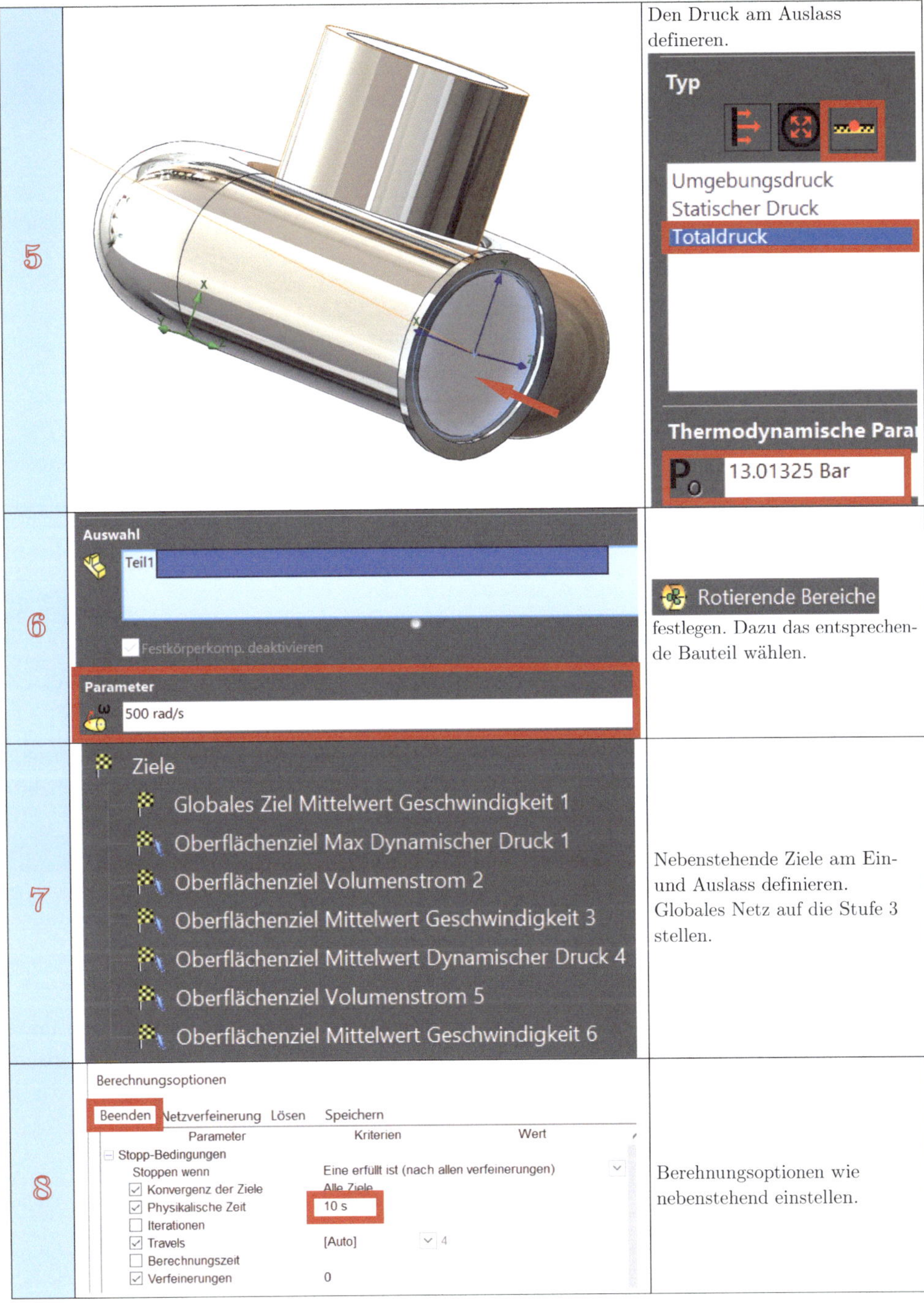

5		Den Druck am Auslass defineren.
6		Rotierende Bereiche festlegen. Dazu das entsprechende Bauteil wählen.
7		Nebenstehende Ziele am Ein- und Auslass definieren. Globales Netz auf die Stufe 3 stellen.
8		Berehnungsoptionen wie nebenstehend einstellen.

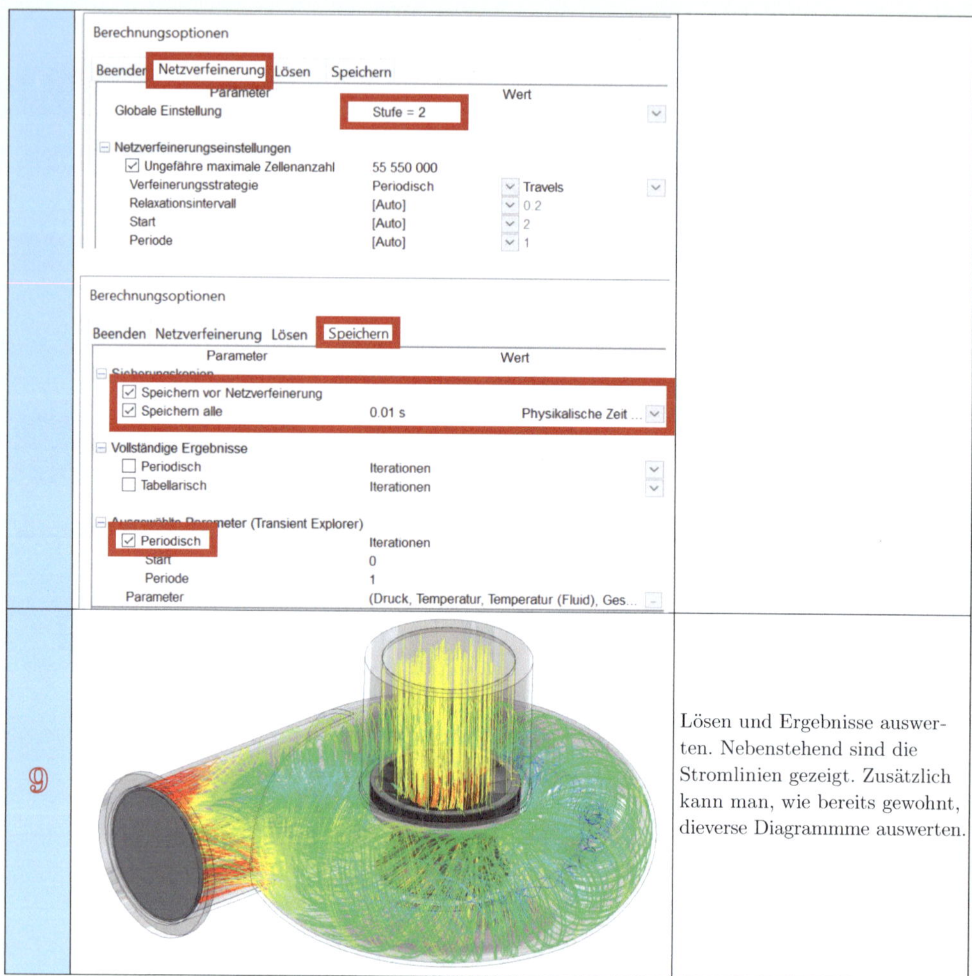

Lösen und Ergebnisse auswerten. Nebenstehend sind die Stromlinien gezeigt. Zusätzlich kann man, wie bereits gewohnt, dieverse Diagrammme auswerten.

4.6 Impulssatz, stationär [17]

Der Impuls dI eines Massenelementes $dm = \varrho \cdot dV$ ist definiert als Produkt aus Massenelement und Geschwindigkeitsvektor v, so wie man es auch bereits aus der Dynamik kennt.

$$d\vec{I} = dm \cdot \vec{v} = \varrho \cdot \vec{v} \cdot dV \quad \Rightarrow$$
$$= \begin{pmatrix} dI_x \\ dI_y \\ dI_z \end{pmatrix} = dm \cdot \begin{pmatrix} u \\ v \\ w \end{pmatrix} = \varrho \cdot \begin{pmatrix} u \\ v \\ w \end{pmatrix} \cdot dV \tag{4.260}$$

Hierbei handelt es sich offensichtlich um eine Differentialgleichung.Diese kann man lösen, indem man auf beide Seiten integriert. Es folgt damit folgende Gleichung

$$\vec{I} = \int\limits_{V(t)} \varrho \cdot \vec{v} \cdot dV$$
$$\vec{I} = \begin{pmatrix} I_x \\ I_y \\ I_z \end{pmatrix} = \int\limits_{V(t)} \varrho \cdot \begin{pmatrix} u \\ v \\ w \end{pmatrix} \cdot dV. \tag{4.261}$$

Schreibt man hierin $\vec{I}$, so handelt es sich um einen Vektor, wie auch in der Kontinuumsmechanik.

Der Impulssatz postuliert, dass die Gesamtzeitänderung d/dt des Impulses gleich der resultierenden Summe aller äußeren Kräfte ist. Diese äußeren Kräfte setzen sich aus Massenkräften F_M und Oberflächenkräften F_A zusammen. Dies kann folglich formuliert werden, zu

$$\frac{d\vec{I}}{dt} = \frac{d}{dt}\int \varrho \cdot \vec{v} \cdot dV = \sum \vec{F}_{\mathrm{M}} + \sum \vec{F}_{\mathrm{A}} \tag{4.262}$$

oder in Vektorform angeschrieben ergibt sich

$$\begin{pmatrix} \frac{dI_x}{dt} \\ \frac{dI_y}{dt} \\ \frac{dI_z}{dt} \end{pmatrix} = \sum \begin{pmatrix} F_{\mathrm{M},x} \\ F_{\mathrm{M},y} \\ F_{\mathrm{M},z} \end{pmatrix} + \sum \begin{pmatrix} F_{\mathrm{A},x} \\ F_{\mathrm{A},y} \\ F_{\mathrm{A},z} \end{pmatrix}. \tag{4.263}$$

Da nur der stationäre Zustand betrachtet wird, sind keine Informationen über die Strömungsgrößen im Volumen erforderlich. Die Strömungsdaten werden lediglich an der Oberfläche des Kontrollbereichs benötigt.

$$\int_V \varrho \cdot \vec{v} \cdot dV = \int_A \varrho \cdot \vec{v} \cdot (\vec{v} \cdot \vec{n}) \cdot dA = \sum F_A + \sum F_M \tag{4.264}$$

Definition 4.11 (Impulskraft)

Der folgende Term aus obiger Gleichung wird als Impulskraft $\vec{F}_{\mathrm{I}}$ definiert. Es folgt also

$$\vec{F}_{\mathrm{I}} := -\int_A \varrho \cdot \vec{v} \cdot (\vec{v} \cdot \vec{n}) \cdot dA. \tag{4.265}$$

Damit ergibt sich für die Gleichung die einfache Form

$$\vec{F}_{\mathrm{I}} + \sum F_A + \sum F_M = 0. \tag{4.266}$$

Die Impulskraft liegt parallel zu v und ist ins Innere des Kontrollbereiches gerichtet.

Definition 4.12 (Druckkraft)

Die Druckkraft F_D, welche eine Oberflächenkraft F_A ist, wird durch die Gleichung

$$\vec{F_D} = -\int_A p \cdot \vec{n} \cdot dA \tag{4.267}$$

definiert.

Beim Druck p handelt es sich um eine skalare Größe und damit auch um eine Richtungsunabhängige Größe. Der Normaleinheitsvektor n weist Richtung der Druckkraft F_D, wodurch diese ebenfalls ins Innere des Kontrollvolumens, aufgrund des Minuszeichens, gehen muss.

In sämtlichen Anwendungen des Impulssatzes ist der Begriff der Kontrollfläche von grundlegender Bedeutung.

Bemerkung 4.9 (Kontrollfläche, Kontrollvolumen)

Diese Fläche ist eine imaginäre, zweckmäßig gewählte und geschlossene Fläche, die sich im Raum befindet und vom Fluid durchströmt wird. Die resultierende Kraft F, die von der Umgebung auf das Fluid innerhalb der Kontrollfläche wirkt, wird in der Regel durch Drücke erzeugt. Falls Gewichtskräfte ebenfalls eine Rolle spielen, müssen auch diese in F einbezogen werden. In diesem Fall spricht man von einem Kontrollvolumen anstelle einer Kontrollfläche.

Der Impulssatz ist universell gültig und seine Gleichungen behalten ihre Gültigkeit auch unter Berücksichtigung von Reibung und realen Fluiden. Bei der Anwendung des Impulssatzes ist es nicht erforderlich, detaillierte Kenntnisse über die Strömung im Inneren der Kontrollfläche zu haben. Es genügt, die Drücke und Geschwindigkeiten an den Punkten der Kontrollfläche weitgehend zu kennen. Oft kann die Kontrollfläche so platziert werden, dass der (statische) Druck überall an der Kontrollfläche gleich ist. Dadurch entsteht keine resultierende Druckkraft.

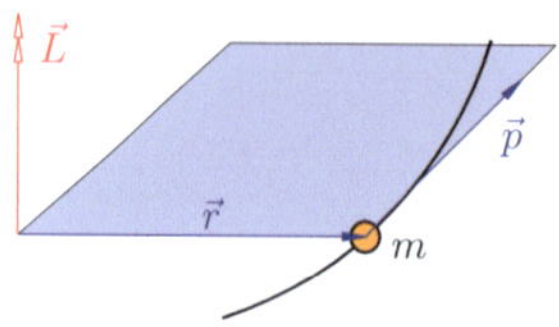

Abb. 4.77 Berechnung des Impulsmoment

4

4.6.1 Impulsmoment

Wie bereits Abb. 4.77 zeigt, liegt der Drall immer senkrecht zur Bewegungsbahn.

Die Dralländerung oder Drehimpulsänderung bezeichnet wird durch $\vec{L}$ bezeichnet.

Mittels der Vektorrechnung bzw. dem Kreuzprodukt folgt

$$\vec{L} = \vec{r} \times \vec{p}. \tag{4.268}$$

4.6.2 Drallsatz, Momentensatz

Theorem 4.1

Der Drallsatz ist dem Betrag nach gleichzusetzen mit dem Impulssatz.

Beweis Die Zeitableitung des Dralls ergibt die Dralländerung

$$\vec{L}' = (\vec{r} \times \vec{p})' = \frac{d}{dt}(m \cdot \vec{r} \times \vec{v}). \tag{4.269}$$

Da die Masse aber konstant sein muss, gilt

$$\vec{L}' = m \cdot \frac{d}{dt}(\vec{r} \times \vec{v}). \tag{4.270}$$

Mit der Produktregel folgt daraus

$$\begin{aligned}\vec{L}' &= m \cdot \left(\underbrace{\frac{d\vec{r}}{dt}}_{=v} \times \vec{v} + \vec{r} \cdot \underbrace{\frac{d\vec{v}}{dt}}_{=a} \right) \\ &= m \cdot \left(\underbrace{\vec{v} \times \vec{v}}_{=0} + \vec{r} \times \vec{a} \right) \\ &= \vec{r} \times (\underbrace{m \cdot \vec{a}}_{=\vec{F}}).\end{aligned} \tag{4.271}$$

Damit gilt also

$$\vec{L}' = \vec{M} \tag{4.272}$$

□

4.6.3 Drall und Drallsatz bei der Drehbewegung

Mittels den Gleichungen aus dem Kapitel „Drehbewegung“ (Dynamik) findet man für α mit $a = r \cdot \alpha$:

$$\begin{aligned}L' = M &= m \cdot (\vec{r} \times \vec{a}) = m \cdot r \cdot \alpha \cdot r \\ &= m \cdot r^2 \cdot \alpha\end{aligned} \tag{4.273}$$

folgen. Mit der allgemeinen Definition des Massenträgheitsmomentes folgt

$$L' = M = J \cdot \alpha. \tag{4.274}$$

4.6.4 Drallerhaltungssatz [17]

Aus der Dynamik kann $M = J \cdot \alpha$ entnommen werden. Verschwindet das Moment, erhält man $M = L' = 0$. Damit kann man den Drallerhaltungssatz mathematisch zu $B = m \cdot \alpha =$ const. formulieren. Anstelle der Kräfte F des Impulssatzes kann man für den Drallsatz die Momente M, in Bezug auf einen beliebigen Punkt setzen. Ein Moment lässt sich, wenn der Normalabstand der Kraft mit x bezeichnet wird, gemäß

$$M = x \times F \tag{4.275}$$

bestimmen. Ebenso findet man

$$L = x \times I \tag{4.276}$$

$$l = \frac{L}{m} = x \times u \tag{4.277}$$

$$L_S = x \times I_S = \varrho(u \cdot n)(x \times u). \tag{4.278}$$

Der Drehimpulserhaltungssatz im allgemeinen stationären Fall lautet damit, gem [17].

$$\iint_S \varrho(u \cdot n)(x \times u)dS = \iint_S (x \times \sigma)dS + \iiint_V (x \times f)dV. \quad (4.279)$$

4.7 Impulssatz, instationär

Durch analytische Methoden nahezu unmöglich zu lösen. Für eine Lösung muss meist auf die Numerik und CFD-Methoden zurückgegriffen werden.

4.8 Zusammenfassung Impulssatz

4.8.1 Impulssatz eines Kontinuums

Die resultierende Kraft F aller äußeren auf die Masse wirkenden Kräfte sind gleich der zeitlichen Änderung dI/dt des Impulses.

$$F = \frac{dI}{dt} = \frac{d}{dt}\oint v\,dm \quad (4.280)$$

4.8.2 Spezieller Impulssatz der Strömungsmechanik

Betrachtung eines Kontrollraums und des Stromfadens. Im Kontrollraum mit dem Gesamtvolumen V befindet sich zur Zeit t die Gesamtmasse m. Betrachtung der Größen zu einem Volumenelement $dV = a\,ds$ bzw. Masseelementes $dm = \varrho\,A\,ds$. Mit $dV = A\,ds$ und $dm = \varrho\,A\,ds$ sowie dem Impuls des Elementes dm folgt:

$$dI = v\,dm = \varrho\,A\,v\,ds \quad (4.281)$$

Impuls zum Zeitpunkt der Gesamtmasse m. Lösen der DGL:

$$I = \int_{s_1}^{s_2} \varrho\,A\,v\,ds = \int_{s_1}^{s_2} \varrho(s,t), A(s,t), v(s,t)\,ds \quad (4.282)$$

woraus

$$F = \frac{dI}{dt} = \frac{d}{dt}\oint v\,dm \quad (4.283)$$

folgt. Löst man wiederum diese Gleichung:

$$F = \int_{s_1}^{s_2} \frac{\partial(p, Av)}{\partial t} ds + \varrho_2\,A_2 v_2\,v_2 - \varrho_1\,A_1 v_1\,v_1$$

$$\text{mit:} \quad \varrho\,A\,v = \dot{m}$$

$$\Longrightarrow F = \int_{s_1}^{s_2} \frac{\partial(p, Av)}{\partial t} ds + \dot{m}_2\,v_2 - \dot{m}_1\,v_1 \quad (4.284)$$

Für diese Gleichung ist eine übliche Darstellung folgende Form

$$F + \dot{m}_1\,v_1 - \dot{m}_2\,v_2 = \int_{s_1}^{s_2} \frac{\partial(p, Av)}{\partial t} ds = 0, \quad (4.285)$$

wobei man hier den Term

$$F + \dot{m}_1\,v_1 - \dot{m}_2\,v_2 = \int_{s_1}^{s_2} \frac{\partial(p, Av)}{\partial t} ds = 0 \quad (4.286)$$

noch vereinfachen kann, denn $-\dot{m}_2\,v_2 = F_{I2}$ stellt die Impulskraft 2 in s-Richtung dar und $\dot{m}_1\,v_1 = F_{I1}$ die Impulskraft 1 in s-Richtung. Es folgt mit $F_{\text{Inist}} = \int_{s_1}^{s_2} \frac{\partial(p,Av)}{\partial t} ds$ die Impulskraft für den instationären Fall zu:

$$F + F_{I1} + F_{I2} + F_{I,\text{inst.}} = 0 \quad (4.287)$$

4

4.8.3 Beschränkung auf stationäre Strömung, Reaktionskraft und Schubkraft

Beschränkt man sich auf die stationäre Strömung, so gilt sowohl für den kompressiblen als auch den inkompressiblen Fall: $\dot{m}_1 = \dot{m}_2 = \dot{m}$ womit

$$F = \dot{m}(v_2 - v_1) \tag{4.288}$$

folgt. **Hierin bezeichnet man die Kraft *F* als Reaktionskraft oder Schub.**

Diese Gleichung gilt für:

- stationäre Strömung
- Kompressibel und inkompressible Strömung
- Reibungsbehaftete und ideale Fluide.

4.8.4 Drall bei realen instationären Strömungen

Ident zum Impuls kann man sich überlegen, dass gilt

$$M = \dot{m}[(r_2 \times v_2) - (r_1 \times v_1)]. \tag{4.290}$$

4.9 Übungen

Übungsbeispiel 4.1

Eine Leitung wird mit Druck beaufschlagt, welcher 4 bar als Betrag besitzt. Die Strömung sei durch Wasser gegeben. Die Geschwindigkeit beträgt $v = 4\,\text{m/s}$, wie groß ist dann der Staudruck an einem sich in der Mitte befindenden Hindernis?

Lösung

Mit Bernoulli (wurde zuvor hergeleitet, allerdings ist in Prüfungen meistens auch die Herleitung gefordert!) folgt die Gleichung $p_2 = p_1 + \frac{v^2 \varrho}{2}$

$$\underline{\underline{p_{\text{Stau}}}} = p_1 + \frac{v^2 \varrho}{2} = 4 \cdot 10^5 + \frac{4^2\, 1000}{2} = \underline{\underline{4{,}08\,\text{bar}}} \tag{4.289}$$

Übungsbeispiel 4.2

Betrachtet man das vorgehende Übungsbeispiel, so wird mit der Gleichung $p_{\text{Stau}} = p_1 + \frac{v^2 \varrho}{2}$ ersichtlich, dass der Druck bei steigender Geschwindigkeit zunimmt. Da sich mit dem Druck auch die Spannungen im Inneren des Rohrs (vgl. Festigkeitslehre, Band 2) erhöhen, ist zu untersuchen, ob es möglich wäre, dass die Geschwindigkeit so groß wird, dass ein Rohr zu reißen beginnt. (Es handelt sich um das Strömungsmedium: Wasser). Die Leitung ist so dimensioniert, dass eine Wandstärke von 3 mm und ein Durchmesser 200 mm vorliegt. (Es sei ein Rohr mit dünner Wandstärke anzunehmen, S235, $\nu = 2$) Der Staudruck ist mit 60 bar anzusetzen.

Lösung

p_1=	60	bar	Druck
rho=	1000	kg/m^3	Dichte Wasser
d=	0,2	m	Durchmesser
s=	0,003	m	Wandstärke
sigma_z=	235	N/mm^2	Spannung S235
nu_min=	2		Sicherheit
sigma_zul=	117,5	N/mm^2	zul. Spannung

v [m/s]	p_stau (bar)	v [km/h]	sigma_zvorh [N/mm^2]	Bruch?
1	60,01	3,60	100,01	nein
2	60,02	7,20	100,03	nein
3	60,05	10,80	100,08	nein
4	60,08	14,40	100,13	nein
5	60,13	18,00	100,21	nein
8	60,32	28,80	100,53	nein
11	60,61	39,60	101,01	nein
13	60,85	46,80	101,41	nein
15	61,13	54,00	101,88	nein
17	61,45	61,20	102,41	nein
19	61,81	68,40	103,01	nein
21	62,21	75,60	103,68	nein
23	62,65	82,80	104,41	nein
25	63,13	90,00	105,21	nein
27	63,65	97,20	106,08	nein
29	64,21	104,40	107,01	nein
31	64,81	111,60	108,01	nein
33	65,45	118,80	109,08	nein
35	66,13	126,00	110,21	nein
37	66,85	133,20	111,41	nein
39	67,61	140,40	112,68	nein
41	68,41	147,60	114,01	nein
43	69,25	154,80	115,41	nein
45	70,13	162,00	116,88	nein
47	71,05	169,20	118,41	ja

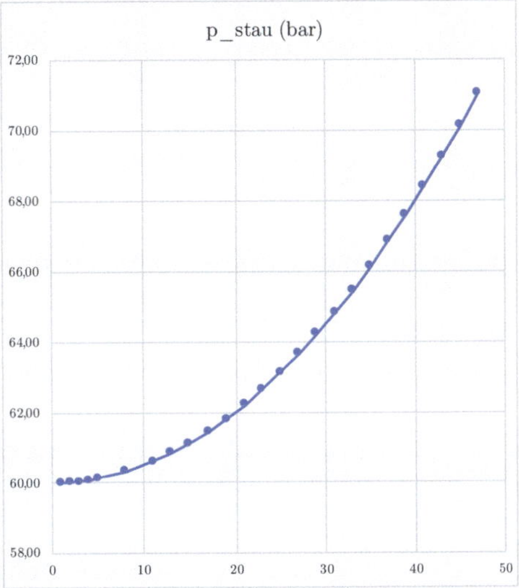

Praktisch gesehen wird dies nicht der Fall sein, da der Staudruckzuwachs so gering ist, sodass normalerweise bei den geforderten Randbedingungen das Rohr dicker ausgelegt wird.

Übungsbeispiel 4.3

Mittels eines Pitot Rohrs wird eine Druckdifferenz von 0,2 bar bei Wasser gemessen. Wie groß ist die Strömungsgeschwindigkeit?

Lösung

Die Strömungsgeschwindigkeit des Pitot-Rohrs kann gemäß der zuvor hergeleiteten Gleichung $v = \sqrt{2 \cdot g \cdot \Delta h}$ berechnet werden.

Delta p=	0,2	bar
	20000	N/m^2
rho=	1000	kg/m^3
Delta h=	2,0	m
	2038,7	mm
v=	6,3	m/s
	22,8	km/h

Übungsbeispiel 4.4

Abb. 4.78 Flugzeug

Ein Flugzeug (vgl. mit Abb. 4.78) startet und misst an der Prandtl-Sonde eine Druckdifferenz von 0,03 bar. Im Prandtl Rohr besitzt das Fluid die Dichte von Wasser, für die Dichte von Luft wird der Einfachheit halber die Normdichte von $\varrho_L = 1{,}22\,\mathrm{kg/m^3}$ angenommen. Das Flugzeug hebt bei einer Geschwindigkeit von 230 km/h ab, hebt das Flugzeug bei den gemessenen Daten bereits ab?

Lösung

Delta p=	0,03	bar
	2500	N/m^2
rho_Fl=	1000	kg/m^3
rho_Luft=	1,2	kg/m^3
Delta h=	0,3	m
	254,8	mm
v=	64,0	m/s
	230,5	km/h

Ja, der Flieger hebt gerade ab.

Übungsbeispiel 4.5

Zu untersuchen ist der Fehler der beiden Gleichungen

$$v_2 = \sqrt{\frac{2\,p_1}{\varrho\left[1-\left(\frac{d_2}{d_1}\right)^4\right]}} = \sqrt{\frac{2\,p_1}{\varrho\left[1-\left(\frac{A_2}{A_1}\right)^2\right]}}. \tag{4.291}$$

bzw.

$$v_2 = \sqrt{\frac{2\,\Delta p}{\varrho\left[1-\left(\frac{d_2}{d_1}\right)^4\right]}} = \sqrt{\frac{2\,\Delta p}{\varrho\left[1-\left(\frac{A_2}{A_1}\right)^2\right]}} \quad \text{mit} \quad \Delta p = p_1 - p_a \tag{4.292}$$

Lösung

Vgl. mit Abb. 4.79.

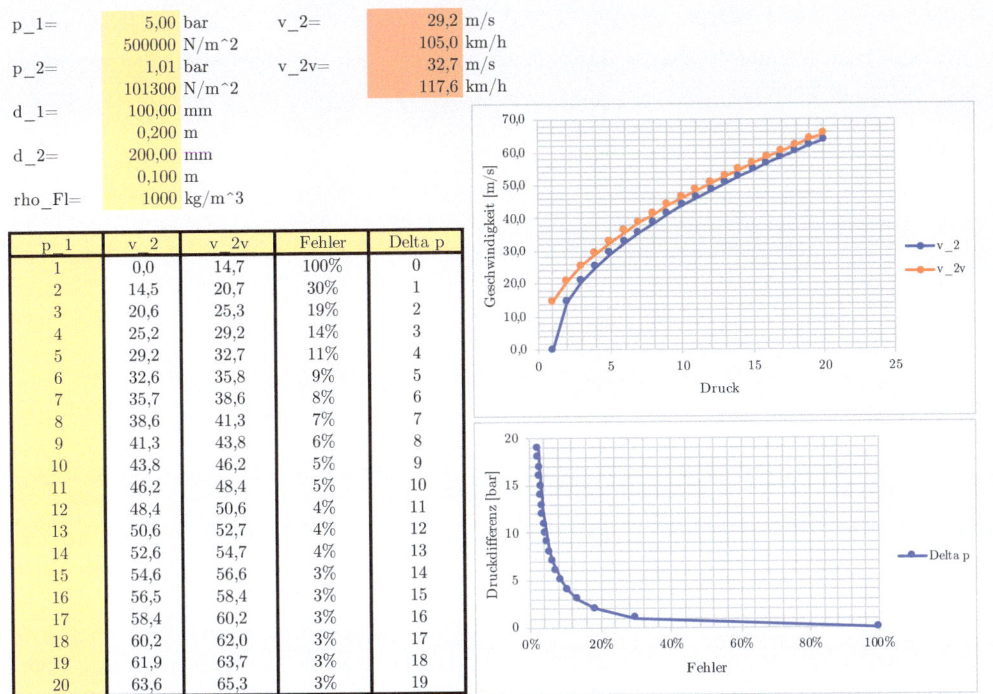

p_1=	5,00	bar	v_2=	29,2	m/s
	500000	N/m^2		105,0	km/h
p_2=	1,01	bar	v_2v=	32,7	m/s
	101300	N/m^2		117,6	km/h
d_1=	100,00	mm			
	0,200	m			
d_2=	200,00	mm			
	0,100	m			
rho_Fl=	1000	kg/m^3			

p_1	v_2	v_2v	Fehler	Delta p
1	0,0	14,7	100%	0
2	14,5	20,7	30%	1
3	20,6	25,3	19%	2
4	25,2	29,2	14%	3
5	29,2	32,7	11%	4
6	32,6	35,8	9%	5
7	35,7	38,6	8%	6
8	38,6	41,3	7%	7
9	41,3	43,8	6%	8
10	43,8	46,2	5%	9
11	46,2	48,4	5%	10
12	48,4	50,6	4%	11
13	50,6	52,7	4%	12
14	52,6	54,7	4%	13
15	54,6	56,6	3%	14
16	56,5	58,4	3%	15
17	58,4	60,2	3%	16
18	60,2	62,0	3%	17
19	61,9	63,7	3%	18
20	63,6	65,3	3%	19

Abb. 4.79 Vergleich zwischen den Geschwindigkeiten bei Vernachlässigung des atmosphärischen Druckes

Übungsbeispiel 4.6

Ein Behälter besitzt die Abmessungen $a \times b = 500 \times 300\,\text{mm}$ (Grundfläche). Die Füllhöhe beträgt $h = 700\,\text{mm}$ mit Wasser und der Ausflussdurchmesser sei $d = 20\,\text{mm}$. Zu berechnen ist die Ausflussgeschwindigkeit in km/h, der Volumenstrom Q in l/min am Ausfluss und die benötigte Zeit, um den Behälter völlig ausfließen zu lassen, in min. Wie viele Liter befinden sich im Behälter?

Lösung

h=	700,00	mm	v_2=	3,7	m/s
	0,7	m		13,3	km/h
d_2=	20,00	mm	Q_2=	0,001164	m^3/s
	0,020	m		41,9	l/min (*36000)
a=	0,5	m	t=	1202,48	s
b=	0,3	m		20,04	min
A_2=	0,000314	m^2	V=	0,11	m^3
A_1=	0,150	m^2		105,00	Liter

4

Übungsbeispiel 4.7

Wie lange braucht es, um 1000 Liter Wasser in einem Behälter mit einer Ausflussöffnung von 30 mm vollständig ausfließen zu lassen?

Lösung

h=	1000,00	mm	v_2=	4,4	m/s
	1,0	m		15,9	km/h
d_2=	30,00	mm	Q_2=	0,003131	m^3/s
	0,030	m		112,7	l/min (*36000)
a=	1,0	m	t=	638,78	s
b=	1,0	m		10,65	min
A_2=	0,000707	m^2	V=	1,00	m^3
A_1=	1,000	m^2		1000,00	Liter

Übungsbeispiel 4.8

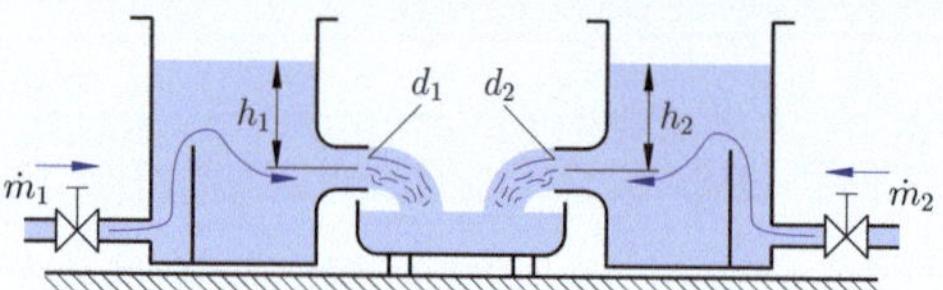

Abb. 4.80 Mischanlage

Mischanlage aus Abb. 4.80. Dieses Beispiel ist aus [2] entnommen. Eine Mischanlage dient zum Mischen von Emulsion für die CNC-Bearbeitung. Dazu werden zwei Flüssigkeiten $\varrho_1 = 1000 \frac{\text{kg}}{\text{m}^3}$, $\varrho_2 = 780 \frac{\text{kg}}{\text{m}^3}$ (Wasser und Öl) zusammengemischt. Es gilt für den Massenstrom, der durch die beiden Pumpen aus Abb. 4.80, erzeugt wird: $\dot{m}_1 = 29.000 \frac{\text{kg}}{\text{h}}$ und $\dot{m}_2 = 16.000 \frac{\text{kg}}{\text{h}}$ ist. Die Düsendurchmesser

1. d_1, d_2 sind so auszulegen, dass bei richtigem Mischverhältnis die Flüssigkeiten in beiden Zwischenbehältern je $h_1 = h_2 = h = 1{,}9\,\text{m}$ über Düsenniveau stehen. Berechnen Sie zusätzlich die beiden Ausflussgeschwindigkeiten,
2. Welche Werte h_1, h_2 sind bei der Mischanlage einzustellen, wenn $\dot{m}_1 = 12.000 \frac{\text{kg}}{\text{h}}$ und $\dot{m}_2 = 5000 \frac{\text{kg}}{\text{h}}$ gefördert wird?
3. Wie würde sich die Mischanlage in der Realität mit Verwirbelungen verhalten? Ist dabei die Austrittsgeschwindigkeit genauso hoch? Macht die Annahme, ohne Verluste und Verwirbelungen bei einem solchen Modell Sinn?

Führen Sie für die Beantwortung dieser Fragen eine Strömungssimulation mittels SolidWorks durch und untersuchen Sie dann die Austrittsgeschwindigkeiten und die Mischverhältnisse im Mischbecken. In SolidWorks ist kein Material „Öl" hinterlegt, um dieses in die Berechnung mitaufnehmen zu können, muss dieses in der Datenbank hinterlegt werden!

Lösung

1. Mit dem Ausflussgesetz $v = \sqrt{2 \cdot g \cdot h}$ folgt mit $h_1 = h = 1{,}9\,\text{m}$:

$$\underline{\underline{v_1}} = \sqrt{2 \cdot g \cdot h_1} = \sqrt{2 \cdot 9{,}81 \frac{\text{m}}{\text{s}^2} \cdot 1{,}9\,\text{m}} = \underline{\underline{6{,}11 \frac{\text{m}}{\text{s}}}} \tag{4.293}$$

Mit $\dot{m}_1 = \varrho_1 \cdot A_1 \cdot v_1$ folgt durch Umformen der Düsenquerschnitt an der Stelle 1 zu:

$$\underline{\underline{A_1}} = \frac{\dot{m}_1}{\varrho_1 \cdot v_1} = \frac{29.000 \frac{\text{kg}}{\text{h}}}{1000 \frac{\text{kg}}{\text{m}^2} \cdot 6{,}11 \cdot 3600 \frac{\text{m}}{\text{h}}} = \underline{\underline{0{,}00132\,\text{m}^2}}. \tag{4.294}$$

Mit $A_1 = d_1^2 \frac{\pi}{4}$ folgt der Düsendurchmesser:

$$\underline{\underline{d_1}} = \sqrt{\frac{4 \cdot A_1}{\pi}} = \sqrt{\frac{4 \cdot 0{,}00132\,\text{m}^2}{\pi}} = 0{,}041\,\text{m} = \underline{\underline{41\,\text{mm}}}. \tag{4.295}$$

Mit dem Ausflussgesetz $v = \sqrt{2 \cdot g \cdot h}$ folgt mit $h_2 = h = 1{,}9\,\text{m}$:

$$\underline{\underline{v_2}} = \sqrt{2 \cdot g \cdot h_2} = \sqrt{2 \cdot 9{,}81\,\frac{\text{m}}{\text{s}^2} \cdot 1{,}9\,\text{m}} = \underline{\underline{6{,}11\,\frac{\text{m}}{\text{s}}}}. \tag{4.296}$$

Mit $\dot{m}_2 = \varrho_2 \cdot A_2 \cdot v_2$ folgt durch Umformen der Düsenquerschnitt an der Stelle 2 zu:

$$\underline{\underline{A_2}} = \frac{\dot{m}_2}{\varrho_2 \cdot v_2} = \frac{16.000\,\frac{\text{kg}}{\text{h}}}{1000\,\frac{\text{kg}}{\text{m}^2} \cdot 6{,}11 \cdot 3600\,\frac{\text{m}}{\text{h}}} = \underline{\underline{0{,}00093\,\text{m}^2}}. \tag{4.297}$$

Mit $A_2 = d_2^2 \frac{\pi}{4}$ folgt der Düsendurchmesser:

$$\underline{\underline{d_2}} = \sqrt{\frac{4 \cdot A_2}{\pi}} = \sqrt{\frac{4 \cdot 0{,}00093\,\text{m}^2}{\pi}} = 0{,}034\,\text{m} = \underline{\underline{34\,\text{mm}}}. \tag{4.298}$$

2. Mit $\dot{m}_1 = \varrho_1 \cdot A_1 \cdot v_1$ folgt:

$$\underline{\underline{v_1}} = \frac{\dot{m}_1}{A_1 \cdot \varrho_1} = \frac{12.000}{0{,}00132 \cdot 1000} = \underline{\underline{2{,}53\,\frac{\text{m}}{\text{s}}}}. \tag{4.299}$$

Mit $\dot{m}_2 = \varrho_2 \cdot A_2 \cdot v_2$ folgt:

$$\underline{\underline{v_2}} = \frac{\dot{m}_2}{A_2 \cdot \varrho_2} = \frac{5000}{0{,}00092 \cdot 780} = \underline{\underline{1{,}94\,\frac{\text{m}}{\text{s}}}}. \tag{4.300}$$

Mit $v = \sqrt{2 \cdot g \cdot h}$ folgen die einzustellenden Höhen, zu

$$\underline{\underline{h_1}} = \frac{v_1^2}{2 \cdot g} = \frac{\left(2{,}53\,\frac{\text{m}}{\text{s}}\right)^2}{2 \cdot 9{,}81\,\frac{\text{m}}{\text{s}^2}} = \underline{\underline{0{,}33\,\text{m}}} \tag{4.301}$$

$$\underline{\underline{h_2}} = \frac{v_2^2}{2 \cdot g} = \frac{\left(1{,}94\,\frac{\text{m}}{\text{s}}\right)^2}{2 \cdot 9{,}81\,\frac{\text{m}}{\text{s}^2}} = \underline{\underline{0{,}19\,\text{m}}}. \tag{4.302}$$

3. Anhand der Strömungssimulation (folgend) ist klar ersichtlich, dass sich die Geschwindigkeit nicht deutlich verändert. Dies liegt aber daran, dass von vornherein bereits der Schweredruck als Randbedingung angegeben wurde. Dies ist in Wahrheit so nicht richtig, da es keinen Unterschied mehr macht, wie der Massenstrom eingebracht wird. Die Geschwindigkeit kann man dennoch sehr genau vergleichen, ebenso kann man das Mischverhältnis untersuchen.

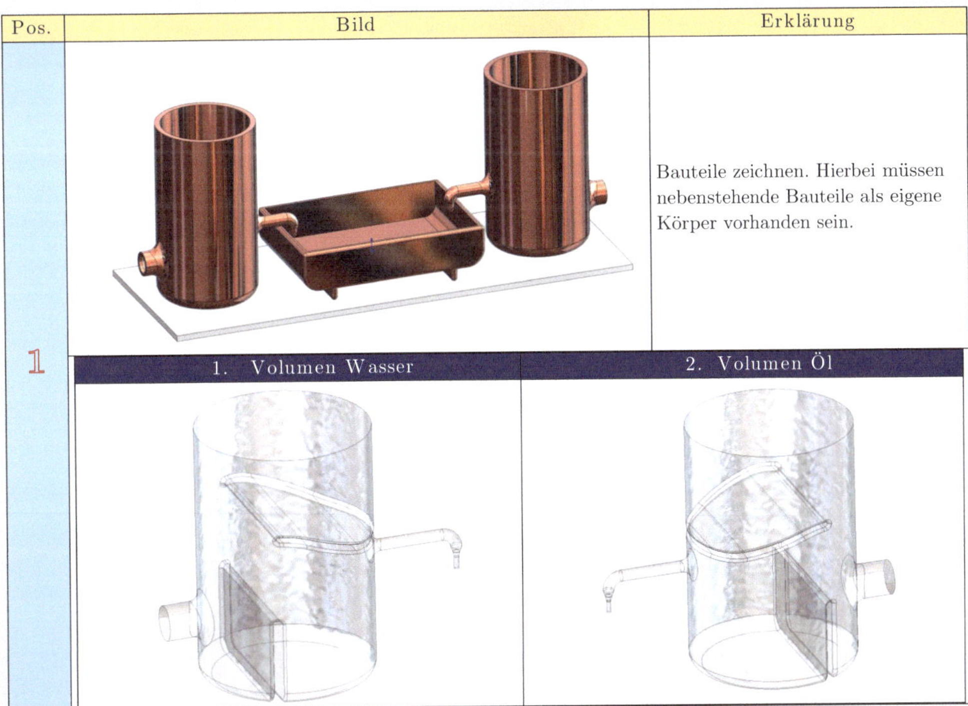

4

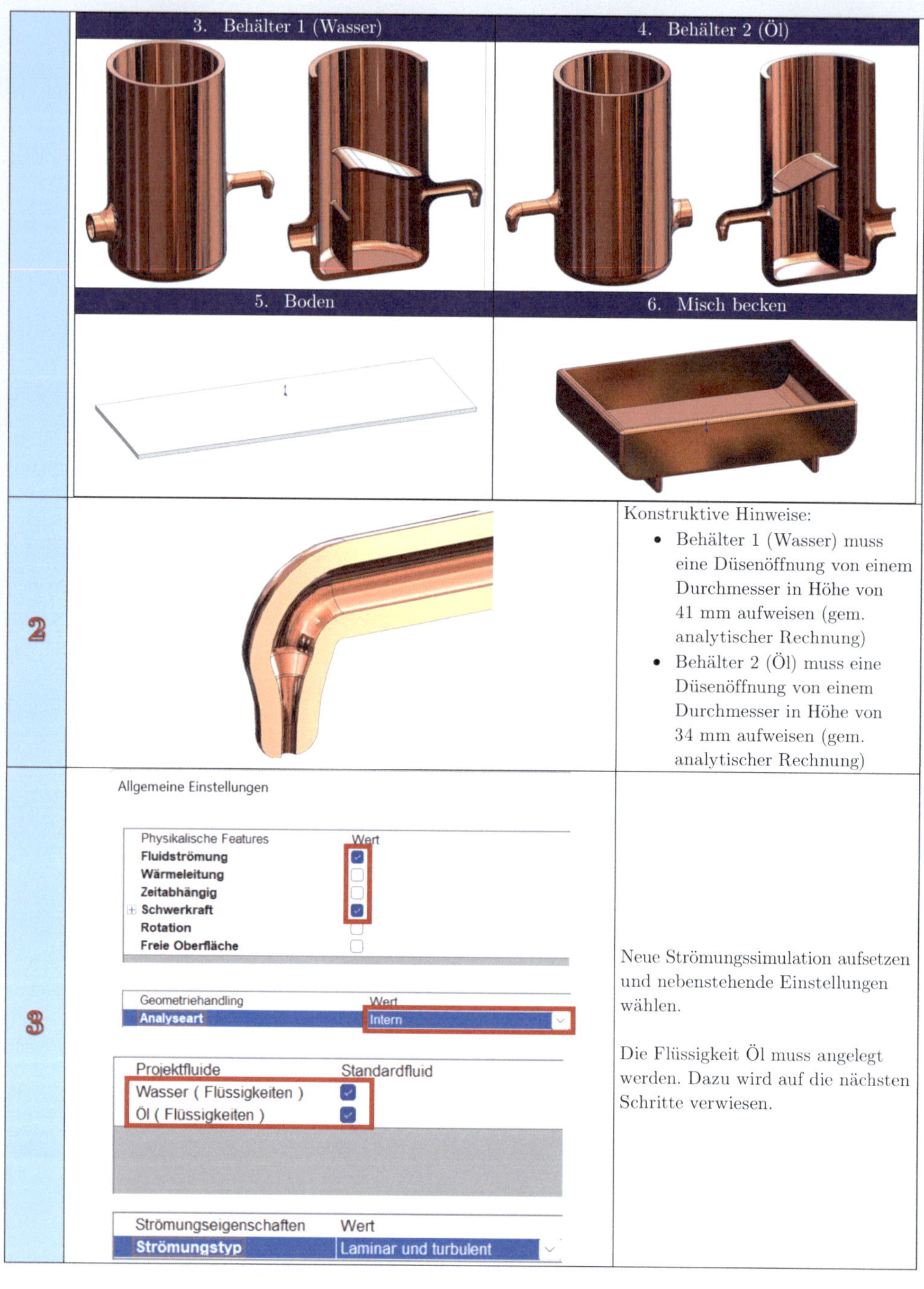
3. Behälter 1 (Wasser)
4. Behälter 2 (Öl)
5. Boden
6. Misch becken
2
Konstruktive Hinweise:
• Behälter 1 (Wasser) muss eine Düsenöffnung von einem Durchmesser in Höhe von 41 mm aufweisen (gem. analytischer Rechnung)
• Behälter 2 (Öl) muss eine Düsenöffnung von einem Durchmesser in Höhe von 34 mm aufweisen (gem. analytischer Rechnung)
3
Allgemeine Einstellungen
Physikalische Features
Wert
Fluidströmung
Wärmeleitung
Zeitabhängig
Schwerkraft
Rotation
Freie Oberfläche
Geometriehandling
Wert
Analyseart
Intern
Projektfluide
Standardfluid
Wasser (Flüssigkeiten)
Öl (Flüssigkeiten)
Strömungseigenschaften
Wert
Strömungstyp
Laminar und turbulent
Neue Strömungssimulation aufsetzen und nebenstehende Einstellungen wählen.
Die Flüssigkeit Öl muss angelegt werden. Dazu wird auf die nächsten Schritte verwiesen.

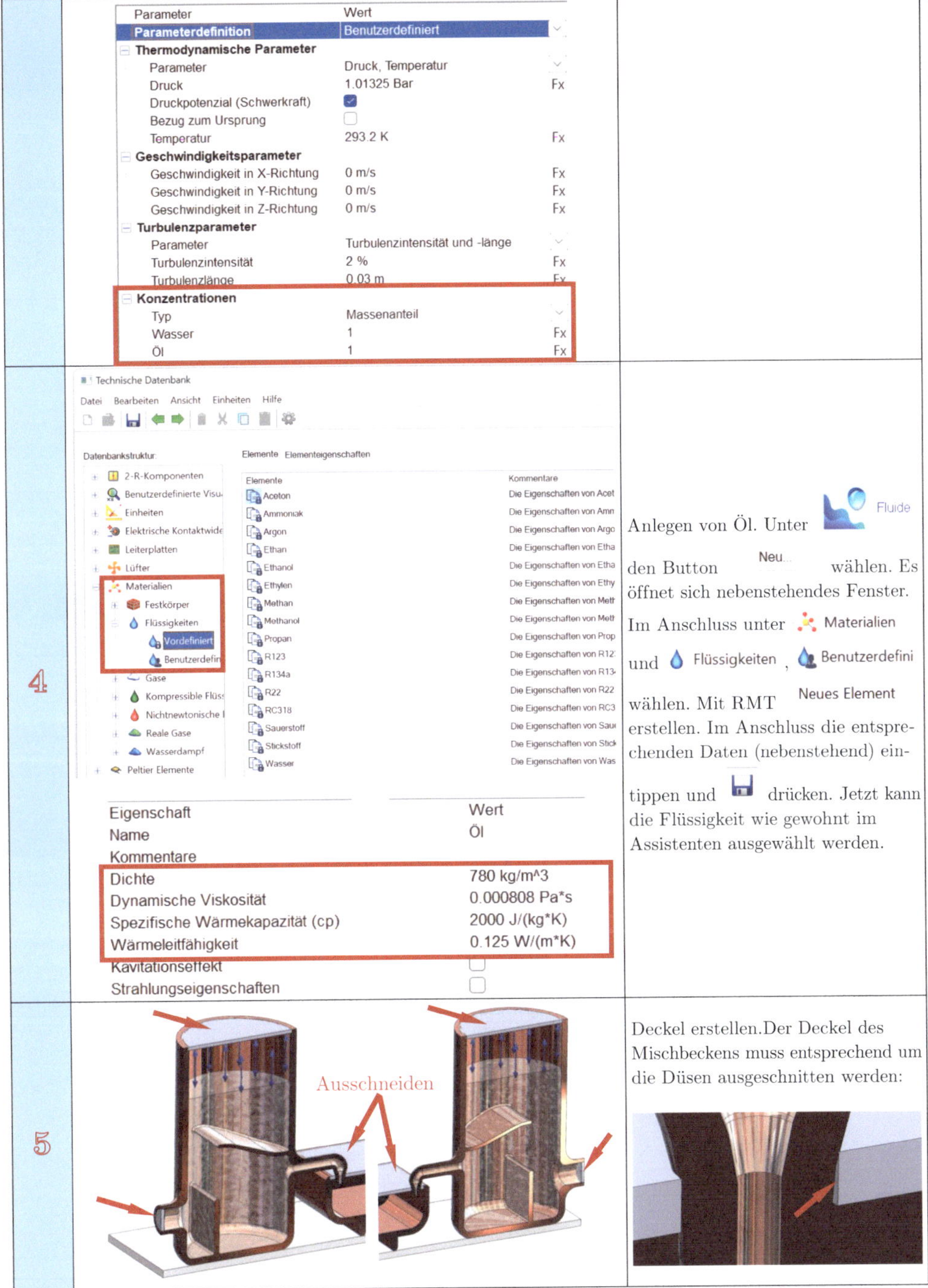

Anlegen von Öl. Unter Fluide den Button Neu... wählen. Es öffnet sich nebenstehendes Fenster. Im Anschluss unter Materialien und Flüssigkeiten, Benutzerdefini wählen. Mit RMT Neues Element erstellen. Im Anschluss die entsprechenden Daten (nebenstehend) eintippen und drücken. Jetzt kann die Flüssigkeit wie gewohnt im Assistenten ausgewählt werden.

Deckel erstellen.Der Deckel des Mischbeckens muss entsprechend um die Düsen ausgeschnitten werden:

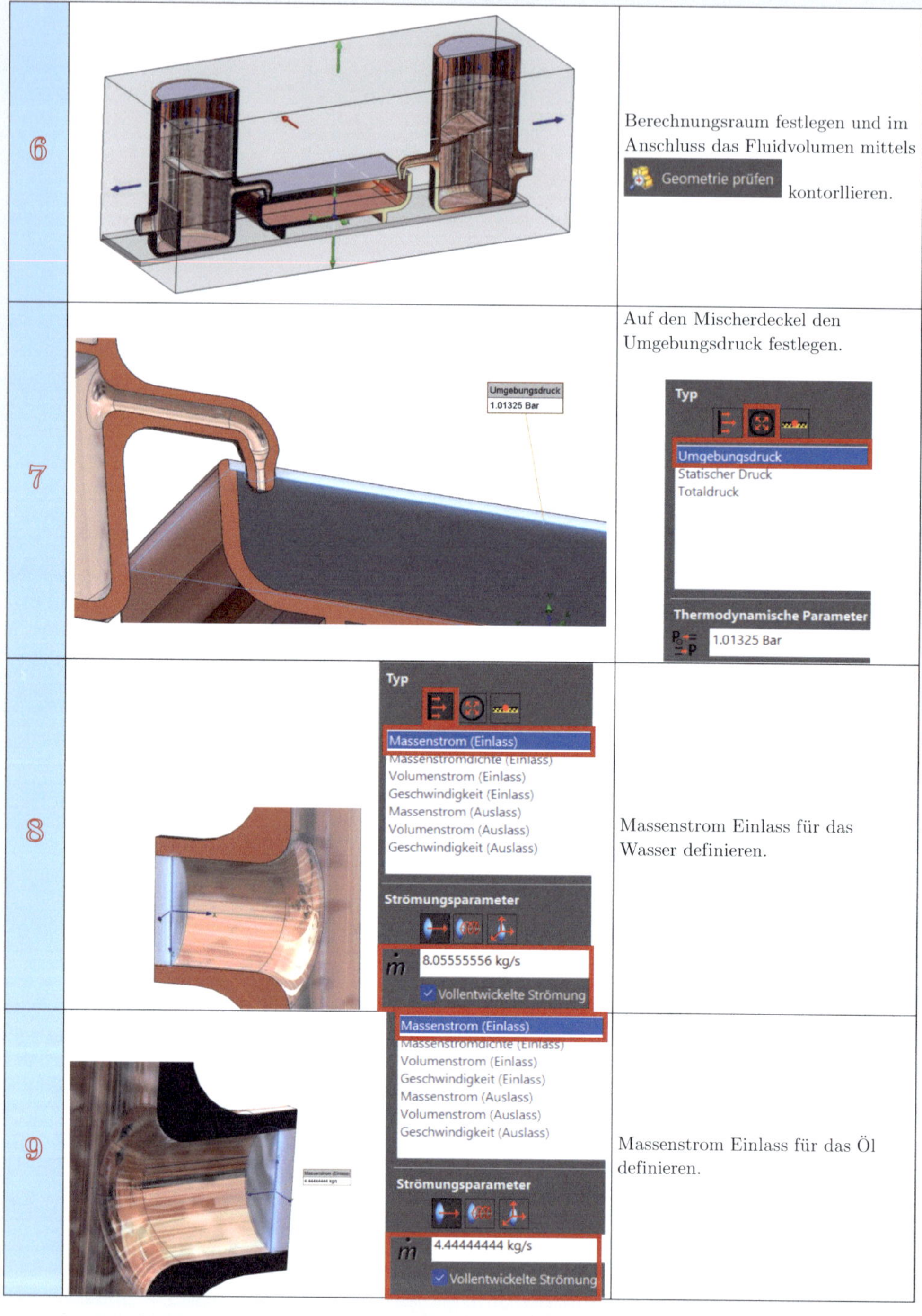

6	Berechnungsraum festlegen und im Anschluss das Fluidvolumen mittels Geometrie prüfen kontorllieren.
7	Auf den Mischerdeckel den Umgebungsdruck festlegen.
8	Massenstrom Einlass für das Wasser definieren.
9	Massenstrom Einlass für das Öl definieren.

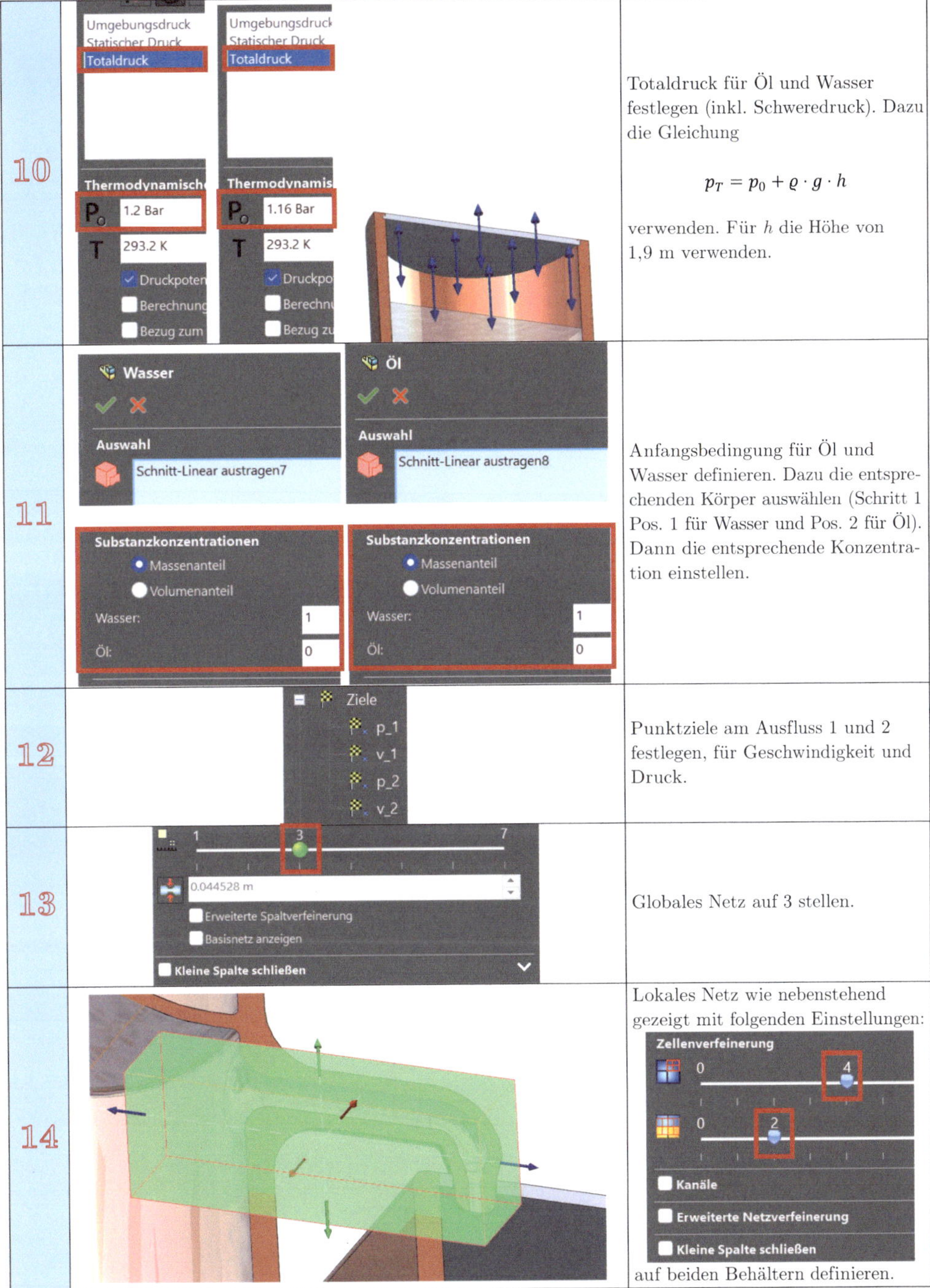

10	Totaldruck für Öl und Wasser festlegen (inkl. Schweredruck). Dazu die Gleichung $$p_T = p_0 + \varrho \cdot g \cdot h$$ verwenden. Für h die Höhe von 1,9 m verwenden.
11	Anfangsbedingung für Öl und Wasser definieren. Dazu die entsprechenden Körper auswählen (Schritt 1 Pos. 1 für Wasser und Pos. 2 für Öl). Dann die entsprechende Konzentration einstellen.
12	Punktziele am Ausfluss 1 und 2 festlegen, für Geschwindigkeit und Druck.
13	Globales Netz auf 3 stellen.
14	Lokales Netz wie nebenstehend gezeigt mit folgenden Einstellungen: … auf beiden Behältern definieren.

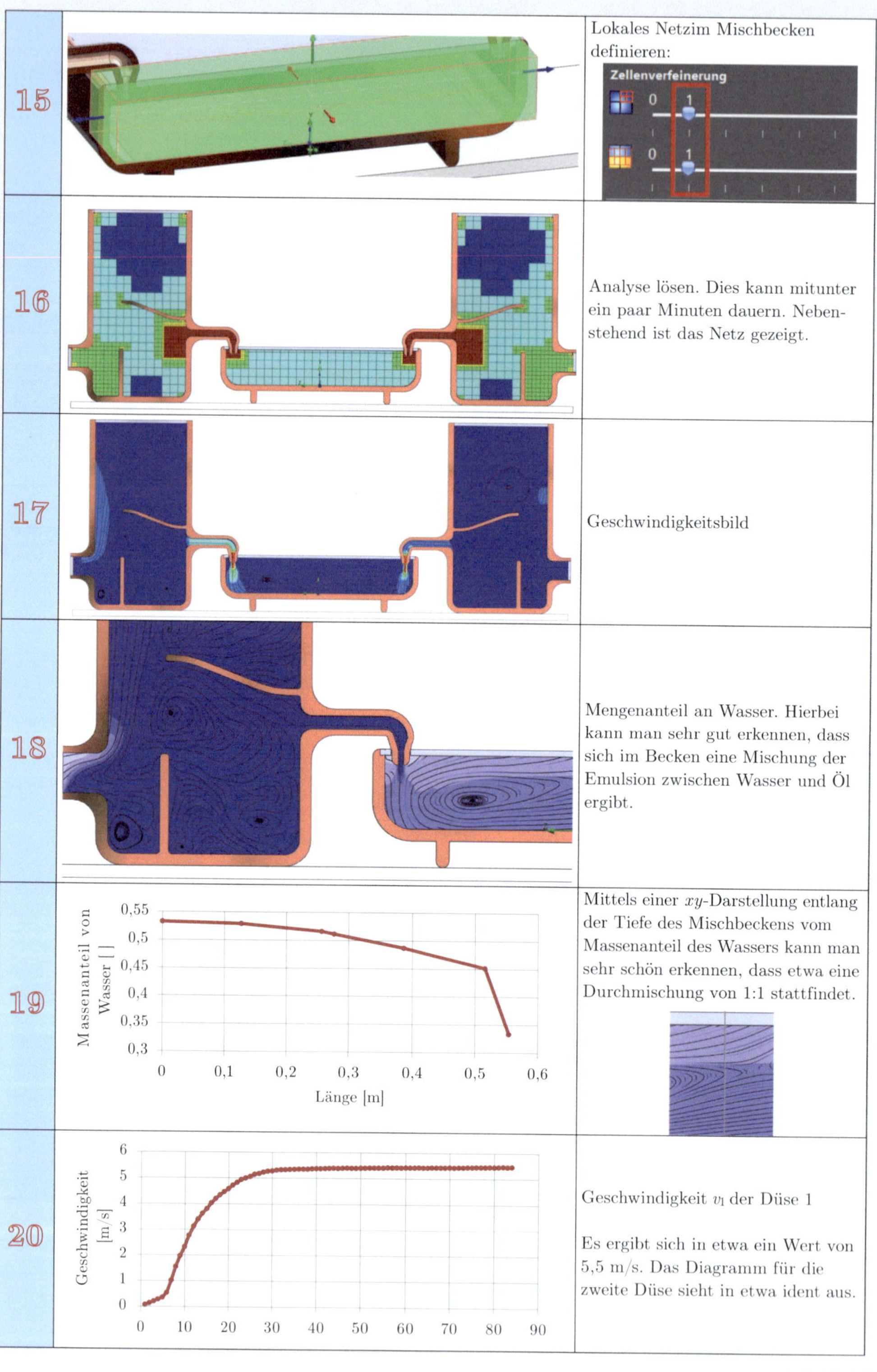

15	Lokales Netzim Mischbecken definieren: Zellenverfeinerung 0 1 / 0 1
16	Analyse lösen. Dies kann mitunter ein paar Minuten dauern. Nebenstehend ist das Netz gezeigt.
17	Geschwindigkeitsbild
18	Mengenanteil an Wasser. Hierbei kann man sehr gut erkennen, dass sich im Becken eine Mischung der Emulsion zwischen Wasser und Öl ergibt.
19	Mittels einer xy-Darstellung entlang der Tiefe des Mischbeckens vom Massenanteil des Wassers kann man sehr schön erkennen, dass etwa eine Durchmischung von 1:1 stattfindet.
20	Geschwindigkeit v_1 der Düse 1 Es ergibt sich in etwa ein Wert von 5,5 m/s. Das Diagramm für die zweite Düse sieht in etwa ident aus.

Übungsbeispiel 4.9

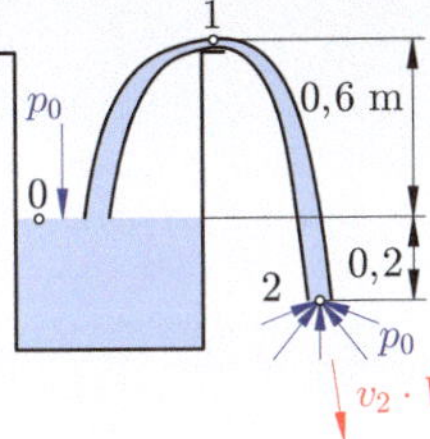

Abb. 4.81 Wasserbehälter mit Schlauch

Dieses Beispiel ist aus [2] entnommen. In einen Wasserbehälter wird zum Auspumpen ein Schlauch eingeführt (vgl.: Abb. 4.81). Dieser Schlauch ist durch sein Eigengewicht so schwer, dass eine Querschnittstauchung stattfindet. Diese beträgt 72 % vom ursprünglichen Querschnitt, der sich mit einem Durchmesser von 70 mm ergibt. Die beiden Höhen betragen: $h_1 = 0{,}2\,\mathrm{m}$ und $h_2 = 0{,}6\,\mathrm{m}$. Bestimmen Sie folgende Werte:

1. Austrittsgeschwindigkeit v_2
2. Volumenstrom $\dot{V}$ in m^3/h und in m^3/s
3. Absolutdruck an der gequetschten Stelle
4. Ist die Annahme von Reibungsfreiheit realistisch?
5. Überprüfen Sie die Ergebnisse mittels einer FlowSimulation Studie.

Lösung

1. Ansatz Bernoulli 0–2 (Wasseroberfläche = 0):

$$\underbrace{\frac{v_0^2}{2}}_{\approx 0} + \frac{p_0}{\varrho} + g \cdot \underbrace{h_0}_{=2} = \frac{v_2^2}{2} + \underbrace{\frac{p_2}{\varrho}}_{=\frac{p_0}{\varrho}} + g \cdot \underbrace{h_2}_{=0}$$

$$\Longrightarrow \underline{\underline{v_2}} = \sqrt{2 \cdot g \cdot 0{,}6} = \underline{\underline{3{,}43\,\mathrm{m/s}}}. \quad (4.303)$$

2. Kontinuität:

$$\underline{\underline{\dot{V}}} = A \cdot v_2 = \frac{d^2 \cdot \pi}{4} \cdot v_2 = \underline{\underline{0{,}01320\,\frac{\mathrm{m}^3}{\mathrm{h}}}}$$

$$= \underline{\underline{47{,}54\,\frac{\mathrm{m}^3}{\mathrm{s}}}} \quad (4.304)$$

3. Bernoulli 1–2:

$$\frac{v_1^2}{2} + \frac{p_1}{\varrho} + g \cdot \underbrace{h_0}_{=h_1+h_2=0{,}8\,\mathrm{m}} = \frac{v_2^2}{2} + \frac{p_2}{\varrho} + g \cdot \underbrace{h_2}_{=0} \Longrightarrow$$

$$\underline{\underline{p_1}} = \left(\frac{v_2^2 - v_1^2}{2} - g \cdot (h_1 + h_2) + \frac{p_0}{\varrho}\right) \cdot \varrho = \underline{\underline{0{,}775\,\mathrm{bar}}}. \quad (4.305)$$

4. Nein, da eine sehr starke Krümmung des Schlauches vorliegt, wodurch große Ablösung entstehen wird.
5. siehe nachfolgende Analyse.

4

Pos.	Bild	Erklärung
1		Bauteile zeichnen. Hierbei müssen nebenstehende Bauteile als eigene Körper vorhanden sein. Zum Schlauch gibt es nachstehenden Konstruktionshinweis.
	1: Mittels Ausgetragene Oberfläche ein Volumen erzeugen, aus der Skizze.	
	2: Eine Skizze im Schnitt der Ebene erzeugen und mittels Schnittkurve die Kontur aus Schritt 1 abnehmen.	
	3: Die Querschnittverengung einzeichnen und mittels Elemente trimmen die überschüssigen Konturen löschen.	
	4: Drei Kreise zeichnen, einmal mit dem verengten Querschnitt (Mitte). Ebenso die Konturskizze aus Schritt 1 nochmals abnehmen.	
	5: 3D-Skizze1, Skizze9, 3D-Skizze2; Leitkurven, Leitkurven-Einflusstyp: Bis nächstes Leitelement, Skizze11, Skizze12. Mittels Ausgeformte Oberfläche den Schlauch erzeugen. Die Skizzen aus 3 als Leitkurve verwenden.	
	6: Mittels Wanddicke auftragen einen Volumenkörper aus dem Oberflächenkörper erzeugen.	
2	Projekt(1), Dateneingabe, Berechnungsraum, Fluidteilräume, Randbedingungen, Umgebungsdruck 1, Volumenstrom (Einlass) 2; Anfangsbedingungen, Anfangsbedingung 1, Ziele, Punktziel Geschwindigkeit 1, Vernetzung, Globales Netz, Ergebnisse (Nicht geladen)	Neue interne Studie aufsetzen (nur den Schlauch mit einbeziehen, Deckel erstellen und den Luftdruck sowie den Volumenstrom definieren. Netz verfeinern und lösen. Punktziel am Ausgang festlegen.

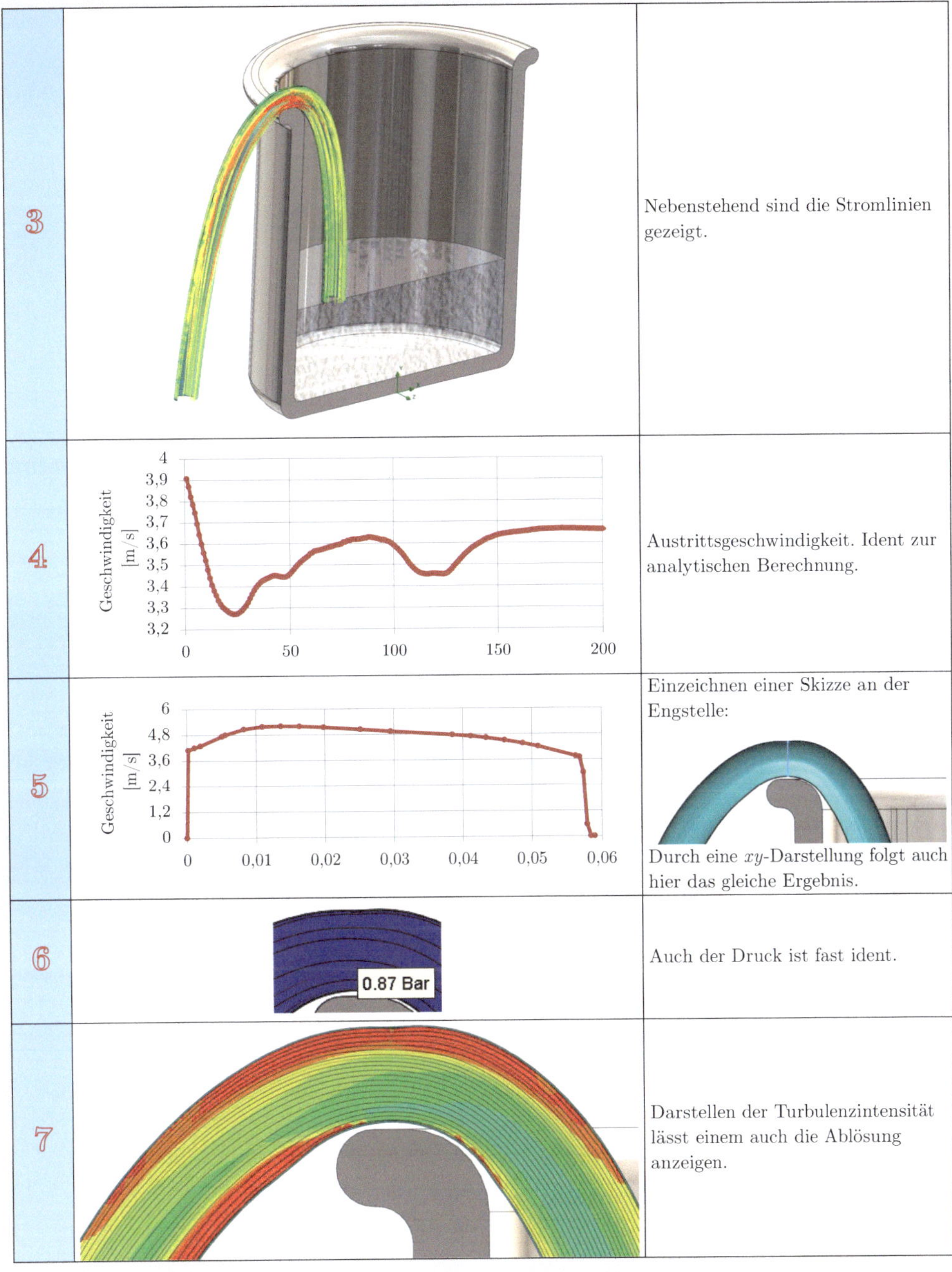

3		Nebenstehend sind die Stromlinien gezeigt.
4	Geschwindigkeit [m/s]: 3,2–4; x-Achse: 0, 50, 100, 150, 200	Austrittsgeschwindigkeit. Ident zur analytischen Berechnung.
5	Geschwindigkeit [m/s]: 0–6; x-Achse: 0, 0,01, 0,02, 0,03, 0,04, 0,05, 0,06	Einzeichnen einer Skizze an der Engstelle: Durch eine xy-Darstellung folgt auch hier das gleiche Ergebnis.
6	0.87 Bar	Auch der Druck ist fast ident.
7		Darstellen der Turbulenzintensität lässt einem auch die Ablösung anzeigen.

Übungsbeispiel 4.10

Von einer umströmten Kugel wird ein Modell im Maßstab 1 : 4 angefertigt. Man kennt die Strömungsgeschwindigkeit der wirklichen Kugel $v_1 = 5\,\frac{\text{m}}{\text{s}}$. Ebenfalls kennt man den Durchmesser der Kugel: $d_1 = 400\,\text{mm}$. Man sollte ermitteln, wie groß der Durchmesser und die Strömungsgeschwindigkeit der Modellkugel sind. Zu beweisen ist die Tatsache, dass beide Widerstandskräfte (Modellkugel und wirkliche Kugel) gleich groß sind. Das Strömungsmedium ist in beiden Fällen Wasser.

Lösung

Man kann aufgrund des bekannten Maßstabes gleich folgende Werte bestimmen:

$$\underline{\underline{v_2}} = v_1 \cdot 4 = 5\,\frac{\text{m}}{\text{s}} \cdot 4 = \underline{\underline{20\,\frac{\text{m}}{\text{s}}}}$$

$$\underline{\underline{d_2}} = \frac{d_1}{4} = \frac{0{,}4\,\text{m}}{4} = \underline{\underline{0{,}1\,\text{m}}} \tag{4.306}$$

Bestimmen der Querschnittflächen:

$$\underline{\underline{A_1}} = \frac{d_1^2\,\pi}{4} = \frac{(0{,}4\,\text{m})^2\,\pi}{4} = \underline{\underline{0{,}1256\,\text{m}^2}}$$

$$\underline{\underline{A_2}} = \frac{d_2^2\,\pi}{4} = \frac{(0{,}1\,\text{m})^2\,\pi}{4} = \underline{\underline{0{,}00785\,\text{m}^2}} \tag{4.307}$$

Aus vorhergehenden Untersuchungen folgt die Formel:

$$\underline{\underline{F_{W1}}} = \eta\, A_1 \frac{v_1}{y_1} = 1 \cdot 0{,}1256 \cdot \frac{5\,\frac{\text{m}}{\text{s}}}{0{,}4\,\text{m}} = \underline{\underline{1{,}57\,\text{N}}}$$

$$\underline{\underline{F_{W2}}} = 1 \cdot 0{,}00785 \cdot \frac{20\,\frac{\text{m}}{\text{s}}}{0{,}1\,\text{m}} = \underline{\underline{1{,}57\,\text{N}}}. \tag{4.308}$$

Übungsbeispiel 4.11

In einem voll durchflossenen Gusseisenrohr ($k = 0{,}8\,\text{mm}$) mit dem Durchmesser $d = 80\,\text{cm}$ fließen je Sekunde $0{,}25\,\text{m}^3$ Öl ($\nu = 0{,}00001\,\frac{\text{m}^2}{\text{s}}$). Wie groß ist die Verlusthöhe, bei einer Rohrlänge von 1000 m?

Lösung

Lösung

Workspace

Name ▲	Value
A	0.5027
d	800
d_2	0.8000
d_hydr	0.8000
g	9.8100
h_f	0.3940
h_f2	3.9400e-04
k	0.8000
k_2	8.0000e-04
kddhydr	1.0000e-03
l	1
lambda	0.0250
nu	1.0000e-05
Q	0.2500
Re	3.9789e+04
U	2.5133
v	0.4974

Programmcode

```
%%%%%%%%%%%%%%%%%%%%%%%%%%%%%%%%%%%%%%%%%%%%%%%%%%%%%%%%%%%%%%%%%%
%%%%%%%%%%%%%%%%%%%%%%%%%%BEISPIEL 1%%%%%%%%%%%%%%%%%%%%%%%%%%%%%%
%%%%%%%%%%%%%%%%%%%%%%%%%%%%%%%%%%%%%%%%%%%%%%%%%%%%%%%%%%%%%%%%%%
%%%%Darcy Weisbach Gleichung: h_f = lambda*1/d_hydr*v^2/(2*g)%%%%%
%%%%%%%%%%%%%%%%%%%%%%%%%%%%%%%%%%%%%%%%%%%%%%%%%%%%%%%%%%%%%%%%%%
%%%%%%%%%%%%%%%%%%%%%%%%%%%%%%%%%%%%%%%%%%%%%%%%%%%%%%%%%%%%%%%%%%

%%%%%%%%%%%%%%%%%%%%%%%%%%RANDBEDINGUNGEN%%%%%%%%%%%%%%%%%%%%%%%%%
g = 9.81;                 %m/s^2       Erdbeschleunigung
d = 800;                  %mm          Durchmesser des Rohrs
k = 0.8;                  %mm          Sandrauhheit
Q = 0.25;                 %m^3/s       Volumenstrom
nu = 1*10^(-5);           %m^2/s       kinematische Viskositaet
l = 1;                    %m           Rohrlaenge
lambda = 0.025;           %            Rauhheit aus Moody - Diagramm
%%%%%%%%%%%%%%%%%%%%%%%%%%%%%%%%%%%%%%%%%%%%%%%%%%%%%%%%%%%%%%%%%
d_2 = d/1000;             %m           Durchmesser in m
k_2 = k/1000;             %m           Sandrauhheut in m
A = d_2^2*pi/4;           %m^2         Durchflussflaeche
U = d_2*pi;               %m           Umgfang des durchfl. Querschn.
d_hydr = 4*A / U;         %m           hydraulischer Druchmesser
%%%%%%%%%%%%%%%%%%%%%%%%%%%%%%%%%%%%%%%%%%%%%%%%%%%%%%%%%%%%%%%%%
v = Q/A;                  %m/s         Geschwindigkeit
%%%%%%%%%%%%%%%%%%%%%%%%%%%%%%%%%%%%%%%%%%%%%%%%%%%%%%%%%%%%%%%%%
Re = d_hydr*v/nu;         %            Reynolds - Zahl
%%%%%%%%%%%%%%%%%%%%%%%%%%%%%%%%%%%%%%%%%%%%%%%%%%%%%%%%%%%%%%%%%
kddhydr = k_2/d_hydr;%                 rel. Sandrauhheut (k/d_hydr)
%%%%%%%%%%%%%%%%%%%%%%%%%%%%%%%%%%%%%%%%%%%%%%%%%%%%%%%%%%%%%%%%%
h_f2= lambda*1/d_hydr*v^2/(2*g); %m, Verlusthoehe
h_f = h_f2*1000;          %mm          Verlusthoehe in mm
```

Moody – Diagramm (**Ergänzung für** die Sandrauhheit)

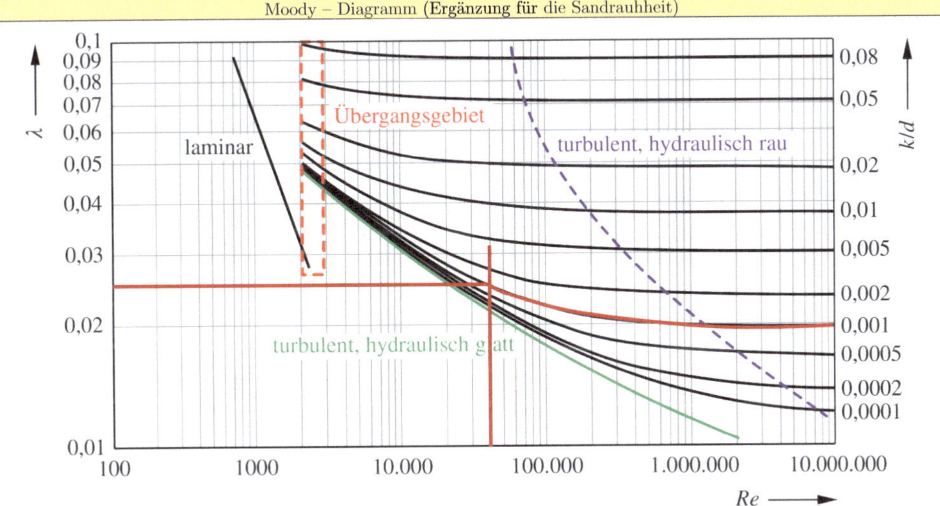

k/d = muss vom Programm abgelesen werden, das bedeutet, dass das Programm schon einmal ohne der Eingabe von λ durchlaufen werden muss, damit die Reynoldszahl und k/d bekannt sind, erst dann kann h_f bestimmt werden!

Übungsbeispiel 4.12

In einem voll durchflossenen Gusseisenrohr (k = 0,8 mm) mit dem Durchmesser d = 20 cm fließen je Sekunde 0,1 m^3 Olivenöl ($\nu = 89\ \frac{\text{mm}^2}{\text{s}}$). Wie groß ist die Verlusthöhe, bei einer Rohrlänge von 950 mm?

Lösung

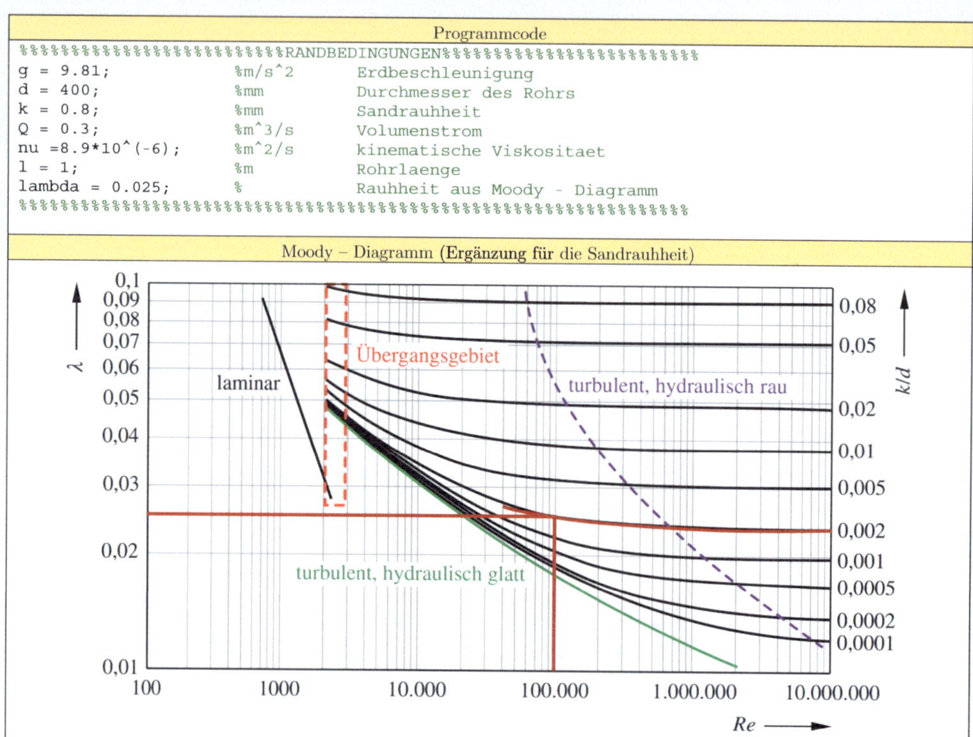

Programmcode

```
%%%%%%%%%%%%%%%%%%%%%%%%%%%%%RANDBEDINGUNGEN%%%%%%%%%%%%%%%%%%%%%%%%%%%
g = 9.81;               %m/s^2       Erdbeschleunigung
d = 400;                %mm          Durchmesser des Rohrs
k = 0.8;                %mm          Sandrauhheit
Q = 0.3;                %m^3/s       Volumenstrom
nu =8.9*10^(-6);        %m^2/s       kinematische Viskositaet
l = 1;                  %m           Rohrlaenge
lambda = 0.025;         %            Rauhheit aus Moody - Diagramm
%%%%%%%%%%%%%%%%%%%%%%%%%%%%%%%%%%%%%%%%%%%%%%%%%%%%%%%%%%%%%%%%%%%%%%%%%%
```

Moody – Diagramm (Ergänzung für die Sandrauhheit)

k/d = muss vom Programm abgelesen werden, das bedeutet, dass das Programm schon einmal ohne der Eingabe von λ durchlaufen werden muss, damit die Reynoldszahl und k/d bekannt sind, erst dann kann h_f bestimmt werden!

Lösung

Workspace

Name ▲	Value
A	0.1257
d	400
d_2	0.4000
d_hydr	0.4000
g	9.8100
h_f	18.1553
h_f2	0.0182
k	0.8000
k_2	8.0000e-04
kddhydr	0.0020
l	1
lambda	0.0250
nu	8.9000e-06
Q	0.3000
Re	1.0730e+05
U	1.2566
v	2.3873

Übungsbeispiel 4.13

In einem voll durchflossenen Gusseisenrohr (k = 0,8 mm) mit dem Durchmesser d = 40 cm fließen je Sekunde 0,3 m^3 Olivenöl ($\nu = 89\ \frac{\text{mm}^2}{\text{s}}$). Wie groß ist die Verlusthöhe, bei einer Rohrlänge von 950 mm?

Lösung

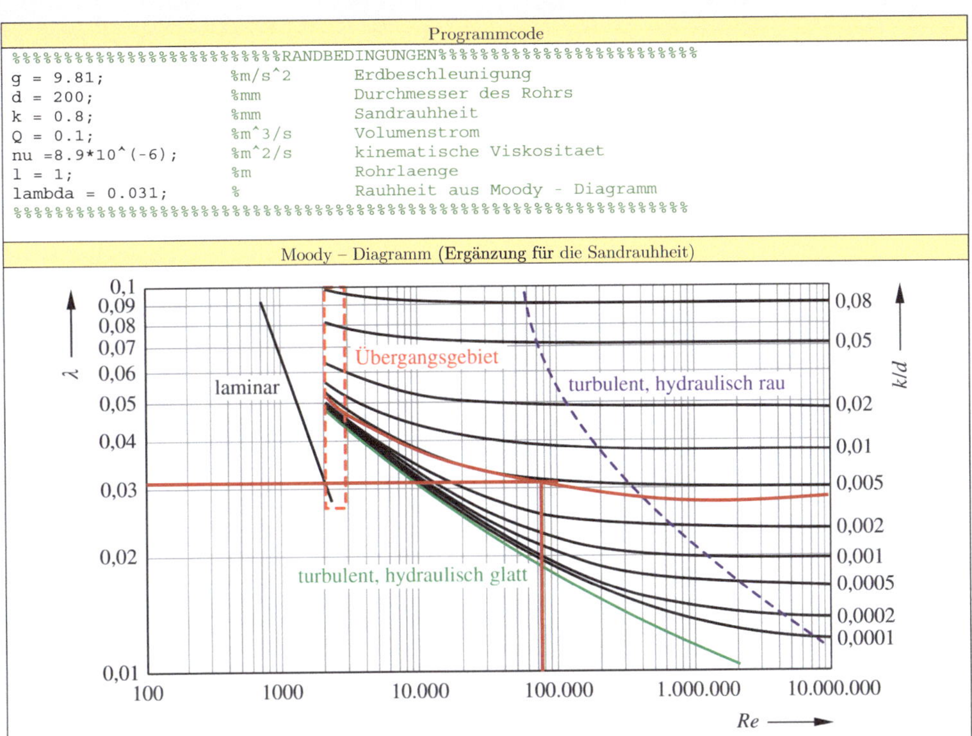

Programmcode

```
%%%%%%%%%%%%%%%%%%%%%%%%%%%%%RANDBEDINGUNGEN%%%%%%%%%%%%%%%%%%%%%%%%%%%%
g = 9.81;                 %m/s^2      Erdbeschleunigung
d = 200;                  %mm         Durchmesser des Rohrs
k = 0.8;                  %mm         Sandrauhheit
Q = 0.1;                  %m^3/s      Volumenstrom
nu =8.9*10^(-6);          %m^2/s      kinematische Viskositaet
l = 1;                    %m          Rohrlaenge
lambda = 0.031;           %           Rauhheit aus Moody - Diagramm
%%%%%%%%%%%%%%%%%%%%%%%%%%%%%%%%%%%%%%%%%%%%%%%%%%%%%%%%%%%%%%%%%%%%%%%%
```

Moody – Diagramm (Ergänzung für die Sandrauhheit)

k/d = muss vom Programm abgelesen werden, das bedeutet, dass das Programm schon einmal ohne der Eingabe von λ durchlaufen werden muss, damit die Reynoldszahl und k/d bekannt sind, erst dann kann h_f bestimmt werden!

Lösung

Workspace

Name ▲	Value
A	0.0314
d	200
d_2	0.2000
d_hydr	0.2000
g	9.8100
h_f	80.0448
h_f2	0.0800
k	0.8000
k_2	8.0000e-04
kddhydr	0.0040
l	1
lambda	0.0310
nu	8.9000e-06
Q	0.1000
Re	7.1530e+04
U	0.6283
v	3.1831

4

Übungsbeispiel 4.14

In einem voll durchflossenen Stahlrohr (k = 0,4 mm) mit dem Durchmesser d = 20 cm fließen je Sekunde 0,1 m³ Methanol ($\nu = 1{,}52\,\frac{\text{mm}^2}{\text{s}}$). Wie groß ist die Verlusthöhe, bei einer Rohrlänge von 5200 mm?

Lösung

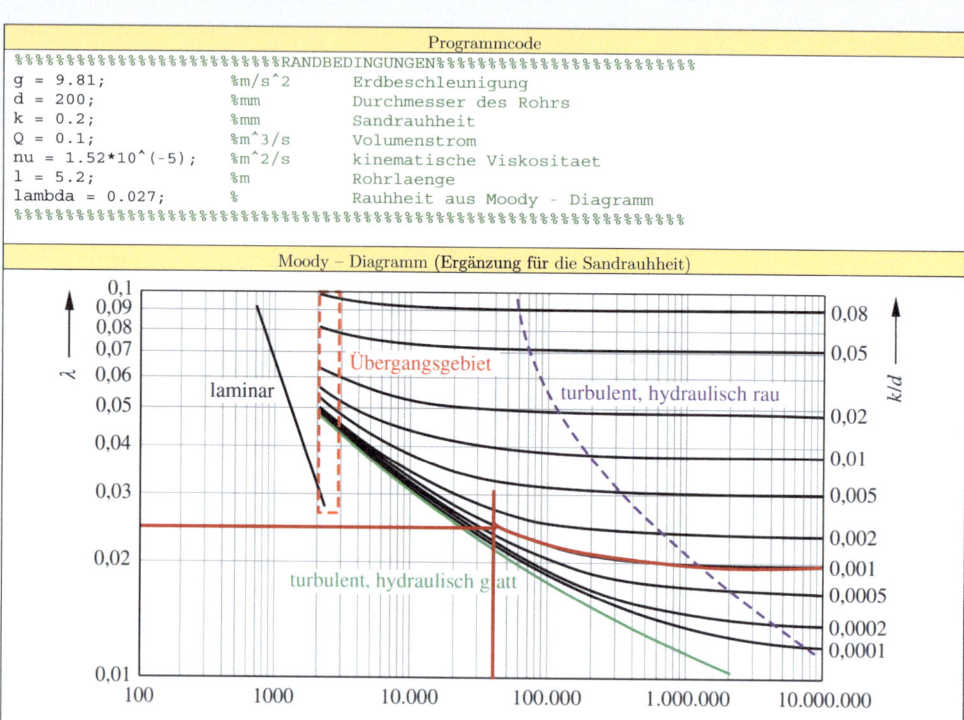

Programmcode

```
%%%%%%%%%%%%%%%%%%%%%%%%%%%%%RANDBEDINGUNGEN%%%%%%%%%%%%%%%%%%%%%%%%%%%%
g = 9.81;             %m/s^2        Erdbeschleunigung
d = 200;              %mm           Durchmesser des Rohrs
k = 0.2;              %mm           Sandrauheit
Q = 0.1;              %m^3/s        Volumenstrom
nu = 1.52*10^(-5);    %m^2/s        kinematische Viskositaet
l = 5.2;              %m            Rohrlaenge
lambda = 0.027;       %             Rauhheit aus Moody - Diagramm
%%%%%%%%%%%%%%%%%%%%%%%%%%%%%%%%%%%%%%%%%%%%%%%%%%%%%%%%%%%%%%%%%%%%%%%%%%
```

Moody – Diagramm (Ergänzung für die Sandrauhheit)

k/d = muss vom Programm abgelesen werden, das bedeutet, dass das Programm schon einmal ohne der Eingabe von λ durchlaufen werden muss, damit die Reynoldszahl und k/d bekannt sind, erst dann kann h_f bestimmt werden!

Lösung

Workspace

Name ▲	Value
A	0.0314
d	200
d_2	0.2000
d_hydr	0.2000
g	9.8100
h_f	362.5253
h_f2	0.3625
k	0.2000
k_2	2.0000e-04
kddhydr	1.0000e-03
l	5.2000
lambda	0.0270
nu	1.5200e-05
Q	0.1000
Re	4.1883e+04
U	0.6283
v	3.1831

Übungsbeispiel 4.15

In einem voll durchflossenen Gusseisenrohr (k = 0,4 mm) mit dem Durchmesser d = 40 cm fließen je Sekunde 0,3 m^3 Methanol ($\nu = 1{,}52\ \frac{\text{mm}^2}{\text{s}}$). Wie groß ist die Verlusthöhe, bei einer Rohrlänge von 5200 mm?

Lösung

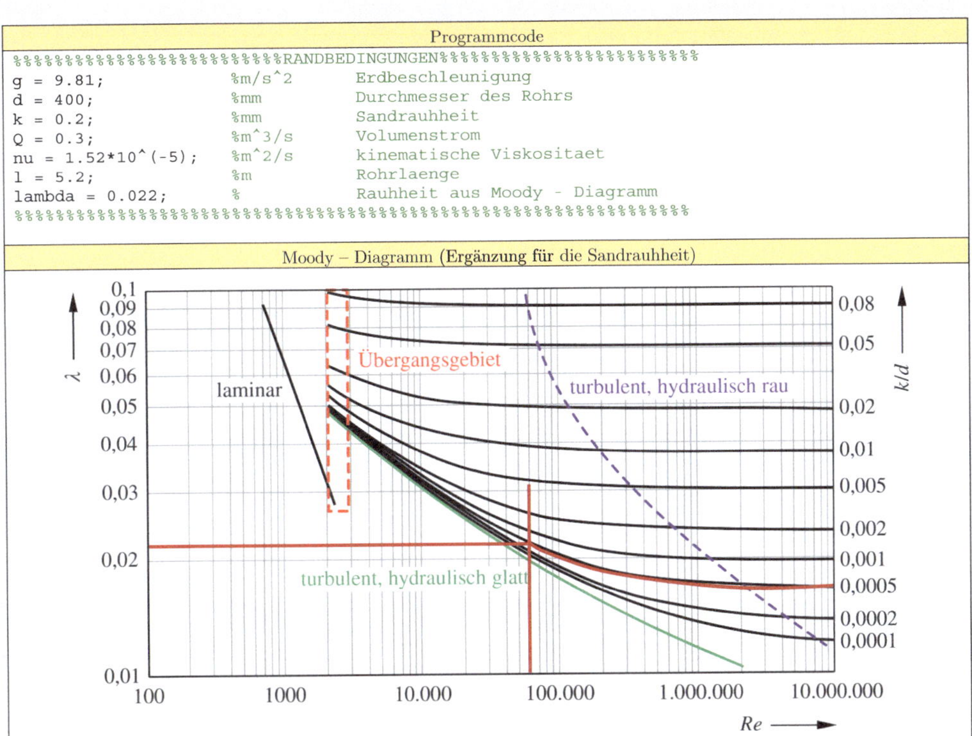

Programmcode

```
%%%%%%%%%%%%%%%%%%%%%%%%%%RANDBEDINGUNGEN%%%%%%%%%%%%%%%%%%%%%%%%%
g = 9.81;               %m/s^2        Erdbeschleunigung
d = 400;                %mm           Durchmesser des Rohrs
k = 0.2;                %mm           Sandrauhheit
Q = 0.3;                %m^3/s        Volumenstrom
nu = 1.52*10^(-5);      %m^2/s        kinematische Viskositaet
l = 5.2;                %m            Rohrlaenge
lambda = 0.022;         %             Rauhheit aus Moody - Diagramm
%%%%%%%%%%%%%%%%%%%%%%%%%%%%%%%%%%%%%%%%%%%%%%%%%%%%%%%%%%%%%%%%%%
```

Moody – Diagramm (Ergänzung für die Sandrauhheit)

k/d = muss vom Programm abgelesen werden, das bedeutet, dass das Programm schon einmal ohne der Eingabe von λ durchlaufen werden muss, damit die Reynoldszahl und k/d bekannt sind, erst dann kann h_f bestimmt werden!

Lösung

Workspace

Name ▲	Value
A	0.1257
d	400
d_2	0.4000
d_hydr	0.4000
g	9.8100
h_f	83.0787
h_f2	0.0831
k	0.2000
k_2	2.0000e-04
kddhydr	5.0000e-04
l	5.2000
lambda	0.0220
nu	1.5200e-05
Q	0.3000
Re	6.2824e+04
U	1.2566
v	2.3873

Übungsbeispiel 4.16

Durch eine horizontal liegende Rohrverengung wird einer Pumpe, die von einem Elektromotor betrieben wird und deren elektrische Leistungsaufnahme L_P beträgt, Wasser gefördert. Als Wirkungsgrad ist für den Elektromotor 80 % und für die Pumpe 75 % anzunehmen. Stellen Sie die Druck- und Energielinie dar, wenn man die Verluste im Rohr vernachlässigen kann. Angaben: $L_P = 1200\,\text{W}$; $A_1 = 0{,}005\,\text{m}^2$; $p_1 = 0{,}6\,\frac{\text{N}}{\text{mm}^2}$; $A_2 = 0{,}0025\,\text{m}^2$; $v_2 = 12\,\frac{\text{m}}{\text{s}}$. Da die Fertigung der Düse vollautomatisch passieren soll, ist es notwendig, dass der Bediener nur noch die veränderlichen Parameter ändert und dann im CAD-Programm (hier SolidWorks) eine neue Zeichnung bzw. ein neues CAD-Modell zur CAM-Programmierung ausgegeben werden kann. Die Angaben sind so auch in [18] zu finden.

Lösung

Zuerst wird das Beispiel mithilfe von Excel gelöst und die Energie- und Drucklinien in einem Diagramm dargestellt. Dies passiert in Abb. 4.82. Danach wird die Lösung der Parametergesteuerten CAD Datei gezeigt (in Abb. 4.83 und 4.84)

P_E=	12000	W	Leistung Elektromotor	Angabe
eta_E=	80%		Wirkungsgrad E - Motor	
eta_P=	75%		Wirkungsgrad Pumpe	
A_1=	0,005	m^2	Fläche Eingang	
A_2=	0,0025	m^2	Fläche Ausgang	
p_1=	0,6	N/mm^2	Druck Eingang	
v_2=	12	m/s	Geschwindigkeit Ausgang	
rho=	1000	kg/m^3	Dichte Wasser	

v_1=	6	m/s	Geschwindigkeit Eingang	Berechnung
P_P/g*m	24,46	m		
P_P=	7200	W	Pumpenleistung	
h_E1=	7,95	m	Energiehöhe 1	
h_E2=	32,42	m	Energiehöhe 2	

Druckhöhen			Geschwinidgkeitshöhen			Energiehöhen		
h_p1=	6,12	m	h_v1=	1,83	m	h_E1=	7,95	m
h_p2=		m	h_v2=	7,34	m	h_E2=	32,42	m

k=	815,49
d=	7,95 m

Stelle	Abstand [mm]	Druckhöhe [m]	Energiehöhe [m]		Durchm. Düse [mm]
1	0,0	6,1	8,0		79,8
A	40,0	6,1	8,0		79,8
A_1	44,3	8,4	11,4	beliebige Werte!	
A_2	48,6	10,6	14,9		
A_3	52,9	12,4	18,4		
A_4	57,1	13,8	21,9		
A_5	61,4	14,5	25,4		
A_6	65,7	14,5	28,9		
B	70,0	15,3	32,4		
C	100,0	24,5	32,4		56,4
2	130,0	24,5	32,4		56,4

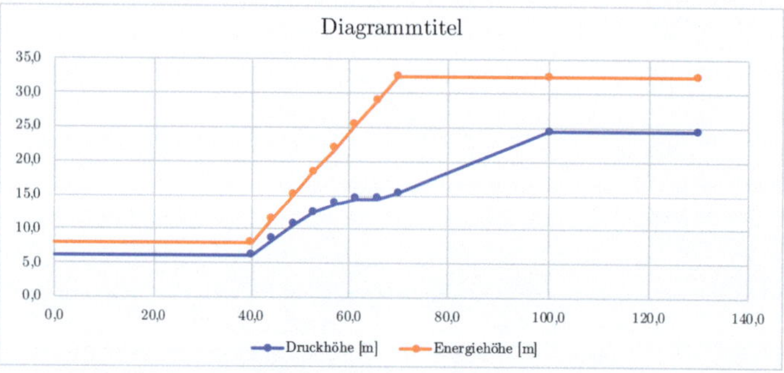

Abb. 4.82 Lösung mittels Excel

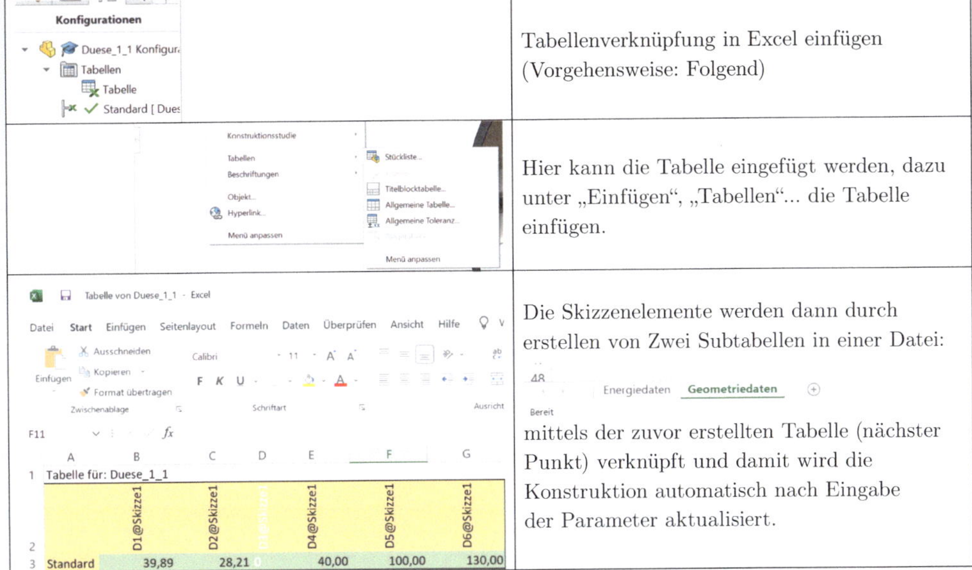

Konfigurationen Duese_1_1 Konfigur. Tabellen Tabelle Standard [Dues	Tabellenverknüpfung in Excel einfügen (Vorgehensweise: Folgend)
Konstruktionsstudie Tabellen Beschriftungen Objekt... Hyperlink... Menü anpassen Stückliste... Titelblocktabelle... Allgemeine Tabelle... Allgemeine Toleranz... Menü anpassen	Hier kann die Tabelle eingefügt werden, dazu unter „Einfügen", „Tabellen"... die Tabelle einfügen.
Tabelle von Duese_1_1 - Excel Tabelle für: Duese_1_1 D1@Skizze1 · D2@Skizze1 · D3@Skizze1 · D4@Skizze1 · D5@Skizze1 · D6@Skizze1 Standard · 39,89 · 28,21 · 0 · 40,00 · 100,00 · 130,00	Die Skizzenelemente werden dann durch erstellen von Zwei Subtabellen in einer Datei: Energiedaten · Geometriedaten mittels der zuvor erstellten Tabelle (nächster Punkt) verknüpft und damit wird die Konstruktion automatisch nach Eingabe der Parameter aktualisiert.

Abb. 4.83 Verknüpfung in SolidWorks durch eine Parametersteuerung mittels Excel

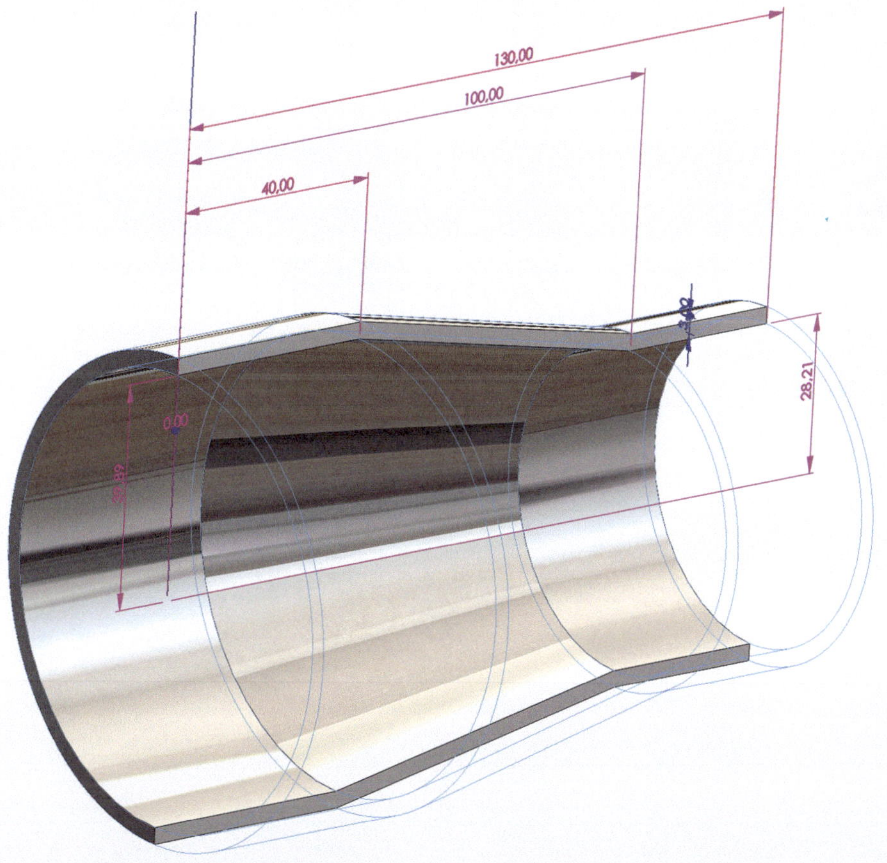

Abb. 4.84 Düsenkonstruktion in SolidWorks

Übungsbeispiel 4.17

Durch eine horizontal liegende Rohrverengung wird einer Pumpe, die von einem Elektromotor betrieben wird und deren elektrische Leistungsaufnahme L_P beträgt, Wasser gefördert. Als Wirkungsgrad ist für den Elektromotor 80 % und für die Pumpe 75 % anzunehmen. Stelle die Druck- und Energielinie dar, wenn man die Verluste im Rohr vernachlässigen kann. Angaben: $L_P = 900\,\text{W}$; $A_1 = 0{,}05\,\text{m}^2$; $p_1 = 0{,}6\,\frac{\text{N}}{\text{mm}^2}$; $A_2 = 0{,}03\,\text{m}^2$; $v_2 = 14\,\frac{\text{m}}{\text{s}}$. Da die Fertigung der Düse vollautomatisch passieren soll, ist es notwendig, dass der Bediener nur noch die veränderlichen Parameter ändert und dann im CAD-Programm (hier SolidWorks) eine neue Zeichnung bzw. ein neues CAD-Modell zur CAM-Programmierung ausgegeben werden kann.

Lösung

Vgl. mit Abb. 4.85 und 4.86.

P_E=	900	W	Leistung Elektromotor	Angabe
eta_E=	80%		Wirkungsgrad E - Motor	
eta_P=	75%		Wirkungsgrad Pumpe	
A_1=	0,05	m^2	Fläche Eingang	
A_2=	0,03	m^2	Fläche Ausgang	
p_1=	0,6	N/mm^2	Druck Eingang	
v_2=	14	m/s	Geschwindigkeit Ausgang	
rho=	1000	kg/m^3	Dichte Wasser	

v_1=	8,4	m/s	Geschwindigkeit Eingang	Berechnung
P_P/g*m	0,13	m		
P_P=	540	W	Pumpenleistung	
h_E1=	9,71	m	Energiehöhe 1	
h_E2=	9,84	m	Energiehöhe 2	

Druckhöhen			Geschwinidgkeitshöhen			Energiehöhen		
h_p1=	6,12	m	h_v1=	3,60	m	h_E1=	9,71	m
h_p2=		m	h_v2=	9,99	m	h_E2=	9,84	m

Stelle	Abstand [mm]	Druck-höhe [m]	Energiehöhe [m]		Durchm. Düse [mm]	Radius Düse [mm]
1	0,0	6,1	9,7		252,3	126,2
A	40,0	6,1	9,7		252,3	126,2
A_1	44,3	5,4	9,7			
A_2	48,6	4,7	9,7			
A_3	52,9	4,1	9,8	beliebige Werte!		
A_4	57,1	3,6	9,8			
A_5	61,4	3,4	9,8			
A_6	65,7	3,4	9,8			
B	70,0	3,1	9,8			
C	100,0	0,1	9,8		195,4	97,7
2	130,0	0,1	9,8		195,4	97,7

k=	4,37
d=	9,71 m

Abb. 4.85 Excel Tabelle – Düse

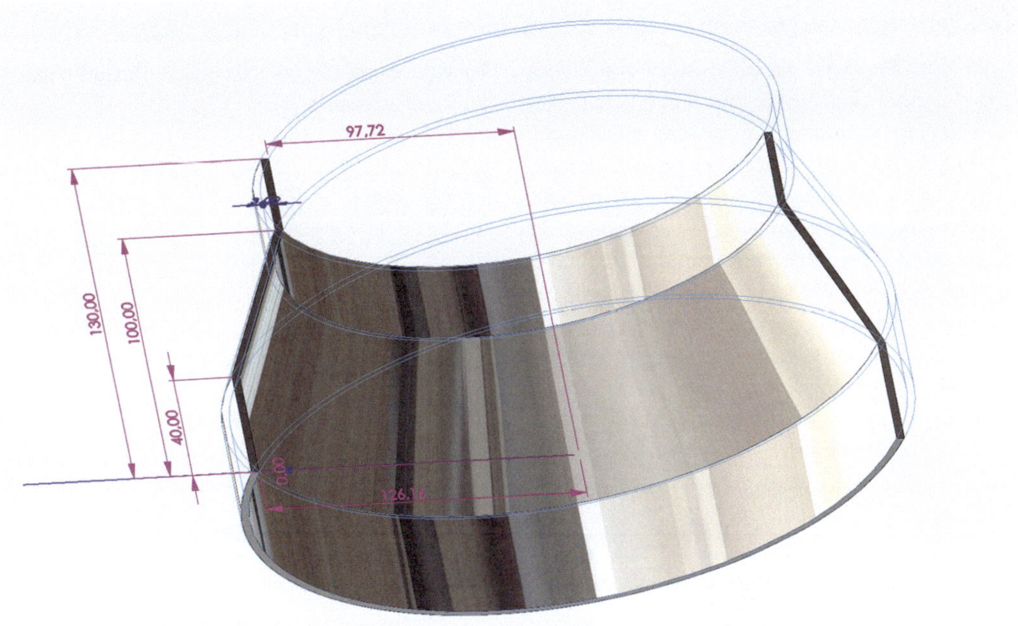

Abb. 4.86 Düsenkonstruktion – SolidWorks

Übungsbeispiel 4.18

Durch eine gerade, waagrecht verlegte Rohrleitung mit einer Länge von $L = 750\,\text{m}$ und einem Durchmesser von $d = 60\,\text{mm}$ sollen in der Stunde $8\,\text{m}^3$ Heizöl ($\varrho = 950\,\text{kg/m}^3$, $\nu = 4{,}3 \cdot 10^{-5}\,\text{m}^2/\text{s}$) gefördert werden. Bestimmen Sie: v, Re, $h_r = h_v$, J und die zur Förderung erforderliche Druckdifferenz. Liegt eine laminare oder turbulente Strömung vor?

Lösung

$$\underline{\underline{v}} = \frac{4 \cdot \dot{V}}{\pi \cdot d^2} = \frac{4 \cdot \frac{8}{3600}}{\pi \cdot 0{,}06^2} = \underline{\underline{0{,}786\,\text{m/s}}}$$

$$\underline{\underline{Re}} = \frac{v \cdot d}{\nu} = \frac{0{,}786 \cdot 0{,}06}{4{,}3 \cdot 10^{-5}} \approx \underline{\underline{1097}}$$

$$\Longrightarrow \underline{\underline{\text{laminar}}} \tag{4.309}$$

$$\underline{\underline{h_r}} = \frac{64}{Re} \cdot \frac{L}{d} \frac{v^2}{2 \cdot g} = \frac{64}{1097} \cdot \frac{750}{0{,}06} \cdot \frac{0{,}786^2}{2 \cdot 9{,}81}$$

$$= \underline{\underline{22{,}96\,\text{m}}}$$

$$\underline{\underline{J}} = \frac{h_r}{\text{L}} = \frac{22{,}96}{750} = \underline{\underline{0{,}0306}} \tag{4.310}$$

$$\frac{p_1 - p_2}{\varrho \cdot g} = h_r \Longrightarrow \underline{\underline{\Delta p}} = p_1 - p_2 = h_r \cdot \varrho \cdot g$$

$$= 22{,}96 \cdot 950 \cdot 9{,}81$$

$$= \underline{\underline{2{,}14 \cdot 10^5\,\text{N/m}^2 = 2{,}14\,\text{bar}}} \tag{4.311}$$

4

Übungsbeispiel 4.19

In einer Firma ist das Kühlwasser von Hallenteil A nach Hallenteil B zu transportieren. Dazu wird eine Gussrohrleitung verwendet. Die Entfernung der beiden Hallenteile beträgt 3,2 Kilometer. Die Gussrohrleitung besitzt bereits einige Schäden im Inneren, durch die lange Verwendung, und hat deshalb eine Rauigkeit von $k = 2{,}5\,\text{mm}$. Es sind 8000 Liter Wasser pro Stunde durch die Leitung zu transportieren, bei einem Durchmesser von 250 mm. Zusätzlich sind folgende Kennwerte des Wassers bekannt: $\varrho = 1000\,\text{kg/m}^3$, $\nu = 1{,}15 \cdot 10^{-6}\,\text{m}^2/\text{s}$. Bestimmen Sie den Wert λ, h_r, J und den Druckverlust.

Lösung

$$\underline{\underline{v}} = \frac{\dot{V}}{A} = \frac{4 \cdot \frac{12}{8}}{\pi \cdot 0{,}25^2} = \underline{\underline{2{,}72\,\text{m/s}}} \tag{4.312}$$

$$\underline{\underline{Re}} = \frac{v \cdot d}{\nu} = \frac{2{,}72 \cdot 0{,}25}{1{,}15 \cdot 10^{-6}} \approx \underline{\underline{590.487{,}9 > 2320 \Longrightarrow \text{turbulent}}} \tag{4.313}$$

$$Re\frac{k}{d} = 590.487{,}9\frac{2{,}5}{250} \approx 5904{,}9 > 1300 \Longrightarrow \text{vollkommen rau,} \tag{4.314}$$

Es wird damit die Gleichung von Prandtl-Nikuradse verwendet:

$$\underline{\underline{\lambda}} = \frac{1}{\left[2 \cdot \log\left(\frac{d}{k} \cdot 3{,}71\right)\right]^2} = \underline{\underline{0{,}038}} \tag{4.315}$$

$$\underline{\underline{h_r}} = \lambda \cdot \frac{L}{d} \cdot \frac{v^2}{2 \cdot g} = 0{,}038 \cdot \frac{3200}{0{,}25} \cdot \frac{2{,}72^2}{2 \cdot 9{,}81} \approx \underline{\underline{182{,}28\,\text{m}}} \tag{4.316}$$

$$\underline{\underline{J}} = \frac{\text{h}_\text{r}}{\text{L}} = \frac{182{,}28}{3200} = \underline{\underline{0{,}057}} \tag{4.317}$$

$$\underline{\underline{\Delta p}} = h_r \cdot \varrho \cdot g = 182{,}28 \cdot 1000 \cdot 9{,}81 = \underline{\underline{17{,}881\,\text{bar}}} \tag{4.318}$$

Übungsbeispiel 4.20

Durch ein gerades Rohr aus asphaltiertem Eisenblech (technisch glatt) mit $d = 350\,\text{mm}$ wird Wasser ($\nu = 1{,}15 \cdot 10^{-6}\,\text{m}^2/\text{s}$) gefördert. Es steht ein Druckliniengefälle $J = 0{,}0065$ zur Verfügung. Bestimmen Sie die Strömungsgeschwindigkeit v und den Volumendurchsatz in m^3/h.

Lösung

$$h_r = \lambda \cdot \frac{L}{d} \cdot \frac{v^2}{2 \cdot g} \Longrightarrow v = \sqrt{\frac{2 \cdot g \cdot h_r \cdot d}{L \cdot \lambda}} \tag{4.319}$$

bzw. mit $\frac{h_r}{L} = J$ folgt

$$v = \sqrt{\frac{2 \cdot 9{,}81 \cdot 0{,}0065 \cdot 0{,}35}{\lambda}} = \frac{0{,}21127}{\sqrt{\lambda}}. \tag{4.320}$$

Um diese Gleichung lösen zu können, müssen Schätzungen für λ eingesetzt und ausgewertet werden.

Schätzung: $\lambda = 0{,}01$

- **1. Näherung:**

$$\underline{\underline{v}} = \frac{0{,}21127}{\sqrt{\lambda}} = \frac{0{,}21127}{\sqrt{0{,}01}} = \underline{\underline{2{,}11\,\text{m/s}}} \tag{4.321}$$

$$\underline{\underline{Re}} = \frac{v \cdot d}{\nu} = \frac{2{,}11 \cdot 0{,}35}{1{,}15 \cdot 10^{-6}} = \underline{\underline{642.999}} \Longrightarrow \text{turbulent, Nikuradse} \tag{4.322}$$

$$\underline{\underline{\lambda}} = 0{,}0032 + \frac{0{,}221}{Re^{0{,}237}} = 0{,}0032 + \frac{0{,}221}{(642.999)^{0{,}237}} = \underline{\underline{0{,}0125}} \tag{4.323}$$

$$\underline{\underline{v}} = \frac{0{,}21127}{\sqrt{\lambda}} = \frac{0{,}21127}{\sqrt{0{,}0125}} = \underline{\underline{1{,}89\,\text{m/s}}} \tag{4.324}$$

- **2. Näherung:**

$$\underline{\underline{v}} = \underline{\underline{1{,}89\,\text{m/s}}} \tag{4.325}$$

$$\underline{\underline{Re}} = \frac{v \cdot d}{\nu} = \frac{1{,}89 \cdot 0{,}35}{1{,}15 \cdot 10^{-6}} = \underline{\underline{575.430}} \Longrightarrow \text{turbulent, Nikuradse} \tag{4.326}$$

$$\underline{\underline{\lambda}} = 0{,}0032 + \frac{0{,}221}{Re^{0{,}237}} = 0{,}0032 + \frac{0{,}221}{(575.430)^{0{,}237}} = \underline{\underline{0{,}0127}} \tag{4.327}$$

$$\underline{\underline{v}} = \frac{0{,}21127}{\sqrt{\lambda}} = \frac{0{,}21127}{\sqrt{0{,}0127}} = \underline{\underline{1{,}87\,\text{m/s}}} \tag{4.328}$$

- **3. Näherung:**

$$\underline{\underline{v}} = \underline{\underline{1{,}87\,\text{m/s}}} \tag{4.329}$$

$$\underline{\underline{Re}} = \frac{v \cdot d}{\nu} = \frac{1{,}87 \cdot 0{,}35}{1{,}15 \cdot 10^{-6}} = \underline{\underline{569.808}} \Longrightarrow \text{turbulent, Nikuradse} \tag{4.330}$$

$$\underline{\underline{\lambda}} = 0{,}0032 + \frac{0{,}221}{Re^{0{,}237}} = 0{,}0032 + \frac{0{,}221}{(569.808)^{0{,}237}} = \underline{\underline{0{,}0128}} \tag{4.331}$$

$$\underline{\underline{v}} = \frac{0{,}21127}{\sqrt{\lambda}} = \frac{0{,}21127}{\sqrt{0{,}0128}} = \underline{\underline{1{,}87\,\text{m/s}}} \tag{4.332}$$

- Da sich jetzt die Geschwindigkeit nicht mehr verändert hat, kann man folgende Werte als Lösung festhalten:

$$\underline{\underline{Re = 569.808}} \qquad \underline{\underline{\lambda = 0{,}0128}} \qquad \underline{\underline{v = 1{,}87\,\text{m/s}}} \tag{4.333}$$

Jetzt kann noch der Volumenstrom berechnet werden, durch:

$$\underline{\underline{\dot{V}}} = v \cdot A = v \cdot \frac{d^2 \cdot \pi}{4} = \underline{\underline{647{,}85\,\text{m}^3/\text{h}}}. \tag{4.334}$$

Übungsbeispiel 4.21

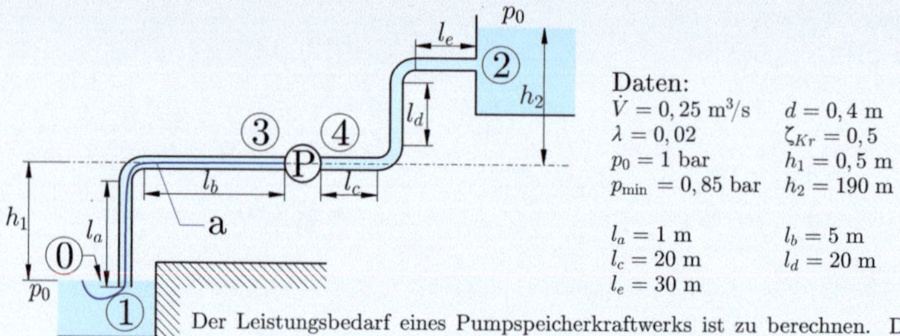

Daten:

$\dot V = 0,25\ m^3/s$	$d = 0,4\ m$
$\lambda = 0,02$	$\zeta_{Kr} = 0,5$
$p_0 = 1\ bar$	$h_1 = 0,5\ m$
$p_{min} = 0,85\ bar$	$h_2 = 190\ m$
$l_a = 1\ m$	$l_b = 5\ m$
$l_c = 20\ m$	$l_d = 20\ m$
$l_e = 30\ m$	

Der Leistungsbedarf eines Pumpspeicherkraftwerks ist zu berechnen. Die Verluste am Eintritt in das Rohrleistungssystem werden nicht berücksichtigt.

Lösung

a) Druckverluste vom Leitungsstück bis zum Pumpeneintritt

$$\underline{\underline{v}} = \frac{4\cdot\dot V}{d^2\cdot\pi} = \underline{\underline{1,988\ m/s}} \qquad \underline{\underline{H_{V,UW}}} = \frac{v^2}{2\cdot g}\left(\frac{\lambda\cdot l_a}{d} + \zeta_{Kr} + \frac{\lambda\cdot l_a}{d}\right) = \underline{\underline{0,161\ m}}$$

$$\underline{\underline{\Delta p_{V,UW}}} = \varrho\cdot g\cdot H_{V,UW} = \underline{\underline{0,0158\ bar}}$$

b) Druckverluste Pumpenaustritt bis zum Oberwasserbecken

$$\underline{\underline{H_{V,OW}}} = \frac{v^2}{2\cdot g}\left(\frac{\lambda\cdot l_c}{d} + \frac{\lambda\cdot l_d}{d} + \frac{\lambda\cdot l_e}{d} + 2\cdot\zeta_{Kr} + \zeta_A\right) = \underline{\underline{2,925\ m}}$$

$$\underline{\underline{\Delta p_{V,OW}}} = \varrho\cdot g\cdot H_{V,OW} = \underline{\underline{0,287\ bar}}$$

c) Welche hydraulische Leistung muss die Pumpe erbringen?

$$\underline{\underline{Y}} = \Sigma H\cdot g = g\cdot(h_1 + h_2 + H_{V,OW} + H_{V,UW}) = \underline{\underline{1900\ \frac{J}{kg}}}$$

$$\underline{\underline{P}} = \dot m\cdot Y = \dot V\cdot\varrho\cdot Y = \underline{\underline{475\ kW}}$$

d) In welcher Höhe h_{max} darf die Pumpe aufgestellt werden?

$$\frac{v_0^2}{2} + \frac{p_0}{\varrho} + g\cdot h_0 = \frac{v_1^2}{2} + \frac{p_{min}}{\varrho} + g\cdot h_{1,max} + g\cdot H_{V,UW}$$

Mit $v_0 = 0\ m/s$ und $v_1 = v; h_0 = 0\ m$

$$\frac{p_0}{\varrho} - \frac{v_1^2}{2} - \frac{p_{min}}{\varrho} - 1,58 = g\cdot h_{1,max}$$

$$\underline{\underline{h_{1,max}}} = \frac{p_0}{\varrho\cdot g} - \frac{v_1^2}{2\cdot g} - \frac{p_{min}}{\varrho\cdot g} - \frac{1,58}{g} = \underline{\underline{1,1667\ m}}$$

Übungsbeispiel 4.22

In einer Pumpturbinenanlage kann sowohl Wasser im Pump- als auch im Turbinenbetrieb gefördert werden. (Francis-Turbine)

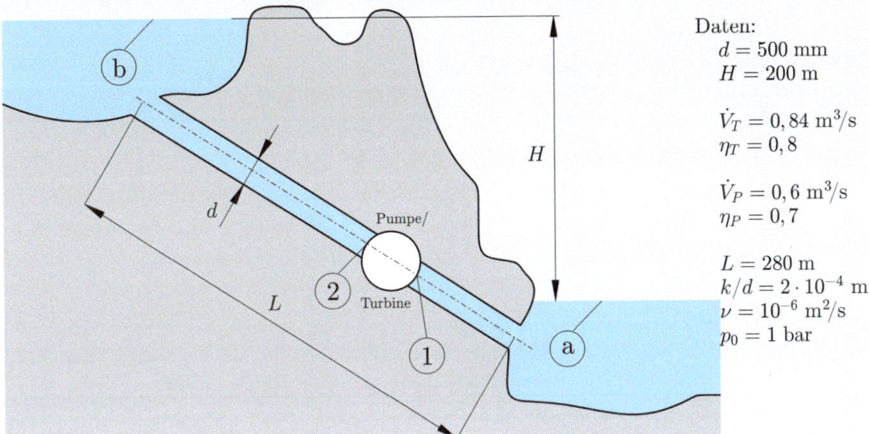

Lösung

a) Mittlere Strömungsgeschwindigkeit im Pump- & Turbinenbetrieb + Re Zahlen

$\underline{\underline{v_T}} = \frac{4 \cdot \dot{V}_T}{d^2 \cdot \pi} = \underline{\underline{4,3\ \text{m/s}}}$ $\qquad \underline{\underline{Re_T}} = \frac{d \cdot v_T}{\nu} = \underline{\underline{2,139 \cdot 10^6}}$

$\underline{\underline{v_P}} = \frac{4 \cdot \dot{V}_P}{d^2 \cdot \pi} = \underline{\underline{3,05\ \text{m/s}}}$ $\qquad \underline{\underline{Re_P}} = \frac{d \cdot v_P}{\nu} = \underline{\underline{1,528 \cdot 10^6}}$

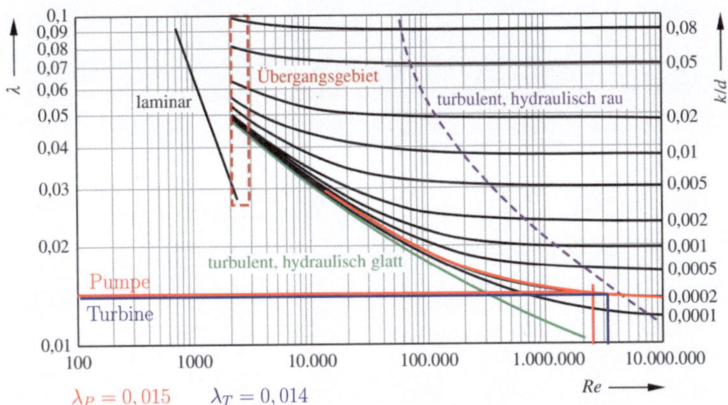

$\lambda_P = 0,015$ $\qquad \lambda_T = 0,014$

b) Rohrreibungszahlen rechnerisch

$Re_T = 2,139 \cdot 10^6$

$k/d = 2 \cdot 10^{-4}$ m

$Re_P = 1,528 \cdot 10^6$

Glatte Rohre $Re \cdot \frac{k}{d} < 65$:
- Turbine: $427,7 < 65 \Longrightarrow$ falsch
- Pumpe: $305,6 < 65 \Longrightarrow$ falsch

Rauhe Rohre $Re \cdot \frac{k}{d} > 1300$:
- Turbine: $427,7 < 1300 \Longrightarrow$ richtig
- Pumpe: $305,6 < 1300 \Longrightarrow$ richtig

Liegt aber zwischen: Übergangsgebiet $65 < Re \cdot \frac{k}{d} < 1300$

Liegt im Übergangsgebiet $\Longrightarrow$ Formel nach Colebrook; λ muss iterativ bestimmt werden

Formel nach Colebrook: $\frac{1}{\sqrt{\lambda}} = -2 \cdot \log\left(\frac{2{,}51}{Re \cdot \sqrt{\lambda}} + \frac{k}{3{,}71 \cdot d}\right)$

Turbine:

1. Annahme: $\lambda = 0{,}016$ $\quad \frac{1}{\sqrt{\lambda}} = 7{,}905$ $\quad -2 \cdot \log\left(\frac{2{,}51}{Re \cdot \sqrt{\lambda}} + \frac{k}{3{,}71 \cdot d}\right) = 8{,}399$
2. Annahme: $\lambda = 0{,}015$ $\quad \frac{1}{\sqrt{\lambda}} = 8{,}165$ $\quad -2 \cdot \log\left(\frac{2{,}51}{Re \cdot \sqrt{\lambda}} + \frac{k}{3{,}71 \cdot d}\right) = 8{,}395$
3. Annahme: $\lambda = 0{,}014$ $\quad \frac{1}{\sqrt{\lambda}} = 8{,}451$ $\quad -2 \cdot \log\left(\frac{2{,}51}{Re \cdot \sqrt{\lambda}} + \frac{k}{3{,}71 \cdot d}\right) = 8{,}390$

4

4. Annahme: $\lambda = 0{,}0145$ $\quad \frac{1}{\sqrt{\lambda}} = 8{,}305$ $\quad -2 \cdot \log\left(\frac{2{,}51}{Re \cdot \sqrt{\lambda}} + \frac{k}{3{,}71 \cdot d}\right) = 8{,}392$
5. Annahme: $\boxed{\lambda = 0{,}0142}$ $\quad \frac{1}{\sqrt{\lambda}} = 8{,}391$ $\quad -2 \cdot \log\left(\frac{2{,}51}{Re \cdot \sqrt{\lambda}} + \frac{k}{3{,}71 \cdot d}\right) = \boxed{8{,}391}$

oder: Solver in Taschenrechner nSpire:

$$solve\left(\frac{1}{\sqrt{\lambda}} = -2 \cdot \log\left(\frac{2{,}51}{Re \cdot \sqrt{\lambda}} + \frac{k}{3{,}71 \cdot d}\right), x\right) \Longrightarrow \quad \text{Pumpe:} \quad \boxed{\lambda = 0{,}0144}$$

c) Verluste bei beiden Betriebsarten in der Rohrleitung, in m und in bar:

$$\underline{\underline{H_{VT}}} = \frac{v_T^2}{2 \cdot g}\left(\frac{\lambda_T \cdot L}{d}\right) = \underline{\underline{7{,}49 \text{ m}}} \qquad \underline{\underline{\Delta p_{VT}}} = \varrho \cdot g \cdot H_{VT} = \underline{\underline{0{,}734 \text{ bar}}}$$

$$\underline{\underline{H_{VP}}} = \frac{v_P^2}{2 \cdot g}\left(\frac{\lambda_P \cdot L}{d}\right) = \underline{\underline{3{,}82 \text{ m}}} \qquad \underline{\underline{\Delta p_{VP}}} = \varrho \cdot g \cdot H_{VT} = \underline{\underline{0{,}375 \text{ bar}}}$$

d) Druckdifferenz Δp, (Höhenunterschied zwischen 1 und 2 vernachlässigbar)

$(v_a = v_b)$ $\quad h_a = 0$ m $\quad \Sigma \Delta H_{VP} = \Delta H_{VP} + \Delta H_{PA} = 3{,}82 + \frac{v_P^2}{2 \cdot g} \cdot \zeta_A = 3{,}82 + \frac{v^2}{2 \cdot g} = 4{,}29$ m

$$\frac{v_a^2}{2} + \frac{p_a}{\varrho} + g \cdot h_a = \frac{v_b^2}{2} + \frac{p_b}{\varrho} + g \cdot h_b + g \cdot h_b + g \cdot \Sigma \Delta H_{VP}$$

$h_b = H$

$$\frac{p_a - p_b}{\varrho} = 2004{,}1 = \frac{\Delta p_{ab,P}}{\varrho} \Longrightarrow \underline{\underline{\Delta p_{ab,P}}} = \varrho \cdot 2004{,}1 = \underline{\underline{20{,}04 \text{ bar}}}$$

Pumpe

$(v_a = v_b)$ $\quad h_b = H$ $\quad \Sigma \Delta H_{VT} = \Delta H_{VT} + \Delta H_{TA} = 7{,}49 + \frac{v_T^2}{2 \cdot g} \cdot \zeta_A = 7{,}49 + \frac{v^2}{2 \cdot g} = 8{,}43$ m

$$\frac{v_b^2}{2} + \frac{p_b}{\varrho} + g \cdot h_b = \frac{v_a^2}{2} + \frac{p_a}{\varrho} + g \cdot h_a + g \cdot h_a + g \cdot \Sigma \Delta H_{VT}$$

$h_a = 0$ m

$$\frac{p_a - p_b}{\varrho} = 2044{,}7 = \frac{\Delta p_{ab,P}}{\varrho} \Longrightarrow \underline{\underline{\Delta p_{ab,P}}} = \varrho \cdot 2044{,}7 = \underline{\underline{20{,}44 \text{ bar}}}$$

Turbine

e) Welche hydraulische und theoretische Leistung liefert die Pumpe:

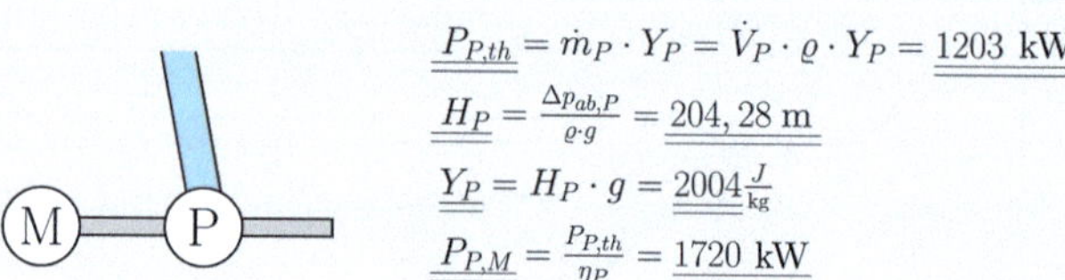

$$\underline{\underline{P_{P,th}}} = \dot{m}_P \cdot Y_P = \dot{V}_P \cdot \varrho \cdot Y_P = \underline{\underline{1203 \text{ kW}}}$$

$$\underline{\underline{H_P}} = \frac{\Delta p_{ab,P}}{\varrho \cdot g} = \underline{\underline{204{,}28 \text{ m}}}$$

$$\underline{\underline{Y_P}} = H_P \cdot g = \underline{\underline{2004 \tfrac{J}{kg}}}$$

$$\underline{\underline{P_{P,M}}} = \frac{P_{P,th}}{\eta_P} = \underline{\underline{1720 \text{ kW}}}$$

f) Welche hydraulische und theoretische Leistung liefert die Turbine:

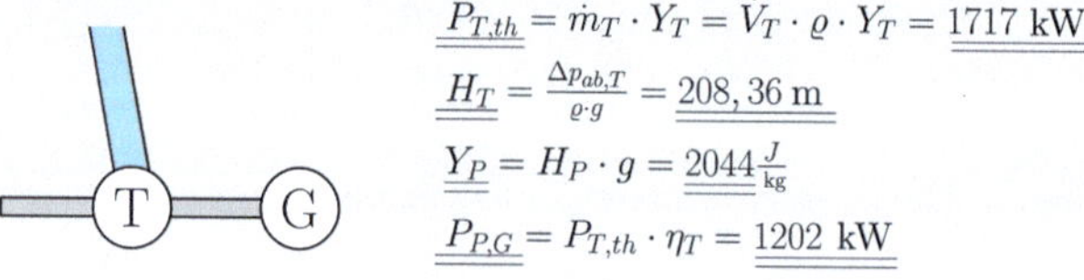

$$\underline{\underline{P_{T,th}}} = \dot{m}_T \cdot Y_T = \dot{V}_T \cdot \varrho \cdot Y_T = \underline{\underline{1717 \text{ kW}}}$$

$$\underline{\underline{H_T}} = \frac{\Delta p_{ab,T}}{\varrho \cdot g} = \underline{\underline{208{,}36 \text{ m}}}$$

$$\underline{\underline{Y_P}} = H_P \cdot g = \underline{\underline{2044 \tfrac{J}{kg}}}$$

$$\underline{\underline{P_{P,G}}} = P_{T,th} \cdot \eta_T = \underline{\underline{1202 \text{ kW}}}$$

Übungsbeispiel 4.23

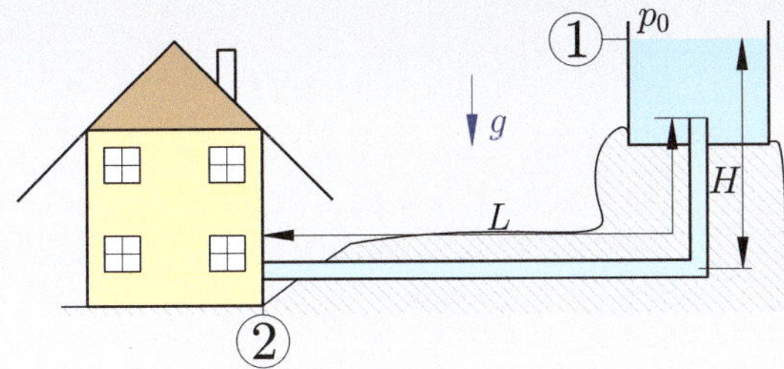

Daten:

$\nu = 10^{-6}\ \mathrm{m^2/s}$ $\quad p_0 = 1$ bar

$h = 5{,}1$ m $\quad k = 0{,}2$ mm

$L = 50$ m $\quad d = 0{,}1$ m

Ein Haus wird über einen Hochbehälter mit Trinkwasser versorgt. Der Wasserspiegel im Hochbehälter wird als konstant angenommen.

Lösung

a) Ausflussgeschwindigkeit bei verlustfreier Strömung

$\underline{\underline{v}} = \sqrt{2 \cdot g \cdot H} = \underline{\underline{10\ \mathrm{m/s}}}$ — ist die Strömung turbulent oder laminar?

$\underline{\underline{Re}} = \frac{v \cdot d}{\nu} = \underline{\underline{10^6}}$ — laminar: $\lambda = \frac{64}{Re} = 0{,}000064 \neq 0{,}024$

$\underline{\underline{k/d}} = \frac{k}{d} = \underline{\underline{0{,}002}}$ — turbulent: $Re \cdot \frac{k}{d} > 65 = 2000$

Diagramm: turbulent: $\underline{\underline{\lambda = 0{,}024}}$ — $\underline{\underline{\text{Rechnung und auch Diagramm: turbulent}}}$

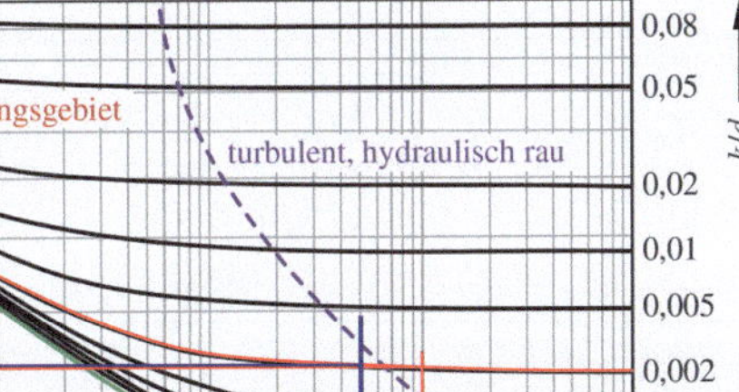

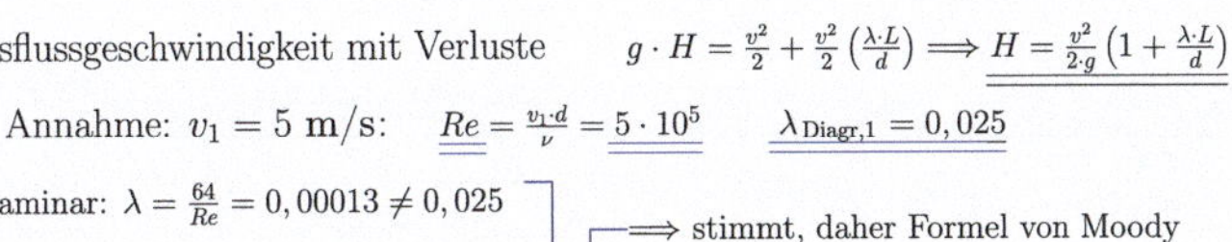

b) Ausflussgeschwindigkeit mit Verluste $\quad g \cdot H = \frac{v^2}{2} + \frac{v^2}{2}\left(\frac{\lambda \cdot L}{d}\right) \Longrightarrow \underline{\underline{H = \frac{v^2}{2 \cdot g}\left(1 + \frac{\lambda \cdot L}{d}\right)}}$

1. Annahme: $v_1 = 5\ \mathrm{m/s}$: $\quad \underline{\underline{Re}} = \frac{v_1 \cdot d}{\nu} = \underline{\underline{5 \cdot 10^5}} \quad \underline{\underline{\lambda_{\text{Diagr},1} = 0{,}025}}$

laminar: $\lambda = \frac{64}{Re} = 0{,}00013 \neq 0{,}025$

turbulent: glatt: $Re \cdot \frac{k}{d} = 1000 < 65$

turbulent: rauh: $Re \cdot \frac{k}{d} = 1000 < 1300$

$\Longrightarrow$ stimmt, daher Formel von Moody

Übungsbeispiel 4.24

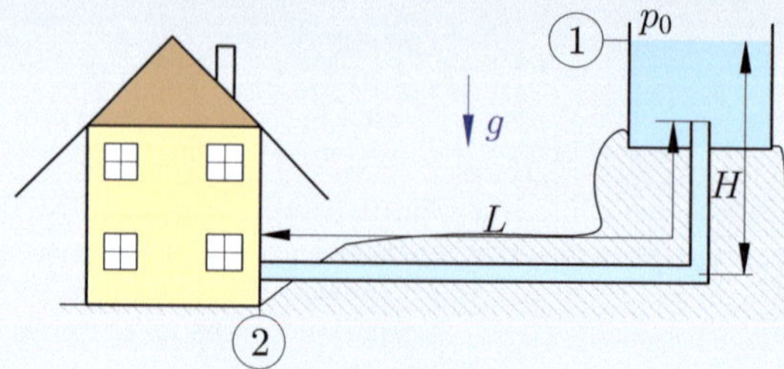

Daten:

$\nu = 10^{-6}\ \mathrm{m^2/s}$	$p_0 = 1$ bar
$h = 5{,}1$ m	$k = 0{,}2$ mm
$L = 50$ m	$d = 0{,}1$ m

Ein Haus wird über einen Hochbehälter mit Trinkwasser versorgt. Der Wasserspiegel im Hochbehälter wird als konstant angenommen.

Lösung

a) Ausflussgeschwindigkeit bei verlustfreier Strömung

$\underline{\underline{v}} = \sqrt{2 \cdot g \cdot H} = \underline{\underline{10\ \mathrm{m/s}}}$ — ist die Strömung turbulent oder laminar?

$\underline{\underline{Re}} = \frac{v \cdot d}{\nu} = \underline{\underline{10^6}}$ — laminar: $\lambda = \frac{64}{Re} = 0{,}000064 \neq 0{,}024$

$\underline{\underline{k/d}} = \frac{k}{d} = \underline{\underline{0{,}002}}$ — turbulent: $Re \cdot \frac{k}{d} > 65 = 2000$

Diagramm: turbulent: $\underline{\underline{\lambda = 0{,}024}}$ — Rechnung und auch Diagramm: turbulent

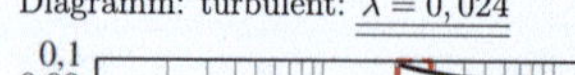

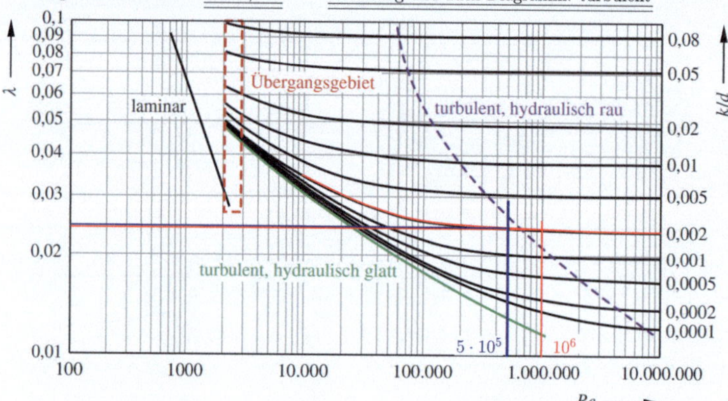

b) Ausflussgeschwindigkeit mit Verluste $\quad g \cdot H = \frac{v^2}{2} + \frac{v^2}{2}\left(\frac{\lambda \cdot L}{d}\right) \Longrightarrow \underline{\underline{H = \frac{v^2}{2 \cdot g}\left(1 + \frac{\lambda \cdot L}{d}\right)}}$

1. Annahme: $v_1 = 5$ m/s: $\quad \underline{\underline{Re}} = \frac{v_1 \cdot d}{\nu} = \underline{\underline{5 \cdot 10^5}} \quad \underline{\underline{\lambda_{\mathrm{Diagr},1} = 0{,}025}}$

laminar: $\lambda = \frac{64}{Re} = 0{,}00013 \neq 0{,}025$

turbulent: glatt: $Re \cdot \frac{k}{d} = 1000 < 65$

turbulent: rauh: $Re \cdot \frac{k}{d} = 1000 < 1300$

$\Longrightarrow$ stimmt, daher Formel von Moody

Formel von Moody: $\underline{\underline{\lambda}} = 0{,}0055 + 0{,}15 \cdot \sqrt[3]{\frac{k}{d}} = \underline{\underline{0{,}0243}}$ $\qquad \underline{\underline{\lambda_{\text{Diagr},1} = 0{,}025 \approx \lambda}}$

$H = \frac{v^2}{2 \cdot g}\left(1 + \frac{\lambda \cdot L}{d}\right) = \underline{\underline{2{,}69\,\text{m} \neq 5{,}1\,\text{m}}}$ $\qquad \Longrightarrow$ Falsche Schätzung

2. Annahme: $v_2 = 3\ \text{m/s}$: $\quad \underline{\underline{Re}} = \frac{v_2 \cdot d}{\nu} = \underline{\underline{3 \cdot 10^5}}$ $\qquad \underline{\underline{\lambda_{\text{Diagr},2} = 0{,}025}}$

laminar: $\lambda = \frac{64}{Re} = 0{,}00023 \neq 0{,}025$

turbulent: glatt: $Re \cdot \frac{k}{d} = 600 < 65$

turbulent: rauh: $Re \cdot \frac{k}{d} = 600 < 1300$

$\Longrightarrow$ stimmt, daher Formel von Moody

Formel von Moody: $\underline{\underline{\lambda}} = 0{,}0055 + 0{,}15 \cdot \sqrt[3]{\frac{k}{d}} = \underline{\underline{0{,}0244}}$ $\qquad \underline{\underline{\lambda_{\text{Diagr},2} = 0{,}025 \approx \lambda}}$

$H = \frac{v^2}{2 \cdot g}\left(1 + \frac{\lambda \cdot L}{d}\right) = \underline{\underline{5{,}96\,\text{m} \neq 5{,}1\,\text{m}}}$ $\qquad \Longrightarrow$ Falsche Schätzung

3. Annahme: $v_3 = 2{,}5\ \text{m/s}$: $\quad \underline{\underline{Re}} = \frac{v_3 \cdot d}{\nu} = \underline{\underline{2{,}8 \cdot 10^5}}$ $\qquad \underline{\underline{\lambda_{\text{Diagr},3} = 0{,}025}}$

laminar: $\lambda = \frac{64}{Re} = 0{,}00026 \neq 0{,}025$

turbulent: glatt: $Re \cdot \frac{k}{d} = 500 < 65$

turbulent: rauh: $Re \cdot \frac{k}{d} = 500 < 1300$

$\Longrightarrow$ stimmt, daher Formel von Moody

Formel von Moody: $\underline{\underline{\lambda}} = 0{,}0055 + 0{,}15 \cdot \sqrt[3]{\frac{k}{d}} = \underline{\underline{0{,}0244}}$ $\qquad \underline{\underline{\lambda_{\text{Diagr},3} = 0{,}025 \approx \lambda}}$

$H = \frac{v^2}{2 \cdot g}\left(1 + \frac{\lambda \cdot L}{d}\right) = \underline{\underline{4{,}16\,\text{m} \neq 5{,}1\,\text{m}}}$ $\qquad \Longrightarrow$ Falsche Schätzung

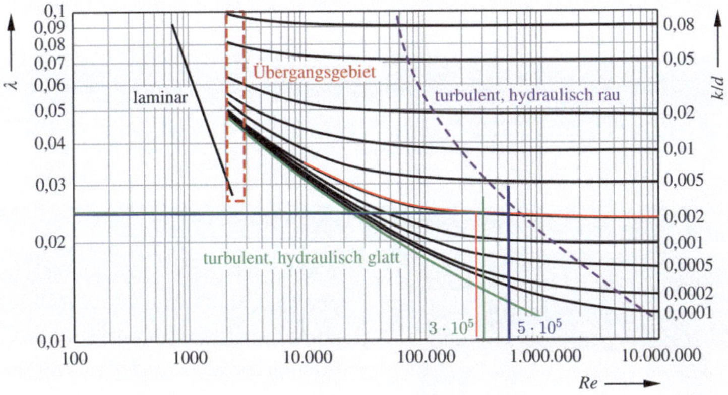

4

4. Annahme: $v_4 = 2,8$ m/s: $Re = \frac{v_4 \cdot d}{\nu} = 2,8 \cdot 10^5$ $\lambda_{\text{Diagr},4} = 0,025$

laminar: $\lambda = \frac{64}{Re} = 0,00022 \neq 0,025$
turbulent: glatt: $Re \cdot \frac{k}{d} = 560 < 65$
turbulent: rauh: $Re \cdot \frac{k}{d} = 560 < 1300$
$\Longrightarrow$ stimmt, daher Formel von Moody

Formel von Moody: $\lambda = 0,0055 + 0,15 \cdot \sqrt[3]{\frac{k}{d}} = 0,0244$ $\lambda_{\text{Diagr},4} = 0,025 \approx \lambda$

$H = \frac{v^2}{2 \cdot g}\left(1 + \frac{\lambda \cdot L}{d}\right) = 5,21\,\text{m} \neq 5,1\,\text{m}$ $\Longrightarrow$ Falsche Schätzung

5. Annahme: $v_5 = 2,7$ m/s: $Re = \frac{v_5 \cdot d}{\nu} = 2,7 \cdot 10^5$ $\lambda_{\text{Diagr},5} = 0,025$

laminar: $\lambda = \frac{64}{Re} = 0,00023 \neq 0,025$
turbulent: glatt: $Re \cdot \frac{k}{d} = 540 < 65$
turbulent: rauh: $Re \cdot \frac{k}{d} = 540 < 1300$
$\Longrightarrow$ stimmt, daher Formel von Moody

Formel von Moody: $\lambda = 0,0055 + 0,15 \cdot \sqrt[3]{\frac{k}{d}} = 0,0244$ $\lambda_{\text{Diagr},5} = 0,025 \approx \lambda$

$H = \frac{v^2}{2 \cdot g}\left(1 + \frac{\lambda \cdot L}{d}\right) = 4,85\,\text{m} \neq 5,1\,\text{m}$ $\Longrightarrow$ Falsche Schätzung

6. Annahme: $v_6 = 2,77$ m/s: $Re = \frac{v_6 \cdot d}{\nu} = 2,77 \cdot 10^5$ $\lambda_{\text{Diagr},5} = 0,025$

laminar: $\lambda = \frac{64}{Re} = 0,00023 \neq 0,025$
turbulent: glatt: $Re \cdot \frac{k}{d} = 540 < 65$
turbulent: rauh: $Re \cdot \frac{k}{d} = 540 < 1300$
$\Longrightarrow$ stimmt, daher Formel von Moody

Formel von Moody: $\lambda = 0,0055 + 0,15 \cdot \sqrt[3]{\frac{k}{d}} = 0,0244$ $\lambda_{\text{Diagr},5} = 0,025 \approx \lambda$

$H = \frac{v^2}{2 \cdot g}\left(1 + \frac{\lambda \cdot L}{d}\right) = 5,09\,\text{m} \neq 5,1\,\text{m}$ $\Longrightarrow$ Richtige Schätzung

Übungsbeispiel 4.25

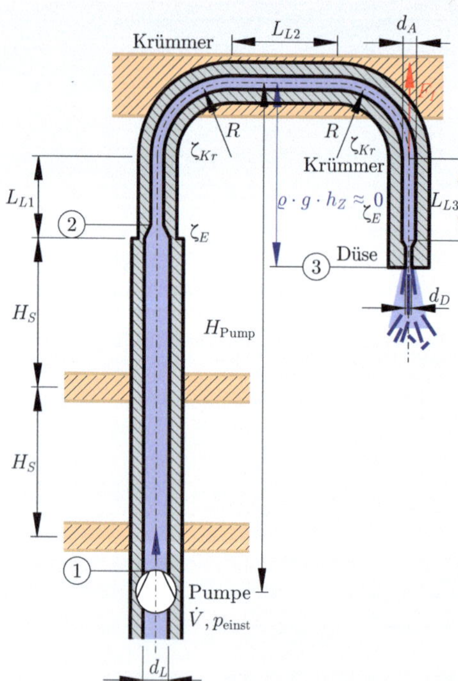

Abb. 4.87 Duschleitung

Abb. 4.87 zeigt die Zuleitung zwischen Dusche und dem Hauswasserkraftwerk (Wasserpumpe). Es sind die gesamten Verlusthöhen infolge Reibung sowie die Eintrittsverluste und die Krümmerverluste zu bestimmen. Der Druck der durch den letzten Abschnitt der Leitung L_{L3} entsteht, soll zu $\varrho \cdot g \cdot L_{L3} \approx 0$ angenommen werden. Es sind folgende Daten bekannt:

- Durchmesser Förderleitung $d_L = 1$ Zoll
- Dichte Wasser $\varrho = 1000\,\text{kg/m}^3$
- Stockwerkhöhe $H_S = 2{,}4$ m, bei $n = 2$ Stockwerke insgesamt
- die kinematische Viskosität durch $\nu = 0{,}00001002\,\text{m}^2/\text{s}$
- der Pumpendruck an der Wasserpumpe ist mit 4,5 bar eingestellt.
- Die Leitung verengt sich nach den beiden Stockwerken auf d_A (Halbzoll Leitung)
- Die beiden Krümmer haben einen Krümmungsradius von $R = 20$ mm.
- Die weiteren Leitungsabschnitte besitzen die folgenden Maße: $L_{L1} = 100$ mm, $L_{L2} = 700$ mm, $L_{L3} = 300$ mm.

- Die beiden Krümmer sind 90 Grad Krümmer.
- Am Austritt besitzt die Leitung einen Durchmesser von d_D zu einem Viertelzoll.
- Es werden 20 Liter Wasser pro Minute gefördert.

Bestimmen Sie folgende Parameter:

- Den Widerstand infolge Reibung
- Den Widerstand der Krümmer
- Die Geschwindigkeiten an allen drei Rohrabschnitten
- Die Eintrittsverluste bei den Durchmesserübergängen, wenn diese durch eine Fase ausgeführt werden
- Den Massenstrom
- Den Düsendruck am Austritt
- Die verursachte Strahlstoßkraft.

Lösung

- **Geschwindigkeit 1**: Dazu wird d_L verwendet. Da es sich um eine Einzoll Leitung handelt, folgt der Durchmesser in Höhe von 25,4 mm.

$$\underline{\underline{v_1}} = \frac{4 \cdot \dot{V}}{d_L^2 \cdot \pi} = \underline{\underline{0{,}66\,\mathrm{m/s}}} \tag{4.335}$$

- **Reynolds-Zahl**:

$$\underline{\underline{Re}} = \frac{v_1 \cdot d_L}{\nu} = \underline{\underline{1.667.583}} > 2320$$
$$\Longrightarrow \text{Blasius} \tag{4.336}$$

$$\underline{\underline{\lambda}} = \frac{0{,}3164}{\sqrt[4]{Re}} = \underline{\underline{0{,}0088}} \tag{4.337}$$

- **Verlusthöhe**: Mit $H_{\text{Pump}} = H_S \cdot n$.

$$\underline{\underline{h_r}} = \lambda \cdot v_1^2 \cdot \frac{H_{\text{Pump}}}{2 \cdot g \cdot d_L} = \underline{\underline{0{,}0000367\,\mathrm{m}}} \tag{4.338}$$

- **Verlustdruck infolge Reibung**:

$$\underline{\underline{\Delta p_{\text{Reib}}}} = \varrho \cdot g \cdot h_r = \underline{\underline{= 0{,}000036\,\mathrm{bar}}} \tag{4.339}$$

- **minimaler Förderdruck durch die Höhendifferenz**:

$$\underline{\underline{\Delta p_{p,\text{min}}}} = \varrho \cdot g \cdot h_r = \underline{\underline{0{,}47088\,\mathrm{bar}}} \tag{4.340}$$

- **Krümmerverlust**:
  Krümmerverhältnis:

$$\underline{\underline{R/d}} = \frac{R}{d_A} = \underline{\underline{1{,}575}} \tag{4.341}$$

Damit folgt mit dem Diagramm aus ◘ Abb. 4.46 für die Krümmerzahl ζ_{Kr}, wenn ein glattes Rohr vorliegt, $\zeta_{Kr} = 0{,}2$. Jetzt kann die Länge des Krümmers bestimmt werden, zu

$$\underline{\underline{L_{LB}}} = \frac{2 \cdot R \cdot \pi}{360°} \cdot 90° = \underline{\underline{31{,}42\,\mathrm{mm}}}. \tag{4.342}$$

Die gesamte Länge der Ausflussleitung mit den zwei Krümmer folgt zu

$$\underline{\underline{L_{\text{gesKr}}}} = L_{L1} + L_{L2} + L_{LB3} + 2 \cdot L_{LB}$$
$$= \underline{\underline{1{,}163\,\mathrm{m}}}. \tag{4.343}$$

- **Geschwindigkeit in 2**:
  Querschnittflächen:

$$\underline{\underline{A_1}} = \frac{d_L^2 \cdot \pi}{4} = \underline{\underline{506{,}7\,\mathrm{mm}^2}} \tag{4.344}$$

$$\underline{\underline{A_2}} = \frac{d_A^2 \cdot \pi}{4} = \underline{\underline{126{,}7\,\mathrm{mm}^2}} \tag{4.345}$$

$$\underline{\underline{v_2}} = v_1 \cdot \frac{A_1}{A_2} = \underline{\underline{2{,}63\,\mathrm{m/s}}}. \tag{4.346}$$

- **Reynolds-Zahl für 2**:

$$\underline{\underline{Re_2}} = \frac{v_2 \cdot d_L}{\nu} = \underline{\underline{3.335.166}} > 2320$$
$$\Longrightarrow \text{Blasius} \tag{4.347}$$

$$\underline{\underline{\lambda_2}} = \frac{0{,}3164}{\sqrt[4]{Re_2}} = \underline{\underline{0{,}0142}} \tag{4.348}$$

- **Verlusthöhe 2**:

$$\underline{\underline{h_{Kr}}} = \left(\zeta_{Kr} + \lambda_2 \cdot \frac{L_{\text{gesKr}}}{d_A}\right) \cdot \frac{v_2^2}{2 \cdot g}$$
$$= \underline{\underline{0{,}145\,\mathrm{m}}} \tag{4.349}$$

- **Verlustdruck infolge Reibung**:

$$\underline{\underline{\Delta p_{Kr}}} = \varrho \cdot g \cdot h_{Kr} = \underline{\underline{0{,}01418\,\text{bar}}} \tag{4.350}$$

- **Eintrittsverluste**:
Für den gegebenen Fall (Fase) folgt ein Eintrittsverlust gem. $\zeta_D = 0{,}25$. Es folgt damit am Düseneintritt

$$\underline{\underline{h_E}} = \zeta_D \cdot \frac{v_2^2}{2 \cdot g} = \underline{\underline{0{,}08822\,\text{m}}} \tag{4.351}$$

$$\underline{\underline{\Delta p_E}} = \varrho \cdot g \cdot h_E = \underline{\underline{0{,}00865\,\text{bar}}} \tag{4.352}$$

- **Gesamtdruckverlust**:

$$\begin{aligned} \underline{\underline{p_{\text{ges}}}} &= \Delta p_{\text{Reib}} + \Delta p_{p,\min} + 2 \cdot \Delta p_{Kr} + p_E \\ &= \underline{\underline{0{,}51\,\text{bar}}} \end{aligned} \tag{4.353}$$

- **Druck an Stelle 2**:

$$\underline{\underline{p_2}} = p_1 - p_{\text{ges}} = \underline{\underline{3{,}99\,\text{bar}}} \tag{4.354}$$

- **Geschwindigkeit an der Stelle 3**:

$$\underline{\underline{A_3}} = \frac{d_D^2 \cdot \pi}{4} = \underline{\underline{31{,}7\,\text{mm}^2}} \tag{4.355}$$

$$\underline{\underline{v_3}} = v_2 \cdot \frac{A_2}{A_3} = \underline{\underline{10{,}53\,\text{m/s}}}. \tag{4.356}$$

- **Eintrittsverlust Düse**: $\zeta_D = 0{,}25$

$$\underline{\underline{h_D}} = \zeta_D \cdot \frac{v_3^2}{2 \cdot g} = \underline{\underline{1{,}411\,\text{m}}} \tag{4.357}$$

$$\underline{\underline{\Delta p_D}} = \varrho \cdot g \cdot h_D = \underline{\underline{0{,}00175\,\text{bar}}} \tag{4.358}$$

- **Druck an Stelle 3**:

$$\underline{\underline{p_3}} = p_2 - p_D = \underline{\underline{3{,}99\,\text{bar}}} \tag{4.359}$$

- **Massenstrom**:

$$\underline{\underline{\dot{m}}} = \dot{V} \cdot \varrho = \underline{\underline{0{,}33\,\text{kg/s}}} \tag{4.360}$$

- **Strahlstoßkraft**:

$$\underline{\underline{F_S}} = \dot{m} \cdot v_3 = \underline{\underline{3{,}5\,\text{N}}} \tag{4.361}$$

Übungsbeispiel 4.26

Von der Rakete Apollo 13, gem. ▪ Abb. 4.88 ist die Beschleunigung, während des Startvorgangs zu ermitteln, wenn folgende Daten gegeben sind: $m_R = 2949$ Tonnen (Masse der Rakete), $v = 2500\,\text{km/h}$ (Geschwindigkeit) $m_{\text{Ker}} = 113.000\,\text{kg}$ (Kerosinverbrauch) und eine Startzeit von 10 Minuten. Bestimmen Sie zusätzlich Impulskraft beim Abheben [2].

▪ **Abb. 4.88** Rakete

Lösung

- **Massenstrom**:

$$\underline{\underline{\dot{m}}} = \frac{m_{\mathrm{Ker}}}{t} = \frac{113.000}{600} = \underline{\underline{188{,}33\,\mathrm{kg/s}}} \tag{4.362}$$

- **Gewichtskraft**:

$$\underline{\underline{F_G}} = m_R \cdot g = 2.949.000 \cdot 9{,}81 = \underline{\underline{28.929.690\,\mathrm{N}}} \tag{4.363}$$

- **Impulskraft**:

$$\underline{\underline{F_\mathrm{I}}} = \dot{m} \cdot v = 188{,}33 \cdot 2500 \cdot \frac{1}{3{,}6} = \underline{\underline{1.695.000\,\mathrm{N}}} \tag{4.364}$$

- **Beschleunigung**:

$$\sum_{i=1}^{n} Fiy = 0\colon F_\mathrm{I} - F_T - F_G = 0 \tag{4.365}$$

$$F_\mathrm{I} - m_R \cdot a - F_G = 0$$

$$\Longrightarrow \underline{\underline{a}} = \frac{F_G - F_\mathrm{I}}{m_R} = \underline{\underline{9{,}24\,\frac{\mathrm{m}}{\mathrm{s}^2}}} \tag{4.366}$$

Übungsbeispiel 4.27

Dieses Beispiel ist in ähnlicher Form in [2] enthalten. Eine Axialpumpe wird durch einen Volumenstrom in Höhe von $\dot{V} = 700\,\mathrm{m^2/h}$ angetrieben. Dabei wird der Volumenstrom durch ein Zuflussrohr mit einem Drall zur Pumpe gefördert. Es handelt sich um das Fluid Wasser. Dieses wird mit einer Geschwindigkeit $c_{u1} = 1\,\mathrm{m/s}$ durch das Zuflussrohr gefördert (vgl. ◘ Abb. 4.89). Zusätzlich sind die Abmessungen aus ◘ Abb. 4.89 gegeben. Ebenfalls kennt man das Verhältnis $c_2 = 1{,}2 \cdot c_1$.

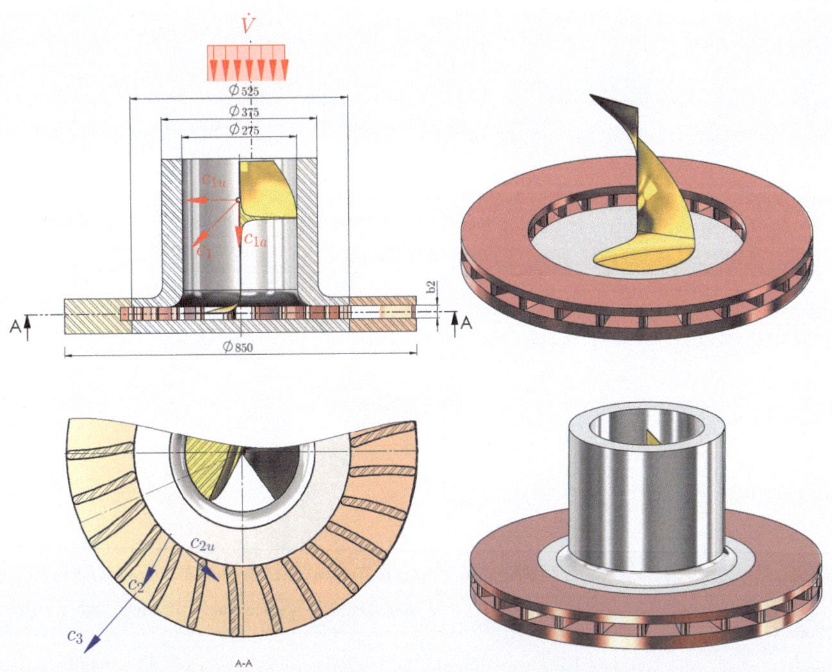

◘ **Abb. 4.89** Wasserstrom mit Drall, Axialpumpe

4

Zu ermitteln ist:
- Der Massenstrom $\dot{m}$,
- die Umlaufgeschwindigkeit c_{u2},
- der Eintrittsdrall $\dot{D}_1$,
- die Axialgeschwindigkeit c_{a1},
- die Geschwindigkeiten c_1 und c_2
- die beiden Schaufelradwinkel α_1, α_2
- die Radialgeschwindigkeit c_{r2}
- die Breite b_2,
- Moment M über den Austrittsdrall Null setzen,
- die Winkelgeschwindigkeit des Laufrades ω,
- die Drehzahl n,
- die Geschwindigkeit c_3 und
- den Druck p_3.
- Kontrollieren Sie im Anschluss die analytischen Ergebnisse mittels einer SolidWorks FlowStudie.

Lösung

- **Massenstrom:**

$$\underline{\underline{\dot{m}}} = \dot{V} \cdot \varrho = \underline{\underline{194{,}44\,\mathrm{kg/s}}} \tag{4.367}$$

- **Umlaufgeschwindigkeit c_{u2}:**

$$\underline{\underline{c_{u2}}} = c_1 \cdot \frac{r_1}{r_2} = \underline{\underline{0{,}62\,\mathrm{m/s}}} \tag{4.368}$$

- **Eintrittsdrall $\dot{D}_1$:**

$$\underline{\underline{\dot{D}_1}} = \dot{m} \cdot c_{u2} \cdot r_2 = \underline{\underline{31{,}6\,\mathrm{kg \cdot m^2/s^2}}} \tag{4.369}$$

- **Axialgeschwindigkeit c_{a1}:**

$$\underline{\underline{c_{a1}}} = \frac{\dot{V}}{A_1} = \underline{\underline{3{,}274\,\mathrm{m/s}}} \tag{4.370}$$

- **Geschwindigkeiten:**

$$\underline{\underline{c_1}} = \sqrt{c_{a1}^2 + c_{u1}^2} = \underline{\underline{3{,}2\,\mathrm{m/s}}} \tag{4.371}$$

$$\underline{\underline{c_2}} = 1{,}2 \cdot c_1 = \underline{\underline{4{,}11\,\mathrm{m/s}}} \tag{4.372}$$

- **Schaufelradwinkel:**

$$\underline{\underline{\alpha_2}} = \arccos\left(\frac{c_{u2}}{c_2}\right) = \underline{\underline{81{,}33^\circ}}$$

$$\underline{\underline{\alpha_1}} = \arccos\left(\frac{c_{u1}}{c_1}\right) = \underline{\underline{73{,}01^\circ}} \tag{4.373}$$

- **Radialgeschwindigkeit c_{r2}:**

$$\underline{\underline{c_{r2}}} = c_2 \cdot \sin(\alpha_2) = \underline{\underline{4{,}061\,\mathrm{m/s}}} \tag{4.374}$$

- **Breite b_2:**

$$\underline{\underline{b_2}} = \frac{\dot{V}}{d_2 \cdot \pi \cdot c_{r2}} = \underline{\underline{29{,}03\,\mathrm{mm}}} \tag{4.375}$$

- **Moment M über den Austrittsdrall Null setzen:**

$$\underline{\underline{D_2}} = \dot{m} \cdot r_2 \cdot c_{u2} = \underline{\underline{31{,}6\,\mathrm{Nm}}} \tag{4.376}$$

$$\underline{\underline{D_3}} = \underline{\underline{0\,\mathrm{Nm}}} \tag{4.377}$$

$$\underline{\underline{M}} = \dot{D}_3 - \dot{D}_2 = \underline{\underline{-31{,}6\,\mathrm{Nm}}} \tag{4.378}$$

- **Winkelgeschwindigkeit des Laufrades ω:**

$$\underline{\underline{\omega}} = \frac{c_{u2}}{r_2} = \underline{\underline{2{,}358\,1/\mathrm{s}}} \tag{4.379}$$

- **Drehzahl n:**

$$\underline{\underline{n}} = \frac{\omega}{2 \cdot \pi} = \underline{\underline{0{,}375\,\mathrm{U/s}}} \tag{4.380}$$

- **Drehzahl n:**

$$\underline{\underline{c_3}} = \frac{\dot{V}}{d_3 \cdot \pi \cdot b_2} = \underline{\underline{2{,}51\,\mathrm{m/s}}} \tag{4.381}$$

- **Druck p_3:**

$$\underline{\underline{p_3}} = \varrho \cdot \frac{c_3^2}{2} = \underline{\underline{0{,}031\,\mathrm{bar}}}. \tag{4.382}$$

- **Kontrollieren Sie im Anschluss die analytischen Ergebnisse mittels einer SolidWorks FlowStudie:** Siehe nachfolgende Abbildungen.

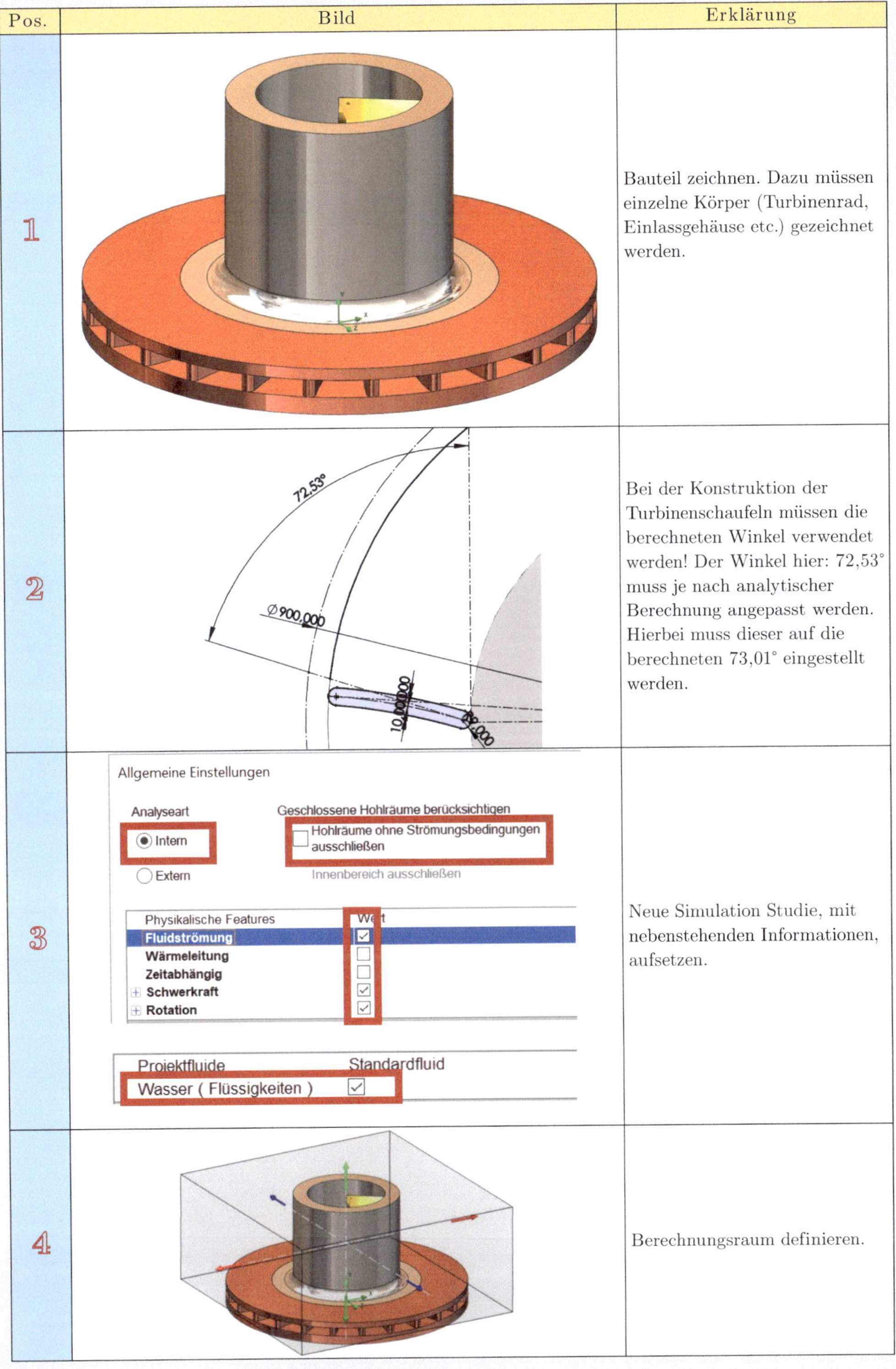

Pos.	Bild	Erklärung
1		Bauteil zeichnen. Dazu müssen einzelne Körper (Turbinenrad, Einlassgehäuse etc.) gezeichnet werden.
2		Bei der Konstruktion der Turbinenschaufeln müssen die berechneten Winkel verwendet werden! Der Winkel hier: 72,53° muss je nach analytischer Berechnung angepasst werden. Hierbei muss dieser auf die berechneten 73,01° eingestellt werden.
3		Neue Simulation Studie, mit nebenstehenden Informationen, aufsetzen.
4		Berechnungsraum definieren.

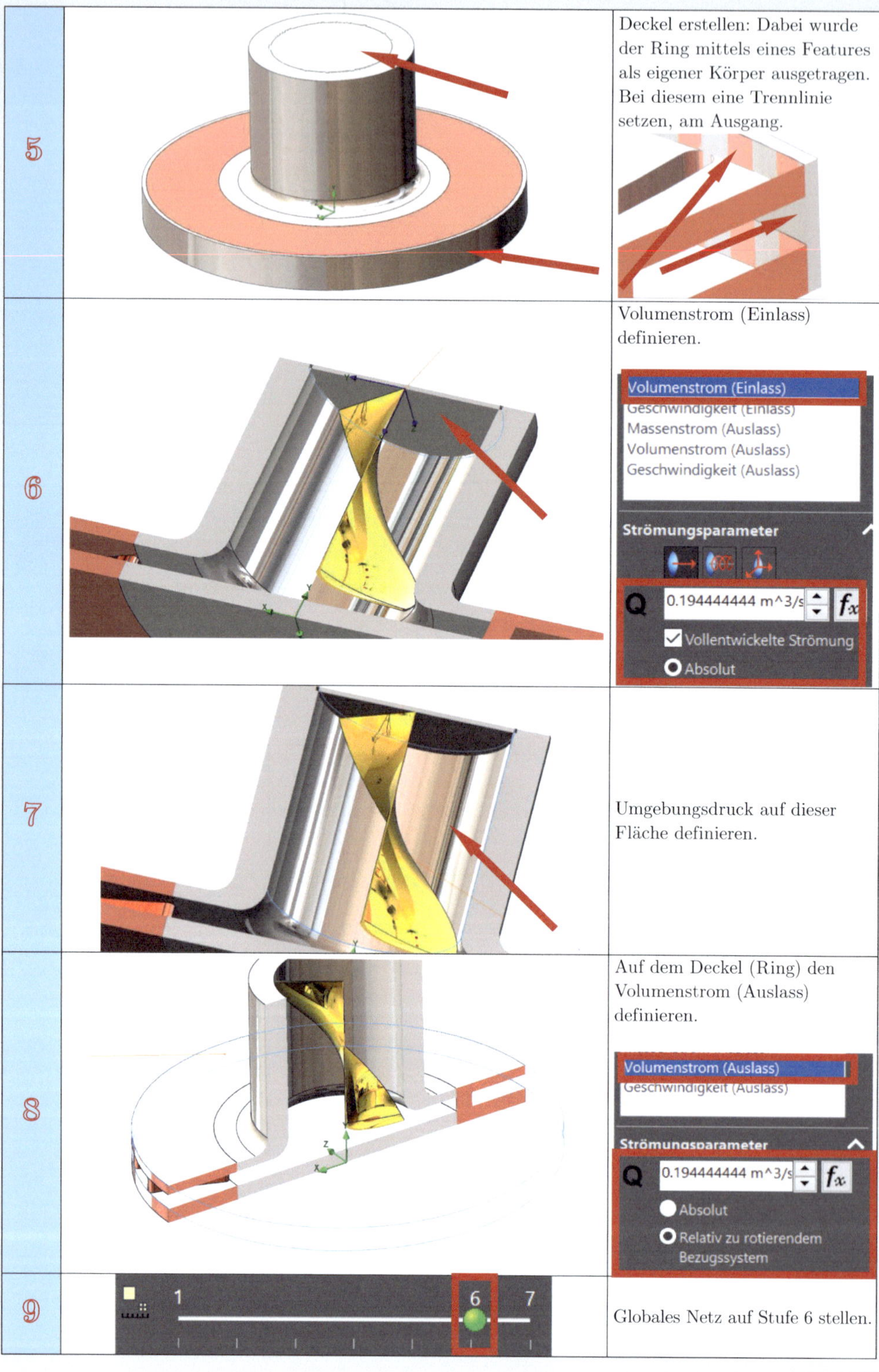

5	Deckel erstellen: Dabei wurde der Ring mittels eines Features als eigener Körper ausgetragen. Bei diesem eine Trennlinie setzen, am Ausgang.
6	Volumenstrom (Einlass) definieren.
7	Umgebungsdruck auf dieser Fläche definieren.
8	Auf dem Deckel (Ring) den Volumenstrom (Auslass) definieren.
9	Globales Netz auf Stufe 6 stellen.

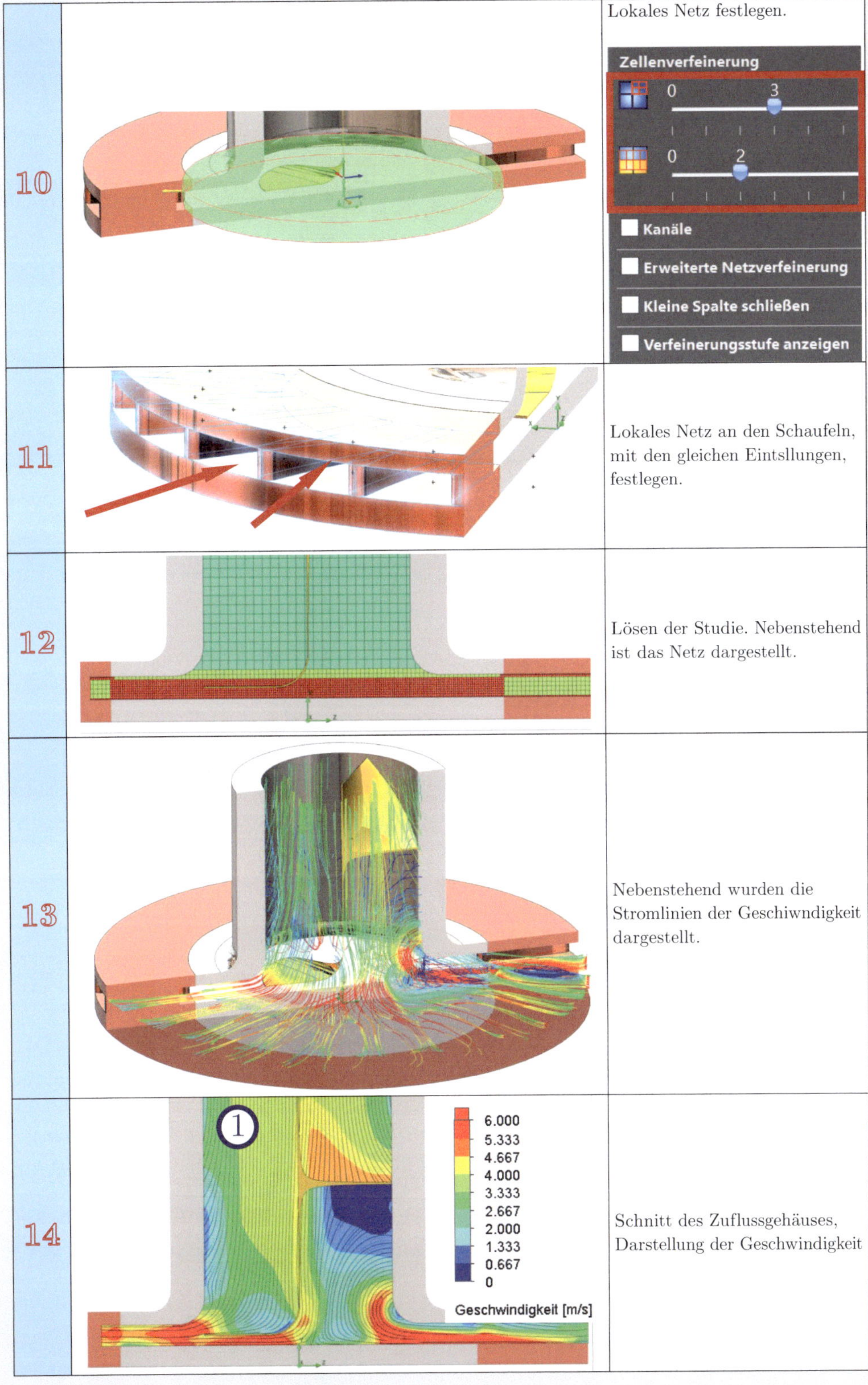

10	Lokales Netz festlegen.
11	Lokales Netz an den Schaufeln, mit den gleichen Eintsllungen, festlegen.
12	Lösen der Studie. Nebenstehend ist das Netz dargestellt.
13	Nebenstehend wurden die Stromlinien der Geschiwndigkeit dargestellt.
14	Schnitt des Zuflussgehäuses, Darstellung der Geschwindigkeit

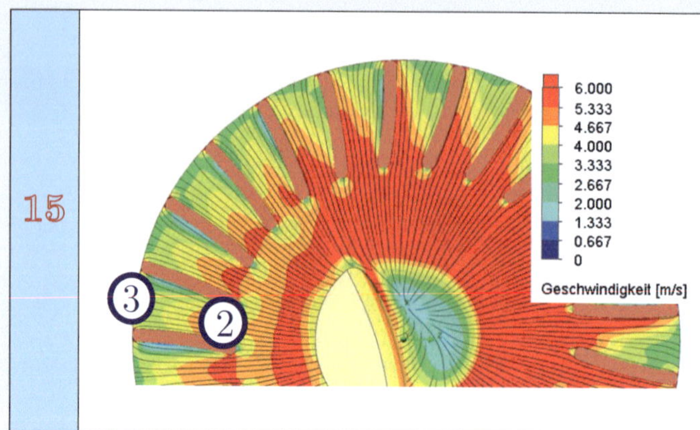

Schaufelschnitt (Geschwindigkeit) Die Geschwindigkeit muss bei direkten Austritt gemessen werden, da sich ansonsten das Ergebnis verfälscht. Bei der analytischen Berechnung wurde von perfekten Geometrien ausgegangen, unbeachtet blieb die konstruktive Verwirklichung. Es folgen in etwa die gleichen Ergebnisse.

Punkt	v [m/s]
1	3,9
2	4,3
3	2,8

Übungsbeispiel 4.28

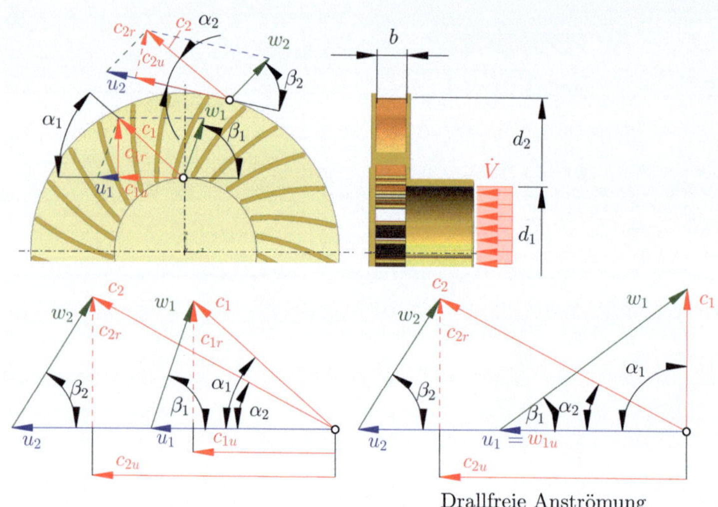

Abb. 4.90 Axialturbine

Dieses Beispiel ist in ähnlicher Form in [2] enthalten. Von der Turbine aus Abb. 4.90 kennt man folgende Daten: Die Breite $b = 70\,\text{mm}$, den Durchmesser $d_1 = 300\,\text{mm}$, den Durchmesser $d_2 = 700\,\text{mm}$ und das strömende Fluid: Wasser mit $\varrho = 1000\,\text{kg/m}^3$. Ebenso sind in Abhängigkeit der folgenden Fälle folgende Winkel gegeben, die alle zu berechnen sind. $\dot{V}$ ist $1{,}8\,\text{m}^3/\text{s}$ und n ist $520\,1/\text{min}$. Es wird angenommen, dass die Schaufeln unendlich klein sind. Aus Kostengründen werden diese auch nicht in Strömungsoptimaler Form hergestellt, sondern einfach als Bleche ausgeführt.

- Die Turbinenschaufel besitzt das Turbinenblatt, das die Winkel $\beta_1 = 70°$ und $\beta_2 = 50°$ hat. Berechnen Sie alle gesuchten Größen.
- Die Turbinenschaufel besitzt das Turbinenblatt, das die Winkel $\beta_1 = x$ und $\beta_2 = 50°$ hat. Berechnen Sie alle gesuchten Größen. Es liegt ein drallfreier Eintritt der Strömung vor.
- Die Turbinenschaufel besitzt das Turbinenblatt, das die Winkel $\beta_1 = 70°$ und $\beta_2 = x$ hat. Berechnen Sie alle gesuchten Größen. Es liegt ein drallfreier Austritt der Strömung vor.

Bestimmen Sie folgende Größen, für jeden der drei Fälle.

- Die Drehzahl n,
- der Massenstrom $\dot{m}$,
- die Umlaufgeschwindigkeiten u_1, u_2,
- die Radialgeschwindigkeit c_{r2},
- die Abströmgeschwindigkeit w_2,
- die Umlaufgeschwindigkeiten c_{2u},
- die Geschwindigkeit c_2
- die Radialgeschwindigkeit c_{r1},
- die Einströmgeschwindigkeit w_1,
- die Umlaufgeschwindigkeiten c_{1u},
- die Geschwindigkeit c_1
- Moment M,
- Leistung P,
- spezifische Stutzenarbeit y,
- die Druckdifferenz Δp, zwischen Turbinenrad Eintritt und Austritt.
- Kontrollieren Sie im Anschluss die analytischen Ergebnisse mittels einer SolidWorks FlowStudie, für den Fall, dass die beiden Winkel $\beta_1 = 70°$ und $\beta_2 = 50°$ sind.

Lösung

- **Massenstrom**:

$$\underline{\underline{\dot{m}}} = \dot{V} \cdot \varrho = \underline{\underline{1800\,\mathrm{kg/s}}} \tag{4.383}$$

- **Drehzahl**:

$$\underline{\underline{n}} = \underline{\underline{8{,}67\,1/\mathrm{s}}} \tag{4.384}$$

- **Umlaufgeschwindigkeiten u_1, u_2**:

$$\begin{aligned} \underline{\underline{u_1}} &= r_1 \cdot \frac{n \cdot \pi}{30} = \underline{\underline{8{,}17\,\frac{\mathrm{m}}{\mathrm{s}}}} \\ \underline{\underline{u_2}} &= r_2 \cdot \frac{n \cdot \pi}{30} = \underline{\underline{19{,}06\,\frac{\mathrm{m}}{\mathrm{s}}}} \end{aligned} \tag{4.385}$$

- **Radialgeschwindigkeit c_{r2}**:

$$\underline{\underline{c_{r2}}} = \frac{\dot{V}}{A} = \frac{\dot{V}}{d_2 \cdot \pi \cdot b} = \underline{\underline{11{,}69\,\frac{\mathrm{m}}{\mathrm{s}}}} \tag{4.386}$$

- **Radialgeschwindigkeit c_{r1}**:

$$\underline{\underline{c_{r1}}} = \frac{\dot{V}}{A} = \frac{\dot{V}}{d_1 \cdot \pi \cdot b} = \underline{\underline{27{,}28\,\frac{\mathrm{m}}{\mathrm{s}}}} \tag{4.387}$$

- Bis hier her sind die Berechnungen ident, auch wenn eine drallfreie Strömung vorliegt. Ab jetzt unterscheiden sich diese aber. Dazu ein kleiner Einschub. Es gelten folgende Bedingungen, für die unterschiedlichen Fälle, vgl. Abb. 4.91. Darin bedeutet x, dass diese Größe berechnet werden muss.

	Ausführung	drallfreier Eintritt	drallfreier Austritt	
beta_1=	70	x	70	°
beta_2=	50	50	x	°
c_1u=	x	0	x	
c_2u=	x	x	0	

Abb. 4.91 Information bei drallfreien Strömungen in Turbinen

4

- Unterscheidung der unterschiedlichen Strömungsfälle:
  - **1. Winkel β_1 und β_2:**
    - **Abströmgeschwindigkeit w_2:**

$$\underline{\underline{w_2}} = \frac{c_{r2}}{\sin(\beta_2)} = \underline{\underline{15{,}26\,\frac{\text{m}}{\text{s}}}} \quad (4.388)$$

    - **Abströmumlaufgeschwindigkeit w_{2u}:**

$$\underline{\underline{w_{2u}}} = w_2 \cdot \cos(\beta_2) = \underline{\underline{9{,}81\,\frac{\text{m}}{\text{s}}}} \quad (4.389)$$

    - **Umlaufgeschwindigkeit c_{2u}:**

$$\underline{\underline{c_{2u}}} = u_2 - w_{2u} = \underline{\underline{9{,}25\,\frac{\text{m}}{\text{s}}}} \quad (4.390)$$

    - **Geschwindigkeit c_2:**

$$\underline{\underline{c_2}} = \sqrt{c_{2u}^2 + c_{2r}^2} = \underline{\underline{14{,}91\,\frac{\text{m}}{\text{s}}}} \quad (4.391)$$

    - **Einströmgeschwindigkeit w_1:**

$$\underline{\underline{w_1}} = \frac{c_{r1}}{\sin(\beta_1)} = \underline{\underline{29{,}03\,\frac{\text{m}}{\text{s}}}} \quad (4.392)$$

    - **Einströmumlaufgeschwindigkeit w_{1u}:**

$$\underline{\underline{w_{1u}}} = w_1 \cdot \cos(\beta_1) = \underline{\underline{9{,}93\,\frac{\text{m}}{\text{s}}}} \quad (4.393)$$

    - **Umlaufgeschwindigkeit c_{1u}:**

$$\underline{\underline{c_{1u}}} = u_1 - w_{1u} = \underline{\underline{-1{,}76\,\frac{\text{m}}{\text{s}}}} \quad (4.394)$$

    - **Geschwindigkeit c_1:**

$$\underline{\underline{c_1}} = \sqrt{c_{1u}^2 + c_{1r}^2} = \underline{\underline{27{,}34\,\frac{\text{m}}{\text{s}}}} \quad (4.395)$$

  - **2. Winkel $\beta_1 = x$ und $\beta_2 = 50°$ (drallfreier Eintritt: $c_{1u} = 0\,\text{m/s}$):**
    - **Abströmgeschwindigkeit w_2:**

$$\underline{\underline{w_2}} = \frac{c_{r2}}{\sin(\beta_2)} = \underline{\underline{15{,}26\,\frac{\text{m}}{\text{s}}}} \quad (4.396)$$

    - **Abströmumlaufgeschwindigkeit w_{2u}:**

$$\underline{\underline{w_{2u}}} = w_2 \cdot \cos(\beta_2) = \underline{\underline{9{,}81\,\frac{\text{m}}{\text{s}}}} \quad (4.397)$$

    - **Umlaufgeschwindigkeit c_{2u}:**

$$\underline{\underline{c_{2u}}} = u_2 - w_{2u} = \underline{\underline{9{,}25\,\frac{\text{m}}{\text{s}}}} \quad (4.398)$$

    - **Geschwindigkeit c_2:**

$$\underline{\underline{c_2}} = \sqrt{c_{2u}^2 + c_{2r}^2} = \underline{\underline{14{,}91\,\frac{\text{m}}{\text{s}}}} \quad (4.399)$$

    - **Einströmumlaufgeschwindigkeit w_{1u}:**

$$\underline{\underline{w_{1u}}} = u_1 = \underline{\underline{8{,}17\,\frac{\text{m}}{\text{s}}}} \quad (4.400)$$

    - **Umlaufgeschwindigkeit c_{1u}:**

$$\underline{\underline{c_{1u}}} = \underline{\underline{0\,\frac{\text{m}}{\text{s}}}} \quad (4.401)$$

    - **Geschwindigkeit c_1:**

$$\underline{\underline{c_1}} = \sqrt{c_{1u}^2 + c_{1r}^2} = \underline{\underline{27{,}28\,\frac{\text{m}}{\text{s}}}} \quad (4.402)$$

    - **Einströmgeschwindigkeit w_1:**

$$\underline{\underline{w_1}} = \sqrt{u_1^2 + c_1^2} = \underline{\underline{28{,}48\,\frac{\text{m}}{\text{s}}}} \quad (4.403)$$

- **3. Winkel $\beta_1 = 70°$ und $\beta_2 = x$ (drallfreier Austritt: $c_{2u} = 0\,\mathrm{m/s}$):**
  - **Abströmumlaufgeschwindigkeit w_{2u}:**

$$\underline{\underline{w_{2u}}} = u_2 = \underline{\underline{19{,}06\,\frac{\mathrm{m}}{\mathrm{s}}}} \qquad (4.404)$$

  - **Umlaufgeschwindigkeit c_{2u}:**

$$\underline{\underline{c_{2u}}} = \underline{\underline{0\,\frac{\mathrm{m}}{\mathrm{s}}}} \qquad (4.405)$$

  - **Geschwindigkeit c_2:**

$$\underline{\underline{c_2}} = \sqrt{c_{2u}^2 + c_{2r}^2} = \underline{\underline{11{,}69\,\frac{\mathrm{m}}{\mathrm{s}}}} \qquad (4.406)$$

  - **Abströmgeschwindigkeit w_2:**

$$\underline{\underline{w_2}} = \sqrt{u_2^2 + c_2^2} = \underline{\underline{22{,}36\,\frac{\mathrm{m}}{\mathrm{s}}}} \qquad (4.407)$$

  - **Einströmgeschwindigkeit w_1:**

$$\underline{\underline{w_1}} = \frac{c_{r1}}{\sin(\beta_1)} = \underline{\underline{29{,}03\,\frac{\mathrm{m}}{\mathrm{s}}}} \qquad (4.408)$$

  - **Einströmumlaufgeschwindigkeit w_{1u}:**

$$\underline{\underline{w_{1u}}} = w_1 \cdot \cos(\beta_1) = \underline{\underline{9{,}93\,\frac{\mathrm{m}}{\mathrm{s}}}} \qquad (4.409)$$

  - **Umlaufgeschwindigkeit c_{1u}:**

$$\underline{\underline{c_{1u}}} = u_1 - w_{1u} = \underline{\underline{-1{,}76\,\frac{\mathrm{m}}{\mathrm{s}}}} \qquad (4.410)$$

  - **Geschwindigkeit c_1:**

$$\underline{\underline{c_1}} = \sqrt{c_{1u}^2 + c_{1r}^2} = \underline{\underline{27{,}34\,\frac{\mathrm{m}}{\mathrm{s}}}} \qquad (4.411)$$

- Die übrigen gesuchten Größen können jetzt einfach ident durch einsetzen bestimmt werden. Hier wird dies nur mehr für die beiden Winkel vorgeführt.
- **Moment M** (ohne Herleitung, siehe Kapitel Verdichter der anderen Bände dieser Buchreihe, Turbinenhauptgleichung)

$$\underline{\underline{M}} = \dot{m} \cdot (c_{2u} \cdot r_2 - c_{1u} \cdot r_1) = \underline{\underline{6301\,\mathrm{Nm}}} \qquad (4.412)$$

- **Leistung P:**

$$\underline{\underline{P}} = \dot{m} \cdot \omega = \dot{m} \cdot \frac{n \cdot \pi}{30} = \underline{\underline{343{,}15\,\mathrm{kW}}} \qquad (4.413)$$

- **spezifische Stutzenarbeit y:**

$$\underline{\underline{y}} = \frac{P}{\dot{m}} = c_{2u} \cdot u_2 - c_{1u} \cdot u_1 = \underline{\underline{190{,}64\,\mathrm{Nm/kg}}} \qquad (4.414)$$

- **spezifische Stutzenarbeit y:**

$$\underline{\underline{\Delta p}} = y \cdot \varrho = \underline{\underline{1{,}91\,\mathrm{bar}}} \qquad (4.415)$$

- **Strömungssimulation mittels SolidWorks:** Siehe folgende Abbildungen.

Pos.	Bild	Erklärung
1		Bauteil zeichnen. Dazu müssen einzelne Körper (Turbinenrad, Einlassgehäuse etc.) gezeichnet werden.

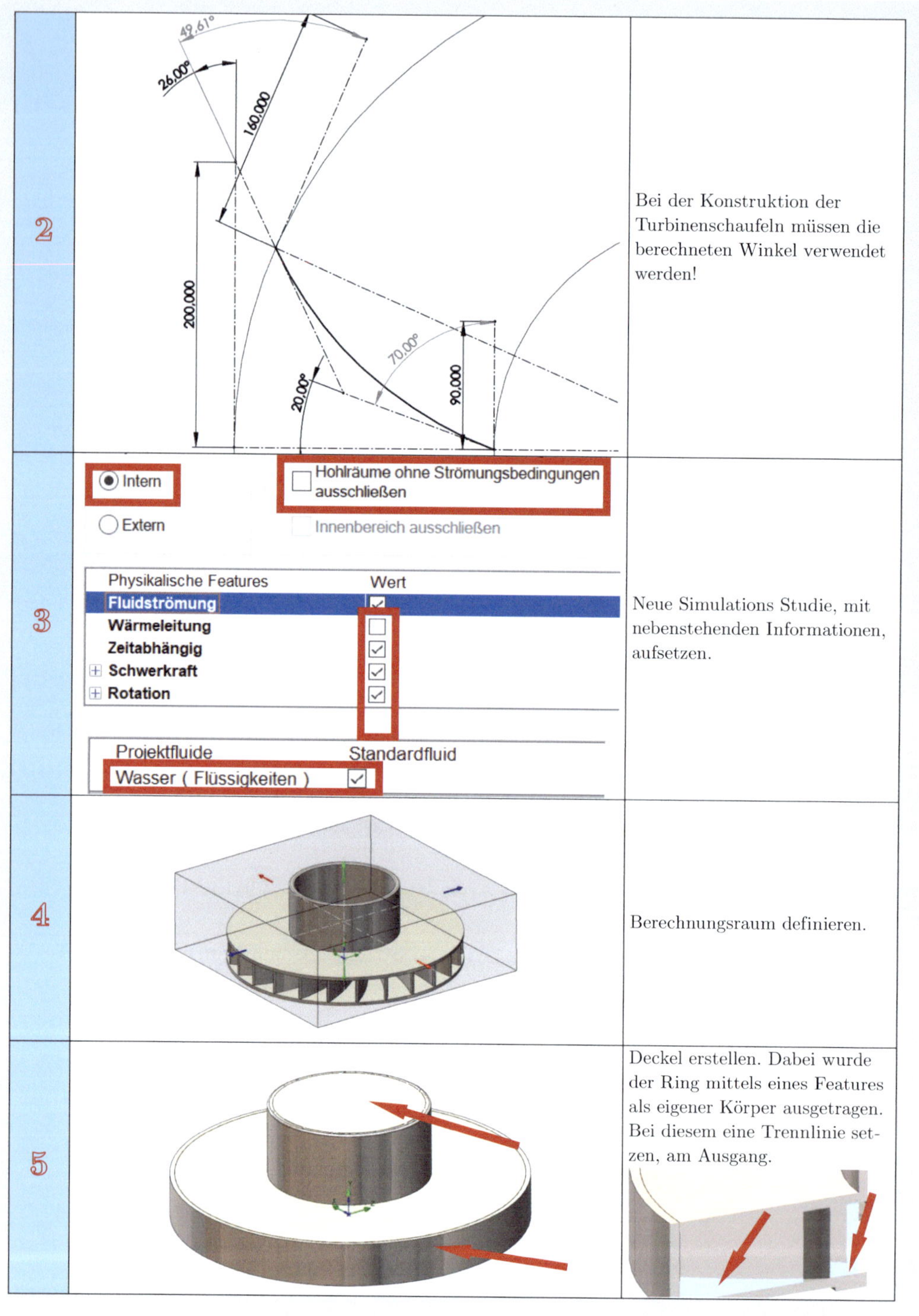

2		Bei der Konstruktion der Turbinenschaufeln müssen die berechneten Winkel verwendet werden!
3		Neue Simulations Studie, mit nebenstehenden Informationen, aufsetzen.
4		Berechnungsraum definieren.
5		Deckel erstellen. Dabei wurde der Ring mittels eines Features als eigener Körper ausgetragen. Bei diesem eine Trennlinie setzen, am Ausgang.

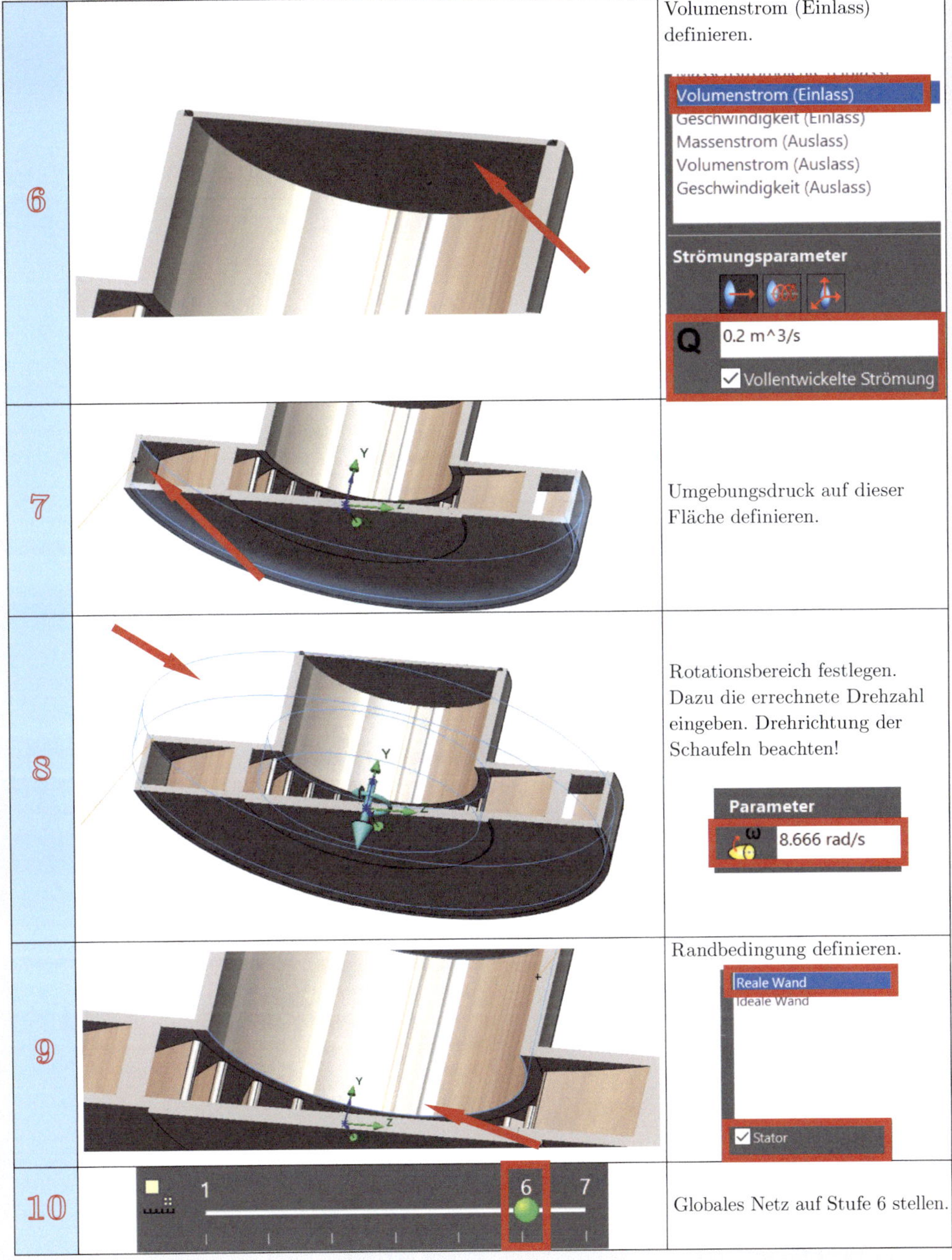

6	Volumenstrom (Einlass) definieren.
7	Umgebungsdruck auf dieser Fläche definieren.
8	Rotationsbereich festlegen. Dazu die errechnete Drehzahl eingeben. Drehrichtung der Schaufeln beachten!
9	Randbedingung definieren.
10	Globales Netz auf Stufe 6 stellen.

4

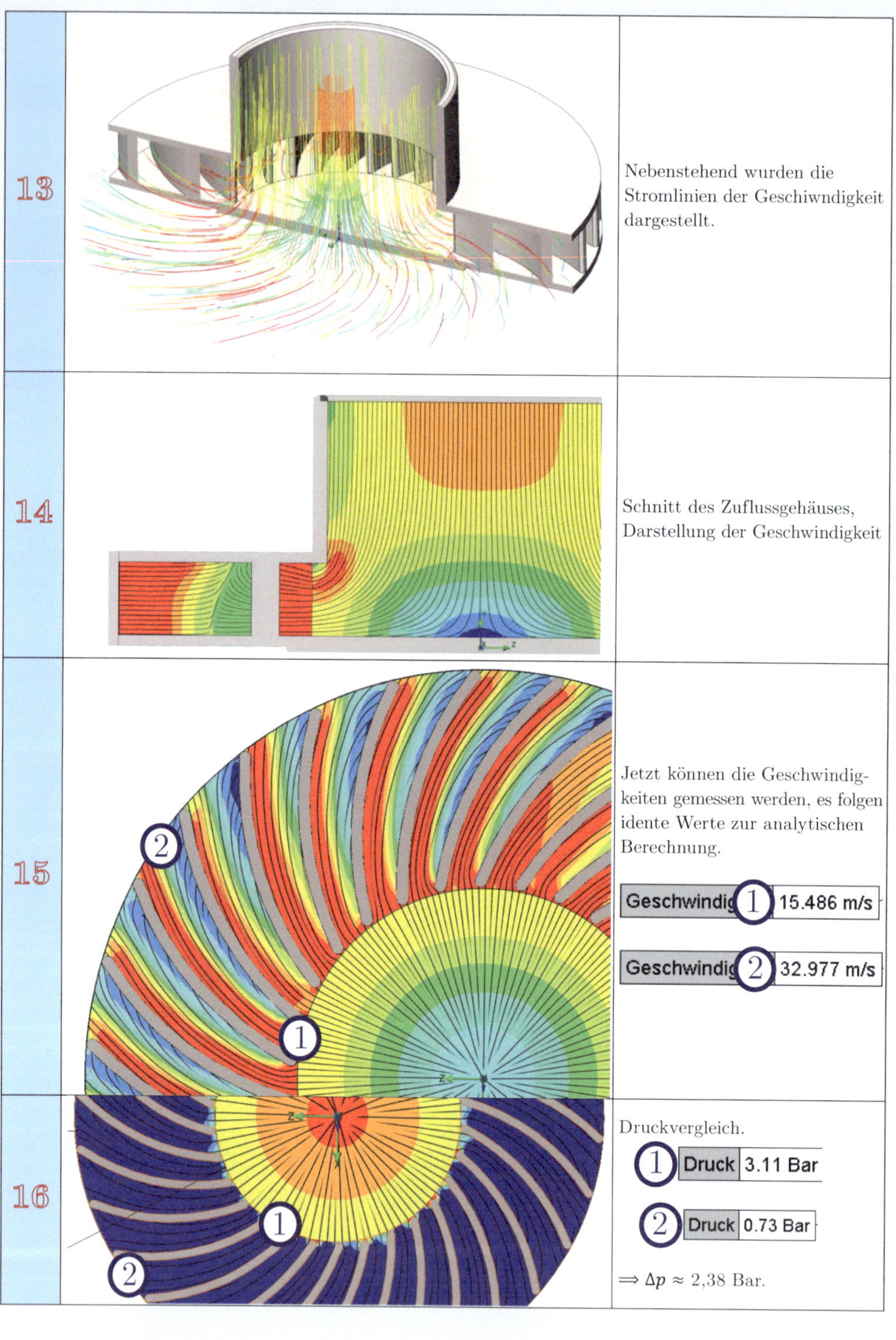

13	Nebenstehend wurden die Stromlinien der Geschwindigkeit dargestellt.
14	Schnitt des Zuflussgehäuses, Darstellung der Geschwindigkeit
15	Jetzt können die Geschwindigkeiten gemessen werden, es folgen idente Werte zur analytischen Berechnung. Geschwindig (1) 15.486 m/s Geschwindig (2) 32.977 m/s
16	Druckvergleich. (1) Druck 3.11 Bar (2) Druck 0.73 Bar $\Longrightarrow \Delta p \approx 2{,}38$ Bar.

Übungsbeispiel 4.29

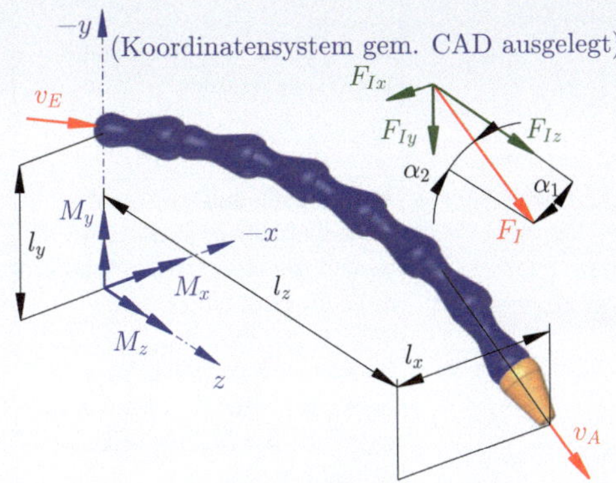

Abb. 4.92 Kühlmittelschlauch

Von dem Kühlmittelschlauch aus Abb. 4.92 kennt man folgende Daten: Die Emulsion, die der Einfachheit halber als Wasser angenommen wird, strömt mit einer Geschwindigkeit in Höhe von $v_E = 10\,\text{m/s}$ aus der orangen Düse. Diese besitzt einen Durchmesser von $d_E = 15\,\text{mm}$ und verengt sich auf $d_A = 6\,\text{mm}$. Sämtliche Verluste sind zu vernachlässigen. Zusätzlich kennt man die Winkel des Schlauches: $\alpha_1 = 37°$ sowie $\alpha_2 = 39°$. Die Abmessungen betragen: $l_x = 89\,\text{mm}$, $l_y = 113\,\text{mm}$ und $l_z = 320\,\text{mm}$. Bestimmen Sie folgende Größen:

- Die Impulskraft F_I
- deren Komponenten F_x, F_y und F_z sowie
- die entsprechenden Momente, die auf die Einspannungsstelle wirken: M_x, M_y und M_z.
- Führen Sie eine Strömungssimulation durch.

Lösung

- Die beiden Querschnittflächen berechnen:

$$\underline{\underline{A_E}} = \frac{d_E^2 \cdot \pi}{4} = \underline{\underline{0{,}0001767\,\text{m}^2}}$$

$$\underline{\underline{A_A}} = \frac{d_A^2 \cdot \pi}{4} = \underline{\underline{2{,}82 \cdot 10^{-4}\,\text{m}^2}} \tag{4.416}$$

Berechnen der Austrittsgeschwindigkeit:

$$\underline{\underline{v_A}} = v_E \cdot \frac{A_E}{A_A} = \underline{\underline{62{,}5\,\text{m/s}}} \tag{4.417}$$

Volumenstrom:

$$\underline{\underline{\dot{V}}} = v_A \cdot A_A = \underline{\underline{0{,}0017675\,\text{m}^3/\text{s}}} \tag{4.418}$$

Massenstrom:

$$\underline{\underline{\dot{m}}} = \dot{V} \cdot \varrho = \underline{\underline{1{,}76\,\text{kg/s}}} \tag{4.419}$$

Impulskraft:

$$\underline{\underline{F_\text{I}}} = \dot{m} \cdot v_A = \underline{\underline{110{,}45\,\text{N}}} \tag{4.420}$$

- Kraftkomponenten:

$$\underline{\underline{F_x}} = F_\text{I} \cdot \sin(\alpha_1) = \underline{\underline{66{,}47\,\text{N}}}$$

$$\underline{\underline{F_y}} = F_\text{I} \cdot \sin(\alpha_2) = \underline{\underline{69{,}51\,\text{N}}}$$

$$\underline{\underline{F_x}} = F_\text{I} \cdot \cos(\alpha_1) = \underline{\underline{88{,}21\,\text{N}}} \tag{4.421}$$

- Moment:

$$\underline{\underline{M_x}} = F_x \cdot l_x = \underline{\underline{5{,}92\,\text{Nm}}}$$

$$\underline{\underline{M_y}} = F_y \cdot l_y = \underline{\underline{7{,}85\,\text{Nm}}}$$

$$\underline{\underline{M_x}} = F_z \cdot l_z = \underline{\underline{28{,}23\,\text{Nm}}} \tag{4.422}$$

Pos.	Bild	Erklärung
1	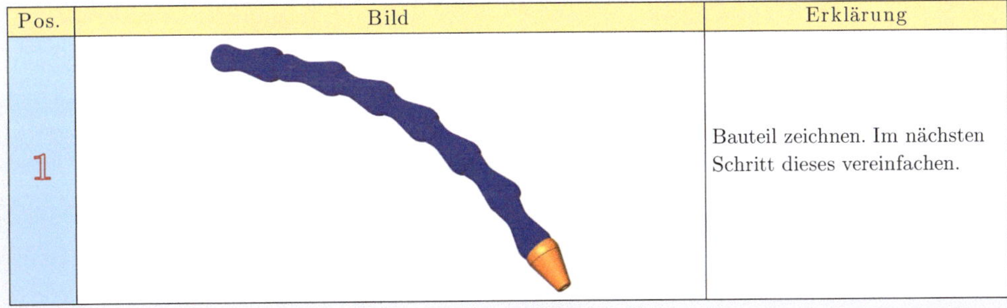	Bauteil zeichnen. Im nächsten Schritt dieses vereinfachen.

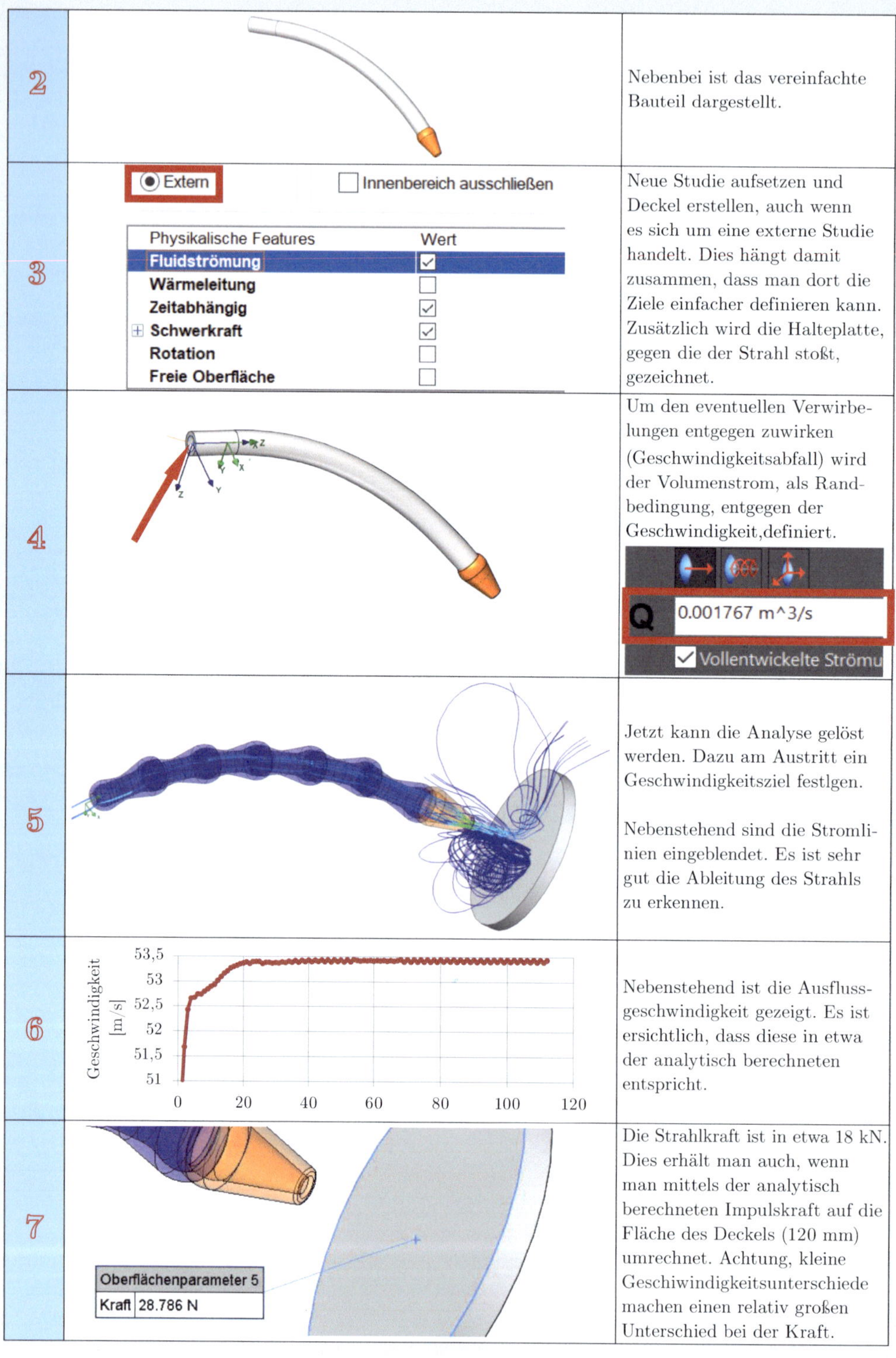

2	Nebenbei ist das vereinfachte Bauteil dargestellt.
3	Neue Studie aufsetzen und Deckel erstellen, auch wenn es sich um eine externe Studie handelt. Dies hängt damit zusammen, dass man dort die Ziele einfacher definieren kann. Zusätzlich wird die Halteplatte, gegen die der Strahl stoßt, gezeichnet.
4	Um den eventuellen Verwirbelungen entgegen zuwirken (Geschwindigkeitsabfall) wird der Volumenstrom, als Randbedingung, entgegen der Geschwindigkeit,definiert.
5	Jetzt kann die Analyse gelöst werden. Dazu am Austritt ein Geschwindigkeitsziel festlgen. Nebenstehend sind die Stromlinien eingeblendet. Es ist sehr gut die Ableitung des Strahls zu erkennen.
6	Nebenstehend ist die Ausflussgeschwindigkeit gezeigt. Es ist ersichtlich, dass diese in etwa der analytisch berechneten entspricht.
7	Die Strahlkraft ist in etwa 18 kN. Dies erhält man auch, wenn man mittels der analytisch berechneten Impulskraft auf die Fläche des Deckels (120 mm) umrechnet. Achtung, kleine Geschiwindigkeitsunterschiede machen einen relativ großen Unterschied bei der Kraft.

Vertiefungen in die Hydrodynamik

Inhaltsverzeichnis

A. Huber, *Technische Mechanik 4 - Hydromechanik*,
https://doi.org/10.1007/978-3-662-69231-8_5

Sie lernen hier…

- Lösen der hydrodynamischen Gleichungen durch partielle DGL.
- Euler-Gleichungen kennen.
- Navier-Stokes-Gleichungen kennen.
- Kinematische Gleichungen kennen.
- Umströmungen um einen Körper kennen.
- Lagrange'sche Ableitungen kennen.

Zitat

Wer zu glauben weiß, kann jedenfalls mehr Nachhaltigkeit für sich reklamieren, als der, der zu wissen glaubt.

Renzie Thom

5.1 Umströmte Körper

Wird ein Körper von einem Fluid umströmt, so wirken Kräfte auf den Körper. Um die Ursache dieser Kräfte und Umströmungen finden zu können, sind Details über die Anströmungsgeschwindigkeit w_∞ notwendig.

5.1.1 Richtung der resultierenden Strömungskraft

5.1.1.1 Stumpfe Körper

Bei stumpfen Körpern hat die Kraft F nahezu die Richtung der Anströmgeschwindigkeit, wie es in Abb. 5.1 zu erkennen ist.

5.1.1.2 Schlanke Körpern

Bei schlanken Körpern, (Technische Anwendung: Tragflächen) weicht die Kraft F, wie es Abb. 5.2 gezeigt ist, stark von der Richtung

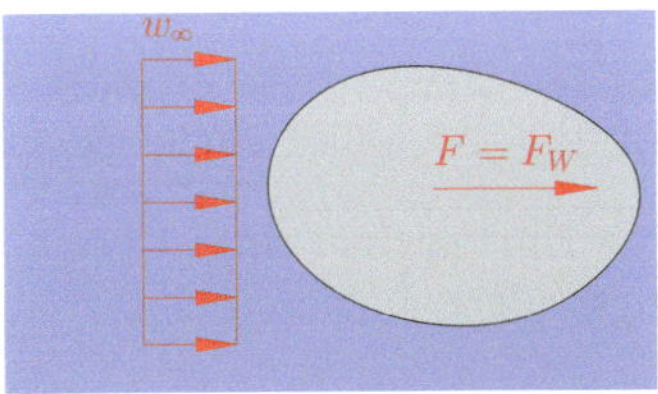

Abb. 5.1 Anströmungsgeschwindigkeit bei stumpfen Körpern

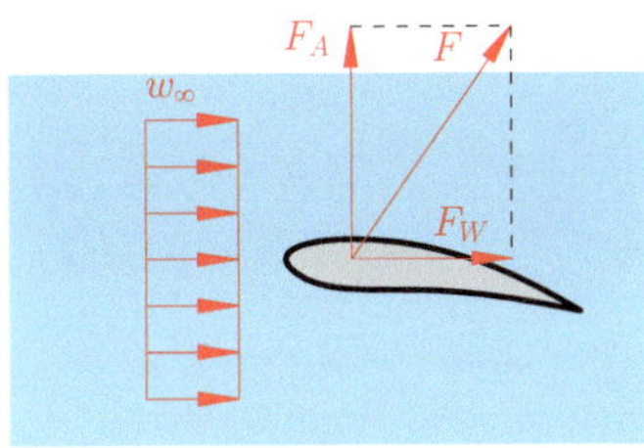

Abb. 5.2 Anströmungsgeschwindigkeit bei schlanken Körpern

der Anströmgeschwindigkeit ab. Diese kann nahezu normal zur Richtung der Anströmgeschwindigkeit stehen. Die Kraft setzt sich dann zusammen aus der Widerstandskraft F_W und der Auftriebskraft F_A. Abhandlung siehe folgende Kapiteln.

5.1.2 Berechnung der Strömungskraft

Die Strömungskraft wird an der Grenzfläche des Fluides ausgeübt, und zwar durch:

- Schubspannungen in tangentialer Richtung Reibungswiderstand: F_R
- Druckspannungen normal zur Oberfläche Druckwiderstandskraft: F_P

Die resultierende Kraft (F_W) lässt sich dann durch einfaches Addieren der beiden anderen Kräfte bestimmen

$$F_W = F_P + F_R \,. \tag{5.1}$$

Die Druckwiderstandskraft berechnet sich durch das Integral, welches die einzelnen Teilkräfte auf die Oberflächenelemente aufsummiert.

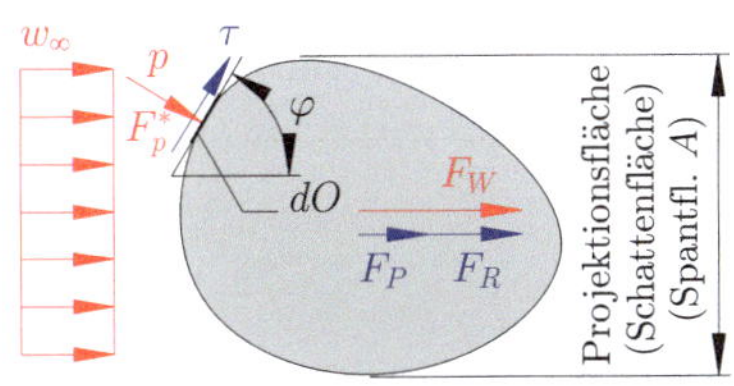

Abb. 5.3 Anströmungsgeschwindigkeit, Hilfsskizze

5

Mit (vgl. mit Abb. 5.3):

$$dF_P = F_P^* \cdot \sin(\varphi) \tag{5.2}$$

$$p = \frac{F_P^*}{dO} \quad \Longrightarrow F_P^* = p \cdot dO \tag{5.3}$$

Daraus ergibt sich

$$dF_P = p \cdot dO \cdot \sin(\varphi)$$

$$\int dF_P = p \cdot \int dO \cdot \sin(\varphi)\,; \tag{5.4}$$

$$F_P = p \cdot \int_O dO \cdot \sin(\varphi)\,. \tag{5.5}$$

Die **Reibungswiderstandskraft** berechnet sich durch das Integral über das Oberflächenelement dO. Man muss hierbei bedenken, dass meist lange zylindrische Körper untersucht werden, aufgrund auch die Kräfte oftmals in Kraft je Meter anzugeben sind.

Mit:

$$dF_R = F_R^* \cdot \cos(\varphi)$$

$$\tau = \frac{F_R^*}{dO} \Longrightarrow F_R^* = \tau \cdot dO\,. \tag{5.6}$$

Damit folgt

$$dF_R = \tau \cdot \int_O dO \cdot \cos(\varphi)\,. \tag{5.7}$$

5.1.3 Widerstände bei umströmten Körper

Bei **stumpfen Körpern** und großen Geschwindigkeiten ist

$$F_P \gg F_R\,. \tag{5.8}$$

Bei **schlanken Körpern** und großen Geschwindigkeiten gilt

$$F_P \ll F_R\,. \tag{5.9}$$

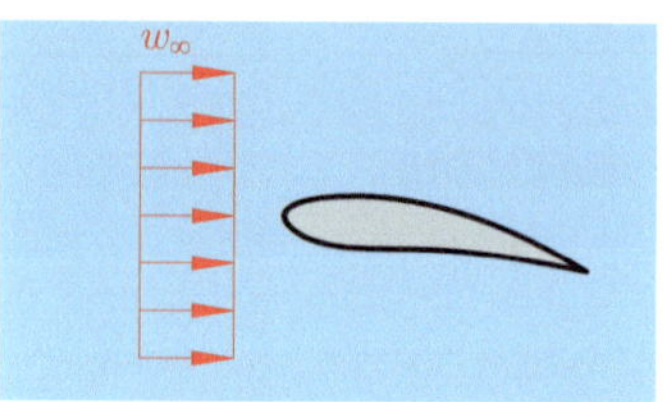

Anströmung eines Tragwerkstflügels

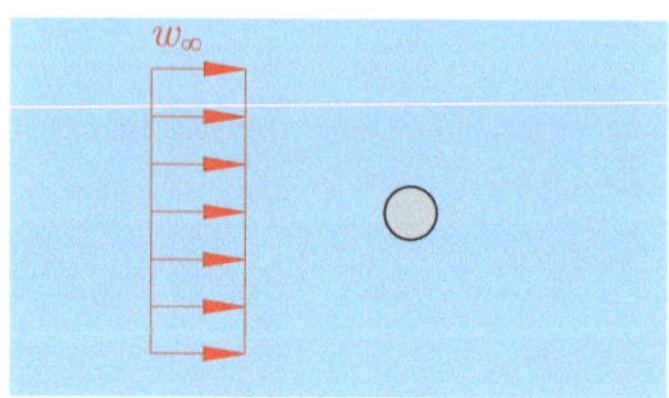

Anströmung eines Drahtes

Abb. 5.4 Anströmung verschiedener Querschnitte (In ähnlicher Form in [2] zu finden)

Der Reibwiderstand ist im Allgemeinen sehr gering. Ist auch der Druckwiderstand gering, so bleibt der Gesamtwiderstand als Resultat sehr klein. Betrachtet wird dies anhand eines Tragflügels. Es wird ein Tragwerksflügel mit einem Draht im Querschnitt (aus Abb. 5.4) verglichen. Aufgrund der stromlinienförmigen Konstruktion gelingt es, den Druckwiderstand gering zu halten. Diese hat trotz seiner Dicke den gleichen Strömungswiderstand wie der dünne Draht mit seinem großen Druckwiderstand. Vgl. [2].

Abb. 5.4 zeigt zwei Modelle, einen Tragflügel- sowie einen Drahtquerschnitt, wobei in beiden Fällen dieselbe Widerstandskraft F_W vorliegt.

5.1.4 Reynold'sche Ähnlichkeitstheorie

5.1.4.1 Widerstandskraft F_W

Mit

$$p_D = \frac{F_W}{A} \quad \Longrightarrow \quad F_W = p_D\, A \tag{5.10}$$

folgt durch Hinzuziehen eines Korrekturfaktors (Strömungswiderstandwert (c_w)):

$$F_W = c_W \cdot p_D \cdot A \tag{5.11}$$

5.1.4.2 Widerstandswert c_W

Dies ist ein dimensionsloser Wert, welcher von der Reynolds-Zahl und Gestalt sowie Oberflächenbeschaffenheit abhängt. Festgehalten wird

$$c_W = f(Re, GG, \mu) . \qquad (5.12)$$

Bemerkung 5.1

Bis $Ma \approx 0{,}3$ ist c_W unabhängig von der Machzahl, bei schlanken Körpern bis $Ma \approx 0{,}7$. Die Machzahl ist definiert durch die Gleichung

$$Ma = \frac{v}{c} , \qquad (5.13)$$

wobei v die Geschwindigkeit und c die Schallgeschwindigkeit ist. Wenn ein Flugzeug mit einer Geschwindigkeit von 500 km/h fliegt, so beträgt dessen Machzahl, wenn die Schallgeschwindigkeit mit 343 m/s angenommen wird (der Einfachheit halber, für genauere Informationen siehe Band 5 dieser Buchreihe)

$$\underline{\underline{Ma}} = \frac{v}{c} = \frac{138{,}88\,\mathrm{m/s}}{343\,\mathrm{m/s}} = \underline{\underline{0{,}4}} . \qquad (5.14)$$

Man definiert bei solchen Strömungen folgende Fälle [66]:

- $Ma < 0{,}8$... subsonische Strömung,
- $0{,}8 < Ma < 1{,}2$... transsonische Strömung,
- $Ma > 1{,}2$... supersonische Strömung.

Die Ermittlung des Widerstandsbeiwertes erfolgt meist durch Versuche im Windkanal. Selten, je nach Komplexität, kann man diesen auch rechnerisch bzw. analytisch oder numerisch ermitteln.

5.1.4.3 Dynamischer Druck (Staudruck) p_D

Gemäß der Bernoulli'schen Druck-Gleichung gilt $\varrho \cdot \frac{v^2}{2} + \varrho \cdot g \cdot h + \varrho = \text{const.}$ Dabei ist:

$p_t = \varrho \cdot g \cdot h \ldots$ Totaldruck

$p_0 = p \ldots$ Ruhedruck

Daraus folgt der Staudruck zu

$$p_{\text{Stau}} = \varrho \, \frac{w_\infty^2}{2} . \qquad (5.15)$$

5.1.5 Stokes'sche Formel [2]

Das Gesetz von Stokes [40], nach George Gabriel Stokes, beschreibt die Abhängigkeit der Reibungskraft sphärischer Körper von verschiedenen Größen [39].

$$F_W \approx F_R = 6 \, \eta \, r_K \, \pi \, w_\infty . \qquad (5.16)$$

1. Linearer Zusammenhang zwischen F_W und w_∞ ist nur bei Laminarer Strömung gegeben.
2. An der Oberfläche dominieren Schubspannungen gegenüber drücken. Dies hat zur Folge, dass keine Ablösung auftritt (wird in dem nächsten Kapitel behandelt)
3. Wird die Reynolds-Zahl größer, so hat dies zur Folge, dass zwischen F_W und w_∞ ein quadratischer Zusammenhang herrscht.
4. Zwischen $Re = 1000$ bis $Re = 20.000$ ist c_W etwa konstant rund $c_W \approx 0{,}4$. Siehe nachstehende Tabelle.
5. Erhöht man nun die Reynolds-Zahl auf $Re = 3 \cdot 10^5$ fällt der c_W Wert stark ab, auf $c_W \approx 0{,}08$.
6. Man spricht bei $c_W \approx 0{,}4$ von untercharakteristischen und bei $c_W \approx 0{,}08$ von überkritischen c_W-Wert. Dies liegt an der Grenzschichtablösung, welche bei einem Re_{krit} eintritt, nämlich bei $Re_{\text{krit}} = 2320$. Dort wird die laminare Strömung von der Turbulenten abgelöst.
7. Diese löst erst weit hinter der dicksten Stelle wieder ab. Somit wirkt sich die Druckspannung infolge des Soges weniger stark aus.

5.1.6 Ablösung [2]

Bei der Umströmung eines Zylinders oder einer Kugel kann man zwei unterschiedliche Phasen ableiten.

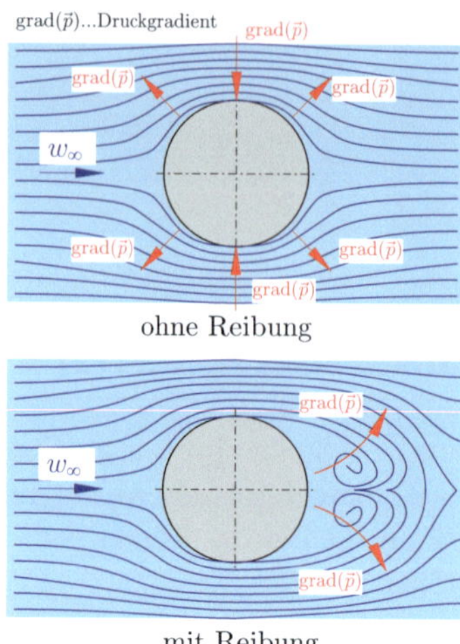

Abb. 5.5 Entstehung der Ablösung beim Zylinder

- In Phase 1 entstehen zwei Staupunkte, im vorderen und hinteren Bereich. Die Distanz der Teilchen ist sehr gering, aufgrund die Reibung keine Zeit hat, sich auf die Stromlinien auszuwirken. Es handelt sich dabei um eine Strömung, wie sie auch in der Potentialtheorie (siehe folgende Abschnitte) berechnet wird. (vgl. Abb. 5.5, oben)
- In Phase 2 kommen die Teilchen am hinteren Bereich, durch die Reibung, mit verminderter Geschwindigkeit an; die Teilchen verzögern sich. Gemäß Bernoulli kann man den Zusammenhang herstellen, wenn keine Verwirbelungen vorausgesetzt werden: Steigt die Strömungsgeschwindigkeit, sinkt der Druck und umgekehrt. Dies kann man auch hier anwenden, wenn also die Strömungsteilchen verzögert werden muss der Druck steigen. Es ist hoher Druck nötig, um eine Ablösung zu verhindern. Dieser liegt hier aber nicht vor, wodurch sich die Stromlinien einrollen und es zur Ablösung kommt, dies kann auch mit der Krümmungsdruckformel mathematisch berechnet werden. (vgl. Abb. 5.5, unten)

Die folgende CFD-Analyse erläutert die Strömung in Phase 1, vgl. in Abb. 5.6, 5.7 und 5.8.

Abb. 5.6 CFD-Simulation einer Kugel – Geschwindigkeitsdarstellung (1)

Abb. 5.7 CFD-Simulation einer Kugel – Geschwindigkeitsdarstellung (2)

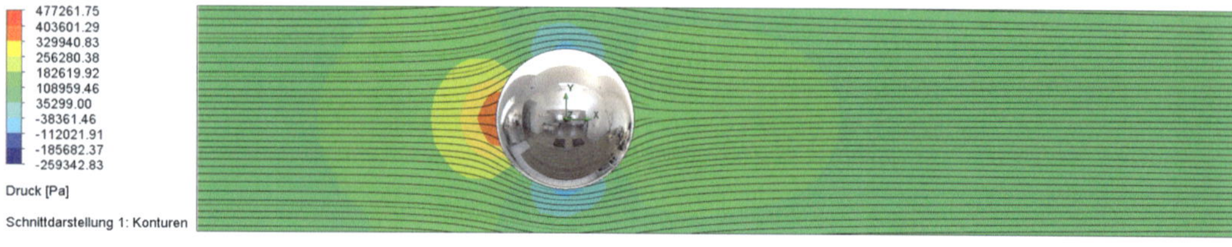

Abb. 5.8 CFD-Simulation einer Kugel – Druckdarstellung

Abb. 5.9 Golfball

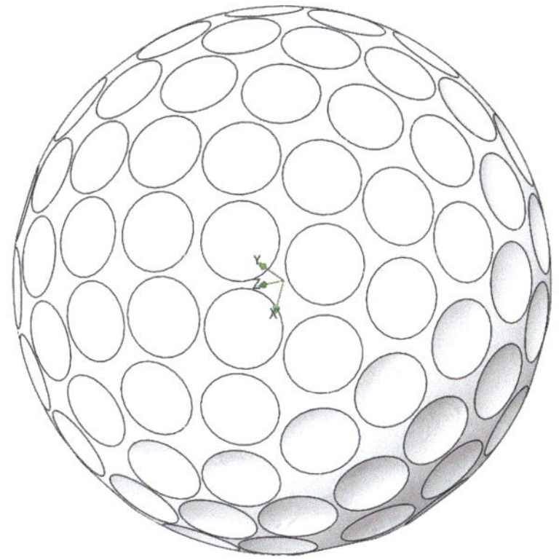

Abb. 5.10 Golfball mit Dimpel

Abb. 5.11 Golfball ohne Dimpel

Warum hat der Golfball Dellen? Vgl. mit Abb. 5.9. Zu Beginn war der Golfball mit einer glatten Oberfläche ausgeführt. Durch die starke Schlagkraft der Golfschläger wurden die Golfbälle häufig eingedrückt, wodurch sich am Umfang des Balles Dellen bildeten. Schnell wurde festgestellt, dass diese, scheinbar kaputten Golfbälle, weiter und vor allem schneller flogen. Warum ist dies so? Die sogenannten „Dimpel" (Dellen) können unterschiedlich angeordnet werden, sodass sich diese in Bezug auf die Aerodynamik unterscheiden.

Wie bei der zuvor erklärten Kugel kommt es zur Ablösung bei Reibungseinfluss der Strömung, wodurch die zuvor annähernd laminare- zu einer turbulenten Strömung wird. Es folgen damit Verwirbelungen, die den Ball beim Zusammentreffen im hinteren Staupunkt ausbremsen. Mit den Dimpel werden entlang der Oberfläche „künstliche Verwirbelungen" hervor gerufen, womit sich die Verwirbelungen im hinteren Staupunkt stark minimieren und damit den Ball weiter fliegen lassen.

Gemäß Definition der Reynolds-Zahl gilt

$$Re = \frac{\varrho \cdot v \cdot d}{\eta} \,. \tag{5.17}$$

Aufgrund der optimalen Randbedingungen (Durchmesser, Dichte) kann die Umströmung eines Golfballs während des Fluges als laminare Strömung angenommen werden.

Nachfolgend ist eine CFD Analyse eines Golfballs dargestellt, zum einen mit Dimpel, Abb. 5.10 und zum anderen ohne Dimpel, Abb. 5.11.

Die folgenden Abbildungen: 5.12, 5.14, 5.13 und 5.15 zeigen eine Strömungssimulation von einem Golfball mit Dimpel und ohne. Zu erkennen ist, dass der Ball mit Dimpel weniger Verwirbelungen in der hinteren Stauzone bildet. Der Ball fliegt schneller.

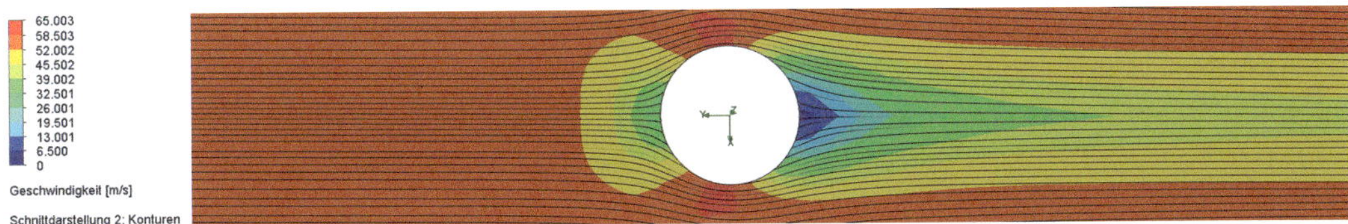

Abb. 5.12 CFD-Analyse eines Golfballs – ohne Dimpel (Geschwindigkeit (1))

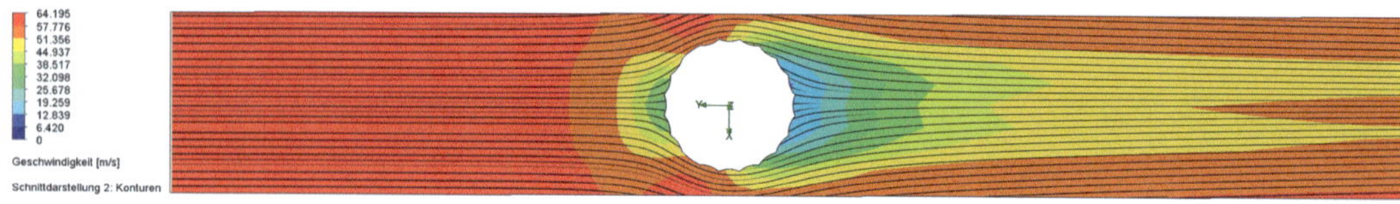

Abb. 5.13 CFD-Analyse eines Golfballs – mit Dimpel (Geschwindigkeit (1))

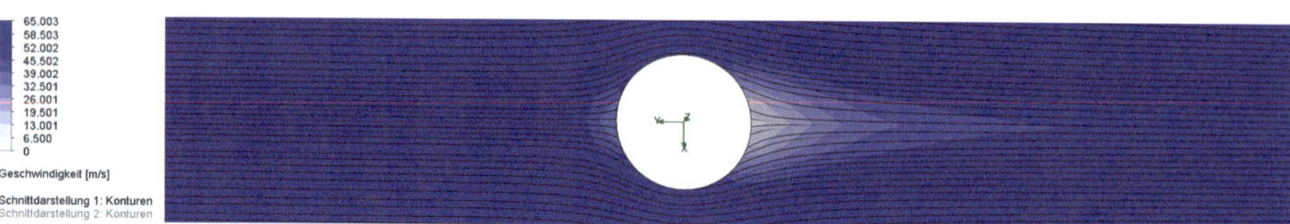

Abb. 5.14 CFD-Analyse eines Golfballs – ohne Dimpel (Geschwindigkeit (2))

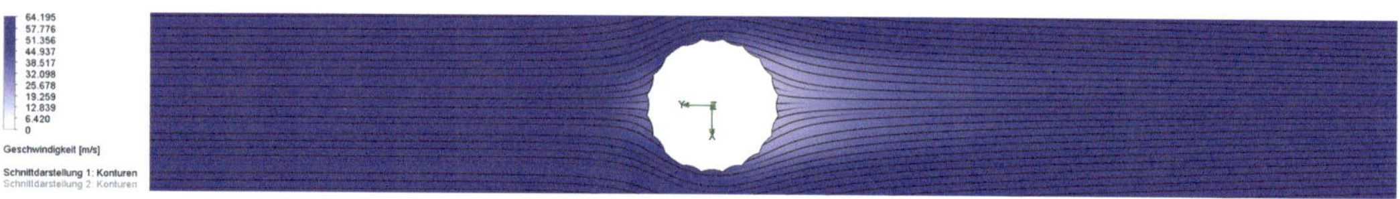

Abb. 5.15 CFD-Analyse eines Golfballs – mittels Dimpel (Geschwindigkeit (2))

5.1.6.1 Abkrümmen und Einrollen

Beim Umströmen eines Körpers verlieren die Strömungsteilchen an der Krümmung, aufgrund Reibung, Energie. Dies hat zur Folge, dass die Geschwindigkeit sowie auch der Druck nicht mehr aufgebaut werden kann. Es tritt anstatt „Abkrümmen" „Einrollen" auf.

5.1.6.2 Krümmungsdruckformel [3]

Siehe Abb. 5.16. Aus der Dynamik ist

$$dF_n = dm\, a_n = dm\, \frac{w^2}{R} \tag{5.18}$$

bekannt. Herausschneiden eines infinitesimal kleinem Stücks

$$\begin{aligned} dF_n &= -dA \lim_{\Delta p \to 0} \Delta p = [(p + dp) - p] \\ &= -dA\, dp \end{aligned} \tag{5.19}$$

lässt durch Gleichsetzen von (5.18) und (5.19)

$$-dA\, dp = dm\, \frac{w^2}{R} \tag{5.20}$$

folgen. Mit $dm = \varrho\, V = \varrho\, dn\, dA$ wird

$$-dA\, dp = \varrho\, dn\, dA\, \frac{w^2}{R} \tag{5.21}$$

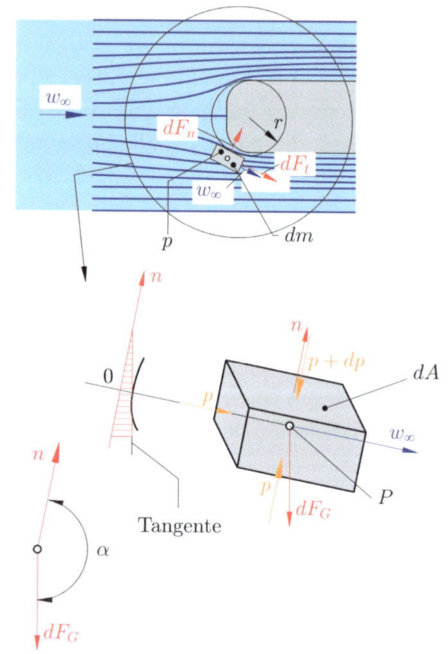

Abb. 5.16 Krümmungsdruckformel

bzw. durch Umformen ergibt sich die Krümmungsdruckformel zu

$$\frac{dp}{dn} = -\varrho \frac{w^2}{R} \,. \tag{5.22}$$

Corollary 5.1
Diese Gleichung gilt nur für nicht Reibungsbehaftete Strömungen!

5.1.6.3 Totwassergebiet

Wenn sich ein Fluid einrollt, so entstehen Wirbel. Da sich dabei die Stromlinien verdichten, muss an diesen Stellen die Intensität des Fluids höher sein. Totwassergebiete führen zum Bremsen der Strömung und damit zum Energieverlust. Wie bereits beim Golfball gezeigt wurde, kann sich damit eine Geschwindigkeit von null bilden und damit das Bauteil zum Bremsen zwingen. Totwassergebiete sollen so gut wie möglich vermieden werden.

5.1.7 Umströmungen wichtiger Körper und Untersuchung der Widerstandsbeiwerte [2]

5.1.7.1 Umströmung von einem Quader

Siehe ◘ Abb. 5.17. Wie bereits zu erwarten ist, ergeben sich bei der Umströmung eines Quaders deutlich mehr Verwirbelungen. Vor allem im hinteren Bereich, da dort ein Totwassergebiet vorliegt.

Da sich die Fluidteilchen im hinteren Bereich abzulösen beginnen, wofür bereits zuvor die Gründe erörtert wurden, ist die Umströmung von Quadern durch enorme Verwirbelungen gekennzeichnet. Es handelt sich also um keine optimale Strömungsform. Viele werden sich an dieser Stelle wundern, wer denn dann überhaupt eine solche Form in der Technik einsetzt, denkt man aber an Sattelschlepper bzw. Lkw wird man schnell feststellen, dass die Umströmung eines solchen nahezu der eines Quaders gleicht. Die Stromliniendarstellung eines Quaders ist durch ◘ Abb. 5.18 gegeben.

Unter- und Überkritische Strömung bei einem Quader [3]

Sinkt die Reynolds-Zahl unter einen kritischen Wert, so nimmt der Strömungswiderstand um 10–30 % zu.

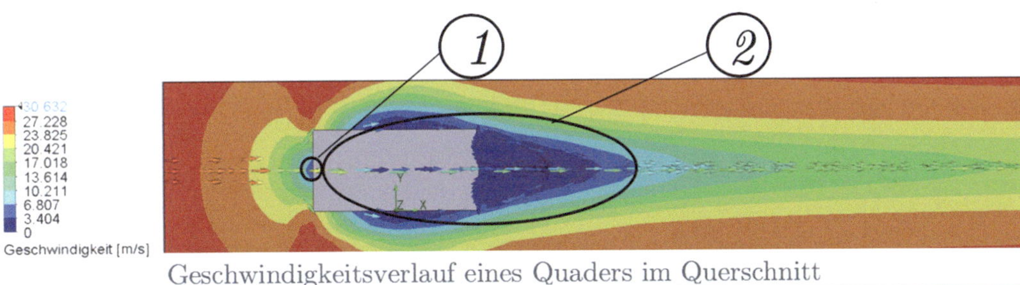

◘ **Abb. 5.17** Umströmter Quader

5

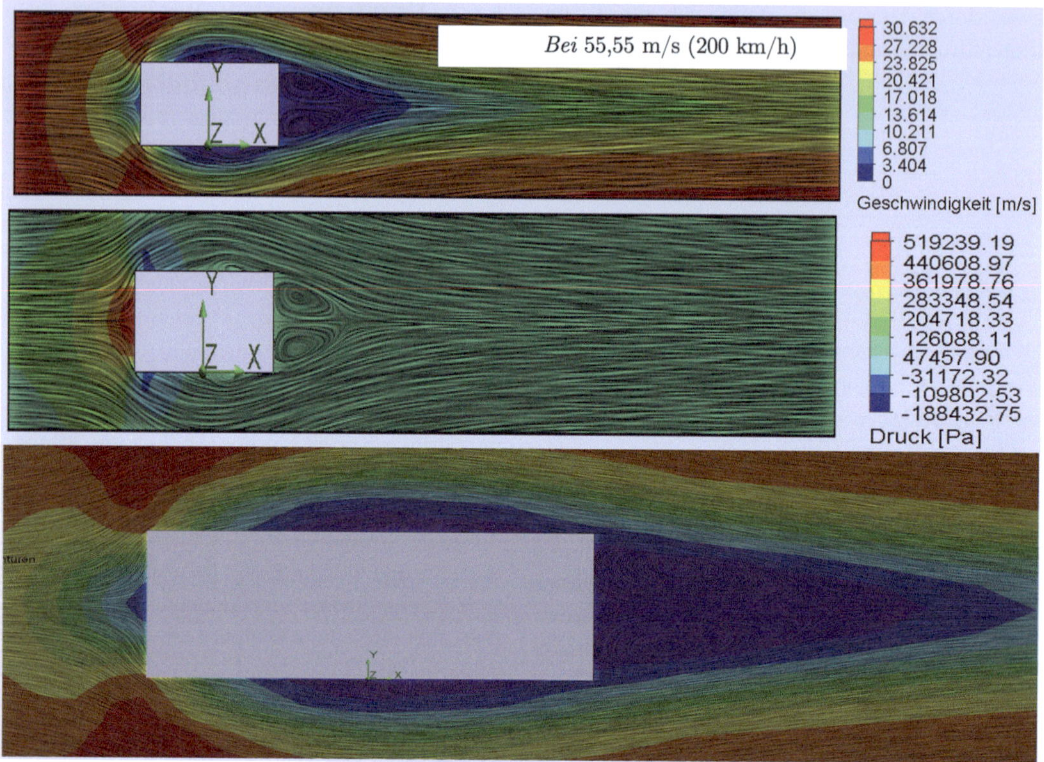

Abb. 5.18 Umströmter Quader mit Stromlinien

Vorderer Kantensog

Vgl. mit Abb. 5.19 Damit ein Fluid um eine scharfe Ecke, bzw. Kante strömen kann, muss im Strömungsbereich ein geringerer Druck als in der Umgebung vorliegen, damit die Fluidteilchen weitestgehend angesaugt werden. Man kann dadurch folgende Folgerungen notieren:

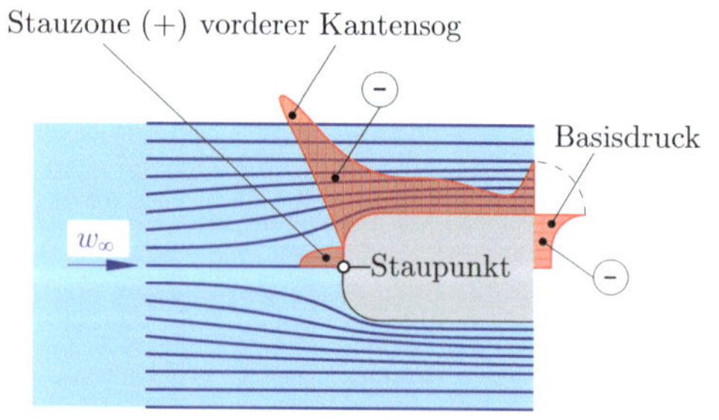

Abb. 5.19 Typischer Druckverlauf bei gerundeten angeströmten Körpern

Corollary 5.2

Damit ein Fluid um eine Krümmung strömt, muss die Oberfläche von geringerem Druck als die übrige Fluidzone sein. Nach Bernoulli bzw. der Krümmungsdruckformel muss dann die Geschwindigkeit höher werden, wenn keine Turbulenz vorliegt.

Zylindrischer Teil

Im zylindrischen Teil nähern sich die Stromlinien annähernd der Parallelität der Quaderoberfläche an. Die Geschwindigkeit nimmt mit zunehmendem Abstand der Stromlinien vom Quader wieder zu, wodurch der Druck allmählich sinken muss.

Methode: Lösung durch SolidWorks – CFD 5.1

Im Folgenden ist die Abb. 5.19 mittels einer CFD-Analyse dargestellt und untersucht. Die Anströmgeschwindigkeit sei w_∞ sei 5 m/s.

Pos.	Bild	Erklärung
1		Modell zeichnen
2	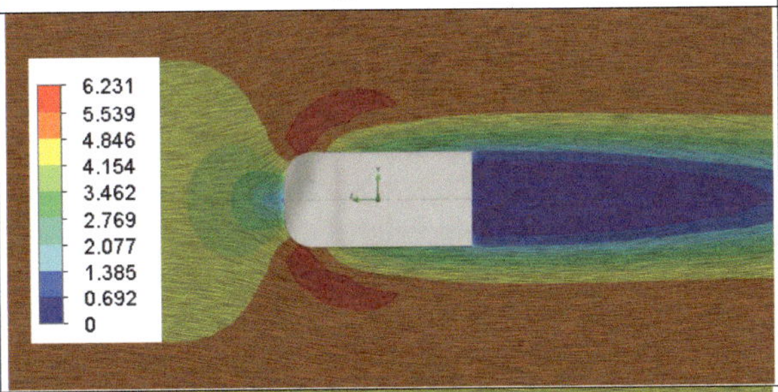 6.231 5.539 4.846 4.154 3.462 2.769 2.077 1.385 0.692 0	Geschwindigkeitsdarstellung
3	 1.10 1.07 1.04 1.01 0.98 0.95 0.92 0.89 0.86 0.83	Druckdarstellung. Hierbei kann man bereits erkennen, dass die Ergebnisse nahezu ident zum zuvor gezeigten Bild sind. Die Unterschiede ergeben sich je nach Größe des Eckenradius etc.
4	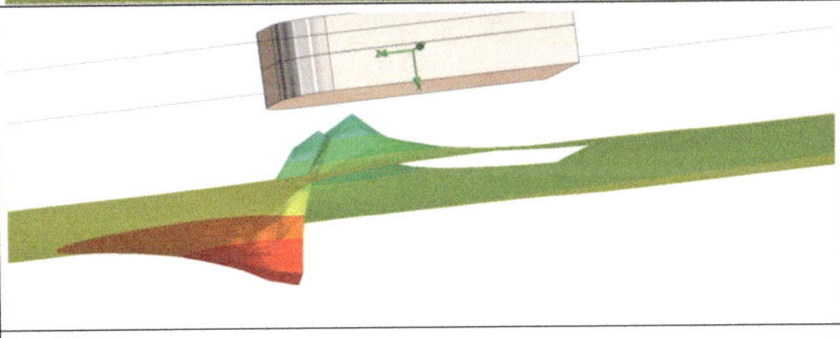	Stellt man die Druckdarstellung als 3D Plot dar, kann man auch sehr gut die positiven und negativen Bereich des Druckes erkennen. 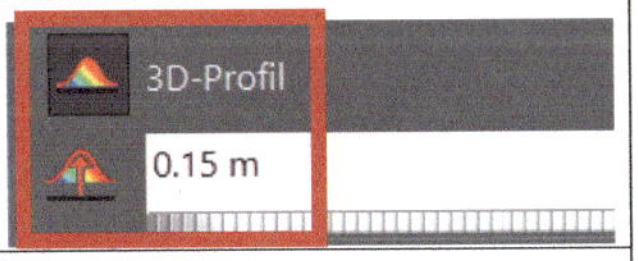 3D-Profil 0.15 m
5	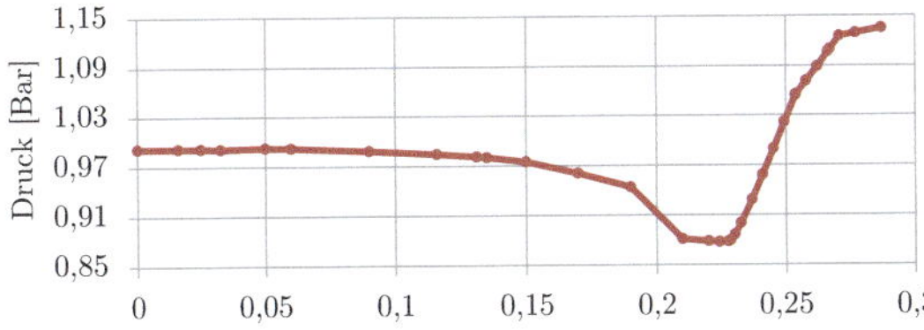 Druck [Bar] 1,15 1,09 1,03 0,97 0,91 0,85 0 0,05 0,1 0,15 0,2 0,25 0,3	Nebenstehend ist mithilfe einer xy-Darstellung der Druckverlauf entlang der Kanten dargestellt.

Hinterer Kantensog

Da sich die Strömung noch weiter in das Totwassergebiet hineinkrümmt, kommt es nicht sofort zur Ablösung und es entsteht ein hinterer Kantensog.

Basisdruck

Der Basisdruck liegt im Totwassergebiet vor. Durch das Vorbeiströmen der Stromlinien kommt es nicht sofort zur Umströmung und ein Totwassergebiet als auch ein Sog entsteht.

- bei langen Körpern ca. 0,12 bis 0,16 mal dem Staudruck [2]
- bei kürzeren Körpern: $\frac{l}{d} \approx 1$ [2].

5.1.7.2 Umströmung von kurzen Körpern [3]

Zu den kurzen Körpern zählen Kugel, Zylinder (quer angeströmt), Würfel...

Es existiert bei der Umströmung von kurzen Körpern keine Druckhoheit.

Druckhoheit liegt vor, wenn einem Bereich einer Strömung der Druck der benachbarten Strömung aufgezwungen wird. Dies ist bei der Quaderumströmung im Totwassergebiet der Fall. Im Totwassergebiet liegt eine turbulente Strömung vor, die den Druck von der benachbarten Strömung aufgezwungen bekommt.

Führt man von einem Zylinder und einer Kugel mit folgenden Randbedingungen: Zylinderdurchmesser = Kugeldruchmesser, der Zylinder wird querangeströmt, beide Körper besitzen also die gleichen Querschnitte, eine Strömungsanalyse mit anschließender c_W-Wert Untersuchung durch, so stellt man fest, dass diese zwei vollkommen unterschiedliche c_W-Werte aufweisen, gem [2].

- Kugel: $c_W = 0{,}5$;
- Zylinder: $c_W = 1{,}3$.

Wie in Abb. 5.7 ersichtlich ist, wurde die Anströmgeschwindigkeit mittels $w = 100\,\text{km/h} = 27{,}77\,\text{m/s}$ gewählt, allerdings bilden sich im Mittelbereich Geschwindigkeiten größer dieser Anströmgeschwindigkeit. Es kann also zum Beschleunigen der Strömung kommen. Dies lässt sich erneut mittels Bernoulli erklären, da wie in Abb. 5.8 ersichtlich ist, Unterdruck herrscht. Dieser Druck wird dem Totwasser aufgezwungen und damit ist der c_W-Wert nicht alleine von der umströmten Querschnittfläche, sondern auch von der projizierten abhängig.

Als Beispiel wurde hier die Umströmung einer Kugel und eines Zylinders gewählt, als Vertreter für die Umströmung kurzer Körper. Vgl. Abb. 5.20, 5.21, 5.22 und 5.23.

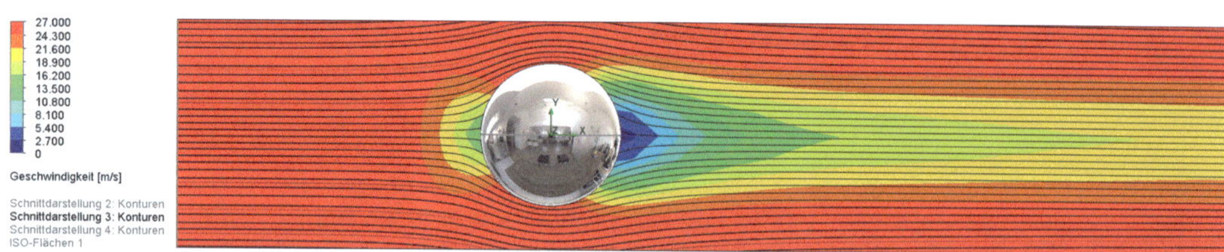

Abb. 5.20 Geschwindigkeitsverlauf einer Kugel

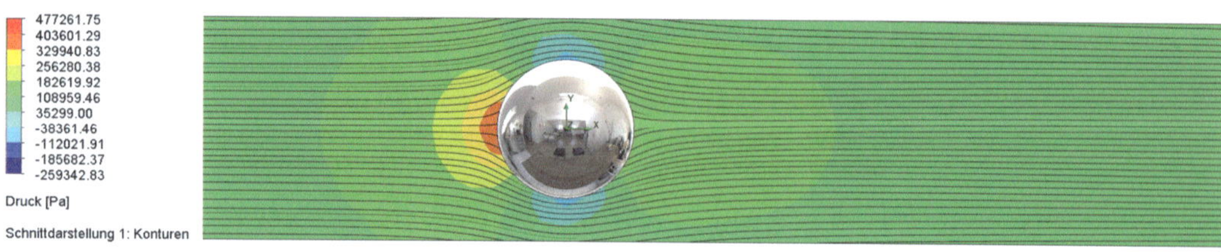

Abb. 5.21 Druckverlauf einer Kugel

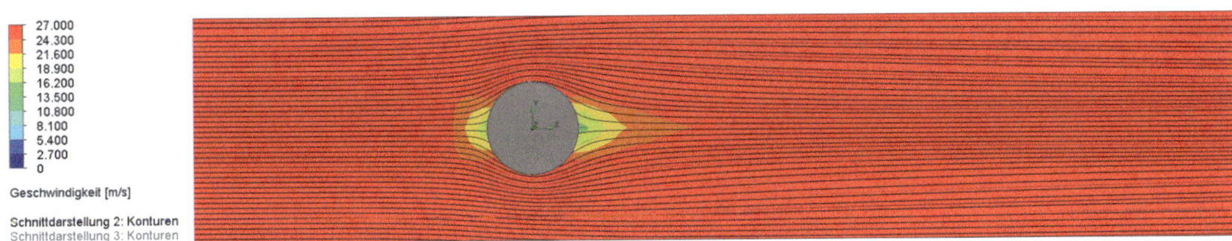

Abb. 5.22 Geschwindigkeitsverlauf eines Zylinders

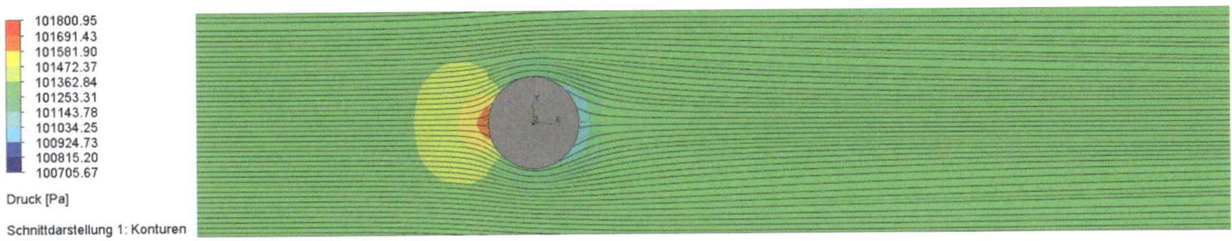

Abb. 5.23 Druckverlauf eines Zylinders

	Schattenfläche	$\dot{V}_{\text{Aus}}$	Kantenlänge L an der dicksten Stelle	$\frac{\dot{V}_{\text{Aus}}}{L}$
Kugel	$R^2\ \pi$	$R^2\ \pi\ w_\infty$	$2\ R\ \pi$	$R\frac{w_\infty}{2}$
Zylinder	$2\ R\ l$	$2\ R\ l\ w_\infty$	$2\ l$	$R^2\ w_\infty$

Abb. 5.24 Werte für das Ausweichvolumen [2]

5.1.7.3 Ausweichvolumen

Berechnung des Ausweichvolumens:

$$\dot{V}_{\text{Aus}} = A\, w_\infty \tag{5.23}$$

Vgl. mit Abb. 5.24.

5.1.7.4 Umströmung einer Kugel

In Abb. 5.25 ist bei einer Umströmungsgeschwindigkeit von 27,77 m/s zu beobachten, dass im nahezu gesamten Bereich dieselbe Geschwindigkeit (= Anströmgeschwindigkeit) von 17,77 m/s vorherrscht. Im hinteren Bereich entsteht eine starke Ablösung, was zu einer niedrigeren Geschwindigkeit auf ca. 10 m/s führt. In Abb. 5.25 (bei einer Umströmungsgeschwindigkeit von 55,55 m/s) kann man beobachten, dass im nahezu gesamten Bereich dieselbe Geschwindigkeit vorherrscht. Zusammengefasst kann man also festhalten, dass die Ablösung weniger wird, je höher die Anströmgeschwindigkeit wird. Somit sollte man bei sehr kleinen Anströmgeschwindigkeiten eine kugelähnliche Form nutzen, da dann fast keine Verwirblungen auftreten.

5.1.7.5 Strömungswiderstandsermittlung mittels SolidWorks CFD

Siehe ▶ Methode: Lösung durch SolidWorks – CFD 5.2.

5.1.8 Umströmungen und c_W-Werte mittels CFD

In ▶ Methode: Lösung durch SolidWorks – CFD 5.3 ist ein technisches Anwendungsbeispiele zu finden, bei denen mittels einer CFD-Analyse die Umströmung untersucht wurde.

5

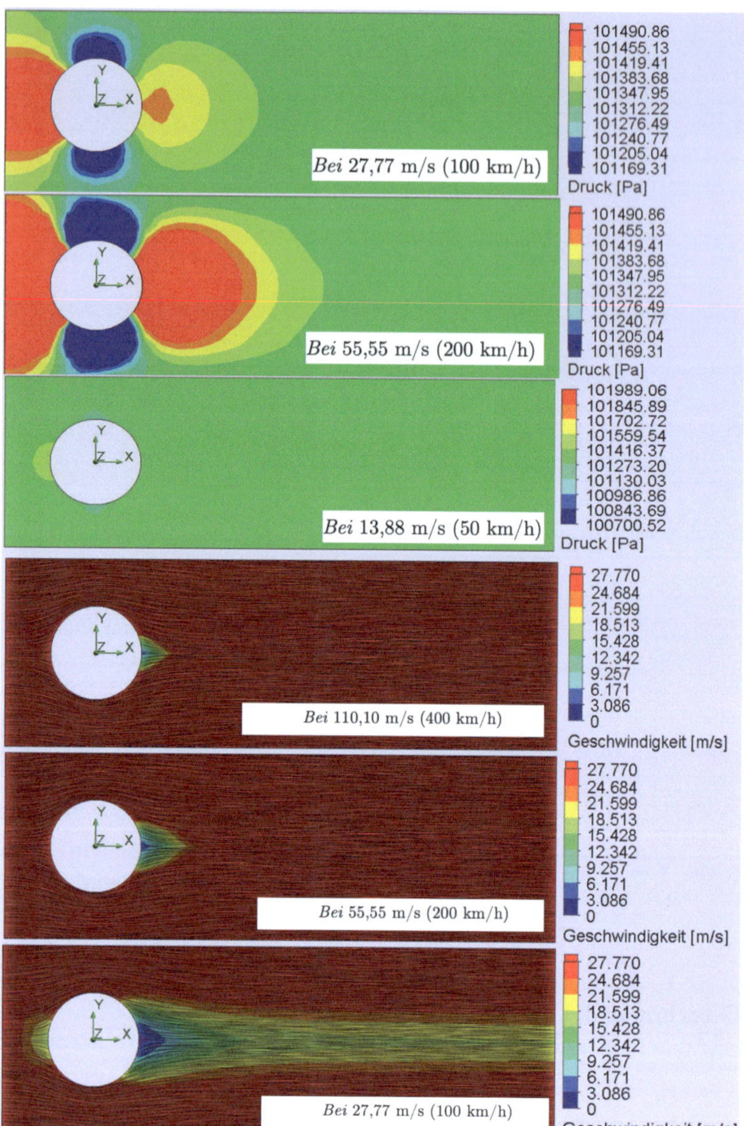

Abb. 5.25 Umströmung einer Kugel

Methode: Lösung durch SolidWorks – CFD 5.2

Im Folgenden ist der c_W-Wert von einer Kugel mittels einer Strömungssimulation zu ermitteln. Diese Analyse wurde bereits im Detail im Abschnitt der Kármán'schen Wirbelstraße behandelt, weshalb hier eventuell Schwierigkeiten beim Nachvollziehen der Lösung auftreten können. Es wird dabei auf das vorgehende Kapitel verwiesen. Untersuchen Sie eine Kugel mit dem Durchmesser $d = 100\,\text{mm}$. Die Anströmgeschwindigkeit sei w_∞ sei 5 m/s.

Pos.	Bild	Erklärung
1	Strömungswiderstand c_w als Gleichungsziel definieren: $F_w = \frac{1}{2} \cdot \varrho \cdot v^2 \cdot c_w \cdot A \Longrightarrow c_w = \frac{2 \cdot F_w}{\varrho \cdot v^2 \cdot A} = \frac{2 \cdot F_w}{\varrho \cdot v^2 \cdot b \cdot h} = \frac{2 \cdot F_w}{1000 \cdot 5^2 \cdot 0{,}1^2} = 0{,}08 \cdot F_w$	
2		Druckdarstellung
3		Geschwindigkeitsdarstellung
4	Zielname: c_W; Einheit: [N]; Wert: -0.195	Strömungswiderstand ablesen.

Methode: Lösung durch SolidWorks – CFD 5.3

Vom nachfolgenden Lkw ist eine Strömungsanalyse durchzuführen. Untersuchen Sie dabei den Lkw, wenn er mit einer Geschwindigkeit in Höhe von 100 km/h fährt. Die Schattenfläche kann direkt aus dem CAD gemessen werden, hierbei liegt eine solche in Höhe von $10\,\text{m}^2$ vor. Berechnen Sie damit, mittels einer CFD-Analyse, den c_W-Wert. Wie ändert sich der c_W-Wert bei den Geschwindigkeiten: 120 km/h und 80 km/h? Welche Widerstandskraft liegt vor?

Pos.	Bild	Erklärung
1		Modell zeichnen

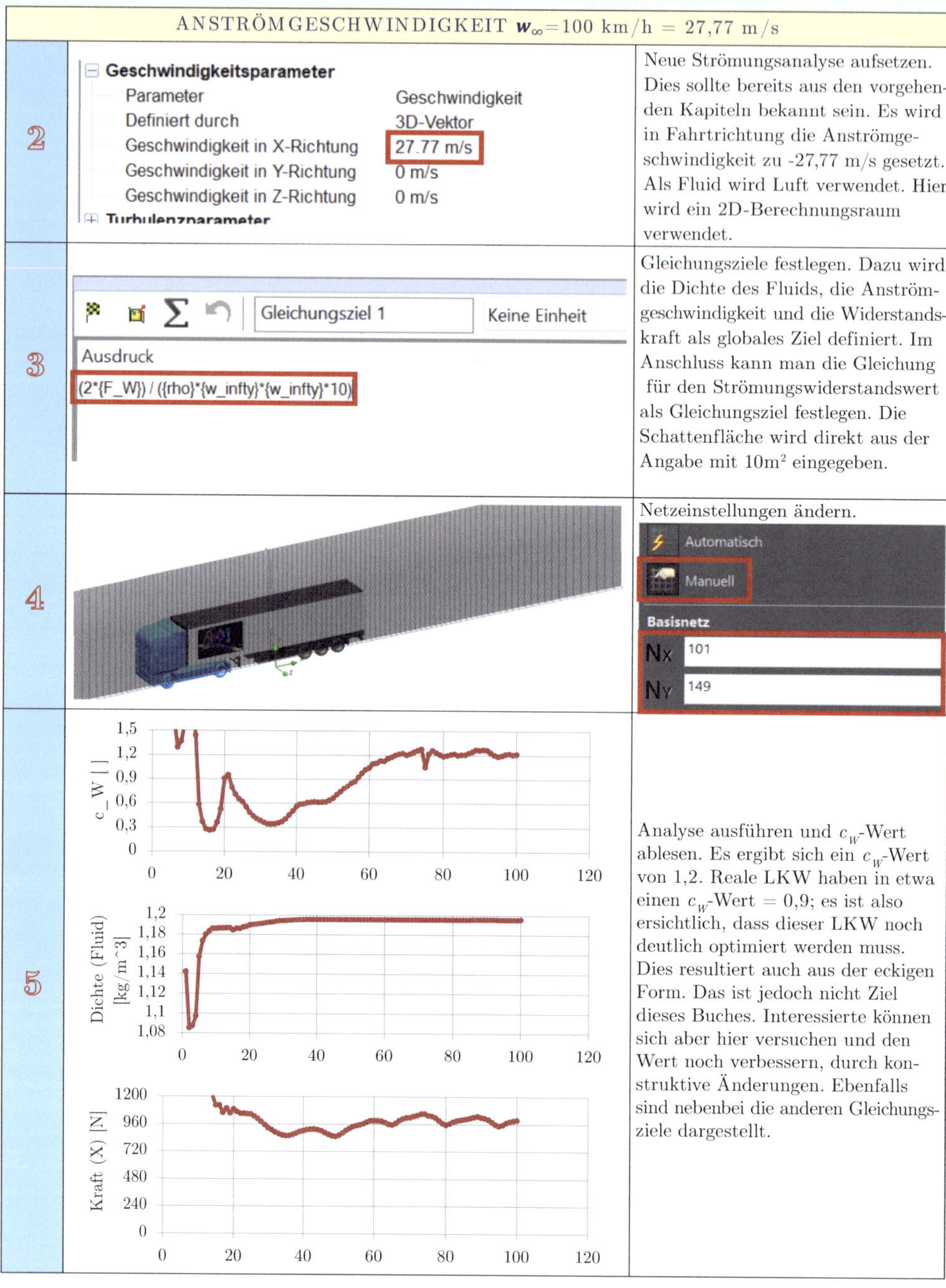

ANSTRÖMGESCHWINDIGKEIT $w_\infty = 100$ km/h = 27,77 m/s	
2	Neue Strömungsanalyse aufsetzen. Dies sollte bereits aus den vorgehenden Kapiteln bekannt sein. Es wird in Fahrtrichtung die Anströmgeschwindigkeit zu -27,77 m/s gesetzt. Als Fluid wird Luft verwendet. Hier wird ein 2D-Berechnungsraum verwendet.
3	Gleichungsziele festlegen. Dazu wird die Dichte des Fluids, die Anströmgeschwindigkeit und die Widerstandskraft als globales Ziel definiert. Im Anschluss kann man die Gleichung für den Strömungswiderstandswert als Gleichungsziel festlegen. Die Schattenfläche wird direkt aus der Angabe mit $10 m^2$ eingegeben.
4	Netzeinstellungen ändern.
5	Analyse ausführen und c_W-Wert ablesen. Es ergibt sich ein c_W-Wert von 1,2. Reale LKW haben in etwa einen c_W-Wert = 0,9; es ist also ersichtlich, dass dieser LKW noch deutlich optimiert werden muss. Dies resultiert auch aus der eckigen Form. Das ist jedoch nicht Ziel dieses Buches. Interessierte können sich aber hier versuchen und den Wert noch verbessern, durch konstruktive Änderungen. Ebenfalls sind nebenbei die anderen Gleichungsziele dargestellt.

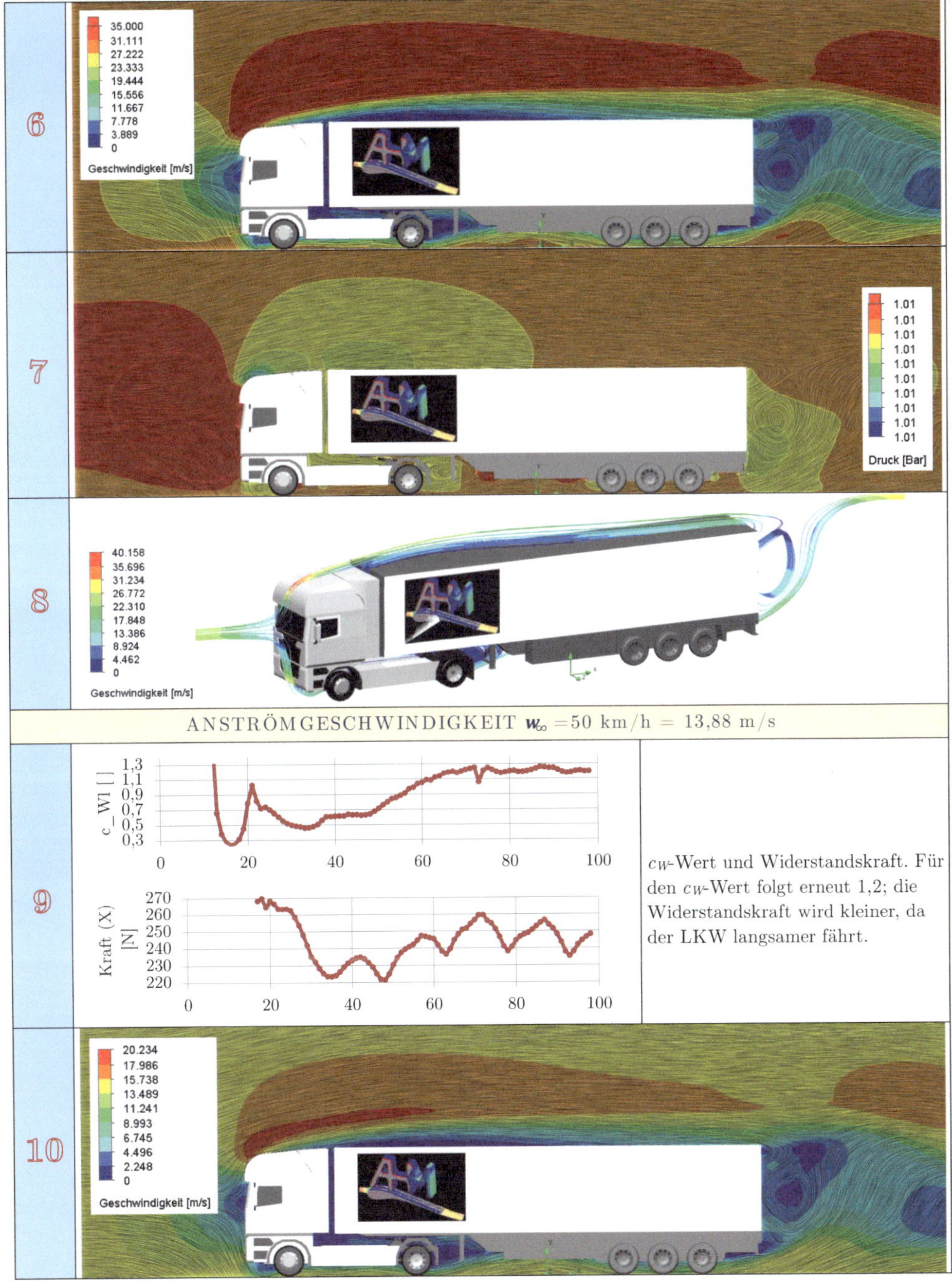
6
35.000
31.111
27.222
23.333
19.444
15.556
11.667
7.778
3.889
0
Geschwindigkeit [m/s]
7
1.01
1.01
1.01
1.01
1.01
1.01
1.01
1.01
1.01
1.01
Druck [Bar]
8
40.158
35.696
31.234
26.772
22.310
17.848
13.386
8.924
4.462
0
Geschwindigkeit [m/s]
ANSTRÖMGESCHWINDIGKEIT w_∞ = 50 km/h = 13,88 m/s
9
c_W1 [ ]
1,3
1,1
0,9
0,7
0,5
0,3
0
20
40
60
80
100
Kraft (X) [N]
270
260
250
240
230
220
0
20
40
60
80
100
c_W-Wert und Widerstandskraft. Für den c_W-Wert folgt erneut 1,2; die Widerstandskraft wird kleiner, da der LKW langsamer fährt.
10
20.234
17.986
15.738
13.489
11.241
8.993
6.745
4.496
2.248
0
Geschwindigkeit [m/s]

5

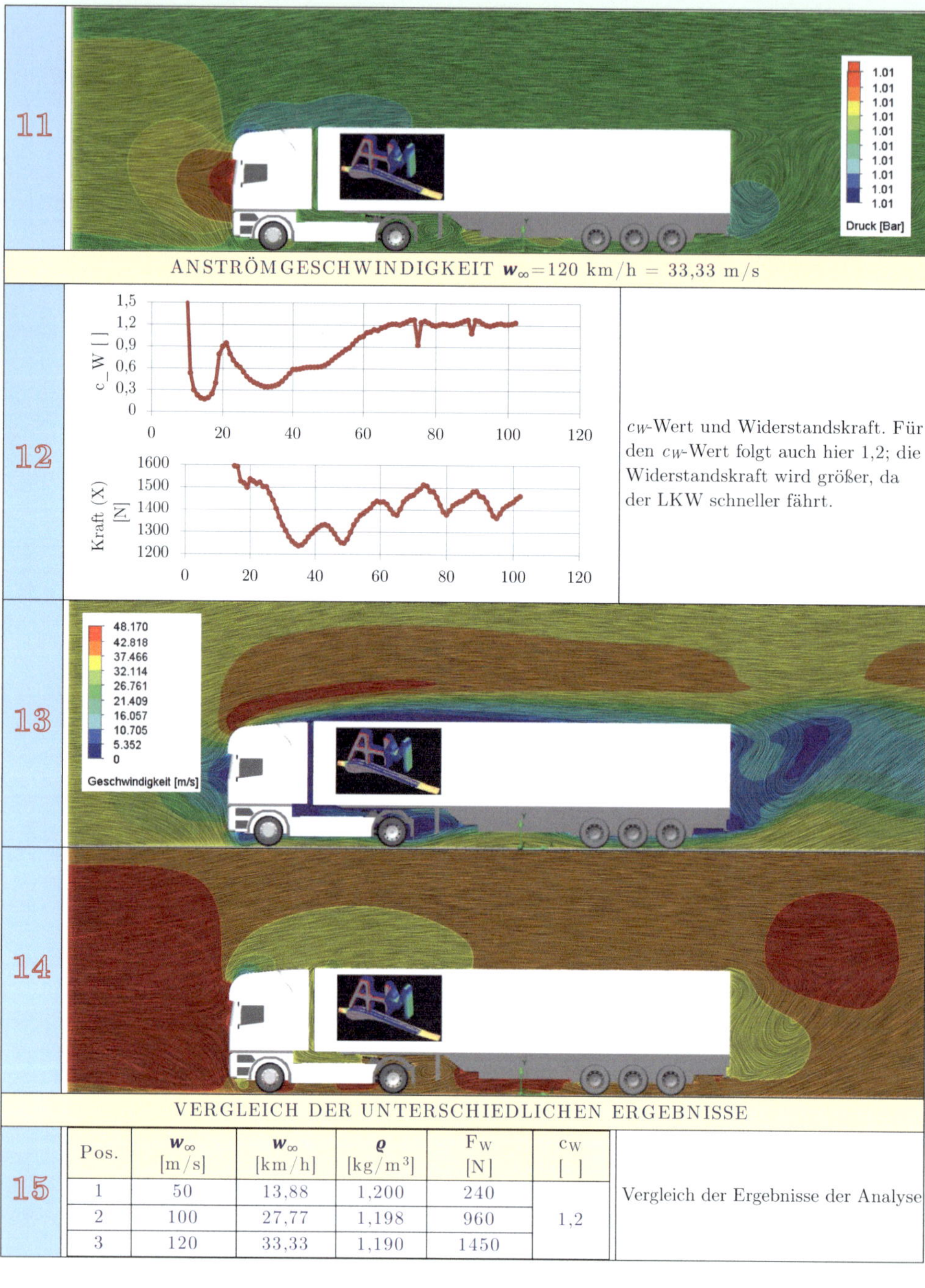

Pos.	w_∞ [m/s]	w_∞ [km/h]	ϱ [kg/m³]	F_W [N]	c_W [ ]
1	50	13,88	1,200	240	1,2
2	100	27,77	1,198	960	
3	120	33,33	1,190	1450	

Vergleich der Ergebnisse der Analyse

5.2 Stromlinien und Streichlinien [7]

5.2.1 Bei instationärer Strömung

Definition 5.1
Eine instationäre Strömung kann durch ein Vektorfeld beschrieben werden. Dieses hat folgende Gestalt

$$\vec{V} = \vec{V}(x, y, z, t) \,. \tag{5.24}$$

Es handelt sich also um eine Positionsanzeige durch die Koordinatenrichtungen x, y, z sowie um eine Zeitangabe durch t, da ja ein instationäres Feld vorliegt.

Es bewegen sich die beiden Volumenteilchen A und B (aus Abb. 5.26) durch den Raum.

Definition 5.2 (Streichlinien)
Die Linien, entlang denen sich die Volumina bei einer instationären Strömung bewegen, bezeichnet man als Streichlinien.

Streichlinien kann man sich als Pfad vorstellen, an denen sich entsprechende Fluidteilchen bewegt haben, wie bei einem langzeitbelichteten Bild.

Definition 5.3 (Stromlinien)
Liegt in jedem Punkt einer Linie der Geschwindigkeitsvektor tangential an, dann spricht man von Stromlinien.

Gemäß der Physik ist es unmöglich, dass ein Teilchen zwei unterschiedliche Geschwindigkeiten zur selben Zeit besitzen kann, aufgrund sich Stromlinien nie überschneiden dürfen. An Staupunkten, wo ja bekanntlich die Geschwindigkeit Null ist, wie bereits in den vorgehenden Kapiteln geklärt wurde, können mehrere Stromlinien zusammenkommen.

5.2.2 Bei stationärer Strömung

Bei diesem liegen Strom- und Streichlinien identisch, da hier die Geschwindigkeitsvektoren an jedem Punkt tangential an die Kurve anliegen. Vgl. mit Abb. 5.27.

Beim stationären Fall liegt die Streichlinie und die Stromlinie aufeinander. Die Funktion $f(x, y, z) = 0$ muss also zu null werden. Da dann die Geschwindigkeit $\vec{v}$ und das tangentiale Wegelement $d\vec{s}$ parallel zueinander liegen, muss das Kreuzprodukt dieser beiden zu null werden. Damit ergibt sich

$$\vec{v} \times d\vec{s} = 0 \tag{5.25}$$

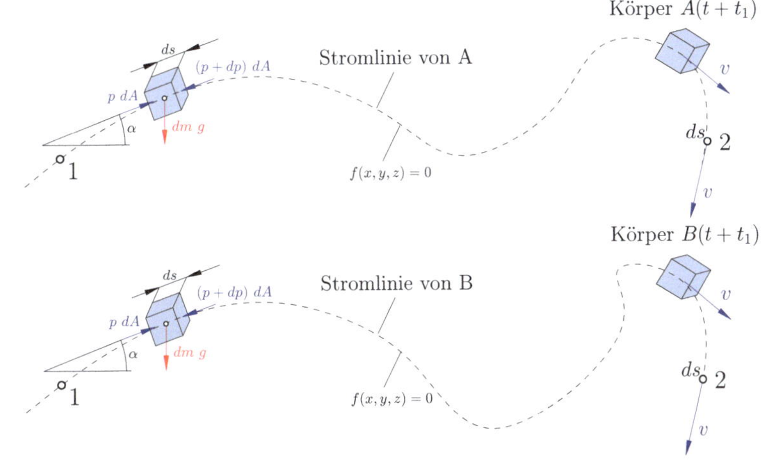

Abb. 5.26 Strom- und Streichlinien, instationär

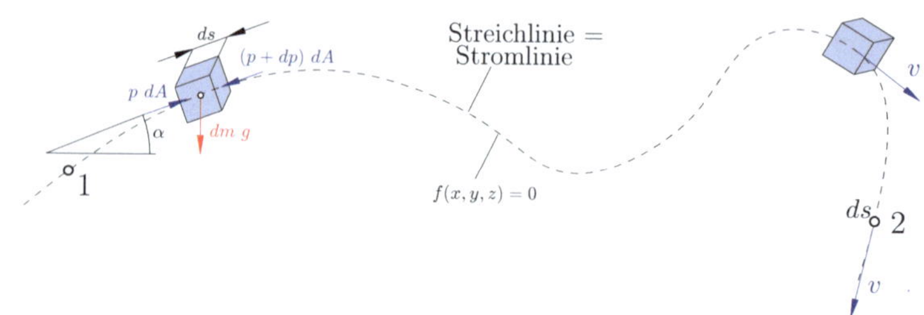

Abb. 5.27 Strom- und Streichlinien, stationär

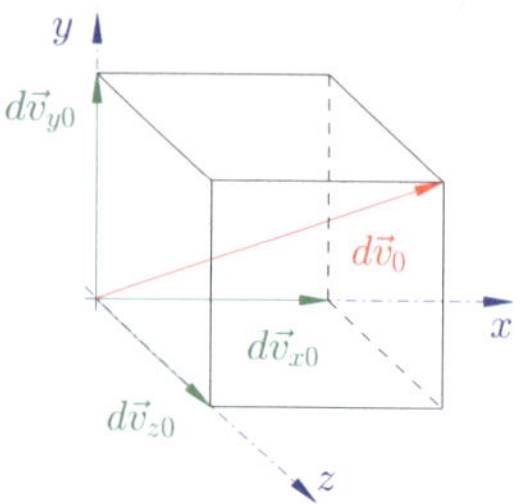

Abb. 5.28 Weg im Koordinatensystem, mit Einheitsvektoren, stationär

Zeichnet man einen Geschwindigkeitsvektor im Raum, so folgt die Darstellung aus Abb. 5.28.

Bezieht man sich auf das kartesische Koordinatensystem, erhält man für den Weg in Verbindung mit Abb. 5.28 folgende Gleichung, wenn der Weg mit $\overrightarrow{ds_0}$ bezeichnet wird

$$\overrightarrow{ds_0} = \overrightarrow{ds_{x0}} + \overrightarrow{ds_{y0}} + \overrightarrow{ds_{z0}} \,. \qquad (5.26)$$

Durch Hinzuziehen der Einheits- und den Richtungsvektoren i, j, k kann diese Gleichung gemäß

$$\overrightarrow{ds} = ds_x \cdot \vec{i} + ds_y \cdot \vec{j} + ds_z \cdot \vec{k} \qquad (5.27)$$

berechnet werden. Mittels der gleichen Vorgehensweise kann man sich für die Geschwindigkeit in Verbindung mit Abb. 5.28 den nachfolgende Ausdruck, wenn $\overrightarrow{dv_0}$ die resultierende Geschwindigkeit ist, überlegen

$$\overrightarrow{dv_0} = \overrightarrow{dv_{x0}} + \overrightarrow{dv_{y0}} + \overrightarrow{dv_{z0}} \,; \qquad (5.28)$$

bzw. durch Einheits- und Richtungsvektoren wird

$$\begin{aligned} \overrightarrow{dv} &= \overrightarrow{dv_x} \cdot \vec{i} + \overrightarrow{dv_y} \cdot \vec{j} + \overrightarrow{dv_z} \cdot \vec{k} \\ \vec{v} &= v_x \cdot \vec{i} + v_y \cdot \vec{j} + v_z \cdot \vec{k} \,. \end{aligned} \qquad (5.29)$$

Einsetzen von (5.27) und (5.29) in (5.25) ergibt

$$\left[ds_x \cdot \vec{i} + ds_y \cdot j + \overrightarrow{ds_z} \cdot \vec{k}\right] \times (v_x \cdot \vec{i} + v_y \cdot \vec{j} + v_z \cdot \vec{k}) = 0 \,. \qquad (5.30)$$

Durch Umschreiben in eine Matrix von (5.30):

$$\begin{aligned} \vec{v} \times d\vec{s} &= \begin{pmatrix} ds_x \cdot \vec{i} \\ ds_y \cdot \vec{j} \\ ds_z \cdot \vec{k} \end{pmatrix} \times \begin{pmatrix} v_x \cdot \vec{i} \\ v_y \cdot \vec{j} \\ v_z \cdot \vec{k} \end{pmatrix} \\ &= \begin{pmatrix} \begin{matrix} ds_y \cdot \vec{j} & v_y \cdot \vec{j} \\ ds_z \cdot \vec{k} & v_z \cdot \vec{k} \end{matrix} \\ - \begin{matrix} ds_x \cdot \vec{i} & v_x \cdot \vec{i} \\ ds_z \cdot \vec{k} & v_z \cdot \vec{k} \end{matrix} \\ \begin{matrix} ds_x \cdot \vec{i} & v_x \cdot \vec{i} \\ ds_y \cdot \vec{j} & v_y \cdot \vec{j} \end{matrix} \end{pmatrix} \\ &= \begin{pmatrix} ds_y \cdot \vec{j} \cdot v_z \cdot \vec{k} - v_y \cdot \vec{j} \cdot ds_z \cdot \vec{k} \\ -ds_x \cdot \vec{i} \cdot v_z \cdot \vec{k} + v_x \cdot \vec{i} \cdot ds_z \cdot \vec{k} \\ ds_x \cdot \vec{i} \cdot v_y \cdot \vec{j} - v_x \cdot \vec{i} \cdot ds_y \cdot \vec{j} \end{pmatrix} \\ &= 0 \,. \end{aligned} \qquad (5.31)$$

Aus schreibtechnischen Gründen als auch in Angleichung an die meisten Strömungsmechanischen Bücher werden die Geschwindigkeitskomponenten ab hier durch folgende Variablen geschrieben

$$v_x = u \qquad v_y = v \qquad v_z = w \qquad (5.32)$$

$$ds_x = dx \qquad ds_y = dy \qquad ds_z = dz \,. \qquad (5.33)$$

Es wird deshalb

$$\vec{v} \times d\vec{s} = \begin{pmatrix} ds_y \cdot \vec{j} \cdot v_z \cdot \vec{k} - v_y \cdot \vec{j} \cdot ds_z \cdot \vec{k} \\ -ds_x \cdot \vec{i} \cdot v_z \cdot \vec{k} + v_x \cdot \vec{i} \cdot ds_z \cdot \vec{k} \\ ds_x \cdot \vec{i} \cdot v_y \cdot \vec{j} - v_x \cdot \vec{i} \cdot ds_y \cdot \vec{j} \end{pmatrix} = \begin{pmatrix} dy \cdot \vec{j} \cdot w \cdot \vec{k} - v \cdot \vec{j} \cdot dz \cdot \vec{k} \\ -dx \cdot \vec{i} \cdot w \cdot \vec{k} + u \cdot \vec{i} \cdot dz \cdot \vec{k} \\ dx \cdot \vec{i} \cdot v \cdot \vec{j} - u \cdot \vec{i} \cdot dy \cdot \vec{j} \end{pmatrix} = 0 \tag{5.34}$$

Herausheben ergibt

$$\vec{v} \times d\vec{s} = \begin{pmatrix} \vec{j} \cdot \vec{k} \cdot (dy \cdot w - v \cdot dz) \\ \vec{i} \cdot \vec{k} \cdot (-dx \cdot w + u \cdot dz) \\ \vec{i} \cdot \vec{j} \cdot (dx \cdot v - u \cdot dy) \end{pmatrix} = \begin{pmatrix} 0 \\ 0 \\ 0 \end{pmatrix}, \tag{5.35}$$

wobei man jetzt die Matrix auflösen kann und folgende Gleichungen erhält

$$\vec{j} \cdot \vec{k} \cdot (dy \cdot w - v \cdot dz) = 0 \implies dy \cdot w - v \cdot dz = 0 \tag{5.36}$$

$$\vec{i} \cdot \vec{k} \cdot (-dx \cdot w + u \cdot dz) = 0 \implies -dx \cdot w + u \cdot dz = 0 \tag{5.37}$$

$$\vec{i} \cdot \vec{j} \cdot (dx \cdot v - u \cdot dy) = 0 \implies dx \cdot v - u \cdot dy = 0 \tag{5.38}$$

Sortieren ergibt

$$w\,dy - v\,dz = 0\,, \tag{5.39}$$

$$u\,dz - w\,dx = 0\,, \tag{5.40}$$

$$v\,dx + u\,dy = 0\,. \tag{5.41}$$

Wird die DGL durch Integration aus den Gleichungen (5.39), (5.40) und (5.41) gelöst, resultiert

$$w \cdot \int dy = v \cdot \int dz \tag{5.42}$$

$$w \cdot y = v \cdot z\,. \tag{5.43}$$

Differentialquotient:

$$\frac{dy}{dz} = \frac{v}{w}\,. \tag{5.44}$$

Da die Variablen u, v und w von x, y und z abhängen (siehe Gl. (5.43) folgt

$$\frac{y}{z} = \frac{v}{w} = f(x, y, z) = 0\,. \tag{5.45}$$

Es ergibt sich für die Gleichung der Stromlinie folgender Verlauf, wie er in Abb. 5.29 abgebildet ist. Aus (5.40) folgt

$$u \cdot z = w \cdot x\,. \tag{5.46}$$

Differentialquotient

$$\frac{dx}{dz} = \frac{u}{w}\,. \tag{5.47}$$

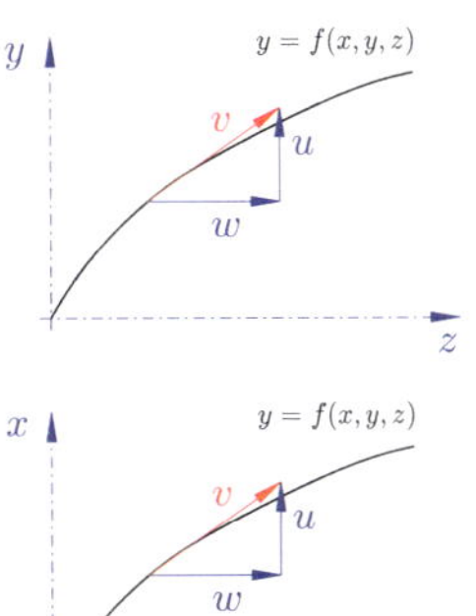

Abb. 5.29 Gleichung für die Stromlinie in verschiedenen Ebenen

Da die Variablen u, v und w von x, y und z abhängen (siehe Gl. (5.46) folgt

$$\frac{dx}{dz} = \frac{u}{w} = f(x, y, z) = 0\,. \tag{5.48}$$

Es ergibt sich für die Gleichung der Stromlinie folgender Verlauf, wie er in Abb. 5.29 abgebildet ist.

5.3 Reale Hydrodynamik

Zu Beginn der Hydrodynamik wurden die Grundgleichungen der bewegten Strömungslehre besprochen. Darunter fielen die: Kontinuitätsgleichung, die Bernoulli-Gleichung, um zwei Beispiele zu nennen. Die Bernoulli-Gleichung wurde dann bei der Lösung von Beispielen immer an zwei Punkten angesetzt und die Energie zwischen diesen beiden betrachteten Punkten bilanziert. Dies ist alles schön und gut, leider wird dabei die Strömung zwischen diesen beiden Punkten völlig vernachlässigt. Die Stromlinien, Fluidpartikel genießen also dabei keine Beachtung beim Verlassen von Punkt 1 und vor dem Erreichen von Punkt 2. Um die Strömungsmechanik der Realität exakt nachbilden zu können, ist es zusätzlich notwendig, die Zustände zwischen diesen Punkten zu kennen, oder besser gesagt das Verhalten während der Bewegung des Stromfadens. Besitzt dieser Stromfaden die Funktion $f(x)$ so kann eine eindimensionale „Kurve" abgebildet werden, bei Betrachtung in der Ebene muss die Funktion $f(x, y)$ oder im Raum $f(x, y, z)$ heißen. Da, wie der Name bereits vermuten lässt, die reale, instationäre Hydrodynamik instationäre Strömungen behandelt, also zeitabhängige Strömungen, müssen diese Funktionen zusätzlich von t abhängen, wodurch sich die Funktion $f(x, y, z, t)$ ergibt, was schon besprochen wurde. Um Geschwindigkeiten, Beschleunigungen etc. zu erhalten, ist es nötig, die Weg-Funktion abzuleiten, was bei mehreren Veränderlichen auf partielle Ableitungen, also $\frac{\partial}{\partial x}$ schließen lässt. Es folgen dann Gleichungen, wie sie bereits zuvor kurz angedeutet wurden. Als Beispiel sei $\xi = \nabla \times \vec{v}$ genannt, wodurch sich schnell Probleme bei der Lösung (besser: bei der analytischen Lösung) auftun. Es wird rasant unmöglich, diese Gleichungen mittels analytischen Methoden zu lösen und wenn, dann meist nur für Spezialfälle. Allgemein kann man solche Gleichungen nur durch die Numerik oder FEM bzw. CFD-Methoden in den Griff bekommen, womit sich die nachfolgenden Abschnitte kurz beschäftigen sollen. Nachfolgend ist die Gliederung an die Lehrveranstaltung „Hydrodynamik" von Andreas Malcherek (Institut für Wasserwesen, YouTube-Channel ▶ https://www.youtube.com/@AndreasMalcherek/playlists) angelehnt.

5.3.1 Lagrange'sche Ableitung und Advektion

5.3.1.1 Geschwindigkeiten entlang einer Stromlinie

Entlang einer Stromlinie ergeben sich im dreidimensionalen Raum drei Geschwindigkeiten: u, v, w. Diese können durch Bilden der ersten Ableitung der Stromlinie nach der Zeit zu

$$u = \frac{dx(t)}{dt} \qquad v = \frac{dy(t)}{dt} \qquad w = \frac{dz(t)}{dt} \tag{5.49}$$

ermittelt werden.

5.3.1.2 Bahnableitung

Mit zunehmender Zeit wird es in der Hundehütte aus Abb. 5.30 immer kälter und kälter, wenn der Winter startet. Es ändert sich also die Temperatur, aber auch die Zeit. Die Zeit schreitet voran, wodurch eine Funktion von zwei Variablen abhängt. Das Temperaturgefälle kann dann durch Bilden der Ableitung der Temperatur dT nach der Zeit dt berechnet werden. Es kann also $\frac{dT}{dt}$ festgehalten werden. dT würde man hier als Bahnableitung oder Lagrange'sche Ableitung bezeichnen. Da mehrere Veränderliche vorliegen, muss man exakt

$$\frac{\partial f(T, t)}{\partial (t)} \tag{5.50}$$

schreiben.

Abb. 5.30 Eingehendes Beispiel: Bahnableitung in Abhängigkeit der Zeit und Temperatur

5.3.1.3 Kettenregel

Die Kettenregel einer partiellen Ableitung $\frac{\partial f}{\partial t}$ kann durch Multiplizieren mittels der inneren Ableitung durchgeführt werden. Die Funktion f hängt von der Zeit t und der Position x, y, z ab. Da die Raumrichtungen x, y, z gesondert, der Reihe nach betrachtet werden, genügt es, die Abhängigkeit von t und x zu beachten. Die Funktion f muss also zuerst nach dx und anschließend nach dt abgeleitet werden oder mathematisch richtig geschrieben gilt

$$\frac{\partial f}{\partial x} \cdot \frac{dx}{dt} \, . \tag{5.51}$$

5.3.1.4 Totale Ableitung

Nach den Regeln des totalen Differentials müssen alle einzelnen Ableitungen aufsummiert werden zu

$$\frac{\partial f}{\partial x} \cdot \frac{dx}{dt} + \frac{\partial f}{\partial y} \cdot \frac{dy}{dt} + \frac{\partial f}{\partial z} \cdot \frac{dz}{dt} \, . \tag{5.52}$$

Um alle Änderungsraten zu bedenken, muss auch noch beachtet werden, dass sich die Temperatur auch ohne Änderung der Bahn ändern kann. Dies bedeutet, man muss zusätzlich noch die Ableitung $\frac{\partial f(t)}{\partial t}$ bilden. Es resultiert

$$\frac{\partial f}{\partial x} \cdot \frac{dx}{dt} + \frac{\partial f}{\partial y} \cdot \frac{dy}{dt} + \frac{\partial f}{\partial z} \cdot \frac{dz}{dt} + \frac{\partial f(t)}{\partial t} \, . \tag{5.53}$$

5.3.1.5 Lagrange'sche Ableitung

Benannt nach dem Mathematiker Joseph-Louis Lagrange.[1]

Die Lagrange'sche Ableitung oder Bahnableitung ist durch die zuvor hergeleitete Gleichung definiert zu

$$\frac{\partial f}{\partial x} \cdot \frac{dx}{dt} + \frac{\partial f}{\partial y} \cdot \frac{dy}{dt} + \frac{\partial f}{\partial z} \cdot \frac{dz}{dt} + \frac{\partial f}{\partial t} \, . \tag{5.54}$$

Hierin können die Geschwindigkeiten ersetzt werden. Es resultiert

$$\frac{\partial f}{\partial x} \cdot u + \frac{\partial f}{\partial y} \cdot v + \frac{\partial f}{\partial z} \cdot w + \frac{\partial f}{\partial t} \, . \tag{5.55}$$

Allgemein folgt damit für die Geschwindigkeiten u, y, w

$$\frac{\partial u}{\partial x} \cdot u + \frac{\partial u}{\partial y} \cdot v + \frac{\partial u}{\partial z} \cdot w + \frac{\partial u}{\partial t} \, ; \tag{5.56}$$

$$\frac{\partial v}{\partial x} \cdot u + \frac{\partial v}{\partial y} \cdot v + \frac{\partial v}{\partial z} \cdot w + \frac{\partial v}{\partial t} \, ; \tag{5.57}$$

$$\frac{\partial w}{\partial x} \cdot u + \frac{\partial w}{\partial y} \cdot v + \frac{\partial w}{\partial z} \cdot w + \frac{\partial w}{\partial t} \, . \tag{5.58}$$

5.3.1.6 Lineare Advektionagleichung

Lagrange'sche Erhaltungsgröße: Ist die Funktion

$$\frac{\partial f}{\partial x} \cdot \frac{dx}{dt} + \frac{\partial f}{\partial y} \cdot \frac{dy}{dt} + \frac{\partial f}{\partial z} \cdot \frac{dz}{dt} + \frac{\partial f(t)}{\partial t} = 0 \, , \tag{5.59}$$

so bezeichnet man diese als Lagrange'sche Erhaltungsgröße. Ebenfalls wird diese Gleichung als **lineare Advektionsgleichung** bezeichnet.

1 Joseph-Louis de Lagrange (geboren 25. Januar 1736 in Turin; gestorben 10. April 1813 in Paris) war ein italienischer Mathematiker und Astronom [53].

5.3.1.7 Nicht lineare Advektionsgleichung

Die nicht lineare Advektionsgleichung unterscheidet sich auf den ersten Blick nicht sehr von der linearen. Es sei angemerkt, dass bei der nicht linearen Advektionsgleichung die Funktion f auch von der Geschwindigkeit u abhängt.

5.3.2 Kontinuitätsgleichung für kompressible Fluide

5

Massenbilanz für offene Systeme: Es wurde bereits die Gleichung $\Delta m = m_{\text{ein}} - m_{\text{aus}}$ gezeigt. Diese Gleichung kann durch

$$\frac{dM}{dt} = \dot{m}_{\text{ein}} - \dot{m}_{\text{aus}} \tag{5.60}$$

geschrieben werden. Da der Massendurchfluss durch

$$\dot{m} = \varrho \cdot Q = \varrho \cdot A \cdot v = -\int\limits_{\partial\Omega} \varrho \cdot \vec{v} \cdot \vec{n}\, dA \tag{5.61}$$

berechnet werden kann, wobei $\partial\Omega$ die Grenze einer Fluidfläche (Begrenzungsfläche), $\vec{n}$ den Richtungsvektor und $\vec{v}$ die Geschwindigkeit darstellt. Es folgt damit

$$\frac{dM}{dt} = -\oint\limits_{\partial\Omega} \varrho \cdot \vec{v} \cdot \vec{n}\, dA\,. \tag{5.62}$$

Wendet man hier den Gauß'schen Integralsatz an, so kann das Oberflächenintegral in ein Volumenintegral zu

$$-\oint\limits_{\partial\Omega} \varrho \cdot \vec{v} \cdot \vec{n}\, dA = -\int\limits_{\Omega} \operatorname{div}(\varrho \cdot \vec{v})\, d\Omega \tag{5.63}$$

$$\Longrightarrow \frac{\partial \varrho}{\partial t} = -\operatorname{div}(\varrho \cdot \vec{v}) \tag{5.64}$$

umschrieben werden.

5.3.3 Kontinuitätsgleichung für inkompressible Fluide

Liegt ein inkompressibles Fluid (Flüssigkeit, Hydromechanik) vor, so ändert sich die Dichte nicht, oder nur minimal, sodass diese als konstant angenommen werden kann. Damit wird aus der Kontinuitätsgleichung für kompressible Strömungen: $\frac{\partial \varrho}{\partial t} = -\operatorname{div}(\varrho \cdot \vec{v}) \Longrightarrow \frac{\partial \varrho}{\partial t} + \operatorname{div}(\varrho \cdot \vec{v}) = 0$ der Term: $\frac{\partial \varrho}{\partial t} = 0$ und auch die ϱ in $\operatorname{div}(\varrho \cdot \vec{v})$ zu $\operatorname{div}(\vec{v})$.

Die Divergenz ausgeschrieben heißt

$$\begin{aligned}&\frac{\partial \varrho}{\partial t} + \operatorname{div}(\varrho \cdot \vec{v})\\ &= \frac{\partial \varrho}{\partial t} + \underbrace{\frac{\partial \varrho u}{\partial x} + \frac{\partial \varrho v}{\partial y} + \frac{\partial \varrho w}{\partial z}}_{\text{Produktregel}} = 0\,.\end{aligned} \tag{5.65}$$

Der Teil „Produktregel" (PR) kann umgeordnet werden, zu

$$\begin{aligned}\text{PR} = &\underbrace{\frac{\partial \varrho}{\partial x} \cdot u + \frac{\partial \varrho}{\partial y} \cdot v + \frac{\partial \varrho}{\partial z} \cdot w}_{A}\\ &\underbrace{+ \frac{\partial u}{\partial x} \cdot \varrho + \frac{\partial v}{\partial y} \cdot \varrho + \frac{\partial w}{\partial z} \cdot \varrho}_{B}\,.\end{aligned} \tag{5.66}$$

Hierin kann A und B umschrieben werden, zu

$$A := \begin{pmatrix} u \\ v \\ w \end{pmatrix} \cdot \begin{pmatrix} \frac{\partial \varrho}{\partial x} \\ \frac{\partial \varrho}{\partial y} \\ \frac{\partial \varrho}{\partial z} \end{pmatrix}, \tag{5.67}$$

bzw.

$$B := \varrho \cdot \left(\frac{\partial u}{\partial x} + \frac{\partial v}{\partial y} + \frac{\partial w}{\partial z} \right) \tag{5.68}$$

Es resultiert

$$\text{PR} = \vec{v} \cdot \operatorname{grad}(\varrho) + \varrho \cdot \operatorname{div}(\vec{v})\,. \tag{5.69}$$

Rückeingesetzt in Gl. (5.65) ergibt sich

$$\frac{\partial \varrho}{\partial t} + \operatorname{div}(\varrho \cdot \vec{v}) = \frac{\partial \varrho}{\partial t} + \frac{\partial \varrho u}{\partial x} + \frac{\partial \varrho v}{\partial y} + \frac{\partial \varrho w}{\partial z} = 0$$

$$\frac{\partial \varrho}{\partial t} + \operatorname{div}(\varrho \cdot \vec{v}) = \vec{v} \cdot \operatorname{grad}(\varrho) + \varrho \cdot \operatorname{div}(\vec{v}) = 0\,. \tag{5.70}$$

Ist $\varrho = \text{const.}$ wird daraus

$$\underbrace{\frac{\partial \varrho}{\partial t} + \operatorname{div}(\varrho \cdot \vec{v})}_{\frac{D\varrho}{Dt}=0} = \vec{v} \cdot \underbrace{\operatorname{grad}(\varrho)}_{\frac{\partial}{\partial \varrho}=0} + \varrho \cdot \operatorname{div}(\vec{v}) = 0 \tag{5.71}$$

wodurch nur mehr

$$\varrho \cdot \operatorname{div}(\vec{v}) = 0 \tag{5.72}$$

stehen bleibt.

5.3.4 Geschwindigkeitspotential

Das Geschwindigkeitspotential ist durch folgende Gleichung definiert, dies geht aus einer Annahme hervor.

$$\vec{v} = \begin{pmatrix} u \\ v \\ w \end{pmatrix} = -\operatorname{grad}(\varphi) = \begin{pmatrix} \frac{\partial \varphi}{\partial x} \\ \frac{\partial \varphi}{\partial y} \\ \frac{\partial \varphi}{\partial z} \end{pmatrix} \tag{5.73}$$

5.3.4.1 Homogene, stationäre Strömung

Die einfachste Strömung ist die zeitunabhängige, homogene Strömung. Dies bedeutet, die Strömung fließt nur in eine Richtung von A nach B. Die Strömungsgeschwindigkeit ändert sich im Raum nicht. Es gilt dann für das Potential die Differenz

$$\varphi(x, y) = -u_0 \cdot x - v_0 \cdot y\,. \tag{5.74}$$

Warum sieht dieses Potential so aus? Dazu betrachtet man die Definition des Gradienten für $\vec{v}$.

Beweis

$$\vec{v} = \begin{pmatrix} u \\ v \end{pmatrix} = -\operatorname{grad}(\varphi) = \begin{pmatrix} \frac{\partial \varphi}{\partial x} \\ \frac{\partial \varphi}{\partial y} \end{pmatrix} = \begin{pmatrix} u_0 \\ v_0 \end{pmatrix}. \tag{5.75}$$

Es folgt also die Geschwindigkeit

$$\vec{v}(x, y) = \begin{pmatrix} u_0 \\ v_0 \end{pmatrix}. \tag{5.76}$$

□

5.3.4.2 Potentialströmung

Das Geschwinidgkeitspotential ist durch $\vec{v} = -\operatorname{grad}(\varphi)$ definiert und die inkompressible Strömung mit $\operatorname{div}(\vec{v})$. Setzt man diese beiden Gleichungen ineinander ein, folgt

$$\operatorname{div}(\operatorname{grad}(\varphi)) = \nabla\varphi = \frac{\partial^2 \varphi}{\partial x^2} + \frac{\partial^2 \varphi}{\partial y^2} + \frac{\partial^2 \varphi}{\partial z^2} = 0\,. \tag{5.77}$$

5.3.4.3 Potentialströmung in Matlab

Um eine Strömungsanalyse, und auch eine erste, einfache CFD-Analyse (FEM) selbst zu programmieren, wird Matlab benutzt. Dazu soll eine abrupte Verengung einer Strömung analysiert werden.[2]

2 Dieses Beispiel ist Hydrodynamik 5: Potentialströmungen in MATLAB in YouTube (▶ https://www.youtube.com/watch?v=NASCE9jwOr0&list=PLeJlNT9hA2PwyyZKrQMcxMauZcHZBi5Rm&index=5) von Andreas Malecherk entnommen.

Methode: Lösung durch Matlab 5.1

Zu programmieren ist ein einfaches CFD-Programm, mittels Matlab, dass bei vorgegebenen Strömungsformen die Potentialtrennung ermittelt und einzeichnet. Benutzen Sie für die Randbedingungen entweder die Vorschriften nach Dirichlet oder Neumann, je nach Anwendungsfall. Stellen Sie die Potentialströmung am Ende in einem Diagramm dar,

Vorgehensweise: Siehe Abb. 5.33
Fluidform: Siehe Abb. 5.31
Quellcode: Siehe Abb. 5.34
Ergebnis: Siehe Abb. 5.32

```
function potentialstroemung

%%%%%%%%%%%%%%%%%%%%%%%%%%%%%%%%%%%%%%%%%%%%%%%%%%%%%%%%%%%%%%%%
%%%%%%%%%%%%%%%%%%%%%%%%%%%%%%GEOMETRIE%%%%%%%%%%%%%%%%%%%%%%%%%
%%%%%%%%%%%%%%%%%%%%%%%%%%%%%%%%%%%%%%%%%%%%%%%%%%%%%%%%%%%%%%%%

    model = createpde();
    %%Beschreibung der Geometrie
    %         x1    x2   x3  x4   y1 y2 y3  y4
    R1 = [3,4,-0.1, 0,0, -0.1, 0, 0, 0.4, 0.4]';
%Rechteck1
    R2 = [3,4, 0  ,0.1 ,0.1,0, 0.343, 0.343, 0.4, 0.4]';
%Rechteck2

    gdm = [R1, R2]; %Matrix der geometrischen Elemente
    g = decsg(gdm, '(R1+R2)', char('R1', 'R2')');

    %Einf¸gen der Geometrie in das Modell
    geometryFromEdges(model,g);
    generateMesh(model,'Hmax', 0.1);

    figure
    pdegplot(model, 'EdgeLabels', 'on');
    axis equal
end
```


Abb. 5.31 Zu untersuchende Strömungsfläche

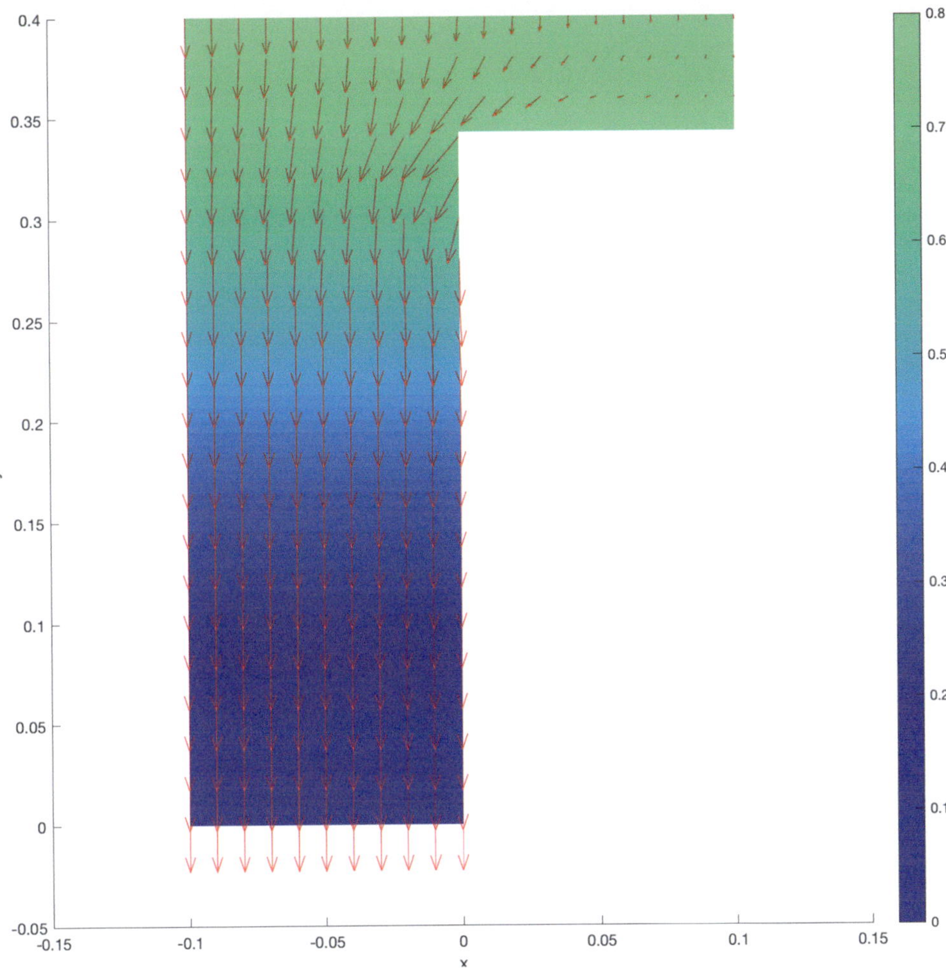

Abb. 5.32 Potentialströmung in Matlab – Lösung

5

Rechteck zeichnen, bzw. Geometrie zeichnen:
`R1 = [3,4,-0.1, 0,0, -0.1, 0, 0, 0.4, 0.4]'; %Rechteck1` `R2 = [3,4, 0 ,0.1 ,0.1,0, 0.343, 0.343, 0.4, 0.4]'; %Rechteck2`
Matrix erstellen:
`gdm = [R1, R2]; %Matrix der geometrischen Elemente` `g = decsg(gdm, '(R1+R2)', char('R1', 'R2')');`
Lösen der Divergenzgleichung
`specifyCoefficients(model, 'm',0, 'd',0, 'c',1, 'a',0, 'f',0);`
Erstellung des Netzes:
`geometryFromEdges(model,g);` `generateMesh(model,'Hmax', 0.1);`
Randbedingungen:

`applyBoundaryCondition(model,'dirichlet','Edge',[5 6], 'u', @inflow);`
 	
`applyBoundaryCondition(model,'dirichlet','Edge',[1 ], 'u', @outflow);`
 	
`applyBoundaryCondition(model,'neumann', 'Edge',[2 3 4 7], 'g',0,'q',0);`

Ergebnisse:

`results = solvepde(model);`
`u = results.NodalSolution;`
`ux=-results.XGradients;`
`uy=-results.YGradients;`

Plot:

`pdeplot(model,'XYData',u,'ColorMap','winter','FlowData',[ux, uy])`
`xlabel('x')`
`ylabel('y')`

Abb. 5.33 Vorgehensweise Potentialströmung in Matlab

```
function potentialstroemung

%%%%%%%%%%%%%%%%%%%%%%%%%%%%%%%%%%%%%%%%%%%%%%%%%%%%%%%%%%%%%%%%%%%%%%%%%%
%%%%%%%%%%%%%%%%%%%%%%%%%%%%%%GEOMETRIE%%%%%%%%%%%%%%%%%%%%%%%%%%%%%%%%%%%%
%%%%%%%%%%%%%%%%%%%%%%%%%%%%%%%%%%%%%%%%%%%%%%%%%%%%%%%%%%%%%%%%%%%%%%%%%%

    model = createpde();
    %%Beschreibung der Geometrie
    %          x1     x2    x3   x4    y1 y2 y3  y4
    R1 = [3,4,-0.1, 0,0, -0.1, 0, 0, 0.4, 0.4]';          %Rechteck1
    R2 = [3,4, 0  ,0.1 ,0.1,0, 0.343, 0.343, 0.4, 0.4]';   %Rechteck2

    gdm = [R1, R2]; %Matrix der geometrischen Elemente
    g = decsg(gdm, '(R1+R2)', char('R1', 'R2')');

    %Einf¸gen des Netztes in das Modell
    geometryFromEdges(model,g);
    generateMesh(model,'Hmax', 0.1);

    specifyCoefficients(model, 'm',0, 'd',0, 'c',1, 'a',0, 'f',0);

    applyBoundaryCondition(model,'dirichlet','Edge',[5 6], 'u', @inflow);
    applyBoundaryCondition(model,'dirichlet','Edge',[1  ], 'u', @outflow);
    applyBoundaryCondition(model,'neumann',  'Edge',[2 3 4 7], 'g',0,'q',0);

    results = solvepde(model);
    u = results.NodalSolution;
    ux=-results.XGradients;
    uy=-results.YGradients;

    figure

    pdeplot(model,'XYData',u,'ColorMap','winter','FlowData',[ux, uy])
    xlabel('x')
    ylabel('y')

        function u = inflow(location,state)
            u =2*location.y;
        end

        function u = outflow(location,state)
            u =4*location.y;
        end
end
```

Abb. 5.34 Potentialströmung in Matlab – Quellcode

5

5.3.5 Druckkräfte

5.3.5.1 Spezifische Kraft

Eine Kraft ist als $F = p \cdot A$ definiert bzw. bei einem Fluidwürfel mit den Abmessungen $\Delta x \times \Delta y \times \Delta z$ gilt $F_x = p \cdot \Delta y \cdot \Delta z$. Bei einem Druckzuwachs auf der gegenüberliegenden Seite von Δp gilt dann $F_x = -(p + \Delta p) \cdot \Delta z \cdot \Delta y$. Die resultierende Kraft wird zu

$$F_{\text{Res}} = -(\Delta p) \cdot \Delta y \cdot \Delta z\,. \tag{5.78}$$

Betrachtet man die spezifische Druckkraft, indem durch die Masse dividiert wird, folgt

$$\begin{aligned} f_x = \frac{F_{\text{Res}}}{m} &= \lim_{\Delta x \Delta y \Delta z \to 0} \left(\frac{F_{\text{Res}}}{\varrho \cdot \Delta x \cdot \Delta y \cdot \Delta z} \right) \\ &= \lim_{\Delta x \Delta y \Delta z \to 0} \left(\frac{-\Delta p \cdot \Delta y \cdot \Delta z}{\varrho \cdot \Delta x \cdot \Delta y \cdot \Delta z} \right) \\ &= -\lim_{\Delta x \to 0} \left(\frac{1}{\varrho} \cdot \frac{\Delta p}{\Delta x} \right) \\ &= -\frac{1}{\varrho} \cdot \frac{\partial p}{\partial x}\,; \end{aligned} \tag{5.79}$$

$$f_x = -\frac{1}{\varrho} \cdot \frac{\partial p}{\partial x}\,. \tag{5.80}$$

5.3.5.2 Euler-Gleichungen in Lagrange'scher Form

Unter Kenntnis der spezifischen Kraft kann eine erste Formulierung der Euler-Gleichungen getätigt werden, zu

$$\frac{Du}{Dt} = -\frac{1}{\varrho} \cdot \frac{\partial p}{\partial x} \tag{5.81}$$

$$\frac{Dv}{Dt} = -\frac{1}{\varrho} \cdot \frac{\partial p}{\partial y} \tag{5.82}$$

$$\frac{Dw}{Dt} = -\frac{1}{\varrho} \cdot \frac{\partial p}{\partial z} - g \tag{5.83}$$

$$\frac{\partial u}{\partial x} + \frac{\partial v}{\partial y} + \frac{\partial w}{\partial z} = 0\,. \tag{5.84}$$

5.3.5.3 Ausgeschriebene Euler-Gleichungen

Werden die Euler-Gleichungen vollständig ausgeschrieben, so lauten diese

$$\frac{\partial u}{\partial t} + u\frac{\partial u}{\partial x} + v\frac{\partial u}{\partial y} + w\frac{\partial u}{\partial z} = -\frac{1}{\varrho}\frac{\partial p}{\partial x} \tag{5.85}$$

$$\frac{\partial v}{\partial t} + u\frac{\partial v}{\partial x} + v\frac{\partial v}{\partial y} + w\frac{\partial v}{\partial z} = -\frac{1}{\varrho}\frac{\partial p}{\partial y} \tag{5.86}$$

$$\frac{\partial w}{\partial t} + u\frac{\partial w}{\partial x} + v\frac{\partial w}{\partial y} + w\frac{\partial w}{\partial z} = -\frac{1}{\varrho}\frac{\partial p}{\partial z} - g \tag{5.87}$$

$$\frac{\partial u}{\partial x} + \frac{\partial v}{\partial y} + \frac{\partial w}{\partial z} = 0\,. \tag{5.88}$$

Man kann die Euler-Gleichung auch mittels dem Nabla-Operator notieren, es folgt damit die Form

$$\vec{\nabla} f = \begin{pmatrix} \frac{\partial f}{\partial x} \\ \frac{\partial f}{\partial y} \\ \frac{\partial f}{\partial z} \end{pmatrix} = \text{grad}(f)\,. \tag{5.89}$$

Eine weitere, häufig gebrauchte Notation ist jene mittels Indizes, zu

$$\frac{Du_i}{Dt} = \frac{1}{\varrho} \cdot \frac{\partial p}{\partial x_i} - g_i\,. \tag{5.90}$$

Mit $x_i = (x, y, z)$ und $u_i = (u, v, w)$. Diese Formulierungen sollten bereits aus Band 2 dieser Buchreihe, Teil 2 (Kontinuumsmechanik) bekannt sein.

5.3.5.4 Herleitung der Bernoulli-Gleichung

Da eine Spezialform der Euler-Gleichungen die Bernoulli-Gleichungen folgen lassen, kann man hier auch wieder die Verbindung zwischen den Grundlagen der Hydrodynamik und dem weiteren Stoff feststellen. Zuvor wurde

$$\frac{\partial \vec{u}}{t} + \left(\vec{u} \cdot \vec{\nabla}\right) \cdot \vec{u} = -\frac{1}{\varrho} \cdot \vec{\nabla} p - \vec{g} \quad (5.91)$$

gefunden. Mittels der Weber-Transformation[3] kann dies in

$$(\vec{u}\vec{\nabla})\vec{u} = \frac{1}{2} \operatorname{grad} \vec{u}^2 - \vec{u} \times \underbrace{\operatorname{rot} u}_{:=0} \quad (5.92)$$

überführt werden. Die Rotation kann hier Null gesetzt werden, da sonst keine „perfekte Strömung" vorliegen würde, was sich mit der Anwendung der Bernoulli-Gleichung, in gesuchter Form, widersprechen würde. Für g gilt

$$\vec{g} = \operatorname{grad}(g \cdot z) = \begin{pmatrix} 0 \\ 0 \\ g \end{pmatrix}. \quad (5.93)$$

Es folgt durch einsetzen dieser Bedingung und ausklammern des Gradienten

$$\operatorname{grad}\left(\frac{\vec{u}^2}{2} + \frac{p}{\varrho} + gz\right) = 0\,. \quad (5.94)$$

Ist der Gradient einer Funktion gleich null, so wie hier, dann ist diese Gleichung konstant, wodurch sich die Bernoulli-Gleichung zu

$$\frac{\vec{u}^2}{2} + \frac{p}{\varrho} + gz = \text{const.} \quad (5.95)$$

ergibt.

3 Auf diesen Zusammenhang kommt man nur durch Annahme des Terms und anschließendem Einsetzen und vergleichen, dies kann nur bewiesen werden, hier aber ohne Beweis, da es keinen Einfluss auf die Strömungslehre hat.

5.3.6 Euler-Gleichung

5.3.6.1 Impulsgleichung

Die Impulsgleichung für ein offenes System kann durch

$$\frac{d\vec{I}}{dt} = \sum_i \dot{m}_i \cdot \vec{v}_i + M \cdot \vec{g} - \int_{\partial\Omega} p \cdot \vec{n} \cdot dA \quad (5.96)$$

beschrieben werden. Die Massenbilanz kann umgeschrieben werden, zu

$$\sum_i \dot{m}_i \cdot \vec{v}_i = -\int_{\partial\Omega} \varrho \cdot (\vec{n} \cdot \vec{v}) \cdot \vec{v} \cdot dA\,. \quad (5.97)$$

Dies oben eingesetzt und vereinfacht, ergibt

$$\frac{d\vec{I}}{dt} = Mg - \int_{\partial\Omega} (pn + \varrho(\vec{n}\,\vec{v})\vec{v})dA\,. \quad (5.98)$$

5.3.6.2 Heterogene Dichteverteilung

Es gilt für die Impulsgleichung und den Massenstrom

$$\vec{I} = \int_{\Omega} \varrho \vec{v}\, d\Omega \quad (5.99)$$

$$M = \int_{\Omega} \varrho\, d\Omega \quad (5.100)$$

In I handelt es sich um die Gleichung $m \cdot v$ bzw. die Dichte über das (Kontroll-) Volumen Ω. Integriert ergibt sich erneut die Masse. Es kann damit die Gleichung

$$\frac{d}{dt} \int_{\Omega} \varrho \vec{v}\, d\Omega = \int_{\Omega} \varrho \vec{g}\, d\Omega - \int_{\partial\Omega} (p\vec{n} + \varrho(\vec{n}\,\vec{v})\vec{v})dA \quad (5.101)$$

formuliert werden. Anwendung des Gauß'schen Integralsatz auf die obige Gleichung lässt

$$\frac{d}{dt}\int \varrho\vec{v}\,d\Omega = -\int_{\Omega}(\operatorname{div}(\varrho(\vec{v}\otimes\vec{v})) + \operatorname{grad} p)\,d\Omega + \int_{\Omega}\varrho\vec{g}\,d\Omega \tag{5.102}$$

folgen. Warum entsteht hier ein tensorielles Produkt? Ein Tensor Produkt entsteht dann, wenn in der zu überführenden Gleichung: $(\vec{n}\,\vec{v})\vec{v})$, also durch Auflösen $\vec{v}^2$, vorliegt.

Was bedeutet solch ein Tensor-Produkt? Ein Tensorprodukt ist mit dem Operator $\otimes$ gekennzeichnet und beschreibt die tensorielle Multiplikation zweier Vektoren in Gestalt

$$\vec{v}\otimes\vec{v} = \begin{pmatrix} uu & uv & uw \\ vu & vv & vw \\ wu & wv & ww \end{pmatrix}. \tag{5.103}$$

5.3.6.3 Infinitesimalisierung

Mit $\frac{\partial\varrho}{\partial t} = -\operatorname{div}(\varrho\vec{v})$ folgt

$$\frac{\partial\varrho\vec{v}}{\partial \mathrm{t}} = -\operatorname{div}(\rho(\vec{v}\otimes\vec{v})) - \operatorname{grad} p + \varrho\vec{g}\,. \tag{5.104}$$

5.3.6.4 Divergenz des Tensorproduktes

Hier muss jetzt das Tensorprodukt, bestehend aus $\operatorname{div}(\vec{v}\otimes\vec{v})$ umschrieben werden. Dies kann so gemacht werden:

$$\begin{aligned}
&\operatorname{div}(\vec{v}\otimes\vec{v}) \\
&= \begin{pmatrix} \frac{\partial}{\partial x} & \frac{\partial}{\partial y} & \frac{\partial}{\partial z} \end{pmatrix}\begin{pmatrix} uu & uv & uw \\ vu & vv & vw \\ wu & wv & ww \end{pmatrix} \\
&= \begin{pmatrix} \frac{\partial uu}{\partial x} + \frac{\partial vu}{\partial y} + \frac{\partial wu}{\partial z} \\ \frac{\partial uv}{\partial x} + \frac{\partial vv}{\partial y} + \frac{\partial wv}{\partial z} \\ \frac{\partial uw}{\partial x} + \frac{\partial vw}{\partial y} + \frac{\partial ww}{\partial z} \end{pmatrix} \\
&= \begin{pmatrix} u\frac{\partial u}{\partial x} + u\frac{\partial v}{\partial y} + u\frac{\partial w}{\partial z} + u\frac{\partial u}{\partial x} + v\frac{\partial u}{\partial y} + w\frac{\partial w}{\partial z} \\ v\frac{\partial u}{\partial x} + v\frac{\partial v}{\partial y} + v\frac{\partial w}{\partial z} + u\frac{\partial v}{\partial x} + v\frac{\partial v}{y} + w\frac{\partial v}{\partial z} \\ w\frac{\partial u}{\partial x} + w\frac{\partial v}{\partial y} + w\frac{\partial w}{\partial z} + u\frac{\partial w}{\partial x} + v\frac{\partial w}{\partial y} + w\frac{\partial w}{\partial z} \end{pmatrix} \\
&= \vec{v}\operatorname{div}(\vec{v}) + \vec{v}\operatorname{grad}(\vec{v})
\end{aligned} \tag{5.105}$$

5.3.6.5 3D-Euler-Gleichungen

$$\frac{\partial u}{\partial t} + u\frac{\partial u}{\partial x} + v\frac{\partial u}{\partial y} + w\frac{\partial u}{\partial z} = -\frac{1}{\varrho}\frac{\partial p}{\partial x} \tag{5.106}$$

$$\frac{\partial v}{\partial t} + u\frac{\partial v}{\partial x} + v\frac{\partial v}{\partial y} + w\frac{\partial v}{\partial z} = -\frac{1}{\varrho}\frac{\partial p}{\partial y} \tag{5.107}$$

$$\frac{\partial w}{\partial t} + u\frac{\partial w}{\partial x} + v\frac{\partial w}{\partial y} + w\frac{\partial w}{\partial z} = -\frac{1}{\varrho}\frac{\partial p}{\partial z} - g \tag{5.108}$$

$$\frac{\partial u}{\partial x} + \frac{\partial v}{\partial y} + \frac{\partial w}{\partial z} = 0\,. \tag{5.109}$$

5.3.6.6 2D-Euler-Gleichungen

$$\frac{\partial u}{\partial t} + u\frac{\partial u}{\partial x} + v\frac{\partial u}{\partial y} + w\frac{\partial u}{\partial z} = -\frac{1}{\varrho}\frac{\partial p}{\partial x} \tag{5.110}$$

$$\frac{\partial v}{\partial t} + u\frac{\partial v}{\partial x} + v\frac{\partial v}{\partial y} + w\frac{\partial v}{\partial z} = -\frac{1}{\varrho}\frac{\partial p}{\partial y} \tag{5.111}$$

$$\frac{\partial u}{\partial x} + \frac{\partial v}{\partial y} = 0\,. \tag{5.112}$$

5.3.6.7 Euler-Gleichung und Potentialströmung

Vereinfacht man die Euler-Gleichung

$$\frac{\partial\vec{v}}{\partial t} + \vec{v}\operatorname{grad}\vec{v} = -\frac{1}{\varrho}\operatorname{grad} p + \vec{g}\,, \tag{5.113}$$

durch Entfallen lassen der beiden Gradienten zu

$$\frac{\partial\vec{v}}{\partial t} = -\frac{1}{\varrho}\operatorname{grad} p\,, \tag{5.114}$$

handelt es sich um ein „quasi Potential" des Druckes. Schreibt man das Potential der Geschwindigkeit durch

$$\vec{v} = -\operatorname{grad}\varphi \tag{5.115}$$

an, so kann man folgern, dass es in Wirklichkeit gar keine Potentialströmungen gibt.

5.3.7 D'Alembert'sche Paradoxon

Das d'Alembert'sche Paradoxon sagt aus, dass ein umströmter Körper keinen Strömungswiderstand hat. Benannt ist dieses nach dem Mathematiker Jean le Rond d'Alembert (vgl. Abb. 5.35) [50].

5.3.7.1 Was ist das Geschwindigkeitspotential

Das Geschwindigkeitspotential ist eine Lagrange'sche Erhaltungsgröße. Es gilt

$$\begin{aligned}\frac{D\phi}{Dt} &= \frac{\partial\phi}{\partial t} + \left(\vec{v}_0\vec{\nabla}\right)\phi = 0\\ \Longrightarrow\quad \frac{\partial\phi}{\partial t} &= (\vec{v}_0\vec{u})\,.\end{aligned} \tag{5.116}$$

Abb. 5.35 Jean le Rond d'Alembert [8]

5.3.7.2 Druck

Der Druck kann mittels der instationären Bernoulli-Gleichung zu

$$\begin{aligned}&-\frac{\partial\phi}{\partial t} + \frac{1}{2}\vec{u}^2 + \frac{p}{\varrho}\\ &= -(\vec{v}_0\vec{u}) + \frac{1}{2}\vec{u}^2 + \frac{p}{\varrho} = \text{const.} := 0\\ &\Longrightarrow\quad p = \varrho(\vec{v}_0\vec{u}) - \frac{1}{2}\varrho\vec{u}^2\end{aligned} \tag{5.117}$$

berechnet werden.

5.3.7.3 Druckkraft

Die Druckkraft auf einen Körper errechnet sich durch

$$\begin{aligned}\vec{F} &= -\int_{\partial\Omega} p\vec{n}\,dA\\ &= -\varrho\int_{\partial\Omega}\left((\vec{v}_0\vec{u}) - \frac{1}{2}\vec{u}^2\right)\vec{n}\,dA\\ \int_{\partial\Omega}\frac{1}{2}\vec{u}^2\vec{n}\,dA &= \int_{\partial\Omega}(\vec{u}\vec{n})\vec{n}\,dA\\ \vec{F} &= -\varrho\int_{\partial\Omega}(\vec{u}\vec{v}_0)\vec{n} - (\vec{u}\vec{n})\vec{n}\,dA\,.\end{aligned} \tag{5.118}$$

Mit $\vec{u}\cdot\vec{n} = \vec{v_0}\cdot\vec{n}$ folgt

$$\vec{F} = -\varrho\int_{\partial\Omega}(\vec{u}\vec{v}_0)\vec{n} - \left(\vec{v_0}\vec{n}\right)\vec{n}\,dA\,. \tag{5.119}$$

5.3.7.4 Kraft in Bewegungsrichtung

$$\begin{aligned}\vec{F} &= -\varrho\int_{\partial\Omega}(\vec{u}\vec{v}_0)\vec{n} - (\vec{v_0}\vec{n})\vec{n}\,dA\\ \vec{F}\vec{v}_0 &= -\varrho\int_{\Omega}(\vec{u}\vec{v}_0)(\vec{v}_0\vec{n})\\ &\qquad - (\vec{v_0}\vec{n})(\vec{v}_0\vec{n})\,dA = 0\end{aligned} \tag{5.120}$$

Die Widerstandskraft ist also Null, was zu einem klaren Widerspruch führt.

5.3.7.5 Resultat

Mit dem d'Alembert'schen Paradoxon wurde hiermit die Potentialtheorie offensichtlich widerlegt.

5.3.8 Rotationsströmung

Wenn $\mathrm{rot}(\vec{u}) = 0$ angenommen wird, so ist die Strömung rotationsfrei.

Theorem 5.1 (Rotationsfreiheit)

$$\mathrm{rot}(\mathrm{grad}\,\varphi) = 0\,. \tag{5.121}$$

Corollary 5.3

$$\vec{u} = -\mathrm{grad}\,\varphi\,. \tag{5.122}$$

Für jedes rotationsfreie Vektorfeld existiert ein Potential.

Eine Rotationsströmung ist durch

$$\vec{\omega} := \mathrm{rot}\,\vec{u} = \begin{pmatrix} \frac{\partial w}{\partial y} - \frac{\partial v}{\partial z} \\ \frac{\partial u}{\partial z} - \frac{\partial w}{\partial x} \\ \frac{\partial v}{\partial x} - \frac{\partial u}{\partial y} \end{pmatrix} \tag{5.123}$$

beschreibbar, worauf später noch vertiefend eingegangen wird.

Im nächsten Schritt wird erneut auf die Euler-Gleichungen verwiesen. Treffen diese Gleichungen Aussage über die Rotation einer Strömung?

$$\frac{\partial \vec{u}}{\partial t} + \frac{1}{2}\,\mathrm{grad}\,\vec{u}^2 - \vec{u} \times \mathrm{rot}\,\vec{u} = \vec{f} - \frac{1}{\varrho}\,\mathrm{grad}\,p \tag{5.124}$$

Zieht man hier die Rotation einer Strömung hinzu, so folgt in erster Linie

$$\frac{\partial\,\mathrm{rot}\,\vec{u}}{\partial t} + \frac{1}{2}\,\mathrm{rot}\,\mathrm{grad}\,\vec{u}^2 - \mathrm{rot}(\vec{u} \times \mathrm{rot}\,\vec{u}) = \mathrm{rot}\,\vec{f} - \frac{1}{\varrho}\,\mathrm{rot}\,\mathrm{grad}\,p \tag{5.125}$$

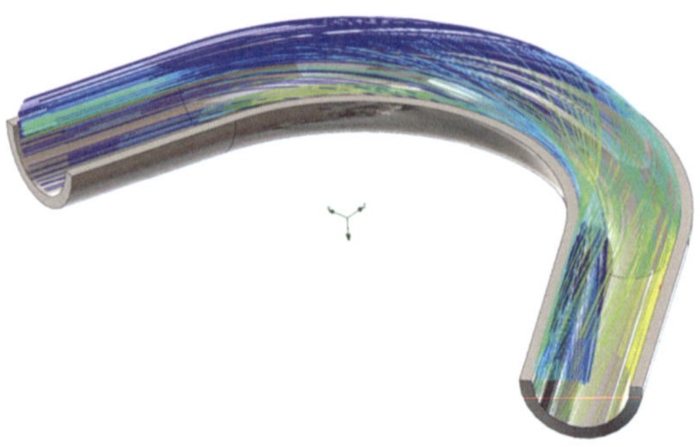

Abb. 5.36 Krümmerströmung

bzw. durch Zusammenfassen.

$$\frac{\partial\,\mathrm{rot}\,\vec{u}}{\partial t} - \mathrm{rot}(\vec{u} \times \mathrm{rot}\,\vec{u}) = \mathrm{rot}\,\vec{f}\,. \tag{5.126}$$

Corollary 5.4

Betrachtet man die Randbedingungen genauer, so kann man feststellen, dass in jedem Term eine Rotation enthalten ist. Man kann daher schlussfolgern, dass jede Wandung eine Quelle für eine Rotation darstellt. Demnach gibt es keine rotationsfreien Strömungen. Zu erkennen ist eine Rotationsströmung als Beispiel bei einer Krümmerströmung, wie sie in Abb. 5.36 mittels Stromlinien abgebildet ist.

5.3.9 Druck-Poisson-Gleichung

5.3.9.1 Herleitung

Wird die Euler-Gleichung nach ∂x_i abgeleitet, folgt

$$\frac{\partial v_i}{\partial t} + v_j\,\frac{\partial v_i}{\partial x_j} = -\frac{1}{\varrho}\,\frac{\partial p}{\partial x_i} + g_i$$

$$\frac{\partial}{\partial x_i}\,\frac{\partial v_i}{\partial t} + \frac{\partial}{\partial x_i}\left(v_j\,\frac{\partial v_i}{\partial x_j}\right) = -\frac{1}{\varrho}\,\frac{\partial}{\partial x_i}\,\frac{\partial p}{\partial x_i} + \frac{\partial g_i}{\partial x_i}\,. \tag{5.127}$$

Da g konstant ist, fällt dieses weg, durch Vertauschen der beiden Ableitungen in obiger Gleichung ergibt sich

$$\frac{\partial}{\partial t}\frac{\partial v_i}{\partial x_i} + v_j\frac{\partial}{\partial x_j}\frac{\partial v_i}{\partial x_i} + \frac{\partial v_j}{\partial x_i}\frac{\partial v_i}{\partial x_j} = -\frac{1}{\varrho}\frac{\partial}{\partial x_i}\frac{\partial p}{\partial x_i}\,. \tag{5.128}$$

Betrachtet man den Term: $\frac{\partial}{\partial t}\frac{\partial v_i}{\partial x_i}$ bzw. hier den zweiten Teil: $\frac{\partial v_i}{\partial x_i}$ genauer, ergibt sich durch Umschreiben anstelle der Index-Notation

$$\frac{\partial v_i}{\partial x_i} = \frac{\partial u}{\partial x} + \frac{\partial v}{\partial y} + \frac{\partial w}{\partial z} = 0\,. \tag{5.129}$$

Es folgt damit

$$-\frac{\partial}{\partial x_i}\frac{\partial p}{\partial x_i} = \varrho\frac{\partial v_j}{\partial x_i}\frac{\partial v_i}{\partial x_j}\,. \tag{5.130}$$

5.3.9.2 Randbedingungen

In der Strömungsmechanik liegen in Strömungen **geschlossene Ränder** vor. Da sich Strömungen nur parallel zu Rändern bewegen und nicht durch den Rand hinweg fließen können, muss die Geschwindigkeit multipliziert mit dem normalen Einheitsvektor als Lösung Null folgen. Durch Hinzufügen der Erdbeschleunigung und der Euler-Gleichungen und anschließendem Multiplizieren mittels dem Einheits-Normal-Vektors muss sich

$$\frac{D\vec{v}\vec{n}}{Dt} = 0 = -\vec{n}\frac{1}{\varrho}\,\mathrm{grad}\,p + \vec{n}\vec{g} \tag{5.131}$$

ergeben. Auflösen und Umstellen dieser Gleichung ergibt

$$\vec{n}\vec{\nabla}p = \vec{n}\varrho\vec{g}\,. \tag{5.132}$$

Bei dieser Gleichung handelt es sich um eine Neumann-Randbedingung[4], diese heißt so, wenn Randbedingungen an geschlossenen Rändern vorliegen.

An **offenen Rändern**, beispielsweise an Rändern, an welchen ein Massen- oder Volumenstrom ausläuft, oder Druckabfall herrscht, muss der Druck bereits bekannt sein. Es handelt sich dann um eine Dirichlet-Randbedingung.[5] Dirichlet-Randbedingungen können

$$p(z) = \varrho\cdot g\cdot h \qquad \vec{n}\cdot\mathrm{grad}(p) = \varrho\cdot g \tag{5.133}$$

sein.

5.3.9.3 Anwendung

Die Druck-Poisson-Gleichung erfährt dann Anwendung, wenn die Kräfte gegen Seitendruckwände oder Drücke gesucht sind. Die Potentialströmungstheorie wird um den Druckterm erweitert, wodurch man auf wirkende Kräfte schließen kann.

5.3.9.4 Lösung

Die Lösung muss Numerisch gemacht werden, hier wird eine Lösung mittels Matlab vorgeführt. Löst man Gleichung

$$-\frac{\partial}{\partial x_i}\frac{\partial p}{\partial x_i} = f \tag{5.134}$$

auf, so folgt

$$f = \varrho\frac{\partial v_j}{\partial x_i}\frac{\partial v_i}{\partial x_j} = \varrho\left(\frac{\partial u}{\partial x}\frac{\partial u}{\partial x} + 2\frac{\partial u}{\partial y}\frac{\partial v}{\partial x} + \frac{\partial v}{\partial y}\frac{\partial v}{\partial y}\right); \tag{5.135}$$

was der zu lösenden Gleichung in Matlab entspricht.

4 Benannt nach Carl Gottfried Neumann. Carl Gottfried Neumann (geboren 7. Mai 1832 in Königsberg (Preußen); gestorben 27. März 1925 in Leipzig) war ein deutscher Mathematiker [25, 71].

5 Benannt nach Peter Gustav Lejeune Dirichlet. Johann Peter Gustav Lejeune Dirichlet (geboren 13. Februar 1805 in Düren; gestorben 5. Mai 1859 in Göttingen) war ein deutscher Mathematiker [31].

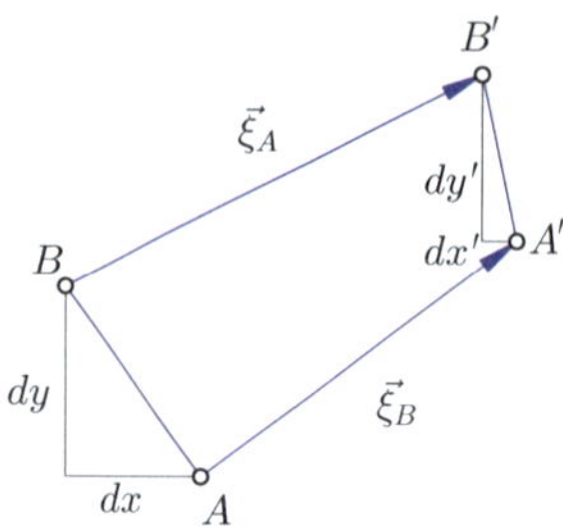

Abb. 5.37 Verschiebung anhand von Punkten

5

5.3.10 Deformation und Deformationstensor

In der Kontinuumsmechanik kann man die Gleichungen, vgl. mit Abb. 5.37,

$$\vec{\xi}_A = \begin{pmatrix} \xi_{xA} \\ \xi_{yA} \end{pmatrix} = \begin{pmatrix} x'_A - x_A \\ y'_A - y_A \end{pmatrix} \quad (5.136)$$

$$\vec{\xi}_B = \begin{pmatrix} \xi_{xB} \\ \xi_{yB} \end{pmatrix} = \begin{pmatrix} x'_B - x_B \\ y'_B - y_B \end{pmatrix} \quad (5.137)$$

$$\vec{\xi}(x,y,z) = \begin{pmatrix} \xi_x(x,y,z) \\ \xi_y(x,y,z) \\ \xi_z(x,y,z) \end{pmatrix} = \begin{pmatrix} x'-x \\ y'-y \\ z'-z \end{pmatrix} \quad (5.138)$$

für die Deformation zeigen.

5.3.10.1 Totales Differential

Liegen die beiden Punkte A und B unendlich weit beisammen, so kann man die Verschiebung mittels dem totalen Differentials beschreiben, zu

$$\xi_{xB} = \xi_{xA} + \frac{\partial \xi_x}{\partial x} dx + \frac{\partial \xi_x}{\partial y} dy \quad (5.139)$$

$$\xi_{yB} = \xi_{yA} + \frac{\partial \xi_y}{\partial x} dx + \frac{\partial \xi_y}{\partial y} dy \quad (5.140)$$

$$\begin{pmatrix} \xi_{xB} - \xi_{xA} \\ \xi_{yB} - \xi_{yA} \end{pmatrix} = \begin{pmatrix} \frac{\partial \xi_x}{\partial x} & \frac{\partial \xi_x}{\partial y} \\ \frac{\partial \xi_y}{\partial x} & \frac{\partial \xi_y}{\partial y} \end{pmatrix} \begin{pmatrix} dx \\ dy \end{pmatrix} . \quad (5.141)$$

Bemerkung 5.2
Bei einer deformationsfreien Verschiebung sind alle Ableitungen Null.

5.3.10.2 Verschiebeweg

Der Verschiebeweg dl berechnet sich, zwischen den Punkten A und B mittels dem Pythagoras, zu

$$dl^2 = dx^2 + dy^2 , \quad (5.142)$$

bzw. die Verschiebung der Punkte A' und B' zu

$$dl'^2 = dx'^2 + dy'^2 . \quad (5.143)$$

Einsetzen ergibt

$$\begin{aligned} dl'^2 &= (x'_B - x'_A)^2 + (y'_B - y'_A)^2 \\ &= (x_B + \xi_{xB} - x_A + \xi_{xA})^2 \\ &\quad + (y_B + \xi_{yB} - y_A + \xi_{yA})^2 . \end{aligned} \quad (5.144)$$

Ausmultiplizieren und neu ordnen ergibt

$$\begin{aligned} dl'^2 &= dl^2 + 2(\xi_{xB} - \xi_{xA})dx \\ &\quad + 2(\xi_{yB} - \xi_{yA})dy + (\xi_{xB} - \xi_{xA})^2 \\ &\quad + (\xi_{yB} - \xi_{yA})^2 \end{aligned} \quad (5.145)$$

Mit: $dl^2 = dx^2 + dy^2$ und $dx = x_B - x_A$ bzw. $dy = y_B - y_A$. Erneut berachtet man diese Gleichung, es entfallen dort einige Terme

$$\begin{aligned} dl'^2 &= dl^2 + 2(\xi_{xB} - \xi_{xA})dx \\ &\quad + 2(\xi_{yB} - \xi_{yA})dy \\ &\quad + \underbrace{(\xi_{xB} - \xi_{xA})^2 + (\xi_{yB} - \xi_{yA})^2}_{\approx 0} ; \\ &= dl^2 + 2(\xi_{xB} - \xi_{xA})dx \\ &\quad + 2(\xi_{yB} - \xi_{yA})dy . \end{aligned} \quad (5.146)$$

Durch einsetzen des totalen Differentials (Gl. (5.141)) ergibt sich

$$\begin{aligned} dl'^2 &= dl^2 + 2\left(\frac{\partial \xi_x}{\partial x} dx + \frac{\partial \xi_x}{\partial y} dy\right) dx \\ &\quad + 2\left(\frac{\partial \xi_y}{\partial x} dx + \frac{\partial \xi_y}{\partial y} dy\right) dy . \end{aligned} \quad (5.147)$$

5.3.10.3 Deformationstensor

Mit der zuvor gefundenen Gleichung folgt

$$
\begin{aligned}
dl'^2 &= dl^2 + 2\left(\frac{\partial \xi_x}{\partial x}dx + \frac{\partial \xi_x}{\partial y}dy\right)dx \\
&\quad + 2\left(\frac{\partial \xi_y}{\partial x}dx + \frac{\partial \xi_y}{\partial y}dy\right)dy \\
&= dl^2 + 2\begin{pmatrix} dx \\ dy \end{pmatrix}^{\mathsf{T}}
\end{aligned}
$$

$$
\begin{pmatrix} \frac{1}{2}\left(\frac{\partial \xi_x}{\partial x} + \frac{\partial \xi_x}{\partial x}\right) & \frac{1}{2}\left(\frac{\partial \xi_y}{\partial x} + \frac{\partial \xi_x}{\partial y}\right) \\ \frac{1}{2}\left(\frac{\partial \xi_x}{\partial y} + \frac{\partial \xi_y}{\partial x}\right) & \frac{1}{2}\left(\frac{\partial \xi_y}{\partial y} + \frac{\partial \xi_y}{\partial y}\right) \end{pmatrix} \begin{pmatrix} dx \\ dy \end{pmatrix}. \tag{5.148}
$$

Durch Umschreiben dieser Gleichung und Substitution folgt

$$
dl'^2 = dl^2 + 2\sum_{i,k} \varepsilon_{ik} dx_i dx_k\,; \tag{5.149}
$$

$$
\varepsilon_{ik} = \frac{1}{2}\left(\frac{\partial \xi_i}{\partial x_k} + \frac{\partial \xi_k}{\partial x_i}\right). \tag{5.150}
$$

Hierin taucht ein Vorfaktor auf, der einem bereits aus Band 2 bekannt sein sollte. Die Querdehnungszahl durch den Vorfaktor 1/2. Wem dies nichts mehr sagt, wird auf Band 2 dieser Buchreihe verwiesen [9], Kapitel 2.2.2.

5.3.11 Cauchy-Gleichungen

Hier werden die Cauchy-Gleichungen behandelt. Diese wurden bereits in der Kontinuumsmechanik (Elastostatik) verwendet und sollen hier vertieft und auf die Strömungsmechanik adaptiert werden. Benannt sind diese nach Augustin-Louis Cauchy.[6]

6 Augustin-Louis Cauchy (geboren 21. August 1789 in Paris; gestorben 23. Mai 1857 in Sceaux) war ein französischer Mathematiker [23].

5.3.11.1 Spannungstensor

In der Kontinuumsmechanik wurde der Spannungstensor anhand eines herausgeschnittenen, infinitesimal kleinen Würfels- bzw. Tetraederstücks gezeigt. Es wurde dort die Gleichung

$$
\sigma_{ij} = \begin{pmatrix} \sigma_{xx} & \sigma_{xy} & \sigma_{xz} \\ \sigma_{yx} & \sigma_{yy} & \sigma_{yz} \\ \sigma_{zx} & \sigma_{zy} & \sigma_{zz} \end{pmatrix} \tag{5.151}
$$

$$
n_i \sigma_{ij} = \begin{pmatrix} \sigma_{xx}n_x + \sigma_{yx}n_y + \sigma_{zx}n_z \\ \sigma_{xy}n_x + \sigma_{yy}n_y + \sigma_{zy}n_z \\ \sigma_{xz}n_x + \sigma_{yz}n_y + \sigma_{zz}n_z \end{pmatrix} \tag{5.152}
$$

gefunden. Dieser kann so auch in der Strömungsmechanik verwendet werden.

5.3.11.2 Kraftwirkung

Hat der infinitesimal kleine Würfel die Abmessungen $\Delta x \times \Delta y \times \Delta z$, so kann man die Kraft durch die Gleichung $\sigma = \frac{F}{A}$ zu

$$
\begin{aligned}
F_i &= \Delta y \cdot \Delta z(\sigma_{xi,2} - \sigma_{xi,1}) \\
&\quad + \Delta x \cdot \Delta z(\sigma_{yi,2} - \sigma_{yi,1}) \\
&\quad + \Delta x \cdot \Delta y(\sigma_{zi,2} - \sigma_{zi,1})
\end{aligned} \tag{5.153}
$$

finden. Die Kraftdichte wurde bereits zuvor durch Kraft pro Masse definiert, wodurch sich die Differentialgleichungen

$$
F_i = V\left(\frac{\partial \sigma_{xi}}{\partial x} + \frac{\partial \sigma_{yi}}{\partial y} + \frac{\partial \sigma_{zi}}{\partial z}\right) = V\frac{\partial \sigma_{ji}}{\partial x_j} \tag{5.154}
$$

$$
f_i = \frac{F_i}{\varrho V} = \frac{1}{\varrho}\frac{\partial \sigma_{ji}}{\partial x_j} \tag{5.155}
$$

ergeben. Die Kraft auf ein beliebiges Volumen berechnet sich zu

$$
F_i = \int_{\Omega} \frac{\partial \sigma_{ji}}{\partial x_j} d\Omega \tag{5.156}
$$

5

5.3.11.3 Bewegungsgleichung

der Trägheitsterm für die verteilte Masse kann durch

$$\frac{dMv_i}{dt} = \frac{d}{dt}\int_{\Omega} \varrho v_i \, d\Omega \tag{5.157}$$

berechnet werden.

$$\frac{d}{dt}\int_{\Omega} \varrho v_i \, d\Omega = \int_{\Omega} \frac{\partial \sigma_{ji}}{\partial x_j} d\Omega \tag{5.158}$$

Die Bewegung in Folge innerer Spannungen kann durch die zuvor gefundene Gleichung zu

$$\frac{d}{dt}\int_{\Omega} \varrho v_i \, d\Omega = \int_{\Omega} \frac{\partial \sigma_{ji}}{\partial x_j} d\Omega \tag{5.159}$$

bzw. äußerer Spannungen

$$\frac{d}{dt}\int_{\Omega(t)} \varrho v_i \, d\Omega = \int_{\Omega(t)} \varrho f_i \, d\Omega + \int_{\Omega(t)} \frac{\partial \sigma_{ji}}{\partial x_j} d\Omega \tag{5.160}$$

berechnet werden.

5.3.11.4 Reynold'sches Transporttheorem

Mittels dem Reynold'schen Transporttheorem kann man für Gl. (5.160)

$$\frac{d}{dt}\int_{\Omega(t)} \varrho v_i \, d\Omega = \int_{\Omega(t)} \varrho f_i \, d\Omega + \int_{\Omega(t)} \frac{\partial \sigma_{ji}}{\partial x_j} d\Omega \tag{5.161}$$

$$\int_{\Omega(t)} \left(\frac{\partial \varrho v_i}{\partial t} + \frac{\partial \varrho v_i v_j}{\partial x_j} \right) d\Omega = \int_{\Omega(t)} \varrho f_i \, d\Omega + \int_{\Omega(t)} \frac{\partial \sigma_{ji}}{\partial x_j} d\Omega \tag{5.162}$$

$$\frac{\partial \varrho v_i}{\partial t} + \frac{\partial \varrho v_j v_i}{\partial x_j} = \varrho f_i + \frac{\partial \sigma_{ji}}{\partial x_j} \tag{5.163}$$

finden.

5.3.11.5 Cauchy'schen Bewegungsgleichungen

Damit folgen die Cauchy'schen Bewegungsgleichungen zu

$$\frac{\partial \varrho}{\partial t} + \frac{\partial \varrho v_j}{\partial x_j} = 0 \tag{5.164}$$

$$\frac{\partial \varrho v_i}{\partial t} + \frac{\partial \varrho v_j v_i}{\partial x_j} = \varrho f_i + \frac{\partial \sigma_{ji}}{\partial x_j} \tag{5.165}$$

$$\frac{\partial v_i}{\partial t} + v_j \frac{\partial v_i}{\partial x_j} = f_i + \frac{1}{\varrho}\frac{\partial \sigma_{ji}}{\partial x_j} . \tag{5.166}$$

5.3.12 Energiebilanz

Energiebilanzen können durch $\frac{dE}{dt} = \int_{\partial\Omega} \vec{\Phi}\vec{n} \, dA$ bzw.

$$\frac{d}{dt}\int_{\Omega} \varrho e \, d\Omega = \int_{\partial\Omega} \vec{\Phi}\vec{n} \, dA$$

$$\int_{\Omega} \frac{\partial \varrho e}{\partial t} = \int_{\Omega} \operatorname{div} \vec{\Phi} \, d\Omega \tag{5.167}$$

$$\frac{\partial \varrho e}{\partial t} = \frac{\partial}{\partial x_j}(\Phi_j) \tag{5.168}$$

berechnet werden.

5.3.12.1 Kinematischen Energiebilanz

Aus Gl. (5.166) findet man durch Umschreiben

$$\begin{aligned} \frac{\partial v_i}{\partial t} + v_j \frac{\partial v_i}{\partial x_j} &= f_i + \frac{1}{\varrho}\frac{\partial \sigma_{ji}}{\partial x_j} \\ v_i \frac{\partial v_i}{\partial t} + v_i v_j \frac{\partial v_i}{\partial x_j} &= f_i v_i + \frac{v_i}{\varrho}\frac{\partial \sigma_{ji}}{\partial x_j} \\ \frac{\partial v_i v_i/2}{\partial t} + v_j \frac{\partial v_i v_i/2}{\partial x_j} &= f_i v_i + \frac{v_i}{\varrho}\frac{\partial \sigma_{ji}}{\partial x_j} ; \end{aligned} \tag{5.169}$$

durch Substitution von $\frac{1}{2} \cdot v_i \cdot v_i =: e_k$ folgt

$$\frac{\partial e_k}{\partial t} + v_j \frac{\partial e_k}{\partial x_j} = f_i v_i + \frac{v_i}{\varrho} \frac{\partial \sigma_{ji}}{\partial x_j}$$
$$\frac{\partial \varrho e_k}{\partial t} + \frac{\partial}{\partial x_j}(\varrho v_j e_k) = \varrho f_i v_i + v_i \frac{\partial \sigma_{ji}}{\partial x_j} . \tag{5.170}$$

5.3.12.2 Potentielle Energiebilanz

Die potentielle Energiebilanz kann durch

$$e_p = -g \cdot (z - z_0) = -\int_{x_{0,1}}^{x_i} f_i dx_i$$
$$\Longrightarrow E_p = \int_{\Omega} \varrho \cdot e_p d\Omega \tag{5.171}$$

berechnet werden.

5.3.12.3 Änderung entlang einer Bahnlinie

$$\begin{aligned} \frac{De_p}{Dt} &= \frac{\partial e_p}{\partial t} + u_i \frac{\partial e_p}{\partial x_i} \\ &= -\frac{d}{dt} \int_{x_{0,i}}^{x_i} f_i dx_i \\ &= -\frac{d}{dt} \int_{t_0}^{t} f_i v_i dt \\ &= -f_i v_i + f_{i,0} v_{i,0} \end{aligned}$$
$$\frac{\partial e_k}{\partial t} + v_j \frac{\partial e_k}{\partial x_j} = f_i v_i + \frac{v_i}{\varrho} \frac{\partial \sigma_{ji}}{\partial x_j}$$
$$\frac{\partial e_m}{\partial t} + v_j \frac{\partial e_m}{\partial x_j} = \frac{v_i}{\varrho} \frac{\partial \sigma_{ji}}{\partial x_j}$$
$$\frac{\partial \varrho e_m}{\partial t} + \frac{\partial \varrho v_j e_m}{\partial x_j} = v_i \frac{\partial \sigma_{ji}}{\partial x_i} \tag{5.172}$$

Durch Anwendung der Produktregel findet man

$$\frac{\partial \varrho e_m}{\partial t} + \frac{\partial \varrho v_j e_m}{\partial x_j} = v_i \frac{\partial \sigma_{ji}}{\partial x_i}$$
$$\frac{\partial \varrho e_m}{\partial t} + \frac{\partial}{\partial x_j}(\varrho v_j e_m - v_i \sigma_{ij}) = -\sigma_{ij} \frac{\partial v_i}{\partial x_j} . \tag{5.173}$$

5.3.12.4 Innere Energie

In der Thermodynamik findet man für die innere Energie eines Fluids

$$\varrho \cdot \dot{q} = \frac{\partial}{\partial x_j}\left(\lambda_W \cdot \frac{\partial T}{\partial x_j}\right) . \tag{5.174}$$

Diese Gleichung wird aber noch in Band 5 dieser Buchreihe ausführlich hergeleitet.

5.4 Ergänzungen zur Winkelgeschwindigkeit und Drehung [1, 7]

Erfährt ein Fluidelement eine Drehung (Rotation), da Scherkräfte vorliegen, benötigt man Gleichungen für das verformte Fluidvolumen (◘ Abb. 5.38).

5.4.1 Wegdifferenz

Wenn die Abstände zwischen den Punkten A und C, während des Zeitabschnittes Δt mit der Verschiebung zu berechnen sind, resultieren dafür folgende Gleichungen.

Mit $s = v \cdot t$ folgt für A während Δt

$$y_A = s_A = v \cdot \Delta t , \tag{5.175}$$

und für C während Δt

$$\begin{aligned} y_C = s_C &= (v + \Delta v) \cdot \Delta t \\ &= \left(v + \frac{\partial v}{\partial x} dx\right) \Delta t . \end{aligned} \tag{5.176}$$

Differenz von A zu C während der Zeit Δt:

$$\Delta y = y_C - y_A = \left(v + \frac{\partial v}{\partial x}\,dx\right)\Delta t - v\,\Delta t$$
$$= v \cdot \Delta t + \frac{\partial v \cdot \Delta t}{\partial x} \cdot dx \cdot \Delta t - v \cdot \Delta t \quad (5.177)$$

$$\Delta y = y_C - y_A = \left(\frac{\partial v}{\partial x} \cdot dx\right) \cdot \Delta t\,. \quad (5.178)$$

5

5.4.2 Winkeldifferenz

Betrachtet man erneut Abb. 5.38 kann für die beiden Winkel $\Delta\theta_1$ und $\Delta\theta_2$, mittels geometrischen Überlegungen, unter Betrachtung, dass alle oben genannten Δ gegen null streben, und schlussendlich in unserem Fall zu partieller Differentiation ∂ werden, festgehalten werden, dass es sich bei Winkel $\Delta\theta_1$ um einen negativ drehenden Winkel handelt (x klappt von y weg).

$$\underbrace{\tan(-\Delta\theta_1)}_{=\tan(0-\Delta\theta_1)=-\tan(\Delta\theta_1)} = \frac{\left[\left(\frac{\partial u}{\partial y}\right) \cdot dy\right] \cdot \Delta y}{dy}$$
$$= \frac{\left(\frac{\partial u}{\partial y}\right) \cdot \Delta t \cdot dy}{dy}$$
$$= \left(\frac{\partial u}{\partial y}\right) \cdot \Delta t \quad (5.179)$$

$$\tan(\Delta\theta_1) = -\left(\frac{\partial u}{\partial y}\right) \cdot \Delta t \quad (5.180)$$

und ident dazu ergibt sich $\Delta\theta_2$:

$$\tan(\Delta\theta_2) = -\left(\frac{\partial v}{\partial x}\right) \cdot \Delta t \quad (5.181)$$

Laufen die Winkel gegen null, ergibt sich

$$\tan(\varphi) \text{ wenn: } \varphi \ll$$
$$\text{dann: } \frac{\sin(\varphi)}{\cos(\varphi)} \approx \frac{\varphi}{1}$$
$$\Longrightarrow \tan(\varphi) \approx \varphi \quad (5.182)$$

und es folgt

$$\Delta\theta_1 = -\left(\frac{\partial u}{\partial y}\right) \cdot \Delta t \quad (5.183)$$

$$\Delta\theta_2 = \left(\frac{\partial v}{\partial x}\right) \cdot \Delta t \quad (5.184)$$

Demnach, resultiert für die entsprechenden Winkelgeschwindigkeiten durch Tätigen der 1. Ableitung des Weges nach der Zeit bei

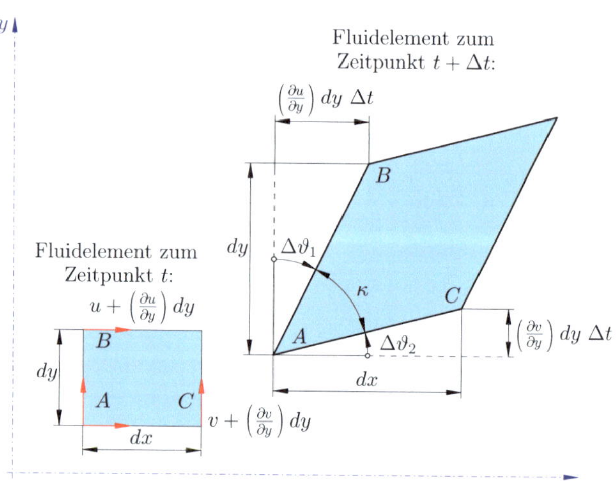

Abb. 5.38 Rotation und Scherung während einer Translationsbewegung

$$\frac{d\theta_1}{dt} = \frac{-\left(\frac{\partial u}{\partial y}\right) \cdot \Delta t}{dt}$$
$$= \lim_{\Delta t \to 0} \left[\frac{-\left(\frac{\partial u}{\partial y}\right) \cdot \Delta t}{dt} \right] = -\frac{\partial u}{\partial y} \tag{5.185}$$

$$\frac{d\theta_2}{dt} = \frac{-\left(\frac{\partial v}{\partial x}\right) \cdot \Delta t}{dt}$$
$$= \lim_{\Delta t \to 0} \left[\frac{-\left(\frac{\partial v}{\partial x}\right) \cdot \Delta t}{dt} \right] = -\frac{\partial v}{\partial x}\,. \tag{5.186}$$

5.4.3 Winkelgeschwindigkeit

Die Winkelgeschwindigkeit in der xy-Ebene ω_z berechnet sich aus der Summe der mittleren Änderungsrate der beiden Winkelgeschwindigkeiten ω_1, ω_2.

$$\omega_z = \omega_1 \bar{+} \omega_2 = \frac{1}{2}(\omega_1 + \omega_2)$$
$$= \frac{1}{2}\left(\frac{d\vartheta_1}{dt} + \frac{d\vartheta_2}{dt}\right) \tag{5.187}$$

setzt man (5.186) in (5.187) ein, folgt

$$\omega_z = \frac{1}{2}\left(\frac{\partial v}{\partial x} - \frac{\partial u}{\partial y}\right). \tag{5.188}$$

Führt man die Vorgehensweise auch für ω_x und ω_y sowie für ω_z fort, so resultiert

$$\omega_x = \frac{1}{2}\left(\frac{\partial w}{\partial y} - \frac{\partial v}{\partial z}\right); \tag{5.189}$$

$$\omega_y = \frac{1}{2}\left(\frac{\partial u}{\partial z} - \frac{\partial w}{\partial x}\right). \tag{5.190}$$

Betrachtet man die resultierende Winkelgeschwindigkeit im Raum, so folgt für den Vektor ω durch Aufsummieren aller Winkelgeschwindigkeiten jeder Koordinatenrichtung ω_x, ω_y, ω_z, in Verbindung mit dem jeweiligen Richtungsvektor $\vec{i}$, $\vec{j}$, $\vec{k}$

$$\vec{\omega} = \omega_x \vec{i} + \omega_y \vec{j} + \omega_z \vec{k}\,. \tag{5.191}$$

Setzt man (5.188), (5.189) und (5.190) in (5.191) folgt

$$\begin{aligned}\vec{\omega} &= \omega_x \vec{i} + \omega_y \vec{j} + \omega_z \vec{k} \\ &= \frac{1}{2}\left(\frac{\partial w}{\partial y} - \frac{\partial v}{\partial z}\right)\vec{i} + \frac{1}{2}\left(\frac{\partial u}{\partial z} - \frac{\partial w}{\partial x}\right)\vec{j} \\ &\quad + \frac{1}{2}\left(\frac{\partial v}{\partial x} - \frac{\partial u}{\partial y}\right)\vec{k} \\ &= \frac{1}{2}\left[\left(\frac{\partial w}{\partial y} - \frac{\partial v}{\partial z}\right)\vec{i} + \left(\frac{\partial u}{\partial z} - \frac{\partial w}{\partial x}\right)\vec{j}\right. \\ &\quad \left. + \left(\frac{\partial v}{\partial x} - \frac{\partial u}{\partial y}\right)\vec{k}\right].\end{aligned} \tag{5.192}$$

Jetzt ist aus der Vektoranalysis bekannt, dass der Ausdruck

$$\left[\left(\frac{\partial w}{\partial y} - \frac{\partial v}{\partial z}\right)\vec{i} + \left(\frac{\partial u}{\partial z} - \frac{\partial w}{\partial x}\right)\vec{j} + \left(\frac{\partial v}{\partial x} - \frac{\partial u}{\partial y}\right)\vec{k}\right] \tag{5.193}$$

das Nabla-Symbol darstellt. Es folgt damit

$$\vec{\omega} = \frac{1}{2}\nabla \tag{5.194}$$

bzw. durch Umformen ergibt sich

$$2\,\vec{\omega} = \nabla\,. \tag{5.195}$$

Ebenso ist aus der Vektoranalysis bekannt, dass ∇ die Rotation darstellt. Diese ist in der Strömungslehre definiert durch: ξ:

$$2\,\vec{\omega} = \xi \tag{5.196}$$

Wird (5.191) umgeformt zu

$$2\vec{\omega} = \left(\frac{\partial w}{\partial y} - \frac{\partial v}{\partial z}\right)\vec{i} + \left(\frac{\partial u}{\partial z} - \frac{\partial w}{\partial x}\right)\vec{j} + \left(\frac{\partial v}{\partial x} - \frac{\partial u}{\partial y}\right)\vec{k} \quad (5.197)$$

folgt durch einsetzen von (5.196) in (5.197)

$$\xi = \left(\frac{\partial w}{\partial y} - \frac{\partial v}{\partial z}\right)\vec{i} + \left(\frac{\partial u}{\partial z} - \frac{\partial w}{\partial x}\right)\vec{j} + \left(\frac{\partial v}{\partial x} - \frac{\partial u}{\partial y}\right)\vec{k}\,. \quad (5.198)$$

Abgekürzt ergibt sich daraus:

$$\xi = \nabla \times \vec{v}\,. \quad (5.199)$$

Corollary 5.5

Es ergeben sich damit folgende Schlussfolgerungen:

- Die Rotation der Geschwindigkeit ist damit die Drehung des Geschwindigkeitsfelds.
- Ist der eben hergeleitete Ausdruck für $\xi \Longrightarrow \xi = \nabla \times \vec{v} \neq 0$, so liegt eine Strömung mit Rotation vor, diese wird dann als **rotationsbehaftete Strömung** bezeichnet.
- Ist der eben hergeleitete Ausdruck für $\xi \Longrightarrow \xi = \nabla \times \vec{v} = 0$, so liegt eine Strömung ohne Rotation vor, diese wird dann als **rotationsfreie Strömung** bezeichnet.

5.5 Zirkulation [1, 7]

5.5.1 Zirkulation bei Tragflügel

Ein Tragflügel eines Flugzeuges wird beim Fliegen mit der Anströmungsgeschwindigkeit w_∞ von vorn nach hinten umströmt. Es kann dabei zur Rotation der Strömung kommen, welche um den Tragflügel rotiert. Dieses Ereignis wird Zirkulation benannt. Ein weiteres Beispiel für Zirkulation wäre die Anfahrwirbel am Ende eines Tragflügels, im Totwassergebiet, welche zu Wirbeln führt. (siehe Abb. 5.39)

Bemerkung 5.3

Zirkulation tritt auch beim Ende eines Tragflügels auf. Dort nennt man diese Randwirbel. (vgl. mit Abb. 5.40)

Corollary 5.6

Da bei einer Tragflügelumströmung nicht die gesamte Strömung am Ende des Flügels, im Totwassergebiet einfach abreißt, sondern sich ein Teil der Fluidvolumina einrollen, bilden sich dort Randwirbeln. (Vgl. Abb. 5.40.)

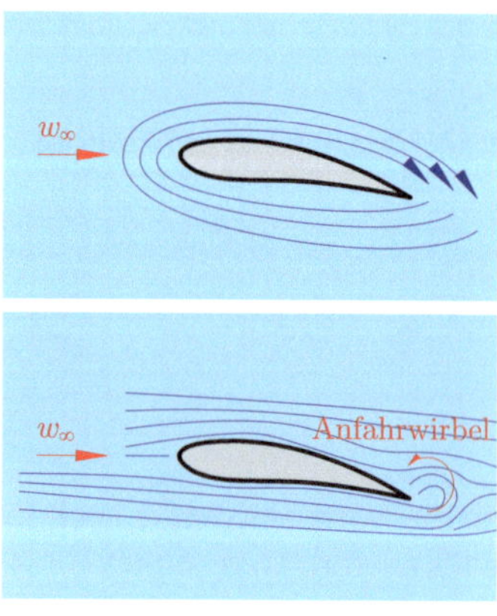

Abb. 5.39 Zirkulation um einen Tragflügel in Flugrichtung

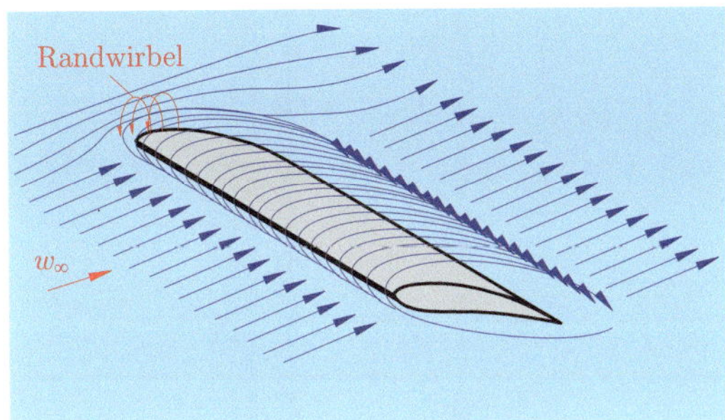

Abb. 5.40 Randwirbel bei Tragflügel

Abb. 5.41 Winglets [97]

5.5.2 Verhindern von Randwirbel bei Tragflügel

Um Randwirbel zu verhindern und damit keinen verminderten Auftrieb hervorzurufen, besitzen moderne Flugzeuge am Ende einer Tragfläche sogenannte:

1. Bei Flugzeuge der Marke Airbus: **Sharklets** (vgl. mit Abb. 5.42)
2. Bei Flugzeuge der Marke Boeing: **Winglets** (vgl. mit Abb. 5.41)

Jeder, der schon einmal geflogen ist, wird sich vielleicht gewundert haben, warum die Enden der Tragflügel nach oben „knicken", dies sind die sogenannten Shark- oder Winglets.

Abb. 5.42 Sharklets

5.5.3 Berechnung der Zirkulation

Für die Berechnung des Auftriebes, wie sie als Beispiel bei Flugzeugen vonnöten ist, ist die Zirkulation eine wichtige Größe. da diese einen enormen Einfluss auf den Auftrieb, ausübt.

5.5.3.1 Definition der Zirkulation

Allgemein erfolgt die Definition durch: $t = v \cdot ds$. Interpretation: Die Zirkulation ist der zurückgelegte Weg mal Geschwindigkeit. Vergleich mit Abb. 5.43. Die Zirkulation ist ein Maß für die Wirbelstärke [101].

Definition 5.4 (Wirbelstärke)
Die Wirbelstärke ist eine Größe, die einem Strudel oder einer kreisförmigen Strömung ein Geschwindigkeitsfeld zuordnet [100].

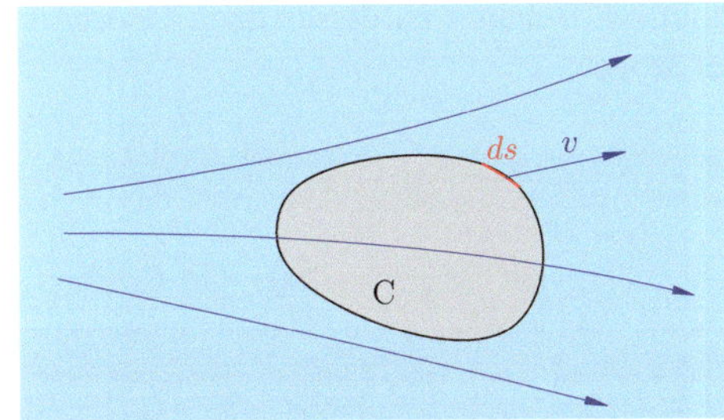

Abb. 5.43 Zirkulation

5

Die Zirkulation ist ein integrierbares Vektorfeld und berechenbar, wenn folgende Definition erfüllt ist.

Definition 5.5
C ist ein stückweise, glatter, geschlossener und orientierter Weg im reellen Raum, speziell hier, zeitunabhängig, deshalb beschränkt man sich auf den dreidimensionalen Raum, wodurch gilt: $\mathbb{R}^n \Longrightarrow \mathbb{R}^3$, und $\vec{V}$ ein längs dieses Weges integrierbares Vektorfeld. Dies mathematisch dargestellt bedeutet [101]

$$C(s)\{\mathbb{R}^n\} \Longrightarrow C(s)\{\mathbb{R}^3\} \Longrightarrow \vec{V}(\vec{s}) . \tag{5.200}$$

Definition 5.6
Dies bedeutet für die Zirkulation [101], wenn die Zirkulation mit Γ (Großes Gamma) abgekürzt wird

$$\Gamma = -\oint_C \vec{V}\, d\vec{s} . \tag{5.201}$$

Hier ist C eine geschlossene Linie des Strömungsfeldes. $\vec{V}$ stellt den Geschwindigkeitsvektor dar und $d\vec{s}$ ist ein im Raum gerichtetes Linienelement. Es kann die Zirkulation Γ mittels eines Linienintegrals beschrieben werden [7].

5.5.3.2 Stokes'sche Theorem [19]

Die grundsätzliche Aussage des klassischen Integralsatzes von Stokes wurde bereits in den Vertiefungen „Hydrostatik" behandelt. Der Vollständigkeit halber wird dieser hier noch einmal formuliert. Benannt ist dieser nach George Gabriel Stokes.[7]

Theorem 5.2

Ein Flächenintegral kann über die Rotation eines Vektorfeldes in ein geschlossenes Kurvenintegral über die Tangentialkomponente des Vektorfeldes umgewandelt werden.

Abb. 5.44 George Gabriel Stokes [39, 40]

Beweis Wird hier nicht geführt, da dieser nicht von Bedeutung in der Strömungsmechanik ist. Viel mehr soll die Anwendung dieses Satzes klar werden. □

Der Vorteil besteht in diesem Satz darin, dass Kurvenintegrale meist einfacher als Flächenintegrale zu berechnen sind, zumal wenn Flächen gekrümmt sind. Ebenso einen Vorteil stellt dieser Satz dar, da man bei diesem anders als bei der Integration mittels des Kurvenintegrals nicht nur das Vektorfeld alleine erhält.

Definition 5.7
Es sei $V \subset \mathbb{R}^3$ eine offene Teilmenge des dreidimensionalen Raumes und $F: V \rightarrow \mathbb{R}^3$ ein auf V definiertes, einmal stetig differenzierbares Vektorfeld [86].

Dies wird gefordert, um den Ausdruck für $\mathrm{rot}(F)$ bilden zu können [86].

7 Sir George Gabriel Stokes, 1. Baronet PRS (geboren am 13. August 1819 in Skreen, County Sligo; gestorben am 1. Februar 1903 in Cambridge) war ein irischer Mathematiker und Physiker Vgl. mit Abb. 5.44. [39].

Definition 5.8

Weiteres sei $\sum \subset V$ eine in V enthaltene, zweidimensionale reguläre Fläche, welche durch ein Einheitsnormalfeld ν orientiert ist (Mit diesem Ausdruck hat man nun definiert, was die Oberseite der Fläche ist.) Außerdem ist τ der Tangentialeinheitsvektor der Randkurve. Mit der Eigenschaft „regulär" wird sichergestellt, dass der Rand hinreichend glatt ist [86].

Definition 5.9

Der Rand von $\sum$ wird mit $\partial \sum$ bezeichnet. Im Folgenden wird dieser Rand $\partial \sum$ mit einer geschlossenen Kurve identifiziert [86].

Corollary 5.7

Mit der Definition 5.7 folgt

$$\int_{\Sigma} \langle \mathrm{rot}(F, \nu) \rangle dS \qquad (5.202)$$

bzw. mit der Definition 5.8

$$\int_{\partial \Sigma} \langle F, \tau \rangle dS \qquad (5.203)$$

und mit Definition 5.9 resultiert die Gleichheit von (5.202) und (5.203) zu

$$\oint_{\Sigma} \langle \mathrm{rot}(F, \nu) \rangle dS = \int_{\partial \Sigma} \langle F, \tau \rangle dS \,. \qquad (5.204)$$

Mit

$$d\vec{S} = \nu \, dS \qquad (5.205)$$

bzw.

$$dr = \tau \, dS \qquad (5.206)$$

In Anwendungen schreibt man auch oft durch einsetzen von (5.205) in (5.206)

$$\iint_{\Sigma \subset \mathbb{R}^3} \mathrm{rot}\,(F)\, d\vec{S} = \oint_{\partial \Sigma} F \, dr \,. \qquad (5.207)$$

Ferner ist rot(F) die Rotation, und $\langle V_1, V_2 \rangle$ (beziehungsweise V_1, V_2 das Skalarprodukt der beiden Vektoren V_1, V_2. Die Form dS ist die Volumenform der zweidimensionalen Fläche $\sum$ und ds ist das Längenelement der Randkurve [4].

5.5.3.3 Hinzufügen der Rotation

Mittels dem Stokes'schen Integralsatz, welcher

$$\iint_{\Sigma \subset \mathbb{R}^3} \mathrm{rot}(F)\, d\vec{S} = \oint_{\partial \Sigma} F \, dr \qquad (5.208)$$

lautet und unter Betrachtung der bereits kennengelernten Funktion für die Zirkulation:

$$\Gamma = -\oint_{C} \vec{V} \, d\vec{s} \qquad (5.209)$$

sowie Voraussetzung, dass der Stokes'sche Integralsatz bei der Zirkulations-Funktion Anwendung findet und vor allem angewendet werden dar, folgt die Tatsache, dass die bis jetzt in der Gl. (5.209) fehlende Rotation noch hinzugefügt werden muss, da sonst der Stokes'sche Integralsatz nicht angewendet werden kann. Im dem ▶ Kap. 5.4.3 wurde für die Rotation die Gleichung

$$\xi = \left(\frac{\partial w}{\partial y} - \frac{\partial v}{\partial z} \right) \vec{i} + \left(\frac{\partial u}{\partial z} - \frac{\partial w}{\partial x} \right) \vec{j} + \left(\frac{\partial v}{\partial x} - \frac{\partial u}{\partial y} \right) \vec{k} \qquad (5.210)$$

gefunden, bzw. abgekürzt ergibt sich damit

$$\xi = \nabla \times \vec{v} \,. \qquad (5.211)$$

Die beiden Gleichungen (5.209) und Gl. (5.208) in Gl. (5.211) eingesetzt, lässt

$$\Gamma = -\iint_{s} (\nabla \; X \; \vec{v})\, d\vec{S} = -\oint_{c} \vec{v} \, d\vec{s} \qquad (5.212)$$

folgen, wobei diese Gleichung aussagt, dass keine Zirkulation vorhanden ist, wenn $\nabla \times \vec{v} = 0$ ist. Des Weiteren gilt bei Gl. (5.208): Es existiert eine infinitesimale kleine Zirkulation $d\Gamma$, wenn die geschlossene Kurve C auf eine infinitesimale Größe verkleinert wird

$$d\Gamma = \left[-\iint_{S} (\nabla \times \vec{v})\, d\vec{S} \right]' = -(\nabla \times \vec{v})\, d\vec{S}\,. \tag{5.213}$$

Einführen des Normalvektors führt auf

$$d\Gamma = -(\nabla \times \vec{v})\, \vec{n}\, dS\,; \tag{5.214}$$

bzw.

$$-\frac{d\Gamma}{dS} = \left(\nabla \times \vec{V}\right) \vec{n}\,. \tag{5.215}$$

Methode: Lösung durch SolidWorks – CFD 5.4

Zu untersuchen ist mithilfe einer CFD-Analyse der Einfluss der Wing- und Sharklets bei einem Flugzeug. Es wird dazu ein Flugzeug der Marke Airbus mit Sharklets und zum anderen ein Flugzeug der Marke Boeing mit Winglets untersucht. Im Anschluss wird die Zirkulation noch mit einer beliebigen Tragfläche dargestellt.

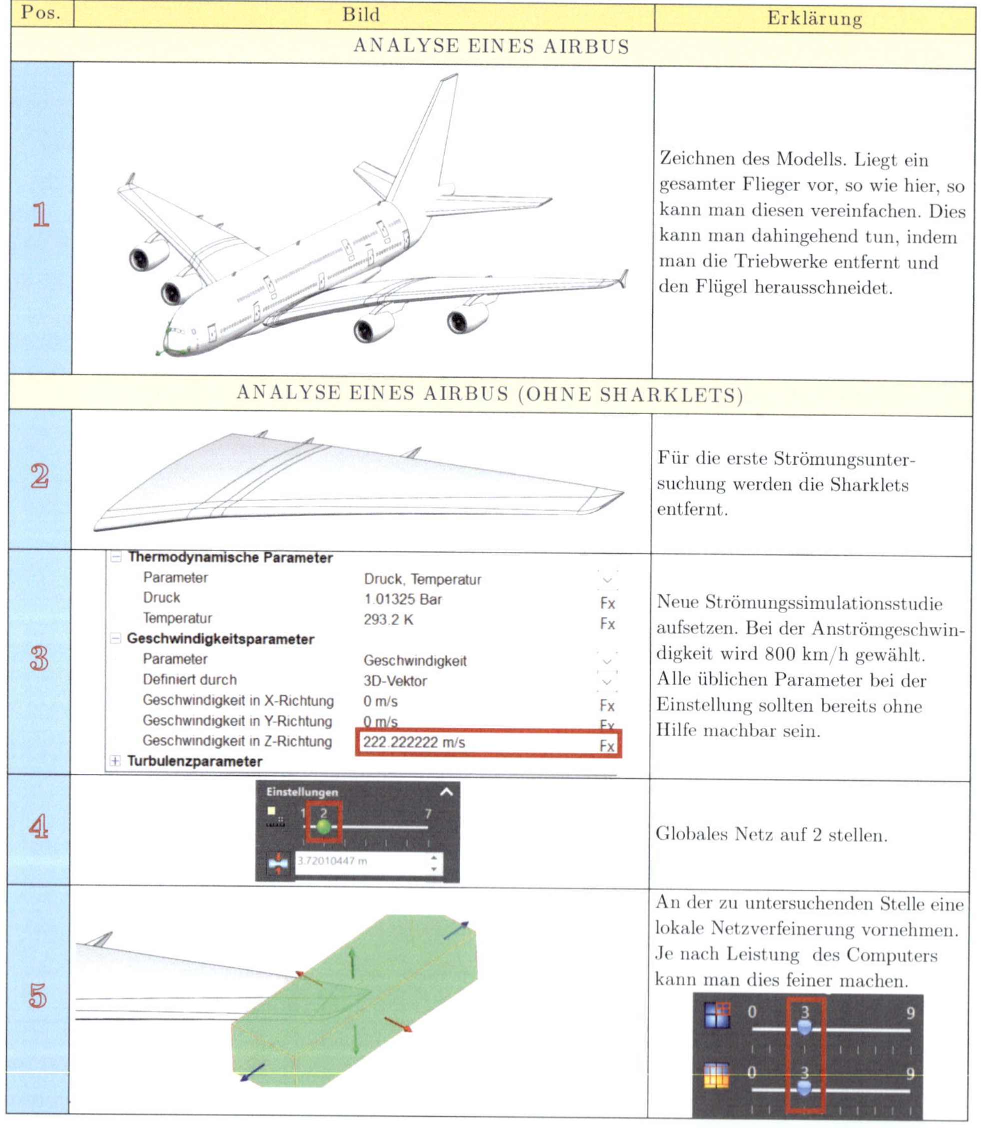

Pos.	Bild	Erklärung
	ANALYSE EINES AIRBUS	
1		Zeichnen des Modells. Liegt ein gesamter Flieger vor, so wie hier, so kann man diesen vereinfachen. Dies kann man dahingehend tun, indem man die Triebwerke entfernt und den Flügel herausschneidet.
	ANALYSE EINES AIRBUS (OHNE SHARKLETS)	
2		Für die erste Strömungsuntersuchung werden die Sharklets entfernt.
3	Thermodynamische Parameter: Parameter – Druck, Temperatur; Druck – 1.01325 Bar; Temperatur – 293.2 K; Geschwindigkeitsparameter: Parameter – Geschwindigkeit; Definiert durch – 3D-Vektor; Geschwindigkeit in X-Richtung – 0 m/s; Geschwindigkeit in Y-Richtung – 0 m/s; Geschwindigkeit in Z-Richtung – 222.222222 m/s; Turbulenzparameter	Neue Strömungssimulationsstudie aufsetzen. Bei der Anströmgeschwindigkeit wird 800 km/h gewählt. Alle üblichen Parameter bei der Einstellung sollten bereits ohne Hilfe machbar sein.
4	Einstellungen 1 2 7 3.72010447 m	Globales Netz auf 2 stellen.
5		An der zu untersuchenden Stelle eine lokale Netzverfeinerung vornehmen. Je nach Leistung des Computers kann man dies feiner machen. (0 3 9; 0 3 9)

6	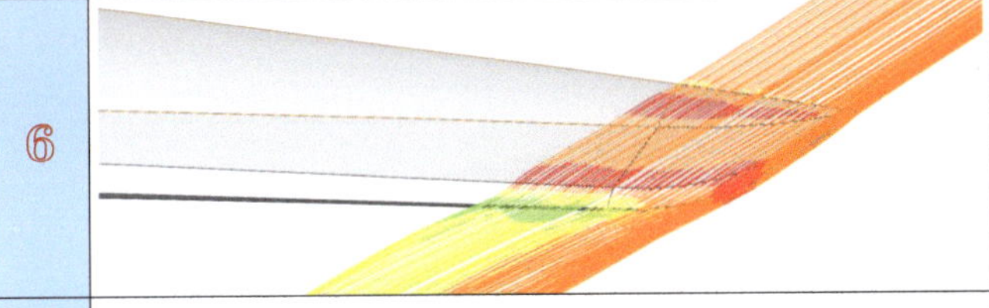	Lösen. Einblenden der Stromlinien am zu untersuchenden Tragflügelteil lässt noch keine Wirbel erkennen. Dies liegt daran, dass dabei nur die Fläche untersucht wird, nicht der benachbarte Bereich.
7	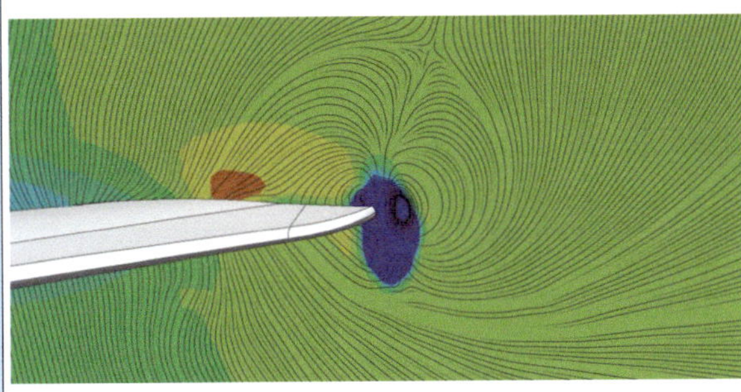	Eine Schnittdarstellung lässt allerdings die Wirbel und die Zirkulation deutlich werden. Wobei man aber auch hier sagen muss, dass durch die sehr strömungsoptimale Form des Flügels die Wirbel bereits sehr gering sind.
 ANALYSE EINES AIRBUS (MIT SHARKLETS)		
8	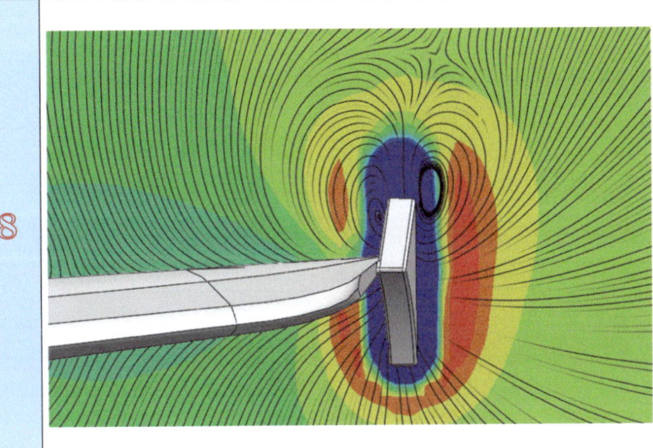	Führt man die selbe Analyse erneut aus, jetzt tauscht man nur das Modell, dieses mal werden die Sharklets mit in die Simulation aufgenommen, folgen nebenstehende Ergebnisse der Schnittdarstellung. Die Wirbel sind trotzdem da, aber sie sind anders angeordnet, da hier die Sharklets wie ein „Messer“ die Luft durchschneiden. Noch dazu sind diese Sharklets nicht optimal konstruiert. In der Realität werden zahlreiche Versuche mit solchen Konstruktionen durchgeführt, bis man das schlussendliche strömungsoptimle Design eines Sharklets besitzt.
ANALYSE EINER BOEING (MIT WINGLETS)		
9		Nebenstehend ist eine Boeing Maschine konstruiert. Hierbei werden auch noch Winglets auf das Strömungsverhalten untersucht. Auch hier wird wieder nur der Flügel mit in die CFD-Anaylse aufgenommen.

5

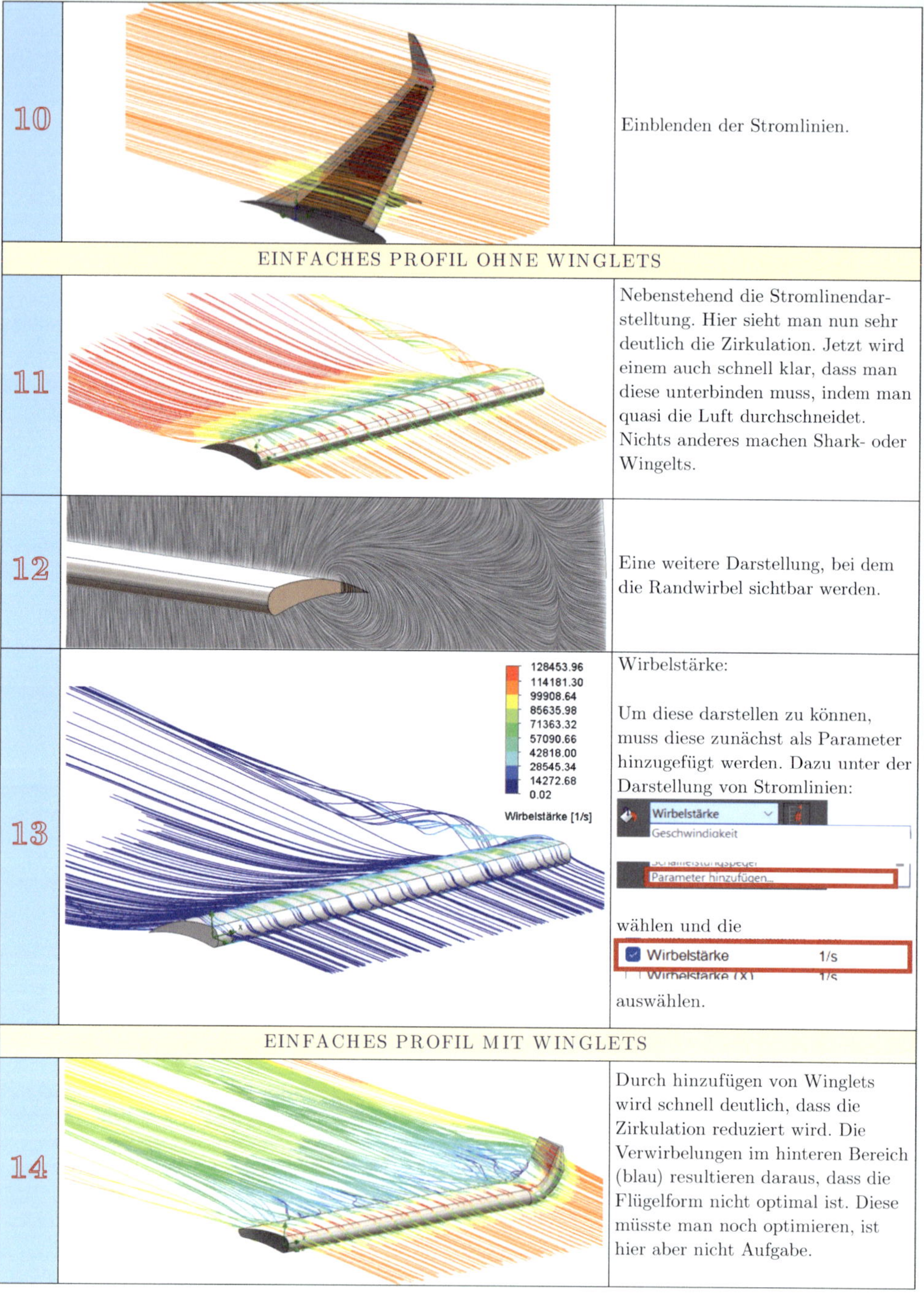

10		Einblenden der Stromlinien.
EINFACHES PROFIL OHNE WINGLETS		
11		Nebenstehend die Stromlinendarstelltung. Hier sieht man nun sehr deutlich die Zirkulation. Jetzt wird einem auch schnell klar, dass man diese unterbinden muss, indem man quasi die Luft durchschneidet. Nichts anderes machen Shark- oder Wingelts.
12		Eine weitere Darstellung, bei dem die Randwirbel sichtbar werden.
13		Wirbelstärke: Um diese darstellen zu können, muss diese zunächst als Parameter hinzugefügt werden. Dazu unter der Darstellung von Stromlinien: wählen und die auswählen.
EINFACHES PROFIL MIT WINGLETS		
14		Durch hinzufügen von Winglets wird schnell deutlich, dass die Zirkulation reduziert wird. Die Verwirbelungen im hinteren Bereich (blau) resultieren daraus, dass die Flügelform nicht optimal ist. Diese müsste man noch optimieren, ist hier aber nicht Aufgabe.

5.6 Stromfunktion [1, 7]

Mit Gl. (5.47) gilt

$$\frac{dx}{dz} = \frac{u}{w}, \tag{5.216}$$

sowie in der yz-Ebene

$$\frac{dy}{dz} = \frac{v}{w}. \tag{5.217}$$

Integriert man (5.217), so ergibt sich:

$$\begin{aligned} \int u\,dy &= \int v\,dz \\ \int u\,dy - \int v\,dz &= 0 \\ u\,y - v\,z + C &= 0 \\ C &= v\,z - u\,y\,. \end{aligned} \tag{5.218}$$

Für die Integrationskonstante erhält man somit eine Funktion in Abhängigkeit von z, y, bzw. je nach Ebene auch in Abhängigkeit von x, y zu

$$C = f(x, y)\,. \tag{5.219}$$

Diese Funktion kann unbenannt werden, zum Beispiel in

$$\bar{\psi}(x, y) = C\,. \tag{5.220}$$

Definition 5.10 (Stromfunktion)

Gl. (5.220) wurde als Stromfunktion bezeichnet bzw. definiert.

Abb. 5.45 stellt unterschiedliche Stromfunktionen dar.

Die Differenz der beiden Stromfunktionen stellt den Massendurchsatz zwischen den zwei begrenzten Stromlinien, bzw. einer Stromröhre dar. Es ergibt sich

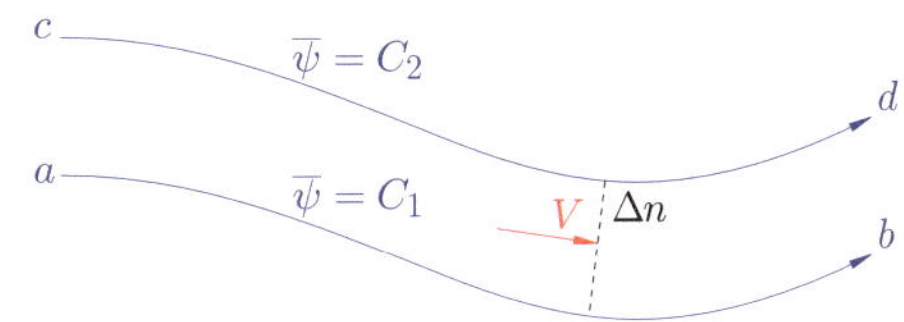

Abb. 5.45 Zwei Stromfunktionen

Definition 5.11 (Massenstrom)

$$\Delta\psi = C_2 - C_1 \tag{5.221}$$

wobei $\Delta\psi$ den Massenstrom durch eine Fläche mit der Einheitstiefe (t_E) darstellt.

Definition 5.12

Man kann $\Delta\psi$ auch noch anders definieren, zu

$$\Delta\psi = \dot{M}(t_E) = \varrho \cdot \Delta n V\,. \tag{5.222}$$

ist der Abstand:

$$\Delta n \ll \quad \Longrightarrow \quad v(\Delta n) = \text{const.} \tag{5.223}$$

folgt durch Umformen von Gl. (5.222)

$$\frac{\Delta\bar{\psi}}{\Delta n} = \varrho \cdot V\,, \tag{5.224}$$

wobei ϱ... Dichte des Fluides ist.

Lässt man $\Delta n \to 0$ laufen, so kann

$$\varrho\,V = \lim_{\Delta n \to 0}\left(\frac{\Delta\bar{\psi}}{\Delta n}\right) = \frac{\partial\bar{\psi}}{\partial n} \tag{5.225}$$

formuliert werden. Es wird somit für den Massenstrom aus Gl.(5.222) in Verbindung mit Abb. 5.46

$$\begin{aligned} \Delta\bar{\psi} &= \varrho \cdot u \cdot \Delta y + \varrho \cdot (-v) \cdot \Delta x \\ &= \varrho \cdot u \cdot \Delta y - \varrho \cdot v \cdot \Delta x \end{aligned} \tag{5.226}$$

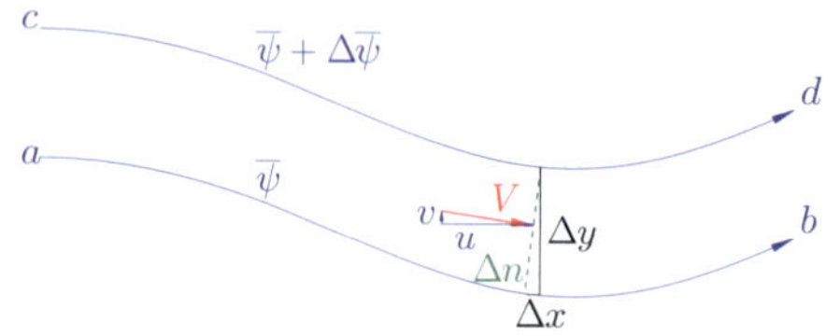

Abb. 5.46 Massenfluss durch Δn als Summe der Flüsse Δx und Δy

5

gefunden. Mit Gl. (5.222) wird durch Anwenden der Kettenregel

$$\Delta\bar{\psi} = \varrho \cdot \Delta n \cdot V = \frac{\partial\bar{\psi}}{\partial x} \cdot dx + \frac{\partial\bar{\psi}}{\partial y} \cdot dy \,. \tag{5.227}$$

Vergleicht man (5.226) und (5.227) wird offensichtlich, dass folgende Bedingungen gelten:

$$\varrho\, u = \frac{\partial\bar{\psi}}{\partial y} \tag{5.228}$$

$$\varrho\, v = -\frac{\partial\bar{\psi}}{\partial x} \,. \tag{5.229}$$

Im Fall einer inkompressiblen Strömung ist die Dichte ϱ konstant. Unter dieser Kenntnis kann man jetzt die Stromfunktion umformulieren, zu

$$\psi = \frac{\bar{\psi}}{\varrho} \,. \tag{5.230}$$

Somit wird mit Gl. (5.225)

$$V = \frac{\partial\left(\frac{\bar{\psi}}{\varrho}\right)}{\partial n} \,; \tag{5.231}$$

sowie

$$u = \frac{\partial\psi}{\partial y} \tag{5.232}$$

$$v = -\frac{\partial\psi}{\partial x} \,. \tag{5.233}$$

Es können daraus zwei Schlüsse gefasst werden, wenn man annimmt, dass die Stromfunktion für kompressible Strömungen durch $\bar{\psi}(x, y)$ bzw. für inkompressible Strömungen durch $\psi(x, y)$ innerhalb einer 2D Strömung bekannt sind:

Corollary 5.8
Nimmt man an, dass die Stromfunktion für kompressible Strömungen $\bar{\psi}(x, y)$, oder die für inkompressible Strömungen $\bar{\psi}(x, y)$ innerhalb einer 2D Strömung bekannt sind, ergeben sich

- $\bar{\psi}(x, y) = \text{const.}$ oder $\psi(x, y) = \text{const.}$ liefert die Gleichungen für die Stromlinien
- Die Komponenten der Geschwindigkeitsvektoren können aus der Differentiation von $\bar{\psi}(x, y)$ und $\psi(x, y)$ gewonnen werden.

5.7 Übungen

Übungsbeispiel 5.1

Die Randbedingungen eines Golfballs lauten: $d = 42{,}67\,\text{mm}$, $m = 45{,}93\,\text{g}$, $v = 250\,\text{km/h}$, $\eta = 18{,}21\,\mu\text{Pa}\cdot\text{s}$ und $\nu = 15{,}32\,\mu\text{m}^2/\text{s}$ (bei 20 °C). Wann beginnt sich die Strömung abzulösen, wenn der Winkel als Abhängige Variable untersucht wird.

Lösung

Siehe Abb. 5.47.

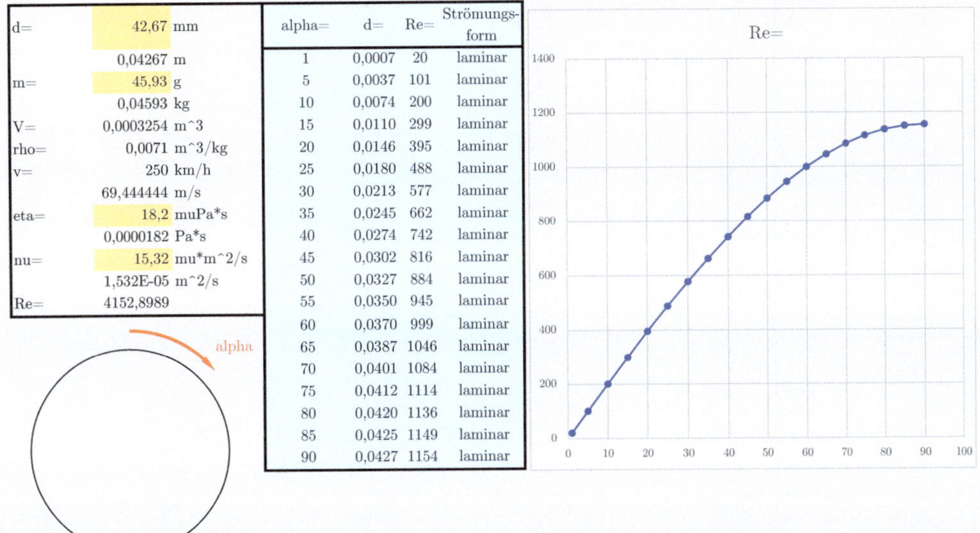

d=	42,67	mm
	0,04267	m
m=	45,93	g
	0,04593	kg
V=	0,0003254	m^3
rho=	0,0071	m^3/kg
v=	250	km/h
	69,444444	m/s
eta=	18,2	muPa*s
	0,0000182	Pa*s
nu=	15,32	mu*m^2/s
	1,532E-05	m^2/s
Re=	4152,8989	

alpha=	d=	Re=	Strömungs-form
1	0,0007	20	laminar
5	0,0037	101	laminar
10	0,0074	200	laminar
15	0,0110	299	laminar
20	0,0146	395	laminar
25	0,0180	488	laminar
30	0,0213	577	laminar
35	0,0245	662	laminar
40	0,0274	742	laminar
45	0,0302	816	laminar
50	0,0327	884	laminar
55	0,0350	945	laminar
60	0,0370	999	laminar
65	0,0387	1046	laminar
70	0,0401	1084	laminar
75	0,0412	1114	laminar
80	0,0420	1136	laminar
85	0,0425	1149	laminar
90	0,0427	1154	laminar

Abb. 5.47 Golfball

Übungsbeispiel 5.2

Ein Bauteil wird an der Krümmungsstelle mit dem Radius $R = -20\,\text{mm}$ mit einer Strömungsgeschwindigkeit von 100 km/h mit Wasser umströmt. Zu berechnen ist mittels der Krümmungsdruckformel der Druckunterschied an der umströmten Stelle im Intervall von [1; 50 mm] in bar. Was kann damit aus der Krümmungsdruckformel gefolgert werden zwischen dem Abstand der Krümmungsstelle und dem zunehmenden strömenden Fluid-Abstand?

Lösung

Mit der Krümmungsdruckformel

$$\frac{dp}{dn} = -\varrho\,\frac{w^2}{R} \quad\Longrightarrow\quad dp = -\varrho\,\frac{w^2}{R}\cdot dn$$

$$\Longrightarrow\quad \int dp = -\varrho\,\frac{w^2}{R}\cdot\int dn$$

$$\Longrightarrow\quad \underline{\underline{p = -\varrho\,\frac{w^2}{R}\cdot n}}\,. \tag{5.234}$$

Der Druck nimmt mit zunehmender Entfernung vom Krümmungskreismittelpunkt zu [2], vgl. mit Abb. 5.48.

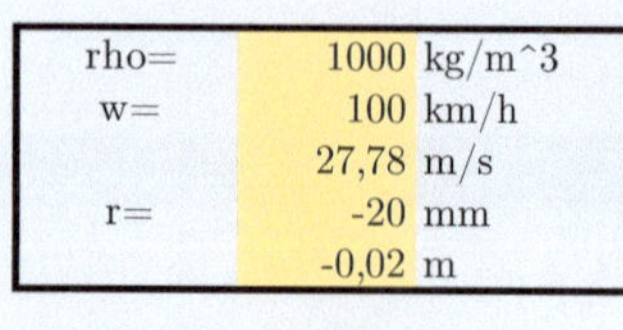

rho=	1000	kg/m^3
w=	100	km/h
	27,78	m/s
r=	-20	mm
	-0,02	m

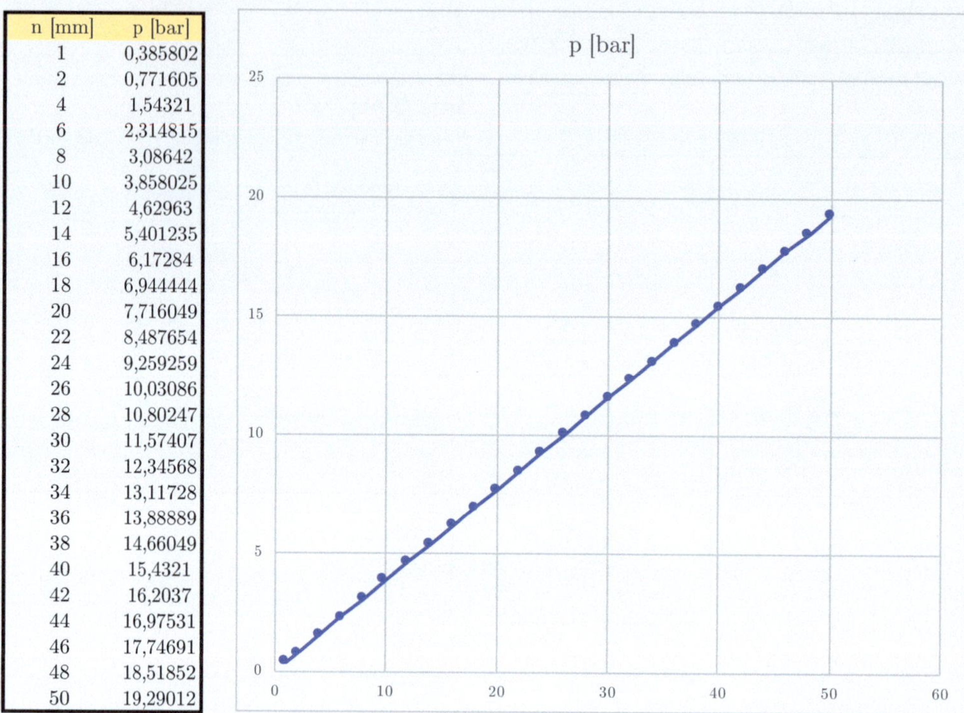

n [mm]	p [bar]
1	0,385802
2	0,771605
4	1,54321
6	2,314815
8	3,08642
10	3,858025
12	4,62963
14	5,401235
16	6,17284
18	6,944444
20	7,716049
22	8,487654
24	9,259259
26	10,03086
28	10,80247
30	11,57407
32	12,34568
34	13,11728
36	13,88889
38	14,66049
40	15,4321
42	16,2037
44	16,97531
46	17,74691
48	18,51852
50	19,29012

Abb. 5.48 Krümmungsdruckformel

Übungsbeispiel 5.3

Wie verhaltet sich eine Kugel mit dem Durchmesser von $d = 20\,\text{mm}$ und ein Zylinder mit den Abmessungen: $d \times l = 20\,\text{mm} \times 20\,\text{mm}$ im Strömungskanal? Die c_W-Werte betragen: $c_{\text{WZyl}} = 1{,}3$ und $c_{\text{WKugel}} = 0{,}5$. Es wird ein Druck von 3 bar bei der Anströmung gemessen. Das Ergebnis ist mit dem prozentualen Flächen- sowie c_W Wert darzustellen, anschließend ist von beiden Figuren die Widerstandskraft zu berechnen und im letzten Schritt ist die Widerstandskraft im Flächenintervall $[1, 5, 10; 65]$ beider Figuren in einem Diagramm gegenüberzustellen.

Lösung

d=	20	mm	Durchmesser Zylinder / Kugel
	0,02	m	
l=	0,02	m	Länge Zylinder
p=	3	bar	Druck

Querschnittfläche [m^2]		proj. Fläche [m^2]		c_W	F_W [N]	
A_Q=	0,0003	A_proj=	0,0003	0,5	47,12	Kugel
	0,0003		0,0004	1,3	156,00	Zylinder

Flächenunterschied:	27%
c_W-Wert	160%

Flächen-differenz [m^2]	F_W (Zylinder) [N]	F_W (Kugel) [N]
0,5	195000	75000
1	390000	150000
1,5	585000	225000
2	780000	300000
2,5	975000	375000
3	1170000	450000
3,5	1365000	525000
4	1560000	600000
4,5	1755000	675000
5	1950000	750000
5,5	2145000	825000
6	2340000	900000
6,5	2535000	975000
7	2730000	1050000

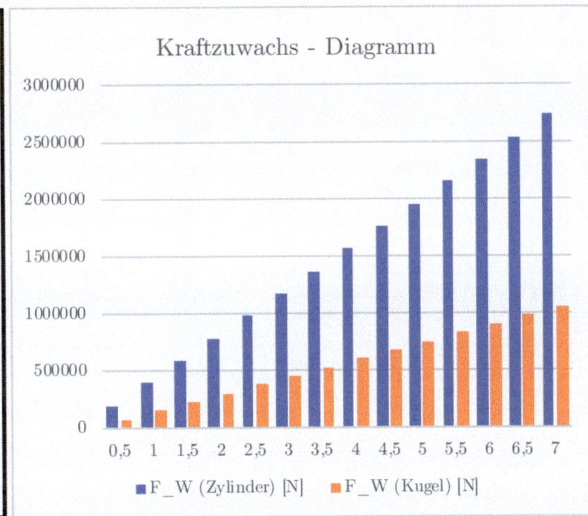

Übungsbeispiel 5.4

Zeigen Sie, dass die Gleichung

$$f(x, y, t) = \cosh(x - u \cdot t) \cdot \sin(y - v \cdot t) \tag{5.235}$$

Eine Lösung der linearen Advektionsgleichung

$$\frac{\partial f}{\partial x} \cdot \frac{dx}{dt} + \frac{\partial f}{\partial y} \cdot \frac{dy}{dt} + \frac{\partial f}{\partial z} \cdot \frac{dz}{dt} + \frac{\partial f(t)}{\partial t} = 0 \tag{5.236}$$

darstellt.

Lösung

Bilden der einzelnen Ableitungen:

$$\begin{aligned} \frac{\partial f_x}{\partial x} &= \sinh(x - u \cdot t) \cdot \sin(y - v \cdot t); \\ \frac{\partial f_y}{\partial y} &= \cosh(x - u \cdot t) \cdot \cos(y - v \cdot t); \\ \frac{\partial f_z}{\partial z} &= 0\,. \end{aligned} \tag{5.237}$$

$$\begin{aligned} \frac{\partial f_y}{\partial t} &= -\sinh(x - u \cdot t) \cdot u \cdot \sin(y - v \cdot t) \\ &\quad - \cosh(x - u \cdot t) \cdot \cos(y - v \cdot t) \cdot v \end{aligned} \tag{5.238}$$

$$\frac{dx}{dt} = u; \quad \frac{dy}{dt} = v; \quad \left(\frac{dz}{dt} = w\right) \tag{5.239}$$

Einsetzen:

$$\begin{aligned} &\sinh(x - u \cdot t) \cdot \sin(y - v \cdot t) \cdot u \\ &+ \cosh(x - u \cdot t) \cdot \cos(y - v \cdot t) \cdot v \\ &- \sinh(x - u \cdot t) \cdot u \cdot \sin(y - v \cdot t) \\ &- \cosh(x - u \cdot t) \cdot \cos(y - v \cdot t) \cdot v = 0 \\ &\Longrightarrow \quad 0 = 0 \end{aligned} \tag{5.240}$$

Übungsbeispiel 5.5

Besitzt folgende Strömung einen Wirbel? Gesucht ist eine grafische Lösung mittels Matlab.

$$u = \cos\left(\frac{2 \cdot \pi}{0{,}5} \cdot y\right) \qquad v = -\cos\left(\frac{2 \cdot \pi}{1} \cdot x\right) \tag{5.241}$$

Lösung

```
%%%%%%%%%%%%%%%%%%%%%%%%%%%%%%%%%%%%%%%%%%%%%%%%%%%%%%%%%
%%%%%%%%%%%%%%%%%%%%%GITTER%%%%%%%%%%%%%%%%%%%%%%%%%%%%%%
%%%%%%%%%%%%%%%%%%%%%%%%%%%%%%%%%%%%%%%%%%%%%%%%%%%%%%%%%
x = -0.6:0.05:1;              %Gitterpunkte auf x
y = -0.4:0.05:0.6;            %Gitterpunkte auf y
[x,y]=meshgrid(x,y);          %Erzeugt Gitter
%%%%%%%%%%%%%%%%%%%%%%%%%%%%%%%%%%%%%%%%%%%%%%%%%%%%%%%%%
%%%%%%%%%%%%%%%%%%%GESCHWINDIGKEIT%%%%%%%%%%%%%%%%%%%%%%%
%%%%%%%%%%%%%%%%%%%%%%%%%%%%%%%%%%%%%%%%%%%%%%%%%%%%%%%%%

u =  cos(2*pi./0.5*(y));      %Geschwindigkeitsgleichung u
v = -cos(2*pi./1*(x));        %Geschwinsigkeitsgleichung v

%%%%%%%%%%%%%%%%%%%%%%%%%%%%%%%%%%%%%%%%%%%%%%%%%%%%%%%%%
%%%%%%%%%%%%%%%%%%%%%%%PLOT%%%%%%%%%%%%%%%%%%%%%%%%%%%%%%
%%%%%%%%%%%%%%%%%%%%%%%%%%%%%%%%%%%%%%%%%%%%%%%%%%%%%%%%%
quiver(x, y, u, v);           %Erzeugt Vektorplot
xlim([-0.6 1]);               %Achsbeschraenkung x
ylim([-0.4 0.6]);             %Achsbeschraenkung y
```

Die Strömung besitzt Wirbel!

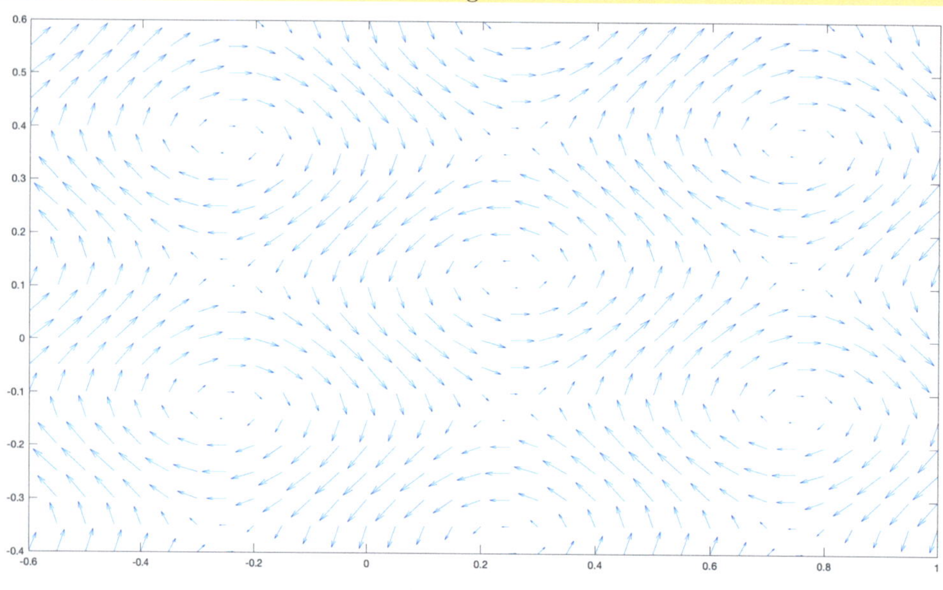

Übungsbeispiel 5.6

Besitzt folgende Strömung einen Wirbel?

$$u = \sin\left(\frac{2 \cdot \pi}{5} \cdot y\right) \qquad v = -\sin\left(\frac{2 \cdot \pi}{1} \cdot x\right) \tag{5.242}$$

Gesucht ist eine grafische Lösung mittels Matlab.

Lösung

```
%%%%%%%%%%%%%%%%%%%%%%%%%%%%%%%%%%%%%%%%%%%%%%%%%%%%%%%%%%%%%%%
%%%%%%%%%%%%%%%%%%%GESCHWINDIGKEIT%%%%%%%%%%%%%%%%%%%%%%%%%%%%%
%%%%%%%%%%%%%%%%%%%%%%%%%%%%%%%%%%%%%%%%%%%%%%%%%%%%%%%%%%%%%%%

u =  sin(2*pi./5*(y));        %Geschwindigkeitsgleichung u
v = -sin(2*pi./1*(x));        %Geschwinsigkeitsgleichung v

%%%%%%%%%%%%%%%%%%%%%%%%%%%%%%%%%%%%%%%%%%%%%%%%%%%%%%%%%%%%%%%
%%%%%%%%%%%%%%%%%%%%%%%PLOT%%%%%%%%%%%%%%%%%%%%%%%%%%%%%%%%%%%%
%%%%%%%%%%%%%%%%%%%%%%%%%%%%%%%%%%%%%%%%%%%%%%%%%%%%%%%%%%%%%%%

quiver(x, y, u, v);           %Erzeugt Vektorplot
```

Die Strömung besitzt Wirbel!

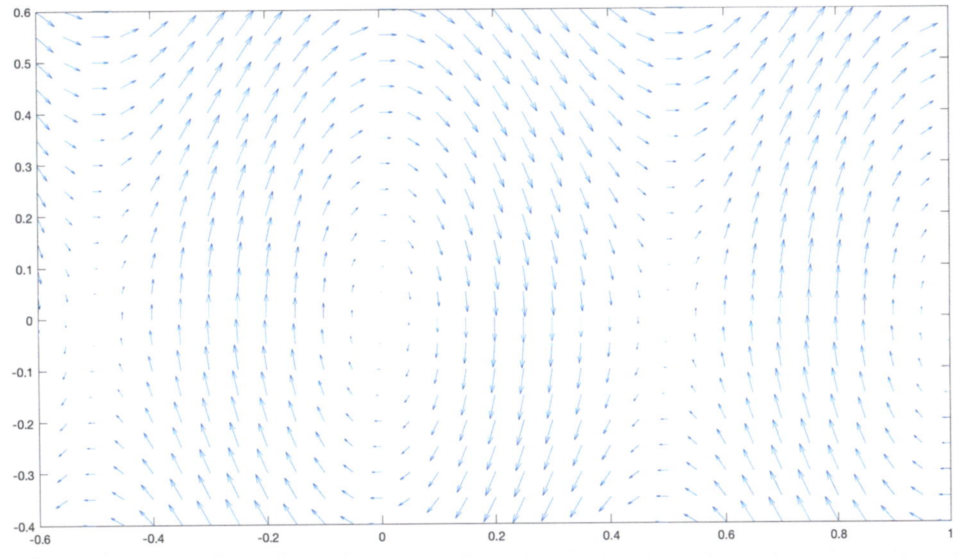

5

Übungsbeispiel 5.7

Besitzt folgende Strömung einen Wirbel?

Gesucht ist eine grafische Lösung mittels Matlab.

$$u = \sin\left(\frac{2 \cdot \pi}{5} \cdot y\right) \qquad v = -\cos\left(\frac{2 \cdot \pi}{1} \cdot x\right) \tag{5.243}$$

Lösung

```
%%%%%%%%%%%%%%%%%%%%%%%%%%%%%%%%%%%%%%%%%%%%%%%%%%%%%%%%%%%%%
%%%%%%%%%%%%%%%%%%%%GESCHWINDIGKEIT%%%%%%%%%%%%%%%%%%%%%%%%%%
%%%%%%%%%%%%%%%%%%%%%%%%%%%%%%%%%%%%%%%%%%%%%%%%%%%%%%%%%%%%%

u =  sin(2*pi./5*(y));        %Geschwindigkeitsgleichung u
v = -cos(2*pi./1*(x));        %Geschwinsigkeitsgleichung v

%%%%%%%%%%%%%%%%%%%%%%%%%%%%%%%%%%%%%%%%%%%%%%%%%%%%%%%%%%%%%
%%%%%%%%%%%%%%%%%%%%%%%%%PLOT%%%%%%%%%%%%%%%%%%%%%%%%%%%%%%%%%
%%%%%%%%%%%%%%%%%%%%%%%%%%%%%%%%%%%%%%%%%%%%%%%%%%%%%%%%%%%%%

quiver(x, y, u, v);           %Erzeugt Vektorplot
```

Die Strömung besitzt Wirbel!

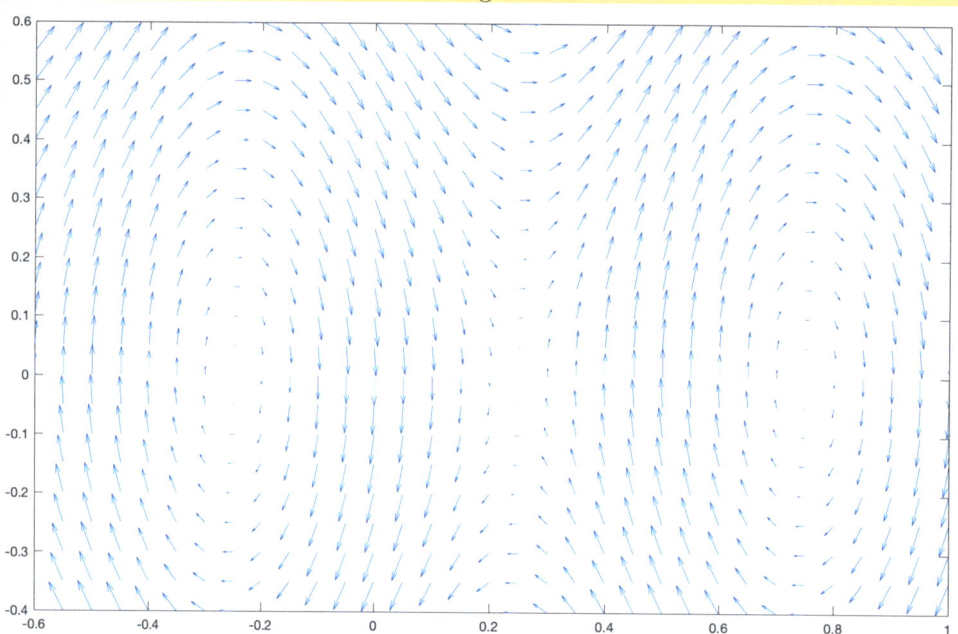

Zweidimensionale Potentialströmungen

Inhaltsverzeichnis

A. Huber, *Technische Mechanik 4 - Hydromechanik*,
https://doi.org/10.1007/978-3-662-69231-8_6

Sie lernen hier...

- Lösen der hydrodynamischen Gleichungen durch Partielle DGL.
- Euler-Gleichungen kennen.
- Grundlagen der Navier-Stokes-Gleichungen kennen.
- Kinematische Gleichungen kennen.
- Potentiale von Strömungen berechnen.
- Komplexe Potentiale berechnen.
- Potentialströmungen, Wirbelströmungen, Dipolströmungen berechnen.
- Strömungssuperposition kennen.
- den Magnuseffekt kennen und das d'Alembert'sche Paradoxon widerlegen.
- Das Theorem von Kutta Joukowski kennen.

Zitat

Es gibt keine Technik des Denkens, sondern nur ein spontanes, kreatives Funktionieren der Intelligenz, die sich in der Harmonie von Verstand, Gefühl und Handeln manifestiert, die nicht voneinander getrennt sind.

Jiddu Krishnamurti

6.1 Reibungsfreie, inkompressible Strömungen [1, 7]

6.1.1 Vereinfachungen [1, 7]

Um Strömungen zu vereinfachen und vor allem die mathematischen Lösungsmethoden hinter den Gleichungen zur Beschreibung von Strömungen „möglichst" einfach zu halten, sodass auch die Realität noch so gut wie möglich nachgebildet werden kann, trifft man für die nachfolgenden Herleitungen und Lösungen folgende Vereinfachungen:

1. **reibungsfreie Strömung** Die umströmten, oder durchströmten Bauteile (je nach Art der Strömung: extern oder intern) sind vollkommen glatt anzunehmen, sodass die Strömung durch die Oberfläche oder den Rand nicht gebremst, verzögert oder abgelenkt wird.
2. **inkompressible Strömung** Es handelt sich um Flüssigkeitsströmungen, keine Gasströmungen, da diese kompressibel sind, die Dichte des Fluids, oder hier in weiterer Folge der Flüssigkeit ist konstant
3. **zweidimensionale Strömung** Die Strömung kann nur in einer Ebene auftreten, wodurch oftmals von unendlich langen Bauteilen, bei der Umströmung, in der Tafelebene die Rede ist.
4. **stationäre Strömung** Die Strömung ist nicht zeitabhängig (instationär) und ändert deren Eigenschaft nicht in Abhängigkeit der Zeit, wodurch die Zeit nicht weiter berücksichtigt werden muss und bei stationären Strömungen entfällt.

Eine weitere Annahme, nämlich jene der Potentialströmungen stellt eine nochmalige deutliche Vereinfachung dar. Dabei ist Voraussetzungen, dass das Strömungspotential diese Vereinfachungen erträgt. Wie aber bereits im Kapitel zuvor gezeigt wurde, ist dies eine Annahme, die mit sehr hoher Vorsicht zu genießen ist, da zuvor bewiesen wurde, da es keine Potentialströmungen geben kann.

In der Praxis bedeutet dies, dass man sich außerhalb der Grenzschichten oder Nachläufen befindet. Insbesondere werden vernünftige Ergebnisse erzielt, wenn an den umströmten, aerodynamischen Körpern die Strömung eine Ablösung erfährt. Ziemlich gute Übereinstimmungen von Messungen und Berechnungen von Geschwindigkeits- und Druckfeldern können daher für Umströmungen von Tragflügelprofilen erwartet werden. Darum behandeln wir die Umströmung von Profilen besonders genau.

Die Vereinfachungen, die durch die Annahme von Potentialströmungen entstehen, werden anschließend demonstriert. Bei der Kontinuitätsgleichung und der Navier-Stokes-Gleichung reduzieren sich im Fall stationärer, zweidimensionaler Strömungen für ein reibungsfreies und inkompressibles Fluides eigenes Volumenkraft auf die Kontinuitätsgleichung und die beiden Bewegungsgleichungen in x und y Richtung, die sogenannten Euler-Gleichungen.

6

6.1.2 Euler-Gleichungen und Bernoulli-Gleichungen [1, 7]

6.1.2.1 Herleitung

Um die Euler-Gleichungen herleiten zu können, werden zunächst die bereits behandelten Grundgleichungen der Hydrodynamik untersucht. Diese lauten:

- **Kontinuitätsgleichung:**

$$\frac{\partial u}{\partial x} + \frac{\partial v}{\partial y} = 0 . \tag{6.1}$$

Die beiden Bewegungsgleichungen erfolgen aus dem vorhergehenden Kapitel:

- **Bewegungsgleichung in x-Richtung:**

$$u\,\frac{\partial u}{\partial x} + v\,\frac{\partial u}{\partial y} = -\frac{1}{\varrho}\,\frac{\partial p}{\partial x} \tag{6.2}$$

- **Bewegungsgleichung in y-Richtung:**

$$u\,\frac{\partial v}{\partial x} + v\,\frac{\partial v}{\partial y} = -\frac{1}{\varrho}\,\frac{\partial p}{\partial y} \tag{6.3}$$

Bekanntlich benötigt man für die Bestimmung einer Unbekannten eine Gleichung. Hier kann man also mit drei Gleichungen auch drei Unbekannte bestimmen, dies entspricht der Möglichkeit, die unbekannten Geschwindigkeiten u und v sowie den Druck p zu berechnen. Die Gleichungen (6.1), (6.2), und (6.3) sind bereits in einfacher Form notiert, löst man diese, wird man aber schnell die hohe Komplexität dieser Gleichungslösung feststellen. Um diese Gleichungen noch weiter zu vereinfachen, wird Drehungsfreiheit angenommen, wodurch sich die Gleichung des zuvor behandelten Kapitel $\frac{dx}{dz} = \frac{u}{w}$ ergibt, bzw. durch Umformen und Anschreiben mit partieller Differentiation und Aufstellen in der xy-Ebene wird

$$\frac{\partial u}{\partial y} = \frac{\partial v}{\partial x} . \tag{6.4}$$

Der Sinn dahinter steckt darin, dass man jetzt Gl. (6.4) durch Multiplizieren mit dx zu

$$\left(u\,\frac{\partial u}{\partial x} + v\,\frac{\partial u}{\partial y}\right) dx = \left(-\frac{1}{\varrho}\,\frac{\partial p}{\partial x}\right) dx \tag{6.5}$$

schreiben kann. Mit Multiplizieren von dy der Gl. (6.3) ergibt sich

$$\left(u\,\frac{\partial v}{\partial x} + v\,\frac{\partial v}{\partial y}\right) dy = \left(-\frac{1}{\varrho}\,\frac{\partial p}{\partial y}\right) dy . \tag{6.6}$$

Addiert man Gl. (6.5) zu (6.6) resultiert

$$\left(u\,\frac{\partial u}{\partial x} + v\,\frac{\partial u}{\partial y}\right) dx + \left(u\,\frac{\partial v}{\partial x} + v\,\frac{\partial v}{\partial y}\right) dy = \left(-\frac{1}{\varrho}\,\frac{\partial p}{\partial x}\right) dx + \left(-\frac{1}{\varrho}\,\frac{\partial p}{\partial y}\right) dy$$

$$\left(u\,\frac{\partial u}{\partial x} + v\,\frac{\partial u}{\partial y}\right) dx + \left(u\,\frac{\partial v}{\partial x} + v\,\frac{\partial v}{\partial y}\right) dy = -\frac{1}{\varrho}\left(\frac{\partial p}{\partial x}\,dx + \frac{\partial p}{\partial y}\,dy\right) ; \tag{6.7}$$

wobei der Term aus (6.7) den Gesamtdruck darstellt, zu

$$\left(\frac{\partial p}{\partial x}\,dx + \frac{\partial p}{\partial y}\,dy\right) = dp . \tag{6.8}$$

Gl. (6.8) in (6.7) ergibt

$$\left(u\,\frac{\partial u}{\partial x} + v\,\frac{\partial u}{\partial y}\right) dx + \left(u\,\frac{\partial v}{\partial x} + v\,\frac{\partial v}{\partial y}\right) dy = -\frac{1}{\varrho}\left(\frac{\partial p}{\partial x}\,dx + \frac{\partial p}{\partial y}\,dy\right) = -\frac{1}{\varrho}\,dp . \tag{6.9}$$

Gl. (6.4) in (6.9) eingesetzt lässt

$$\left(u\,\frac{\partial u}{\partial x} + v\,\frac{\partial u}{\partial y}\right) dx + \left(u\,\frac{\partial v}{\partial x} + v\,\frac{\partial v}{\partial y}\right) dy = -\frac{1}{\varrho}\left(\frac{\partial p}{\partial x}\,dx + \frac{\partial p}{\partial y}\,dy\right) = -\frac{1}{\varrho}\,dp = u\,du + v\,dv \tag{6.10}$$

folgen. Durch Integrieren ergibt sich

$$-\int \frac{1}{\varrho}\,dp = \int u\,du + \int v\,dv$$

$$-\frac{1}{\varrho}\,p = \frac{u^2}{2} + \frac{v^2}{2} \tag{6.11}$$

bzw. wenn man dies differential klein werden lässt

$$-\frac{1}{\varrho}\,dp = \frac{1}{2}\,d\left(u^2 + v^2\right), \qquad (6.12)$$

oder durch Schreiben in Integralform

$$\frac{\varrho}{2}\left(u^2 + v^2\right) + p = \frac{\varrho}{2}\,V_\infty^2 + p_\infty = \text{const.} \qquad (6.13)$$

6.1.2.2 Interpretation der Ergebnisse

Definition 6.1 (Euler-Gleichung)

Gl. (6.12) wird als Euler-Gleichung bezeichnet.

$$-\frac{1}{\varrho}\,dp = \frac{1}{2}\,d\left(u^2 + v^2\right) \qquad (6.14)$$

Definition 6.2 (Bernoulli-Gleichung)

Gl. (6.13) wird als Euler-Gleichung bezeichnet.

$$-\frac{1}{\varrho}\,dp = \frac{1}{2}\,d\left(u^2 + v^2\right) \qquad (6.15)$$

Bemerkung 6.1

Die Konstante in dieser Gleichung hat denselben Wert über das gesamte Strömungsfeld.

Definition 6.3 (Kinematische Glg.)

Die Gleichungen (6.2), (6.3) und (6.4) stellen die sogenannten kinematischen Grundgleichungen dar.

Bewegungsgleichung in x-Richtung:

$$u\,\frac{\partial u}{\partial x} + v\,\frac{\partial u}{\partial y} = -\frac{1}{\varrho}\,\frac{\partial p}{\partial x} \qquad (6.16)$$

Bewegungsgleichung in y-Richtung:

$$u\,\frac{\partial v}{\partial x} + v\,\frac{\partial v}{\partial y} = -\frac{1}{\varrho}\,\frac{\partial p}{\partial y} \qquad (6.17)$$

Mittels all dieser drei Gleichungen kann man ein Strömungsfeld vollkommen berechnen. Werden zwei dieser Gleichungen gelöst, kennt man das Strömungsfeld. Diese Lösungen werden später genauer betrachtet. Nachdem diese beiden Geschwindigkeiten u und v bestimmt wurden, kann man diese in die Bernoulli Gleichung (6.14) einsetzen. Dies führt dazu, dass der Druck berechnet werden kann.

6.2 Komplexes Potential [1, 7]

6.2.1 Vereinfachungen

Es werden hier erneut die bereits zuvor genauer beschriebenen Vereinfachungen getroffen:

1. **Reibungsfreie Strömung**
2. **Inkompressible Strömung**
3. **Zweidimensionale Strömung**
4. **Stationäre Strömung**

Es kann somit das Strömungsfeld durch folgende drei Gleichungen vollständig definiert werden:

1. **Bernoulli-Gleichung,**
2. **Kinematische Gleichungen und**
3. **Bedingung der Drehungsfreiheit.**

6.2.2 Berechnungen

Die Kontinuitätsgleichung kann durch Einführen der Stromfunktion definiert werden (Gleichungen (5.232) und (5.233))

$$u = \frac{\partial \psi}{\partial y} \tag{6.18}$$

$$v = -\frac{\partial \psi}{\partial x} \tag{6.19}$$

Diese beiden Gleichungen werden in die Bedingung der Drehungsfreiheit (6.4) eingesetzt. Es folgt

$$\frac{\partial u}{\partial y} = \frac{\partial v}{\partial x}$$

$$\frac{\partial u}{\partial y} - \frac{\partial v}{\partial x} = 0\,. \tag{6.20}$$

Mit (6.18) und (6.19): $\partial u = \frac{\partial^2 \psi}{\partial y}$, sowie $\partial v = -\frac{\partial^2 \psi}{\partial x}$, was durch einsetzen in (6.20) zu

$$\frac{\frac{\partial^2 \psi}{\partial y}}{\partial y} + \frac{\frac{\partial^2 \psi}{\partial x}}{\partial x} = 0$$

$$\frac{\partial^2 \psi}{\partial y^2} + \frac{\partial^2 \psi}{\partial x^2} = 0 = \psi \underbrace{\left(\frac{\partial^2}{\partial y^2} + \frac{\partial^2}{\partial x^2}\right)}_{=\nabla^2 = \frac{\partial^2}{\partial y^2} + \frac{\partial^2}{\partial x^2}}$$

$$\frac{\partial^2 \psi}{\partial y^2} + \frac{\partial^2 \psi}{\partial x^2} = 0 = \nabla^2\,\psi \tag{6.21}$$

resultiert. Ebenso ist die Gleichung durch Einführen eines Geschwindigkeitspotentials erfüllt ($u = \frac{\partial \phi}{\partial y}$ und $v = \frac{\partial \phi}{\partial x}$). Es ergibt sich:

$$\frac{\partial^2 \phi}{\partial y^2} + \frac{\partial^2 \phi}{\partial x^2} = 0 = \nabla^2\,\phi\,. \tag{6.22}$$

Man sieht, dass die beiden Gleichungen: (6.22) und (6.21) die Laplace-Gleichungen sind. Sie sind nach Pierre-Simon Laplace (geboren 28. März 1749 in der Normandie; gestorben 5. März 1827 in Paris [62, 78]) benannt.

Bemerkung 6.2

Von einer komplexwertigen Funktion, welche durch

$$w = f(z) = f(x + i\,y) \tag{6.23}$$

gegeben sei, mit $z = x + i \cdot y$ wird die erste und zweite partielle Ableitungen nach den unabhängigen Variablen x und y der komplexen Funktion (6.23) gebildet.

$$\frac{\partial w}{\partial x} = \frac{dw}{dz}\frac{\partial z}{\partial x} = \frac{dw}{dz}\,l \tag{6.24}$$

$$\frac{\partial^2 w}{\partial x^2} = \frac{d^2 w}{dz^2}\frac{\partial z}{\partial x} = \frac{d^2 w}{dz^2}\,l \tag{6.25}$$

und

$$\frac{\partial w}{\partial y} = \frac{dw}{dz}\frac{\partial z}{\partial y} = \frac{dw}{dz}\,l \tag{6.26}$$

$$\frac{\partial^2 w}{\partial y^2} = \frac{d^2 w}{dz^2}\frac{\partial z}{\partial y} = \frac{d^2 w}{dz^2}\,l \tag{6.27}$$

Werden die beiden Gleichungen (6.25) und (6.27) addiert, so erhält man die sogenannte Laplace-Gleichung.

$$\frac{\partial^2 w}{\partial x^2} + \frac{\partial^2 w}{\partial y^2} = 0 = \nabla^2\,w \tag{6.28}$$

Durch Vergleichen, folgt sofort Gl. (6.22).

Damit diese Gleichungen erfüllt sind, müssen Real- als auch Imaginärteil, der komplexen Funktion aus Gl. (6.23) ($w(z)$) als auch der Laplace-Gleichung, gem. Gl. (6.28) genügen. Dies kann man überprüfen, indem man die Annahme für die komplexe Funktion $w = \phi + i\,\psi$ mit den Bedingungen $\nabla^2\,\phi = 0$ und $\nabla^2\,\psi = 0$ überprüft. Diese müssen für die beiden Laplace-Gleichungen $w(z)$, Gl. (6.28) gültig sein.

Es gilt nach Umschreiben über die Gleichungen (6.25) und (6.27)

$$\frac{\partial w}{\partial x} = \frac{dw}{dz}\frac{\partial z}{\partial x} = \frac{dw}{dz} l$$
$$\frac{\partial w}{\partial x}\frac{\partial x}{\partial z} = \frac{dw}{dz} l$$
$$\frac{\partial w}{\partial z} = \frac{dw}{dz} l \,. \tag{6.29}$$

Es folgt

$$\frac{\partial w}{\partial z} = \frac{\partial w}{\partial x} = \frac{dw}{dz} l = \frac{\partial \phi}{\partial x} + i\,\frac{\partial \psi}{\partial x} \tag{6.30}$$

Ident ergibt sich mit (6.25)

$$\frac{\partial w}{\partial z} = \frac{1}{i}\frac{\partial w}{\partial y} = \frac{1}{i}\frac{\partial \phi}{\partial y} + i\,\frac{\partial \psi}{\partial y} \,. \tag{6.31}$$

Vergleicht man die Real- und Imaginärteile resultiert

$$\frac{\partial \phi}{\partial x} = i\,\frac{\partial \psi}{\partial y} = u\,; \tag{6.32}$$

$$\frac{\partial \phi}{\partial y} = -\frac{\partial \psi}{\partial x} = v\,. \tag{6.33}$$

Diese beiden Gleichungen bezeichnet man auch als:

6.2.3 Cauchy-Riemann-Differentialgleichungen

$$\frac{\partial \phi}{\partial x} = i\,\frac{\partial \psi}{\partial y} = u \tag{6.34}$$
$$\frac{\partial \phi}{\partial y} = -\frac{\partial \psi}{\partial x} = v \tag{6.35}$$

Die Darlegungen verdeutlichen, dass die Real- und Imaginärteile der komplexen analytischen Funktion $w(z)$ als das **Geschwindigkeitspotential ϕ** und die **Stromfunktion ψ** für zweidimensionale Strömungen ohne Reibung, inkompressible Fluide und drehungsfreie Bewegungen interpretiert werden können. Diese Interpretation ermöglicht eine anschauliche Beschreibung von Strömungsphänomenen durch die Verwendung des komplexen Potentials.

6.2.4 Komplexes Potential

$$w = \phi + i\,\psi \tag{6.36}$$

Gleichung 6.36 wird als komplexes Potential definiert.

Analytische Funktionen, repräsentiert durch $z = x + i\,y$, bieten eine geeignete Grundlage zur Beschreibung des Geschwindigkeitspotentials und der Stromfunktion. Als zusätzliche Voraussetzung gilt, dass die komplexe Funktion $w(z)$ über das gesamte Gebiet endlich, zusammenhängend und eindeutig sein muss, sodass der Grenzwert von $\partial'' w/\partial z''$ für alle δz existiert. Die Lösung wird durch bedeutende Zusammenhänge zwischen verschiedenen Koordinatensystemen, wie dem kartesischen und dem Polarkoordinatensystem, wesentlich erleichtert. Diese Zusammenhänge manifestieren sich durch Gl. (6.31) und ermöglichen eine kohärente Beschreibung der Strömungsphänomene.

$$\frac{\partial w}{\partial x} = \frac{dw}{dz} \tag{6.37}$$

Mithilfe der Cauchy Riemannschen Gleichungen kann man auch folgende Ausdrücke finden

$$\frac{\partial \phi}{\partial x} = i\,\frac{\partial \psi}{\partial y} = u\,; \tag{6.38}$$
$$\frac{\partial \phi}{\partial y} = -\frac{\partial \psi}{\partial x} = v\,. \tag{6.39}$$

Addition dieser beiden Gleichungen liefert

$$\frac{\partial \phi}{\partial y} + \frac{\partial \phi}{\partial x} = u - i\,v = \frac{dw}{dz} \tag{6.40}$$

Anwenden der Gl. (6.29) ergibt

$$\frac{\partial \phi}{\partial x} + i\,\frac{\partial \psi}{\partial x}\,. \tag{6.41}$$

Gl. (6.40) mit (6.41) gleichsetzen lässt

$$\frac{dw}{dz} = \frac{\partial \phi}{\partial x} + i\,\frac{\partial \psi}{\partial x} = u - i\,v \tag{6.42}$$

folgen. Identes kann man sich für die Darstellung in Polarkoordinaten überlegen. Es folgt

$$\frac{dw}{dr} = e^{i\,\vartheta}\,\frac{\partial w}{\partial z} \tag{6.43}$$

mit $z = r\,e^{i\,\vartheta}$ zu

$$e^{i\,\vartheta}\,\frac{\partial w}{\partial z} = \frac{\partial \phi}{\partial r} + i\,\frac{\partial \psi}{\partial r} = u_r - i\,u_\vartheta\,. \tag{6.44}$$

6

In diesem Zusammenhang werden die neuen unabhängigen Variablen als r für die Radialkoordinate und ϑ für die Umfangskoordinate in Polarkoordinaten betrachtet. Diese werden durch u_r und u_ϑ abgebildet. Diese Darstellung wird bereits aus der Kontinuumsmechanik (Band 2) bekannt sein.

6.2.5 Bedingungen

Aus diesen Bedingungen kann man folgende Bemerkungen aufstellen:

- **Existenz von Geschwindigkeitspotential und Stromfunktion:** In einem zweidimensionalen Strömungsfeld, das frei von Reibung, inkompressibel und ohne Drehung ist, kann jedem Punkt im Raum ein Geschwindigkeitspotential und eine Stromfunktion zugeordnet werden. Das Geschwindigkeitspotential ist eine skalare Funktion, die die Geschwindigkeitskomponenten in Richtung der Koordinaten beschreibt, während die Stromfunktion die orthogonale Strömung repräsentiert. Beide erfüllen die Laplace-Gleichung, was die Konsistenz und Stabilität dieser Beschreibungen sicherstellt.
- **Repräsentation durch Lösungen der Laplace-Gleichung:** Jede Lösung der Laplace-Gleichung kann als Geschwindigkeitspotential und Stromfunktion einer zweidimensionalen, reibungsfreien, inkompressiblen und drehungsfreien Strömung interpretiert werden. Die Laplace-Gleichung, die den harmonischen Charakter der Funktionen betont, stellt sicher, dass die resultierenden Strömungsbeschreibungen sowohl physikalisch sinnvoll als auch mathematisch konsistent sind.
- **Wechselseitige Umwandlungsmöglichkeit:** Die erläuterte Beziehung ermöglicht eine wechselseitige Konvertierung zwischen der mathematischen Formulierung von Strömungen und den Lösungen der Laplace-Gleichung. Dieser Zusammenhang bietet eine leistungsstarke Methode zur Analyse und Lösung von Strömungsproblemen, da er die Verbindung zwischen den physikalischen Eigenschaften einer Strömung und den entsprechenden mathematischen Darstellungen verdeutlicht.

6.2.6 Vorteile

Das führt zu zwei Vorteilen:

- **Vielfalt bekannter Lösungen der Laplace-Gleichung:** Es existieren zahlreiche bekannte Lösungen für die Laplace-Gleichung, die in verschiedenen Kontexten und Anwendungen Anwendung finden. Diese Lösungen repräsentieren harmonische Funktionen und bilden eine breite Palette von Strömungsverhalten ab, was ihre Relevanz für die Analyse von komplexen physikalischen Phänomenen unterstreicht.
- **Lineare Natur der Laplace-Gleichung und Superpositionseffekt:** Aufgrund der linearen, partiellen Differentialgleichung zweiter Ordnung, die die Laplace-Gleichung charakterisiert, ergibt sich eine bemerkenswerte Eigenschaft: Die Summe von partikulären Lösungen bleibt eine Lösung der Gleichung. Dieser Superpositionseffekt ermöglicht es, komplexe Strömungsprofile durch die Kombination verschiedener bekannter Lösungen zu modellieren, was die Anpassungsfähigkeit dieses mathematischen Werkzeugs in der Strömungsdynamik unterstreicht.

Corollary 6.1

- **Möglichkeit der Zusammensetzung komplexer Strömungsfelder:** Ein komplexes Strömungsfeld kann effektiv durch die Addition von elementaren Strömungen modelliert werden. Die Vielfalt der bekannten Lösungen der Laplace-Gleichung ermöglicht es, verschiedene Strömungsprofile zu kombinieren, um eine präzise Repräsentation komplexer hydrodynamischer Phänomene zu schaffen.

- **Strategie zur Behandlung zweidimensionaler Potentialströmungen:** Die oben beschriebenen Vorteile werden gezielt angewendet, um zweidimensionale Potentialströmungen zu behandeln. Diese Strategie nutzt die Fähigkeit zur Superposition von Lösungen der Laplace-Gleichung, um die Gesamtströmung als Summe von einfachen Strömungselementen zu beschreiben. Dadurch können selbst anspruchsvolle Strömungsfelder in klar definierte Bestandteile zerlegt und analysiert werden, was die Anwendung dieser mathematischen Methodik in der Modellierung und Untersuchung von Strömungsverhalten weiter verstärkt.

6.2.7 Lösungsablauf

Der Lösungsablauf ergibt sich wie folgt:

- Die Ableitung von Lösungen für einige fundamentale Strömungen, die an sich möglicherweise nicht unmittelbar auf praktische Strömungsphänomene anwendbar erscheinen.
- Die Superposition dieser elementaren Strömungen auf unterschiedliche Weisen führt zu einem resultierenden Strömungsfeld, das den realen Strömungen sowie der Summe der einzelnen partiellen Lösungen entspricht. Dabei werden die verschiedenen Strömungskomponenten so kombiniert, dass ein umfassendes Bild der Strömungscharakteristika entsteht, welches die praktischen Gegebenheiten widerspiegelt und zugleich die Addition der einzelnen Lösungsbeiträge berücksichtigt.

$$\phi = \phi_1 + \phi_2 + \ldots + \phi_n \tag{6.45}$$

$$\psi = \psi_1 + \psi_2 + \ldots + \psi_n \tag{6.46}$$

- Die Ermittlung der Geschwindigkeitskomponenten u und v erfolgt durch Anwendung der Beziehungen sowohl im kartesischen als auch im Polarkoordinatensystem.

$$u = \frac{\partial \phi}{\partial y} = \frac{\partial \psi}{\partial y} \tag{6.47}$$

$$v = \frac{\partial \phi}{\partial x} = -\frac{\partial \psi}{\partial x} \tag{6.48}$$

oder

$$u_r = \frac{\partial \phi}{\partial r} = \frac{1}{r}\frac{\partial \psi}{\partial \vartheta} \tag{6.49}$$

$$u_\vartheta = \frac{1}{r}\frac{\partial \phi}{\partial \vartheta} = -\frac{\partial \psi}{\partial r}\,. \tag{6.50}$$

- Die Berechnung des Drucks p erfolgt durch die Bernoulli-Gleichung:

$$p + \frac{\varrho}{2}\left(u^2 + v^2\right) = \text{const} = p_\infty + \frac{\varrho_\infty}{2} V_\infty^2 \tag{6.51}$$

In diesem Abschnitt wurde die Verwendung der komplexen Funktion als Werkzeug eingeführt, um Lösungen für die Laplace-Gleichung im Zusammenhang mit komplexen Strömungen zu finden. Im weiteren Verlauf werden einige fundamentale, elementare Strömungsformen in diesem Zusammenhang eingehender erörtert. Dies ermöglicht eine tiefere Einsicht in die Anwendung der komplexen Variablen bei der Analyse und Beschreibung komplexer Strömungsvorgänge.

6

6.3 Elementare Strömungen [1, 7]

6.3.1 Parallelströmung

In Abb. 6.1 wird eine Parallelströmung mit der Geschwindigkeit V_∞[1] gezeigt, die um den Winkel α geneigt angeströmt wird. Es handelt sich damit bei α um den Anströmwinkel. Gemäß den Regeln der Gauß'schen Zahlenebene wird auch hier die Abszisse für den Realteil und die Ordinate für den Imaginärteil verwendet. Das entsprechende Potential zur vorliegenden Strömung lautet

$$w = V_\infty \, e^{-i\,\alpha} \, z \,. \tag{6.52}$$

Bildet man die Ableitung dieser Gleichung, so ergibt sich

$$\frac{dw}{dz} = V_\infty \, e^{-i\,\alpha} \,. \tag{6.53}$$

Mit Gl. (6.44) folgt

$$\begin{aligned} \frac{dw}{dz} &= u - i\,v = V_\infty \, e^{-i\,\alpha} \\ &= V_\infty \left(\cos(\alpha) - i \sin(\alpha)\right) . \end{aligned} \tag{6.54}$$

Es können daraus die Geschwindigkeitskomponenten abgelesen werden, indem die Gl. (6.54) betrachtet. Es ergibt sich

$$u = V_\infty \, \cos(\alpha) \tag{6.55}$$

$$v = V_\infty \, \sin(\alpha) \,. \tag{6.56}$$

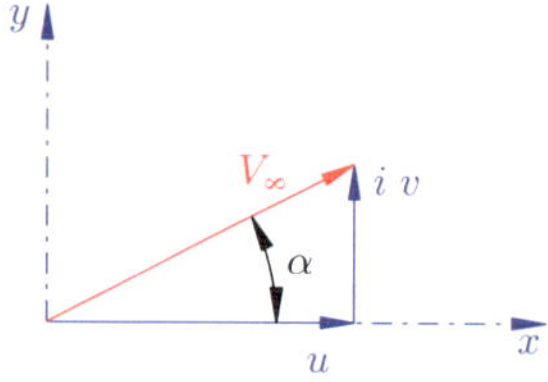

Abb. 6.1 Parallelströmung

1 Um hier Verwirrungen zu vermeiden, da es die Geschwindigkeitskomponenten u, v, w gibt, wird anstatt bisher als Anströmgeschwindigkeit w_∞ die Bezeichnung V_∞ verwendet.

6.3.2 Quellen- und Senkenströmung

6.3.2.1 Quellenströmung

Bei der dargestellten Strömung in Abb. 6.2 handelt es sich um eine Quellenströmung. Die Stärke dieser Quelle, die den Volumenstrom der Quelle in einem Einheitsmaßstab repräsentiert, wird mit σ bezeichnet. Das komplexe Potential für diese Strömung wird durch den folgenden Ausdruck beschrieben

$$w = \frac{\sigma}{2\,\pi} \ln(z - z_0) \,. \tag{6.57}$$

Das Zentrum der Quelle wird durch z_0 repräsentiert, wobei z einen willkürlichen Punkt im Koordinatensystem bezeichnet. Somit gibt die Differenz $z - z_0$ den Abstand zwischen dem Zentrum der Quelle und dem Punkt z an, an dem die induzierte Geschwindigkeit der Quelle betrachtet wird. Nach Ableiten von Gl. (6.57) nach dz ergibt sich:

$$\frac{dw}{dz} = \frac{\sigma}{2\,\pi\,(z - z_0)} \,; \tag{6.58}$$

bzw. durch die Darstellung des komplexen Potentials aus Gl. (6.57) für das Polarkoordinatensystem ergibt

$$z - z_0 = r\, e^{i\,\vartheta} \,. \tag{6.59}$$

Es wird somit mit Gl. (6.57)

$$w = \frac{\sigma}{2\,\pi} \ln(r) + i\,\vartheta = \phi + i\,\psi \,. \tag{6.60}$$

Vergleicht man auch hier die Gleichung, mit dem Real- und Imaginärteil, so folgt für das Geschwindigkeitspotential ϕ und für die Stromfunktion ψ

$$\phi = \frac{\sigma}{2\,\pi} \ln(r) \qquad \psi = \frac{\sigma}{2\,\pi}\,\vartheta \,. \tag{6.61}$$

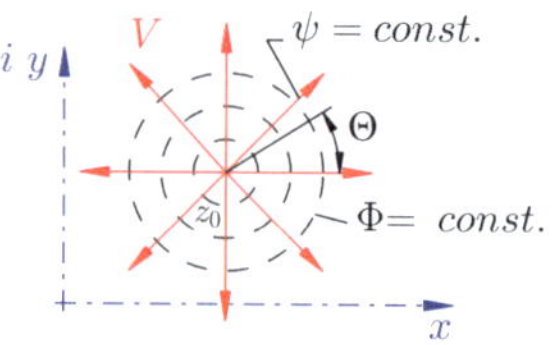

Abb. 6.2 Quellenströmung

Nach Gl. (6.56) ergeben sich aus den Ableitungen des Geschwindigkeitspotentials und der Stromfunktion nach den Raumkoordinaten r und ϑ die Geschwindigkeitskomponenten im Polarkoordinatensystem. In diesem Zusammenhang erfolgt die Ableitung der Potentialfunktion und der Stromfunktion in Gl. (6.61) nach ∂r.

$$u_r = \frac{\partial \phi}{\partial r} = \frac{\sigma}{2\pi r} \qquad u_\vartheta = -\frac{\partial \psi}{\partial r} = 0 \tag{6.62}$$

Da die Quellenströmung nur in radialer Richtung verlaufen kann, müssen die Umgangskomponenten u_ϑ gleich null sein.

6.3.2.2 Senkenströmung

Senkenströmungen lassen sich als negative Quellenströmungen interpretieren. Sowohl Senkenströmungen als auch Quellenströmungen sind grundlegende Strömungsformen, die auf Singularitäten beruhen. Dies bedeutet, dass sie die Kontinuitätsgleichung am Punkt z_0 nicht erfüllen, da die Geschwindigkeit an diesem Ort unendlich groß ist. Diese Strömungen spielen eine wichtige Rolle bei der Analyse von Strömungsphänomenen und sind in der Strömungsmechanik von Bedeutung.

Methode: Lösung durch SolidWorks – CFD 6.1

Von einem durchflossenen Rohr sind Senken- und Quellenströmungen zu simulieren. Dabei sind mehrere mögliche Fälle für Senken- als auch für Quellen zu untersuchen. Stellen Sie diese im Anschluss per Stromlinien im Rohr dar.

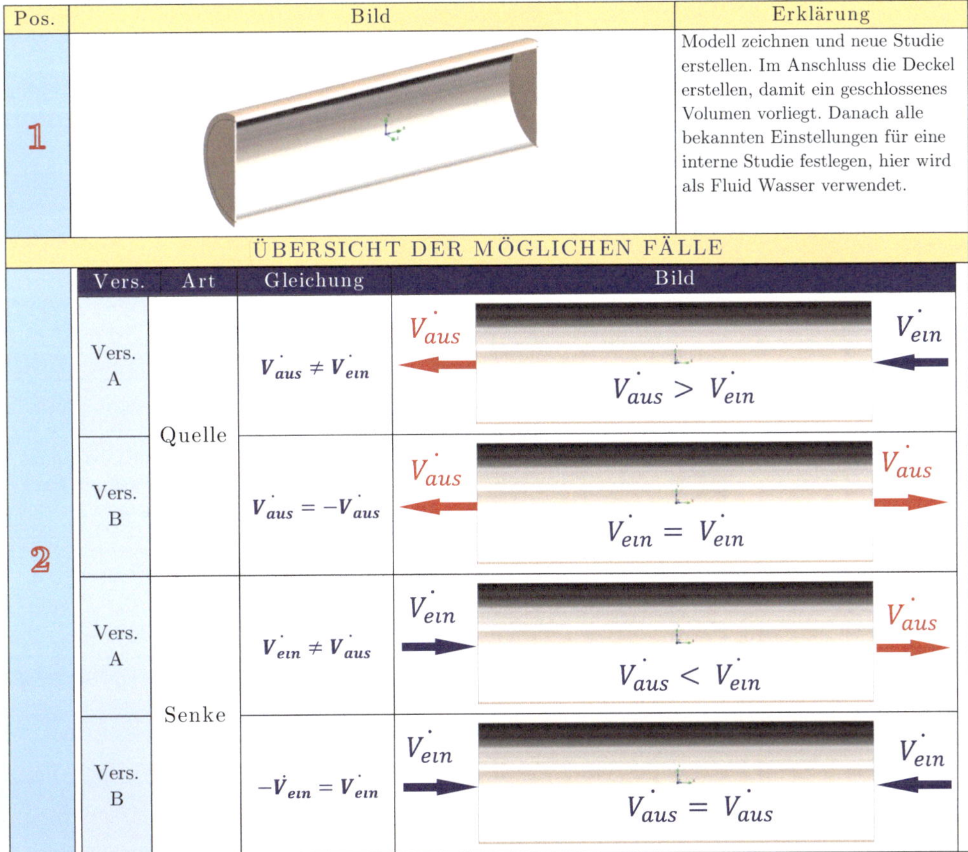

Pos.	Bild	Erklärung
1		Modell zeichnen und neue Studie erstellen. Im Anschluss die Deckel erstellen, damit ein geschlossenes Volumen vorliegt. Danach alle bekannten Einstellungen für eine interne Studie festlegen, hier wird als Fluid Wasser verwendet.

ÜBERSICHT DER MÖGLICHEN FÄLLE (Pos. 2)

Vers.	Art	Gleichung	Bild
Vers. A	Quelle	$\dot V_{aus} \neq \dot V_{ein}$	$\dot V_{aus}$ ← $\dot V_{aus} > \dot V_{ein}$ ← $\dot V_{ein}$
Vers. B	Quelle	$\dot V_{aus} = -\dot V_{aus}$	$\dot V_{aus}$ ← $\dot V_{ein} = \dot V_{ein}$ → $\dot V_{aus}$
Vers. A	Senke	$\dot V_{ein} \neq \dot V_{aus}$	$\dot V_{ein}$ → $\dot V_{aus} < \dot V_{ein}$ → $\dot V_{aus}$
Vers. B	Senke	$-\dot V_{ein} = \dot V_{ein}$	$\dot V_{ein}$ → $\dot V_{aus} = \dot V_{aus}$ ← $\dot V_{ein}$

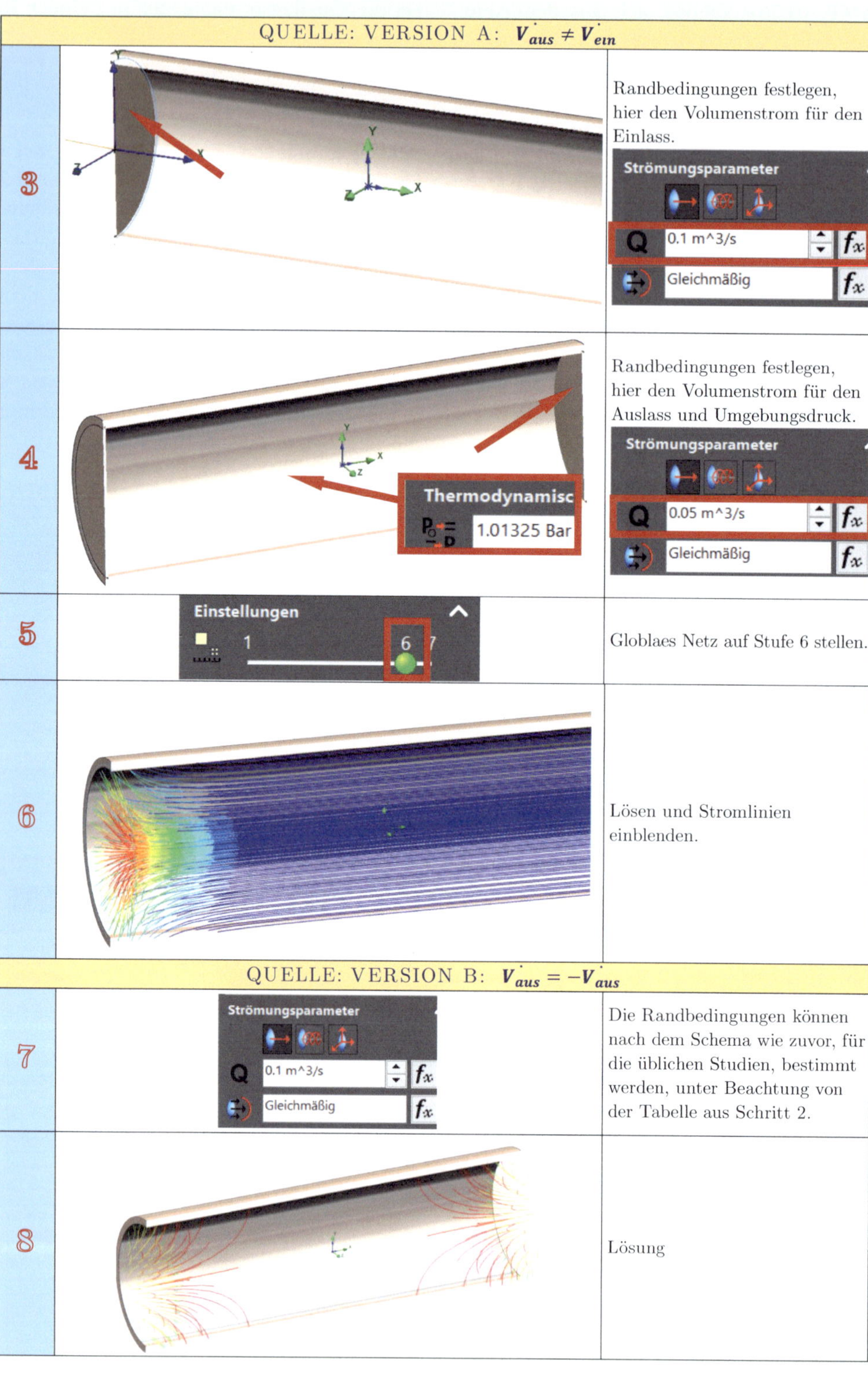

QUELLE: VERSION A: $\dot{V}_{aus} \neq \dot{V}_{ein}$	
3	Randbedingungen festlegen, hier den Volumenstrom für den Einlass.
4	Randbedingungen festlegen, hier den Volumenstrom für den Auslass und Umgebungsdruck.
5	Globlaes Netz auf Stufe 6 stellen.
6	Lösen und Stromlinien einblenden.
QUELLE: VERSION B: $\dot{V}_{aus} = -\dot{V}_{aus}$	
7	Die Randbedingungen können nach dem Schema wie zuvor, für die üblichen Studien, bestimmt werden, unter Beachtung von der Tabelle aus Schritt 2.
8	Lösung

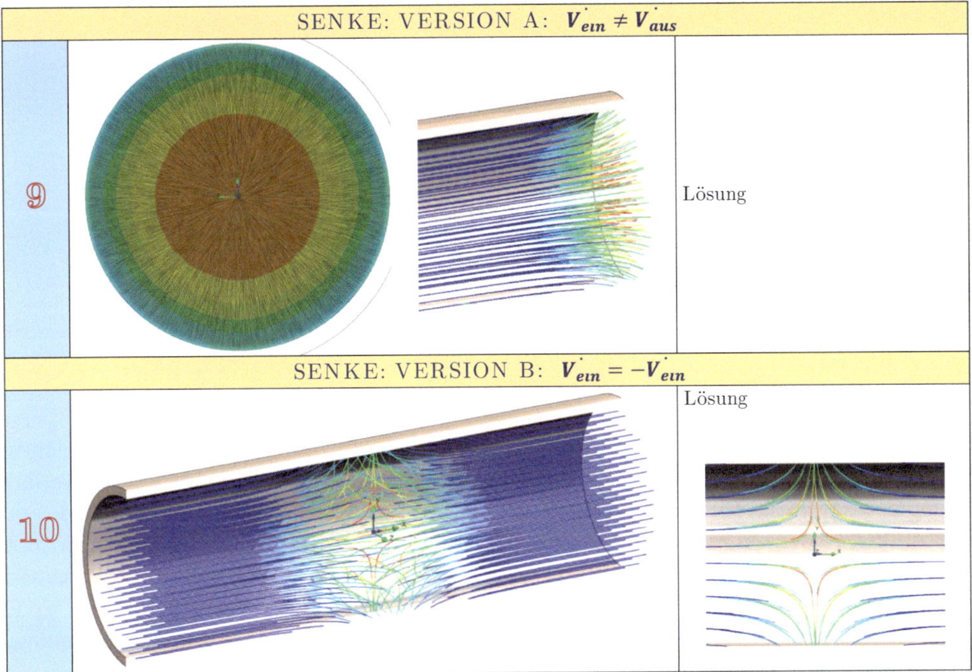

6.3.3 Dipolströmung

Abb. 6.3 zeigt eine sogenannte Dipolströmung. Bei einer Dipolströmung handelt es sich um eine Arte Strömung, bei welcher eine Quelle und eine Senke vorliegen. Ein Dipol besteht aus einer Kombination von positiver und negativer Quellen- oder Senkenströmung gleicher Stärke, die in einem gewissen Abstand voneinander angeordnet sind. Der Abstand ist nach Abb. 6.3 l, die Stärke wird durch μ gekennzeichnet und der Dipol befindet sich an der räumlichen Stelle $z = z_0$. Zusätzlich ist der hier vorliegende Dipol um den Winkel α zur x-Achse geneigt. Die Stärke des Dipols kann mit der Gleichung

$$\mu = \sigma\, l = \text{const.} \quad \text{für} \quad l \to 0\,. \tag{6.63}$$

bestimmt werden. Die Quelle sowie die Senke sind wie bereits erwähnt gleich groß und besitzen beide die Stärke σ. Beim Dipol handelt es sich ebenso um eine singuläre Strömung. Das komplexe Potential wird angenommen zu

$$w = \frac{\mu\, e^{i\,\alpha}}{2\,\pi\,(z - z_0)}\,. \tag{6.64}$$

Die Ableitung nach dz ergibt

$$\frac{dw}{dz} = -\frac{\mu\, e^{i\,\alpha}}{2\,\pi\,(z - z_0)^2}\,. \tag{6.65}$$

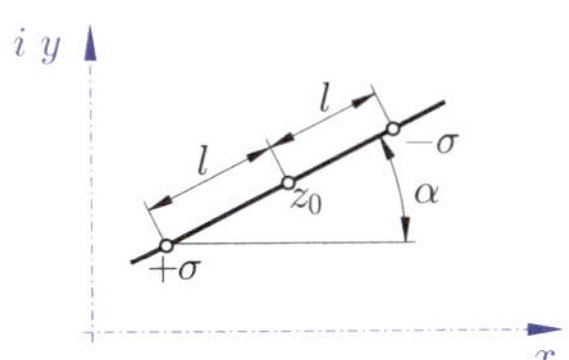

Abb. 6.3 Darstellung der Lage einer Quelle und einer Senke zur Bildung eines Dipols

Für $\alpha = 0$ und $z_0 = 0$ vereinfacht sich Gl. (6.65) zu

$$w = \frac{\mu}{2\pi} = \phi + i\,\psi \tag{6.66}$$

mit

$$z = r\, e^{i\,\vartheta} \tag{6.67}$$

$$w = \frac{\mu}{2\,\pi\, r}\, e^{-i\,\vartheta} = \frac{\mu}{2\,\pi\, r}\,(\cos(\vartheta) - i\,\sin(\vartheta))\,. \tag{6.68}$$

6

Der Koeffizientenvergleich der beiden Gleichungen (6.66) und (6.68) liefert das Geschwindigkeitspotential und die Stromfunktion

$$\phi = \frac{\mu}{2\,\pi\, r}\,\cos(\vartheta) \tag{6.69}$$

$$\psi = -\frac{\mu}{2\,\pi\, r}\,\sin(\vartheta)\,. \tag{6.70}$$

Die Geschwindigkeitskomponenten werden nach entsprechender Differentiation zu

$$u_r = \frac{\partial\phi}{\partial r} = -\frac{\mu}{2\,\pi\, r^2}\,\cos(\vartheta) \tag{6.71}$$

$$u_\vartheta = \frac{\partial\psi}{\partial r} = -\frac{\mu}{2\,\pi\, r^2}\,\sin(\vartheta)\,. \tag{6.72}$$

Werden die beiden Komponenten zu null: α und z_0 so folgen die Potentiallinien wie sie Abb. 6.4 zu entnehmen sind.

Die in der Abbildung gezeigten Äquipotential- und Stromlinien zeichnen sich durch die charakteristische Form von Kreisen aus. Dies ist besonders gut aus Gl. (6.70) ersichtlich, da dort die Konstante ϕ_1 die Gleichung $\phi = \text{const} = \phi_1$ erfüllt. Diese Bedingung sorgt dafür, dass die Potenziallinien konzentrisch angeordnet sind, wobei der Potenzialwert entlang dieser Linien konstant bleibt.

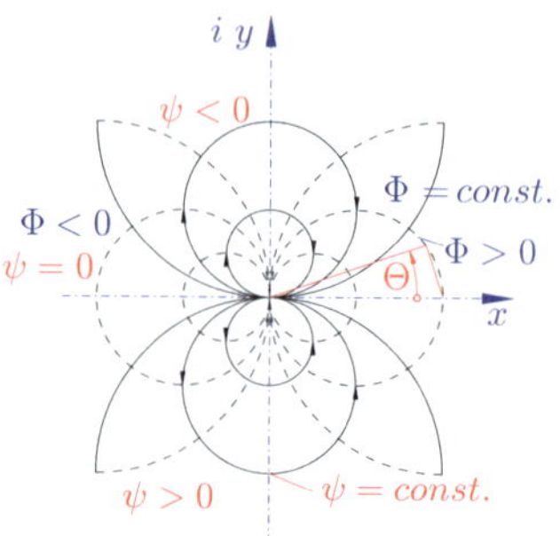

Abb. 6.4 Strom- und Potentialströmungen einer Dipol Strömung für $\alpha = 0$ und $z_0 = 0$

Die Kreisform der Äquipotentiallinien weist auf eine spezifische symmetrische Verteilung des Geschwindigkeitspotentials hin, die durch den betrachteten Ausdruck modelliert wird. Diese Konfiguration ermöglicht eine klare visuelle Darstellung der Äquipotentiallinien, wodurch wichtige Informationen über die Strömungsdynamik gewonnen werden können.

$$r = \frac{\mu}{2\,\pi\,\phi_1}\,\cos(\vartheta) = D\,\cos(\vartheta) \tag{6.73}$$

D ist der Durchmesser des Kreises. Gl. (6.73) stellt einer Kreisfunktion dar, siehe Abb. 6.4.

Der allgemeine Fall für $\alpha \neq 0$ und $z_0 \neq 0$ kann ebenso leicht behandelt werden, wenn man in Gl. (6.64) einsetzt:

$$z - z_0 = r\, e^{i\,\vartheta} \tag{6.74}$$

6.3.4 Potentialwirbelströmung

Definition 6.4
An der Stelle $z = z_0$ liegt ein Potentialwirbel, mit der Stärke Γ. Dieser dreht sich positiv, wenn er sich im Uhrzeigersinn dreht. Vgl. Abb. 6.5

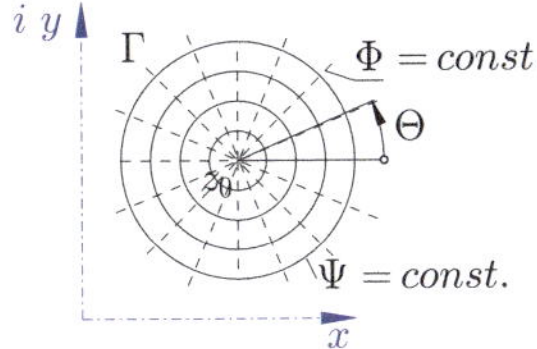

Abb. 6.5 Potentialwirbelströmung

Es kann das Potential zu

$$w = \frac{i\,\Gamma}{2\,\pi}\ln(z - z_0) \tag{6.75}$$

definiert werden. Durch Bilden der 1. Ableitung nach dz ergibt sich

$$\frac{dw}{dz} = \frac{i\,\Gamma}{2\,\pi\,(z - z_0)}\,. \tag{6.76}$$

Ident zum Vorgehen bei der Quellenströmung ergibt sich das Geschwindigkeitspotential und die Stromfunktion des Wirbels zu

$$\phi = -\frac{\Gamma}{2\,\pi}\,\Theta \tag{6.77}$$

$$\psi = \frac{\Gamma}{2\,\pi}\ln(r)\,. \tag{6.78}$$

Differenziert man Gl. (6.78) folgen die Geschwindigkeitskomponenten im Polarkoordinatensystem, zu

$$u_r = \frac{\partial\phi}{\partial r} = 0 \tag{6.79}$$

$$u_\vartheta = \frac{\partial\psi}{\partial r} = -\frac{\Gamma}{2\,\pi\,r}\,. \tag{6.80}$$

Die Radialkomponenten der Geschwindigkeit u_r existieren nicht, es gibt nur eine Umfangskomponente. Für $z_0 \neq 0$ sollte wiederum Gl. (6.68) benutzt werden, es ergibt sich ein identes Ergebnis, wenn man bedenkt, dass r nicht mehr vom Ursprung des Koordinatensystems aus zählt.

6.4 Superpositionsprinzip [1, 7]

6.4.1 Notwendigkeit

Zusätzlich zu den genannten Strömungstypen ist es wichtig zu betonen, dass das Superpositionsprinzip auch für komplexere Strömungsphänomene gilt. Beispielsweise können die Lösungen für verschiedene Strömungen kombiniert werden, um eine Gesamtlösung für eine Strömungssituation zu erhalten. Dies ermöglicht es, realistische Strömungsprofile und -verhalten zu modellieren.

Im Kontext der Fluidmechanik, insbesondere bei der Umströmung von Flugkörpern oder Tragwerkprofilen, spielen Randbedingungen eine entscheidende Rolle. Die reibungsfreie Strömung um Körper mit festen Wänden erfordert eine sorgfältige Analyse der Grenzschicht und der Wechselwirkungen zwischen der Strömung und der Körperoberfläche. Die Anwendung des Superpositionsprinzips ermöglicht es, komplexe Strömungsmuster zu verstehen und auf praxisrelevante Probleme in der Luft- und Raumfahrttechnik anzuwenden.

Die dargestellte Abbildung verdeutlicht, dass die Stromlinien die Oberfläche des Tragflügels begrenzen. Die Tatsache, dass sich die Stromlinien nicht kreuzen können, unterstreicht die physikalische Unmöglichkeit von Durchdringung und Vermischung verschiedener Strömungen. Dieses Verständnis ist von entscheidender Bedeutung, um aerodynamische Effekte und Auftriebsmechanismen zu analysieren, die wiederum für die Optimierung von Flugzeugen und anderen luftgetragenen Strukturen von großer Bedeutung sind.

6.4.2 Tragflügelumströmung

Als Beispiel wird ein Tragflügel untersucht. Dieser ist in Abb. 6.6 schematisch dargestellt. Betrachtet man die Strömung genauer, so stellt man fest, dass die Stromlinien in der Nähe des Flügels der Tragflügelberandung genügen, hin-

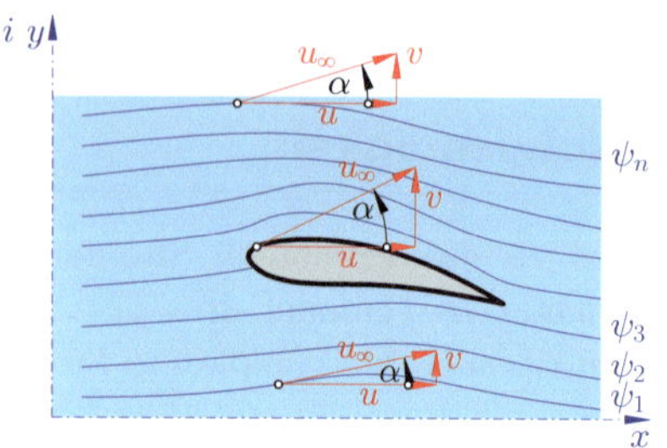

Abb. 6.6 Stromlinien bei einem Tragflügel mit dem Anstellwinkel α

gegen weiter entfernte immer mehr an eine Parallelströmung erinnern.

Die Gleichung für die begrenzte Stromlinie kann gem. den Gleichungen (5.216) und (5.217) entnommen werden.

$$\frac{v}{u}\,|_{\text{Wand}} = \frac{dy}{dx}\,|_{\text{Wand}} \tag{6.81}$$

$$\psi_{\text{Wand}} = \text{const.} \tag{6.82}$$

Die Randbedingungen weit entfernt von dem Tragflügelprofil entsprechen den Bedingungen der unter dem Winkel α angestellten Parallelströmung, zu

$$u = u_\infty = V_\infty \cos(\alpha)\,; \tag{6.83}$$

$$v = v_\infty = V_\infty \sin(\alpha)\,. \tag{6.84}$$

Der Index ∞ bezeichnet den Zustand im Unendlichen, genauer im Fernfeld des Profils.

Methode: Lösung durch SolidWorks – CFD 6.2

Zu untersuchen ist die Umströmung eines Tragflügels in Abhängigkeit des Fluidbereichs. Zum einen ist die Region direkt am Tragflügel zu untersuchen, zum anderen auch die weiter entferntere, jene wo bereits die Parallelströmung wieder erkennbar wird. Wie sieht es mit der Abhängigkeit der Anströmgeschwindigkeit aus?

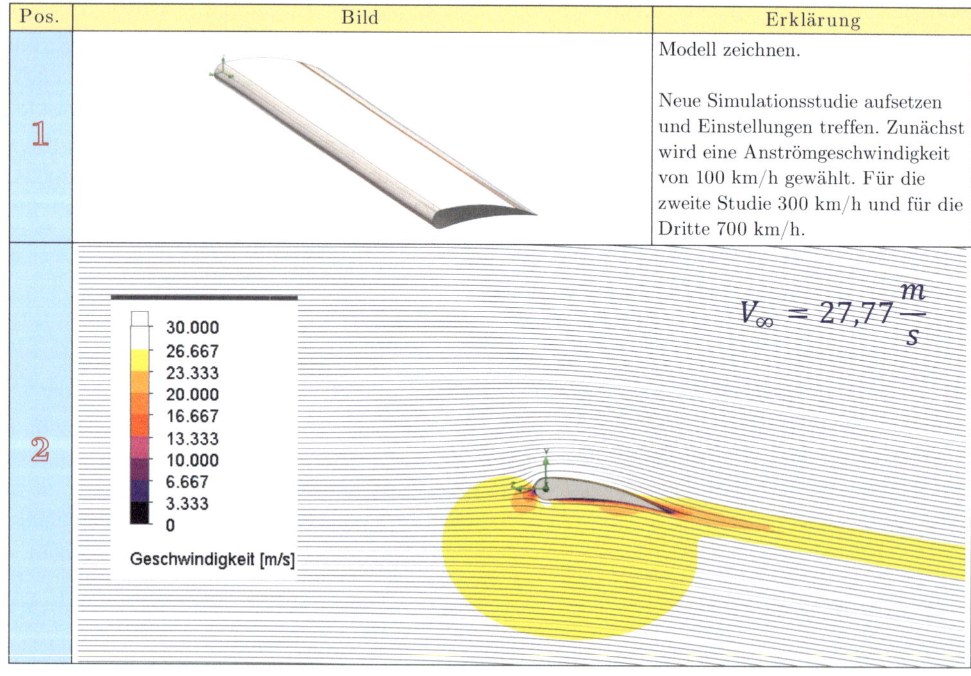

Pos.	Bild	Erklärung
1		Modell zeichnen. Neue Simulationsstudie aufsetzen und Einstellungen treffen. Zunächst wird eine Anströmgeschwindigkeit von 100 km/h gewählt. Für die zweite Studie 300 km/h und für die Dritte 700 km/h.
2		

3	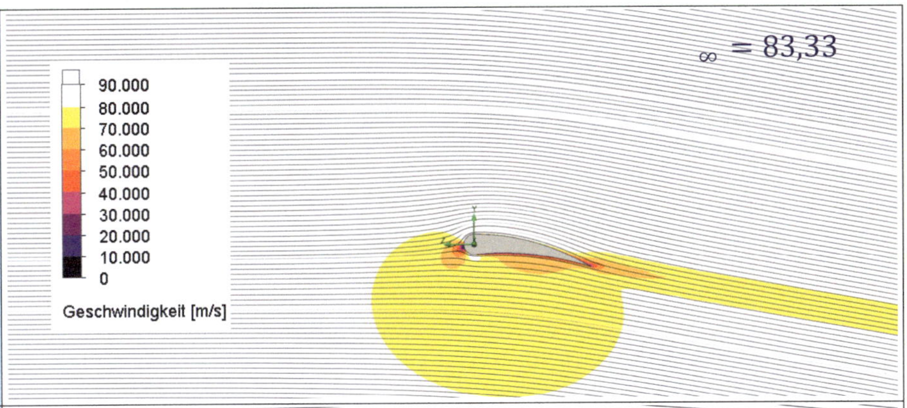 ∞ = 83,33 90.000 80.000 70.000 60.000 50.000 40.000 30.000 20.000 10.000 0 Geschwindigkeit [m/s]
4	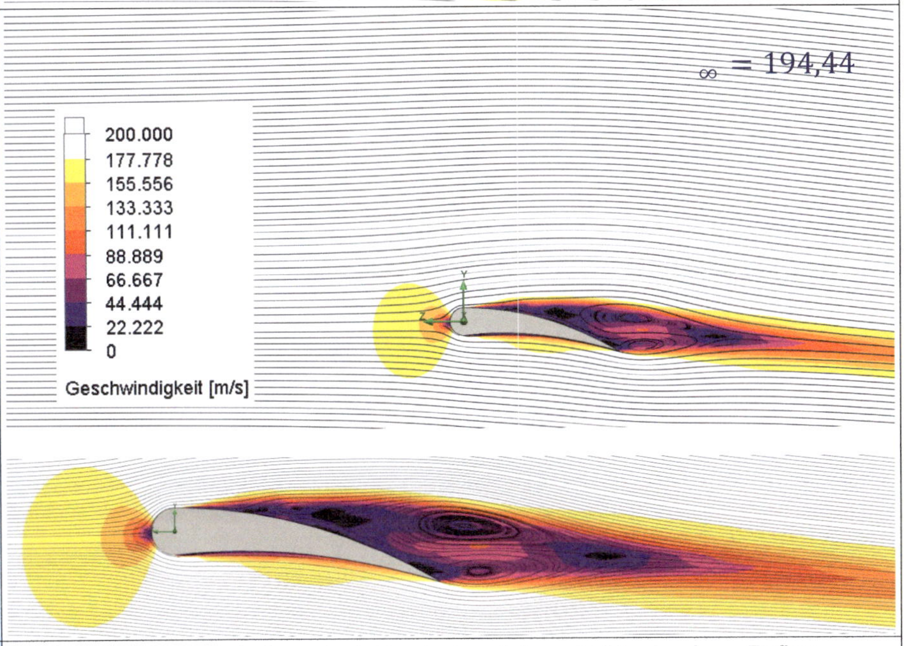 ∞ = 194,44 200.000 177.778 155.556 133.333 111.111 88.889 66.667 44.444 22.222 0 Geschwindigkeit [m/s]
5	Die Geschwindigkeit hatte in den ersten beiden Analysen keinen wirklich erkennbaren Einfluss. In der Dritten ist jedoch zu erkennen, dass sich die Parallelströmung wieder früher einstellt, da ein Totwassergebiet vorhanden ist, was die Parallelströmung unterstützt. Es ist die Profilform nicht mehr so deutlich zu erkennen.

6.4.3 Quelle in einer Parallelströmung

Im Folgenden (vgl. mit Abb. 6.7) liegt eine Quelle in einem Bauteil vor, zusätzlich bewegt sich dieses Bauteil mit der Geschwindigkeit V_∞ und erzeugt dadurch eine umliegende Parallelströmung. Die Quelle verläuft parallel zur x-Achse.

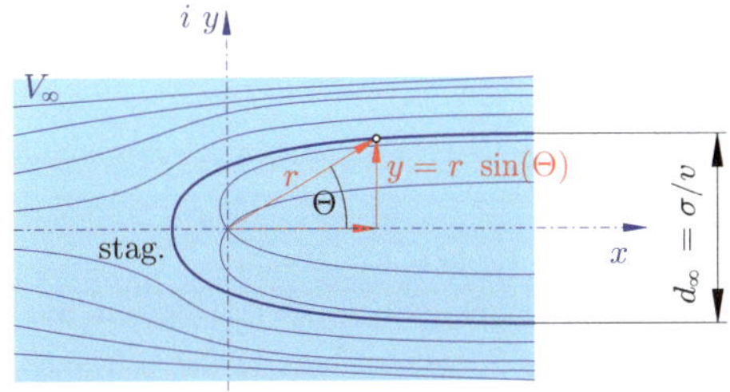

Abb. 6.7 Quellenströmung in einer Parallelströmung

Das komplexe Potential w dieser Strömungen setzt sich nach dem Superpositionsprinzip aus folgenden den beiden Anteilen

$$w = V_\infty z + \frac{\sigma}{2\pi} \ln(z) \qquad (6.85)$$

zusammen. Die Ableitung nach dz ergibt

$$\frac{dw}{dz} = V_\infty + \frac{\sigma}{2\pi z} . \qquad (6.86)$$

6

Ausgehend von den Gleichungen (6.28) ff. und (6.44) ergibt sich für das Geschwindigkeitspotential ϕ und die Stromfunktion ψ

$$\begin{aligned} \phi &= V_\infty x + \frac{\sigma}{2\pi z} \ln(r) \\ &= V_\infty r \cos(\vartheta) + \frac{\sigma}{2\pi} \ln(r) \qquad (6.87) \end{aligned}$$

$$\begin{aligned} \psi &= V_\infty y + \frac{\sigma}{2\pi} \vartheta \\ &= V_\infty r \sin(\vartheta) + \frac{\sigma}{2\pi} \vartheta . \qquad (6.88) \end{aligned}$$

Bzw. nach den Ableitungsvorschriften (6.50) folgt für die Geschwindigkeitskomponenten

$$u_r = \frac{\partial\phi}{\partial r} = \frac{\partial\psi}{r\,\partial\vartheta} = V_\infty \cos(\vartheta) + \frac{\sigma}{2\pi r} \qquad (6.89)$$

$$u_\vartheta = -\frac{\partial\psi}{\partial r} = \frac{\partial\phi}{r\,\partial\vartheta} = -V_\infty \sin(\vartheta) . \qquad (6.90)$$

Corollary 6.2

Die Existenz des Staupunktes, an dem die Strömungsgeschwindigkeit null ist und sich die Stromlinien teilen, hat entscheidende Auswirkungen auf die Strömungsdynamik und die Aerodynamik von umströmten Körpern. Besonders interessant ist der Staupunkt in Bezug auf die Bildung von Strömungsablösungen und Wirbeln.

Am hinteren Ende eines umströmten Körpers, wie einem Zylinder, kann ein Staupunkt entstehen, an dem die Strömung von beiden Seiten aufeinandertreffen und sich aufteilen muss. Dieser Punkt markiert oft den Beginn von Strömungsablösungen, bei denen die Strömung nicht mehr eng an der Oberfläche des Körpers haftet. Stattdessen entstehen Wirbel, die charakteristisch für die Ablösung sind.

Die Kenntnis über Staupunkte und Strömungsablösungen ist von zentraler Bedeutung für die Entwicklung effizienter aerodynamischer Profile, insbesondere in der Luft- und Raumfahrttechnik. Das gezielte Vermeiden oder Kontrollieren von Strömungsablösungen ermöglicht die Optimierung von Tragflächenprofilen und anderen Luftfahrzeugkomponenten, um den Luftwiderstand zu minimieren und den Auftrieb zu maximieren.

In der vorliegenden ◘ Abb. 6.7 lässt sich der Staupunkt identifizieren, an dem die Strömungsdynamik eine entscheidende Veränderung erfährt. Das Verständnis dieser Phänomene ist daher von grundlegender Bedeutung für die Entwicklung fortschrittlicher und effizienter Technologien im Bereich der Strömungsmechanik und Aerodynamik.

Methode: Lösung durch SolidWorks – CFD 6.3

Es ist das Modell aus ◘ Abb. 6.7 mittels einer CFD-Analyse zu untersuchen. Stellen Sie das Ergebnis als Schnittdarstellung dar. Zu untersuchen ist die Geschwindigkeit. Das Modell wird mit einer Geschwindigkeit in Höhe von 100 km/h umströmt. Die Quelle wird durch eine Auslassgeschwindigkeit in Höhe von 10 m/s beschrieben.

Pos.	Bild	Erklärung
1		Modell zeichnen und die Einstellungen wählen. Es wird dabei die Umströmungsgeschwinidgkeit von 100 km/h in den Allgemeinen Einstellungen hinterlegt.
2	Geschwindigkeit (Auslass) 10 m/s	Quelle festlegen.
3		

6.4.4 Quelle und Senke in einer Parallelströmung

Liegt zur Parallelströmung und einer Quelle auch noch eine Senke vor, so ergeben sich symmetrische Singularitäten um die y-Achse, auf $x = 0$. Dieser Fall ist in Abb. 6.8 abgebildet. Die Quelle mit der Stärke σ liegt bei $x = -b$ und die Senke gleicher Stärke σ bei $x = +b$.

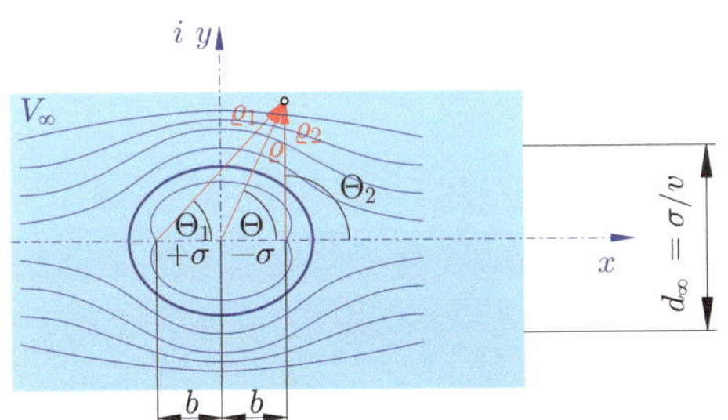

Abb. 6.8 Quellen- und Senkenströmung in einer Parallelströmung

Hier kann man die Gleichung finden, indem man die beiden Gleichungen (6.52) (Parallelströmung) und (6.57) (Quelle) bei einer Stelle $z_0 = -b$ und einer Senke $z_0 = +b$ mit negativ gleicher Stärke σ kombiniert. Es folgt

$$\begin{aligned} w &= V_\infty\, z + \frac{\sigma}{2\,\pi}\,[\ln(z+b) - \ln(z-b)] \\ &= V_\infty\, z + \frac{\sigma}{2\,\pi}\,\ln\left[\frac{(z+b)}{(z-b)}\right]. \end{aligned} \tag{6.91}$$

Durch Bilden der 1. Ableitung folgt daraus:

$$\begin{aligned} \frac{dw}{dz} &= V_\infty + \frac{\sigma}{2\,\pi}\left(\frac{1}{z+b} - \frac{1}{z+b}\right) \\ &= V_\infty - \frac{\sigma}{\pi}\,\frac{1}{z^2 - b^2}. \end{aligned} \tag{6.92}$$

Hierin kann man zur Vereinfachung folgende Substitutionen vornehmen:

$$z + b = \varrho_1\, e^{i\,\Theta_1} \tag{6.93}$$

$$z - b = \varrho_2\, e^{i\,\Theta_2} \tag{6.94}$$

$$z = r\, e^{i\,\Theta} \tag{6.95}$$

Die zusammengesetzte Stromfunktion folgt aus Gl. (6.36) und speziell für die Singularitäten nach den beiden Gleichungen (6.61)

$$\psi = V_\infty r \sin(\Theta) + \frac{\sigma}{2\pi}\Theta_1 - \frac{\sigma}{2\pi}\Theta_2 = V_\infty r \sin(\Theta) + \frac{\sigma}{2\pi}(\Theta_1 - \Theta_2)\,. \quad (6.96)$$

Wie in Abb. 6.8 ersichtlich ist, ergeben sich auf der x-Achse zwei Staupunkte. Für diese muss $y = 0$ gelten. Man erhält

6

$$\Theta_{St} = \Theta_{1St} = \Theta_{2St} = 0 \quad \text{oder} \quad \pi\,. \quad (6.97)$$

Durch einsetzen wird Gl. (6.96) zu null. Es kann die Geometrie der vorgestellten Strömung berechnet werden, zu

$$y = r\sin(\Theta) = \frac{\sigma}{2\pi V_\infty}(\Theta_2 - \Theta_1) \quad (6.98)$$

Definition 6.5 (Rankine-Oval)

Die geschlossene Kurve, die sich aus Gl. (6.98) beschreiben lässt, wird **Rankine-Oval** genannt.

Das Rankine-Oval ist ein theoretisches Konzept in der Fluidmechanik, das die Form der freien Oberfläche einer rotierenden, reibungsfreien Flüssigkeit in einem zylindrischen Behälter beschreibt.[2]

Das Rankine-Oval entsteht, wenn sich eine Flüssigkeit mit konstanter Gravitationskraft und Rotation bewegt. Die Form der Flüssigkeitsoberfläche nimmt aufgrund des Gleichgewichts zwischen Gravitations- und Zentrifugalkräften die Form eines Ovals an. Das Rankine-Oval ist im Wesentlichen eine idealisierte Darstellung und geht von einer reibungsfreien (inviskiden) und stationären Situation aus.

Die Form des Rankine-Ovals wird von Parametern wie der Rotationsrate des Behälters und der Tiefe der Flüssigkeit beeinflusst. Das Rankine-Oval ist ein vereinfachtes Modell und spiegelt nicht das reale Verhalten wider!

Die Position der Staupunkte kann durch null Setzen der Gl. (6.92) errechnet werden, da für Staupunkte gelten muss, dass die Geschwindigkeit zu null wird, sonst kann der Druck nicht maximal werden.

$$\frac{dw}{dz} = 0 = V_\infty - \frac{\sigma}{\pi}\frac{b}{x_{St}^2 - b^2} \quad (6.99)$$

Diese Gleichung nach x auflösen lässt

$$x = \pm\sqrt{\frac{\sigma}{\pi}\frac{b}{V_\infty} + b^2} \quad (6.100)$$

folgen.

6.4.5 Dipol in einer Parallelströmung

Ein Dipol, wie er in ▶ Abschn. 6.3.3 behandelt wurde, liegt mit der Stärke μ innerhalb einer zur x-Achse verlaufenden, parallelen Parallelströmung. Diese Strömung zeigt Abb. 6.9.

Die Strömung kann durch die beiden Potentiale aus den Gleichungen (6.52) und (6.64) überlagert werden. Es ergibt sich

$$w = V_\infty z + \frac{\mu}{2\pi z} = V_\infty\left(z + \frac{a^2}{z}\right), \quad (6.101)$$

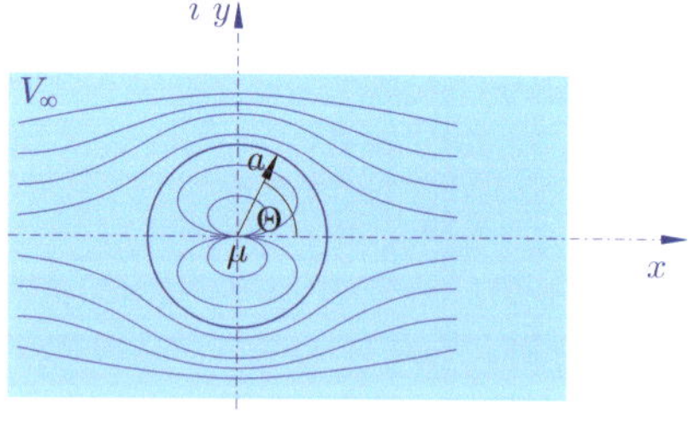

Abb. 6.9 Dipolströmung in einer Parallelströmung

2 Benannt nach William John Macquorn Rankine.

wobei a^2 durch den Ausdruck

$$a^2 = \frac{\mu}{2\,\pi\,V_\infty} \tag{6.102}$$

zu bestimmen ist. Einsetzen für a, und einmal ableiten nach dz ergibt

$$\frac{dw}{dz} = V_\infty \left(1 - \frac{a^2}{z^2}\right) . \tag{6.103}$$

Man kann daraus die beiden Funktionen zu

$$\phi = V_\infty \left(r + \frac{a^2}{r}\right) \cos(\vartheta)$$
$$\psi = V_\infty \left(r - \frac{a^2}{r}\right) \cos(\vartheta) \tag{6.104}$$

formulieren. In Gl. (6.104) $a = r$ eingesetzt, ergibt, dass die Stromfunktion zu null wird: $\psi = 0$. Es folgt eine geschlossene Kurve, nämlich ein Kreis, der durch die Staupunkte verläuft. Die Funktion der Stromlinien, die den Dipol von der umgebenden Strömung trennt, lautet dann:

$$z = a\,e^{i\,\vartheta} . \tag{6.105}$$

Wendet man hier nun die beiden Gleichungen (6.50) an, so kann man die Geschwindigkeitskomponenten berechnen:

$$u_r = \frac{\partial\psi}{r\,\partial\vartheta} = \frac{\partial\phi}{\partial r} ; \tag{6.106}$$

$$u_r = V_\infty \left(1 - \frac{a^2}{r^2}\right) \cos(\vartheta) . \tag{6.107}$$

6.4.6 Dipol und Potentialwirbel in einer Parallelströmung

In Abb. 6.10 ist eine Parallelströmung mit einer Dipol- und Potentialwirbelströmung dargestellt. Der Dipol hat die Stärke μ und der Potentialwirbel die Stärke Γ.

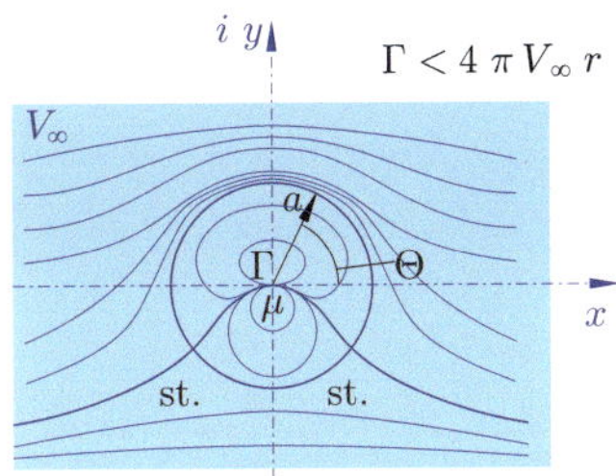

Abb. 6.10 Dipol- und Potentialwirbelströmung in einer Parallelströmung

Mit:

$$\Gamma = 4\,\pi\,V_\infty\,r . \tag{6.108}$$

Das komplexe Potential dieser Kombination besteht aus Gl. (6.75) für den Potentialwirbel und aus Gl. (6.101) für den Dipol in einer Parallelströmung.

$$w = V_\infty \left(z + \frac{a^2}{z^2}\right) + \frac{i\,\Gamma}{2\,\pi} \ln(z) . \tag{6.109}$$

Bilden der 1. Ableitung zu

$$\frac{dw}{dz} = V_\infty \left(1 - \frac{a^2}{z^2}\right) + \frac{i\,\Gamma}{2\,\pi\,z} . \tag{6.110}$$

Addiert man die beiden Teile der Stromfunktion aus Gl. (6.78) (Potentialwirbelströmung) und Gl. (6.104) (für die (Dipolströmung) und kombiniert diese mit einer Parallelströmung, erhält man die Stromfunktion zu

$$\psi = V_\infty \sin(\vartheta) \left(r - \frac{a^2}{r}\right) + \frac{\Gamma}{2\,\pi} \ln(r) . \tag{6.111}$$

Der Wert der Stromfunktion auf dem Kreis aus Abb. 6.10 folgt der Gl. (6.111)

$$\psi = \frac{\Gamma}{2\,\pi} \ln(r) . \tag{6.112}$$

Ermitteln der Geschwindigkeitskomponenten lässt

$$u_r - i\,u_\vartheta = e^{i\,\vartheta}\frac{dw}{dz} = V_\infty\left(e^{i\,\vartheta} - \frac{a^2}{r^2}e^{-i\,\vartheta}\right) + \frac{\Gamma}{2\,\pi\,r} \tag{6.113}$$

folgen, zu

6

$$u_r = V_\infty \cos(\vartheta)\left(1 - \frac{a^2}{r^2}\right) \tag{6.114}$$

$$u_\vartheta = -V_\infty \sin(\vartheta)\left(1 + \frac{a^2}{r^2}\right) - \frac{\Gamma}{2\,\pi\,r} \tag{6.115}$$

bzw. für den Kreis gilt: $r = a$

$$u_r = 0 \tag{6.116}$$

$$u_\vartheta = -2\,V_\infty \sin(\vartheta) - \frac{\Gamma}{2\,\pi\,a}\,. \tag{6.117}$$

Die beiden Staupunkte werden durch null Setzen der Geschwindigkeit ermittelt $u_\vartheta = 0$, gemäß

$$u_\vartheta = 0 = \sin(\vartheta_{St}) = -\frac{\Gamma}{4\,\pi\,a\,V_\infty}\,. \tag{6.118}$$

Es können noch folgende Fälle unterschieden werden, siehe Abb. 6.11 und 6.12.

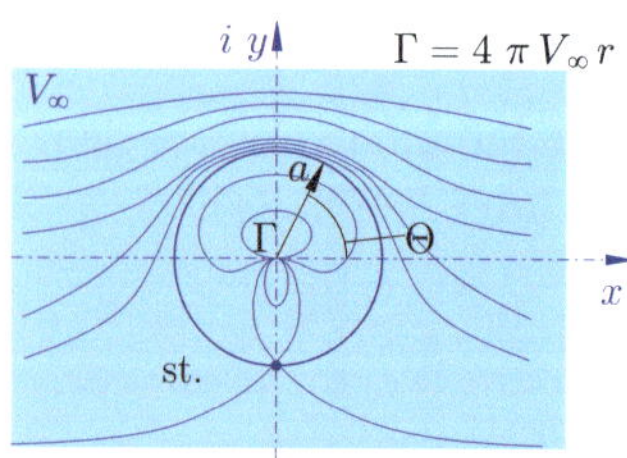

Abb. 6.11 Dipol- und Potentialwirbelströmung in einer Parallelströmung 2

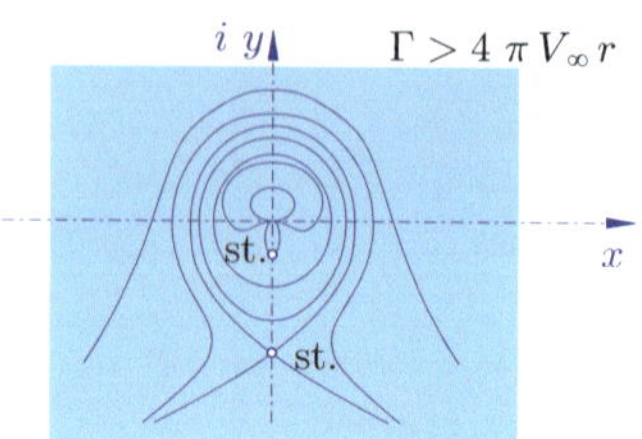

Abb. 6.12 Dipol- und Potentialwirbelströmung in einer Parallelströmung 3

6.4.6.1 D'Alembert'sche Paradoxon

Theorem 6.1

Wie man aus den obigen Abbildungen entnehmen kann, verlaufen die Stromlinien im oberen Teil enger als im unteren. Dies lässt vermuten, dass eine Auftriebskraft entsteht. Der Widerstand hingegen ist Null, da eine Potentialströmung eine reibungsfreie Strömung ist. Diese Tatsache heißt d'Alembert'sches Paradoxon. Dieses wurde bereits zu einem früheren Zeitpunkt behandelt, soll hier aber nochmals im Detail widerlegt werden.

Beweis Bei einer reibungsfreien Strömung treten keine Schubspannungen auf, die einen Nachlauf nach dem Kreiszylinder bewirken können. Es resultiert ein symmetrisches Strömungsfeld (nach Bernoulli) vor- und nach dem Körper in Strömungsrichtung.

Der Druckbeiwert ist definiert durch

$$c_P = \frac{p - p_\infty}{q_\infty}\,. \tag{6.119}$$

Hierin ist $q_\infty = \frac{1}{2}\,\varrho_\infty\,V_\infty^2$ der dynamische Druck. Wendet man hier die Bernoulli-Gleichung an, so kann der Druck durch Geschwindigkeiten ersetzt werden. Es ergibt sich

$$p_\infty + \frac{1}{2}\,\varrho_\infty\,V_\infty^2 = p + \frac{1}{2}\,\varrho_\infty\,u_\vartheta^2$$

$$p_\infty = p + \frac{1}{2}\,\varrho_\infty\,u_\vartheta^2 - \frac{1}{2}\,\varrho_\infty\,V_\infty^2$$

$$p_\infty = p + \frac{1}{2}\,\varrho_\infty\left(u_\vartheta^2 - V_\infty^2\right). \tag{6.120}$$

Einsetzen ergibt

$$\begin{aligned} c_P &= \frac{p-\left(p+\frac{1}{2}\varrho_\infty\left(u_\vartheta^2-V_\infty^2\right)\right)}{\frac{1}{2}\varrho_\infty V_\infty^2} \\ &= \frac{V_\infty^2-u_\vartheta^2}{V_\infty^2} = \frac{V_\infty^2}{V_\infty^2}-\frac{u_\vartheta^2}{V_\infty^2} \\ &= 1-\left(\frac{u_\vartheta}{V_\infty}\right). \end{aligned} \tag{6.121}$$

Mittels Gl. (6.117) wird

$$c_P = 1-\left[4\sin^2(\vartheta)+\left(\frac{2\,\Gamma\,\sin(\vartheta)}{\pi\,a\,V_\infty}\right)^2\right]. \tag{6.122}$$

Jetzt kann der Widerstandswert c_w berechnet werden, welcher durch Druckunterschiede hervorgerufen wird. Für diesen gilt

$$\begin{aligned} c_w &= \frac{1}{c}\int_{LE}^{TE}\left(C_{p,o}-C_{p,u}\right)dy \\ &= \frac{1}{c}\int_{LE}^{TE}C_{p,o}\,dy-\frac{1}{c}\int_{LE}^{TE}C_{p,u}\,dy\,. \end{aligned} \tag{6.123}$$

Die Grenzen lauten hier TE und LE. Dabei handelt es sich um Abkürzungen, für **Leading Edge** (Vorderkante des Profils) und **Trailing-Edge** (Profilhinterkante). c beschreibt die Profilsehen oder **cord – length**, wobei es sich um die kürzeste Verbindung zwischen Vorder- und Hinterkante des Profils handelt. Die Indizes u und o bezeichnen die untere und die obere Seite des Tragflügelprofils.

In Polarkoordinaten kann die Länge y auch durch $y = R\sin(\vartheta)$ und $dy = R\sin(\vartheta)\,d\vartheta$ ersetzt werden, wenn $c = 2\,R$ gilt. Es folgt

$$\begin{aligned} c_w &= \frac{1}{2}\int_0^{\pi}C_{p,o}\cos(\vartheta)\,d\vartheta \\ &\quad -\frac{1}{2}\int_0^{2\pi}C_{p,u}\cos(\vartheta)\,d\vartheta\,. \end{aligned} \tag{6.124}$$

$$\begin{aligned} c_w &= -\frac{1}{2}\int_0^{\pi}C_p\cos(\vartheta)\,d\vartheta \\ &\quad -\frac{1}{2}\int_0^{2\pi}C_p\cos(\vartheta)\,d\vartheta \end{aligned} \tag{6.125}$$

$$c_w = -\frac{1}{2}\int_0^{\pi}C_p\cos(\vartheta)\,d\vartheta \tag{6.126}$$

Substituiert man Gl. (6.122) in (6.124), (6.125) und (6.126) so ergeben sich einige Integrale über die trigonometrische Funktion, die folgende Ergebnisse besitzen:

$$\int_0^{2\pi}\cos(\vartheta)\,d\vartheta = 0 \tag{6.127}$$

$$\int_0^{2\pi}\sin^2(\vartheta)\cos(\vartheta)\,d\vartheta = 0 \tag{6.128}$$

$$\int_0^{2\pi}\sin(\vartheta)\cos(\vartheta)\,d\vartheta = 0 \tag{6.129}$$

Damit wird der berechnete Widerstand zu null, was das d'Alembert'sche Paradoxon bestätigt.

$$c_w = 0 \tag{6.130}$$

□

6.4.6.2 Berechnung des Auftriebs

Für den Auftriebsbeiwert gilt

$$c_a = \frac{1}{c}\int_0^{c}c_{p,u}\,dx-\frac{1}{c}\int_0^{c}c_{p,o}\,dx\,. \tag{6.131}$$

Dies kann man in Polarkoordinaten überführen. Es folgt

$$\begin{aligned} c_a &= -\frac{1}{2}\int_{\pi}^{2\pi}c_{p,u}\,\sin(\vartheta)\,d\vartheta \\ &\quad +\frac{1}{2}\int_{\pi}^{c}c_{p,o}\,\sin(\vartheta)\,d\vartheta \\ &= -\frac{1}{2}\int_{\pi}^{2\pi}c_{p,l}\,\sin(\vartheta)\,d\vartheta\,. \end{aligned} \tag{6.132}$$

6

Gl. (6.122) in (6.132) einsetzen ergibt

$$\int_{\pi}^{2\pi} \sin(\vartheta)\, d\vartheta \,, \tag{6.133}$$

$$\int_{\pi}^{2\pi} \sin^3(\vartheta)\, d\vartheta = 0 \,, \tag{6.134}$$

$$\int_{\pi}^{2\pi} \sin^2(\vartheta)\, d\vartheta = \pi \,. \tag{6.135}$$

Das Resultat der beiden Gleichungen (6.132) liefert für den Auftriebsbeiwert

$$c_a = \frac{\Gamma}{R\, V_\infty} \,. \tag{6.136}$$

Aus der Definition für den Auftriebsbeiwert c_a kann man die Auftriebskraft F_A ermitteln.

$$F_A = q_\infty\, S\, c_a = \frac{1}{2}\, \varrho_\infty\, V_\infty^2\, S\, c_a \,. \tag{6.137}$$

Hierin stellt S die Tragflügelfläche bezogen auf die Einheitsspannweite $S = 2\,a$ dar.

6.4.6.3 Kutta-Joukowski-Theorem und Magnuskraft

Die Kutta-Schukowski-Transformation ist die einfachste Transformation, die auf einen Kreis angewendet werden kann und als Ergebnis Tragflächenprofile liefert. Sie ist nach Martin Wilhelm Kutta (vgl. Abb. 6.13)[3] und Nikolai Jegorowitsch Schukowski (vgl. Abb. 6.14)[4] benannt [60].

3 Martin Wilhelm Kutta, genannt Wilhelm Kutta, (geboren 3. November 1867 in Pitschen, Oberschlesien; gestorben 25. Dezember 1944 in Fürstenfeldbruck) war ein deutscher Mathematiker [96].

4 Nikolai Jegorowitsch Schukowski (geboren 17. Januar 1847 in Wladimir; gestorben 17. März 1921 in Moskau) war ein russischer Mathematiker, Aerodynamiker und Hydrodynamiker. Er gilt als Vater der russischen Luftfahrt [72].

Abb. 6.13 Kutta [96]

Abb. 6.14 Schukowski [72]

Der Magnus-Effekt, benannt nach Heinrich Gustav Magnus (vgl. mit Abb. 6.15)[5], besagt, dass ein rotierter Körper bei Umströmung eine Querkraftwirkung erfährt [67].

Der Effekt tritt dann auf, wenn als Beispiel ein Ball durch den Raum geschossen wird und sich dabei zu drehen beginnt. Durch die Drehung des Balles wird die äußerste Luftschicht (in der Grenzschicht) durch Reibung des Balles mit bewegt, weil diese am Ball quasi haftet. Fliegt der Ball weiter und rotiert gleichzeitig, so werden die Luftströmungen an der einen Seite addiert, weil diese in die gleiche Richtung zeigen, und auf der anderen abgestoßen, weil sie entgegengesetzte Richtungen aufweisen. Dies führt zu

5 Heinrich Gustav Magnus (geboren 2. Mai 1802 in Berlin; gestorben 4. April 1870 ebenda) war ein deutscher Physiker und Chemiker [44].

Abb. 6.15 Magnus [44]

einem Druckunterschied, welcher konzentriert in einem Punkt eine Kraft zur Folge hat, die den Ball in eine Richtung drückt. Dadurch fliegt ein Ball einen Bogen bzw. wird seitlich zur Flugrichtung abgelenkt.[6]

Theorem 6.2

Die Kombination der Gleichungen (6.136) und (6.137) liefert das Kutta-Joukowski-Theorem, zu

$$F_A = \varrho_\infty V_\infty \Gamma \,. \tag{6.138}$$

Corollary 6.3

Dieses besagt, dass der Auftrieb A pro Einheitsspannweitenrichtung direkt proportional der Zirkulation Γ um einen Kreiszylinder in einer Parallelströmung ist, zu welcher die Auftriebskraft senkrecht steht.

Bemerkung 6.3

Eine derartige Strömung kann durch Drehen eines Zylinders in einer Strömung erzeugt werden. Damit entsteht eine Auftriebskraft, die auch **Magnuskraft** genannt wird.

Das Strömungsfeld entspricht dem Berechneten aus Gl. (6.109).

$$w = V_\infty \left[z\, e^{-i\,\alpha} + \frac{a^2}{z}\, e^{i\,\alpha} \right] + \frac{i\,\Gamma}{2\,\pi} \ln(z) \tag{6.139}$$

mit $z = e^{i\,\vartheta}$ ergibt sich daraus

$$w = V_\infty \left[r\, e^{i\,(\vartheta-\alpha)} + \frac{a^2}{r}\, e^{-i\,(\vartheta-\alpha)} \right] + \frac{i\,\Gamma}{2\,\pi} \ln(r + i\,\vartheta) \tag{6.140}$$

Eine Anwendung der Magnuskraft stellt der Flettner-Rotor [34] dar. Dabei handelt es sich um einen rotierenden Zylinder, der auf einem Schiff (dies ist auch noch bei modernen Schiffen der Fall) meist in vielfacher Ausführung (4 Stück) angebracht wird, und bei Wind den Motor beim Antrieb unterstützt, um so Treibstoffsparend zu fahren. Dies macht er mit dem Moment, dass durch die Magnuskraft erzeugt wird. (vgl. mit Abb. 6.16 und ▶ Methode: Lösung durch SolidWorks – CFD 6.4)

6.4.7 Simulation einer Staupunktströmung (Strömungspotential)

Siehe ▶ Methode: Lösung durch SolidWorks – CFD 6.5.

6 Verweis auf Simulationsvideo, auf Wikipedia: ▶ https://de.wikipedia.org/wiki/Magnus-Effekt.

6

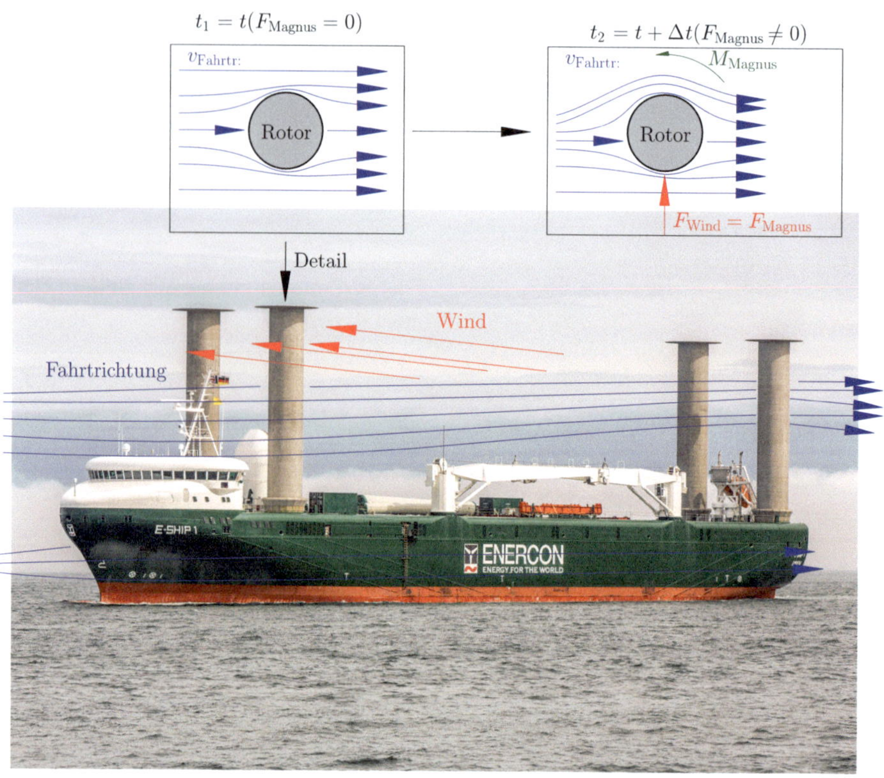

Abb. 6.16 Der Antrieb der E-Ship 1 wird durch vier Flettner-Rotoren verstärkt [10, 34]

Methode: Lösung durch SolidWorks – CFD 6.4

Im Folgenden wird der Magnuseffekt simuliert. Dazu wird eine Scheibe benutzt, die zum einen mit der Anströmgeschwindigkeit von 100 km/h angeströmt wird, als auch eine Rotation mit 47,75 Umdrehungen pro Sekunde ausführt. Zu ermitteln ist die Widerstandskraft und die Magnuskraft (Auftriebskraft) mithilfe von SolidWorks CFD als auch durch eine analytische Lösung. Die Ergebnisse zwischen CFD-Analyse und analytischer Berechnung sind zu vergleichen.

Pos.	Bild	Erklärung
1		Modell zeichnen und neue Strömungssimulationsstudie erstellen.

2	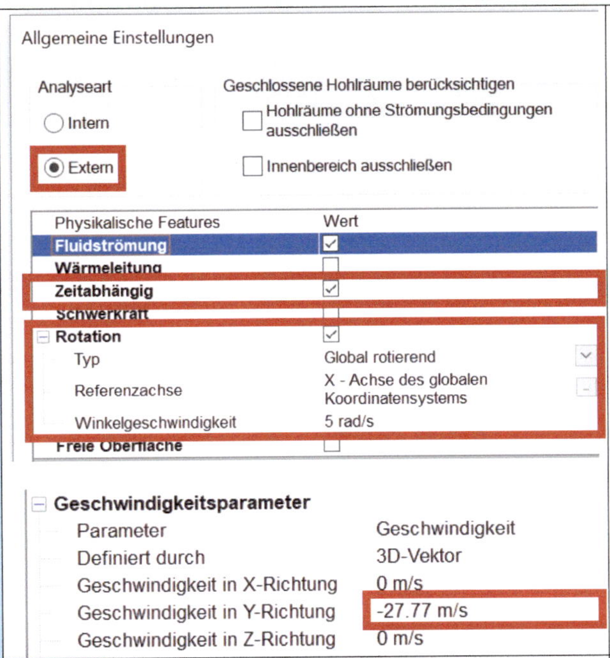 Allgemeine Einstellungen Analyseart: ( ) Intern, (•) Extern Geschlossene Hohlräume berücksichtigen: [ ] Hohlräume ohne Strömungsbedingungen ausschließen; [ ] Innenbereich ausschließen Physikalische Features – Wert Fluidströmung [x] Wärmeleitung [ ] Zeitabhängig [x] Schwerkraft [ ] Rotation [x] Typ: Global rotierend Referenzachse: X - Achse des globalen Koordinatensystems Winkelgeschwindigkeit: 5 rad/s Freie Oberfläche [ ] Geschwindigkeitsparameter Parameter: Geschwindigkeit Definiert durch: 3D-Vektor Geschwindigkeit in X-Richtung: 0 m/s Geschwindigkeit in Y-Richtung: -27.77 m/s Geschwindigkeit in Z-Richtung: 0 m/s	Folgende Daten für die Randbedingung verwenden. Die Scheibe dreht sich mit 5 1/s (47,75 * 30/3,1415 = 5 1/s)
3	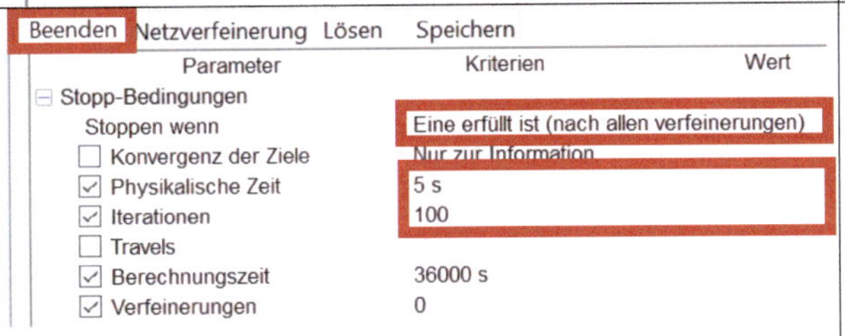 Beenden | Netzverfeinerung | Lösen | Speichern Parameter – Kriterien – Wert Stopp-Bedingungen Stoppen wenn: Eine erfüllt ist (nach allen verfeinerungen) [ ] Konvergenz der Ziele: Nur zur Information [x] Physikalische Zeit: 5 s [x] Iterationen: 100 [ ] Travels [x] Berechnungszeit: 36000 s [x] Verfeinerungen: 0 Beenden | Netzverfeinerung | Lösen | Speichern Parameter – Wert Globale Einstellung: Stufe = 5 Netzverfeinerungseinstellungen [x] Ungefähre maximale Zellenanzahl: 55 550 000 Verfeinerungsstrategie: Periodisch – Physikalische Relaxationsintervall: [Auto] – 0.4 s Start: [Auto] – 1 s Periode: [Auto] – 0.5 s Beenden | Netzverfeinerung | Lösen | Speichern Parameter – Wert Sicherungskopien [x] Speichern vor Netzverfeinerung [x] Speichern alle: 0.001 s – Physikalis Vollständige Ergebnisse [x] Periodisch: Physikalische Zeit [s] Start: 0 s Periode: 0.0001 s [ ] Tabellarisch: Iterationen Ausgewählte Parameter (Transient Explorer) [x] Periodisch: Iterationen	Berechnungsoptionen wie nebenstehend festlegen.

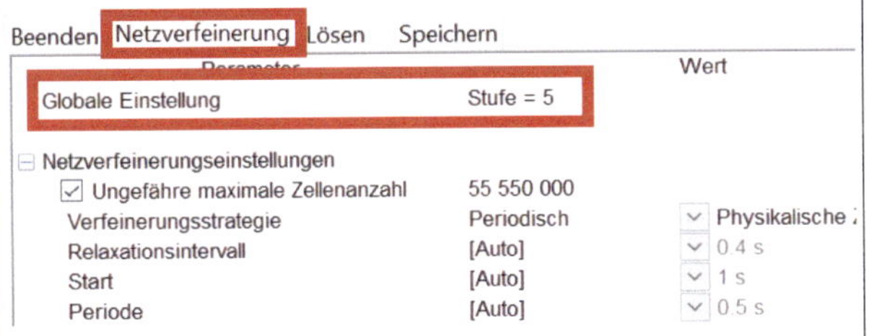

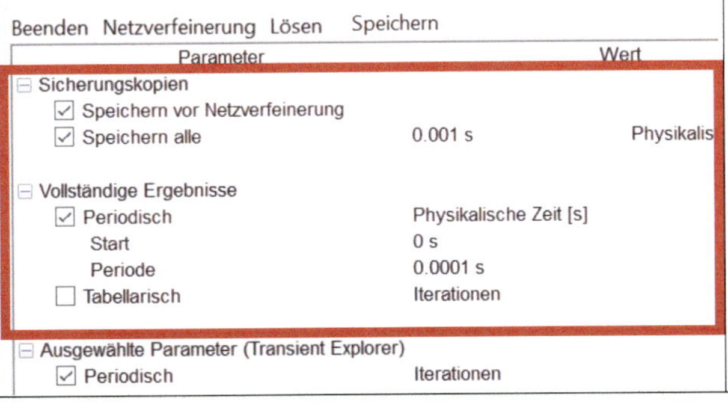

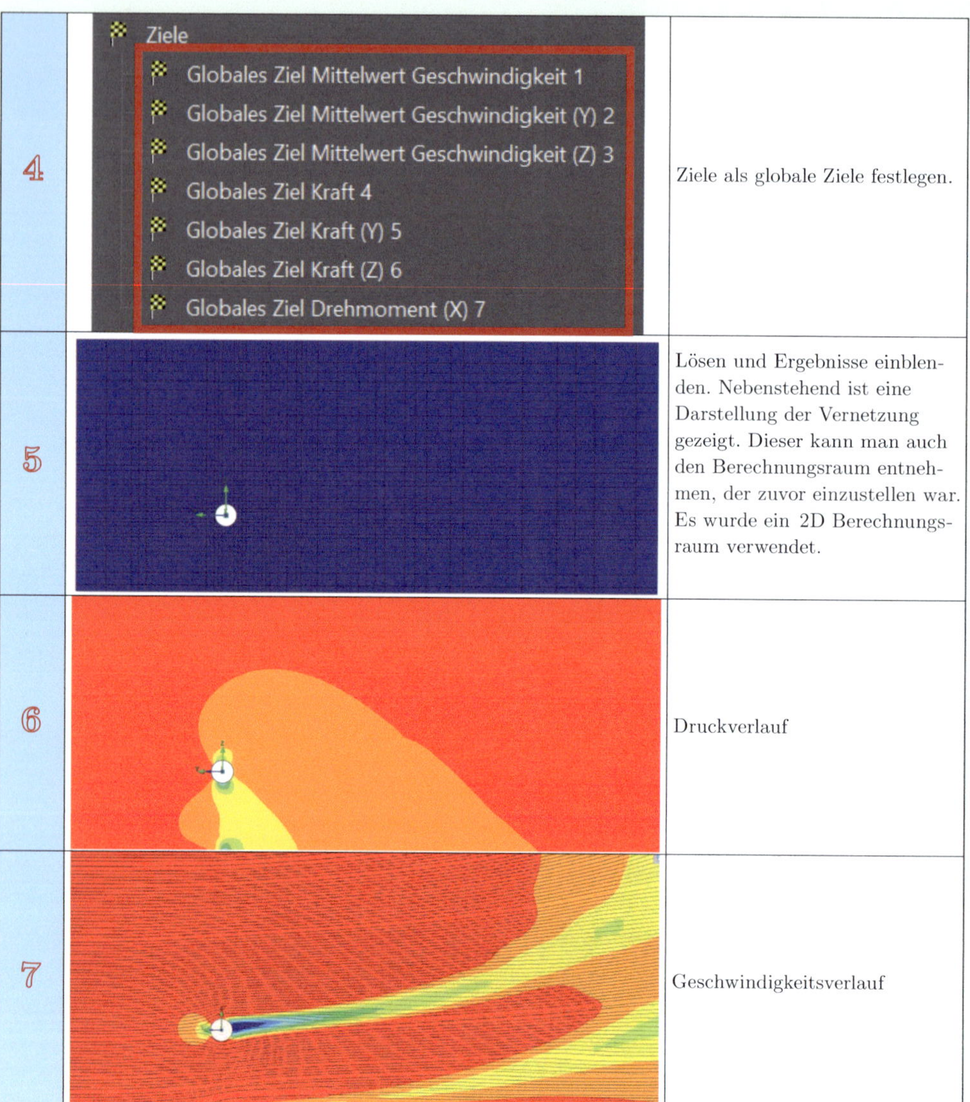

4	Ziele als globale Ziele festlegen.
5	Lösen und Ergebnisse einblenden. Nebenstehend ist eine Darstellung der Vernetzung gezeigt. Dieser kann man auch den Berechnungsraum entnehmen, der zuvor einzustellen war. Es wurde ein 2D Berechnungsraum verwendet.
6	Druckverlauf
7	Geschwindigkeitsverlauf

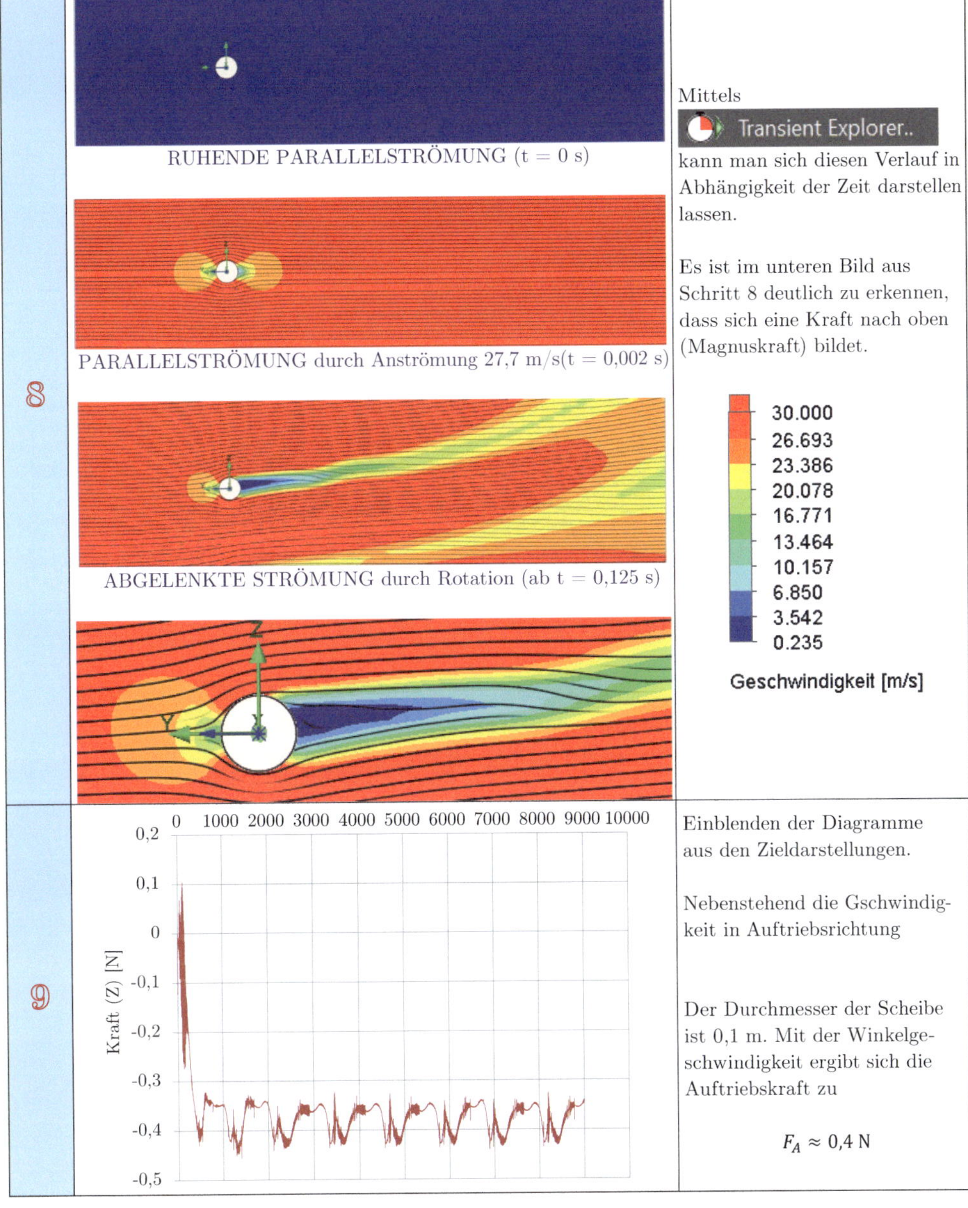

Mittels Transient Explorer.. kann man sich diesen Verlauf in Abhängigkeit der Zeit darstellen lassen.

Es ist im unteren Bild aus Schritt 8 deutlich zu erkennen, dass sich eine Kraft nach oben (Magnuskraft) bildet.

Einblenden der Diagramme aus den Zieldarstellungen.

Nebenstehend die Gschwindigkeit in Auftriebsrichtung

Der Durchmesser der Scheibe ist 0,1 m. Mit der Winkelgeschwindigkeit ergibt sich die Auftriebskraft zu

$$F_A \approx 0{,}4\ \mathrm{N}$$

6

10	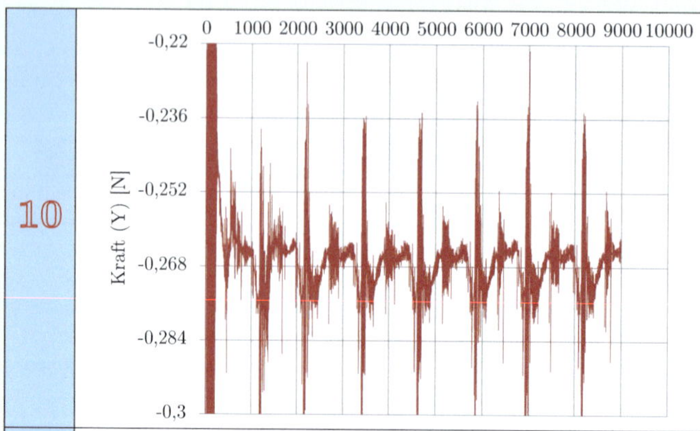	$F_W \approx 0{,}25\ N$

11

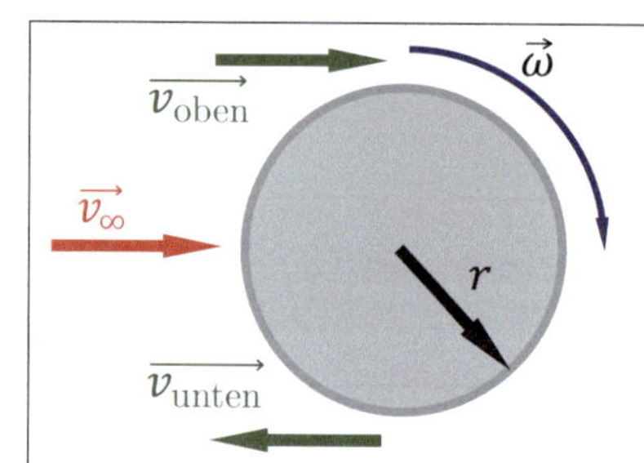	$\vec{\omega} = 5\,\frac{1}{\text{s}}$ $\overrightarrow{v_\infty} = 27{,}77\,\frac{\text{m}}{\text{s}}$ $\vec{\omega} = 0{,}05\ \text{m}$ $l = 0{,}05\ \text{m}$

Vom Zylinder kann man zunächst die untere und obere Geschwindigkeit berechnen. Es handelt sich hierbei um die Geschwindigkeit an der Ober -und der Unterseite.

$$\overrightarrow{v_{\text{oben}}} = \overrightarrow{v_\infty} + \vec{v}_u = \overrightarrow{v_\infty} + \vec{\omega} \times \vec{r}$$
$$\overrightarrow{v_{\text{unten}}} = \overrightarrow{v_\infty} - \vec{v}_u = \overrightarrow{v_\infty} - \vec{\omega} \times \vec{r}$$

Mit der Bernoulli Gleichung ergibt sich:

$$\varrho \cdot g \cdot h_{\text{oben}} + \frac{\varrho}{2} \cdot v_{\text{oben}}^2 + p_a = \varrho \cdot g \cdot h_{\text{unten}} + \frac{\varrho}{2} \cdot v_{\text{unten}}^2 + p_a$$

Mit

$$p_{\text{oben}} = \varrho \cdot g \cdot h_{\text{oben}}$$
$$p_{\text{unten}} = \varrho \cdot g \cdot h_{\text{unten}}$$

folgt

$$p_{\text{oben}} + \frac{\varrho}{2} \cdot v_{\text{oben}}^2 = p_{\text{unten}} + \frac{\varrho}{2} \cdot v_{\text{unten}}^2 \Longrightarrow p_{\text{unten}} - p_{\text{oben}} = \frac{\varrho}{2} \cdot v_{\text{oben}}^2 - \frac{\varrho}{2} \cdot v_{\text{unten}}^2$$
$$\Delta p = \frac{\varrho}{2} \cdot (v_{\text{oben}}^2 - v_{\text{unten}}^2)$$

Hier kann man die Bedingungen für $\overrightarrow{v_{\text{oben}}}$ und $\overrightarrow{v_{\text{unten}}}$ einsetzen zu

$$\Delta p = \frac{\varrho}{2} \cdot ((\overrightarrow{v_\infty} + \vec{\omega} \times \vec{r})^2 - (\overrightarrow{v_\infty} - \vec{\omega} \times \vec{r})^2)$$
$$\Delta p = \frac{\varrho}{2} \cdot \left(\overrightarrow{v_\infty^2} + 2 \cdot \vec{\omega} \times \vec{r} \cdot \overrightarrow{v_\infty} + \vec{\omega}^2 \times \vec{r}^2 - \left(\overrightarrow{v_\infty^2} - 2 \cdot \vec{\omega} \times \vec{r} \cdot \overrightarrow{v_\infty} + \vec{\omega}^2 \times \vec{r}^2\right)\right)$$
$$\Delta p = \frac{\varrho}{2} \cdot \left(\overrightarrow{v_\infty^2} + 2 \cdot \vec{\omega} \times \vec{r} \cdot \overrightarrow{v_\infty} + \vec{\omega}^2 \times \vec{r}^2 - \overrightarrow{v_\infty^2} + 2 \cdot \vec{\omega} \times \vec{r} \cdot \overrightarrow{v_\infty} - \vec{\omega}^2 \times \vec{r}^2\right) = \frac{\varrho}{2} \cdot (4 \cdot \vec{\omega} \times \vec{r} \cdot \overrightarrow{v_\infty})$$

$$\Delta p = 2 \cdot \varrho \cdot \vec{r} \cdot (\overrightarrow{v_\infty} \times \vec{\omega})$$

Die Kraft berechnet sich zu

$$d\vec{F} = \Delta p \cdot d\vec{A} = 2 \cdot \varrho \cdot \vec{r} \cdot (\overrightarrow{v_\infty} \times \vec{\omega}) \cdot d\vec{A}$$

Mit $d\vec{A} = \vec{r} \cdot d\varphi \cdot l$ und durch zusätzlich umschreiben von $\vec{r} \cdot (\overrightarrow{v_\infty} \times \vec{\omega})$ durch einsetzen für $\vec{r}$ ergibt sich $\vec{r} = r \cdot \cos(\varphi)$

$$d\vec{F} = \Delta p \cdot d\vec{A} = 2 \cdot \varrho \cdot \vec{r} \cdot (\overrightarrow{v_\infty} \times \vec{\omega}) \cdot \vec{r} \cdot d\varphi \cdot l = 2 \cdot \varrho \cdot l \cdot [r \cdot |\, \overrightarrow{v_\infty} \times \vec{\omega}\, | \cdot \cos(\varphi)] \cdot \vec{r} \cdot d\varphi$$
$$d\vec{F} = 2 \cdot \varrho \cdot l \cdot [r \cdot |\, \overrightarrow{v_\infty} \times \vec{\omega}\, | \cdot \cos(\varphi)] \cdot r \cdot \cos(\varphi) \cdot d\varphi = 2 \cdot \varrho \cdot l \cdot r^2 \cdot |\, \overrightarrow{v_\infty} \times \vec{\omega}\, | \cdot \cos^2(\varphi) \cdot d\varphi$$

Lösen der DGL durch integrieren

$$\int_{\vec{F}} d\vec{F} = 2 \cdot \varrho \cdot l \cdot r^2 \cdot |\, \overrightarrow{v_\infty} \times \vec{\omega}\, | \cdot \int_{-\frac{\pi}{2}}^{\frac{\pi}{2}} \cos^2(\varphi) \cdot d\varphi$$

Lösen des 1. Integrals:

$$\int_{\vec{F}} d\vec{F} = \vec{F}_A$$

Lösen des 2. Integrals:

$$\int_{-\frac{\pi}{2}}^{\frac{\pi}{2}} \cos^2(\varphi) \cdot d\varphi = \int_{-\frac{\pi}{2}}^{\frac{\pi}{2}} \underbrace{\cos(\varphi)}_{u} \cdot \underbrace{\cos(\varphi)}_{v'} \cdot d\varphi = \underbrace{\cos(\varphi)}_{u} \cdot \underbrace{\sin(\varphi)}_{v} + \int_{-\frac{\pi}{2}}^{\frac{\pi}{2}} \underbrace{\sin(\varphi)}_{u'} \cdot \underbrace{\sin(\varphi)}_{v} \cdot d\varphi$$

$$\int_{-\frac{\pi}{2}}^{\frac{\pi}{2}} \cos^2(\varphi) \cdot d\varphi = \cos(\varphi) \cdot \sin(\varphi) + \int_{-\frac{\pi}{2}}^{\frac{\pi}{2}} \sin^2(\varphi) \cdot d\varphi$$
$$\int_{-\frac{\pi}{2}}^{\frac{\pi}{2}} \cos^2(\varphi) \cdot d\varphi = \cos(\varphi) \cdot \sin(\varphi) + \int_{-\frac{\pi}{2}}^{\frac{\pi}{2}} (1 - \cos^2(\varphi)) \cdot d\varphi$$
$$\int_{-\frac{\pi}{2}}^{\frac{\pi}{2}} \cos^2(\varphi) \cdot d\varphi = \cos(\varphi) \cdot \sin(\varphi) + \int_{-\frac{\pi}{2}}^{\frac{\pi}{2}} 1 \cdot d\varphi - \int_{-\frac{\pi}{2}}^{\frac{\pi}{2}} \cos^2(\varphi) \cdot d\varphi$$

Zur Vereinfachung werden die Grenzen zunächst vernachlässugt.

$$\int \cos^2(\varphi) \cdot d\varphi = \cos(\varphi) \cdot \sin(\varphi) + \int 1 \cdot d\varphi - \int \cos^2(\varphi) \cdot d\varphi$$
$$2 \cdot \int \cos^2(\varphi) \cdot d\varphi = \cos(\varphi) \cdot \sin(\varphi) + \varphi$$

$$\int \cos^2(\varphi) \cdot d\varphi = \frac{\cos(\varphi) \cdot \sin(\varphi) + \varphi}{2} \Longrightarrow \int_{-\frac{\pi}{2}}^{\frac{\pi}{2}} \cos^2(\varphi) \cdot d\varphi = \left. \frac{\cos(\varphi) \cdot \sin(\varphi) + \varphi}{2} \right|_{-\frac{\pi}{2}}^{\frac{\pi}{2}}$$

$$\int_{-\frac{\pi}{2}}^{\frac{\pi}{2}} \cos^2(\varphi) \cdot d\varphi = \frac{\cos\left(\frac{\pi}{2}\right) \cdot \sin\left(\frac{\pi}{2}\right) + \frac{\pi}{2}}{2} - \frac{\cos\left(-\frac{\pi}{2}\right) \cdot \sin\left(-\frac{\pi}{2}\right) - \frac{\pi}{2}}{2} = \frac{\pi}{4} + \frac{\pi}{4} = \frac{\pi}{2}$$

6

Einsetzen der beiden Integrallösungen ergibt

$$\overrightarrow{F_A} = 2 \cdot \varrho \cdot l \cdot r^2 \cdot | \overrightarrow{v_\infty} \times \vec{\omega} | \cdot \frac{\pi}{2} = \varrho \cdot l \cdot r^2 \cdot \pi \cdot | \overrightarrow{v_\infty} \times \vec{\omega} |$$

Es folgt also:

$$\overrightarrow{F_A} = \varrho \cdot l \cdot r^2 \cdot \pi \cdot | \overrightarrow{v_\infty} \times \vec{\omega} |$$

Einsetzen der Werte ergibt:

$$\overrightarrow{F_A} = \varrho \cdot l \cdot r^2 \cdot \pi \cdot | \begin{pmatrix} v_x \\ v_y \\ v_z \end{pmatrix} \times \begin{pmatrix} \omega_x \\ \omega_y \\ \omega_z \end{pmatrix} | = 1{,}2 \frac{\mathrm{kg}}{\mathrm{m}^3} \cdot 0{,}05\mathrm{m} \cdot 0{,}05^2\,\mathrm{m}^2 \cdot \pi \cdot | \begin{pmatrix} 27{,}77 \\ 0 \\ 0 \end{pmatrix} \times \begin{pmatrix} 0 \\ 0 \\ 5 \end{pmatrix} \frac{\mathrm{m}}{\mathrm{s}^2} |$$

Nebenrechnung:

$$\begin{pmatrix} 27{,}77 \\ 0 \\ 0 \end{pmatrix} \times \begin{pmatrix} 0 \\ 0 \\ 5 \end{pmatrix} = \begin{pmatrix} 0 \cdot 5 - 0 \cdot 0 \\ -27{,}77 \cdot 5 + 0 \cdot 0 \\ 27{,}77 \cdot 0 - 0 \cdot 0 \end{pmatrix} = \begin{pmatrix} 0 \\ -27{,}77 \cdot 5 \\ 0 \end{pmatrix}$$

$$\overrightarrow{F_A} = 1{,}2 \frac{\mathrm{kg}}{\mathrm{m}^3} \cdot 0{,}05\mathrm{m} \cdot 0{,}05^2\,\mathrm{m}^2 \cdot \pi \cdot 138{,}85 \frac{\mathrm{m}}{\mathrm{s}^2} = 0{,}0654\,\mathrm{N}$$

$$\Delta p = 2 \cdot \varrho \cdot (\vec{\omega} \times \vec{r} \cdot \overrightarrow{v_\infty}) = 2 \cdot 1{,}2 \frac{\mathrm{kg}}{\mathrm{m}^3} \cdot 5 \frac{1}{\mathrm{s}} \times 0{,}05\,\mathrm{m} \cdot 27{,}77 \frac{\mathrm{m}}{\mathrm{s}} = 16{,}662\,\mathrm{Pa} = 0{,}000166\,\mathrm{bar}$$

Hierbei gilt es zu beachten, dass es sich nur um theoretische Lösungen handelt. Da eine starke Turbulenzbildung im hinteren Bereich vorliegt, ist zu erwarten, dass die realen Werte stark abweichen, wie auch die Simulation zeigt. Untersucht man den Druck, wird bereits klar, dass es dort klare Unterschiede gibt, da dieser laut Simulation bei ca. 0,009 bar liegt, wie das nachstehende Diagramm zeigt.

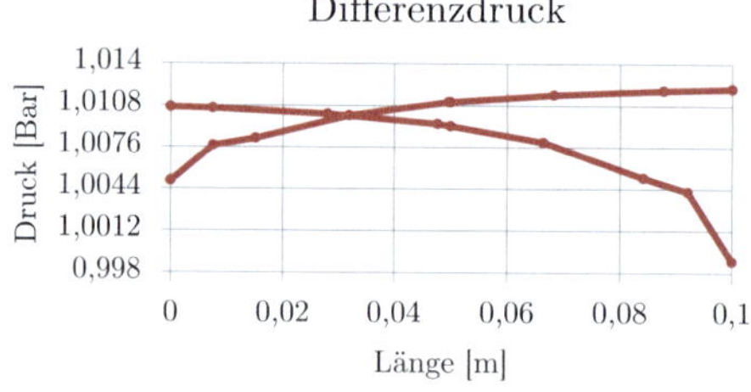

Methode: Lösung durch SolidWorks – CFD 6.5

Mittels SolidWorks ist eine Staupunktströmung zu simulieren und die Geschwindigkeit in Bezug auf die Stromlinien zu interpretieren. Ist ein Potential zu erkennen?

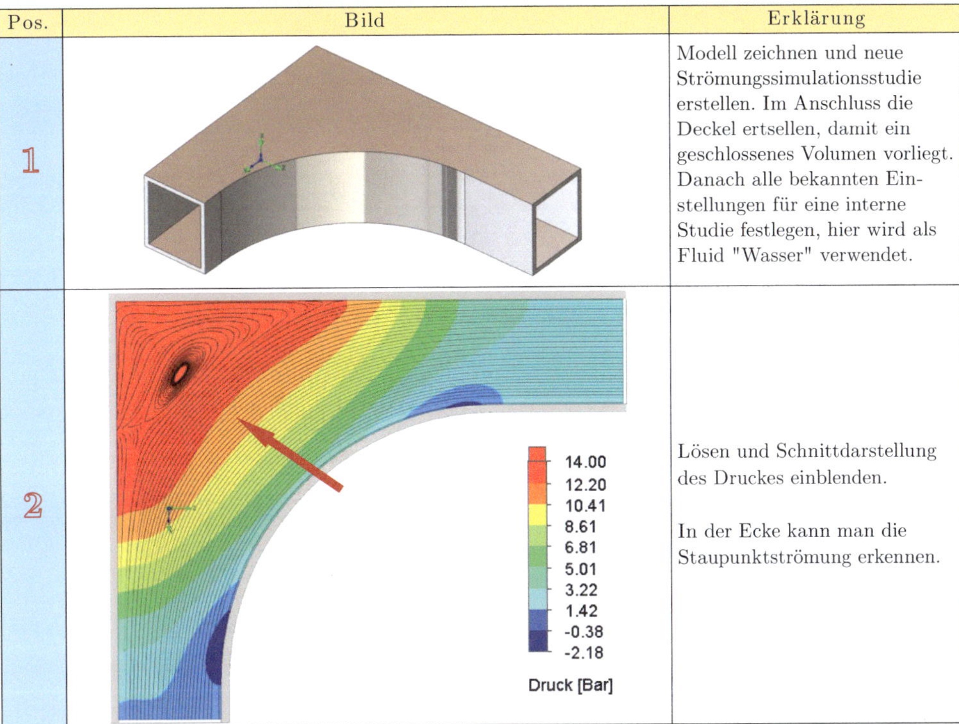

Pos.	Bild	Erklärung
1		Modell zeichnen und neue Strömungssimulationsstudie erstellen. Im Anschluss die Deckel ertsellen, damit ein geschlossenes Volumen vorliegt. Danach alle bekannten Einstellungen für eine interne Studie festlegen, hier wird als Fluid "Wasser" verwendet.
2		Lösen und Schnittdarstellung des Druckes einblenden. In der Ecke kann man die Staupunktströmung erkennen.

6.5 Übungen

Übungsbeispiel 6.1

Welche Vereinfachungen werden bei Strömungen inform von zweidimensionalen Potentialströmungen getroffen?

Lösung

1. **reibungsfreie Strömung** Die umströmten, oder durchströmten Bauteile (je nach Art der Strömung: extern oder intern) sind vollkommen glatt anzunehmen, sodass die Strömung durch die Oberfläche oder den Rand nicht gebremst, verzögert oder abgelenkt wird.
2. **inkompressible Strömung** Es handelt sich um Flüssigkeitsströmungen, keine Gasströmungen, da diese kompressibel sind, die Dichte des Fluids, oder hier in weiterer Folge der Flüssigkeit ist konstant
3. **zweidimensionale Strömung** Die Strömung kann nur in einer Ebene auftreten, wodurch oftmals von unendlich langen Bauteilen, bei der Umströmung, in der Tafelebene die Rede ist.
4. **stationäre Strömung** Die Strömung ist nicht zeitabhängig (instationär) und ändert deren Eigenschaft nicht in Abhängigkeit der Zeit, wodurch die Zeit nicht weiter berücksichtigt werden muss und bei stationären Strömungen entfällt.

6

Übungsbeispiel 6.2

Wie lautet die Euler-Gleichung?

Lösung

(Euler-Gleichung). Gl. (6.12) wird als Euler-Gleichung bezeichnet.

$$-\frac{1}{\varrho}\,dp = \frac{1}{2}\,d\left(u^2 + v^2\right) \tag{6.141}$$

Übungsbeispiel 6.3

Wie lautet die Bernoulli-Gleichung?

Lösung

(Bernoulli-Gleichung). Gl. (6.13) wird als Euler-Gleichung bezeichnet.

$$-\frac{1}{\varrho}\,dp = \frac{1}{2}\,d\left(u^2 + v^2\right) \tag{6.142}$$

Übungsbeispiel 6.4

Wie lauten die kinematischen Grundgleichungen?

Lösung

Bewegungsgleichung in x-Richtung:

$$u\,\frac{\partial u}{\partial x} + v\,\frac{\partial u}{\partial y} = -\frac{1}{\varrho}\,\frac{\partial p}{\partial x} \tag{6.143}$$

Bewegungsgleichung in y-Richtung:

$$u\,\frac{\partial v}{\partial x} + v\,\frac{\partial v}{\partial y} = -\frac{1}{\varrho}\,\frac{\partial p}{\partial y} \tag{6.144}$$

Übungsbeispiel 6.5

Wie lautet die Laplace-Gleichung?

Lösung

$$\frac{\partial^2 w}{\partial x^2} + \frac{\partial^2 w}{\partial y^2} = 0 = \nabla^2\, w \tag{6.145}$$

Übungsbeispiel 6.6

Wie lauten die Cauchy-Riemann-Differentialgleichungen und was sagen diese aus?

Lösung

$$\frac{\partial \phi}{\partial x} = i\,\frac{\partial \psi}{\partial y} = u \tag{6.146}$$

$$\frac{\partial \phi}{\partial y} = -\,\frac{\partial \psi}{\partial x} = v \tag{6.147}$$

Die Darlegungen verdeutlichen, dass die Real- und Imaginärteile der komplexen analytischen Funktion $w(z)$ als das **Geschwindigkeitspotential ϕ** und die **Stromfunktion ψ** für zweidimensionale Strömungen ohne Reibung, inkompressible Fluide und drehungsfreie Bewegungen interpretiert werden können. Diese Interpretation ermöglicht eine anschauliche Beschreibung von Strömungsphänomenen durch die Verwendung des komplexen Potentials.

Übungsbeispiel 6.7

Nennen Sie die Gleichung für das komplexe Potential!

Lösung

$$w = \phi + i\,\psi \tag{6.148}$$

Übungsbeispiel 6.8

Beschreiben Sie den Lösungsablauf, wie die Gleichungen für die Stromfunktion bzw. die Geschwindigkeitskomponenten und die Druckgleichungen bei Strömungspotentialen gefunden werden.

Lösung

- Die Ableitung von Lösungen für einige fundamentale Strömungen, die an sich möglicherweise nicht unmittelbar auf praktische Strömungsphänomene anwendbar erscheinen.
- Die Superposition dieser elementaren Strömungen auf unterschiedliche Weisen führt zu einem resultierenden Strömungsfeld, das den realen Strömungen sowie der Summe der einzelnen partiellen Lösungen entspricht. Dabei werden die verschiedenen Strömungskomponenten so kombiniert, dass ein umfassendes Bild der Strömungscharakteristika entsteht, welches die praktischen Gegebenheiten widerspiegelt und zugleich die Addition der einzelnen Lösungsbeiträge berücksichtigt.

$$\phi = \phi_1 + \phi_2 + \ldots + \phi_n \tag{6.149}$$

$$\psi = \psi_1 + \psi_2 + \ldots + \psi_n \tag{6.150}$$

- Die Ermittlung der Geschwindigkeitskomponenten u und v erfolgt durch Anwendung der Beziehungen sowohl im kartesischen als auch im Polarkoordinatensystem.

$$u = \frac{\partial \phi}{\partial y} = \frac{\partial \psi}{\partial y} \tag{6.151}$$

$$v = \frac{\partial \phi}{\partial x} = -\frac{\partial \psi}{\partial x} \tag{6.152}$$

oder

$$u_r = \frac{\partial \phi}{\partial r} = \frac{1}{r}\frac{\partial \psi}{\partial \vartheta} \tag{6.153}$$

$$u_\vartheta = \frac{1}{r}\frac{\partial \phi}{\partial \vartheta} = -\frac{\partial \psi}{\partial r}\,. \tag{6.154}$$

- Die Berechnung des Drucks p erfolgt durch die Bernoulli-Gleichung:

$$p + \frac{\varrho}{2}\left(u^2 + v^2\right) = \text{const.} = p_\infty + \frac{\varrho_\infty}{2} V_\infty^2 \tag{6.155}$$

In diesem Abschnitt wurde die Verwendung der komplexen Funktion als Werkzeug eingeführt, um Lösungen für die Laplace-Gleichung im Zusammenhang mit komplexen Strömungen zu finden. Im weiteren Verlauf werden einige fundamentale, elementare Strömungsformen in diesem Zusammenhang eingehender erörtert. Dies ermöglicht eine tiefere Einsicht in die Anwendung der komplexen Variablen bei der Analyse und Beschreibung komplexer Strömungsvorgänge.

Übungsbeispiel 6.9

Wie lauten die Potentialgleichungen für eine Parallelströmung?

Lösung

$$u = V_\infty \cos(\alpha) \tag{6.156}$$

$$v = V_\infty \sin(\alpha)\,. \tag{6.157}$$

6

Übungsbeispiel 6.10

Wie lauten die Potentialgleichungen für eine Quellströmung?

Lösung

$$\phi = \frac{\sigma}{2\pi} \ln(r) \qquad \psi = \frac{\sigma}{2\pi} \vartheta \,. \tag{6.158}$$

$$u_r = \frac{\partial \phi}{\partial r} = \frac{\sigma}{2\pi r} \qquad u_\vartheta = -\frac{\partial \psi}{\partial r} = 0 \tag{6.159}$$

Übungsbeispiel 6.11

Programmieren Sie einen Plot mittels Matlab, indem Sie eine Quellenströmung darstellen. Verwenden Sie dazu die hergeleiteten Potentialfunktionen. Folgende Randbedingungen sind gegeben: Der Radius $R = 1\,\text{m}$ und die Zirkulation $\Gamma = 1\,\text{m}^2/\text{s}$. Stellen Sie die Stromlinien, als auch die Potentiallinien in einen eigenen Plot dar.

Lösung

- Matlab Code folgend.
- Potentiallinien siehe Abb. 6.17
- Stromlinien siehe Abb. 6.18

```
% Parameter
R = 1; %m Radius des Kreises
Gamma = 1; %m^2/s Zirkulation

% Abmessungen bzw. Diskretisierung
x = linspace(-2*R, 2*R, 100);
y = linspace(-2*R, 2*R, 100);
[X, Y] = meshgrid(x, y);

% Funktionen fuer die beiden Abhaengigen Variablen
r = sqrt(X.^2 + Y.^2); %Kreisfunktion
theta = atan2(Y, X); %Winkelfunktion

psi = (Gamma/(2*pi)) * theta; %Stromfunktion
phi = (Gamma/(2*pi)) * log(r); %Potentiallinie

% Plot der Stromlinien
figure;
quiver(X, Y, cos(theta), sin(theta), 'LineWidth', 2);
title('Stromlinien um einen Kreis');
xlabel('x'); ylabel('y'); grid on; axis equal;

% Plot der Potentiallinien
figure;
contour(X, Y, phi, 50, 'LineWidth', 2);
title('Potentiallinien um einen Kreis');
xlabel('x'); ylabel('y'); grid on; axis equal;
```

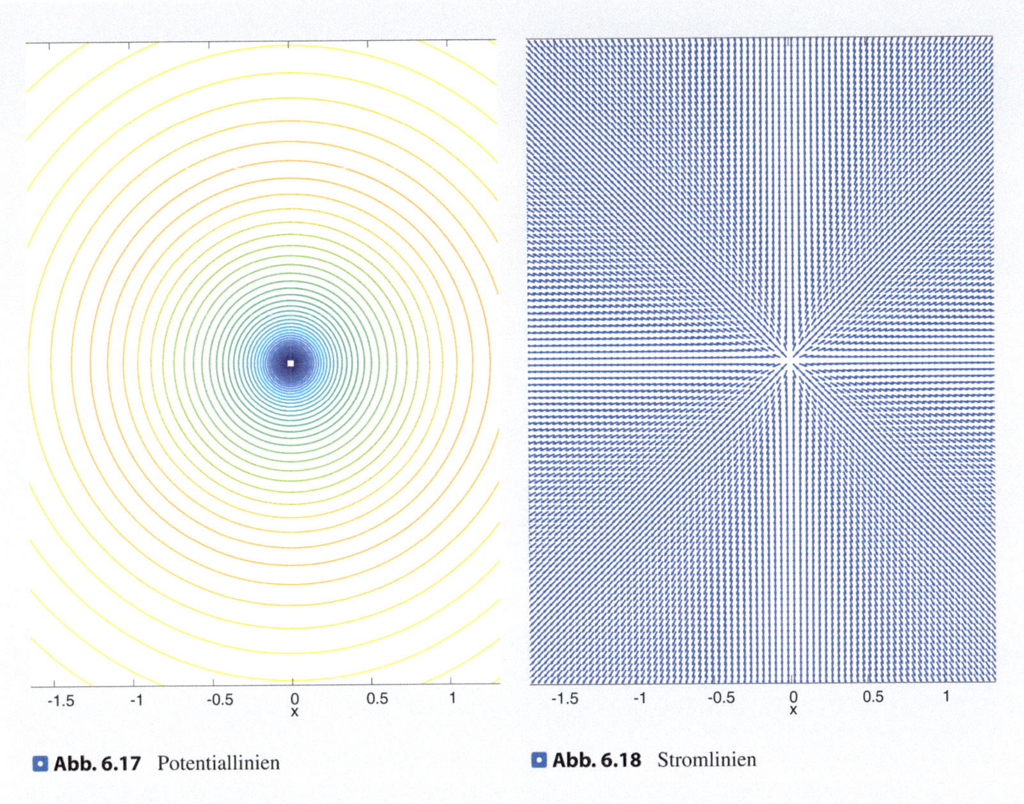

Abb. 6.17 Potentiallinien

Abb. 6.18 Stromlinien

Übungsbeispiel 6.12

Wie lauten die Potentialgleichungen und die Geschwindigkeitsgleichungen für eine Dipolströmung?

Lösung

$$\phi = \frac{\mu}{2\,\pi\,r}\,\cos(\vartheta) \tag{6.160}$$

$$\psi = -\frac{\mu}{2\,\pi\,r}\,\sin(\vartheta)\,. \tag{6.161}$$

$$u_r = \frac{\partial\phi}{\partial r} = -\frac{\mu}{2\,\pi\,r^2}\,\cos(\vartheta) \tag{6.162}$$

$$u_\vartheta = \frac{\partial\psi}{\partial r} = -\frac{\mu}{2\,\pi\,r^2}\,\sin(\vartheta)\,. \tag{6.163}$$

6

Übungsbeispiel 6.13

Programmieren Sie einen Plot mittels Matlab, indem Sie eine Dipolströmung darstellen. Verwenden Sie dazu die hergeleiteten Potentialfunktionen. Folgende Randbedingungen sind gegeben: $\mu = 1\,\mathrm{m}^4/\mathrm{s}$. Stellen Sie die Potentiallinien in einem Plot dar.

Lösung

- Matlab Code folgend.
- Strömungskontur der Dipolströmung siehe Abb. 6.19

```
% Parameter
mu = 1; % Staerke der Quelle oder Senke

% Abmessungen bzw. Diskretisierung
r = linspace(0.1, 5, 100); % Radien von 0.1 bis 5

% Berechnung der Positionen
theta = linspace(0, 2*pi, 1000);
[R, Theta] = meshgrid(r, theta);

% Funktionen fuer die beiden abhaengigen Variablen
phi = (mu / (2*pi)) * cos(Theta)./ R;
psi = -(mu / (2*pi)) * sin(Theta)./ R;

% Umrechnung von polaren Koordinaten in kartesische Koordinaten
x = R.* cos(Theta);
y = R.* sin(Theta);

% Plot der Stroemungskontur
figure;
contour(x, y, phi, 50, 'LineWidth', 2);
title('Stroemungskontur fuer gegebene Stromfunktionen');
xlabel('x'); ylabel('y'); grid on; axis equal;
```

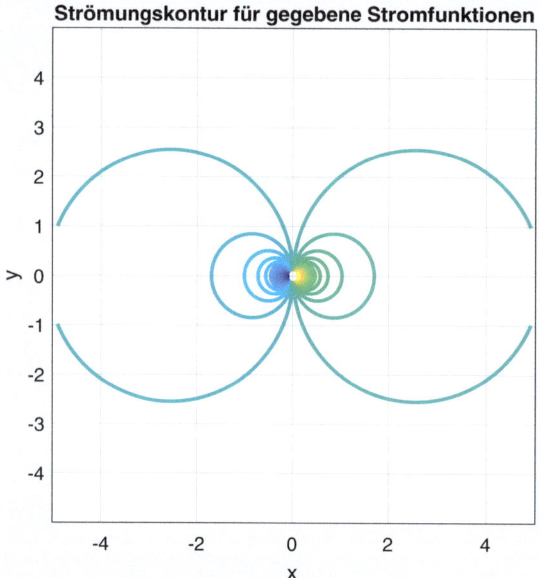

Abb. 6.19 Strömungskontur der Dipolströmung

Übungsbeispiel 6.14

Wie lauten die Potentialgleichungen und die Geschwindigkeitsgleichungen für eine Quellenströmung in einer Parallelströmung?

Lösung

$$\phi = V_\infty\, x + \frac{\sigma}{2\,\pi\, z} \ln(r)$$
$$= V_\infty\, r \cos(\vartheta) + \frac{\sigma}{2\,\pi} \ln(r) \qquad (6.164)$$

$$\psi = V_\infty\, y + \frac{\sigma}{2\,\pi} \vartheta$$
$$= V_\infty\, r \sin(\vartheta) + \frac{\sigma}{2\,\pi} \vartheta\,. \qquad (6.165)$$

$$u_r = \frac{\partial \phi}{\partial r} = \frac{\partial \psi}{r\,\partial \vartheta}$$
$$= V_\infty \cos(\vartheta) + \frac{\sigma}{2\,\pi\, r} \qquad (6.166)$$

$$u_\vartheta = -\frac{\partial \psi}{\partial r} = \frac{\partial \phi}{r\,\partial \vartheta} = -V_\infty \sin(\vartheta)\,. \qquad (6.167)$$

Übungsbeispiel 6.15

Programmieren Sie einen Plot mittels Matlab, indem Sie eine Quellenströmung mit einer Parallelströmung darstellen. Verwenden Sie dazu die hergeleiteten Potentialfunktionen. Folgende Randbedingungen sind gegeben: $\sigma = 1\,\mathrm{m}^3/\mathrm{s}$, $V_\infty = 1\,\mathrm{m/s}$. Stellen Sie die Stromlinien in einem Plot dar.

Lösung

- Matlab Code folgend.
- Stromfunktion siehe ◘ Abb. 6.20

```
% Parameter
V_inf = 1; % Freistromgeschwindigkeit
sigma = 1; % Staerke des Zylinders

% Abmessungen bzw. Diskretisierung
r = linspace(0.1, 5, 100); % Radien von 0.1 bis 5
theta = linspace(0, 2*pi, 1000);
[R, Theta] = meshgrid(r, theta);

% Funktionen fuer die beiden abhaengigen Variablen
phi = V_inf * R.* cos(Theta) + (sigma / (2*pi)) * log(R);
psi = V_inf * R.* sin(Theta) + (sigma / (2*pi)) * Theta;

% Umrechnung von polaren Koordinaten in kartesische Koordinaten
x = R.* cos(Theta);
y = R.* sin(Theta);

% Plot der Stromlinien
figure;
contour(x, y, psi, 50, 'LineWidth', 2);
title('Stromlinien fuer gegebene Stromfunktionen');
xlabel('x'); ylabel('y');
grid on;
axis equal;
```

6

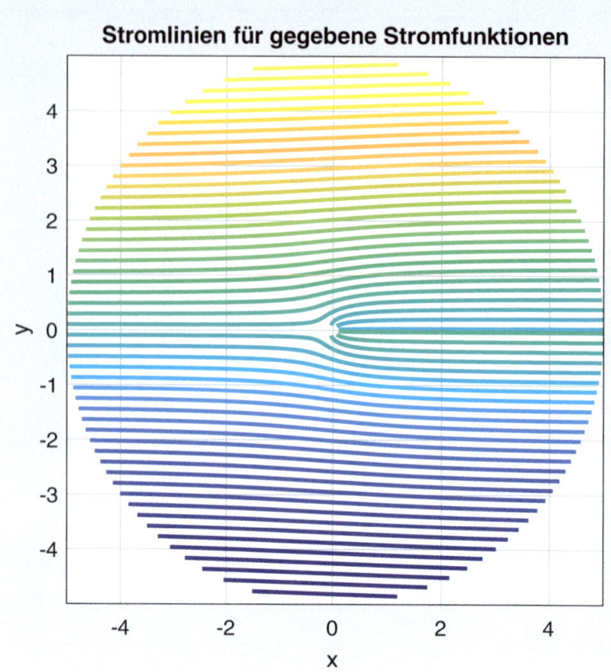

Abb. 6.20 Stromfunktion der Quellenströmung mit einer Parallelströmung

Übungsbeispiel 6.16

Wie lautet die Potentialgleichung für ψ für eine Dipolströmung mit Potentialwirbel in einer Parallelströmung?

Lösung

$$\psi = V_\infty \sin(\vartheta)\left(r - \frac{a^2}{r}\right) + \frac{\Gamma}{2\,\pi}\ln(r) \quad (6.168)$$

Übungsbeispiel 6.17

Programmieren Sie einen Plot mittels Matlab, indem Sie eine Dipolströmung mit Potentialwirbel in einer Parallelströmung darstellen. Verwenden Sie dazu die hergeleiteten Potentialfunktionen. Folgende Randbedingungen sind gegeben: Der Radius $a = 1\,\text{m}$, $V_\infty = 1\,\text{m/s}$. Stellen Sie die Stromlinien in einem Plot dar, wenn folgende Fälle zu untersuchen sind:

- $\Gamma = 1\,\text{m}^2/\text{s}$
- $\Gamma = 0{,}1\,\text{m}^2/\text{s}$
- $\Gamma = 5\,\text{m}^2/\text{s}$
- $\Gamma = 10\,\text{m}^2/\text{s}$

Lösung

- Matlab Code folgend.
- Stromfunktion für $\Gamma = 1\,\text{m}^2/\text{s}$ siehe Abb. 6.21
- Stromfunktion für $\Gamma = 0{,}1\,\text{m}^2/\text{s}$ siehe Abb. 6.22
- Stromfunktion für $\Gamma = 5\,\text{m}^2/\text{s}$ siehe Abb. 6.23
- Stromfunktion für $\Gamma = 10\,\text{m}^2/\text{s}$ siehe Abb. 6.24

```
% Parameter
V_inf = 1; % Freistromgeschwindigkeit
a = 1; % Parameter a
Gamma = 10; % Zirkulation

% Abmessungen bzw. Diskretisierung
r = linspace(0.1, 5, 100); % Radien von 0.1 bis 5
theta = linspace(0, 2*pi, 1000);
[R, Theta] = meshgrid(r, theta);

% Funktion fuer die Stromfunktion
psi = V_inf * sin(Theta).* (R - a^2./ R) + (Gamma / (2*pi)) * log(R);

% Umrechnung von polaren Koordinaten in kartesische Koordinaten
x = R.* cos(Theta);
y = R.* sin(Theta);

% Plot der Stroemungskontur
figure;
contour(x, y, psi, 50, 'LineWidth', 2);
title('Stroemungskontur fuer gegebene Stromfunktion');
xlabel('x'); ylabel('y');
grid on;
axis equal;
```

Abb. 6.21 Stromfunktion der Dipolströmung mit Potentialwirbel in einer Parallelströmung für $\Gamma = 1\,\mathrm{m}^2/\mathrm{s}$

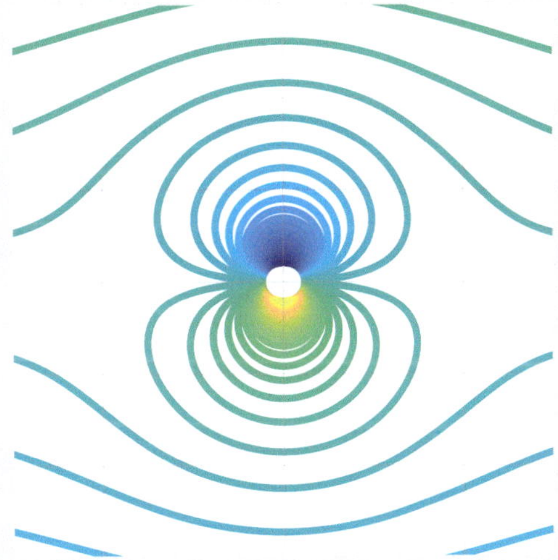

Abb. 6.22 Stromfunktion der Dipolströmung mit Potentialwirbel in einer Parallelströmung für $\Gamma = 0{,}1\,\mathrm{m}^2/\mathrm{s}$

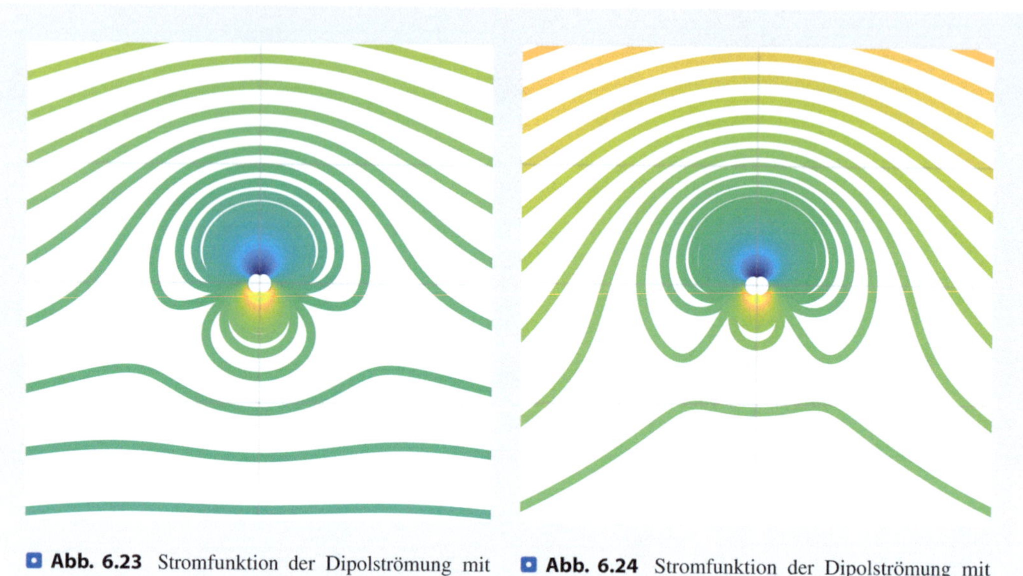

Abb. 6.23 Stromfunktion der Dipolströmung mit Potentialwirbel in einer Parallelströmung für $\Gamma = 5\,\mathrm{m^2/s}$

Abb. 6.24 Stromfunktion der Dipolströmung mit Potentialwirbel in einer Parallelströmung für $\Gamma = 10\,\mathrm{m^2/s}$

Konforme Abbildungen

Inhaltsverzeichnis

A. Huber, *Technische Mechanik 4 - Hydromechanik*,
https://doi.org/10.1007/978-3-662-69231-8_7

Sie lernen hier...

- Eigenschaften von Transformationen kennen.
- unterschiedliche Methoden der Transformation kennen.
- Quadratische Transformationen kennen.
- Joukowski-Transformationen kennen.
- Transformieren eines Kreises in ein Tragflügelprofil.

Zitat

Alle Träume können wahr werden, wenn wir den Mut haben, ihnen zu folgen.
Walt Disney

7

7.1 Eigenschaften der Transformation [1, 7]

Bis jetzt wurden nur einfache Körper für die Umströmungen, wie Kugeln, Zylinder und Bälle, betrachtet. Der Schwerpunkt lag vorwiegend auf den Eigenschaften der Strömung und den daraus resultierenden Effekten. In diesem Kapitel soll der Fokus auf den Körpern selbst liegen, die der Strömung ausgesetzt sind. Es wird grob darauf eingegangen, wann die bekannten und hergeleiteten Strömungsbedingungen bzw. Strömungsgleichungen auf diese Körper angewendet werden können.

Es wird analysiert, wie verschiedene Körperformen die Strömung beeinflussen und welche Auswirkungen dies auf die resultierenden Strömungsbedingungen hat. Dabei werden auch die Grenzen und Annahmen der zugrunde liegenden Strömungsgleichungen betrachtet, um zu verstehen, unter welchen Bedingungen diese anwendbar sind.

Dabei werden komplexe Formen und Strömungsprofile betrachtet, um ein umfassenderes Verständnis für die Strömung um unterschiedliche Körper zu gewinnen. Die Anwendung der Strömungsgleichungen wird in Abhängigkeit von verschiedenen Parametern und Geometrien erörtert, um den Ingenieuren und Wissenschaftlern einen quasi Werkzeugkasten für die Strömungsanalyse komplexer Körper bereitzustellen.

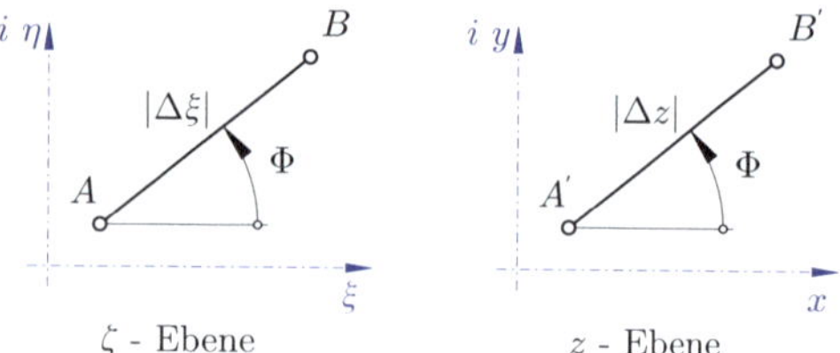

Abb. 7.1 Linie vor und nach der Transformation (konforme Abbildungen)

Wann spricht man von Konformen Abbildungen?

Mittels Transformationen wird es möglich, Potentialströmungen vom ursprünglichen Koordinatensystem in ein neues zu transformieren. Man unterscheidet unterschiedliche Transformationstechniken. Darunter als Beispiel sogenannte geometrische Transformationen, mit welchen es ermöglicht wird, einen Kreiszylinder in einen elliptischen Zylinder zu transformieren, oder sogar in ein Tragflügelprofil. Man nennt diese Transformationstechniken Konforme Abbildungen, vgl. mit Abb. 7.1.

Es gilt

$$z = f(\zeta). \tag{7.1}$$

Die ζ-Ebene wird so auf die z-Ebene abgebildet, dass eine Linie $\overline{AB}$ in der ζ-Ebene eine Linie $\overline{A'B'}$ in der z-Ebene wird. Wenn $z = f(\zeta)$ eine kontinuierliche analytische Funktion ist, gilt für $\Delta\zeta \to 0$,

$$\lim_{\Delta\zeta\to 0}\left(\frac{\Delta z}{\Delta\zeta}\right) = \left(\frac{dz}{d\zeta}\right)_A, \tag{7.2}$$

oder mittels einer Grenzwertfunktion ergibt sich daraus

$$\Delta z = \left(\frac{dz}{d\zeta}\right)_A \cdot \Delta\zeta \quad \Delta\zeta \to 0. \tag{7.3}$$

Die infinitesimal kleinen Längen $\Delta\zeta$ und Δz können in exponentieller Form geschrieben werden. Es folgt dann

$$\Delta\zeta = |\Delta\zeta| \cdot e^{i\,\varphi} \tag{7.4}$$

$$\Delta z = |\Delta z| \cdot e^{i\,\vartheta}. \tag{7.5}$$

Es wird definiert, dass die Steigung im Punkt A der folgenden Funktion folgt:

$$\left(\frac{dz}{d\zeta}\right)_A = c\, e^{i\,\alpha}. \tag{7.6}$$

Gl. (7.3) gleichsetzen mit Gl. (7.5) ergibt

$$\Delta z = |\Delta z| \cdot e^{i\,\vartheta} = \left(\frac{dz}{d\zeta}\right)_A \cdot \Delta\zeta, \tag{7.7}$$

bzw. mit Gl. (7.6) folgt daraus

$$\begin{aligned}\Delta z = |\Delta z| \cdot e^{i\,\vartheta} &= \left(\frac{dz}{d\zeta}\right)_A \cdot \Delta\zeta \\ &= c\, e^{i\,\alpha} \cdot \Delta\zeta = c\, e^{i\,\alpha} \cdot |\Delta\zeta| \cdot e^{i\,\varphi}.\end{aligned} \tag{7.8}$$

Mit den Potenzregeln folgt

$$\Delta z = c \cdot |\Delta\zeta|\, e^{i\,(\alpha+\varphi)}. \tag{7.9}$$

Vergleicht man $c\, e^{i\,\alpha} \cdot |\Delta\zeta| \cdot e^{i\,\varphi}$ mit $c \cdot |\Delta\zeta|\, e^{i\,(\alpha+\varphi)}$ wird schnell ersichtlich, dass es sich hierbei um den Absolutbetrag von $(\frac{\partial z}{\partial \zeta})_A$ für c handelt.

$$\Delta z = c \cdot \Delta z = \left|\frac{dz}{d\zeta}\right|_A \cdot |\Delta\zeta|. \tag{7.10}$$

Bei den Winkeln in Gl. (7.9) handelt es sich um die Argumente der komplexen Funktionen

$$\begin{aligned}\theta &= \arg(\Delta z) = \alpha + \varphi \\ &= \arg\left(\frac{dz}{d\zeta}\right)_A + \arg \Delta\zeta.\end{aligned} \tag{7.11}$$

Bemerkung 7.1
arg () bezieht sich auf den Winkel der komplexen Zahl, sowie auf den Betrag, der den Radius darstellt.

Corollary 7.1
Untersucht man die Gl. (7.10) genauer, so fällt schnell auf, dass alle Linien in $\Delta\zeta c = (\frac{\partial z}{\partial \zeta})_A$ gestreckt werden. Die Linien werden aufgrund von Gl. (7.11) um Winkel $\alpha = \arg\,(\frac{\partial z}{\partial \zeta})_A$ gedreht.

Ausnahmen stellen die singulären Punkte dar, solche sind

$$\left(\frac{dz}{d\zeta}\right)_A = 0 \quad \text{oder} \quad = \infty. \tag{7.12}$$

Für ein komplexes Potential kann man

$$w(z) = w[f(\zeta)] \tag{7.13}$$

formulieren. Das Geschwindigkeitsfeld findet man durch Anwenden der Kettenregel zu

$$\frac{dw}{dz} = \frac{dw}{d\zeta}\frac{d\zeta}{dz} = \frac{\frac{dw}{d\zeta}}{\frac{dz}{d\zeta}}. \tag{7.14}$$

7.2 Elementare Transformations- vorschriften [1, 7]

7.2.1 Transformation von Parallelströmungen

Für eine Parallelströmung gilt

$$w = V_\infty\, \zeta. \tag{7.15}$$

Handelt es sich um eine Parallelströmung, die um den Winkel (Abb. 7.2) gedreht ist, gilt die Transformationsvorschrift

$$z = \zeta\, e^{i\,\alpha}. \tag{7.16}$$

Das komplexe Potential kann umgeschrieben werden, indem man Gl. (7.16) in (7.15) einsetzt, zu

$$w(z) = V_\infty\, \zeta = V_\infty\, e^{-i\,\alpha}\, z. \tag{7.17}$$

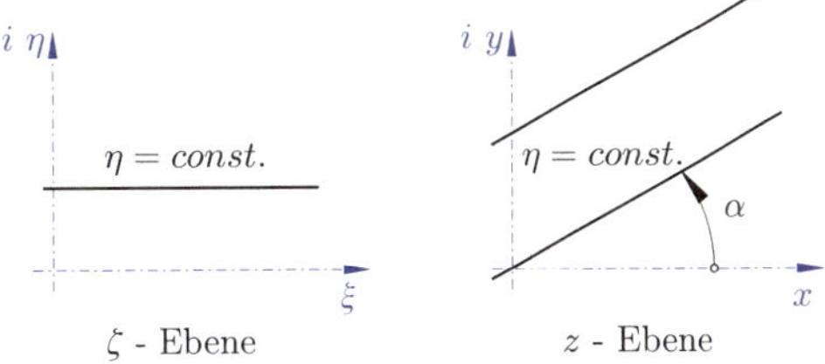

Abb. 7.2 Transformation für eine Parallelströmung

$$w(z) = V_\infty\,(x\,\cos(\alpha) + y\,\sin(\alpha)) + i\,V_\infty(y\,\cos(\alpha) - x\,\sin(\alpha)) \tag{7.18}$$

Es muss immer die Gleichung der z-Ebene auf Singularitäten überprüft werden. Dies wird folgend getan:

$$\frac{dz}{d\zeta} = e^{i\,\alpha} = \text{const.} \neq 0. \tag{7.19}$$

Hierbei liegt keine Singularität vor, dass die Funktion für jeden Faktor α definiert ist.

7.2.2 Quadratische Transformation

Definition 7.1
Von einer quadratischen Transformation spricht man, wenn die Gleichung folgende Gestalt aufweist

$$z = \zeta^2. \tag{7.20}$$

Abb. 7.3 zeigt, dass die Linie $\overline{CE}$ in der ζ-Ebene durch die quadratische Transformation in 4 Quadranten der z-Ebene genau auf der x-Achse liegt.

Diese Transformation hat eine Singularität bei $\zeta = 0$, denn es gilt

$$\frac{dz}{d\zeta} = 2\,\zeta = 0. \tag{7.21}$$

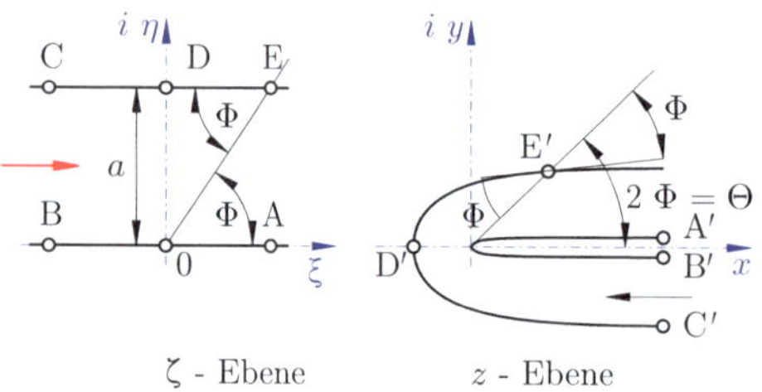

Abb. 7.3 Quadratische Transformation

Beispiel 7.1

Die einfachste mathematische quadratische Transformation ist $z = \zeta^2$ mit $\zeta = 2$. Es würde sich dann bei der Ursprungsfunktion $z = 4$ um die Fläche der Transformierten $\zeta = 2$ handeln.

Es kann im Bereich einer Singularität nicht gewährleistet werden, dass die Wirbel in diesem Punkt vollständig erhalten bleiben. Man kann deshalb folgende Überlegungen aufstellen.

Wenn für ζ die Beschreibung gewählt wird

$$\zeta = \varrho\,e^{i\,\varphi}, \tag{7.22}$$

dann gilt für z über die Transformation aus Gl. (7.20)

$$z = r\,e^{i\,\vartheta} = \varrho^2\,e^{i\,2\varphi}. \tag{7.23}$$

Es können daraus folgende Beziehungen abgelesen werden, durch Vergleichen:

$$r = \varrho^2 \tag{7.24}$$
$$\vartheta = 2\,\varphi. \tag{7.25}$$

Diese Bedingungen gelten für die Singularitäten.

Im Folgenden wird die Stelle $\overline{CDE}$ untersucht. Scheinbar handelt es sich dabei in der ζ-Ebene um eine Parabel. Die Gleichung der Geraden mit dem konstanten Abstand a von der x-Achse ist:

$$\zeta = \xi + i\,a. \tag{7.26}$$

In der Transformationsvorschrift wird daraus

$$z = x + i\,y = \zeta^2 = (\xi + i\,a)^2 = \xi^2 - a^2 + i\,2\,a\,\xi. \tag{7.27}$$

Der Real- und Imaginärteil bilden die Koordinaten in der z-Ebene, zu

$$x = \xi^2 + i\,a^2 \tag{7.28}$$
$$y = 2\,a\,\xi. \tag{7.29}$$

Setzt man diese Koordinaten über ζ gleich, so erhält man die Gleichung für eine Parabel

$$x = \frac{y^2}{4\,a^2} - a^2. \tag{7.30}$$

Damit ist die quadratische Transformation vollständig beschrieben.

Methode: Lösung durch Matlab 7.1

Schreiben Sie ein Matlab-Programm, das eine quadratische Transformation durchführt. Verwenden Sie dazu die eben hergeleiteten Gleichungen. Vorgegeben ist die Konstante $a = 4$. Stellen Sie das Ergebnis mittels eines Plots für die z- als auch ζ-Ebene dar. Berechnen Sie die Singularitäten.

```
%Vorgaben:
a = 4;

%Erzeugen der Werte für die z-Ebene
[X, Y] = meshgrid(linspace(-5, 5, 100), linspace(-5, 5, 100));

%Quadratische Transformation
Z = X + 1i * Y;                  %Ausgangsgleichung
Zeta = Z.^2 + 1i * 2 * a * Z;    %TRansformationsgleichung

% Plot in der z-Ebene
figure;
subplot(1, 2, 1);
scatter(X(:), Y(:), 10, abs(Z(:)), 'filled');
title('z-Ebene');
xlabel('Re(z)');
ylabel('Im(z)');
axis equal;

% Plot in der zeta-Ebene
subplot(1, 2, 2);
scatter(real(Zeta(:)), imag(Zeta(:)), 10, abs(Zeta(:)), 'filled');
title('\zeta-Ebene');
xlabel('Re(\zeta)');
ylabel('Im(\zeta)');
axis equal;

%Berechnung der Singularitäten
singularitaeten = roots([1, 0, 2*a^2]);  % Lösungen der quadratischen Gleichung

% Plot Singularitäten in der zeta-Ebene
hold on;
scatter(real(singularitaeten), imag(singularitaeten), 100, 'r', 'x');
hold off;
```

Singularitäten:

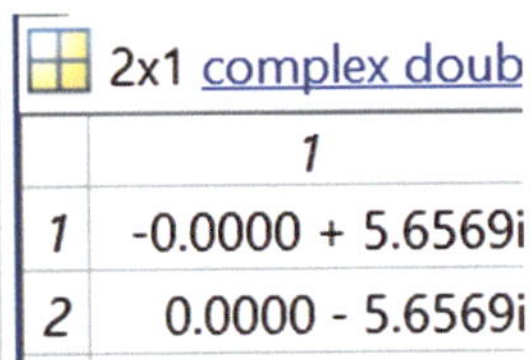

2x1 complex doub

	1
1	-0.0000 + 5.6569i
2	0.0000 - 5.6569i

Workspace

Name	Value
a	4
singularita...	[-0.0000 + 5....
X	100x100 dou...
Y	100x100 dou...
Z	100x100 com...
Zeta	100x100 com...

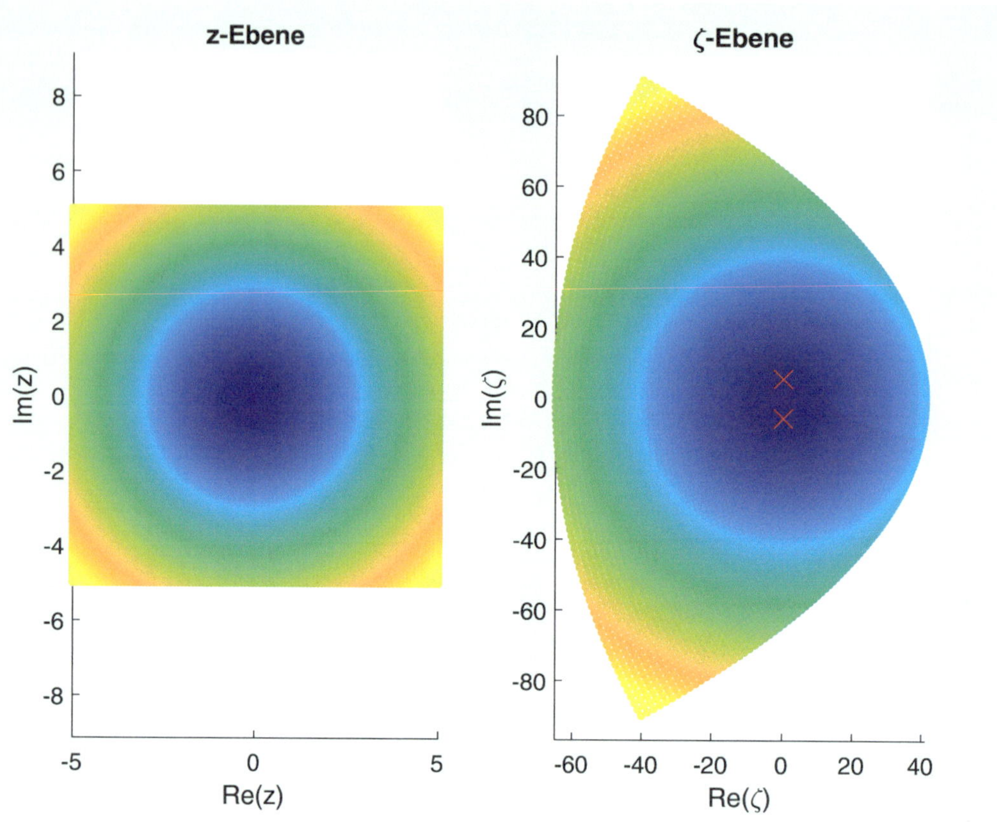

7

7.2.3 Transformation nach Joukowski

7.2.3.1 Gleichungen der Transformation

Die Joukowski Transformation transformiert einen Kreis in eine Ellipse, was erstmals von Joukowski angewendet wurde.

$$z = \zeta + \frac{a^2}{\zeta} \tag{7.31}$$

Die Kreisgleichung lautet somit

$$\zeta = b\, e^{i\,\varphi}. \tag{7.32}$$

Die in den Gleichungen (7.31) und (7.32) enthaltenen Koeffizienten a und b sind Kreisradien, die man mit jenen aus Abb. 7.4 vergleichen kann.

Die Eigenschaften der Joukowski Transformation sind

- Für $b > a$ wird der Kreis in eine Ellipse überführt,

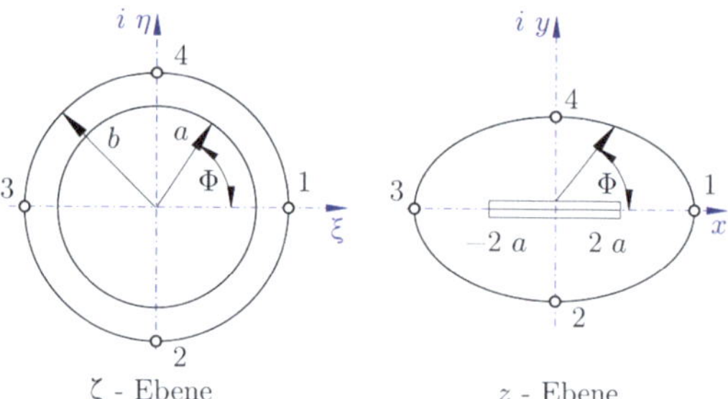

Abb. 7.4 Joukowski Transformation

- Für $b = a$ wird der Kreis in eine ebene Platte überführt.

Nach einsetzen der beiden Gleichungen (7.31) und (7.32) folgt

$$\begin{aligned} z &= b\, e^{i\,\varphi} + \frac{a^2}{b}\, e^{-i\,\varphi} \\ &= b\,(\cos(\varphi) + i\,\sin(\varphi)) \\ &\quad + \frac{a^2}{b}\,(\cos(\varphi) - i\,\sin(\varphi)). \end{aligned} \tag{7.33}$$

$$z = \left(b + \frac{a^2}{b}\right) \cos(\varphi) + i \left(b - \frac{a^2}{b}\right) \sin(\varphi) \tag{7.34}$$

In Parameterdarstellung erhält man die Gleichung einer Ellipse.

$$x = \frac{b^2 + a^2}{b} \cos(\varphi) \tag{7.35}$$

$$y = \frac{b^2 - a^2}{b} \sin(\varphi) \tag{7.36}$$

Wenn $a = b$ ist, das wird mit Gl. (7.36)

$$x = 2a \cos(\varphi) \tag{7.37}$$

$$y = 0. \tag{7.38}$$

Mittels dieser Gleichung kann man die Ausdehnung der ebenen Platte in x-Richtung errechnen, zu

$$-2a \leq x \leq 2a. \tag{7.39}$$

Leitet man Gl. (7.31) nach ζ ab, kann man, wenn solche vorhanden sind, die singulären Punkte berechnen.

$$\frac{dz}{d\zeta} = 1 - \frac{a^2}{\zeta^2} \tag{7.40}$$

Man kann daraus folgende Folgerungen schließen:

Corollary 7.2

$$\frac{dz}{d\zeta} = 0 \quad \text{für} \quad \zeta = a \tag{7.41}$$

$$\frac{dz}{d\zeta} = \infty \quad \text{für} \quad \zeta = 0 \tag{7.42}$$

Methode: Lösung durch Matlab 7.2

Mithilfe der Gleichung

$$z = b(\cos(\varphi) + i \sin(\varphi)) + \frac{a^2}{b}(\cos(\varphi) - i \sin(\varphi)).$$

ist in Matlab eine Ellipse mit den Koeffizienten: $a = 5$ und $b = 3$ zu zeichnen. Was passiert bei $a = b = 3$?

```
%Randbedingungen
a = 5;
b = 3;
phi = linspace(0, 2*pi, 1000);

%Komplexe Funktion
z = b * exp(1i * phi) + (a^2 / b) * exp(-1i * phi);

% Plot in der komplexen Ebene
figure;
plot(real(z), imag(z), 'LineWidth', 2);
title('Komplexe Funktion: z');
xlabel('Re(z)');
ylabel('Im(z)');
grid on;
axis equal;
```

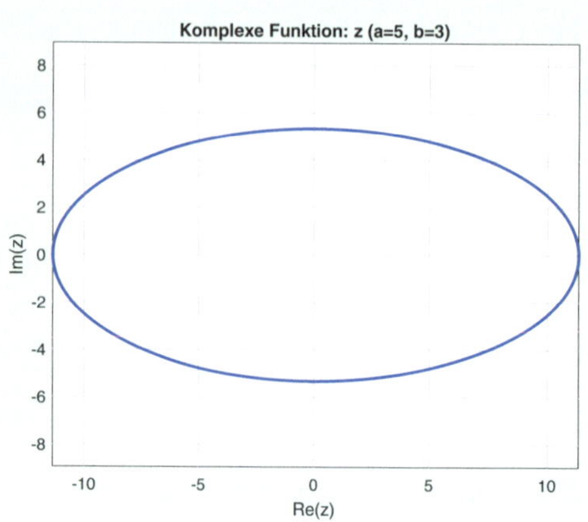

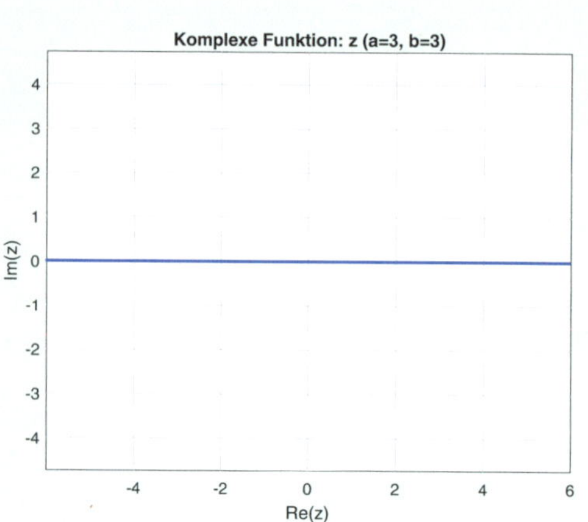

7

7.2.3.2 Animation der Transformation nach Joukowski

Zur Veranschaulichung der Joukowski-Transformation werden die Gleichungen mittels GeoGebra dargestellt. Die Gleichung der Ellipse ist

$$f_{\text{ell}}(x, y) = \begin{pmatrix} x_{\text{ell}} \\ y_{\text{ell}} \end{pmatrix}. \tag{7.43}$$

In Gl. (7.43) werden die beiden Gleichungen (7.36) eingesetzt, zu

$$f_{\text{ell}}(x, y) = \begin{pmatrix} \frac{b^2+a^2}{b} \cos(\varphi) \\ \frac{b^2-a^2}{b} \sin(\varphi) \end{pmatrix}. \tag{7.44}$$

Wie bereits erwähnt, stellen hier die beiden Parameter a und b die Polarkoordinaten und den Radius des Kreises dar. Polarkoordinaten des Kreises aus der allgemeinen Kreisfunktion:

$$f_{\text{Kreis}}(x, y) = \begin{pmatrix} x \\ y \end{pmatrix} = \begin{pmatrix} \cos(t)\, r \\ \sin(t)\, r \end{pmatrix} = (b) \tag{7.45}$$

$r \ldots$ Radius des Kreises.

Hat der Mittelpunkt des Kreises und der Ellipse eine Koordinatenverschiebung, ergibt sich

$$\begin{aligned} f_{\text{Kreis}}(x, y) &= \begin{pmatrix} x+x_A \\ y+y_A \end{pmatrix} \\ &= \begin{pmatrix} \cos(t)\, r + x_A \\ \sin(t)\, r + x_A \end{pmatrix}. \end{aligned} \tag{7.46}$$

$$f_{\text{ell}}(x, y) = \begin{pmatrix} \frac{b^2+a^2}{b}\, r \cos(\varphi) + x_A \\ \frac{b^2-a^2}{b}\, r \sin(\varphi) + y_A \end{pmatrix} \tag{7.47}$$

für a folgt

$$\begin{aligned} a &= r^2 = x^2 + y^2 \\ &= \cos(t)\, r + \sin(t)\, r \\ &= r\,(\cos(t) + \sin(t)), \end{aligned} \tag{7.48}$$

bzw. bei Koordinatenverschiebung

$$a = r\,(\cos(t) + x_A + \sin(t) + x_A) = r, \tag{7.49}$$

für b ergibt sich mit Koordinatenverschiebung

$$\begin{aligned} b &= \begin{pmatrix} x+x_A \\ y+y_A \end{pmatrix} = \begin{pmatrix} b_x \\ b_y \end{pmatrix} \\ &= \begin{pmatrix} r\cos(t) + x_A \\ r\sin(t) + x_A \end{pmatrix}. \end{aligned} \tag{7.50}$$

Mittels Betragsbildung:

$$\begin{aligned} |b| &= r^2 = b_x + b_y \\ &= r\ \cos(t) + x_A + r\ \sin(t) + x_A. \end{aligned} \tag{7.51}$$

Gl. (7.50) in (7.47) eingesetzt lässt

$$\begin{aligned} f_{\text{ell}}(x, y) &= \begin{pmatrix} \frac{b^2+a^2}{b}\ r\cos(\varphi) + x_A \\ \frac{b^2-a^2}{b}\ r\ \sin(\varphi) + y_A \end{pmatrix} \\ &= \begin{pmatrix} \frac{(r\cos(t)+x_A)^2+(r\ \sin(t)+x_A)^2+a^2}{(r\cos(t)+x_A)^2+(r\ \sin(t)+x_A)^2}\ r\cos(\varphi) + x_A \\ \frac{(r\cos(t)+x_A)^2+(r\ \sin(t)+x_A)^2-a^2}{(r\cos(t)+x_A)^2+(r\ \sin(t)+x_A)^2}\ r\ \sin(\varphi) + y_A \end{pmatrix} \end{aligned} \tag{7.52}$$

folgen. Es ergibt sich für die Funktionsgleichung der transformierten Ellipse

$$\begin{aligned} &f_{\text{ell}}(x, y) \\ &= \begin{pmatrix} \frac{(r\cos(t)+x_A)^2+(r\ \sin(t)+x_A)^2+(r\,(\cos(t)+x_A+\sin(t)+x_A))^2}{(r\cos(t)+x_A)^2+(r\ \sin(t)+x_A)^2} \\ \frac{(r\cos(t)+x_A)^2+(r\ \sin(t)+x_A)^2-(r\,(\cos(t)+x_A+\sin(t)+x_A))^2}{(r\cos(t)+x_A)^2+(r\ \sin(t)+x_A)^2} \end{pmatrix} \\ &= \begin{pmatrix} r\cos(\varphi) + x_A \\ r\ \sin(\varphi) + y_A \end{pmatrix}. \end{aligned} \tag{7.53}$$

und für den Kreis

$$f_{\text{Kreis}}(x, y) = \begin{pmatrix} x \\ y \end{pmatrix} = \begin{pmatrix} \cos(t)\, r \\ \sin(t)\, r \end{pmatrix} = (b). \tag{7.54}$$

Werden diese Gleichungen in das Programm GeoGebra eingetippt, folgt das Flügelprofil aus ◘ Abb. 7.5. Man kann dann mithilfe Verschiebungen unterschiedliche Fälle festhalten, dies kann man den ◘ Abbildungen 7.6, 7.7 und 7.8 entnehmen.

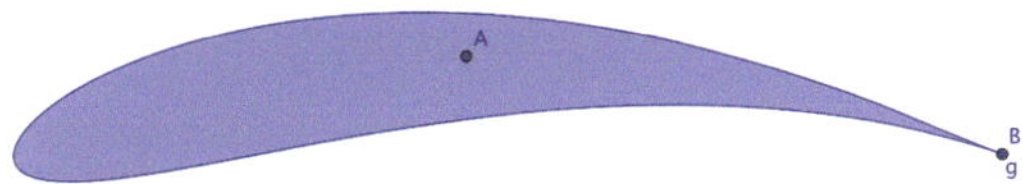

◘ **Abb. 7.5** Joukowski Transformation: Tragflügel

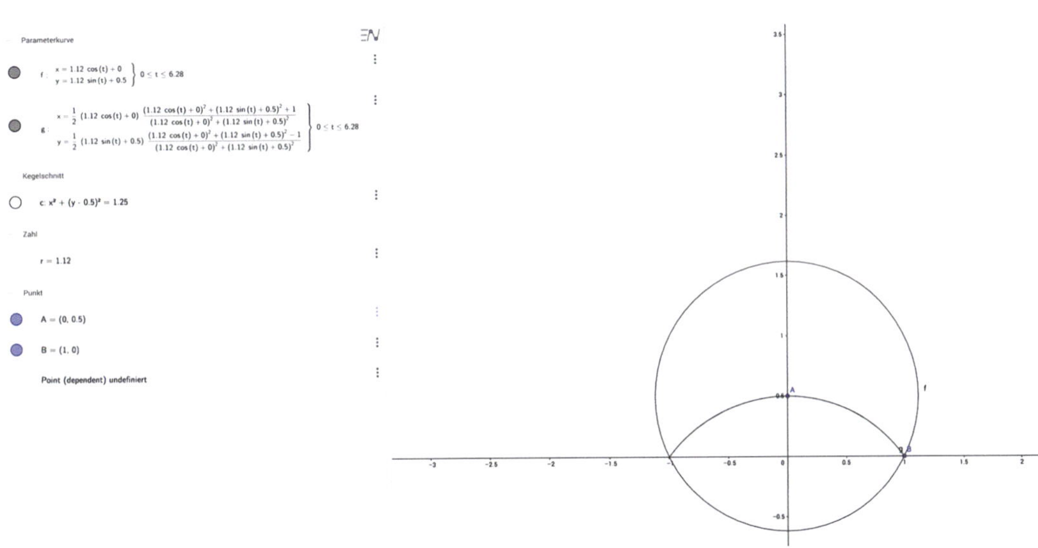

◘ **Abb. 7.6** Joukowski Transformation, Verschiebung in x-Richtung

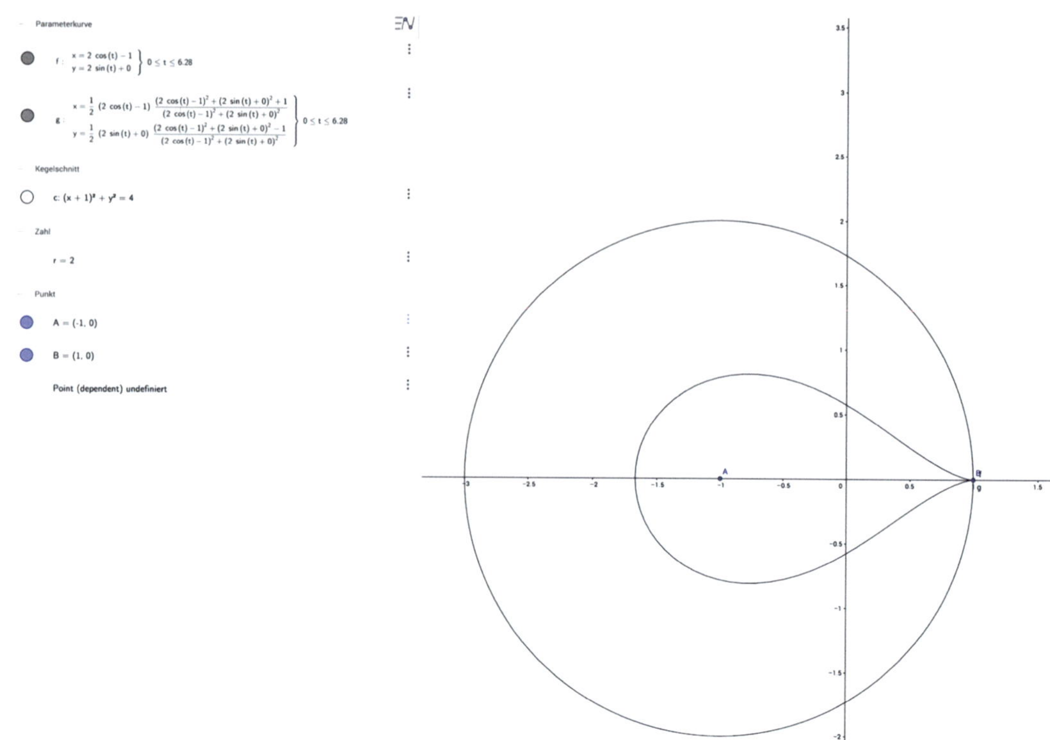

Abb. 7.7 Joukowski Transformation, Verschiebung in y-Richtung

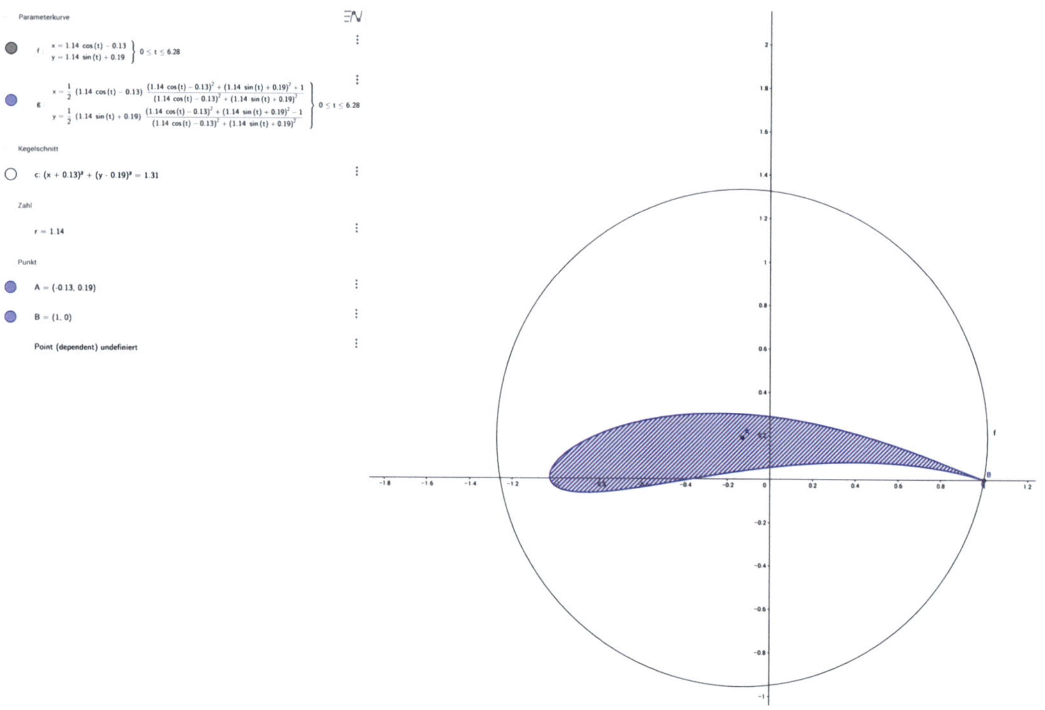

Abb. 7.8 Joukowski Transformation, Verschiebung in x und y-Richtung

7.3 Anwendung [1, 7]

7.3.1 Allgemeine Bemerkungen

Die konformen Abbildungen haben vor allem die Aufgabe, dass leicht zu berechenbare Strömungsfelder auf komplexe Felder der Technik angewendet werden können. Dies ist dann beispielsweise der Fall, wenn die Strömungsfunktionen des Kreises die eines Tragflügelprofis transformiert werden können.

Zunächst sei die Transformationsfunktion

$$z = \zeta + \sum_{n=0}^{\infty} \frac{C_n}{(\zeta - \zeta_0)^n} \tag{7.55}$$

gegeben, darin ist $C_n = A_n + i\,B_n$. Vgl. mit Abb. 7.9.

$$|\zeta| \to \infty \quad \frac{dz}{d\zeta} = 1 \tag{7.56}$$

Anstelle des Punktes T, in der ζ-Ebene, liegt eine scharfkantige Hinterkante vor. Es gilt $\zeta_T = a\,e^{-i\,\beta}$.

Es liegt eine Singularität an Stelle von T vor.

$$\left(\frac{dz}{d\zeta}\right)_T = 0 \tag{7.57}$$

7.3.1.1 Kutta-Bedingung

Die Kutta-Bedingung wird oft im Kontext der Potentialströmung verwendet, insbesondere bei der Betrachtung von zirkulären Zylindern oder Flügeln in einer ideellen, reibungsfreien Strömung. Die Bedingung lautet:

$$V_\infty = V_o = V_U. \tag{7.58}$$

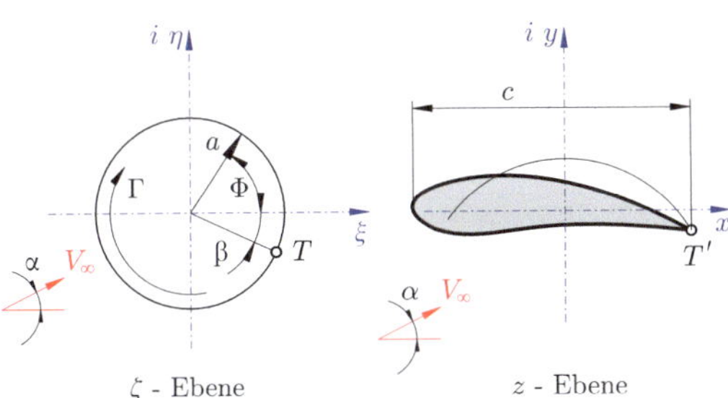

Abb. 7.9 Konforme Abbildungen für auftriebsbehaftete Profilumströmungen

Wobei V_∞ die Geschwindigkeit der ungestörten Strömung ist, V_o die Geschwindigkeit auf der Oberseite des Zylinders oder Flügels, und V_u die Geschwindigkeit auf der Unterseite ist.

Die Idee hinter der Kutta-Bedingung ist, dass die Strömung am hinteren Ende des Körpers nicht um die scharfe Kante umströmen kann. Dies führt zu einer Ablösung der Strömung von der Kante und zur Bildung eines hinteren Staupunkts, von dem aus die Strömung wieder beginnt.

Um das zweidimensionale Profil wird die Zirkulation um den Kreiszylinder festgelegt. Das komplexe Potential wurde bereits behandelt, im Abschnitt als Dipol und Potentialwirbel in einer Parallelströmung untersucht wurden.

$$w(\zeta) = V_\infty \left(\zeta\,e^{-i\,\alpha} + \frac{a^2}{\zeta}\,e^{i\,\alpha}\right) + \frac{i\,\Gamma}{2\,\pi}\ln(\zeta) \tag{7.59}$$

Hiervon die Ableitung bilden ergibt

$$\frac{dw}{d\zeta} = V_\infty \left(e^{-i\,\alpha} + \frac{a^4}{\zeta^2}\,e^{i\,\alpha}\right) + \frac{i\,\Gamma}{2\,\pi\,\zeta}. \tag{7.60}$$

Damit ergibt sich für die komplexe Geschwindigkeit

$$\frac{dw}{d\zeta} = 2\,V_\infty\,i\,e^{-i\,\varphi}\sin(\varphi - \alpha) + \frac{i\,\Gamma}{2\,\pi\,a}\,e^{-i\,\varphi}, \tag{7.61}$$

bzw. für den Absolutbetrag

$$\left|\frac{dw}{d\zeta}\right| = 2\,V_\infty \sin(\varphi - \alpha) + \frac{\Gamma}{2\,\pi\,a}. \tag{7.62}$$

Dieser Wert muss im Staupunkt T für $\zeta_T = a\,e^{-i\,\beta}$ mit $\varphi_T = -\beta$ zu null werden. Aus Gl. (7.62) wird

$$2\,V_\infty \sin(\beta + \alpha) = \frac{\Gamma}{2\,\pi\,a}. \tag{7.63}$$

Damit wird die aus der Kutta Bedingung die Zirkulation zu

$$\Gamma = 4\,\pi\,a\,V_\infty \sin(\beta + \alpha). \tag{7.64}$$

7.3.1.2 Bedeutung für den Auftrieb

Mithilfe der Zirkulation kann man den Auftrieb berechnen. Dazu wird die Gleichung

$$F_A = \varrho_\infty \, V_\infty^2 \, \Gamma \tag{7.65}$$

verwendet. Aus der Definition für den Auftriebsbeiwert c_a und mit der Profiltiefe c entsteht für die Zirkulation in Verbindung mit den beiden Gleichungen (7.64) und (7.63)

$$c_a = \frac{A}{\frac{1}{2}\,\varrho_\infty \, V_\infty^2 \, \Gamma}. \tag{7.66}$$

$$c_a = 8\,\pi \frac{a}{c} \sin(\alpha + \beta) \tag{7.67}$$

Hierbei kann man eine Vereinfachung vornehmen. Es wird der Sinus der beiden Winkel durch die beiden Winkel ersetzt: $\sin(\alpha + \beta) \approx \alpha + \beta$ und für $c \approx 4a$ eingesetzt. Es folgt sodann

$$c_a \approx 2\,\pi\,(\alpha + \beta), \tag{7.68}$$

$$\frac{\partial c_a}{\partial \alpha} \approx 2\,\pi. \tag{7.69}$$

7.3.2 Joukowski-Theorem

Gl. (7.55) kann vereinfacht werden, indem man $C_1 = a^2$, $C_n(\neq 1) = 0$ und $\zeta_0 = 0$ setzt

$$z = \zeta + \frac{a^2}{\zeta}. \tag{7.70}$$

Hierbei handelt es sich um die Joukowski Transformation. Sie transformiert den Kreis $\zeta = a\,e^{i\,\varphi}$ in eine ebene Platte. Abb. 7.10 zeigt, dass bei $\beta = 0$ auf der x-Achse ein Staupunkt vorliegt.

Die Zirkulation kann mithilfe von Gl. (7.64) berechnet werden, die in Verbindung mit der

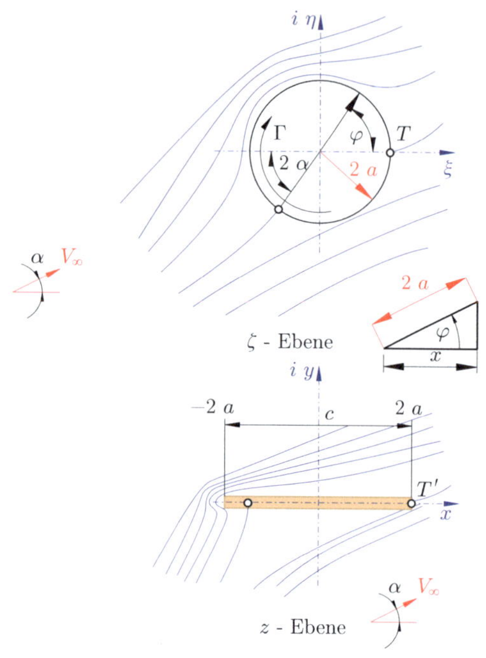

Abb. 7.10 Strömung entlang einer ebenen angestellten Platte

Gleichung der komplexen Geschwindigkeit um einen Kreiszylinder, gem. Gl. (7.62) auf einen Staupunkt in T schließen lässt (vgl. Abb. 7.10). Mit Gl. (7.61) findet man

$$\frac{dw}{d\zeta} = 2\,V_\infty\,i\,e^{-i\,\varphi}\,[\sin(\varphi - \alpha) + \sin(\alpha) \tag{7.71}$$

Die Staupunkte am Kreis werden in den Punkten: $\varphi = 0$ und $\varphi = \pi + 2\alpha$ festgestellt. Um diese zu finden, muss Gl. (7.71) durch $\frac{dz}{d\zeta}$ dividiert werden, zu

$$\frac{dz}{d\zeta} = 1 - \frac{a^2}{a^2}\,e^{-2\,i\,\varphi} = 2\,i\,e^{-i\,\varphi}\,\sin(\varphi). \tag{7.72}$$

Für die transformierte Geschwindigkeit in z kann man

$$\frac{dw}{dz} = \frac{\frac{dw}{d\zeta}}{\frac{dz}{d\zeta}} = u - i\,v$$

$$= V_\infty \frac{\sin(\varphi - \alpha) + \sin(\alpha)}{\sin(\varphi)} \tag{7.73}$$

schreiben. In Gl. (7.73) existiert kein Imaginärteil, wodurch mittels der trigonometrischen Beziehung umgeschrieben werden kann, zu

$$\begin{aligned}\frac{dw}{dz} &= u = V_\infty \frac{\sin(\varphi-\alpha)+\sin(\alpha)}{\sin(\varphi)}\\ &= V_\infty \frac{\sin(\varphi)\cdot\cos(\alpha)-\cos(\varphi)\cdot\sin(\alpha)+\sin(\alpha)}{\sin(\varphi)}\\ &= V_\infty\left(\cos(\alpha)-\sin(\alpha)\frac{\cos(\varphi)}{\sin(\varphi)}+\frac{\sin(\alpha)}{\sin(\varphi)}\right)\\ &= V_\infty\left(\cos(\alpha)-\frac{\sin(\alpha)\cos(\varphi)+\sin(\alpha)}{\sin(\varphi)}\right)\\ &= V_\infty\left(\cos(\alpha)-\frac{\sin(\alpha)(\cos(\varphi)+1)}{\sin(\varphi)}\right)\\ &= V_\infty\left(\cos(\alpha)+\sin(\alpha)\frac{1-\cos(\varphi)}{\sin(\varphi)}\right). \end{aligned} \tag{7.74}$$

Mit $\cos(\varphi) = \frac{AK}{H} = \frac{x}{2a}$ und $\sin(\varphi) = \sqrt{1-\cos^2(\varphi)}$ wird:

$$\begin{aligned} u &= V_\infty\left(\cos(\alpha)+\sin(\alpha)\frac{1-\dfrac{x}{2a}}{\sqrt{1-\cos^2(\varphi)}}\right)\\ &= V_\infty\left(\cos(\alpha)+\sin(\alpha)\frac{1-\dfrac{x}{2a}}{\sqrt{1-\dfrac{x^2}{4a^2}}}\right)\\ &= V_\infty\left(\cos(\alpha)+\sin(\alpha)\frac{1-\dfrac{x}{2a}}{\sqrt{1-\dfrac{x^2}{4a^2}}}\right). \end{aligned} \tag{7.75}$$

Hier muss zunächst eine Beziehung für den Tangens gefunden werden. Diese kann man aus den Summensätzen für halbe Winkel herleiten. Mit $\sin^2(x)+\cos^2(x)=1 \Longrightarrow \cos^2(x)=1-\sin^2(x)$ folgt durch einsetzen

$$\begin{aligned}\cos(2x) &= \cos(x+x)\\ &= \cos(x)\cdot\cos(x)-\sin(x)\cdot\sin(x)\\ &= \cos^2(x)-\sin^2(x)\\ &= 1-\sin^2(x)-\sin^2(x)\\ &= 1-2\cdot\sin^2(x). \end{aligned} \tag{7.76}$$

Diese Gleichung kann umgeformt werden zu

$$\begin{aligned} 2\cdot\sin^2(x) &= 1-\cos(2x)\\ \Longrightarrow \sin^2(x) &= \frac{1-\cos(2x)}{2} \end{aligned} \tag{7.77}$$

bzw. durch einsetzen für $x = \frac{\varphi}{2}$ ergibt sich

$$\sin^2\left(\frac{\varphi}{2}\right) = \frac{1-\cos(\varphi)}{2}. \tag{7.78}$$

Identes kann man für den Kosinus herleiten. Man hält also zunächst

$$\sin^2\left(\frac{\varphi}{2}\right) = \frac{1-\cos(\varphi)}{2} \tag{7.79}$$

$$\cos^2\left(\frac{\varphi}{2}\right) = \frac{1+\cos(\varphi)}{2}, \tag{7.80}$$

fest. Einsetzen in die Gleichung $\tan(\alpha) = \frac{\sin(\alpha)}{\cos(\alpha)}$, ergibt

$$\begin{aligned}\tan^2\left(\frac{\varphi}{2}\right) &= \frac{\sin^2\left(\frac{\varphi}{2}\right)}{\cos^2\left(\frac{\varphi}{2}\right)}\\ &= \frac{\dfrac{1-\cos(\varphi)}{2}}{\dfrac{1+\cos(\varphi)}{2}} = \frac{1-\cos(\varphi)}{1+\cos(\varphi)}. \end{aligned} \tag{7.81}$$

Beidseitiges Wurzelziehen ergibt

$$\begin{aligned}\tan\left(\frac{\varphi}{2}\right) &= \sqrt{\frac{1-\cos(\varphi)}{1+\cos(\varphi)}} = \frac{\sqrt{1-\cos(\varphi)}}{\sqrt{1+\cos(\varphi)}}\\ &= \frac{\sqrt{1-\cos(\varphi)}\cdot\sqrt{1-\cos(\varphi)}}{\sqrt{1+\cos(\varphi)}\cdot\sqrt{1-\cos(\varphi)}}\\ &= \frac{\sqrt{1-\cos(\varphi)}\cdot\sqrt{1-\cos(\varphi)}}{\sqrt{1+\cos(\varphi)\cdot 1-\cos(\varphi)}}\\ &= \frac{\sqrt{1-\cos(\varphi)}\cdot\sqrt{1-\cos(\varphi)}}{\sqrt{1-\cos^2(\varphi)}}; \end{aligned} \tag{7.82}$$

bzw. mit $\sin^2(x)+\cos^2(x)=1 \Longrightarrow \sin(x) = \sqrt{1-\cos^2(x)}$ folgt

$$\tan\left(\frac{\varphi}{2}\right) = \frac{\sqrt{1-\cos(\varphi)}^2}{\cos(\varphi)} = \frac{1-\cos(\varphi)}{\sin(\varphi)}. \tag{7.83}$$

Diese Bedingung kann jetzt in Gl. (7.75) eingesetzt werden und mit $\cos(\varphi) = \frac{x}{2a}$ folgt

$$u = V_\infty \left(\cos(\alpha) + \sin(\alpha) \frac{\sin\left(\frac{\varphi}{2}\right)}{\cos\left(\frac{\varphi}{2}\right)} \right); \tag{7.84}$$

$$u = V_\infty \left(\cos(\alpha) + \sin(\alpha) \tan\left(\frac{\varphi}{2}\right) \right). \tag{7.85}$$

7

7.3.2.1 Auswirkungen auf den Auftriebsbeiwert

Setzt man in Gl. (7.85) $\varphi = \pi$ folgt

$$\begin{aligned} u &= V_\infty \left(\cos(\alpha) + \sin(\alpha) \tan\left(\frac{\pi}{2}\right) \right) \\ &= V_\infty (\cos(\alpha) + \sin(\alpha)\, \infty) \\ u &= \infty; \end{aligned} \tag{7.86}$$

also der vordere Staupunkt und für $\varphi = 0$

$$\begin{aligned} u &= V_\infty \left(\cos(\alpha) + \sin(\alpha) \tan\left(\frac{0}{2}\right) \right) \\ &= V_\infty (\cos(\alpha) + 0) \\ u &= V_\infty \cos(\alpha); \end{aligned} \tag{7.87}$$

bzw. der hintere Staupunkt.

Der Auftriebsbeiwert c_a pro Einheit in der Flügelspannweite ergibt sich durch $\beta = 0$ nach Gl. (7.68) zu

$$c_a \approx 2\,\pi\,\alpha. \tag{7.88}$$

Stellt man diese analytische Gleichung einer Messung in einem Versuch gegenüber, so folgt das Diagramm aus Abb. 7.11.

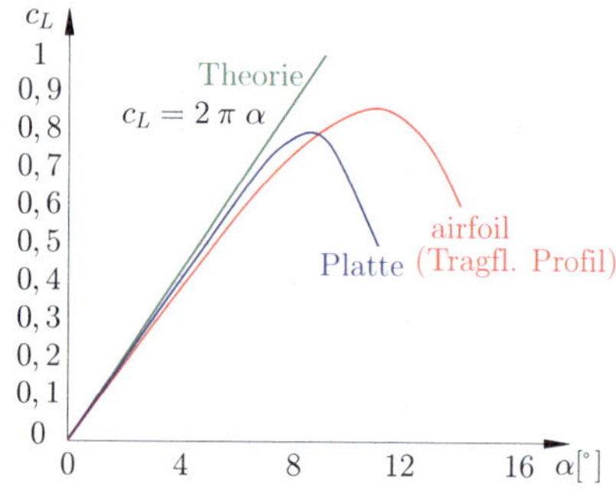

Abb. 7.11 Auftriebsbeiwert über den Anstellwinkel

Methode: Lösung durch SolidWorks – CFD 7.1

Zu untersuchen sind die Diagramme aus Abb. 7.11, im Speziellen die analytisch berechneten Widerstandswerte als die realen Werte einer Platte, ermittelt mittels SolidWorks CFD. Es wird eine Platte mit den Abmessungen $l \times b \times h = 165\,\text{mm} \times 40\,\text{mm} \times 5\,\text{mm}$ in den Winkelintervallen $\alpha = [0{:}\,16]$ Grad mit Schrittweite 2° untersucht. Die Anströmgeschwindigkeit sei $V_\infty = 30\,\text{m/s}$. Die Ergebnisse sind in Excel darzustellen. Im Anschluss sind die Kurven noch mit einer Platte zu vergleichen, die eine Anströmgeschwindigkeit von $V_\infty = 300\,\text{m/s}$ besitzt.

Pos.	Bild	Erklärung
1		Modell zeichnen und neue Strömungssimulationsstudie erstellen. Unterschiedliche Konfigurationen anlegen, für welche der Winkel: 0°, 2°, 4°, 6°, 8°, 10°, 12°, 14° und 16° beträgt. Es entstehen 9 Konfigurationen.

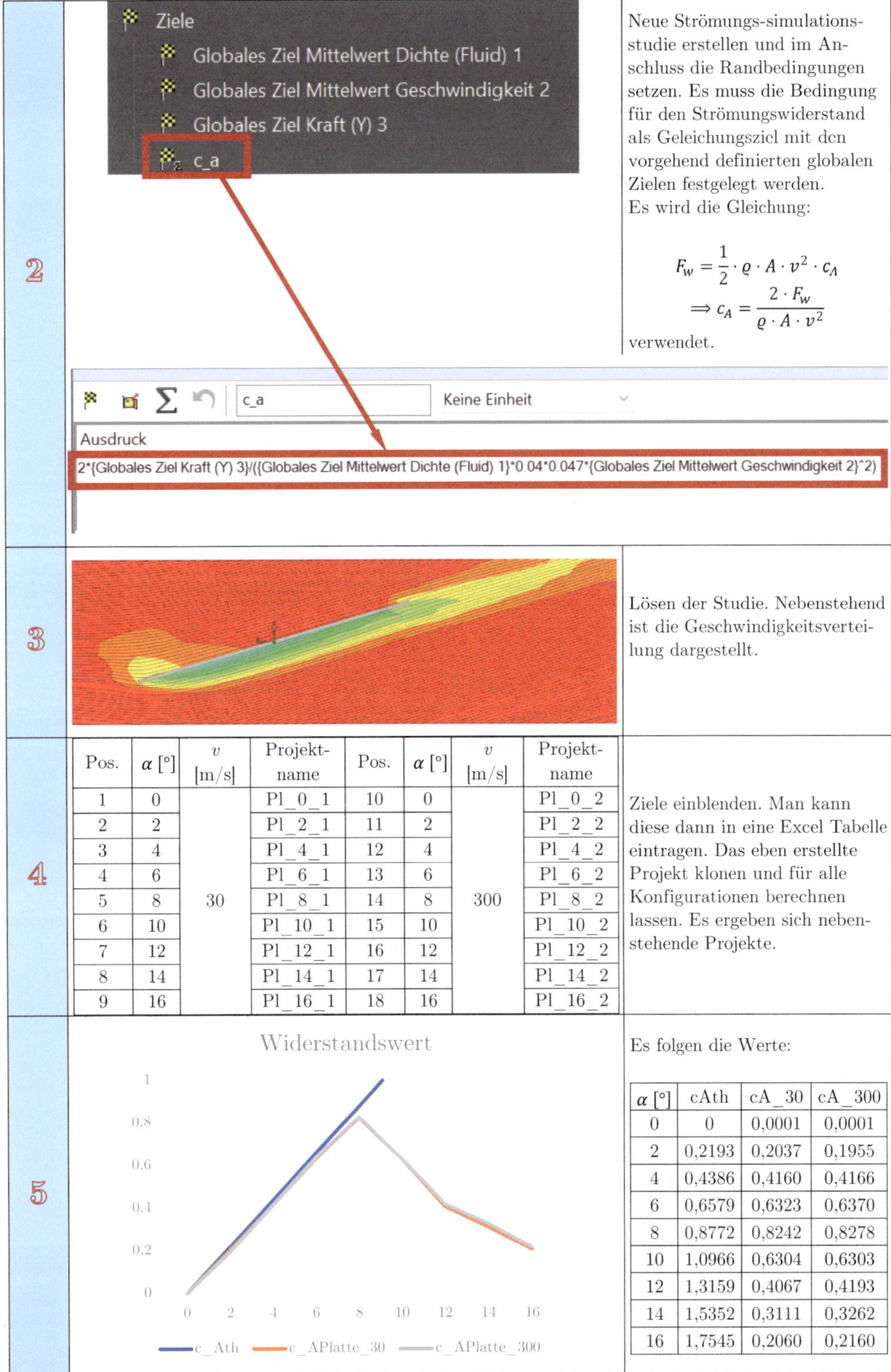

2

Neue Strömungs-simulations-studie erstellen und im Anschluss die Randbedingungen setzen. Es muss die Bedingung für den Strömungswiderstand als Geleichungsziel mit den vorgehend definierten globalen Zielen festgelegt werden.
Es wird die Gleichung:

$$F_W = \frac{1}{2} \cdot \varrho \cdot A \cdot v^2 \cdot c_A$$

$$\Rightarrow c_A = \frac{2 \cdot F_W}{\varrho \cdot A \cdot v^2}$$

verwendet.

3

Lösen der Studie. Nebenstehend ist die Geschwindigkeitsverteilung dargestellt.

4

Pos.	α [°]	v [m/s]	Projekt-name	Pos.	α [°]	v [m/s]	Projekt-name
1	0	30	Pl_0_1	10	0	300	Pl_0_2
2	2		Pl_2_1	11	2		Pl_2_2
3	4		Pl_4_1	12	4		Pl_4_2
4	6		Pl_6_1	13	6		Pl_6_2
5	8		Pl_8_1	14	8		Pl_8_2
6	10		Pl_10_1	15	10		Pl_10_2
7	12		Pl_12_1	16	12		Pl_12_2
8	14		Pl_14_1	17	14		Pl_14_2
9	16		Pl_16_1	18	16		Pl_16_2

Ziele einblenden. Man kann diese dann in eine Excel Tabelle eintragen. Das eben erstellte Projekt klonen und für alle Konfigurationen berechnen lassen. Es ergeben sich nebenstehende Projekte.

5

Es folgen die Werte:

α [°]	cAth	cA_30	cA_300
0	0	0,0001	0,0001
2	0,2193	0,2037	0,1955
4	0,4386	0,4160	0,4166
6	0,6579	0,6323	0,6370
8	0,8772	0,8242	0,8278
10	1,0966	0,6304	0,6303
12	1,3159	0,4067	0,4193
14	1,5352	0,3111	0,3262
16	1,7545	0,2060	0,2160

7.3.2.2 Joukowski-Profil

Bis hierher macht die gesamte Joukowski Transformation noch nicht viel Sinn, ohne die direkte Anwendung in der Strömungsmechanik zu kennen. Dies ändert sich jetzt. Joukowski Transformationen sind nicht nur zwischen Kreis und Ellipsen möglich, sondern können auch angewendet werden, um Tragflügel zu untersuchen, wie es bereits zuvor für GeoGebra gezeigt wurde. Man nennt diese Querschnitte dann Joukowski-Profile. Dies ist nochmals in Abb. 7.12 abgebildet. Man kann folgende Fälle unterscheiden:

- **Symmetrische Profile**, wenn der Kreismittelpunkt auf der ξ-Achse liegt.
- **Dünne, gekrümmte Profile**, wenn der Kreismittelpunkt auf der η-Achse liegt.
- **Dicke, gekrümmte Profile**, wenn der Kreismittelpunkt bei $\xi < 0$ und $\eta \neq 0$ liegt.

$$\zeta = \zeta_0 + a\, e^{i\,\varphi} \tag{7.89}$$

$$\zeta = \xi_0 + i\,\eta_0 + a\, e^{i\,\varphi} \tag{7.90}$$

7

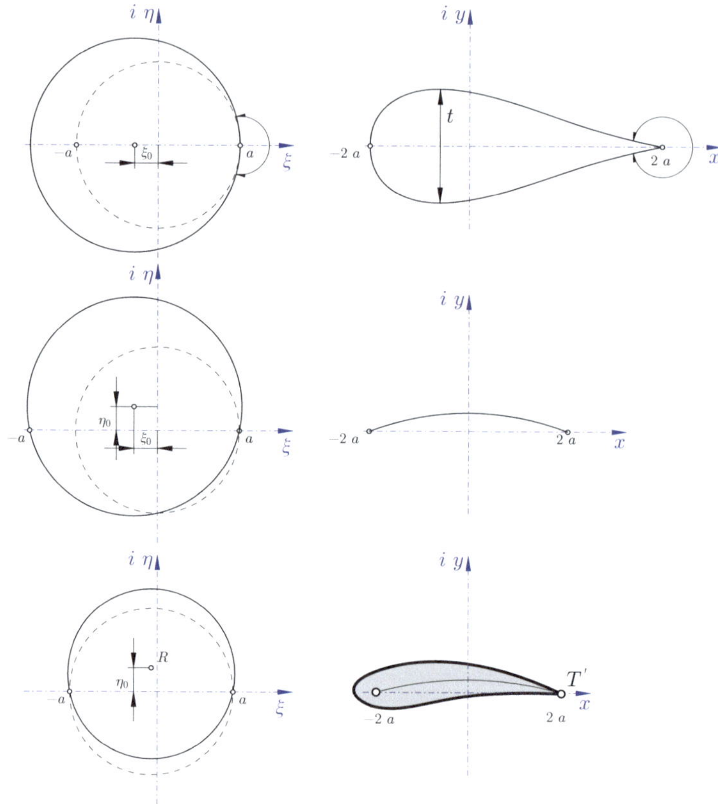

Abb. 7.12 Joukowski Profile in verschiedenen Lagen

7.4 Übungen

Übungsbeispiel 7.1

Gesucht ist ein Matlab-Programm, dass beim Eingeben der Parameter von Strömungsgeschwindigkeit, Anstellwinkel, Verschiebung in x- und y-Richtung sowie Radius die Joukowski-Transformation durchführt.

Lösung

```
clear all
close all
clc
disp('-------------------------------------------------------------------')
disp('  Joukowski Transformation Input Manager                           ')
disp('-------------------------------------------------------------------')
v_inf = input('  Asymptotic Speed Modulus [m/s]: ');
v = v_inf/v_inf;
theta = input('  Asymptotic Speed Angle [deg]: ');
theta = theta*pi/180;
disp('-------------------------------------------------------------------')
s_x = input('  Circle Origin, X_0 [m]: ');
s_y = input('  Circle Origin, Y_0 [m]: ');
s = s_x + i*s_y;
r = input('  Radius [m]: ');
disp('-------------------------------------------------------------------')
disp('  If Solution visualization is uncorrect try modify Tolerance TOLL')
disp('-------------------------------------------------------------------')

% FLUID PARAMETER
rho = 1.225;
% TRANSFORMATION PARAMETER
lambda = r-s;
% CIRCULATION
beta = (theta);
k = 2*r*v*sin(beta);
Gamma = k/(2*pi); %CIRCULATION

%COMPLEX ASYMPTOTIC SPEED
w = v * exp(i*theta);

%TOLLERANCE
toll = +5e-2;

% GENERATING MESH
x = meshgrid(-5:.1:5);
y = x';

% COMPLEX PLANE
z = x + i*y;

% Inside-circle points are Excluded!
for a = 1:length(x)
    for b = 1:length(y)
        if abs(z(a,b)-s) <=  r - toll
            z(a,b) = NaN;
        end
    end
end
```

```
% AERODYNAMIC POTENTIAL
f = w*(z) + (v*exp(-i*theta)*r^2)./(z-s) + i*k*log(z);

% JOUKOWSKI TRANSFORMATION,
J = z+lambda^2./z;

%GRAPHIC - Circle and Joukowski Airfoil
angle = 0:.1:2*pi;
z_circle = r*(cos(angle)+i*sin(angle)) + s;
z_airfoil = z_circle+lambda^2./z_circle;


% KUTTA JOUKOWSKI THEOREM
L = v_inf*rho*Gamma;
L_str = num2str(L);


%PLOTTING SOLUTION
figure(1)
hold on
contour(real(z),imag(z),imag(f),[-5:.2:5])
fill(real(z_circle),imag(z_circle),'y')
axis equal
axis([-5 5 -5 5])
title(strcat('Flow Around a Circle.   Lift:  ',L_str,'  [N/m]'));


figure(2)
hold on
contour(real(J),imag(J),imag(f),[-5:.2:5])
fill(real(z_airfoil),imag(z_airfoil),'y')
axis equal
axis([-5 5 -5 5])
title(strcat('Flow Around the Corresponding Airfoil.   Lift:  ',L_str,'
[N/m]'));
```

Quelle des Programmes:
► https://de.mathworks.com/matlabcentral/fileexchange/8870-joukowski-airfoil-transformation.

Übungsbeispiel 7.2

Gesucht ist ein Matlab-Programm, dass beim Eingeben der Parameter von Strömungsgeschwindigkeit, Anstellwinkel, Verschiebung in x- und y-Richtung sowie Radius die Joukowski-Transformation durchführt. Hier sei $v = 100\,\mathrm{m/s}$, $\alpha = 20°$, $x_0 = 0{,}5\,\mathrm{m}$, $y_0 = 0{,}5\,\mathrm{m}$, $r = 2\,\mathrm{m}$.

Lösung

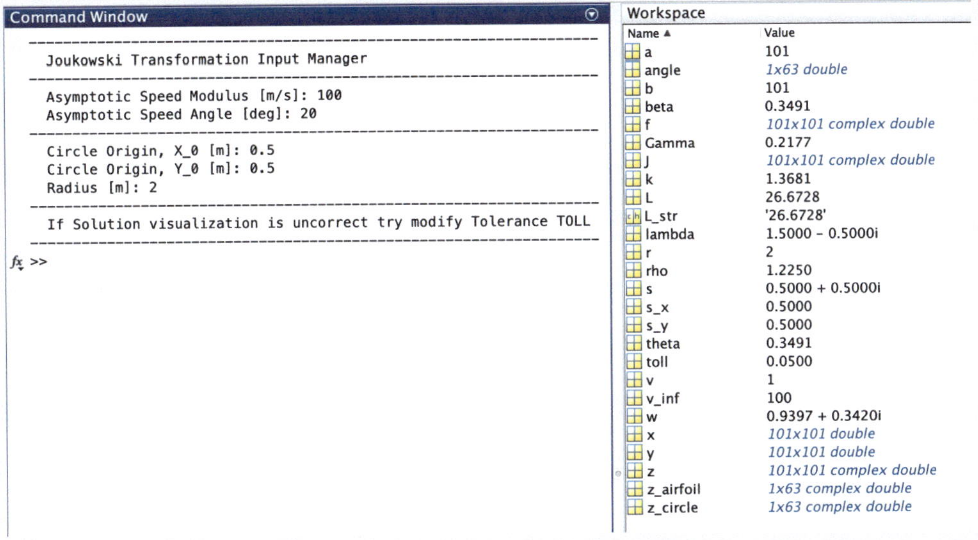

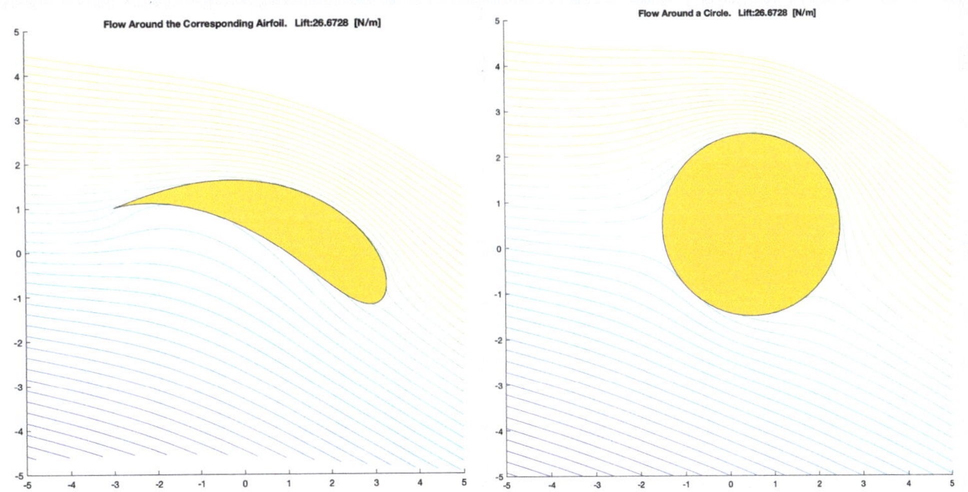

Übungsbeispiel 7.3

Gesucht ist ein Matlab-Programm, dass beim Eingeben der Parameter von Strömungsgeschwindigkeit, Anstellwinkel, Verschiebung in x- und y-Richtung sowie Radius die Joukowski-Transformation durchführt. Hier sei $v = 100\,\mathrm{m/s}$, $\alpha = 5°$, $x_0 = 0{,}5\,\mathrm{m}$, $y_0 = 0{,}5\,\mathrm{m}$, $r = 2\,\mathrm{m}$.

Lösung

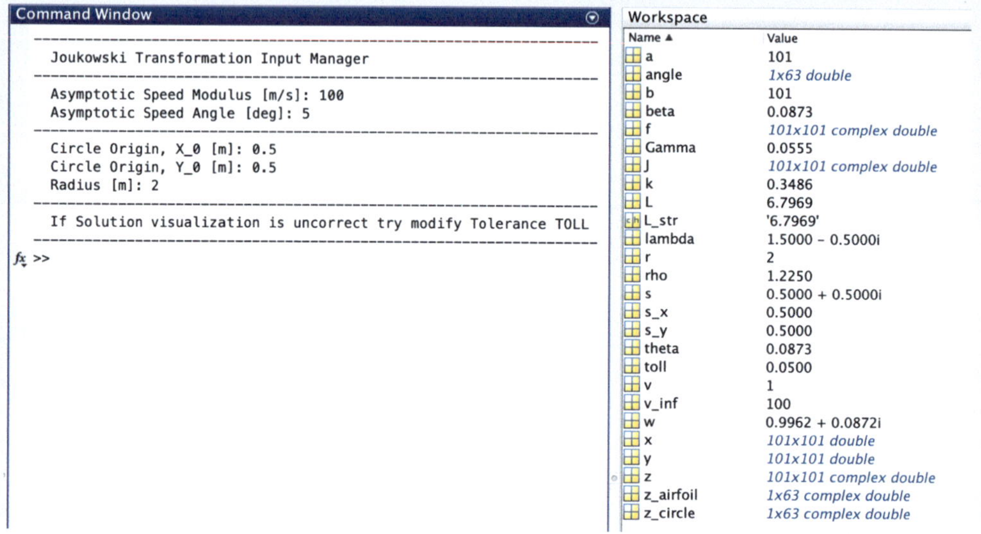

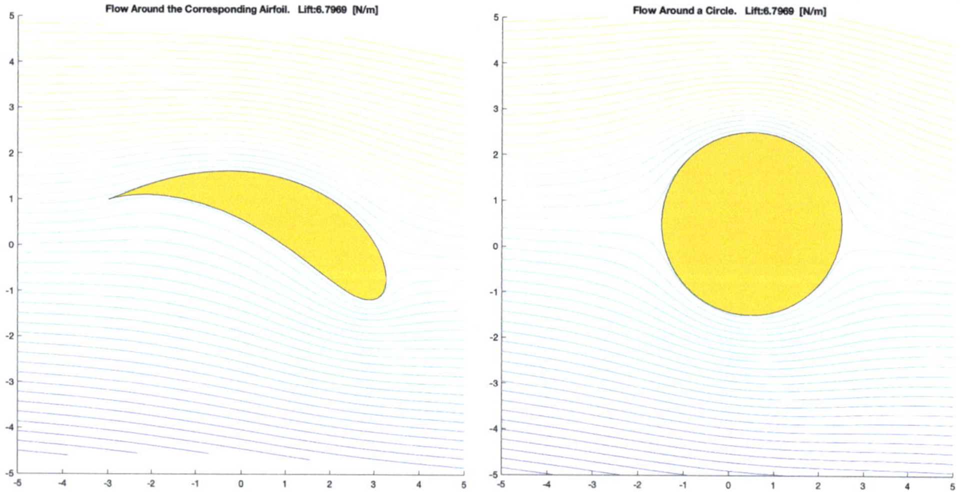

Linearisierte Theorie dünner Profile

Inhaltsverzeichnis

A. Huber, *Technische Mechanik 4 - Hydromechanik*,
https://doi.org/10.1007/978-3-662-69231-8_8

Sie lernen hier…

- dünne Profile definieren.
- die Skelettlinie kennen.
- die Dickenverteilung kennen.
- induzierte Geschwindigkeiten kennen.
- Die Glauert Methode kennen.

Zitat

Eines Tages werden Maschinen vielleicht denken können, aber sie werden niemals Phantasie haben.

Theodor Heuss

8.1 Prinzip der Theorie dünner Profile [1, 7]

In der Strömungsmechanik bezieht sich das Prinzip der Theorie dünner Profile auf die Annahme, dass bei der Betrachtung von Strömungen um dünne Körper oder Profile, wie Flügel oder Tragflächen, die dreidimensionalen Strömungseffekte vernachlässigt werden können. Stattdessen kann die Analyse auf einer zweidimensionalen Ebene durchgeführt werden, wodurch die Berechnungen vereinfacht werden.

Die Grundidee dabei ist, dass die Dicke des Profils im Vergleich zu den anderen Dimensionen (wie der Spannweite) vernachlässigbar klein ist. Dies ermöglicht es, die Strömung rund um das Profil als zweidimensional zu approximieren, was die mathematische Modellierung und Lösung erleichtert.

Für dünn bespannte Flügel kann man also die Strömungseffekte in der Dicke vernachlässigen und stattdessen eine zweidimensionale Betrachtung vornehmen. Dies führt zur sogenannten Potentialströmung oder dünnen Profiltheorie in der Aerodynamik.

Bemerkung 8.1

Bei der Untersuchung der Umströmung einer Tragfläche kann man folgende Vereinfachungen vornehmen

- Der Anstellwinkel α ist klein,
- die Profilkrümmung ist klein,
- die Profildicke ist klein und
- die Komponente u der Strömungsgeschwindigkeit ist klein.

Definition 8.1 (Lin. dünne Tragflügel)

Man bezeichnet diese Vorgangsweise bei der Berechnung deshalb als Theorie linearisierter dünner Tragflügelprofile.

Zunächst muss zwischen zwei Begriffen unterschieden werden, jenen der Skelettlinie und der Dickenverteilung. (vgl. mit Abb. 8.1.)

Definition 8.2 (Skelettlinie & Dickenvert.)

Die Skelettlinie und die Dickenverteilung können durch die folgende beiden Gleichungen unterschieden werden:

- **Skelettlinie:**

$$y_c = \frac{1}{2}(y_u + y_e) \tag{8.1}$$

- **Dickenverteilung:**

$$y_t = \frac{1}{2}(y_n - y_e) \tag{8.2}$$

Da es sich durch das Profil um eine gestörte, reibungsfreie, inkompressible Parallelströmung handelt, kann ein Strömungsfeld durch zwei Potentialströmungen erzeugt werden.

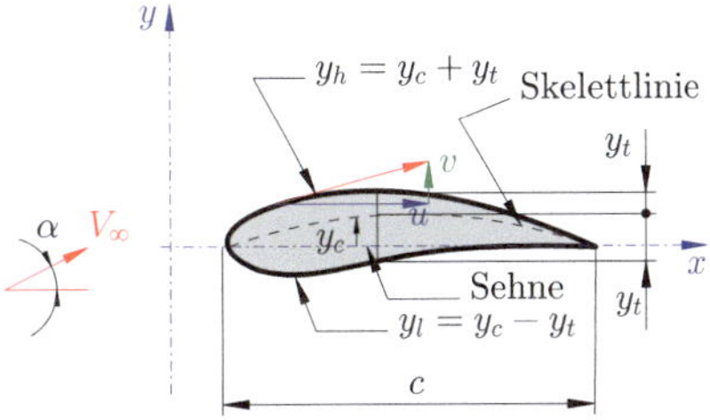

Abb. 8.1 Definition der Skelettlinie und der Dickenverteilung

Corollary 8.1
In Abb. 8.2 ist eine Verteilung von Wirbeln, entlang der Profilsehne c dargestellt, die eine Skelettlinie um den Anstellwinkel α zeigt.

Corollary 8.2
Um eine symmetrische Dickenverteilung entlang von c zu erhalten, muss bei einem Nullanstellwinkel eine kontinuierliche Verteilung von Quellen und Senken vorliegen, gem. Abb. 8.3.

In Abb. 8.2 bedeutet $\gamma(x)$ die Wirbelstärke. In Abb. 8.3 beschreibt $q(x)$ die Quellen- und Senkenverteilung auf der Profilsehne. Die Steigung der Kontur des dünnen Tragflügels kann durch Vergleichen von Abb. 8.1 gemäß der Kombination aus den Strömungsgeschwindigkeiten und jenen der Parallelströmung (u und v) in den Richtungen x und y gebildet werden, zu

$$\left.\frac{dy}{dx}\right|_{\text{profile}} = \frac{V_\infty \sin(\alpha) + v}{V_\infty \cos(\alpha) + u}. \tag{8.3}$$

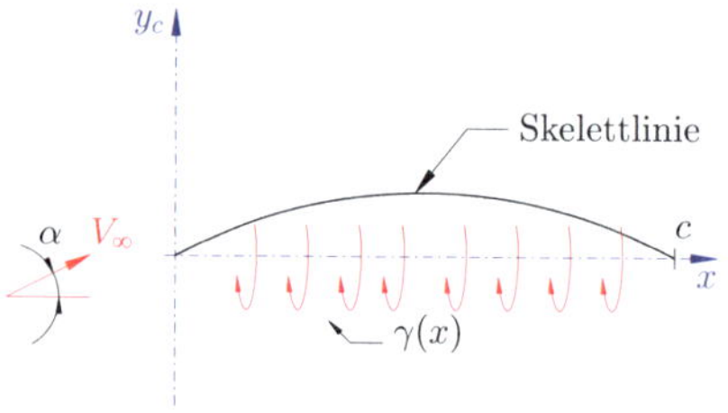

Abb. 8.2 Skelettlinie repräsentiert durch eine kontinuierliche Wirbelverteilung

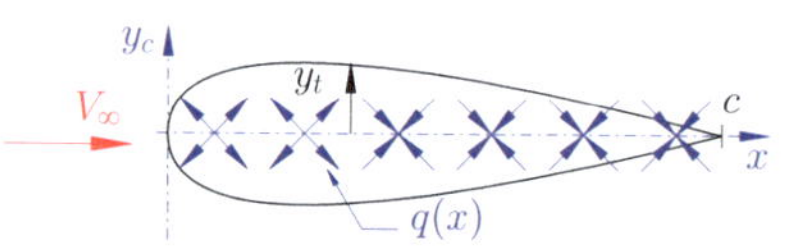

Abb. 8.3 Dickenverteilung repräsentiert durch eine kontinuierliche Quellen- und Senkenverteilung

Wenn α klein ist, und u im Vergleich zu V_∞ sehr klein ausfällt, folgt:

$$\begin{aligned}\left.\frac{dy}{dx}\right|_{\text{profile}} &= \frac{V_\infty \sin(\alpha) + v}{V_\infty \cos(\alpha) + u} \\ &= \frac{\underbrace{V_\infty \sin(\alpha)}_{\approx\alpha} + v}{V_\infty \underbrace{\cos(\alpha)}_{\approx 1} + \underbrace{u}_{\approx 0}}\end{aligned} \tag{8.4}$$

$$\left.\frac{dy}{dx}\right|_{\text{profile}} \approx \alpha + \frac{v}{V_\infty}. \tag{8.5}$$

Da der Abstand zwischen Profilsehne und Skelettlinie klein ist, ist die Strömungskomponente v etwa gleich auf diesen beiden Linien. Es gilt damit auch die Gl. (8.5) auf der Profilsehne. Man kann sie deshalb in die beeiden Komponenten der Potentialströmung aufteilen.

Die Geschwindigkeit $v_\gamma(x)$ der Wirbelstärkenverteilung $\gamma(x)$ schreibt die Skelettlinie $y_c(x)$ zu

$$\frac{dy_c}{dx} = \alpha + \frac{v_\gamma(x)}{V_\infty}. \tag{8.6}$$

Die Geschwindigkeit $v_q(x)$ der Quellen- und Senkenverteilung $q(x)$ schreibt die Dickenverteilung $y_t(x)$ zu

$$\frac{dy_t}{dx} = \pm\frac{v_q(x)}{V_\infty}. \tag{8.7}$$

Jetzt können die Normalgeschwindigkeiten definiert werden, diese lauten $v_\gamma(x)$ und $v_q(x)$ in den beiden Gleichungen (8.5) und (8.7).

8.2 Induzierte Geschwindigkeiten durch Singularitäten [1, 7]

Es werden Beziehungen zwischen Wirbel-, Quellen- und Senkenverteilung zu den induzierten Geschwindigkeiten entlang der Profilsehne aufgestellt.

Abb. 8.4 zeigt die kontinuierliche Verteilung der Quellenstärke $q(x)$ entlang der x-Achse von $x = 0$ bis $x = c$.

Mittels Gl. (6.58) folgt die komplexe Geschwindigkeit am Punkt $P(x, i\,h)$, zu

$$\begin{aligned}\frac{dw}{dz} &= u_q - i\,v_q \frac{dw}{dz}\\ &= \int\limits_0^c \frac{q(x')\,dx'}{2\,\pi\,(x + i\,h - x')}.\end{aligned} \tag{8.8}$$

Hier kann man die Gleichung in einen Imaginärteil und einen Realteil unterteilen

$$u_q(x,h) = \frac{1}{2\,\pi} \int\limits_0^c \frac{(x - x')\,q(x')\,dx'}{(x - x')^2 + h^2}; \tag{8.9}$$

$$v_q(x,h) = \frac{1}{2\,\pi} \int\limits_0^c \frac{h\,q(x)\,dx'}{(x - x')^2 + h^2}. \tag{8.10}$$

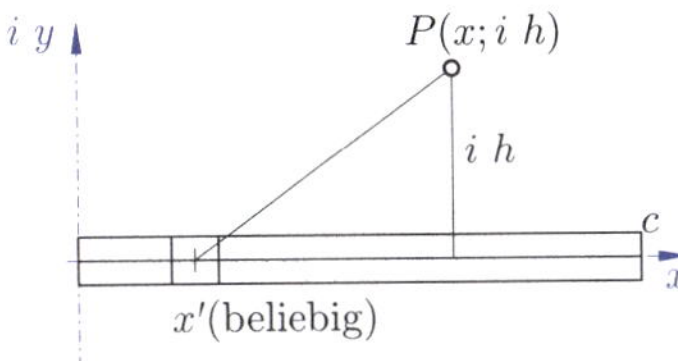

Abb. 8.4 Kontinuierliche Quellenverteilung entlang der x-Achse

Man kann die Randbedingungen für die Profilsehne durch $h \to 0$ finden. Man bildet im Grenzübergang den Cauchy Hauptwert P, wodurch sich

$$u_q(x) = \frac{1}{2\,\pi}\,P \int\limits_0^c \frac{q(x')\,dx'}{(x - x')} \tag{8.11}$$

$$\begin{aligned}v_q(x) &= \frac{q(x)}{2\,\pi} \lim_{h\to 0} \left(\int\limits_{x-\Delta x}^{x+\Delta x} \frac{h\,dx'}{(x - x')^2 + h^2} \right)\\ &= \frac{q(x)}{2\,\pi} \lim_{h\to 0} \tan^{-1}\left(\frac{x - x'}{h}\right)\Bigg|_{x-\Delta x}^{x+\Delta x}\\ &= \pm\frac{1}{2}\,q(x)\end{aligned} \tag{8.12}$$

ergibt. Für die Wirbelströmung $\gamma(x)$ mit der Einheitstiefe $\gamma > 0$ (im Uhrzeigersinn) kann man sich das gleiche wie für die zuvor behandelte, kontinuierliche Quellenverteilung herleiten. Es gilt für die komplexe Geschwindigkeit im Punkt $P(x, i\,h)$

$$\frac{dw}{dz} = u_\gamma - i\,v_\gamma = i \int\limits_0^c \frac{\gamma\,(x')\,dx'}{2\,\pi\,(x + i\,h - x')}. \tag{8.13}$$

Man kann jetzt die Gleichung für $h \to 0$ ermitteln und im Anschluss in einen Imaginär- und Realteil aufspalten, zu

$$\begin{aligned}u_\gamma(x) &= \pm\frac{1}{2}\,\gamma(x)\\ v_\gamma(x) &= -\frac{1}{2\,\pi}\,P \int\limits_0^c \frac{\gamma\,(x')\,dx'}{(x - x')}.\end{aligned} \tag{8.14}$$

Mit dieser Gleichung sind jetzt alle Unbekannten bestimmt.

8

8.3 Skelettlinie und Effekte des Anstellwinkels [1, 7]

Im Folgenden werden die bereits hergeleiteten Gleichungen für die induzierte Geschwindigkeitskomponente v_γ, nach Gl. (8.6), die sich aus der Wirbelverteilung nach Gl. (8.14) ergibt, zur Untersuchung für die kontinuierlichen Wirbelverteilungen $\gamma(x)$ verwendet. Es wird also zunächst

$$v_\gamma(x) = V_\infty\left(\frac{dy_c}{dx} - \alpha\right) = -\frac{1}{2\pi} P \int_0^c \frac{\gamma(x')\,dx'}{(x - x')} \tag{8.15}$$

festgehalten.

8.3.1 Methode nach Glauert

Die Glauert-Methode wird vor allem zur Analyse von Wirbeln und Wirbeltheorien verwendet. Sie wurde nach Hermann Glauert[1] benannt.

Die Methode beruht auf der Annahme, dass es sich bei dünnen Tragflügeln um eine Ansammlung von Wirbeln handelt. Diese Wirbel repräsentieren die Verteilung der Auftriebs- und Widerstandskräfte entlang der Spannweite des Flügels.

Bei der Glauert-Methode werden sogenannte „Wirbelkerne" eingeführt, die die Wirbelstruktur der Strömung um den Flügel modellieren. Es handelt sich um eine Transformation, wie sie in Abb. 8.5 gezeigt ist.

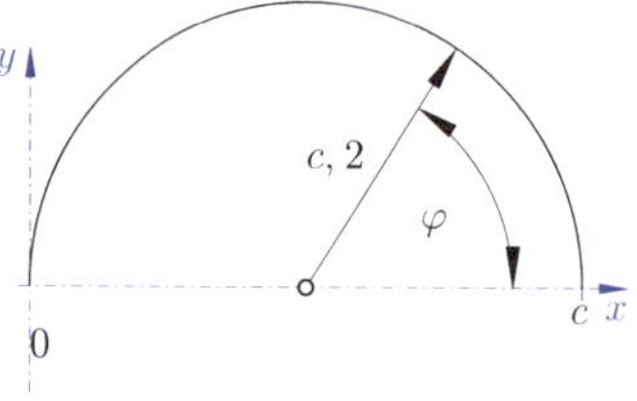

Abb. 8.5 Trigonometrische Transformation nach Glauert

Gem. Abb. 8.5 lautet die Transformationsvorschrift

$$x = \frac{c}{2}\left(1 + \cos(\varphi)\right) \tag{8.16}$$

$$\frac{dx}{d\varphi} = -\frac{c}{2}\sin(\varphi). \tag{8.17}$$

Man findet mittels dieser Transformation einen vorderen Staupunkt bei $x = 0 \Longrightarrow \varphi = \pi$ und einen hinteren Staupunkt bei $x = c \Longrightarrow \varphi = 0$. Ersetzt man dann die x-Achse durch die Transformationsvorschrift in den Gleichungen (8.17), so wird ein einfacher Zusammenhang zwischen der induzierten und der normalen Geschwindigkeitskomponenten gefunden

$$v_\gamma(x) = V_\infty\left(\frac{dy_c}{dx} - \alpha\right); \tag{8.18}$$

bzw. durch einsetzen

$$v_\gamma(x) = \frac{1}{2\pi} P \int_0^\pi \frac{\gamma(\varphi')\sin(\varphi')\,d\varphi'}{\cos(\varphi') - \cos(\varphi)}. \tag{8.19}$$

Es sind die Randbedingungen der Skelettlinie $\frac{dy_c}{dx}$, der Anstellwinkel α und die ungestörte Anströmgeschwindigkeit V_∞ bereits bekannt.

8.3.2 Lösung für die Geschwindigkeitskomponente *u* mittels der Methode nach Glauert

Die Stromlinie entlang der Skelettlinie ergibt sich durch die Kutta-Bedingung mittels $\gamma(c) = \gamma(\varphi = 0) = 0$. Es handelt sich dabei um den hinteren Staupunkt, wodurch sich die Lage der hinteren Staupunkte direkt an die Profilhinterkante bindet. Es ergibt sich unmittelbar die Stromlinie entlang der Skelettlinie. Man findet als Lösung

$$\gamma(\varphi) = 2V_\infty\left[(\alpha + A_0)\frac{1 - \cos(\varphi)}{\sin(\varphi)} + \sum_{n=1}^{\infty} A_n \sin(n\varphi)\right], \tag{8.20}$$

1 Hermann Glauert (geboren 4. Oktober 1892 in Sheffield, Yorkshire; gestorben 6. August 1934 in Aldershot, Hampshire) [47].

Mit der bereits gezeigten Bedingung

$$\tan\left(\frac{\varphi}{2}\right) = \frac{1-\cos(\varphi)}{\sin(\varphi)} \tag{8.21}$$

findet man $\varphi = 0$, was dann entsteht, wenn die Koeffizienten A_0 sowie A_n zu null werden. Wie gefordert ist die Kutta-Bedingung an der Stelle $\varphi = 0$ erfüllt, wenn die Koeffizienten der Reihenentwicklung A_0 und A_n zu null werden

$$\gamma(\varphi) = 2\,V_\infty \tan\left(\frac{\varphi}{2}\right)\alpha. \tag{8.22}$$

Es handelt sich hiermit um dasselbe Ergebnis, welches auch beim Kapitel der konformen Abbildungen hergeleitet wurde.

$$\begin{aligned} u &= V_\infty + u_\gamma \\ u &= V_\infty \pm \frac{1}{2}\gamma \end{aligned} \tag{8.23}$$

$$u = V_\infty\left(1 \pm \tan\left(\frac{\varphi}{2}\right)\alpha\right) \tag{8.24}$$

8.3.3 Lösung für die Wirbelverteilung nach der Methode mit dem Poisson-Glauert-Integral

Eine Lösungsmöglichkeit von Gl. (8.19) kann man durch Anwendung des Poisson-Glauert-Integrals finden, wenn nur die Wirbelverteilung $\gamma(\varphi)$ bekannt ist. Dieses Integral lautet

$$\int_0^\pi \frac{\cos(n\,\varphi')}{\cos(\varphi') - \cos(\varphi)}\,\alpha\,\varphi' = \pi\,\frac{\sin(n\,\varphi)}{\sin(\varphi)}. \tag{8.25}$$

Man kann Gl. (8.19) noch weiter vereinfachen, mithilfe von Gl. (8.20). Es folgt dann für die γ-Verteilung die folgende Gleichung, zu

$$\frac{dy_c}{dx} = -\left[A_0 + \sum_{n=1}^{\infty} A_n \cos(n\,\varphi)\right]. \tag{8.26}$$

Bemerkung 8.2
Mittels Gl. (8.26) ist die kontinuierliche Wirbelverteilung $\gamma(\varphi)$ an die Skelettlinie gebunden. Die Koeffizienten A_0 und A_n werden durch einsetzen von Randbedingungen, wie $y_c = 0$, für $\varphi = 0$ und $\varphi = \pi$ ermittelt. Ebenso ermittelt man mittels der Steigung $\frac{dy_c}{dx}$ für eine endliche Anzahl an Punkten n die weiteren fehlenden Größen.

8.3.4 Entwicklung der Koeffizienten durch Fourier-Reihenentwicklung

Man kann die Koeffizienten A_0 bzw. A_n durch die Fourier-Reihe entwickeln, zu

$$A_0 = \frac{1}{\pi}\int_0^\pi \frac{dy_c}{dx}\,d\varphi \tag{8.27}$$

$$A_n = -\frac{2}{\pi}\int_0^\pi \frac{dy_c}{dx}\cos(n\,\varphi)\,d\varphi. \tag{8.28}$$

8.3.5 Tangentiale Geschwindigkeit entlang der Skelettlinie

Die tangentiale Geschwindigkeit kann durch die Gleichung

$$u(x) = V_\infty + u_\gamma = V_\infty \pm \frac{\gamma}{2} \tag{8.29}$$

berechnet werden. Es ergibt sich damit

$$u(x) = V_\infty \pm \left[1 \pm \left\{(\alpha + A_0)\tan\left(\frac{\varphi}{2}\right) + \sum_{n=1}^{\infty} A_n \sin(n\,\varphi)\right\}\right]. \tag{8.30}$$

Man kann in dieser Gleichung den idealen Anstellwinkel berechnen. Dabei handelt es sich um den Winkel, der sich aus A_0 ergibt. Es gilt für den idealen Anstellwinkel $\alpha = -A_0$.

8.4 Dickenverteilung [1, 7]

Kombiniert man die beiden Gleichungen (8.7) und (8.12) so folgt die Dickenverteilung zu

$$q(x) = 2\,V_\infty \frac{dy_t}{dx}. \tag{8.31}$$

Es gilt für die Dickenverteilung die Reihe

$$y_t = \frac{c}{2} \sum_{n=1}^{\infty} B_n \sin(n\,\varphi). \tag{8.32}$$

Die tangentiale Geschwindigkeitsverteilung u_q, die durch eine endliche Dickenverteilung des Profils entsteht, errechnet sich durch einsetzen von Gl. (8.30) in (8.11), zu

$$\begin{aligned} u_q(x) &= \frac{1}{2\pi} P \int_0^c \frac{q(x')\,dx'}{(x-x')} \\ &= -\frac{V_\infty}{2\pi} \int_0^c \frac{\frac{dy_t}{dx}}{(x'-x)}\,dx'. \end{aligned} \tag{8.33}$$

Auch hier kann man die trigonometrische Transformation nach Gl. (8.17) anwenden, durch Einsetzen der Gl. (8.31) nach φ abgeleitet zu φ' und in Gl. (8.32) eingesetzt, gemäß

$$\begin{aligned} u_q(\varphi) &= \frac{V_\infty}{\pi} \int_0^\pi \frac{\sum_{n=1}^{\infty} B_n\, n \cos(n\,\varphi')}{\cos(n\,\varphi') - \cos(\varphi)}\,d\varphi' \\ &= \frac{V_\infty}{\pi} \sum_{n=1}^{\infty} B_n\, n \int_0^\pi \frac{\cos(n\,\varphi')}{\cos(n\,\varphi') - \cos(\varphi)}\,d\varphi'. \end{aligned} \tag{8.34}$$

Man kann hier das Integral (was ein Poisson-Glauert-Integral ist) ersetzen, mittels Gl. (8.25). Es folgt aus Gl. (8.34)

$$u_q(\varphi) = V_\infty \sum_{n=1}^{\infty} B_n\, n \frac{\sin(n\,\varphi)}{\sin(\varphi)}. \tag{8.35}$$

Diese gesamte Tangentialgeschwindigkeit, die ohne den Krümmungseinfluss der Skelettlinie ist, wird zu

$$u_q(\varphi) = V_\infty + u_q(\varphi). \tag{8.36}$$

Untersucht man die Staupunkte genauer: $x = 0$ oder $\varphi = \pi$ und bei $x = c$ und $\varphi = 0$, so wird die Geschwindigkeit, nicht wie gewohnt in Staupunkten, zu null, weil

$$\lim_{\varphi \to \pi} \left(\frac{\sin(n\,\varphi)}{\sin(\varphi)} \right) = n \tag{8.37}$$

gilt. Es ist die Annahme von $u_q \ll V_\infty$ an den Staupunkten nicht gültig. Eine Lösung liefert der von Riegels eingeführter Korrekturfaktor.

$$u(\varphi) = \frac{1}{\kappa} \left(V_\infty + u_q(\varphi) \right). \tag{8.38}$$

Der Korrekturfaktor lautet

$$\kappa = \left[1 + \left(\frac{dy_t}{d_x} \right)^2 \right]^{\frac{1}{2}} = \sqrt{1 + \left(\frac{dy_t}{d_x} \right)^2}. \tag{8.39}$$

8.5 Gekrümmte Profile mit Dickenverteilung [1, 7]

Bei gekrümmten Profilen kommt zusätzlich noch die Komponente u_γ hinzu (Superposition). Es resultiert daraus

$$u(\varphi) = \frac{1}{\kappa} \left(V_\infty + u_\gamma(\varphi) + u_q(\varphi) \right) \tag{8.40}$$

$$\begin{aligned} u_\gamma(\varphi) = \pm\, V_\infty \Bigg[&(\alpha + A_0) \tan\left(\frac{\varphi}{2}\right) \\ &+ \sum_{n=1}^{\infty} A_n \sin(n\,\varphi) \Bigg] \end{aligned} \tag{8.41}$$

$$u_q(\varphi) = V_\infty \sum_{\mu=1}^{\infty} B_n\, \mu \frac{\sin(n\,\varphi)}{\sin(\varphi)} \tag{8.42}$$

$$\kappa = \left[1 + \left(\frac{dy_t}{d_x} \right)^2 \right]^{\frac{1}{2}} = \sqrt{1 + \left(\frac{dy_t}{d_x} \right)^2} \tag{8.43}$$

8.6 Übungen

Übungsbeispiel 8.1

Wie lautet die Grundidee hinter der Theorie dünner Profile?

Lösung

In der Strömungsmechanik bezieht sich das Prinzip der Theorie dünner Profile auf die Annahme, dass bei der Betrachtung von Strömungen um dünne Körper oder Profile, wie Flügel oder Tragflächen, die dreidimensionalen Strömungseffekte vernachlässigt werden können. Stattdessen kann die Analyse auf einer zweidimensionalen Ebene durchgeführt werden, wodurch die Berechnungen vereinfacht werden.

Die Grundidee dabei ist, dass die Dicke des Profils im Vergleich zu den anderen Dimensionen (wie der Spannweite) vernachlässigbar klein ist. Dies ermöglicht es, die Strömung rund um das Profil als zweidimensional zu approximieren, was die mathematische Modellierung und Lösung erleichtert.

Übungsbeispiel 8.2

Welche Vereinfachungen werden bei der Theorie dünner Profile getroffen?

Lösung

- Der Anstellwinkel α ist klein,
- die Profilkrümmung ist klein,
- die Profildicke ist klein und
- die Komponente u der Strömungsgeschwindigkeit ist klein.

Übungsbeispiel 8.3

Wie lautet die Grundgleichung der Dickenverteilung und der Skelettlinie?

Lösung

- **Skelettlinie:**

$$y_c = \frac{1}{2}(y_u + y_e) \tag{8.44}$$

- **Dickenverteilung:**

$$y_t = \frac{1}{2}(y_n - y_e) \tag{8.45}$$

Übungsbeispiel 8.4

In welche beiden Strömungen kann das Strömungsfeld bei der Theorie dünner Profile unterteilt werden?

Lösung

In eine kontinuierliche Quellen- und Senkenverteilung.

Übungsbeispiel 8.5

Wie kann die Steigung der Kontur des dünnen Tragflügels berechnet werden?

Lösung

$$\left.\frac{dy}{dx}\right|_{\text{profile}} \approx \alpha + \frac{v}{V_\infty} \tag{8.46}$$

8

Übungsbeispiel 8.6

Schreiben Sie ein Matlab Programm, mit welcher die Gleichung $\frac{dy}{dx}|_{\text{profile}} \approx \alpha + \frac{v}{V_\infty}$ als Ausgangslage, bei gegebenen Randbedingungen: $\alpha = 4°$, $V_\infty = 50\,\text{m/s}$ und $v = 0{,}1\,\text{m/s}$ und Punkte berechnet werden können, in Abhängigkeit der Profillänge- und Profilhöhe und stellen Sie diese in einem Diagramm dar.

Lösung

```
% Randebdingungen
alpha = 4;              % Anstellwinkel in Grad
V_inf = 50;             % Anströmgeschwindigkeit
v = 0.1;                % lokale Geschwindigkeit auf dem Profil

% Umrechnung des Winkels in Radiant anstatt geg. Grad
alpha = deg2rad(alpha);

% Berechnung der Steigung dy/dx
dy_dx_profile = alpha + v / V_inf;

% Ausgabe der Ergebnisse
fprintf('Steigung dy/dx am Profil: %.4f\n', dy_dx_profile);

% Darstellung des Profils
x_points = linspace(0, 1, 100);  % Punkte entlang der Profillänge
y_points = alpha * x_points + v / V_inf * x_points;

figure;
plot(x_points, y_points, '-o');
title('Theorie dünner Profile');
xlabel('Profillänge (x)');
ylabel('Profilhöhe (y)');
```

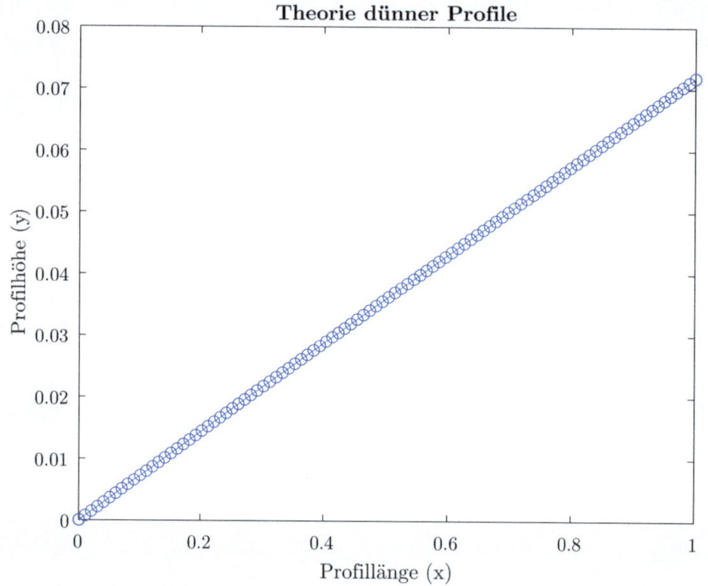

Übungsbeispiel 8.7

Schreiben Sie ein Matlab Programm, mit welcher die Gleichung $\frac{dy}{dx}|_{\text{profile}} \approx \alpha + \frac{v}{V_\infty}$ als Ausgangslage, bei gegebenen Randbedingungen: $\alpha = [-10°; -10°]$, $V_\infty = 10\,\text{m/s}; 100\,\text{m/s}$ mit der Schrittweite 10 m/s analysiert werden kann. Stellen Sie die errechneten Punkte in Abhängigkeit der Geschwindigkeit V_∞, der Steigung und dem Winkel als Oberflächendiagramm dar. Profillänge- und Profilhöhe in einen Diagramm dar.

Lösung

```
% Randebdingungen
alpha_range = linspace(-10, 10, 21);    % Anstellwinkel von -10 bis 10 Grad
V_inf_range = linspace(10, 100, 10);    % Anströmgeschwindigkeit von 10 bis 100 m/s

% Initialisierung der Ergebnismatrizen
dy_dx_results = zeros(length(alpha_range), length(V_inf_range));

% Schleifen über Anstellwinkel und Freistromgeschwindigkeiten
for i = 1:length(alpha_range)
    for j = 1:length(V_inf_range)
        % Aktuelle Parameterwerte
        alpha = deg2rad(alpha_range(i));
        V_inf = V_inf_range(j);

        % Berechnung der Steigung dy/dx
        dy_dx_results(i, j) = alpha + 0.1 / V_inf;
        % Beispielhafte lokale Geschwindigkeit
v=0,1
    end
end

% Erstellen eines Gitters für V_inf und alpha
[V_inf_grid, alpha_grid] = meshgrid(V_inf_range, alpha_range);

% Darstellung der Ergebnisse in einem Diagramm
figure;
surf(V_inf_grid, alpha_grid, dy_dx_results);
title('Theorie dünner Profile: Steigung dy/dx in Abhängigkeit
von V_\infty und \alpha');
xlabel('Freistromgeschwindigkeit (V_\infty) [m/s]');
ylabel('Anstellwinkel (\alpha) [Grad]');
zlabel('Steigung dy/dx');
```

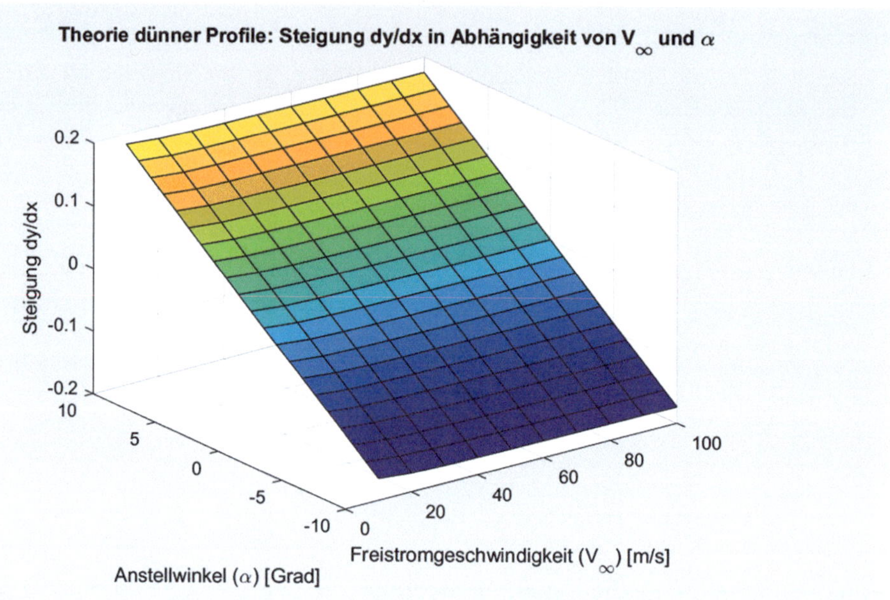

8

Übungsbeispiel 8.8

Was ist die induzierte Geschwindigkeit bei der Theorie dünner Profile?

Lösung

Die induzierte Geschwindigkeit in der Theorie dünner Profile bezieht sich auf die Änderung der Geschwindigkeit entlang der Spannweite eines Tragflügels aufgrund der Anwesenheit von Auftrieb erzeugenden Wirbeln.

Übungsbeispiel 8.9

Was ist die Methode von Glauert?

Lösung

Die Methode beruht auf der Annahme, dass es sich bei dünnen Tragflügeln um eine Ansammlung von Wirbeln handelt. Diese Wirbel repräsentieren die Verteilung der Auftriebs- und Widerstandskräfte entlang der Spannweite des Flügels.

Bei der Glauert-Methode werden sogenannte „Wirbelkerne" eingeführt, die die Wirbelstruktur der Strömung um den Flügel modellieren. Es handelt sich um eine Transformation, wie sie in Abb. 8.5 gezeigt ist. Es handelt sich um eine Transformationsmethode.

Übungsbeispiel 8.10

Schreiben Sie einen Matlab Code, der die Dickenverteilung eines Tragflügels darstellt. Es handelt sich um eine elliptische Dickenverteilung, von welcher folgende Randbedingungen gegeben sind: $c = 10\,\text{m}$ (maximale Spannweite des Tragflügels) $t_{\max} = 0{,}1\,\text{m}$ (maximale Dicke des Tragflügels) und $N = 1000$ (Anzahl der Punkte für die Berechnung). Stellen Sie das Profil in einem Diagramm dar.

Lösung

```
% Randbedingungen
c = 10;                 % Spannweite des Tragflügels
t_max = 0.1;            % maximale Dicke des Profils
N = 100;                % Anzahl der Punkte für die Berechnung

% Berechnung der Spannweite und Dicke entlang der Spannweite
Spannweite = linspace(0, c, N);
Dicke = t_max * sqrt(1 - (2 * spanwise / c - 1).^2);

% Darstellung der Ergebnisse in einem Diagramm
figure;
plot(Spannweite, Dicke, 'LineWidth', 2);
title('Elliptische Dickenverteilung eines Tragflügels');
xlabel('Spannweite');
ylabel('Dicke');
grid on;
```

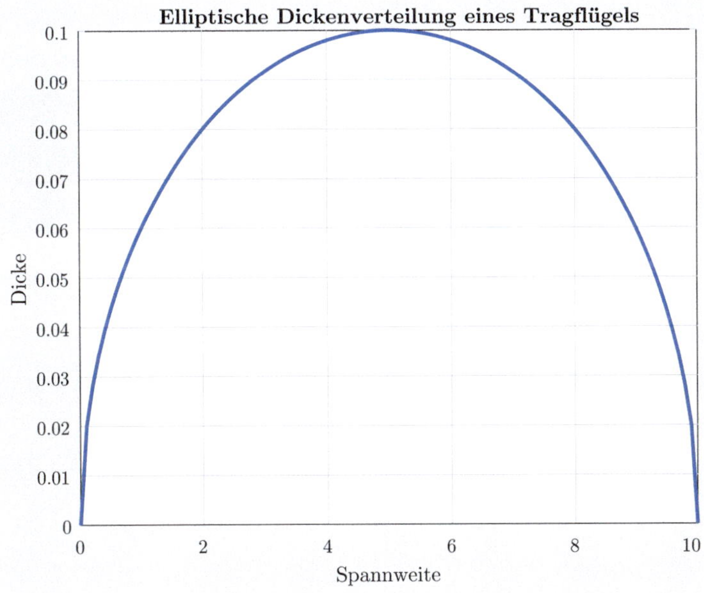

8

Übungsbeispiel 8.11

Schreiben Sie einen Matlab Code, der die Dickenverteilung eines Tragflügels darstellt. Es handelt sich um eine Dickenverteilung 4. Ordnung, von welcher folgende Randbedingungen gegeben sind: $c = 10\,\text{m}$ (maximale Spannweite des Tragflügels) $t_{\max} = 0{,}1\,\text{m}$ (maximale Dicke des Tragflügels) und $N = 1000$ (Anzahl der Punkte für die Berechnung). Stellen Sie das Profil in einem Diagramm dar.

Lösung

```
% Randbedingungen
c = 10;             % Spannweite des Tragflügels
t_max = 0.1;        % maximale Dicke des Profils
N = 100;            % Anzahl der Punkte für die Berechnung

% Berechnung der Spannweite und Dicke entlang der Spannweite (Verteilung 4. Ordnung)
Spannweite = linspace(0, c, N);
Dicke = t_max * (1 - (2 * Spannweite / c - 1).^2).^2;

% Darstellung der Ergebnisse in einem Diagramm
figure;
plot(Spannweite, Dicke, 'LineWidth', 2);
title('Dickenverteilung 4. Ordnung eines Tragflügels');
xlabel('Spannweite');
ylabel('Dicke');
grid on;
```

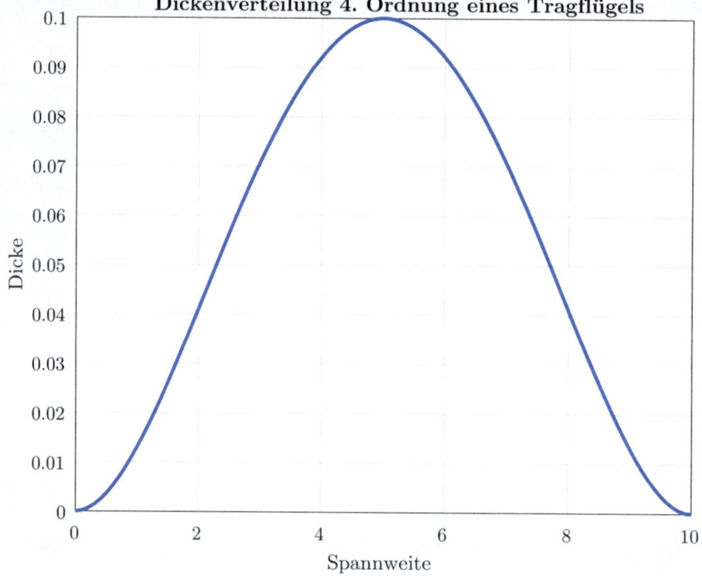

Übungsbeispiel 8.12

Dieses Beispiel dient der Übersicht, die Gleichungen sollen nicht auswendig gelernt werden! Fassen Sie die wichtigsten Gleichungen für die Methode nach Glauert zusammen.

Lösung

$$v_\gamma(x) = \frac{1}{2\pi} P \int_0^\pi \frac{\gamma(\varphi') \sin(\varphi')\, d\varphi'}{\cos(\varphi') - \cos(\varphi)}. \tag{8.47}$$

$$u = V_\infty \left(1 \pm \tan\left(\frac{\varphi}{2}\right) \alpha\right) \tag{8.48}$$

$$A_0 = \frac{1}{\pi} \int_0^\pi \frac{dy_c}{dx}\, d\varphi \tag{8.49}$$

$$A_n = -\frac{2}{\pi} \int_0^\pi \frac{dy_c}{dx} \cos(n\,\varphi)\, d\varphi. \tag{8.50}$$

$$u(x) = V_\infty \pm \left[1 \pm \left\{(\alpha + A_0) \tan\left(\frac{\varphi}{2}\right) + \sum_{n=1}^{\infty} A_n \sin(n\,\varphi)\right\}\right] \tag{8.51}$$

Übungsbeispiel 8.13

Wie lautet die Gleichung für den Anstellwinkel?

Lösung

$$\alpha = -A_0. \tag{8.52}$$

Übungsbeispiel 8.14

Warum wird der Korrekturfaktor κ bei der Dickenverteilung eingeführt?

Lösung

Wenn man die Staupunkte untersucht und für diese die entsprechenden Winkel einsetzt, so gelangt man nicht auf eine Geschwindigkeit von 0. Dies liegt an der Annahme kleiner Winkel, die so nicht gemacht werden darf. Damit die Gleichungen trotzdem verwendet werden können, wurde von Riegels der Korrekturfaktor κ eingeführt.

Übungsbeispiel 8.15

Welcher Term gelangt bei der Dickenverteilung bei gekrümmten Profilen noch hinzu?

Lösung

Jener für $u_q(\varphi)$.

Räumliche Ansätze

Inhaltsverzeichnis

A. Huber, *Technische Mechanik 4 - Hydromechanik*,
https://doi.org/10.1007/978-3-662-69231-8_9

Sie lernen hier…

- Strömungen im Raum kennen.
- Strömungsberechnung durch räumliche Ansätze.
- Räumliche Formulierung der Massenerhaltung kennen.

Zitat

Knapp ist immer kurz davor, aber nicht zu spät.

Kühn-Görg, Monika

9.1 Feldgrößen

Bis jetzt wurden die Strömungen der einzelnen Kapitel vorwiegend in der Ebene untersucht. Im Folgenden werden die Betrachtungen und Berechnungen im Raum untersucht. Dazu bedingt es zunächst einiger grundlegende Begriffe.

9.1.1 Skalarfeld

Definition 9.1 (Skalarfeld)
Bei dem Skalarfeld wird jedem Punkt eines Raumes eine reelle Zahl (Skalar) zugeordnet.

9.1.2 Vektorfeld

Definition 9.2 (Vektorfeld)
Beim Vektorfeld wird jedem Punkt eines Raumes ein Vektor zugeordnet.

9.1.3 Rechenvorschriften

Rechenvorschriften bei Vektor- und Skalarfelder bezeichnet man als Operationen. Man unterscheidet dabei zwischen:

- Gradient
- Divergenz
- Rotation

9.1.3.1 Gradient (Steigung)

Den Gradienten kürzt man in der Mathematik mit grad ab. Es ergibt sich somit zum Beispiel eine Gestalt wie:

$$\operatorname{grad}(h(x, y, z)) = \begin{bmatrix} \frac{\partial h}{\partial x} \\ \frac{\partial h}{\partial y} \\ \frac{\partial h}{\partial z} \end{bmatrix} \tag{9.2}$$

Beispiel 9.1

Dies ist der Fall bei zum Beispiel: Druck. Siehe dazu ◻ Abb. 9.1.

$$p(x, y, z) = p \tag{9.1}$$

Der Funktion in Abhängigkeit der x, y, z Richtung wird einem Punkt mit einen gewissen Druck p zugeordnet.

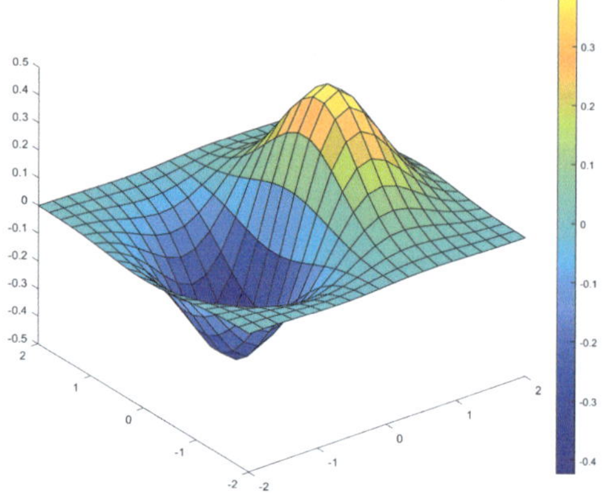

◻ **Abb. 9.1** Skalarfeld

oder bei einem Vektor:

$$\operatorname{grad}(\vec{v}(x,\ y,\ z)) = \begin{bmatrix} \frac{\partial v_x}{\partial x} & \frac{\partial v_x}{\partial y} & \frac{\partial v_x}{\partial z} \\ \frac{\partial v_y}{\partial x} & \frac{\partial v_y}{\partial y} & \frac{\partial v_y}{\partial z} \\ \frac{\partial v_z}{\partial x} & \frac{\partial v_z}{\partial y} & \frac{\partial v_z}{\partial z} \end{bmatrix} \tag{9.3}$$

9.1.3.2 Divergenz (Ergiebigkeit)

$$\operatorname{div}(\vec{v}(x,\ y,\ z)) = \frac{\partial v_x}{\partial x} + \frac{\partial v_y}{\partial y} + \frac{\partial v_z}{\partial z} \tag{9.4}$$

9.1.3.3 Rotation (Drehung)

$$\operatorname{rot}(\vec{v}(x,\ y,\ z)) = \begin{bmatrix} \frac{\partial v_z}{\partial y} - \frac{\partial v_y}{\partial z} \\ \frac{\partial v_x}{\partial z} - \frac{\partial v_z}{\partial x} \\ \frac{\partial v_y}{\partial x} - \frac{\partial v_z}{\partial y} \end{bmatrix} \tag{9.5}$$

9.2 Räumliche Formulierung der Massenerhaltung

Es wurde bereits folgende Form der Kontinuitätsgleichung in der Ebene behandelt: $Q_{\text{ein}} = Q_{\text{Aus}}$ bzw. $A_{\text{ein}}\,v_{\text{ein}} = A_{\text{Aus}}\,v_{\text{Aus}}$. Im Raum kann man diese für alle Koordinatenrichtungen gesondert aufstellen. Dies macht man mithilfe des bereits mehrmals behandelten und verwendeten Nabla-Operators. Dieser wird zunächst nochmals intensiver untersucht. Man betrachtet dazu die Divergenz: $\operatorname{div}(\vec{v}(x,\ y,\ z)) = \frac{\partial v_x}{\partial x} + \frac{\partial v_y}{\partial y} + \frac{\partial v_z}{\partial z}$. Aufgrund der Massenerhaltung muss diese zu null werden, es folgt also

$$\operatorname{div}(\vec{v}(x,\ y,\ z)) = \frac{\partial v_x}{\partial x} + \frac{\partial v_y}{\partial y} + \frac{\partial v_z}{\partial z} = 0 \tag{9.7}$$

Es ist in dieser Gleichung die Ableitung der Geschwindigkeit nach jeder Koordinatenrichtung enthalten. Man kann dieser kürzer durch den Nabla-Operator schreiben, zu

$$\vec{\nabla} = \frac{\partial v_x}{\partial x} + \frac{\partial v_y}{\partial y} + \frac{\partial v_z}{\partial z}. \tag{9.8}$$

Beispiel 9.2

Dies ist bei der Geschwindigkeit der Fall. Vgl. dazu mit Abb. 9.2.

$$\vec{v}(x, y, z) = \begin{pmatrix} v_x \\ v_y \\ v_z \end{pmatrix} \tag{9.6}$$

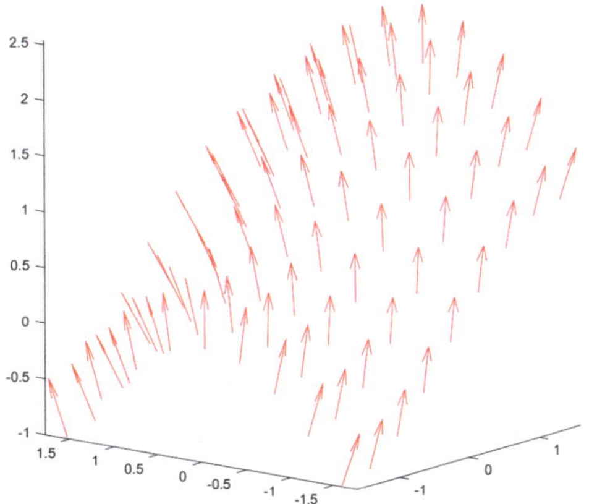

Abb. 9.2 Vektorfeld

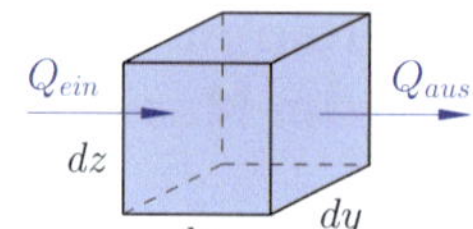

Abb. 9.3 Massenerhaltung

Dieser eingesetzt in die bereits hergeleitete Gleichung

$$\operatorname{div}(\vec{v}(x, y, z)) = \frac{\partial v_x}{\partial x} + \frac{\partial v_y}{\partial y} + \frac{\partial v_z}{\partial z} = 0 \tag{9.9}$$

ergibt: $\vec{\nabla}\,\vec{v} = 0$.

Für die weiteren Untersuchungen wird ein Behälter untersucht, der mit Wasser gefüllt ist (vgl. mit Abb. 9.3). Es fließt Wasser in diesen Behälter, kurze Zeit später (dt) fließt dieses wieder aus dem Behälter aus. Es handelt sich bei diesem Behälter also um einen Kontrollraum. Der Behälter hat infinitesimal kleine Abmessungen: dx, dy und dz. Das Volumen errechnet sich somit durch $dV = dx \cdot dy \cdot dz$. Man kann jetzt die Ausströmgeschwindigkeit v_{aus} (in x-Richtung) aus der Summe der Einströmgeschwindigkeit v_x und einer Zuwachsgeschwindigkeit v_V schreiben. v_V kann dann mittels des infinitesimal kleinem Geschwindigkeitszuwachs in x-Richtung geschrieben werden, zu (vgl. auch mit Band 2 dieser Buchreihe, Kontinuumsmechanik, dort wurde die exakte Herleitung für Terme der Gestalt $\frac{\partial v_x}{\partial x} dx$ beschrieben)

$$v_V = \frac{\partial v_x}{\partial x} dx \tag{9.10}$$

$$v_{\text{Aus}} = v_x + v_V \tag{9.11}$$

$$v_{\text{Aus}} = v_x + \frac{\partial v_x}{\partial x} dx. \tag{9.12}$$

Der Beweis hierfür wird im Folgenden erbracht, durch Herausschneiden eines infinitesimal kleinen Volumenstromstücks. Q_{ein} errechnet sich durch

$$Q_{\text{ein}} = v_{\text{Ein}}\, A_{\text{Ein}} = v_x\, dy\, dz. \tag{9.13}$$

Der Volumenstrom Q_{Aus} hingegen durch die folgende Beziehung. Dies ist nur der Volumenstrom Q_{ein} plus der Verluste, die entlang der Wegstrecke dx entstehen. Es wird zusätzlich der Term $\frac{\partial v_x}{\partial x} dx$ in

$$Q_{\text{Aus}} = v_{\text{Aus}}\, A_{\text{Aus}} \tag{9.14}$$

untersucht, wobei

$$v_{\text{Aus}} = v_x + \frac{\partial v_x}{\partial x} dx \tag{9.15}$$

$$A_{\text{Aus}} = dy\, dz \tag{9.16}$$

gilt. Durch einsetzen ergibt sich

$$Q_{\text{Aus}} = v_x + \frac{\partial v_x}{\partial x} dx\, dy\, dz. \tag{9.17}$$

Es können damit drei Fälle unterschieden werden:

- Fluidvolumen/Fluidmasse kommt hinzu (Quelle),
- Fluidvolumen/Fluidmasse geht verloren (Senke) und
- Fluidvolumen/Fluidmasse ist konstant.

Liegt letzteres vor, was bei der Massenerhaltung der Fall sein muss, da weder eine Senke noch eine Quelle beim Ansetzen der einfachen Kontinuitätsgleichung vorliegen darf, folgt

$$Q_{\text{Ein}} = Q_{\text{Aus}} \Longrightarrow Q_{\text{Aus}} - Q_{\text{Ein}} = 0. \tag{9.18}$$

Hier kann Gl. (9.12) und (9.16) eingesetzt werden, zusätzlich kann man für die Eingangsbedingungen (Geschwindigkeit und Fläche einsetzen) wodurch sich

$$\left(v_x + \frac{\partial v_x}{\partial x} dx\right) dy\, dz - v_x\, dy\, dz = 0 \tag{9.19}$$

$$\left[\left(v_x + \frac{\partial v_x}{\partial x} dx\right) - v_x\right] dy\, dz = 0 \tag{9.20}$$

ergibt. Vereinfachen liefert die Kontinuitätsgleichung für den eindimensionalen Fall, zu

$$\left[\left(v_x + \frac{\partial v_x}{\partial x} dx\right) - v_x\right] dy\, dz = 0 \tag{9.21}$$

$$\left(\frac{\partial v_x}{\partial x} dx\right) dy\, dz = 0. \tag{9.22}$$

Wie man an dem Term $(\frac{\partial v_x}{\partial x}\,dx)$ deutlich erkennen kann, handelt es sich hier um die x-Richtung.

$$x\text{-Richtung:}\quad \left(\frac{\partial v_x}{\partial x}\,dx\right)dy\,dz = 0 \tag{9.23}$$

Für die übrigen Richtungen gilt

$$y\text{-Richtung:}\quad \left(\frac{\partial v_y}{\partial y}\,dy\right)dx\,dz = 0 \tag{9.24}$$

$$z\text{-Richtung:}\quad \left(\frac{\partial v_z}{\partial z}\,dz\right)dx\,dy = 0. \tag{9.25}$$

Für die Kontinuitätsgleichung für den mehrdimensionalen Fall werden alle Raumrichtungen miteinander verknüpft, gemäß der Bildungsvorschrift $x + y + z = 0$ zu

$$\left[\underbrace{\left(\frac{\partial v_x}{\partial x}\,dx\right)dy\,dz}_{x\text{-Richtung}} + \underbrace{\left(\frac{\partial v_y}{\partial y}\,dy\right)dx\,dz}_{y\text{-Richtung}} + \underbrace{\left(\frac{\partial v_z}{\partial z}\,dz\right)dx\,dy}_{z\text{-Richtung}}\right] = 0. \tag{9.26}$$

Hierin können einzelne Klammern aufgelöst werden, womit

$$\left[\underbrace{\frac{\partial v_x}{\partial x}\,dx\,dy\,dz}_{x\text{-Richtung}} + \underbrace{\frac{\partial v_y}{\partial y}\,dy\,dx\,dz}_{y\text{-Richtung}} + \underbrace{\frac{\partial v_z}{\partial z}\,dz\,dx\,dy}_{z\text{-Richtung}}\right] = 0 \tag{9.27}$$

folgt. Es kann das Volumen dV erkannt werden, zu

$$\left[\underbrace{\frac{\partial v_x}{\partial x}\,dV}_{x\text{-Richtung}} + \underbrace{\frac{\partial v_y}{\partial y}\,dV}_{y\text{-Richtung}} + \underbrace{\frac{\partial v_z}{\partial z}\,dV}_{z\text{-Richtung}}\right] = 0. \tag{9.28}$$

Wird das Volumen herausgehoben, ergibt sich

$$\left[\frac{\partial v_x}{\partial x} + \frac{\partial v_y}{\partial y} + \frac{\partial v_z}{\partial z}\right] dV = 0. \tag{9.29}$$

Da wenn ein Behälter (auch wenn dieser Infinitesimal klein ist) vorhanden ist, auch ein Volumen vorhanden sein muss, kann dieses nie zu null werden, wodurch die Division durch dV möglich wird.

$$\left[\frac{\partial v_x}{\partial x} + \frac{\partial v_y}{\partial y} + \frac{\partial v_z}{\partial z}\right] \underbrace{dV}_{\neq 0} = 0. \tag{9.30}$$

Es folgt also

$$\frac{\partial v_x}{\partial x} + \frac{\partial v_y}{\partial y} + \frac{\partial v_z}{\partial z} = 0. \tag{9.31}$$

Wird dieser Ausdruck mit jenem der Divergenz verglichen, folgt

$$\operatorname{div}(\vec{v}(x, y, z)) = \frac{\partial v_x}{\partial x} + \frac{\partial v_y}{\partial y} + \frac{\partial v_z}{\partial z}. \tag{9.32}$$

Zusätzlich ist bekannt, dass die Divergenz die Steigung der Geschwindigkeit für jede Raumrichtung darstellt (siehe mathematische Herleitung von Divergenz eines Vektorfeldes). Aufgrund einer räumlichen Steigung ändert sich aber auch die Geschwindigkeit beim Durchströmen des Kontrollraumes. Es laufen die Werte der Ein- und Austrittsgeschwindigkeit auseinander. Laufen diese auseinander, so wird die Masse im Kontrollraum gleich null und bleibt somit erhalten. Es ist entscheidend, dass „Auseinanderlaufen“ auf lateinisch „Divergenz“ bedeutet.

Es folgt

$$\operatorname{div}(\vec{v}(x, y, z)) = \frac{\partial v_x}{\partial x} + \frac{\partial v_y}{\partial y} + \frac{\partial v_z}{\partial z} = 0$$

$$\operatorname{div}(\vec{v}(x, y, z)) = \vec{v} = 0; \tag{9.33}$$

$$\operatorname{div}(\vec{v}(x, y, z)) = 0. \tag{9.34}$$

Mittels dem Nabla-Operator wird daraus

$$\operatorname{div}(\vec{v}(x, y, z)) = \frac{\partial v_x}{\partial x} + \frac{\partial v_y}{\partial y} + \frac{\partial v_z}{\partial z} = \vec{\nabla}\,\vec{v} = 0; \tag{9.35}$$

$$\vec{\nabla}\,\vec{v} = 0. \tag{9.36}$$

9

Die drei Formeln bedeuten also dasselbe:

$$\frac{\partial v_x}{\partial x} + \frac{\partial v_y}{\partial y} + \frac{\partial v_z}{\partial z} = 0 \tag{9.37}$$

$$\operatorname{div}(\vec{v}(x, y, z)) = 0 \tag{9.38}$$

$$\vec{\nabla}\,\vec{v} = 0 \tag{9.39}$$

Corollary 9.1
Würde die Massenerhaltung nicht gegeben sein, also diese Gleichungen nicht gleich null sein, so würden Quellen oder Senken vorliegen.

9.3 Übungen

Übungsbeispiel 9.1

Ist die Kontinuitätsgleichung für stationäre, inkompressible dreidimensionale Strömungen erfüllt, wenn die folgenden Geschwindigkeitskomponenten vorliegen? (Beispiel aus [18], Aufgabe 39 entnommen.)

$$v_x = 2\,x^2 - x\,y \tag{9.40}$$

$$v_y = x^2 - 4\,x\,y \tag{9.41}$$

$$v_z = -2\,x\,y - y\,z + y^2 \tag{9.42}$$

Lösung
Mit der Formel $\operatorname{div}(\vec{v}(x, y, z)) = \frac{\partial v_x}{\partial x} + \frac{\partial v_y}{\partial y} + \frac{\partial v_z}{\partial z} = 0$ und bilden der partiellen Ableitungen wird

$$\frac{\partial v_x}{\partial x} = \frac{\partial(2\,x^2 - x\,y)}{\partial x} = 4\,x - y \tag{9.43}$$

$$\frac{\partial v_y}{\partial y} = \frac{\partial(x^2 - 4\,x\,y)}{\partial y} = -4\,x \tag{9.44}$$

$$\frac{\partial v_z}{\partial z} = \frac{\partial(-2\,x\,y - y\,z + y^2)}{\partial z} = -y \tag{9.45}$$

$$\sum \frac{\partial v}{\partial n} = \operatorname{div}(\vec{v}(x, y, z)) = \frac{\partial v_x}{\partial x} + \frac{\partial v_y}{\partial y} + \frac{\partial v_z}{\partial z} = 0 \tag{9.46}$$

$$\operatorname{div}(\vec{v}(x, y, z)) = 4\,x - y - 4\,x - y = 0 \tag{9.47}$$

$$\operatorname{div}(\vec{v}(x, y, z)) = -2\,y = 0 \tag{9.48}$$

$$\operatorname{div}(\vec{v}(x, y, z)) = -2\,y \neq 0 \tag{9.49}$$

Es handelt sich um eine falsche Aussage, damit ist die Kontinuitätsgleichung für stationäre, inkompressible dreidimensionale Strömungen nicht erfüllt!

Übungsbeispiel 9.2

Die Geschwindigkeitskomponente v_x einer zweidimensionalen, inkompressiblen, quellfreien Strömung ist gegeben durch: $v_x = A\,x^3 + B\,y^2$ (Beispiel aus [18], Aufgabe 39 entnommen.)

1. Wie lautet die Geschwindigkeitskomponente v_y unter der Annahme, dass für alle x an der Stelle $y = 0$ gilt: $v_y = 0$?
2. Ist die Strömung rotationsfrei, wenn $A = B > 0$ gilt?

Lösung

1. Anwendung der Kontinuitätsgleichung für v_y ergibt $v_y(x, y = 0) = 0$

$$\operatorname{div}(\vec{v}(x, y)) = \frac{\partial v_x}{\partial x} + \frac{\partial v_y}{\partial y} = 0 \tag{9.50}$$

Bildung der Ableitungen:

$$\frac{\partial v_x}{\partial x} = \frac{\partial(A\,x^3 + B\,y^2)}{\partial x} = 3\,A\,x^2 \tag{9.51}$$

einsetzen:

$$\operatorname{div}(\vec{v}(x, y)) = \frac{\partial v_x}{\partial x} + \frac{\partial v_y}{\partial y} = 0 \tag{9.52}$$

$$\operatorname{div}(\vec{v}(x, y)) = 3\,A\,x^2 + \frac{\partial v_y}{\partial y} = 0 \tag{9.53}$$

$$\frac{\partial v_y}{\partial y} = -3\,A\,x^2 \tag{9.54}$$

Ist die Geschwindigkeit v_y zu berechnen, muss die DGL gelöst werden. Dazu integriert man beide Seiten folgt

$$\int \frac{\partial v_y}{\partial y}\,dy = \int \left(-3\,A\,x^2\right) dy. \tag{9.55}$$

$$v_y = -3\,A\,x^2\,y \tag{9.56}$$

2. Rotationsfreiheit
Untersucht wird die Rotation:

$$\operatorname{rot}(\vec{v}(x, y, z)) = \begin{bmatrix} \frac{\partial v_z}{\partial y} - \frac{\partial v_y}{\partial z} \\ \frac{\partial v_x}{\partial z} - \frac{\partial v_z}{\partial x} \\ \frac{\partial v_y}{\partial x} - \frac{\partial v_z}{\partial y} \end{bmatrix} \tag{9.57}$$

$$\left(\frac{\partial v_y}{\partial x} - \frac{\partial v_x}{\partial y}\right) = 0 \tag{9.58}$$

$$\frac{\partial v_y}{\partial x} = \frac{\partial(-3\,A\,x^2\,y)}{\partial x} = -6\,A\,x\,y \tag{9.59}$$

$$\frac{\partial v_x}{\partial y} = \frac{\partial(A\,x^3 + B\,y^2)}{\partial y} = 2\,B\,y \tag{9.60}$$

$$\begin{aligned} -6\,A\,x\,y - 2\,B\,y &= 0 \\ -6\,A\,x\,y &= 2\,B\,y \\ -3\,A\,x\,y &= B\,y \\ -3\,A\,x &= B \\ -3\,x &\neq 0 \end{aligned} \tag{9.61}$$

Die Strömung ist nicht rotationsfrei!

Navier-Stokes-Gleichungen

Inhaltsverzeichnis

A. Huber, *Technische Mechanik 4 - Hydromechanik*,
https://doi.org/10.1007/978-3-662-69231-8_10

Sie lernen hier…
- Äußere- und Innere Kräfte in den Strömungsmechanischen Gleichungen kennen.
- Zähigkeitskräfte kennen.
- Herleitung der Navier-Stokes-Gleichungen.
- Impulsgleichung bei Inkompressibilität in Komponenten.
- Navier-Stokes-Gleichungen für kompressible Strömungen kennen.
- Probleme bei der Lösung von Navier-Stokes-Gleichungen kennen.
- Theoretische Lösungen der Navier-Stokes-Gleichungen kennen.
- Numerische Lösungen der Navier-Stokes-Gleichungen kennen.

Zitat

Ich habe mir immer gewünscht, dass mein Computer so leicht zu bedienen ist wie mein Telefon; mein Wunsch ging in Erfüllung: mein Telefon kann ich jetzt auch nicht mehr bedienen.

-

Abb. 10.1 Claude Louis Marie Henri Navier [26]

Abb. 10.2 George Gabriel Stokes [39]

10.1 Grundlegendes

Der Name geht auf die beiden Entdecker der Gleichung zurück. Claude Louis Marie Henri Navier[1] und George Gabriel Stokes[2].

Die Navier-Stokes-Gleichung dient dazu, viskose Strömungen zu berechnen. Um die Navier-Stokes-Gleichung annähernd lösen zu können, sind einige mathematische Kenntnisse vonnöten. Die exakte Lösung wird hier nicht gelingen, da die Lösung mittels eines mathematischen Beweises mit einer Million Euro belohnt werden würde, da diese zu den Millennium-Problemen zählt.

Im engeren Sinne, insbesondere in der Physik, ist mit Navier-Stokes-Gleichungen die Impulsgleichung für Strömungen gemeint. Im weiteren Sinne, insbesondere in der numerischen Strömungsmechanik, wird diese Impulsgleichung um die Kontinuitätsgleichung und die Energiegleichung erweitert und bildet dann ein System von nicht linearen partiellen Differentialgleichungen zweiter Ordnung. Dieses ist das grundlegende mathematische Modell der Strömungsmechanik. Insbesondere bilden die Gleichungen Turbulenz und Grenzschichten ab. Eine Entdimensionalisierung der Navier-Stokes-Gleichungen liefert diverse dimensionslose Kennzahlen wie die Reynolds-Zahl oder die Prandtl-Zahl [9].

10.2 Herleitung

Liegt ein Rohr mit konstantem Querschnitt vor, so kann die Geschwindigkeit verzögert oder beschleunigt werden, indem sich der Durchfluss

1 Claude Louis Marie Henri Navier (geboren 10. Februar 1785 in Dijon; gestorben 21. August 1836 in Paris, Abb. 10.1) [26].

2 Sir George Gabriel Stokes, 1. Baronet PRS (geboren 13. August 1819 in Skreen, County Sligo; gestorben 1. Februar 1903 in Cambridge, Abb. 10.2) [39].

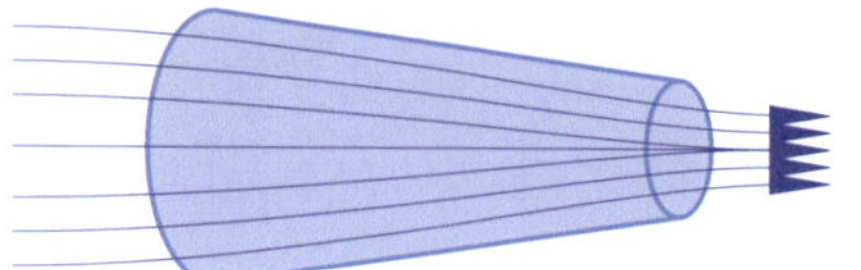

Zwangsläufige Änderung der Geschwnindigkeit bei Ortsänderung: $\vec{v}$ grad $\vec{v}$

Änderung der Geschwnindigkeit über die Zeit: $\frac{\partial \vec{v}}{\partial t}$

Abb. 10.3 Geschwindigkeitsänderung

ändert. Es gilt dann für die Beschleunigung $Q \Longrightarrow a = \frac{dv}{dt} \Longrightarrow \dot{V}$. Es liegt damit eine Abhängigkeit der Zeit vor. Diese Art der Beschleunigung wird als **lokale Beschleunigung** bezeichnet. (Vgl. mit Abb. 10.3).

10

Befindet sich eine Verengung in einem Rohr, so muss die Strömung von der größeren Querschnittfläche A_1 auf die kleinere A_2 beschleunigt werden. Dies sagt die Kontinuitätsgleichung $A_1 \cdot v_1 = A_2 \cdot v_2 = \text{const.}$ aus. Diese Form von Beschleunigung bezeichnet man als **konvektive-** oder **advektive Beschleunigung**.

Definition 10.1

Der Term $\frac{\partial \vec{v}}{\partial t}$ wird als lokale Beschleunigung und $\vec{v}$ grad $\vec{v}$ als konvektive Beschleunigung. bezeichnet. Die Summe aus beiden wird als substantielle Beschleunigung

$$\frac{d\vec{v}}{dt} = \frac{\partial \vec{v}}{\partial t} + \vec{v} \text{ grad } \vec{v} \quad (10.1)$$

bezeichnet.

10.2.1 Kräfte

Das Fluid gerät erst in Bewegung, wenn mehrere verschiedene Kräfte auf dieses einwirken. Alle diese Kräfte wirken in dem Kontrollraum mit der Masse $dm = \varrho\,(dx\,dy\,dz)$. Dazu müssen einige Kräfte genauer untersucht und unterschieden werden.

10.2.1.1 Äußere Kräfte

Eine spezifische Kraft, die von außen auf ein Fluidteilchen wirkt, wird als $\vec{f}$ bezeichnet, bzw. als „äußere Kraft". In Koordinatenschreibweise heißt diese

$$\vec{f} = \begin{pmatrix} f_x \\ f_y \\ f_z \end{pmatrix}. \quad (10.2)$$

Betrachtet man eine spezielle äußere Kraft, die Schwerkraft, und nimmt an, dass die z-Koordinate nach unten gerichtet ist, so ergibt sich für die spezifische Kraft in z-Richtung bzw. daraus die Beschleunigung zu

$$\vec{f} = \begin{pmatrix} f_x \\ f_y \\ f_z \end{pmatrix} \Longrightarrow \begin{pmatrix} 0 \\ 0 \\ g \end{pmatrix}.$$

Als Gedankenexperiment soll eine Wasserflasche dienen, welche mit Wasser gefüllt ist, es ergibt sich dann eine Beschleunigung durch die Erdanziehung in der z-Richtung zu

$$\vec{f} = \begin{pmatrix} f_x \\ f_y \\ f_z \end{pmatrix} = \begin{pmatrix} 0 \\ 0 \\ 9{,}81 \end{pmatrix},$$

wenn die Flasche instationär betrachtet wird. Schüttelt man die Flasche allerdings, so müssen aufgrund der Flüssigkeit auch in x- und y-Richtung Beschleunigungskomponenten vorhanden sein. Dies könnte dann so aussehen:

$$\vec{f} = \begin{pmatrix} f_x \\ f_y \\ f_z \end{pmatrix} = \begin{pmatrix} 1{,}56 \\ -0{,}67 \\ 7{,}87 \end{pmatrix}.$$

10.2.1.2 Druckkräfte

Für die Beschleunigung verantwortlich sind Druckkräfte, welche aufgrund unterschiedlichen Druckes folgen. Es folgt damit die Formalisierung mittels dem Druckgradienten, was bereits in einem anderen Kapitel ausführlicher erklärt wurde. Ein alltägliches Beispiel ist der Wetterbericht. Wind entsteht, wenn die Luft in der Atmosphäre von einem Hochdruckgebiet zu einem

Tiefdruckgebiet strömt. Der betreffende Term sieht dann in Verbindung mittels des Druckgradienten so aus:

$$\frac{1}{\varrho}\,\text{grad}\,p. \tag{10.3}$$

Bei einer dreidimensionalen Strömung ist der Druck noch unter dem Einfluss des von oben eingeführten Vektors der Massenkräfte. In einem sich in Ruhe befindenden Fluid, welches über die Zeit stationär strömt, entspricht der Druck auch $p = \varrho\,g\,h$. Beschleunigt man aber den Behälter, was zu einer instationären Strömung führt, so haben die unterschiedlichen Beschleunigungen Einflüsse auf den Druck. Es wird daher mittels dem dynamischen Druckes gerechnet. Dieser entsteht aus Summe zwischen dem hydrostatischen- und dem Staudruck.

10.2.1.3 Zähigkeitskräfte

Aufgrund innerer Reibung treten zusätzliche Kräfte und Spannungen durch die entstehende Reibung zweier Flüssigkeitsteilchen gegeneinander auf. Diese Spannungen müssen, um eine möglich exakte Beschreibung der Strömung zu erhalten, berücksichtigt werden. Es wird zunächst die Gleichung für die Druckkräfte verwendet:

$$\frac{1}{\varrho}\,\text{grad}\,p \tag{10.4}$$

Der Gradient eines Vektorfeldes der Geschwindigkeit lautet

$$\text{grad}(\vec{v}(x,\,y,\,z)) = \begin{bmatrix} \frac{\partial v_x}{\partial x} & \frac{\partial v_x}{\partial y} & \frac{\partial v_x}{\partial z} \\ \frac{\partial v_y}{\partial x} & \frac{\partial v_y}{\partial y} & \frac{\partial v_y}{\partial z} \\ \frac{\partial v_z}{\partial x} & \frac{\partial v_z}{\partial y} & \frac{\partial v_z}{\partial z} \end{bmatrix}, \tag{10.5}$$

bzw. ähnlich dazu kann die Formulierung mittels der Normal- und Schubspannungen (vgl. auch Kontinuumsmechanik) formuliert werden, zu

$$\text{grad}(\vec{p}(x,\,y,\,z)) = \begin{bmatrix} \frac{\partial \sigma_x}{\partial x} & \frac{\partial \sigma_x}{\partial y} & \frac{\partial \sigma_x}{\partial z} \\ \frac{\partial \tau_{xz}}{\partial x} & \frac{\partial \tau_{yx}}{\partial y} & \frac{\partial \tau_{zx}}{\partial z} \\ \frac{\partial \tau_{xz}}{\partial x} & \frac{\partial \tau_{yz}}{\partial y} & \frac{\partial \tau_{zx}}{\partial z} \end{bmatrix}. \tag{10.6}$$

Betrachtet man nur die Terme auf der Spur der Matrix resultiert daraus durch Null Setzen aller Nebenspannungen $\frac{\partial \sigma_x}{\partial y} = 0$, $\frac{\partial \sigma_x}{\partial z} = 0$, $\frac{\partial \tau_{xz}}{\partial x} = 0$, $\frac{\partial \tau_{zx}}{\partial z} = 0$, $\frac{\partial \tau_{xz}}{\partial x} = 0$, $\frac{\partial \tau_{yz}}{\partial y} = 0$

$$\text{grad}(\vec{p}(x,\,y,\,z)) = \begin{bmatrix} \frac{\partial \sigma_x}{\partial x} & 0 & 0 \\ 0 & \frac{\partial \tau_{yx}}{\partial y} & 0 \\ 0 & 0 & \frac{\partial \tau_{zx}}{\partial z} \end{bmatrix}$$

$$\frac{\partial \sigma_x}{\partial x} + \frac{\partial \tau_{yx}}{\partial y} + \frac{\partial \tau_{zx}}{\partial z} \tag{10.7}$$

Einsetzen in $\frac{1}{\varrho}$ grad p (resultiert aus dem Druckgradienten) lässt

$$\frac{1}{\varrho}\,\text{grad}\,p = \frac{1}{\varrho}\underbrace{\left(\frac{\partial \sigma_x}{\partial x} + \frac{\partial \tau_{yx}}{\partial y} + \frac{\partial \tau_{zx}}{\partial z}\right)}_{\text{Zusatzspannungen durch innere Reibung}} \tag{10.8}$$

folgen. Mit $\tau = \frac{\eta v}{y}$ (Gesetz der Schubspannungen in Abhängigkeit der Zähigkeit) folgt mit der kinematischen Viskosität $\tau = \varrho\,\nu\frac{v}{y}$ und daraus für infinitesimal kleine Fluidteilchen $\tau = \varrho\,\nu\frac{dv}{dy}$. Mit $\tau = \frac{F}{A}$ resultiert schließlich, wenn dies der Bedingung $\frac{1}{\varrho}$ grad p gleich ist,

$$\begin{aligned} \tau &= \frac{F}{A} = \varrho\nu\frac{dv}{dy} \\ &= \frac{1}{\varrho}\left(\frac{\partial \sigma_x}{\partial x} + \frac{\partial \tau_{yx}}{\partial y} + \frac{\partial \tau_{zx}}{\partial z}\right). \end{aligned} \tag{10.9}$$

Für die Fläche A ergibt sich mittels dem Laplace-Operator

$$A = \frac{\partial^2}{\partial x^2} + \frac{\partial^2}{\partial y^2} + \frac{\partial^2}{\partial z^2}, \tag{10.10}$$

10

bzw. durch einsetzen

$$\tau = \frac{F}{A} = \frac{F}{\frac{\partial^2}{\partial x^2} + \frac{\partial^2}{\partial y^2} + \frac{\partial^2}{\partial z^2}} = \varrho\, \nu \frac{dv}{dy}$$
$$= \frac{1}{\varrho}\left(\frac{\partial \sigma_x}{\partial x} + \frac{\partial \tau_{yx}}{\partial y} + \frac{\partial \tau_{zx}}{\partial z}\right). \qquad (10.11)$$

mit: $\frac{\eta}{\nu} = \varrho$ folgt

$$\tau = \frac{dF}{dA} = \frac{dF}{\frac{\partial^2}{\partial x^2} + \frac{\partial^2}{\partial y^2} + \frac{\partial^2}{\partial z^2}}$$
$$= \varrho\, \nu \frac{dv}{dy} = \frac{1}{\frac{\eta}{\nu}}\left(\frac{\partial \sigma_x}{\partial x} + \frac{\partial \tau_{yx}}{\partial y} + \frac{\partial \tau_{zx}}{\partial z}\right)$$
$$= \varrho\, \nu \frac{dv}{dy} = \frac{\nu}{\eta}\left(\frac{\partial \sigma_x}{\partial x} + \frac{\partial \tau_{yx}}{\partial y} + \frac{\partial \tau_{zx}}{\partial z}\right) \qquad (10.12)$$

$$\frac{dF}{\frac{\partial^2}{\partial x^2} + \frac{\partial^2}{\partial y^2} + \frac{\partial^2}{\partial z^2}} = \varrho\, \nu \frac{dv}{dy}$$

$$dF = \frac{\varrho\, \nu}{dy}\left(\frac{\partial^2}{\partial x^2} + \frac{\partial^2}{\partial y^2} + \frac{\partial^2}{\partial z^2}\right) dv$$
$$\int dF = \frac{\varrho\, \nu}{dy}\left(\frac{\partial^2}{\partial x^2} + \frac{\partial^2}{\partial y^2} + \frac{\partial^2}{\partial z^2}\right) \int dv$$
$$F = \nu \left(\frac{\partial^2}{\partial x^2} + \frac{\partial^2}{\partial y^2} + \frac{\partial^2}{\partial z^2}\right) v, \qquad (10.13)$$

wobei $(\frac{\partial^2}{\partial x^2} + \frac{\partial^2}{\partial y^2} + \frac{\partial^2}{\partial z^2})$ der Laplace-Operator Δ ist

$$\left(\frac{\partial^2}{\partial x^2} + \frac{\partial^2}{\partial y^2} + \frac{\partial^2}{\partial z^2}\right) = \Delta; \qquad (10.14)$$

einsetzen

$$F = \nu\, \Delta v. \qquad (10.15)$$

10.2.1.4 Ausdrücke

Zusammenfassend ergeben sich damit folgende Ausdrücke

$$F = \nu\, \Delta v \qquad (10.16)$$

$$\frac{1}{\varrho} \operatorname{grad} p \qquad (10.17)$$

$$\vec{f} = \begin{pmatrix} f_x \\ f_y \\ f_z \end{pmatrix} \qquad (10.18)$$

10.2.2 Impulsgleichung

Werden die zuvor gefundenen Ausdrücke unter Einhaltung des Gleichgewichtes zusammengefasst, ergibt sich die Impulsgleichung

$$\frac{d\vec{v}}{dt} = \vec{f} - \frac{1}{\varrho} \operatorname{grad} p + \nu\, \Delta v. \qquad (10.19)$$

Es können daraus zwei Gleichungen abgeleitet werden. Zum einen durch Weglassen der Zähigkeit die

- **Die Euler-Gleichung:**

$$\frac{d\vec{v}}{dt} = \vec{f} - \frac{1}{\varrho} \operatorname{grad} p. \qquad (10.20)$$

Bzw. bei Betrachtung der Zähigkeit die

- **Die Navier-Stokes-Gleichung:**

$$\frac{d\vec{v}}{dt} = \vec{f} - \frac{1}{\varrho} \operatorname{grad} p + \nu\, \Delta v. \qquad (10.21)$$

Schreibt man alle Terme für die Raumrichtungen aus, erhält man die schlussendliche Form der **Navier-Stokes-Gleichung:**

$$\overrightarrow{f_x} - \frac{1}{\varrho}\frac{\partial p}{\partial x} + \nu\left(\frac{\partial^2 v_x}{\partial x^2} + \frac{\partial^2 v_x}{\partial y^2} + \frac{\partial^2 v_x}{\partial z^2}\right) = v_x\frac{\partial v_x}{\partial x} + v_y\frac{\partial v_x}{\partial y} + v_z\frac{\partial v_x}{\partial z} + \frac{\partial v_x}{\partial t} \tag{10.22}$$

$$\overrightarrow{f_y} - \frac{1}{\varrho}\frac{\partial p}{\partial y} + \upsilon\left(\frac{\partial^2 v_y}{\partial x^2} + \frac{\partial^2 v_y}{\partial y^2} + \frac{\partial^2 v_y}{\partial z^2}\right) = v_x\frac{\partial v_y}{\partial x} + v_y\frac{\partial v_y}{\partial y} + v_z\frac{\partial v_y}{\partial z} + \frac{\partial v_y}{\partial t} \tag{10.23}$$

$$\overrightarrow{f_z} - \frac{1}{\varrho}\frac{\partial p}{\partial z} + \upsilon\left(\frac{\partial^2 v_z}{\partial x^2} + \frac{\partial^2 v_z}{\partial y^2} + \frac{\partial^2 v_z}{\partial z^2}\right) = v_x\frac{\partial v_z}{\partial x} + v_y\frac{\partial v_z}{\partial y} + v_z\frac{\partial v_z}{\partial z} + \frac{\partial v_z}{\partial t} \tag{10.24}$$

wobei die einzelnen Terme

$$\underbrace{\overrightarrow{f_x}}_{\text{Kraft}} - \underbrace{\frac{1}{\varrho}\frac{\partial p}{\partial x}}_{\text{Druck}} + \underbrace{\nu\left(\frac{\partial^2 v_x}{\partial x^2} + \frac{\partial^2 v_x}{\partial y^2} + \frac{\partial^2 v_x}{\partial z^2}\right)}_{\text{Viskosität}} = \underbrace{v_x\frac{\partial v_x}{\partial x} + v_y\frac{\partial v_x}{\partial y} + v_z\frac{\partial v_x}{\partial z}}_{\text{Advektion}} + \frac{\partial v_x}{\partial t} \tag{10.25}$$

bedeuten. Als Advektion bzw. die daraus entstehende Gleichung „Advektionsgleichung", die ebenfalls bereits in einem früheren Kapitel behandelt wurde, beschreibt den Zusammenhang zu der Lagrange'schen Erhaltungsgröße und den damit direkt verbundenen Erhalt der Stoffe bzw. Fluide, entlang einer Stromlinie. Kurz gesagt, beschreibt die Advektion die Bewegung eines Fluides entlang einer Stromlinie. Die äußere Kraft beschreibt den äußeren Einfluss auf ein Fluid, vorwiegend durch die möglich herrschenden Kräfte aus der Hydrostatik. Der Druck und die damit verknüpfe Dichte eines strömenden Fluides beschriebt zum einen die Abhängigkeit der Dichte und vor allem, ob eine inkompressible oder kompressible Strömung vorliegt. In der Hydromechanik liegen immer inkompressible Strömungen (Flüssigkeiten sind annähernd inkompressibel) vor. Die Viskosität ist jener Term, der zwischen der Zähigkeit eines Fluides in Abhängigkeit der Temperatur unterscheidet.

10.2.3 Vergleich mit anderen Gleichungen der Hydrodynamik

Die bereits behandelten Gleichungen von Euler in der Strömungsmechanik sollen noch einmal kurz hergeleitet und der Zusammenhang zwischen Bernoulli-Gleichung, Euler-Gleichung und Navier-Stokes-Gleichung erörtert werden.

10.2.3.1 Euler-Gleichung

Eine ideale Flüssigkeit besitzt keine Zähigkeit: $\eta := 0$. Es treten daher keine Schubspannungen auf: $\tau := 0$ und die Flüssigkeitsteilchen wirken aufeinander nur mit Druckkräften $(p\,dA)$ die normal auf die Kontaktfläche wirken. (vgl. mit ◻ Abb. 10.4). Für die x-Richtung folgt $dF_x = dm\,a_x = dm\,\frac{dv_x}{dt}$ bzw. mittels des Kräftegleichgewichtes

$$\begin{aligned} dF_x &= dF_{x1} - F_{x2} + F_{\text{Res}} \\ &= p_{x1}\,A - (p_{x2}\,A) + F_{\text{Res}} \\ &= p_{x1}\,d_y\,d_z - \left(p_{x2}\,d_y\,d_z\right) + F_{\text{Res}}; \end{aligned} \tag{10.26}$$

mit: $F_{x2} = F_{x1} + \Delta F_x \Longrightarrow p_{x2} = \Delta p + p_{x1} = p_x + \frac{\partial p}{\partial x}\,dx$ und $F_{\text{Res}} = \varrho\,f_x\,dV$ folgt

$$dF_x = p_x\,d_y\,d_z - \left(p_x + \frac{\partial p}{\partial x}\,dx\right)dy\,dz + \varrho\,f_x\,dV. \tag{10.27}$$

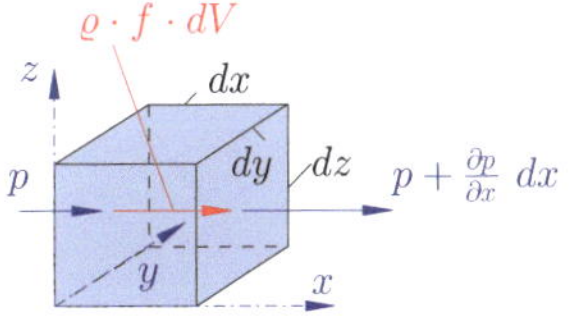

◻ **Abb. 10.4** Volumenstück

10

Durch Gleichsetzen wird

$$
\begin{aligned}
dm\,\frac{dv_x}{dt} &= p_x\,d_y\,d_z \\
&\quad - \left(p_x + \frac{\partial p}{\partial x}\,dx\right) dy\,dz \\
&\quad + \varrho\, f_x\, dV \\
\varrho\, dV\,\frac{dv_x}{dt} &= p_x\,d_y\,d_z - p_x\,dy\,d_z \\
&\quad - \frac{\partial p}{\partial x}\,dx\,dy\,dz + \varrho\, f_x\, dV \\
\varrho\, dV\,\frac{dv_x}{dt} &= -\frac{\partial p}{\partial x}\,dV + \varrho\, f_x\, dV \\
\varrho\,\frac{dv_x}{dt} &= -\frac{\partial p}{\partial x} + \varrho\, f_x \qquad (10.28)
\end{aligned}
$$

wodurch für die x-Richtung

$$\frac{dv_x}{dt} = -\frac{1}{\varrho}\frac{\partial p}{\partial x} + f_x \qquad (10.29)$$

resultiert, und für die anderen Richtungen ergibt sich ident

$$\frac{dv_y}{dt} = -\frac{1}{\varrho}\frac{\partial p}{\partial y} + f_y$$

$$\text{und:} \quad \frac{dv_z}{dt} = -\frac{1}{\varrho}\frac{\partial p}{\partial z} + f_z. \qquad (10.30)$$

Zusammenfassend gilt:

$$\frac{dv_x}{dt} = -\frac{1}{\varrho}\frac{\partial p}{\partial x} + f_x; \qquad (10.31)$$

$$\frac{dv_y}{dt} = -\frac{1}{\varrho}\frac{\partial p}{\partial y} + f_y; \qquad (10.32)$$

$$\frac{dv_z}{dt} = -\frac{1}{\varrho}\frac{\partial p}{\partial z} + f_z. \qquad (10.33)$$

Allgemein gilt (Zusammenfassen aller Koordinatenrichtungen):

$$
\begin{aligned}
&\frac{dv_x}{dt} + \frac{dv_y}{dt} + \frac{dv_z}{dt} \\
&\quad = -\frac{1}{\varrho}\frac{\partial p}{\partial x} + f_x - \frac{1}{\varrho}\frac{\partial p}{\partial y} + f_y \\
&\qquad - \frac{1}{\varrho}\frac{\partial p}{\partial z} + f_z
\end{aligned}
$$

$$\frac{dv}{dt} = -\frac{1}{\varrho}\left(\frac{\partial p}{\partial x} + \frac{\partial p}{\partial y} + \frac{\partial p}{\partial z}\right) + f \qquad (10.34)$$

oder mittels ∇ geschrieben

$$
\begin{aligned}
\frac{dv}{dt} &= -\frac{1}{\varrho}\left(\frac{\partial p}{\partial x} + \frac{\partial p}{\partial y} + \frac{\partial p}{\partial z}\right) + f \\
&= -\frac{1}{\varrho}\,\nabla p + f. \qquad (10.35)
\end{aligned}
$$

10.2.3.2 Übersicht und Unterschiede

Bernoulli-Gleichung: Die Bernoulli-Gleichung in deren einfachster Form beschreibt den Energiezustand eines Fluids unter idealen Voraussetzungen für inkompressible Strömungen und ohne Verluste. Erweitert man die Bernoulli-Gleichung um den Verlustterm, können Reibungsverluste und manche Strömungsverluste eingerechnet werden. Wird die Bernoulli-Gleichung noch um die Dichte erweitert, so kann diese auch für Gase und der Aeromechanik angewendet werden. Es wird immer von stationären Strömungen ausgegangen und von Strömungen in der Ebene. Die Bernoulli-Gleichung beschreibt eine Strömung immer nur durch zwei Punkte, beim einmaligen Ansetzen.

Euler-Gleichung: Die Euler-Gleichung beschreibt die Energie eines Fluidteilchens entlang einer Stromlinie im Raum und vor allem instationär. Es liegt eine Abhängigkeit der Zeit vor. Zusätzlich können bei der Euler-Gleichung bereits äußere Einflüsse der Strömung wie Drücke, Quellen, Senken berücksichtigt werden. Die Euler-Gleichung kann sowohl auf kompressible als auch inkompressible Strömungen angewendet werden.

Navier-Stokes-Gleichungen: Die Navier-Stokes-Gleichungen erweitern die Euler-Gleichungen um den viskosen Term. Damit wird eine Unterscheidung zwischen Fluiden der Rheologie und den Newton'schen Fluiden möglich. Erfahrungsgemäß fließt Öl oder Honig bei tiefen Temperaturen schwerer als bei hohen, es herrscht also eine Temperaturabhängigkeit.

10.3 Formulierung

10.3.1 Formulierung in kartesischen Koordinaten

$$\vec{f_x} - \frac{1}{\varrho}\frac{\partial p}{\partial x} + \nu\left(\frac{\partial^2 v_x}{\partial x^2} + \frac{\partial^2 v_x}{\partial y^2} + \frac{\partial^2 v_x}{\partial z^2}\right) = v_x\frac{\partial v_x}{\partial x} + v_y\frac{\partial v_x}{\partial y} + v_z\frac{\partial v_x}{\partial z} + \frac{\partial v_x}{\partial t} \tag{10.36}$$

$$\vec{f_y} - \frac{1}{\varrho}\frac{\partial p}{\partial y} + \upsilon\left(\frac{\partial^2 v_y}{\partial x^2} + \frac{\partial^2 v_y}{\partial y^2} + \frac{\partial^2 v_y}{\partial z^2}\right) = v_x\frac{\partial v_y}{\partial x} + v_y\frac{\partial v_y}{\partial y} + v_z\frac{\partial v_y}{\partial z} + \frac{\partial v_y}{\partial t} \tag{10.37}$$

$$\vec{f_z} - \frac{1}{\varrho}\frac{\partial p}{\partial z} + \upsilon\left(\frac{\partial^2 v_z}{\partial x^2} + \frac{\partial^2 v_z}{\partial y^2} + \frac{\partial^2 v_z}{\partial z^2}\right) = v_x\frac{\partial v_z}{\partial x} + v_y\frac{\partial v_z}{\partial y} + v_z\frac{\partial v_z}{\partial z} + \frac{\partial v_z}{\partial t} \tag{10.38}$$

$$\underbrace{\vec{f_x}}_{\text{Kraft}} \underbrace{- \frac{1}{\varrho}\frac{\partial p}{\partial x}}_{\text{Druck}} \underbrace{+\nu\left(\frac{\partial^2 v_x}{\partial x^2} + \frac{\partial^2 v_x}{\partial y^2} + \frac{\partial^2 v_x}{\partial z^2}\right)}_{\text{Viskosität}} = \underbrace{v_x\frac{\partial v_x}{\partial x} + v_y\frac{\partial v_x}{\partial y} + v_z\frac{\partial v_x}{\partial z}}_{\text{Advektion}} + \frac{\partial v_x}{\partial t} \tag{10.39}$$

10.3.2 Formulierung in zylindrischen Koordinaten

Man kann, ausgehend von der Formulierung für kartesische Koordinaten, die Navier-Stokes-Gleichungen auch für zylindrische Koordinaten formulieren. Dazu wird für die kartesischen Koordinaten

$$x = r \cdot \cos(\vartheta) \tag{10.40}$$

$$y = r \cdot \sin(\vartheta) \tag{10.41}$$

$$z = z \tag{10.42}$$

eingesetzt. Es folgen dann durch Beachtung der Kettenregeln bei den Ableitungen von

$$\frac{\partial p}{\partial x}; \quad \frac{\partial p}{\partial y}; \quad \frac{\partial p}{\partial z} \tag{10.43}$$

die Navier-Stokes-Gleichungen in zylindrischen Koordinaten zu

$$f_r - \frac{1}{\varrho}\frac{\partial p}{\partial r} + \nu\left(\frac{1}{r}\frac{\partial}{\partial r}\left(r\frac{\partial v_r}{\partial r}\right) + \frac{1}{r^2}\frac{\partial^2 v_r}{\partial \vartheta^2} + \frac{\partial^2 v_r}{\partial z^2} - \frac{v_\vartheta^2}{r}\right) = v_r\frac{\partial v_r}{\partial r} + \frac{v_\vartheta}{r}\frac{\partial v_r}{\partial \vartheta} + v_z\frac{\partial v_r}{\partial z} - \frac{v_\vartheta^2}{r} + \frac{\partial v_r}{\partial t} \tag{10.44}$$

$$f_\vartheta - \frac{1}{\varrho r}\frac{\partial p}{\partial \vartheta} + \nu\left(\frac{1}{r}\frac{\partial}{\partial r}\left(r\frac{\partial v_\vartheta}{\partial r}\right) + \frac{1}{r^2}\frac{\partial^2 v_\vartheta}{\partial \vartheta^2} + \frac{\partial^2 v_\vartheta}{\partial z^2} + \frac{v_r v_\vartheta}{r}\right) = v_r\frac{\partial v_\vartheta}{\partial r} + \frac{v_\vartheta}{r}\frac{\partial v_\vartheta}{\partial \vartheta} + v_z\frac{\partial v_\vartheta}{\partial z} + \frac{v_r v_\vartheta}{r} + \frac{\partial v_\vartheta}{\partial t} \tag{10.45}$$

$$f_z - \frac{1}{\varrho}\frac{\partial p}{\partial z} + \nu\left(\frac{1}{r}\frac{\partial}{\partial r}\left(r\frac{\partial v_z}{\partial r}\right) + \frac{1}{r^2}\frac{\partial^2 v_z}{\partial \vartheta^2} + \frac{\partial^2 v_z}{\partial z^2}\right) = v_r\frac{\partial v_z}{\partial r} + \frac{v_\vartheta}{r}\frac{\partial v_z}{\partial \vartheta} + v_z\frac{\partial v_z}{\partial z} + \frac{\partial v_z}{\partial t} \tag{10.46}$$

Hierbei sind f_r, f_ϑ und f_z die äußeren Kräfte in radialer, azimutaler und axialer Richtung.

10.3.3 Formulierung in Kugelkoordinaten

Man kann, ausgehend von der Formulierung für kartesische Koordinaten die Navier-Stokes-Gleichungen auch für Kugelkoordinaten formulieren. Dazu wird für die kartesischen Koordinaten

$$x = r \cdot \sin(\vartheta) \cdot \cos(\varphi) \tag{10.47}$$

$$y = r \cdot \sin(\vartheta) \cdot \sin(\varphi) \tag{10.48}$$

$$z = z \cdot \cos(\vartheta) \tag{10.49}$$

eingesetzt. Es folgen dann durch Beachtung der Kettenregeln bei den Ableitungen von

$$\frac{\partial p}{\partial x};\quad \frac{\partial p}{\partial y};\quad \frac{\partial p}{\partial z} \tag{10.50}$$

die Navier-Stokes-Gleichungen in Kugelkoordinaten zu

$$\begin{aligned} f_r - \frac{1}{\varrho}\frac{\partial p}{\partial r} + \nu\Bigg(\frac{2}{r}\frac{\partial v_r}{\partial r} + \frac{v_r}{r^2} - \frac{2v_\vartheta^2}{r^2\tan(\vartheta)} \\ - \frac{2v_\varphi^2}{r^2\sin^2(\vartheta)}\Bigg) \\ = v_r\frac{\partial v_r}{\partial r} + \frac{v_\vartheta^2}{r} + \frac{v_\varphi^2}{r\sin^2(\vartheta)} - \frac{v_r v_\vartheta\tan(\vartheta)}{r} \\ - \frac{v_r v_\varphi}{r\sin^2(\vartheta)} + \frac{\partial v_r}{\partial t} \end{aligned} \tag{10.51}$$

$$\begin{aligned} f_\vartheta - \frac{1}{\varrho r}\frac{\partial p}{\partial \vartheta} + \nu\Bigg(\frac{1}{r\sin(\vartheta)}\frac{\partial}{\partial \vartheta}\left(\sin(\vartheta)\frac{\partial v_\vartheta}{\partial \vartheta}\right) \\ + \frac{v_r^2}{r^2} - \frac{v_\vartheta^2}{r^2\tan(\vartheta)} - \frac{2v_\varphi^2}{r^2\sin^2(\vartheta)}\Bigg) \\ = v_r\frac{\partial v_\vartheta}{\partial r} + \frac{v_\vartheta}{r}\frac{\partial v_\vartheta}{\partial \vartheta} + \frac{v_\varphi^2\cos(\vartheta)}{r\sin^2(\vartheta)} \\ - \frac{v_r v_\varphi\cos(\vartheta)}{r\sin^2(\vartheta)} + \frac{\partial v_\vartheta}{\partial t} \end{aligned} \tag{10.52}$$

$$\begin{aligned} f_\varphi - \frac{1}{\varrho r\sin(\vartheta)}\frac{\partial p}{\partial \varphi} + \nu\Bigg(\frac{1}{r\sin(\vartheta)}\frac{\partial}{\partial \varphi}\left(\frac{\partial v_\varphi}{\partial \varphi}\right) \\ + \frac{v_r^2}{r^2} - \frac{v_\vartheta^2}{r^2\tan(\vartheta)}\Bigg) \\ = v_r\frac{\partial v_\varphi}{\partial r} + \frac{v_\vartheta}{r}\frac{\partial v_\varphi}{\partial \vartheta} + \frac{v_\varphi}{r\sin(\vartheta)}\frac{\partial v_\varphi}{\partial \varphi} + \frac{\partial v_\varphi}{\partial t} \end{aligned} \tag{10.53}$$

Hierbei sind f_r, f_ϑ und f_φ die äußeren Kräfte in radialer, azimutaler und axialer Richtung.

10.4 Weiterführende Untersuchungen [70]

10.4.1 Impulsgleichung in Komponenten

Die Navier-Stokes-Gleichungen in Vektorform gelten für alle Koordinatensysteme. Im Folgenden werden zunächst jene in kartesischen Koordinaten angegeben. In diesen Gleichungen stellen $v_{x,y,z}$ und $f_{x,y,z}$ Vektorkomponenten in den räumlichen x-,y- und z-Richtungen dar. Es wird damit ermöglicht, eine Ortsabhängigkeit der Scherviskosität zu erzeugen und diese infolge ihrer Temperaturabhängigkeit und Temperaturschwankungen im Fluid zu berücksichtigen.

$$\begin{aligned} \frac{\partial(\varrho v_x)}{\partial t} + \frac{\partial\left(\varrho v_x^2\right)}{\partial x} + \frac{\partial(\varrho v_x v_y)}{\partial y} + \frac{\partial(\varrho v_x v_z)}{\partial z} \\ = -\frac{\partial p}{\partial x} + \frac{\partial}{\partial x}\left[\mu\left(2\frac{\partial v_x}{\partial x} - \frac{2}{3}(\nabla\cdot\vec{v})\right)\right] \\ + \frac{\partial}{\partial y}\left[\mu\left(\frac{\partial v_x}{\partial y} + \frac{\partial v_y}{\partial x}\right)\right] \\ + \frac{\partial}{\partial z}\left[\mu\left(\frac{\partial v_x}{\partial z} + \frac{\partial v_z}{\partial x}\right)\right] + f_x \end{aligned} \tag{10.54}$$

$$\begin{aligned} \frac{\partial(\varrho v_y)}{\partial t} + \frac{\partial(\varrho v_x v_y)}{\partial x} + \frac{\partial\left(\varrho v_y^2\right)}{\partial y} + \frac{\partial(\varrho v_y v_z)}{\partial z} \\ = -\frac{\partial p}{\partial y} + \frac{\partial}{\partial x}\left[\mu\left(\frac{\partial v_y}{\partial x} + \frac{\partial v_x}{\partial y}\right)\right] \\ + \frac{\partial}{\partial y}\left[\mu\left(2\frac{\partial v_y}{\partial y} - \frac{2}{3}(\nabla\cdot\vec{v})\right)\right] \\ + \frac{\partial}{\partial z}\left[\mu\left(\frac{\partial v_y}{\partial z} + \frac{\partial v_z}{\partial y}\right)\right] + f_y \end{aligned} \tag{10.55}$$

$$\begin{aligned} \frac{\partial(\varrho v_z)}{\partial t} + \frac{\partial(\varrho v_x v_z)}{\partial x} + \frac{\partial(\varrho v_y v_z)}{\partial y} + \frac{\partial\left(\varrho v_z^2\right)}{\partial z} \\ = -\frac{\partial p}{\partial z} + \frac{\partial}{\partial x}\left[\mu\left(\frac{\partial v_z}{\partial x} + \frac{\partial v_x}{\partial z}\right)\right] \\ + \frac{\partial}{\partial y}\left[\mu\left(\frac{\partial v_z}{\partial y} + \frac{\partial v_y}{\partial z}\right)\right] \\ + \frac{\partial}{\partial z}\left[\mu\left(2\frac{\partial v_z}{\partial z} - \frac{2}{3}(\nabla\cdot\vec{v})\right)\right] + f_z \end{aligned} \tag{10.56}$$

10.4.2 Entdimensionalisierung

Im Weiteren können die Navier-Stokes-Gleichungen mittels charakteristischen Maßen, das gesamte Strömungsgebiet für die Länge L, die Geschwindigkeit v_∞ und die Dichte ϱ_∞ entdimensioniert werden. Es entstehen damit folgende Gleichungen

$$\vec{x}^* := \frac{\vec{x}}{L}, \nabla^* := L\nabla, \quad \Delta^* := L^2\Delta,$$
$$\vec{v}^* := \frac{\vec{v}}{v_\infty} \tag{10.57}$$
$$t^* := \frac{v_\infty t}{L}, \quad \varrho^* := \frac{\varrho}{\varrho_\infty}, \quad p^* := \frac{p}{\varrho_\infty v_\infty^2},$$
$$\vec{f}^* := \frac{L\vec{f}}{\varrho_\infty v_\infty^2}. \tag{10.58}$$

Daraus ergibt sich schlussendlich die dimensionslose Impulsgleichung zu

$$\varrho^*\left(\frac{\partial \vec{v}^*}{\partial t^*} + (\vec{v}^* \cdot \nabla^*)\vec{v}^*\right) = -\nabla^* p^* + \frac{1}{Re}\Delta^*\vec{v}^* + \frac{1}{3Re}\nabla^*(\nabla^* \cdot \vec{v}^*) + \vec{f}^*. \tag{10.59}$$

Darin stellt Re die Reynolds-Zahl dar, diese wird nach bereits behandelten Gleichungen durch

$$Re = \frac{L\varrho_\infty v_\infty}{\mu} \tag{10.60}$$

berechnet.

Für Strömungen mit freier Oberfläche enthält die Kraftdichte $\vec{f}^*$ die Froude-Zahl. Die Froude-Zahl stellt das Verhältnis zwischen Schwer- und Trägheitskräften auf.

Die Froude-Zahl ist nach William Froude [37] benannt. Diese lässt sich gemäß

$$Fr = \frac{v}{\sqrt{g \cdot L}} \tag{10.61}$$

berechnen, wobei v die Strömungsgeschwindigkeit, g die Erdbeschleunigung und L die charakteristische Länge ist.

Corollary 10.1
Ergebnisse der Froude-Zahl sind wie folgt zu interpretieren:
- $Fr < 1$: Subkritische Strömung (oder ruhige Strömung), bei der die Auswirkungen der Schwerkraft dominieren und die Strömung durch das Vorhandensein von Oberflächenwellen gekennzeichnet ist.
- $Fr = 1$: Kritische Strömung, die den Übergang zwischen subkritischer und superkritischer Strömung markiert. An diesem Punkt entspricht die Strömungsgeschwindigkeit der Wellengeschwindigkeit, und die Strömung gilt als kritisch.
- $Fr > 1$: Superkritische Strömung, Superkritische Strömung, bei der Trägheitskräfte dominieren und die Strömung durch eine steile, wellige Front gekennzeichnet ist.

10.4.3 Herleitung der Impulsgleichung

10.4.3.1 Chapman-Enskog-Entwicklung

Im Folgenden handelt es sich um eine etwas andere, wesentlich komplexere, allerdings auch mathematisch schönere, Herleitung der Navier-Stokes-Gleichungen bzw. der Impulsgleichungen.

Die Chapman-Enskog-Entwicklung der Boltzmann-Gleichungen der kinetischen Gastheorie führt auf die Navier-Stokes-Gleichungen mit verschwindender Volumenviskosität, also $\zeta = 0$. Sie wurde von Sydney Chapman und David Enskog entwickelt und ist eine systematische Methode zur Berechnung von Transportkoeffizienten in einem Gas aus den Wechselwirkungen zwischen den Teilchen.

Die Chapman-Enskog-Entwicklung basiert auf der Boltzmann-Gleichung, die die statistische Beschreibung des Verhaltens von Teilchen in einem Gas liefert. Ziel ist es, makroskopische Eigenschaften des Gases, wie Viskosität, Wärmeleitfähigkeit und Diffusion, aus den mikroskopischen Wechselwirkungen der Teilchen abzuleiten.

Die Entwicklung erfolgt in Form einer Störungsreihe, wobei der Parameter das Verhältnis der mittleren freien Weglänge der Teilchen zum charakteristischen Makroskala-Abstand ist. Der Prozess ermöglicht die Berechnung von Transportkoeffizienten auf immer höheren Genauigkeitsstufen. Die ersten Glieder der Entwicklung liefern oft ausreichend genaue Ergebnisse für viele Anwendungen.

In der Chapman-Enskog-Entwicklung werden neben den makroskopischen Größen auch höhere Momentfunktionen der Geschwindigkeitsverteilungsfunktion berücksichtigt. Dies ermöglicht eine genauere Beschreibung der Nichtgleichgewichtsphänomene in einem Gas.

Die Boltzmann-Gleichung lautet:

$$\frac{\partial f}{\partial t} + \mathbf{v} \cdot \nabla f = J(f, f). \tag{10.62}$$

Die Chapman-Enskog-Entwicklung geht davon aus, dass die Gaszusammensetzung fast im Gleichgewicht ist, sodass die Verteilungsfunktion f durch eine Maxwell-Boltzmann-Verteilung plus einer kleinen Abweichung repräsentiert werden kann:

$$f = f_0 + \varepsilon f_1. \tag{10.63}$$

Hier ist f_0 die Maxwell-Boltzmann-Verteilung, ε ein kleiner Parameter, der das Nichtgleichgewicht quantifiziert, und f_1 ist die erste Ordnung der Abweichung von der Gleichgewichtsverteilung.

Die Maxwell-Boltzmann-Verteilung f_0 ist gegeben durch

$$f_0 = \frac{n}{(2\pi RT)^{3/2}} e^{-\frac{m|\mathbf{v}|^2}{2RT}}. \tag{10.64}$$

Die Koeffizienten C_1 und C_2 sind mit dem Kollisionsoperator $J(f, f)$ und der Maxwell-Boltzmann-Verteilung f_0 verbunden. Durch Integration der Boltzmann-Gleichung über den Geschwindigkeitsraum und Anwendung der Maxwell-Boltzmann-Verteilung auf die Kollisionsterme kann man diese Koeffizienten berechnen.

$$f_1 = -\frac{1}{n} C_1 \nabla \cdot \mathbf{v} + \frac{1}{2nRT} C_2 \nabla^2 T. \tag{10.65}$$

Die endgültige Form der Chapman-Enskog-Entwicklung für Transportkoeffizienten, wie die Viskosität η kann komplex sein und hängt von den spezifischen Details des betrachteten Gases ab. In der Regel ergibt sich die Viskosität η aus dem Verhältnis von C_1 und C_2.

$$\eta = \frac{5}{16} \frac{n}{\sqrt{\pi}\sigma^2} \sqrt{\frac{RT}{m}}. \tag{10.66}$$

10.4.3.2 Newton'sche Annahme und lineare Viskosität

Aus der Newton'schen Annahme folgt gemäß der Kontinuumsmechanik für die Navier-Stokes-Gleichungen, dass eine lineare Viskosität vorliegt. Die Grundlage für die Viskosität ergibt sich aus Experimenten, die zeigen, dass zum Aufrechterhalten einer Scherströmung eine Kraft erforderlich ist. Diese Kraft entspricht, bezogen auf die betroffene Fläche, einer Schubspannung.

10.4.3.3 Spannungen und Kraftfluss

Neben den Schubspannungen wirken auch noch die Normalspannungen, die mit σ bezeichnet werden, und mittels des Chauchy'schen Spannungstensor (siehe bereits behandeltes Kapitel bzw. aus Band 2 dieser Buchreihe den Teil Kontinuumsmechanik) σ kann man den Spannungszustand zusammenfassen. Seine Divergenz verkörpert gemäß

$$\vec{F} = \int_A \vec{s}\, dA = \int_V \operatorname{div} \sigma\, dV \tag{10.67}$$

den Kraftfluss im Fluid. Die auf die Oberfläche A des Volumens V wirkende Kraft $\vec{F}$, verursacht durch flächenverteilte Kräfte $\vec{s}$, wird durch das Volumenintegral über die Divergenz des Spannungstensors beschrieben. Dieser Beitrag trägt folglich zur substantiellen Beschleunigung bei.

10.4.3.4 Substantielle Beschleunigung

Der Ausdruck „substantielle Beschleunigung“ bezieht sich auf die lokale Beschleunigung eines

Teilchens im betrachteten Kontinuum.

$$\begin{aligned}\dot{\vec{v}} &:= \frac{\partial \vec{v}}{\partial t} + (\vec{v} \cdot \nabla)\vec{v} \\ &= \frac{\partial \vec{v}}{\partial t} + \vec{v} \cdot (\nabla \otimes \vec{v}) \\ &= \frac{\partial \vec{v}}{\partial t} + (\nabla \otimes \vec{v})^{\top} \cdot \vec{v} \\ &= \frac{\partial \vec{v}}{\partial t} + \operatorname{grad}(\vec{v}) \cdot \vec{v} \qquad (10.68)\end{aligned}$$

10.4.3.5 1. Cauchy-Euler'sche Bewegungsgesetz

Es kann hierin auch noch eine volumenverteilte Kraft $\vec{f}$ wie die Schwerkraft, was bereits zu Beginn dieses Kapitels behandelt wurde, auf die einzelnen Fluidelemente wirken. Dadurch ergibt sich mithilfe der Dichte ϱ das erste Cauchy-Euler'sche Bewegungsgesetz:

$$\dot{\hat{v}} = \operatorname{div}\sigma + \vec{f} \qquad (10.69)$$

10.4.3.6 Materialmodelle, Invarianten und Navier-Stokes-Gleichung

Ein newtonsches Fluid überträgt Kräfte sowohl über den Druck im Fluid als auch über Spannungen, die von der räumlichen Änderung der Strömungsgeschwindigkeit abhängen und sich als Viskosität definieren lassen. Die Änderung der Geschwindigkeit wird durch grad$\vec{v}$ zusammengefasst. Bei einer starren Rotation, die durch den schiefsymmetrischen Anteil des Geschwindigkeitsgradienten charakterisiert wird (siehe Kinematik in der Strömungsmechanik), treten keine Spannungen auf. In diesem Kontext spielt der symmetrische Anteil des Geschwindigkeitsgradienten eine entscheidende Rolle, der als Verzerrungsgeschwindigkeitstensor bezeichnet wird.

$$\begin{aligned}\mathbf{d} &:= \frac{1}{2}[\nabla \otimes \vec{v} + (\nabla \otimes \vec{v})^{\top}] \\ &= \frac{1}{2}\begin{pmatrix} 2\frac{\partial v_x}{\partial x} & \frac{\partial v_x}{\partial y} + \frac{\partial v_y}{\partial x} & \frac{\partial v_z}{\partial z} + \frac{\partial v_z}{\partial x} \\ & 2\frac{\partial v_y}{\partial y} & \frac{\partial v_y}{\partial z} + \frac{\partial v_z}{\partial y} \\ \text{sym.} & & 2\frac{\partial v_z}{\partial z}\end{pmatrix}\end{aligned} \qquad (10.70)$$

In einem Materialmodell mit Invarianten (vgl. mit Band 2 dieser Buchreihe, Teil Kontinuumsmechanik) kann der Spannungstensor nur von seiner linearen Hauptinvariante Sp(d) abhängen. Das Materialmodell der klassischen Materialtheorie für das lincar viskose, isotrope Fluid lautet demgemäß

$$\begin{aligned}\sigma &= -p1 + \lambda\,\mathrm{Sp}(\mathbf{d})\mathbf{1} + 2\mu\mathbf{d} \\ &= -p\mathbf{1} + \zeta\,\mathrm{Sp}(\mathbf{d})\mathbf{1} + 2\mu\mathbf{d}^{\mathrm{D}}. \qquad (10.71)\end{aligned}$$

Darin bezeichnet p den (statischen) Druck, 1 den Einheitstensor, Sp die Spur, das hochgestellte D den Deviator, μ die Scherviskosität, λ die erste Lamé-Konstante und $\zeta = \lambda + 2\mu/3$ die Volumenviskosität.

Einsetzen der Divergenz des Spannungstensors in den ersten Cauchy-Euler'sche Bewegungsgesetz liefert schließlich die Navier-Stokes-Gleichungen.

Beweis Dieser Beweis ist ident in [70] zu finden. Im Folgenden geht es nicht darum, den Beweis zu verstehen oder gar folgen zu können, das werden die wenigsten ohne ausreichende Kenntnisse der Mathematik und der Beweisführung machen können, ebenso hat es keinen Einfluss auf die Strömungsmechanik oder Technik, vielmehr soll hier ein Eindruck vermittelt werden, wie man die Probleme der Navier-Stokes-Gleichungen untersucht und wie schnell es zu enormen Schwierigkeiten beim Verständnis kommt. Es handelt sich hierbei nicht ohne Grund um ein Millennium-Problem.

Für den Cauchy-Euler'schen Bewegungsgesetz wird die Divergenz des Spannungstensors unter Ausnutzung von

$$2\mathbf{d} = \nabla \otimes \vec{v} + (\nabla \otimes \vec{v})^{\top} \qquad (10.72)$$

$$\mathrm{Sp}\mathbf{d} = \nabla \cdot \vec{v} \qquad (10.73)$$

und den Ableitungsregeln

$$\nabla \cdot (f1) = \nabla f \qquad (10.74)$$

$$\nabla \cdot (\nabla \otimes \vec{f}) = (\nabla \cdot \nabla)\vec{f} = \Delta \vec{f} \qquad (10.75)$$

$$\nabla \cdot (\nabla \otimes \vec{f})^{\top} = \nabla(\nabla \cdot \vec{f}) \qquad (10.76)$$

siehe Formelsammlung Tensoranalysis, bereitgestellt:

$$\begin{aligned}\nabla\cdot\boldsymbol{\sigma} &= \nabla\cdot[-p\mathbf{1}+\lambda\,\mathrm{Sp}(\mathbf{d})\mathbf{1}+2\mu\mathbf{d}]\\ &= -\nabla p+\lambda\nabla(\nabla\cdot\vec{v})\\ &\quad+\mu\nabla\cdot(\nabla\otimes\vec{v})+\mu\nabla\cdot(\nabla\otimes\vec{v})^\top\\ &= -\nabla p+\mu\Delta\vec{v}+(\lambda+\mu)\nabla(\nabla\cdot\vec{v}).\end{aligned} \tag{10.77}$$

Darin ist Δ der Laplace-Operator. Die Viskositätsparameter sind temperaturabhängig und die Temperatur ist insbesondere in Gasen örtlich variabel, was bei der Divergenzbildung zu berücksichtigen wäre. Das wurde hier (wie üblich) vernachlässigt. So entstehen die Navier-Stokes-Gleichungen

$$\begin{aligned}\varrho\dot{\vec{v}} &= -\nabla p+\mu\Delta\vec{v}\\ &\quad+(\lambda+\mu)\nabla(\nabla\cdot\vec{v})+\vec{f}\end{aligned} \tag{10.78}$$

$$\varrho\dot{\vec{v}} = -\nabla p+\mu\Delta\vec{v}+\vec{f}, \tag{10.79}$$

10

wobei die untere Gleichung Inkompressibilität (mit $\nabla\cdot\vec{v}=0$) voraussetzt. Die Impulsdichte $\vec{m}=\varrho\vec{v}$ berechnet sich mit der Produktregel

$$\frac{\partial\vec{m}}{\partial t}=\frac{\partial(\varrho\vec{v})}{\partial t}=\frac{\partial\varrho}{\partial t}\vec{v}+\varrho\frac{\partial\vec{v}}{\partial t} \tag{10.80}$$

$$\begin{aligned}\nabla\cdot(\vec{v}\otimes\vec{m}) &= \nabla\cdot(\vec{m}\otimes\vec{v})\\ &= (\nabla\cdot\vec{m})\vec{v}+(\vec{m}\cdot\nabla)\vec{v}\end{aligned} \tag{10.81}$$

$$\begin{aligned}\Longrightarrow\quad &\frac{\partial\vec{m}}{\partial t}+\nabla\cdot(\vec{v}\otimes\vec{m})\\ &= \frac{\partial\varrho}{\partial t}\vec{v}+\varrho\frac{\partial\vec{v}}{\partial t}+(\nabla\cdot\vec{m})\vec{v}\\ &\quad+\varrho(\vec{v}\cdot\nabla)\cdot\vec{v}\\ &= \varrho\dot{\vec{v}}\end{aligned} \tag{10.82}$$

Die unterstrichenen Terme entfallen wegen der Kontinuitätsgleichung $\frac{\partial\varrho}{\partial t}+\nabla\cdot(\varrho\vec{v})=0$ und es entsteht die Gleichung für die Impulsdichte:

$$\begin{aligned}&\frac{\partial\vec{m}}{\partial t}+\nabla\cdot(\vec{v}\otimes\vec{m})\\ &= -\nabla p+\mu\Delta\vec{v}+(\lambda+\mu)\nabla(\nabla\cdot\vec{v})+\vec{f}\end{aligned} \tag{10.83}$$

□

10.4.4 Navier-Stokes-Gleichungen für inkompressible Fluide

10.4.4.1 Grundlagen zur Inkompressibilität und den Impulsgleichungen

Liegt eine konstante Dichte vor, wie es ja bekanntlich bei der Hydromechanik der Fall ist, so vereinfacht sich die Kontinuitätsgleichung zur Divergenzfreiheit des Geschwindigkeitsfeldes, da die Machzahl kleiner als 0,3 ist. Es gilt deshalb

$$\nabla\cdot\vec{v}=0. \tag{10.84}$$

Damit kann man die Impulsgleichung (Navier-Stokes-Gleichung) zu

$$\varrho\left(\frac{\partial\vec{v}}{\partial t}+(\vec{v}\cdot\nabla)\vec{v}\right)=-\nabla p+\mu\Delta\vec{v}+\vec{f} \tag{10.85}$$

formulieren. Darin sind die Größen des Druckes p und der Volumenkraft $\vec{f}$ bekannt, welche auf das Einheitsvolumen bezogen sind, mit μ für die dynamische Viskosität, die bisher immer mit η bezeichnet wurde.

Es folgt dadurch ein Differentialgleichungssystem, das durch partielle DGL mit zwei Gleichungen für die zwei Geschwindigkeiten $\vec{v}$ und den Druck p in Abhängigkeit von Ort und Zeit beschrieben wird. Für eine Schließung (Vergleich Kapitel Turbulenz) des Gleichungssystems wird die Energieerhaltung nicht benötigt. Dieser Satz von Gleichungen wird auch als inkompressible Navier-Stokes-Gleichungen mit variabler Dichte bezeichnet.

Theorem 10.1

(Satz für inkompressible Navier-Stokes-Gleichungen mit variabler Dichte) Ein Gleichungssystem, bestehend aus zwei DGL für die Geschwindigkeiten und dem Druck in Abhängigkeit der Zeit und Ort wird als inkompressible Navier-Stokes-Gleichungen mit variabler Dichte beschrieben.

Beweis Wird hier nicht geführt. □

Man kann deshalb durch die Dichte dividieren und in die Operatoren einbinden.

$$\frac{\partial \vec{v}}{\partial t} + (\vec{v} \cdot \nabla)\vec{v} = -\nabla \overline{p} + \nu \Delta \vec{v} + \overline{\vec{f}} \tag{10.86}$$

In dieser Gleichung steht $\overline{p} = p/\varrho$ für den Quotienten aus Druck und Dichte $\overline{\vec{f}} = \vec{f}/\varrho$. Es handelt sich dabei um die Schwerebeschleunigung. Hierin bedeutet ν die bereits kennengelernte kinematische Viskosität $\nu = \mu/\varrho$.

Es handelt sich bei diesen Navier-Stokes-Gleichungen um die gebräuchlichste Form in der Realität und heißen genau: Navier-Stokes-Gleichungen für inkompressible Strömungen, oftmals werden sie aber auch klassisch als Navier-Stokes-Gleichungen bezeichnet.

10.4.4.2 Impulsgleichung bei Inkompressibilität in Komponenten

Wie bereits erwähnt wurde, gilt die Vektorform der Gleichungen in jedem Koordinatensystem. Man kann mithilfe dieser Form auch die Komponentengleichungen der Navier-Stokes-Gleichungen für das kartesische, zylindrische oder sphärische Koordinatensystem angeben, wie bereits in einem vorgehenden Abschnitt gezeigt wurde.

In einem kartesischen xyz-System gilt also

$$\varrho \frac{\mathrm{D}v_x}{\mathrm{D}t} = -\frac{\partial p}{\partial x} + \mu \Delta v_x + f_x \tag{10.87}$$

$$\varrho \frac{\mathrm{D}v_y}{\mathrm{D}t} = -\frac{\partial p}{\partial y} + \mu \Delta v_y + f_y \tag{10.88}$$

$$\varrho \frac{\mathrm{D}v_z}{\mathrm{D}t} = -\frac{\partial p}{\partial z} + \mu \Delta v_z + f_z \tag{10.89}$$

$$\frac{\mathrm{D}}{\mathrm{D}t} = \frac{\partial}{\partial t} + v_x \frac{\partial}{\partial x} + v_y \frac{\partial}{\partial y} + v_z \frac{\partial}{\partial z}. \tag{10.90}$$

Der Operator $\frac{D}{Dt}$ steht für die substantielle Ableitung. In Zylinderkoordinaten (r, φ, z) lauten die Gleichungen:

$$\varrho\left(\frac{\mathrm{D}v_R}{\mathrm{D}t} - \frac{v_\varphi^2}{R}\right) = -\frac{\partial p}{\partial R} + \mu\left(\Delta v_R - \frac{v_R}{R^2} - \frac{2}{R^2}\frac{\partial v_\varphi}{\partial \varphi}\right) + f_R \tag{10.91}$$

$$\varrho\left(\frac{\mathrm{D}v_\varphi}{\mathrm{D}t} + \frac{v_R v_\varphi}{R}\right) = -\frac{1}{R}\frac{\partial p}{\partial \varphi} + \mu\left(\Delta v_\varphi - \frac{v_\varphi}{R^2} + \frac{2}{R^2}\frac{\partial v_R}{\partial \varphi}\right) + f_\varphi \tag{10.92}$$

$$\varrho \frac{\mathrm{D}v_z}{\mathrm{D}t} = -\frac{\partial p}{\partial z} + \mu \Delta v_z + f_z \tag{10.93}$$

$$\frac{\mathrm{D}}{\mathrm{D}t} = \frac{\partial}{\partial t} + v_R \frac{\partial}{\partial R} + \frac{1}{R} v_\varphi \frac{\partial}{\partial \varphi} + v_z \frac{\partial}{\partial z} \tag{10.94}$$

In Kugelkoordinaten (r, φ, ϑ) lauten die Gleichungen:

$$\varrho\left(\frac{\mathrm{D}v_r}{\mathrm{D}t} - \frac{v_\varphi^2 + v_\vartheta^2}{r}\right) = -\frac{\partial p}{\partial r} + \mu\left[\Delta v_r - \frac{2}{r^2}\left(v_r + \frac{\partial v_\vartheta}{\partial \vartheta} + v_\vartheta \cot\vartheta + \frac{1}{\sin\vartheta}\frac{\partial v_\varphi}{\partial \varphi}\right)\right] + f_r \tag{10.95}$$

$$\varrho\left(\frac{\mathrm{D}v_\varphi}{\mathrm{D}t} + \frac{v_r v_\varphi + v_\varphi v_\vartheta \cot\vartheta}{r}\right) = -\frac{1}{r\sin\vartheta}\frac{\partial p}{\partial \varphi} + \mu\left[\Delta v_\varphi + \frac{1}{r^2\sin^2\vartheta}\left(-v_\varphi + 2\frac{\partial v_r}{\partial \varphi} + 2\frac{\partial v_\vartheta}{\partial \varphi}\cos\vartheta\right)\right] + f_\varphi \tag{10.96}$$

$$\varrho\left(\frac{\mathrm{D}v_\vartheta}{\mathrm{D}t} + \frac{v_r v_\vartheta - v_\varphi^2 \cot\vartheta}{r}\right) = -\frac{1}{r}\frac{\partial p}{\partial \vartheta} + \mu\left[\Delta v_\vartheta + \frac{2}{r^2}\left(\frac{\partial v_r}{\partial \vartheta} - \frac{v_\vartheta}{\sin^2\vartheta} - \frac{\cos\vartheta}{r^2\sin^2\vartheta}\frac{\partial v_\varphi}{\partial \varphi}\right)\right] + f_\vartheta \tag{10.97}$$

$$\frac{\mathrm{D}}{\mathrm{D}t} = \frac{\partial}{\partial t} + v_r \frac{\partial}{\partial r} + \frac{v_\varphi}{r\sin\vartheta}\frac{\partial}{\partial \varphi} + \frac{v_\vartheta}{r}\frac{\partial}{\partial \vartheta} \tag{10.98}$$

10.4.5 Navier-Stokes-Gleichungen für kompressible Fluide

Anschließend werden die Navier-Stokes-Gleichungen für kompressible Fluide behandelt, obwohl dies Thema der Aerodynamik ist. Der Vollständigkeit halber soll diese Lösung aber trotzdem kurz angesprochen werden.

Bemerkung 10.1 (Gleichungssatz für die kompressiblen Navier-Stokes-Gleichungen)
Es folgt an Satz von Gleichungen, der aus folgenden Gleichungen besteht:
- Massenerhaltung;
- Impulsbilanz;
- Energiebilanz und
- Zustandsgleichung.

10.4.5.1 Massenerhaltung

Die Kontinuitätsgleichung entspricht der Massenerhaltung. Sie kann deshalb über die Impulsdichte $\vec{m} = \varrho \vec{v}$ formuliert werden, zu

$$\frac{\partial \varrho}{\partial t} + \nabla \cdot \vec{m} = 0. \tag{10.99}$$

10.4.5.2 Impulserhaltung

$$\begin{aligned} \varrho \dot{v}_i &:= \partial_t m_i + \sum_{j=1}^{3} \partial_{x_j} m_i v_j \\ &= -\partial_{x_i} p + \sum_{j=1}^{3} \partial_{x_j} S_{ij} + f_i \\ &(i = 1, 2, 3) \end{aligned} \tag{10.100}$$

Hierin kann man Gebrauch vom Kronecker-Delta δ_{ij} (sollte bereits aus der Kontinuumsmechanik, Band 2 dieser Buchreihe bekannt sein) machen. Zusätzlich kann man

$$\begin{aligned} S_{ij} &= \mu(\partial_{x_j} v_i + \partial_{x_i} v_j) + \lambda \delta_{ij} \sum_{k=1}^{3} \partial_{x_k} v_k \\ &(i, j = 1, 2, 3) \end{aligned} \tag{10.101}$$

als Reibtensor oder **viskoser Spannungstensor** definieren. Hierin ist μ erneut die dynamische Viskosität, λ die erste Lamé-Konstante (vgl. Band 2 dieser Buchreihe, Kapitel Zug- und Druckbeanspruchung). f_i beschreibt die i-te Komponente des Volumenkraftvektors. In alternativer, koordinatenfreien Schreibweise lautet die Impulsbilanz

$$\begin{aligned} \varrho \dot{\vec{v}} &= \frac{\partial \vec{m}}{\partial t} + \nabla \cdot (\vec{v} \otimes \vec{m}) \\ &= \nabla \cdot (-p\mathbf{1} + \mathbf{S}) + \vec{f}, \end{aligned} \tag{10.102}$$

wobei

$$\begin{aligned} \mathbf{S} &= \mu\big[(\nabla \otimes \vec{v})^\top + \nabla \otimes \vec{v}\big] + \lambda(\nabla \cdot \vec{v})\mathbf{1} \\ &= 2\mu\mathbf{d} + \lambda\,\mathrm{Sp}(\mathbf{d})\mathbf{1} \end{aligned} \tag{10.103}$$

der viskose Spannungstensor, d der Verzerrungsgeschwindigkeitstensor, der symmetrische Anteil des Geschwindigkeitsgradienten $(\nabla \otimes \vec{v})^\top$ ist und die Spur $\mathrm{Sp}(\mathbf{d}) = \nabla \cdot \vec{v}$ besitzt, $-p\mathbf{1} + \mathbf{S} = \boldsymbol{\sigma}$ der Spannungstensor, 1 der Einheitstensor und $\otimes$ das dyadische Produkt ist.

10.4.5.3 Energieerhaltung

Die Energiebilanz an einem infinitesimal kleinem Fluidteilchen lautet

$$\begin{aligned} \partial_t \varrho E + \nabla \cdot (H\vec{m}) = \nabla \cdot (\mathbf{S} \cdot \vec{v} - \vec{W}) + q \\ - \varrho \vec{v} \cdot \vec{g}; \end{aligned} \tag{10.104}$$

wobei $\vec{g}$ die Schwerebeschleunigung und

$$H = E + \frac{p}{\varrho} \tag{10.105}$$

die Enthalpie pro Einheitsmasse ist. Der Wärmefluss $\vec{W}$ kann mittels des Wärmeleitkoeffizienten κ (vgl. Band 5 dieser Buchreihe) als

$$\vec{W} = -\kappa \nabla T \tag{10.106}$$

geschrieben werden.

10.4.5.4 Zustandsgleichung

Für die Lösung des Gleichungssystems, bestehend aus fünf Unbekannten muss noch eine weitere Gleichung gefunden werden. Die Zustandsgleichung. Diese lautet

$$p = (\gamma - 1)\varrho\left(E - \frac{1}{2}|\mathbf{v}|^2 - h|\vec{g}|\right). \tag{10.107}$$

Die thermodynamischen Größen Dichte, Druck und Temperatur sind durch das ideale Gasgesetz verbunden, das ebenfalls in Band 5 dieser Buchreihe hergeleitet und angewendet wird.

$$T = \frac{p}{\varrho R} \quad \text{und} \quad e = \int_{T_0}^{T} c_v(\tau) \qquad (10.108)$$

In der realen Anwendung wird meist von einem perfekten Gaszustand ausgegangen, mit der spezifischen Wärmekapazität c_v. Es wird dann vereinfacht zu

$$e = c_v T = \frac{RT}{\gamma - 1} = \frac{p}{\varrho \cdot (\gamma - 1)}. \qquad (10.109)$$

Aus der Thermodynamik kann man dann den Zusammenhang zwischen Isentropenexponent γ und der Gaskonstante R durch die spezifischen Wärmekoeffizienten für konstanten Druck c_p bzw. Volumen c_v zu $\gamma = \frac{c_p}{c_v}$ und $R = c_p - c_v$ finden.

10.5 Lösungsansätze [70]

10.5.1 Theoretische Lösung

Eine allgemeine Lösung der Navier-Stokes-Gleichungen ist bis heute nicht gelungen. Es wurden alleinig einzelne Spezialfälle gelöst. Als Beispiel ist hier der bereits behandelte Spezialfall der Anwendung der Navier-Stokes-Gleichungen für inkompressible Strömungen zu nennen, die im Wesentlichen durch den Mathematiker Pierre-Louis Lions[3] gelöst wurden. Bisher ist nur eine allgemeine Lösung für den zweidimensionalen Fall durch Olga Alexandrowna Ladyschenskaja, Roger Temam und Ciprian Foias gelungen, nicht jedoch für den dreidimensionalen Fall, da hier einige fundamentale Einbettungssätze für sogenannte Sobolevräume (Die Sobolev-Räume, oder sind mathematische Räume, die in der Funktionalanalysis und der Theorie partieller Differentialgleichungen verwendet werden. Sie sind nach dem russischen Mathematiker Sergei Sobolev benannt, der sie in den 1930er Jahren einführte. Sobolev-Räume spielen eine entscheidende Rolle bei der Untersuchung der Eigenschaften von Funktionen und Lösungen von Differentialgleichungen.) nicht mehr eingesetzt werden können.

Die Untersuchung der Existenz- und Eindeutigkeitsaussagen für die Navier-Stokes-Gleichungen im dreidimensionalen Fall, insbesondere bei speziellen, kleinen Anfangsdaten oder in verschiedenen zeitlichen Rahmenbedingungen, ist von grundlegender Bedeutung, vor allem im Kontext schwacher Lösungen. Jean Leray behandelte den Fall schwacher Lösungen der Navier-Stokes-Gleichungen auch in drei Dimensionen im Jahr 1934. Leray zeigte, dass die von ihm eingeführten schwachen Lösungen in zwei Dimensionen kein pathologisches Verhalten (keine Divergenz oder blow up in endlicher Zeit) aufweisen und somit global in der Zeit existieren.

Jedoch haben spätere Untersuchungen von Tristan Buckmaster und Vlad Vicol gezeigt, dass bei einer anderen Art von schwachen Lösungen, die schwächer sind als die Definition von Leray, die Navier-Stokes-Gleichungen in drei Dimensionen pathologisches Verhalten aufzeigen können, insbesondere Mehrdeutigkeiten. Dies hebt die Feinheiten und Herausforderungen bei der Untersuchung der Navier-Stokes-Gleichungen hervor, insbesondere wenn schwächere Lösungskonzepte verwendet werden.

Das ungelöste mathematische Problem, einen allgemeinen Existenzbeweis für inkompressible Strömungen in drei Dimensionen zu führen, zählt gemäß dem Clay Mathematics Institute zu den herausragendsten offenen mathematischen Fragestellungen. Dieses Problem reflektiert die Komplexität und die bedeutenden Herausforderungen, die mit der Untersuchung von inkompressiblen Strömungen in einem dreidimensionalen Raum verbunden sind.

In der realen Anwendung gelangt man meist nur zu einer analytischen Lösung, wenn man Modell und Randbedingungen stark vereinfacht. Das Problem bei der Lösung besteht in der Nichtlinearität der konvektiven Beschleunigung $(\vec{v} \cdot \nabla)\vec{v}$. Nützlich ist hierbei die Darstellung mithilfe der Vortizität $\vec{\omega} = \nabla \times \vec{v} = \text{rot } \vec{v}$

$$(\vec{v} \cdot \nabla)\vec{v} = \frac{1}{2}\nabla(\|\vec{v}\|)^2 - \vec{v} \times \vec{\omega}. \qquad (10.110)$$

3 Pierre-Louis Lions (geboren 11. August 1956 in Grasse, Frankreich) ist ein französischer Mathematiker [77].

Geschlossene, analytische Lösungen werden meist nur gefunden, wenn der zweite Term in der Gleichung verschwindet. Dies ist dann der Fall, wenn angenommen wird, dass sich bei dreidimensionalen Strömungen die Wirbel entlang einer Stromlinie ausbilden, so wie auch der erste Helmholtz'sche Wirbelsatz (siehe Kapitel Turbulenz) es sagt, also für $\vec{\omega} \parallel \vec{v}$. Diese Annahme trifft aber nicht für alle realen Strömungen zu und ist deshalb in vielen Fällen unbrauchbar. Eine analytische Lösung mit $\vec{\omega} \perp \vec{v}$ liegt im Hamel-Oseenscher-Wirbel-Wirbel vor.

Die Navier-Stokes-Gleichungen spielen eine zentrale Rolle in der numerischen Mathematik, deren Theorie sich auf die Existenz und Eindeutigkeit von Lösungen konzentriert. In den meisten Fällen existieren jedoch keine geschlossenen Lösungsformeln. Ein bedeutendes Anwendungsgebiet dieser Gleichungen liegt im Bereich der numerischen Strömungsmechanik oder Computational Fluid Dynamics (CFD). Dieser Teilbereich widmet sich speziell der Entwicklung und Umsetzung numerischer Näherungsverfahren für die Navier-Stokes-Gleichungen. Dabei steht die effiziente Konstruktion von numerischen Lösungen im Vordergrund, um komplexe Strömungsphänomene in verschiedenen Anwendungsgebieten präzise zu simulieren und zu verstehen.

10.5.2 Numerische Lösung

Bei der numerischen Lösung bedient man sich der Numerik und der numerischen Strömungsmechanik. Als Diskretisierungen werden Finite-Differenzen-, Finite-Elemente- und Finite-Volumen-Verfahren verwendet.

Ein einfaches Modell zur Simulation von Flüssigkeiten, das im hydrodynamischen Limit die Navier-Stokes-Gleichung erfüllt, ist das FHP-Modell. Dessen Weiterentwicklung führt auf die Lattice-Boltzmann-Methoden, die besonders im Kontext der Parallelisierung zur Ausführung auf Supercomputern attraktiv sind.

10.6 Übungen

Übungsbeispiel 10.1

Wie lautet die Grundgleichung für die lokale Beschleunigung und wie entsteht diese?

Lösung

$$\frac{\partial \vec{v}}{\partial t} \tag{10.111}$$

Wird ein Rohr mit konstantem Querschnitt durchströmt und die Geschwindigkeit bzw. Beschleunigung durch den Durchfluss gesteuert, so spricht man von lokaler Beschleunigung.

Übungsbeispiel 10.2

Wie lautet die Grundgleichung für die advektive bzw. konvektive Beschleunigung und wie entsteht diese?

Lösung

$$\vec{v} \operatorname{grad} \vec{v}. \tag{10.112}$$

Wird ein Rohr mit variablem Querschnitt durchströmt und die Geschwindigkeit bzw. Beschleunigung durch die Querschnittänderungen gesteuert, so spricht man von konvektiver bzw. advektiver Beschleunigung.

Übungsbeispiel 10.3

Wie wird die substantielle Beschleunigung berechnet?

Lösung
Aus der Summe aus lokaler und advektiver Beschleunigung.

$$\frac{d\vec{v}}{dt} = \frac{\partial \vec{v}}{\partial t} + \vec{v} \operatorname{grad} \vec{v} \tag{10.113}$$

Übungsbeispiel 10.4

Wie entstehen spezifische äußere Kräfte und wie kann man diese berechnen?

Lösung
Durch beispielsweise Beschleunigungen der Flüssigkeiten. Diese können durch

$$\vec{f} = \begin{pmatrix} f_x \\ f_y \\ f_z \end{pmatrix} \tag{10.114}$$

berechnet werden.

Übungsbeispiel 10.5

Wie werden Druckkräfte berechnet?

Lösung

$$\frac{1}{\varrho} \text{ grad } p. \tag{10.115}$$

Übungsbeispiel 10.6

Was sind Zähigkeitskräfte und warum müssen diese bedacht werden, bei der Herleitung, der Navier-Stokes-Gleichungen?

Lösung
Aufgrund innerer Reibung treten zusätzliche Kräfte und Spannungen durch die entstehende Reibung zweier Flüssigkeitsteilchen gegeneinander auf. Diese Spannungen müssen, um eine möglich exakte Beschreibung der Strömung zu erhalten, berücksichtigt werden.

Übungsbeispiel 10.7

Wie können Zähigkeitskräfte berechnet werden?

Lösung

$$F = \nu \, \Delta v \tag{10.116}$$

Übungsbeispiel 10.8

Geben Sie einen Überblick über die Gleichungen der Kräfte, die bei der Herleitung der Navier-Stokes-Gleichungen bedacht werden müssen!

Lösung

$$F = \nu \, \Delta v \tag{10.117}$$

$$\frac{1}{\varrho} \text{ grad } p \tag{10.118}$$

$$\vec{f} = \begin{pmatrix} f_x \\ f_y \\ f_z \end{pmatrix} \tag{10.119}$$

Übungsbeispiel 10.9

Wie erhält man die Impulsgleichung?

Lösung
Werden die Ausdrücke, unter Einhaltung des Gleichgewichtes, der einzelnen äußeren Kräfte, zusammengefasst, ergibt sich die Impulsgleichung zu

$$\frac{d\vec{v}}{dt} = \vec{f} - \frac{1}{\varrho} \textbf{grad } p + \nu \, \Delta v. \tag{10.120}$$

Übungsbeispiel 10.10

Wie lautet die Euler-Gleichung und woraus kann diese abgelesen werden?

Lösung
Aus der Impulsgleichung. Es folgt

$$\frac{d\vec{v}}{dt} = \vec{f} - \frac{1}{\varrho} \text{ grad } p \tag{10.121}$$

10

Übungsbeispiel 10.11

Wie lautet die Kurzform der Navier-Stokes-Gleichung und woraus entsteht diese?

Lösung

Die Navier-Stokes-Gleichung ist die Impulsgleichung. Es handelt sich um die Euler-Gleichung, bei zusätzlicher Betrachtung der Zähigkeitskräfte.

$$\frac{d\vec{v}}{dt} = \vec{f} - \frac{1}{\varrho}\,\mathrm{grad}\,p + \nu\,\Delta v \qquad (10.122)$$

Übungsbeispiel 10.12

Benennen Sie die einzelnen Teile der Navier-Stokes-Gleichung!

Lösung

$$\underbrace{\vec{f_x}}_{\text{Kraft}} - \underbrace{\frac{1}{\varrho}\frac{\partial p}{\partial x}}_{\text{Druck}} \underbrace{+\nu\left(\frac{\partial^2 v_x}{\partial x^2} + \frac{\partial^2 v_x}{\partial y^2} + \frac{\partial^2 v_x}{\partial z^2}\right)}_{\text{Viskosität}}$$
$$= \underbrace{v_x\frac{\partial v_x}{\partial x} + v_y\frac{\partial v_x}{\partial y} + v_z\frac{\partial v_x}{\partial z}}_{\text{Advektion}} + \frac{\partial v_x}{\partial t} \qquad (10.123)$$

Übungsbeispiel 10.13

Wie lautet die Euler-Gleichung, mit ausgeschriebenen Gradienten, aber unter Verwendung des Laplace-Operators?

Lösung

$$\frac{dv}{dt} = -\frac{1}{\varrho}\left(\frac{\partial p}{\partial x} + \frac{\partial p}{\partial y} + \frac{\partial p}{\partial z}\right) + f$$
$$= -\frac{1}{\varrho}\nabla p + f \qquad (10.124)$$

Übungsbeispiel 10.14

Geben Sie einen Überblick über die Unterschiede zwischen der Bernoulli-, Euler- und Navier-Stokes-Gleichung, ohne Gleichungen angeschrieben!

Lösung

Bernoulli-Gleichung: Die Bernoulli-Gleichung, in deren einfachster Form, beschreibt den Energiezustand eines Fluids unter idealen Voraussetzungen für inkompressible Strömungen und ohne Verluste. Erweitert man die Bernoulli-Gleichung um den Verlustterm, so können Reibungsverluste und manche Strömungsverluste eingerechnet werden. Wird die Bernoulli-Gleichung noch mit der Dichte erweitert, kann diese auch auf Gase und in der Aeromechanik angewendet werden. Es wird immer von stationären Strömungen ausgegangen und von Strömungen in der Ebene. Die Bernoulli-Gleichung beschreibt eine Strömung immer nur durch zwei Punkte, beim einmaligem Ansetzen. Bei Betrachtung mittels Bernoulli interessiert einem nur die Strömung an den untersuchten Punkten, beispielsweise 1 und 2, was zwischen diesen Punkten passiert, ist egal, entscheidend ist alleinig der Zustand in 1 und 2.

Euler-Gleichung: Die Euler-Gleichung beschreibt die Energie eines Fluidteilchens entlang einer Stromlinie im Raum und vor allem instationär. Es liegt eine Abhängigkeit der Zeit vor. Zusätzlich können bei der Euler-Gleichung bereits äußere Einflüsse der Strömung wie Drücke, Quellen, Senken berücksichtigt werden. Die Euler-Gleichung kann sowohl auf kompressible als auch inkompressible Strömungen angewendet werden.

Navier-Stokes-Gleichungen: Die Navier-Stokes-Gleichungen erweitern die Euler-Gleichungen um den viskosen Term. Damit wird eine Unterscheidung zwischen Fluiden der Rheologie und den Newton'schen Fluiden möglich. Erfahrungsgemäß fließt Öl oder Honig bei tiefen Temperaturen schwerer als bei hohen, es herrscht also eine Temperaturabhängigkeit.

Übungsbeispiel 10.15

Wie findet man ausgehend von den Navier-Stokes-Gleichungen in kartesischen Koordinaten die Navier-Stokes-Gleichungen in zylindrischen Koordinaten?

Lösung
Man kann, ausgehend von der Formulierung für kartesische Koordinaten, die Navier-Stokes-Gleichungen auch für zylindrische Koordinaten formulieren. Dazu wird für die kartesischen Koordinaten

$$x = r \cdot \cos(\vartheta) \tag{10.125}$$

$$y = r \cdot \sin(\vartheta) \tag{10.126}$$

$$z = z \tag{10.127}$$

eingesetzt. Es folgen dann durch Beachtung der Kettenregeln bei den Ableitungen von

$$\frac{\partial p}{\partial x}; \quad \frac{\partial p}{\partial y}; \quad \frac{\partial p}{\partial z} \tag{10.128}$$

die Navier-Stokes-Gleichungen in zylindrischen Koordinaten.

Übungsbeispiel 10.16

Welche Eigenschaften liegen bei inkompressiblen Strömungen in Bezug auf die Navier-Stokes-Gleichungen vor?

Lösung
Liegt eine konstante Dichte vor, wie es ja bekanntlich bei der Hydromechanik der Fall ist, so vereinfacht sich die Kontinuitätsgleichung zur Divergenzfreiheit des Geschwindigkeitsfeldes, da die Machzahl kleiner als 0,3 ist. Es gilt deshalb

$$\nabla \cdot \vec{v} = 0. \tag{10.129}$$

Übungsbeispiel 10.17

Wie findet man ausgehend von den Navier-Stokes-Gleichungen in kartesischen, Koordinaten die Navier-Stokes-Gleichungen in Kugelkoordinaten?

Lösung
Man kann, ausgehend von der Formulierung für kartesische Koordinaten die Navier-Stokes-Gleichungen auch für Kugelkoordinaten formulieren. Dazu wird für die kartesischen Koordinaten

$$x = r \cdot \sin(\vartheta) \cdot \cos(\varphi) \tag{10.130}$$

$$y = r \cdot \sin(\vartheta) \cdot \sin(\varphi) \tag{10.131}$$

$$z = z \cdot \cos(\vartheta) \tag{10.132}$$

eingesetzt. Es folgen dann durch Beachtung der Kettenregeln bei den Ableitungen von

$$\frac{\partial p}{\partial x}; \quad \frac{\partial p}{\partial y}; \quad \frac{\partial p}{\partial z} \tag{10.133}$$

die Navier-Stokes-Gleichungen in Kugelkoordinaten.

Übungsbeispiel 10.18

Beschreiben Sie das Gleichungssystem, dass sich für inkompressiblen Strömungen in Bezug auf die Navier-Stokes-Gleichungen ergibt.

Lösung
Es folgt dadurch ein Differentialgleichungssystem, das durch partielle DGL mit zwei Gleichungen für die zwei Geschwindigkeiten $\vec{v}$ und den Druck p in Abhängigkeit von Ort und Zeit beschrieben wird. Für eine Schließung (Vergleich Kapitel Turbulenz) des Gleichungssystems wird die Energieerhaltung nicht benötigt. Dieser Satz von Gleichungen wird auch als inkompressible Navier-Stokes-Gleichungen mit variabler Dichte bezeichnet.

10

Übungsbeispiel 10.19

Wie lautet der Satz für inkompressible Navier-Stokes-Gleichungen mit variabler Dichte?

Lösung
Ein Gleichungssystem, bestehend aus zwei DGL für die Geschwindigkeiten und dem Druck in Abhängigkeit der Zeit und Ort wird als inkompressible Navier-Stokes-Gleichungen mit variabler Dichte beschrieben.

Übungsbeispiel 10.20

Aus welchen Gleichungen besteht ein Gleichungssatz für die kompressiblen Navier-Stokes-Gleichungen?

Lösung
- Massenerhaltung;
- Impulsbilanz;
- Energiebilanz und
- Zustandsgleichung.

Übungsbeispiel 10.21

Mit welcher bekannten Gleichung kann man die Massenerhaltung, bei Untersuchung der kompressiblen Navier-Stokes-Gleichungen bestimmen?

Lösung

$$\frac{\partial \varrho}{\partial t} + \nabla \cdot \vec{m} = 0. \tag{10.134}$$

Übungsbeispiel 10.22

Worin liegt die Schwierigkeit bei der allgemeinen Lösung der Navier-Stokes-Gleichungen?

Lösung
Eine allgemeine Lösung der Navier-Stokes-Gleichungen ist bis heute nicht gelungen. Es wurden alleinig einzelne Spezialfälle gelöst. Als Beispiel ist hier der bereits behandelte Spezialfall der Anwendung der Navier-Stokes-Gleichungen für inkompressible Strömungen zu nennen.

Übungsbeispiel 10.23

Wann werden vorwiegend geschlossene, analytische Lösungen der Navier-Stokes-Gleichungen gefunden?

Lösung
Geschlossene, analytische Lösungen werden meist nur gefunden, wenn der zweite Term in der Gleichung verschwindet.

Übungsbeispiel 10.24

Was besagt der Helmholtz-Wirbelsatz?

Lösung
Es wird angenommen, dass sich bei dreidimensionalen Strömungen die Wirbel entlang einer Stromlinie ausbilden.

Turbulenz

Inhaltsverzeichnis

A. Huber, *Technische Mechanik 4 - Hydromechanik*,
https://doi.org/10.1007/978-3-662-69231-8_11

Sie lernen hier…

- Grundlagen der Turbulenz kennen.
- Eigenschaften von Turbulenz kennen.
- Reynold'sche Zelregungssätze anwenden.
- Schließungssätze kennen.
- Turbulenzmodelle anwenden.
- die lineare Stabilitätstheorie kennen.
- Fluiddynamische Grenzschichttheorie kennen.

Zitat

Wenn ich in den Himmel kommen sollte, erhoffe ich Aufklärung über zwei Dinge: Quantenelektrodynamik und Turbulenz. Was den ersten Wunsch betrifft, bin ich ziemlich zuversichtlich.

Horace Lamb

11.1 Was ist Turbulenz

Turbulenz ist ein Maß für eine Unregelmäßigkeit. Bei einer turbulenten Strömung untersucht man also die unregelmäßigen Strömungen. Wie bereits im Laufe des Buches mehrmals erwähnt wurde, ist die Strömungsform von der Reynolds-Zahl abhängig. Wird ein kritischer Bereich überschritten (2320) folgt eine turbulente Strömung anstatt einer laminaren. Turbulente Strömungen sind gekennzeichnet durch Wirbelbewegungen und Verwirbelungen sowie Unregelmäßigkeiten der Strömung.

Ein charakteristisches Merkmal einer turbulenten Strömung ist, dass sie auf verschiedenen Skalen stattfindet, es gibt kleinere als auch große Wirbel innerhalb einer Strömung.

Die turbulente Strömungsform ist gekennzeichnet durch ein dreidimensionales Strömungsfeld mit einer zeitlich und räumlich scheinbar zufällig variierenden Komponente [92].

11.2 Eigenschaften von turbulenten Strömungen [92]

Turbulente Strömungen sind durch einige Eigenschaften gekennzeichnet. Diese können unterteilt werden, wie folgt

- **Ähnlichkeit der Wirbel:** Ein Wirbelstrum ist mehrere Kilometer groß, hingegen die kleinsten Wirbel nur wenige Millimeter groß sind.
- **schwer vorhersehbare raumzeitliche Struktur:** Winde und Strömungen schwanken sehr stark mit der Umgebung. Wie genau diese Schwankungen aber sind, kann man nur schwer vorhersehen.
- **Abhängigkeit der Anfangsbedingungen:** Beispiel Coandă Effekt (folgend)
- **Abhängigkeit der Randbedingungen:** Beispiel Riblets (folgend)

Turbulenz kann durch mehrere charakteristische Merkmale definiert werden:

- **Zufälligkeit des Strömungszustandes:** Turbulenz ist durch die Unvorhersehbarkeit von Richtung und Geschwindigkeit der Strömung gekennzeichnet. Die genaue Entwicklung der Strömung ist praktisch nicht vorhersagbar, obwohl statistische Methoden, die auf dem Konzept des deterministischen Chaos basieren, eine gewisse Vorhersagbarkeit bieten können.
- **Diffusivität:** Ein entscheidendes Merkmal von Turbulenz ist die starke und schnelle Durchmischung von Fluiden. Dieser Vorgang wird oft als „Konvektion" oder „Verwirbelung" bezeichnet. Im Gegensatz zur langsamen molekularen Diffusion erfolgt die Durchmischung aufgrund der turbulenten Bewegungen in der Strömung.
- **Dissipation**: Turbulenz geht mit einer kontinuierlichen Umwandlung von kinetischer Energie in Wärme einher. Diese Dissipation erstreckt sich über verschiedene Skalen, wobei größere Wirbelstrukturen kinetische Energie an kleinere Strukturen übertragen. Dieser Prozess wird als „Energiekaskade" bezeichnet. Damit turbulente Strömungen aufrechterhalten bleiben, muss kontinuierlich Energie von außen zugeführt werden.

- **Nichtlinearität**: Die Entstehung von Turbulenz ist mit der Nichtlinearität der Strömungsdynamik verbunden. Wenn Nichtlinearitäten an Einfluss gewinnen, wird ein laminarer Fluss instabil. Mit zunehmender Nichtlinearität können verschiedene Instabilitäten aufeinanderfolgen, bevor sich schließlich volle Turbulenz entwickelt.

Insgesamt zeigt Turbulenz ein komplexes Zusammenspiel von physikalischen Phänomenen, das auf mehreren Ebenen, von mikroskopisch kleinen Skalen bis zu makroskopischen Strömungsmustern, beobachtet werden kann.

11.2.1 Coandă Effekt [27]

Der Coandă-Effekt beschreibt das Phänomen, bei dem ein Fluid, dazu neigt, einem gekrümmten Oberflächenverlauf zu folgen, anstatt sich in gerader Linie fortzusetzen. Dieses Phänomen tritt aufgrund der viskosen Haftung des Strömungsmediums an der Oberfläche auf.

- Entstehung
- **Viskose Haftung**: Durch die viskose Haftung strömt ein Fluid entlang der Oberfläche und strömt nicht von ihr ab.
- **Krümmung der Oberfläche:** Die Oberfläche muss konkav sein, wie es bei der Unterseite eines Löffels der Fall ist, dies kann man auch der folgenden CFD-Analyse entnehmen.

- Anwendungen:

Der Coandă-Effekt wird beispielsweise bei Flugzeugen zur Steuerung des Luftstroms, in Belüftungssystemen zur Richtungssteuerung von Luftströmungen oder in industriellen Anwendungen zur gezielten Lenkung von Flüssigkeiten verwendet.

11

Methode: Lösung durch SolidWorks – CFD 11.1

Im Folgenden wird eine CFD-Analyse durchgeführt, in welcher der Coandă Effekt nachzuweisen ist. Dazu wird ein beliebiges Modell mit einer konkaven Oberfläche verwendet.

Pos.	Bild	Erklärung
1		Modell zeichnen und neue Strömungssimulationsstudie erstellen.
2	**Geschwindigkeitsparameter** Definiert durch: 3D-Vektor Geschwindigkeit in X-Richtung: 0 m/s Geschwindigkeit in Y-Richtung: 0 m/s Geschwindigkeit in Z-Richtung: 10 m/s **Turbulenzparameter**	Es handelt sich hierbei um eine externe Studie. Als Fluid wird Wasser gewählt. Die Anströmgeschwindigkeit wird hier mit 10 m/s eingegeben.

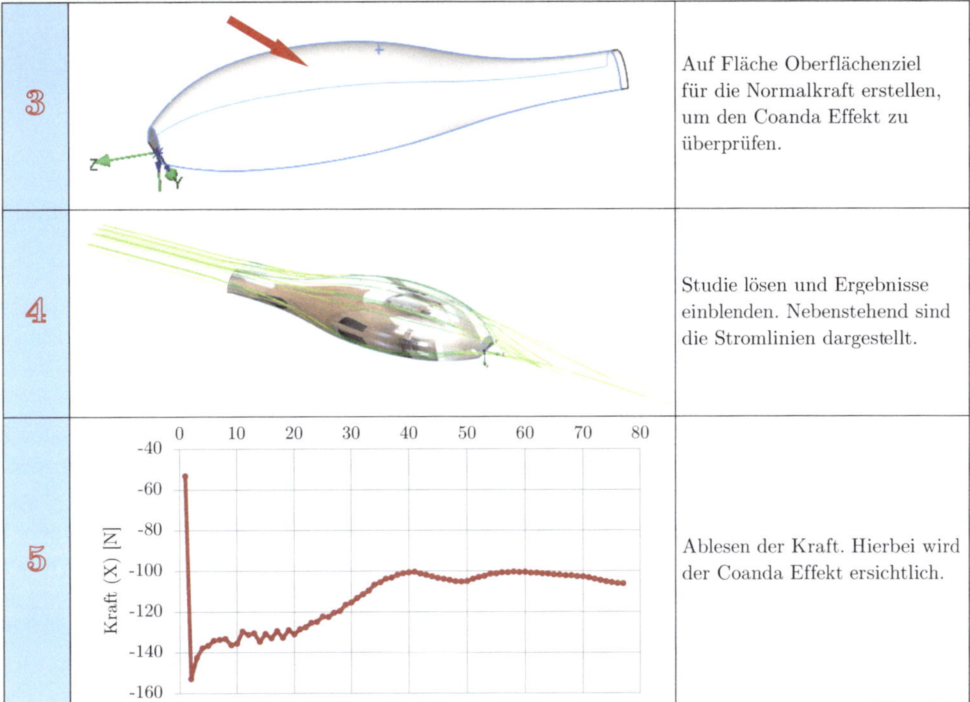

Schritt	Abbildung	Beschreibung
3		Auf Fläche Oberflächenziel für die Normalkraft erstellen, um den Coanda Effekt zu überprüfen.
4		Studie lösen und Ergebnisse einblenden. Nebenstehend sind die Stromlinien dargestellt.
5		Ablesen der Kraft. Hierbei wird der Coanda Effekt ersichtlich.

11.2.2 Riblet [83]

Riblets sind winzige längliche Strukturen, die auf Oberflächen angebracht werden, um die Strömungseigenschaften zu beeinflussen. Diese Mikrostrukturen sind normalerweise in Form von länglichen Rillen oder Rippen ausgeführt. Zu vergleichen sind diese mit den Dimpeln eines Golfballs.

Anwendungen finden diese vor allem in der Aerodynamik (Luftfahrt) bei Fliegern. Mittels diesen kann der Kraftstoffverbrauch verringert werden, indem man den Luftwiderstand mindert.

Die feinen Rillen auf den Haifischschuppen (und auf der künstlichen Haifischhaut) behindern die Querbewegungen der Wirbel in der turbulenten Strömung. Auf diese Weise lässt sich die Wandreibung im Laborexperiment um bis zu 10 % vermindern, in technischen Anwendungen werden Widerstandsverminderungen um ca. 8 % erreicht.

Die mikroskopisch feinen Rillen auf den Schuppen von Haien, sowie auf künstlicher Haifischhaut, wirken als Störungen für die Querbewegungen der Wirbel in einer turbulenten Strömung. Diese Haifischhaut diente als Vorlage für die Riblets.

Die Riblets beeinflussen die Strömungsdynamik, indem sie den turbulenten Austausch von Impuls und Masse behindern. Durch diese gezielte Beeinträchtigung der Wirbelbewegungen wird der Reibungswiderstand, den die Strömung normalerweise an der Oberfläche verursacht, effektiv verringert.

11.2.3 Unterscheidung Laminare- und Turbulente Strömung (Stabilitätstheorie)

Das bisher verwendete Unterscheidungskriterium in Bezug auf die kritische Reynolds-Zahl 2320 für die Strömungsform gilt auch weiterhin. Bei der Reynold'schen Ähnlichkeitstheorie handelt es sich daher um einen wichtigen Schwerpunkt der Turbulenztheorie. Dieser Umschlag zwischen Turbulent und Laminar wird auch als **Stabilitätstheorie** bezeichnet.

Man untersucht dabei sogenannte **Tollmien-Schlichting-Wellen** aufgrund von der **Kelvin-Helmholtz-Instabilität**

11.3 Reynold'sche Zerlegungstheorie [27]

Um turbulente Strömungen beschreiben zu können, werden diese zerlegt. Dazu wird die Geschwindigkeit und der Druck (Feldgrößen der Turbulenz) in einen **gemittelten Term** und einer **statistischen Fluktuation** unterteilt. Dies nennt man Reynold'sche Zerlegung. Man hält

$$u(x,t) = \overline{u(x)} + u'(x,t) \tag{11.1}$$

fest. Darin bezeichnet man $\overline{u(x)}$ als zeitlichen Mittelwert. Man kann diese Zerlegung verwenden, um turbulente Strömungen mittels der Navier-Stokes-Gleichungen zu beschreiben. Wendet man dort die Reynoldsche Zerlegung an, dann erhöht man die **Reynoldsgleichungen**. Dies zieht aber den Nachteil mit sich, dass man zusätzliche Unbekannte erhält, nämlich die **Reynolds-Spannungen**. Dies führt zu einem neuen Problem. Man hat mehr Unbekannte als Gleichungen. Um all die Unbekannten bestimmen zu können, benötigt man sogenannte **Schließungsansätze**.

11.4 Unterteilung der Turbulenz

11.4.1 Isotrope Turbulenz [49]

Isotrope Turbulenz ist eine Form von Turbulenz, bei der die statistischen Eigenschaften der Fluktuationen in einer Strömung in alle Raumrichtungen gleich sind. Das bedeutet, dass unabhängig von der Richtung, in der man in der Strömung misst, die gleichen turbulenten Eigenschaften auftreten. In isotroper Turbulenz sind die Geschwindigkeitsfluktuationen in x-, y- und z-Richtungen statistisch äquivalent.

Beispiel 11.1 (Isotrope Turbulenz)

Die Strömung hinter einem Turbulenzgitter ist annähernd isotrop.

Es gilt also

$$\overline{u'^2} = \overline{w'^2} = \overline{v'^2}. \tag{11.2}$$

Damit ergibt sich die Tatsache (vergleichbar mit den Invarianten des Spannungstensors aus der Kontinuumsmechanik, Band 2), dass die Rotation des Koordinatensystems keinen Einfluss mehr hat. Es handelt sich um Invarianten. Somit müssen die Spannungen aus den Reynoldsgleichungen (Reynolds-Spannungen) in allen Raumrichtungen gleich groß sein, zu den folgenden Gleichungen.

- **Normalspannungen:**

$$\tau_{ii} = -\varrho\overline{u'^2} = -\varrho\overline{w'^2} = -\varrho\overline{v'^2} = \text{const.} \tag{11.3}$$

- **Schubspannungen:**

$$\tau_{ij} = -\varrho\overline{u'v'} = -\varrho\overline{u'w'} = -\varrho\overline{v'w'} = 0. \tag{11.4}$$

11.4.2 Homogene Turbulenz [48]

Homogene Turbulenz beschreibt turbulente Strömungen, bei denen die statistischen Eigenschaften der Fluktuationen überall im Strömungsfeld und in allen Raumrichtungen gleich sind. Das bedeutet, dass die turbulente Struktur nicht von einem bestimmten Punkt im Raum oder einer bestimmten Richtung abhängt. In homogener Turbulenz sind die turbulenten

Beispiel 11.2 (Homogene Turbulenz)

Die Strömung beim Passieren des Turbulenzgitters ist annähernd homogen.

Eigenschaften, wie Geschwindigkeitsfluktuationen und Wirbelstrukturen, räumlich und in allen Richtungen gleich verteilt.

Homogene Turbulenz wird oft als ideales Konzept betrachtet und dient als nützliche Annäherung, insbesondere in theoretischen und numerischen Studien. In der Realität wird die Homogenität oft durch äußere Einflüsse wie Wände oder Grenzschichten gestört. Die Untersuchung homogener Turbulenz ermöglicht dennoch wichtige Erkenntnisse über die grundlegenden Charakteristika von turbulenten Strömungen und erleichtert die mathematische Modellierung in verschiedenen Anwendungen der Strömungsmechanik.

Es liegt eine Translationsinvarianz vor, dies bedeutet, dass die mittleren Geschwindigkeitsschwankungen überall im Strömungsfeld gleich verteilt sind. Es liegt keine Rotationsinvarianz vor.

Für die Reynoldschen Normalspannungen folgt

$$\overline{u'^2} = C_1 = \text{const.} \tag{11.5}$$

$$\overline{w'^2} = C_2 = \text{const.} \tag{11.6}$$

$$\overline{v'^2} = C_3 = \text{const.} \tag{11.7}$$

11.4.3 Scherturbulenz

Scherturbulenz entsteht in Strömungen, in denen Scherkräfte auf das Strömungsmedium wirken. Diese Scherkräfte resultieren aus Geschwindigkeitsgradienten innerhalb des Fluids, beispielsweise durch unterschiedliche Geschwindigkeiten in verschiedenen Schichten einer Strömung. Die Scherturbulenz ist typisch für viele natürliche und technische Strömungen.

Charakteristisch für die Scherturbulenz sind Wirbel und Verwirbelungen in der Strömung, die durch die Scherkräfte erzeugt werden. Diese Verwirbelungen können von kleinen Skalen bis zu größeren Wirbelstrukturen reichen und führen zu einer Zunahme der turbulenten Intensität in der Strömung.

11.5 Wichtige Begriffe

11.5.1 Turbulente Dissipation

Turbulente Dissipation bezieht sich auf den Prozess, bei dem kinetische Energie in einer turbulenten Strömung in kleinere Skalen umgewandelt und schließlich in Wärmeenergie dissipiert wird. Dieser Prozess ist ein wesentlicher Bestandteil der turbulenten Energiekaskade, bei der Energie von größeren Wirbelstrukturen zu kleineren Skalen übertragen wird, bis sie schließlich aufgrund von Viskosität in Wärme umgewandelt wird.

11.5.1.1 Energiekaskade

In turbulenten Strömungen wird Energie von größeren Wirbeln auf kleinere Skalen übertragen. Dieser Prozess setzt sich fort, bis die kinetische Energie auf Längenskalen trifft, die durch die Viskosität des Fluids gedämpft werden können.

11.5.1.2 Skaleninteraktion

Turbulente Strömungen weisen verschiedene Skalen von Wirbeln auf, von großen Wirbelstrukturen bis zu kleineren, hochfrequenten Strukturen. Die Wechselwirkungen zwischen diesen Skalen führen zu einer ständigen Umwandlung und Übertragung von Energie.

11.5.1.3 Bedeutung in der Strömungsmechanik

Die turbulente Dissipation ist ein wichtiger Aspekt bei der Modellierung von turbulenten Strömungen in der Strömungsmechanik. Sie beeinflusst die Energieverteilung und spielt eine Rolle in der Wärmeübertragung und der Strömungsdynamik.

Die Untersuchung der turbulenten Dissipation ist relevant für die Vorhersage und Optimierung von Strömungsverhalten in Strömungsmechanischen Modellen.

11.5.2 Turbulenzlänge

Definition 11.1 (Turbulenzlänge)
Die Turbulenzlänge repräsentiert die charakteristische Größe der Wirbelstrukturen oder Turbulenzelemente in einer turbulenten Strömung. Sie gibt an, in welchem Abstand sich typische Wirbel in der Strömung wiederholen.

11.5.3 Turbulenzintensität

Definition 11.2 (Turbulenzintensität)
Die Turbulenzintensität ist ein Maß für die Stärke der turbulenten Schwankungen in einer Strömung im Verhältnis zur mittleren Strömungsgeschwindigkeit.

Diese wurde bereits im Kapitel Hydrodynamik behandelt.

11

11.5.4 Wirbelstärke

Definition 11.3 (Wirbelstärke)
Unter Wirbelstärke versteht man die Intensität oder die Größe von Wirbeln in einer Strömung.

Man kann die Wirbelstärke auf unterschiedliche Weisen darstellen.

- Größe der Wirbel: Man kann dies durch den Durchmesser des Wirbels oder die charakteristische Länge des Wirbels darstellen.
- Üblich ist aber die Darstellung über die Rotationsgeschwindigkeit. Eine höhere Rotationsgeschwindigkeit weist auf eine stärkere Wirbelstärke hin.
- Auch die kinetische Energie kann ein Maß für die Stärke eines Wirbels sein.
- Ein weiteres Maß für die Wirbelstärke stellt die Vortizität dar (folgend).

11.5.5 Vortizität

Die Vortizität ist ein zentrales Konzept in der Strömungsmechanik und beschreibt die lokale Rotationsrate eines Fluids. Sie ist mit der Drehung oder Rotation von Fluidelementen in einer Strömung verbunden. Die Vortizität ($\boldsymbol{\omega}$) ist ein Vektorfeld und wird mathematisch durch den Vektor des Rotors (Wirbels) der Geschwindigkeitsvektorfeldes $\boldsymbol{u}$ ausgedrückt:

$$\boldsymbol{\omega} = \nabla \times \mathbf{u}. \tag{11.8}$$

Die Vortizität beschreibt folgende Tatsachen:

- **Skalare Vortizität:** Der Betrag der Vortizität wird als skalare Vortizität bezeichnet und repräsentiert die Stärke der lokalen Drehung, unabhängig von der Richtung.
- **Vektorielle Vortizität:** Da die Vortizität ein Vektorfeld ist, gibt sie nicht nur die Stärke, sondern auch die Richtung der Rotation an.

11.6 Schließungssätze

Die Schließungssätze ermöglichen die Lösung der Reynoldsgleichungen, da man dort mehr Unbekannte als Gleichungen besitzt. Es gibt dabei mehrere Schließungssätze, im Folgenden wird nur einer, jener der Prandtl'schen Mischungsweghypothese genauer untersucht.

Prandtl'sche Mischungsweghypothese [81]

Die Mischweghypothese wurde erstmals von Ludwig Prandtl untersucht. Es wird eine Mischungsweglänge definiert. Diese kann maximal so lang wie die Dicke der Scherschicht sein. Man kann die Mischungsweglänge mittels der Gleichung

$$l_m^2 = l \cdot \sqrt{(\Delta y)^2} \tag{11.9}$$

beschreiben. Auf diese Weise erhält man die 1. Prandtl'sche Mischungswegformel für die turbulente Schubspannung

$$\tau = \varrho l_m^2 \left| \frac{\partial \overline{u}}{\partial y} \right| \frac{\partial \overline{u}}{\partial y}. \tag{11.10}$$

Geht man davon aus, dass die Mischungsweglänge konstant ist, so ändert sich die Reynolds-Spannung proportional zum Quadrat der gemittelten Strömungsgeschwindigkeit. Es folgt dann für die Wirbelzähigkeit

$$\varepsilon_m = l_m^2 \left| \frac{d\overline{u}}{dy} \right|. \tag{11.11}$$

Methode: Lösung durch SolidWorks – CFD 11.2

Untersuchen Sie an einem Tragflügel die Schnittdarstellungen folgender Größen, bei einer Anströmgeschwindigkeit von 70 m/s.

- Turbulenzlänge
- Geschwindigkeit
- Wirbelstärke
- Turbulente Dissipation

Um eine geeignete Stelle, zur Darstellung (dort, wo viele Wirbel vorliegen) zu finden, verwenden Sie die Stromlinien.

Pos.	Bild	Erklärung
1		Modell zeichnen und neue Strömungssimulationsstudie erstellen.
2		Es handelt sich hierbei um eine externe Studie. Als Fluid wird Luftgewählt. Die Anströmgeschwindigkeit wird hier mit 70 m/s eingegeben. Die nebenstehenden Flügelflächen werden mit eier lokalen Netzverfeinerung mit Stufe 4 versehen. Das Globale Netz wird auf Stufe 3 gestellt.
3		Stromlinien, zum finden einer starken Verwirbelungsstelle. Im folgenden werden die Schnittdarstellungen an der markierten Stelle angezeigt.

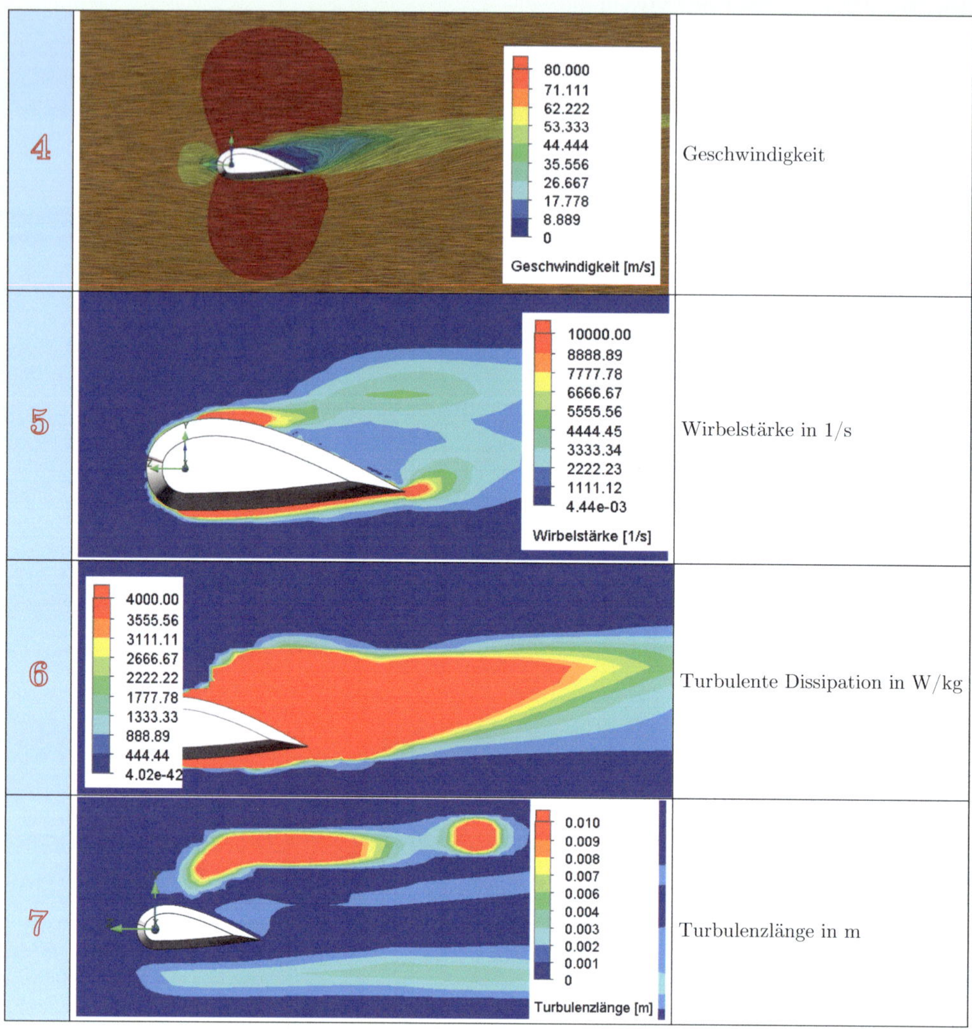

11.7 Turbulenzmodelle

Turbulenzmodelle sind mathematische Beschreibungen oder numerische Ansätze, die verwendet werden, um den Einfluss von Turbulenz in strömenden Medien zu modellieren. Turbulenzmodelle sind vor allem in der numerischen Strömungsmechanik unumgänglich. Man unterscheidet unterschiedliche Modelle, die im Folgenden der Reihe nach abgearbeitet werden.

Im Gegensatz zu den RANS-Modellen (Reynolds-Averaged Navier-Stokes) löst LES (Large Eddy Simulation) nur die großen turbulenten Strukturen auf, während kleinere Skalen durch Subgittermodelle dargestellt werden. Sie werden für Simulationen mit hochauflösenden Gittern verwendet.

11.7.1 Statistische Modellierung [93]

Die wichtigste Modellierungsstrategie ist die Reynolds Averaged Navier Stokes (RANS) Modellierung. Man unterteilt in der turbulenten Strömung den Druck p und die Geschwindigkeit u_i in einen Mittelwert und eine Varianz.

- **Mittelwert:** $\overline{x}$
- **Varianz:** $\overline{x}'$

Führt man diese Bezeichnungen in die Navier-Stokes-Gleichungen ein, so folgen die Reynoldsgemittelten Navier-Stokes-Gleichungen.

11.7.1.1 Reynoldsgemittelten Navier-Stokes-Gleichungen (RANS-Gleichungen) [82]

Bei diesen Gleichungen werden die bereits bekannten Navier-Stokes-Gleichungen vereinfacht. Es werden die Varianz und der Mittelwert für den Druck und die Geschwindigkeit eingesetzt.

$$u_i = \bar{u}_i + u'_i; \tag{11.12}$$

$$p = \bar{p} + p'. \tag{11.13}$$

Zusätzlich werden aber Dichte und Viskositätsschwankungen vernachlässigt. Es folgt

$$\frac{\partial \varrho}{\partial t} = 0 \Leftrightarrow \varrho = \text{const.} \tag{11.14}$$

$$\frac{\partial \eta}{\partial t} = 0 \Leftrightarrow \eta = \text{const.} \tag{11.15}$$

Setzt man diese beiden Bedingungen in die Navier-Stokes-Gleichung ein, folgen die Reynoldsgemittelten Navier-Stokes-Gleichungen, zu

$$\varrho \frac{\partial u_i}{\partial t} + \varrho\left(\frac{\partial u_i u_j}{\partial x_j}\right) = f_i - \frac{\partial p}{\partial x_i} + \eta \frac{\partial}{\partial x_j}\left(\frac{\partial u_i}{\partial x_j} + \frac{\partial u_j}{\partial x_i}\right). \tag{11.16}$$

Man kann dies noch mittels der Einstein'schen Summenkonvention (diese wurde bereits in Band 2, in der Kontinuumsmechanik verwendet) anschreiben, wodurch sich

$$\varrho \frac{\partial \bar{u}_i}{\partial t} + \varrho\left(\frac{\partial \bar{u}_i \bar{u}_j}{\partial x_j}\right) = \bar{f}_i - \frac{\partial \bar{p}}{\partial x_i} + \frac{\partial}{\partial x_j}\left(\eta\left(\frac{\partial \bar{u}_i}{\partial x_j} + \frac{\partial \bar{u}_j}{\partial x_i}\right) - \varrho \underbrace{\overline{u'_i u'_j}}_{\text{RST}}\right) \tag{11.17}$$

ergibt. Darin stellt RST den Reynolds-Spannungstensor dar.

11.7.1.2 Reynolds-Spannungstensor

Aus den eben hergeleiteten RANS-Gleichungen kann man den Reynolds-Spannungstensor ableiten. Dieser lautet

$$-\tau_{ij} = \varrho\, \overline{u'_i u'_j} = \varrho \begin{pmatrix} \overline{u'_1 u'_1} & \overline{u'_1 u'_2} & \overline{u'_1 u'_3} \\ \overline{u'_2 u'_1} & \overline{u'_2 u'_2} & \overline{u'_2 u'_3} \\ \overline{u'_3 u'_1} & \overline{u'_3 u'_2} & \overline{u'_3 u'_3} \end{pmatrix}. \tag{11.18}$$

Vergleicht man dies mit den bekannten Spannungstensoren aus der Kontinuumsmechanik, fällt schnell auf, dass es sich bei den Diagonalelementen um die Normalspannungen handelt und bei den übrigen Elementen der Matrix um die Schubspannungen.

Corollary 11.1 (Reynolds-Spannungsgleichungen)
Leitet man aus der Matrix

$$-\tau_{ij} = \varrho \begin{pmatrix} \overline{u'_1 u'_1} & \overline{u'_1 u'_2} & \overline{u'_1 u'_3} \\ \overline{u'_2 u'_1} & \overline{u'_2 u'_2} & \overline{u'_2 u'_3} \\ \overline{u'_3 u'_1} & \overline{u'_3 u'_2} & \overline{u'_3 u'_3} \end{pmatrix}. \tag{11.19}$$

die einzelnen Gleichungen ab, so ergeben sich die Gleichungen für die einzelnen Spannungen. Da es sich aber um kein geschlossenes Gleichungssystem handelt, kommt es bei der Lösung zu deutlichen Schwierigkeiten. Dies stellt eines der komplexesten Themen der Mathematik dar.[1] Da dies meist nicht analytisch möglich ist, bedient man sich an unterschiedlichen Modellen, wie: Null-, Ein- und Zweigleichungsmodellen sowie Schließungsansätzen 2. Ordnung.

1 Vgl. auch mit der Lösung der Navier-Stokes-Gleichungen.

11.7.1.3 Lösung des Reynolds-Spannungstensor mithilfe von Wirbelviskositätsmodelle

Bei Wirbelviskositätsmodellen werden die Komponenten des Reynolds'schen Spannungstensor gelöst, indem man diesen durch die Näherung von Boussinesq (nach Joseph Boussinesq) approximiert. Man stellt eine Analogie her, zwischen den Reynolds-Spannungen und den durch die molekulare Viskosität hervorgerufenen Spannungen.

$$\varrho\overline{u_i'u_j'} = -\mu_t\left(\frac{\partial\bar{u}_i}{\partial x_j} + \frac{\partial\bar{u}_j}{\partial x_i}\right) + \frac{2}{3}\varrho k\delta_{ij}. \tag{11.20}$$

Hierin bedeutet:

ϱ ... Dichte

$\overline{u_i}$ ... gemittelte Geschwindigkeit

μ_t ... turbulente Wirbelviskosität

k ... kinetische Energie der Turbulenz

δ_{ij} ... Kronecker Delta

- **kinetische Energie der Turbulenz k:**

$$k = \frac{\overline{u_i'u_i'}}{2} = \frac{\overline{u_x'u_x' + u_y'u_y' + u_z'u_z'}}{2}. \tag{11.21}$$

- **turbulenter Druckterm:**

$$\frac{2}{3}\varrho k\delta_{ij} \tag{11.22}$$

Ohne dieses Terms in Gl. (11.20) wäre es nicht möglich, die Gl. (11.20) auch für Normalspannungen anzuwenden.

11.7.1.4 Nullgleichungsmodelle

Nullgleichungsmodelle, auch als Algebraische Nullgleichungsmodelle bzw. Algebraische Turbulenzmodelle bekannt, basieren auf der Annahme, dass die Turbulenzproduktion und -dissipation in bestimmten Strömungsregionen in etwa gleich sind. Im Wesentlichen handelt es sich dabei um Modelle, die auf einer einzigen Gleichung für eine turbulente Skala basieren und keine separaten Transportgleichungen für zusätzliche Turbulenzgrößen verwenden, im Gegensatz zu den üblicheren Zweigleichungsmodellen.

Ein Beispiel für Nullgleichungsmodell ist

- Baldwin-Lomax-Modell bzw.

Baldwin-Lomax-Modell

Es wurde von Peter Baldwin und Harvard Lomax in den 1970er-Jahren vorgestellt. Das Modell basiert auf der Annahme, dass die turbulente Schubspannung direkt proportional zur turbulenten kinematischen Viskosität ist.

Dieses Modell ist allerdings nur bedingt für diverse reale Turbulenzen anzuwenden. Sehr schnell benötigt man komplexere Modelle, wie sie noch behandelt werden.

11.7.1.5 Eingleichungsmodelle

Im Gegensatz zu Zwei-Gleichungen-Modellen, die separate Gleichungen für die turbulente kinetische Energie und die spezifische Dissipationsrate verwenden, basieren Eingleichungsmodelle auf einer einzigen Gleichung. Diese Gleichung stellt normalerweise eine Transportgleichung für eine skalare Größe dar, die mit der turbulenten Viskosität oder der turbulenten kinetischen Energie in Verbindung steht. Ein Beispiel für ein Eingleichungsmodell ist das Spalart-Allmaras-Modell.

Spalart-Allmaras-Modell

Es wird $\tilde{\nu}$ eingeführt. Ausgenommen in der Wandnähe stimmt $\tilde{\nu}$ mit ν_t (turbulente Viskosität) überein.

$$\begin{aligned}
&\varrho\frac{\partial\tilde{\nu}}{\partial t} + \varrho\frac{\partial(\tilde{\nu}u_i)}{\partial x_i} \\
&= \frac{1}{\sigma_{\tilde{\nu}}}\left[\frac{\partial}{\partial x_j}\left\{(\mu + \varrho\tilde{\nu})\frac{\partial\tilde{\nu}}{\partial x_j}\right\} + C_{b2}\varrho\left(\frac{\partial\tilde{\nu}}{\partial x_j}\right)^2\right] \\
&\quad - C_{\omega 1}\varrho f_\omega\left(\frac{\tilde{\nu}}{d}\right)^2 + C_{b1}\varrho\tilde{S}\tilde{\nu}.
\end{aligned} \tag{11.23}$$

Es ergibt sich bei diesem Modell allerdings das Problem, dass es nicht möglich ist, beim Übergang einer Grenzschicht die schnelle Änderung im turbulenten Längenmaß in eine freie Scherschicht vorauszusagen.

11.7.1.6 Zweigleichungsmodelle

Im Gegensatz zu Eingleichungsmodellen, die nur eine Gleichung für eine turbulente Größe verwenden, basieren Zweigleichungsmodelle auf zwei Gleichungen. Diese Gleichungen behandeln normalerweise die turbulente kinetische Energie (k) und die spezifische Dissipationsrate (ε). Ein weitverbreitetes Beispiel für ein Zweigleichungsmodell ist das k-ε-Modell, bei dem die Transportgleichungen für k und ε gelöst werden. Ein weiteres Beispiel stellt das k-ω-Modell dar. Zweigleichungsmodelle bieten eine verbesserte Genauigkeit im Vergleich zu Eingleichungsmodellen, da sie zusätzliche Informationen über die turbulente Struktur der Strömung liefern. Allerdings sind sie auch rechenintensiver.

Standard k-ε-Turbulenzmodell

Beim k-ε-Standard Modell beschreibt man die Entwicklung der turbulenten kinetischen Energie k und die isotrope Dissipationsrate $\varepsilon = \nu \overline{\frac{\partial u_i'}{\partial x_k} \frac{\partial u_i'}{\partial x_k}}$ mithilfe von zwei partiellen Differentialgleichungen.

Diese beiden DGL lauten

$$\varrho \frac{\partial k}{\partial t} + \varrho \bar{u}_j \frac{\partial k}{\partial x_j} = C_\mu \varrho \mu_t \left(\frac{\partial \bar{u}_i}{\partial x_j} + \frac{\partial \bar{u}_j}{\partial x_i} \right) \frac{\partial \bar{u}_i}{\partial x_j} - \varrho \varepsilon + \frac{\partial}{\partial x_j} \left[\left(\mu + \frac{\mu_t}{\sigma_k} \right) \frac{\partial k}{\partial x_j} \right] \tag{11.24}$$

$$\varrho \frac{\partial \varepsilon}{\partial t} + \varrho \bar{u}_j \frac{\partial \varepsilon}{\partial x_j} = C_{\varepsilon 1} \frac{\varepsilon}{k} \tau_{ij} \frac{\partial \bar{u}_i}{\partial x_j} - C_{\varepsilon 2} \frac{\varepsilon^2}{k} C_\mu \varrho \mu_t \left(\frac{\partial \bar{u}_i}{\partial x_j} + \frac{\partial \bar{u}_j}{\partial x_i} \right) \frac{\partial \bar{u}_i}{\partial x_j} - C_{\varepsilon 2} \varrho \frac{\varepsilon^2}{k} + \frac{\partial}{\partial x_j} \left[\left(\mu + \frac{\mu_t}{\sigma_\varepsilon} \right) \frac{\partial \varepsilon}{\partial x_j} \right]. \tag{11.25}$$

Diese Gleichungen kann man aber noch deutlich vereinfachen. Um die unbekannten Koeffizienten zu ermitteln, verwendet man einzelne Strömungsfelder.

Liegt eine homogene Scherung im Gleichgewichtszustand vor, so kann man $C_{\varepsilon 1}$ bestimmen. Durch das Abklingverhalten homogener Gitterturbulenz kann man $C_{\varepsilon 2}$ berechnen. Die turbulente Prandtl-Zahl σ_ε ergibt sich, wenn man die turbulente Wandgrenzschicht untersucht. C_μ nennt sich Anisotropieparameter und ergibt sich aus der Dimensionsangabe der Wirbelviskosität, bezeichnet durch $\nu_t \sim k \cdot (k/\varepsilon)$. Daraus folgt dann $\nu_t = C_\mu (k^2/\varepsilon)$. Die Betrachtung einer turbulenten Wandgrenzschicht liefert dann einen Wert für C_μ. Gem. [5] folgen dann folgende Werte:

- $C_\mu = 0{,}09$
- $C_{\varepsilon 1} = 1{,}44$
- $C_{\varepsilon 2} = 1{,}92$
- $\sigma_\varepsilon = 1{,}3$
- $\sigma_k = 1$

Es folgen dann folgende Gleichungen

$$\varrho \frac{\partial k}{\partial t} + \varrho \bar{u}_j \frac{\partial k}{\partial x_j} = 0{,}09 \varrho \mu_t \left(\frac{\partial \bar{u}_i}{\partial x_j} + \frac{\partial \bar{u}_j}{\partial x_i} \right) \frac{\partial \bar{u}_i}{\partial x_j} - \varrho \varepsilon + \frac{\partial}{\partial x_j} \left[(\mu + \mu_t) \frac{\partial k}{\partial x_j} \right]; \tag{11.26}$$

$$\varrho \frac{\partial \varepsilon}{\partial t} + \varrho \bar{u}_j \frac{\partial \varepsilon}{\partial x_j} = 1{,}44 \frac{\varepsilon}{k} \tau_{ij} \frac{\partial \bar{u}_i}{\partial x_j} - 0{,}09 \frac{\varepsilon^2}{k} \varrho \mu_t \left(\frac{\partial \bar{u}_i}{\partial x_j} + \frac{\partial \bar{u}_j}{\partial x_i} \right) \cdot \frac{\partial \bar{u}_i}{\partial x_j} - 1{,}92 \varrho \frac{\varepsilon^2}{k} + \frac{\partial}{\partial x_j} \left[(\mu + \frac{\mu_t}{1{,}3}) \frac{\partial \varepsilon}{\partial x_j} \right] \tag{11.27}$$

Nichtlineares k-ε-Turbulenzmodell

Nichtlineare k-ε-Modelle sind Erweiterungen der Standard k-ε-Modelle. Es werden nichtlineare Terme in die Transportgleichungen für die turbulente kinetische Energie k und die spezifische Dissipationsrate ε hinzugefügt. Das Problem beim Standard k-ε-Modell liegt darin, dass die Normalspannungen durch die Boussinesq-Approximation des RST in allen Richtungen gleich groß sind (isotrop). Dann würden aber die Schubspannungen verschwinden (isotrope Turbulenz), gem. der Boussinesq-Approximation. Strömungsfelder, bei denen der Geschwindigkeitsvektor von den Normalspannungen beeinflusst wird, werden nur ungenau abgebildet. Solche liegen vor allem in Ablösegebieten vor. Das Nichtlineare k-ε-Modell löst dieses Problem, indem nicht lineare Terme dem Standardmodell erweitert werden. Es ist dadurch möglich, die Normalspannungen exakter zu bestimmen.

Die beiden Transportgleichungen lauten

$$\varrho\frac{\partial k}{\partial t} + \varrho\bar{u}_j\frac{\partial k}{\partial x_j} = P_k - \beta^*\varrho k\varepsilon + \frac{\partial}{\partial x_j}\left[\left(\mu + \frac{\mu_t}{\sigma_k}\right)\frac{\partial k}{\partial x_j}\right] \tag{11.28}$$

$$\varrho\frac{\partial \varepsilon}{\partial t} + \varrho\bar{u}_j\frac{\partial \varepsilon}{\partial x_j} = C_{\varepsilon 1}\frac{\varepsilon}{k}P_k - C_{\varepsilon 2}\varrho\frac{\varepsilon^2}{k} + \frac{\partial}{\partial x_j}\left[\left(\mu + \frac{\mu_t}{\sigma_\varepsilon}\right)\frac{\partial \varepsilon}{\partial x_j}\right] \tag{11.29}$$

Hierbei repräsentieren P_k die Turbulenzproduktion von kinetischer Energie und μ_t die turbulente Viskosität. Die nichtlinearen Terme sind in diesen Gleichungen durch β^* und $C_{\varepsilon 2}$ dargestellt.

Die Trubulenzproduktion berechnet sich zu

$$C_\mu\varrho\mu_t\left(\frac{\partial\bar{u}_i}{\partial x_j} + \frac{\partial\bar{u}_j}{\partial x_i}\right). \tag{11.30}$$

V2F-Turbulenzmodell

Das V2F-Turbulenzmodell (V2F steht für „Vortex 2 Filament") ist ein Zweigleichungs-Turbulenzmodell, das von der Firma ANSYS CFX entwickelt wurde. Es handelt sich um eine Erweiterung des k-ε-Modells und wurde speziell für den laminaren turbulenten Übergang in Strömungen entwickelt.

Zusätzlich zu den Transportgleichungen für die turbulente kinetische Energie und die Dissipationsrate werden eine Gleichung für das Geschwindigkeitsmaß normal zur Wand, $\overline{v'^2}$ und deren mit k normalisierte Produktionsrate f gelöst. Die bereits bekannten Gleichungen für k und ε können dem k-ε-Modell entnommen werden.

Zunächst wird eine Gleichung für das wandnormale Geschwindigkeitsmaß formuliert, zu

$$\frac{\partial\overline{v'^2}}{\partial t} + u\cdot\nabla\overline{v'^2} = kf_{22} - \overline{v'^2}\frac{\varepsilon}{k} + \nabla\left[\left(\nu + \frac{\nu_t}{\sigma_k}\right)\nabla\overline{v'^2}\right]. \tag{11.31}$$

Der Term kf_{22} ist eine Quelle für $\overline{v'^2}$. Dieser kann als Umverteilung von Turbulenzintensität aus der strömungsparallelen Komponente interpretiert werden. Durch elliptische Relaxationsgleichungen können die nichtlokalen Effekte f_{22} repräsentiert werden. Es ergibt sich

$$L^2\nabla^2 f_{22} - f_{22} = (1 - C_1)\frac{\left[\frac{2}{3} - \frac{\overline{v'^2}}{k}\right]}{T} - \frac{C_2}{k}\nu_t\left(\frac{\partial u_j}{\partial x_i} + \frac{\partial u_i}{\partial x_j}\right)\frac{\partial u_j}{\partial x_i}. \tag{11.32}$$

Die im Model auftretenden Längen- und Zeitmaße sind:

$$L = C_L l, \tag{11.33}$$

mit

$$l^2 = \max\left[\frac{k^3}{\varepsilon^2}, c_\eta^2\left(\frac{\nu^3}{\varepsilon}\right)^{\frac{1}{2}}\right] \tag{11.34}$$

und

$$T = \max\left[\frac{k}{\varepsilon}, 6\left(\frac{\nu}{\varepsilon}\right)^{\frac{1}{2}}\right] \tag{11.35}$$

Darin wurde der Koeffizient 6 im Ausdruck für T mittels direkter numerischer Simulation bestimmt. Die Wirbelviskosität ist durch die Gleichung

$$\nu_t = C_\mu\overline{v'^2}T \tag{11.36}$$

gegeben. Die Modellkonstante $C_{\varepsilon 1}$ sollte je nach Wandabstand nach der Anwendungsfall zwischen 1,3 (weit entfernt von der Wand) und 1,55 (in einer anliegenden Grenzschicht), liegen. $C_{\varepsilon 1}$ wird mit der Gleichung

$$C_{\varepsilon 1} = 1{,}3 + \left[\frac{0{,}25}{1 + \left(\frac{d}{2l}\right)^8}\right] \tag{11.37}$$

berechnet. Die übrigen Modellkonstanten sind gegeben mit:

- $C_\mu = 0{,}19$
- $C_{\varepsilon 2} = 1{,}9$
- $C_1 = 1{,}4$
- $C_2 = 0{,}3$
- $C_L = 0{,}3$
- $C_\eta = 70{,}0$
- $\sigma_\varepsilon = 1{,}3$
- $\sigma_k = 1{,}0$

k-ω-Turbulenzmodell

Das k-ω-Modell Turbulenzmodell wird zur Simulation von turbulenten Strömungen verwendet. Es besteht aus zwei Transportgleichungen, eine für die turbulente kinetische Energie (k) und die spezifische Dissipationsrate (ω). Dieses Modell wurde entwickelt, um bestimmte Einschränkungen des k-ε-Modells zu überwinden, insbesondere im Bereich von anisotropen Strömungen und Grenzschichtströmungen. Es werden hier zu den bereits bekannten Transportgleichungen noch eine Transportgleichung für ω eingeführt, diese beschreibt eine charakteristische Frequenz, welche durch die Gleichung

$$\omega = \frac{1}{C_\mu}\frac{\varepsilon}{k} \tag{11.38}$$

definiert ist. Nach Wilcox lautet die Transportgleichung für k

$$\begin{aligned} &\varrho\frac{\partial k}{\partial t} + \varrho\bar{u}_j\frac{\partial k}{\partial x_j} \\ &= C_\mu \varrho \mu_t \left(\frac{\partial \bar{u}_i}{\partial x_j} + \frac{\partial \bar{u}_j}{\partial x_i}\right)\frac{\partial \bar{u}_i}{\partial x_j} \\ &\quad - \beta^* \varrho k \omega + \frac{\partial}{\partial x_j}\left[(\mu + \sigma^* \mu_t)\frac{\partial k}{\partial x_j}\right] \end{aligned} \tag{11.39}$$

$$\begin{aligned} &\varrho\frac{\partial \omega}{\partial t} + \varrho\bar{u}_j\frac{\partial \omega}{\partial x_j} \\ &= \alpha\frac{\omega}{k} C_\mu \varrho \mu_t \left(\frac{\partial \bar{u}_i}{\partial x_j} + \frac{\partial \bar{u}_j}{\partial x_i}\right)\cdot\frac{\partial \bar{u}_i}{\partial x_j} \\ &\quad - \beta \varrho \omega^2 + \frac{\partial}{\partial x_j}\left[(\mu + \sigma \mu_t)\frac{\partial \omega}{\partial x_j}\right] \end{aligned} \tag{11.40}$$

Darin entspricht β^* dem C_μ der k-ε-Modelle. Die Konstanten zur Schließung des Systems wurden in analoger Weise zum k-ε-Modell bestimmt und sind nach Wilcox gegeben mit

$$\begin{aligned} &\alpha = \frac{5}{9}, \quad \beta = \frac{3}{40}, \quad \beta^* = \frac{9}{100}, \\ &\sigma = \frac{1}{2}, \quad \sigma^* = \frac{1}{2}. \end{aligned} \tag{11.41}$$

Das k-ω-Turbulenzmodell reduziert das turbulente Längenmaß L automatisch, welches als $L = \frac{k^{\frac{1}{2}}}{\omega}$ definiert ist, in Wandnähe. Ein signifikanter Vorteil dieses Modells liegt in seiner robusten Formulierung der viskosen Unterschicht. Diese Eigenschaft ermöglicht eine zuverlässige Simulation von Strömungen nahe an festen Wänden.

Allerdings ist ein potenzieller Nachteil des k-ω-Modells die Abhängigkeit des berechneten Grenzschichtrandes von der Freiströmbedingung für ω, die vom Benutzer vorgegeben werden muss. Dies bedeutet, dass die Modellergebnisse empfindlich auf die Werte dieser Freiströmbedingung reagieren können. (vgl. mit Free Stream-Sensitivität)

Insgesamt bietet das k-ω-Turbulenzmodell eine effektive Methode zur Berücksichtigung von Wandeffekten und viskosen Schichten, es erfordert jedoch eine sorgfältige Auswahl und Festlegung der Freiströmbedingungen, um genaue und zuverlässige Simulationsergebnisse zu gewährleisten.

Bemerkung 11.1 (Free Stream-Sensitivität)

Die Free Stream-Sensitivität bezieht sich auf die Empfindlichkeit von Strömungssimulationen, insbesondere von Turbulenzmodellen, gegenüber den Bedingungen im Freistrom oder in der Umgebung der Strömung. In diesem Kontext betrifft die Free Stream-Sensitivität, insbesondere die Anfänge der Berechnung oder die Anfangsbedingungen für eine turbulente Simulation, insbesondere bei der Verwendung von Turbulenzmodellen wie dem k-ω-Modell. Eine genaue und zuverlässige Simulation erfordert daher eine sorgfältige Auswahl und Festlegung der Freistrombedingungen, um realistische und konsistente Ergebnisse zu erhalten. Die Free Stream-Sensitivität betont die Notwendigkeit, die Randbedingungen im Freistrom präzise zu definieren, um die numerische Stabilität und Genauigkeit der Simulation zu gewährleisten. Dies ist besonders wichtig, wenn die Strömungseigenschaften in Bereichen mit starker Anisotropie oder Grenzschichtströmungen untersucht werden, wo eine genaue Modellierung der Freistrombedingungen entscheidend ist.

k-ω-SST-Turbulenzmodell

Beim k-ω-SST Turbulenzmodell werden die Vorteile des k-ε Turbulenzmodell und jene des k-ω-Modell verbunden. Die Vereinigung der Vorteile dieser beiden Modelle liefert das von Menter entwickelte SST-Turbulenzmodell.

Für zusätzliche Vorkommnisse in Strömungen wie Verbrennung, Partikel, Tropfen, Überschall müssen die verbundenen Größen wie ϱ, T auch gemittelt werden.

11.7.2 Large Eddy Simulation

Im Gegensatz zur zeitlichen Mittelung nutzt die Large Eddy Simulation (LES) eine Kombination aus zeitlicher und räumlicher Tiefpassfilterung. Dieser Ansatz ermöglicht die transiente Simulation von großskaligen Phänomenen, während der Einfluss kleinskaliger Phänomene weiterhin durch Modelle berücksichtigt wird.

Die LES bietet im Vergleich zu statistischen Methoden eine vielversprechendere Beschreibung der Turbulenz, auch wenn damit ein höherer Rechenaufwand verbunden ist. Der Grund liegt darin, dass zumindest ein Teil der turbulenten Schwankungen direkt wiedergegeben wird, anstatt sie nur durch statistische Mittelwerte zu modellieren.

Obwohl ähnliche Herausforderungen in der Modellierung auftreten können, erlaubt die LES eine detailliertere Erfassung von zeitlich und räumlich variierenden turbulenten Strukturen. Dies macht sie besonders geeignet für Anwendungen, bei denen eine präzise Darstellung großer Turbulenzphänomene entscheidend ist, wie in der Atmosphärenforschung, der Strömung um komplexe Gebäudestrukturen oder in der Windenergie.

11.7.3 Detached Eddy Simulation

Die Detached Eddy Simulation (DES) wurde erstmals 1997 von P. Spalart vorgestellt und basiert ursprünglich auf dem Turbulenzmodell von Spalart-Allmaras, welches eine Transportgleichung verwendet. Es wird jedoch auch weiterhin an der Erweiterung und Anwendung von DES in Verbindung mit anderen Turbulenzmodellen geforscht.

In der DES wird der Wandabstand, der als Variable im Spalart-Allmaras-Modell vorhanden ist, in den wandfernen Bereichen durch die größte Weite einer Gitterzelle ersetzt. Diese Formulierung ermöglicht eine LES-ähnliche Simulation in den wandfernen Gebieten. Damit erreicht DES effektiv eine RANS-Formulierung in der Grenzschicht und eine LES-Formulierung in der freien Strömung. Dies ermöglicht die Anwendung des jeweils am besten geeigneten Verfahrens für den spezifischen Bereich, unter Berücksichtigung von Genauigkeits- und Rechenaufwandsaspekten.

Die Erstellung eines geeigneten Gitters, das in verschiedene Zonen unterteilt ist, hat einen erheblichen Einfluss auf den Erfolg der DES-Berechnung, da RANS und LES unterschiedliche Anforderungen an die Gitterstruktur haben. Gleiches gilt für die verwendeten numerischen Methoden. Obwohl diese im gesamten Rechengebiet häufig die gleichen sind, kann dies zu Kompromissen in Bezug auf die Genauigkeit führen. Daher erfordert die effektive Anwendung von DES eine sorgfältige Abstimmung von Gitter und numerischen Methoden, um optimale Ergebnisse zu erzielen.

11.8 Lineare Stabilitätstheorie [64]

Die lineare Stabilitätstheorie (LST) untersucht die Stabilität von Strömungen. Durch die Analyse der Anfangsraten und Modenformen von wellenförmigen Störungen liefert die LST wertvolle Einblicke in die Entwicklung von instabilen Strömungszuständen.

Eine besondere Stärke der LST liegt in ihrer Fähigkeit, den Übergang von laminaren zu turbulenten Strömungen zu erklären. Selbst mit ihrem lokalen Ansatz ermöglicht sie eine recht genaue Beschreibung des initialen Bereichs des laminar-turbulenten Umschlags. Dieser Übergang ist in vielen Strömungssituationen von großer Bedeutung, da er das Verhalten von Fluiden maßgeblich beeinflusst.

Durch die Integration von LST-Erkenntnissen in numerische Simulationen können realistische Vorhersagen über das Verhalten von Strömungen getroffen werden, was in verschiedenen Industriezweigen, von der Luft- und Raumfahrt bis zur Energieerzeugung, von großer Bedeutung ist.

11.8.1 Grundlagen

Bei der Stabilitätstheorie werden Strömungen gegenüber kleinen Störungen, in Bezug auf deren Stabilität, untersucht. Es wird davon ausgegangen, dass die Strömung im Feld in Querrichtung konstant ist. Es ergibt sich damit für die Grenzschicht einer ebenen Platte mit der Strömungsrichtung x und der wandnormalen Richtung y, dass die Grundströmung konstant über der spannweitigen Richtung ist, was einer unendlichen Ausdehnung in z-Richtung entspricht.

Um die Störungen genauer untersuchen zu können, werden die Strömungsgrößen der Navier-Stokes-Gleichungen in eine vorzugebende **stationäre Grundströmung** und eine **instationäre Störgröße** unterteilt.

Es ergibt sich dann für die drei Geschwindigkeitskomponenten u, v und w, in den Koordinatenrichtungen des kartesischen Koordinatensystems x, y, sowie z, mit der Dichte ϱ, den Druck p und der Temperatur T folgende Gleichungen

$$u = U_0(x, y) + u'(x, y, z, t), \tag{11.42}$$

$$v = V_0(x, y) + v'(x, y, z, t), \tag{11.43}$$

$$w = W_0(x, y) + w'(x, y, z, t), \tag{11.44}$$

$$\varrho = \varrho_0(x, y) + \varrho'(x, y, z, t), \tag{11.45}$$

$$p = P_0(x, y) + p'(x, y, z, t), \tag{11.46}$$

$$T = T_0(x, y) + T'(x, y, z, t) \tag{11.47}$$

11.8.1.1 Annahmen

- Es müssen dazu einige Annahmen getroffen werden. Die Navier-Stokes-Gleichungen müssen der stationären Grundströmung genügen. Dies lässt alle Störgrößen in den Navier-Stokes-Gleichungen verschwinden.
- Aufdicken einer Grenzschicht wird vernachlässigt. Mittels der Kontinuitätsgleichung wird die normale Geschwindigkeitskomponente v_0 vernachlässigt. Es folgt eine lokale Theorie bei jeder Position x in Stromabrichtung $U_0 = U_0(y)$, $W_0 = W_0(y)$, $P_0 = P_0(y) \ldots V_0 = 0$
- Es können die Gleichungen bzgl. der Grundströmung linearisiert werden, da kleine Störungen vorliegen. Es verschwinden alle Quadrate der Störgrößen aus den Gleichungen

11.8.1.2 Störansatz

Für die Störgrößen wird ein Wellenansatz angesetzt, der z. B. für u', die Störgeschwindigkeit in x-Richtung folgende Form besitzt

$$u' = \hat{u}(y) \cdot e^{i(\alpha x + \gamma z - \omega t)} \tag{11.48}$$

Dabei handelt es sich um eine Welle mit den Wellenzahlen α_r und γ in x- bzw. z-Richtung mit der Frequenz ω_r, deren Amplituden- und Phasenverlauf eine Funktion von y sind. Hierin bedeuten:

$\alpha_r \ldots$	Wellenzahl in Strömungsrichtung (Wellenlänge $\lambda_x = 2\pi/\alpha_r$)
$\gamma \ldots$	Wellenzahl in Querrichtung (Wellenlänge $\lambda_z = 2\pi/\gamma$)
$k = \sqrt{\alpha_r^2 + \gamma_r^2} \ldots$	Wellenzahl in Ausbreitungsrichtung
$\omega_r \ldots$	Kreisfrequenz (Periodendauer $\lambda_T = 2\pi/\omega_r$)

11

α_i ... räumliche Anfachungsrate in x-Richtung (Anfachung für $\alpha_i < 0$)

ω_i ... zeitliche Anfachungsrate (Anfachung für $\omega_i > 0$)

$|\hat{u}(y)|$ ... Amplitudenverlauf von u' über y

$\arg\{\hat{u}(y)\}$ ... Phasenverlauf von u' über y

ω_r/α_r ... Phasengeschwindigkeit der Störwelle in x-Richtung

$\partial\omega_r/\partial\alpha_r$ ... Gruppengeschwindigkeit der Störwelle in x-Richtung

11.8.2 Zeitliches und räumliches Modell

11.8.2.1 Zeitliches Modell

Wellenzahlen (α_r und γ) werden vorgegeben und daraus die Frequenz ω_r und die zeitliche Anfachungsrate ω_i ermittelt.

11.8.2.2 Räumliches Modell

Beim räumlichen Modell wird die Querwellenzahl γ und die Frequenz ω_r vorgegeben, wodurch die Wellenzahl in x, α_r, und die räumliche Anfachungsrate α_i folgt.

11.8.2.3 Gaster-Transformation

Nimmt man kleine Anfangsraten an, so ermöglicht die Gaster-Transformation die Transformation zwischen zeitlichem und räumlichen Modell.

$$\frac{\omega_i^{\text{zeit}}}{\alpha_i^{\text{raum}}} = -\frac{\partial\omega_r}{\partial\alpha_r}. \tag{11.49}$$

11.8.3 Inkompressible Stabilitätsgleichungen

Die Kontinuitätsgleichung für inkompressible Strömungen nimmt eine elliptische Form an, und wenn Kompressibilitätseffekte vernachlässigt werden, entstehen die Orr-Sommerfeld- und Squire-Gleichungen zur Beschreibung der linearen Stabilität. Diese beiden Gleichungen bilden gemeinsam ein Gleichungssystem sechster Ordnung.

Die elliptische Natur der Kontinuitätsgleichung ergibt sich aus der charakteristischen Form der Gleichung, die partielle Ableitungen zweiter Ordnung in Bezug auf die Raumkoordinaten enthält. Diese elliptische Struktur ist typisch für Gleichungen, bei denen das Vorzeichen der dominanten Terme positiv ist.

Die Orr-Sommerfeld-Gleichung beschreibt die Stabilität von laminaren Strömungen gegenüber dreidimensionalen Störungen, während die Squire-Gleichung den Fall zweidimensionaler Störungen behandelt. Beide Gleichungen sind linear und ermöglichen die Analyse der Stabilität von Strömungen durch die Untersuchung von Störungen.

Das resultierende Gleichungssystem sechster Ordnung, das durch die Kombination der Kontinuitätsgleichung und der Stabilitätsgleichungen entsteht, bietet einen umfassenden Einblick in die Stabilitätsanalyse von inkompressiblen Strömungen.

11.8.3.1 Orr-Sommerfeld-Gleichung

Die Orr-Sommerfeld-Gleichung[2] untersucht die Stabilität von laminaren Strömungen gegenüber dreidimensionalen Störungen.

$$\begin{aligned}&(\hat{v} - u)v + u''v - uv'' \\ &+ i\alpha\frac{1}{Re}(v'''' - 2k^2v'') = 0\end{aligned} \tag{11.50}$$

Hierin bedeutet:

$\hat{v}$ ... Eigenwertspektrum (Frequenz der Störung im Ruhesystem der Strömung)

u ... Grundströmungsgeschwindigkeit

v ... Querströmungsgeschwindigkeitsstörung (Störungskomponente senkrecht zur Grundströmung)

α ... Wellenzahl (räumliche Variationsrate)

β ... Querwellenzahl

k ... Axiale Wellenzahl (im Allgemeinen $k = \sqrt{\alpha^2 - \beta^2}$

Re ... Reynolds-Zahl

2 Nach William McFadden Orr und Arnold Sommerfeld.

Die Lösungen dieser Gleichung geben Aufschluss über die Stabilität oder Instabilität der laminaren Strömung.

$$\sigma < 0 \implies \text{instabile Störung}$$
$$\sigma > 0 \implies \text{stabile Störung}$$

11.8.3.2 Squire-Gleichung

Die Squire-Gleichung beschreibt die Stabilität von laminaren Strömungen gegenüber zweidimensionalen (quasi-zweidimensionalen) Störungen. Sie ergänzt die Orr-Sommerfeld-Gleichung, die sich auf dreidimensionale Störungen bezieht.

$$\hat{v}w - uw'' + i\beta\frac{1}{Re}(w'''' - 2k^2w'') = 0 \tag{11.51}$$

- $\hat{v}$ ... Eigenwertspektrum (Frequenz der Störung im Ruhesystem der Strömung)
- u ... Grundströmungsgeschwindigkeit
- w ... Axiale Strömungsgeschwindigkeitsstörung (Störungskomponente parallel zur Grundströmung)
- α ... Wellenzahl (räumliche Variationsrate)
- β ... Querwellenzahl
- k ... Axiale Wellenzahl (im Allgemeinen $k = \sqrt{\alpha^2 - \beta^2}$
- Re ... Reynolds-Zahl

$$\sigma < 0 \implies \text{instabile Störung}$$
$$\sigma > 0 \implies \text{stabile Störung}$$

11.8.4 Kompressible Stabilitätsgleichungen

Hierbei kann man durch die Kontinuitätsgleichung nur mehr eine Variable eliminieren. Es folgt ein Gleichungssystem 8. Ordnung, das sich aus fünf Gleichungen zusammensetzt.

11.8.5 Folgerungen

11.8.5.1 Reibungsfreie Instabilität

Für reibungsfreie Strömungen ($Re \to \infty$) lassen sich aus der linearen Stabilitätstheorie folgende Theoreme ableiten:

Theorem 11.1 (Rayleigh-Theorem Nr. 1)

Eine notwendige Bedingung für reibungsfreie Instabilität ist ein Wendepunkt im Geschwindigkeitsprofil [64].

Beweis ohne Beweis. □

Theorem 11.2 (Rayleigh-Theorem Nr. 2)

Die Phasengeschwindigkeit einer angefachten Störung liegt stets zwischen dem Minimal- und dem Maximalwert der Grundströmung $u(y)$ [64].

Beweis ohne Beweis. □

Theorem 11.3 (Tollmien-Theorem)

Für eine Grenzschicht ist es notwendig und hinreichend für reibungsfreie Instabilität, dass die Grundströmung einen Wendepunkt besitzt. Ein Wendepunkt beeinflusst somit wesentlich das Stabilitätsverhalten. Aus dem Theorem von Tollmien folgt außerdem, dass die Blasius-Grenzschicht erst durch den Einfluss der Reibung instabil wird [64].

Beweis ohne Beweis. □

11.8.5.2 Grenzschichtinstabilitäten

Grenzschichtinstabilitäten beziehen sich auf Störungen oder Unregelmäßigkeiten, die in der Grenzschicht einer Strömung auftreten können. Die Grenzschicht ist der Bereich in unmittelbarer Nähe einer festen Oberfläche, wie einer Wand, in der die Strömungsgeschwindigkeit von null an der Wand auf den freien Stromwert an der äußeren Grenze der Grenzschicht zunimmt.

Es gibt verschiedene Arten von Instabilitäten in der Grenzschicht, und sie spielen eine wichtige Rolle in der Strömungsmechanik. Ein Beispiel für eine Grenzschichtinstabilität ist die sogenannte Tollmien-Schlichting-Instabilität. Diese Instabilität führt dazu, dass glatte Strömungen in der Grenzschicht turbulent werden.

Die Tollmien-Schlichting-Instabilität tritt auf, wenn kleine Unregelmäßigkeiten oder Störungen in der Grenzschicht vorhanden sind. Diese Störungen können durch kleinste Oberflächenunebenheiten, Druckschwankungen oder andere Faktoren ausgelöst werden. Die Störungen können sich in der Grenzschicht verstärken und schließlich zu einem Übergang von laminarer zu turbulenter Strömung führen.

11.8.5.3 Druckgradient

Ist der Druckgradient negativ, so folgt nach der linearisierten Stabilitätstheorie, dass eine stabilisierte Strömung vorliegt, ist der Druckgradient positiv, so folgt eine destabilisierte Strömung.

11.9 Weitere Ergänzungen

11.9.1 Kelvin-Helmholtz-Instabilität [58]

Die Kelvin-Helmholtz-Instabilität (KHI)[3] ist eine hydrodynamische Instabilität, die in Flüssigkeiten oder Gasen auftritt, wenn zwei Flüssigkeits- oder Gasströme unterschiedliche Geschwindigkeiten haben. Diese Instabilität führt zur Bildung von Wellen und Rollen in der Grenzschicht zwischen den Strömen.

In der Ferne von der Grenzschicht weisen die Strömungsgeschwindigkeiten eine konstante Verteilung auf. Im Nahbereich der Grenzschicht hingegen muss sich ein Luftelement schneller über eine Erhebung bewegen als ein entfernteres Element. Gemäß der Bernoulli-Gleichung führt die höhere Geschwindigkeit über der Welle zu einem niedrigeren Druck im Vergleich zur Umgebung. Es entsteht eine Auftriebskraft, die die Wellen nach oben zieht.

3 Nach Lord Kelvin und Hermann von Helmholtz.

11.9.2 Clear Air Turbulence (Klarluftturbulenz, Luftloch)

Clear Air Turbulence (CAT), auch als Klarluftturbulenz oder Luftloch bekannt, bezieht sich auf turbulente Luftströmungen in der Atmosphäre, die nicht mit sichtbaren Wolken oder Wettererscheinungen in Verbindung stehen. Diese Art von Turbulenz ist oft für Flugzeuge unerwartet und schwer vorhersehbar, da sie nicht visuell erkennbar ist.

Merkmale für eine Clear Air Turbulence sind:

- **Fehlen von Wolken:** Im Gegensatz zu anderen Formen der Turbulenz, die oft mit Wolken oder Wetterphänomenen verbunden sind, tritt CAT in der sogenannten klaren Luft auf, d. h., in Regionen ohne sichtbare Wolken.
- **Ursachen:** Die genauen Ursachen von CAT sind komplex und können auf verschiedene Faktoren zurückgeführt werden, wie auf Geschwindigkeitsunterschiede in den atmosphärischen Strömungen, Windscherungen oder die Interaktion von unterschiedlichen Luftmassen.

11.9.3 Tollmien-Schlichting-Welle

Die Tollmien-Schlichting-Welle ist eine Form die in der Grenzschichtströmung. Diese wurde nach A. Tollmien und H. Schlichting benannt.

Die Entstehung der Tollmien-Schlichting-Welle kann durch eine lineare Stabilitätsanalyse der Navier-Stokes-Gleichungen und der Kontinuitätsgleichung erklärt werden. In einer laminaren Grenzschichtströmung bewegt sich die Strömung parallel zur Wand in Schichten (Laminarität). Kleine Störungen in dieser Strömung können jedoch zu einer Verstärkung führen und schließlich zur Umwandlung der laminaren Strömung in eine turbulente Strömung.

Im Verlauf der Welle kommt es zu einer Verstärkung der Störungen, und wenn die Störungen ausreichend groß werden, geht die laminare Strömung in eine turbulente Strömung über. Dieser Übergang von laminarer zu turbulenter Strömung wird als Tollmien-Schlichting-Transition bezeichnet. (Vgl. mit Abb. 11.1)

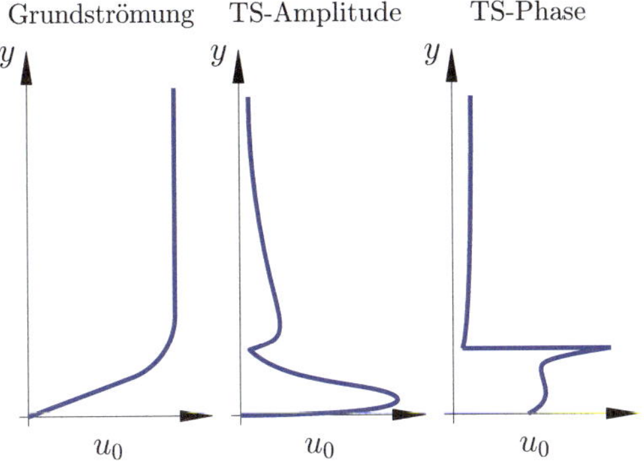

Abb. 11.1 Tollmien-Schlichting-Welle [91]

11.10 Fluiddynamische Grenzschicht [35]

Die Fluiddynamische Grenzschicht bezieht sich auf den Bereich einer Strömung in der Nähe einer festen Oberfläche, wie einer Wand. In der Nähe der festen Oberfläche ist die Strömung oft laminar, was bedeutet, dass die Strömung in gut geordneten Schichten verläuft. Mit zunehmendem Abstand von der Wand kann die Strömung jedoch turbulent werden, mit unregelmäßigen Wirbeln und Verwirbelungen.

11.10.1 Grenzschichttheorie von Prandtl

Jenen Bereich, in der Nähe von Wänden mit kleiner Reibung, wird mittels der Grenzschichttheorie untersucht. Prandtl stellte seine Theorie erstmals 1904 vor. Dort unterteilte er die Strömung in zwei Gebiete

- eine Außenströmung, in der die viskosen Reibungsverluste vernachlässigt werden können, und
- eine dünne Schicht, die sogenannte Grenzschicht, in der Nähe des Körpers, in der die viskosen Terme aus den Navier-Stokes-Gleichungen berücksichtigt werden.

Man kann dabei die Navier-Stokes-Gleichungen weitgehend vereinfachen, sodass die sogenannten Grenzschichtgleichungen folgen, die in den meisten Fällen auch analytisch gelöst werden können.

11.10.2 Grenzschichtuntersuchungen bei kleinen Reynolds-Zahlen

Für hinreichend kleine Reynolds-Zahlen ist die fluiddynamische Grenzschicht laminar und der Hauptströmung gleich gerichtet. Die in der Grenzschicht vorliegenden besonderen Verhältnisse erlauben den Druckgradienten senkrecht zur Wand zu vernachlässigen: Der Druck ist näherungsweise über die Dicke der Grenzschicht konstant und wird von der Hauptströmung aufgeprägt. Des Weiteren kann die Änderung der Geschwindigkeit in wand-paralleler Richtung gegenüber derjenigen senkrecht zur Wand außer Acht gelassen werden. Anwendung dieser Annahmen in den Navier-Stokes-Gleichungen führt auf die oben erwähnten Grenzschichtgleichungen.

11.10.2.1 Grenzschichtdicke δ

Wird eine Platte in x-Richtung umströmt (vgl. mit Abb. 11.2), so kann man direkt an der Wand, $y = 0$ die Randbedingung $v_x(y = 0) = 0$ festhalten. Innerhalb der Grenzschicht gleicht sich diese Geschwindigkeit mit wachsendem y-Wert immer weiter der Anströmgeschwindigkeit v_0 an. Da diese Geschwindigkeit durch die viskose Reibung nie die Umgebungsgeschwindigkeit erreichen kann, wird eine Umgebungsgeschwindigkeit in Höhe von 99 % der Anströmgeschwindigkeit definiert, die sogenannte Geschwindigkeitsgrenzschicht. Mann kann dann für die Grenzschichtdicke festhalten:

$$\delta\colon \quad v_x(y = \delta) = 0{,}99 \cdot v_0. \tag{11.52}$$

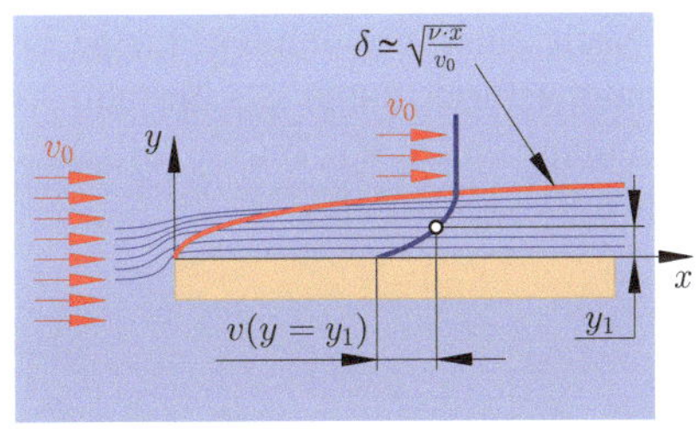

Abb. 11.2 Plattenströmung [35]

Es ändert sich im vorliegenden Fall die Grenzschichtdicke mit der folgenden Funktion

$$\delta \simeq \sqrt{\frac{\nu \cdot x}{v_0}}. \tag{11.53}$$

11.10.2.2 Geschwindigkeit

Der Geschwindigkeitsverlauf folgt annähernd einer quadratischen Funktion, die durch

$$v_x(y) \approx v_0 \cdot \left[1 - \left(1 - \frac{y}{\delta}\right)^2\right] \tag{11.54}$$

gegeben ist.

11.10.2.3 Reynolds-Zahl Re_δ

Mit Grenzschichtdicke wird die Reynolds-Zahl wie folgt gebildet

$$Re_\delta := \frac{v_0 \delta}{\nu}. \tag{11.55}$$

Die Reynolds-Zahl

$$Re_l := \frac{v_0 l}{\nu} \tag{11.56}$$

hat eine Abhängigkeit zur Länge l der Strömung, wodurch sich

$$\frac{\delta}{l} \simeq \frac{1}{l}\sqrt{\frac{\nu l}{v_0}} = \frac{1}{\sqrt{Re_l}}$$

$$\text{und} \quad Re_\delta \simeq \frac{v_0}{\nu}\sqrt{\frac{\nu l}{v_0}} = \sqrt{Re_l} \tag{11.57}$$

ergibt. Nach einer bestimmten Länge schlägt die Strömungsform, durch das Instabil werden der Strömungsschicht um, bis sie turbulent wird (kritischen Reynolds-Zahl).

$$Re_{\text{krit}} = \left.\frac{v_0 l}{\nu}\right|_{\text{krit}} = 5 \cdot 10^5. \tag{11.58}$$

11.10.2.4 Wandschubspannung

Es wird ein Impuls auf die Wand (Viskosität) übertragen, wodurch sich eine Wandschubspannung τ_W ergibt. Diese kann in Newton'schen Fluiden zu

$$\tau_w = \eta \left.\frac{\partial v_x}{\partial y}\right|_{y=0} \simeq \eta \frac{v_0}{\delta} \simeq \eta \frac{v_0}{\sqrt{\frac{\nu l}{v_0}}} = \sqrt{\frac{\varrho \eta v_0^3}{l}} \tag{11.59}$$

berechnet werden.

11.10.2.5 Veranschaulichung

Im Folgenden sind die Gleichungen (11.53), (11.55) und 11.56 für eine Platte mit den Abmessungen $x = 5\,\text{m}$ für eine Grenzschichtdicke von 2,5 m zu untersuchen.

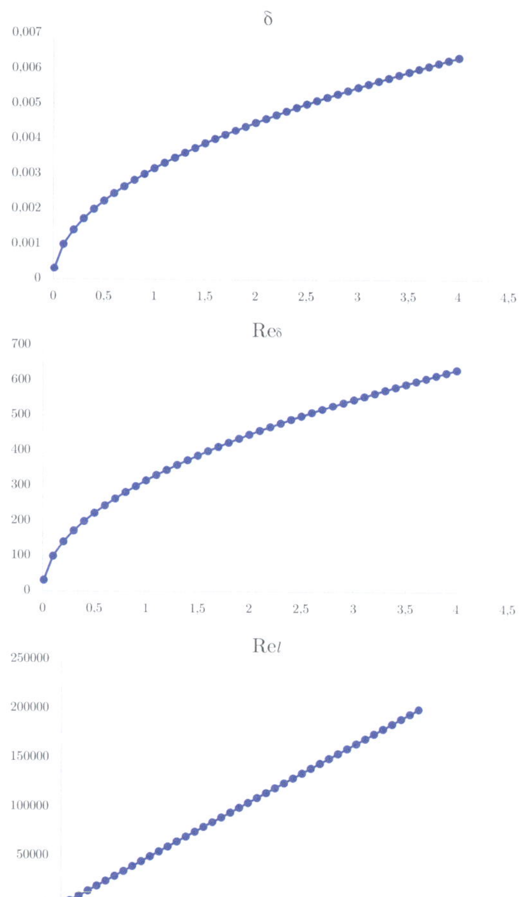

11.10.2.6 CFD Analyse

Siehe ▶ Methode: Lösung durch SolidWorks – CFD 11.3.

Methode: Lösung durch SolidWorks – CFD 11.3

Von einer umströmten Platte ist die Grenzschichtdicke und die Scherspannung mithilfe einer CFD-Analyse zu bestimmen. Die Platte hat die Abmessungen $l \times b \times h = 300\,\text{mm} \times 100\,\text{mm} \times 5\,\text{mm}$. Stellen Sie die Ergebnisse in einem Diagramm dar. Die Platte wird mit einer Geschwindigkeit von $v_0 = 0{,}1\,\text{m/s}$ umströmt.

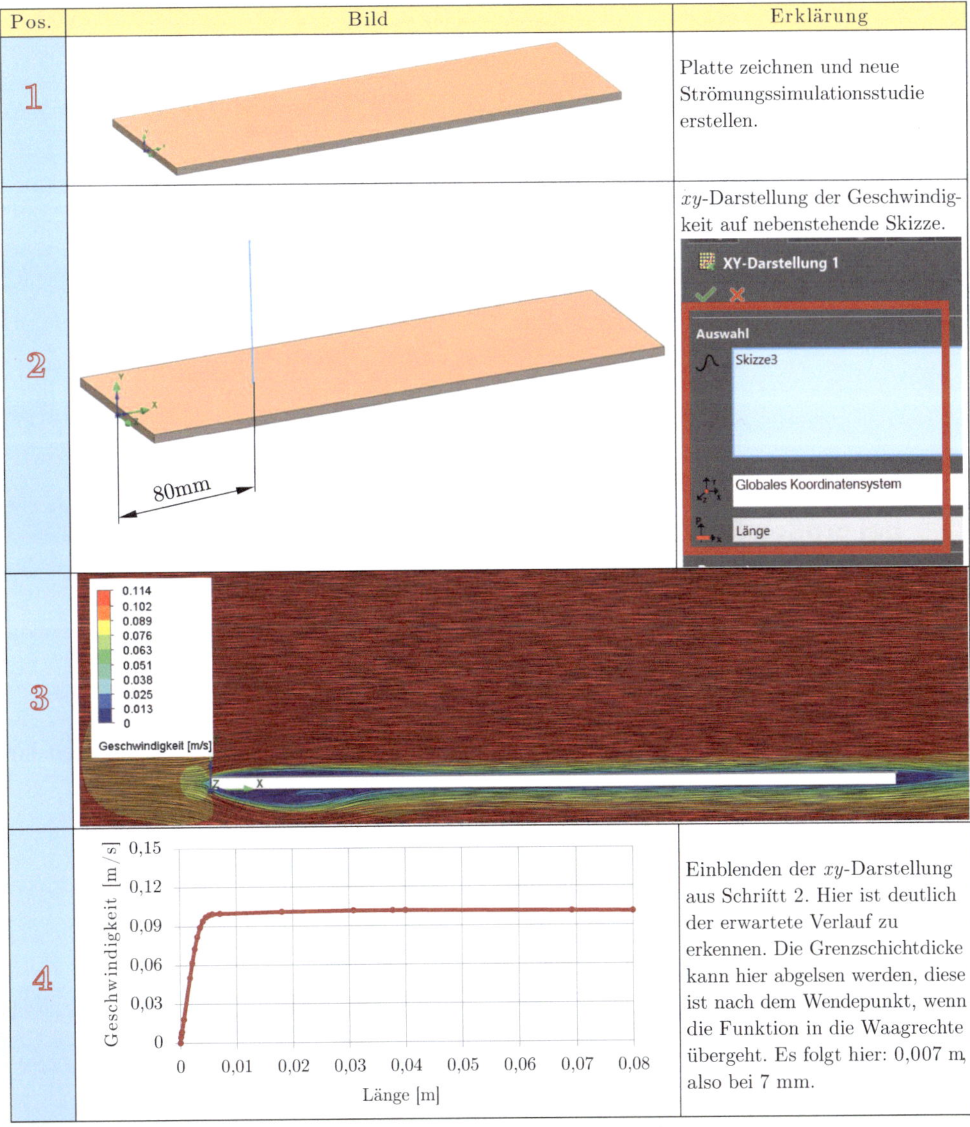

Pos.	Bild	Erklärung
1		Platte zeichnen und neue Strömungssimulationsstudie erstellen.
2	80mm	xy-Darstellung der Geschwindigkeit auf nebenstehende Skizze. XY-Darstellung 1 Auswahl Skizze3 Globales Koordinatensystem Länge
3	0.114 0.102 0.089 0.076 0.063 0.051 0.038 0.025 0.013 0 Geschwindigkeit [m/s]	
4	Geschwindigkeit [m/s] 0,15 0,12 0,09 0,06 0,03 0 0 0,01 0,02 0,03 0,04 0,05 0,06 0,07 0,08 Länge [m]	Einblenden der xy-Darstellung aus Schritt 2. Hier ist deutlich der erwartete Verlauf zu erkennen. Die Grenzschichtdicke kann hier abgelsen werden, diese ist nach dem Wendepunkt, wenn die Funktion in die Waagrechte übergeht. Es folgt hier: 0,007 m, also bei 7 mm.

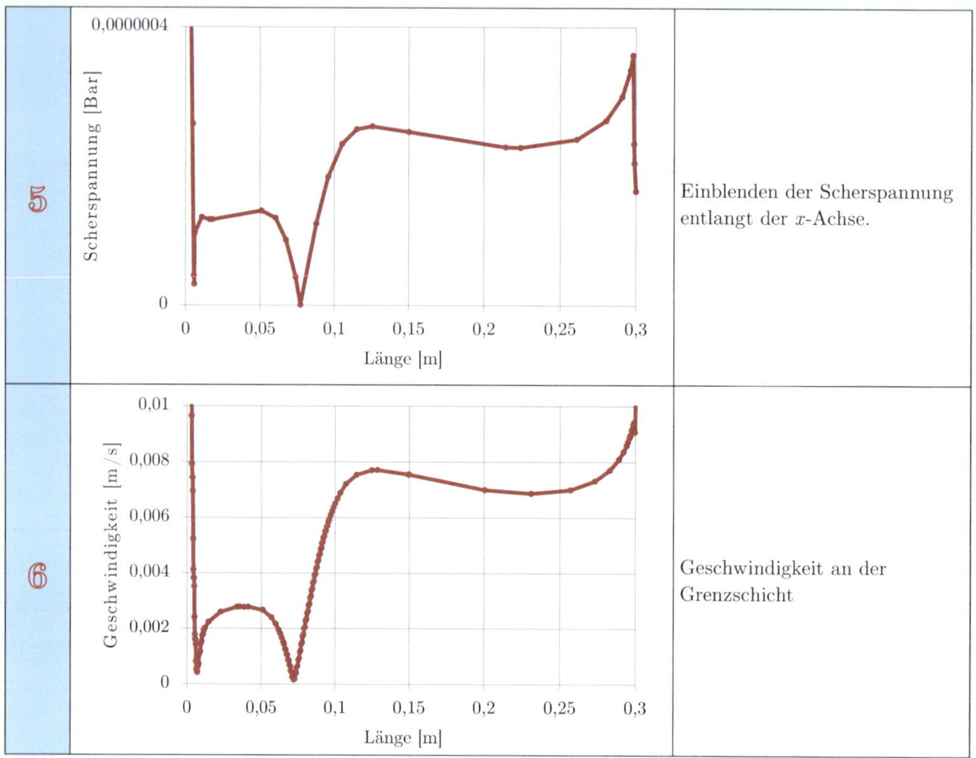

11

11.10.3 Grenzschichtuntersuchungen bei großen Reynolds-Zahlen

Bei großen Reynolds-Zahlen ist die Grenzschichtströmung turbulent. Bei turbulenter Strömung wird die Grenzschicht aufgedickt. Dies zeigt ◘ Abb. 11.3.

Ist die Hauptströmung linear, wird nach einer gewissen Länge die Strömung instabil. Es bilden sich die bereits untersuchten Tollmien-Schlichting-Wellen, die dann in dreidimensionale Wellen übergehen. Es entstehen Λ-Wirbel, die dann in Turbulenzflecken (Schneckenförmig) zerfallen.

11.10.3.1 Viskose Unterschicht

In Wandnähe ergibt sich durch die turbulente Grenzschicht eine viskose Unterschicht (viscous sublayer).

Die Wandschubgeschwindigkeit u_τ ergibt sich in der viskosen Unterschicht zu

$$y^+ := \frac{u_\tau}{\nu} \cdot y < 1. \tag{11.60}$$

Die zeitlich gemittelte Geschwindigkeit nimmt in der Unterschicht gemäß

$$\bar{v}_x = u_\tau \cdot y^+ = \frac{\tau_w}{\eta} \cdot y. \tag{11.61}$$

zu. (vgl. mit ◘ Abb. 11.3)

11.10.3.2 CFD Analyse

Vgl. mit der ► CFD-Analyse 11.4.

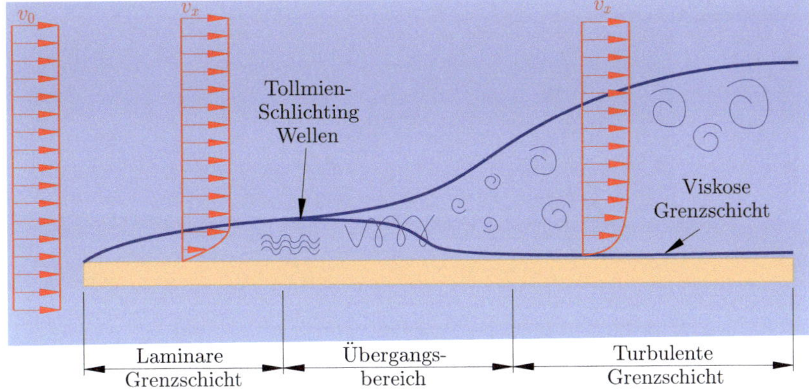

Abb. 11.3 Grenzschichtströmung bei hohen Reynolds-Zahlen [35]

Methode: Lösung durch SolidWorks – CFD 11.4

Von einer umströmten Platte ist die Grenzschichtdicke und die Scherspannung mithilfe einer CFD-Analyse zu bestimmen. Die Platte hat die Abmessungen $l \times b \times h = 300\,\text{mm} \times 100\,\text{mm} \times 5\,\text{mm}$. Stellen Sie die Ergebnisse in einem Diagramm dar. Die Platte wird mit einer Geschwindigkeit von $v_0 = 30\,\text{m/s}$ umströmt.

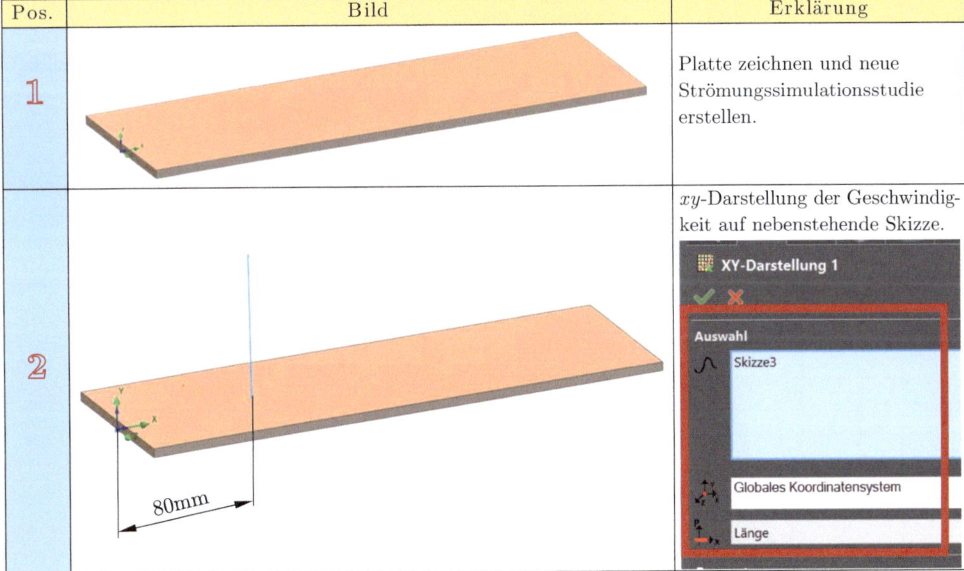

Pos.	Bild	Erklärung
1		Platte zeichnen und neue Strömungssimulationsstudie erstellen.
2	80mm	xy-Darstellung der Geschwindigkeit auf nebenstehende Skizze. XY-Darstellung 1 · Auswahl · Skizze3 · Globales Koordinatensystem · Länge

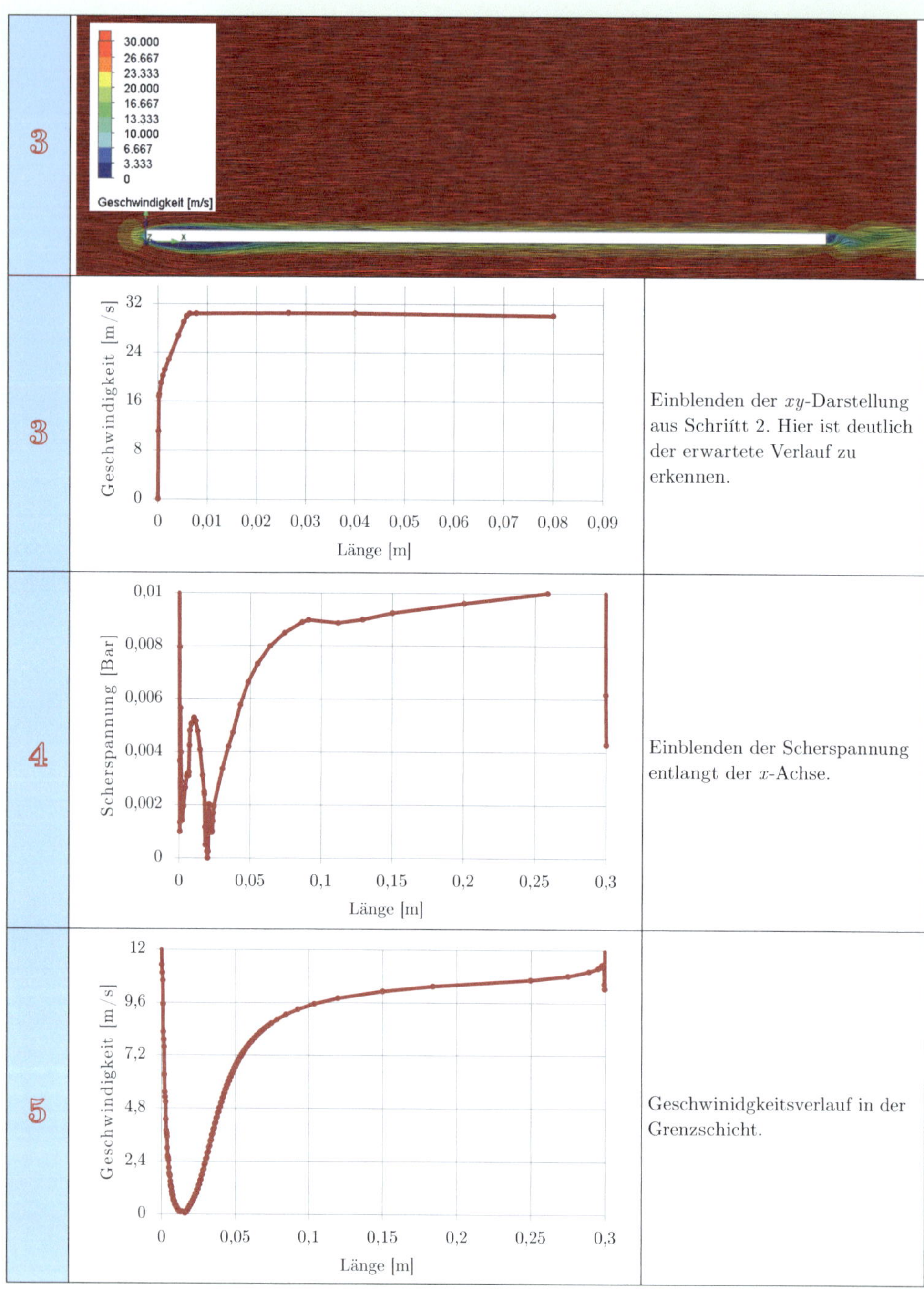

3	
3	Einblenden der xy-Darstellung aus Schritt 2. Hier ist deutlich der erwartete Verlauf zu erkennen.
4	Einblenden der Scherspannung entlangt der x-Achse.
5	Geschwinidgkeitsverlauf in der Grenzschicht.

11.11 Übungen

Übungsbeispiel 11.1

Was ist Turbulenz?

Lösung

Turbulenz ist ein Maß für eine Unregelmäßigkeit.

Übungsbeispiel 11.2

Welche Eigenschaften besitzt Turbulenz?

Lösung

- **Ähnlichkeit der Wirbel:** Ein Wirbelstrum ist mehrere Kilometer groß, hingegen die kleinsten Wirbel nur wenige Millimeter groß sind.
- **schwer vorhersehbare raumzeitliche Struktur:** Winde und Strömungen schwanken sehr stark mit der Umgebung. Wie genau diese Schwankungen aber sind, kann man nur schwer vorhersehen.
- **Abhängigkeit der Anfangsbedingungen:** Beispiel Coandă Effekt
- **Abhängigkeit der Randbedingungen:** Beispiel Riblets

Übungsbeispiel 11.3

Was ist der Coandă Effekt und wie entsteht dieser?

Lösung

Der Coandă-Effekt beschreibt das Phänomen, bei dem ein Fluid, dazu neigt, einem gekrümmten Oberflächenverlauf zu folgen, anstatt sich in gerader Linie fortzusetzen. Dieses Phänomen tritt aufgrund der viskosen Haftung des Strömungsmediums an der Oberfläche auf.

Entstehung

- **Viskose Haftung**: Durch die viskose Haftung strömt ein Fluid entlang der Oberfläche und strömt nicht von ihr ab.
- **Krümmung der Oberfläche:** Die Oberfläche muss konkav sein, wie es bei der Unterseite eines Löffels der Fall ist, dies kann man auch der folgenden CFD-Analyse entnehmen.

Übungsbeispiel 11.4

Was sind Riblets und wozu werden diese verwendet?

Lösung

Riblets sind winzige längliche Strukturen, die auf Oberflächen angebracht werden, um die Strömungseigenschaften zu beeinflussen. Diese Mikrostrukturen sind normalerweise in Form von länglichen Rillen oder Rippen ausgeführt. Zu vergleichen sind diese mit den Dimpeln eines Golfballs. Sie werden vorwiegend an Tragflügel eingesetzt.

Übungsbeispiel 11.5

Was besagt die Reynold'sche Zerlegungstheorie und wie lautet diese?

Lösung

Turbulente Strömungen werden in Bezug auf die Geschwindigkeit und den Druck (Feldgrößen der Turbulenz) in einen **gemittelten Term** und einer **statistischen Fluktuation** unterteilt. Dies nennt man Reynold'sche Zerlegung.

$$u(x,t) = \overline{u(x)} + u'(x,t) \qquad (11.62)$$

11

Übungsbeispiel 11.6

Welche Arten von Turbulenz gibt es?

Lösung

- **isotrope Turbulenz**: Isotrope Turbulenz ist eine Form von Turbulenz, bei der die statistischen Eigenschaften der Fluktuationen in einer Strömung in alle Raumrichtungen gleich sind. Das bedeutet, dass unabhängig von der Richtung, in der man in der Strömung misst, die gleichen turbulenten Eigenschaften auftreten.
- **homogene Turbulenz**: Homogene Turbulenz beschreibt turbulente Strömungen, bei denen die statistischen Eigenschaften der Fluktuationen überall im Strömungsfeld und in allen Raumrichtungen gleich sind. Das bedeutet, dass die turbulente Struktur nicht von einem bestimmten Punkt im Raum oder einer bestimmten Richtung abhängt. In homogener Turbulenz sind die turbulenten Eigenschaften, wie Geschwindigkeitsfluktuationen und Wirbelstrukturen, räumlich und in alle Richtungen gleich verteilt.
- **Scherturbulenz**: Scherturbulenz entsteht in Strömungen, in denen Scherkräfte auf das Strömungsmedium wirken. Diese Scherkräfte resultieren aus Geschwindigkeitsgradienten innerhalb des Fluids, beispielsweise durch unterschiedliche Geschwindigkeiten in verschiedenen Schichten einer Strömung. Die Scherturbulenz ist typisch für viele natürliche und technische Strömungen.

Übungsbeispiel 11.7

Was ist turbulente Dissipation?

Lösung

Turbulente Dissipation bezieht sich auf den Prozess, bei dem kinetische Energie in einer turbulenten Strömung in kleinere Skalen umgewandelt und schließlich in Wärmeenergie dissipiert wird.

Übungsbeispiel 11.8

Was ist eine Energiekaskade?

Lösung

In turbulenten Strömungen wird Energie von größeren Wirbeln auf kleinere Skalen übertragen. Dieser Prozess setzt sich fort, bis die kinetische Energie auf Längenskalen trifft, die durch die Viskosität des Fluids gedämpft werden können.

Übungsbeispiel 11.9

Was versteht man unter Skaleninteraktion?

Lösung

Turbulente Strömungen weisen verschiedene Skalen von Wirbeln auf, von großen Wirbelstrukturen bis zu kleineren, hochfrequenten Strukturen. Die Wechselwirkungen zwischen diesen Skalen führen zu einer ständigen Umwandlung und Übertragung von Energie.

Übungsbeispiel 11.10

Was ist die Turbulenzlänge?

Lösung

Die Turbulenzlänge repräsentiert die charakteristische Größe der Wirbelstrukturen oder Turbulenzelemente in einer turbulenten Strömung. Sie gibt an, in welchem Abstand sich typische Wirbel in der Strömung wiederholen.

Übungsbeispiel 11.11

Was ist die Turbulenzintensität?

Lösung

Die Turbulenzintensität ist ein Maß für die Stärke der turbulenten Schwankungen in einer Strömung im Verhältnis zur mittleren Strömungsgeschwindigkeit.

Übungsbeispiel 11.12

Was versteht man unter Wirbelstärke?

Lösung
Unter Wirbelstärke versteht man die Intensität oder die Größe von Wirbeln in einer Strömung.

Übungsbeispiel 11.13

Was bedeutet Vortizität?

Lösung
Die Vortizität ist ein zentrales Konzept in der Strömungsmechanik und beschreibt die lokale Rotationsrate eines Fluids. Sie ist mit der Drehung oder Rotation von Fluidelementen in einer Strömung verbunden.

Übungsbeispiel 11.14

Was sind Schließungssätze?

Lösung
Die Schließungssätze ermöglichen die Lösung der Reynoldsgleichungen, da man dort mehr Unbekannte als Gleichungen besitzt.

Übungsbeispiel 11.15

Was ist die Prandtl'sche Mischungsweghypothese?

Lösung
Die Mischweghypothese wurde erstmals von Ludwig Prandtl untersucht. Es wird eine Mischungsweglänge definiert. Diese kann maximal so lang wie die Dicke der Scherschicht sein. Man kann die Mischungsweglänge mittels der Gleichung

$$l_m^2 = l \cdot \sqrt{(\Delta y)^2} \tag{11.63}$$

beschreiben. Auf diese Weise erhält man die 1. Prandtl'sche Mischungswegformel für die turbulente Schubspannung.

Übungsbeispiel 11.16

Was sind Turbulenzmodelle?

Lösung
Turbulenzmodelle sind mathematische Beschreibungen oder numerische Ansätze, die verwendet werden, um den Einfluss von Turbulenz in strömenden Medien zu modellieren. Turbulenzmodelle sind vor allem in der numerischen Strömungsmechanik unumgänglich. Man unterscheidet unterschiedliche Modelle, die im Folgenden der Reihe nach abgearbeitet werden.

Übungsbeispiel 11.17

Wie ergeben sich die RANS-Gleichungen?

Lösung
Bei diesen Gleichungen werden die bereits bekannten Navier-Stokes-Gleichungen vereinfacht. Es werden die Varianz und der Mittelwert für den Druck und die Geschwindigkeit eingesetzt. Zusätzlich werden aber Dichte und Viskositätsschwankungen vernachlässigt. Es folgen die Reynoldsgemittelten Navier-Stokes-Gleichungen. In diesen stellt RST den Reynolds-Spannungstensor dar.

Übungsbeispiel 11.18

Wie lautet der RST?

Lösung

$$-\tau_{ij} = \varrho \overline{u_i' u_j'} = \varrho \begin{pmatrix} \overline{u_1'u_1'} & \overline{u_1'u_2'} & \overline{u_1'u_3'} \\ \overline{u_2'u_1'} & \overline{u_2'u_2'} & \overline{u_2'u_3'} \\ \overline{u_3'u_1'} & \overline{u_3'u_2'} & \overline{u_3'u_3'} \end{pmatrix}. \tag{11.64}$$

11

Übungsbeispiel 11.19

Wie lauten die Reynolds-Spannungsgleichungen und wie hängen Schließungssätze und Gleichungsmodelle damit zusammen?

Lösung

Leitet man aus der Matrix

$$-\tau_{ij} = \varrho \begin{pmatrix} \overline{u'_1 u'_1} & \overline{u'_1 u'_2} & \overline{u'_1 u'_3} \\ \overline{u'_2 u'_1} & \overline{u'_2 u'_2} & \overline{u'_2 u'_3} \\ \overline{u'_3 u'_1} & \overline{u'_3 u'_2} & \overline{u'_3 u'_3} \end{pmatrix}. \quad (11.65)$$

die einzelnen Gleichungen ab, so ergeben sich die Gleichungen für die einzelnen Spannungen. Da es sich aber um kein geschlossenes Gleichungssystem handelt, kommt es bei der Lösung zu deutlichen Schwierigkeiten. Dies stellt eines der komplexesten Themen der Mathematik dar. (Vgl. auch mit der Lösung der Navier-Stokes-Gleichungen.) Da dies meist nicht analytisch möglich ist, bedient man sich an unterschiedlichen Modellen, wie: Null-, Ein- und Zweigleichungsmodellen sowie Schließungsansätzen 2. Ordnung.

Übungsbeispiel 11.20

Was sind Wirbelviskositätsmodelle?

Lösung

Bei Wirbelviskositätsmodellen werden der Komponenten des Reynolds'schen Spannungstensor gelöst, indem man diesen durch die Näherung von Boussinesq (nach Joseph Boussinesq) approximiert. Man stellt eine Analogie her, zwischen den Reynolds-Spannungen und den durch die molekulare Viskosität hervorgerufenen Spannungen.

Übungsbeispiel 11.21

Was sind Nullgleichungsmodelle?

Lösung

Nullgleichungsmodelle, auch als Algebraische Nullgleichungsmodelle bzw. Algebraische Turbulenzmodelle bekannt, basieren auf der Annahme, dass die Turbulenzproduktion und -dissipation in bestimmten Strömungsregionen in etwa gleich sind. Im Wesentlichen handelt es sich dabei um Modelle, die auf einer einzigen Gleichung für eine turbulente Skala basieren und keine separaten Transportgleichungen für zusätzliche Turbulenzgrößen verwenden, im Gegensatz zu den üblicheren Zweigleichungsmodellen.

Übungsbeispiel 11.22

Nennen Sie ein Beispiel für ein Nullgleichungsmodell! Welche Annahmen werden bei diesem Modell getroffen?

Lösung

Baldwin-Lomax-Modell. Das Modell basiert auf der Annahme, dass die turbulente Schubspannung direkt proportional zur turbulenten kinematischen Viskosität ist.

Übungsbeispiel 11.23

Was sind Eingleichungsmodelle?

Lösung

Im Gegensatz zu Zwei-Gleichungen-Modellen, die separate Gleichungen für die turbulente kinetische Energie und die spezifische Dissipationsrate verwenden, basieren Eingleichungsmodelle auf einer einzigen Gleichung. Diese Gleichung stellt normalerweise eine Transportgleichung für eine skalare Größe dar, die mit der turbulenten Viskosität oder der turbulenten kinetischen Energie in Verbindung steht.

Übungsbeispiel 11.24

Nennen Sie ein Beispiel für ein Eingleichungsmodell! Welche Annahmen werden bei diesem Modell getroffen?

Lösung
Spalart-Allmaras-Modell. Es wird $\tilde{\nu}$ eingeführt. Ausgenommen in der Wandnähe stimmt $\tilde{\nu}$ mit ν_t (turbulente Viskosität) überein. Es ergibt sich bei diesem Modell allerdings das Problem, dass es nicht möglich ist, beim Übergang einer Grenzschicht die schnelle Änderung im turbulenten Längenmaß in eine freie Scherschicht vorauszusagen.

Übungsbeispiel 11.25

Was sind Zweigleichungsmodelle?

Lösung
Im Gegensatz zu Eingleichungsmodellen, die nur eine Gleichung für eine turbulente Größe verwenden, basieren Zweigleichungsmodelle auf zwei Gleichungen. Diese Gleichungen behandeln normalerweise die turbulente kinetische Energie (k) und die spezifische Dissipationsrate (ε). Zweigleichungsmodelle bieten eine verbesserte Genauigkeit im Vergleich zu Eingleichungsmodellen, da sie zusätzliche Informationen über die turbulente Struktur der Strömung liefern. Allerdings sind sie auch rechenintensiver.

Übungsbeispiel 11.26

Nennen Sie Beispiele für Zweigleichungsmodelle!

Lösung
- Standard k-ε-Turbulenzmodell
- Nichtlineares k-ε-Turbulenzmodell
- V2F-Turbulenzmodell
- k-ω-Turbulenzmodell
- k-ω-SST-Turbulenzmodell

Übungsbeispiel 11.27

Beschreiben Sie das Standard k-ε-Turbulenzmodell!

Lösung
Beim k-ε-Standard Modell beschreibt man die Entwicklung der turbulenten kinetischen Energie k und die isotrope Dissipationsrate $\varepsilon = \nu \overline{\frac{\partial u_i'}{\partial x_k} \frac{\partial u_i'}{\partial x_k}}$ mithilfe von zwei partiellen Differentialgleichungen.

Übungsbeispiel 11.28

Beschreiben Sie das Nichtlineare k-ε-Turbulenzmodell!

Lösung
Nichtlineare k-ε-Modelle sind Erweiterungen der Standard k-ε-Modelle. Es werden nichtlineare Terme in die Transportgleichungen für die turbulente kinetische Energie k und die spezifische Dissipationsrate ε hinzugefügt. Das Problem beim Standard k-ε-Modell liegt darin, dass die Normalspannungen durch die Boussinesq-Approximation des RST in allen Richtungen gleich groß sind (isotrop). Dann würden aber die Schubspannungen verschwinden (isotrope Turbulenz), gem. der Boussinesq-Approximation. Strömungsfelder, bei denen der Geschwindigkeitsvektor von den Normalspannungen beeinflusst wird, werden nur ungenau abgebildet. Solche liegen vor allem in Ablösegebieten vor. Das Nichtlineare k-ε-Modell löst dieses Problem, indem nicht lineare Terme dem Standard-Modell erweitert werden. Es ist dadurch möglich, die Normalspannungen exakter zu bestimmen.

Übungsbeispiel 11.29

Beschreiben Sie das Nichtlineare V2F-Turbulenzmodell!

Lösung
Das V2F-Turbulenzmodell (V2F steht für „Vortex 2 Filament“) ist ein Zweigleichungs-Turbulenzmodell, das von der Firma ANSYS CFX entwickelt wurde. Es handelt sich um eine Erweiterung des k-ε-Modells und wurde speziell für den laminaren turbulenten Übergang in Strömungen entwickelt.

Zusätzlich zu den Transportgleichungen für die turbulente kinetische Energie und die Dissipationsrate werden eine Gleichung für das Geschwindigkeitsmaß normal zur Wand, $\overline{v'^2}$ und deren mit k normalisierte Produktionsrate f gelöst. Die bereits bekannten Gleichungen für k und ε können dem k-ε-Modell entnommen werden.

Übungsbeispiel 11.30

Beschreiben Sie das k-ω-Turbulenzmodell!

Lösung
Das k-ω-Modell Turbulenzmodell wird zur Simulation von turbulenten Strömungen verwendet. Es besteht aus zwei Transportgleichungen, eine für die turbulente kinetische Energie (k) und die spezifische Dissipationsrate (ω). Dieses Modell wurde entwickelt, um bestimmte Einschränkungen des k-ε-Modells zu überwinden, insbesondere im Bereich von anisotropen Strömungen und Grenzschichtströmungen. Es werden hier zu den bereits bekannten Transportgleichungen noch eine Transportgleichung für ω eingeführt, diese beschreibt eine charakteristische Frequenz.

Übungsbeispiel 11.31

Was bedeutet „Free Stream-Sensitivität“?

Lösung
Die Free Stream-Sensitivität bezieht sich auf die Empfindlichkeit von Strömungssimulationen, insbesondere von Turbulenzmodellen, gegenüber den Bedingungen im Freiraum oder in der Umgebung der Strömung. In diesem Kontext betrifft die Free Stream-Sensitivität, insbesondere die Anfänge der Berechnung oder die Anfangsbedingungen für eine turbulente Simulation, insbesondere bei der Verwendung von Turbulenzmodellen wie dem k-ω-Modell.

Übungsbeispiel 11.32

Beschreiben Sie das k-ω-SST-Turbulenzmodell!

Lösung
Beim k-ω-SST Turbulenzmodell werden die Vorteile des k-ε Turbulenzmodell und jene des k-ω-Modell verbunden. Die Vereinigung der Vorteile dieser beiden Modelle liefert das von Menter entwickelte SST-Turbulenzmodell.

Übungsbeispiel 11.33

Beschreiben Sie die Large Eddy Simulation und beschreiben Sie den Unterschied zu den RANS-Gleichungen!

Lösung
Im Gegensatz zur zeitlichen Mittelung nutzt die Large Eddy Simulation (LES) eine Kombination aus zeitlicher und räumlicher Tiefpassfilterung. Dieser Ansatz ermöglicht die transiente Simulation von großskaligen Phänomenen, während der Einfluss kleinskaliger Phänomene weiterhin durch Modelle berücksichtigt wird.

Die LES bietet im Vergleich zu statistischen Methoden eine vielversprechendere Beschreibung der Turbulenz, auch wenn damit ein höherer Rechenaufwand verbunden ist. Der Grund liegt darin, dass zumindest ein Teil der turbulenten Schwankungen direkt wiedergegeben wird, anstatt sie nur durch statistische Mittelwerte zu modellieren.

Übungsbeispiel 11.34

Beschreiben Sie die Detached Eddy Simulation!

Lösung
In der DES wird der Wandabstand, der als Variable im Spalart-Allmaras-Modell vorhanden ist, in den wandfernen Bereichen durch die größte Weite einer Gitterzelle ersetzt. Diese Formulierung ermöglicht eine LES-ähnliche Simulation in den wandfernen Gebieten. Damit erreicht DES effektiv eine RANS-Formulierung in der Grenzschicht und eine LES-Formulierung in der freien Strömung. Dies ermöglicht die Anwendung des jeweils am besten geeigneten Verfahrens für den spezifischen Bereich, unter Berücksichtigung von Genauigkeits- und Rechenaufwandsaspekten.

Die Erstellung eines geeigneten Gitters, das in verschiedene Zonen unterteilt ist, hat einen erheblichen Einfluss auf den Erfolg der DES-Berechnung, da RANS und LES unterschiedliche Anforderungen an die Gitterstruktur haben. Gleiches gilt für die verwendeten numerischen Methoden. Obwohl diese im gesamten Rechengebiet häufig die gleichen sind, kann dies zu Kompromissen in Bezug auf die Genauigkeit führen. Daher erfordert die effektive Anwendung von DES eine sorgfältige Abstimmung von Gitter und numerischen Methoden, um optimale Ergebnisse zu erzielen.

Übungsbeispiel 11.35

Beschreiben Sie die LST und geben Sie an, was die Ergebnisse über Strömungen aussagen!

Lösung
Die lineare Stabilitätstheorie (LST) untersucht die Stabilität von Strömungen. Durch die Analyse der Anfachungsraten und Modenformen von wellenförmigen Störungen liefert die LST wertvolle Einblicke in die Entwicklung von instabilen Strömungszuständen.

Durch die Integration von LST-Erkenntnissen in numerische Simulationen können realistische Vorhersagen über das Verhalten von Strömungen getroffen werden, was in verschiedenen Industriezweigen, von der Luft- und Raumfahrt bis zur Energieerzeugung, von großer Bedeutung ist.

Übungsbeispiel 11.36

Welche Annahmen werden bei der LST getroffen?

Lösung
- Die Navier-Stokes-Gleichungen müssen der stationären Grundströmung genügen.
- Aufdicken einer Grenzschicht wird vernachlässigt.
- Es können die Gleichungen bzgl. der Grundströmung linearisiert werden, da kleine Störungen vorliegen.

Übungsbeispiel 11.37

Wie sieht der Störansatz bei der LST aus?

Lösung
Für die Störgrößen wird ein Wellenansatz angesetzt, der z. B. für u', die Störgeschwindigkeit in x-Richtung folgende Form besitzt

$$u' = \hat{u}(y) \cdot e^{i(\alpha x + \gamma z - \omega t)} \qquad (11.66)$$

Dabei handelt es sich um eine Welle mit den Wellenzahlen α_r und γ in x- bzw. z-Richtung mit der Frequenz ω_r, deren Amplituden- und Phasenverlauf eine Funktion von y sind.

11

Übungsbeispiel 11.38

Wie sieht das zeitliche Modell in der LST aus?

Lösung
Wellenzahlen α_r und γ werden vorgegeben und daraus die Frequenz ω_r und die zeitliche Anfechtungsrate ω_i bestimmt.

Übungsbeispiel 11.39

Wie sieht das räumliche Modell in der LST aus?

Lösung
Beim räumlichen Modell wird die Querwellenzahl γ und die Frequenz ω_r vorgegeben, wodurch die Wellenzahl in x, α_r, und die räumliche Anfachungsrate α_i folgt.

Übungsbeispiel 11.40

Was macht die Gaster Transformation in der LST?

Lösung
Nimmt man kleine Anfangsraten an, so ermöglicht die Gaster-Transformation die Transformation zwischen zeitlichem und räumlichen Modell.

Übungsbeispiel 11.41

Was sind inkompressible Stabilitätsgleichungen?

Lösung
Die Kontinuitätsgleichung für inkompressible Strömungen nimmt eine elliptische Form an, und wenn Kompressibilitätseffekte vernachlässigt werden, entstehen die Orr-Sommerfeld- und Squire-Gleichungen zur Beschreibung der linearen Stabilität. Diese beiden Gleichungen bilden gemeinsam ein Gleichungssystem sechster Ordnung.

Übungsbeispiel 11.42

Was besagt die Orr-Sommerfeld-Gleichung und die Squire-Gleichung?

Lösung
Die Orr-Sommerfeld-Gleichung beschreibt die Stabilität von laminaren Strömungen gegenüber dreidimensionalen Störungen, während die Squire-Gleichung den Fall zweidimensionaler Störungen behandelt. Beide Gleichungen sind linear und ermöglichen die Analyse der Stabilität von Strömungen durch die Untersuchung von Störungen.

Übungsbeispiel 11.43

Wie kann man mithilfe von σ auf das Stabilitätsverhalten von Strömungen schließen?

Lösung

$\sigma < 0 \Longrightarrow$ instabile Störung

$\sigma > 0 \Longrightarrow$ stabile Störung

Übungsbeispiel 11.44

Wie ändert sich die Kontinuitätsgleichung bei kompressiblen Strömungen?

Lösung
Hierbei kann man durch die Kontinuitätsgleichung nur mehr eine Variable eliminieren. Es folgt ein Gleichungssystem, 8. Ordnung, das sich aus fünf Gleichungen zusammensetzt.

Übungsbeispiel 11.45

Wie lautet das Rayleigh-Theorem Nr. 1?

Lösung
Eine notwendige Bedingung für reibungsfreie Instabilität ist ein Wendepunkt im Geschwindigkeitsprofil.

Übungsbeispiel 11.46

Wie lautet das Rayleigh-Theorem Nr. 2?

Lösung
Die Phasengeschwindigkeit einer angefachten Störung liegt stets zwischen dem Minimal- und dem Maximalwert der Grundströmung $u(y)$.

Übungsbeispiel 11.47

Wie lautet das Tollmien-Theorem?

Lösung
Für eine Grenzschicht ist es notwendig und hinreichend für reibungsfreie Instabilität, dass die Grundströmung einen Wendepunkt besitzt. Ein Wendepunkt beeinflusst somit wesentlich das Stabilitätsverhalten. Aus dem Theorem von Tollmien folgt außerdem, dass die Blasius-Grenzschicht erst durch den Einfluss der Reibung instabil wird.

Übungsbeispiel 11.48

Worauf beziehen sich Grenzschichtinstabilitäten?

Lösung
Grenzschichtinstabilitäten beziehen sich auf Störungen oder Unregelmäßigkeiten, die in der Grenzschicht einer Strömung auftreten können. Die Grenzschicht ist der Bereich in unmittelbarer Nähe einer festen Oberfläche, wie einer Wand, in der die Strömungsgeschwindigkeit von null an der Wand auf den freien Stromwert an der äußeren Grenze der Grenzschicht zunimmt.

Übungsbeispiel 11.49

Beschreiben Sie die KHI!

Lösung
Die Kelvin-Helmholtz-Instabilität (KHI) ist eine hydrodynamische Instabilität, die in Flüssigkeiten oder Gasen auftritt, wenn zwei Flüssigkeits- oder Gasströme unterschiedliche Geschwindigkeiten haben. Diese Instabilität führt zur Bildung von Wellen und Rollen in der Grenzschicht zwischen den Strömen.

Übungsbeispiel 11.50

Was ist Clear Air Turbulence (CAT)?

Lösung
Clear Air Turbulence (CAT), auch als Klarluftturbulenz oder Luftloch bekannt, bezieht sich auf turbulente Luftströmungen in der Atmosphäre, die nicht mit sichtbaren Wolken oder Wettererscheinungen in Verbindung stehen. Diese Art von Turbulenz ist oft für Flugzeuge unerwartet und schwer vorhersehbar, da sie nicht visuell erkennbar ist.

Übungsbeispiel 11.51

Was ist die Tollmien-Schlichting-Welle?

Lösung
Die Entstehung der Tollmien-Schlichting-Welle kann durch eine lineare Stabilitätsanalyse der Navier-Stokes-Gleichungen und der Kontinuitätsgleichung erklärt werden. In einer laminaren Grenzschichtströmung bewegt sich die Strömung parallel zur Wand in Schichten (Laminarität). Kleine Störungen in dieser Strömung können jedoch zu einer Verstärkung führen und schließlich zur Umwandlung der laminaren Strömung in eine turbulente Strömung.

11

Übungsbeispiel 11.52

Wo befindet sich die Fluiddynamische Grenzschicht?

Lösung

Die Fluiddynamische Grenzschicht bezieht sich auf den Bereich einer Strömung in der Nähe einer festen Oberfläche, wie einer Wand. In der Nähe der festen Oberfläche ist die Strömung oft laminar, was bedeutet, dass die Strömung in gut geordneten Schichten verläuft. Mit zunehmendem Abstand von der Wand kann die Strömung jedoch turbulent werden, mit unregelmäßigen Wirbeln und Verwirbelungen.

Übungsbeispiel 11.53

Welcher Bereich wird mittels der Prandtl'schen Grenzschichttheorie untersucht?

Lösung

Jener Bereich, in der Nähe von Wänden mit kleiner Reibung, wird mittels der Grenzschichttheorie von Prandtl untersucht.

Übungsbeispiel 11.54

Wie sieht die Grenzschicht bei kleinen Reynolds-Zahlen aus?

Lösung

Für hinreichend kleine Reynolds-Zahlen ist die fluiddynamische Grenzschicht laminar und der Hauptströmung gleich gerichtet. Die in der Grenzschicht vorliegenden besonderen Verhältnisse erlauben den Druckgradienten senkrecht zur Wand zu vernachlässigen: Der Druck ist näherungsweise über die Dicke der Grenzschicht konstant und wird von der Hauptströmung aufgeprägt. Des Weiteren kann die Änderung der Geschwindigkeit in wand-paralleler Richtung gegenüber derjenigen senkrecht zur Wand außer Acht gelassen werden. Anwendung dieser Annahmen in den Navier-Stokes-Gleichungen führt auf die oben erwähnten Grenzschichtgleichungen.

Übungsbeispiel 11.55

Wie sieht die Grenzschicht bei großen Reynolds-Zahlen aus?

Lösung

Bei großen Reynolds-Zahlen ist die Grenzschichtströmung turbulent. Bei turbulenter Strömung wird die Grenzschicht aufgedickt.

Ist die Hauptströmung linear, wird nach einer gewissen Länge die Strömung instabil. Es bilden sich die bereits untersuchten Tollmien-Schlichting-Wellen, die dann in dreidimensionale Wellen übergehen. Es entstehen Λ-Wirbel, die dann in Turbulenzflecken (Schneckenförmig) zerfallen.

Teil IV. Numerische Strömungsmechanik und CFD

Inhaltsverzeichnis

12

Grundlagen der CFD

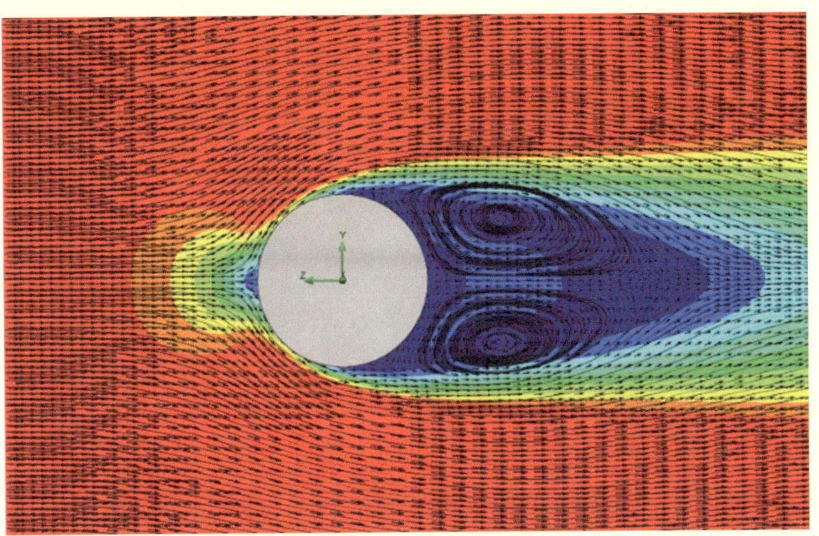

Inhaltsverzeichnis

A. Huber, *Technische Mechanik 4 - Hydromechanik*,
https://doi.org/10.1007/978-3-662-69231-8_12

Sie lernen hier…

- was CFD bedeutet.
- wie die behandelten Gleichungen in der Realität durch Anwendungen in CFD-Programmen verwendet werden.
- verstehen, warum nach wie vor die Gleichungen der Strömungsmechanik wichtig in Anwendung und Industrie sind.
- wo die zuvor behandelten Gleichungen verwendet werden.
- Strömungen berechnen durch Computereinsatz.
- Strömungsberechnungen aus der Realität kennen.
- Grundlagen von SolidWorks FlowSimulation kennen.

Zitat

Ich habe mir immer gewünscht, dass mein Computer so leicht zu bedienen ist wie mein Telefon; mein Wunsch ging in Erfüllung: mein Telefon kann ich jetzt auch nicht mehr bedienen.

-

12

12.1 Grundlegendes [69]

Die numerische Strömungsmechanik (englisch Computational Fluid Dynamics, CFD) ist eine etablierte Methode der Strömungsmechanik. Sie hat das Ziel, strömungsmechanische Probleme approximativ mit numerischen Methoden zu lösen. Die benutzten Modellgleichungen sind meist die Navier-Stokes-Gleichungen, Euler-Gleichungen, Stokes-Gleichungen oder die Potentialgleichungen.

12.1.1 Modelle

Das umfassendste Modell sind die Navier-Stokes-Gleichungen. Es handelt sich hierbei um ein System von nicht linearen partiellen Differentialgleichungen 2. Ordnung. Insbesondere sind auch Turbulenz und die hydrodynamische Grenzschicht enthalten, was allerdings zu höchsten Ansprüchen an Rechnerleistung, Speicher und die numerischen Verfahren führt.

Ein einfacheres Modell sind die Euler-Gleichungen, die aufgrund der vernachlässigten Reibung die Grenzschicht nicht abbilden und auch keine Turbulenz enthalten, womit beispielsweise Strömungsabriss nicht über dieses Modell simuliert werden kann. Dafür sind wesentlich gröbere Gitter geeignet, um die Gleichungen sinnvoll zu lösen. Für diejenigen Teile der Strömung, in denen die Grenzschicht keine wesentliche Rolle spielt, sind die Euler-Gleichungen hervorragend geeignet.

Die Potentialgleichungen schließlich sind vor allem nützlich, wenn schnell grobe Vorhersagen gemacht werden sollen. Bei ihnen wird die Entropie als konstant vorausgesetzt, was bedeutet, dass keine starken Schockwellen auftreten können, da an diesen die Entropie sogar unstetig ist. Weitere Vereinfachung über konstante Dichte führt dann zur Laplace-Gleichung.

CFD-Verfahren bilden auch die Grundlage für die numerische Aeroakustik, die sich mit der Berechnung von Strömungsgeräuschen befasst.

12.1.2 Verfahren [73]

Verbreitete Lösungsmethoden der CFD sind

- Finite-Differenzen-Methode (FDM)
- Finite-Volumen-Methode (FVM)
- Finite-Elemente-Methode (FEM).

Die Finite-Elemente-Methode (FEM) ist eine äußerst vielseitige Methode, die sich besonders für die Lösung von Problemen in den Bereichen elliptisch und parabolisch im inkompressiblen Bereich eignet. Obwohl sie weniger für hyperbolische Probleme geeignet ist, besticht sie durch ihre Robustheit und ihre solide mathematische Grundlage. Im Gegensatz dazu ist die Finite-Volumen-Methode (FVM) besonders gut geeignet für Erhaltungsgleichungen, insbesondere für kompressible Strömungen. Sie bietet eine präzise Behandlung von Strömungsvariablen in einem begrenzten Raumvolumen. Hingegen ist die Finite-Differenzen-Methode (FDM) aufgrund ihrer Einfachheit vor allem von theoretischem Interesse. Sie bietet eine grundlegende Herangehensweise zur Diskretisierung partieller Differentialgleichungen und ist oft der Ausgangspunkt für die Entwicklung komplexerer numerischer Verfahren.

12.2 Navier-Stokes-Gleichungen in der CFD

Nachstehend ist ein Ausschnitt aus der Technischen Referenz, diese kann bei der Installation des Paketes: SolidWorks FlowSimulation heruntergeladen werden. Hierbei handelt es sich um die „Flow Simulation 2020 Technical Reference". Diese Datei ist nur auf Englisch abrufbar. Dieses Dokument zeigt die hinterlegten Gleichungen von FlowSimulation. Es wird kurz darauf eingegangen und erklärt, warum nach wie vor die theoretischen Grundlagen praxisnah angewendet werden können.

12.2.1 Turbulente und laminare Strömung [61, 92]

FlowSimulation löst die Navier-Stokes-Gleichungen, welche Formulierungen der Massen-, Impuls- und Energieerhaltungsgesetze für Strömungen von Fluiden sind. Die Gleichungen werden durch Flüssigkeitszustandsgleichungen ergänzt, die die Eigenschaften des Fluids definieren, sowie durch empirische Abhängigkeiten der Flüssigkeitsdichte, Viskosität und Wärmeleitfähigkeit von der Temperatur. Inelastische nicht newtonsche Fluide werden berücksichtigt, indem eine Abhängigkeit ihrer dynamischen Viskosität von der Strömungsgeschwindigkeit und der Temperatur eingeführt wird, und komprimierbare Flüssigkeiten werden berücksichtigt, indem eine Abhängigkeit ihrer Dichte vom Druck eingeführt wird. Ein spezifisches Problem wird schließlich durch die Definition seiner Geometrie, Rand- und Anfangsbedingungen festgelegt.

FlowSimulation ist in der Lage, sowohl laminare als auch turbulente Strömungen vorherzusagen. Laminare Strömungen treten bei niedrigen Werten der Reynolds-Zahl auf, die als das Produkt aus repräsentativen Skalen von Geschwindigkeit und Länge geteilt durch die kinematische Viskosität definiert ist. Wenn die Reynolds-Zahl einen bestimmten kritischen Wert überschreitet, wird die Strömung turbulent, d. h. die Strömungsparameter beginnen zufällig zu fluktuieren.

Die meisten Fluidströmungen, die in der Ingenieurspraxis auftreten, sind turbulent, daher wurde FlowSimulation hauptsächlich entwickelt, um turbulente Strömungen zu simulieren und zu untersuchen. Zur Vorhersage turbulenter Strömungen werden die Favre-gemittelten Navier-Stokes-Gleichungen verwendet, bei denen die zeitgemittelten Effekte der Strömungsturbulenz auf die Strömungsparameter berücksichtigt werden, während andere, d. h. großskalige, zeitabhängige Phänomene direkt berücksichtigt werden. Durch dieses Verfahren treten zusätzliche Terme, die sogenannten Reynolds-Spannungen, in den Gleichungen auf, für die zusätzliche Informationen bereitgestellt werden müssen. Um dieses Gleichungssystem zu schließen, verwendet FlowSimulation Transportgleichungen für die turbulente kinetische Energie und ihre Dissipationsrate, das sogenannte k-ε-Modell. FlowSimulation verwendet ein Gleichungssystem, um sowohl laminare als auch turbulente Strömungen zu beschreiben. Weiterhin ist ein Übergang von einem laminaren in einen turbulenten Zustand und/oder umgekehrt möglich.

Strömungen in Modellen mit beweglichen Wänden (ohne Änderung der Modellgeometrie) werden durch Angabe der entsprechenden Randbedingungen berechnet. Strömungen in Modellen mit rotierenden Teilen werden in Koordinatensystemen berechnet, die an die rotierenden Teile des Modells angebracht sind, d. h. mit ihnen rotieren, sodass die stationären Teile des Modells achsensymmetrisch zur Rotationsachse sein müssen.

Die Erhaltungsgesetze für Masse, Drehimpuls und Energie im kartesischen Koordinatensystem, das mit einer Winkelgeschwindigkeit Ω um eine Achse rotiert, die durch den Ursprung des Koordinatensystems verläuft, können in folgender Form geschrieben werden:

$$\frac{\partial \rho}{\partial t} + \frac{\partial}{\partial x_i}(\rho u_i) = S_M^p \tag{12.1}$$

$$\frac{\partial \rho u_i}{\partial t} + \frac{\partial}{\partial x_j}(\rho u_i u_j) + \frac{\partial p}{\partial x_i} = \frac{\partial}{\partial x_j}\left(\tau_{ij} + \tau_{ij}^R\right) + S_i + S_{Ii}^p \quad i = 1, 2, 3 \tag{12.2}$$

$$\frac{\partial \rho H}{\partial t} + \frac{\partial \rho u_i H}{\partial x_i} = \frac{\partial}{\partial x_i}\left(u_j\left(\tau_{ij} + \tau_{ij}^R\right) + q_i\right) + \frac{\partial p}{\partial t} - \tau_{ij}^R \frac{\partial u_i}{\partial x_j} + \rho\varepsilon + S_i u_i + S_H^p + Q_H \quad (12.3)$$

$$H = h + \frac{u^2}{2} + \frac{5}{3}k - \frac{\Omega^2 r^2}{2} - \sum_m h_m^0 y_m \quad (12.4)$$

12.2.2 Strömungen mit hohen Machzahlen

Für Berechnungen mit der aktivierten Option für Strömungen mit hoher Machzahl wird die folgende Energiegleichung verwendet:

$$\frac{\partial \rho E}{\partial t} + \frac{\partial \rho u_i\left(E + \frac{p}{\rho}\right)}{\partial x_i} = \frac{\partial}{\partial x_i}\left(u_j\left(\tau_{ij} + \tau_{ij}^R\right) + q_i\right) - \tau_{ij}^R \frac{\partial u_i}{\partial x_j} + \rho\varepsilon + Q_H, \quad (12.5)$$

$$E = e + \frac{u^2}{2}, \quad (12.6)$$

wobei e die innere Energie ist. Für newtonsche Fluide wird der viskose Schubspannungstensor definiert als:

$$\tau_{ij} = \mu\left(\frac{\partial u_i}{\partial x_j} + \frac{\partial u_j}{\partial x_i} - \frac{2}{3}\delta_{ij}\frac{\partial u_k}{\partial x_k}\right) \quad (12.7)$$

Gemäß der Boussinesq-Approximation hat der Reynolds-Spannungstensor die folgende Form:

$$\tau_{ij}^R = \mu_t\left(\frac{\partial u_i}{\partial x_j} + \frac{\partial u_j}{\partial x_i} - \frac{2}{3}\delta_{ij}\frac{\partial u_k}{\partial x_k}\right) - \frac{2}{3}\rho k \delta_{ij} \quad (12.8)$$

12.2.3 Freie Oberfläche

FlowSimulation ermöglicht es, die Strömung von zwei nicht mischbaren Fluiden mit einer freien Oberfläche zu modellieren. Flüssigkeiten gelten als nicht mischbar, wenn sie vollständig unlöslich ineinander sind. Eine freie Oberfläche ist eine Grenzfläche zwischen nicht mischbaren Fluiden, zum Beispiel zwischen einer Flüssigkeit und einem Gas (jedes Paar von Fluiden, das zu Gasen, Flüssigkeiten oder nicht newtonschen Flüssigkeiten gehört, ist zulässig, ausgenommen Gas-Gas-Kontakt).

Jedoch sind in dieser Version keine Phasenübergänge (einschließlich Feuchtigkeit, Kondensation, Kavitation), Rotationsprobleme, Oberflächenspannung und Grenzschicht an einer Grenzfläche zwischen nicht mischbaren Fluiden erlaubt.

Freie Oberflächen werden mit der Volumen-der-Flüssigkeit (Volume of Fluid, VOF)-Technik modelliert, indem ein Satz von Impulsgleichungen gelöst und der Volumenanteil jeder der Flüssigkeiten im gesamten Bereich verfolgt wird.

Die VOF-Technik basiert auf dem Konzept eines Flüssigkeitsvolumenanteils $\alpha_q (q = 0 \ldots N_{q-1})$, der einen Wert zwischen 0 und 1 haben muss. In einem Zweiphasensystem beträgt beispielsweise in Gitterzellen (Kontrollvolumen) von Flüssigkeit $\alpha_0 = 0$ und $\alpha_1 = 1$, während in Zellen von Gas $\alpha_0 = 1$ und $\alpha_1 = 0$ beträgt. Die Position einer freien Oberfläche ist dort, wo sich α_q von 0 auf 1 ändert. In jedem Kontrollvolumen summieren sich die Volumenanteile aller Phasen zu Eins:

$$\sum_{q=0}^{N_q-1} \alpha_q = 1 \quad (12.9)$$

N_q ist die Anzahl der nicht mischbaren Flüssigkeiten (Komponentenphasen). Die Flusssimulation ermöglicht es, nur ein Zweiphasensystem mit $N_q = 2$ zu modellieren. Paare von Flüssig-Gas oder Flüssig-Flüssig sind verfügbar. Die Dichte in jeder Zelle entspricht entweder rein einer der Phasen oder einer Mischung der Phasen, je nach den Werten des Volumenanteils:

$$\rho_q = \sum_{q=0}^{N} \alpha_q \rho_q \quad (12.10)$$

Das Fehlen von Vermischung nicht mischbarer Flüssigkeiten bedeutet, dass kein konvektiver Transfer von Masse, Impuls, Energie und anderen Parametern durch die freie Oberfläche erfolgt. Es gibt auch keinen diffusiven Transfer der Gemischkomponenten. Es gibt jedoch Diffusionsflüsse für Impuls, Energie und turbulente Parameter. Es wird angenommen, dass Geschwindigkeiten, Scherspannungen, statische Drücke, Temperaturen und Wärmeflüsse an der Grenzfläche zwischen nicht mischbaren Flüssigkeiten gleich sind.

Die Terme grad(ρ_q) werden innerhalb jedes Fluids als vernachlässigbar angesehen. Für eine Gasphase sind Änderungen der Dichte ρ_q hauptsächlich mit Temperaturschwankungen verbunden, nicht mit dem Druck: $\frac{\max(\rho_q)}{\min(\rho_q)} < 3$, $q = 0 \ldots N_q - 1$. Es wird angenommen, dass eine Gasphasenströmung gering komprimierbar ist, das heißt, die Machzahl $M < 0{,}3$ beträgt. An der freien Oberfläche kann das Verhältnis zwischen den Dichten (oder Viskositäten) der nicht mischbaren Flüssigkeiten groß sein, z. B. beträgt das Verhältnis zwischen den Dichten von Wasser zu Luft etwa 10^3 und für nicht newtonsche Flüssigkeiten zu Luft kann das Verhältnis zwischen den Viskositäten bis zu 10^{10} betragen. Die Gleichung für den Volumenanteil ist wie folgt

$$\frac{\partial \alpha_q}{\partial t} + \frac{\alpha_q}{\rho_q}\frac{\partial \rho_q}{\partial t} + \sum_i \frac{\partial \alpha_q u_i}{\partial x_i} = 0, \qquad (12.11)$$

$q = 0 \ldots N_q - 1$. Als Folge der Gleichungen für den Volumenanteil hat das Erhaltungsgesetz für die Masse folgende Form:

$$\sum_{q=0}^{N_q-1}\left(\frac{\alpha_q}{\rho_q}\frac{\partial \rho_q}{\partial t}\right) + \sum_i \frac{\partial u_i}{\partial x_i} = 0 \qquad (12.12)$$

Die Impulsgleichung kann wie folgt geschrieben werden:

$$\begin{aligned}
&\rho\frac{\partial u_i}{\partial t} + \rho u_i \sum_{q=0}^{N_q-1}\left(\frac{\alpha_q}{\rho_q}\frac{\partial \rho_q}{\partial t}\right) \\
&+ \rho \sum_j \frac{\partial}{\partial x_j}(u_i u_j) + \frac{\partial p}{\partial x_i} \\
&= \sum_j \frac{\partial}{\partial x_j}\left(\tau_{ij} + \tau_{ij}^R\right) + S_i, \quad i = 0, 1, 2
\end{aligned} \qquad (12.13)$$

$$\begin{aligned}
&\rho\frac{\partial H}{\partial t} + \rho H \sum_{q=0}^{N_q-1}\left(\frac{\alpha_q}{\rho_q}\frac{\partial \rho_q}{\partial t}\right) \\
&+ \rho \sum_i \frac{\partial u_i H}{\partial x_i} \\
&= \sum_{ij} \frac{\partial}{\partial x_i}\left(u_j\left(\tau_{ij} + \tau_{ij}^R\right) + q_i\right) + \frac{\partial p}{\partial t} \\
&- \sum_{ij} \tau_{ij}^R \frac{\partial u_i}{\partial x_j} + \rho\varepsilon + \sum_i S_i u_i + Q_H
\end{aligned} \qquad (12.14)$$

Die Zustandsgleichung der nicht mischbaren Flüssigkeiten hat folgende Form:

$$h = \sum_{q=0}^{N_q-1} \frac{h_q \alpha_q \rho_q}{\rho} \qquad (12.15)$$

Die anderen Fluid-Eigenschaften (Viskosität, Wärmeleitfähigkeit und spezifische Wärmekapazität) werden auf ähnliche Weise definiert:

$$\mu = \sum_{q=0}^{N_q-1} \alpha_q \mu_q \qquad (12.16)$$

$$\lambda = \sum_{q=0}^{N_q-1} \alpha_q \lambda_q, \quad C_p = \sum_{q=0}^{N_q-1} \frac{\alpha_q \rho_q}{\rho} C_{p,q} \qquad (12.17)$$

Die Position der freien Oberfläche kann jederzeit zur Visualisierung wiederhergestellt werden. Die wiederhergestellte Position der freien Oberfläche wird nicht im numerischen Algorithmus verwendet.

12.3 Numerische Lösungsmethode [73]

Die numerische Lösungstechnik, die in der Strömungssimulation verwendet wird, ist robust und zuverlässig, sodass keine Benutzerkenntnisse über das Berechnungsgitter und die verwendeten numerischen Methoden erforderlich sind. Manchmal ist es jedoch, wenn das Modell und/oder das zu lösende Problem zu kompliziert sind, sodass die standardmäßige numerische Lösungstechnik der Strömungssimulation extrem hohe Rechnerressourcen (Speicher und/

oder CPU-Zeit) erfordert, die nicht verfügbar sind, zweckmäßig, Flusssimulationsoptionen zu verwenden, die die Anpassung der automatisch festgelegten Werte der Parameter ermöglichen, die die numerische Lösungstechnik steuern. Um diese Optionen ordnungsgemäß und erfolgreich zu nutzen, beachten Sie die unten angegebene Information über die numerische Lösungstechnik der Strömungssimulation.

Kurz gesagt, löst FlowSimulation die grundlegenden Gleichungen mit einer diskreten numerischen Technik, die auf der Finite-Volumen (FV) -Methode basiert. Ein kartesisches, rechteckiges Koordinatensystem wird verwendet. Um eine räumliche Diskretisierung zu erhalten, wird weit entfernt von einer geometrischen Grenze ein achsorientiertes rechteckiges Gitter verwendet. Daher sind die Kontrollvolumen (d. h. Gitterzellen) rechtwinklige Parallelepipeds. In der Nähe der geometrischen Grenze wird der kartesische Schnittzellenansatz verwendet. Gemäß diesem Ansatz wird das Grenzflächengitter aus dem ursprünglichen Hintergrundkartengitter durch Ausschneiden der ursprünglichen Parallelepipedszellen, die die Geometrie schneiden, erhalten (siehe ◘ Abb. 4.1). Folglich sind die Grenzflächenzellen in diesem Fall Polyeder mit sowohl achsorientierten als auch beliebig orientierten ebenen Flächen. Somit kombiniert die Flusssimulation die Vorteile von Ansätzen, die auf regelmäßigen Gittern basieren, und solchen mit einer hochgenauen Darstellung von Geometriegrenzen.

Auch die lokale Verfeinerung des Gitters wird in der Strömungssimulation verwendet, um Geometrie- und Lösungsbesonderheiten zu berücksichtigen. Sie wird normalerweise an der Feststoff/Flüssig-Grenzfläche, in Regionen mit hohen Gradienten usw. angewendet.

Alle physikalischen Parameter beziehen sich auf die Massenschwerpunkte der Kontrollvolumen. Gemäß dem FV-Ansatz wird die direkte Diskretisierung der Integralform der Erhaltungsgesetze verwendet. Dadurch bleibt die Masse, der Impuls und die Energie in der diskreten Darstellung erhalten.

Die räumlichen Ableitungen werden mit impliziten Differenzoperatoren zweiter Ordnungsgenauigkeit approximiert. Die zeitlichen Ableitungen werden mit einem impliziten Euler-Schema erster Ordnung approximiert. Die durch den Diskretisierungsfehler des Schemas erzeugte numerische Viskosität ist klein genug und ermöglicht in den meisten praktischen Fällen ausreichend genaue Ergebnisse.

12.3.1 Netz/Gitter

Der Berechnungsansatz der Simulation basiert auf einem lokal verfeinerten, rechteckigen Gitter in der Nähe von Geometriegrenzen. Die Gitterzellen sind rechtwinklige Parallelepipeds mit Flächen, die orthogonal zu den festgelegten Achsen des kartesischen Koordinatensystems stehen. Jedoch sind die Zellen in der Nähe der Grenzen komplexer. Die Grenznähe-Zellen sind Teile der ursprünglichen Parallelepipedszellen, die durch die Geometriegrenze geschnitten werden. Die gekrümmte Geometrieoberfläche wird durch eine Reihe von Polygonen approximiert, deren Eckpunkte Schnittpunkte der Oberfläche mit den Kanten der Zellen sind. Diese flachen Polygone schneiden die ursprünglichen Parallelepipedszellen. Somit sind die resultierenden Grenznähe-Zellen in diesem Fall Polyeder mit sowohl achsorientierten als auch beliebig orientierten ebenen Flächen (siehe ◘ Abb. 4.1). Die ursprünglichen Parallelepipedszellen, die die Grenze enthalten, werden in mehrere Kontrollvolumen aufgeteilt, die sich nur auf ein Fluid- oder Feststoffmedium beziehen. Im einfachsten Fall gibt es nur zwei Kontrollvolumen im Parallelepipeds, eines ist fest und das andere ist flüssig.

12.3.2 Räumliche Approximationen

Es wird die zellzentrierte Finite-Volumen-Methode (FV) verwendet, um konservative Näherungen der grundlegenden Gleichungen auf einem lokal verfeinerten Gitter zu erhalten, das aus Parallelepipeds und komplexeren Polyedern in der Nähe der Grenze besteht. Gemäß der FV-Methode werden die grundlegenden Gleichungen über ein Kontrollvolumen integriert, das eine Gitterzelle ist, und dann approximiert. Alle grundlegenden Variablen beziehen sich auf die Massenschwerpunkte der Kontrollvolumen. Diese zellzentrierten Werte werden für die Approximationen verwendet.

FlowSimulation mittels SolidWorks

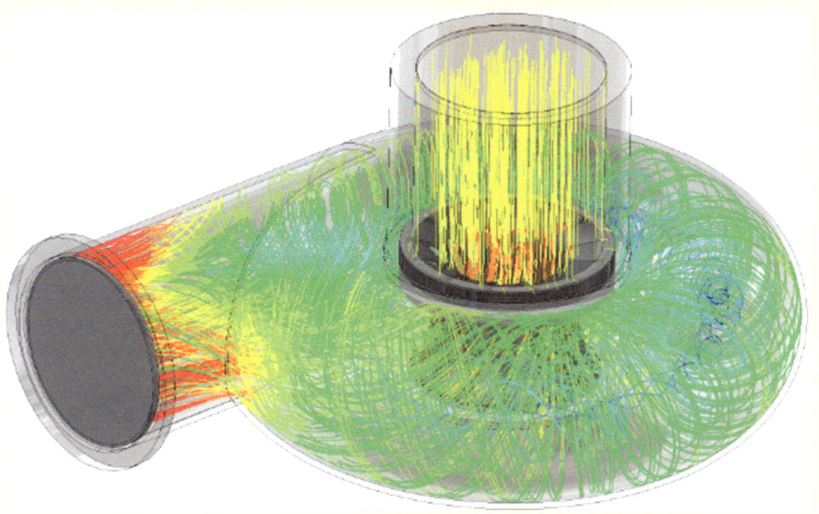

Inhaltsverzeichnis

A. Huber, *Technische Mechanik 4 - Hydromechanik*,
https://doi.org/10.1007/978-3-662-69231-8_13

Sie lernen hier…

- eine Übersicht über jeden einzelnen Button in FlowSimulation kennen.
- weitere FlowSimulation Anwendungen, die so noch nicht im Laufe des Buches angewendet wurden.
- Überschallströmungen kennen.
- Parametrisierte Studien kennen.
- Kavitation zu simulieren.
- Perforierte Platten kennen.

Zitat

Ich habe mir immer gewünscht, dass mein Computer so leicht zu bedienen ist wie mein Telefon; mein Wunsch ging in Erfüllung: mein Telefon kann ich jetzt auch nicht mehr bedienen.

–

13.1 Übersicht über aller Buttons

Im Folgenden wird nochmals jeder einzelne Button von FlowSimulation erklärt und kurz eine Anwendung dazu gezeigt. Die meisten Buttons werden aus den im Laufe Des Buches durchgeführten Analysen bereits bekannt sein. Dennoch werden einige Buttons auftauchen, die so noch nicht verwendet bzw. beachtet wurden, zudem bietet die folgende Tabelle eine Übersicht, wenn man einzelne Buttons nicht mehr genau entschlüsseln kann, bei der Anwendung.

Methode: Lösung durch SolidWorks – CFD 13.1

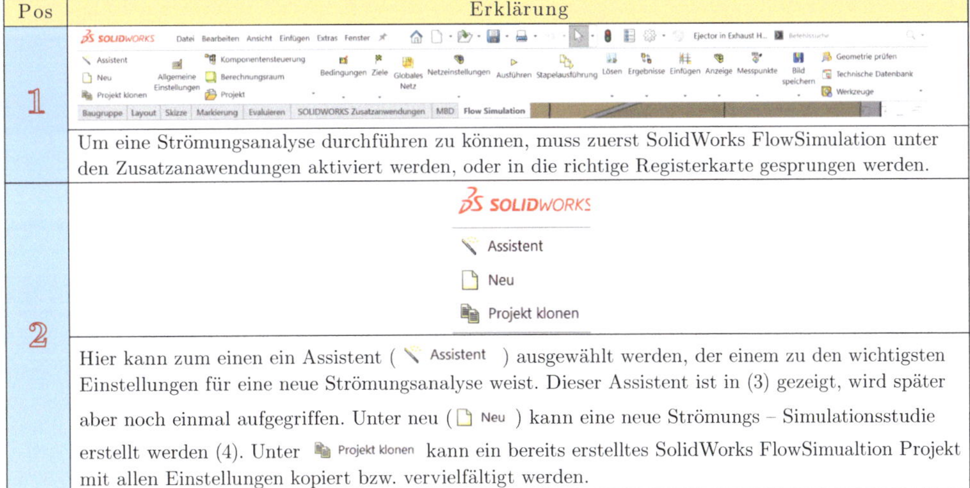

Pos	Erklärung
1	Um eine Strömungsanalyse durchführen zu können, muss zuerst SolidWorks FlowSimulation unter den Zusatzanawendungen aktiviert werden, oder in die richtige Registerkarte gesprungen werden.
2	SOLIDWORKS Assistent Neu Projekt klonen
	Hier kann zum einen ein Assistent (Assistent) ausgewählt werden, der einem zu den wichtigsten Einstellungen für eine neue Strömungsanalyse weist. Dieser Assistent ist in (3) gezeigt, wird später aber noch einmal aufgegriffen. Unter neu (Neu) kann eine neue Strömungs – Simulationsstudie erstellt werden (4). Unter Projekt klonen kann ein bereits erstelltes SolidWorks FlowSimualtion Projekt mit allen Einstellungen kopiert bzw. vervielfältigt werden.

13

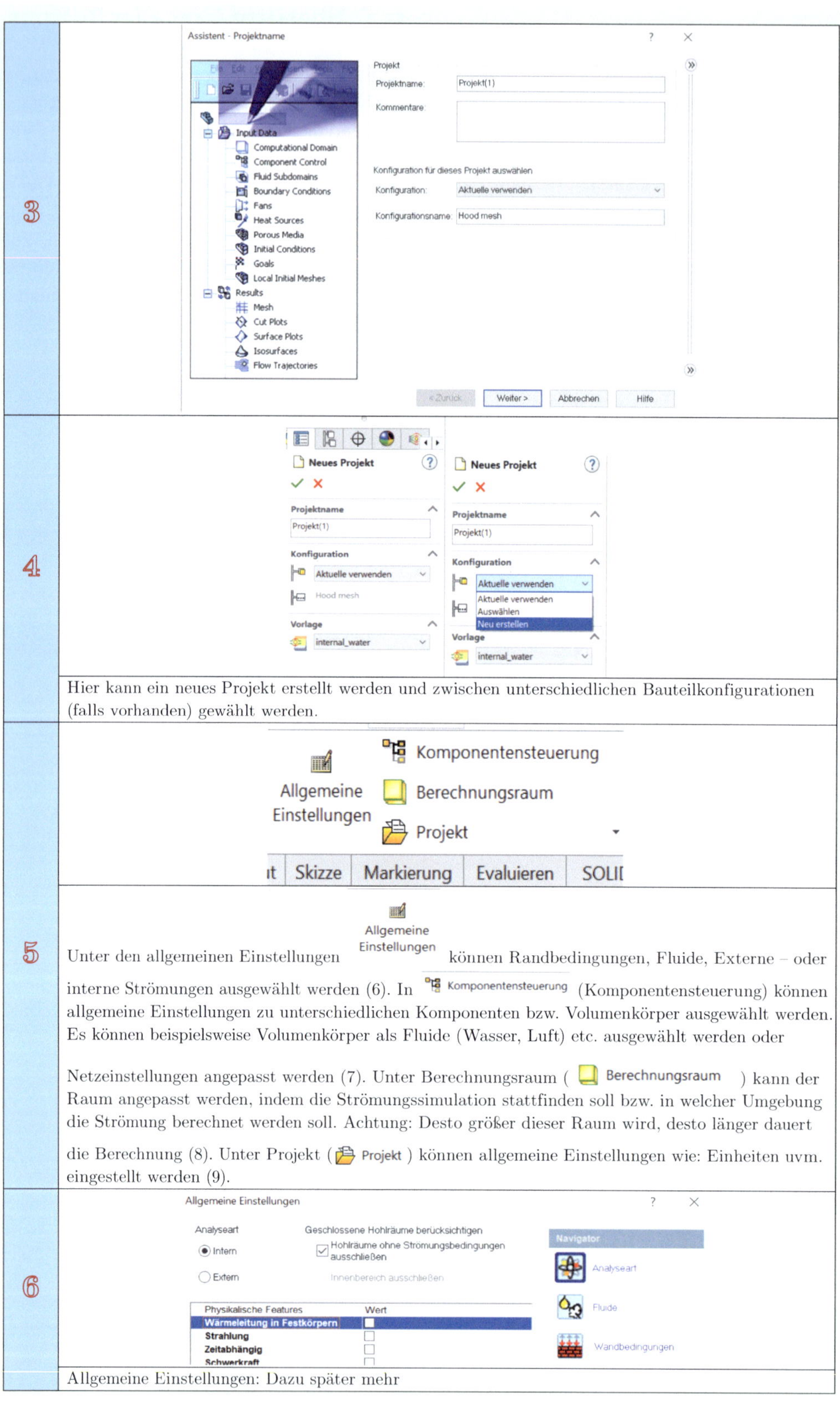

3

4

Hier kann ein neues Projekt erstellt werden und zwischen unterschiedlichen Bauteilkonfigurationen (falls vorhanden) gewählt werden.

5

Unter den allgemeinen Einstellungen (Allgemeine Einstellungen) können Randbedingungen, Fluide, Externe – oder interne Strömungen ausgewählt werden (6). In Komponentensteuerung (Komponentensteuerung) können allgemeine Einstellungen zu unterschiedlichen Komponenten bzw. Volumenkörper ausgewählt werden. Es können beispielsweise Volumenkörper als Fluide (Wasser, Luft) etc. ausgewählt werden oder Netzeinstellungen angepasst werden (7). Unter Berechnungsraum (Berechnungsraum) kann der Raum angepasst werden, indem die Strömungssimulation stattfinden soll bzw. in welcher Umgebung die Strömung berechnet werden soll. Achtung: Desto größer dieser Raum wird, desto länger dauert die Berechnung (8). Unter Projekt (Projekt) können allgemeine Einstellungen wie: Einheiten uvm. eingestellt werden (9).

6

Allgemeine Einstellungen: Dazu später mehr

7

8

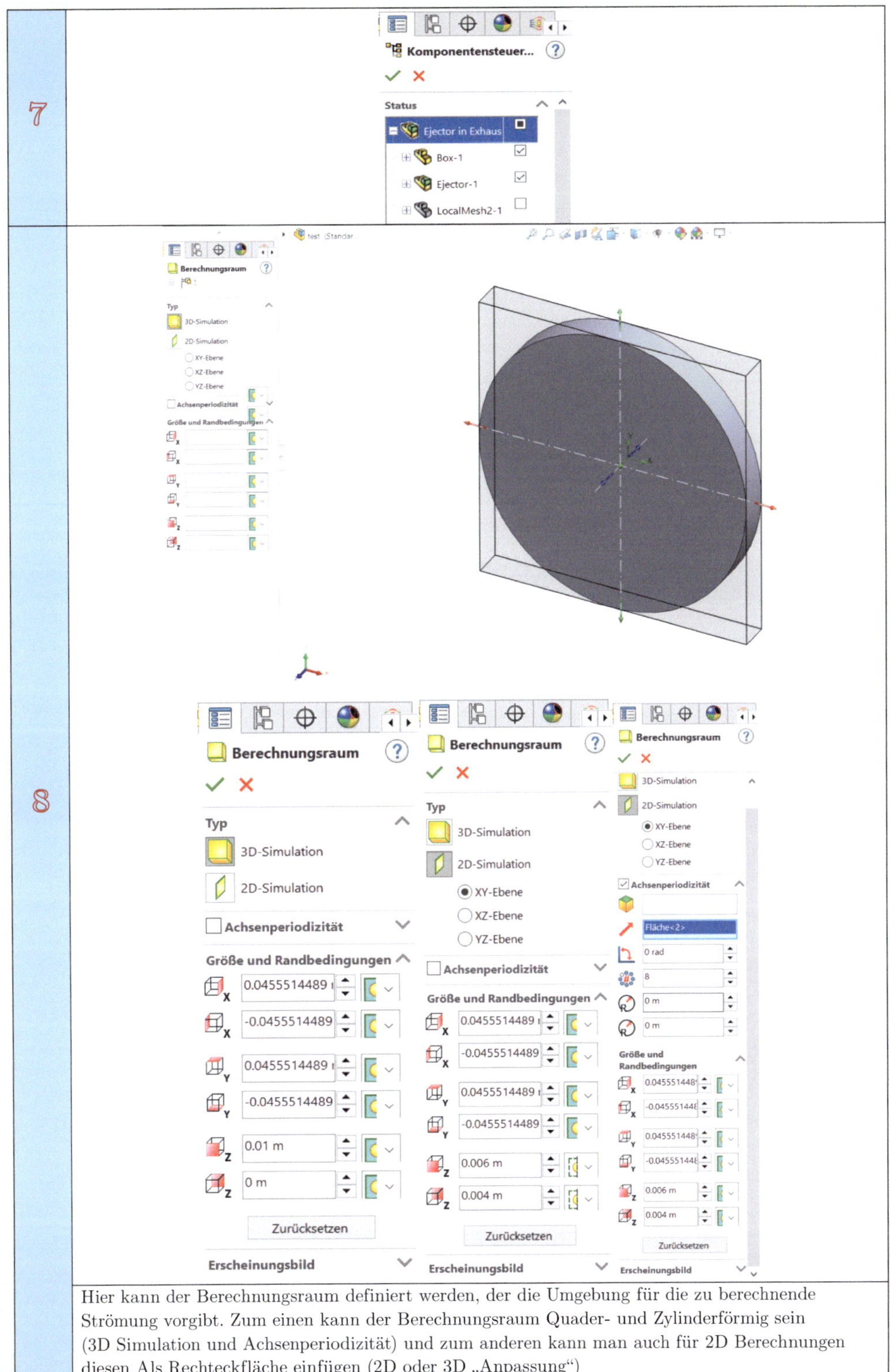

Hier kann der Berechnungsraum definiert werden, der die Umgebung für die zu berechnende Strömung vorgibt. Zum einen kann der Berechnungsraum Quader- und Zylinderförmig sein (3D Simulation und Achsenperiodizität) und zum anderen kann man auch für 2D Berechnungen diesen Als Rechteckfläche einfügen (2D oder 3D „Anpassung“)

9	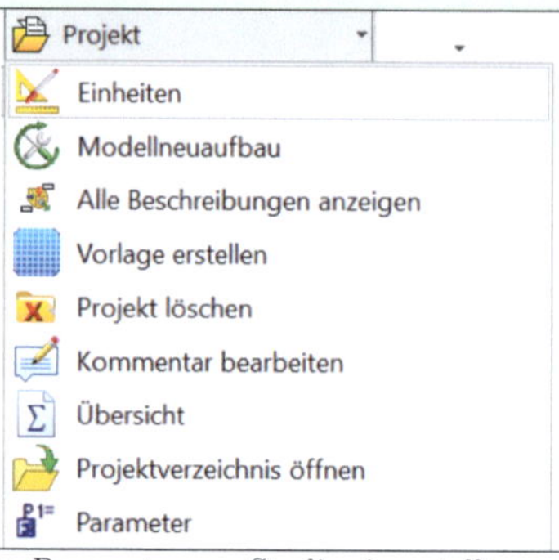 Projekt Einheiten Modellneuaufbau Alle Beschreibungen anzeigen Vorlage erstellen Projekt löschen Kommentar bearbeiten Übersicht Projektverzeichnis öffnen Parameter
	Unter Projekt können allgemeine Parameter zur Studie eingestellt werden, wie: Einheiten des Projektes, Vorlagen auswählen, ... etc. Darauf soll nicht näher eingegangen werden, da dies nur selten benötigt wird.
10	 Bedingungen Ziele
	Unter Bedingungen (Bedingungen) können Randbedingungen wie: Volumenstromeinfluss, Volumenstromausfluss, Anfangsgeschwindigkeiten, Drücke, ... definiert werden (11). Unter Ziele (Ziele) (22) können jene Ziele definiert werden, die zum Schluss als Lösung diesen sollen. Zum Beispiel: Geschwindigkeit in x Richutng, Druckgradient, Dichte etc.
11	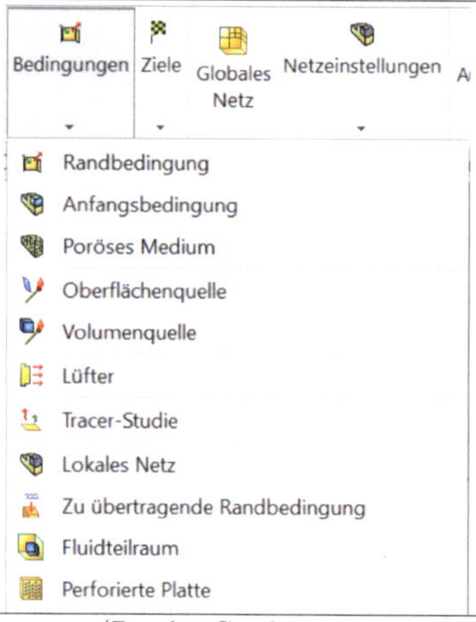 Bedingungen Ziele Globales Netz Netzeinstellungen Randbedingung Anfangsbedingung Poröses Medium Oberflächenquelle Volumenquelle Lüfter Tracer-Studie Lokales Netz Zu übertragende Randbedingung Fluidteilraum Perforierte Platte
	Hier kann zwischen Randbedingungen (Drücke, Geschwindigkeiten, Volumenströme) Randbedingung (12), Anfangsbedingungen Anfangsbedingung (13), porösen Medien die „Fluide" wie beispielsweise: Verunreinigungspartikel Luft, Feinstaubströmungen durch Katalysatoren, Abgasbelastungen in Kaminen)... darstellen (Poröses Medium) (14), Zwischen Oberflächenquelle bzw. Volumenquelle (15) unterschieden werden. Eine weitere Auswahl kann mittels der Einstellung „Lüfter" Lüfter (16) getätigt werden, wo Lüfter, Ventilatoren ausgewählt werden können bzw. durch eine sogenannte Tracer-Studie (Tracer-Studie) (17) kann das Risiko durch Schadstoffeinflüsse

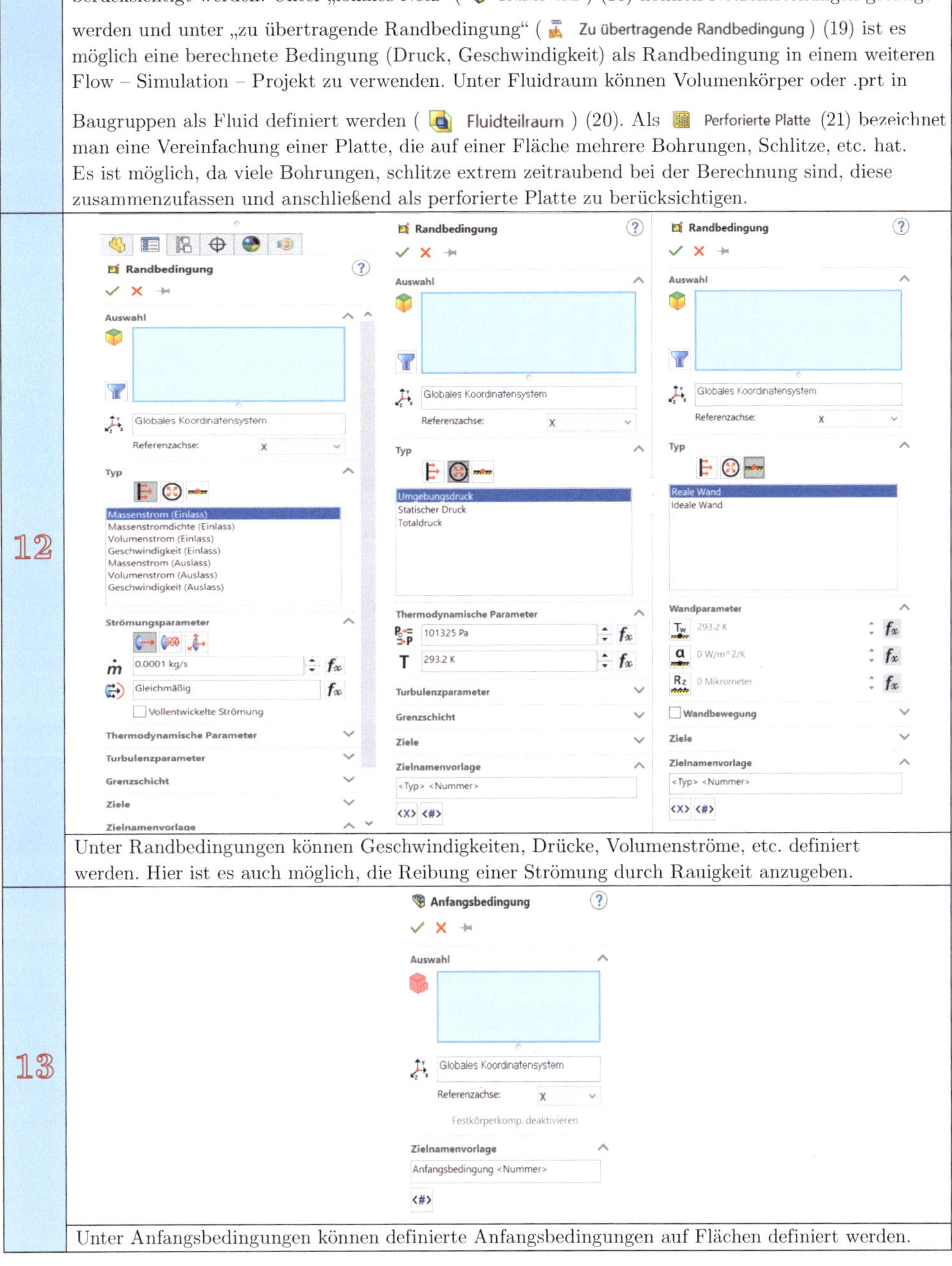

	berücksichtigt werden. Unter „lokales Netz" (Lokales Netz) (18) können Netzeinstellungen getätigt werden und unter „zu übertragende Randbedingung" (Zu übertragende Randbedingung) (19) ist es möglich eine berechnete Bedingung (Druck, Geschwindigkeit) als Randbedingung in einem weiteren Flow – Simulation – Projekt zu verwenden. Unter Fluidraum können Volumenkörper oder .prt in Baugruppen als Fluid definiert werden (Fluidteilraum) (20). Als Perforierte Platte (21) bezeichnet man eine Vereinfachung einer Platte, die auf einer Fläche mehrere Bohrungen, Schlitze, etc. hat. Es ist möglich, da viele Bohrungen, schlitze extrem zeitraubend bei der Berechnung sind, diese zusammenzufassen und anschließend als perforierte Platte zu berücksichtigen.
12	Unter Randbedingungen können Geschwindigkeiten, Drücke, Volumenströme, etc. definiert werden. Hier ist es auch möglich, die Reibung einer Strömung durch Rauigkeit anzugeben.
13	Unter Anfangsbedingungen können definierte Anfangsbedingungen auf Flächen definiert werden.

14	Als „poröses Medium“ bezeichnet man Medien bzw. Fluide, die zusätzlich mit beispielsweise Rußpartikel versehen sind. Dies kann man zum Beispiel bei der Simulation eines Rußpartikelfilters oder eines Katalysators benötigen.
15	Unter eines Oberflächen – oder Volumenquelle versteht man die Eingabe von Wärmequellen bzw. Senken für Körper oder einzelne Flächen an Körper.

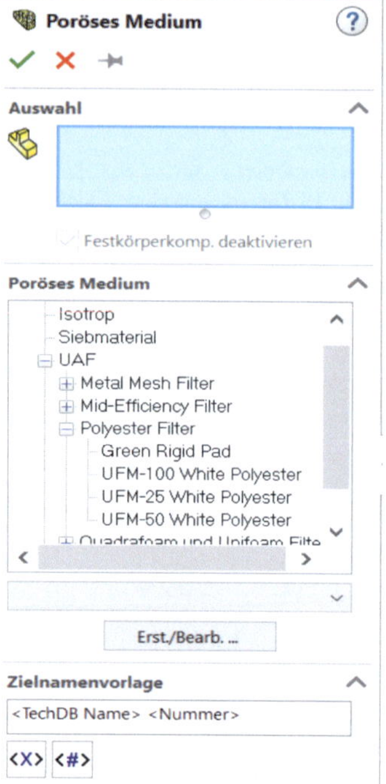

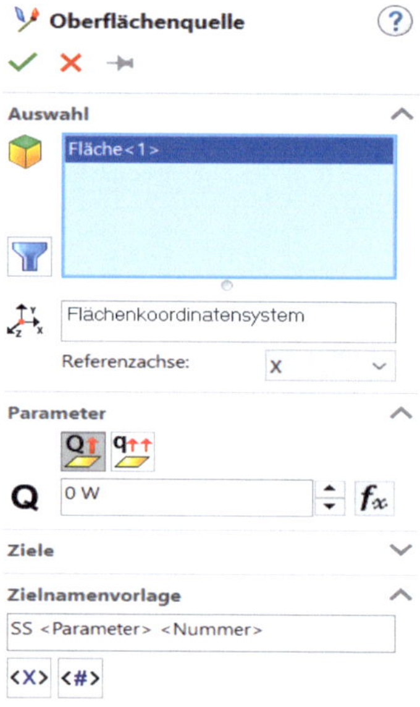

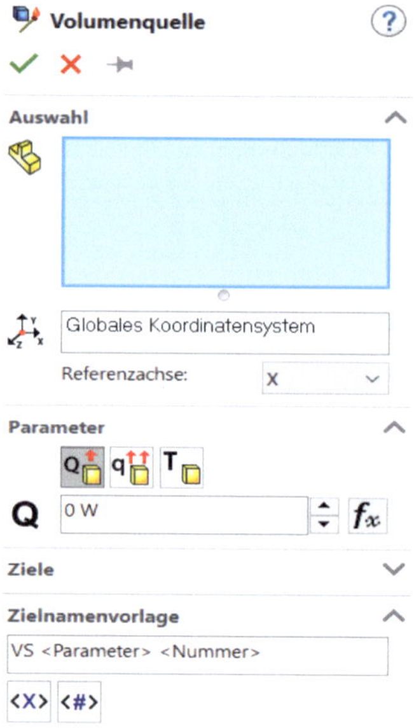

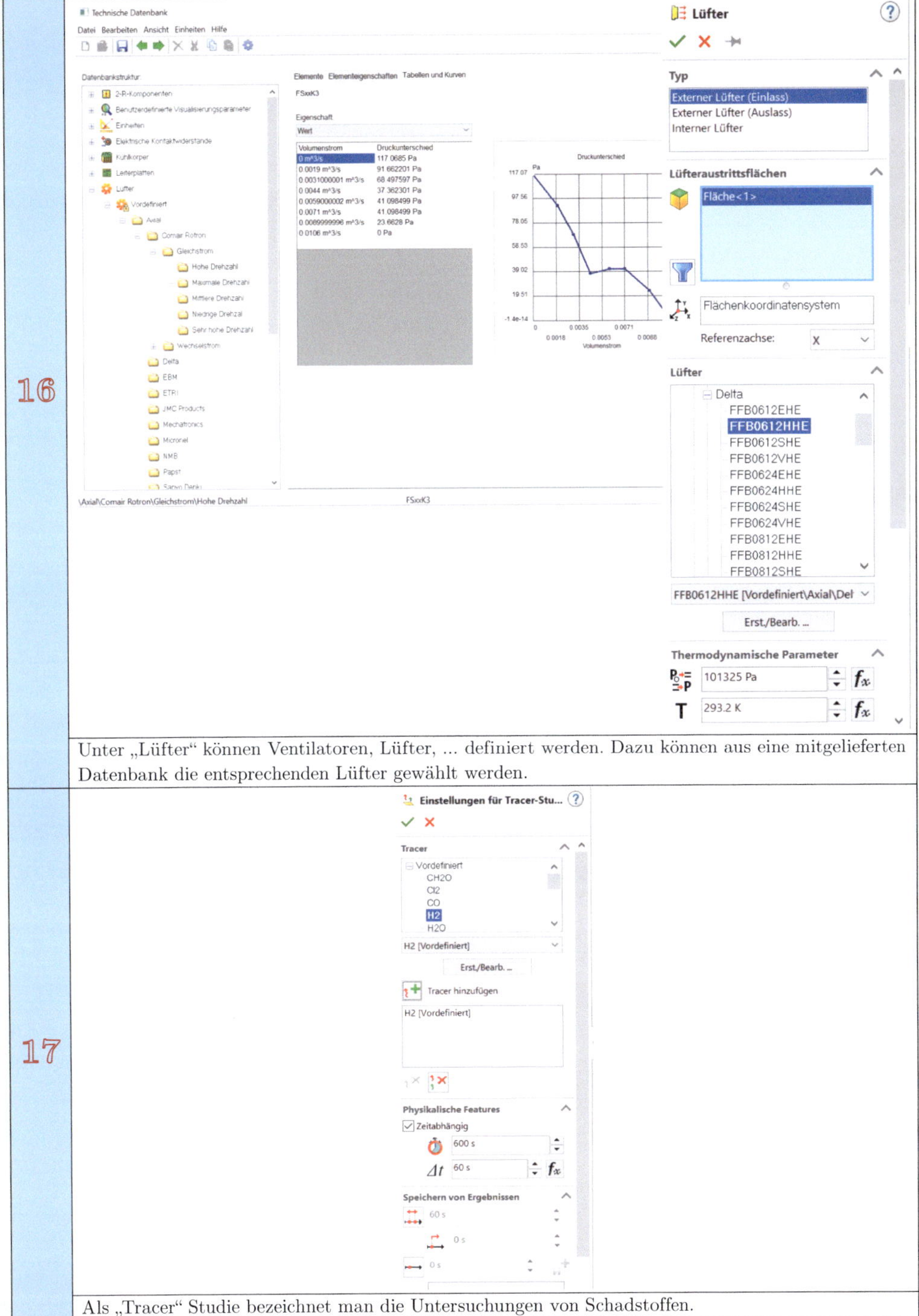

16 Unter „Lüfter“ können Ventilatoren, Lüfter, ... definiert werden. Dazu können aus eine mitgelieferten Datenbank die entsprechenden Lüfter gewählt werden.

17 Als „Tracer“ Studie bezeichnet man die Untersuchungen von Schadstoffen.

18	 Lokale Vernetzungseinstellu… Auswahl: Fläche<1>; Zellenverfeinerung 0 4 9; 0 4 9; Gleichverteilte Netzverfeinerung; Kanäle: 5; 0 2 9; 0 m; 0 m; Erweiterte Netzverfeinerung: 0 1 9; 0 9; 0.389760733 rad Lokale Vernetzungseinstellu… Auswahl: Globales Koordinatensystem; Quader; Zylinder; Kugel; 0.0227757245 m; -0.0227757245 m; 0.0227757245 m; -0.0227757245 m; 0.0075 m; 0.0025 m; Zellenverfeinerung 0 9; 0 9; Kanäle: 5; 0 2 9
	Klickt man auf das Symbol: (Zellenverfeinerung 0 4 9) so kann man das Netz des Fluids an sich verfeinern, oder gröber machen, klickt man auf: (0 4 9) so können die Zellen entlang der Grenze zwischen dem zu Analysierbaren (Festkörper) und des Fluids verfeinert werden. Als Lokale Vernetzung bezeichnet man die Vernetzung eines Teils, in einer beispielsweise Baugruppe. Es gibt auch noch die Möglichkeit der lokalen Vernetzung, dazu später mehr. Ebenso hat man hier die Möglichkeit, anstatt der Verfeinerung einzelner Flächen Körper zu definieren. Hierbei können die Körper: Zylinder,Quader, Kugel gewählt werden, damit die lokale Vernetzung auf Bereiche angepasst werden kann. Dies hat dann die Gestalt:

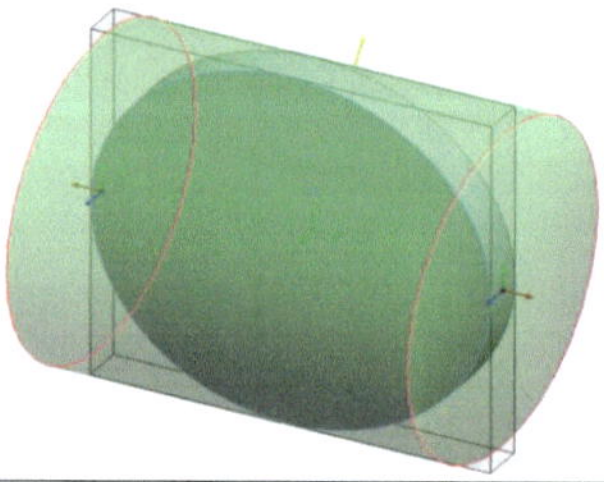

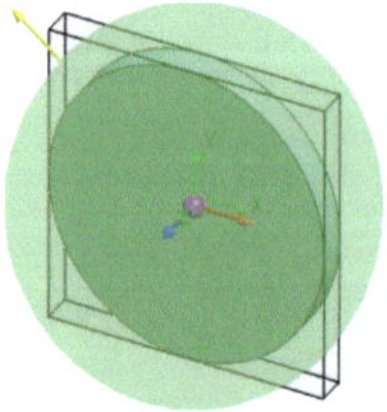

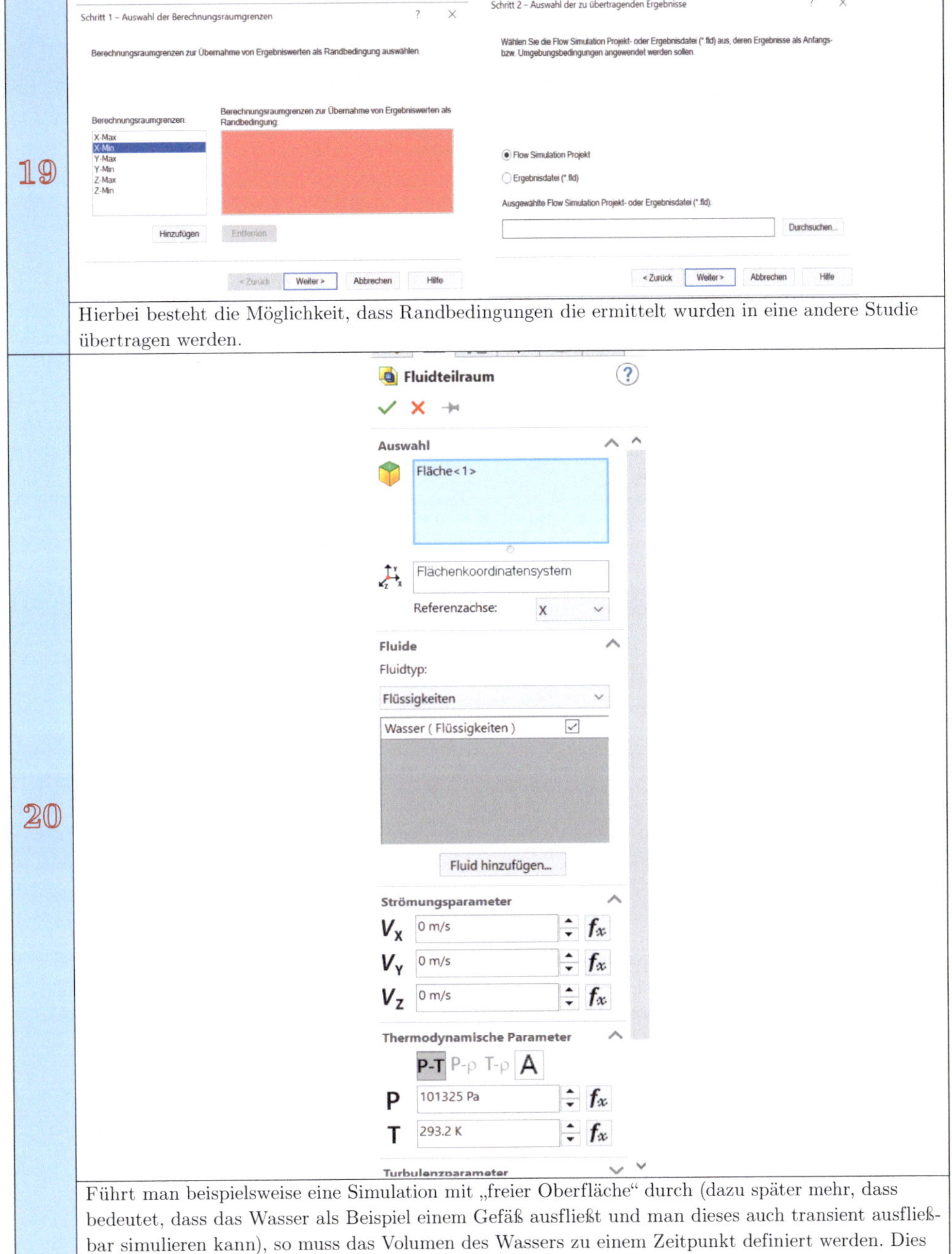

19 Hierbei besteht die Möglichkeit, dass Randbedingungen die ermittelt wurden in eine andere Studie übertragen werden.

20 Führt man beispielsweise eine Simulation mit „freier Oberfläche" durch (dazu später mehr, dass bedeutet, dass das Wasser als Beispiel einem Gefäß ausfließt und man dieses auch transient ausfließbar simulieren kann), so muss das Volumen des Wassers zu einem Zeitpunkt definiert werden. Dies kann mittels dem „Fluidteilraum" getan werden.

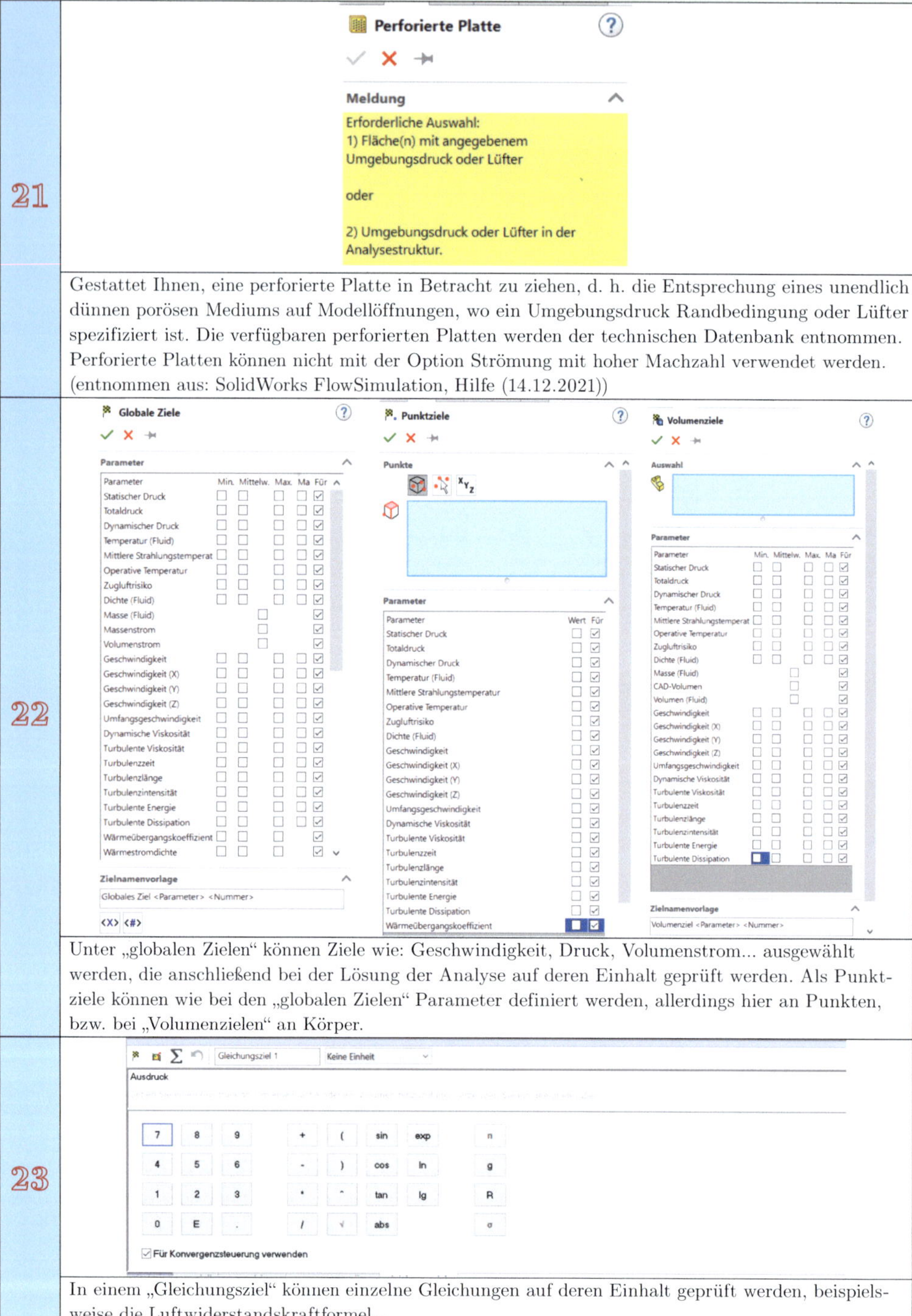

21	Gestattet Ihnen, eine perforierte Platte in Betracht zu ziehen, d. h. die Entsprechung eines unendlich dünnen porösen Mediums auf Modellöffnungen, wo ein Umgebungsdruck Randbedingung oder Lüfter spezifiziert ist. Die verfügbaren perforierten Platten werden der technischen Datenbank entnommen. Perforierte Platten können nicht mit der Option Strömung mit hoher Machzahl verwendet werden. (entnommen aus: SolidWorks FlowSimulation, Hilfe (14.12.2021))
22	Unter „globalen Zielen" können Ziele wie: Geschwindigkeit, Druck, Volumenstrom... ausgewählt werden, die anschließend bei der Lösung der Analyse auf deren Einhalt geprüft werden. Als Punktziele können wie bei den „globalen Zielen" Parameter definiert werden, allerdings hier an Punkten, bzw. bei „Volumenzielen" an Körper.
23	In einem „Gleichungsziel" können einzelne Gleichungen auf deren Einhalt geprüft werden, beispielsweise die Luftwiderstandskraftformel...

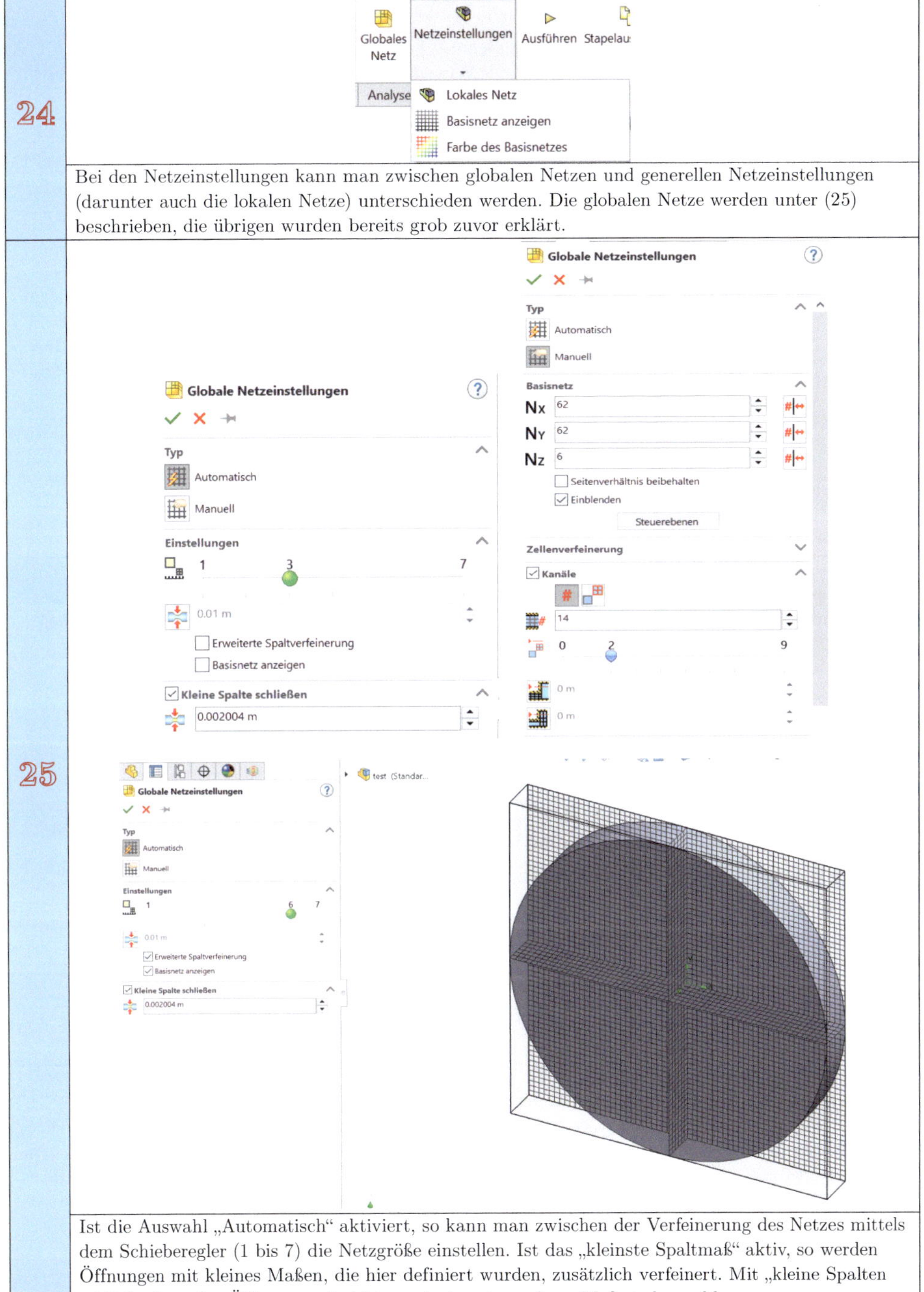

24	Bei den Netzeinstellungen kann man zwischen globalen Netzen und generellen Netzeinstellungen (darunter auch die lokalen Netze) unterschieden werden. Die globalen Netze werden unter (25) beschrieben, die übrigen wurden bereits grob zuvor erklärt.
25	Ist die Auswahl „Automatisch" aktiviert, so kann man zwischen der Verfeinerung des Netzes mittels dem Schieberegler (1 bis 7) die Netzgröße einstellen. Ist das „kleinste Spaltmaß" aktiv, so werden Öffnungen mit kleines Maßen, die hier definiert wurden, zusätzlich verfeinert. Mit „kleine Spalten schließen" werden Öffnungen die kleiner als das eingegebene Maß sind, geschlossen.

Der Typ Manuell erstellt das Globale Netz in den folgenden Stufen:

- Erstellen des Basisnetzes für eine festgelegte Zellenanzahl und lokales Zusammen- und/oder Auseinanderziehen des Basisnetzes unter Verwendung von Steuerebenen, um die Modell- und Strömungsfeatures besser aufzulösen;
- Aufsplitten der Basisnetz-Zellen eines bestimmten Typs (Netzverfeinerung der Fluidzellen und/oder der Festkörperzellen und/oder der Zellen, die auf der Festkörper/Fluid-Schnittstelle liegen). Siehe Zellenverfeinerung nach Typ;
- Angabe einer Netzverfeinerung zur besseren Auflösung von engen Kanälen. Siehe Auflösung enger Kanäle;
- Verfeinern des erlangten Netzes entweder zur Erfassung der Features relativ kleiner Festkörper oder zur Auflösung der Krümmung (z. B. Kreisflächen mit kleinem Radius usw.) an der Substanzengrenzfläche (Fluid/Festkörper, Fluid/poröses Medium, poröses Medium/Festkörper oder Grenzflächen zwischen unterschiedlichen Festkörpern) – d. h. Verfeinerung der Features kleiner Festkörper sowie von Krümmungen und Toleranzen. Siehe Auflösen der Grenzschicht zwischen Substanzen; (entnommen aus: SolidWorks FlowSimulation, Hilfe (14.12.2021))

26

Mittels Ausführen wird das Projekt nach erfolgreichem Aufsetzen der Studie ausgeführt (27) und gelöst. Bei „Stapelausführung" (28) können mehrere Flow - Simulation Projekte gleichzeitig ausgeführt werden und unter „Lösen" kann zwischen einer Parametrischen Studie und den Berechnungsoptionen gewählt werden.

27

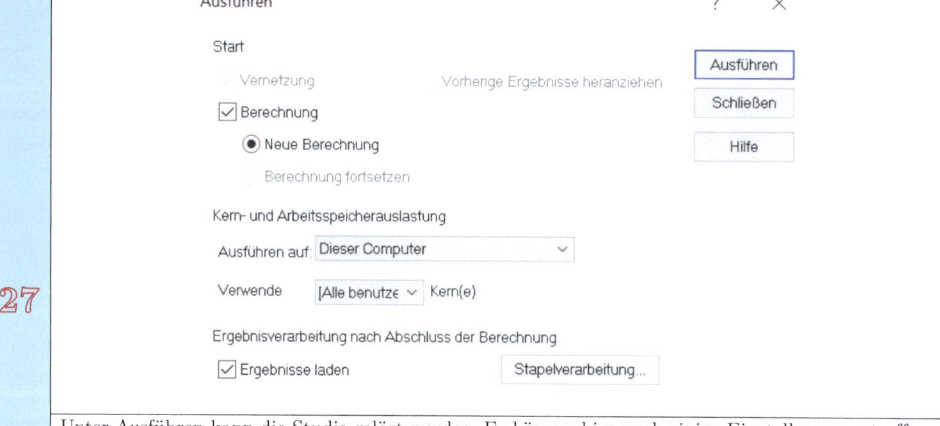

Unter Ausführen kann die Studie gelöst werden. Es können hier noch einige Einstellungen getroffen werden, soll die Studie gesamt neu durchgerechnet werden (neu vernetzen und lösen) oder nur berechnet werden, ohne neu zu vernetzen. Bei „Ausführen auf:" kann der Computer gewählt werden, der zur Berechnung dienen soll, hierbei kann auch jeder beliebige PC, der sich im gleichen Netzwerk befindet zum Lösen der Simulation, durch Auslagerung des Projektes verwendet werden. Zusätzlich kann die Anzahl der rechnenden Kerne definiert werden, lässt man den PC über Nacht rechnen, so wird man alle Kerne auswählen (Multi Core), soll am PC ein paralleles Arbeiten an einem anderen Programm möglich sein, muss man die Ressourcen abwägen.

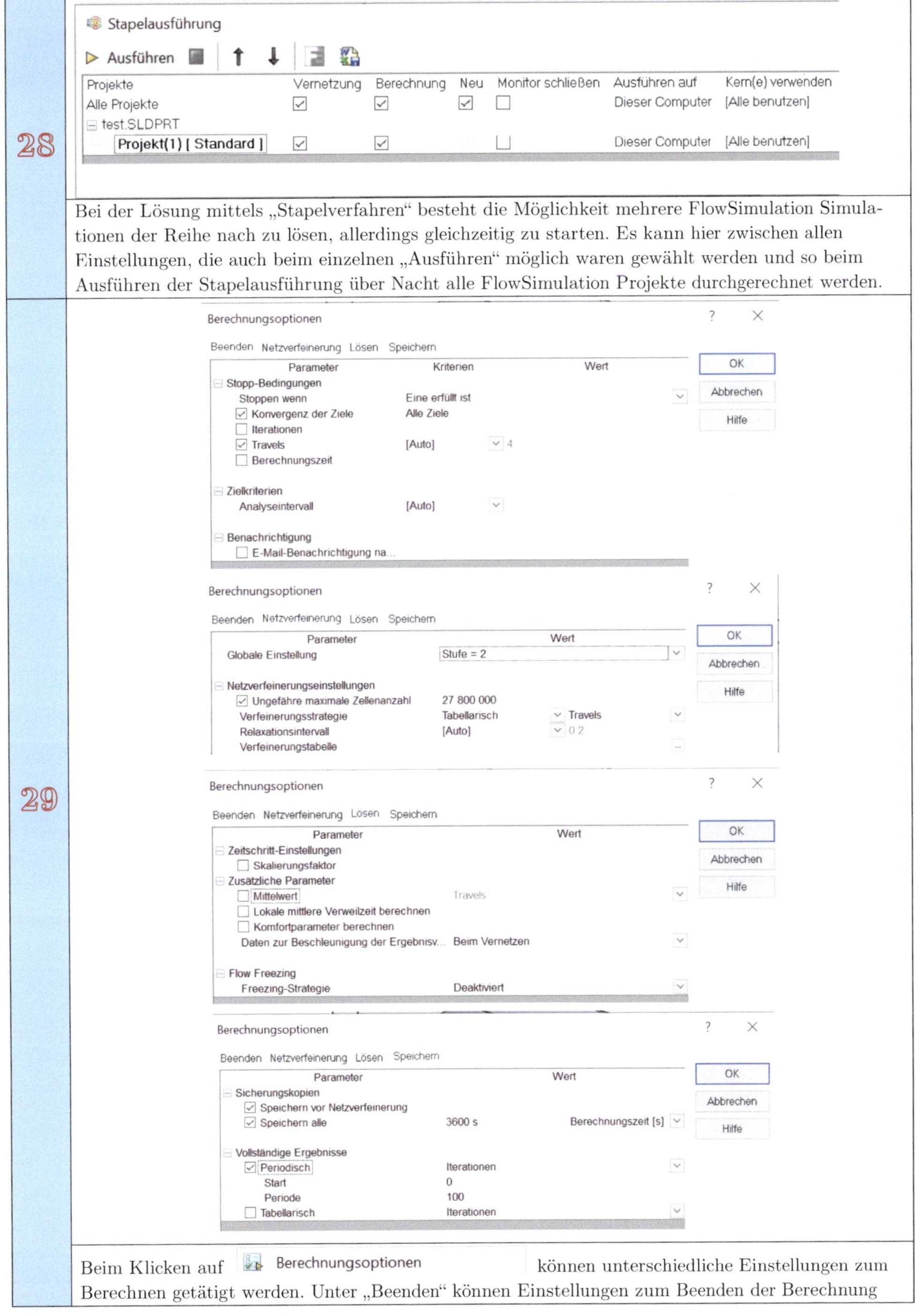

28	Bei der Lösung mittels „Stapelverfahren“ besteht die Möglichkeit mehrere FlowSimulation Simulationen der Reihe nach zu lösen, allerdings gleichzeitig zu starten. Es kann hier zwischen allen Einstellungen, die auch beim einzelnen „Ausführen“ möglich waren gewählt werden und so beim Ausführen der Stapelausführung über Nacht alle FlowSimulation Projekte durchgerechnet werden.
29	Beim Klicken auf Berechnungsoptionen können unterschiedliche Einstellungen zum Berechnen getätigt werden. Unter „Beenden“ können Einstellungen zum Beenden der Berechnung

eingetragen werden. Stoppen der Berechnung wenn die Ziele erfüllt sind, dann wird sobald ein zuvor definiertes Ziel erreicht ist, die Berechnung gestoppt. Unter „Konvergenz aller Ziele“ wird die Konvergenz betrachtet bis alle Ziele erfüllt sind. „Iterationen“ definiert die Anzahl an Iterationen die durchlaufen werden bis die Berechnung gestoppt wird. Unter „Travels“ versteht man die Zeit, die eine Strömung zur Durchquerung des Berechnungsraum benötigt. Mit „Berechnungszeit“ kann die max. Zeit bis zum Beenden der Berechnung definiert werden. Bei Bedarf kann man sich ein eMail senden lassen, wenn die Berechnung erfolgreich beendet wurde, oder fehlerhaft ist. Unter „Netzverfeinerung“ kann die stetige Verfeinerung des Fluid – Netzes festgelegt werden. Unter „Speichern“ werden die Zyklen festgelegt, wie oft die Berechnung gespeichert werden soll. Dies hat auch den Vorteil, dass die Berechnung jederzeit abgebrochen werden kann und zu einem späteren Zeitpunkt wieder aufgenommen werden kann. Es kann die Zeit ausgewählt werden, wie oft die Berechnung gespeichert werden soll, aber auch die Iterationen. Für transiente (instationäre Berechnungen) muss die Funktion „Vollständige Ergebnisse“ mittels „Periodisch“ oder „Tabellarisch“ aktiviert sein, ansonsten liefert später der „Transient – Explorer“ einen Fehler. Achtung, hier kann es bei längeren Studien und oftmaligem Speichern schnell zu Berechnungsdatengrößen von mehreren 100 GB kommen!

30

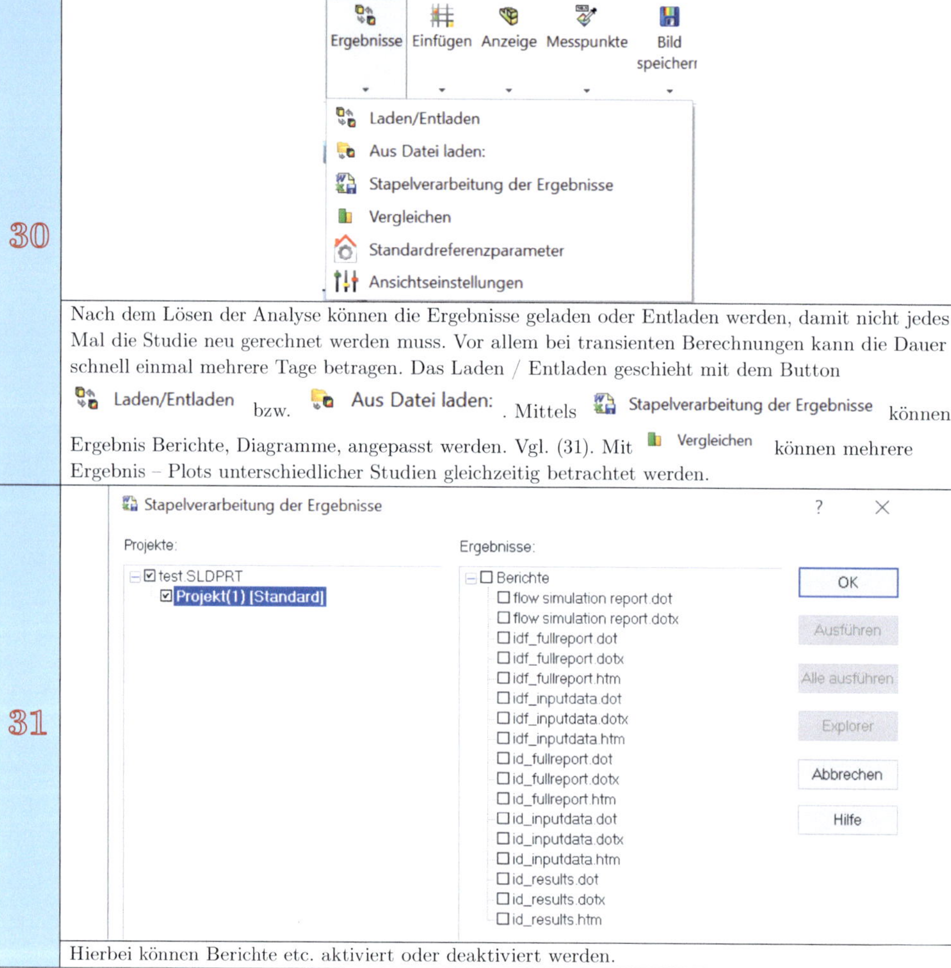

Nach dem Lösen der Analyse können die Ergebnisse geladen oder Entladen werden, damit nicht jedes Mal die Studie neu gerechnet werden muss. Vor allem bei transienten Berechnungen kann die Dauer schnell einmal mehrere Tage betragen. Das Laden / Entladen geschieht mit dem Button Laden/Entladen bzw. Aus Datei laden: . Mittels Stapelverarbeitung der Ergebnisse können Ergebnis Berichte, Diagramme, angepasst werden. Vgl. (31). Mit Vergleichen können mehrere Ergebnis – Plots unterschiedlicher Studien gleichzeitig betrachtet werden.

31

Hierbei können Berichte etc. aktiviert oder deaktiviert werden.

13

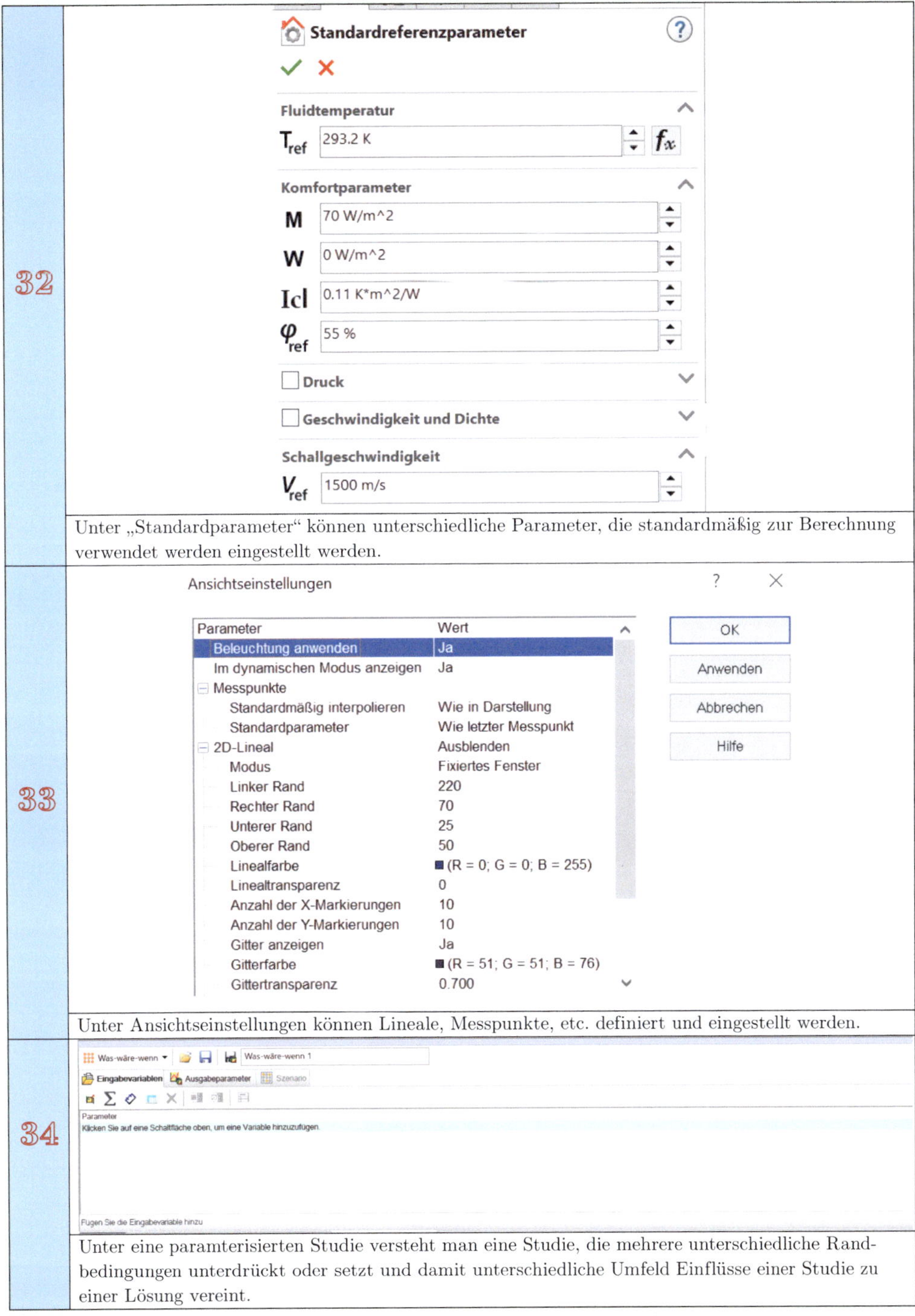

32	Unter „Standardparameter" können unterschiedliche Parameter, die standardmäßig zur Berechnung verwendet werden eingestellt werden.
33	Unter Ansichtseinstellungen können Lineale, Messpunkte, etc. definiert und eingestellt werden.
34	Unter eine paramterisierten Studie versteht man eine Studie, die mehrere unterschiedliche Randbedingungen unterdrückt oder setzt und damit unterschiedliche Umfeld Einflüsse einer Studie zu einer Lösung vereint.

Nr.	
35	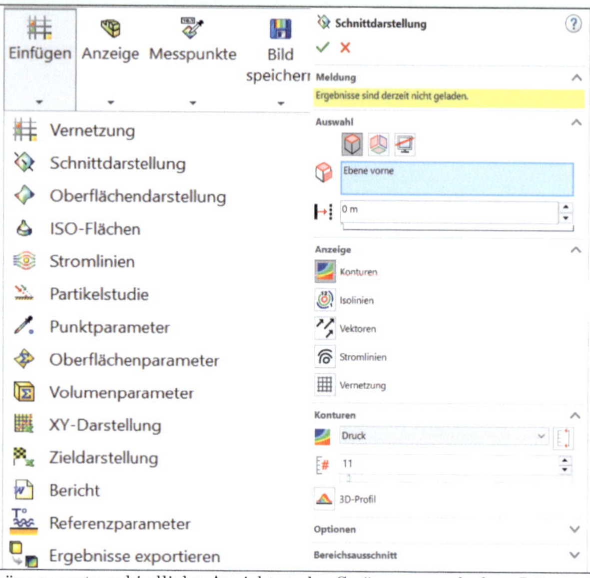 Einfügen · Anzeige · Messpunkte · Bild speichern Vernetzung, Schnittdarstellung, Oberflächendarstellung, ISO-Flächen, Stromlinien, Partikelstudie, Punktparameter, Oberflächenparameter, Volumenparameter, XY-Darstellung, Zieldarstellung, Bericht, Referenzparameter, Ergebnisse exportieren Schnittdarstellung – Meldung: Ergebnisse sind derzeit nicht geladen. – Auswahl: Ebene vorne, 0 m – Anzeige: Konturen, Isolinien, Vektoren, Stromlinien, Vernetzung – Konturen: Druck, 11, 3D-Profil – Optionen – Bereichsausschnitt Unter Einfügen können unterschiedliche Ansichten der Strömung nach dem Lösen eingefügt werden. Zum einen ein Plot der Vernetzung, zum anderen eine Schnittdarstellung, diese zeigt die Strömung durch einen Schnitt an, die Oberflächendarstellung zeigt die Strömung entlang einer Oberfläche und die ISO – Flächen – Darstellung zeigt die Strömung in ISO Flächen an. ISO – Flächen sind eine Art dreidimensionale Darstellung der Oberflächendarstellung.
36	Schnittdarstellung
37	

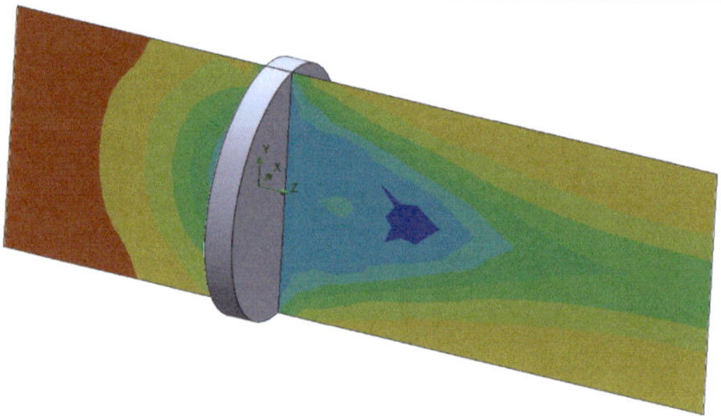

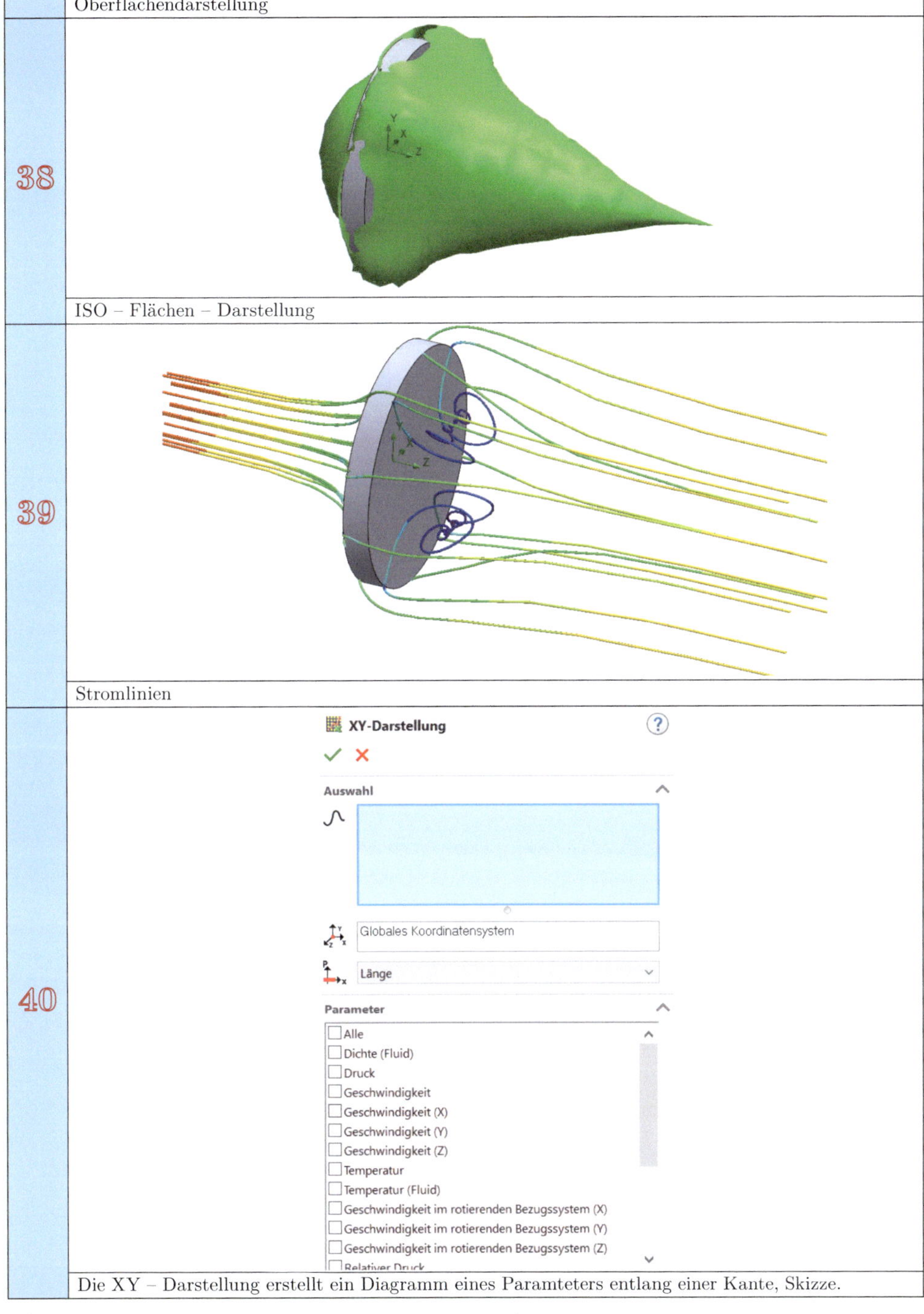

38	Oberflächendarstellung
	ISO – Flächen – Darstellung
39	Stromlinien
40	Die XY – Darstellung erstellt ein Diagramm eines Paramteters entlang einer Kante, Skizze.

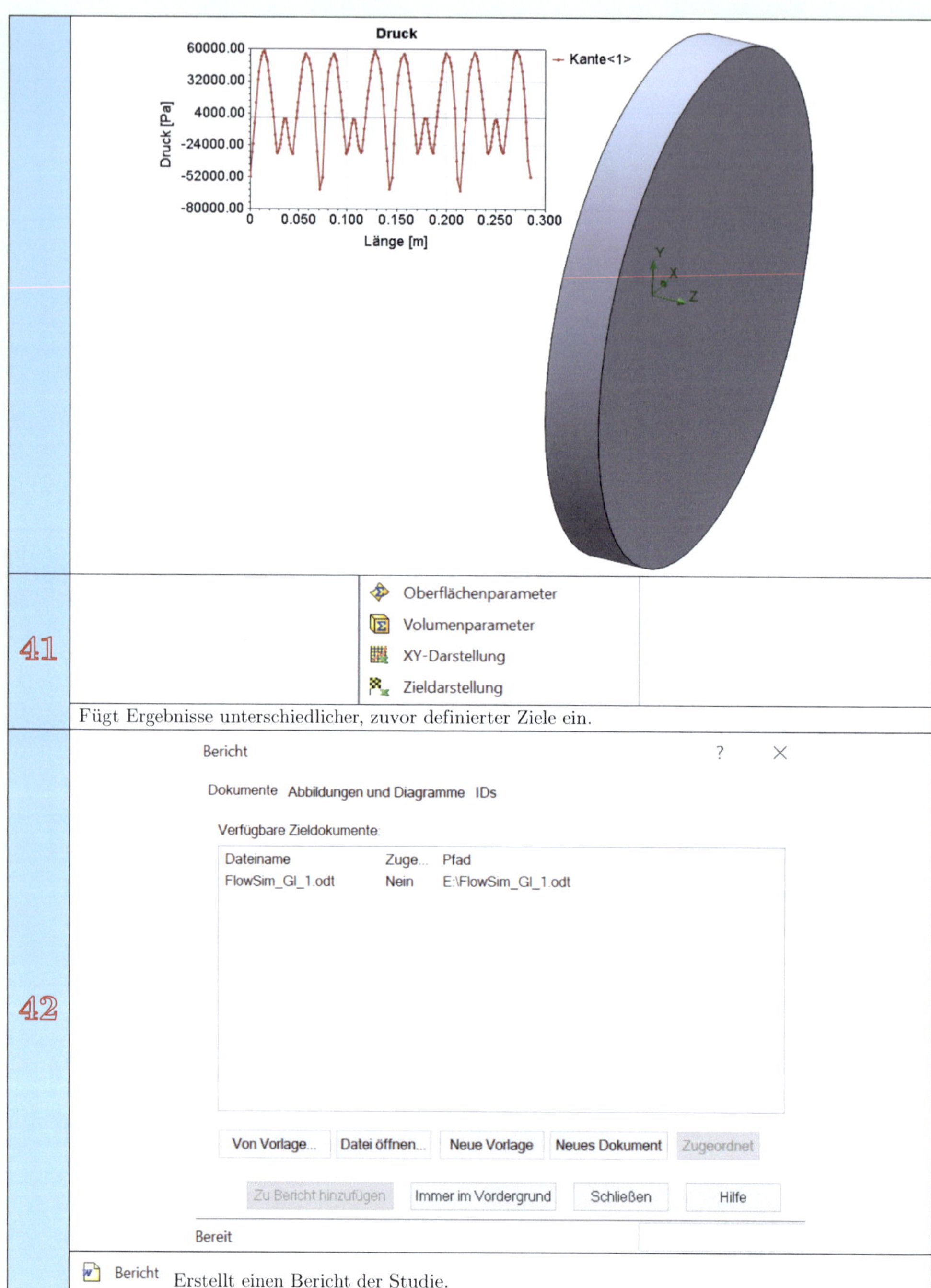
Druck
60000.00
32000.00
4000.00
-24000.00
-52000.00
-80000.00
Druck [Pa]
0
0.050
0.100
0.150
0.200
0.250
0.300
Länge [m]
Kante<1>
Y
X
Z
41
Oberflächenparameter
Volumenparameter
XY-Darstellung
Zieldarstellung
Fügt Ergebnisse unterschiedlicher, zuvor definierter Ziele ein.
42
Bericht
?
Dokumente
Abbildungen und Diagramme
IDs
Verfügbare Zieldokumente:
Dateiname
Zuge...
Pfad
FlowSim_Gl_1.odt
Nein
E:\FlowSim_Gl_1.odt
Von Vorlage...
Datei öffnen...
Neue Vorlage
Neues Dokument
Zugeordnet
Zu Bericht hinzufügen
Immer im Vordergrund
Schließen
Hilfe
Bereit
Bericht
Erstellt einen Bericht der Studie.

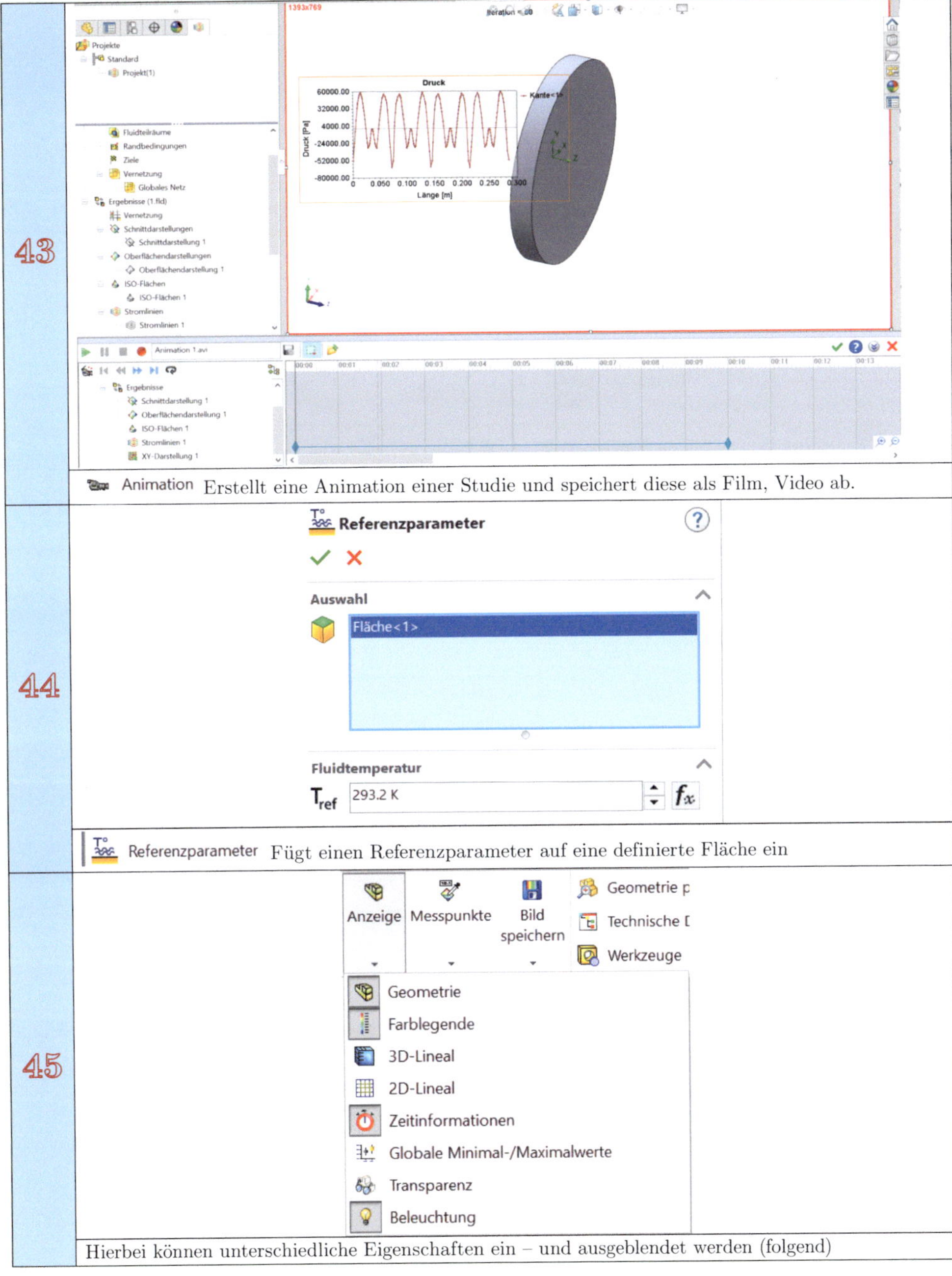

43	Animation Erstellt eine Animation einer Studie und speichert diese als Film, Video ab.
44	Referenzparameter Fügt einen Referenzparameter auf eine definierte Fläche ein
45	Hierbei können unterschiedliche Eigenschaften ein – und ausgeblendet werden (folgend)

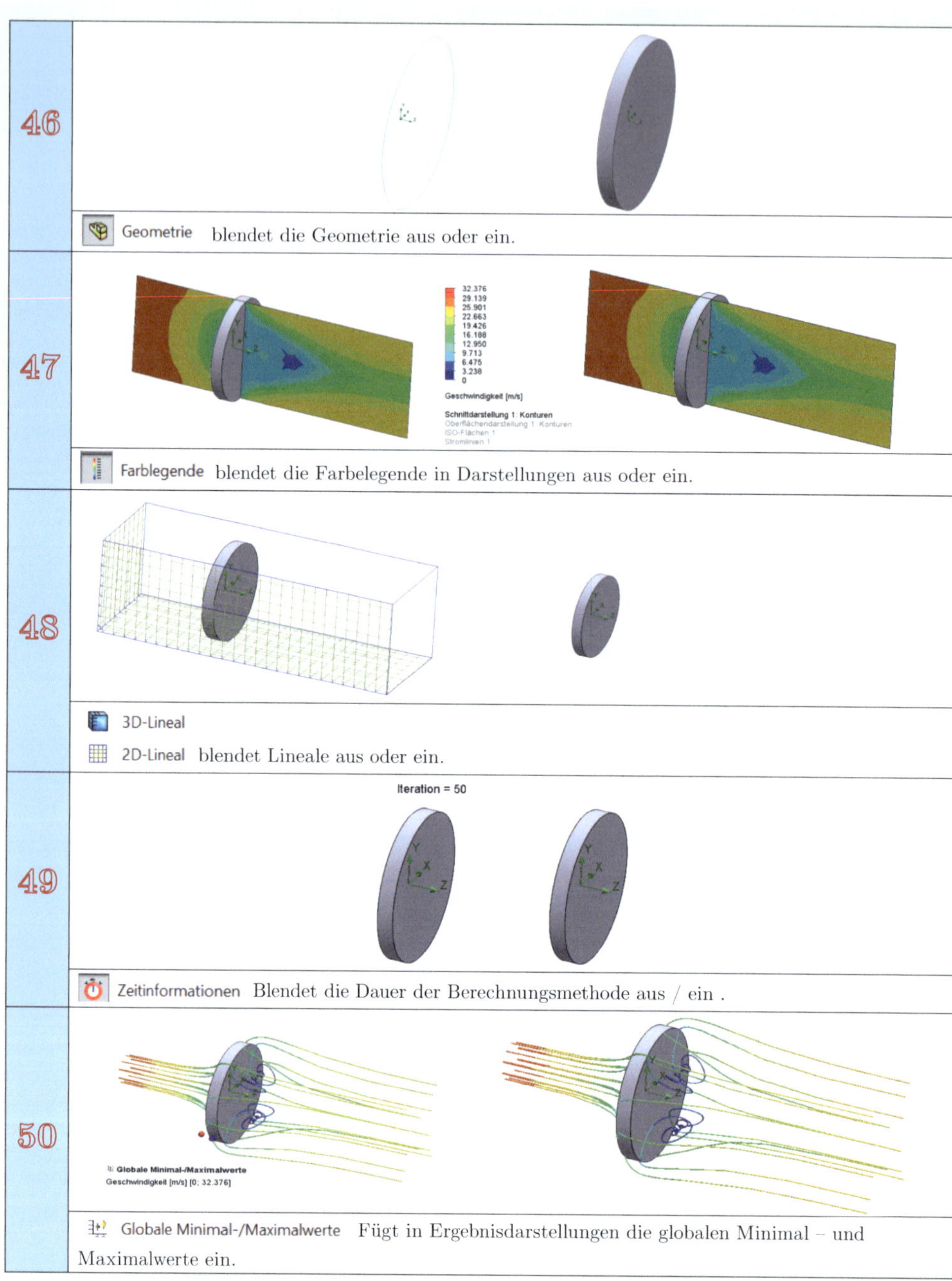
46
Geometrie blendet die Geometrie aus oder ein.
47
32.376
29.139
25.901
22.663
19.426
16.188
12.950
9.713
6.475
3.238
0
Geschwindigkeit [m/s]
Schnittdarstellung 1: Konturen
Farblegende blendet die Farbelegende in Darstellungen aus oder ein.
48
3D-Lineal
2D-Lineal blendet Lineale aus oder ein.
49
Iteration = 50
Zeitinformationen Blendet die Dauer der Berechnungsmethode aus / ein .
50
Globale Minimal-/Maximalwerte
Geschwindigkeit [m/s] [0; 32.376]
Globale Minimal-/Maximalwerte Fügt in Ergebnisdarstellungen die globalen Minimal – und Maximalwerte ein.

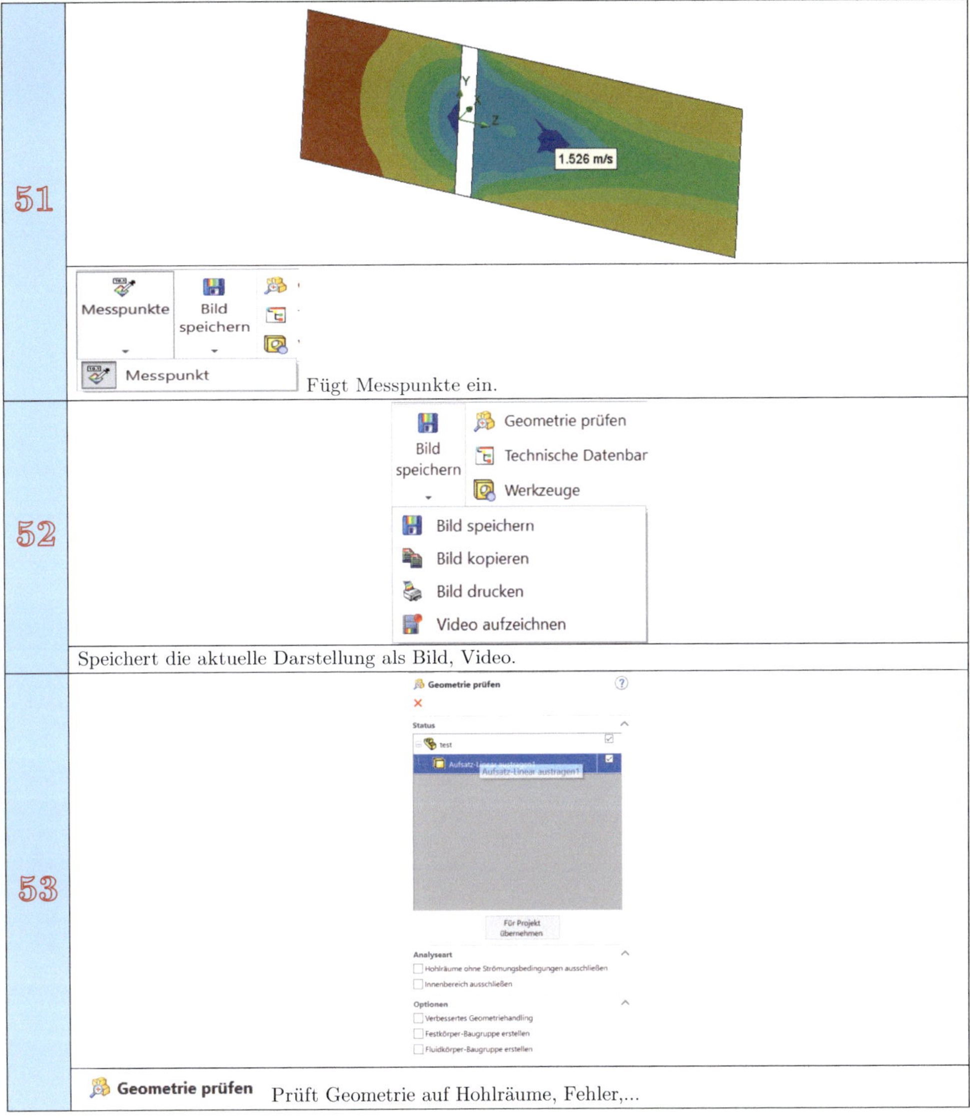
51
1.526 m/s
Messpunkte
Bild speichern
Messpunkt
Fügt Messpunkte ein.
52
Bild speichern
Geometrie prüfen
Technische Datenbar
Werkzeuge
Bild speichern
Bild kopieren
Bild drucken
Video aufzeichnen
Speichert die aktuelle Darstellung als Bild, Video.
53
Geometrie prüfen
Status
test
Aufsatz-Linear austragen1
Für Projekt übernehmen
Analyseart
Hohlräume ohne Strömungsbedingungen ausschließen
Innenbereich ausschließen
Optionen
Verbessertes Geometriehandling
Festkörper-Baugruppe erstellen
Fluidkörper-Baugruppe erstellen
Geometrie prüfen
Prüft Geometrie auf Hohlräume, Fehler,...

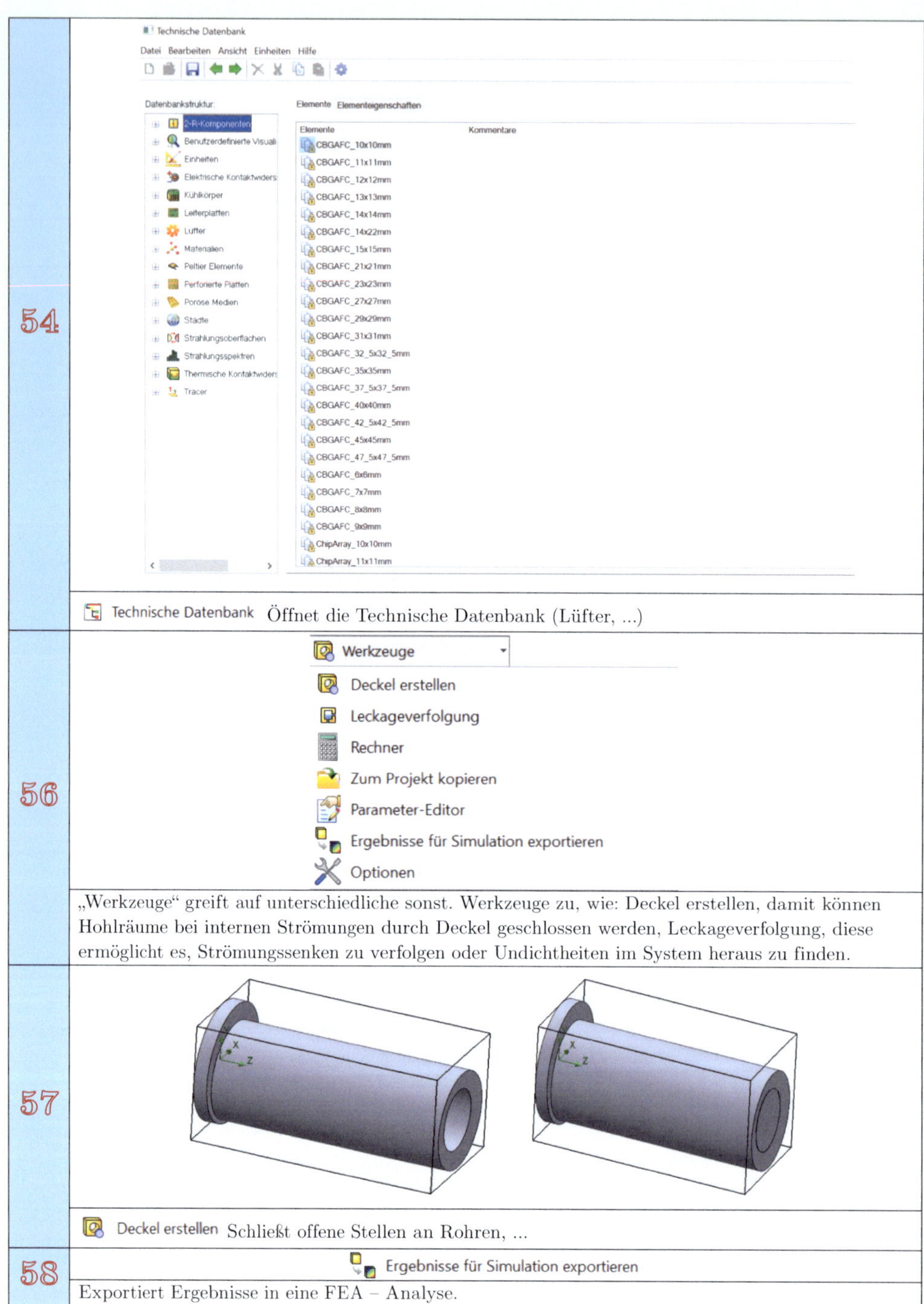

54	Technische Datenbank Öffnet die Technische Datenbank (Lüfter, ...)
56	„Werkzeuge“ greift auf unterschiedliche sonst. Werkzeuge zu, wie: Deckel erstellen, damit können Hohlräume bei internen Strömungen durch Deckel geschlossen werden, Leckageverfolgung, diese ermöglicht es, Strömungssenken zu verfolgen oder Undichtheiten im System heraus zu finden.
57	Deckel erstellen Schließt offene Stellen an Rohren, ...
58	Ergebnisse für Simulation exportieren Exportiert Ergebnisse in eine FEA – Analyse.

13

13.2 Freie Oberfläche, Ausfluss aus einem Behälter (transiente Strömungsanalyse)

Siehe ▶ Methode: Lösung durch SolidWorks – CFD 13.2.

Methode: Lösung durch SolidWorks – CFD 13.2

Von einem Wasserbehälter ist eine instationäre Strömungsanalyse zu erstellen, wenn aus einem Ausfluss Wasser heraus fließt. Es ist der Befehl „freie Oberfläche" zu verwenden.

Pos.	Bild	Erklärung
1	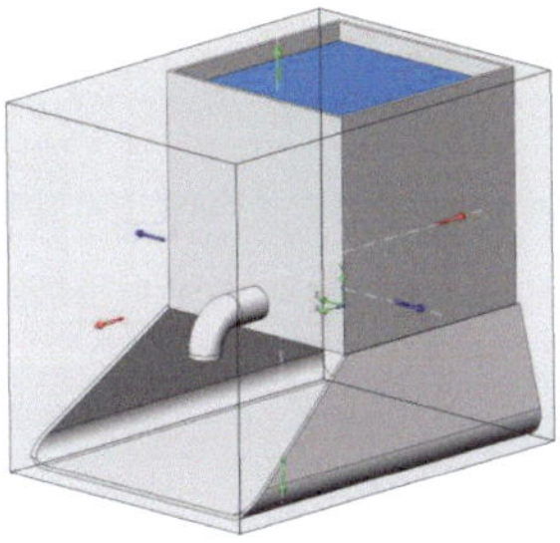	Modell zeichnen und neue Strömungssimulationsstudie erstellen. Berechnungsraum festlegen.
2	 Allgemeine Einstellungen Analyseart: Intern / Extern Geschlossene Hohlräume berücksichtigen: Hohlräume ohne Strömungsbedingungen ausschließen; Innenbereich ausschließen Physikalische Features – Wert: Wärmeleitung in Festkörpern; Strahlung; Zeitabhängig ☑; Schwerkraft ☑; Rotation; Freie Oberfläche ☑ Projektfluide – Standardfluid; Standardfluidtyp – Unmischbares Gemisch; Krypton (Gase); Luft (Gase) ☑; Wasser (Flüssigkeiten) ☑	In den allgemeinen Einstellungen müssen nebenstehende Einstellungen aktiviert werden.
3	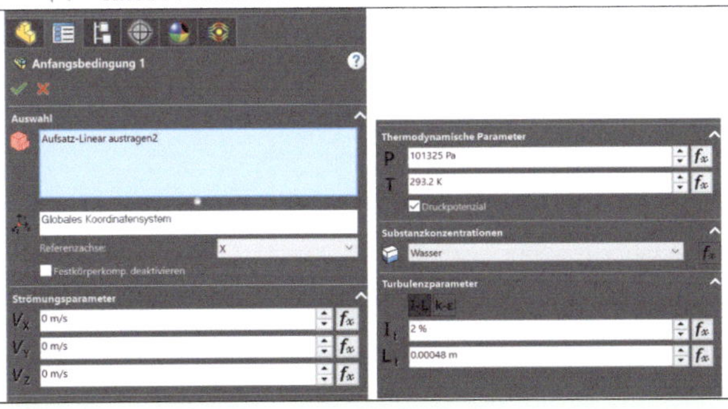 Anfangsbedingung 1 Auswahl: Aufsatz-Linear austragen2; Globales Koordinatensystem; Referenzachse: X; Festkörperkomp. deaktivieren Strömungsparameter: V_x 0 m/s; V_y 0 m/s; V_z 0 m/s Thermodynamische Parameter: P 101325 Pa; T 293.2 K; Druckpotenzial Substanzkonzentrationen: Wasser Turbulenzparameter: I-L, k-ε; I_t 2 %; L_t 0.00048 m	Definieren einer Anfangsbedingung: Bedingungen, Ziele, Globa… Netz; Randbedingung; Anfangsbedingung 

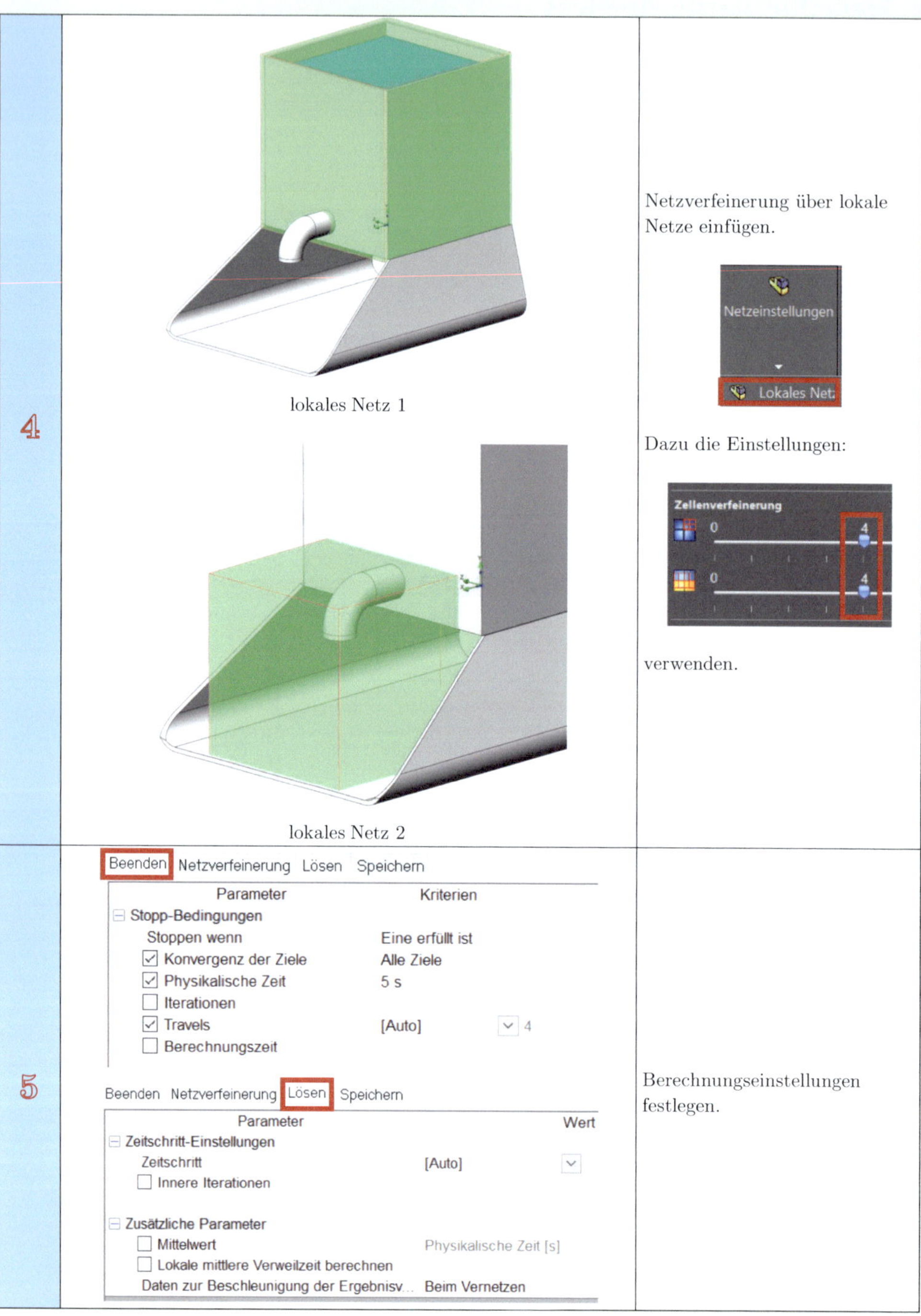

4	lokales Netz 1 lokales Netz 2	Netzverfeinerung über lokale Netze einfügen. Dazu die Einstellungen: verwenden.
5		Berechnungseinstellungen festlegen.

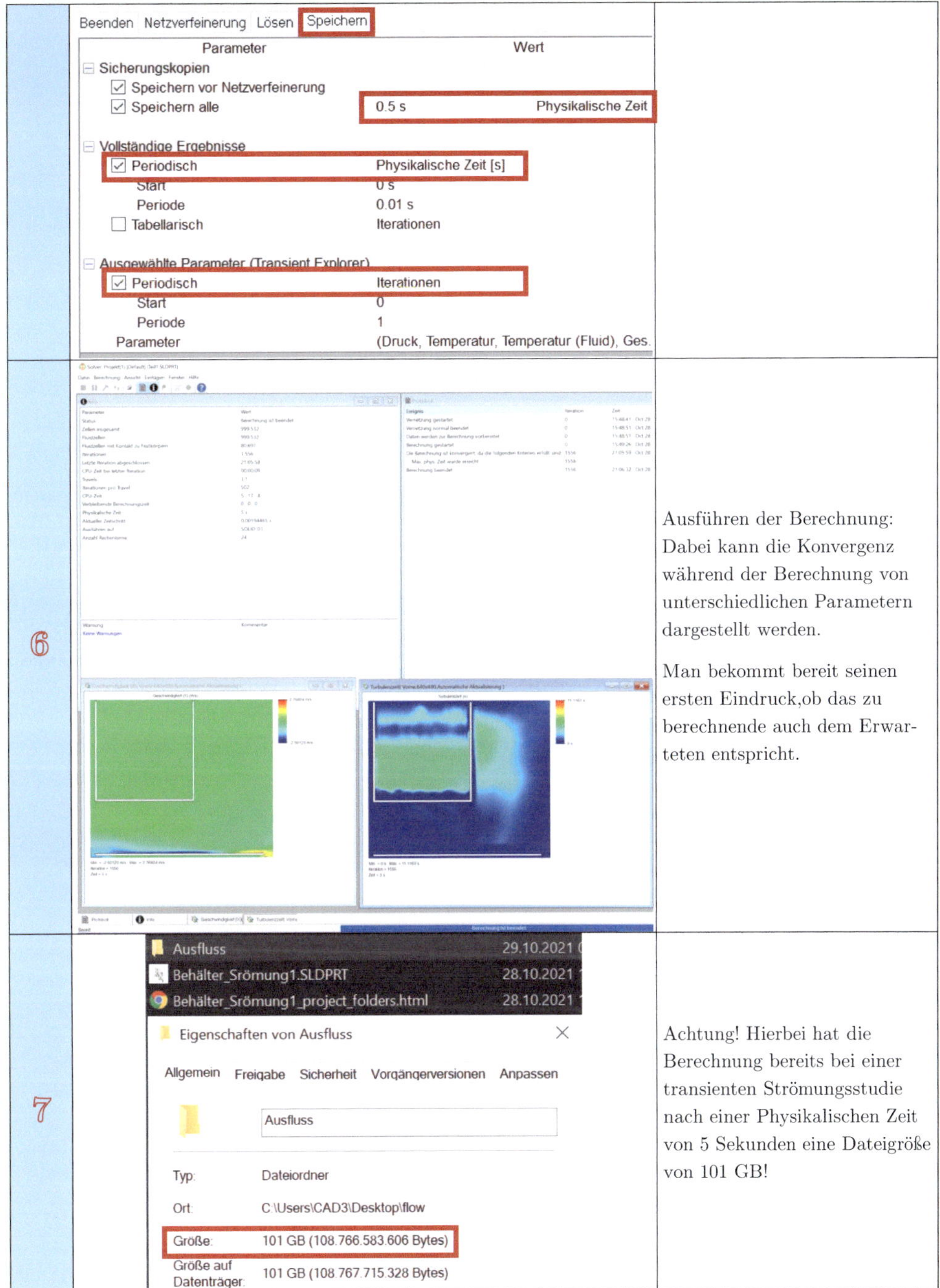

6 Ausführen der Berechnung: Dabei kann die Konvergenz während der Berechnung von unterschiedlichen Parametern dargestellt werden.

Man bekommt bereit seinen ersten Eindruck,ob das zu berechnende auch dem Erwarteten entspricht.

7 Achtung! Hierbei hat die Berechnung bereits bei einer transienten Strömungsstudie nach einer Physikalischen Zeit von 5 Sekunden eine Dateigröße von 101 GB!

8	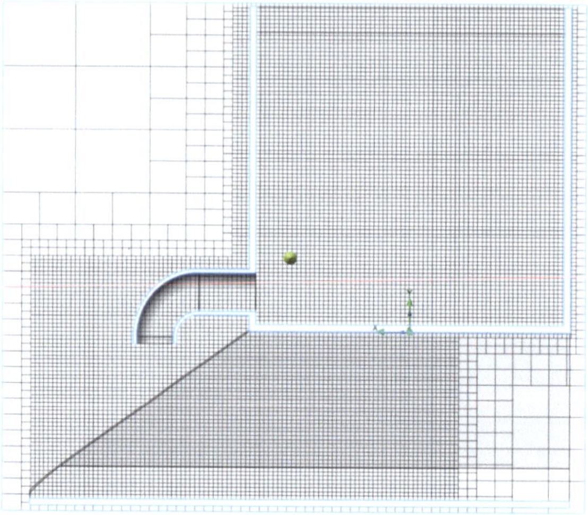	Plot des Netzes
9	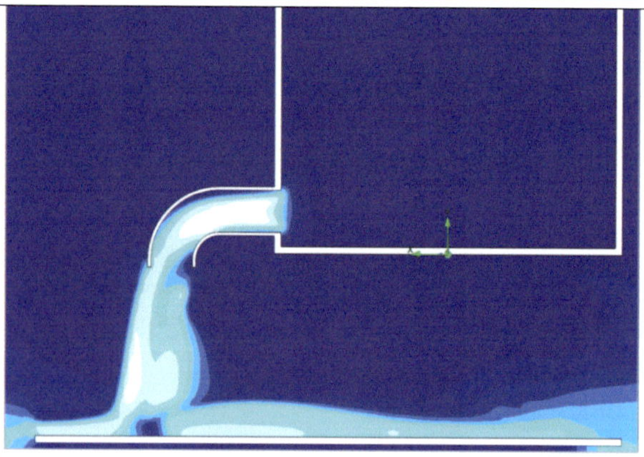	Darstellen der Geschwindigkeit in einer Schnittdarstellung und umstellen der Farben ergibt das gewünschte Bild.
10	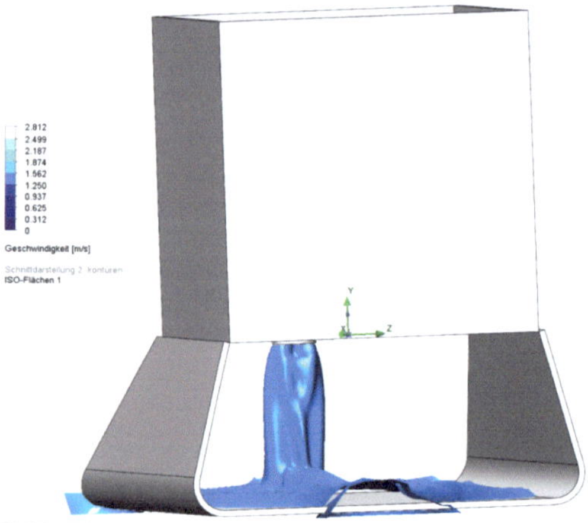	Eine weitere Darstellungsmöglichkeit bietet sich mir ISO Flächen der Geschwindigkeit an, damit ist auch ein dreidimensionaler Ausfluss möglich, dies kann man auch in ein Video, wie es bereits im Laufe des Buches beschrieben wurde, gespeichert werden.

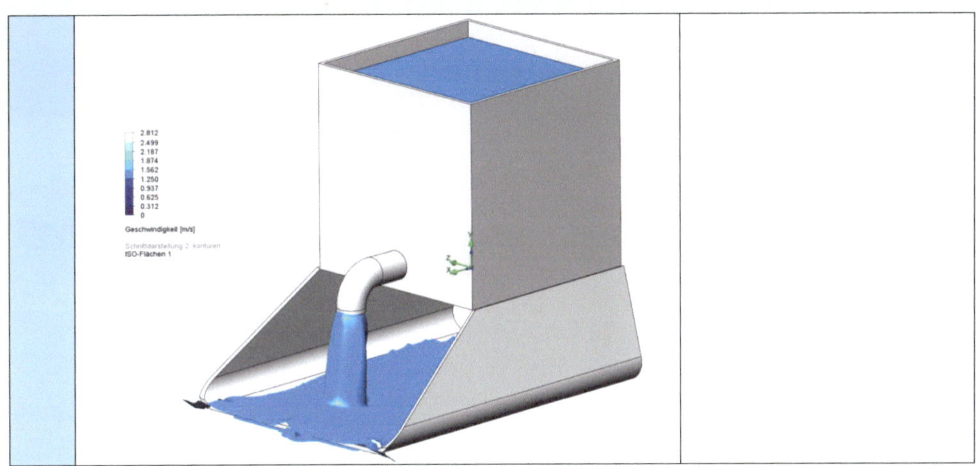

13.3 CFD Analyse und Übergabe in eine FEM-Analyse

Siehe ► Methode: Lösung durch SolidWorks – CFD 13.3.

Methode: Lösung durch SolidWorks – CFD 13.3

Ein Verkehrsschild ist einer Windgeschwindigkeit in Höhe von 41,66 m/s ausgesetzt. Zu untersuchen sind die entstehenden Spannungen durch eine CFD-Analyse, die im Anschluss in eine FEM-Analyse übergeben wird.

Pos.	Bild	Erklärung
1		Bauteil zeichnen. Dann eine Simulationsstudie aufsetzen und die Geschwindigkeit in Höhe von 41,66 m/s festlegen.
2		Strömungssimulation ausführen und Geschwindigkeitsdarstellung einblenden

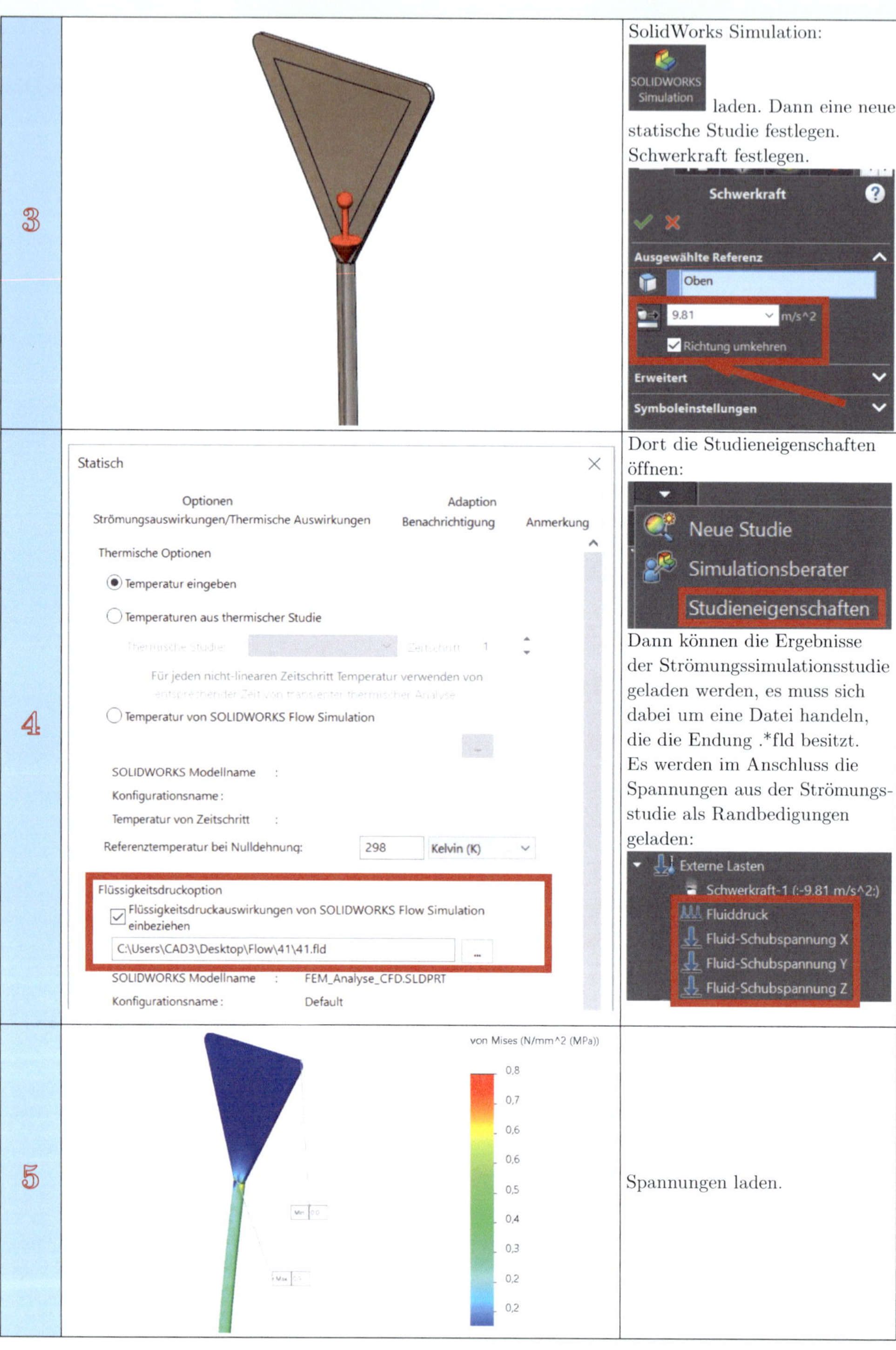

3		SolidWorks Simulation: laden. Dann eine neue statische Studie festlegen. Schwerkraft festlegen.
4		Dort die Studieneigenschaften öffnen: Dann können die Ergebnisse der Strömungssimulationsstudie geladen werden, es muss sich dabei um eine Datei handeln, die die Endung .*fld besitzt. Es werden im Anschluss die Spannungen aus der Strömungsstudie als Randbedigungen geladen:
5		Spannungen laden.

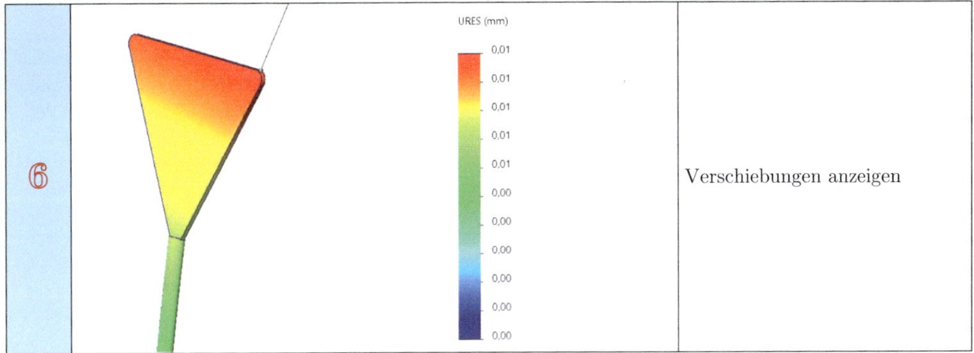

6		Verschiebungen anzeigen

13.4 Bauteile aus der Technischen Datenbank

Siehe ▶ Methode: Lösung durch SolidWorks – CFD 13.4.

Methode: Lösung durch SolidWorks – CFD 13.4

In ein Rohr wird ein externer Lüfter eingebaut. Es handelt sich um einen Axiallüfter des Typs Papst aus der Materialbibliothek (Technische Datenbank) von SolidWorks FlowSimulation. Es ist eine Strömungsanalyse durchzuführen, alle Technischen Daten des Lüfters werden in der Aerodynamik genauer behandelt und sollen hier einfach, wie bereits voreingestellt, hingenommen werden.

Pos.	Bild	Erklärung
1		Bauteil zeichnen. Dann eine Simulationsstudie aufsetzen. Es handelt sich hierbei um eine intenre Studie. Es werden die beiden Deckel an den Enden mit dem Deckel-Tool erstellt.
2	Externer Lüfter (Einlass) Lüfterkurve 412	Als Randbedingung wird ein Lüfter (axial) ausgewählt, der in der Bibliothek hinterlegt ist. Man kann dort auch eigene Lüfter, Turbinen etc. definieren. Genau wird darauf in der Aerodynamik eingegangen. Die gewählten Einstellungen und Kennlinien werden zunächst so hingenommen. Bedingungen Quellen Zie Projektverzeichnis öf Parameter Randbedingung Lüfter

3	Man kann dann folgende Einstellungen auswählen. Zunächst ob man einen Lüfter für Ein- oder Auslass festlegen will und welcher Typ vorliegt: Axial- oder Radialverdichter. Hier wird der Axialverdichter gewählt, „Papst“. Durch Drücken auf Bearbeiten kann man die Kennlinien etc. einstellen. Es öffnet sich das Fenster aus Schritt 3. Dort kann man unterschiedliche Eigenschaften festlegen, Für genaueres wird auf die Aeromechanik verwiesen.
4	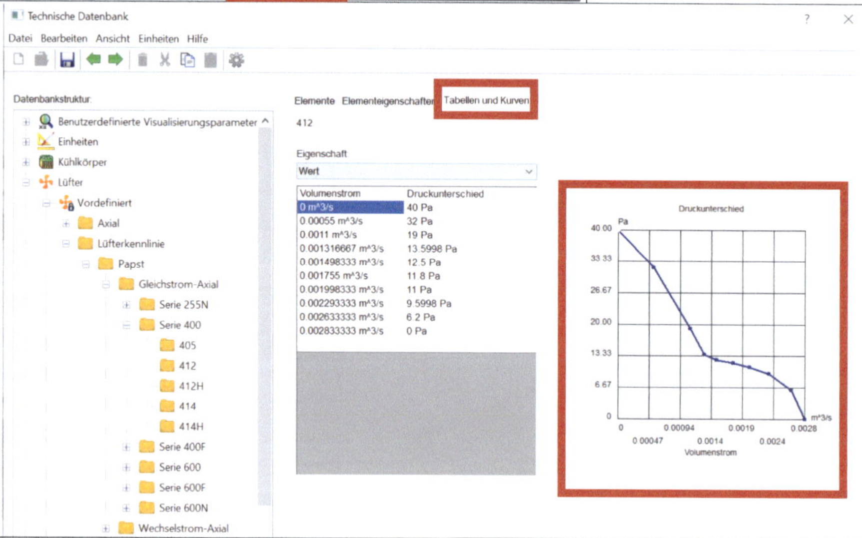
5	Zweite Randbedingung für den Umgebungsdruck (am 2. Deckel) definierern und Studie ausführen. Jetzt kann man die Strömung untersuchen, Es wird nicht mehr genauer darauf eingegangen, da dies ausführlich in den ersten Kapiteln dieses Buches behandelt wurde. Nebenstehend ist die Geschwindigkeitsschnittdarstellung, bei einer Netzauflösung von 6 gezeigt.

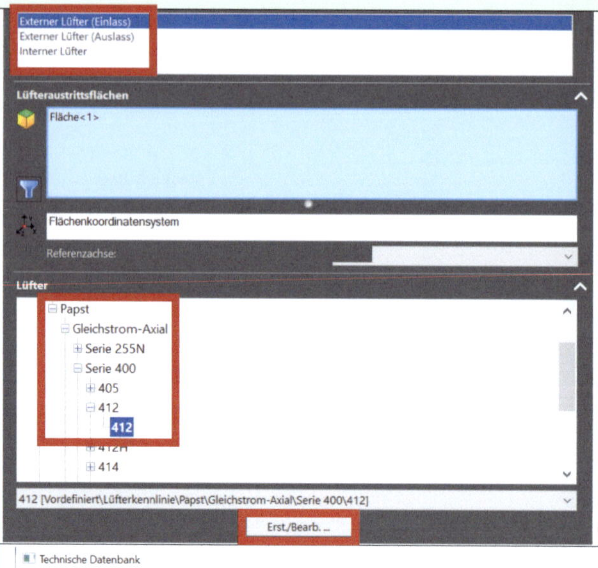

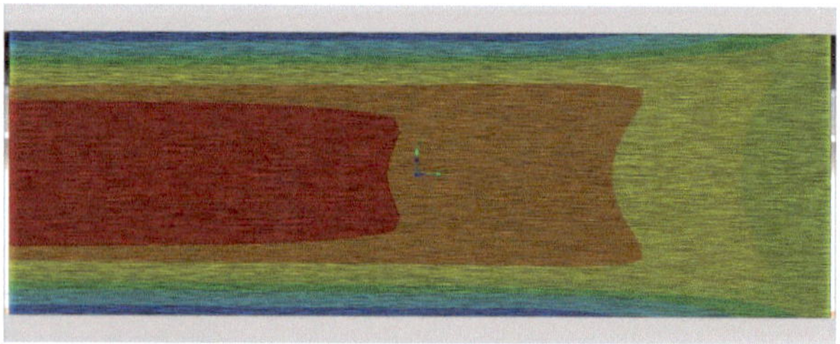

13.5 Kavitation [56]

Kavitation ist ein Phänomen, das in der Fluidmechanik auftritt, wenn der lokale Druck in einer Flüssigkeit unter den Dampfdruck fällt und kleine dampfgefüllte Hohlräume oder Blasen innerhalb der Flüssigkeit bildet. Diese Blasen entstehen in Bereichen mit hoher Strömungsgeschwindigkeit oder niedrigem Druck, wie einem Propeller, Pumpen oder in engen Kanälen.

Wenn der Druck anschließend wieder ansteigt, kollabieren oder implodieren die Blasen, wodurch intensive Schockwellen entstehen. Dieser Kollaps kann aufgrund der hohen Drücke und Temperaturen, die dabei entstehen, erhebliche Schäden an Maschinenkomponenten verursachen, was zu Erosion, Auswaschungen und anderen Formen mechanischer Abnutzung führt. Neben den zerstörerischen Auswirkungen auf die Ausrüstung kann Kavitation auch Lärm und Vibrationen erzeugen.

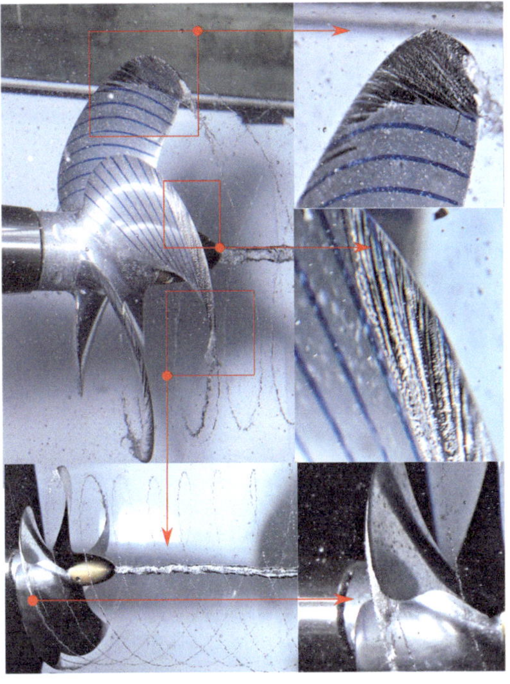

Abb. 13.1 Kavitation eines Propeller (bei 0,205 bar) [6, 56]

Methode: Lösung durch SolidWorks – CFD 13.5

Bei einer Francis-Turbine ist die Einwirkung der Kavitation zu untersuchen, wenn sich diese mit einer Geschwindigkeit von 20 rad/s dreht und diese mit Strömung (Wasser), bei einer Geschwindigkeit in Höhe von 120 m/s angeströmt wird.

Pos.	Bild	Erklärung
1		Bauteil zeichnen, es handelt sich hier um eine Francis-Turbine, die bereits in einer Analyse im Kapitel Hydrodynamik verwendet wurde. Dann eine Simulationsstudie aufsetzen. Es handelt sich hierbei um eine externe Studie. Es werden die Standard Einstellungen verwendet, und die nachfolgenden Parameter gewählt.
2	Physikalische Features – Wert Fluidströmung ☑ Wärmeleitung ☐ Zeitabhängig ☐ Schwerkraft ☐ Rotation ☑ Typ: Global rotierend Referenzachse: X - Achse des globalen Koordinatensystems Winkelgeschwindigkeit: 20 rad/s Freie Oberfläche ☐	Es wird ein rotierender Bereich des Modells festgelegt.

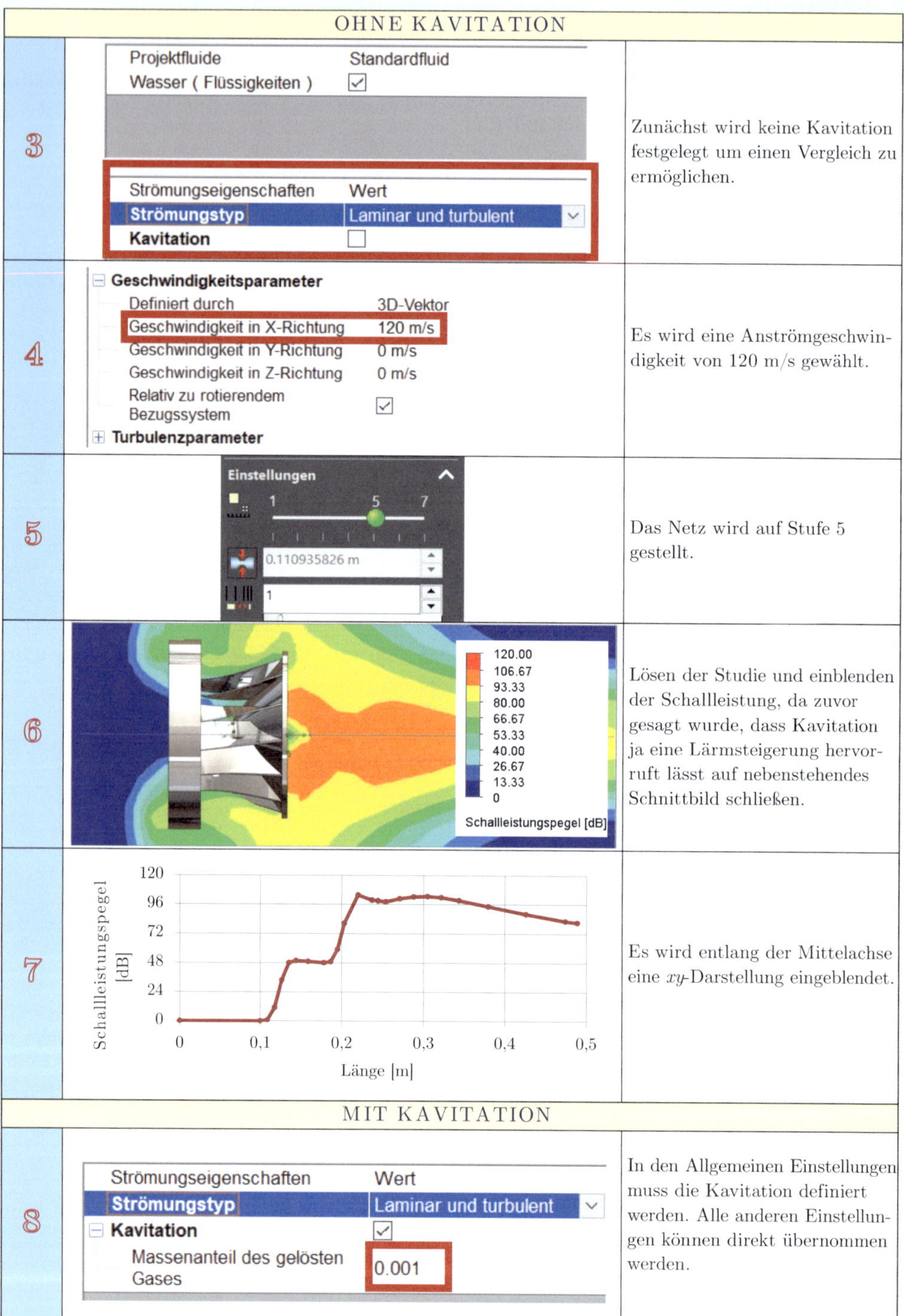
OHNE KAVITATION
3
Projektfluide
Standardfluid
Wasser (Flüssigkeiten)
Strömungseigenschaften
Wert
Strömungstyp
Laminar und turbulent
Kavitation
Zunächst wird keine Kavitation festgelegt um einen Vergleich zu ermöglichen.
4
Geschwindigkeitsparameter
Definiert durch
3D-Vektor
Geschwindigkeit in X-Richtung
120 m/s
Geschwindigkeit in Y-Richtung
0 m/s
Geschwindigkeit in Z-Richtung
0 m/s
Relativ zu rotierendem Bezugssystem
Turbulenzparameter
Es wird eine Anströmgeschwindigkeit von 120 m/s gewählt.
5
Einstellungen
1
5
7
0.110935826 m
1
Das Netz wird auf Stufe 5 gestellt.
6
120.00
106.67
93.33
80.00
66.67
53.33
40.00
26.67
13.33
0
Schallleistungspegel [dB]
Lösen der Studie und einblenden der Schallleistung, da zuvor gesagt wurde, dass Kavitation ja eine Lärmsteigerung hervorruft lässt auf nebenstehendes Schnittbild schließen.
7
Schallleistungspegel [dB]
120
96
72
48
24
0
0
0,1
0,2
0,3
0,4
0,5
Länge [m]
Es wird entlang der Mittelachse eine xy-Darstellung eingeblendet.
MIT KAVITATION
8
Strömungseigenschaften
Wert
Strömungstyp
Laminar und turbulent
Kavitation
Massenanteil des gelösten Gases
0.001
In den Allgemeinen Einstellungen muss die Kavitation definiert werden. Alle anderen Einstellungen können direkt übernommen werden.

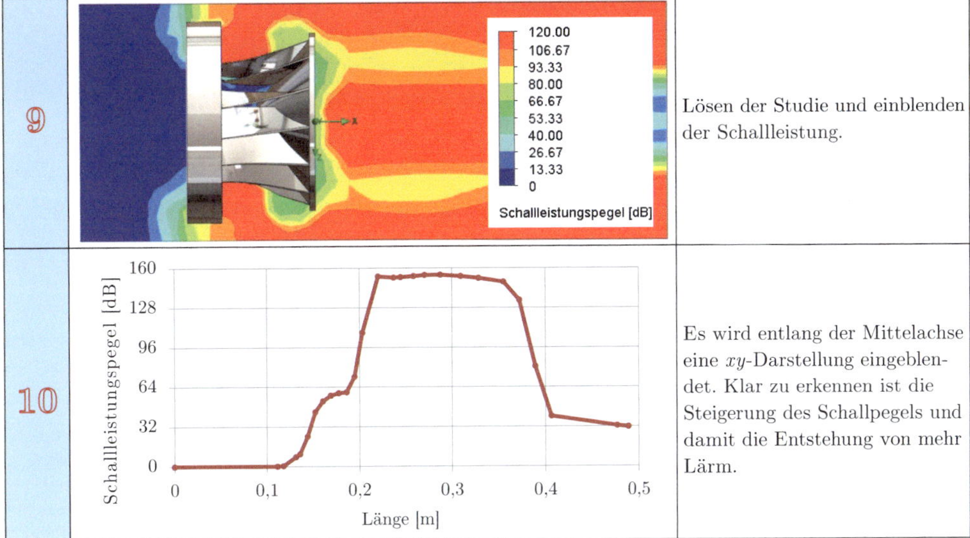

Pos.	Bild	Erklärung
9		Lösen der Studie und einblenden der Schallleistung.
10		Es wird entlang der Mittelachse eine xy-Darstellung eingeblendet. Klar zu erkennen ist die Steigerung des Schallpegels und damit die Entstehung von mehr Lärm.

13.6 Parametrisierte Studie

Siehe ▶ Methode: Lösung durch SolidWorks – CFD 13.6.

Methode: Lösung durch SolidWorks – CFD 13.6

Von einem Tragflügel ist die Auftriebskraft in Abhängigkeit des Anstellwinkels zu untersuchen. Zu verwenden ist dabei eine parametrisierte Studie. Diese wird in drei Schritten, je nach Aufgabenstellung, untersucht. Man unterscheidet folgende Arten von Parametrisierten Studien:

- **Was-Wäre-Wenn-Analyse:** Bei dieser Art von Analyse wird ein Berechnungsziel definiert, hier die Auftriebskraft, die dann in Abhängigkeit einer Variable (Anstellwinkel) berechnet wird.
- **Zieloptimierungs-Analyse:** Hier wird die Auftriebskraft vorgegeben und der entsprechende Anstellwinkel berechnet (umgekehrt zur Was-Wäre-Wenn-Analyse)
- **Statische Versuchsplanung- und Optimierungsanalyse:** Bei dieser Art von Analyse wird ein Berechnungsziel definiert, hier die Auftriebskraft, die dann in Abhängigkeit einer Variable (Anstellwinkel) berechnet wird. Zusätzlich kann man hier einen optimalen Punkt für den gegeben Fall berechnen lassen.

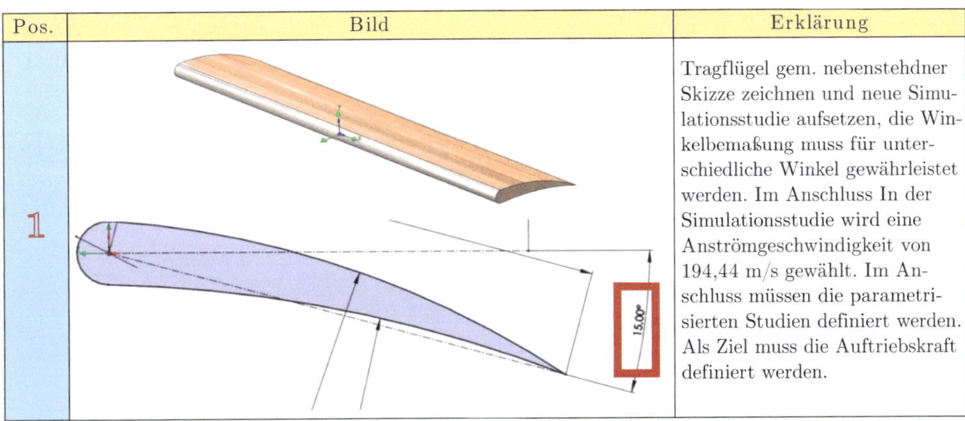

Pos.	Bild	Erklärung
1		Tragflügel gem. nebenstehdner Skizze zeichnen und neue Simulationsstudie aufsetzen, die Winkelbemaßung muss für unterschiedliche Winkel gewährleistet werden. Im Anschluss In der Simulationsstudie wird eine Anströmgeschwindigkeit von 194,44 m/s gewählt. Im Anschluss müssen die parametrisierten Studien definiert werden. Als Ziel muss die Auftriebskraft definiert werden.

2	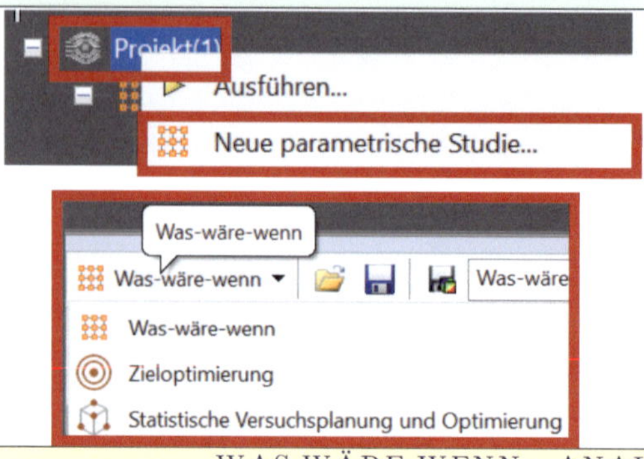 Projekt(1) Ausführen... Neue parametrische Studie... Was-wäre-wenn Was-wäre-wenn Zieloptimierung Statistische Versuchsplanung und Optimierung	Festlegen der neuen Parametrisierten Analysen. Dazu nebenstehende Einstellungen wählen. Dann entsprechende Art wöhlen.
WAS WÄRE WENN - ANALYSE		
3	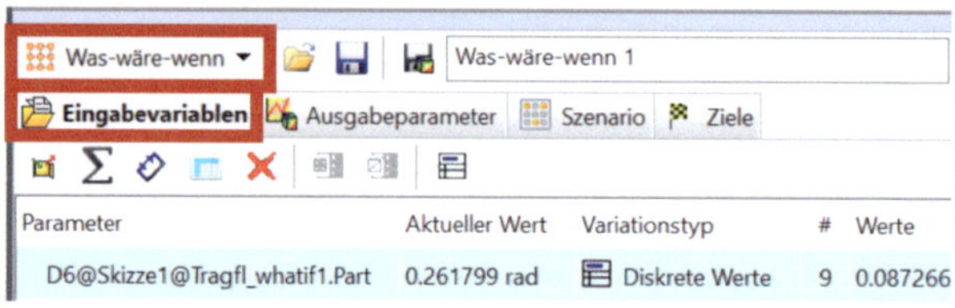 Was-wäre-wenn · Was-wäre-wenn 1 Eingabevariablen · Ausgabeparameter · Szenario · Ziele Parameter · Aktueller Wert · Variationstyp · # · Werte D6@Skizze1@Tragfl_whatif1.Part · 0.261799 rad · Diskrete Werte · 9 · 0.087266	Dabei ist es möglich, für unterschiedliche Randbedingugen eine automatische Strömungsanalyse festzulegen. Hier wird für unterschieldlcihe Anstellwinkel die Strömungsanalyse durchgführt und im Anschluss die Auftriebskraft untersucht. Es wird im Anschluss der Winkel als Randbedingung definiert.
4	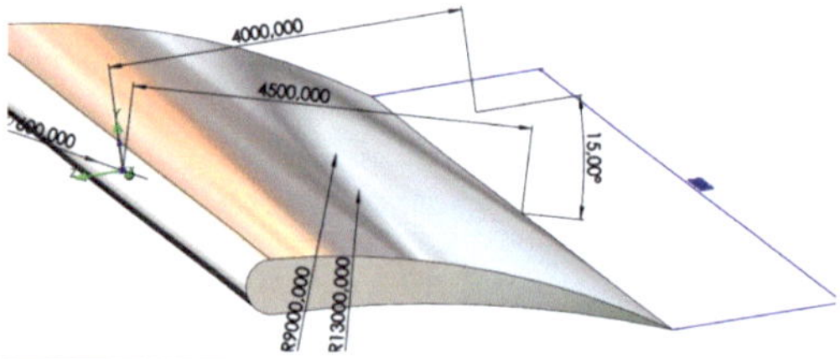 4000,000 4500,000 7000,000 15,00° R9000,000 R13000,000	Dazu auf ⬦ drücken. Die Winkelbemaßung per Mausklick im 3D auswählen, und Werte aus Schritt 5 eingeben.
5	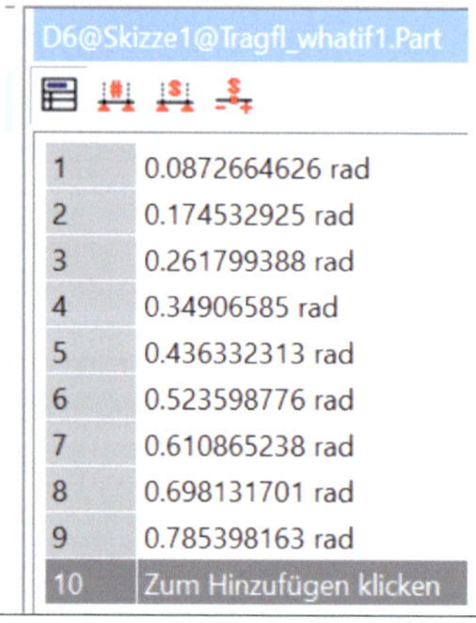 D6@Skizze1@Tragfl_whatif1.Part 1 0.0872664626 rad 2 0.174532925 rad 3 0.261799388 rad 4 0.34906585 rad 5 0.436332313 rad 6 0.523598776 rad 7 0.610865238 rad 8 0.698131701 rad 9 0.785398163 rad 10 Zum Hinzufügen klicken	Diese ergeben sich durch Umrechnung zwischen Grad und Radiant.

Winkel in Grad	Winkel in Rad
5	0,087266463
10	0,174532925
15	0,261799388
20	0,34906585
25	0,436332313
30	0,523598776
35	0,610865238
40	0,698131701
45	0,785398163

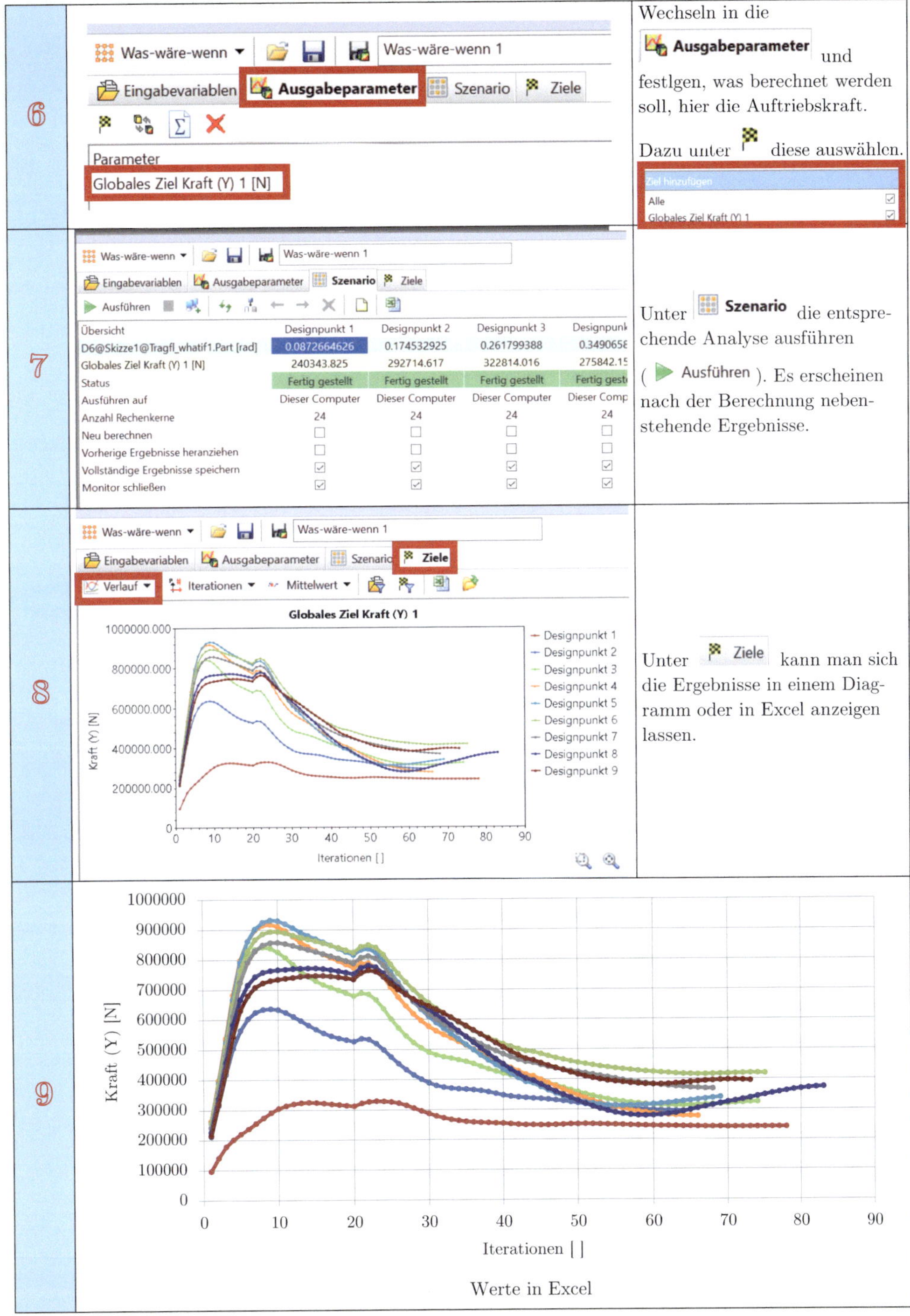

6 Wechseln in die **Ausgabeparameter** und festlgen, was berechnet werden soll, hier die Auftriebskraft.

Dazu unter diese auswählen.

7 Unter **Szenario** die entsprechende Analyse ausführen (Ausführen). Es erscheinen nach der Berechnung nebenstehende Ergebnisse.

8 Unter Ziele kann man sich die Ergebnisse in einem Diagramm oder in Excel anzeigen lassen.

9 Werte in Excel

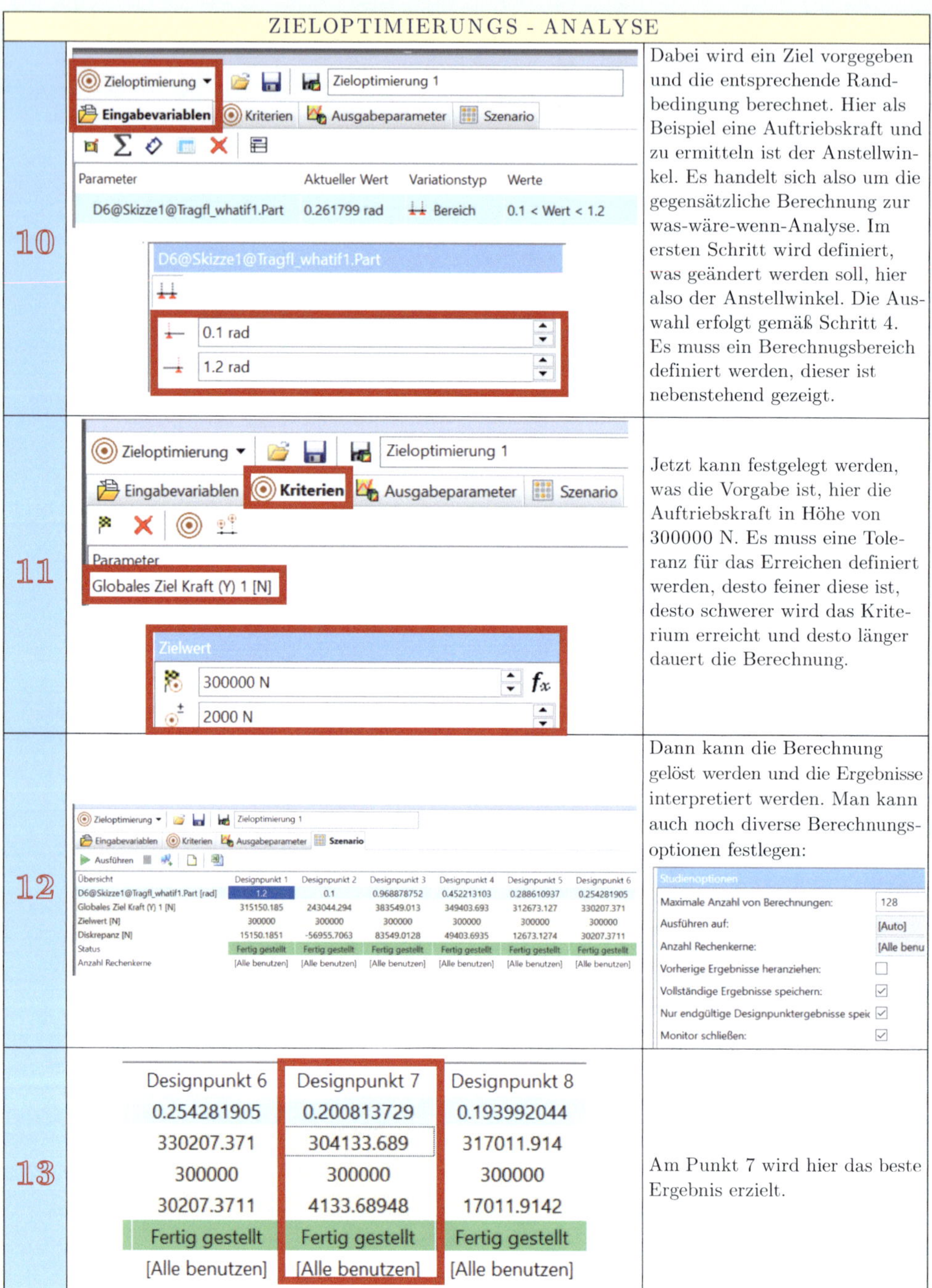

ZIELOPTIMIERUNGS - ANALYSE	
10	Dabei wird ein Ziel vorgegeben und die entsprechende Randbedingung berechnet. Hier als Beispiel eine Auftriebskraft und zu ermitteln ist der Anstellwinkel. Es handelt sich also um die gegensätzliche Berechnung zur was-wäre-wenn-Analyse. Im ersten Schritt wird definiert, was geändert werden soll, hier also der Anstellwinkel. Die Auswahl erfolgt gemäß Schritt 4. Es muss ein Berechnungsbereich definiert werden, dieser ist nebenstehend gezeigt.
11	Jetzt kann festgelegt werden, was die Vorgabe ist, hier die Auftriebskraft in Höhe von 300000 N. Es muss eine Toleranz für das Erreichen definiert werden, desto feiner diese ist, desto schwerer wird das Kriterium erreicht und desto länger dauert die Berechnung.
12	Dann kann die Berechnung gelöst werden und die Ergebnisse interpretiert werden. Man kann auch noch diverse Berechnungsoptionen festlegen:
13	Am Punkt 7 wird hier das beste Ergebnis erzielt.

13

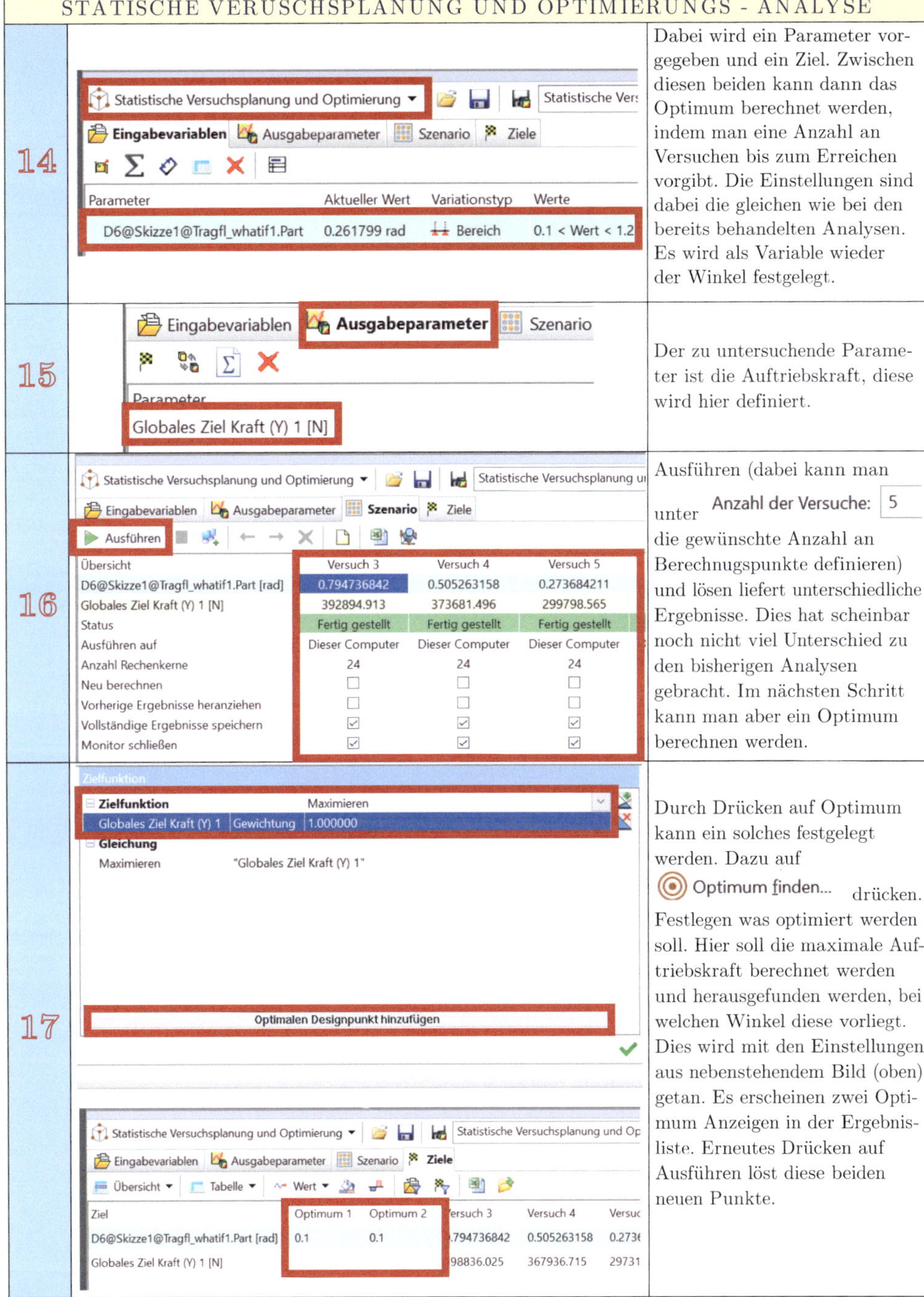

STATISCHE VERUSCHSPLANUNG UND OPTIMIERUNGS - ANALYSE		
14		Dabei wird ein Parameter vorgegeben und ein Ziel. Zwischen diesen beiden kann dann das Optimum berechnet werden, indem man eine Anzahl an Versuchen bis zum Erreichen vorgibt. Die Einstellungen sind dabei die gleichen wie bei den bereits behandelten Analysen. Es wird als Variable wieder der Winkel festgelegt.
15		Der zu untersuchende Parameter ist die Auftriebskraft, diese wird hier definiert.
16		Ausführen (dabei kann man unter Anzahl der Versuche: 5 die gewünschte Anzahl an Berechnungspunkte definieren) und lösen liefert unterschiedliche Ergebnisse. Dies hat scheinbar noch nicht viel Unterschied zu den bisherigen Analysen gebracht. Im nächsten Schritt kann man aber ein Optimum berechnen werden.
17		Durch Drücken auf Optimum kann ein solches festgelegt werden. Dazu auf Optimum finden... drücken. Festlegen was optimiert werden soll. Hier soll die maximale Auftriebskraft berechnet werden und herausgefunden werden, bei welchen Winkel diese vorliegt. Dies wird mit den Einstellungen aus nebenstehendem Bild (oben) getan. Es erscheinen zwei Optimum Anzeigen in der Ergebnisliste. Erneutes Drücken auf Ausführen löst diese beiden neuen Punkte.

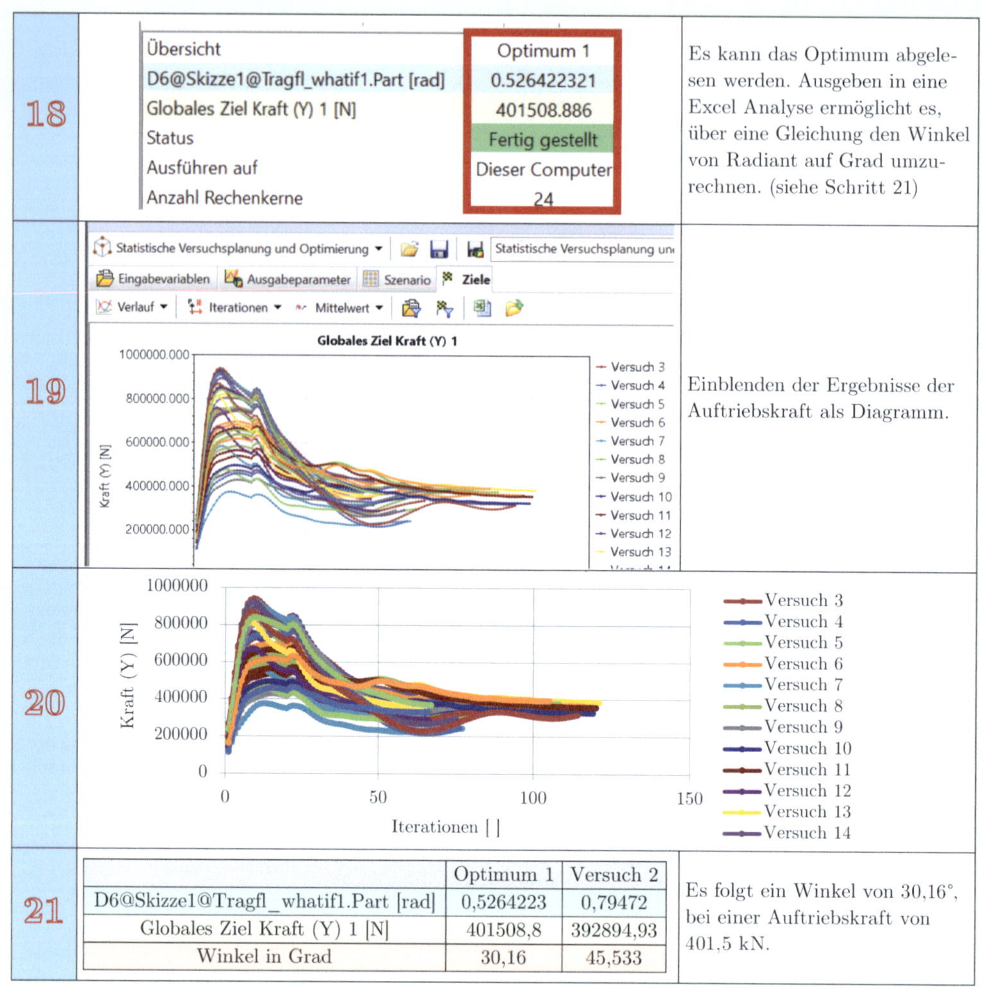

18	Es kann das Optimum abgelesen werden. Ausgeben in eine Excel Analyse ermöglicht es, über eine Gleichung den Winkel von Radiant auf Grad umzurechnen. (siehe Schritt 21)
19	Einblenden der Ergebnisse der Auftriebskraft als Diagramm.
20	
21	Es folgt ein Winkel von 30,16°, bei einer Auftriebskraft von 401,5 kN.

	Optimum 1	Versuch 2
D6@Skizze1@Tragfl_whatif1.Part [rad]	0,5264223	0,79472
Globales Ziel Kraft (Y) 1 [N]	401508,8	392894,93
Winkel in Grad	30,16	45,533

13

13.7 Perforierte Platte

Siehe ▶ Methode: Lösung durch SolidWorks – CFD 13.7.

Methode: Lösung durch SolidWorks – CFD 13.7

Eine Luftbohrung ist zu simulieren. Um Schmutz im Inneren der Zylinders zu vermeiden, wird zu Beginn ein Luftfilter geschaltet. Die Strömung durch diesen Filter ist zu untersuchen. Da dieser sehr feine und viele Bohrungen aufweist, handelt es sich um eine rechenintensive Berechnung. In einem zweiten Schritt ist eine alternative Strömungsanalyse durchzuführen, bei welcher die Bohrungen des Luftfilters durch eine perforierte Platte ersetzt werden. Untersuchen Sie die Vor- und Nachteile zwischen der Analyse mit dem eigentlichen Filtermodell und dem mittels einer perforierten Platte.

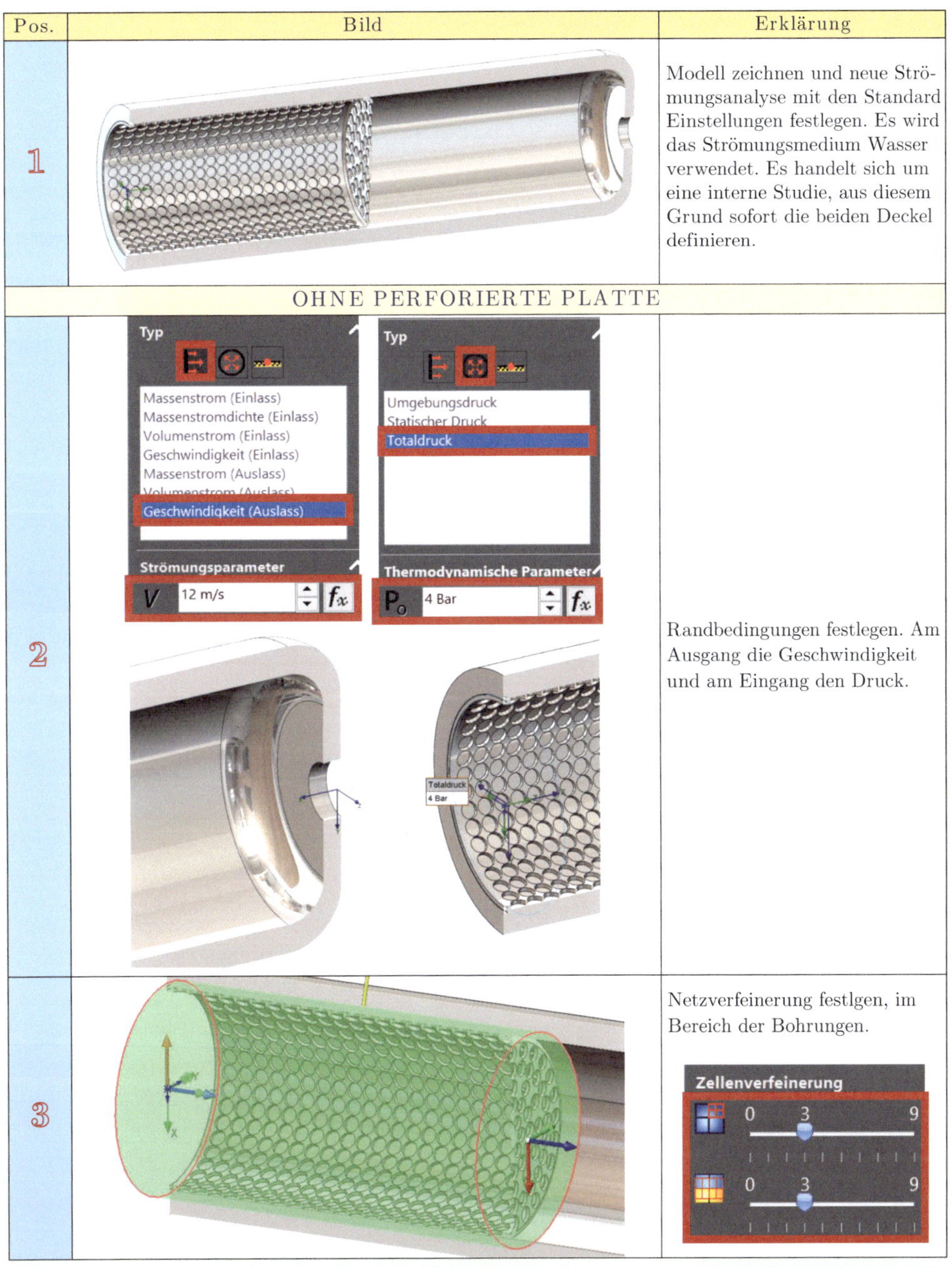

Pos.	Bild	Erklärung
1		Modell zeichnen und neue Strömungsanalyse mit den Standard Einstellungen festlegen. Es wird das Strömungsmedium Wasser verwendet. Es handelt sich um eine interne Studie, aus diesem Grund sofort die beiden Deckel definieren.
OHNE PERFORIERTE PLATTE		
2		Randbedingungen festlegen. Am Ausgang die Geschwindigkeit und am Eingang den Druck.
3		Netzverfeinerung festlgen, im Bereich der Bohrungen.

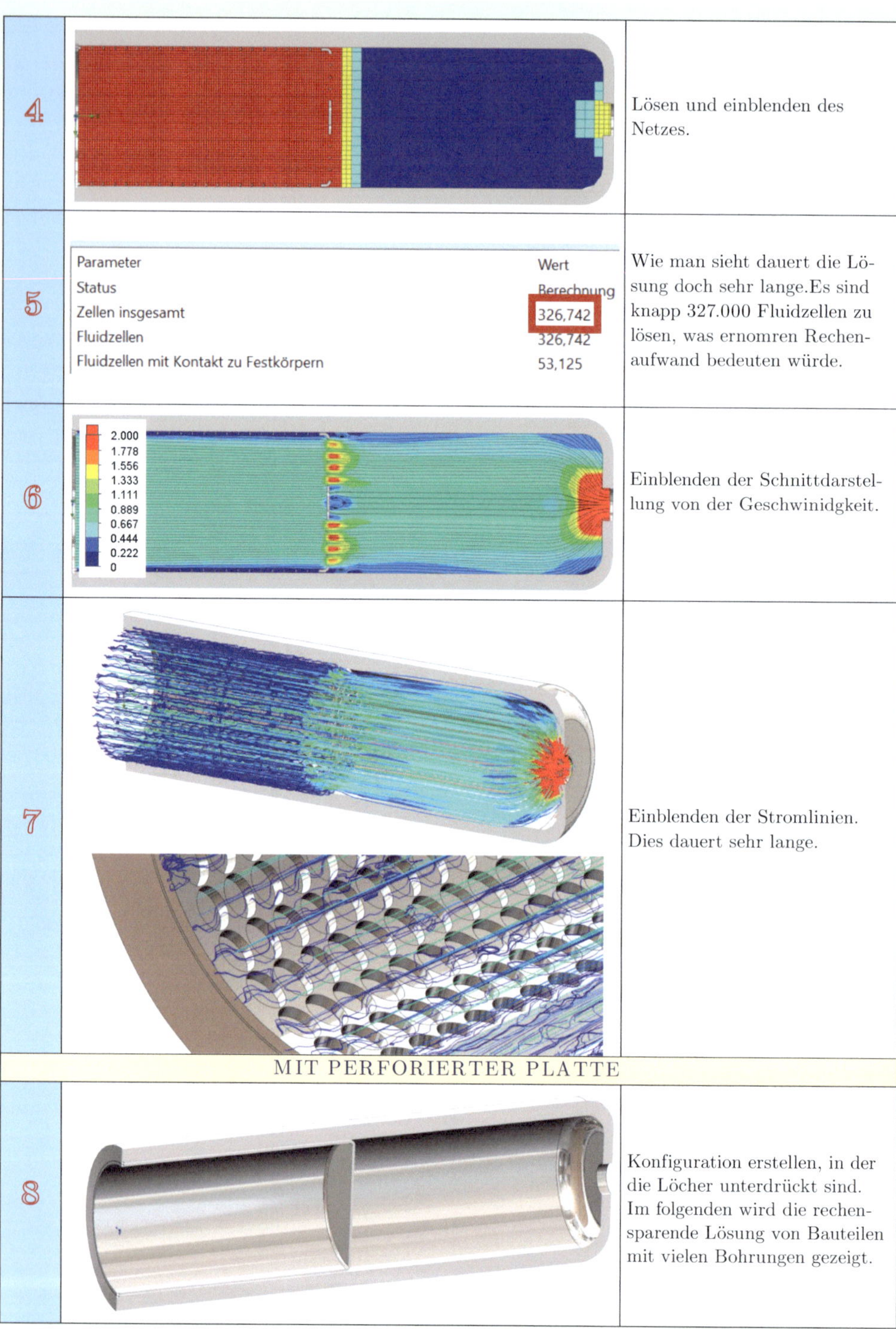

Schritt	Darstellung	Beschreibung
4		Lösen und einblenden des Netzes.
5	Parameter: Wert Status: Berechnung Zellen insgesamt: 326,742 Fluidzellen: 326,742 Fluidzellen mit Kontakt zu Festkörpern: 53,125	Wie man sieht dauert die Lösung doch sehr lange.Es sind knapp 327.000 Fluidzellen zu lösen, was ernomren Rechenaufwand bedeuten würde.
6	2.000 1.778 1.556 1.333 1.111 0.889 0.667 0.444 0.222 0	Einblenden der Schnittdarstellung von der Geschwinidgkeit.
7		Einblenden der Stromlinien. Dies dauert sehr lange.
	MIT PERFORIERTER PLATTE	
8		Konfiguration erstellen, in der die Löcher unterdrückt sind. Im folgenden wird die rechensparende Lösung von Bauteilen mit vielen Bohrungen gezeigt.

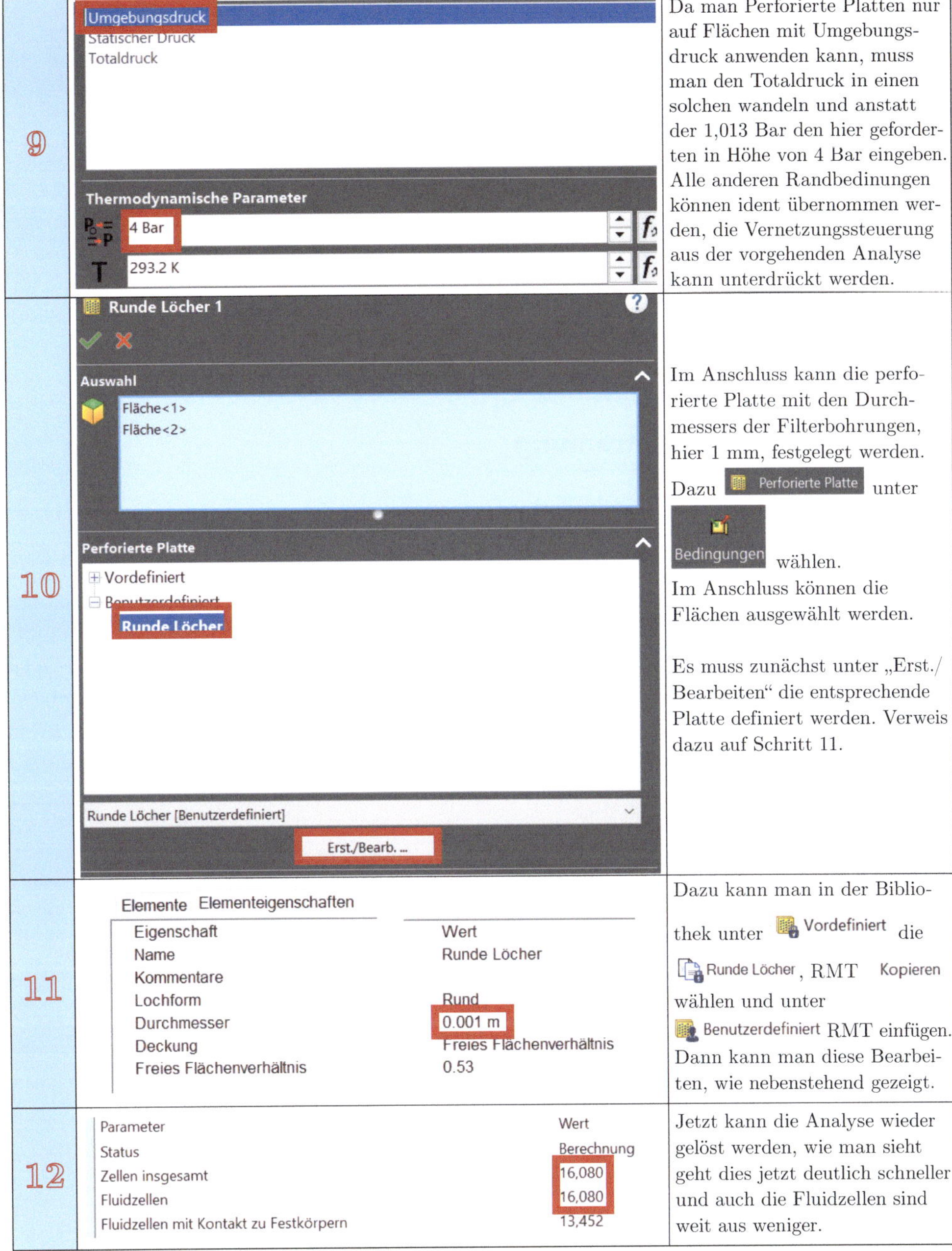

9	Da man Perforierte Platten nur auf Flächen mit Umgebungsdruck anwenden kann, muss man den Totaldruck in einen solchen wandeln und anstatt der 1,013 Bar den hier geforderten in Höhe von 4 Bar eingeben. Alle anderen Randbedinungen können ident übernommen werden, die Vernetzungssteuerung aus der vorgehenden Analyse kann unterdrückt werden.
10	Im Anschluss kann die perforierte Platte mit den Durchmessers der Filterbohrungen, hier 1 mm, festgelegt werden. Dazu Perforierte Platte unter Bedingungen wählen. Im Anschluss können die Flächen ausgewählt werden. Es muss zunächst unter „Erst./Bearbeiten" die entsprechende Platte definiert werden. Verweis dazu auf Schritt 11.
11	Dazu kann man in der Bibliothek unter Vordefiniert die Runde Löcher, RMT Kopieren wählen und unter Benutzerdefiniert RMT einfügen. Dann kann man diese Bearbeiten, wie nebenstehend gezeigt.
12	Jetzt kann die Analyse wieder gelöst werden, wie man sieht geht dies jetzt deutlich schneller und auch die Fluidzellen sind weit aus weniger.

13	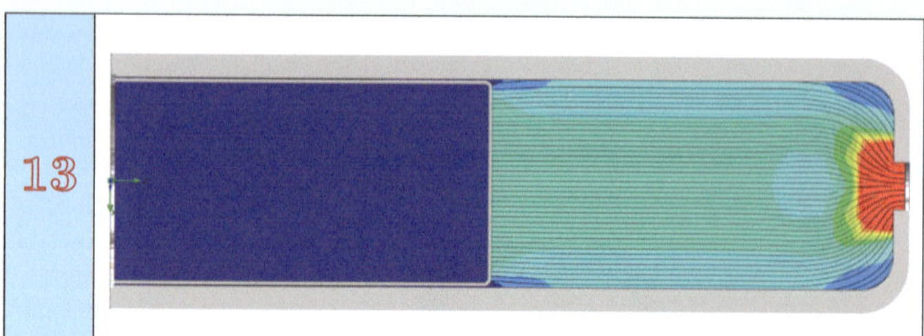	Einblenden der Ergebnisse. Nachteil an der Analyse: Man kann den Strömungsbereich nicht mehr direkt an den Bohrungen des Filters untersuchen, nur mehr da diese einfach durch eine Verlustzahl in die Analyse eingerechnet werden.

13.8 Überschallströmung (supersonic flow)

13.8.1 Interne Überschallströmung

Siehe ▶ Methode: Lösung durch SolidWorks – CFD 13.8.

Methode: Lösung durch SolidWorks – CFD 13.8

Eine Düse wird mit Luft durchströmt. Am Eingang besitzt diese eine Einlassgeschwindigkeit von 30 m/s. Zu berechnen ist die Geschwindigkeit am Austritt (kleine Düsenseite) zum einen bei einer Analyse ohne Überschall- und zum anderen mit Überschallströmung. Was sind die Unterschiede? Die Ergebnisse für die Austrittsseite sind in einem Diagramm darzustellen.

13

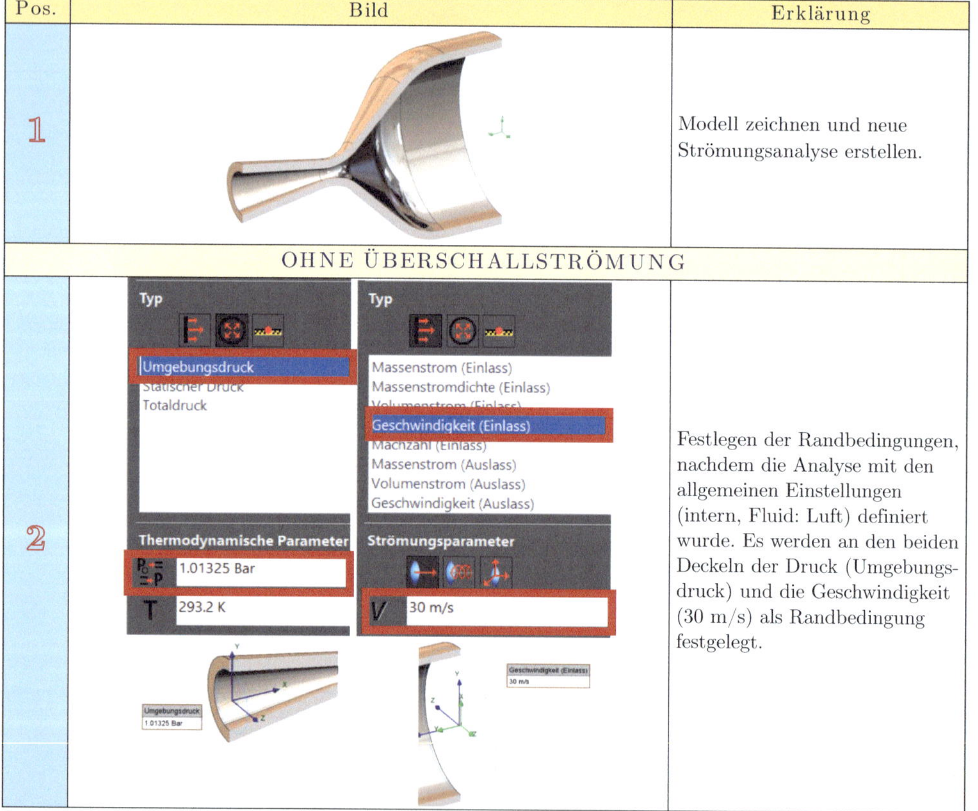

Pos.	Bild	Erklärung
1		Modell zeichnen und neue Strömungsanalyse erstellen.
OHNE ÜBERSCHALLSTRÖMUNG		
2		Festlegen der Randbedingungen, nachdem die Analyse mit den allgemeinen Einstellungen (intern, Fluid: Luft) definiert wurde. Es werden an den beiden Deckeln der Druck (Umgebungsdruck) und die Geschwindigkeit (30 m/s) als Randbedingung festgelegt.

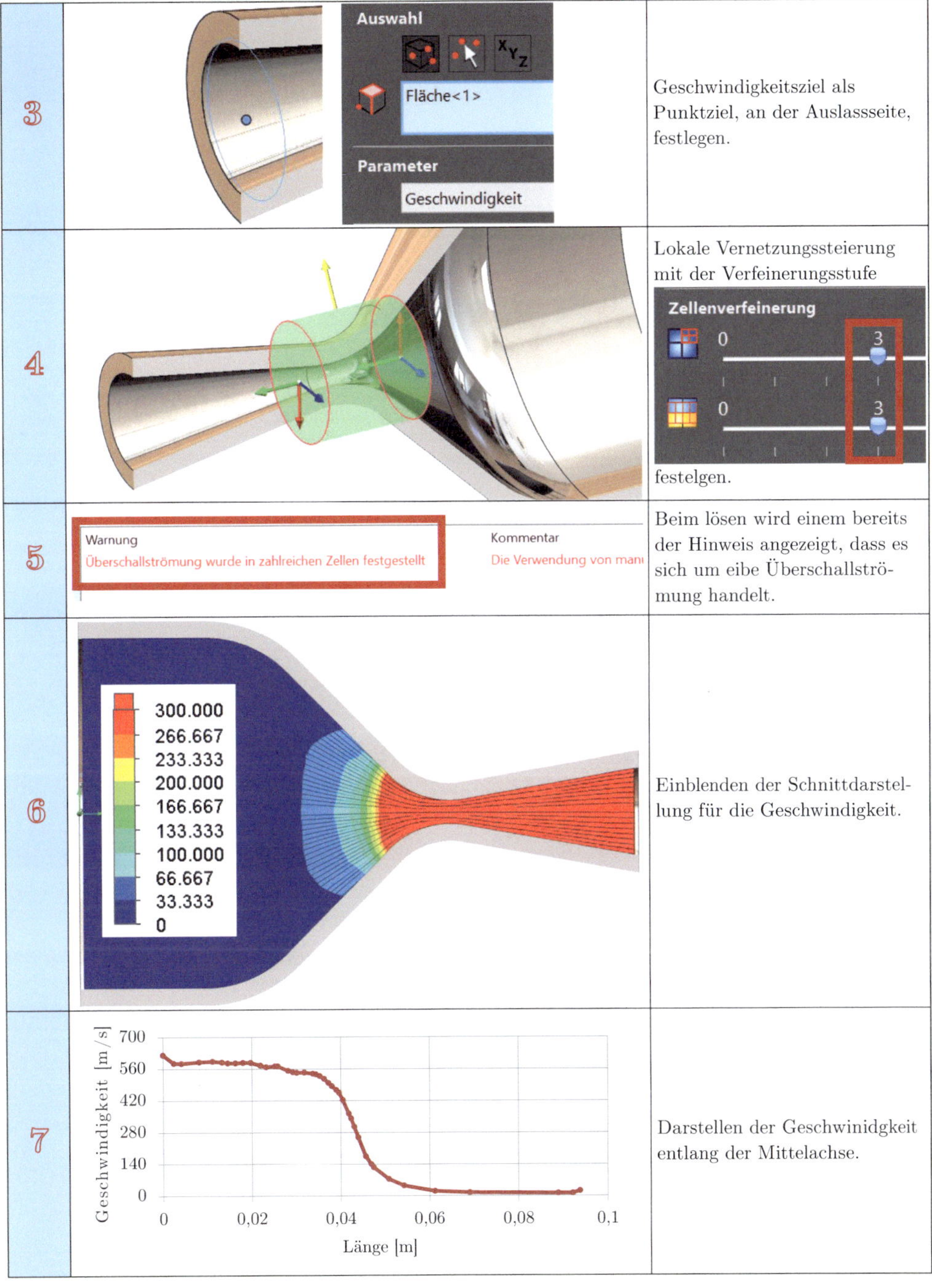

3	Geschwindigkeitsziel als Punktziel, an der Auslassseite, festlegen.
4	Lokale Vernetzungssteierung mit der Verfeinerungsstufe festelgen.
5	Beim lösen wird einem bereits der Hinweis angezeigt, dass es sich um eibe Überschallströmung handelt.
6	Einblenden der Schnittdarstellung für die Geschwindigkeit.
7	Darstellen der Geschwinidgkeit entlang der Mittelachse.

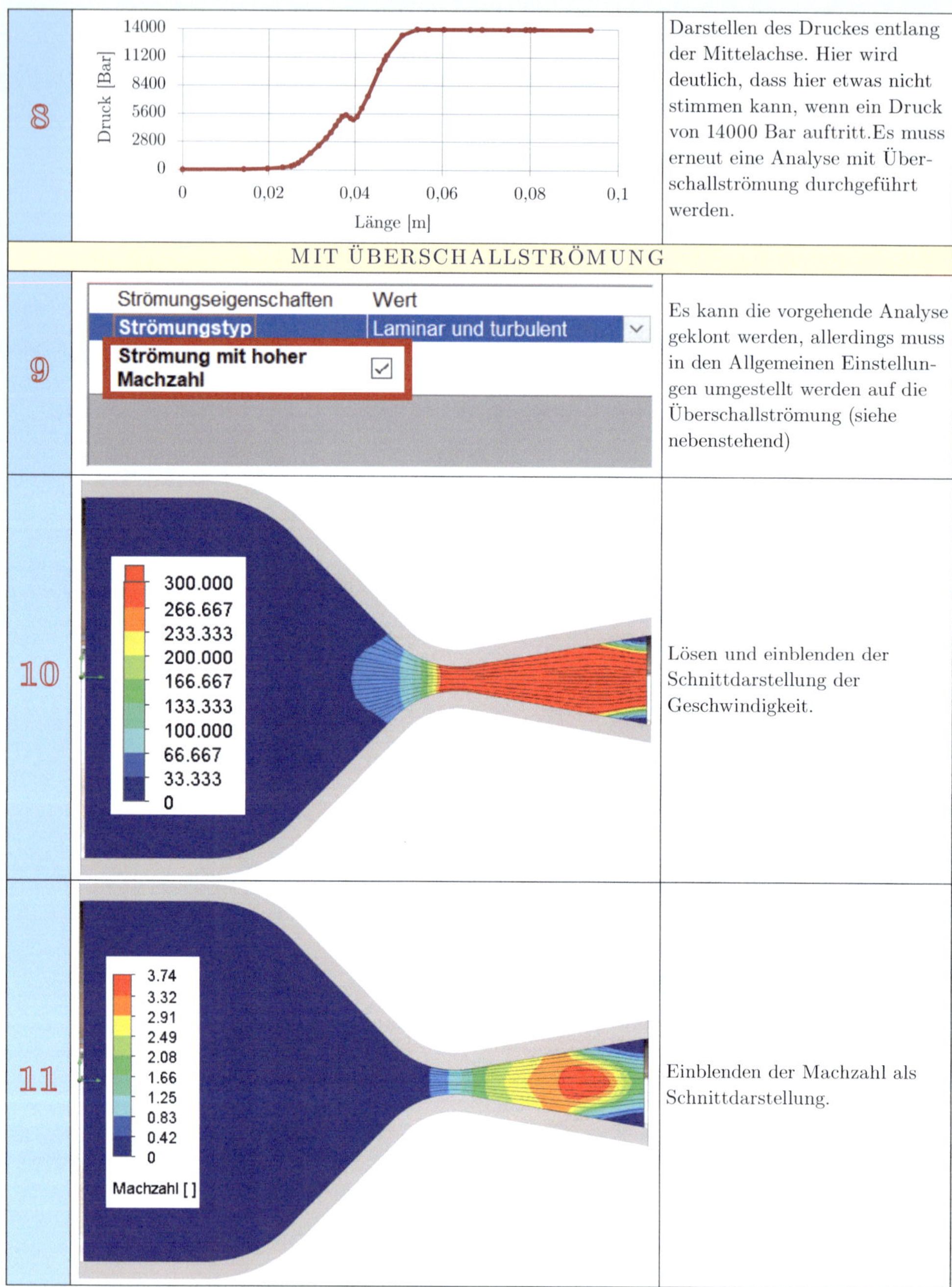

Schritt	Darstellung	Beschreibung
8	Diagramm: Druck [Bar] (0; 2800; 5600; 8400; 11200; 14000) über Länge [m] (0; 0,02; 0,04; 0,06; 0,08; 0,1)	Darstellen des Druckes entlang der Mittelachse. Hier wird deutlich, dass hier etwas nicht stimmen kann, wenn ein Druck von 14000 Bar auftritt.Es muss erneut eine Analyse mit Überschallströmung durchgeführt werden.
MIT ÜBERSCHALLSTRÖMUNG		
9	Strömungseigenschaften / Wert; Strömungstyp: Laminar und turbulent; Strömung mit hoher Machzahl ☑	Es kann die vorgehende Analyse geklont werden, allerdings muss in den Allgemeinen Einstellungen umgestellt werden auf die Überschallströmung (siehe nebenstehend)
10	Legende: 300.000; 266.667; 233.333; 200.000; 166.667; 133.333; 100.000; 66.667; 33.333; 0	Lösen und einblenden der Schnittdarstellung der Geschwindigkeit.
11	Legende: 3.74; 3.32; 2.91; 2.49; 2.08; 1.66; 1.25; 0.83; 0.42; 0; Machzahl [ ]	Einblenden der Machzahl als Schnittdarstellung.

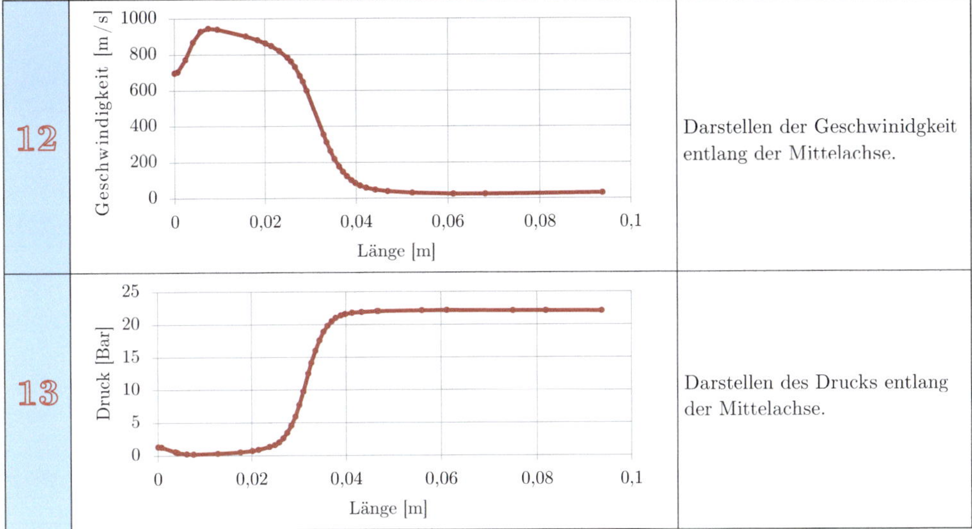

Pos.	Bild	Erklärung
12		Darstellen der Geschwinidgkeit entlang der Mittelachse.
13		Darstellen des Drucks entlang der Mittelachse.

13.8.2 Externe Überschallströmung

Siehe ▶ Methode: Lösung durch SolidWorks – CFD 13.9.

Methode: Lösung durch SolidWorks – CFD 13.9

Ein Geschoss fliegt mit einer Überschallströmung durch die Luft. Untersuchen Sie das Strömungsverhalten in Bezug auf die Machzahl und den Schallpegel.

Pos.	Bild	Erklärung
1		Modell zeichnen und neue Strömungsanalyse erstellen.
2	Geschwindigkeit in X-Richtung 0 m/s Geschwindigkeit in Y-Richtung 0 m/s Geschwindigkeit in Z-Richtung 200 m/s Turbulenzparameter Strömungseigenschaften Wert Strömungstyp Laminar und turbulent Strömung mit hoher Machzahl ☑	Geschwindigkeitsziel als Punktziel, an der Auslassseite, festlegen.

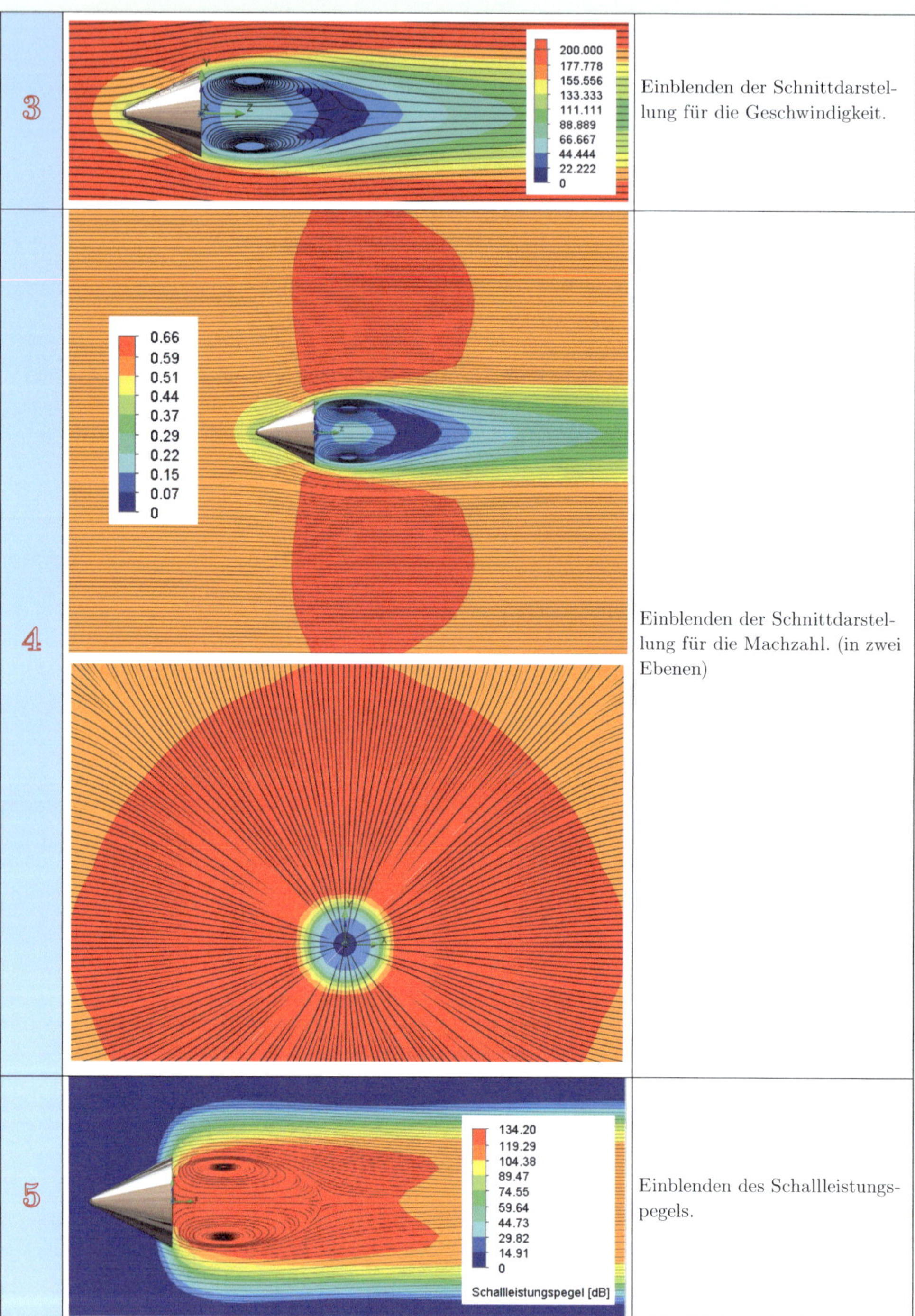

3	Einblenden der Schnittdarstellung für die Geschwindigkeit.
4	Einblenden der Schnittdarstellung für die Machzahl. (in zwei Ebenen)
5	Einblenden des Schallleistungspegels.

13

Serviceteil

A. Huber, *Technische Mechanik 4 - Hydromechanik*,
https://doi.org/10.1007/978-3-662-69231-8

Formelsammlung Hydromechanik

Sie lernen hier…

- die wichtigsten Formeln und Bezeichnungen dieses Buches kennen.

Zitat

Eine Idee muss Wirklichkeit werden können, oder sie ist nur eine eitle Seifenblase.
Berthold Auerbach

A.1 Einführung in die Fluidmechanik

Definition A.1 (Kohäsion)
Die Kohäsion ist die Kraft, die zwischen den Molekülen in einem Fluid wirkt.

Definition A.2 (Adhäsion)
Die Adhäsion ist die Kraft, die zwischen den Molekülen eines festen und eines flüssigen Körpers wirkt.

Definition A.3 (Fluid)
Fluid beschreibt den Übergriff zwischen Flüssigkeiten und Gasen. Spricht man von einem Fluid, so kann entweder ein Gas (wie Luft) oder eine Flüssigkeit (wie Wasser) gemeint sein.

A.2 Hydrostatik

A.2.1 Ausbildung der Freien Oberfläche

Gleichmäßig beschleunigtes Gefäß

$$\tan(\alpha) = \frac{a}{g}. \tag{A.1}$$

Rotierende Gefäße

$$h = \frac{\omega^2}{g} \cdot \frac{r^2}{2}. \tag{A.2}$$

$$h_1 = h_2 = \frac{\omega^2}{g} \cdot \frac{D^2}{16}. \tag{A.3}$$

A.2.2 Hydrostatischer Druck

$$p_1 = p_2 = p_3 = \text{const.} \tag{A.4}$$

Corollary A.1 (Hydrostatische Druck)
Betrachtet man den hydrostatischen Punkt an einer Stelle, so stellt man fest, dass dieser in jeder Richtung gleich groß ist.

Definition A.4 (Hydrostatische Druck)
Der hydrostatische Druck ist ein Maß für die Flüssigkeitspressung:

$$p = \frac{F}{A} \quad [\text{Pa}] \tag{A.5}$$

p … Druck
F … Kraft
A … Querschnittfläche

$$\begin{aligned} 1\,\text{bar} &= 1 \cdot 10^5\,\text{bar} \\ &= 1 \cdot 10^5 \cdot \frac{\text{N}}{\text{m}^2} = 1 \cdot 10 \cdot \frac{\text{N}}{\text{cm}^2} \\ &= 1 \cdot 10^{-1} \cdot \frac{\text{N}}{\text{mm}^2} \end{aligned} \tag{A.6}$$

Beziehungen zwischen Drücke

Siehe Abb. A.1.

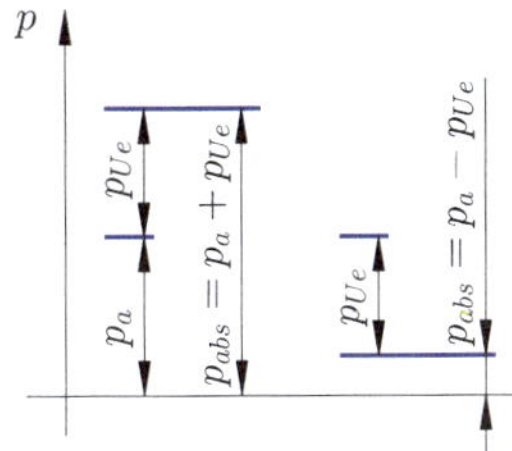

Abb. A.1 Druckbeziehungen

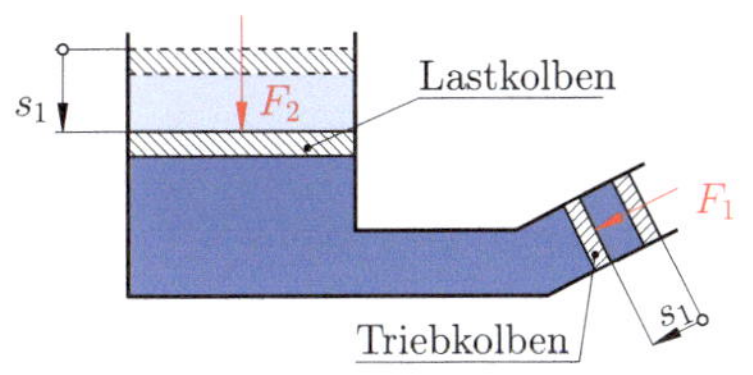

Abb. A.2 Druckausbreitung ohne Schweredruck

$p \ldots$ **Druck** an einer Stelle bei einer Flüssigkeit

$p_a \ldots$ **Atmosphärischer Druck (Luftdruck)** abhängig von Wetter und Ortshöhe, **Normaldruck:** $p_a = 1{,}0132515\,\text{bar}$, als Jahresmittel in Meeresspiegelhöhe festgelegt.

$p_{\text{abs}} \ldots$ **Absolutdruck** (bezogen auf den luftleeren Raum)

$p_{Ü} \ldots$ **Überdruck** (bezogen auf den Luftdruck)

$p_U \ldots$ **Unterdruck** (bezogen auf den Luftdruck)

Druckausbreitungsgesetz ohne Schweredruck

Theorem A.1 (Nach Pascal gilt)

Jener Druck, welcher auf ein geschlossenes System mit eingeschlossener Flüssigkeit ausgeübt wird, breitet sich in alle Richtungen gleichmäßig aus.

Hydraulischer Hebebock, Kolbenreibung vernachlässigt

Gemäß Abb. A.2 gilt

$$\frac{F_1}{A_1} = \frac{F_2}{A_2} \tag{A.7}$$

$$\frac{s_1}{s_2} = \frac{A_2}{A_1} = \frac{d_2^2}{d_1^2}. \tag{A.8}$$

$$F_2 = \frac{F_1 \cdot A_2}{A_1} = \frac{F_1 \cdot d_2^2}{d_1^2}. \tag{A.9}$$

Hydraulischer Hebebock, Kolbenreibung berücksichtigt

$$F_1' = p \cdot \pi \cdot \frac{d_1^2}{4} \cdot \left(1 + 4 \cdot \mu \cdot \frac{h_1}{d_1}\right) \tag{A.10}$$

$$F_2' = p \cdot \pi \cdot \frac{d_2^2}{4} \cdot \left(1 + 4 \cdot \mu \cdot \frac{h_2}{d_2}\right). \tag{A.11}$$

$$\eta = \frac{1 - 4 \cdot \mu \cdot \dfrac{h_2}{d_2}}{1 + 4 \cdot \mu \cdot \dfrac{h_1}{d_1}}. \tag{A.12}$$

$$F_2' = \frac{d_2^2}{d_1^2}\, \eta\, F_1' = \frac{A_2}{A_1}\, \eta\, F_1' \tag{A.13}$$

Druckkraft infolge von Pressungsdruck p gegen gekrümmte Flächen

$A \ldots$ Gekrümmte, gedrückte Fläche

$A_1 \ldots$ Gerade, gedrückte Fläche

$$F = p \cdot A \tag{A.14}$$

Corollary A.2 (Druckkraft infolge von Pressungsdruck p gegen gekrümmte Flächen)

Die gesamte Druckkraft F in eine bestimmte Richtung auf eine gekrümmte Fläche A ist gleich dem Produkt aus dem Flüssigkeitsdruck p und der in einer bestimmten Richtung projizierenden Fläche A_1.

Druckausbreitungsgesetz mit Schweredruck

Schweredruck in der Tiefe

$$p_2 = p_1 + \varrho \cdot h \cdot g \tag{A.15}$$

Der hydrostatische Druck nimmt linear mit der Tiefe *h* zu.

$$p_h = p_a + p_0 + \varrho \cdot h \cdot g. \tag{A.16}$$

Druckhöhe *h*

$$h = \frac{o}{\varrho \cdot g}. \tag{A.17}$$

Geodätische Saughöhe h_0 und Saugwirkung

$$h_0 = \frac{p_a - p_{\text{abs}0}}{\varrho \cdot g} = \frac{p_{u0}}{\varrho \cdot g}. \tag{A.18}$$

Dampfdruckhöhe h_t

Corollary A.3
Aus der vorgehenden Formel: $h_0 = \frac{p_a - p_{\text{abs}0}}{\varrho \cdot g}$ wird ersichtlich, dass die maximale Ansaughöhe erreicht wird, wenn der absolute Druck gleich Null wird und vollständiges Vakuum vorliegt.

$$h_{0,\text{max, Wasser}} = 10{,}33\,\text{m}. \tag{A.19}$$

$$h'_{0,\text{max, Wasser}} = h_{\text{max}} - h_t. \tag{A.20}$$

Es ist demnach unmöglich Wasser mit 100 °C anzusaugen, vgl. mit Abb. A.3.

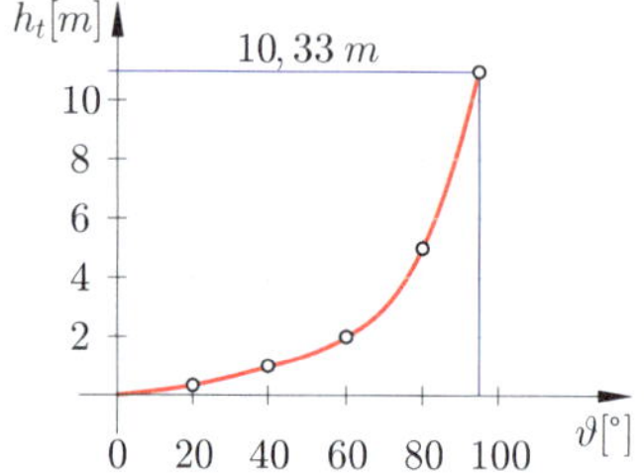

Abb. A.3 Dampfdruckkurve

Verbundene Gefäße

Young-Laplace-Gleichung

Vgl. mit Abb. A.4.

$$h = \frac{4 \cdot \sigma}{d \cdot \varrho \cdot g}. \tag{A.21}$$

$$h_{\text{Wasser}} = \frac{28{,}8}{d} \quad \text{und} \quad h_{\text{Quecksilber}} = \frac{14}{d} \tag{A.22}$$

Dichtmessung

$$\varrho_2 = \frac{\varrho_1 \cdot h_1}{h_2} \tag{A.23}$$

wobei $\varrho_2 > \varrho_1 \Longrightarrow h_2 < h_1$ gilt.

A.2.3 Druckkräfte bei Begrenzungswänden

Ebene Begrenzungswände

Bodendruckkraft bei ebenen Wänden

Vgl. mit Abb. A.5

$$p = \varrho \cdot g \cdot h \tag{A.24}$$

Theorem A.2 (Hydrostatisches Paradoxon)

$$F = p \cdot A = \varrho \cdot g \cdot h \cdot A. \tag{A.25}$$

Hydrostatisches Paradoxon: $V_1 \neq V_2 \neq V_3$, jedoch $F_1 = F_2 = F_3$.

Aufdruckkraft bei ebenen Begrenzungswänden

$$F = \varrho \cdot g \cdot V \tag{A.26}$$

Abb. A.4 Verbundene Gefäße, Versuch

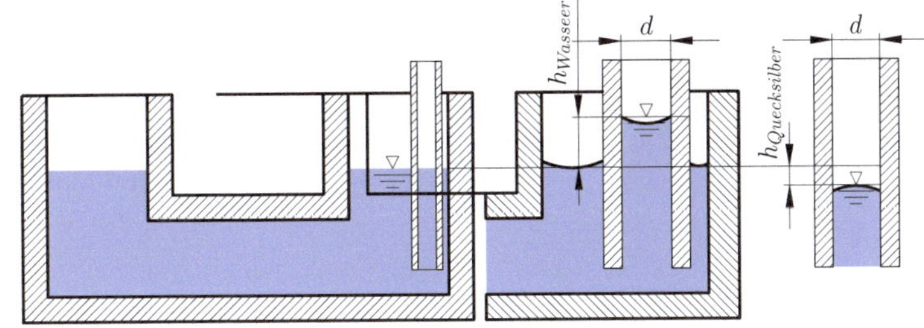

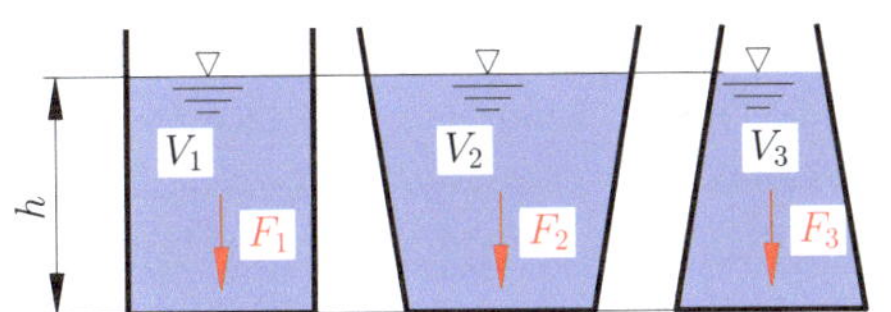

Abb. A.5 Bodenkräfte

Seitendruckkraft bei ebenen Begrenzungswänden

$$F = p_S \cdot A. \tag{A.27}$$

$$M = \varrho \cdot g \cdot \sin(\alpha) \cdot I_x. \tag{A.28}$$

$$y_D = \frac{I_S}{y_S \cdot A} + y_S. \tag{A.29}$$

$$e = \frac{I_S}{y_S \cdot A} = \frac{I_S \cdot \sin(\alpha)}{h_S \cdot A}. \tag{A.30}$$

Gekrümmte Begrenzungswände

Bodendruckkraft bei gekrümmten Wänden

Die Seitendruckkraft lässt sich aufgrund des hydrostatischen Paradoxons auch hier ident zu jener bei ebenen Begrenzungsflächen ermitteln.

Seitenkraft bei gekrümmten Wänden

$$F_h = \varrho \cdot g \cdot h'_S \cdot A' = p_S \cdot A'. \tag{A.31}$$

$$F_V = \varrho \cdot g \cdot V. \tag{A.32}$$

$$F = \sqrt{F_h^2 + F_v^2}. \tag{A.33}$$

A.2.4 Auftrieb, Schwimmen, Schwimmlagen und Stabilität

$$dF_{V1} = p_1 \cdot dA = \varrho \cdot g \cdot h_1 \cdot dA. \tag{A.34}$$

$$dF_{V2} = p_2 \cdot dA = \varrho \cdot g \cdot h_2 \cdot dA. \tag{A.35}$$

$$F_A = \varrho \cdot g \cdot V \tag{A.36}$$

Archimedisches Prinzip

Corollary A.4
Die Masse des verdrängten Volumens der Flüssigkeit entspricht jener Masse, welche auf der Flüssigkeit getragen werden kann, ohne unterzugehen.

$$F'_G = F_G - F_A. \tag{A.37}$$

$F_G > F_A \ldots$ Der Körper sinkt

$F_G = F_A \ldots$ Der Körper schwebt in jeder beliebigen Lage

$F_G < F_A \ldots$ Der Körper steigt nach oben, tritt durch die Wasseroberfläche hindurch, der Auftrieb nimmt dann ständig ab, bis $F_G = F_A$ womit der Körper wieder schwimmt

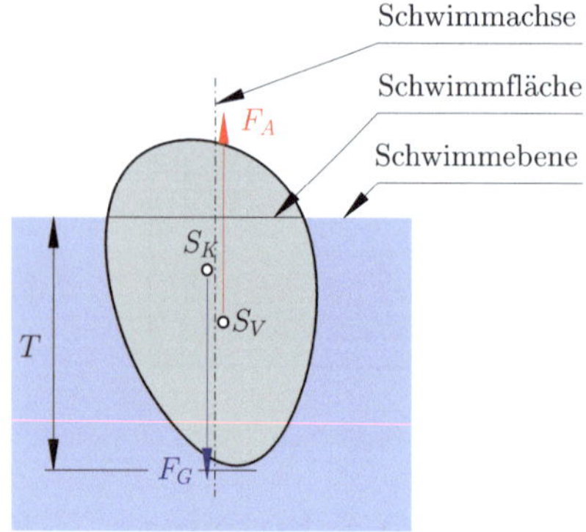

Abb. A.6 Schwimmen

Schwimmen

Vgl. Abb. A.6.

Schwimmlagen und Stabilität

- **Stabile Schwimmlage:** Diese Lage beschreibt den Zustand eines Körpers, der in einer Flüssigkeit schwimmt und bei Einwirkung einer Kraft aus dieser Position gebracht wird. Nach dem Loslassen der Kraft kehrt der Körper jedoch in seine ursprüngliche Lage zurück.
- **Labile Schwimmlage:** Hierbei handelt es sich um die Lage, in der sich ein Körper befindet, wenn er in einer Flüssigkeit schwimmt und sich nach Einwirkung einer Kraft von dieser Position löst. Im Gegensatz zur stabilen Lage kehrt der Körper nach dem Weglassen der Kraft nicht mehr in die Ursprungslage zurück, sondern entfernt sich kontinuierlich von ihr, bis er eine neue, stabile Gleichgewichtslage einnimmt.
- **Indifferente Schwimmlage:** Diese Lage tritt auf, wenn keine der zuvor genannten Gleichgewichtslagen vorhanden ist.

Stabile Schwimmlage

$$M_r = F_G \cdot L. \tag{A.38}$$

Man kann daraus folgern, wenn S_K unter M liegt, ist die Schwimmlage stabil.

Labile Schwimmlage

$$M_w = F_G \cdot L. \tag{A.39}$$

Man kann daraus folgern, wenn S_K über M liegt, ist die Schwimmlage labil.

$$h_m = \frac{I_0}{V_V} - h_K. \tag{A.40}$$

Bemerkung A.1
I_0 ist dabei auf die Schwimmfläche bezogen zu ermitteln.

Da h_m von S_K nach oben positiv gemessen wird, gilt:

$h_m > 0 \ldots$ stabile Schwimmlage
$h_m < 0 \ldots$ labile Schwimmlage
$h_m = 0 \ldots$ indifferente Schwimmlage

Die Stabilitätsbedingung lautet:

$$\frac{I_{\min}}{V} > e. \tag{A.41}$$

Geschichtete Fluide

$$p = p_S + \sum_{i=1}^{n} \varrho_i \, g \, h_i \tag{A.42}$$

A.3 Vertiefungen in die Hydrostatik

Unterscheidungen von Flüssigkeiten

Echte Flüssigkeit: Zu den nicht Newton'sche Flüssigkeiten Medien zählen z.Bsp. Suspensionen, Zahnpasta, Blut, Fette, Lacke...
Newtonsche Flüssigkeiten Als Newton'sches Fluid werden beispielsweise Gase und Flüssigkeiten bezeichnet.Vgl. mit Abb. A.7

$$\tau = \eta \cdot \frac{du}{dy}. \tag{A.43}$$

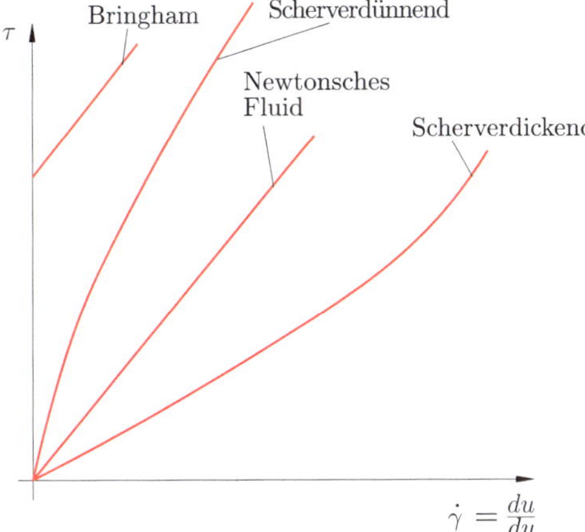

Abb. A.7 Newton'sche- und nicht newtonsche Flüssigkeiten

A.3.1 Einige Definitionen

Definition A.5 (Scherverhalten)
Flüssigkeiten bzw. Fluide sind Stoffe, bei denen die zu einer bestimmten Verformung notwendigen. Scherkräfte genau dann gegen null gehen, wenn die Verformungsgeschwindigkeit gegen null geht.

Definition A.6 (Fließen)
Unter Fließen wird die unbegrenzte Verformung eines Körpers unter dem Einfluss von Scherkräften. verstanden.

Definition A.7 (Mittlere Dichte)
Die mittlere Dichte in einem Volumen ist definiert als die Masse Δm, die in diesem Volumen eingegrenzt ist, dividiert durch das Volumen ΔV:

$$\varrho_{\text{mittel}} = \frac{\Delta m}{\Delta V}. \tag{A.44}$$

Definition A.8 (Lokale Dichte)
Die lokale Dichte erhält man, wenn man bei gleicher Definition im Grenzübergang das Volumen gegen Null laufen lässt:

$$\varrho_{\text{lokal}} = \lim_{\Delta V \to 0} \left(\frac{\Delta m}{\Delta V} \right). \tag{A.45}$$

A.3.2 Spannungszustand in einer ruhenden Flüssigkeit

Definition A.9 (Spannungsvektor)
Der Spannungsvektor σ wird definiert als das Verhältnis der auf eine Oberfläche wirkenden Kraft ΔF zur Größe der Fläche ΔA, auf die sie einwirkt. Er kann in einen Schubspannungsvektor τ und einen Normalspannungsvektor $\sigma_n = \sigma \cdot n$ zerlegt werden. (vgl. Abb. 3.6)

$$\sigma = \tau + \sigma_n \cdot n = \tau - p \cdot n. \tag{A.46}$$

$$\sigma = -p \cdot n. \tag{A.47}$$

Die Hydrostatik ist frei von Zug- und Schubspannungen.

A.3.3 Druck bei Flüssigkeiten mit Vektorrechnung

Vgl. mit Abb. A.8.

$$p_n = p_x = p_y = p_z = p. \tag{A.48}$$

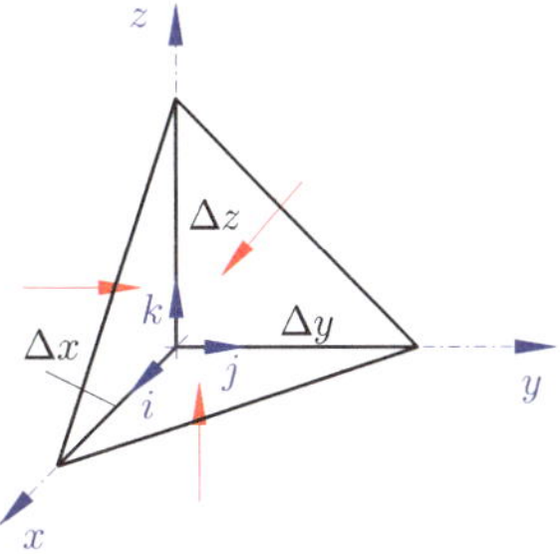

Abb. A.8 Konstanter Druck Tetraeder

Satz von Pascal

Theorem A.3

Der Druck in einer ruhenden Flüssigkeit ist bei Vernachlässigung der Volumenkräfte an allen Stellen und in allen Richtungen gleich groß. Er ist eine reine Ortsfunktion, unabhängig von der Orientierung des betrachteten Flächenelementes.

$$p = \frac{|dF_n|}{A}. \tag{A.49}$$

Einheiten

- **Technische Atmosphäre**:

$$1\,\text{at} = 1\,\frac{\text{kp}}{\text{cm}^2} = 10\,\text{mWS} = \ldots\,\text{bar} \tag{A.50}$$

mWS steht für: Meter Wassersäule

- **Physikalische Atmosphäre**:

$$\begin{aligned} 1\,\text{atm} &= 760\,\text{Torr} = 76\,\text{cm}\,\text{Hg} \\ &= 1{,}033\,\text{Hg} = 1{,}013\,\text{bar} \end{aligned} \tag{A.51}$$

Zusammenhang zwischen Druck und Temperatur: Flüssigkeit: Dichte nahezu unabhängig von p.

$$\textbf{Wasser}\;\; 100\,\text{bar}\frac{\Delta V}{V} = 0{,}005$$

$$\Longrightarrow\;\; \textbf{inkompressibel;}\quad \varrho = \text{const.}$$

Dampfdruck

Dampfdruck $p_a(T)$ 1 bar ... 100 °C; 0,0233 ... 20 °C. **Anomalie** des Wassers (max. Dichte) liegt bei 4 °C.

A.3.4 Volumenkräfte

$$\varrho \cdot f_x \cdot f_y \cdot f_z = \frac{\partial p}{\partial x} \cdot \frac{\partial p}{\partial y} \cdot \frac{\partial p}{\partial z}. \tag{A.52}$$

$$\varrho \cdot f = \nabla p. \tag{A.53}$$

$$\begin{aligned} \frac{\partial p}{\partial y} \cdot d(x,y,z) = \frac{\partial p}{\partial x} \cdot dx \cdot \frac{\partial p}{\partial y} \cdot dy \\ \cdot \frac{\partial p}{\partial z} \cdot dz \end{aligned} \tag{A.54}$$

Niveauflächen (Potentialflächen)

Definition A.10 (Potentialflächen)

Potentialflächen sind Flächen konstanten Druckes.

$$dp = 0 \quad \text{und} \quad \nabla p = \text{const.} \tag{A.55}$$

A.3.5 Grundlagen zur Höheren Strömungslehre

Divergenz

$$\text{div}(\vec{v}) = \nabla \cdot \vec{v} = \begin{pmatrix} \frac{\partial}{\partial x} \\ \frac{\partial}{\partial y} \\ \frac{\partial}{\partial z} \end{pmatrix} \cdot \begin{pmatrix} v_x \\ v_y \\ v_Z \end{pmatrix}. \tag{A.56}$$

Mehrdimensionale Integrale

Volumenintegral

$$\iiint_V f(\vec{r})d^3r = \int_V f(\vec{r})dV \tag{A.57}$$

Oberflächenintegral

$$\iint_{\mathcal{F}} \vec{f}\, d\sigma \tag{A.58}$$

... mit vektorwertiger Funktion $\vec{f}$ und skalarem Oberflächenelement $d\sigma$.

$$\iint_{\mathcal{F}} p\, d\vec{\sigma} \tag{A.59}$$

mit skalarer Funktion p und vektoriellem Oberflächenelement $d\vec{\sigma}$.

Gauß'scher Integralsatz

Theorem A.4

Es sei $V \subset \mathbb{R}^n$ eine kompakte Menge mit abschnittsweise glattem Rand $S = \partial V$, der Rand sei orientiert durch ein äußeres Normaleneinheitsvektorfeld $\vec{n}$. Ferner sei das Vektorfeld $\vec{F}$ stetig differenzierbar auf einer offenen Menge U mit $V \subseteq U$. Dann gilt

$$\int_V \operatorname{div} \vec{F} d^{(n)} V = \oint_S \vec{F} \cdot \vec{n} d^{(n-1)} S \qquad \text{(A.60)}$$

wobei $\vec{F} \cdot \vec{n}$ das Standardskalarprodukt der beiden Vektoren bezeichnet [38].

$$\oint\oint_{\partial V} \vec{v} \cdot \frac{\vec{n}}{|\vec{n}|} d\Theta = \iiint_V \operatorname{div}(\vec{v}) dV. \qquad \text{(A.61)}$$

Gradient

$$\operatorname{grad}(F(x, y, z)) = \nabla(F(x, y, z)) = \begin{pmatrix} \frac{\partial}{\partial x} \\ \frac{\partial}{\partial y} \\ \frac{\partial}{\partial z} \end{pmatrix} = \begin{pmatrix} F'_x \\ F'_y \\ F'_z \end{pmatrix}. \qquad \text{(A.62)}$$

Rotation

$$\operatorname{rot}(\vec{F}) := \nabla \times \vec{F} \qquad \text{(A.63)}$$

Integralsatz von Stokes

$$\iint_{\mathcal{F}} \operatorname{rot} \vec{A} \cdot d\vec{f} = \oint_{\partial \mathcal{F}} \vec{A} \cdot d\vec{x} \qquad \text{(A.64)}$$

A.3.6 Anwendungen der hydrostatischen Grundgleichungen

Druckverteilung in einer inkompressiblen schweren Flüssigkeit

$$p = -\varrho \cdot g \cdot z + C. \qquad \text{(A.65)}$$

$$p_{Ue} = p - p_0 = \varrho \cdot g \cdot t. \qquad \text{(A.66)}$$

$$p_{Ue} = \gamma \cdot t. \qquad \text{(A.67)}$$

Gleichmäßig beschleunigtes Gefäß (Spiegelgleichung oder Potentialflächengleichung)

$$z = \frac{b}{g}\left(\frac{L}{2} - x\right) + H. \qquad \text{(A.68)}$$

Seitendruckkraft gegen Wände

$$F_D = \varrho \cdot g \cdot V \cdot a. \qquad \text{(A.69)}$$

A.4 Hydrodynamik

A.4.1 Stationäre, reibungsfreie Rohrströmung

Grundbegriffe

Definition A.11 (Stationäre Strömung)

Man verwendet den Begriff stationäre Strömung, um eine Flüssigkeitsbewegung zu beschreiben, die sich im Laufe der Zeit nicht verändert. Das bedeutet, dass die Geschwindigkeit der Strömung an jeder Position im Flüssigkeitsraum konstant in Bezug auf Größe und Richtung bleibt. Es ist zwar möglich, dass an n Stellen des Raums unterschiedliche Geschwindigkeiten auftreten, jedoch bleibt der Zustand der Strömung an einer bestimmten Stelle konstant, ohne zeitliche Veränderungen.

Definition A.12 (Instationäre Strömung)
Man bezeichnet eine Strömung als instationär, wenn diese ihren Strömungszustand an den verschiedenen Stellen im Laufe der Zeit ändert.

Definition A.13 (Stromlinien)
Sie dienen der Veranschaulichung von Flüssigkeitsströmungen und sind Linien, entlang derer die Richtung an jedem Punkt mit der vorherrschenden Geschwindigkeitsrichtung übereinstimmt.

Definition A.14 (Stromröhre)
Eine Stromröhre ist definiert als die Gesamtheit aller Stromlinien, die durch eine geschlossene Kurve verlaufen. Der Flüssigkeitsinhalt innerhalb dieser Röhre wird als **Stromfaden** bezeichnet.

Gesetze

- Kontinuitätsgleichung
- Bernoulli-Gleichung

Kontinuitätsgleichung

Die Kontinuitätsgleichung, oder auch Durchflussgleichung genannt, trifft Aussage über den Durchfluss. Diese sagt aus, dass der Durchfluss an jeder Stelle konstant ist.

$$\underbrace{\varrho}_{=\text{const. bei HS}} \cdot \dot{V}_{\text{aus}} = \underbrace{\varrho}_{=\text{const. bei HS}} \cdot \dot{V}_{\text{aus}}$$

$$\dot{V}_{\text{aus}} = \dot{V}_{\text{aus}}. \tag{A.70}$$

$$\dot{V}_{\text{aus}} = v \cdot A. \tag{A.71}$$

Kontinuitätsgleichung bei stationären Strömungen.

$$Q_{\text{ein}} = Q_{\text{aus}} = \text{const.} \tag{A.72}$$

$$v_{\text{ein}} \cdot A_{\text{ein}} = v_{\text{aus}} \cdot A_{\text{aus}} = \text{const.} \tag{A.73}$$

$$Q = A \cdot v \tag{A.74}$$

$$\dot{m}_{\text{ein}} = \dot{m}_{\text{aus}}. \tag{A.75}$$

$Q, \dot{V}$ … Volumenstrom $[\frac{\text{m}^3}{\text{s}}]$
v … Strömungsgeschwindigkeit $[\frac{\text{m}}{\text{s}}]$
A … Querschnittfläche $[\text{m}^2]$

$$V = V_1 = V_2 = \frac{m}{\varrho}. \tag{A.76}$$

Bernoulli-Gleichung

$$p_1 + \varrho \cdot g \cdot h_1 + \frac{\varrho^2 \cdot v_1^2}{2} = \text{const.} \tag{A.77}$$

$$W_{\text{ges}} = \frac{m \cdot v^2}{2} + m \cdot g \cdot z + p \cdot V. \tag{A.78}$$

wobei

m … Masse [kg]
V … Volumen $[\text{m}^3]$
p … Hydrostatischer Druck $[\frac{\text{N}}{\text{m}^2}]$
ϱ … Dichte $[\frac{\text{kg}}{\text{m}^3}]$
z … Ortshöhe $[\frac{\text{N}}{\text{m}}]$
W_{ges} … Energiesumme
$p \cdot V = \frac{m}{\varrho}$ … Energiesumme
W_{ges} … Energiesumme
$m \cdot g \cdot z$ … Lageenergie
$\frac{m \cdot v^2}{2}$ … Geschwindigkeitsenergie

Bernoulli-Konstante W

$$W = \frac{W_{\text{ges}}}{m} = \frac{\frac{m \cdot v^2}{2} + m \cdot g \cdot z + p \cdot V}{m} = \frac{v^2}{2} + g \cdot z + p \cdot \underbrace{\frac{V}{m}}_{=\frac{1}{\varrho}}. \tag{A.79}$$

Bernoullis Höhengleichung

Bemerkung A.2
Dividiert man die Bernoulli-Konstantengleichung) durch die Erdbeschleunigung, oder die Bernoulli Energiegleichung durch g und m, so erhält man die sogenannte Höhengleichung.

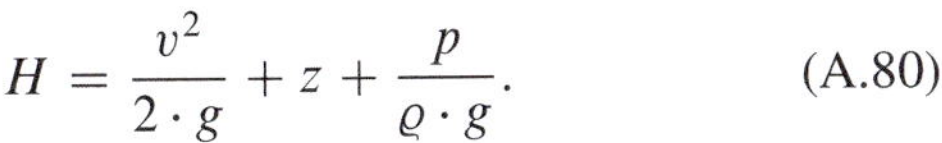

$$H = \frac{v^2}{2 \cdot g} + z + \frac{p}{\varrho \cdot g}. \tag{A.80}$$

H … Gesamthöhe
$\frac{p}{\varrho \cdot g}$ … Druckhöhe
z … Ortshöhe
$\frac{v^2}{2 \cdot g}$ … Geschwindigkeitshöhe

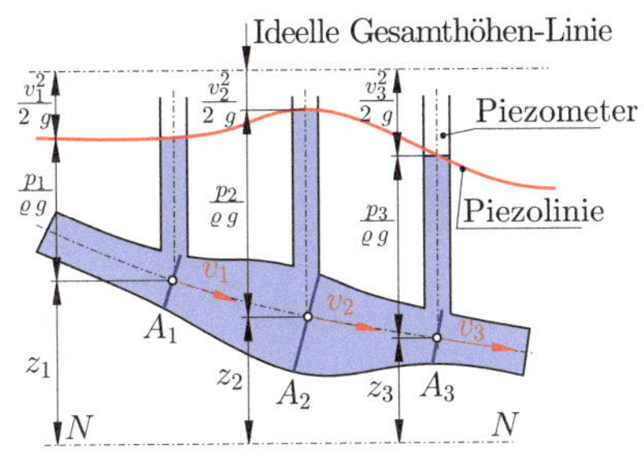

Abb. A.9 Reibungsfreie Rohrströmung

Reibungsfreie Rohrströmung

Vgl. mit Abb. A.9.

Anwendungsbeispiele der Bernoulli-Gleichung

Staudruck und Strömungsgeschwindigkeit

Vgl. mit Abb. A.10.

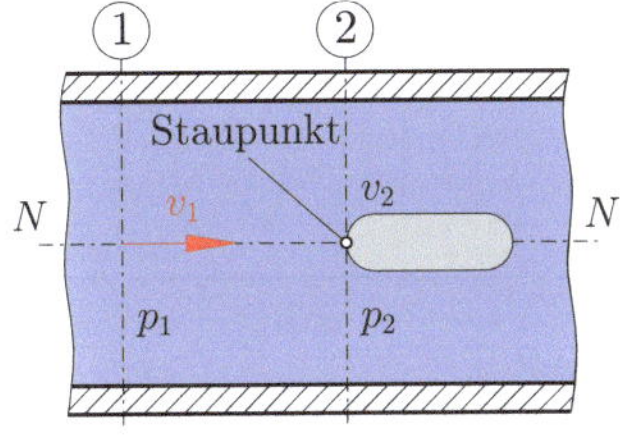

Abb. A.10 Versuchsaufbau: Staudruckzone

$$p_2 = p_1 + \frac{v^2 \varrho}{2}. \tag{A.81}$$

p_2 … Gesamtdruck
p_1 … hydrostatischer Druck
$\frac{v^2 \varrho}{2}$ … dynamischer- oder Staudruck

$$p_{\text{ges}} = p_{\text{hyd}} + \frac{v^2 \varrho}{2} = p_{\text{hyd}} + p_{\text{stau}} \tag{A.82}$$

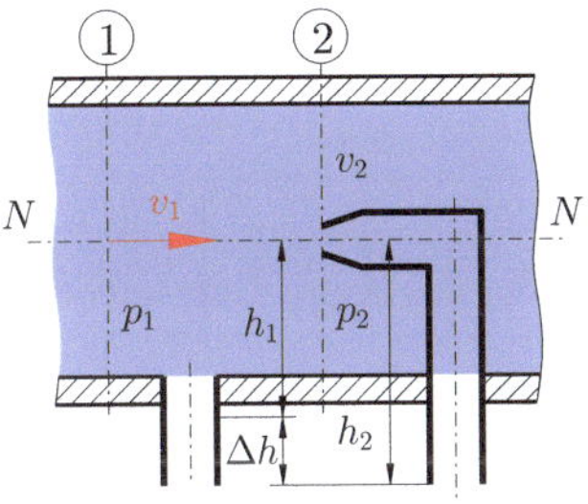

Abb. A.11 Pitot-Rohr

Pitot-Rohr und Piezometer

Ein Pitotrohr (vgl. Abb. A.11)

$$\Delta h = \frac{p_2 - p_2}{\varrho\, g} \tag{A.83}$$

$$v = \sqrt{2\, g\, \Delta h}. \tag{A.84}$$

Prandtl-Sonde

Vgl. mit Abb. A.12

$$v = \sqrt{2\, g\, \frac{\Delta h \cdot \varrho_{\text{Fluid}}}{\varrho_{\text{Luft}}}}. \tag{A.85}$$

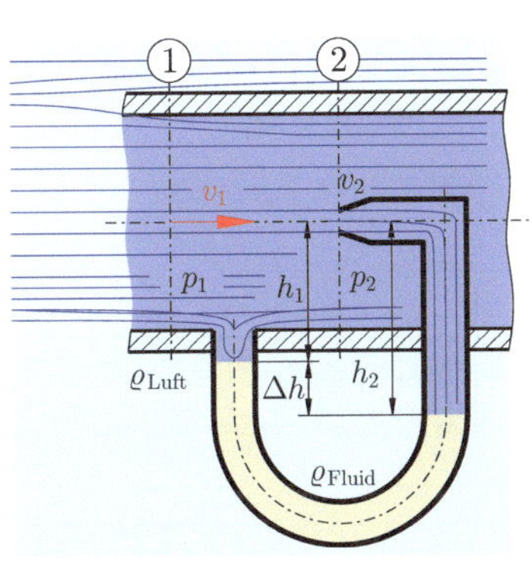

Abb. A.12 Prandtl Sonde

Ausströmung einer Düse

Vgl. mit Abb. A.13.

$$v_2 = \sqrt{\frac{2\,\Delta p}{\varrho\left[1-\left(\frac{d_2}{d_1}\right)^4\right]}} = \sqrt{\frac{2\,\Delta p}{\varrho\left[1-\left(\frac{A_2}{A_1}\right)^2\right]}} \quad \text{mit} \quad \Delta p = p_1 - p_a \tag{A.86}$$

$$\dot{m}_2 = A_2\,\varrho\sqrt{\frac{2\,p_1}{\varrho\left[1-\left(\frac{d_2}{d_1}\right)^4\right]}} = A_2\,\varrho\sqrt{\frac{2\,p_1}{\varrho\left[1-\left(\frac{A_2}{A_1}\right)^2\right]}}. \tag{A.87}$$

$$v_2 = \sqrt{\frac{2\,p_1}{\varrho\left[1-\left(\frac{d_2}{d_1}\right)^4\right]}} = \sqrt{\frac{2\,p_1}{\varrho\left[1-\left(\frac{A_2}{A_1}\right)^2\right]}}. \tag{A.88}$$

Ausfluss von Behälter

a) Spiegelhöhe ist konstant (vgl. Abb. A.14)

$$Q = A_2\,v_2 = A_2\sqrt{2\,H\,g} \tag{A.89}$$

$$v_i = v_2 \cdot \frac{A_2}{A_i} \tag{A.90}$$

b) Spiegelhöhe nicht konstant:

$$v_2 = \sqrt{\frac{2\,g\,h}{\left[1-\left(\frac{A_2}{A_1}\right)^2\right]}} \tag{A.91}$$

$$t = \int -\frac{1}{v_2}\frac{A}{A_2}\,dz = -\frac{z}{\sqrt{2\,g\,z}}\frac{A}{A_2} = -\frac{\sqrt{h}}{\sqrt{2\,g}}\frac{2}{A_2} = \sqrt{\frac{2\,h}{g\,A_2^2}} \tag{A.92}$$

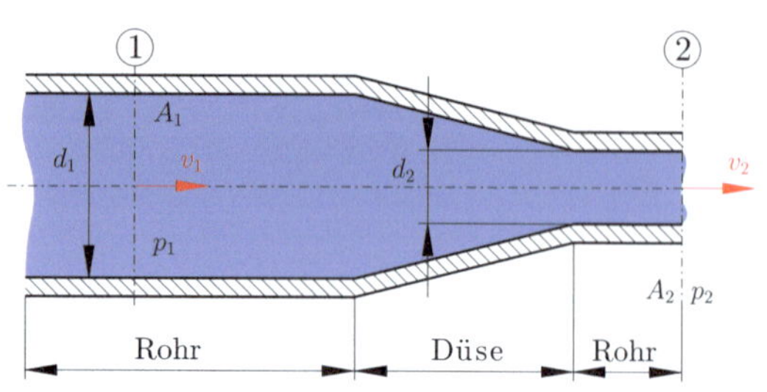

Abb. A.13 Bernoulli bei Düse

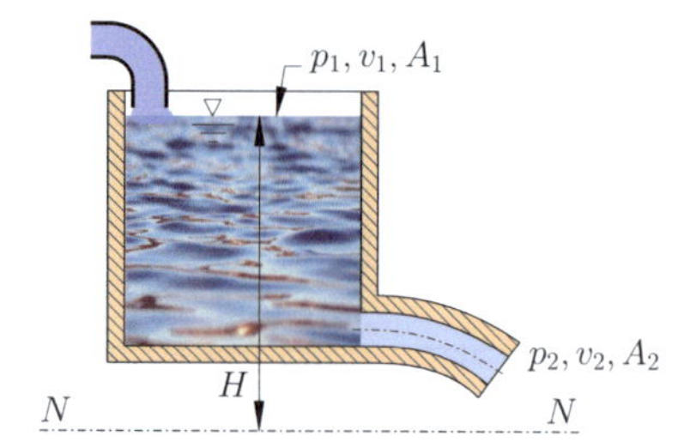

Abb. A.14 Ausfluss von Behälter

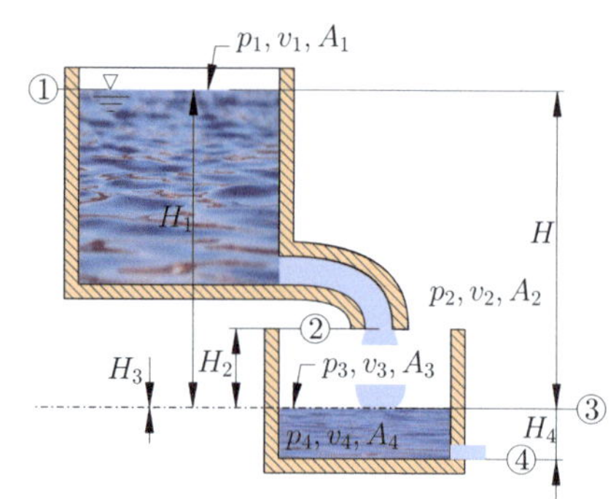

Abb. A.15 Rohrleitung zwischen zwei Behältern

Rohrleitung zwischen zwei Behältern

Vgl. mit Abb. A.15.

$$v_3 = \sqrt{2\,g\,H}. \tag{A.93}$$

Bernoulli-Gleichung in ihren Formen

Arbeitsgleichung

$$W_{ges} = \frac{m \cdot v^2}{2} + m \cdot g \cdot h + p \cdot V = \text{const.} \tag{A.94}$$

Druckgleichung

$$p_{\text{ges}} = \varrho \cdot \frac{v^2}{2} + \varrho \cdot g \cdot h + p = \text{const.} \tag{A.95}$$

Höhengleichung

$$H = \frac{v^2}{2 \cdot g} + z + \frac{p}{\varrho \cdot g} = \text{const.}. \tag{A.96}$$

A.4.2 Flüssigkeitsreibung

Grundbegriffe

Viskosität

Definition A.15 (Viskosität)

Die Viskosität ist ein Maß für die Zähigkeit eines Fluides. Das Gegenteil der Viskosität ist die Fluidität, welche wiederum der Kehrwert der dynamischen Viskosität ist. Die Fluidität ist ein Maß für die Fließfähigkeit eines Fluides. Einheit der Viskosität ist Pascal mal Sekunde: Pa · s.

- dynamische Viskosität
- kinematische Viskosität

Andrade-Gleichung

$$\eta = e^{a+\frac{b}{T}}. \tag{A.97}$$

Werte für die entsprechenden Koeffizienten der Andrade-Gleichung kann man Abb. A.16 entnehmen.

e … Euler'sche Zahl
η … Viskosität
T … Absolute Temperatur
a, b … Empirische Werte, (Tabelle Internet)

Flüssigkeit	a	b	T_{min}	T_{max}
Wasser	−6, 944	2036, 8	274 K	373 K
Aceton	−4, 003	842, 5	183 K	329 K

Abb. A.16 Werte für Koeffizienten

Newton'sche Reibungsgesetz

$$F_W = \eta \cdot A \cdot \frac{v}{y}. \tag{A.98}$$

v … Plattengeschwindigkeit $[\frac{\text{m}}{\text{s}}]$
y … Schichtdicke [m]
A … Plattenfläche [m]
$\frac{v}{y}$ … Schergeschwindigkeit, Geschwindigkeitsgefälle $[\frac{1}{\text{s}}]$
η … Dynamische Viskosität [Pa · s]

Dynamische Viskosität η

$$\eta = \frac{F_W \cdot y}{A \cdot v}. \tag{A.99}$$

Schubspannung τ

$$\frac{\eta \cdot v}{y} \quad \left[\frac{\text{N}}{\text{m}^2}\right]. \tag{A.100}$$

Kinematische Viskosität ν

$$\nu = \frac{\eta}{\varrho}. \tag{A.101}$$

Modellverfahren und Ähnlichkeitsgesetze von Reynolds

$$Re = \frac{L \cdot v}{\nu}. \tag{A.102}$$

Strömungsformen

Vgl. mit Abb. A.17, A.18

$$v_{m(\text{laminar})} = \frac{1}{2} \cdot v_{\max} \tag{A.103}$$

$$v_{m(\text{turbulent})} = 0{,}85 \cdot v_{\max} \tag{A.104}$$

$$Q = v_m \cdot A. \tag{A.105}$$

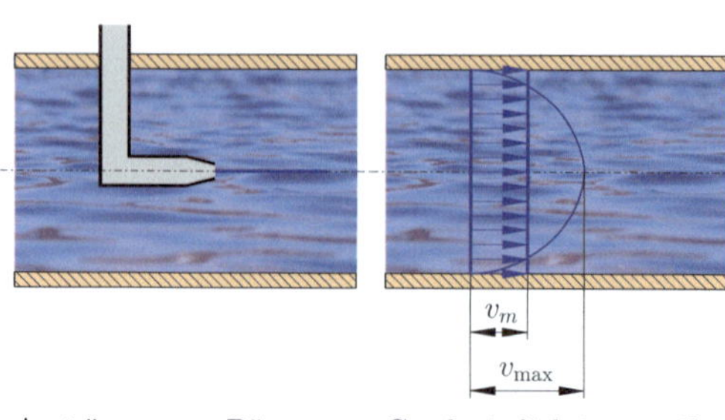

Auströmung aus Düse bei laminarer Strömung

Geschwindigkeitsverteilung bei laminarer Strömung

Abb. A.17 Strömungsform: laminar

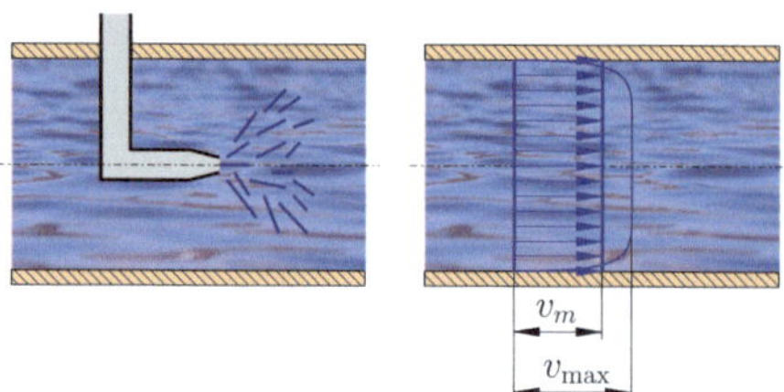

Auströmung aus Düse bei turbulenter Strömung

Geschwindigkeitsverteilung bei turbulenter Strömung

Abb. A.18 Strömungsform: turbulent

Kritische Reynolds-Zahl

Gerade, kreiszylindrische Rohre

$$Re_{\text{krit}} = \frac{d \cdot v_{\text{krit}}}{\nu} = 2320. \tag{A.106}$$

Re_{krit} … Kritische Reynolds-Zahl [ ]
d … Rohrdurchmesser [m]
v … Strömungsgeschwindigkeit [$\frac{\text{m}}{\text{s}}$]
ν … Kinematische Viskosität [$\frac{\text{m}^2}{\text{s}}$]

Nicht kreiszylindrische Rohre

$$d_{\text{hydr}} = d_h = \frac{4 \cdot A}{U} \tag{A.107}$$

U … Benetzter Umfang [m]
A … Durchströmter Querschnitt [m^2]

$$r_{\text{hydr}} = \frac{A}{U}. \tag{A.108}$$

Reibungsparameter

Rohrbeschaffenheit

$$\frac{k}{d_{\text{hydr}}} \tag{A.109}$$

Reibungsbeiwert λ: Für $Re = 3{,}0 \cdot 10^4$ und $\frac{k}{d_{\text{hydr}}} = 3{,}0 \cdot 10^{-3}$ beträgt $\lambda = 0{,}030$

Moody-Diagramm

Siehe Abb. A.19.

Darcy-Weisbach Gleichung

$$h_f = \lambda \cdot \frac{l}{d_{\text{hydr}}} \cdot \frac{v^2}{2 \cdot g}. \tag{A.110}$$

A.4.3 Stationäre, Reibungsbehaftete Rohrströmung

Bernoulli-Gleichung ohne Verlusthöhe

- **Bernoulli-Gleichung ohne Verlustglieder:**
  - Höhengleichung:

$$H = \frac{v^2}{2 \cdot g} + z + \frac{p}{\varrho \cdot g} = \text{const.} \tag{A.111}$$

  - Höhengleichung für zwei Höhen, gleichgesetzt;

$$\frac{v_1^2}{2 \cdot g} + z_1 + \frac{p_1}{\varrho \cdot g} = \frac{v_2^2}{2 \cdot g} + z_2 + \frac{p_2}{\varrho \cdot g} \tag{A.112}$$

- **Bernoulli-Gleichung mit Verlustgliedern:**
  - Höhengleichung:

$$H = \frac{v^2}{2 \cdot g} + z + \frac{p}{\varrho \cdot g} + h_V = \text{const.} \tag{A.113}$$

  - Höhengleichung für zwei Höhen, gleichgesetzt:

$$\frac{v_1^2}{2 \cdot g} + z_1 + \frac{p_1}{\varrho \cdot g} = \frac{v_2^2}{2 \cdot g} + z_2 + \frac{p_2}{\varrho \cdot g} + h_{V1,2} \tag{A.114}$$

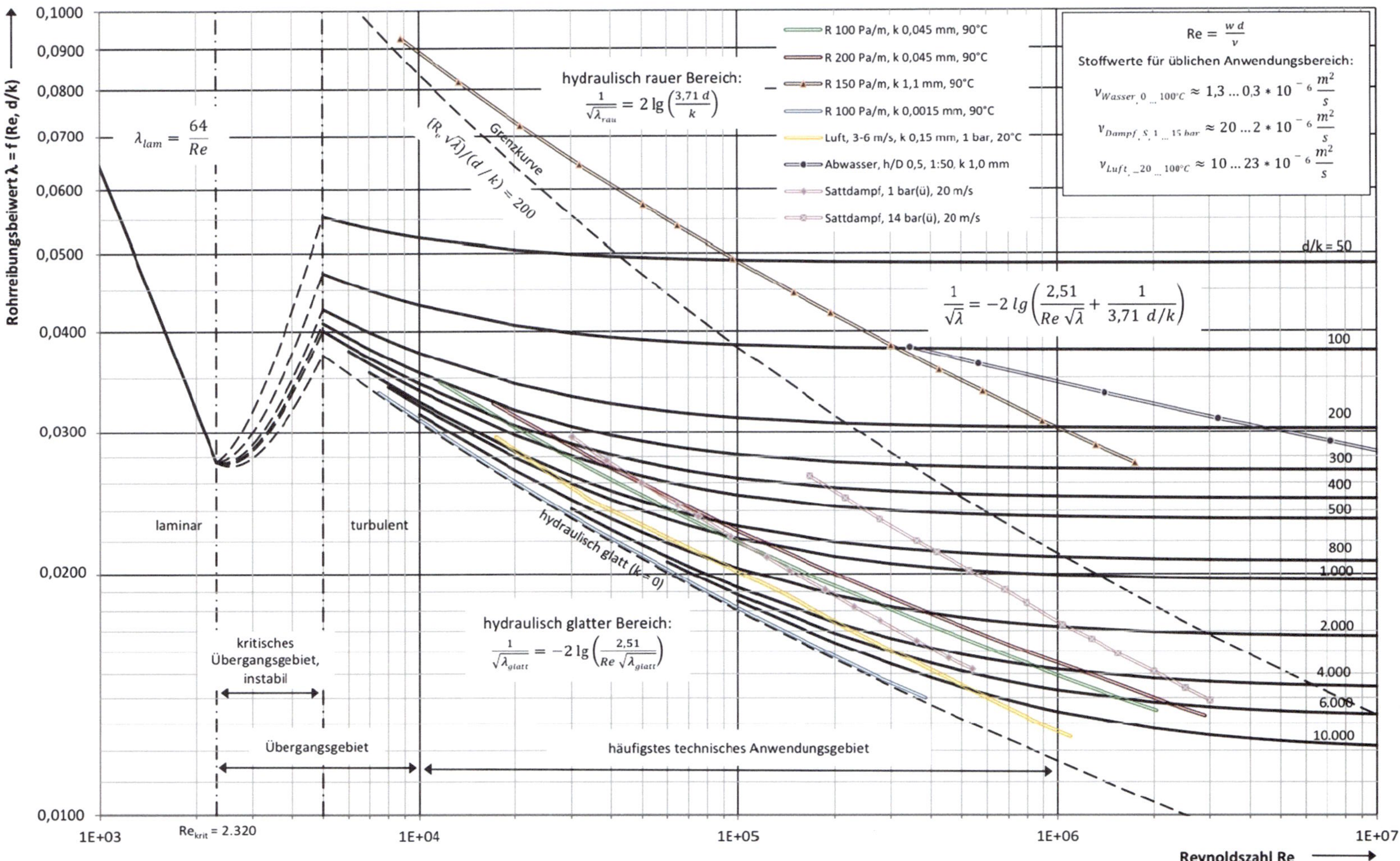

Abb. A.19 Moody-Diagramm [63]

Erweiterte Bernoulli'sche Gleichung:

$$\frac{v_1^2}{2} + h_1 \cdot g + \frac{p_1}{\varrho} \pm \Delta e_a$$
$$= \frac{v_2^2}{2} + h_2 \cdot g + \frac{p_2}{\varrho} \pm \Delta e_V \quad \text{(A.115)}$$

$$\Delta e_V = \frac{\Delta E_V}{m} = \xi \cdot \frac{v^2}{2}; \quad \Delta h_V = \xi \cdot \frac{v^2}{2\,g};$$
$$\Delta p_V = \xi \cdot \varrho \cdot \xi \cdot \frac{v^2}{2\,g}. \quad \text{(A.116)}$$

$$P = \dot{m} \cdot \Delta e_a \quad \text{bzw.} \quad P = \dot{m} \cdot y. \quad \text{(A.117)}$$

Verlusthöhe und Überdrücke

Vgl. mit Abb. A.20.

$$H = \frac{v_a^2}{2 \cdot g} + h_{V,\text{ges}} \quad \text{(A.118)}$$

Rohrreibungsverlust h_r

Vgl. Abb. A.21.

$$h_r = z_1 - z_2 + \frac{p_1 - p_2}{\varrho \cdot g} \quad \text{(A.119)}$$

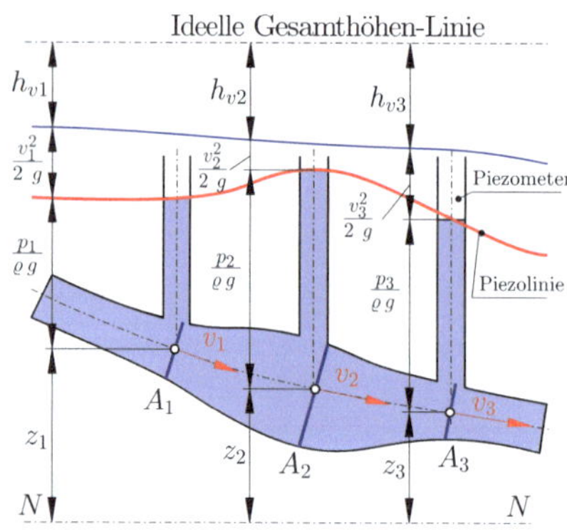

Abb. A.20 Reibungsbehaftete Rohrströmung, Energiehöhen

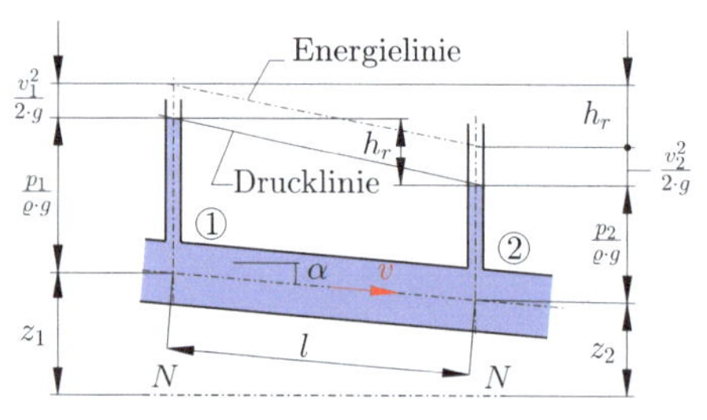

Abb. A.21 Rohrreibungsverluste

Druckliniengefälle J

$$J = \frac{h_r}{L} = \frac{z_1 - z_2}{L} + \frac{p_1 - p_2}{\varrho \cdot g \cdot L}. \quad \text{(A.120)}$$

$\frac{z_1 - z_2}{L}$ ... Natürliches Gefälle

$\frac{p_1 - p_2}{\varrho \cdot g \cdot L}$ ... Druckgefälle

$$J = \frac{p_1 - p_2}{\varrho \cdot g \cdot L} + \sin(\alpha). \quad \text{(A.121)}$$

$$h_r = \frac{p_1 - p_2}{\varrho \cdot g}. \quad \text{(A.122)}$$

Druckliniengefälle bei laminarer Strömung

$$\Delta p = \frac{32 \cdot \eta \cdot l \cdot v}{d^2} \quad \text{(A.123)}$$

$$v = \frac{g}{32 \cdot \nu} \cdot J \cdot d^2. \quad \text{(A.124)}$$

$$h_r = \frac{32 \cdot \nu \cdot v}{g \cdot d^2} \cdot L. \quad \text{(A.125)}$$

$$h_r = \frac{64 \cdot v^2 \cdot L}{2 \cdot g \cdot d \cdot Re}. \quad \text{(A.126)}$$

Für nicht waagrecht liegende Rohrleitungen

$$v = \frac{g}{32 \cdot v} \cdot d^2[J - \sin(\alpha)]. \quad \text{(A.127)}$$

$$J = \frac{32 \cdot v \cdot \nu + g \cdot d^2 \cdot \sin(\alpha)}{g \cdot d^2}. \quad \text{(A.128)}$$

$$h_r = \frac{32 \cdot v \cdot \nu + g \cdot d^2 \cdot \sin(\alpha)}{g \cdot d^2} \cdot L. \quad \text{(A.129)}$$

Hagen-Poisseuille-Gleichung

$$v_{\max} = \frac{\Delta p}{4 \cdot \eta \cdot \Delta l}\left(R^2 - r^2\right). \quad \text{(A.130)}$$

$$v_{\max} = 2 \cdot v_m; \quad \text{(A.131)}$$

$$v_m = \frac{\Delta p}{8 \cdot \eta \cdot \Delta l}\left(R^2 - r^2\right). \quad \text{(A.132)}$$

Druckliniengefälle bei turbulenter Strömung

$$\lambda = \frac{64}{Re}. \tag{A.133}$$

...Grenzbereich für den Übergang laminar – turbulent. Mittels dieser Bedingung folgt für die Verlusthöhe

$$h_r = \frac{64 \cdot v^2 \cdot L}{2 \cdot g \cdot d \cdot Re} = \frac{\lambda \cdot v^2 \cdot L}{2 \cdot g \cdot d}. \tag{A.134}$$

Rohrreibungsverluste Berechnung

$$\lambda = \frac{2 \cdot dp}{dx} \cdot \frac{d}{\varrho \cdot v^2} = \frac{2 \cdot d}{\varrho \cdot v^2} \cdot \frac{dp}{dx}, \tag{A.135}$$

wobei $\frac{dp}{dx}$ den Druckgradienten im Rohr darstellt.

Laminare Strömung

$$\lambda = \frac{64}{Re}. \tag{A.136}$$

Turbulente Strömung

- **hydraulisch glattes Rohr:**

$$\lambda = \frac{1{,}32547}{W\left(\frac{0{,}458338}{\sqrt{\frac{1}{Re^2}}}\right)}. \tag{A.137}$$

Blasius: Bereich $Re < 10^5$

$$\lambda = \frac{0{,}3164}{\sqrt[4]{Re}} = \frac{0{,}3164}{Re^{0{,}25}}. \tag{A.138}$$

- **hydraulisch raues Rohr: Gleichungen von Nikuradse**

$$\frac{1}{\sqrt{\lambda}} = -2{,}0 \log_{10}\left(\frac{k}{3{,}71\,d}\right) \tag{A.139}$$

k ... äquivalente Sandrauheit (siehe Kapitel Rohrreibungszahl)

d ... Rohrdurchmesser

- **Übergangsbereich: Gleichung nach Colebrook**

$$\frac{1}{\sqrt{\lambda}} = -2{,}0 \log_{10}\left(\frac{2{,}51}{Re\sqrt{\lambda}} + \frac{k}{3{,}71\,d}\right). \tag{A.140}$$

Werte für die Sandrauheit findet man in der nachstehenden Tabelle, oder im Moody Diagramm.

Unterscheidungen, ob ein glattes oder raues Rohr vorliegt

- **Bei glatten Rohren gilt**

$$Re \cdot \frac{k}{d} < 65; \tag{A.141}$$

$\frac{k}{d}$... relative Rauigkeit

k... absolute Rauigkeit [mm]

Diese Formel gilt im Detail für blankgezogene Messing-, Kupfer und Bleirohre, Glasrohre, asphaltierte Blechrohre

- **Bei rauen Rohren:**

$$Re \cdot \frac{k}{d} > 1300 \tag{A.142}$$

Diese Formel gilt im Detail bei Gussrohre, Zementrohre, genietete Blechrohre und alle durch Verkrustungen, Ablagerungen, Anfressungen belegte oder angerostete glatte Rohre.

- **Zusammengefasst kann man Rohrreibungsverluste in 3 Abschnitte unterteilen:**

  - **Glatte Rohre:**

Das Rohr ist praktisch glatt, es gelten je nach Größe der Reynolds-Zahlen die Gesetze von Blasius, Nikuradse, Prandtl und Karman:

$$Re\frac{k}{d} < 65 \tag{A.143}$$

Formel von Blasius für den Bereich: $2320 < Re < 10^5$

$$\lambda = \frac{0{,}3164}{\sqrt[4]{Re}} \tag{A.144}$$

Formel von Nikuradse für den Bereich: $2320 < Re < 5 \cdot 10^6$

$$\lambda = 0{,}0032 + \frac{0{,}221}{Re^{0{,}237}} \quad (A.145)$$

Formel von Prandtl und Karman für den Bereich: $Re > 10^6$w

$$\frac{1}{\sqrt{\lambda}} = 2{,}0 \log_{10}\left(Re\sqrt{\lambda}\right) - 0{,}8 \quad (A.146)$$

- **Raue Rohre**

Das Rohr ist praktisch rau, es gelten die Gesetze von Nikuradse und Prandtl:

$$Re\frac{k}{d} > 1300 \quad (A.147)$$

Formel von Nikuradse und Prandtl:

$$\lambda = \frac{1}{\left[2 \log\left(3{,}71\,\frac{d}{k}\right)\right]^2} \quad (A.148)$$

oder die Formel nach Moody:

$$\lambda = 0{,}0055 + 0{,}15\sqrt[3]{\frac{k}{d}} \quad (A.149)$$

- **Übergangsgebiet**

$$65 < Re\frac{k}{d} > 1300. \quad (A.150)$$

Hier gilt die Formel von Prandtl und Colebrook

$$\frac{1}{\sqrt{\lambda}} = -2{,}0 \log_{10}\left(\frac{2{,}51}{Re\sqrt{\lambda}} + \frac{k}{3{,}71\,d}\right). \quad (A.151)$$

Rohrreibungszahl nach Diagrammen

Vgl. mit Abb. A.22, A.23 und A.24.

In Diagramm A.25 fällt eine Unstetigkeitsstelle zwischen 2000–3000 auf. Diese kennzeichnet die kritische Reynolds-Zahl bei 2320. Man kann somit mit der allgemeinen Definition für den Rohrreibwert berechnen:

Laminare Strömung

$$\lambda = \frac{64}{Re_{\text{krit}}} = \frac{64}{2320} = 0{,}0276$$

Turbulente Strömung (nach Blasius)

$$\lambda = \frac{0{,}316}{\sqrt[4]{Re_{\text{krit}}}} = \frac{64}{\sqrt[4]{2320}} = 0{,}046$$

Eine Tabelle zur Ermittlung der Reibungszahl für einige häufig verwendete Werkstoffe ist in Abb. A.26 zu finden.

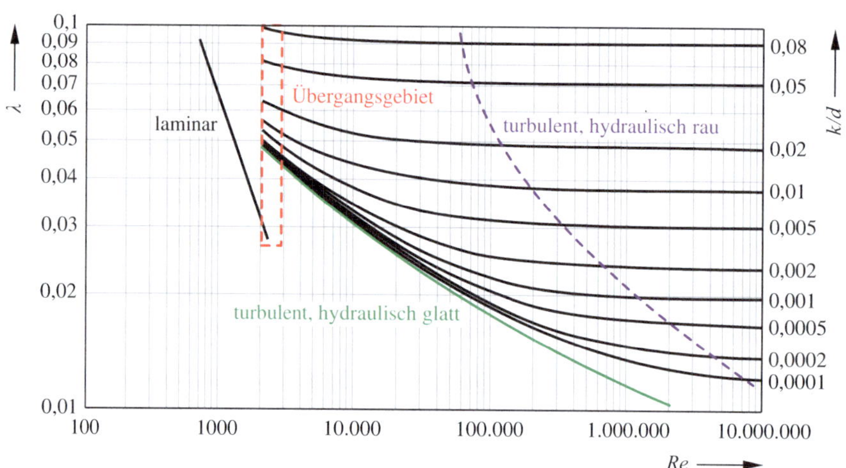

Abb. A.22 Moody-Diagramm (aus [17] S. 718)

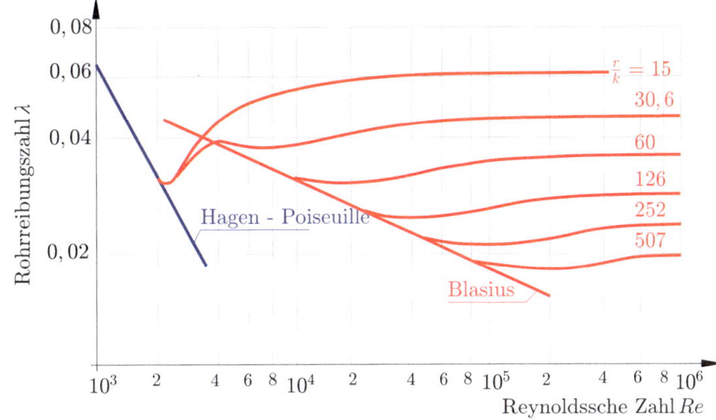

Abb. A.23 Für raue, kreiszylindrische Rohre λ nach Nikuradse

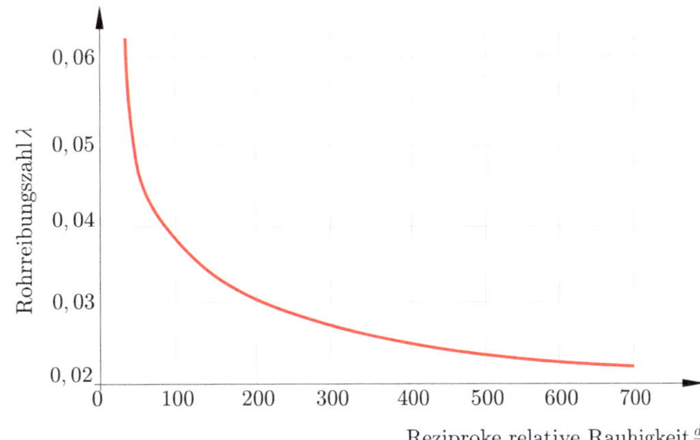

Abb. A.24 Für vollkommen raue, kreiszylindrische Rohre λ nach Prandtl-Nikuradse

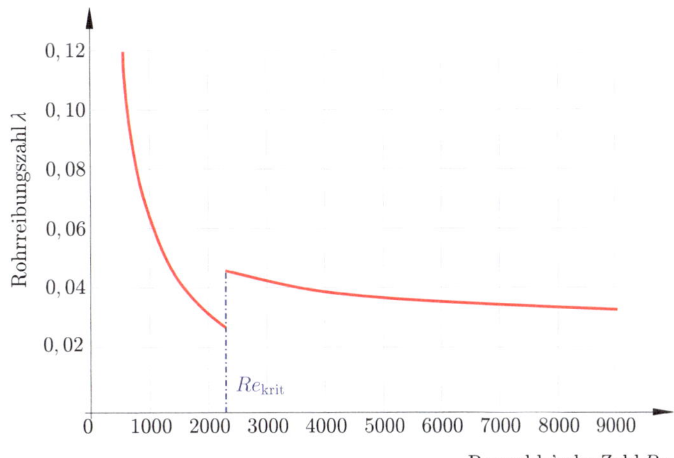

Abb. A.25 Für glatte, kreiszylindrische Rohre λ nach Blasius

Werkstoff	Zustand	Rohrreibwert
Guss	Neu	0,5–1,0 mm
	Angerostet	1,0–1,5 mm
	Verkrustet	1,0–3,0 mm
Stahl	Neu	0,05–0,1 mm
	Angerostet	0,4–0,6 mm
Zement	Unbearbeitet	1,0–2,0 mm
	Geglättet	0,3–0,8 mm

Abb. A.26 Tabelle für Reibzahlen

Besondere Verluste

$$\zeta := \lambda \cdot \frac{l}{h_{\text{hydr}}} \tag{A.152}$$

$$h_i = \zeta_i \cdot \frac{v^2}{2 \cdot g}. \tag{A.153}$$

v … Strömungsgeschwindigkeit hinter dem Betreffenden Einbau in $[\frac{\text{m}}{\text{s}}]$

ζ_i … Verlustzahl des entsprechenden Einbaus [ ]

$$h_{v,\text{ges}} = \sum h_r + \sum h_i. \tag{A.154}$$

Eintrittsverluste

Vgl. mit Abb. A.27, A.28.

Krümmungsverluste

$$h_{Kr} = \left(\zeta_{Kr} + \lambda \cdot \frac{L}{d}\right) \cdot \frac{v^2}{2 \cdot g}. \tag{A.155}$$

Siehe Abb. A.29.

- Kurve *a* für glatte Rohre
- Kurve *b* für raue Rohre

Beliebiger Zentrierwinkel $\delta°$:

$$\zeta_{Kr\delta°} = \zeta_{Kr90°} \cdot \frac{\delta°}{90°}. \tag{A.156}$$

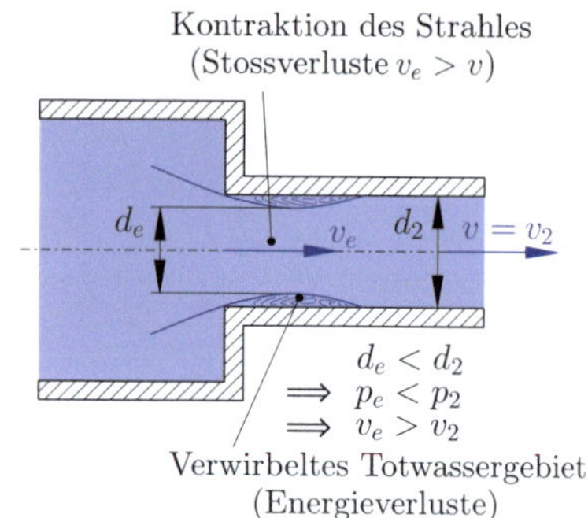

Abb. A.27 Eintrittsverluste

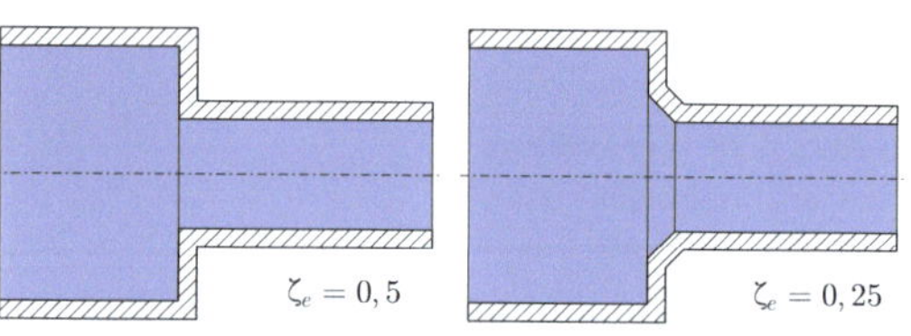

Eintrittsverluste bei scharfkantiger Kante

Eintrittsverluste bei Kanten mit Fase

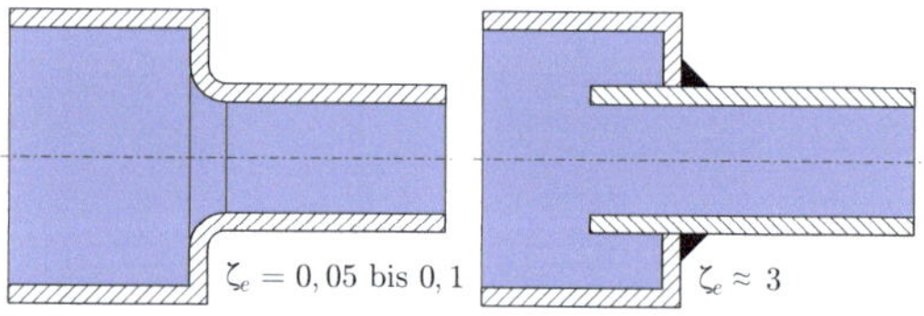

Eintrittsverluste bei Kanten mit Rundung

Eintrittsverluste bei Kanten mit Überstand

Abb. A.28 Eintrittsverluste bei Querschnittänderungen

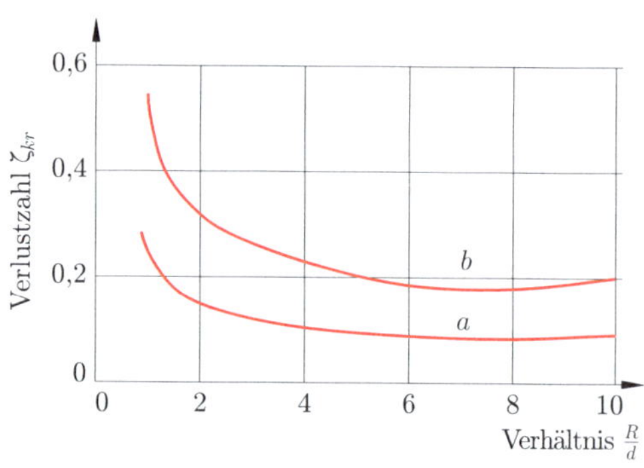

Abb. A.29 90° Krümmer

Verlustzahlen bei Erweiterung und Verengung

Vgl. mit Abb. A.30, A.31.

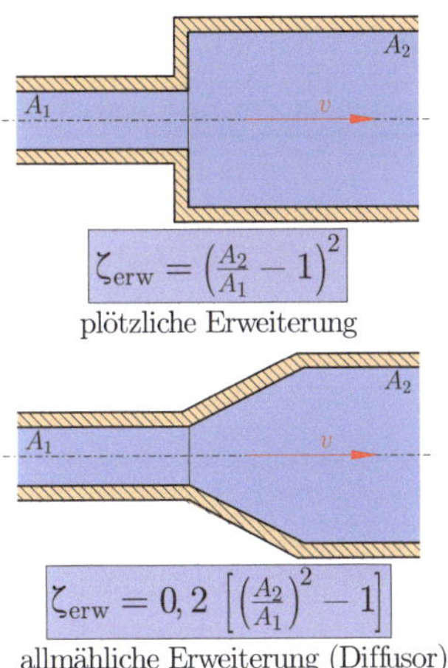

Abb. A.30 Erweiterungen

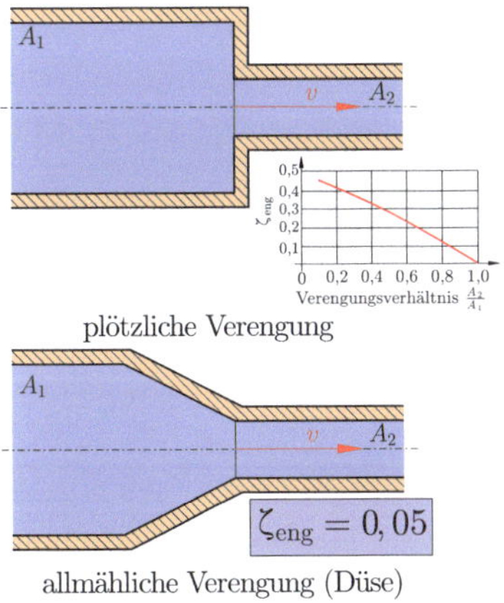

Abb. A.31 Verengungen

Verlustzahlen bei Rohrverzweigungen

Vgl. Abb. A.32, A.33 und A.34.

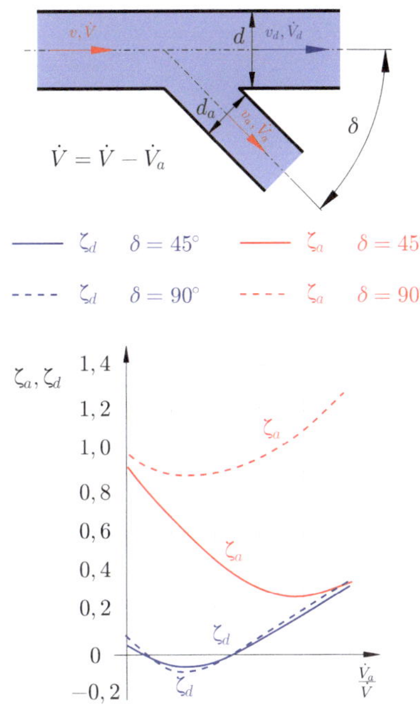

Abb. A.32 Trennung

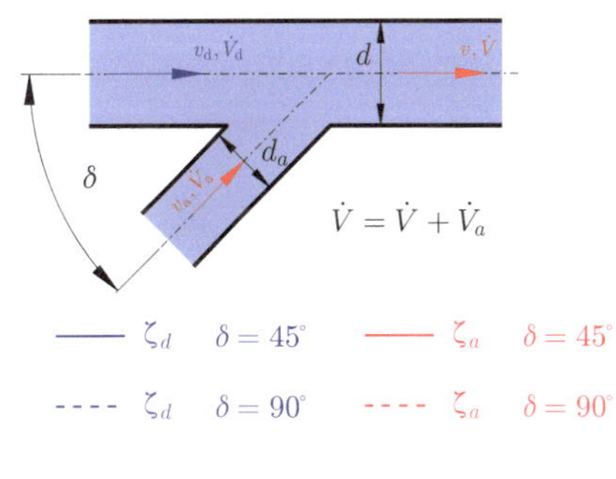

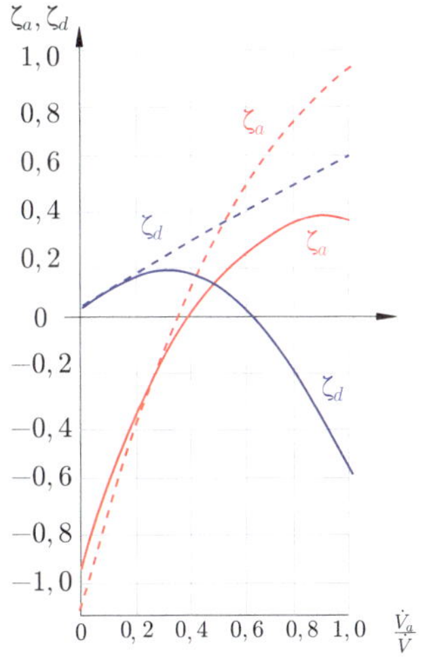

Abb. A.33 Vereinigung

Abb. A.34 Verlustzahlen bei Durchmesser

	$\frac{\dot{V}_a}{\dot{V}}$	0	0,2	0,4	0,6	0,8	1,0	δ
Trennung	δ_a	0,90	0,66	0,47	0,33	0,29	0,35	45°
	δ_d	0,04	−0,06	−0,04	0,07	0,20	0,33	
Vereinigung	δ_a	−0,90	−0,37	0	0,22	0,37	0,38	
	δ_d	0,05	0,17	0,18	0,05	−0,20	−0,57	
Trennung	δ_a	0,96	0,88	0,89	0,96	1,10	1,29	90°
	δ_d	0,05	−0,08	−0,04	0,07	0,21	0,35	
Vereinigung	δ_a	−1,04	−0,40	0,1	0,47	0,73	0,92	
	δ_d	0,06	0,18	0,40	0,50	0,50	0,60	

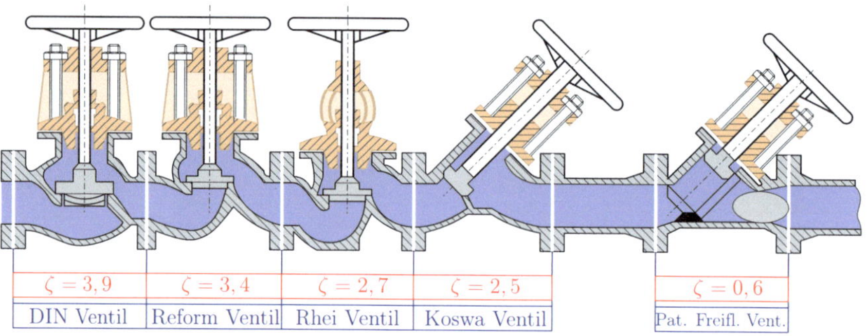

Abb. A.35 Verlustzahlen bei Hähnen (Ventile)

Absperrmittel

Vgl. mit Abb. A.35

Kniestück

Vgl. Abb. A.36.

Vgl. Abb. A.35, A.37 und A.38.

d … Rohrdurchmesser

e … Schieberweg

δ … Verdrehwinkel

$\delta = 70°$ … ist $\zeta = 751$.

Vgl. mit Abb. A.39.

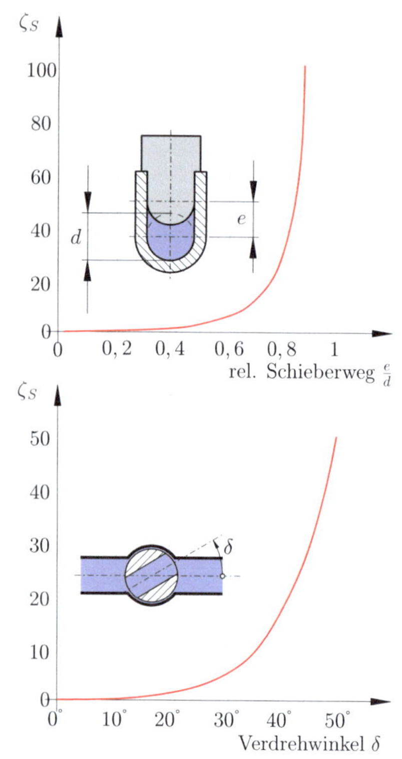

Abb. A.37 Absperrmittel Schieber und Hahn im Kreisrohr

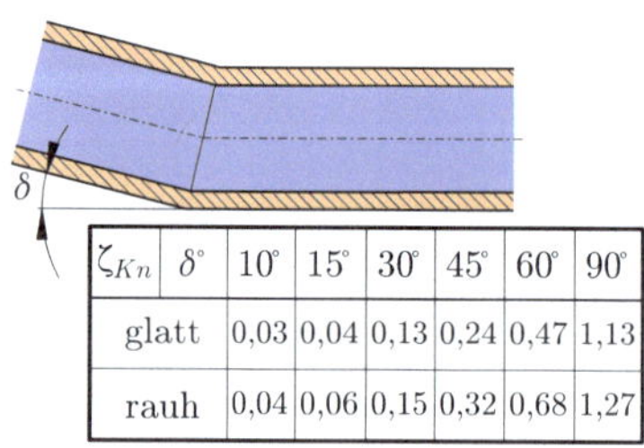

ζ_{Kn} $\delta°$	10°	15°	30°	45°	60°	90°
glatt	0,03	0,04	0,13	0,24	0,47	1,13
rauh	0,04	0,06	0,15	0,32	0,68	1,27

Abb. A.36 Kniestück

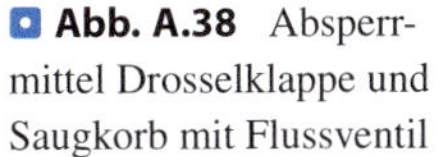

Abb. A.38 Absperrmittel Drosselklappe und Saugkorb mit Flussventil

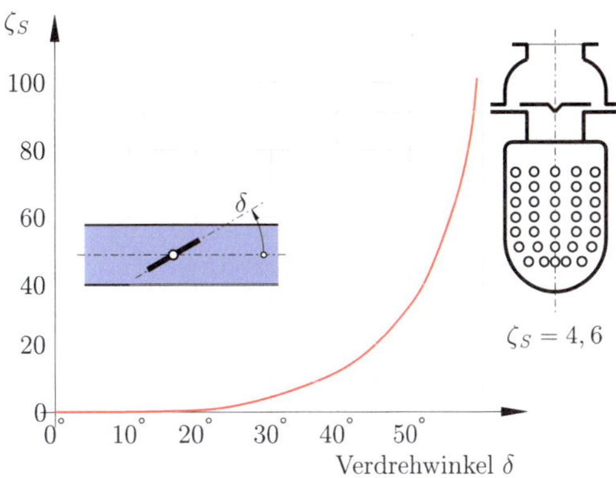

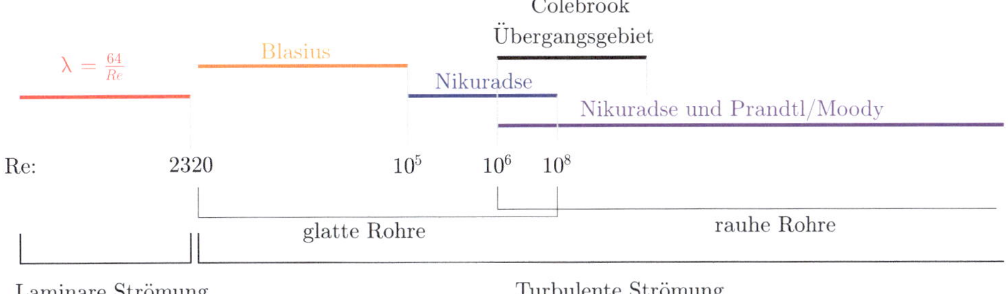

Laminare Strömung
$\lambda = \frac{64}{Re}$

Turbulente Strömung	
Glatte Rohre $Re \cdot \frac{k}{d} < 65$:	Blasius: $2320 < Re < 10^5$ $\lambda = \frac{0{,}3164}{\sqrt[4]{Re}}$
	Nikuradse: $10^5 < Re < 10^8$ $\lambda = 0,0032 + \frac{0,221}{Re^{0,237}}$
Übergangsgebiet $65 < Re \cdot \frac{k}{d} > 1300$	Formel von Colebrook und Prandtl: $\frac{1}{\sqrt{\lambda}} = -2 \cdot \log\left(\frac{2,51}{Re \cdot \sqrt{\lambda}} + \frac{k}{3,71 \cdot d}\right)$
Rauhe Rohre $Re \cdot \frac{k}{d} > 1300$:	Nikuradse und Prandtl: $Re > 10^6$ $\frac{1}{\sqrt{\lambda}} = 2 \cdot \log(Re \cdot \sqrt{\lambda}) - 0,8$
	oder Formel von Moody: $\lambda = 0,0055 + 0,15\sqrt[3]{\frac{k}{d}}$

Abb. A.39 Überblick der wichtigsten Rohrreibungsgleichungen

A.4.4 Turbulente Strömungen

Reynold'sche Zerlegung:

$$v(x,t) = \overline{v(x)} \cdot v'(x,t). \tag{A.157}$$

Arten von Verwirbelungen

1. **Wirbelschleppe**
2. **Strudel**
3. **Wirbelstraße**
4. **Festkörperwirbel**

$$|\mathrm{rot}(\vec{v})| = 2 \cdot \omega \neq 0. \tag{A.158}$$

5. **Potentialwirbel**

$$|\mathrm{rot}(\vec{v})| = 0. \tag{A.159}$$

Turbulenzintensität

$$I = \frac{v_\sigma}{\overline{v}}. \tag{A.160}$$

A.4.5 Kraftwirkung strömender Flüssigkeiten

Vektorielle Herleitung des Impulssatzes

$$F_{\mathrm{Res}} = \frac{dI}{dt} = 0. \tag{A.161}$$

Stoßkraft

$$F_x = A_1 \cdot p_1 \cdot \cos(\alpha_1) - A_2 \cdot p_2 \cdot \cos(\alpha_2) + \dot{V} \cdot \varrho \cdot (v_1 \cdot \cos(\alpha_1) - v_2 \cdot \cos(\alpha_2)) \tag{A.162}$$

$$F_y = A_2 \cdot p_2 \cdot \cos(\alpha_2) - A_1 \cdot p_1 \cdot \sin(\alpha_1) - \dot{V} \cdot \varrho \cdot (v_1 \cdot \sin(\alpha_1) - v_2 \cdot \cos(\alpha_2)) \tag{A.163}$$

mit:

$$F = \sqrt{F_x^2 + F_y^2} \tag{A.164}$$

$$\tan(\beta) = \frac{F_y}{F_x}. \tag{A.165}$$

Strafstoßkräfte gegen Wände

Strahlstoßkraft gegen ebene, feste, senkrechte Wände

Vgl. mit Abb. A.40. Bewegt sich die Wand mit der Geschwindigkeit u in positiver x-Richtung, so ergibt sich:

$$F = \dot{V} \cdot \varrho \cdot (v - u). \tag{A.166}$$

$$F = \dot{V} \cdot \varrho \cdot v. \tag{A.167}$$

$$P_{\max} = \dot{V} \varrho \frac{v^2}{4} \tag{A.168}$$

Strahlstoßkraft gegen ebene, feste, schiefe Wände

Vgl. mit Abb. A.41.

$$F = \dot{V} \varrho \, v \sin(\delta). \tag{A.169}$$

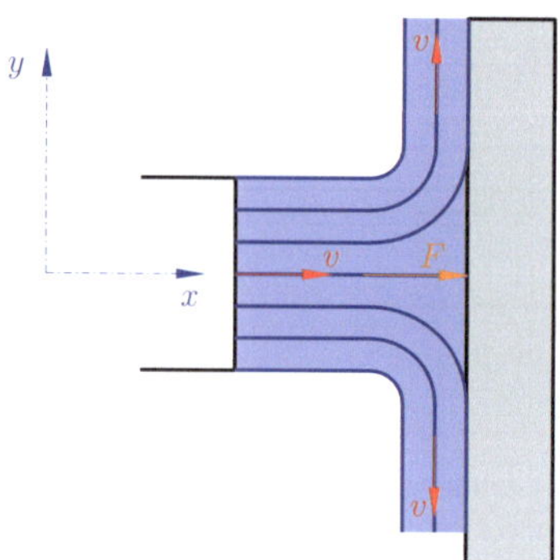

Abb. A.40 Strahlstoßkraft gegen feste ebene Wände

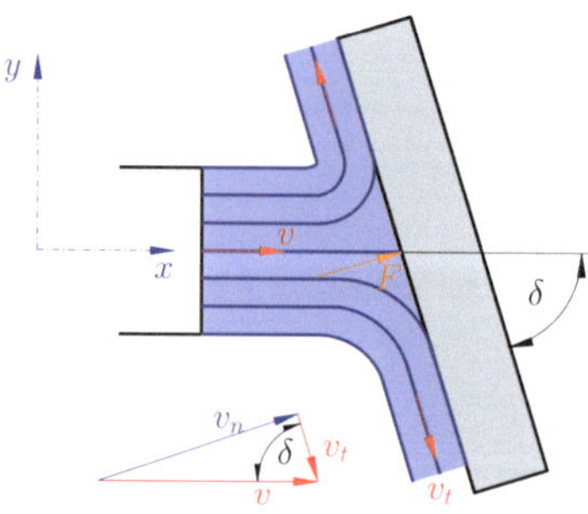

Abb. A.41 Strahlstoßkraft gegen feste ebene schiefe Wände

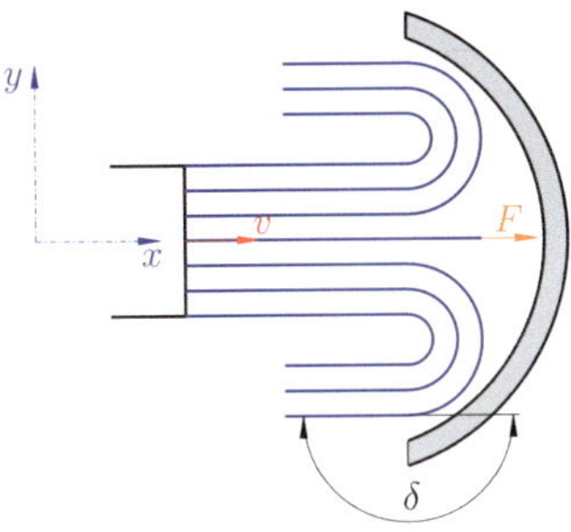

Abb. A.42 Stoßkräfte gegen feste, gewölbte Wände

Strahlstoßkraft gegen eine feste, gewölbte Wand

Vgl. mit Abb. A.42.

$$F = F_x = \dot{V} \varrho \, v \, (1 - \cos(\delta)) \quad (A.170)$$

Turbinenformen

Freistrahlturbine/Peltonturbine

$$F = \dot{V} \cdot \varrho \cdot (v - u) \cdot (1 + \cos(\beta)). \quad (A.171)$$

$$v = \sqrt{2 \cdot g \cdot h} \quad (A.172)$$

A.4.6 Impulssatz, stationär

$$d\vec{I} = dm \cdot \vec{v} = \varrho \cdot \vec{v} \cdot dV \quad \Rightarrow$$
$$= \begin{pmatrix} dI_x \\ dI_y \\ dI_z \end{pmatrix} = dm \cdot \begin{pmatrix} u \\ v \\ w \end{pmatrix}$$
$$= \varrho \cdot \begin{pmatrix} u \\ v \\ w \end{pmatrix} \cdot dV \quad (A.173)$$

$$\vec{I} = \int_{V(t)} \varrho \cdot \vec{\boldsymbol{v}} \cdot dV$$
$$\vec{\boldsymbol{I}} = \begin{pmatrix} I_x \\ I_y \\ I_z \end{pmatrix} = \int_{V(t)} \varrho \cdot \begin{pmatrix} u \\ v \\ w \end{pmatrix} \cdot dV. \quad (A.174)$$

Definition A.16 (Impulskraft)

Der folgende Term aus obiger Gleichung wird als Impulskraft $\vec{\boldsymbol{F}}_1$ definiert. Es folgt also

$$\vec{\boldsymbol{F}}_1 := -\int_A \varrho \cdot \vec{\boldsymbol{v}} \cdot (\vec{v} \cdot \vec{\boldsymbol{n}}) \cdot dA. \quad (A.175)$$

Damit ergibt sich für die Gleichung die einfache Form

$$\vec{F}_1 + \sum F_A + \sum F_M = 0. \quad (A.176)$$

Die Impulskraft liegt parallel zu v und ist ins Innere des Kontrollbereiches gerichtet.

Definition A.17 (Druckkraft)

Die Druckkraft F_D, welche eine Oberflächenkraft F_A ist, wird durch die Gleichung

$$\vec{F_D} = -\int_A p \cdot \vec{n} \cdot dA \quad (A.177)$$

definiert.

Drallsatz, Momentensatz

Theorem A.5

Der Drallsatz ist dem Betrag nach gleichzusetzen mit dem Impulssatz.

$$\vec{L} = \vec{M} \quad (A.178)$$

Drall und Drallsatz bei der Drehbewegung

$$L = M = J \cdot \omega. \quad (A.179)$$

Drallerhaltungssatz

$$\iint_S \varrho(u \cdot n)(x \times u) dS$$
$$= \iint_S (x \times \sigma) dS + \iiint_V (\boldsymbol{x} \times f) dV. \quad (A.180)$$

A.4.7 Zusammenfassung Impulssatz

Impulssatz eines Kontinuums

$$F = \frac{dI}{dt} = \frac{d}{dt} \oint v \, dm \tag{A.181}$$

Spezieller Impulssatz der Strömungsmechanik

$$F = \frac{dI}{dt} = \frac{d}{dt} \oint v \, dm \tag{A.182}$$

$$F + F_{I1} + F_{I2} + F_{I,\text{inst.}} = 0 \tag{A.183}$$

Beschränkung auf stationäre Strömung, Reaktionskraft und Schubkraft

$$F = \dot{m}(v_2 - v_1) \tag{A.184}$$

Drall bei realen instationären Strömungen

$$M = \dot{m}[(r_2 \times v_2) - (r_1 \times v_1)]. \tag{A.185}$$

A.5 Vertiefungen in die Hydrodynamik

A.5.1 Umströmte Körper

Berechnung der Strömungskraft

- Schubspannungen in tangentialer Richtung Reibungswiderstand: F_R
- Druckspannungen normal zur Oberfläche Druckwiderstandskraft: F_P

$$F_W = F_P + F_R. \tag{A.186}$$

$$F_P = p \cdot \int_O dO \cdot \sin(\varphi). \tag{A.187}$$

$$dF_R = \tau \cdot \int_O dO \cdot \cos(\varphi). \tag{A.188}$$

Widerstände bei umströmten Körpern

Stumpfe Körper

$$F_P \gg F_R. \tag{A.189}$$

Schlanke Körper

$$F_P \ll F_R. \tag{A.190}$$

Reynold'sche Ähnlichkeitstheorie

Widerstandskraft F_W

$$F_W = c_W \cdot p_D \cdot A \tag{A.191}$$

Widerstandswert c_W

Bemerkung A.3

Bis $Ma \approx 0{,}3$ ist c_W unabhängig von der Machzahl, bei schlanken Körpern bis $Ma \approx 0{,}7$. Die Machzahl ist definiert durch die Gleichung

$$Ma = \frac{v}{c}, \tag{A.192}$$

wobei v die Geschwindigkeit und c die Schallgeschwindigkeit ist. Man definiert bei solchen Strömungen folgende Fälle [66]:

$Ma < 0{,}8 \ldots$	subsonische Strömung
$0{,}8 < Ma < 1{,}2 \ldots$	transsonische Strömung
$Ma > 1{,}2 \ldots$	supersonische Strömung

Dynamischer Druck (Staudruck) p_D

$p_t = \varrho \cdot g \cdot h \ldots$ Totaldruck

$p_0 = p \ldots$ Ruhedruck

$$p_{\text{Stau}} = \varrho \, \frac{w_\infty^2}{2}. \tag{A.193}$$

Stokes'sche Formel

$$F_W \approx F_R = 6 \, \eta \, r_K \, \pi \, w_\infty. \tag{A.194}$$

Ablösung

Vgl. mit Abb. A.43.

Abkrümmen und Einrollen

Krümmungsdruckformel

$$\frac{dp}{dn} = -\varrho \, \frac{w^2}{R}. \tag{A.195}$$

Diese Gleichung gilt nur für nicht Reibungsbehaftete Strömungen!

Umströmung von kurzen Körpern

- Kugel: $c_W = 0{,}5$;
- Zylinder: $c_W = 1{,}3$.

Ausweichvolumen

Vgl. mit Abb. A.44.

$$\dot{V}_{\text{Aus}} = A \, w_\infty \tag{A.196}$$

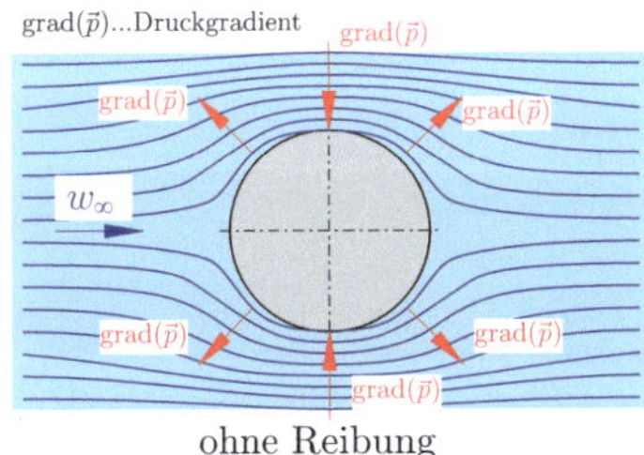

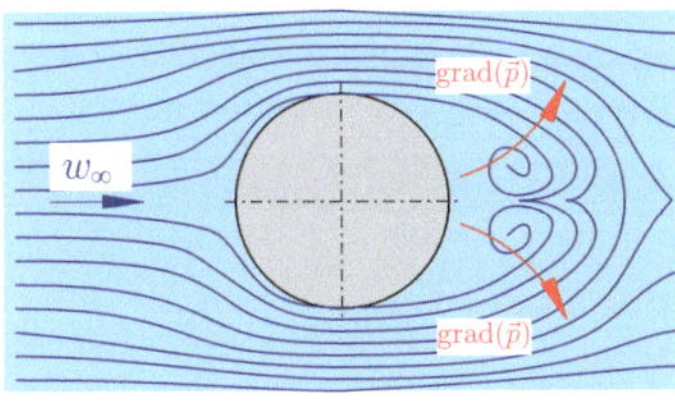

Abb. A.43 Entstehung der Ablösung beim Zylinder

	Schattenfläche	$\dot{V}_{\text{Aus}}$	Kantenlänge L an der dicksten Stelle	$\frac{\dot{V}_{\text{Aus}}}{L}$
Kugel	$R^2 \, \pi$	$R^2 \, \pi \, w_\infty$	$2 \, R \, \pi$	$R \frac{w_\infty}{2}$
Zylinder	$2 \, R \, l$	$2 \, R \, l \, w_\infty$	$2 \, l$	$R^2 \, w_\infty$

Abb. A.44 Werte für das Ausweichvolumen [2]

A.5.2 Stromlinien und Streichlinien

Bei instationärer Strömung

Definition A.18

Eine instationäre Strömung kann durch ein Vektorfeld beschrieben werden. Dieses hat folgende Gestalt

$$\vec{V} = \vec{V}(x, y, z, t). \tag{A.197}$$

Es handelt sich also um eine Positionsanzeige durch die Koordinatenrichtungen x, y, z sowie um eine Zeitangabe durch t, da ja ein instationäres Feld vorliegt.

Definition A.19 (Streichlinien)

Die Linien, entlang denen sich die Volumina bei einer instationären Strömungen bewegen, bezeichnet man als Streichlinien.

Bei stationärer Strömung

$$\vec{v} \times d\vec{s} = 0 \tag{A.198}$$

$$w \cdot y = v \cdot z. \tag{A.199}$$

Differentialquotient:

$$\frac{dy}{dz} = \frac{v}{w}. \tag{A.200}$$

$$\frac{y}{z} = \frac{v}{w} = f(x, y, z) = 0. \tag{A.201}$$

$$u \cdot z = w \cdot x. \tag{A.202}$$

$$\frac{dx}{dz} = \frac{u}{w}. \tag{A.203}$$

$$\frac{dx}{dz} = \frac{u}{w} = f(x, y, z) = 0. \tag{A.204}$$

A.5.3 Reale Hydrodynamik

Lagrange'sche Ableitung und Advektion

Bahnableitung

$$\frac{\partial f(T, t)}{\partial (t)} \tag{A.205}$$

Kettenregel

$$\frac{\partial f}{\partial x} \cdot \frac{dx}{dt}. \tag{A.206}$$

Totale Ableitung

$$\frac{\partial f}{\partial x} \cdot \frac{dx}{dt} + \frac{\partial f}{\partial y} \cdot \frac{dy}{dt} + \frac{\partial f}{\partial z} \cdot \frac{dz}{dt}. \tag{A.207}$$

$$\frac{\partial f}{\partial x} \cdot \frac{dx}{dt} + \frac{\partial f}{\partial y} \cdot \frac{dy}{dt} + \frac{\partial f}{\partial z} \cdot \frac{dz}{dt} + \frac{\partial f(t)}{\partial t}. \tag{A.208}$$

Lagrange'sche Ableitung

$$\frac{\partial u}{\partial x} \cdot u + \frac{\partial u}{\partial y} \cdot v + \frac{\partial u}{\partial z} \cdot w + \frac{\partial u}{\partial t}; \tag{A.209}$$

$$\frac{\partial v}{\partial x} \cdot u + \frac{\partial v}{\partial y} \cdot v + \frac{\partial v}{\partial z} \cdot w + \frac{\partial v}{\partial t}; \tag{A.210}$$

$$\frac{\partial w}{\partial x} \cdot u + \frac{\partial w}{\partial y} \cdot v + \frac{\partial w}{\partial z} \cdot w + \frac{\partial w}{\partial t}. \tag{A.211}$$

Lineare Advektionagleichung

Lagrange'sche Erhaltungsgröße: Ist die Funktion

$$\frac{\partial f}{\partial x} \cdot \frac{dx}{dt} + \frac{\partial f}{\partial y} \cdot \frac{dy}{dt} + \frac{\partial f}{\partial z} \cdot \frac{dz}{dt} + \frac{\partial f(t)}{\partial t} = 0, \tag{A.212}$$

Kontinuitätsgleichung für kompressible Fluide

Massenbilanz für offene Systeme

Es wurde bereits die Gleichung $\Delta m = m_{\text{ein}} - m_{\text{aus}}$ gezeigt. Diese Gleichung kann durch

$$\Longrightarrow \frac{\partial \varrho}{\partial t} = -\operatorname{div}(\varrho \cdot \vec{v}). \tag{A.213}$$

Kontinuitätsgleichung für inkompressible Fluide

$$\mathrm{PR} = \vec{v} \cdot \operatorname{grad}(\varrho) + \varrho \cdot \operatorname{div}(\vec{v}). \tag{A.214}$$

$$\varrho \cdot \operatorname{div}(\vec{v}) = 0 \tag{A.215}$$

Geschwindigkeitspotential

$$\vec{v} = \begin{pmatrix} u \\ v \\ w \end{pmatrix} = -\operatorname{grad}(\varphi) = \begin{pmatrix} \frac{\partial \varphi}{\partial x} \\ \frac{\partial \varphi}{\partial y} \\ \frac{\partial \varphi}{\partial z} \end{pmatrix}. \tag{A.216}$$

Potentialströmung

$$\operatorname{div}(\operatorname{grad}(\varphi)) = \nabla \varphi = \frac{\partial^2 \varphi}{\partial x^2} + \frac{\partial^2 \varphi}{\partial y^2} + \frac{\partial^2 \varphi}{\partial z^2} = 0. \tag{A.217}$$

Druckkräfte

Spezifische Kraft

$$f_x = -\frac{1}{\varrho} \cdot \frac{\partial p}{\partial x}. \tag{A.218}$$

Euler-Gleichungen in Lagrange'scher Form

$$\frac{Du}{Dt} = -\frac{1}{\varrho} \cdot \frac{\partial p}{\partial x} \tag{A.219}$$

$$\frac{Dv}{Dt} = -\frac{1}{\varrho} \cdot \frac{\partial p}{\partial y} \tag{A.220}$$

$$\frac{Dw}{Dt} = -\frac{1}{\varrho} \cdot \frac{\partial p}{\partial z} - g \tag{A.221}$$

$$\frac{\partial u}{\partial x} + \frac{\partial v}{\partial y} + \frac{\partial w}{\partial z} = 0. \tag{A.222}$$

Ausgeschriebene Euler-Gleichungen

$$\frac{\partial u}{\partial t} + u\frac{\partial u}{\partial x} + v\frac{\partial u}{\partial y} + w\frac{\partial u}{\partial z} = -\frac{1}{\varrho}\frac{\partial p}{\partial x} \tag{A.223}$$

$$\frac{\partial v}{\partial t} + u\frac{\partial v}{\partial x} + v\frac{\partial v}{\partial y} + w\frac{\partial v}{\partial z} = -\frac{1}{\varrho}\frac{\partial p}{\partial y} \tag{A.224}$$

$$\frac{\partial w}{\partial t} + u\frac{\partial w}{\partial x} + v\frac{\partial w}{\partial y} + w\frac{\partial w}{\partial z} = -\frac{1}{\varrho}\frac{\partial p}{\partial z} - g \tag{A.225}$$

$$\frac{\partial u}{\partial x} + \frac{\partial v}{\partial y} + \frac{\partial w}{\partial z} = 0. \tag{A.226}$$

$$\vec{\nabla} f = \begin{pmatrix} \frac{\partial f}{\partial x} \\ \frac{\partial f}{\partial y} \\ \frac{\partial f}{\partial z} \end{pmatrix} = \operatorname{grad}(f), \tag{A.227}$$

$$\frac{Du_i}{Dt} = \frac{1}{\varrho} \cdot \frac{\partial p}{\partial x_i} - g_i. \tag{A.228}$$

Herleitung der Bernoulli-Gleichung

$$\frac{\vec{u}^2}{2} + \frac{p}{\varrho} + gz = \text{const.} \tag{A.229}$$

Euler-Gleichung

Impulsgleichung

$$\frac{d\vec{I}}{dt} = Mg - \int_{\partial\Omega} (pn + \varrho(\vec{n}\,\vec{v})\vec{v})dA \tag{A.230}$$

Divergenz des Tensorproduktes

$$\begin{aligned}
&\operatorname{div}(\vec{v} \otimes \vec{v}) \\
&= \begin{pmatrix} \frac{\partial}{\partial x} & \frac{\partial}{\partial y} & \frac{\partial}{\partial z} \end{pmatrix} \begin{pmatrix} uu & uv & uw \\ vu & vv & vw \\ wu & wv & ww \end{pmatrix} \\
&= \begin{pmatrix} \frac{\partial uu}{\partial x} + \frac{\partial vu}{\partial y} + \frac{\partial wu}{\partial z} \\ \frac{\partial uv}{\partial x} + \frac{\partial vv}{\partial y} + \frac{\partial wv}{\partial z} \\ \frac{\partial uw}{\partial x} + \frac{\partial vw}{\partial y} + \frac{\partial ww}{\partial z} \end{pmatrix} \\
&= \begin{pmatrix} u\frac{\partial u}{\partial x} + u\frac{\partial v}{\partial y} + u\frac{\partial w}{\partial z} + u\frac{\partial u}{\partial x} + v\frac{\partial u}{\partial y} + w\frac{\partial w}{\partial z} \\ v\frac{\partial u}{\partial x} + v\frac{\partial v}{\partial y} + v\frac{\partial w}{\partial z} + u\frac{\partial v}{\partial x} + v\frac{\partial v}{y} + w\frac{\partial v}{\partial z} \\ w\frac{\partial u}{\partial x} + w\frac{\partial v}{\partial y} + w\frac{\partial w}{\partial z} + u\frac{\partial w}{\partial x} + v\frac{\partial w}{\partial y} + w\frac{\partial w}{\partial z} \end{pmatrix} \\
&= \vec{v}\operatorname{div}(\vec{v}) + \vec{v}\operatorname{grad}(\vec{v})
\end{aligned} \tag{A.231}$$

3D-Euler-Gleichungen

$$\frac{\partial u}{\partial t} + u\frac{\partial u}{\partial x} + v\frac{\partial u}{\partial y} + w\frac{\partial u}{\partial z} = -\frac{1}{\varrho}\frac{\partial p}{\partial x} \tag{A.232}$$

$$\frac{\partial v}{\partial t} + u\frac{\partial v}{\partial x} + v\frac{\partial v}{\partial y} + w\frac{\partial v}{\partial z} = -\frac{1}{\varrho}\frac{\partial p}{\partial y} \tag{A.233}$$

$$\frac{\partial w}{\partial t} + u\frac{\partial w}{\partial x} + v\frac{\partial w}{\partial y} + w\frac{\partial w}{\partial z} = -\frac{1}{\varrho}\frac{\partial p}{\partial z} - g \tag{A.234}$$

$$\frac{\partial u}{\partial x} + \frac{\partial v}{\partial y} + \frac{\partial w}{\partial z} = 0. \tag{A.235}$$

2D-Euler-Gleichungen

$$\frac{\partial u}{\partial t} + u\frac{\partial u}{\partial x} + v\frac{\partial u}{\partial y} + w\frac{\partial u}{\partial z} = -\frac{1}{\varrho}\frac{\partial p}{\partial x} \tag{A.236}$$

$$\frac{\partial v}{\partial t} + u\frac{\partial v}{\partial x} + v\frac{\partial v}{\partial y} + w\frac{\partial v}{\partial z} = -\frac{1}{\varrho}\frac{\partial p}{\partial y} \tag{A.237}$$

$$\frac{\partial u}{\partial x} + \frac{\partial v}{\partial y} = 0. \tag{A.238}$$

Rotationsströmung

Theorem A.6

$$\operatorname{rot}(\operatorname{grad}\varphi) = 0. \tag{A.239}$$

$$\vec{\omega} := \operatorname{rot}\vec{u} = \begin{pmatrix} \frac{\partial w}{\partial y} - \frac{\partial v}{\partial z} \\ \frac{\partial u}{\partial z} - \frac{\partial w}{\partial x} \\ \frac{\partial v}{\partial x} - \frac{\partial u}{\partial y} \end{pmatrix} \tag{A.240}$$

Druck-Poisson-Gleichung

$$-\frac{\partial}{\partial x_i}\frac{\partial p}{\partial x_i} = \varrho\frac{\partial v_j}{\partial x_i}\frac{\partial v_i}{\partial x_j} \tag{A.241}$$

Randbedingungen

Geschlossene Ränder:

$$\vec{n}\vec{\nabla}p = \vec{n}\varrho\vec{g}. \tag{A.242}$$

Offene Ränder

$$p(z) = \varrho \cdot g \cdot h \qquad \vec{n} \cdot \operatorname{grad}(p) = \varrho \cdot g \tag{A.243}$$

Deformation und Deformationstensor

$$\vec{\xi}_A = \begin{pmatrix} \xi_{xA} \\ \xi_{yA} \end{pmatrix} = \begin{pmatrix} x'_A - x_A \\ y'_A - y_A \end{pmatrix} \tag{A.244}$$

$$\vec{\xi}_B = \begin{pmatrix} \xi_{xB} \\ \xi_{yB} \end{pmatrix} = \begin{pmatrix} x'_B - x_B \\ y'_B - y_B \end{pmatrix} \tag{A.245}$$

$$\vec{\xi}(x,y,z) = \begin{pmatrix} \xi_x(x,y,z) \\ \xi_y(x,y,z) \\ \xi_z(x,y,z) \end{pmatrix} = \begin{pmatrix} x' - x \\ y' - y \\ z' - z \end{pmatrix} \tag{A.246}$$

Totales Differential: Bei einer deformationsfreien Verschiebung sind alle Ableitungen Null.

Verschiebeweg

$$dl'^2 = dl^2 + 2\left(\frac{\partial \xi_x}{\partial x}dx + \frac{\partial \xi_x}{\partial y}dy\right)dx + 2\left(\frac{\partial \xi_y}{\partial x}dx + \frac{\partial \xi_y}{\partial y}dy\right)dy. \quad \text{(A.247)}$$

Deformationstensor

$$dl'^2 = dl^2 + 2\sum_{i,k} \varepsilon_{ik} dx_i dx_k \quad \text{(A.248)}$$

$$\varepsilon_{ik} = \frac{1}{2}\left(\frac{\partial \xi_i}{\partial x_k} + \frac{\partial \xi_k}{\partial x_i}\right) \quad \text{(A.249)}$$

Cauchy-Gleichungen

Spannungstensor

$$\sigma_{ij} = \begin{pmatrix} \sigma_{xx} & \sigma_{xy} & \sigma_{xz} \\ \sigma_{yx} & \sigma_{yy} & \sigma_{yz} \\ \sigma_{zx} & \sigma_{zy} & \sigma_{zz} \end{pmatrix} \quad \text{(A.250)}$$

$$n_i \sigma_{ij} = \begin{pmatrix} \sigma_{xx} n_x + \sigma_{yx} n_y + \sigma_{zx} n_z \\ \sigma_{xy} n_x + \sigma_{yy} n_y + \sigma_{zy} n_z \\ \sigma_{xz} n_x + \sigma_{yz} n_y + \sigma_{zz} n_z \end{pmatrix} \quad \text{(A.251)}$$

Kraftwirkung

$$F_i = \int_\Omega \frac{\partial \sigma_{ji}}{\partial x_j} d\Omega \quad \text{(A.252)}$$

Reynold'sches Transporttheorem

$$\frac{d}{dt}\int_{\Omega(t)} \varrho v_i d\Omega = \int_{\Omega(t)} \varrho f_i d\Omega + \int_{\Omega(t)} \frac{\partial \sigma_{ji}}{\partial x_j} d\Omega \quad \text{(A.253)}$$

$$\int_{\Omega(t)} \left(\frac{\partial \varrho v_i}{\partial t} + \frac{\partial \varrho v_i v_j}{\partial x_j}\right) d\Omega = \int_{\Omega(t)} \varrho f_i d\Omega + \int_{\Omega(t)} \frac{\partial \sigma_{ji}}{\partial x_j} d\Omega \quad \text{(A.254)}$$

$$\frac{\partial \varrho v_i}{\partial t} + \frac{\partial \varrho v_j v_i}{\partial x_j} = \varrho f_i + \frac{\partial \sigma_{ji}}{\partial x_j} \quad \text{(A.255)}$$

Cauchy'schen Bewegungsgleichungen

$$\frac{\partial \varrho}{\partial t} + \frac{\partial \varrho v_j}{\partial x_j} = 0 \quad \text{(A.256)}$$

$$\frac{\partial \varrho v_i}{\partial t} + \frac{\partial \varrho v_j v_i}{\partial x_j} = \varrho f_i + \frac{\partial \sigma_{ji}}{\partial x_j} \quad \text{(A.257)}$$

$$\frac{\partial v_i}{\partial t} + v_j \frac{\partial v_i}{\partial x_j} = f_i + \frac{1}{\varrho}\frac{\partial \sigma_{ji}}{\partial x_j}. \quad \text{(A.258)}$$

Energiebilanz

$$\frac{\partial \varrho e}{\partial t} = \frac{\partial}{\partial x_j}(\Phi_j) \quad \text{(A.259)}$$

Kinematischen Energiebilanz

$$\frac{\partial e_k}{\partial t} + v_j \frac{\partial e_k}{\partial x_j} = f_i v_i + \frac{v_i}{\varrho}\frac{\partial \sigma_{ji}}{\partial x_j}$$

$$\frac{\partial \varrho e_k}{\partial t} + \frac{\partial}{\partial x_j}(\varrho v_j e_k) = \varrho f_i v_i + v_i \frac{\partial \sigma_{ji}}{\partial x_j}. \quad \text{(A.260)}$$

Potentielle Energiebilanz

$$e_p = -g \cdot (z - z_0) = -\int_{x_{0,1}}^{x_i} f_i dx_i$$

$$\Longrightarrow E_p = \int_\Omega \varrho \cdot e_p d\Omega \quad \text{(A.261)}$$

Innere Energie

$$\varrho \cdot \dot{q} = \frac{\partial}{\partial x_j}\left(\lambda_W \cdot \frac{\partial T}{\partial x_j}\right). \quad \text{(A.262)}$$

A.5.4 Ergänzungen zur Winkelgeschwindigkeit und Drehung

Wegdifferenz

$$\Delta y = y_C - y_A = \left(\frac{\partial v}{\partial x} \cdot dx\right) \cdot \Delta t. \tag{A.263}$$

Winkeldifferenz

$$\Delta \theta_1 = -\left(\frac{\partial u}{\partial y}\right) \cdot \Delta t \tag{A.264}$$

$$\Delta \theta_2 = \left(\frac{\partial v}{\partial x}\right) \cdot \Delta t \tag{A.265}$$

$$\begin{aligned} \frac{d\theta_1}{dt} &= \frac{-\left(\frac{\partial u}{\partial y}\right) \cdot \Delta t}{dt} \\ &= \lim_{\Delta t \to 0} \left[\frac{-\left(\frac{\partial u}{\partial y}\right) \cdot \Delta t}{dt}\right] = -\frac{\partial u}{\partial y} \end{aligned} \tag{A.266}$$

$$\begin{aligned} \frac{d\theta_2}{dt} &= \frac{-\left(\frac{\partial v}{\partial x}\right) \cdot \Delta t}{dt} \\ &= \lim_{\Delta t \to 0} \left[\frac{-\left(\frac{\partial v}{\partial x}\right) \cdot \Delta t}{dt}\right] = -\frac{\partial v}{\partial x}. \end{aligned} \tag{A.267}$$

Winkelgeschwindigkeit

$$\omega_z = \frac{1}{2}\left(\frac{\partial v}{\partial x} - \frac{\partial u}{\partial y}\right). \tag{A.268}$$

$$\omega_x = \frac{1}{2}\left(\frac{\partial w}{\partial y} - \frac{\partial v}{\partial z}\right); \tag{A.269}$$

$$\omega_y = \frac{1}{2}\left(\frac{\partial u}{\partial z} - \frac{\partial w}{\partial x}\right). \tag{A.270}$$

$$\begin{aligned} \xi = &\left(\frac{\partial w}{\partial y} - \frac{\partial v}{\partial z}\right)\vec{i} + \left(\frac{\partial u}{\partial z} - \frac{\partial w}{\partial x}\right)\vec{j} \\ &+ \left(\frac{\partial v}{\partial x} - \frac{\partial u}{\partial y}\right)\vec{k}. \end{aligned} \tag{A.271}$$

A.5.5 Zirkulation

Zirkulation bei Tragflügel

Definition A.20 (Wirbelstärke)

Die Wirbelstärke ist eine Größe, die einem Strudel oder einer kreisförmigen Strömung ein Geschwindigkeitsfeld zuordnet [100].

Definition A.21

C ist ein stückweise, glatter, geschlossener und orientierter Weg im reellen Raum, speziell hier, zeitunabhängig, deshalb beschränkt man sich auf den dreidimensionalen Raum, wodurch gilt: $\mathbb{R}^n \Longrightarrow \mathbb{R}^3$, und $\vec{V}$ ein längs dieses Weges integrierbares Vektorfeld. Dies mathematisch dargestellt bedeutet [101]

$$C(s)\{\mathbb{R}^n\} \Longrightarrow C(s)\{\mathbb{R}^3\} \Longrightarrow \vec{V}(\vec{s}). \tag{A.272}$$

Definition A.22

Dies bedeutet für die Zirkulation [101], wenn die Zirkulation mit Γ (Großes Gamma) abgekürzt wird

$$\Gamma = -\oint_C \vec{V}\, d\vec{s}. \tag{A.273}$$

Hier ist C eine geschlossene Linie des Strömungsfeldes. $\vec{V}$ stellt den Geschwindigkeitsvektor dar und $d\vec{s}$ ist ein im Raum gerichtetes Linienelement. Es kann die Zirkulation Γ mittels eines Linienintegrals beschrieben werden [7].

Stokes'sche Theorem [19]

Theorem A.7

Ein Flächenintegral kann über die Rotation eines Vektorfeldes in ein geschlossenes Kurvenintegral über die Tangentialkomponente des Vektorfeldes umgewandelt werden.

$$\iint_{\sum \subset \mathbb{R}^3} \mathrm{rot}\,(F)\, d\vec{S} = \oint_{\partial \sum} F\, dr. \tag{A.274}$$

$$-\frac{d\Gamma}{dS} = \left(\nabla \times \vec{V}\right)\vec{n} \tag{A.275}$$

A.5.6 Stromfunktion [1, 7]

Definition A.23

Man kann $\Delta\psi$ auch noch anders definieren, zu

$$\Delta\psi = \dot{M}(t_E) = \varrho \cdot \Delta n V. \qquad (A.276)$$

$$\varrho\, u = \frac{\partial \bar{\psi}}{\partial y} \qquad (A.277)$$

$$\varrho\, v = -\frac{\partial \bar{\psi}}{\partial x}. \qquad (A.278)$$

$$u = \frac{\partial \psi}{\partial y} \qquad (A.279)$$

$$v = -\frac{\partial \psi}{\partial x}. \qquad (A.280)$$

A.6 Zweidimensionale Potentialströmungen

A.6.1 Reibungsfreie, inkompressible Strömungen

Vereinfachungen

1. **reibungsfreie Strömung**
2. **inkompressible Strömung**
3. **zweidimensionale Strömung**
4. **stationäre Strömung**

Euler-Gleichungen und Bernoulli-Gleichungen

Definition A.24 (Euler-Gleichung)

$$-\frac{1}{\varrho}\, dp = \frac{1}{2}\, d\left(u^2 + v^2\right) \qquad (A.281)$$

Definition A.25 (Bernoulli-Gleichung)

$$-\frac{1}{\varrho}\, dp = \frac{1}{2}\, d\left(u^2 + v^2\right) \qquad (A.282)$$

Definition A.26 (Kinematische Glg.)

Bewegungsgleichung in x-Richtung:

$$u\,\frac{\partial u}{\partial x} + v\,\frac{\partial u}{\partial y} = -\frac{1}{\varrho}\,\frac{\partial p}{\partial x} \qquad (A.283)$$

Bewegungsgleichung in y-Richtung:

$$u\,\frac{\partial v}{\partial x} + v\,\frac{\partial v}{\partial y} = -\frac{1}{\varrho}\,\frac{\partial p}{\partial y} \qquad (A.284)$$

A.6.2 Komplexes Potential

Vereinfachungen

1. **Reibungsfreie Strömung**
2. **Inkompressible Strömung**
3. **Zweidimensionale Strömung**
4. **Stationäre Strömung**

Es kann somit das Strömungsfeld durch folgende drei Gleichungen vollständig definiert werden:

1. **Bernoulli-Gleichung,**
2. **Kinematische Gleichungen und**
3. **Bedingung der Drehungsfreiheit.**

Berechnungen

Laplace-Gleichung

$$\frac{\partial^2 w}{\partial x^2} + \frac{\partial^2 w}{\partial y^2} = 0 = \nabla^2 w \qquad (A.285)$$

Cauchy-Riemann-Differentialgleichungen

$$\frac{\partial \phi}{\partial x} = i\,\frac{\partial \psi}{\partial y} = u \qquad (A.286)$$

$$\frac{\partial \phi}{\partial y} = -\frac{\partial \psi}{\partial x} = v \qquad (A.287)$$

Hierin sind die Real- und Imaginärteile der komplexen analytischen Funktion $w(z)$ das **Geschwindigkeitspotential ϕ** und die **Stromfunktion ψ** die zweidimensionalen Strömungen ohne Reibung, die als inkompressible Fluide und drehungsfreie Bewegungen interpretiert werden können.

Komplexes Potential

$$w = \phi + i\,\psi \tag{A.288}$$

Lösungsablauf

Der Lösungsablauf ergibt sich wie folgt:

- Die Ableitung von Lösungen für einige fundamentale Strömungen, die an sich möglicherweise nicht unmittelbar auf praktische Strömungsphänomene anwendbar erscheinen.
- Die Superposition dieser elementaren Strömungen auf unterschiedliche Weisen führt zu einem resultierenden Strömungsfeld, das den realen Strömungen sowie der Summe der einzelnen partiellen Lösungen entspricht.

$$\phi = \phi_1 + \phi_2 + \ldots + \phi_n \tag{A.289}$$
$$\psi = \psi_1 + \psi_2 + \ldots + \psi_n \tag{A.290}$$

- Die Ermittlung der Geschwindigkeitskomponenten u und v erfolgt durch Anwendung der Beziehungen sowohl im kartesischen als auch im Polarkoordinatensystem.

$$u = \frac{\partial \phi}{\partial y} = \frac{\partial \psi}{\partial y} \tag{A.291}$$
$$v = \frac{\partial \phi}{\partial x} = -\frac{\partial \psi}{\partial x} \tag{A.292}$$

oder

$$u_r = \frac{\partial \phi}{\partial r} = \frac{1}{r}\frac{\partial \psi}{\partial \vartheta} \tag{A.293}$$
$$u_\vartheta = \frac{1}{r}\frac{\partial \phi}{\partial \vartheta} = -\frac{\partial \psi}{\partial r}. \tag{A.294}$$

- Die Berechnung des Drucks p erfolgt durch die Bernoulli-Gleichung:

$$p + \frac{\varrho}{2}\left(u^2 + v^2\right) = \text{const} = p_\infty + \frac{\varrho_\infty}{2} V_\infty^2 \tag{A.295}$$

A.6.3 Elementare Strömungen

Parallelströmung

Vgl. mit Abb. A.45.

$$u = V_\infty \cos(\alpha) \tag{A.296}$$
$$v = V_\infty \sin(\alpha). \tag{A.297}$$

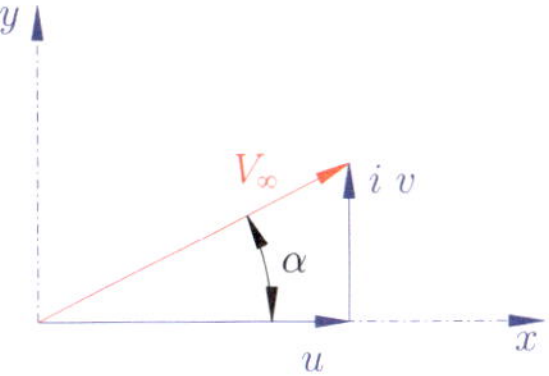

Abb. A.45 Parallelströmung

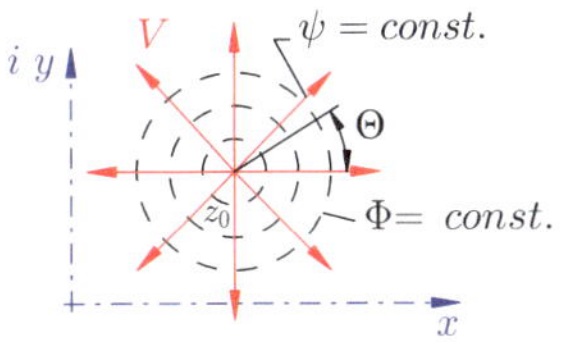

Abb. A.46 Quellenströmung

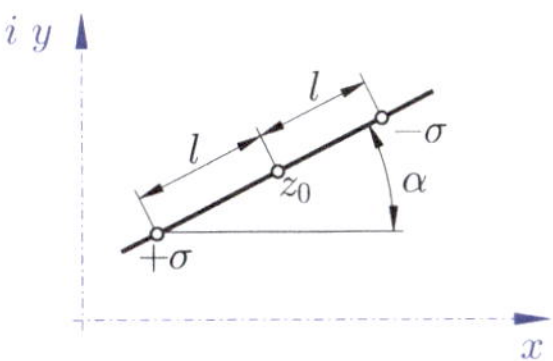

Abb. A.47 Darstellung der Lage einer Quelle und einer Senke zur Bildung eines Dipols

Quellen- und Senkenströmung

Vgl. mit Abb. A.46.

$$\phi = \frac{\sigma}{2\pi}\ln(r) \qquad \psi = \frac{\sigma}{2\pi}\vartheta. \tag{A.298}$$

$$u_r = \frac{\partial \phi}{\partial r} = \frac{\sigma}{2\pi r} \qquad u_\vartheta = -\frac{\partial \psi}{\partial r} = 0 \tag{A.299}$$

Dipolströmung

Vgl. mit Abb. A.47.

$$w = \frac{\mu}{2\pi} = \phi + i\,\psi \tag{A.300}$$

$$\phi = \frac{\mu}{2\pi r}\cos(\vartheta) \tag{A.301}$$
$$\psi = -\frac{\mu}{2\pi r}\sin(\vartheta). \tag{A.302}$$

$$u_r = \frac{\partial \phi}{\partial r} = -\frac{\mu}{2\pi r^2}\cos(\vartheta) \tag{A.303}$$
$$u_\vartheta = \frac{\partial \psi}{\partial r} = -\frac{\mu}{2\pi r^2}\sin(\vartheta). \tag{A.304}$$

$$r = \frac{\mu}{2\pi\phi_1}\cos(\vartheta) = D\cos(\vartheta) \tag{A.305}$$

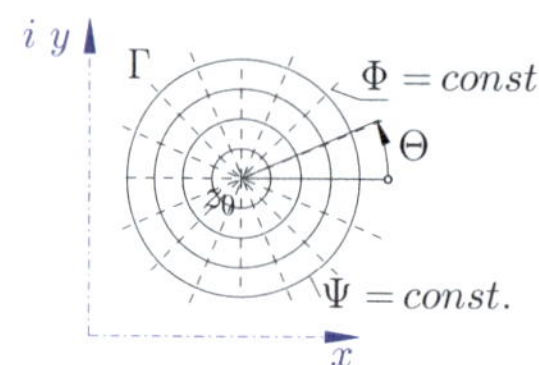

Abb. A.48 Potentialwirbelströmung

Potentialwirbelströmung

Definition A.27
An der Stelle $z = z_0$ liegt ein Potentialwirbel, mit der Stärke Γ. Dieser dreht sich positiv, wenn er sich im Uhrzeigersinn dreht. Vgl. Abb. A.48

$$\phi = -\frac{\Gamma}{2\,\pi}\,\Theta \tag{A.306}$$

$$\psi = \frac{\Gamma}{2\,\pi}\ln(r). \tag{A.307}$$

$$u_r = \frac{\partial\phi}{\partial r} = 0 \tag{A.308}$$

$$u_\vartheta = \frac{\partial\psi}{\partial r} = -\frac{\Gamma}{2\,\pi\,r}. \tag{A.309}$$

A.6.4 Superpositionsprinzip

Tragflügelumströmung

$$\frac{v}{u}\,|_{\text{Wand}} = \frac{dy}{dx}\,|_{\text{Wand}} \tag{A.310}$$

$$\psi_{\text{Wand}} = \text{const.} \tag{A.311}$$

$$u = u_\infty = V_\infty\cos(\alpha) \tag{A.312}$$

$$v = v_\infty = V_\infty\sin(\alpha) \tag{A.313}$$

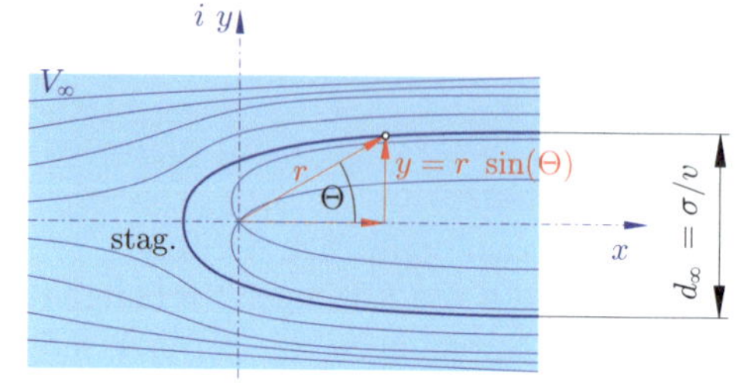

Abb. A.49 Quellenströmung in einer Parallelströmung

A.6.5 Quelle in einer Parallelströmung

Vgl. mit Abb. A.49.

$$\phi = V_\infty\,x + \frac{\sigma}{2\,\pi\,z}\ln(r) = V_\infty\,r\cos(\vartheta) + \frac{\sigma}{2\,\pi}\ln(r) \tag{A.314}$$

$$\psi = V_\infty\,y + \frac{\sigma}{2\,\pi}\,\vartheta = V_\infty\,r\sin(\vartheta) + \frac{\sigma}{2\,\pi}\vartheta. \tag{A.315}$$

$$u_r = \frac{\partial\phi}{\partial r} = \frac{\partial\psi}{r\,\partial\vartheta} = V_\infty\cos(\vartheta) + \frac{\sigma}{2\,\pi\,r} \tag{A.316}$$

$$u_\vartheta = -\frac{\partial\psi}{\partial r} = \frac{\partial\phi}{r\,\partial\vartheta} = -V_\infty\,\sin(\vartheta). \tag{A.317}$$

Quelle und Senke in einer Parallelströmung

Vgl. mit Abb. A.50.

$$\psi = V_\infty\,r\sin(\Theta) + \frac{\sigma}{2\,\pi}\,\Theta_1 - \frac{\sigma}{2\,\pi}\,\Theta_2 = V_\infty\,r\sin(\Theta) + \frac{\sigma}{2\,\pi}\,(\Theta_1 - \Theta_2). \tag{A.318}$$

$$y = r\sin(\Theta) = \frac{\sigma}{2\,\pi\,V_\infty}\,(\Theta_2 - \Theta_1) \tag{A.319}$$

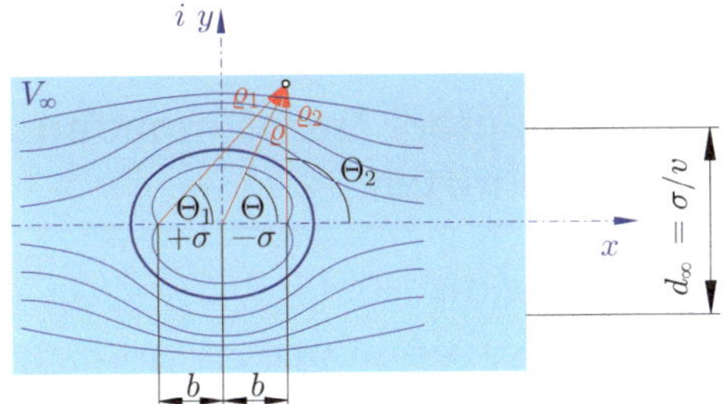

Abb. A.50 Quellen- und Senkenströmung in einer Parallelströmung

Definition A.28 (Rankine-Oval)
Die geschlossene Kurve, die sich aus Gl. (A.319) beschreiben lässt, wir **Rankine-Oval** genannt.

$$x = \pm\sqrt{\frac{\sigma}{\pi}\frac{b}{V_\infty} + b^2} \qquad \text{(A.320)}$$

A.6.6 Dipol in einer Parallelströmung

Vgl. mit Abb. A.51.

$$u_r = V_\infty\left(1 - \frac{a^2}{r^2}\right)\cos(\vartheta) \qquad \text{(A.321)}$$

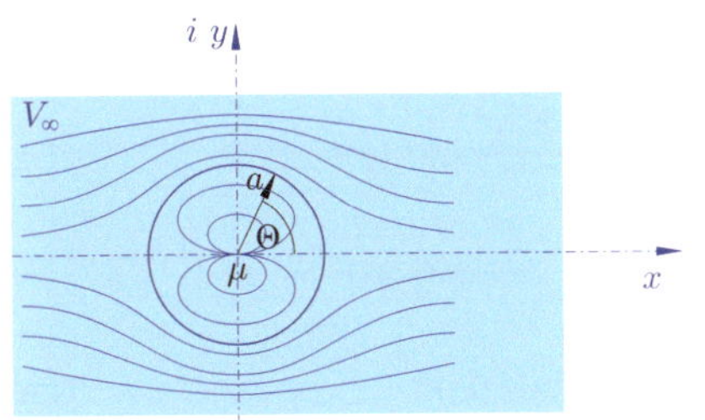

Abb. A.51 Dipolströmung in einer Parallelströmung

A.6.7 Dipol und Potentialwirbel in einer Parallelströmung

In Abb. A.52.

$$\psi = V_\infty \sin(\vartheta)\left(r - \frac{a^2}{r}\right) + \frac{\Gamma}{2\pi}\ln(r) \qquad \text{(A.322)}$$

$$\psi = \frac{\Gamma}{2\pi}\ln(r) \qquad \text{(A.323)}$$

$$\begin{aligned} u_r - i\,u_\vartheta &= e^{i\vartheta}\frac{dw}{dz} \\ &= V_\infty\left(e^{i\vartheta} - \frac{a^2}{r^2}e^{-i\vartheta}\right) + \frac{\Gamma}{2\pi r} \end{aligned} \qquad \text{(A.324)}$$

$$u_r = V_\infty \cos(\vartheta)\left(1 - \frac{a^2}{r^2}\right) \qquad \text{(A.325)}$$

$$u_\vartheta = -V_\infty \sin(\vartheta)\left(1 + \frac{a^2}{r^2}\right) - \frac{\Gamma}{2\pi r} \qquad \text{(A.326)}$$

$$u_\vartheta = 0 = \sin(\vartheta_{St}) = -\frac{\Gamma}{4\pi a V_\infty} \qquad \text{(A.327)}$$

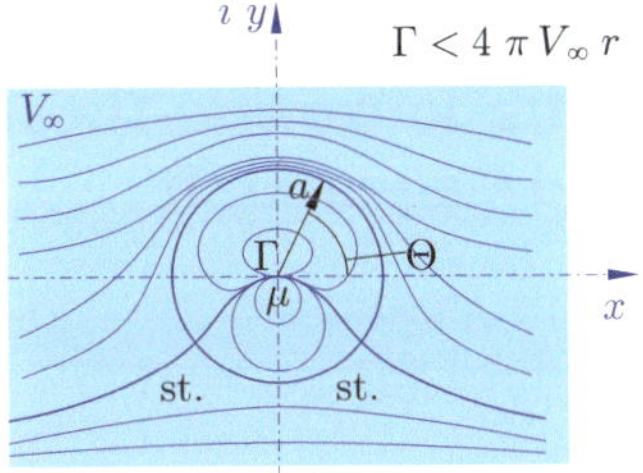

Abb. A.52 Dipol- und Potentialwirbelströmung in einer Parallelströmung

A.6.8 D'Alembert'sche Paradoxon

Theorem A.8

Wie man aus den obigen Abbildungen entnehmen kann, verlaufen die Stromlinien im oberen Teil enger als im unteren. Dies lässt vermuten, dass eine Auftriebskraft entsteht. Der Widerstand hingegen ist Null, da eine Potentialströmung eine reibungsfreie Strömung ist. Diese Tatsache heißt d'Alembert'sches Paradoxon. Dieses wurde bereits zu einem früheren Zeitpunkt behandelt, soll hier aber nochmals im Detail widerlegt werden.

$$c_w = 0 \tag{A.328}$$

A.6.9 Berechnung des Auftriebs

$$c_a = \frac{\Gamma}{R\,V_\infty} \tag{A.329}$$

$$F_A = q_\infty\,S\,c_a = \frac{1}{2}\,\varrho_\infty\,V_\infty^2\,S\,c_a \tag{A.330}$$

A.6.10 Kutta-Joukowski-Theorem und Magnuskraft

Theorem A.9

$$F_A = \varrho_\infty\,V_\infty\,\Gamma. \tag{A.331}$$

$$w = V_\infty\left[r\,e^{i\,(\vartheta-\alpha)} + \frac{a^2}{r}\,e^{-i\,(\vartheta-\alpha)}\right] + \frac{i\,\Gamma}{2\,\pi}\ln(r + i\,\vartheta) \tag{A.332}$$

A.7 Konforme Abbildungen

A.7.1 Elementare Transformationsvorschriften

Transformation von Parallelströmungen

$$w(z) = V_\infty\,(x\,\cos(\alpha) + y\sin(\alpha)) + i\,V_\infty(y\cos(\alpha) - x\sin(\alpha)) \tag{A.333}$$

$$\frac{dz}{d\zeta} = e^{i\,\alpha} = \text{const.} \neq 0. \tag{A.334}$$

Quadratische Transformation

Definition A.29

Von einer quadratischen Transformation spricht man, wenn die Gleichung folgende Gestalt aufweist

$$z = \zeta^2. \tag{A.335}$$

Transformation nach Joukowski

Gleichungen der Transformation

$$z = \left(b + \frac{a^2}{b}\right)\cos(\varphi) + i\left(b - \frac{a^2}{b}\right)\sin(\varphi) \tag{A.336}$$

$$x = \frac{b^2 + a^2}{b}\cos(\varphi) \tag{A.337}$$

$$y = \frac{b^2 - a^2}{b}\sin(\varphi) \tag{A.338}$$

$$x = 2\,a\cos(\varphi) \tag{A.339}$$

$$y = 0. \tag{A.340}$$

Animation der Transformation nach Joukowski

$$f_{\text{ell}}(x, y) = \begin{pmatrix} \frac{(r\cos(t)+x_A)^2+(r\sin(t)+x_A)^2+(r(\cos(t)+x_A+\sin(t)+x_A))^2}{(r\cos(t)+x_A)^2+(r\sin(t)+x_A)^2} \\ \frac{(r\cos(t)+x_A)^2+(r\sin(t)+x_A)^2-(r(\cos(t)+x_A+\sin(t)+x_A))^2}{(r\cos(t)+x_A)^2+(r\sin(t)+x_A)^2} \end{pmatrix} = \begin{pmatrix} r\cos(\varphi)+x_A \\ r\sin(\varphi)+y_A \end{pmatrix}. \quad (A.341)$$

$$f_{\text{Kreis}}(x, y) = \begin{pmatrix} x \\ y \end{pmatrix} = \begin{pmatrix} \cos(t)\,r \\ \sin(t)\,r \end{pmatrix} = (b) \quad (A.342)$$

A.7.2 Anwendung

Kutta-Bedingung

$$V_\infty = V_o = V_U \quad (A.343)$$

$$\Gamma = 4\pi\, a\, V_\infty \sin(\beta + \alpha). \quad (A.344)$$

Bedeutung für den Auftrieb

$$c_a = 8\pi \frac{a}{c} \sin(\alpha + \beta) \quad (A.345)$$

$$c_a \approx 2\pi(\alpha + \beta), \quad (A.346)$$

$$\frac{\partial c_a}{\partial \alpha} \approx 2\pi. \quad (A.347)$$

Joukowski-Theorem

$$z = \zeta + \frac{a^2}{\zeta}. \quad (A.348)$$

$$u = V_\infty \left(\cos(\alpha) + \sin(\alpha)\tan\left(\frac{\varphi}{2}\right)\right) \quad (A.349)$$

Auswirkungen auf den Auftriebsbeiwert

$$c_a \approx 2\pi\alpha. \quad (A.350)$$

Vgl. mit Abb. A.53.

Joukowski-Profil

$$\zeta = \xi_0 + i\,\eta_0 + a\,e^{i\varphi} \quad (A.351)$$

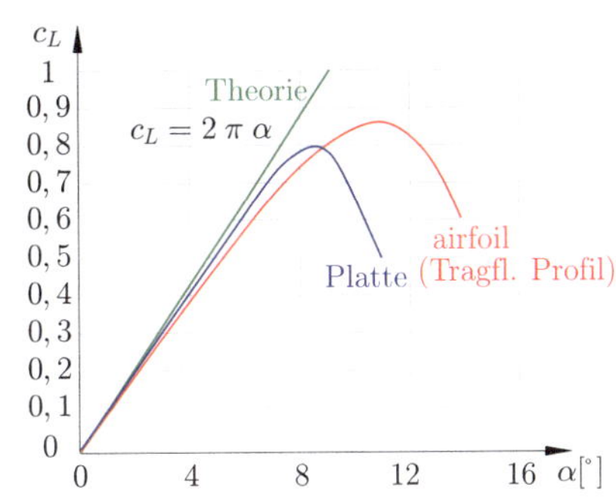

Abb. A.53 Auftriebsbeiwert über den Anstellwinkel

A.8 Linearisierte Theorie dünner Profile

A.8.1 Prinzip der Theorie dünner Profile

Bemerkung A.4
Bei der Untersuchung der Umströmung einer Tragfläche kann man folgende Vereinfachungen vornehmen
- Der Anstellwinkel α ist klein,
- die Profilkrümmung ist klein,
- die Profildicke ist klein und
- die Komponente u der Strömungsgeschwindigkeit ist klein.

Definition A.30 (Lin. dünne Tragflügel)
Man bezeichnet diese Vorgangsweise bei der Berechnung deshalb als Theorie linearisierter dünner Tragflügelprofile. (vgl. mit Abb. A.54).

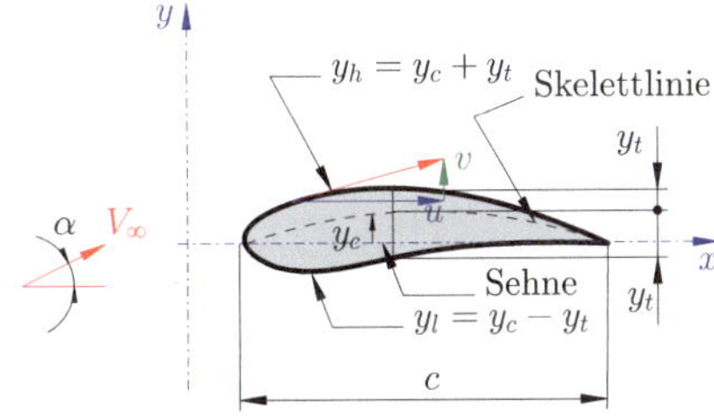

Abb. A.54 Definition der Skelettlinie und der Dickenverteilung

Definition A.31 (Skelettlinie & Dickenvert.)
Die Skelettlinie und die Dickenverteilung können durch die folgende beiden Gleichungen unterschieden werden:

- **Skelettlinie:**

$$y_c = \frac{1}{2}(y_u + y_e) \tag{A.352}$$

- **Dickenverteilung:**

$$y_t = \frac{1}{2}(y_u - y_e) \tag{A.353}$$

$$\left.\frac{dy}{dx}\right|_{\text{profile}} \approx \alpha + \frac{v}{V_\infty} \tag{A.354}$$

$$\frac{dy_c}{dx} = \alpha + \frac{v_\gamma(x)}{V_\infty}. \tag{A.355}$$

$$\frac{dy_t}{dx} = \pm\frac{v_q(x)}{V_\infty}. \tag{A.356}$$

A.8.2 Induzierte Geschwindigkeiten durch Singularitäten

$$u_\gamma(x) = \pm\frac{1}{2}\gamma(x)$$

$$v_\gamma(x) = -\frac{1}{2\pi} P \int_0^c \frac{\gamma(x')\,dx'}{(x - x')}. \tag{A.357}$$

A.8.3 Skelettlinie und Effekte des Anstellwinkels

$$v_\gamma(x) = V_\infty\left(\frac{dy_c}{dx} - \alpha\right)$$

$$= -\frac{1}{2\pi} P \int_0^c \frac{\gamma(x')\,dx'}{(x - x')} \tag{A.358}$$

Methode nach Glauert

Die Methode beruht auf der Annahme, dass es sich bei dünnen Tragflügeln um eine Ansammlung von Wirbeln handelt. Diese Wirbel repräsentieren die Verteilung der Auftriebs- und Widerstandskräfte entlang der Spannweite des Flügels.

Bei der Glauert-Methode werden sogenannte „Wirbelkerne" eingeführt, die die Wirbelstruktur der Strömung um den Flügel modellieren.

$$v_\gamma(x) = \frac{1}{2\pi} P \int_0^\pi \frac{\gamma(\varphi')\sin(\varphi')\,d\varphi'}{\cos(\varphi') - \cos(\varphi)}. \tag{A.359}$$

Lösung für die Geschwindigkeitskomponente u mittels der Methode nach Glauert

$$u = V_\infty\left(1 \pm \tan\left(\frac{\varphi}{2}\right)\alpha\right) \tag{A.360}$$

Lösung für die Wirbelverteilung nach der Methode mit dem Poisson-Glauert-Integral

$$\frac{dy_c}{dx} = -\left[A_0 + \sum_{n=1}^{\infty} A_n \cos(n\,\varphi)\right]. \tag{A.361}$$

Entwicklung der Koeffizienten durch Fourier-Reihenentwicklung

$$A_0 = \frac{1}{\pi}\int_0^\pi \frac{dy_c}{dx}\,d\varphi \tag{A.362}$$

$$A_n = -\frac{2}{\pi}\int_0^\pi \frac{dy_c}{dx}\cos(n\,\varphi)\,d\varphi. \tag{A.363}$$

Tangentiale Geschwindigkeit entlang der Skelettlinie

$$u(x) = V_\infty \pm \left[1 \pm \left\{(\alpha + A_0)\tan\left(\frac{\varphi}{2}\right) + \sum_{n=1}^{\infty} A_n \sin(n\,\varphi)\right\}\right] \quad (A.364)$$

A.8.4 Dickenverteilung

$$u(\varphi) = \frac{1}{\kappa}\left(V_\infty + u_q(\varphi)\right) \quad (A.365)$$

$$\kappa = \left[1 + \left(\frac{dy_t}{d_x}\right)^2\right]^{\frac{1}{2}} = \sqrt{1 + \left(\frac{dy_t}{d_x}\right)^2}. \quad (A.366)$$

A.8.5 Gekrümmte Profile mit Dickenverteilung

$$u(\varphi) = \frac{1}{\kappa}\left(V_\infty + u_\gamma(\varphi) + u_q(\varphi)\right) \quad (A.367)$$

$$u_\gamma(\varphi) = \pm\, V_\infty\left[(\alpha + A_0)\tan\left(\frac{\varphi}{2}\right) + \sum_{n=1}^{\infty} A_n \sin(n\,\varphi)\right] \quad (A.368)$$

$$u_q(\varphi) = V_\infty \sum_{\mu=1}^{\infty} B_n\,\mu\,\frac{\sin(n\,\varphi)}{\sin(\varphi)} \quad (A.369)$$

$$\kappa = \left[1 + \left(\frac{dy_t}{d_x}\right)^2\right]^{\frac{1}{2}} = \sqrt{1 + \left(\frac{dy_t}{d_x}\right)^2} \quad (A.370)$$

A.9 Räumliche Ansätze

A.9.1 Feldgrößen

Skalarfeld

Definition A.32 (Skalarfeld)
Bei dem Skalarfeld wird jedem Punkt eines Raumes eine reelle Zahl (Skalar) zugeordnet.

$$p(x, y, z) = p \quad (A.371)$$

Vektorfeld

Definition A.33 (Vektorfeld)
Beim Vektorfeld wird jedem Punkt eines Raumes ein Vektor zugeordnet.

$$\vec{v}(x, y, z) = \begin{pmatrix} v_x \\ v_y \\ v_z \end{pmatrix} \quad (A.372)$$

Rechenvorschriften

Gradient (Steigung)

$$\mathrm{grad}(h(x,\ y,\ z)) = \begin{bmatrix} \frac{\partial h}{\partial x} \\ \frac{\partial h}{\partial y} \\ \frac{\partial h}{\partial z} \end{bmatrix} \quad (A.373)$$

$$\mathrm{grad}(\vec{v}(x,\ y,\ z)) = \begin{bmatrix} \frac{\partial v_x}{\partial x} & \frac{\partial v_x}{\partial y} & \frac{\partial v_x}{\partial z} \\ \frac{\partial v_y}{\partial x} & \frac{\partial v_y}{\partial y} & \frac{\partial v_y}{\partial z} \\ \frac{\partial v_z}{\partial x} & \frac{\partial v_z}{\partial y} & \frac{\partial v_z}{\partial z} \end{bmatrix} \quad (A.374)$$

Divergenz (Ergiebigkeit)

$$\mathrm{div}(\vec{v}(x,\ y,\ z)) = \frac{\partial v_x}{\partial x} + \frac{\partial v_y}{\partial y} + \frac{\partial v_z}{\partial z} \quad (A.375)$$

Rotation (Drehung)

$$\mathrm{rot}(\vec{v}(x,\ y,\ z)) = \begin{bmatrix} \frac{\partial v_z}{\partial y} - \frac{\partial v_y}{\partial z} \\ \frac{\partial v_x}{\partial z} - \frac{\partial v_z}{\partial x} \\ \frac{\partial v_y}{\partial x} - \frac{\partial v_z}{\partial y} \end{bmatrix} \quad (A.376)$$

A.9.2 Räumliche Formulierung der Massenerhaltung

$$\Bigg[\underbrace{\left(\frac{\partial v_x}{\partial x}\,dx\right)dy\,dz}_{x\text{-Richtung}} + \underbrace{\left(\frac{\partial v_y}{\partial y}\,dy\right)dx\,dz}_{y\text{-Richtung}} + \underbrace{\left(\frac{\partial v_z}{\partial z}\,dz\right)dx\,dy}_{z\text{-Richtung}}\Bigg] = 0 \tag{A.377}$$

$$\frac{\partial v_x}{\partial x} + \frac{\partial v_y}{\partial y} + \frac{\partial v_z}{\partial z} = 0. \tag{A.378}$$

$$\operatorname{div}(\vec{v}(x, y, z)) = 0 \tag{A.379}$$

$$\vec{\nabla}\,\vec{v} = 0. \tag{A.380}$$

$$\frac{\partial v_x}{\partial x} + \frac{\partial v_y}{\partial y} + \frac{\partial v_z}{\partial z} = 0 \tag{A.381}$$

$$\operatorname{div}(\vec{v}(x, y, z)) = 0 \tag{A.382}$$

$$\vec{\nabla}\,\vec{v} = 0 \tag{A.383}$$

Würde die Massenerhaltung nicht gegeben sein, also diese Gleichungen nicht gleich Null sein, so würden Quellen oder Senken vorliegen.

A.10 Navier-Stokes-Gleichungen

A.10.1 Grundlegendes

Begriffe für die Herleitung

Definition A.34

Der Term $\frac{\partial \vec{v}}{\partial t}$ wird als lokale Beschleunigung und $\vec{v}$ grad $\vec{v}$ als konvektive Beschleunigung bezeichnet. Die Summe aus beiden wird als substantielle Beschleunigung

$$\frac{d\vec{v}}{dt} = \frac{\partial \vec{v}}{\partial t} + \vec{v}\operatorname{grad}\vec{v} \tag{A.384}$$

bezeichnet.

Äußere Kräfte

$$\vec{f} = \begin{pmatrix} f_x \\ f_y \\ f_z \end{pmatrix}. \tag{A.385}$$

Druckkräfte

$$\frac{1}{\varrho}\operatorname{grad} p. \tag{A.386}$$

Zähigkeitskräfte

$$F = \nu\,\Delta v. \tag{A.387}$$

Impulsgleichung

Die Euler-Gleichung

$$\frac{\overrightarrow{dv}}{dt} = \vec{f} - \frac{1}{\varrho}\operatorname{grad} p \tag{A.388}$$

Bzw. bei Betrachtung der Zähigkeit die

Die Navier-Stokes-Gleichung

$$\frac{\overrightarrow{dv}}{dt} = \vec{f} - \frac{1}{\varrho}\operatorname{grad} p + \nu\,\Delta v \tag{A.389}$$

Schreibt man alle Terme für die Raumrichtungen aus, erhält man die schlussendliche Form der **Navier-Stokes-Gleichung:**

$$\vec{f_x} - \frac{1}{\varrho}\frac{\partial p}{\partial x} + \nu\left(\frac{\partial^2 v_x}{\partial x^2} + \frac{\partial^2 v_x}{\partial y^2} + \frac{\partial^2 v_x}{\partial z^2}\right) = v_x\frac{\partial v_x}{\partial x} + v_y\frac{\partial v_x}{\partial y} + v_z\frac{\partial v_x}{\partial z} + \frac{\partial v_x}{\partial t} \tag{A.390}$$

$$\vec{f_y} - \frac{1}{\varrho}\frac{\partial p}{\partial y} + \nu\left(\frac{\partial^2 v_y}{\partial x^2} + \frac{\partial^2 v_y}{\partial y^2} + \frac{\partial^2 v_y}{\partial z^2}\right) = v_x\frac{\partial v_y}{\partial x} + v_y\frac{\partial v_y}{\partial y} + v_z\frac{\partial v_y}{\partial z} + \frac{\partial v_y}{\partial t} \tag{A.391}$$

$$\vec{f_z} - \frac{1}{\varrho}\frac{\partial p}{\partial z} + \nu\left(\frac{\partial^2 v_z}{\partial x^2} + \frac{\partial^2 v_z}{\partial y^2} + \frac{\partial^2 v_z}{\partial z^2}\right) = v_x\frac{\partial v_z}{\partial x} + v_y\frac{\partial v_z}{\partial y} + v_z\frac{\partial v_z}{\partial z} + \frac{\partial v_z}{\partial t} \tag{A.392}$$

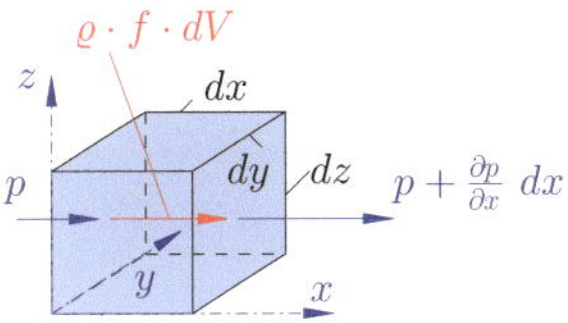

Abb. A.55 Volumenstück

wobei die einzelnen Terme

$$\underbrace{\overrightarrow{f_x}}_{\text{Kraft}} - \underbrace{\frac{1}{\varrho}\frac{\partial p}{\partial x}}_{\text{Druck}} + \underbrace{\nu\left(\frac{\partial^2 v_x}{\partial x^2} + \frac{\partial^2 v_x}{\partial y^2} + \frac{\partial^2 v_x}{\partial z^2}\right)}_{\text{Viskosität}} = \underbrace{v_x\frac{\partial v_x}{\partial x} + v_y\frac{\partial v_x}{\partial y} + v_z\frac{\partial v_x}{\partial z}}_{\text{Advektion}} + \frac{\partial v_x}{\partial t} \tag{A.393}$$

bedeuten.

Vergleich mit anderen Gleichungen der Hydrodynamik

Euler-Gleichung

Vgl. mit Abb. A.55.

$$\frac{dv_x}{dt} = -\frac{1}{\varrho}\frac{\partial p}{\partial x} + f_x \tag{A.394}$$

$$\frac{dv_y}{dt} = -\frac{1}{\varrho}\frac{\partial p}{\partial y} + f_y \tag{A.395}$$

$$\frac{dv_z}{dt} = -\frac{1}{\varrho}\frac{\partial p}{\partial z} + f_z \tag{A.396}$$

$$\frac{dv}{dt} = -\frac{1}{\varrho}\left(\frac{\partial p}{\partial x} + \frac{\partial p}{\partial y} + \frac{\partial p}{\partial z}\right) + f = -\frac{1}{\varrho}\nabla p + f \tag{A.397}$$

Übersicht und Unterschiede

Bernoulli-Gleichung

Die Bernoulli-Gleichung in deren einfachster Form beschreibt den Energiezustand eines Fluids unter idealen Voraussetzungen für inkompressible Strömungen und ohne Verluste. Erweitert man die Bernoulli-Gleichung um den Verlustterm, so können Reibungsverluste und manche Strömungsverluste eingerechnet werden. Wird die Bernoulli-Gleichung noch mit der Dichte erweitert, so kann diese auch auf Gase und der Aeromechanik angewendet werden. Es wird immer von stationären Strömungen ausgegangen und von Strömungen in der Ebene. Die Bernoulli-Gleichung beschreibt eine Strömung immer nur durch zwei Punkte, beim einmaligem Ansetzen.

Euler-Gleichung

Die Euler-Gleichung beschreibt die Energie eines Fluidteilchens entlang einer Stromlinie im Raum und vor allem instationär. Es liegt eine Abhängigkeit der Zeit vor. Zusätzlich können bei der Euler-Gleichung bereits äußere Einflüsse der Strömung wie Drücke, Quellen, Senken berücksichtigt werden. Die Euler-Gleichung kann sowohl auf kompressible als auch inkompressible Strömungen angewendet werden.

Navier-Stokes-Gleichungen

Die Navier-Stokes-Gleichungen erweitern die Euler-Gleichungen um den viskosen Term. Damit wird eine Unterscheidung zwischen Fluiden der Rheologie und den Newton'schen Fluiden möglich. Erfahrungsgemäß fließt Öl oder Honig bei tiefen Temperaturen schwerer als bei hohen, es herrscht also eine Temperaturabhängigkeit.

A.10.2 Formulierung

Formulierung in kartesischen Koordinaten

$$\overrightarrow{f_x} - \frac{1}{\varrho}\frac{\partial p}{\partial x} + \nu\left(\frac{\partial^2 v_x}{\partial x^2} + \frac{\partial^2 v_x}{\partial y^2} + \frac{\partial^2 v_x}{\partial z^2}\right) = v_x\frac{\partial v_x}{\partial x} + v_y\frac{\partial v_x}{\partial y} + v_z\frac{\partial v_x}{\partial z} + \frac{\partial v_x}{\partial t} \tag{A.398}$$

$$\overrightarrow{f_y} - \frac{1}{\varrho}\frac{\partial p}{\partial y} + \upsilon\left(\frac{\partial^2 v_y}{\partial x^2} + \frac{\partial^2 v_y}{\partial y^2} + \frac{\partial^2 v_y}{\partial z^2}\right) = v_x\frac{\partial v_y}{\partial x} + v_y\frac{\partial v_y}{\partial y} + v_z\frac{\partial v_y}{\partial z} + \frac{\partial v_y}{\partial t} \tag{A.399}$$

$$\vec{f_z} - \frac{1}{\varrho}\frac{\partial p}{\partial z} + \upsilon\left(\frac{\partial^2 v_z}{\partial x^2} + \frac{\partial^2 v_z}{\partial y^2} + \frac{\partial^2 v_z}{\partial z^2}\right) = v_x\frac{\partial v_z}{\partial x} + v_y\frac{\partial v_z}{\partial y} + v_z\frac{\partial v_z}{\partial z} + \frac{\partial v_z}{\partial t} \tag{A.400}$$

$$\underbrace{\vec{f_x}}_{\text{Kraft}} - \underbrace{\frac{1}{\varrho}\frac{\partial p}{\partial x}}_{\text{Druck}} + \nu\underbrace{\left(\frac{\partial^2 v_x}{\partial x^2} + \frac{\partial^2 v_x}{\partial y^2} + \frac{\partial^2 v_x}{\partial z^2}\right)}_{\text{Viskosität}} = \underbrace{v_x\frac{\partial v_x}{\partial x} + v_y\frac{\partial v_x}{\partial y} + v_z\frac{\partial v_x}{\partial z}}_{\text{Advektion}} + \frac{\partial v_x}{\partial t} \tag{A.401}$$

Formulierung in zylindrischen Koordinaten

$$x = r \cdot \cos(\vartheta) \tag{A.402}$$

$$y = r \cdot \sin(\vartheta) \tag{A.403}$$

$$z = z \tag{A.404}$$

$$\frac{\partial p}{\partial x};\quad \frac{\partial p}{\partial y};\quad \frac{\partial p}{\partial z} \tag{A.405}$$

$$f_r - \frac{1}{\varrho}\frac{\partial p}{\partial r} + \nu\left(\frac{1}{r}\frac{\partial}{\partial r}\left(r\frac{\partial v_r}{\partial r}\right) + \frac{1}{r^2}\frac{\partial^2 v_r}{\partial \vartheta^2} + \frac{\partial^2 v_r}{\partial z^2} - \frac{v_\vartheta^2}{r}\right) = v_r\frac{\partial v_r}{\partial r} + \frac{v_\vartheta}{r}\frac{\partial v_r}{\partial \vartheta} + v_z\frac{\partial v_r}{\partial z} - \frac{v_\vartheta^2}{r} + \frac{\partial v_r}{\partial t} \tag{A.406}$$

$$f_\vartheta - \frac{1}{\varrho r}\frac{\partial p}{\partial \vartheta} + \nu\left(\frac{1}{r}\frac{\partial}{\partial r}\left(r\frac{\partial v_\vartheta}{\partial r}\right) + \frac{1}{r^2}\frac{\partial^2 v_\vartheta}{\partial \vartheta^2} + \frac{\partial^2 v_\vartheta}{\partial z^2} + \frac{v_r v_\vartheta}{r}\right) = v_r\frac{\partial v_\vartheta}{\partial r} + \frac{v_\vartheta}{r}\frac{\partial v_\vartheta}{\partial \vartheta} + v_z\frac{\partial v_\vartheta}{\partial z} + \frac{v_r v_\vartheta}{r} + \frac{\partial v_\vartheta}{\partial t} \tag{A.407}$$

$$f_z - \frac{1}{\varrho}\frac{\partial p}{\partial z} + \nu\left(\frac{1}{r}\frac{\partial}{\partial r}\left(r\frac{\partial v_z}{\partial r}\right) + \frac{1}{r^2}\frac{\partial^2 v_z}{\partial \vartheta^2} + \frac{\partial^2 v_z}{\partial z^2}\right) = v_r\frac{\partial v_z}{\partial r} + \frac{v_\vartheta}{r}\frac{\partial v_z}{\partial \vartheta} + v_z\frac{\partial v_z}{\partial z} + \frac{\partial v_z}{\partial t} \tag{A.408}$$

Formulierung in Kugelkoordinaten

$$x = r \cdot \sin(\vartheta) \cdot \cos(\varphi) \tag{A.409}$$

$$y = r \cdot \sin(\vartheta) \cdot \sin(\varphi) \tag{A.410}$$

$$z = z \cdot \cos(\vartheta) \tag{A.411}$$

$$\frac{\partial p}{\partial x};\quad \frac{\partial p}{\partial y};\quad \frac{\partial p}{\partial z} \tag{A.412}$$

$$f_r - \frac{1}{\varrho}\frac{\partial p}{\partial r} + \nu\left(\frac{2}{r}\frac{\partial v_r}{\partial r} + \frac{v_r}{r^2} - \frac{2v_\vartheta^2}{r^2\tan(\vartheta)} - \frac{2v_\varphi^2}{r^2\sin^2(\vartheta)}\right) = v_r\frac{\partial v_r}{\partial r} + \frac{v_\vartheta^2}{r} + \frac{v_\varphi^2}{r\sin^2(\vartheta)} - \frac{v_r v_\vartheta \tan(\vartheta)}{r} - \frac{v_r v_\varphi}{r\sin^2(\vartheta)} + \frac{\partial v_r}{\partial t} \tag{A.413}$$

$$f_\vartheta - \frac{1}{\varrho r}\frac{\partial p}{\partial \vartheta} + \nu\left(\frac{1}{r\sin(\vartheta)}\frac{\partial}{\partial \vartheta}\left(\sin(\vartheta)\frac{\partial v_\vartheta}{\partial \vartheta}\right) + \frac{v_r^2}{r^2} - \frac{v_\vartheta^2}{r^2\tan(\vartheta)} - \frac{2v_\varphi^2}{r^2\sin^2(\vartheta)}\right) = v_r\frac{\partial v_\vartheta}{\partial r} + \frac{v_\vartheta}{r}\frac{\partial v_\vartheta}{\partial \vartheta} + \frac{v_\varphi^2\cos(\vartheta)}{r\sin^2(\vartheta)} - \frac{v_r v_\varphi \cos(\vartheta)}{r\sin^2(\vartheta)} + \frac{\partial v_\vartheta}{\partial t} \tag{A.414}$$

$$f_\varphi - \frac{1}{\varrho r\sin(\vartheta)}\frac{\partial p}{\partial \varphi} + \nu\left(\frac{1}{r\sin(\vartheta)}\frac{\partial}{\partial \varphi}\left(\frac{\partial v_\varphi}{\partial \varphi}\right) + \frac{v_r^2}{r^2} - \frac{v_\vartheta^2}{r^2\tan(\vartheta)}\right) = v_r\frac{\partial v_\varphi}{\partial r} + \frac{v_\vartheta}{r}\frac{\partial v_\varphi}{\partial \vartheta} + \frac{v_\varphi}{r\sin(\vartheta)}\frac{\partial v_\varphi}{\partial \varphi} + \frac{\partial v_\varphi}{\partial t} \tag{A.415}$$

A.10.3 Weiterführende Untersuchungen

Impulsgleichung in Komponenten

$$\frac{\partial(\varrho v_x)}{\partial t} + \frac{\partial(\varrho v_x^2)}{\partial x} + \frac{\partial(\varrho v_x v_y)}{\partial y} + \frac{\partial(\varrho v_x v_z)}{\partial z}$$
$$= -\frac{\partial p}{\partial x} + \frac{\partial}{\partial x}\left[\mu\left(2\frac{\partial v_x}{\partial x} - \frac{2}{3}(\nabla \cdot \vec{v})\right)\right]$$
$$+ \frac{\partial}{\partial y}\left[\mu\left(\frac{\partial v_x}{\partial y} + \frac{\partial v_y}{\partial x}\right)\right]$$
$$+ \frac{\partial}{\partial z}\left[\mu\left(\frac{\partial v_x}{\partial z} + \frac{\partial v_z}{\partial x}\right)\right] + f_x \quad \text{(A.416)}$$

$$\frac{\partial(\varrho v_y)}{\partial t} + \frac{\partial(\varrho v_x v_y)}{\partial x} + \frac{\partial(\varrho v_y^2)}{\partial y} + \frac{\partial(\varrho v_y v_z)}{\partial z}$$
$$= -\frac{\partial p}{\partial y} + \frac{\partial}{\partial x}\left[\mu\left(\frac{\partial v_y}{\partial x} + \frac{\partial v_x}{\partial y}\right)\right]$$
$$+ \frac{\partial}{\partial y}\left[\mu\left(2\frac{\partial v_y}{\partial y} - \frac{2}{3}(\nabla \cdot \vec{v})\right)\right]$$
$$+ \frac{\partial}{\partial z}\left[\mu\left(\frac{\partial v_y}{\partial z} + \frac{\partial v_z}{\partial y}\right)\right] + f_y \quad \text{(A.417)}$$

$$\frac{\partial(\varrho v_z)}{\partial t} + \frac{\partial(\varrho v_x v_z)}{\partial x} + \frac{\partial(\varrho v_y v_z)}{\partial y} + \frac{\partial(\varrho v_z^2)}{\partial z}$$
$$= -\frac{\partial p}{\partial z} + \frac{\partial}{\partial x}\left[\mu\left(\frac{\partial v_z}{\partial x} + \frac{\partial v_x}{\partial z}\right)\right]$$
$$+ \frac{\partial}{\partial y}\left[\mu\left(\frac{\partial v_z}{\partial y} + \frac{\partial v_y}{\partial z}\right)\right]$$
$$+ \frac{\partial}{\partial z}\left[\mu\left(2\frac{\partial v_z}{\partial z} - \frac{2}{3}(\nabla \cdot \vec{v})\right)\right] + f_z \quad \text{(A.418)}$$

Entdimensionalisierung

$$\vec{x}^* := \frac{\vec{x}}{L}, \nabla^* := L\nabla, \quad \Delta^* := L^2\Delta,$$
$$\vec{v}^* := \frac{\vec{v}}{v_\infty} \quad \text{(A.419)}$$
$$t^* := \frac{v_\infty t}{L}, \quad \varrho^* := \frac{\varrho}{\varrho_\infty}, \quad p^* := \frac{p}{\varrho_\infty v_\infty^2},$$
$$\vec{f}^* := \frac{L\vec{f}}{\varrho_\infty v_\infty^2}. \quad \text{(A.420)}$$

Daraus ergibt sich schlussendlich die dimensionslose Impulsgleichung zu

$$\varrho^*\left(\frac{\partial \vec{v}^*}{\partial t^*} + (\vec{v}^* \cdot \nabla^*)\vec{v}^*\right) = -\nabla^* p^*$$
$$+ \frac{1}{Re}\Delta^*\vec{v}^* + \frac{1}{3Re}\nabla^*(\nabla^* \cdot \vec{v}^*) + \vec{f}^*. \quad \text{(A.421)}$$

Darin stellt Re die Reynolds-Zahl dar, diese wird nach bereits behandelten Gleichungen durch

$$Re = \frac{L\varrho_\infty v_\infty}{\mu} \quad \text{(A.422)}$$

berechnet.

Für Strömungen mit freier Oberfläche enthält die Kraftdichte $\vec{f}^*$ die Froude-Zahl. Die Froude-Zahl stellt das Verhältnis zwischen Schwer- und Trägheitskräften auf.

$$Fr = \frac{v}{\sqrt{g \cdot L}} \quad \text{(A.423)}$$

berechnen, wobei v die Strömungsgeschwindigkeit, g die Erdbeschleunigung und L die charakteristische Länge L ist.

Ergebnisse der Froude-Zahl sind wie folgt zu interpretieren:

- $Fr < 1$: Subkritische Strömung (oder ruhige Strömung), bei der die Auswirkungen der Schwerkraft dominieren und die Strömung durch das Vorhandensein von Oberflächenwellen gekennzeichnet ist.
- $Fr = 1$: Kritische Strömung, die den Übergang zwischen subkritischer und superkritischer Strömung markiert. An diesem Punkt entspricht die Strömungsgeschwindigkeit der Wellengeschwindigkeit, und die Strömung gilt als kritisch.
- $Fr > 1$: Superkritische Strömung, Superkritische Strömung, bei der Trägheitskräfte dominieren und die Strömung durch eine steile, wellige Front gekennzeichnet ist.

Herleitung der Impulsgleichung

Chapman-Enskog-Entwicklung

Die Boltzmann-Gleichung lautet:

$$\frac{\partial f}{\partial t} + \mathbf{v} \cdot \nabla f = J(f, f) \quad \text{(A.424)}$$

$$f = f_0 + \varepsilon f_1. \quad \text{(A.425)}$$

Hier ist f_0 die Maxwell-Boltzmann-Verteilung, ε ein kleiner Parameter, der das Nichtgleichgewicht quantifiziert, und f_1 ist die erste Ordnung der Abweichung von der Gleichgewichtsverteilung.

Die Maxwell-Boltzmann-Verteilung f_0 ist gegeben durch:

$$f_0 = \frac{n}{(2\pi RT)^{3/2}} e^{-\frac{m|\mathbf{v}|^2}{2RT}} \tag{A.426}$$

Die Koeffizienten C_1 und C_2 sind mit dem Kollisionsoperator $J(f, f)$ und der Maxwell-Boltzmann-Verteilung f_0 verbunden. Durch Integration der Boltzmann-Gleichung über Geschwindigkeitsraum und Anwendung der Maxwell-Boltzmann-Verteilung auf die Kollisionsterme kann man diese Koeffizienten berechnen.

$$f_1 = -\frac{1}{n} C_1 \nabla \cdot \mathbf{v} + \frac{1}{2nRT} C_2 \nabla^2 T. \tag{A.427}$$

$$\eta = \frac{5}{16} \frac{n}{\sqrt{\pi}\sigma^2} \sqrt{\frac{RT}{m}}. \tag{A.428}$$

Newton'sche Annahme und lineare Viskosität

Aus der Newton'schen Annahme folgt gemäß der Kontinuumsmechanik für die Navier-Stokes-Gleichungen, dass eine lineare Viskosität vorliegt.

Spannungen und Kraftfluss

$$\vec{F} = \int_A \vec{s}\, dA = \int_V \operatorname{div} \sigma\, dV \tag{A.429}$$

Substantielle Beschleunigung

$$\begin{aligned} \dot{\vec{v}} &:= \frac{\partial \vec{v}}{\partial t} + (\vec{v} \cdot \nabla) \vec{v} \\ &= \frac{\partial \vec{v}}{\partial t} + \vec{v} \cdot (\nabla \otimes \vec{v}) \\ &= \frac{\partial \vec{v}}{\partial t} + (\nabla \otimes \vec{v})^\top \cdot \vec{v} \\ &= \frac{\partial \vec{v}}{\partial t} + \operatorname{grad}(\vec{v}) \cdot \vec{v} \end{aligned} \tag{A.430}$$

1. Cauchy-Euler'sche Bewegungsgesetz

$$\dot{\vec{v}} = \operatorname{div} \sigma + \vec{f} \tag{A.431}$$

Materialmodelle, Invarianten und Navier-Stokes-Gleichung

$$\begin{aligned} \mathbf{d} &:= \frac{1}{2}\left[\nabla \otimes \vec{v} + (\nabla \otimes \vec{v})^\top\right] \\ &= \frac{1}{2} \begin{pmatrix} 2\frac{\partial v_x}{\partial x} & \frac{\partial v_x}{\partial y} + \frac{\partial v_y}{\partial x} & \frac{\partial v_z}{\partial z} + \frac{\partial v_z}{\partial x} \\ & 2\frac{\partial v_y}{\partial y} & \frac{\partial v_y}{\partial z} + \frac{\partial v_z}{\partial y} \\ \text{sym.} & & 2\frac{\partial v_z}{\partial z} \end{pmatrix} \end{aligned} \tag{A.432}$$

$$\begin{aligned} \sigma &= -p1 + \lambda \operatorname{Sp}(\mathbf{d})\mathbf{1} + 2\mu\mathbf{d} \\ &= -p\mathbf{1} + \zeta \operatorname{Sp}(\mathbf{d})\mathbf{1} + 2\mu\mathbf{d}^{\mathrm{D}} \end{aligned} \tag{A.433}$$

Navier-Stokes-Gleichungen für inkompressible Fluide

Grundlagen zur Inkompressibilität und den Impulsgleichungen

$$\varrho\left(\frac{\partial \vec{v}}{\partial t} + (\vec{v} \cdot \nabla)\vec{v}\right) = -\nabla p + \mu \Delta \vec{v} + \vec{f} \tag{A.434}$$

Theorem A.10

(Satz für inkompressible Navier-Stokes-Gleichungen mit variabler Dichte) Ein Gleichungssystem, bestehend aus zwei DGL für die Geschwindigkeiten und dem Druck in Abhängigkeit der Zeit und Ort wird als inkompressible Navier-Stokes-Gleichungen mit variabler Dichte beschrieben.

$$\frac{\partial \vec{v}}{\partial t} + (\vec{v} \cdot \nabla)\vec{v} = -\nabla \overline{p} + \nu \Delta \vec{v} + \overline{\vec{f}} \tag{A.435}$$

Navier-Stokes-Gleichungen für kompressible Fluide

Bemerkung A.5 (Gleichungssatz für die kompressiblen Navier-Stokes-Gleichungen)
Es folgt an Satz von Gleichungen, der aus folgenden Gleichungen besteht:
- Massenerhaltung;
- Impulsbilanz;
- Energiebilanz und
- Zustandsgleichung.

Massenerhaltung

$$\frac{\partial \varrho}{\partial t} + \nabla \cdot \vec{m} = 0. \tag{A.436}$$

Impulserhaltung

$$\varrho \dot{v}_i := \partial_t m_i + \sum_{j=1}^{3} \partial_{x_j} m_i v_j = -\partial_{x_i} p + \sum_{j=1}^{3} \partial_{x_j} S_{ij} + f_i \qquad (i = 1, 2, 3) \tag{A.437}$$

$$S_{ij} = \mu(\partial_{x_j} v_i + \partial_{x_i} v_j) + \lambda \delta_{ij} \sum_{k=1}^{3} \partial_{x_k} v_k \qquad (i, j = 1, 2, 3) \tag{A.438}$$

$$\begin{aligned} \varrho \dot{\vec{v}} &= \frac{\partial \vec{m}}{\partial t} + \nabla \cdot (\vec{v} \otimes \vec{m}) \\ &= \nabla \cdot (-p\mathbf{1} + \mathbf{S}) + \vec{f}, \end{aligned} \tag{A.439}$$

wobei

$$\begin{aligned} \mathbf{S} &= \mu\big[(\nabla \otimes \vec{v})^{\top} + \nabla \otimes \vec{v}\big] + \lambda(\nabla \cdot \vec{v})\mathbf{1} \\ &= 2\mu \mathbf{d} + \lambda \operatorname{Sp}(\mathbf{d})\mathbf{1} \end{aligned} \tag{A.440}$$

Energieerhaltung

$$\vec{W} = -\kappa \nabla T \tag{A.441}$$

Zustandsgleichung

$$e = c_v T = \frac{RT}{\gamma - 1} = \frac{p}{\rho \cdot (\gamma - 1)}. \tag{A.442}$$

A.11 Turbulenz

A.11.1 Eigenschaften von turbulenten Strömungen

Coandă Effekt

Der Coandă-Effekt beschreibt das Phänomen, bei dem ein Fluid, dazu neigt, einem gekrümmten Oberflächenverlauf zu folgen, anstatt sich in gerader Linie fortzusetzen. Dieses Phänomen tritt aufgrund der viskosen Haftung des Strömungsmediums an der Oberfläche auf.

Riblet

Riblets sind winzige längliche Strukturen, die auf Oberflächen angebracht werden, um die Strömungseigenschaften zu beeinflussen. Diese Mikrostrukturen sind normalerweise in Form von länglichen Rillen oder Rippen ausgeführt. Zu vergleichen sind diese mit dem Dimpel eines Golfballs.

A.11.2 Reynold'sche Zerlegungstheorie

$$u(x, t) = \overline{u(x)} + u'(x, t) \tag{A.443}$$

A.11.3 Unterteilung der Turbulenz

Isotrope Turbulenz

$$\overline{u'^2} = \overline{w'^2} = \overline{v'^2} \tag{A.444}$$

Normalspannungen

$$\tau_{ii} = -\varrho\overline{u'^2} = -\varrho\overline{w'^2} = -\varrho\overline{v'^2} = \text{const.} \tag{A.445}$$

Schubspannungen

$$\tau_{ij} = -\varrho\overline{u'v'} = -\varrho\overline{u'w'} = -\varrho\overline{v'w'} = 0. \tag{A.446}$$

Homogene Turbulenz

$$\overline{u'^2} = C_1 = \text{const.} \tag{A.447}$$

$$\overline{w'^2} = C_2 = \text{const.} \tag{A.448}$$

$$\overline{v'^2} = C_3 = \text{const.} \tag{A.449}$$

A.11.4 Wichtige Begriffe

Turbulenzlänge

Definition A.35 (Turbulenzlänge)
Die Turbulenzlänge repräsentiert die charakteristische Größe der Wirbelstrukturen oder Turbulenzelemente in einer turbulenten Strömung. Sie gibt an, in welchem Abstand sich typische Wirbel in der Strömung wiederholen.

Turbulenzintensität

Definition A.36 (Turbulenzintensität)
Die Turbulenzintensität ist ein Maß für die Stärke der turbulenten Schwankungen in einer Strömung im Verhältnis zur mittleren Strömungsgeschwindigkeit.

Wirbelstärke

Definition A.37 (Wirbelstärke)
Unter Wirbelstärke versteht man die Intensität oder die Größe von Wirbeln in einer Strömung.

Vortizität

$$\boldsymbol{\omega} = \nabla \times \mathbf{u} \tag{A.450}$$

A.11.5 Schließungssätze

Prandtl'sche Mischungsweghypothese

$$l_m^2 = l \cdot \sqrt{(\Delta y)^2} \tag{A.451}$$

$$\tau = \varrho l_m^2 \left|\frac{\partial \overline{u}}{\partial y}\right| \frac{\partial \overline{u}}{\partial y} \tag{A.452}$$

$$\varepsilon_m = l_m^2 \left|\frac{d\overline{u}}{dy}\right|. \tag{A.453}$$

A.11.6 Turbulenzmodelle

Reynoldsgemittelten Navier-Stokes-Gleichungen (RANS-Gleichungen)

$$\varrho \frac{\partial u_i}{\partial t} + \varrho\left(\frac{\partial u_i u_j}{\partial x_j}\right) = f_i - \frac{\partial p}{\partial x_i} + \eta \frac{\partial}{\partial x_j}\left(\frac{\partial u_i}{\partial x_j} + \frac{\partial u_j}{\partial x_i}\right). \tag{A.454}$$

$$\varrho \frac{\partial \bar{u}_i}{\partial t} + \varrho\left(\frac{\partial \bar{u}_i \bar{u}_j}{\partial x_j}\right) = \bar{f}_i - \frac{\partial \bar{p}}{\partial x_i} + \frac{\partial}{\partial x_j} \cdot \left(\eta\left(\frac{\partial \bar{u}_i}{\partial x_j} + \frac{\partial \bar{u}_j}{\partial x_i}\right) - \varrho \underbrace{\overline{u_i' u_j'}}_{\text{RST}}\right) \tag{A.455}$$

Reynolds-Spannungstensor

$$-\tau_{ij} = \varrho \overline{u_i' u_j'} = \varrho \begin{pmatrix} \overline{u_1' u_1'} & \overline{u_1' u_2'} & \overline{u_1' u_3'} \\ \overline{u_2' u_1'} & \overline{u_2' u_2'} & \overline{u_2' u_3'} \\ \overline{u_3' u_1'} & \overline{u_3' u_2'} & \overline{u_3' u_3'} \end{pmatrix}. \tag{A.456}$$

Reynolds-Spannungsgleichungen

$$-\tau_{ij} = \varrho \begin{pmatrix} \overline{u_1' u_1'} & \overline{u_1' u_2'} & \overline{u_1' u_3'} \\ \overline{u_2' u_1'} & \overline{u_2' u_2'} & \overline{u_2' u_3'} \\ \overline{u_3' u_1'} & \overline{u_3' u_2'} & \overline{u_3' u_3'} \end{pmatrix}. \tag{A.457}$$

Lösung des Reynolds-Spannungstensor mithilfe von Wirbelviskositätsmodelle

$$\varrho \overline{u_i' u_j'} = -\mu_t \left(\frac{\partial \bar{u}_i}{\partial x_j} + \frac{\partial \bar{u}_j}{\partial x_i}\right) + \frac{2}{3} \varrho k \delta_{ij}. \tag{A.458}$$

ϱ … Dichte
$\overline{u_i}$ … gemittelte Geschwindigkeit
μ_t … turbulente Wirbelviskosität
k … kinetische Energie der Turbulenz
δ_{ij} … Kronecker Delta

Kinetische Energie der Turbulenz k

$$k = \frac{\overline{u_i' u_i'}}{2} = \frac{\overline{u_x' u_x' + u_y' u_y' + u_z' u_z'}}{2}. \tag{A.459}$$

Turbulenter Druckterm

$$\frac{2}{3}\varrho k \delta_{ij} \tag{A.460}$$

Nullgleichungsmodelle

- Baldwin-Lomax-Modell bzw.

Eingleichungsmodelle

- Spalart-Allmaras-Modell

$$\varrho \frac{\partial \tilde{\nu}}{\partial t} + \varrho \frac{\partial(\tilde{\nu} u_i)}{\partial x_i} = \frac{1}{\sigma_{\tilde{\nu}}}\left[\frac{\partial}{\partial x_j}\left\{(\mu + \varrho\tilde{\nu})\frac{\partial \tilde{\nu}}{\partial x_j}\right\} + C_{b2}\varrho\left(\frac{\partial \tilde{\nu}}{\partial x_j}\right)^2\right] - C_{\omega 1}\varrho f_\omega \left(\frac{\tilde{\nu}}{d}\right)^2 + C_{b1}\varrho \tilde{S}\tilde{\nu}. \tag{A.461}$$

Zweigleichungsmodelle

- Standard k-ε-Turbulenzmodell

$$\varrho \frac{\partial k}{\partial t} + \varrho \bar{u}_j \frac{\partial k}{\partial x_j} = C_\mu \varrho \mu_t \left(\frac{\partial \bar{u}_i}{\partial x_j} + \frac{\partial \bar{u}_j}{\partial x_i}\right) \cdot \frac{\partial \bar{u}_i}{\partial x_j} - \varrho\varepsilon + \frac{\partial}{\partial x_j}\left[\left(\mu + \frac{\mu_t}{\sigma_k}\right)\frac{\partial k}{\partial x_j}\right] \tag{A.462}$$

$$\varrho \frac{\partial \varepsilon}{\partial t} + \varrho \bar{u}_j \frac{\partial \varepsilon}{\partial x_j} = C_{\varepsilon 1}\frac{\varepsilon}{k}\tau_{ij}\frac{\partial \bar{u}_i}{\partial x_j} - C_{\varepsilon 2}\frac{\varepsilon^2}{k}C_\mu \varrho \mu_t \left(\frac{\partial \bar{u}_i}{\partial x_j} + \frac{\partial \bar{u}_j}{\partial x_i}\right)\frac{\partial \bar{u}_i}{\partial x_j} - C_{\varepsilon 2}\varrho\frac{\varepsilon^2}{k} + \frac{\partial}{\partial x_j}\left[\left(\mu + \frac{\mu_t}{\sigma_\varepsilon}\right)\frac{\partial \varepsilon}{\partial x_j}\right]. \tag{A.463}$$

- $C_\mu = 0{,}09$
- $C_{\varepsilon 1} = 1{,}44$
- $C_{\varepsilon 2} = 1{,}92$
- $\sigma_\varepsilon = 1{,}3$
- $\sigma_k = 1$

$$\varrho \frac{\partial k}{\partial t} + \varrho \bar{u}_j \frac{\partial k}{\partial x_j} = 0{,}09\varrho\mu_t\left(\frac{\partial \bar{u}_i}{\partial x_j} + \frac{\partial \bar{u}_j}{\partial x_i}\right)\frac{\partial \bar{u}_i}{\partial x_j} - \varrho\varepsilon + \frac{\partial}{\partial x_j}\left[(\mu + \mu_t)\frac{\partial k}{\partial x_j}\right]; \tag{A.464}$$

$$\varrho \frac{\partial \varepsilon}{\partial t} + \varrho \bar{u}_j \frac{\partial \varepsilon}{\partial x_j} = 1{,}44\frac{\varepsilon}{k}\tau_{ij}\frac{\partial \bar{u}_i}{\partial x_j} - 0{,}09\frac{\varepsilon^2}{k}\varrho\mu_t\left(\frac{\partial \bar{u}_i}{\partial x_j} + \frac{\partial \bar{u}_j}{\partial x_i}\right)\frac{\partial \bar{u}_i}{\partial x_j} - 1{,}92\varrho\frac{\varepsilon^2}{k} + \frac{\partial}{\partial x_j}\left[(\mu + \frac{\mu_t}{1{,}3})\frac{\partial \varepsilon}{\partial x_j}\right] \tag{A.465}$$

- Nichtlineares k-ε-Turbulenzmodell

$$\varrho \frac{\partial k}{\partial t} + \varrho \bar{u}_j \frac{\partial k}{\partial x_j} = P_k - \beta^* \varrho k \varepsilon + \frac{\partial}{\partial x_j}\left[\left(\mu + \frac{\mu_t}{\sigma_k}\right)\frac{\partial k}{\partial x_j}\right] \tag{A.466}$$

$$\varrho \frac{\partial \varepsilon}{\partial t} + \varrho \bar{u}_j \frac{\partial \varepsilon}{\partial x_j} = C_{\varepsilon 1}\frac{\varepsilon}{k}P_k - C_{\varepsilon 2}\varrho\frac{\varepsilon^2}{k} + \frac{\partial}{\partial x_j}\left[\left(\mu + \frac{\mu_t}{\sigma_\varepsilon}\right)\frac{\partial \varepsilon}{\partial x_j}\right] \tag{A.467}$$

$$C_\mu \varrho \mu_t \left(\frac{\partial \bar{u}_i}{\partial x_j} + \frac{\partial \bar{u}_j}{\partial x_i}\right). \tag{A.468}$$

- V2F-Turbulenzmodell

$$\frac{\partial \overline{v'^2}}{\partial t} + u \cdot \nabla \overline{v'^2} = k f_{22} - \overline{v'^2}\frac{\varepsilon}{k} + \nabla\left[\left(\nu + \frac{\nu_t}{\sigma_k}\right)\nabla \overline{v'^2}\right]. \tag{A.469}$$

$$C_{\varepsilon 1} = 1{,}3 + \left[\frac{0{,}25}{1 + \left(\frac{d}{2l}\right)^8}\right] \tag{A.470}$$

berechnet. Die übrigen Modellkonstanten sind gegeben mit:

- $C_\mu = 0{,}19$
- $C_{\varepsilon 2} = 1{,}9$
- $C_1 = 1{,}4$
- $C_2 = 0{,}3$
- $C_L = 0{,}3$
- $C_\eta = 70{,}0$
- $\sigma_\varepsilon = 1{,}3$
- $\sigma_k = 1{,}0$

- k-ω-Turbulenzmodell

$$\varrho\frac{\partial k}{\partial t}+\varrho\bar{u}_j\frac{\partial k}{\partial x_j}=C_\mu\varrho\mu_t\left(\frac{\partial\bar{u}_i}{\partial x_j}+\frac{\partial\bar{u}_j}{\partial x_i}\right)\frac{\partial\bar{u}_i}{\partial x_j}-\beta^*\varrho k\omega+\frac{\partial}{\partial x_j}\left[(\mu+\sigma^*\mu_t)\frac{\partial k}{\partial x_j}\right] \quad \text{(A.471)}$$

$$\varrho\frac{\partial\omega}{\partial t}+\varrho\bar{u}_j\frac{\partial\omega}{\partial x_j}=\alpha\frac{\omega}{k}C_\mu\varrho\mu_t\left(\frac{\partial\bar{u}_i}{\partial x_j}+\frac{\partial\bar{u}_j}{\partial x_i}\right)\cdot\frac{\partial\bar{u}_i}{\partial x_j}-\beta\varrho\omega^2+\frac{\partial}{\partial x_j}\left[(\mu+\sigma\mu_t)\frac{\partial\omega}{\partial x_j}\right] \quad \text{(A.472)}$$

A.11.7 Lineare Stabilitätstheorie

Grundlagen

$$u=U_0(x,y)+u'(x,y,z,t), \quad \text{(A.473)}$$
$$v=V_0(x,y)+v'(x,y,z,t), \quad \text{(A.474)}$$
$$w=W_0(x,y)+w'(x,y,z,t), \quad \text{(A.475)}$$
$$\varrho=\varrho_0(x,y)+\varrho'(x,y,z,t),$$
$$p=P_0(x,y)+p'(x,y,z,t), \quad \text{(A.476)}$$
$$T=T_0(x,y)+T'(x,y,z,t) \quad \text{(A.477)}$$

Annahmen

- Es müssen dazu einige Annahmen getroffen werden. Die Navier-Stokes-Gleichungen müssen der stationären Grundströmung genügen. Dies lässt alle Störgrößen in den Navier-Stokes-Gleichungen verschwinden.
- Aufdicken einer Grenzschicht wird vernachlässigt. Mittels der Kontinuitätsgleichung wird die normale Geschwindigkeitskomponente v_0 vernachlässigt. Es folgt eine lokale Theorie bei jeder Position x in Stromabrichtung $U_0=U_0(y)$, $W_0=W_0(y)$, $P_0=P_0(y)\ldots V_0=0$
- Es können die Gleichungen bzgl. der Grundströmung linearisiert werden, da kleine Störungen vorliegen. Es verschwinden alle Quadrate der Störgrößen aus den Gleichungen

Störansatz

$$u'=\hat{u}(y)\cdot e^{i(\alpha x+\gamma z-\omega t)} \quad \text{(A.478)}$$

$\alpha_r\ldots$	Wellenzahl in Strömungsrichtung (Wellenlänge $\lambda_x=2\pi/\alpha_r$)
$\gamma\ldots$	Wellenzahl in Querrichtung (Wellenlänge $\lambda_z=2\pi/\gamma$)
$k=\sqrt{\alpha_r^2+\gamma_r^2}\ldots$	Wellenzahl in Ausbreitungsrichtung
$\omega_r\ldots$	Kreisfrequenz (Periodendauer $\lambda_T=2\pi/\omega_r$)
$\alpha_i\ldots$	räumliche Anfachungsrate in x-Richtung (Anfachung für $\alpha_i<0$)
$\omega_i\ldots$	zeitliche Anfachungsrate (Anfachung für $\omega_i>0$)
$\lvert\hat{u}(y)\rvert\ldots$	Amplitudenverlauf von u' über y
$\arg\{\hat{u}(y)\}\ldots$	Phasenverlauf von u' über y
$\omega_r/\alpha_r\ldots$	Phasengeschwindigkeit der Störwelle in x-Richtung
$\partial\omega_r/\partial\alpha_r\ldots$	Gruppengeschwindigkeit der Störwelle in x-Richtung

Zeitliches und räumliches Modell

Zeitliches Modell

Wellenzahlen (α_r und $\gamma\omega_r$) werden vorgegeben und daraus die Frequenz ω_r und die zeitliche Anfechtungsrate ω_i folgt.

Räumliches Modell

Beim räumlichen Modell wird die Querwellenzahl γ und die Frequenz ω_r vorgegeben, wodurch die Wellenzahl in x, α_r, und die räumliche Anfachungsrate α_i erhält.

Gaster-Transformation

Nimmt man kleine Anfangsraten an, so ermöglicht die Gaster-Transformation die Transformation zwischen zeitlichem und räumlichen Modell.

$$\frac{\omega_i^{\text{zeit}}}{\alpha_i^{\text{raum}}}=-\frac{\partial\omega_r}{\partial\alpha_r}. \quad \text{(A.479)}$$

Inkompressible Stabilitätsgleichungen

Orr-Sommerfeld-Gleichung

$$(\hat{v} - u)v + u''v - uv'' + i\alpha \frac{1}{Re}(v'''' - 2k^2 v'') = 0 \qquad \text{(A.480)}$$

$\hat{v}$ ... Eigenwertspektrum (Frequenz der Störung im Ruhesystem der Strömung)

u ... Grundströmungsgeschwindigkeit

v ... Querströmungsgeschwindigkeitsstörung (Störungskomponente senkrecht zur Grundströmung)

α ... Wellenzahl (räumliche Variationsrate)

β ... Querwellenzahl

k ... Axiale Wellenzahl (im Allgemeinen $k = \sqrt{\alpha^2 - \beta^2}$

Re ... Reynolds-Zahl

$\sigma < 0 \implies$ instabile Störung

$\sigma > 0 \implies$ stabile Störung

Squire-Gleichung

$$\hat{v}w - uw'' + i\beta \frac{1}{Re}(w'''' - 2k^2 w'') = 0 \qquad \text{(A.481)}$$

$\hat{v}$ ... Eigenwertspektrum (Frequenz der Störung im Ruhesystem der Strömung)

u ... Grundströmungsgeschwindigkeit

v ... Querströmungsgeschwindigkeitsstörung (Störungskomponente senkrecht zur Grundströmung)

α ... Wellenzahl (räumliche Variationsrate)

β ... Querwellenzahl

k ... Axiale Wellenzahl (im Allgemeinen $k = \sqrt{\alpha^2 - \beta^2}$

Re ... Reynolds-Zahl

Folgerungen

Reibungsfreie Instabilität

Für reibungsfreie Strömungen ($Re \to \infty$) lassen sich aus der linearen Stabilitätstheorie folgende Theoreme ableiten:

Theorem A.11 (Rayleigh-Theorem Nr. 1)

Eine notwendige Bedingung für reibungsfreie Instabilität ist ein Wendepunkt im Geschwindigkeitsprofil.

Theorem A.12 (Rayleigh-Theorem Nr. 2)

Die Phasengeschwindigkeit einer angefachten Störung liegt stets zwischen dem Minimal- und dem Maximalwert der Grundströmung $u(y)$ [64].

Theorem A.13 (Tollmien-Theorem)

Für eine Grenzschicht ist es notwendig und hinreichend für reibungsfreie Instabilität, dass die Grundströmung einen Wendepunkt besitzt. Ein Wendepunkt beeinflusst somit wesentlich das Stabilitätsverhalten. Aus dem Theorem von Tollmien folgt außerdem, dass die Blasius-Grenzschicht erst durch den Einfluss der Reibung instabil wird [64].

A.11.8 Fluiddynamische Grenzschicht

Grenzschichttheorie von Prandtl

Grenzschichtdicke δ

$$\delta: \quad v_x(y = \delta) = 0{,}99 \cdot v_0. \qquad \text{(A.482)}$$

$$\delta \simeq \sqrt{\frac{\nu \cdot x}{v_0}}. \qquad \text{(A.483)}$$

Geschwindigkeit

$$v_x(y) \approx v_0 \cdot \left[1 - \left(1 - \frac{y}{\delta}\right)^2\right] \qquad \text{(A.484)}$$

Reynolds-Zahl Re_δ

$$Re_\delta := \frac{v_0 \delta}{\nu}. \tag{A.485}$$

$$Re_{\text{krit}} = \left.\frac{v_0 l}{\nu}\right|_{\text{krit}} = 5 \cdot 10^5. \tag{A.486}$$

Wandschubspannung

$$\tau_w = \eta \left.\frac{\partial v_x}{\partial y}\right|_{y=0} \simeq \eta \frac{v_0}{\delta} \simeq \eta \frac{v_0}{\sqrt{\frac{\nu l}{v_0}}} = \sqrt{\frac{\varrho \eta v_0^3}{l}} \tag{A.487}$$

Grenzschichtuntersuchungen bei großen Reynolds-Zahlen

Viskose Unterschicht

$$y^+ := \frac{u_\tau}{\nu} \cdot y < 1. \tag{A.488}$$

$$\bar{v}_x = u_\tau \cdot y^+ = \frac{\tau_w}{\eta} \cdot y. \tag{A.489}$$

Vgl. mit der CFD-Analyse, vgl. Abb. A.56.

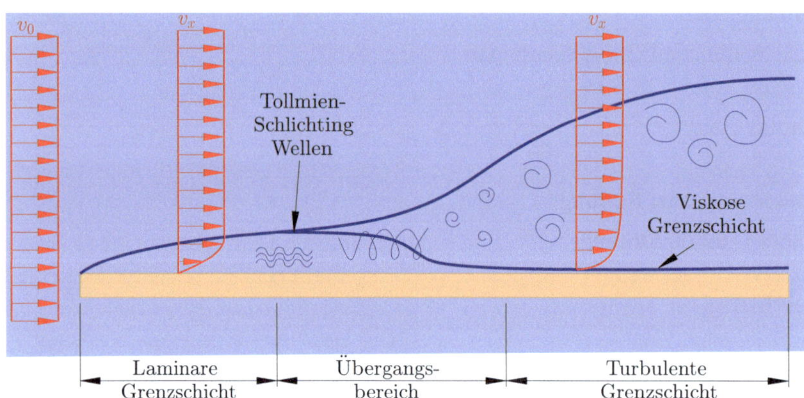

Abb. A.56 Grenzschichtströmung bei hohen Reynolds-Zahlen [35]

Literatur

1. Anderson jr., J. D.: Aerdodynamik/Flugmechanik Kapiteln 2–6 Fundamentals of Aerodynamics. McGraw-Hill, 1991. https://tu-dresden.de/ing/maschinenwesen/ilr/ressourcen/dateien/tfd/studium/dateien/Aerodynamik_V.pdf?lang=de [Online; Stand 4. Dezember 2021].
2. Bschorer, S., Böswirth, L.: *Technische Strömungslehre: Lehr- und Übungsbuch*. Lehrbuch. Springer Vieweg, 10. Aufl., 2018. 2014
3. Collins, J. A., Busby, H. R.: *Mechanical Design of Machine Elements and Machines*. Wiley, 2002.
4. Denavit, J., Hartenberg, R.S.: A Kinematic Notation for Lower-Pair Mechanisms Based on Matrices. *Journal of Applied Mechanics*, 77(2):215–2217, 1955.
5. Ferziger, J. H., Perić, M.: *Numerische Strömungsmechanik*. Springer-Verlag Berlin Heidelberg, 1. Aufl., 2008.
6. Golf, R.: Kavitation bei 0,205 bar, 2018. https://commons.wikimedia.org/wiki/File:0,205Bar.png [Online; Stand 18. März 2024].
7. Grundmann, R.: Aerodynamik TU Dresden, 2021. https://tu-dresden.de/ing/maschinenwesen/ilr/ressourcen/dateien/tfd/studium/dateien/Aerodynamik_V.pdf?lang=de [Online; Stand 4. Dezember 2021].
8. Hearn, D., Baker, M. P.: *Computer Graphics with OpenGL*. Pearson, 2014.
9. Huber, A.: *Technische Mechanik 2 – Elastostatik*. Springer Vieweg, 2023.
10. Jamieson, A.: Der Antrieb der E-Ship 1 wird durch vier Flettner-Rotoren verstärkt, 2015. https://de.wikipedia.org/wiki/Flettner-Rotor#/media/Datei:E-Ship_1_(20037221244).jpg [Online; Stand 9. Februar 2024].
11. Laurien, E., Oertel jr., H.: *Numerische Strömungsmechanik: Grundgleichungen und Modelle – Lösungsmethoden – Qualität und Genauigkeit*. Vieweg+Teubner Verlag, 5. Aufl., 2013.
12. Malcherek, A.: *Gezeiten und Wellen*. Springer Fachmedien Wiesbaden; Springer Vieweg, 2. Aufl., 2018.
13. Mathworks. Divergenz einer Funktion, 2021. https://de.mathworks.com/help/matlab/visualize/creating-3-d-plots.html [Online; Stand 14. November 2021].
14. Mathworks. Gardient einer Funktion, 2021. https://de.mathworks.com/help/optim/ug/symbolic-math-toolbox-calculates-gradients-and-hessians.html?searchHighlight=gradient%20&s_tid=srchtitle_gradient%20_4 [Online; Stand 14. November 2021].
15. Oertel jr., H., Böhle, M., Reviol, T.: *Strömungsmechanik: für Ingenieure und Naturwissenschaftler*. Vieweg+Teubner Verlag, 7. Aufl., 2015.
16. Schöner, W.: Technische Mechanik – Hydromechanik (ME4). Skript, 2001.
17. Skolaut, W.: *Maschinenbau: Ein Lehrbuch für das ganze Bachelor-Studium*. Springer Berlin Heidelberg; Springer Vieweg, 2. Aufl., 2018. http://gen.lib.rus.ec/book/index.php?md5=26e4cb628dca4b276953ef25dc107836.
18. Strybny, J.: *Ohne Panik Strömungsmechanik!: Ein Lernbuch zur Prüfungsvorbereitung, zum Auffrischen und Nachschlagen mit Cartoons von Oliver Romberg*. Vieweg+Teubner Verlag, 5. Aufl., 2012.
19. Studyflix. Satz von Stokes, 2023. https://studyflix.de/mathematik/satz-von-stokes-1475 [Online; Stand 29. Januar 2024].
20. Wikipedia: Andrade-Gleichung, 2023. https://de.wikipedia.org/w/index.php?title=Andrade-Gleichung&oldid=238434113 [Online; Stand 29. Januar 2024].
21. Wikipedia: Archimedisches Prinzip, 2021. https://de.wikipedia.org/w/index.php?title=Archimedisches_Prinzip&oldid=207932437 [Online; Stand 8. November 2021].
22. Wikipedia: Aräometer, 2021. https://de.wikipedia.org/w/index.php?title=Ar%C3%A4ometer&oldid=215391477 [Online; Stand 8. November 2021].
23. Wikipedia: Augustin-Louis Cauchy, 2023. https://de.wikipedia.org/w/index.php?title=Augustin-Louis_Cauchy&oldid=239605846 [Online; Stand 4. Februar 2024].
24. Wikipedia: Bernoulli-Gleichung, 2024. https://de.wikipedia.org/w/index.php?title=Bernoulli-Gleichung&oldid=241469156 [Online; Stand 29. Januar 2024].
25. Wikipedia: Carl Gottfried Neumann, 2023. https://de.wikipedia.org/w/index.php?title=Carl_Gottfried_Neumann&oldid=233930102 [Online; Stand 29. Januar 2024].
26. Wikipedia: Claude Louis Marie Henri Navier, 2024. https://de.wikipedia.org/w/index.php?title=Claude_Louis_Marie_Henri_Navier&oldid=242334371 [Online; Stand 6. März 2024].
27. Wikipedia: Coandă-Effekt, 2023. https://de.wikipedia.org/w/index.php?title=Coand%C4%83-Effekt&oldid=239016738 [Online; Stand 6. Februar 2024].
28. Wikipedia: Cyril Frank Colebrook, 2022. https://de.wikipedia.org/w/index.php?title=Cyril_Frank_Colebrook&oldid=226374098 [Online; Stand 29. Januar 2024].
29. Wikipedia: Daniel Bernoulli, 2024. https://de.wikipedia.org/w/index.php?title=Daniel_Bernoulli&oldid=240828274 [Online; Stand 29. Januar 2024].
30. Wikipedia: Dichteanomalie, 2021. https://de.wikipedia.org/w/index.php?title=Dichteanomalie&oldid=216898783 [Online; Stand 12. November 2021].
31. Wikipedia: Dirichlet-Randbedingung, 2023. https://de.wikipedia.org/w/index.php?title=Dirichlet-Randbedingung&oldid=230610078 [Online; Stand 29. Januar 2024].

32. Wikipedia: Divergenz eines Vektorfeldes, 2021. https://de.wikipedia.org/w/index.php?title=Divergenz_eines_Vektorfeldes&oldid=215460894 [Online; Stand 12. November 2021].
33. Wikipedia: Ein Strudel ist ein Sonderfall eines Wirbels, 2023. https://de.wikipedia.org/wiki/Wirbel_(Strömungslehre)#/media/Datei:A_whirlpool_in_a_glass_of_water.jpg [Online; Stand 29. Januar 2024].
34. Wikipedia: Flettner-Rotor, 2023. https://de.wikipedia.org/w/index.php?title=Flettner-Rotor&oldid=239409601 [Online; Stand 9. Februar 2024].
35. Wikipedia: Fluiddynamische Grenzschicht, 2020. https://de.wikipedia.org/w/index.php?title=Fluiddynamische_Grenzschicht&oldid=195466304 [Online; Stand 12. Februar 2024].
36. Wikipedia: Francis-Turbine, 2023. https://de.wikipedia.org/w/index.php?title=Francis-Turbine&oldid=233481255 [Online; Stand 29. Januar 2024].
37. Wikipedia: Froude-Zahl, 2022. https://de.wikipedia.org/w/index.php?title=Froude-Zahl&oldid=223473856 [Online; Stand 7. März 2024].
38. Wikipedia: Gaußscher Integralsatz, 2021. https://de.wikipedia.org/w/index.php?title=Gau%C3%9Fscher_Integralsatz&oldid=215637364 [Online; Stand 13. November 2021].
39. Wikipedia: George Gabriel Stokes, 2023. https://de.wikipedia.org/w/index.php?title=George_Gabriel_Stokes&oldid=233780809 [Online; Stand 29. Januar 2024].
40. Wikipedia: Gesetz von Stokes, 2023. https://de.wikipedia.org/w/index.php?title=Gesetz_von_Stokes&oldid=238305799 [Online; Stand 29. Januar 2024].
41. Wikipedia: Giovanni Battista Venturi, 2022. https://de.wikipedia.org/w/index.php?title=Giovanni_Battista_Venturi&oldid=221407104 [Online; Stand 29. Januar 2024].
42. Wikipedia: Gotthilf Hagen, 2023. https://de.wikipedia.org/w/index.php?title=Gotthilf_Hagen&oldid=237620026 [Online; Stand 29. Januar 2024].
43. Wikipedia: Gradient (Mathematik), 2021. https://de.wikipedia.org/w/index.php?title=Gradient_(Mathematik)&oldid=216600492 [Online; Stand 14. November 2021].
44. Wikipedia: Heinrich Gustav Magnus, 2023. https://de.wikipedia.org/w/index.php?title=Heinrich_Gustav_Magnus&oldid=237557005 [Online; Stand 29. Januar 2024].
45. Wikipedia: Henri de Pitot, 2023. https://de.wikipedia.org/w/index.php?title=Henri_de_Pitot&oldid=239593908 [Online; Stand 29. Januar 2024].
46. Wikipedia: Henry Darcy, 2022. https://de.wikipedia.org/w/index.php?title=Henry_Darcy&oldid=229067498 [Online; Stand 29. Januar 2024].
47. Wikipedia: Hermann Glauert, 2023. https://de.wikipedia.org/w/index.php?title=Hermann_Glauert&oldid=230536792 [Online; Stand 29. Januar 2024].
48. Wikipedia: Homogene Turbulenz, 2021. https://de.wikipedia.org/w/index.php?title=Homogene_Turbulenz&oldid=211888295 [Online; Stand 6. Februar 2024].
49. Wikipedia: Isotrope Turbulenz, 2022. https://de.wikipedia.org/w/index.php?title=Isotrope_Turbulenz&oldid=220274518 [Online; Stand 6. Februar 2024].
50. Wikipedia: Jean-Baptiste le Rond d'Alembert, 2023. https://de.wikipedia.org/w/index.php?title=Jean-Baptiste_le_Rond_d%E2%80%99Alembert&oldid=240606582 [Online; Stand 29. Januar 2024].
51. Wikipedia: Jean Léonard Marie Poiseuille, 2023. https://en.wikipedia.org/w/index.php?title=Jean_L%C3%A9onard_Marie_Poiseuille&oldid=1188106991 [Online; Stand 29. Januar 2024].
52. Wikipedia: Johann Nikuradse, 2023. https://de.wikipedia.org/w/index.php?title=Johann_Nikuradse&oldid=237247978 [Online; Stand 29. Januar 2024].
53. Wikipedia: Joseph-Louis Lagrange, 2024. https://de.wikipedia.org/w/index.php?title=Joseph-Louis_Lagrange&oldid=241536752 [Online; Stand 29. Januar 2024].
54. Wikipedia: Julius Weisbach, 2023. https://de.wikipedia.org/w/index.php?title=Julius_Weisbach&oldid=238101083 [Online; Stand 29. Januar 2024].
55. Wikipedia: Kaplan-Turbine, 2023. https://de.wikipedia.org/w/index.php?title=Kaplan-Turbine&oldid=239120561 [Online; Stand 29. Januar 2024].
56. Wikipedia: Kavitation, 2023. https://de.wikipedia.org/w/index.php?title=Kavitation&oldid=235495401 [Online; Stand 18. März 2024].
57. Wikipedia: Kármánsche Wirbelstraße, 2023. https://de.wikipedia.org/w/index.php?title=K%C3%A1rm%C3%A1nsche_Wirbelstra%C3%9Fe&oldid=239308394 [Online; Stand 29. Januar 2024].
58. Wikipedia: Kelvin-Helmholtz-Instabilität, 2021. https://de.wikipedia.org/w/index.php?title=Kelvin-Helmholtz-Instabilit%C3%A4t&oldid=216740985 [Online; Stand 9. Februar 2024].
59. Wikipedia: Kondensstreifen, 2024. https://de.wikipedia.org/w/index.php?title=Kondensstreifen&oldid=241111039 [Online; Stand 29. Januar 2024].
60. Wikipedia: Kutta-Schukowski-Transformation, 2022. https://de.wikipedia.org/w/index.php?title=Kutta-Schukowski-Transformation&oldid=223130312 [Online; Stand 29. Januar 2024].
61. Wikipedia: Laminare Strömung, 2022. https://de.wikipedia.org/w/index.php?title=Laminare_Str%C3%B6mung&oldid=222732076 [Online; Stand 29. Januar 2024].
62. Wikipedia: Laplace-Gleichung, 2020. https://de.wikipedia.org/w/index.php?title=Laplace-Gleichung&oldid=201675536 [Online; Stand 5. Juli 2021].
63. Wikipedia: Lewis Ferry Moody, 2021. https://de.wikipedia.org/w/index.php?title=Lewis_Ferry_Moody&oldid=212199045 [Online; Stand 29. Januar 2024].
64. Wikipedia: Lineare Stabilitätstheorie, 2021. https://de.wikipedia.org/w/index.php?title=Lineare_Stabilit%C3%A4tstheorie&oldid=218464011 [Online; Stand 8. Februar 2024].

65. Wikipedia: Ludwig Prandtl, 2023. https://de.wikipedia.org/w/index.php?title=Ludwig_Prandtl&oldid=237155349 [Online; Stand 29. Januar 2024].
66. Wikipedia: Mach-Zahl, 2023. https://de.wikipedia.org/w/index.php?title=Mach-Zahl&oldid=240353648 [Online; Stand 30. Januar 2024].
67. Wikipedia: Magnus-Effekt, 2023. https://de.wikipedia.org/w/index.php?title=Magnus-Effekt&oldid=231975644 [Online; Stand 9. Februar 2024].
68. Wikipedia: Mittelalterliches Phantasieporträt von Archimedes, 2011. https://de.wikipedia.org/wiki/Archimedes#/media/Datei:Archimedes_(Idealportrait).jpg [Online; Stand 8. November 2021].
69. Wikipedia: Naruto-Strudel, 2021. https://de.wikipedia.org/w/index.php?title=Naruto-Strudel&oldid=218180260 [Online; Stand 29. Januar 2024].
70. Wikipedia: Navier-Stokes-Gleichungen, 2024. https://de.wikipedia.org/w/index.php?title=Navier-Stokes-Gleichungen&oldid=240775844 [Online; Stand 29. Januar 2024].
71. Wikipedia: Neumann-Randbedingung, 2020. https://de.wikipedia.org/w/index.php?title=Neumann-Randbedingung&oldid=197905742 [Online; Stand 11. Juni 2021].
72. Wikipedia: Nikolai Jegorowitsch Schukowski, 2024. https://de.wikipedia.org/w/index.php?title=Nikolai_Jegorowitsch_Schukowski&oldid=241564287 [Online; Stand 29. Januar 2024].
73. Wikipedia: Numerische Strömungsmechanik, 2024. https://de.wikipedia.org/w/index.php?title=Numerische_Str%C3%B6mungsmechanik&oldid=243184626 [Online; Stand 16. März 2024].
74. Wikipedia: Oberflächenintegral, 2021. https://de.wikipedia.org/w/index.php?title=Oberfl%C3%A4chenintegral&oldid=216835544 [Online; Stand 13. November 2021].
75. Wikipedia: Osborne Reynolds, 2022. https://de.wikipedia.org/w/index.php?title=Osborne_Reynolds&oldid=229067346 [Online; Stand 29. Januar 2024].
76. Wikipedia: Pelton-Turbine, 2023. https://de.wikipedia.org/w/index.php?title=Pelton-Turbine&oldid=239435501 [Online; Stand 29. Januar 2024].
77. Wikipedia: Pierre-Louis Lions, 2023. https://de.wikipedia.org/w/index.php?title=Pierre-Louis_Lions&oldid=238117025 [Online; Stand 12. März 2024].
78. Wikipedia: Pierre-Simon Laplace, 2024. https://de.wikipedia.org/w/index.php?title=Pierre-Simon_Laplace&oldid=241099381 [Online; Stand 5. Februar 2024].
79. Wikipedia: Pitotrohr, 2023. https://de.wikipedia.org/w/index.php?title=Pitotrohr&oldid=239572701 [Online; Stand 29. Januar 2024].
80. Wikipedia: Prandtl-Sonde eines Flugzeuges (Bombardier Global 6000), Spezialform des Pitot-Rohr, 2023. https://de.wikipedia.org/w/index.php?title=Pitotrohr&oldid=239572701 [Online; Stand 29. Januar 2024].
81. Wikipedia: Prandtlsche Mischungsweghypothese, 2018. https://de.wikipedia.org/w/index.php?title=Prandtlsche_Mischungsweghypothese&oldid=181490895 [Online; Stand 6. Februar 2024].
82. Wikipedia: Reynolds-Gleichungen, 2023. https://de.wikipedia.org/w/index.php?title=Reynolds-Gleichungen&oldid=234760572 [Online; Stand 6. Februar 2024].
83. Wikipedia: Riblet, 2023. https://de.wikipedia.org/w/index.php?title=Riblet&oldid=231425401 [Online; Stand 6. Februar 2024].
84. Wikipedia: Rohrreibungszahl, 2023. https://de.wikipedia.org/w/index.php?title=Rohrreibungszahl&oldid=230165443 [Online; Stand 29. Januar 2024].
85. Wikipedia: Rotation eines Vektorfeldes, 2021. https://de.wikipedia.org/w/index.php?title=Rotation_eines_Vektorfeldes&oldid=215460953 [Online; Stand 14. November 2021].
86. Wikipedia: Satz von Stokes, 2023. https://de.wikipedia.org/w/index.php?title=Satz_von_Stokes&oldid=240605265 [Online; Stand 4. Februar 2024].
87. Wikipedia: Schwerefeld, 2021. https://de.wikipedia.org/w/index.php?title=Schwerefeld&oldid=216563611 [Online; Stand 12. November 2021].
88. Wikipedia: Schwimmen, 2021. https://de.wikipedia.org/w/index.php?title=Schwimmen&oldid=216775964 [Online; Stand 7. November 2021].
89. Wikipedia: Strudel (Physik), 2023. https://de.wikipedia.org/w/index.php?title=Strudel_(Physik)&oldid=229968334 [Online; Stand 29. Januar 2024].
90. Wikipedia: Theodore von Kármán, 2023. https://de.wikipedia.org/w/index.php?title=Theodore_von_K%C3%A1rm%C3%A1n&oldid=238526391 [Online; Stand 29. Januar 2024].
91. Wikipedia: Tollmien-Schlichting-Welle, 2023. https://de.wikipedia.org/w/index.php?title=Tollmien-Schlichting-Welle&oldid=236513932 [Online; Stand 12. Februar 2024].
92. Wikipedia: Turbulente Strömung, 2023. https://de.wikipedia.org/w/index.php?title=Turbulente_Str%C3%B6mung&oldid=229985998 [Online; Stand 29. Januar 2024].
93. Wikipedia: Turbulenzmodell, 2021. https://de.wikipedia.org/w/index.php?title=Turbulenzmodell&oldid=217748176 [Online; Stand 6. Februar 2024].
94. Wikipedia: Volumenintegral, 2021. https://de.wikipedia.org/w/index.php?title=Volumenintegral&oldid=216806184 [Online; Stand 12. November 2021].
95. Wikipedia: Volumenkraft, 2021. https://de.wikipedia.org/w/index.php?title=Volumenkraft&oldid=209450944 [Online; Stand 12. November 2021].
96. Wikipedia: Wilhelm Kutta, 2023. https://de.wikipedia.org/w/index.php?title=Wilhelm_Kutta&oldid=233840788 [Online; Stand 29. Januar 2024].
97. Wikipedia: Winglet, 2024. https://de.wikipedia.org/w/index.php?title=Winglet&oldid=240782860 [Online; Stand 29. Januar 2024].
98. Wikipedia: Wirbel (Strömungslehre), 2023. https://de.wikipedia.org/w/index.php?title=Wirbel_(Str%C3%B6mungslehre)&oldid=237335751 [Online; Stand 29. Januar 2024].

99. Wikipedia: Wirbelschleppe, 2023. https://de.wikipedia.org/w/index.php?title=Wirbelschleppe&oldid=239208806 [Online; Stand 29. Januar 2024].
100. Wikipedia: Wirbelstärke, 2024. https://de.wikipedia.org/w/index.php?title=Wirbelst%C3%A4rke&oldid=241431837 [Online; Stand 4. Februar 2024].
101. Wikipedia: Zirkulation (Feldtheorie), 2023. https://de.wikipedia.org/w/index.php?title=Zirkulation_(Feldtheorie)&oldid=230048708 [Online; Stand 4. Februar 2024].

Personenverzeichnis

A

B

C

D

E

F

G

H

K

L

M

N

O

P

R

S

T

V

W

Y

Stichwortverzeichnis

E

F

G

H

I

J

K

L

M

N

O

P

T

U

V

W

Y

Z

MIX
Papier aus verantwortungsvollen Quellen
Paper from responsible sources
FSC® C105338

If you have any concerns about our products,
you can contact us on
ProductSafety@springernature.com

In case Publisher is established outside the EU,
the EU authorized representative is:
Springer Nature Customer Service Center GmbH
Europaplatz 3, 69115 Heidelberg, Germany

Printed by Libri Plureos GmbH
in Hamburg, Germany